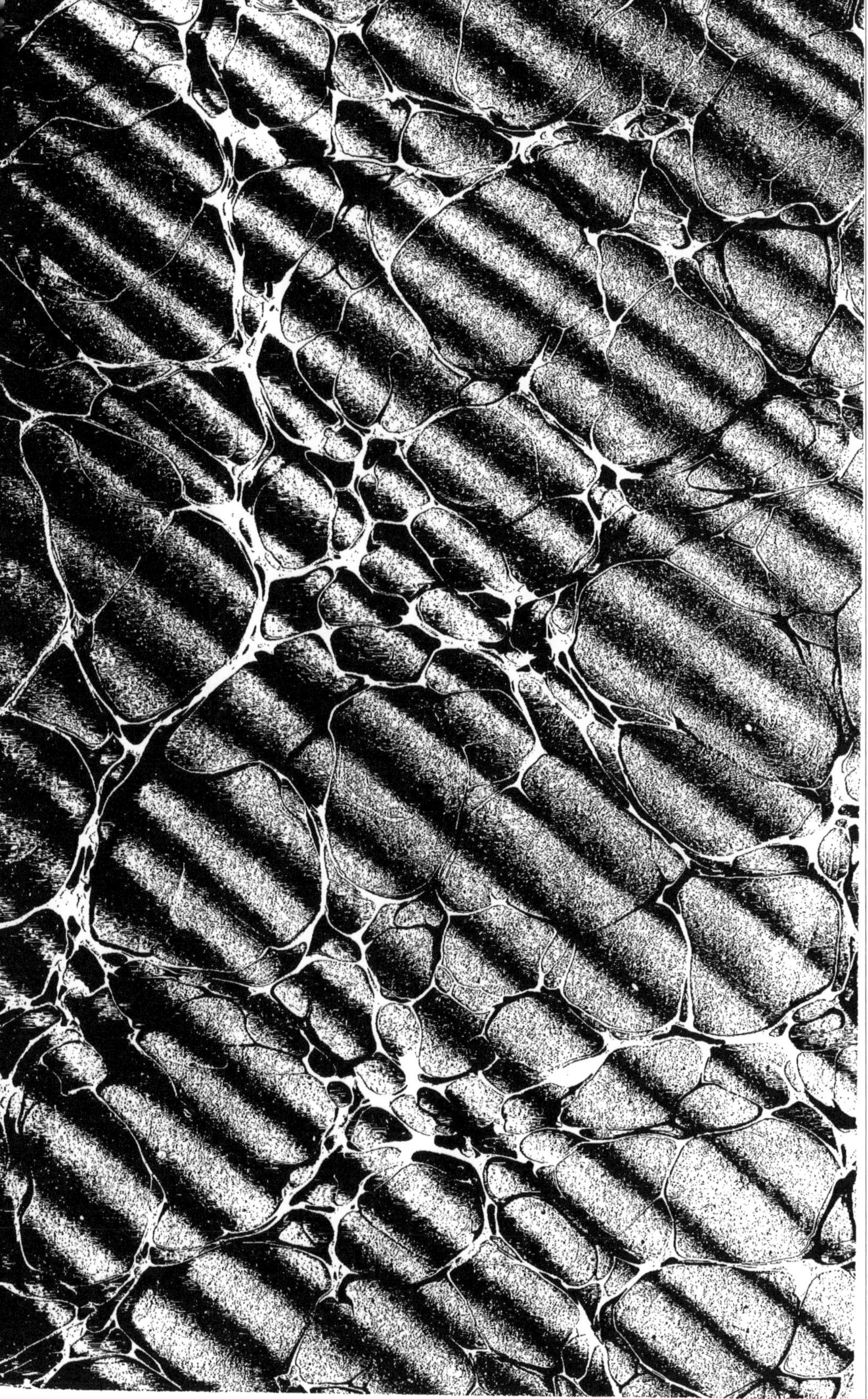

ŒUVRES COMPLÈTES

DE BUFFON

III

PARIS. — IMPRIMERIE Vve P. LAROUSSE ET Cie
19, RUE MONTPARNASSE, 19

ŒUVRES
COMPLÈTES
DE BUFFON

NOUVELLE ÉDITION
ANNOTÉE ET PRÉCÉDÉE D'UNE INTRODUCTION SUR BUFFON
ET SUR LES PROGRÈS DES SCIENCES NATURELLES DEPUIS SON ÉPOQUE

PAR J.-L. DE LANESSAN
Professeur agrégé d'histoire naturelle à la Faculté de médecine de Paris

SUIVIE DE LA
CORRESPONDANCE GÉNÉRALE DE BUFFON
RECUEILLIE ET ANNOTÉE PAR M. NADAULT DE BUFFON

OUVRAGE ILLUSTRÉ
DE 160 PLANCHES GRAVÉES SUR ACIER ET COLORIÉES A LA MAIN
ET DE 8 PORTRAITS GRAVÉS SUR ACIER

TOME TROISIÈME
MINÉRAUX

PARIS
LIBRAIRIE ABEL PILON
A. LE VASSEUR, SUCC^R, ÉDITEUR
33, RUE DE FLEURUS, 33

ŒUVRES COMPLÈTES

DE BUFFON

HISTOIRE NATURELLE DES MINÉRAUX

DU CHARBON DE TERRE

Nous avons vu, dans l'ordre successif des grands travaux de la nature (*a*), que les roches vitreuses ont été les premières produites par le feu primitif; qu'ensuite les grès, les argiles et les schistes se sont formés des débris et de la détérioration de ces mêmes roches vitreuses par l'action des éléments humides, dès les premiers temps après la chute des eaux et leur établissement sur le globe; qu'alors les coquillages marins ont pris naissance et se sont multipliés en innombrable quantité, avant et durant la retraite de ces mêmes eaux; que cet abaissement des mers s'est fait successivement, par l'affaissement des cavernes et grandes boursouflures de la terre qui s'étaient formées au moment de sa consolidation par le premier refroidissement; qu'ensuite, à mesure que les eaux laissaient en s'abaissant les parties hautes du globe à découvert, ces terrains élevés se couvraient d'arbres et d'autres végétaux, lesquels, abandonnés a la seule nature, ne croissaient et ne se multipliaient que pour périr de vétusté et pourrir sur la terre, ou pour être entraînés par les eaux courantes au fond des mers; qu'enfin ces mêmes végétaux, ainsi que leurs détriments en terreau et en limon, ont formé les dépôts en amas ou en veines que nous retrouvons aujourd'hui dans le sein de la terre sous la forme de charbon, nom assez impropre parce qu'il paraît supposer que cette matière végétale a été attaquée et cuite par le feu, tandis qu'elle n'a subi qu'un plus ou moins grand degré de décomposition par l'humidité, et qu'elle s'est conservée au moyen de son huile convertie par les acides en bitume.

Les débris et résidus de ces immenses forêts et de ce nombre infini de végétaux, nés plusieurs centaines de siècles avant l'homme, et chaque jour augmentés, multipliés sans déperdition, ont couvert la surface de la terre de couches limoneuses, qui de même ont été entraînées par les eaux, et ont formé en mille et mille endroits des dépôts en masses

(*a*) Voyez les quatre premières époques, t. IX.

et des couches d'une très grande étendue sur le fond de la mer ancienne (*); et ce sont ces mêmes couches de matière végétale que nous retrouvons aujourd'hui à d'assez grandes profondeurs dans les argiles, les schistes, les grès et autres matières de seconde formation qui ont été également transportées et déposées par les eaux; la formation de ces veines de charbon est donc bien postérieure à celle des matières primitives, puisqu'on ne les trouve qu'avec leurs détriments et dans les couches déposées par les eaux, et que jamais on n'a vu une seule veine de ce charbon dans les masses primitives de quartz ou de granit.

Comme la masse entière des veines ou couches de charbon a été roulée, transportée et déposée par les eaux en même temps et de la même manière que toutes les autres matières calcaires ou vitreuses réduites en poudre, la substance du charbon se trouve presque toujours mélangée de matières hétérogènes, et, selon qu'elle est plus pure, elle devient plus utile et plus propre à la préparation qu'elle doit subir pour pouvoir remplacer comme combustible tous les usages du bois : il y a de ces charbons qui sont si mêlés de poudre de pierre calcaire (*a*), qu'on ne peut en faire que de la chaux, soit qu'on les brûle en grandes ou en petites masses; il y en a d'autres qui contiennent une si grande quantité de grès que leur résidu après la combustion n'est qu'une espèce de sable vitreux; plusieurs autres sont mélangés de matière pyriteuse; mais tous, sans exception, tirent leur origine des matières végétales et animales, dont les huiles et les graisses se sont converties en bitume (*b*).

(*a*) A Alais et dans plusieurs autres endroits du Languedoc, on fait de la chaux avec le charbon même, sans autre pierre ni matières calcaires que celles qu'il contient, et aussi sans autre substance combustible que son propre bitume, qui, après s'être consumé, laisse à nu la base calcaire que le charbon contenait en grande quantité.

(*b*) M. de Gensane distingue cinq espèces de charbon de terre, qui sont: 1° la houille; 2° le charbon de terre cubique qu'on appelle aussi carré; 3° le charbon à facette ou ardoisé; 4° le charbon jayet; 5° le bois fossile. (Je dois observer que M. de Gensane est le seul des minéralogistes qui ait présenté cette division des charbons de terre, dans laquelle le bois fossile ne doit pas être compris tant qu'il n'est pas bitumineux.)

La houille est une terre noire bitumineuse et combustible; elle se trouve toujours fort près de la surface de la terre et voisine des véritables veines de charbon... Le charbon de terre cubique a ses parties constituantes disposées par cubes, arrangés les uns contre les autres, de sorte qu'en les pilant même très menu, ces mêmes parties conservent toujours une configuration cubique : il est fort luisant à la vue ; il s'en trouve qui représentent les plus belles couleurs de l'iris, qui ne sont que l'effet d'une légère efflorescence de soufre... Le charbon à facettes ou ardoisé ne diffère du charbon cubique que par la configuration de ses parties constituantes, et qu'en ce qu'il est plus sujet que le précédent à renfermer des grains de pyrites qui détériorent sa qualité: on distingue, à la vue simple, qu'il est composé de petites lames entassées les unes sur les autres, dont l'ensemble forme de petits corps irréguliers, rangés les uns à côté des autres... Le charbon jayet est une substance bitumineuse plus ou moins compacte, lisse et fort luisante; il est plus pesant que les charbons précédents ; sa dureté est fort variable: il y en a qui est si dur, qu'il prend un assez beau poli, et qu'on le taille comme les pierres ; on en fait dans bien des endroits des boutons d'habits, des colliers et d'autres menus ouvrages de cette espèce. Il y en a d'autre qui est si mou qu'on le pelote dans la main, et toutes ces différences ne viennent que du plus ou du moins de substance huileuse que ce fossile renferme; car il est bon de remarquer qu'il

(*) Les couches de charbon de terre qu'on trouve dans le sol n'ont probablement pas toutes la même origine. Les unes proviennent très certainement de plantes grandes et petites qui ont pourri dans le lieu même où elles avaient végété, comme se forment aujourd'hui les tourbières. D'autres proviennent d'arbres qui ont été entraînés par les fleuves et déposés à l'embouchure de ces derniers.

Il y a donc beaucoup de charbons de terre trop impurs pour pouvoir être préparés et substitués aux mêmes usages que le charbon de bois : celui qu'on pourrait appeler *pur* ne serait pour ainsi dire que du bitume comme le jayet, qui me paraît faire la nuance entre les bitumes et le charbon de terre; mais dans les meilleurs charbons il se trouve toujours quelques-unes des matières étrangères dont nous venons de parler, et qu'il est difficile d'en séparer; la qualité du charbon est souvent détériorée par l'efflorescence des pyrites martiales occasionnée par l'humidité de la terre; comme cette efflorescence ne se fait point sans mouvement et sans chaleur, c'est toujours aux dépens du charbon, parce que souvent cette chaleur le pénètre, le consume et le dessèche. Et lorsqu'on lui fait subir une demi-combustion semblable à celle du bois qu'on cuit en charbon, l'on ne fait que lui enlever et convertir en vapeurs de soufre les parties pyriteuses, qui souvent y sont trop abondantes.

Mais, avant de parler de la préparation et des usages infiniment utiles de ce charbon, il faut d'abord en considérer la substance dans son état de nature : il me paraît certain, comme je viens de le dire, que la matière qui en fait le fond est entièrement végétale. J'ai cité (*a*) les faits par lesquels il est prouvé qu'au-dessus du toit et dans la couverture de la tête de toutes les veines de charbon, il se trouve des bois fossiles et d'autres végétaux dont l'organisation est encore reconnaissable, et que souvent même on y rencontre des couches de bois à demi charbonnifié (*b*) : on reconnaît les vestiges des végétaux non

n'est point de charbon de terre, de quelque espèce qu'il soit, qui ne contienne une portion plus ou moins considérable d'une huile connue sous le nom de *pétrole* ou d'*asphalte*. *Histoire naturelle du Languedoc*, par M. de Gensane, t. Ier, p. 49 et suiv. — Le jayet n'est pas, comme le dit M. de Gensane, plus pesant que les charbons de terre; il est au contraire plus léger, car les charbons de terre ordinaires ne surnagent point dans l'eau, au lieu que le jayet y surnage, et c'est même par cette propriété qu'on peut le distinguer du charbon.

(*a*) Voyez les *Époques de la Nature*, t. IX.

(*b*) Outre les impressions de plantes assez communes dans le toit de ces mines, on rencontre fréquemment dans leur voisinage, ou dans les fouilles qu'entraîne leur exploitation, des portions de bois, et même des arbres entiers.

M. l'abbé de Sauvages fait mention, dans les *Mémoires de l'Académie des sciences* (année 1743, p. 413), de fragments de bois pierreux fortement incrustés, du côté de l'écorce, d'un ou deux pouces de charbon de terre dans lequel s'était faite cette pétrification.

Il est très ordinaire de trouver, au-dessus des mines de houille, du bois qui n'est point du tout décomposé; mais, à mesure qu'on le trouve enfoui plus profondément, il est sensiblement plus altéré.

A Bull près de Cologne et de Bonn, M. de Bury, fameux houilleur de Liège, en faisant fouiller dans un vallon, trouva une espèce de *terre houille*, qui n'était autre chose que du bois qui avait été couvert par une montagne de terre.

Il y a plusieurs mines dans lesquelles on ne peut méconnaître des troncs et des branches d'arbres qui ont conservé leur texture fibreuse, compacte comme on en trouve à Querfurt, dont la couleur est d'un brun jaunâtre. M. Darcet a vu, dans la mine de Wentorcastle, un tronc de la grosseur d'un mât de petit vaisseau qui était implanté dans l'argile, tout à fait à l'extrémité et hors de la mine; la partie supérieure était du vrai charbon de terre, absolument semblable à celui de la mine, tandis que la partie de dessous de ce même tronc était encore du bois et ne sautait pas en éclats comme celle du dessus; mais elle se fendait, et la hache était retenue comme elle a coutume de s'arrêter dans le bois.

Outre ces troncs d'arbres épars, ces débris de bois, il est des endroits où l'on ne connaît pas de mines de charbon de terre, et où l'on rencontre à une grande profondeur des amas de bois fossiles, disposés par bancs séparés les uns des autres par des lits terreux, et qui présentent en tout des soupçons raisonnables d'un passage de la nature ligneuse à celle de la houille, d'une vraie transmutation de bois en charbon de terre. *Du charbon de terre*, par M. Morand, pages 5 et 6. M de Gensane cite lui-même quelques mines de charbon de terre

seulement dans la substance du charbon, mais encore dans les terres et les schistes dont ils sont environnés; il est donc évident que tous les charbons de terre tirent leur origine du détriment des végétaux.

De même, on ne peut pas nier que le charbon de terre ne contienne du bitume, puisqu'il en répand l'odeur et l'épaisse fumée au moment qu'on le brûle; or le bitume n'étant que de l'huile végétale ou de la graisse animale imprégnée d'acide (*), la substance entière du charbon de terre n'est donc formée que de la réunion des débris solides et de l'huile liquide des végétaux, qui se sont ensuite durcis par le mélange des acides. Cette vérité, fondée sur ces faits particuliers, se prouve encore par le principe général qu'aucune substance dans la nature n'est combustible qu'en raison de la quantité de matière végétale ou animale qu'elle contient (**), puisque avant la naissance des animaux et des végétaux, la terre entière a non seulement été brûlée, mais fondue et liquéfiée par le feu; en sorte que toute matière purement brute ne peut brûler une seconde fois.

Et l'on aurait tort de confondre ici le soufre avec les bitumes, par la raison qu'ils se trouvent souvent ensemble dans le charbon de terre : le soufre ne provient que de la combustion des pyrites formées elles-mêmes de l'acide et du feu fixe contenus dans les substances organisées, au lieu que les bitumes ne sont que leurs huiles grossières imprégnées d'acide : aussi les bitumes ne contiennent point de soufre, et les soufres ne contiennent point de bitume; ces deux combinaisons opposées, dans des matières qui toutes deux proviennent du détriment des corps organisés, indiquent assez que les moyens employés par la nature pour les former sont différents l'un de l'autre, puisque ces deux produits ne se réunissent ni ne se rencontrent ensemble. En effet, le soufre est formé par l'action du feu, et le bitume par celle de l'acide sur l'huile; le soufre se produit par la combinaison du feu fixe (*a*) contenu dans les substances organisées lorsqu'il est saisi par l'acide vitriolique; les bitumes, au contraire, ne sont que les huiles mêmes des végétaux décomposés par l'eau et mêlés avec les acides : aussi l'odeur du soufre et celle du bitume sont-elles très différentes dans la combustion; et l'un des plus grands défauts que puisse avoir le charbon de terre, surtout pour les usages de la métallurgie, c'est d'être trop mêlé de matière pyriteuse, parce que, dans la combustion, les pyrites donnent une grande quantité de soufre; l'excellente qualité du charbon vient au contraire de la pureté de la matière végétale et de l'intimité de son union avec le bitume (*b*); néanmoins les charbons trop

dont les têtes sont composées de bois fossiles: « Nous avons trouvé, dit-il, près le moulin de Puziols (diocèse de Narbonne), deux veines de charbon de terre, dont les têtes renferment beaucoup de bois fossiles semblables à ceux des Cazarets près de Saint-Jean-de-Coucules, diocèse de Montpellier. » *Histoire naturelle du Languedoc*, t. II, p. 177.

(*a*) Si l'on objecte qu'il se produit du soufre non seulement par le feu, mais sans feu, et par ce que l'on appelle la *voie humide*, comme dans les voiries et les fosses d'aisances, je répondrai que ce passage ou changement ne se fait que par une effervescence accompagnée d'une chaleur qui fait ici le même effet que le feu.

(*b*) « Les charbons de terre brûlent d'autant plus longtemps qu'ils prennent difficilement » le feu; ils se consument d'autant plus promptement qu'ils s'enflamment plus aisément; ces » circonstances sont plus ou moins marquées, selon que les charbons sont purs, bitumineux

(*) Les bitumes sont des substances très complexes provenant de la décomposition de matières organiques très diverses; ils contiennent principalement des carbures d'hydrogène et des produits oxydés et azotés.

(**) Buffon entend ici très probablement par le mot « brûler » le phénomène dans lequel le feu détruit ou du moins décompose en éléments de nature très simples les corps matériels. Ce qu'il dit plus loin du soufre indique bien que c'est ainsi qu'il faut entendre tout ce passsge. Il est, du reste, presque inutile de dire que toute la partie chimique de son œuvre contient des erreurs considérables qu'il serait trop long et inutile de relever.

bitumineux ont peu de chaleur et donnent une flamme trop passagère, et il paraît que la parfaite qualité du charbon vient de la parfaite union du bitume avec la base terreuse, qui ne permet que successivement les progrès et le développement du feu.

Or les matières végétales se sont accumulées en masses, en couches, en veines, en filons, ou se sont dispersées en petits volumes, suivant les différentes circonstances; et lorsque ces grandes masses, composées de végétaux et de bitume, se sont trouvées voisines de quelques feux souterrains, elles ont produit, par une espèce de distillation naturelle, les sources de pétrole, d'asphalte et des autres bitumes liquides que l'on voit couler quelquefois à la surface de la terre, mais plus ordinairement à de certaines profondeurs dans son intérieur, et même au fond des lacs (*a*) et de quelques plages de la mer (*b*). Ainsi

» et compacts : ainsi, celui qui s'allume difficilement en donnant une belle flamme claire et » brillante, comme fait le charbon de bois, est réputé de la meilleure espèce..... Si, au con» traire, le charbon de terre se décompose ou se désunit facilement, s'il se consume aussi ai» sément qu'il prend flamme, il est d'une qualité inférieure.

» Une des propriétés du charbon de terre est de s'étendre en s'enflammant comme l'huile, » le suif, la cire, la poix, le soufre, le bois et autres matières inflammables: on doit en gé» néral juger avantageusement d'un charbon qui au feu se déforme d'abord en se grillant, et » qui acquiert ensuite de la solidité; les uns, et ce sont les meilleurs, comme la *houille* » *grasse*, le charbon dit *maréchal*, flambent, se liquéfient plus ou moins en brûlant comme » la poix, se gonflent, se collent ensemble dans les vaisseaux fermés, ils se réduisent entiè» rement en liquescence. On remarque que cette espèce ne se dissout ni dans l'eau, ni dans » les huiles, ni dans l'esprit-de-vin; les autres enfin s'embrassent sans donner ces phéno» mènes. » — Il serait à désirer que M. Morand eût indiqué où se trouvent ces charbons qui se réduisent entièrement en liquescence dans les vaisseaux fermés; nous n'en connaissons point de cette espèce: j'observerai de plus qu'il n'y a point de charbon de terre que l'esprit-de-vin n'attaque plus ou moins.

« Le charbon de terre est encore de bonne espèce quand il donne peu de fumée, ou » lorsque la fumée qu'il répand est noire, quand son exhalaison est plutôt *résineuse* que » *sulfureuse*, et qu'elle n'est point incommode.

» Toutes ces circonstances, tant dans la manière dont il brûle que dans les phénomènes » résultants au feu surtout, dépendent, comme de raison, de la qualité plus ou moins *bitu*» *mineuse* ou plus ou moins *pyriteuse* du charbon.

» Un charbon qui est en grande partie ou en totalité bitumineux brûle fort vite en » donnant une odeur de *naphte;* celui qui l'est peu ne se soutient pas facilement en masse » quand le feu l'attaque à un certain degré : il en est qui est d'assez bonne durée, mais le » feu dissipant promptement la portion de graisse qui y était alliée, les petites alvéoles ou » loges dans lesquelles elle était renfermée se désunissent, se séparent par petites parcelles, » quelquefois assez grandes..... Ces sortes de charbons ne peuvent tenir au soufflet, le vent » les enlève, et ils sont très peu profitables au feu; d'autres au contraire, qui étaient friables, » sont d'un bon usage, leurs parties se réunissant et se collant au feu.

» De même que le bitume est dans quelques charbons le seul principe inflammable, il » s'en trouve d'autres qui doivent à la pyrite presque seule leur inflammabilité. » — Je ne sais si cette assertion est bien fondée, car tous les charbons que nous connaissons donnent du bitume ou ne brûlent pas. « C'est ainsi que les charbons, selon qu'ils sont plus ou moins » chargés de pyrites, se consument plus ou moins lentement: celui de Newcastle est long » à se consumer; mais celui de Suntherland, au comté de Durham, qui est très pyri» teux, brûle plus longtemps encore jusqu'à ce qu'il se réduise en cendres. » *Du charbon de terre*, etc., par M. Morand, p. 1152 et 1153.

(*a*) L'asphalte est en très grande quantité dans la mer morte de Judée, à laquelle on a même donné le nom de *lac Asphaltique:* ce bitume s'élève à la surface de l'eau, et les voyageurs ont remarqué dans les plaines voisines de ce lac plusieurs pierres et mottes de terre bitumineuses. *Voyage de Pietro della Valle*, t. II, p. 76.

(*b*) Flacourt dit avoir vu, entre le cap Vert et le cap de Bonne-Espérance, un espace de

toutes les huiles qu'on appelle *terrestres*, et qu'on regarde vulgairement comme des huiles minérales, sont des bitumes qui tirent leur origine des corps organisés et qui appartiennent encore au règne végétal ou animal : leur inflammabilité, la constance et la durée de leur flamme, la quantité très petite de cendres, ou plutôt de matière charbonneuse qu'ils laissent après la combustion, démontrent assez que ce ne sont que des huiles plus ou moins dénaturées par les sels de la terre, qui leur donnent en même temps la propriété de se durcir et de faire ciment dans la plupart des matières où ils se trouvent incorporés.

Mais pour nous en tenir à la seule considération du charbon de terre dans son état de nature, nous observerons d'abord qu'on peut passer par degrés, de la tourbe récente et sans mélange de bitume, à des tourbes plus anciennes devenues bitumineuses, du bois charbonnifié aux véritables charbons de terre, et que par conséquent on ne peut guère douter, indépendamment des preuves rapportées ci-devant, que ces charbons ne soient de véritables végétaux que le bitume a conservés. Ce qui me fait insister sur ce point, c'est qu'il y a des observateurs qui donnent à ces charbons une tout autre origine : par exemple, M. Genneté prétend que le charbon de terre est produit par un certain roc ou grès auquel il donne le nom d'*agas* (*a*) ; et M. de Gensane, l'un de nos plus savants minéralogistes, veut que la substance de ce charbon ne soit que de l'argile. La première opinion n'est fondée que sur ce que M. Genneté a vu des veines de charbon sous des bancs de grès ou d'agas, lesquelles veines paraissent s'augmenter ou se régénérer dans les endroits vides dont on a tiré le charbon quelques années auparavant : il dit positivement que le roc (*agas*) est la matrice du charbon (*b*) ; que, dans le pays de Liége, la masse de ce roc est à celle du charbon comme 25 sont à 1 ; en sorte qu'il y a vingt-cinq pieds cubiques de roc pour un pied cube de charbon, et qu'il est étonnant que ces vingt-cinq pieds de roc suffisent pour fournir le suc nécessaire à la formation d'un pied cube de charbon (*c*) : il assure qu'il se reproduit dans ces mêmes veines trente ou quarante ans après qu'elles ont été vidées, et que ce charbon nouvellement produit les remplit dans ce même espace de temps (*d*). « On voit, ajoute-t-il, que la houille est formée d'un suc bitumineux qui distille du roc, s'y arrange en veines d'une grande régularité, s'y durcit comme la pierre ; » et voilà aussi sans doute pourquoi elle se reproduit. Mais pendant mille ans qu'une veine » de houille demeure entre les bancs de roc qui la soutiennent et la couvrent, sans aucun » vide, et sans que cette veine augmente en épaisseur, non plus qu'en long et en large, et » encore sans qu'elle fasse dépôt ailleurs, autant qu'on sache, que devient donc le suc bitumineux qui, dans quarante ans, peut reproduire et produit en effet une semblable veine ? » Je ne sais, continue-t-il, s'il est possible de dévoiler ce mystère (*e*). »

M. Genneté est peut-être de tous nos minéralogistes celui qui a donné les meilleurs renseignements pour l'exploitation des mines de charbon, et je rends bien volontiers justice au mérite de cet habile homme, qui a joint à une excellente pratique de très bonnes

mer qui avait une teinture jaune, comme d'une huile ou bitume qui surnageait, et qui, venant à se figer par succession de temps, durcit ainsi que l'ambre jaune ou succin. *Voyage à Madagascar*, t. Ier, p. 237.

(*a*) « La matrice dans laquelle s'arrangent les veines de houille est une sorte de grès dur comme du fer, dans l'intérieur de la terre, mais qui se réduit en poussière lorsqu'il est exposé à l'air : les houilleurs nomment cette pierre *agas*. » Genneté, *Connaissance des veines de houille*, etc., p. 24. — J'ai vu de ces pierres pyriteuses qui sont en effet très dures dans l'intérieur de la terre, et dont on ne peut percer les bancs qu'à force de poudre, et qui se décomposent à l'air ; elles se trouvent assez souvent au-dessus des veines de charbon.

(*b*) *Connaissance des veines de houille*, etc., p. 25.

(*c*) *Idem*, p. 25.

(*d*) *Idem*, p. 123.

(*e*) *Idem*, p. 124.

remarques; mais sa théorie, que je viens d'exposer, ne me paraît tirée que d'un fait particulier dont il ne fallait pas faire un principe général : il est certain, et je l'ai vu moi-même, qu'il se forme, dans quelques circonstances, des charbons nouveaux par la stillation des eaux, de la même manière qu'il se forme de nouvelles pierres, des albâtres et des marbres nouveaux dans tous les endroits vides qui se trouvent au-dessous des matières de même espèce; ainsi dans une veine de charbon, tranchée verticalement et abandonnée depuis du temps, on voit, sur les parois et entre les petits lits de l'ancien charbon, une concrétion ordinairement brune et quelquefois blanchâtre, qui n'est qu'une véritable stalactite ou concrétion de la même nature que le charbon dont elle tire son origine par la filtration de l'eau. Ces incrustations charbonneuses peuvent augmenter avec le temps, et peut-être remplir dans une longue succession d'années une fente de quelques pouces, ou si l'on veut de quelques pieds de largeur; mais, pour que cet effet soit produit, il est nécessaire qu'il y ait au-dessus ou autour de la fente ou cavité qui se remplit, une masse de charbon, laquelle puisse fournir non seulement le bitume, mais encore les autres parties composantes de ce charbon qui se forme, c'est-à-dire la partie végétale, sans quoi ce nouveau charbon ne ressemblerait pas à l'autre; et s'il ne découlait que du bitume, la stillation ne formerait que du bitume pur et non pas du charbon : or, M. Genneté convient et même affirme que les veines anciennement vidées se remplissent, en quarante ans, de charbon tout semblable à celui qu'elles contenaient, et que cela ne se fait que par le suintement du bitume fourni par le roc voisin de cette veine : dès lors, il faut qu'il convienne aussi que cette veine ne pourrait par ce moyen être remplie d'autre chose que de bitume et non pas de charbon; il faut de même qu'il fasse attention à une chose très naturelle et très possible, c'est qu'il y a certaines pierres, agas ou autres, qui non seulement sont bitumineuses, mais encore mélangées par lits ou par filons de vraie matière de charbon, et que très probablement les veines qu'il dit s'être remplies de nouveau étaient environnées et couvertes de cette espèce de roche à demi charbonneuse, et dès lors ce mystère, qu'il ne croit pas possible de dévoiler, est un effet très simple et très ordinaire dans la nature. Il me semble qu'il n'est pas nécessaire d'en dire davantage pour qu'on soit bien convaincu que jamais ni le grès, ni l'agas, ni aucune autre roche, n'ont été les matrices d'aucun charbon de terre, à moins qu'ils n'en soient eux-mêmes mélangés en très grande quantité.

L'opinon de M. de Gensane est beaucoup mieux appuyée, et ne me paraît s'éloigner de la vérité que par un point sur lequel il était assez facile de se méprendre : c'est de regarder l'argile et le limon, ou pour mieux dire la terre argileuse et la terre limoneuse, comme n'étant qu'une seule et même chose. Le charbon de terre, selon M. de Gensane, est une terre argileuse, mêlée d'assez de bitume et de soufre pour qu'elle soit combustible. « A la vérité, dit-il, ce charbon, dans son état naturel, ne contient aucun soufre formé, » mais il en renferme tous les principes, qui, dans le moment de la combustion, se développent, se combinent ensemble, et font un véritable soufre (*a*). »

Il me semble que ce savant auteur n'aurait pas dû faire entrer le soufre dans sa définition du charbon de terre, puisqu'il avoue que le soufre ne se forme que dans sa combustion; il ne fait donc pas partie réelle de la composition naturelle du charbon, et en effet l'on connaît plusieurs de ces charbons qui ne donnent point de soufre à la combustion : ainsi l'on ne doit point compter le soufre dans les matières dont tout charbon de terre est essentiellement composé, ni dire avec M. de Gensane qu'on doit regarder les veines de charbon de terre comme de vraies mines de soufre (*b*). « Et ce qui prouve évi» demment que dans le charbon pur il n'y a point de soufre formé, c'est qu'en raffinant » le cuivre, le plomb et l'argent avec du charbon pur, on n'observe pas la moindre décom-

(*a*) *Hist. naturelle du Languedoc*, par M. de Gensane, t. Ier, p. 12.
(*b*) *Idem, ibidem*, p. 13.

» position du métal : point de *matte*, point de *plackmall*, même après plusieurs heures de » chauffe (*a*). » Mais un autre point bien plus important, c'est l'assertion positive que le fond du charbon de terre n'est que de l'argile (*b*) ; en sorte que, suivant ce physicien, tous les naturalistes se sont trompés lorsqu'ils ont dit que ces charbons étaient des débris de forêts et d'autres végétaux ensevelis par des bouleversements quelconques (*c*). « Il est » vrai, continue-t-il, que la mer Baltique charrie tous les printemps une quantité de bois » qu'elle amène du Nord, et qu'elle arrange par couches sur les côtes de la Prusse, qui » sont successivement recouvertes par les sables ; mais ces bois ne deviendraient jamais » charbon de terre, s'il n'y survenait pas une substance bitumineuse qui se combine avec » pour leur donner cette qualité : sans cette combinaison, ils se pourriront et deviendront » terre. » Ceci m'arrête une seconde fois ; car l'auteur convenant que le charbon de terre peut se former de bois et de bitume, pourquoi veut-il que tous les charbons soient composés de terre argileuse? et ne suffit-il pas de dire que, partout où les bois et autres débris de végétaux se seront bituminisés par le mélange de l'acide, ils seront devenus charbons de terre? Et pourquoi composer cette matière combustible d'une matière qui ne peut brûler? N'y a-t-il pas nombre de charbons qui brûlent en entier et ne laissent après la combustion que des cendres même encore plus douces et plus fines que celles du bois (*d*)? Il est donc très certain que ces charbons qui brûlent en entier ne contiennent pas plus d'argile que le bois ; et ceux qui se boursouflent dans la combustion, et laissent une sorte de scorie semblable à du mâchefer léger, n'offrent ce résidu que parce qu'ils sont en effet mêlés, non pas d'argile, mais de limon, c'est-à-dire de terre végétale, dans laquelle toutes les parties fixes du bois se sont rassemblées : or, j'ai démontré en plusieurs endroits de cet ouvrage, et surtout dans les Mémoires de la partie expérimentale, que l'origine du mâchefer ne doit point être attribuée au fer, puisqu'on trouve le même mâchefer dans le feu de l'orfèvre comme dans celui du forgeron, et que j'ai fait moi-même du mâchefer en grande quantité avec du charbon de bois seul et sans addition d'aucun minéral ; dès lors, le charbon de terre doit en produire comme le charbon de bois, et, lorsqu'il en donne en plus grande quantité, c'est que sous le même volume il contient plus de parties fixes que le charbon de bois. J'ai encore prouvé, dans ces mêmes Mémoires et dans l'article précédent, que le limon ou la terre végétale est le dernier résidu des végétaux décomposés, qui d'abord se réduisent en terreau et par succession de temps en limon : j'ai de même averti qu'il ne fallait pas confondre cette végétale ou limoneuse avec l'argile, dont l'origine et les qualités sont toutes différentes, même à l'égard des effets du feu, puisque l'argile s'y resserre et que le limon se boursoufle ; et cela seul prouverait qu'il n'y a jamais d'argile, du moins en quantité sensible, dans le charbon de terre, et que dans ceux qui laissent, après la combustion, une scorie boursouflée, il y a toujours une quantité considérable de ce limon formé des parties fixes des végétaux : ainsi, tout charbon de terre

(*a*) Note communiquée par M. le Camus de Limare, le 5 juillet 1780.

(*b*) *Hist. naturelle du Languedoc*, par M. de Gensane, t. Ier, p. 23.

(*c*) *Hist. naturelle du Languedoc*, par M. de Gensane, t. Ier, p. 24.

(*d*) « A Birmingham, on emploie dans les cheminées une autre espèce de charbon qui » est plus cher que le charbon de terre ordinaire ; on l'appelle *flew-coal :* la mine est située » à sept milles au nord de Birmingham, à *Wedgbory neav Warsal in Staffordshire ;* on le tire » par gros morceaux qui ont beaucoup de consistance, et il se vend trois *pence and penny* » le cent, du poids de cent douze livres, faisant à peu près un quintal poids de marc. Ce » charbon s'allume avec du papier, comme du bois de sapin ; sa flamme est blanche et » claire, son feu très ardent ; il est d'ailleurs sans odeur, et il se réduit en une cendre » blanche aussi légère que celle du bois. » — Cette espèce de charbon n'a point été décrite dans M. Morand, ni dans aucun autre ouvrage de ma connaissance. (Note communiquée par M. le Camus de Limare, le 5 juillet 1780.)

pur n'est réellement composé que de matières provenant plus ou moins immédiatement des végétaux.

Pour mieux entendre la génération primitive du charbon de terre et développer sa composition, il faut se rappeler tous les degrés, et même tâcher de suivre les nuances de la décomposition des végétaux, soit à l'air, soit dans l'eau : les feuilles, les herbes et les bois abandonnés et gisants sur la terre commencent par fermenter; et, s'ils sont accumulés en masses, cette effervescence est assez forte pour les échauffer au point qu'ils brûlent ou s'enflamment d'eux-mêmes; l'effervescence développe donc toutes les parties du feu fixe que les végétaux contiennent, et ces parties ignées étant une fois enlevées, le terreau produit par la décomposition de ces végétaux n'est qu'une espèce de terre qui n'est plus combustible, parce qu'elle a perdu, et pour ainsi dire exhalé dans l'air les principes de sa combustibilité. Dans l'eau, la décomposition est infiniment plus lente, l'effervescence insensible, et ces mêmes végétaux conservent très longtemps, et peut-être à jamais, les principes combustibles qu'ils auraient en très peu de temps perdus dans l'air : les tourbes nous représentent cette première décomposition des végétaux dans l'eau; la plupart ne contiennent pas de bitume et ne laissent pas de brûler. Il en est de même de tous ces bois fossiles noirs et luisants, qui sont décomposés au point de ne pouvoir en reconnaître les espèces, et qui cependant ont conservé assez de leurs principes inflammables pour brûler, et qui ne donnent en brûlant aucune odeur de bitume : mais, lorsque ces bois ont été longtemps enfouis ou submergés, ils se sont bituminisés d'eux-mêmes par le mélange de leur huile avec les acides; et quand ces mêmes bois se sont trouvés sous des couches de terres mêlées de pyrites ou abreuvées de sucs vitrioliques, ils sont devenus pyriteux, et dans cet état ils donnent en brûlant une forte odeur de soufre.

En suivant cette décomposition des végétaux sur la terre, nous verrons que les herbes, les roseaux et même les bois légers et tendres, tels que les peupliers, les saules, donnent en se pourrissant un terreau noir tout semblable à la terre que l'on trouve souvent par petits lits très minces au-dessus des mines de charbon, tandis que les bois solides, tels que le chêne, le hêtre, conservent de la solidité, même en se décomposant, et forment ces couches de bois fossiles qui se trouvent aussi très souvent au-dessus des mines de charbon; enfin le terreau, par succession de temps, se change en limon ou terre végétale qui est le dernier résidu de la décomposition de tous les êtres organisés : l'observation m'a encore démontré cette vérité (*a*); mais tout le terreau dont la décomposition se sera faite lentement, et qui, ne s'étant pas trouvé accumulé en grandes masses, n'aura par conséquent pas perdu la totalité de ses principes combustibles par une prompte fermentation, et le limon, qui n'est que le terreau même seulement plus atténué, aura aussi conservé une partie de ces mêmes principes. Le terreau, en se changeant en limon, de noir devient jaune ou roux par la dissolution du fer qu'il contient; il devient aussi onctueux et pétrissable par le développement de son huile végétale : dès lors, tout terreau et même tout limon, n'étant que les résidus des substances végétales, ont également retenu plus ou moins de leurs principes combustibles; et ce sont les couches anciennes de ces mêmes bois, terreaux et limons, lesquelles se présentent aujourd'hui sous la forme de tourbe, de bois fossile, de houille et de charbon; car il est encore nécessaire, pour éviter toute confusion, de distinguer ici ces deux dernières matières, quoique la plupart des écrivains aient employé leurs noms comme synonymes; mais nous n'adopterons, avec M. de Gensane, celui de houille (*b*) que pour ces terres noires et combustibles qui se trouvent souvent au-dessus, et

(*a*) Voyez l'article précédent, qui a pour titre : *De la terre végétale.*

(*b*) « Les charbons de pierre s'annoncent souvent par des veines d'une terre noire combustible, que nous avons ci-devant désignée par le nom de *houille*, et qui forme ordinairement la tête des véritables veines de charbon. » *Hist. naturelle du Languedoc*, t. Ier,

quelquefois au-dessous des veines de charbon, et qui sont l'un des plus sûrs indices de la présence de ce fossile: et ces houilles ne sont autre chose que nos terreaux (a) purs ou mêlés d'une petite quantité de bitume : la vase qui se dépose dans la mer par couches inclinées, suivant la pente du terrain, et s'étend souvent à plusieurs lieues du rivage comme à la Guyane, n'est autre chose que le terreau des arbres ou autres végétaux qui, trop accumulés sur ces terres inhabitées, sont entraînés par les eaux courantes; et les huiles végétales de cette vase, saisies par les acides de la mer, deviendront avec le temps de véritables houilles bitumineuses, mais toujours légères et friables, comme le terreau dont elles tirent leur origine, tandis que les végétaux eux-mêmes moins décomposés, étant de même entraînés et déposés par les eaux, ont formé les véritables veines de charbon de terre dont les caractères distinctifs et différents de ceux de la houille se reconnaissent à la pesanteur du charbon, toujours plus compact que la houille, et au gonflement qu'il prend au feu en s'y boursouflant comme le limon, et en donnant de même une scorie plus ou moins poreuse.

Ainsi je crois pouvoir conclure de ces réflexions et observations, que l'argile n'entre que peu ou point dans la composition du charbon de terre; que le soufre n'y entre que sous la forme de matière pyriteuse qui se combine avec la substance végétale, de sorte que l'essence du charbon est entièrement de matière végétale, tant sous la forme de bitume que sous celle du végétal même. Les impressions si multipliées des différentes plantes qu'on voit dans tous les schistes limoneux qui servent de toits aux veines de charbon sont des témoins qu'on ne peut récuser, et qui démontrent que c'est aux végétaux qu'est due la substance combustible que ces schistes contiennent.

Mais, dira-t-on, ces schistes qui non seulement couvrent, mais accompagnent et enve-

p. 31. — M. Morand, de l'Académie des sciences, qui a fait un très grand et bon ouvrage sur le charbon de terre, a regardé, avec la plupart des minéralogistes, les noms de *houille* et de *charbon de terre* comme synonymes; il dit que dans le pays de Liège on distingue les matières combustibles des mines en houille grasse, en houille maigre, en charbons forts et en charbons faibles... Cette houille grasse s'emploie à Liège dans les foyers, elle se colle aisément au feu, elle rend plus de chaleur que la houille maigre... Elle se réduit pour la plus grande partie en cendres grisâtres, mais plus graveleuses que celles du bois; son feu est trop ardent, et elle est trop grasse pour que les maréchaux puissent s'en servir : le feu de la houille maigre est plus faible, elle est presque généralement en usage pour les feux domestiques... Elle dure plus longtemps au feu, et, lorsque son peu de bitume est consumé, elle se réduit en braise, qu'on allume sans qu'elle donne de l'odeur ni presque de fumée. Les charbons forts sont d'une couleur noire plus décidée et plus frappante que les charbons faibles; ils sont gras au toucher et comme onctueux par la grande quantité de bitume qu'ils contiennent : ces charbons forts sont excellents dans tous les cas où il faut un feu d'une grande violence, comme dans les plus grosses forges; ils pénètrent également les parties du fer, les rendent propres à recevoir toutes sortes d'impressions, réunissent même les parties qui ne seraient pas assez liées; mais, par sa trop grande ardeur, ce charbon fort ne convient pas plus aux maréchaux que la houille grasse.

Le charbon faible est toujours un charbon qui se trouve aux extrémités d'une veine; il donne beaucoup moins de chaleur que le charbon fort, et ne peut servir qu'aux cloutiers, aux maréchaux et aux petites forges, pour lesquelles on a besoin d'un feu plus doux... Son usage ordinaire est pour les briquetiers ou tuiliers, et pour les fours à chaux où le feu trop violent des charbons forts pénétrerait trop précipitamment les parties de la terre et de la pierre, les diviserait et les détruirait... Les charbons faibles se trouvent aussi dans les veines très minces, ils sont toujours menus, et souvent en poussière. *Du charbon de terre*, etc., p. 77 et suiv.

(a) « C'est dans une pareille terre que j'ai trouvé, à huit pieds de profondeur, des racines » encore très reconnaissables, environnées de terreau où l'on aperçoit déjà quelques couches » de petits cubes de charbon. » Note communiquée par M. de Morveau.

loppent de tous côtés et en tous lieux les veines de charbon, sont eux-mêmes des argiles durcies et qui ne laissent pas d'être combustibles : à cela je réponds que la méprise est ici la même; ces schistes combustibles qui accompagnent la veine du charbon sont, comme l'on voit, mêlés de la substance des végétaux dont ils portent les impressions; la même matière végétale qui a fait le fond de la substance du charbon, a dû se mêler aussi avec le schiste voisin, et dès lors ce n'est plus du schiste pur ou de la simple argile durcie, mais un composé de matière végétale et d'argile, un schiste limoneux imprégné de bitume, et qui dès lors a la propriété de brûler. Il en est de même de toutes les autres terres combustibles que l'on pourrait citer, car il ne faut pas perdre de vue le principe général que nous avons établi, savoir, que rien n'est combustible que ce qui provient des corps organisés.

Après avoir considéré la nature du charbon de terre, recherché son origine, et montré que sa formation est postérieure à la naissance des végétaux, et même encore postérieure à leur destruction et à leur accumulation dans le sein de la terre, il faut maintenant examiner la direction, la situation et l'étendue des veines de cette matière, qui, quoique originaire de la surface de la terre, ne laisse pas de se trouver enfoncée à de grandes profondeurs : elle occupe même des espaces très considérables et se rencontre dans toutes les parties du globe (*a*). Nous sommes assurés, par des observations constantes, que la direction la plus générale des veines de charbon est du levant au couchant (*b*), et que quand cette *allure* (comme disent les ouvriers) est interrompue par une *faille* (*c*), qu'ils

(*a*) « La trace de charbon de terre qui m'est la mieux connue, dit M. Genneté, est celle » qui file d'Aix-la-Chapelle par Liège, Hui, Namur, Charleroi, Mons et Tournai, jusqu'en » Angleterre, en passant sous l'Océan, et qui d'Aix-la-Chapelle traverse l'Allemagne, la » Bohême, la Hongrie... Cette traînée de veines est d'une lieue et demie à deux lieues de » largeur, tantôt plus et tantôt moins; elle s'étend sous terre dans les plaines comme dans » les montagnes. » *Connaissance des veines de houille*, etc., p. 36.

(*b*) « Cette loi, quoique assez générale, est sujette à quelques exceptions : la mine de » Litry en Normandie va du nord-est au sud-est, sur dix heures; celle de Languin en Bre- » tagne marche sur la même direction; elle s'incline au couchant sur quarante-cinq degrés; » celle de Montrelais, dans la même province, suit la même direction. » Note communiquée par M. de Grignon. — « Celle d'Épinac en Bourgogne va du levant au couchant, incli- » nant au nord de trente à trente-cinq degrés. L'épaisseur commune est de sept à huit » pieds, souvent de quatre, et quelquefois de douze et de quinze : la veine principale qu'on » exploite est bien réglée et très abondante, mais elle est entrecoupée de nerfs. Le charbon » est ardoisé et pyriteux, peu propre par conséquent pour la forge, à cause de l'acide sul- » fureux qui se dégage des pyrites dans la combustion, et qui corrode le fer dans les diffé- » rentes chauffes qu'on lui donne. » Note communiquée par M. de Limare.

(*c*) « Les houilleurs du pays de Liège appellent *faille* ou *voile* un grand banc de pierre » qui passe à travers les veines de houille qu'il rencontre en couvrant les unes, et coupant » ou dévoyant les autres, depuis le sommet d'une montagne jusqu'au plus profond... Ces » failles sont toutes inclinées... Une faille aura depuis quarante-deux jusqu'à cent soixante- » quinze pieds d'épaisseur dans son sommet, c'est-à-dire au haut de la terre, et quatre cent » vingt pieds d'épaisseur à la profondeur de trois mille cent quatre-vingt-deux pieds : les » veines qui sont coupées par les failles s'y perdent, en s'y continuant, par de très petits » filets détournés, ou enfin elles sautent par derrière au-dessus ou au-dessous de leur posi- » tion naturelle, et jamais en droiture..... Quelquefois, en sortant des failles, les veines se » relèvent ou descendent contre elles avant de reprendre leur direction. » *Connaissance des veines de houille*, etc., pages 39 et 40. — Je dois observer que M. Morand a raison, et fait une critique juste de ce que M. Genneté dit au sujet des failles, dont en effet il ne paraît guère possible de déterminer les dimensions d'une manière aussi précise que l'a fait cet observateur. Voyez l'ouvrage de M. Morand sur le *Charbon de terre*, p. 868. — « Cette » critique de ce que dit M. Genneté est d'autant plus juste que, par la planche 3 de son

appellent *caprice de pierre*, la veine, que cet obstacle fait tourner au nord ou au midi, reprend bientôt sa première direction du levant au couchant : cette direction, commune au plus grand nombre des veines de charbon, est un effet particulier dépendant de l'effet général du mouvement qui a dirigé toutes les matières transportées par les eaux de la mer, et qui a rendu les pentes de tous les terrains plus rapides du côté du couchant (*a*). Les charbons de terre ont donc suivi la loi générale imprimée par le mouvement des eaux à toutes les matières qu'elles pouvaient transporter, et en même temps ils ont pris l'inclinaison de la pente du terrain sur lequel ils ont été déposés, et sur lequel ils sont disposés toujours parallèlement à cette pente ; en sorte que les veines de charbon, même les plus étendues, courent presque toutes du levant au couchant, et ont leur inclinaison au nord en même temps qu'elles sont plus ou moins inclinées dans chaque endroit, suivant la pente du terrain sur lequel elles ont été déposées (*b*) : il y en a même qui approchent de la perpendiculaire : mais cette grande différence dans leur inclinaison n'empêche pas qu'en général cette inclinaison n'approche, dans chaque veine, de plus en plus de la ligne horizontale, à mesure que l'on descend plus profondément : c'est alors l'endroit que les ouvriers appellent le *plateur* de la mine, c'est-à-dire le lieu plat et horizontal auquel aboutit la

» Traité, il ne paraît pas qu'aucune de ces trois *failles* qui y sont figurées aient été traver-» sées ni même reconnues à différentes profondeurs, comme cela doit être pour déterminer » sûrement les différentes épaisseurs et qualités des failles.

» Il en est de même des cinq veines cotées 57, 58, 59, 60 et 61, dont il n'est pas possible » de fixer aussi précisément les courbures et les profondeurs, quand on ne les a reconnues que » dans un seul point, comme l'indique (figure 7, table 3) le plan qu'il en donne sans échelle : » encore ces cinq veines n'ont-elles été reconnues qu'à peu de distance de la superficie. Il ne » dit pas non plus si l'on a remarqué, par les différents travaux des figures 1, 2, 3, 4, 5 et 6, » table 3, que les épaisseurs et qualités des bancs de rochers qui séparent les autres veines » et les dimensions de ces mêmes veines aient été si exactement analogues dans les deux » extrémités de ces ouvrages, qu'on ait dû en conclure le parallélisme parfait décrit dans » cette même table 3. » Note communiquée par M. le Camus de Limare, le 5 juillet 1780.

(*a*) Voyez les *Époques de la Nature*, t. IX, p. 544 et suiv.

(*b*) « La conformité, dit M. de Gensane, que j'ai toujours remarquée entre la configuration » du fond de la mer et celle des couches de charbon de terre est si frappante, que je la » regarde comme une preuve de fait, qui équivaut à une démonstration de tout ce que nous » avons dit sur son origine : les bords de la mer, dans la plupart de ses parages, commen-» cent d'abord par une pente plus ou moins rapide, qui prend successivement une position » qui approche toujours de plus en plus de l'horizontale, à mesure que le terrain s'avance » au-dessous des eaux de la mer ; la même chose arrive aux veines de charbon de terre ; » leur tête, qui est près de la surface du terrain, conserve toujours une certaine pente, sou-» vent assez rapide jusqu'à une certaine profondeur, après quoi elles prennent une position » qui est presque horizontale ; et l'épaisseur de ces veines est pour l'ordinaire d'autant plus » forte qu'elles approchent davantage de cette dernière position. Il y a d'autres parages où » les bords de la mer sont fort escarpés jusqu'à une forte profondeur au-dessous des eaux ; » il arrive également qu'on rencontre des veines ou couches de charbon dont la situation » est presque perpendiculaire, mais cela est très rare, et cela doit être, parce que dans les » endroits où les bords de la mer sont fort escarpés, il y a toujours des courants qui ne » permettent que difficilement aux vases de s'y reposer. Enfin on remarque souvent au fond » de la mer des filons ou amas de sables connus sous le nom de *bancs* : ceux qui connais-» sent les mines de charbon me sont témoins qu'elles forment aussi quelquefois des cour-» bures ou dos d'âne fort analogues à ces bancs ; lorsque ces dépôts de vase se forment dans » des anses de la mer, qui, par la retraite des eaux, deviennent des vallées, les veines de » charbon y ont deux têtes, une de chaque côté de la vallée dont elles coupent le fond ; en » sorte que la coupe verticale de ces veines forme une anse de panier renversée, dont les » deux extrémités s'appuient contre les montagnes : telles sont les veines de charbon des envi-» rons de Liège. » *Histoire naturelle du Languedoc*, t. Ier, p. 35 et suiv.

partie inclinée de la veine. Souvent, en suivant ce plateur fort loin, on trouve que la veine se relève et remonte non seulement dans la même direction du levant au couchant, mais encore sous le même degré à très peu près d'inclinaison qu'elle avait avant d'arriver au plateur; mais ceci n'est qu'un effet particulier, et qui n'a encore été reconnu que dans quelques contrées, telles que le pays de Liège : il dépend de la forme primitive du terrain, comme nous l'expliquerons tout à l'heure; d'ordinaire, lorsque les veines inclinées sont arrivées à la ligne de niveau, elles ne descendent plus et ne remontent pas de l'autre côté de cette ligne (a).

A cette disposition générale des veines, il faut ajouter un fait tout aussi général, c'est que la même veine va en augmentant d'épaisseur, à mesure qu'elle s'enfonce plus profondément, et que nulle part son épaisseur n'est plus grande que tout au fond, lorsqu'on est arrivé au plateur ou ligne horizontale; il est donc évident que ces couches ou veines de charbon qui, dans leur inclinaison, suivent la pente du terrain, et qui deviennent en même temps d'autant plus épaisses que la pente est plus douce, et encore plus épaisses dès qu'il n'y a plus de pente, suivent en cela la même loi que toutes les autres matières transportées par les eaux et déposées sur des terrains inclinés : ces dépôts, faits par alluvion sur ces terrains en pente, ne sont pas seulement composés de veines de charbon, mais encore de matières de toute espèce, comme de schistes, de grès, d'argile, de sable, de craie, de pierre calcaire, de pyrites; et, dans cet amas de matières étrangères qui séparent les veines, il s'en trouve souvent qui sont en grandes masses dures et en bancs inclinés, toujours parallèlement aux veines de charbon.

Il y a ordinairement plusieurs couches de charbon les unes au-dessus des autres et séparées par une épaisseur de plusieurs pieds et même de plusieurs toises de ces matières étrangères. Les veines de charbon s'écartent rarement de leur direction ; elles peuvent, comme nous venons de le dire, former quelque inflexion, mais elles reprennent ensuite leur première direction; il n'en est pas absolument de même de leur inclinaison : par exemple, si la veine la plus extérieure de charbon a son inclinaison de dix degrés, la seconde veine, quoiqu'à vingt ou trente pieds plus bas que la première, aura dans le même endroit la même inclinaison d'environ dix degrés; et si, en fouillant plus profondément, il se trouve une troisième, une quatrième veine, etc., elles auront encore à peu près le même degré d'inclinaison, mais ce n'est que quand elles ne sont séparées que par des couches d'une médiocre épaisseur; car, si la seconde veine, par exemple, se trouve éloignée de la première par une épaisseur très considérable, comme de cent cinquante ou deux cents pieds perpendiculaires, alors cette veine qui est à deux cents pieds au-dessous de la première est moins inclinée, parce qu'elle prend plus d'épaisseur à mesure qu'elle descend, et qu'il en est de même de la masse intermédiaire de matières étrangères, qui sont aussi toujours plus épaisses à une plus grande profondeur.

(a) « L'inclinaison des veines de charbon, dit M. de Gensane, n'affecte pas une aire de » vent déterminée ; il y en a qui penchent vers le levant, d'autres vers le couchant, et ainsi » des autres points de l'horizon; elles n'ont rien de commun non plus avec le penchant des » montagnes dans lesquelles elles se trouvent. » — Je dois observer que ce rapport de l'inclinaison des veines avec le penchant des montagnes a existé anciennement et nécessairement, et l'observation de M. de Gensane doit être particularisée pour les terrains qui ont subi des changements depuis le temps du dépôt des veines. (Voyez ci-après.) « Quelquefois, continue-t-il, les veines sont inclinées dans le même sens que le penchant de la montagne ; » d'autres fois, elles entrent directement dans l'intérieur de la montagne et penchent vers » sa base ou vers son centre, mais aussi, lorsqu'une veine a pris sa direction, elle s'en » écarte rarement : elle peut bien former quelque inflexion, mais elle reprend ensuite sa » direction ordinaire. » *Histoire naturelle du Languedoc,* par M. de Gensane, t. Ier, p. 36 et 37.

Pour rendre ceci plus sensible, supposons un terrain en forme d'entonnoir, c'est-à-dire une plaine environnée de collines dont les pentes soient à peu près égales : si cet entonnoir vient à se remplir par des alluvions successives, il est certain que l'eau déposera ses sédiments, tant sur les pentes que sur le fond, et dans ce cas les couches déposées se trouveront également épaisses en descendant d'un côté et en remontant de l'autre; mais ce dépôt formera sur le plan du fond une couche plus épaisse que sur les pentes, et cette couche du fond augmentera encore d'épaisseur par les matières qui pourront descendre de la pente. Aussi les veines de charbon sont-elles, comme nous venons de le dire, toujours plus épaisses sur leur plateau que dans le cours de leur inclinaison; les lits qui les séparent sont aussi plus épais par la même raison. Maintenant, si, dans ce même terrain en entonnoir, il se fait un second dépôt de la même matière de charbon, il est évident que, comme l'entonnoir est rétréci et les pentes adoucies par le premier dépôt, cette seconde veine, plus extérieure que la première, sera un peu moins inclinée, et n'aura qu'une moindre étendue dans son plateau : en sorte que, s'il s'est formé de cette manière plusieurs veines les unes au-dessus des autres, et chacune séparée par de grandes épaisseurs de matières étrangères, ces veines et ces matières auront d'autant plus d'inclinaison qu'elles seront plus intérieures, c'est-à-dire plus voisines du terrain sur lequel s'est fait le premier dépôt; mais, comme cette différence d'inclinaison n'est pas fort sensible dans les veines qui ne sont pas à de grandes distances les unes des autres en profondeur, les minéralogistes se sont accordés à dire que toutes les veines de charbon sont parfaitement parallèles; cependant il est sûr que cela n'est exactement vrai que quand les veines ne sont séparées que par des lits de médiocre ou petite épaisseur; car celles qui sont séparées par de grandes épaisseurs ne peuvent pas avoir la même inclinaison, à moins qu'on ne suppose un entonnoir d'un diamètre immense, c'est-à-dire une contrée entière comme le pays de Liége, dont tout le sol est composé de veines de charbon jusqu'à une très grande profondeur.

M. Gennеté a donné l'énumération (*a*) de toutes les couches ou veines de charbon de

(*a*) « Pour donner, dit-il, l'idée la plus complète de la marche variée des veines qui » garnissent un même terrain, j'ai choisi la montagne de Saint-Gilles près de Liège, » qui est presque dans le milieu de la trace où ces veines filent du levant au couchant, et » où le penchant de la montagne fait découvrir le plus grand nombre de veines avec les » plus grandes profondeurs auxquelles on puisse les atteindre... Le diamètre du plateau » (de cette montagne) est d'environ mille pieds : c'est aussi la longueur de la première veine... » qui s'étend de tous côtés, tant en longueur qu'en largeur, ainsi que toutes les autres qui » suivent.

	Épaisseur des veines.		Distance entre les veines.
	Pieds.	Pouces.	Pieds.
Distance du gazon à la première veine	»	»	21
Épaisseur de cette première	1	3	»
Cette première veine n'a partout qu'un seul lit ou épaisseur uniforme; elle a un doigt d'épaisseur de *houage* (terre noire, meuble, qui se trouve dessous ou entre les bancs de houille), en dessous, ce qui la rend très facile à l'exploitation.			
Distance de la première à la seconde veine	»	»	42
Épaisseur de la seconde veine	1	7	»
Elle est séparée en deux lits, par un doigt d'épaisseur de houage.	»	»	»
Distance de la deuxième à la troisième veine	»	»	84
Épaisseur de la troisième veine	4	3	»
Cette troisième veine est quelquefois séparée en deux par un			

la montagne de Saint-Gilles au pays de Liège, et j'ai cru devoir en donner ici le tableau, quoiqu'il y ait beaucoup plus de fictif et de conjectural que de réel dans son exposition :

	Épaisseur des veines.		Distance entre les veines.
	Pieds.	Pouces.	Pieds.
ou deux pieds de roc, et, à prendre la chose en général, on peut compter depuis un pied jusqu'à une et même deux toises de distance entre ces deux lits de houille, qui ne font cependant qu'une seule veine.			
Distance de la troisième à la quatrième........................	»	»	49
Épaisseur de la quatrième veine...........................	1	7	»
Elle a trois pouces de houage en bas; sa houille est bonne, et brûle comme le charbon du meilleur bois.			
Distance de la quatrième à la cinquième veine..............	»	»	42
Épaisseur de la cinquième veine..........................	1	3	»
Cette cinquième veine est mêlée de pierres qui prennent la moitié de son épaisseur, et la réduisent à sept ou huit pouces divisée en trois couches; elle renferme quelquefois des pyrites sulfureuses, qui lui donnent une odeur désagréable en brûlant.			
Distance de la cinquième à la sixième veine................	»	»	56
Épaisseur de la sixième veine..............................	»	7	»
Distance de la sixième à la septième veine.................	»	»	56
Épaisseur de cette septième veine..........................	2	3	»
La houille de cette veine est de bonne qualité; c'est à cette veine que commence à toucher la grande faille qui coupe ensuite toutes celles qui sont au-dessous.			
Distance entre la septième et la huitième veine............	»	»	21
Épaisseur de la huitième veine.............................	2	7	»
Elle est séparée en deux, par une épaisseur de deux à trois pouces de pierres, et a en dessous environ trois pouces de houage.			
Distance de la huitième à la neuvième veine................	»	»	28
Épaisseur de la neuvième veine.............................	1	3	»
Elle est séparée en trois branches par deux lits de pierres, qui font qu'elle ne vaut presque rien.			
Distance de la neuvième à la dixième veine.................	»	»	35
Épaisseur de cette dixième veine...........................	1	»	»
Elle est de bonne qualité, quoique difficile à exploiter.			
Distance de la dixième à la onzième veine..................	»	»	28
Épaisseur de cette onzième veine...........................	3	3	»
Elle a en dessous deux ou trois doigts d'épaisseur de houage, et est excellente.			
Distance de la onzième à la douzième veine.................	»	»	91
Épaisseur de cette douzième veine..........................	1	2	»
La houille de cette veine répand une mauvaise odeur en brûlant, parce qu'elle renferme des *boutures* ou *pyrites sulfureuses:* exposée à l'air pendant les pluies, celle qui est émiettée fermente et s'enflamme d'elle-même, et c'est pour cela qu'on ne peut exploiter cette veine pendant l'hiver, puisque la houille ne pourrait se conserver en tas à l'air libre pour la vente, sans accident.			
Distance de la douzième à la treizième veine...............	»	»	21
Épaisseur de cette treizième veine.........................	1	7	»

il prétend que ces veines sont au nombre de soixante et une, et que la dernière est à quatre mille cent vingt-cinq pieds liégeois de profondeur, tandis que, dans la réalité et de fait,

	Épaisseur des veines.		Distance entre les veines.
	Pieds.	Pouces.	Pieds.
Elle est divisée en trois bancs par deux lits de pierres, d'un à deux doigts d'épaisseur, et a en dessous environ un demi-doigt de houage.			
Distance de la treizième à la quatorzième veine.............	»	»	98
Épaisseur de cette quatorzième veine......................	4	»	»
Elle est séparée en deux branches presque égales, par un banc de pierres noires et de veine mitoyenne (ou fausse veine terreuse qui n'est ni de vraie houille, ni proprement terre, ni véritable pierre, mais un composé des trois fondues ensemble), le tout d'un pied d'épaisseur, et a en dessous deux ou trois doigts d'épaisseur de houage.			
Distance de la quatorzième à la quinzième veine.............	»	»	77
Épaisseur de cette quinzième veine.........................	3	3	»
Elle est quelquefois séparée en deux par un lit de pierre et de matière bitumineuse, ce qui n'empêche pas que la veine ne soit excellente.			
Distance de la quinzième à la seizième veine...............	»	»	56
Épaisseur de cette seizième veine..........................	3	»	»
Elle est quelquefois d'une seule pièce, et d'autres fois elle a trois couches; alors celle de dessus et celle de dessous sont les plus épaisses; souvent il y a un peu de houage, et souvent il n'y en a point.			
Distance de la seizième à la dix-septième veine.............	»	»	42
Épaisseur de cette dix-septième veine......................	3	»	»
Il y a un lit de deux doigts d'épaisseur qui la divise en deux branches; c'est encore ici une veine d'élite: il y a depuis deux jusqu'à cinq doigts d'épaisseur de houage sous cette veine.			
Distance de la dix-septième à la dix-huitième veine.........	»	»	91
Épaisseur de cette dix-huitième veine......................	1	3	»
Cette veine est bonne; elle est tantôt d'une seule pièce, et tantôt de deux couches: elle a quelquefois du houage, et d'autres fois elle n'en a point.			
Distance de la dix-huitième à la dix-neuvième veine..........	»	»	87
Épaisseur de cette dix-neuvième veine......................	5	5	»
Elle a un lit de pierre qui la divise en deux branches, et ce lit, n'étant que d'un pied en quelques endroits, se trouve de plusieurs pieds d'épaisseur en d'autres: il y a un demi-pied de houage sous la dernière couche du bas; la veine a quelquefois des pyrites sulfureuses.			
Distance de la dix-neuvième à la vingtième veine............	»	»	42
Épaisseur de cette vingtième veine.........................	3	»	»
Elle est quelquefois d'une seule pièce, et d'autres fois de deux couches, qui sont séparées par un doigt de houage.			
Distance de la vingtième à la vingt et unième veine........	»	»	98
Épaisseur de cette vingt et unième veine..................	2	3	»
Elle est souvent séparée en deux couches par un lit de sept à huit pouces de roc: celle de dessus est la plus épaisse, et est quelquefois divisée par deux doigts de houage.			

les travaux les plus profonds de la montagne de Saint-Gilles ne sont parvenus qu'à la vingt-troisième veine, laquelle ne se trouve qu'à douze cent quatre-vingt-huit pieds lié-

	Épaisseur des veines.		Distance entre les veines.
	Pieds.	Pouces.	Pieds.
Distance de la vingt et unième à la vingt-deuxième veine....	»	»	49
Épaisseur de cette vingt-deuxième veine....................	4	»	»
C'est la meilleure de toutes les veines; cependant il s'y trouve quelquefois des pyrites, mais aisées à séparer : elle a deux doigts de houage en bas.			
Distance de la vingt-deuxième à la vingt-troisième veine.....	»	»	28
Épaisseur de cette vingt-troisième veine..................	1	7	»
La houille donne au feu un peu de mauvaise odeur; elle a trois couches, celle d'en bas et celle d'en haut sont les plus épaisses : il y a un doigt de houage sous celle du milieu; la veine contient souvent des pyrites.			
Distance de la vingt-troisième à la vingt-quatrième veine.....	»	»	42
Épaisseur de cette vingt-quatrième veine...................	»	7	»
Il y a un demi-pied de houage de dessous.			
Distance de la vingt-quatrième à la vingt-cinquième veine....	»	»	35
Épaisseur de cette vingt et cinquième veine.................	1	2	»
Elle contient beaucoup de pyrites sulfureuses, et est divisée en deux couches.			
Distance de la vingt-cinquième à la vingt-sixième veine.......	»	»	84
Épaisseur de cette vingt-sixième veine......................	3	3	»
Elle est aussi divisée en deux couches, et a depuis deux jusqu'à trois pouces de houage au-dessous.			
Distance de la vingt-sixième à la vingt-septième veine........	»	»	45
Épaisseur de cette vingt-septième veine......................	2	3	»
Cette veine est bonne et toute d'une pièce.			
Distance de la vingt-septième à la vingt-huitième veine.......	»	»	42
Épaisseur de cette vingt-huitième veine......................	2	3	»
Cette veine est bonne et aussi d'une seule pièce : elle a deux doigts de houage.			
Distance de la vingt-huitième à la vingt-neuvième veine.......	»	»	98
Épaisseur de cette vingt-neuvième veine.....................	5	7	»
Il y a deux lits de pierres qui divisent la veine en trois : l'un de ces lits de pierres a trois pouces, et l'autre un pied d'épaisseur; elle est mise au nombre des meilleures veines, et a un pouce de houage au milieu.			
Distance de la vingt-neuvième à la trentième veine...........	»	»	24
Épaisseur de cette trentième veine..........................	3	»	»
Elle est divisée en deux couches : il y a quelquefois du houage et toujours des pyrites sulfureuses.			
Distance de la trentième à la trente et unième veine.........	»	»	49
Épaisseur de cette trente et unième veine...................	2	3	»
Il y a deux lits de pierres qui la divisent en trois branches, et qui ont chacun sept à huit pouces d'épaisseur : ces trois branches donnent de la houille qui est peu estimée.			
Distance de la trente et unième à la trente-deuxième veine....	»	»	94
Épaisseur de cette trente-deuxième veine.....................	3	»	»
C'est ici une bonne veine, divisée en deux couches par une épaisseur de deux doigts de houage.			
Distance entre la trente-deuxième et la trente-troisième veine.	»	»	70

geois, c'est-à-dire à mille soixante-treize pieds de Paris de profondeur, suivant le calcul même des distances rapportées par cet auteur. Les autres travaux des environs ne

	Épaisseur des veines.		Distance entre les veines.
	Pieds.	Pouces.	Pieds.
Épaisseur de cette trente-troisième veine	4	7	»
Il y a un lit de pierres de sept pouces d'épaisseur, qui la divise en deux branches à peu près égales : la houille de cette veine est un peu moins noire que celle des autres veines; il y a trois doigts de houage au-dessous.			
Distance entre la trente-troisième et la trente-quatrième veine.	»	»	42
Épaisseur de cette trente-quatrième veine	1	3	»
Il y a encore ici trois couches de houille, dont la supérieure est la plus épaisse, avec un demi-doigt de houage au-dessous.			
Distance de la trente-quatrième à la trente-cinquième veine	»	»	70
Épaisseur de cette trente-cinquième veine	3	7	»
Cette trente-cinquième veine est bonne : elle a deux doigts de houage au-dessous.			
Distance de la trente-cinquième à la trente-sixième veine	»	»	91
Épaisseur de cette trente-sixième veine	3	»	»
Il y a deux lits de pierres, chacun de quatre à cinq pouces d'épaisseur, qui séparent la veine en trois branches : cette veine porte sur deux doigts de houage, et renferme quelquefois des pyrites sulfureuses.			
Distance de la trente-sixième à la trente-septième veine	»	»	35
Épaisseur de cette trente-septième veine	2	7	»
Il y a un lit de pierres qui divise la veine en deux branches, dont la supérieure a un demi-doigt de houage : cette veine renferme quelques pyrites.			
Distance de la trente-septième à la trente-huitième veine	»	»	28
Épaisseur de cette trente-huitième veine	1	»	»
Souvent cette veine est d'une seule pièce, et souvent elle est divisée en deux couches, dont l'inférieure porte sur une épaisseur de deux doigts de houage.			
Distance de la trente-huitième à la trente-neuvième veine	»	»	14
Épaisseur de cette trente-neuvième veine	1	5	»
Cette veine a deux couches; celle de dessus est la plus épaisse, et porte sur un doigt de houage.			
Distance de la trente-neuvième à la quarantième veine	»	»	42
Épaisseur de cette quarantième veine	»	7	»
Distance de la quarantième à la quarante et unième veine	»	»	56
Épaisseur de cette quarante et unième veine	2	3	»
Cette veine est composée de deux couches; celle de dessous est la plus épaisse et porte sur deux doigts de houage.			
Distance de la quarante et unième à la quarante-deuxième veine.	»	»	42
Épaisseur de cette quarante-deuxième veine	4	3	»
Il y a un lit de pierres de deux doigts d'épaisseur, qui divise la veine en deux branches; celle de dessus est la plus forte, et celle de dessous a trois doigts de houage.			
Distance de la quarante-deuxième à la quarante-troisième veine.	»	»	49
Épaisseur de cette quarante-troisième veine	1	7	»
Distance de la quarante-troisième à la quarante-quatrième veine.	»	»	67
Épaisseur de cette quarante-quatrième veine	3	»	»

sont pas aussi profonds. M. Genneté a donc eu tort de faire entendre que les mines du pays de Liège ont été fouillées jusqu'à quatre mille cent vingt-cinq pieds de profondeur :

	Épaisseur des veines.		Distance entre les veines.
	Pieds.	Pouces.	Pieds.
Distance de la quarante-quatrième à la quarante-cinquième veine.	»	»	42
Épaisseur de cette quarante-cinquième veine	2	»	»
Elle est divisée en deux couches; celle de dessous a deux doigts de houage.			
Distance de la quarante-cinquième à la quarante-sixième veine.	»	»	21
Épaisseur de cette quarante-sixième veine....	4	»	»
Distance de la quarante-sixième à la quarante-septième veine..	»	»	105
Épaisseur de cette quarante-septième veine	2	»	»
Elle est composée de deux couches; celle d'en bas a un doigt d'épaisseur de houage.			
Distance de la quarante-septième à la quarante-huitième veine.	»	»	70
Épaisseur de cette quarante-huitième veine	»	7	»
Distance de la quarante-huitième à la quarante-neuvième veine.	»	»	7
Épaisseur de cette quarante-neuvième veine	1	3	»
Distance de la quarante-neuvième à la cinquantième veine....	»	»	70
Épaisseur de cette cinquantième veine....	»	4 $\frac{1}{2}$	»
Distance de la cinquantième à la cinquante et unième veine...	»	»	7
Épaisseur de cette cinquante et unième veine................	1	3	»
Distance de la cinquante et unième à la cinquante-deuxième veine..............	»	»	» 35
Épaisseur de cette cinquante-deuxième veine..................	3	»	»
Elle est divisée en deux couches; celle de dessous a quatre pouces de houage.			
Distance de la cinquante-deuxième à la cinquante-troisième veine	»	»	84
Épaisseur de cette cinquante-troisième veine.................	4	»	»
Il y a un lit de pierres d'un pied d'épaisseur, qui divise la veine en deux branches; celle d'en bas a un pied de houage.			
Distance de la cinquante-troisième à la cinquante-quatrième veine...	»	»	70
Épaisseur de cette cinquante-quatrième veine:...............	3	3	»
Elle est difficile à exploiter, à cause des pierres qui s'y trouvent mêlées.			
Distance de la cinquante-quatrième à la cinquante-cinquième veine...	»	»	56
Épaisseur de cette cinquante-cinquième veine................	3	3	»
Cette veine est bonne, facile à exploiter avec trois pouces de houage en dessous.			
Distance de la cinquante-cinquième à la cinquante-sixième veine...	»	»	84
Épaisseur de cette cinquante-sixième veine...................	1	7	»
Elle est divisée en deux couches; celle de dessus est la plus épaisse, et porte sur un doigt d'épaisseur de houage : il y a ici une faille dont on a déjà parlé, qui a quatre cent vingt pieds d'épaisseur, et qui sépare la cinquante-sixième veine de la cinquante-septième.			
Distance de la cinquante-sixième à la cinquante-septième veine.	»	»	420
Épaisseur de cette cinquante-septième veine.................	2	7	»

Il y a un lit de pierres qui, depuis trois pouces, s'élargit jus-

tout ce qu'il aurait pu dire, c'est que, si l'on voulait exploiter par le sommet de la montagne de Saint-Gilles sa soixante et unième veine, il faudrait creuser jusqu'à quatre mille cent vingt-cinq pieds de profondeur perpendiculaire, c'est-à-dire à trois mille quatre cent trente-huit pieds de Paris, si toutefois cette veine conserve la même courbure qu'il lui suppose. Rejetant donc comme conjecturales et peut-être imaginaires toutes les veines supposées par M. Genneté (a) au delà de la vingt-troisième, qui est la plus profonde de toutes celles qui ont été fouillées, et n'en comptant en effet que vingt-trois au lieu de soixante et une, on verra, par la comparaison entre elles de ces veines de charbon, toutes situées les unes au-dessous des autres, que leur épaisseur n'est pas relative à la profondeur où elles gisent : car dans le nombre des veines supérieures, de celles du milieu et des inférieures, il s'en trouve qui sont à peu près également épaisses ou minces, sans aucune règle ni aucun rapport avec leur situation en profondeur (b).

On verra aussi que l'épaisseur plus ou moins grande des matières étrangères interposées entre les veines de charbon n'influe pas sur leur épaisseur propre.

Il en est encore de même de la bonne ou mauvaise qualité des charbons : elle n'a nul rapport ici avec les différentes profondeurs d'où on les tire ; car on voit par le tableau que le meilleur charbon de ces vingt-trois veines est celui qui s'est trouvé dans les quatrième, septième, dixième, onzième, quinzième, dix-septième, dix-huitième et vingt-deuxième veines ; en sorte que dans les veines les plus basses, ainsi que dans celles du milieu, et dans les plus extérieures, il se trouve également du très bon, du médiocre et du mauvais charbon ; cela prouve encore que c'est une même matière, amenée et déposée par les mêmes moyens, qui a formé les unes et les autres de ces différentes veines, et qu'un séjour plus ou moins long dans le sein de la terre n'a pas changé leur nature ni même leur qualité, puisque les plus profondes, et par conséquent les plus anciennement déposées, sont absolument de la même essence et qualité que les plus modernes ; mais cela n'empêche pas qu'ici, comme ailleurs, la partie du milieu et le fond de la veine ne soient tou-

	Épaisseur des veines.		Distance entre les veines.
	Pieds.	Pouces.	Pieds.
qu'à vingt et vingt et un pieds, et divise ainsi la veine en deux branches.			
Distance de la cinquante-septième à la cinquante-huitième veine	»	»	105
Épaisseur de cette cinquante-huitième veine	1	»	»
Distance de la cinquante-huitième à la cinquante-neuvième veine	»	»	126
Épaisseur de cette cinquante-neuvième veine	3	3	»
Elle est divisée en deux couches par deux doigts d'épaisseur de houage, et contient beaucoup de pyrites.			
Distance de la cinquante-neuvième à la soixantième veine	»	»	154
Épaisseur de cette soixantième veine	1	2	»
Distance de la soixantième à la soixante et unième veine	»	»	126
Épaisseur de cette soixante et unième et dernière veine	3	8	»
Cette veine est d'élite ; elle porte sur trois pouces de houage, et est divisée en deux couches. »			

M. Genneté ajoute que le houage se trouve toujours sous les veines ou bien entre elles, et que toutes celles où il y a de cette espèce de terre sont plus faciles à exploiter que les autres, parce que l'on y fait entrer aisément les coins de fer pour détacher la houille et l'enlever en morceaux. *Connaissance des veines de houille*, etc., page 47 jusqu'à la page 81.

(a) Voyez la planche III, figure I, de M. Genneté.

(b) Note communiquée par M. le Camus de Limare.

jours celles où se trouve le meilleur charbon : celui de la partie supérieure est toujours plus maigre et plus léger, et à mesure que les rameaux de la veine approchent plus de la surface de la terre, le charbon en est moins compact, et il paraît avoir été altéré par la stillation des eaux (*a*).

Dans ces vingt-trois veines, il y en a huit de très bon charbon, dix de médiocre qualité, et cinq qui donnent une très mauvaise odeur par la grande quantité de pyrites qu'elles contiennent; et, comme l'une de ces veines pyriteuses se trouve être la dernière, c'est-à-dire la vingt-troisième, on voit que les pyrites, qui ne se forment ordinairement qu'à de médiocres profondeurs, ne laissent pas de se trouver à plus de douze cent quatre-vingts pieds liégeois dans l'intérieur de la terre, ou mille soixante-treize pieds de Paris; ce qui démontre qu'elles y ont été déposées en même temps que la matière végétale qui fait le fond de la substance du charbon.

On voit encore, en comparant les épaisseurs de ces différentes veines, qu'elles varient depuis sept pouces jusqu'à cinq pieds et demi, et que celle des lits qui les séparent varie depuis vingt et un pieds jusqu'à quatre-vingt-dix-huit, mais sans aucune proportion ni relation des unes aux autres. Les veines les plus épaisses sont les troisième, quatorzième, dix-neuvième, vingt-deuxième, et la plus mince est la sixième.

Au reste, dans une même montagne, et souvent dans une contrée tout entière, les veines de charbon ne varient pas beaucoup par leur épaisseur, et l'on peut juger dès la première veine de ce qu'on peut attendre des suivantes; car, si cette veine est mince, toutes les autres le seront aussi. Au contraire, si la première veine qu'on découvre se trouve épaisse, on peut présumer avec fondement que celles qui sont au-dessous ont de même une forte épaisseur.

Dans les différents pays, quoique la direction des veines soit partout assez constante et toujours du levant au couchant, leur situation varie autant que leur inclinaison; on vient de voir que, dans celui de Liège, elles se trouvent pour ainsi dire à toutes profondeurs. Dans le Hainaut, aux villages d'Anzin, de Fresnes, etc., elles sont fort inclinées avant d'arriver à leur plateur, et se trouvent à trente ou trente-quatre toises au-dessous de la surface du terrain, tandis que, dans le Forez, elles sont presque horizontales et à fleur de terre, c'est-à-dire à deux ou trois pieds au-dessous de sa surface; il en est à peu près de même en Bourgogne, à Montcenis, Épinac, etc., où les premières veines ne sont qu'à quelques pieds. Dans le Bourbonnais, à Fins, elles se trouvent à deux, trois ou quatre toises, et sont peu inclinées, tandis qu'en Anjou, à Saint-George, Chatel-Oison et Concourson, où elles remontent à la surface, c'est-à-dire à deux, trois et quatre pieds, elles ont dans leur commencement une si forte inclinaison qu'elles approchent de la perpendiculaire; et ces veines, presque verticales à leur origine, ne font plateur qu'à sept cents pieds de profondeur.

Nous avons dit (*b*) que les mines d'ardoise et celles de charbon de terre avaient bien des rapports entre elles par leur situation et leur formation : ceci nous en fournit une nouvelle preuve de fait, puisqu'en Anjou, où les ardoises sont posées presque perpendiculairement, les charbons se trouvent souvent de même dans cette situation perpendiculaire.

(*a*) « Il y a deux espèces de charbon : le premier gras, compact, luisant et lent à s'en- » flammer, mais qui, l'étant une fois, donne un feu vif, une flamme blanche, et jette une » fumée épaisse..... Cette espèce est la meilleure, et est appelée *charbon de pierre*.... On ne » trouve ce bon charbon que dans la profondeur, où il conserve une portion plus considé- » rable de bitume qui le rend plus compact et plus onctueux.... La seconde espèce de char- » bon est tendre, friable et sujette à se décomposer à l'air; il s'allume facilement, mais sa » chaleur est faible..... Sa situation superficielle est cause qu'il a perdu la partie la plus » subtile de son bitume. » *Mémoire sur le charbon minéral*, par M. de Tilly, p. 5 et 6.

(*b*) *Époques de la nature*, tome IX.

Dans l'Albigeois, à Carmeaux, la veine de charbon ne se trouve qu'à deux cents pieds, et elle fait son plateur à quatre cents pieds (*a*).

L'épaisseur des veines est aussi très différente dans les différents lieux : on vient de voir que toutes celles du pays de Liége sont très minces, puisque les plus fortes n'ont que cinq pieds et demi d'épaisseur dans la montagne de Saint-Gilles, et sept pieds dans quelques autres contrées de ce même pays. Mais il y a deux manières dont les charbons ont été déposés : la première en veines étendues sur des terrains en pente, et la seconde en masses sur le fond des vallées, et ces dépôts en masses seront toujours plus épais que les veines en pentes. Il y a de ces masses de charbon qui ont jusqu'à dix toises d'épaisseur : or, si les veines étaient partout très minces, on pourrait imaginer avec M. Genneté qu'elles ne sont en effet produites que par le suintement des bitumes des grosses couches intermédiaires; mais comment concevoir qu'une masse de dix toises d'épaisseur ait pu se produire par cette voie? On ne peut donc pas douter que ces masses si épaisses ne soient des dépôts de matière végétale accumulés l'un sur l'autre quelquefois jusqu'à soixante pieds d'épaisseur.

Quoique les veines soient à peu près parallèles les unes au-dessus des autres, cependant il arrive souvent qu'elles s'approchent ou s'éloignent beaucoup, en laissant entre elles de plus ou moins grandes distances en hauteur, et ces intervalles sont toujours remplis de matières étrangères dont les épaisseurs sont aussi variables et toujours beaucoup plus fortes que celle des couches de charbon : celles-ci sont en général assez minces; et communément elles sont d'un pied, deux pieds, jusqu'à six ou sept d'épaisseur; celles qui sont beaucoup plus épaisses ne sont pas des couches ou veines qui se prolongent régulièrement, mais plutôt, comme nous venons de l'exposer, des amas ou masses en dépôts qui ne se trouvent que dans quelques endroits, et dont l'étendue n'est pas considérable.

Les mines de charbon les plus profondes que l'on connaisse en Europe sont celles du comté de Namur qu'on assure être fouillées jusqu'à deux mille quatre cents pieds du pays (*b*), ce qui revient à peu près à deux mille pieds de France; celles de Liége, où l'on est descendu à mille soixante-treize pieds; celle de Whitehaven près de Moresby, qui passe pour être la plus profonde de toute la Grande-Bretagne, n'a que cent trente brasses, c'est-à-dire six cent quatre-vingt-treize de nos pieds : on y compte vingt couches ou veines de charbon les unes au-dessous des autres.

Dans toutes les mines de charbon et dans quelque pays que ce soit, les surfaces du banc de charbon par lesquelles il est appliqué au toit et au sol sont lisses, luisantes et polies, et on trouve souvent de petits lits durs et pierreux dans la veine même de charbon, lesquels la traversent et la suivent horizontalement. Le cours des veines est aussi assez fréquemment gêné ou interrompu par des bancs de pierre qu'on appelle des *creins* : ils n'ont ordinairement que peu d'étendue; mais ils sont souvent d'une matière si dure qu'ils résistent à tous les instruments; ces creins partent du toit ou du sol de la veine et quelquefois de tous les deux; ils sont de la même nature que le banc inférieur ou supérieur auquel ils sont attachés. Les failles dont nous avons parlé sont d'une étendue bien plus considérable que les creins, et souvent elles terminent la veine ou du moins l'interrompent entièrement et dans une grande longueur; elles partent de la plus grande profondeur, traversent toutes les veines et autres matières intermédiaires, et montent quelquefois jusqu'à la surface du terrain : dans le pays de Liége, elles ont pour la plupart quinze ou vingt toises d'épaisseur sans aucune direction ni inclinaison réglées; il y en a de verticales, d'obliques et d'horizontales en tous sens; elles ne sont pas de la même substance

(*a*) *Mémoire sur le charbon minéral*, par M. de Tilly, p. 13 et suiv.
(*b*) *Du charbon de terre*, etc., par M. Morand, p. 133.

dans toute leur étendue ; ce ne sont que d'énormes fragments de schiste, de roche, de grès ou d'autres matières pierreuses superposées irrégulièrement, qui semblent s'être éboulées dans les vides de la terre (a).

Les schistes, qui couvrent et enveloppent les veines, sont souvent mêlés de terre limoneuse et presque toujours imprégnés de bitume et de matières pyriteuses ; ils contiennent aussi des parties ferrugineuses et deviennent rouges par l'action du feu ; plusieurs de ces schistes sont combustibles. On a des exemples de bonnes veines de charbon qui se sont trouvées au-dessous d'une mine de fer, et dans lesquelles le schiste qui sert de toit au charbon est plus ferrugineux que les autres schistes ; il y en a qui sont presque entièrement pyriteux, et les charbons qu'ils recouvrent ont un enduit doré et varié d'autres couleurs luisantes : ces charbons pyriteux conservent même ces couleurs après avoir subi l'action du feu ; mais ils les perdent bientôt s'ils demeurent exposés aux injures de l'air, car il n'y a pas de soufre en nature dans les charbons de terre, mais seulement de la pyrite plus ou moins décomposée, et, comme le fer est bien plus abondant que le cuivre dans le sein de la terre, la quantité des pyrites ferrugineuses ou martiales étant beaucoup plus grande que celle des pyrites cuivreuses, presque toutes les veines de charbon sont mêlées de pyrites martiales, et ce n'est qu'en très peu d'endroits où il s'en trouve de mélangées avec les pyrites cuivreuses.

Lors donc qu'il se trouve du soufre en nature dans quelques mines de charbon comme dans celle de *Witehaven* en Angleterre, où le schiste qui fait l'enveloppe de la veine de charbon est entièrement incrusté de soufre (b), cet effet ne provient que du feu accidentel qui s'est allumé dans ces mines par l'effervescence des pyrites et l'inflammation de leurs vapeurs ; les mines de charbon dans lesquelles il ne s'est fait aucun incendie ne contiennent point de soufre naturel, quoique presque toutes soient mêlées d'une plus ou moins grande quantité de parties pyriteuses.

Ces charbons pyriteux sont donc imprégnés de l'acide vitriolique et des terres minérales et végétales qui servent de base à l'acide pour la composition de la pyrite ; ces charbons se décomposent à l'air, et très souvent il se produit à leur surface des filets d'alun par leur efflorescence : par exemple, les eaux qui sortent des mines de Montcenis en Bourgogne sont très alumineuses, et il n'est pas même rare de trouver des terres alumineuses près des charbons de terre. On tire aussi quelquefois de l'alun de la substance même du charbon ; on en a des exemples dans la mine de Laval en France (c) ; dans celle de Nordhausen en Allemagne (d), et dans celle du pays de Liège où M. Morand (e) a trouvé une grande quantité d'alun formé en cristaux sur les pierres schisteuses du toit des veines de charbon : « le territoire de ce pays, dit-il, ouvert pour les mines » de houille, l'est également pour des terres d'alun dont les mines sont appelées *alu-* » *nières.* »

L'alun n'est pas le seul sel qui se trouve dans les charbons de terre : il y a certaines mines de charbon, comme celles de Nicolaï en Silésie, qui contiennent du sel marin, et dont on tire des pierres quelquefois recouvertes d'une grande quantité de sel gemme. En général, tout ce qui entre dans la composition des pyrites et de la terre végétale doit se trouver dans les charbons de terre, car la décomposition de ces substances végétales et pyriteuses y répand tous les sels formés de l'union des acides avec les terres végétales et ferrugineuses.

(a) *Du charbon de terre*, etc., par M. Morand, p. 59 et suiv.
(b) *Transactions philosophiques*, année 1733.
(c) *Essai sur les Mines*, par M. Hellot, de l'Académie des sciences.
(d) Bruckmann, *Epistol. itinera.*, cap. xx, nº 13.
(e) *Du charbon de terre*, etc., par M. Morand, p. 23.

Quoique nous ayons dit que les veines de charbon étaient ordinairement couvertes et enveloppées par un schiste plus ou moins mêlé de terre végétale ou limoneuse, ce n'est cependant pas une règle sans exception, car il y a quelques mines où le toit et le sol de la veine de charbon sont de grès, et même de pierre calcaire plus ou moins dure : on en a des exemples dans les mines des territoires de Mons, de Juliers, et dans certains endroits de l'Allemagne, cités par le savant chimiste M. Lehmann; on peut voir, dans le troisième volume de ses *Essais sur l'histoire naturelle des couches de la terre*, tous les lits qui surmontent et accompagnent les veines de charbon de terre en Misnie près de *Vettin* et de *Loëbegin;* en Thuringe dans le comté de Hoheinstein, dans tout le terrain qui environne le Hartz jusqu'auprès du comté de Mansfeld; et encore les mines du duché de Brunswick près de Helmstadt. On voit, dans le tableau que M. Lehmann donne de ces différents lits, que les veines de charbon se trouvent également sous le schiste, sous une matière spatheuse, sous des pierres feuilletées composées d'argile et d'un peu de pierre calcaire, etc.; et l'on peut observer que, dans les lits qui séparent les différentes veines de charbon, il n'y a ni ordre de matières, ni suite régulière, et que ces lits sont, dans tous les autres terrains à charbon, comme jetés au hasard, l'argile sur la marne, la pierre calcaire sur le schiste, les substances spathiques sur les sables argileux, etc.

Dans l'immense quantité de décombres et de débris de toute espèce qui surmontent et accompagnent les veines de charbon de terre, il se trouve quelquefois des métaux, des demi-métaux ou minéraux métalliques; le fer y est abondamment répandu sous la forme d'ocre, et quelquefois en grains de mine (*a*); le cuivre et l'argent s'y trouvent plus rarement, et l'on doit regarder comme chose extraordinaire ce que l'on raconte de la mine de charbon de Chemnitz en Saxe qui contient un très beau vert-de-gris, et produit dans certains essais trente livres de bon cuivre de rosette et cinq onces et demie d'argent par quintal : il me paraît évident que cette quantité de cuivre et d'argent ne se trouve pas dans un quintal de charbon, et qu'on doit regarder cette mine de cuivre comme isolée et séparée de celle du charbon. Il en est à peu près de même des mines de calamine, qui sont assez fréquentes dans le pays de Liége : toutes les mines métalliques de seconde formation peuvent se trouver, comme celles de charbon, dans les couches de la terre qui sont elles-mêmes d'une formation secondaire. Il peut, par cette même raison, se trouver quelques filets ou grains de métal charriés et déposés par la stillation des eaux dans le charbon de terre, qui se seront formés dans cette matière de la même manière qu'ils se forment dans toutes les autres couches de la terre : ces mines métalliques secondaires et parasites tirent leur origine des anciens filons, et n'en sont que des particules détachées par l'eau ou déposées dans le sein de la terre par la décomposition des anciens filons métalliques; et ce n'est que par ce moyen qu'il peut se trouver quelquefois dans le charbon de terre, comme dans toute autre matière, de petites portions de métaux. M. Kurella en donne quelques exemples; il cite un morceau de charbon de terre qui laissait apercevoir une mine d'argent pur (*b*), et ce morceau venait apparemment des mines de Hesse, dans le charbon desquelles on trouve en effet un peu d'argent assez pur; celle de Richenffein en Silésie contient de l'or; une de celles du comté de Buckingham dans la Grande-Bretagne

(*a*) « En Angleterre, à Bilston, et à Brosely sur la Severne, le toit des veines de char- » bon est rempli de cailloux arrondis plus ou moins gros, qui sont de la vraie mine de fer : » c'est une pierre compacte fort dure, sans cependant faire feu avec l'acier, et de couleur » d'ardoise plus ou moins foncée; elle est quelquefois mêlée de petites veines de cristalli- » sations calcaires; il faut la griller une et deux fois à l'air libre avant de la fondre avec » du coke dans les hauts fourneaux ordinaires. » Note communiquée par M. le Camus de » Limare. »

(*b*) *Essais et expériences chimiques*, in-8°.

donne du plomb, et M. Morand dit que l'étain se trouve aussi quelquefois dans le charbon de terre (*a*). Tous les métaux peuvent donc s'y trouver, mais en parcelles et en débris comme toutes les autres matières qui sont de formation secondaire.

Nous devons encore observer au sujet des veines, des couches et des masses de charbon, qu'il s'en trouve très souvent de grands amas qui ne se prolongent pas au loin en veines régulières, et qui néanmoins occupent des espaces assez grands : ces amas ont dû se former toutes les fois que les arbres et autres matières végétales se sont trouvés amoncelés sur des fonds creux environnés d'éminences; ainsi ces amas n'ont point de communication entre eux, et ne sont pas disposés par veines dirigées du levant au couchant. Ces mines en masses sont bien plus faciles à exploiter que les mines en veines; elles sont ordinairement plus épaisses et situées moins profondément : dans le Bourbonnais, l'Auvergne, le Forez et la Bourgogne, et dans autres provinces plusieurs de France, les mines dont on tire le plus de charbon sont en amas et non pas en veines prolongées; elles ont ordinairement huit et dix pieds d'épaisseur de charbon et souvent beaucoup plus.

Mais, comme nous l'avons dit, toutes les mines de charbon, soit en veines ou en amas, ne se trouvent que dans les couches de seconde formation, dont les matières ont été amenées et déposées par les eaux de la mer; on n'en a jamais trouvé dans les grandes masses vitreuses de première formation, telles que le quartz, les jaspes et les granits : c'est toujours dans les collines et montagnes du second ordre, et surtout dans celles dont la construction par bancs est la plus irrégulière, que gisent ces amas et ces veines de charbon, et la plus grande partie de la masse de ces montagnes est d'ordinaire un schiste ou une argile différemment modifiée; souvent aussi ce sont ou des grès plus ou moins décomposés, ou des pierres calcaires plus ou moins dures, ou des terres presque toujours imprégnées de matières pyriteuses qui leur donnent plus de pesanteur et une grande dureté. M. Lehmann dit avec quelque raison que le schiste qui sert presque toujours d'assise ou de plancher au charbon de terre n'est qu'une argile durcie, feuilletée, sulfureuse, alumineuse et bitumineuse. Mais je ne vois pas comment on peut en conclure avec lui que ce schiste est bitumineux lorsque sa portion argileuse a été imprégnée d'acide vitriolique, et qu'il est fétide lorsque cette même portion argileuse a été imprégnée d'acide marin (*b*); car le bitume ne se forme pas par le mélange de la terre argileuse avec l'acide vitriolique, mais par celui de ce même acide avec l'huile des végétaux, à moins que cet habile chimiste n'ait, comme M. de Gensanc, pris le limon ou la terre limoneuse pour de l'argile. Il ajoute que des observations réitérées ont fait connaître que ces schistes, ardoises, ou pierres feuilletées, occupent la partie du milieu du terrain sur lequel les mines de charbon sont portées, et que ces mines occupent toujours la partie la plus basse; ce qui n'est pas exactement vrai, puisque l'on trouve souvent des couches de schiste au-dessous des veines de charbon.

Les mines de charbon les plus aisées à exploiter ne sont pas celles qui sont dans les plaines ou dans le fond des vallons : ce sont au contraire celles qui gisent en montagnes, et desquelles on peut tirer les eaux par des galeries latérales, tandis que dans les plaines il faut des pompes ou d'autres machines pour élever les eaux qui sont quelquefois en telle abondance qu'on est obligé d'abandonner les travaux et de renoncer à l'exploitation de ces mines noyées; et ces eaux, lorsqu'elles ont croupi, prennent souvent une qualité funeste; l'air s'y corrompt aussi dès qu'il n'a pas une libre circulation; les accidents causés par les vapeurs qui s'élèvent de ces mines sont peut-être aussi fréquents que dans les mines métalliques. Le docteur Lister est le premier qui ait observé la nature de ces

(*a*) *Du charbon de terre*, etc., par M. Morand, p. 138.
(*b*) Voyez l'ouvrage de M. Lehmann sur les couches de la terre, tome III, p. 287.

vapeurs; il en distingue quatre sortes : la première, qu'il nomme exhalaison *fleurs de pois* parce qu'elle a l'odeur de cette fleur, n'est pas mortelle, et ne se fait guère sentir qu'en été; la seconde, qu'il appelle *exhalaison fulminante*, produit en effet un éclair et une forte détonation, en prenant feu à l'approche d'une chandelle, et l'on a remarqué qu'elle ne s'enflammait pas par les étincelles du briquet, en sorte que, pour éclairer les ouvriers dans ces profondeurs entièrement obscures, on s'est quelquefois servi d'une meule, qui, frottée continuellement contre des morceaux d'acier, produisait assez d'étincelles pour leur donner de la lumière sans courir le risque d'enflammer la vapeur; la troisième, qu'il regarde comme l'exhalaison commune et ordinaire dans toutes ces mines, est un mauvais air qu'on a peine à respirer; on reconnaît la présence de cette exhalaison à la flamme d'une chandelle qui commence par tourner et diminuer jusqu'à extinction; il en serait de même de la vie, si l'on s'obstinait à demeurer dans cet air qui paraît avoir perdu partie de son élasticité; enfin la quatrième vapeur est celle que Lister nomme *exhalaison globuleuse* : c'est un amas de ce même mauvais air qui s'attache à la voûte de la mine en forme d'un ballon, dont l'enveloppe n'est pas plus épaisse qu'une toile d'araignée; lorsque ce ballon vient à s'ouvrir, la vapeur qui en sort suffoque, étouffe ceux qui la respirent. Je crois, avec M. Morand, qu'on peut réduire ces quatre sortes de vapeurs à deux : l'une n'est qu'un simple brouillard de mauvais air auquel nous donnerons le nom de *mouffette* ou *pousse* (a); cet air, qui éteint les lumières et fait périr les hommes, est l'acide aérien ou air fixe, aujourd'hui bien connu (*), qui existe plus ou moins dans tout air, et qui n'a pu être encore ni composé ni décomposé par l'art; les ventilateurs et le feu lui-même ne le purifient pas et ne font que le déplacer; il faut donc entretenir une libre circulation dans les mines. Cette vapeur devient plus abondante lorsque les travaux ont été interrompus pendant quelques jours, et dans les grandes chaleurs de l'été le brouillard est quelquefois si fort qu'on est obligé de cesser les ouvrages; il se condense souvent en filets qui voltigent; et ce sont apparemment ces filets réunis qui forment les globes dont parle Lister. La seconde exhalaison est la vapeur qui s'enflamme et qu'on appelle *feu grieux* (b); c'est vraiment de l'air inflammable (**), tout pareil à celui qui sort des marais et de toutes les eaux croupies; cet air siffle et pétille dans certains charbons, surtout lorsqu'ils sont amoncelés; ils s'enflamment quelquefois d'eux-mêmes comme le feraient des pyrites entassées. Les ouvriers savent reconnaître qu'ils sont menacés de cette exhalaison, et qu'elle va s'allumer par l'effet très naturel qu'elle produit de repousser l'air de l'endroit d'où elle vient : aussi, dès qu'ils s'en aperçoivent, ils se hâtent d'éteindre leurs chandelles; ils sont encore avertis par les étincelles bleuâtres que la flamme de ces chandelles jette alors en assez grande quantité (c).

(a) L'action de la mouffette ou pousse est telle qu'elle éteint la chandelle, et qu'ensuite cette chandelle éteinte ne donne pas la moindre fumée, et qu'un charbon ardent qui a été soumis à la mouffette revient sans aucun vestige de chaleur. *Du charbon de terre*, par M. Morand, p. 34 et 157.

(b) On connaît plusieurs mines dans lesquelles le feu grieux se conserve depuis longtemps. Dans la mine de Mulhein (à une lieue de Cologne)... l'odeur qui accompagne ce feu ressemble à celle de la poudre à canon enflammée. *Du charbon de terre*, par M. Morand, p. 930.

(c) *Idem*, p. 34 et suiv.

(*) Le gaz que Buffon nomme « acide aérien ou air fixe » est l'acide carbonique; on ne peut manquer d'être frappé de la sérénité avec laquelle le grand naturaliste dit « aujourd'hui bien connu » d'un gaz dont on ignorait alors complètement la composition.

(**) L'air inflammable dont parle Buffon n'est pas l'hydrogène pur, alors tout à fait inconnu, mais l'hydrogène carboné des marais; c'est le gaz qu'on trouve surtout dans les mines de houille et dont l'inflammation provoque les explosions.

Les mauvais effets de toutes ces exhalaisons peuvent être prévenus en purifiant l'air par le feu, et surtout en lui donnant une grande et libre circulation. Souvent les ventilateurs et les puits d'air ne suffisent pas; il faut établir dans les mines des fourneaux d'aspiration. Au reste, ce n'est guère que dans les mines où le charbon est très pyriteux que ce feu grieux s'allume, et l'on a observé qu'il est plus fréquent dans celles où les eaux croupissent; mais, dans les mines de charbon purement bitumineux ou peu mélangé de parties pyriteuses, cette vapeur inflammable ne se manifeste point et n'existe peut-être pas.

Comme il y a plusieurs charbons de terre qui sont extrêmement pyriteux, les embrasements spontanés sont assez fréquents dans leurs mines; et, quand une fois le feu s'est allumé, il est non seulement durable, mais perpétuel : on en a plusieurs exemples, et l'on a vainement tenté d'arrêter le progrès de cet incendie souterrain dont l'effet peu violent n'est pas accompagné de fortes explosions, et n'est nuisible que par la perte du charbon qu'il consume. Souvent ces mines ont été enflammées par les vapeurs mêmes qu'elles exhalent, et qui prennent feu à l'approche des chandelles allumées pour éclairer les ouvriers (*a*) (*).

Dans le travail des mines de charbon de terre, l'on est toujours plus ou moins incommodé par les eaux : les unes y coulent en sources vives, les autres n'y tombent qu'en suintant par les fentes des rochers et des terres supérieures, et les mineurs les plus expérimentés assurent que plus ils creusent, plus les eaux diminuent, et qu'elles sont plus abondantes vers la superficie. Cette observation est conforme aux idées qu'on doit avoir de la quantité des eaux souterraines, qui, ne tirant leur origine que des eaux pluviales, sont d'autant plus abondantes qu'elles ont moins d'épaisseur de terre à traverser; et ce ne doit être que quand on laisse tomber les eaux des excavations supérieures dans les travaux inférieurs qu'elles paraissent être en plus grande quantité à cette profondeur plus grande; enfin on a aussi observé que l'étendue superficielle et la direction des suintements et du volume des sources souterraines varient selon les différentes couches des matières où elles se trouvent (*b*).

(*a*) La vapeur sulfureuse qui s'élève de certaines mines de charbon, loin de concentrer la flamme des chandelles et de l'éteindre, l'augmente et l'étend à une hauteur marquée : la flamme de cette chandelle fait alors l'effet d'une mèche qui allume toute la partie de la mine où cette vapeur était rassemblée. A. Pensneth-Chasen, le feu a pris de cette manière par une chandelle dans une carrière de charbon, et depuis ce temps on en voit sortir la flamme et la fumée. Voyez, sur ce sujet, *Transactions philosophiques*, n° 429, et aussi les nos 109, 282 et 442. — Je dois observer que les auteurs qui ont avancé, comme on le voit ici, que c'est la vapeur sulfureuse qui s'enflamme, se sont trompés : cette vapeur sulfureuse, loin de s'allumer, éteint au contraire les chandelles allumées. C'est donc à l'air inflammable, et non à la vapeur sulfureuse, qu'il faut attribuer l'inflammation dans les mines de charbon. Mais la cause la plus commune de l'embrasement des mines de charbon est l'inflammation des pyrites par l'humidité de la terre, lorsqu'elle est abreuvée d'eau : on ne peut parvenir à étouffer ce feu qu'en inondant pendant un certain temps toute la mine incendiée. Ces accidents sont très fréquents dans les mines de charbon qui ont été exploitées sans ordre par les paysans : la quantité de puits et d'ouvertures qu'ils ont laissés sur la direction des veines sont autant de réceptacles aux eaux de pluie, qui venant à rencontrer des pyrites, causent ces incendies.

(*b*) Dans les substances molles et dans les lits profondément enfouis, les fentes sont assez éloignées les unes des autres et plus étroites : dans les matières calcaires, elles sont perpen-

(*) On n'a inventé que récemment les lampes de sûreté qui permettent aux mineurs de se mettre à l'abri de l'inflammation des gaz des mines et des accidents qui en sont la conséquence. Les lampes de sûreté sont des appareils d'éclairage à parois formées par un grillage très fin; elles reposent sur ce double fait que les flammes ne traversent pas le grillage et que l'hydrogène carboné ne prend feu que par le contact avec une flamme; la toile métallique en isolant la flamme du gaz prévient donc l'inflammation de ce dernier.

Tout le monde sait que l'eau qui ne peut se répandre remonte à la même hauteur dont elle est descendue : rien ne démontre mieux que les eaux souterraines, même les plus profondes, proviennent uniquement des eaux de la superficie, puisqu'en perçant la terre jusqu'à cette profondeur avec des tarières, on se procure des eaux jaillissantes à la surface ; mais, lorsqu'au lieu de former un siphon dans la terre, comme l'on fait avec la tarière, on y perce de larges puits et des galeries, l'eau s'épanche au lieu de remonter, et se ramasse en si grande quantité que l'épuisement en est quelquefois au-dessus de toutes nos forces et des ressources de l'art ; les machines les plus puissantes que l'on emploie dans les mines de charbon sont les pompes à feu dont ordinairement on peut augmenter les effets autant qu'il est nécessaire pour se débarrasser des eaux, et sans qu'il en coûte d'autres frais que ceux de la construction de la machine, puisque c'est le charbon même de la mine qui sert d'aliment au feu, dont l'action, par le moyen des vapeurs de l'eau bouillante, fait mouvoir les pistons de la pompe (a) ; mais, quand la profondeur est très grande et que les eaux sont trop abondantes, cette machine, la meilleure de toutes, n'a pas encore assez de puissance pour les épuiser.

diculaires à l'horizon ; dans les bancs de grès et de roc vif, elles sont obliques ou irrégulièrement placées ; dans quelques matières compactes, comme marbres, pierres dures, et dans les premières couches, elles sont plus multipliées et plus larges ; souvent elles descendent depuis le sommet des masses jusqu'à leur base ; d'autres fois elles pénètrent jusque dans les lits inférieurs : les unes vont en diminuant de largeur, d'autres ont dans toute leur étendue les mêmes dimensions. Pour ce qui est des temps auxquels on doit s'attendre davantage à la rencontre embarrassante des eaux, il est d'observation qu'elles sont en général plus abondantes en hiver, suivant l'espèce de température et suivant les pluies : c'est ordinairement en mars qu'elles donnent davantage, à cause des fontes des neiges ; on les a vues quelquefois très basses à Noël. *Du charbon de terre*, par M. Morand, p. 873.

(a) « Les machines ou pompes à feu sont particulièrement appliquées à ces grands épuisements dans quantité de mines de charbon de la Grande-Bretagne..... La plus considérable est celle de Walker, où les eaux, ramassées à cent toises de profondeur, s'élèvent à » quatre-vingt-neuf toises jusqu'à un percement ou aqueduc de quatre pieds de haut et de » deux cent cinquante toises de long : sa puissance est de trente-quatre mille quatre cent » seize livres ; elle a d'effort trois mille quatre-vingt-seize..... On se sert aussi d'une pompe » à feu dans la mine de charbon de Fresnes, proche Condé, de laquelle M. Morand donne » la description. *Du charbon de terre*, pages 404, 405 et 468.... Il y a dix pompes à feu dans » la seule mine d'Anzin ; il y en a une à Montrelais en Bretagne, et l'on en monte actuellement (septembre 1779) une d'une puissance supérieure à la mine d'Anzin, pour remplacer » l'ancienne, qui était défectueuse. » Note communiquée par M. le chevalier de Grignon. — M. le Camus de Limare m'a informé qu'on a trouvé nouvellement en Angleterre les moyens de donner à ces machines à feu un degré de perfection qui produit un beaucoup plus grand effet avec une moindre consommation de matière combustible ; voici la notice que M. de Limare a eu la bonté de me communiquer à ce sujet : « La nouvelle machine à feu que » MM. Boulton et Watt viennent d'établir en Angleterre avec le plus grand succès, en » vertu d'un arrêt du parlement qui leur en accorde le privilège exclusif, est infiniment » supérieure aux anciennes machines pour l'effet et pour l'économie.

» Ce n'est plus le poids de l'atmosphère qui donne le mouvement au piston ; c'est l'action » seule de la vapeur qui agit, et sa condensation se fait dans un vaisseau qu'ils appellent le » *condensoir*, et qui est distinct du cylindre où agit le piston. Ce condensoir est toujours » au même degré de chaleur que la vapeur même, sans que l'injection de l'eau froide le » refroidisse en aucune façon ; la vapeur étant introduite dans la capacité d'une roue qui » contient une matière fluide, elle donne à cette roue un mouvement circulaire avec une » force relative à la capacité de la roue et à la quantité de vapeurs qu'elle peut recevoir. » Quoiqu'on ne puisse bien juger de ce mécanisme dont on tient le jeu caché, son effet est » considérable, et l'expérience l'a confirmé : la même machine, changée et disposée sur les » principes ci-dessus, donne un effet presque double, et consomme infiniment moins de

Les eaux qui coulent dans les terres voisines des mines de charbon sont de qualités différentes : il y en a de très pures et bonnes à boire ; mais ce ne sont que celles qui viennent des terres situées au-dessus des charbons ; celles qui se trouvent dans le fond de leur mine sont quelquefois bitumineuses et plus souvent vitrioliques et alumineuses ; l'alun ou le vitriol martial, qu'elles tiennent en dissolution, sont eux-mêmes très souvent altérés par différents mélanges (a) ; mais, de quelque qualité que soient les eaux, celles qui croupissent dans la profondeur des mines les rendent souvent inabordables par les vapeurs funestes qu'elles produisent. L'air et l'eau ont également besoin d'être agités sans cesse pour conserver leur salubrité ; l'état de stagnation dans ces deux éléments est bientôt suivie de la corruption, et l'on ne saurait donner trop d'attention, dans les travaux des mines, à la liberté de mouvement et de circulation toujours nécessaire à ces deux éléments.

Après avoir exposé les faits qui ont rapport à la nature des charbons de terre, à leur formation, leur gisement, la direction, l'étendue, l'épaisseur de leurs veines en général, il est bon d'entrer dans le détail particulier des différentes mines qui ont été et qui sont encore travaillées avec succès, tant en France que dans les pays étrangers, et de montrer que cette matière se trouve partout où l'on sait la chercher : après quoi, nous donnerons les moyens qu'il faut employer pour en faire usage et la substituer sans inconvénient au bois et au charbon de bois dans nos fourneaux, nos poêles et nos cheminées.

Il y a, dans la seule étendue du royaume de France, plus de quatre cents mines de charbon de terre en pleine exploitation, et ce nombre, quoique très considérable, ne fait peut-être pas la dixième partie de celles qu'on pourrait y trouver. Dans toutes ou presque toutes ces mines, il y a trois ou quatre sortes de charbons : le charbon pur, qui est ordinairement au centre de la veine ; le charbon pierreux, communément mêlé de plus ou moins de matières calcaires ou de grès ; le charbon schisteux et le charbon pyriteux. Ceux qui contiennent du schiste sont les plus rares de tous, et cela seul prouverait que la substance principale du charbon ne peut être de l'argile, puisque le vrai schiste n'est lui-même qu'une argile durcie. Il y a des charbons qui se trouvent pyriteux dans toute l'épaisseur et l'étendue de leur veine : ce sont les moins propres de tous aux travaux de la métallurgie ; mais, comme on peut les épurer en les faisant cuire, et qu'ordinairement ils contiennent moins de bitume que les autres, ils donnent aussi moins de fumée, et conviennent souvent mieux pour l'usage des cheminées que les charbons trop chargés de bitume. La grande quantité de soufre, qui se forme par la combustion des premiers, ne

» charbon que par l'ancienne méthode, ce qui a fait adopter la nouvelle par toute l'Angle-
» terre où MM. Boulton et Watt en ont déjà établi plusieurs avec beaucoup d'avantage pour
» eux et pour les propriétaires.

« Pour juger de l'effet étonnant de cette machine, il suffit de savoir qu'avec le feu de
« cent livres de charbon de terre de bonne qualité, elle élève

» A la hauteur de 1 pied	500000	pieds cubes d'eau.
» A celle de..... 10 pieds	50000	
» A celle de.... 100 pieds	5000	
» A celle de... 1000 pieds	500	

« Quant aux conditions, MM. Boulton et Watt se font donner, pour toute chose, le tiers
» du bénéfice que produit annuellement leur nouvelle machine, comparée à l'effet et à la
» dépense d'une ancienne machine de pareille force qui aurait à élever le même volume
» d'eau d'une profondeur égale : ce tiers doit leur appartenir pendant les quatorze années de
» la durée de leur privilège ; plusieurs entrepreneurs des mines d'étain de Cornouaille, as-
» surés par leur propre expérience du succès constant de cette nouvelle machine, ont ra-
» cheté, pour une somme comptant, cette indemnité annuelle, qu'ils doivent payer pendant
» quatorze années à MM. Boulton et Watt. » Paris, le 5 juillet 1780.

(a) *Du charbon de terre*, etc., par M. Morand, p. 29.

peut qu'altérer les métaux, surtout le fer que la petite quantité d'acide sulfureux suffit pour rendre aigre et cassant. Le charbon pierreux ne se trouve pas dans le centre des veines, à moins qu'elles ne soient fort minces : il est ordinairement situé le long des parois et sur le fond des bancs pierreux qui forment le toit et le sol de la veine. Les charbons schisteux sont de même situés sur le sol ou sous le toit schisteux de la veine : ces charbons pierreux ou schisteux ne sont pas d'un meilleur usage que le charbon pyriteux, et ils ont encore le désavantage de ne pouvoir être épurés à cause de la grande quantité de leurs parties pierreuses ou schisteuses ; il ne reste donc, à vrai dire, que le charbon de la première sorte, c'est-à-dire le charbon pur, dont on puisse faire une matière avantageusement combustible et propre à remplacer le charbon de bois dans tous les emplois qu'on en peut faire.

Et dans ce charbon de la première sorte et le meilleur de tous, on distingue encore celui qui se tire en gros blocs que l'on appelle *charbon pérat*, dont la qualité est néanmoins la même que celle du charbon plus menu (*a*), qui se nomme *charbon maréchal* : le charbon pérat a pris ce nom aux mines de Rive-de-Gier, et il n'est ainsi appelé que quand il est en gros morceaux. C'est par cette seule raison de son gros volume qu'il est plus estimé pour les grilles des teintures et des fourneaux ; mais il n'est pas pour cela d'une qualité supérieure au charbon *maréchal*, car l'un et l'autre se tirent de la même veine, et l'on distingue par le volume trois sortes de charbon : le *pérat* est celui qui arrive à la superficie du terrain en gros morceaux et sans être brisé ; le second, qui est en morceaux de médiocre grosseur, se nomme *charbon grêle* ; et ce n'est que celui qui est émietté ou qui est composé des débris des deux autres qu'on appelle *charbon maréchal*. Le bon charbon pèse de cinquante-cinq à soixante livres le pied cube ; mais cette estimation est difficile à faire avec précision, surtout pour le charbon qui se brise en le tirant : les charbons les plus pesants sont souvent les plus mauvais, parce que leur grande pesanteur ne vient que de la grande quantité des parties pyriteuses, terreuses ou schisteuses qu'ils contiennent ; les charbons trop légers pèchent par un autre défaut, c'est de ne donner que peu de chaleur en brûlant et de se consumer trop vite. Pour que la qualité du charbon soit parfaite, il faut que la matière végétale qui en fait le fond ait été bituminisée dans son premier état de décomposition, c'est-à-dire avant que cette substance ait été décomposée par la pourriture, car, quand le végétal est trop détruit, l'acide ne peut en bituminiser l'huile qui n'y existe plus. Cette matière végétale, qui n'a subi que les premiers effets de la décomposition, aura dès lors conservé toutes ses parties combustibles ; et le bitume qui par lui-même est une huile inflammable, couvrant et pénétrant cette substance végétale, le composé de ces deux matières doit contenir, sous le même volume, beaucoup plus de parties combustibles que le bois : aussi la chaleur du charbon de terre est-elle bien plus propre et plus durable que celle du charbon végétal.

Ce que je viens de dire au sujet de la décomposition plus ou moins grande de la matière végétale dans les charbons de terre peut se démontrer par les faits : on trouve audessus de quelques mines de charbon des bois fossiles, dans lesquels l'organisation est encore très reconnaissable ; mais, à mesure qu'on descend, les traits de cette organisation s'oblitèrent, et il n'en reste que peu ou point d'indices dans la suite de la veine. Il arrive souvent que cette bonne veine porte sur une autre veine de mauvais charbon terreux et pourri, parce que sa substance végétale, s'étant pourrie trop promptement, n'a pu s'imprégner. On doit donc ajouter cette cinquième sorte de charbon aux quatre premières sous le nom de *charbon terreux*, parce qu'en effet sa substance n'est qu'un terreau pourri. Enfin une sixième sorte est le charbon le plus compact, que l'on pourrait appeler *charbon*

(*a*) Charbon pérat est une dénomination locale qui signifie *charbon pierreux* ou *charbon de pierre*.

de pierre à cause de sa dureté; il contient une grande quantité de bitume, et le fond paraît en être de terre limoneuse, parce qu'il laisse après la combustion une scorie vitreuse et boursouflée. Et lorsque le limon ou le terreau se trouve en trop grande quantité ou avec trop peu de bitume, ces charbons ainsi composés ne sont pas de bonne qualité : ils donnent également beaucoup de scories ou mâchefer par la combustion; mais tous deux sont très bons lorsqu'ils ne contiennent qu'une petite quantité de terre et beaucoup de bitume.

On trouve donc, dans ces immenses dépôts accumulés par les eaux, la matière végétale dans tous ses états de décomposition, et cela seul suffirait pour qu'il y eût des charbons de qualités très différentes : la quantité de cette matière, anciennement accumulée dans les entrailles de la terre, est si considérable, qu'on ne peut en faire l'estimation autrement que par comparaison. Or, une bonne mine de charbon fournit seule plus de matière combustible que les plus vastes forêts, et il n'est pas à craindre que l'on épuise jamais ces trésors de feu, quand même l'homme, venant à manquer de bois, y substituerait le charbon de terre pour tous les usages de sa consommation.

Les meilleurs charbons de France sont ceux du Bourbonnais, de la Bourgogne, de la Franche-Comté et du Hainaut; on en trouve aussi d'assez bons dans le Lyonnais, l'Auvergne, le Limousin et le Languedoc : ceux qu'on connaît en Dauphiné ne sont que de médiocre qualité (*a*). Nous croyons devoir donner ici les notices que nous avons recueillies sur quelques-unes des mines principales qui sont actuellement en exploitation.

On tire d'assez bon charbon de la mine d'Épinac, qui est située en Bourgogne près du village de Résille, à quatre lieues d'Autun : on y connaît plusieurs veines qui se dirigent toutes de l'est à l'ouest, s'inclinant au nord de trente à trente-cinq degrés (*b*). Celle qu'on exploite actuellement n'a pas d'épaisseur réglée; elle a ordinairement sept à huit pieds,

(*a*) « On m'a envoyé, de Dauphiné, une caisse remplie de mauvais charbon provenant » d'une fouille près de Saint-Jean, à deux ou trois lieues de Grenoble, qui est du bois de hêtre » très reconnaissable, imparfaitement bituminisé. » Note communiquée par M. de Morveau, le 24 septembre 1779. — « Je connais les différentes espèces de charbon du Dauphiné; elles » sont toutes mauvaises et ne peuvent soutenir la préparation : j'en ai fait une épreuve de » trois mille cinq cents livres qui m'a prouvé cette vérité. Celui que j'ai employé était de » Vaurappe; ce n'est qu'une pierre à chaux imbue de bitume et de soufre très volatil; celui » de la Motte ne vaut guère mieux. J'en ai vu une autre mine près de la Grande-Chartreuse, » qui annonce une meilleure qualité; mais elle ne montre que des *veinules* et des mouches » qui se coupent et se perdent dans le rocher; celui que l'on m'a apporté des montagnes » d'Alvard ne vaut rien du tout. » Lettre de M. le chevalier de Grignon à M. de Buffon, datée d'Alvard, le 21 septembre 1778.

(*b*) La mine de Champagney, près de Béfort en Alsace, est inclinée de quarante-cinq degrés : plus les terrains sont bas, moins généralement les veines de charbon de terre sont inclinées; elles sont même horizontales dans les pays de plaine, et ce n'est que dans les montagnes qu'elles sont violemment inclinées; au reste, l'inclinaison des mines n'est nulle part aussi marquée et aussi singulière que dans le pays de Liège. « Les veines de charbon de terre » sont communément inclinées à l'horizon, dit M. Morand : tantôt elles s'approchent de la » ligne perpendiculaire, et elles se nomment alors *pendage de roisse;* tantôt elles sont pres» que horizontales, et on les désigne alors par le nom de *pendage de plature*. Toutes ces veines » prennent leur origine au jour, c'est-à-dire à la surface de la terre; elles descendent ensuite » dans la même direction jusqu'à une certaine profondeur; alors elles forment, à une dis» tance plus ou moins grande différents angles, qui les rapprochent insensiblement de la » ligne horizontale; elles remontent ensuite à la surface de la terre, en formant une figure » symétrique fort régulière : il y a donc apparence, d'après ces observations, que les pen» dages de roisse deviennent pendages de plature dans toutes les veines du pays de Liège, » et qu'ils redeviennent ensuite pendages de roisse. Ce qu'on observe encore de très singu» lier, c'est que presque jamais les veines ne marchent seules; elles sont toujours accompa» gnées d'autres veines qui marchent parallèlement avec elles, qui se fléchissent sur les

quelquefois douze à quinze, d'autres fois elle n'en a que quatre. Son mur a toute la consistance nécessaire, mais le toit, composé de schiste friable et d'une terre limoneuse que l'eau dissout facilement, s'écroulerait bientôt si on ne l'étayait par de bons boisages et par des massifs pris dans la veine même. Le charbon de cette mine est très pyriteux : aussi n'est-il nullement propre aux usages des forges, la quantité de soufre que produisent les pyrites devant corroder et détruire le fer; cependant il se trouve dans l'épaisseur de la veine de petits lits de très bon charbon qui serait propre à la forge, s'il était extrait et trié avec soin.

La mine de Montcenis, ainsi que celle de Blansy et autres des environs, sont dirigées de l'est à l'ouest, et s'inclinent vers le nord de vingt-cinq ou trente degrés. On exploite deux veines principales, dont les épaisseurs varient depuis dix jusqu'à quarante-cinq pieds : la première extraction, comme celle de la plupart de nos mines de France, a été mal conduite; on l'a commencée par la tête de la veine, en sorte que les ouvriers sont souvent exposés à percer dans les ouvrages supérieurs, et à y éprouver des éboulements. Le lit de cette mine de Montcenis est un schiste très dur et pyriteux d'un pied d'épaisseur, dans lequel on voit des empreintes de plantes en grand nombre. Le charbon de la tête de cette mine est fort pyriteux, mais celui qui se tire plus profondément l'est beaucoup moins, et en général ce charbon a le défaut de s'émietter à l'air : il faut donc l'employer au sortir de la minière, car on ne peut le transporter au loin sans qu'il subisse une grande altération et ne tombe en détriments; dans cet état de décomposition, il ne donne que très peu de chaleur et se consume en peu de temps, au lieu que dans son premier état, au sortir de la mine, il fait un feu durable.

Les mines de Rive-de-Gier, dans le Lyonnais, sont en grande et pleine exploitation : il y a actuellement, dit M. de Grignon, plus de huit cents ouvriers occupés à l'extraction du charbon par vingt-deux puits qui communiquent aux galeries des différentes minières, dont les plus profondes sont à quatre cents pieds. On tire de ces mines, comme de presque toutes les autres, trois sortes de charbon : le pérat en très gros blocs et de la meilleure qualité; le maréchal qui est menu et qui est séparé du banc de pérat par une couche de mauvais charbon mou; et enfin un charbon dur, compact et terreux, qui est voisin du toit et des lisières de la mine. Ce toit est un schiste rougeâtre et limoneux qui brunit et noircit à mesure qu'il est plus voisin du charbon, et dans cette partie il porte un grand nombre d'empreintes de végétaux. Le charbon de ces mines de Rive-de-Gier est plus compact et plus pesant que celui de Montcenis; son feu est plus âpre et plus durable; il donne une flamme vive, rouge et abondante; il n'est que peu pyriteux, mais très bitumineux.

La plupart des mines du Forez (*a*), du Bourbonnais (*b*), de l'Auvergne (*c*), sont en amas

» mêmes angles, et qui toutes ensemble forment une figure presque régulière. » *Journal de Physique*, etc., mois de juillet 1773, p. 69.

(*a*) Les mines de charbon se trouvent dans le haut Forez; elles sont en montagnes, et par conséquent aisées à exploiter, en tirant les eaux par des galeries latérales : les charbons se trouvent presqu'à la superficie dans les fonds; ces mines sont très abondantes autour de Saint-Étienne, dont le territoire peut être regardé comme le centre de toutes les mines de cette province; elles embrassent une longueur d'environ six lieues du levant au couchant, occupant un vallon dont la plus grande largeur, du midi au nord, n'est pas d'une demi-lieue. *Du charbon de terre*, etc., par M. Morand, p. 160.

(*b*) La mine du Bourbonnais, qui fournit Paris depuis plus d'un siècle, est dans la terre de Fims, paroisse de Châtillon, à quatre lieues environ de Moulins. Il y a une autre mine à trois lieues et demie de Moulins, sur la route de Limoges, dans le territoire de Noyan : le charbon de cette mine, ouverte depuis quelque temps, est en beaux morceaux très solides, séparés seulement de distance en distance par des feuillets considérables d'un très beau spath. La seconde veine a souvent sept à huit pieds d'épaisseur; la première n'en a que trois et demi sur quatre à cinq toises de largeur. *Du charbon de terre*, etc., par M. Morand, p. 161.

(*c*) C'est particulièrement dans la Limagne ou basse Auvergne que les mines de charbon

et non pas en veines; elles sont donc plus faciles à exploiter : aussi l'on en tire une très grande quantité de charbon, dont il y en a de très bonne qualité. Dans le Nivernais, près de Decize, il se trouve des mines en amas et d'autres en veines. On y connaît quatre ou cinq couches ou veines régulières les unes au-dessus des autres, courant parallèlement, étant depuis dix jusqu'à vingt toises de distance les unes des autres latéralement. Le charbon de ces veines ne commence à être bon qu'à quatre toises et plus de profondeur : elles ont depuis deux pieds jusqu'à cinq pieds d'épaisseur; leur toit est un schiste avec des impressions de plantes, et le lit est un grès à demi décomposé. Les mines en amas du même canton sont mêlées de schiste et de grès; mais en général tout ce charbon est pyriteux, et quelquefois il prend feu de lui-même, lorsqu'après l'extraction on le laisse exposé à l'air.

Il y a des mines de charbon dans le Quercy aux environs de Montauban; il y en a dans le Rouergue, où le territoire de Cransac, qui est d'une grande étendue, n'est, pour ainsi dire, qu'une mine de charbon ; il y en a une autre mine à Severac-le-Castel sur une montagne, dont le charbon est pyriteux et sensiblement chargé de vitriol; une autre à Mas-de-Bannac, élection de Milhaud. On en a aussi découvert dans le bas Limousin à une lieue de Bourganeuf, dans les environs d'Argental, dans ceux de Maynac et dans le territoire de Varets à peu de distance de Brives (*a*). Dans toute l'étendue du terrain, depuis la rive du Lot qui est en face de Levignac jusqu'à Firminy, on ne peut pas faire un pas qu'on ne trouve du charbon : dans beaucoup d'endroits on n'a pas besoin de creuser pour le tirer. Dans ce même canton il y a une masse très étendue de ce charbon, qui est minée par un embrasement souterrain : la première époque de cet incendie n'est point connue, on voit sortir une fumée fort épaisse des crevasses de cette minière enflammée (*b*). Il y a aussi en Bourgogne, au canton de la Gachère, près de Saint-Berain, une mine de charbon enflammée qui donne de la fumée et une forte odeur d'acide sulfureux; on ne peut pas toucher sans se brûler un bâton qu'on y a plongé seulement pendant une minute; ce n'est qu'une inflammation pyriteuse produite par l'eau qui séjourne dans cet endroit, et qu'on pourrait éteindre en le desséchant (*c*). Il y a encore près de Saint-Étienne-en-Forez une

sont très abondantes; elles n'y sont pas par veines, mais par assez grandes masses, traversées de temps en temps par des bandes schisteuses qui ne se continuent pas: les endroits remarquables par leurs mines de charbon sont Sauxilanges, à sept lieues de Clermont; Salverre, Charbonnière, Sainte-Fleurine, Lande-sur-Alagnon, Frugère, Anson, Bois-Gros, Gros-Ménil, Fosse, la Brosse et Brassager. *Idem*, *ibidem*, page 156. — C'est au-dessous de Brioude, entre les rivières d'Alagnon et d'Allier, que se trouve la plus grande partie des fouilles, et la mine la plus abondante est dans le territoire de Sainte-Fleurine : le charbon s'y trouve à une médiocre profondeur. Le centre de ces mines est le champ appelé la *Fosse*, d'où on a autrefois tiré du charbon réputé le meilleur de tout ce quartier; les autres ne sont que des rameaux qui partent de ce champ ou qui viennent s'y rendre, mais séparés par des rocs: les charbons provenant de ces branches sont tous d'une qualité bien inférieure à celle de la maîtresse mine... Le bon charbon de cette mine est au-dessous d'un roc grisâtre très dur, de sept à huit toises d'épaisseur; c'est d'abord une terre noire, sensiblement bitumineuse, puis un schiste qui fait le toit de la veine dans laquelle on distingue trois membres : le premier charbon peut avoir depuis quinze jusqu'à vingt-cinq pieds d'épaisseur; il est séparé du second par un roc noir, argileux et imprégné de bitume charbonneux; le second membre de charbon est à peu près de la même épaisseur que le premier; il est aussi placé sur un roc qui sert de toit au troisième membre, qui renferme le meilleur charbon, appelé *puceau*, et qui porte encore sur un lit de roc.... Dans ces mines, le charbon se présente quelquefois en tas. *Du charbon de terre*, etc., par M. Morand, p. 588.

(*a*) *Du charbon de terre*, etc., par M. Morand, p. 155.

(*b*) *Idem*, page 534.

(*c*) Note communiquée par M. de Morveau, le 4 septembre 1779.

mine de charbon qui brûle depuis plus de cinq cents ans, auprès de laquelle on avait établi une manufacture pour tirer de l'alun des récréments de cette mine brûlée; et enfin une autre auprès de Saint-Chaumont, qui brûle très lentement et profondément.

En Languedoc il y a aussi beaucoup de charbon de terre. M. l'abbé de Sauvages, très bon observateur, assure qu'il en existe différentes mines dans la chaîne de collines qui s'étend depuis Anduse jusqu'à Villefort, ce qui fait une étendue d'environ dix lieues de longueur (*a*).

Dans le Lyonnais, les principaux endroits où l'on trouve du charbon de terre sont le territoire de Gravenand, celui du Mouillon, ceux de Saint-Genis-Terre-Neuve, qui tous trois sont dans la même montagne, située à un demi-quart de lieue de la ville de Rive-de-Gier, et les eaux de leurs galeries s'écoulent dans le Gier. Les terrains de Saint-Martin-la-Plaine, Saint-Paul-en-Jarrest, Rive-de-Gier et Saint-Chaumont contiennent aussi des mines de charbon. M. de la Tourette, secrétaire de l'Académie des sciences de Lyon, et correspondant de celle de Paris, a donné une description détaillée des matières qui se trouvent au-dessus d'une de ces mines du Lyonnais, par laquelle il paraît que le bon charbon ne se trouve qu'à cent pieds dans certains endroits, et à cent cinquante environ dans d'autres : il y a deux veines l'une au-dessus de l'autre, dont la plus extérieure a depuis huit jusqu'à dix-huit pieds d'épaisseur d'un charbon propre aux maréchaux. La seconde veine n'est séparée de la première que par un lit de grès dur et d'un grain fin, de six à neuf pouces d'épaisseur : ce grès sert de toit à la seconde veine qui a dix à quinze pieds d'épaisseur, et dont le charbon est plus compact que celui de la première veine, mais encore plus pyriteux.

Il y a du charbon de terre en Dauphiné près de Briançon, et entre Sézanne et Sertriches, dans le même endroit où l'on tire la craie de Briançon, et à Ternay, élection de Vienne. Les charbons de Voreppe, de Saint-Laurent, de la montagne de Soyers, ainsi que ceux du village de la Motte et du Val-des-Charbonniers, qui tous se tirent pour l'usage des maréchaux, ne sont pas de bien bonne qualité. On en trouve en Provence, près d'Au-

(*a*) Les principales et celles qui en fournissent à presque tout le Languedoc sont, dit-il, aux environs d'Alais et du Château-des-Portes: elles affectent toujours les endroits dont le terrain ou les rochers sont une espèce de grès d'un grain quartzeux, grisâtre, irrégulier dans sa forme et sa grosseur..... Les mines des environs d'Alais sont ordinairement par veines, resserrées au fond d'un rocher..... Le charbon y paraît entassé sans aucune distinction de lits; lorsque les veines aboutissent à la superficie, le charbon est altéré dans sa consistance, jusqu'à une toise de profondeur; on ne tire d'abord que de la terre noirâtre: à mesure que l'on creuse, le grain devient plus ferme, d'un noir plus foncé et plus luisant. C'est le charbon dont on se sert pour les fours à chaux.

Ces mines sont toujours accompagnées de deux espèces de schistes, connus parmi les mineurs du pays sous le nom de *fisse*... La première espèce de fisse, qu'on appelle les *gardes du charbon*, parce qu'elle lui est immédiatement appliquée, et qu'elle l'accompagne partout, est une pierre bitumineuse, mince, tendre et noire; elle ne diffère de l'*ampelitis* ordinaire que parce qu'elle est pliée ou ondée, et qu'elle a souvent le poli et le luisant du jayet travaillé.

Au-dessous de cette première *fisse*, on en trouve une autre dont les couches sont plus nombreuses et plus aplaties : c'est une ardoise feuilletée, tantôt noire, tantôt rousse, et toujours fort grossière; elle se distingue principalement de la première par des empreintes végétales.

Quoique nos mines de charbon soient à l'abri des eaux pluviales, elles ne laissent pas quelquefois d'être humectées par des sources bitumineuses, aussi anciennes peut-être que les mines, et qui sont plus fréquentes à mesure que les mines sont plus profondes: les ouvriers en sont souvent incommodés; mais ils assurent qu'en revanche il n'y a pas de meilleur charbon que celui qui est voisin de ces sources. *Observations lithologiques*, etc., dans les *Mémoires de l'Académie des sciences*, année 1747, p. 700.

bagne, à Pépin, route de Marocelle; mais ce charbon de la mine de Pépin répand, longtemps après avoir été tiré de la mine, une odeur particulière et désagréable.

En Franche-Comté, la mine de Champagney, à deux lieues de Béfort, est très abondante, et le charbon en est de fort bonne qualité : la veine a souvent huit pieds d'épaisseur, et elle est partout d'une égale bonté; elle paraît s'étendre dans toute la base du monticule qui la renferme; il y a plusieurs autres mines de charbon dans les environs de Champagney et dans quelques autres endroits de cette province (*a*); il y en a aussi quelques mines en Lorraine, mais l'exploitation n'en a pas encore été assez suivie pour qu'on juge de la qualité de ces charbons. En Alsace, il s'en trouve près de Schelestat (*b*).

Il n'y a point de mines de charbon dans le Cambrésis; mais celles du Hainaut sont en grand nombre, et celles de Fresnes et d'Anzin sont devenues fameuses. On a commencé à fouiller celle de Fresnes en 1717 et celle d'Anzin en 1734 : on en tire aussi aux environs de Condé. Le charbon de ces mines est en général de bonne qualité (*c*); on assure même qu'il est plus gras et qu'il dure plus au feu que celui d'Angleterre : le charbon qui se tire à Fresnes est plus compact que les autres, et pèse un dixième et plus que celui d'Anzin. Le charbon de Quiévrain, à deux lieues et demie de Valenciennes, est aussi d'une excellente qualité : on a fouillé quelques-unes de ces mines jusqu'à sept cents pieds de profondeur (*d*). M. Morand dit que, dans la mine de M. des Androuins près de Charleroi, l'eau est tirée de soixante-trois toises de profondeur, et que le charbon est placé à cent huit toises au-dessous, ce qui fait en tout cent soixante et onze toises, ou mille vingt-six pieds de profondeur (*e*).

Dans l'Anjou, l'on a trouvé des mines de charbon de terre à Concourson, à Saint-George de Chateloison, à Doué, et à Montreuil-Bellay : les charbons qui se tirent près de la surface du terrain ne sont pas si bons que ceux qui gisent à une plus grande profondeur; la veine a ordinairement six à sept pieds d'épaisseur. Ce charbon d'Anjou est de bonne qualité; cependant on n'a de temps immémorial trouvé dans cette province que des veines éparses sous des rocs placés à dix-huit pieds de profondeur, auxquels succède une terre qu'on y appelle *houille*, qui est une espèce de mauvais charbon, avant-coureur du véritable; les veines y sont très sujettes aux *creins*, et par conséquent irrégulières : il y en a cinq de reconnues; leur épaisseur est depuis un pied jusqu'à quatre, et même jusqu'à douze pieds, suivant M. de Voglie; elles paraissent être une dépendance de celles de Saumur avec lesquelles elles se rapportent en tout. Leur direction générale est du levant au couchant (*f*).

Dans la basse Normandie, il se trouve du charbon de terre à Litry, et la veine se rencontre à peu de profondeur au-dessous d'une bonne mine de fer en grains; elle se forme

(*a*) Les mines de Ronchamp, en Franche-Comté, présentent un phénomène bien singulier et que je n'ai vu nulle part. Dans les masses de charbon, immédiatement sous les lames de pyrites plus particulièrement que dans les couches de pur charbon, il se trouve une couche légère de charbon de bois bien caractérisé par le brillant, la couleur, le tissu fibreux, une consistance pulvérulente, noircissant les doigts; et lorsqu'un morceau de houille contenant des lames de ce charbon de bois est épuré, qu'il est encore rouge et que l'on souffle dessus, le charbon de terre s'éteint et celui de bois s'embrase de plus en plus.

L'on trouve fréquemment à la toiture de ces mines, parmi le grand nombre d'impressions de plantes de toute espèce, des roseaux (bambous) de trois à quatre pouces de diamètre aplatis, et qui ne sont point détruits ni carbonifiés. (Lettre de M. le chevalier de Grignon à M. de Buffon; Besançon, le 27 mai 1781.)

(*b*) *Du charbon de terre*, par M. Morand, p. 149 et suiv

(*c*) *Idem*, p. 144 et suiv.

(*d*) *Idem*, p. 182.

(*e*) *Idem*, p. 453.

(*f*) *Idem*, p. 545 et 547.

en plateur à quatre cents pieds. Ce charbon, mêlé de beaucoup de pyrites, n'est que d'une qualité médiocre, et il est à peu près semblable à celui qu'on apporte du Havre, et qui vient de Sunderland en Angleterre (*a*).

En Bretagne, il y a des mines considérables de charbon à Montrelais et à Languin, dans les environs de Nantes : l'on a aussi tenté des exploitations à Quimper, à Plogol et à Saint-Brieux, et l'on aperçoit des affleurements de charbon dans plusieurs autres endroits de cette province (*b*).

On pourrait citer un grand nombre d'autres exemples qui prouveraient qu'il y a dans le royaume de France des charbons en aussi grande quantité, et peut-être d'aussi bonne qualité qu'en aucune autre contrée du monde. Cependant, comme c'est un préjugé établi, et qui jusqu'à présent n'était pas mal fondé, que les charbons d'Angleterre étaient d'une qualité bien supérieure à ceux de France, il est bon de les faire connaître : on verra que la nature n'a pas mieux traité à cet égard l'Angleterre que les autres contrées, mais que l'attention du gouvernement, ayant secondé l'industrie des particuliers, a rendu profitable et infiniment utile à cette nation ce qui est demeuré sans produit entre nos mains.

On distingue dans la Grande-Bretagne trois espèces de charbon de terre. Le charbon commun se tire des provinces de Newcastle, de Northumberland, de Cumberland et de plusieurs autres; il est destiné pour le feu des cuisines de Londres, et c'est aussi presque le seul qu'on emploie à tous les ouvrages métalliques d'Angleterre.

La seconde espèce est le charbon d'Écosse; on s'en sert pour chauffer les appartements des bonnes maisons : ce charbon est feuilleté et comme formé en bandes séparées par des couches plus petites que les bandes, et néanmoins plus marquées et plus distinctes à cause de leur éclat. Il se tire en grosses masses bien solides, d'une texture fine, et, quoique formé de bandes et de petites couches, il ne s'effeuille point; il est bitumineux et brûle librement, en faisant un feu clair, et tombe en cendres (*c*).

La troisième espèce, que les Anglais appellent *culm*, se trouve dans le *Glamorganshire* et en divers endroits de cette province. C'est un charbon fort léger, d'un tissu fort lâche, composé de filets capillaires disposés par paquets, qui paraissent arrangés en quelques endroits de manière à représenter dans beaucoup de parties des feuillets assez étendus, très lisses et très polis, lesquels, pour la plupart, affectent une forme circonscrite en portion de cercle, avec des rayons divergents. Ce charbon est peu ou presque point pyriteux; il brûle aisément et fait un feu vif, ardent et âpre. Dans la province de Cornouailles, il est d'un très grand usage, particulièrement pour la fonte des métaux, à laquelle on l'applique de préférence.

On trouve, dans les comtés de Lancastre et de Chester, une espèce de charbon qu'on n'apporte pas à Londres, c'est le *kennel* ou *candle-coal :* communément il sert de pierre à marquer, de même que ce qu'on appelle le *charbon du toit;* il se tire en grosses masses très solides, d'une texture extrêmement fine, et d'un beau noir luisant comme le jayet. Ce charbon ne contient aucune portion pyriteuse; il est si pur et si doux, qu'on peut le tour-

(*a*) *Du charbon de terre*, par M. Morand, p. 570.

(*b*) Note communiquée par M. le chevalier de Grignon.

(*c*) « L'Écosse va de pair, dit M. Morand, avec la partie méridionale de l'Angleterre » pour l'abondance du charbon de terre : on en trouve des mines près d'Édimbourg et dans » le comté de Lenox, dans les provinces de Fife, de Sterlin, de Sutherland, de Dernoch, etc. M. Strachey a donné, dans les *Transactions philosophiques*, année 1725, la » description des mines de charbon qui se trouvent en Écosse; elles ne sont pas à une » grande profondeur; la plupart n'ont que d'un à quatre pieds et demi d'épaisseur de charbon : la seule mine qui soit fort épaisse est celle d'Anchenchangh, à six milles de Kilsyth, » qui a dix-huit pieds d'épaisseur, et que les sources d'eau trop abondantes empêchent » d'exploiter. » *Du charbon de terre*, par M. Morand, p. 99, 113 et suiv.

ner et le polir pour faire des plateaux d'encrier, des tablettes, etc. L'on aperçoit sur certains morceaux des couches concentriques, comme on en trouverait dans un tronçon de bois. Ce charbon brûle facilement et se réduit en cendres (*a*).

On doit encore ajouter à ces charbons d'Angleterre celui qu'on appelle *flint-coal*, parce qu'il est aussi dur que la pierre, et que ses fractures sont luisantes comme celles du verre. La veine de ce charbon a deux à trois pieds d'épaisseur, et se trouve dans les environs de la Severn au-dessous de la veine principale qui fournit le *best-coal*, ou le meilleur charbon : il faut y joindre aussi le *flew-coal* des mines de Wedgbery, dans la province de Stafford.

Il est fait mention dans les *Transactions philosophiques*, de Londres, année 1683, de quelques mines de charbon, de leur inclinaison, etc. M. Beaumont en cite six, qui probablement n'en font qu'une, puisqu'on les trouve toutes dans un espace de cinq milles d'Angleterre au nord de *Stony-Easton*. Il a vu, dit-il, dans l'une de ces mines, une fente ou crevasse, dont les parois étaient chargées d'empreintes de végétaux, et une autre fente tout enduite d'un bronze pyriteux formant des espèces de dendrites : dans quelques-unes de ces mines, les lits horizontaux étaient comme dorés du soufre qu'elles contiennent; il observe, comme chose en effet singulière, qu'on a trouvé deux ou trois cents livres de bonne mine de plomb dans l'une de ces mines de charbon. Il ajoute que de l'autre côté de *Stony-Easton*, c'est-à-dire au sud-est, à deux milles de distance, on voit le commencement d'une mine de charbon, dont la première veine se divise en plusieurs branches à la distance de quatre milles vers l'orient; que cette mine, dont on tire beaucoup de charbon, exhale continuellement des vapeurs enflammées qui s'élèvent quelquefois jusqu'à son ouverture, et qui ont été funestes à nombre de personnes. C'est probablement au feu de ces vapeurs, lorsqu'elles s'enflamment, qu'on doit attribuer cette poussière de soufre qui dore les lits de ces veines de charbon, car on n'a trouvé du soufre en nature que dans les mines dont les vapeurs se sont enflammées, ou qui ont été elles-mêmes embrasées; on y voit des fleurs de soufre adhérentes à leurs parois, et sous ces fleurs de soufre il se trouve quelquefois une croûte de sel ammoniaque.

Les fameuses mines de Newcastle ont été examinées et décrites par M. Jars, de l'Académie des sciences, très habile minéralogiste (*b*) : il décrit aussi quelques autres mines;

(*a*) *Du charbon de terre*, par M. Morand, p. 3 et suiv.

(*b*) On rencontre ordinairement un lit de roc noirâtre au-dessus et au-dessous de la couche de charbon : on peut mettre ce roc au rang des schistes vitrioliques; ensuite on a différentes hauteurs de couches de charbon, cinq, six, sept, huit, et quelquefois une seule à cent toises, qui est la plus grande profondeur qui ait été exploitée jusqu'à présent dans le pays.....

On trouve aussi dans plusieurs endroits des couches de pierre à chaux..... dont l'épaisseur varie d'une très petite distance à l'autre..... On méprise toutes les couches de charbon qui n'ont pas deux pieds et demi d'épaisseur..... Quelquefois, dans une couche épaisse de huit pieds, il y a deux ou trois lits différents, c'est-à-dire que la couche est divisée par une espèce de schiste ou charbon pierreux de quelques pouces d'épaisseur..... Le charbon que l'on tire à trente ou quarante toises de profondeur est meilleur que celui qu'on tire à cent toises : on rencontre souvent des couches d'un pied à un pied et demi d'épaisseur que l'on traverse et qu'on ne peut exploiter, quoique la qualité du charbon en soit souvent bien supérieure à celle des couches inférieures. *Voyages métallurgiques*, par M. Jars, p. 188 et 189.

Ce charbon de Newcastle se détache quelquefois, au moyen de coins de fer, par gros morceaux, et c'est le plus estimé. *Idem, ibidem*, p. 192.

Le charbon de Newcastle n'est pas également bon dans toutes les veines; il y est plus ou moins bitumineux, sulfureux et pierreux. Cette dernière espèce est très commune : elle se vend à bas prix et s'emploie pour les machines à feu; mais, en général, ce qu'on nomme

celle de Whitehaven, petite ville située sur les côtes occidentales d'Angleterre, qui fait un grand commerce de charbon de terre. La montagne où s'exploite la mine a environ cent vingt toises perpendiculaires jusqu'au plus profond des travaux : on compte dans cette hauteur une vingtaine de couches différentes, mais il n'y en a que trois d'exploitables. Leur pente est communément d'une toise perpendiculaire sur six à sept toises de longueur.

La première de ces couches exploitables est séparée de la seconde par des rochers d'environ quinze toises d'épaisseur; elle a depuis quatre jusqu'à cinq pieds d'épaisseur en charbon un peu pierreux et d'une qualité médiocre. On n'en extrait que pour chauffer les chaudières où l'on évapore l'eau de la mer pour en retirer le sel.

La seconde couche est de sept à huit pieds d'épaisseur; le charbon y est divisé par deux différents lits d'une terre très dure et de couleur noirâtre, qu'on nomme *mettle :* cette terre est très vitriolique et s'effleurit à l'air. La couche supérieure de *mettle* a un pied d'épaisseur, et l'inférieure seulement quatre à cinq pouces. On distingue la veine de charbon en six lits, dont les charbons portent différents noms.

Des trois grandes couches exploitables, la troisième, qui est d'environ vingt toises plus basse que la seconde, est la meilleure : elle a dix pieds d'épaisseur et elle est toute de bon charbon, sans aucun mélange de *mettle* (*a*).

On rencontre souvent des dérangements dans les veines, principalement dans leur inclinaison. Le rocher du toit, et surtout celui du mur, font monter ou descendre la veine tout à coup. Il y a un endroit où elles sont éloignées de quinze toises perpendiculaires de la ligne horizontale. D'autres fois, ces rochers coupent presque entièrement les couches et ne laissent apercevoir qu'un petit filet ou une trace presque imperceptible de la veine.

M. Jars fait encore mention des mines de Worsleg, dans le comté de Lancastre, dont la pente paraît être de deux toises sur sept, et dont le charbon est moins bitumineux et moins bon que celui de Newcastle, quoique la nature des rochers soit la même; mais la

du *bon charbon* passe pour être d'une excellente qualité..... Il est extrêmement bitumineux; il se colle très facilement, et forme une voûte, ce qui le rend très propre à forger le fer; mais il faut le remuer souvent pour les autres usages, sans quoi le bitume se réunit tout ensemble en une seule masse dans laquelle l'air ne peut circuler. La grande abondance de bitume fait qu'il donne beaucoup de fumée, ce qui le rend désagréable dans les appartements. *Idem, ibidem.*

(*a*) « Dans les montagnes d'Alston-Moor, dit M. Jars, comté de Cumberland, on trouve » une espèce de charbon sans bitume, mais sulfureux; on le nomme *crow-coal;* il n'est pas » bon pour la forge, mais excellent pour cuire la chaux : et comme il ne fait pas de fumée, » il est bon pour les appartements.....

» L'exploitation des mines de Whitehaven est très étendue, puisque, depuis l'entrée, les » travaux sont ouverts pendant une demi-lieue de France, toujours en suivant la pente de » la couche... Une partie des ouvrages où l'on travaille chaque jour se trouve plus d'un » quart de lieue entièrement sous la mer; mais il n'y a point de danger, puisqu'on estime » que les rochers qui sont entre l'eau et l'ouvrage ont plus de cent toises d'épaisseur.....

» Ce charbon se détache en gros morceaux de la mine, à l'aide de coins et de masses » de fer.....

» Il y a six veines dans la mine de Workington, qui sont toutes exploitables : elles sont » à peu près à neuf ou dix toises de distance les unes des autres; la supérieure n'a que deux » pieds trois pouces d'épaisseur... Mais il y en a une autre qui a sept pieds, dans laquelle » néanmoins il n'y a que quatre pieds de charbon : elle se trouve séparée par deux lits de » terre noire; j'en ai vu un tas qui a effleuri et s'est échauffé au point qu'il a pris feu : il en » sort une fumée qui se condense en soufre dans les ouvertures par où elle sort. La dernière couche, qui est à soixante toises perpendiculaires dans l'endroit du puits, a quatre » pieds d'épaisseur; son charbon est pur et d'une très bonne qualité... Ces mines, ainsi que » celle de Whitehaven, ont été sujettes de tout temps à un mauvais air qui a coûté la vie à » un grand nombre d'ouvriers. » *Voyages métallurgiques*, par M. Jars, p. 238 et suiv.

veine la plus profonde n'est qu'à vingt toises. Il en est de même à tous égards des mines du comté de Stafford.

« En Écosse, il y a, dit M. Jars, au village de *Carron*, près de *Falkirck*, plusieurs mines » de charbon qui ne sont qu'à une demi-lieue de la mer... Il y a trois couches de char- » bon l'une sur l'autre que l'on connaît, mais on ne sait pas s'il y en a de plus pro- » fondes... Il y en a une à quarante toises de profondeur, qui est la première; la seconde » à dix toises plus bas, et la troisième à cinq toises encore au-dessous de la seconde. La » pente de ces couches, qui est du côté du sud, est d'une toise sur dix à douze... Mais ces » veines varient comme dans presque toutes les mines; quelquefois elles remontent et » forment entre elles deux plans inclinés. Dans ce cas, la veine s'appauvrit, diminue en » épaisseur et est quelquefois entièrement coupée, continuant ainsi jusqu'à ce qu'elle re- » prenne son inclinaison ordinaire... La seconde couche a trois à quatre pieds d'épais- » seur : sa partie supérieure est composée d'un charbon dur et compact, faisant un feu » clair et agréable... On l'envoie à Londres, où il est préféré à celui de Newcastle, pour » brûler dans les appartements. La partie du milieu de la couche est d'une qualité moins » compacte; son charbon est feuilleté et se sépare par lames comme le *schiste*. Entre les » lames, il ressemble parfaitement à du poussier de charbon de bois. On peut y ramasser » aussi une poudre noire, qui teint les doigts, comme fait le charbon de bois... Ce charbon, » qu'on nomme *clod-coal*, est destiné pour les forges de fer. La couche inférieure est un » charbon très compact, et souvent pierreux près du mur; il se consomme dans le pays...

» Les mines de charbon de *Kinneil*, près de la ville de *Bousron-Sloness*, en Écosse, » sont au bord de la mer. La disposition de leurs couches et la qualité du charbon sont à » peu près les mêmes qu'à Carron.

» Les environs d'Édimbourg ont aussi plusieurs mines de charbon... Il y en a une » à trois ou quatre milles du côté du sud, où il y a deux veines parallèles, d'environ » quarante à cinquante degrés d'inclinaison du côté du midi; ce qui est tout à fait con- » traire à l'inclinaison des couches du rocher qu'on voit au jour et dans la mer à deux ou » trois milles plus loin : ces couches sont inclinées au nord-ouest. Il en est de même des » mines de charbon qu'on exploite un peu plus loin; elles ont beaucoup de rapport avec » celles de Newcastle. La qualité des rochers qui composent les couches est la même, » mais le charbon est moins bon qu'à Newcastle pour la forge, parce qu'il est moins bitu- » mineux; il est meilleur pour les appartements (*a*). »

En Irlande, le charbon provenant de la mine de *Castle-Comber*, village à soixante milles sud-ouest de Dublin, brûle dès le premier instant qu'on le met au feu sans faire la moindre fumée. Seulement on voit une flamme bleue fortement empreinte de soufre, qui paraît constamment au-dessus du feu (*b*).

Une autre mine est celle d'Ydof, province de Leinster, et c'est la première qu'on ait découverte en Irlande; elle est si abondante qu'elle fournit toutes les provinces voisines. Son charbon est très pesant, produit le même effet que le charbon de bois, et dure au feu bien plus longtemps (*c*).

« Dans le pays de Liége, dit M. Jars, la Meuse, qui traverse cette ville, met une grande » différence dans la disposition des veines de charbon... Elles commencent à une lieue au » levant de la ville, et s'étendent jusqu'à deux lieues au delà du côté du couchant. On » trouve, à moitié chemin de cette distance, les plus fortes exploitations... La suite des » veines va plus loin du côté du couchant : la raison est que, par un dérangement total

(*a*) *Voyages métallurgiques*, par M. Jars, p. 265 et suiv.

(*b*) *Description des Mines de charbon de Castle-Comber; Journal étranger*, mois de décembre 1758.

(*c*) *Du charbon de terre*, par M. Morand, p. 116.

» dans leur disposition, elles sont interrompues à une lieue et demie de Liège, mais elles » reprennent ensuite dans une disposition presque perpendiculaire, pour continuer de la » même manière pendant plusieurs lieues. Au nord de la ville, et au midi de l'autre côté » de la Meuse, les veines se prolongent au plus à une demi-lieue, mais toujours dans la » direction de l'est à l'ouest... Il y a apparence que ce sont les mêmes couches, quoique » leur inclinaison change de distance en distance, tantôt au midi, tantôt au nord. En général, tous les lits de charbon et le rocher sont très irréguliers dans cette partie (a). »

Ce pays de Liège est peut-être de toute l'Europe la contrée la mieux fournie de char-

(a) *Voyages métallurgiques*, par M. Jars, p. 28 et 238. — « On a fait, dit le même auteur, » une observation remarquable dans le pays de Liège; elle est assez générale lorsqu'il ne » se rencontre aucun obstacle : toute couche de charbon qui paraît à la surface de la terre, » au midi, s'enfonce du côté du nord, et va jusqu'à une certaine profondeur en formant un » plan incliné, devient ensuite presque horizontale pendant une certaine distance, pour » remonter du côté du nord par un second plan incliné jusqu'à la surface de la terre, et cela » dans un éloignement de son autre sortie, proportionné à son inclinaison et à sa profondeur.

» Nous avons vérifié cette singulière observation près Saint-Gilles, à trois quarts de » lieue au couchant de la ville de Liège : il y a plus, la première couche, qui est près du » jour, forme une infinité de plans inclinés qui viennent se réunir à un même centre, de » sorte qu'on peut voir tout autour les endroits où elle vient sortir à la surface de la » terre : les couches inférieures suivent la même loi; mais, par rapport à l'étendue qu'elles » prennent en plongeant, on n'aperçoit que deux plans inclinés, qui sont très sensibles; par » exemple, en visitant les mines du Verbois, qui sont un peu plus au nord-ouest de Liège » que celles de Saint-Gilles, nous avons observé que les couches dirigées de l'est à l'ouest » sont inclinées du côté du midi, tandis que celles qu'on exploite à Saint-Gilles, qui ont la » même direction, s'inclinent du côté du nord. L'expérience a prouvé à tous les houilleurs » de ce pays que, dans l'un et l'autre endroit, on exploitait les mêmes couches, formant, » comme nous l'avons dit, deux plans inclinés; mais, entre Saint-Gilles et le Verbois, il y » a un vallon qui a la même direction que les couches, et même inclinaison de chaque » côté... On exploite à une des portes de la ville, au nord de la Meuse, les mêmes couches, » mais inférieures, qui prennent leur inclinaison du côté du midi sous la ville, en se rapprochant de la rivière; et il est très douteux que dans cet endroit elles se relèvent pour sortir » au jour : cela n'est pas probable, mais plutôt de l'autre côté de la Meuse... On compte du » côté du nord plus de quarante couches de charbon, séparées les unes des autres par de » petits rochers d'une épaisseur depuis cinq jusqu'à dix-sept toises, sans pouvoir faire mention de celles qu'on ne connaît pas, et qui peut-être sont encore plus bas. Ces couches ne » sont pas dans la même mine : il n'y en a point d'assez profondes pour cela; mais la même » chose s'observe dans différentes exploitations; car il est des mines qui, étant beaucoup » inférieures à d'autres, ou éloignées des endroits où sortent au jour les veines supérieures, » ne peuvent rencontrer que celles qui sont au-dessous de ces premières : ces couches n'ont » qu'une moyenne épaisseur, c'est-à-dire de trois à quatre pieds; on n'en a vu qu'une de » six pieds.....

» Les couches de charbon qui sont séparées des précédentes par la Meuse sont bien différentes des premières; avec leur direction de l'est à l'ouest, elles sont presque perpendiculaires, ou du moins approchant plus de la ligne perpendiculaire que de l'horizontale : » losqu'elles s'inclinent, c'est au nord ou au midi; mais ce qu'elles ont de particulier, c'est » qu'on nous a assuré qu'elles imitaient les premières dans leur marche, c'est-à-dire qu'elles » s'enfoncent en terre d'un côté, pour venir ressortir de l'autre, mais avec une irrégularité » très singulière : par exemple, une telle couche ou veine descend à peu près perpendiculairement jusqu'à trente toises de profondeur; là elle prend une inclinaison de quarante » degrés pendant une distance de vingt toises, reprend ensuite la ligne perpendiculaire, et » puis remonte enfin, fait des sauts en s'enfonçant par des angles plus ou moins grands, et » forme ainsi des plans inclinés de toute espèce; d'autres entrent dans la terre par une » ligne perpendiculaire, prennent au fond une position presque horizontale, et remontent

bon de terre; c'est du moins celle où l'on a le plus anciennement exploité ces mines, et où on les a fouillées le plus profondément. Nous avons dit que leur direction générale et commune est du levant au couchant : les veines du charbon n'y sont jamais directement en ligne droite, elles s'élèvent et s'abaissent alternativement, suivant la pente du terrain qui leur sert d'assise; ces veines passent par-dessous les rivières et vont en s'abaissant vers la mer; les veines que l'on fouille d'un côté d'une rivière ou d'une montagne répondent exactement à celles de l'autre côté : les mêmes couches de terre, les mêmes bancs de pierre, accompagnent les unes et les autres; le charbon s'y trouve partout de la même espèce. Ce fait a été vérifié plusieurs fois par des sondes, qui ont fait reconnaître les mêmes terres et les mêmes bancs jusqu'à quatre cents pieds de profondeur (*a*).

» d'un autre côté au jour par une ligne oblique. Toutes les couches du même district, étant » toujours parallèles, observent la même loi, et par conséquent les mêmes sauts.

» On désigne les couches par des noms relatifs à leur position : on les divise en deux » espèces principales; celles qui font un angle avec la ligne horizontale, depuis zéro jusqu'à » quarante-cinq degrés, sont appelées *veines et pendage de plature*, et celles qui font un » angle avec la même ligne, depuis quarante-cinq degrés jusqu'à quatre-vingt-dix, *veines à* » *pendage de roisse :* on les subdivise ensuite en *demi-plature, demi-roisse, quart de plature, quart de roisse.*

» Les unes et les autres sont sujettes à un grand dérangement dans leur pente ou incli- » naison; on rencontre souvent des bancs de pierre de quinze à vingt toises d'épaisseur, » lesquels coupent depuis la superficie de la terre jusqu'au plus profond où l'on ait été jus- » qu'à présent, non seulement toutes les couches ou veines de charbon, mais aussi tous les » lits de rochers qui se trouvent entre elles; de façon que, lorsqu'on a traversé un de ces » bancs, on retrouve de l'autre côté les mêmes lits et couches correspondantes, qui ne sont » plus sur une même ligne horizontale, mais plus hautes ou plus basses : on nomme ces » bancs de pierre *failles.*

» C'est ordinairement une pierre sablonneuse, espèce de grès, quelquefois moins dur » que celui qui compose les lits de rochers : on évite de s'en approcher en exploitant une » couche de charbon; ils fournissent assez souvent beaucoup d'eau, soit parce qu'ils sont » poreux, soit aussi parce que toutes les couches supérieures venant s'y terminer laissent » du cours à l'eau qu'elles renferment contre leurs parois. On trouve aussi quelquefois » dans ces bancs de rochers des rognons de charbon, et même des sacs qui ont quelquefois » vingt et trente pieds d'étendue, entourés par le rocher.....

» Tous les rochers qui composent les terrains aux environs de Liège sont une espèce de » grès très dur et très compact, qui est placé par couches comme le charbon, et qui les » divise... Il en est un autre à grains très fins, qui paraît être un mélange de sable mêlé de » mica blanc et lié par une terre argileuse très fine; celui-ci se décompose facilement à » l'air, par feuillets comme un schiste... Celui qui est plus près du charbon que les précé- » dents est d'une couleur noirâtre, quelquefois un peu rougeâtre; il paraît être composé de » sable très fin, réuni par un limon avec lequel il forme un corps dur, mais il s'attendrit et » se décompose à l'air : il s'attache à la langue comme la terre à foulon...

» Le charbon est encore divisé, soit au toit, soit au mur du rocher, par une terre noire » schisteuse dure; elle se décompose aisément à l'air, et ses lits, lorsqu'on les sépare, présen- » tent des empreintes de plantes.

» Les rochers sont partout à peu près les mêmes, et répétés autant de fois qu'il y a de » couches de charbon.

» Le charbon est d'abord plus ou moins bitumineux, c'est ce qu'on appelle *houille* » *grasse* ou *houille maigre :* lorsqu'elle ne contient que très peu de bitume, on la nomme » *clute*..... Celle du milieu perd de sa qualité à l'air et s'y décompose en partie..... Il y en » a d'autres qui, avec les mêmes qualités, sont très pierreuses... Malgré les puits établis » pour la circulation de l'air, le feu ne laisse pas de prendre quelquefois aux mouffettes et » de faire de fort grands ravages. » *Voyages métallurgiques*, par M. Jars, p. 288 jusqu'à 297.

(*a*) *Du charbon de terre*, par M. Morand, p. 64 et suiv.

A une lieue et demie à l'est d'Aix-la-Chapelle, il y a plusieurs mines de charbon : pour parvenir aux veines, l'on traverse une espèce de grès fort dur que l'on ne peut percer qu'avec la poudre ; ce grès est par lits dans la même direction et inclinaison que la veine de charbon, mais il est tout rempli de fentes ou de joints, de façon qu'il se sépare en morceaux. Au-dessous du grès, on trouve une terre noire très dure de plusieurs pieds d'épaisseur ; elle sert de toit au charbon, le *mur* est de la même espèce de terre dure ; l'une et l'autre paraissent contenir des empreintes de plantes ; exposée à l'air, cette terre s'effleurit et s'attendrit.

Ce charbon contient très peu de bitume : il est très pyriteux, et par conséquent nullement propre à l'usage des forges ; mais il est bon pour les appartements (*a*).

En Allemagne, il y a plusieurs endroits où l'on trouve des mines de charbon : celles de Zwichaw consistent en deux couches de quatre, cinq, six pieds d'épaisseur, qui ne sont séparées l'une de l'autre que par une couche mince d'argile ; leur profondeur n'est qu'à environ trois toises au-dessous de la surface du terrain ; la veine de dessous est meilleure que celle de dessus ; elles ont vingt-cinq ou trente degrés d'inclinaison (*b*). Il s'en trouve aux environs de Marienbourg en Misnie ; dans plusieurs endroits du duché de Magdebourg ; dans la principauté d'Anhalt, à Bernbourg ; dans le cercle du Haut-Rhin, à Aï près Cassel ; dans le duché de Meckelbourg, à Plauen ; en Bohême, aux environs de Tœplitz ; dans le comté de Glatz, à Hansdorf ; en Silésie, à Gablan, Rottenbach et Gottsberg ; dans le duché de Schweidnitz, à Reichenstein ; dans le haut Palatinat, près de Sultzbach ; dans le bas Palatinat, à Bazharach, etc. (*c*). Il y a, dit M. Ferber, des mines de charbon fossile à Votschberg, à cinq ou six lieues de Feistritz, et de meilleures encore à *Luim*, à dix milles de Votschberg dans la Styrie supérieure (*d*). A quatre lieues de la ville de *Rhène*, à une demi-lieue du village d'*Ypenbure*, sur la route d'Osnabruck, on trouve des mines de charbon qu'on emploie à l'usage des salines. En sortant d'Ypenbure, on passe une montagne au nord de laquelle est un vallon, et ensuite une autre montagne où l'on exploite les mines de charbon. A deux lieues plus loin, il y a d'autres mines qui sont environnées des mêmes rochers ; on prétend que c'est la même couche de charbon qui s'y prolonge. Comme jusqu'à présent on n'a exploité qu'une couche de charbon, on conjecture que c'est la même qui règne dans tout le pays : on l'exploite dans cette mine à deux cents pieds de profondeur perpendiculaire ; elle a une pente inclinée du couchant au levant, qui est à peu près celle de la montagne. La veine a communément deux pieds et demi d'épaisseur en charbon qui paraît être de très bonne qualité, quoiqu'il y ait quelques morceaux dans lesquels on aperçoive des lames de pyrites ; cette veine est précédée d'une couche de terre noire ; et cette couche, entremêlée de quelques petits morceaux de charbon, a un pied et demi, deux et trois pieds d'épaisseur. Le toit qui recouvre la veine est un lit de six, huit, dix pouces d'épaisseur de graviers réunis en pierre assez dure, au-dessus duquel est le grès disposé par bancs (*e*).

(*a*) *Voyages métallurgiques*, par M. Jars, p. 306 et 307. — *Nota*. « Je crois que » M. Jars et le docteur Méad, que nous avons cités ci-devant, peuvent avoir raison : le char- » bon très bitumineux est le plus désagréable dans les appartements par la fumée noire et » épaisse qu'il répand ; le pyriteux est plus supportable, en ce qu'il ne donne qu'une odeur » d'acide sulfureux qui n'est point malsaine, et que le courant de la cheminée emporte d'au- » tant plus facilement que cette vapeur est très volatile : si l'on sépare à Liège les pyrites du » charbon, c'est que leur combustion détruit les grilles de fer, et que chaque particulier peut » faire ce triage chez lui sans aucun frais. » Note communiquée par M. le Camus de Limare.

(*b*) *Voyages métallurgiques*, par M. Jars, p. 306 et 307.

(*c*) *Du charbon de terre*, par M. Morand, p. 116.

(*d*) *Lettre sur la minéralogie*; Strasbourg, 1776, in-8°, p. 7.

(*e*) *Voyages métallurgiques*, par M. Jars, p. 312 et 313.

Imp R. Taneur

1. SARIGUE. — 2. MARMOSE

On trouve aux environs de *Vétine*, petite ville des États du roi de Prusse, plusieurs mines de charbon; elles sont situées sur le plateau d'une colline fort étendue; elles sont au nombre de plus de vingt actuellement en exploitation : une de ces mines qui a été visitée par M. Jars, et qui est à trois quarts de lieue de Vétine, a trente-neuf toises de profondeur, savoir, vingt-six toises depuis la surface de la terre jusqu'à la première veine de charbon, onze toises depuis cette première jusqu'à la seconde, et deux toises depuis la seconde jusqu'à la troisième, ce qui varie néanmoins très souvent par les dérangements que les veines éprouvent dans leur inclinaison, et qui les rapprochent plus ou moins, surtout les inférieures, qui sont quelquefois immédiatement l'une sur l'autre.

La première couche a jusqu'à huit pieds d'épaisseur; la seconde deux pieds et demi; la troisième un pied et demi ou deux pieds : on traverse plusieurs bancs de rochers pour parvenir au charbon, surtout un rocher rouge qui paraît être une terre sablonneuse durcie, mêlée de mica blanc; un rocher blanchâtre, semé aussi de mica blanc, se trouve plus près des veines et les sépare entre elles; ce rocher y forme des creins qui quelquefois les coupent presque entièrement. Le rocher qui sert de toit au charbon est bleuâtre; c'est une espèce d'argile durcie, qui contient des empreintes de plantes, surtout de fougères. Celui du mur est sablonneux, d'un blanc noirâtre. Ces rochers s'attendrissent à l'air et s'y effleurissent. Les veines ont leur direction sud-est, nord-ouest, et leur pente du côté du midi. Le charbon est un peu pyriteux, mais paraît être d'assez bonne qualité. Dans la première veine, on remarque un lit de quelques pouces d'épaisseur qui suit toujours le charbon, et qui divise la veine en deux parties : c'est un charbon très pierreux.

A Dielau, la plus grande profondeur de la mine que l'on exploite est à quarante toises. Le charbon se trouve dans un filon tantôt incliné, tantôt presque perpendiculaire, et qui est coupé et détourné quelquefois par des *creins*. Le rocher dans lequel ce filon se trouve est semblable à celui de Vétine.

A Gibienstein, situé à une demi-lieue de la ville de Halle en Saxe, on a trouvé une veine de charbon qui paraissait au jour et qui a plusieurs pieds d'épaisseur; on n'a point encore reconnu son inclinaison ni sa direction. Le charbon qu'on en tire est peu bitumineux, et mêlé avec beaucoup de pyrites; il ressemble fort à celui de Lay en Bourbonnais (*a*). M. Hoffmann dit que cette mine s'étend bien loin sous une grande partie de la ville et du faubourg, ensuite dans les campagnes vers le midi jusqu'au bourg de Lieben, où on la rencontre souvent en faisant des puits, de même qu'à Dielau à une lieue et demie de Halle. Sa texture est semblable à celle d'un amas de morceaux de bois en copeaux (*b*).

En Espagne, il y a des mines de charbon de terre dans plusieurs provinces, et particulièrement en Galice, aux Asturies, dans le royaume de Léon et aussi dans la basse Andalousie près de Séville, dans la Nouvelle-Castille, et même auprès de Madrid (*c*). M. le Camus de Limare, l'un de nos plus habiles minéralogistes, a fait ouvrir le premier cette mine de charbon près de Madrid, et il a eu la bonté de me communiquer la notice que je joins ici (*d*).

(*a*) *Voyages métallurgiques*, par M. Jars, p. 314 jusqu'à 320.

(*b*) *Oryctographia Halensis*. Hoffmann. oper. supplem. pars 2; Genevæ, p. 13, cité par M. Morand, p. 448.

(*c*) *Du charbon de terre*, etc., par M. Morand, p. 448.

(*d*) « La mine de charbon qu'on exploite dans la basse Andalousie est située à six lieues » au nord de Séville, dans le territoire du bourg de *Villanueva-del-Rio*, sur le bord de la » rivière de Guezna, qui se jette dans le Guadalquivir : la veine a sa direction du levant au » couchant, et son inclinaison de soixante-cinq à soixante-dix degrés au nord; son épaisseur » varie depuis trois pieds jusqu'à quatre pieds et demi : elle fournit de très bon charbon, » quand on sait le séparer des nerfs et des parties terreuses dont les veines sont toujours

En Savoie, on trouve une espèce de charbon de terre d'assez mauvaise qualité, et le principal usage qu'on en fait est pour évaporer les eaux des sources salées (a). De toute la Suisse, le canton de Berne est le plus riche en mines de charbon : il s'en trouve aussi dans le canton de Zurich, dans le pays de Vaud aux environs de Lausanne, mais la plupart de ces charbons sont d'assez médiocre qualité (b).

En Italie, dont la plus grande partie a été ravagée par le feu des volcans, on trouve moins de charbon de terre qu'en Angleterre et en France. M. Tozzetti a donné de très bonnes observations (c) sur les bois fossiles de Saint-Cerbone et de Strido : j'ai cru devoir

» entremêlées; mais, comme les concessionnaires actuels la font exploiter par des paysans, » et qu'on met en vente indistinctement le bon et le mauvais charbon, la qualité en est » décriée, le débit médiocre, et l'on préfère, à Séville et à Cadix, le charbon qu'on tire de » Marseille et d'Angleterre, quoique le double plus cher.

» Quant à celle qu'on a découverte près de Madrid, à six lieues au nord, au pied de la » chaîne des montagnes de l'Escurial, sur le bord de la rivière de Mançanarez, qui passe à » Madrid, c'est moi qui y ai fait la première tentative en 1763, au moyen d'un puits de » soixante-dix pieds de profondeur et d'une traverse; j'avais reconnu plusieurs veines dont » la plus forte avait six pouces d'épaisseur, toutes d'un bitume desséché, assez dur, mais » terne et brûlant faiblement : leur direction est aussi du levant au couchant, avec une » pente d'un pied par toise au nord-ouest; on a depuis continué ce travail, mais on n'y a » pas encore trouvé de vrai charbon. » Note communiquée par M. le Camus de Limare.

(a) « Le charbon qu'on tire en Savoie, près de Moutier en Tarentaise, n'est qu'un charbon » terreux ou terre-houille un peu bitumineuse : on l'emploie cependant avec du bois sous » les chaudières des salines du roi; mais la chaleur que donne ce charbon est si faible, que, » si l'on continue à s'en servir, ce n'est que pour diminuer la consommation des forêts voi- » sines, qui s'appauvrissent de plus en plus. » Note communiquée par M. le Camus de Limare.

(b) *Du charbon de terre*, par M. Morand, p. 451.

(c) Il dit que ces bois fossiles sont semblables à de gros troncs d'arbres qui ne forment point une couche continue comme les autres matières des collines où ils se trouvent, mais qu'ils sont ordinairement séparés les uns des autres, souvent deux ensemble et toujours d'une nature différente de celle du terrain où ils sont ensevelis : ils sont d'une couleur extrêmement noire, avec autant de lustre que le charbon artificiel; mais ils sont plus denses et plus lourds, surtout lorsqu'on ne fait que les tirer de la terre; car à la longue ils perdent leur humidité et deviennent moins pesants, quoiqu'ils aillent toujours au fond de l'eau : il est constant que, dans leur origine, ces charbons étaient des troncs d'arbres; on ne peut manquer de s'en convaincre en les voyant dans la terre même; la plupart conservent leurs racines et sont revêtus d'une écorce épaisse et rude; ils ont des nœuds, des branches, etc.; on y voit les cercles concentriques et les fibres longitudinales du bois. Les mêmes choses se remarquent dans les charbons du val d'*Asno di sopra* et du val de *Cecina* : ceux-ci sont seulement plus onctueux que les autres, et même le bitume dont ils sont imbibés s'est trouvé quelquefois en si grande abondance qu'ils en ont regorgé; cette matière s'est fait jour à travers les troncs, a passé dans les racines et dans tous les vides de l'arbre, et y a formé une incrustation singulière qui imite la forme des pierreries; elle compose des couches, de l'épaisseur d'une ligne au plus, partagées en petites écuelles rondes, aussi serrées l'une contre l'autre que le peuvent être des cercles : ces petites écuelles sont toutes de la même grandeur dans la même couche, et laissent apercevoir une cavité reluisante, unie, hémisphérique, qui se rétrécit par le fond, devient circulaire, ensuite cylindrique, et se termine en plan; chacune de ces cavités est entièrement pleine d'un suc bitumineux, consolidé comme le reste du charbon fossile : ce suc, par la partie qui déborde la cavité, est aplani; le reste prend la forme des parois qui le renferment, sans y être néanmoins attaché qu'au fond, où il finit en plan; ce qui forme un petit corps qu'on peut détacher avec peu de force, comme avec la pointe d'une épingle dont on toucherait le bord : on le verrait sortir et montrer la figure hémisphérique en petits cylindres.

en faire l'extrait dans la note ci-jointe, parce que les faits qu'il rapporte sont autant de preuves du changement des matières végétales en véritable charbon, et de la différence des formes que prend le bitume en se durcissant, mais le récit de ce savant observateur me parait plutôt prouver que le bitume s'est formé dans l'arbre même, et a été ensuite comme extravasé, et non pas qu'un bitume étranger soit venu, comme il le croit, pénétrer ces troncs d'arbres, et former ensuite à leur surface de petites protubérances : ce qui me confirme dans cette opinion, c'est l'expérience que jai faite (a) sur un gros morceau de cœur de chêne que j'ai tenu pendant près de douze ans dans l'eau pour reconnaitre jusqu'à quel point il pouvait s'imbiber d'eau ; j'ai vu se former au bout de quelques mois, et plus encore après quelques années, une substance grasse et tenace à la surface de ce bloc de bois ; ce n'était que son huile qui commençait à se bituminiser. On essuyait à chaque fois ce bloc pour avoir son poids au juste; sans cela, l'on aurait vu le bitume se former en petites protubérances dans cette substance grasse, comme M. Tozzetti l'a observé sur les troncs d'arbres de Saint-Cerbone.

On voit, dans les *Mémoires* de l'Académie de Stockholm, qu'il y a des mines de charbon en Suède, surtout dans la Scanie ou Gothie méridionale. Dans celles qui sont voisines

Dans le charbon qu'on tire promptement de la terre, les surfaces extérieures de ces petits corps multipliés, étant aplanies et contiguës les unes aux autres, forment une croûte aplanie aussi d'un bout à l'autre; mais, à mesure que le charbon se dessèche, cette croûte paraît pleine de petites fentes occasionnées par le retirement de ces corps et par leur séparation mutuelle : les couches aplanies, formées par les *pierreries*, sont irrégulières et éparses çà et là sur le tronc du charbon fossile; elles sont, outre cela, doubles, c'est-à-dire que l'une incruste une face, l'autre une autre; et elles se rencontrent réciproquement avec les surfaces des corpuscules renfermés dans les petites écuelles. Précisément dans l'endroit où ces deux couches se rencontrent, la masse du charbon fossile reste sans liaison et comme coupée; de là vient que ces grands troncs se rompent si facilement et se subdivisent en massifs de diverses figures et de diverses grosseurs : ces subdivisions, si aisées à faire, sont cause que, dans les endroits où le charbon fossile se transporte, on a de la peine à comprendre que les morceaux qu'on en voit soient des portions d'un grand tronc d'arbre, comme on le reconnait aisément dans les lieux où il se trouve.

On y voit encore plusieurs masses bitumineuses incrustées de *pierreries,* mais détachées entièrement de l'arbre. M. Tozzetti soupçonne que dans leur origine elles faisaient portion d'un tronc de charbon fossile, anciennement rompu, qui était resté enseveli dans la terre. Notre physicien ne serait pas non plus éloigné de croire que ce fût du bitume qui, n'ayant pas trouvé une matière végétale pour s'y attacher, se serait coagulé lui-même; il est certain qu'en rompant quelques-unes de ces coagulations détachées, on n'y découvre point les fibres longitudinales du bois, qui en sont les marques distinctives, mais on y voit seulement un amas prodigieux de globules rangés par ordre, et semblables à des rayons qui partent d'un centre et qui aboutissent à une circonférence : il faut ajouter qu'à la surface de ces coagulations les corpuscules qui remplissent les petites écuelles sont moins écrasés par dehors que ceux des couches formées sur les troncs des charbons fossiles, ce qui ferait croire que, dans le premier cas, ils ont eu la liberté de s'étendre autant qu'ils pouvaient, sans trouver de résistance dans des corpuscules contigus : ce n'est pas tout, M. Tozzetti trouve encore une preuve de coagulation de bitume pur dans une autre masse toute pleine de globules, et dans laquelle il ne découvre pas la moindre trace de plante.

Telle est la nature de ces charbons fossiles; l'auteur y joint leur usage : ils ont de la peine à s'allumer, mais, lorsqu'ils le sont une fois, ils produisent un feu extrêmement vif, et restent longtemps sans se consumer; d'ailleurs, ils répandent une odeur désagréable qui porte à la tête et aux poumons, précisément comme le charbon d'Angleterre, et la cendre qui en résulte est de couleur de safran. *Journal étranger,* mois d'août 1755, p. 97 jusqu'à 103.

(a) Voyez tome IX.

de Bosrup, les couches supérieures laissent apercevoir sensiblement un tissu ligneux, et on y trouve une terre d'ombre (*a*) mêlée avec le charbon; il y a dans la Westrogothie une mine d'alun où l'on trouve du charbon, dont M. Morand a vu quelques morceaux qui présentaient un reste de nature ligneuse, au point que dans quelques-uns on croit reconnaître le tissu du hêtre (*b*).

Dans un discours très intéressant sur les productions de la Russie, l'auteur donne les indications des mines de charbon de terre qui se trouvent dans cette contrée (*c*).

En Sibérie, à quelque distance de la petite rivière *Selowa*, qui tombe dans le fleuve *Lena*, on trouve une mine de charbon de terre : elle est située vis-à-vis d'une île appelée *Beresowi;* elle s'étend horizontalement fort loin, et son épaisseur est de dix à onze pouces; le charbon n'est pas de bonne qualité, car, tant qu'il est dans la terre, il est ferme, mais aussitôt qu'il est exposé à l'air, il tombe par morceaux (*d*).

A la Chine, le charbon de terre est aussi commun et aussi connu qu'en Europe, et de tout temps les Chinois en ont fait usage, parce que le bois leur manque presque partout, preuve évidente de l'ancienneté de leur nombreuse population (*e*). Il en est de même du

(*a*) Cette terre bitumineuse, appelée quelquefois *momie-végétale*, est tantôt solide, tantôt friable, et se trouve en beaucoup d'endroits; il s'en rencontre derrière les bains de Freyenwald, dans un endroit nommé le *Trou Noir*.

(*b*) *Du charbon de terre*, par M. Morand, p. 89.

(*c*) Nous avons des charbons de terre en plusieurs endroits; on en trouve auprès de l'Argoun, à Tscatboutschinskaya et auprès de la Chilka, à dix werstes au-dessus de la forge de Chilka, dans le district de Nertschink; auprès de l'Angara, au-dessous d'Irkoutsk et auprès du Kitoï, à quinze werstes avant qu'il se jette dans l'Angara, près de Kitoïs-Koïslanitz; dans le voisinage du Jéniséï et d'Abakanskoi-ostrog, près du fleuve d'Abakan, dans la montagne Isik; de même à dix werstes de Krasnoyarsk, près du Jésinéï; à Krontoï-logh; à Koltsche-danskoi-ostrog, près du fleuve d'Iset; auprès du fleuve de Belaya, à cinq werstes du village de Konsetkonlova; à Kizyliak, dans le district d'Ousa; auprès du fleuve de Syryansk, dans le village du même nom; dans le district de Koungour, à la droite du Volga; à Gorodiztsche, à vingt werstes au-dessus de Sinbirsk, et en plusieurs endroits à deux cents werstes au-dessous de cette ville, principalement entre Kaspour et Boghayarlenskoye, monastère auprès du fleuve de Toretz; à Balka, Skalewayace; et auprès du fleuve de Belayalonghan, dans le district de Baghmont; à Niask, dans le gouvernement de Varonege; auprès de Lokka, dans le voisinage de Katonga; enfin à Krestzkoiyam, auprès du fleuve de Kresnetscha, et auprès du petit fleuve de Kroubitza, qui se jette dans la Msta, dans la chaîne des montagnes de Valdai, etc. *Discours sur les productions de la Russie*, par M. Guldenstaed. Pétersbourg, 1776, p. 52.

(*d*) *Histoire générale des Voyages*, tome XVIII, p. 303.

(*e*) On ne connaît pas de pays aussi riche que la Chine en mines de charbon : les montagnes, surtout celles des provinces de Chensi, de Chami et de Pecheli, en renferment un grand nombre... Le charbon qui se brûle à Pékin et qui s'appelle *moui* vient de ces mêmes montagnes, à deux lieues de cette ville : depuis plus de quatre mille ans, elles en fournissent à la ville et à la plus grande partie de la province, où les pauvres s'en servent pour échauffer leurs poêles. Sa couleur est noire; on le trouve entre les rochers en veines fort profondes : quelques-uns le broient, surtout parmi le peuple; ils en mouillent la poudre et la mettent comme en pains. Ce charbon ne s'allume pas facilement, mais il donne beaucoup de chaleur et dure fort longtemps au feu; la vapeur en est quelquefois si désagréable qu'elle suffoquerait ceux qui s'endorment près des poêles, s'ils n'avaient pas la précaution de tenir près d'eux un bassin rempli d'eau, qui attire la fumée et qui en diminue beaucoup la puanteur. Ce charbon est à l'usage de tout le monde, sans distinction de rang, car le bois est d'une extrême rareté : on s'en sert de même dans les fourneaux pour fondre le cuivre; mais les ouvriers en fer trouvent qu'il rend ce métal trop dur. *Histoire générale des Voyages*, tome VI, p. 486.

Japon (*a*), et l'on pourrait assurer qu'il existe de même des charbons de terre dans toutes les autres parties de l'Asie. On en a trouvé à Sumatra, aux environs de Sillida (*b*); on en connaît aussi quelques mines en Afrique et à Madagascar (*c*).

En Amérique, il y a des mines de charbon de terre comme dans les autres parties du monde. Celles du cap Breton sont horizontales, faciles à exploiter, et ne sont qu'à six ou huit pieds de profondeur : un feu, qu'il n'est pas possible d'étouffer, a embrasé une de ces mines (*d*), dont les trois principales sont situées : la première, dans les terres de la baie de Moridiemée; la seconde, dans celles de la baie des Espagnols, et la troisième dans la petite île Bras-d'Or; cette dernière a cela de particulier que son charbon contient de l'antimoine. Le toit de ces mines est, comme partout ailleurs, chargé d'empreintes de végétaux (*e*). Il y aussi des mines de charbon à Saint-Domingue (*f*), à Cumana, dans la Nouvelle-Andalousie (*g*); et l'on a trouvé, en 1768, une de ces mines dans l'île de la Providence, l'une des Lucaies, où le charbon est de bonne qualité. On en connaît d'autres au Canada, dans les terres de Saquenai, vers le bord septentrional du fleuve Saint-Laurent, et dans celles de l'Acadie ou Nouvelle-Écosse; enfin on en a vu jusque dans les terres de la baie Disko, sur la côte du Groenland (*h*).

Ainsi l'on peut trouver dans tous les pays du monde, en fouillant les entrailles de la terre, cette matière combustible déjà très nécessaire aujourd'hui dans les contrées dénuées de bois, et qui le deviendra bien davantage à mesure que le nombre des hommes augmentera et que le globe qu'ils habitent se refroidira; et non seulement cette matière peut en tout et partout remplacer le bois pour les usages du feu, mais elle peut même devenir plus utile que le charbon de bois pour les arts, au moyen de quelques précautions dont il est bon de faire ici mention, parce qu'elles nous donneront encore des connaissances sur les différentes matières dont ces charbons sont composés ou mélangés.

A Liège et dans les environs, où l'usage du charbon est si ancien, on ne se sert, pour le chauffage ordinaire, dans le plus grand nombre des maisons, que du menu charbon, c'est-à-dire des débris du charbon, qui se tire en blocs et en masses; on sépare seulement de ces menus charbons les matières étrangères qui s'y trouvent mêlées en volume apparent, et surtout les pyrites qui pourraient faire explosion dans le feu; et pour augmenter la quantité et la durée du feu de ce charbon, on le mêle avec des terres grasses, limoneuses ou argileuses (*i*) des environs de la mine, et ensuite on en fait des pelotes qu'on

(*a*) Le charbon de terre ne manque pas au Japon: il sort en abondance de la province de Tikusen, des environs de Kuganissu et des provinces septentrionales. *Histoire générale des Voyages*, tome X, p. 655.

(*b*) *Du charbon de terre*, par M. Morand, p. 441.

(*c*) *Histoire générale des Voyages*, tome VIII, p. 619.

(*d*) *Histoire politique et philosophique des deux Indes*, tome VI, p. 138.

(*e*) *Histoire générale des Voyages*, t. XII, p. 218.

(*f*) *Voyage de Coréal aux Indes occidentales*; Paris, 1722, tome Ier, p. 123.

(*g*) *Du charbon de terre*, par M. Morand, p. 89.

(*h*) *Du charbon de terre*, par M. Morand, p 442.

(*i*) « L'action du feu sur le mélange de partie d'argile et de partie humide ne se fait, dit » M. Morand, qu'au fur et à mesure; ces dernières ne commencent à être attaquées que lors- » que la terre grasse perdant son humidité, s'échauffant et se désséchant peu à peu, communique » de proche en proche sa chaleur aux molécules de houille qu'elle enveloppe; la graisse, » l'huile ou le bitume qui y est incorporé se cuit par degrés, au point de s'étendre aussi de » proche en proche à ces molécules d'argile et de venir à la surface de la pelote, d'où elle » découle quelquefois en pleurs ou en gouttes. La masse d'air subtil qui n'a pas un libre » essor se dégage en même temps, s'échappe peu à peu; les vapeurs sulfureuses, bitumi- » neuses, odorifères ou même malfaisantes qu'on voudra y supposer, ne pouvant point se » dissiper ensemble et former un volume, s'en séparent et s'évaporent insensiblement. » —

appelle des *hochets*, qui peuvent se conserver et s'accumuler sans s'effleurir, en sorte que chaque famille du peuple fait sa provision de hochets en été pour se chauffer en hiver (*a*).

Mais l'usage du charbon de terre, sans mélange ni addition de terre étrangère, est

(Je ne puis me dispenser d'observer au savant auteur que son explication pèche en ce que les bitumes ne tiennent pas d'autre air subtil que de l'air inflammable.)

« Dans cette espèce de corollaire, on entrevoit deux propriétés distinctes qui appartien- » nent à la façon donnée au charbon de terre: 1° une économie sur la matière même; 2° une » sorte de correctif aux vapeurs de houille.

» Le premier effet résultant de cette impastation paraît sensible, puisque le feu n'a point » une prise absolue sur le combustible soumis à son action; l'argile ajoutée au charbon ar- » rête la combustion, retient, tant qu'elle ne se consume pas, une portion de houille, de » manière que cet amalgame, en ne résistant point trop au feu, y résiste assez pour que la » houille ne s'en sépare pas avant d'être consumée: la destruction du charbon par le feu » est ralentie en conséquence; il s'en consomme nécessairement une moindre quantité dans » un même espace de temps que si le charbon recevait à nu l'action de la flamme... Les » rédacteurs de l'Encyclopédie ne font point difficulté d'avancer que ces pelotes donnent une » chaleur plus durable et plus ardente que celle du charbon de terre seul.

» Les Chinois ne trouvent pa seulement que leur *moui*, ou pelotes de houille, donne » une chaleur beaucoup plus forte que le bois, et qui coûte infiniment moins, mais en outre » ils y trouvent l'avantage de ménager leur bois, et ils prétendent encore par cet apprêt se » garantir de l'incommodité de l'odeur.

» Plusieurs physiciens sont du même sentiment. M. Zimmerman (*Journal économique*, » avril 1751) donne cette préparation comme un moyen de brûler le charbon de terre sans » désagrément et sans danger. M. Scheuchzer, dans son *Voyage des Alpes*, pense de même; » l'opinion des commissaires nommés par l'Académie des sciences est aussi positive sur ce » point. » *Du charbon de terre*, par M. Morand, p. 1286.

(*a*) Voyez, dans l'ouvrage de M. Morand, le détail des procédés pour la façon des hochets, p. 355 et suiv. « Le feu de ces hochets est d'une fort longue durée, dit cet auteur; il se » conserve longtemps sans qu'on y touche: on ne le renouvelle que deux fois par jour, et » trois fois lorsqu'il fait un grand froid. A Valenciennes, on fait des briquettes dans un » moule de fer, en ovale, de cinq pouces et demi de long sur quatre pouces de large, me- » sure prise en dedans. L'argile que l'on emploie avec le charbon pour former ces briquettes » est de deux sortes: l'une, qui est très commune dans les fosses, est le *bleu marle* ou » *marle à boulets*, parce qu'on s'en sert pour faire les briquettes qu'on appelle *boulets;* c'est » une espèce d'argile calcaire qui tient à la langue et qui fait effervescence avec les acides. » Une seconde terre, que l'on emploie aussi dans les briquettes, se tire des bords de l'Escaut, » où elle est déposée dans le temps des grandes eaux: c'est un limon sableux, argileux, de » couleur jaune obscure, et qui se manie comme une bonne argile. A Try, distant de Va- » lenciennes d'une lieue, et à Monceau, qui est à deux lieues de cette ville, on emploie au » chauffage la houille d'Anzin; on fait entrer dans les briquettes de la *marle* qui se trouve » dans ces deux endroits. Ces marles sont des terres argileuses, calcaires, blanches comme » de la craie, faisant effervescence avec les acides. Selon les ouvriers, les briquettes faites » avec de la marle brûlent mieux que celles qui sont faites avec du limon, et il ne faut » qu'un dixième de marle et neuf parties de charbon... On délaie une mesure d'argile dans » l'eau, de manière à en faire une bouillie claire et coulante, que l'on verse au milieu d'un » grand cercle de houille: si on met trop d'argile, les briquettes brûlent plus difficilement, » et, si on en met en trop petite quantité, la houille ne peut faire corps avec l'argile, et les » briquettes n'ont point de solidité. La proportion ordinaire est d'une partie de détrempe » sur six de houille; on mêle le tout ensemble de la même façon que l'on mêle le sable et » la chaux pour faire du mortier; lorsque cette masse a pris la consistance d'une matière » un peu solide, l'ouvrier place à côté de lui un carreau de pierre, et fait avec une palette » ce que les Liégeois font avec leurs mains; et, à mesure qu'il fait les briquettes, il les ar- » range dans l'endroit où l'on veut les garder, de la même façon que l'on arrange les briques » pour former une muraille. » *Du charbon de terre*, par M. Morand, p. 487 et suiv.

encore plus commun que celui de ces masses mélangées, et c'est aussi ce que nous devons considérer plus particulièrement. Avec du charbon de terre en gros morceaux et de bonne qualité, le feu dure trois ou quatre fois plus longtemps qu'avec du charbon de bois : si vingt livres de bois (*a*) durent trois heures, vingt livres de charbon en dureront douze. En Languedoc, dit M. Venel (*b*), les feux de bûches et de rondins de bois sec, dans les foyers ordinaires, coûtent plus du double que les pareils feux de houille faits sur les grilles ordinaires. Cet habile chimiste recommande de ne pas négliger les braises qui se détachent du charbon de terre en brûlant, car, en les remettant au feu, leur durée et leur effet correspondent au moins au quart du feu de houille neuve, et, de plus, ces braises ont l'avantage de ne point donner de fumée : les cendres même du charbon de terre peuvent être utilement employées. M. Kurela, cité par M. Morand, dit qu'en pétrissant ces cendres seules avec de l'eau, on en peut faire des gâteaux qui brûlent aussi bien que les pelotes ou briquettes neuves, et qui donnent une chaleur d'une aussi longue durée.

On prendrait, au premier coup d'œil, la braise du charbon de terre pour de la braise de charbon de bois brûlé, mais il faut pour cela qu'il ait subi une combustion presque entière : car, s'il n'éprouve qu'une demi-combustion pour la préparation qui le réduit en *coak*, il ressemble alors au charbon de bois qui n'a brûlé de même qu'à demi. « Cette opé-
» ration, dit très bien M. Jars, est à peu près la même que celle pour convertir le bois en
» charbon (*c*). »

M. Jars donne, dans un autre Mémoire, la manière dont on fait les *cinders* à Newcastle (*d*), dans des fourneaux construits pour cette opération, et dont il donne aussi la

(*a*) M. de la Ville, de l'Académie de Lyon, cité par M. Morand, p. 1259.

(*b*) *Comparaison du feu de houille et du feu de bois*, etc., partie Ire, p. 186.

(*c*) Elle consiste à former en rond sur le terrain une couche de charbon cru, de douze à quinze pieds de diamètre, autour duquel il y a toujours un mélange de poussière de charbon et de cendres, des opérations qui ont précédé.

Cette couche circulaire est arrangée de façon qu'elle n'a pas plus de sept à huit pouces d'épaisseur à ses extrémités, et un pied et demi au plus d'épaisseur dans son milieu ou centre : c'est là qu'on place quelques charbons allumés, qui, en peu de temps, portent le feu dans toute la charbonnière. Un ouvrier veille à cet embrasement, et avec une pelle de fer prend de la poussière qui est autour, et jette dans les parties où le feu est trop ardent la quantité suffisante pour empêcher que le charbon se consume, et point assez pour éteindre la flamme qui s'étend sur toute la surface... Le charbon réduit en coak est beaucoup plus léger qu'il n'était avant d'être grillé, il est aussi moins noir; cependant il l'est plus que les coaks appelés *cinders*; il ne se colle point en brûlant. *Voyages métallurgiques*, par M. Jars, troisième Mémoire, p. 273.

Pour former des coaks, on fait une place ronde d'environ dix à douze pieds de diamètre, que l'on remplit avec de gros charbon, rangé de façon que l'air puisse circuler dans le tas, dont la forme est celle d'un cône d'environ cinq pieds de hauteur, depuis le sommet jusqu'à sa base. Le charbon ainsi rangé, on en place quelques-uns allumés dans la partie supérieure; après quoi, on couvre le tout avec de la paille, sur laquelle on met de la poussière de charbon qui se trouve tout autour, de façon qu'il y en ait au moins un bon pouce d'épaisseur sur toute la surface.

On a toujours plusieurs de ces fourneaux allumés à la fois; deux ouvriers dirigent toute l'opération, l'un pendant le jour, l'autre pendant la nuit; ils doivent avoir attention d'examiner de quel côté vient le vent, et de boucher les ouvertures lorsqu'il s'en forme de nuisibles à l'opération, ce qui contribuerait à la destruction des coaks. *Idem*. p. 236, douzième Mémoire.

(*d*) Quand on a mis dans le four à griller la quantité de charbon nécessaire, on y met le feu avec un peu de bois ou avec du charbon déjà allumé... Mais, pour l'ordinaire, on introduit le charbon lorsque le fourneau est encore chaud et presque rouge; ainsi il s'allume de lui-même.

On ferme ensuite la porte, et l'on met de la terre dans les jointures, seulement pour

description. Enfin, dans un autre Mémoire, le même académicien expose très bien les différents procédés de la cuisson du charbon de terre dans le Lyonnais, et l'usage qu'on en fait pour les mines de cuivre à Saint-Bel (a).

boucher les plus grandes ouvertures qui proviennent de la dégradation de la maçonnerie, car il faut toujours laisser un passage à l'air, sans lequel le charbon ne pourrait brûler. L'ouverture qui est au-dessus du fourneau, et qu'on peut appeler *cheminée*, est destinée pour la sortie de la fumée, et par conséquent pour l'évaporation du bitume; l'embouchure de cette cheminée n'est pas toujours également ouverte. La science de l'ouvrier consiste à ménager le courant de la fumée, sans quoi il risquerait de consumer les cinders à mesure qu'ils se forment: la règle qu'on suit à cet égard, comme la plus sûre, est de n'ouvrir la cheminée qu'autant qu'il le faut pour que la fumée ne ressorte point par la porte : pour cela, on a une grande brique que l'on pousse plus ou moins sur l'ouverture, à mesure que l'évaporation avance, et que, par conséquent, le volume de la fumée diminue; à la fin, on bouche presque entièrement l'ouverture de la cheminée.

Cette opération dure trente à quarante heures; mais communément on ne retire les cinders qu'au bout de quarante-huit heures : le charbon, réduit en cinders, forme dans le fourneau une couche d'une seule masse, remplie de fentes et de crevasses, disposées en rayons perpendiculaires au sol du fourneau, de toute l'épaisseur de la couche. On pourrait aussi les comparer à des briques placées de champ : quoique le tout fasse corps, il est aisé de le diviser pour le retirer du fourneau; à cet effet, lorsque l'ouvrier a ouvert la porte, il met une barre de fer en travers devant l'ouverture, afin de supporter un rable de fer avec lequel il attire une certaine quantité de cinders hors du fourneau, sur lesquels un autre ouvrier jette un peu d'eau : ils prennent ensuite chacun une pelle de fer en forme de grille, afin que les cendres et les menus cinders puissent passer au travers : ils éloignent ainsi de l'embouchure du fourneau les cinders, qui achèvent de s'éteindre par le seul contact de l'air.

Le fourneau n'est pas plus tôt vide qu'on y met de nouveau charbon nécessaire pour une seconde opération; et, comme ce fourneau est encore très chaud et même rouge, le charbon s'y enflamme aussitôt, et le procédé se conduit comme ci-devant.

On estime à un quart le déchet du charbon dans cette opération, c'est-à-dire le déchet du volume; quant au poids, il est bien moindre.

Les cendres qu'on retire du fourneau sont passées à la claie, sur une claie de fer, pour en séparer les petits morceaux de cinders, lesquels sont vendus séparément. *Voyages métallurgiques*, par M. Jars, dixième Mémoire, p. 209.

(a) Après avoir formé un plan horizontal sur le terrain, on arrange le charbon, morceau par morceau, pour en composer une pile d'une forme à peu près semblable à celle que l'on donne aux allumèles pour faire du charbon de bois, et de la contenue d'environ cinquante à soixante quintaux : il est nécessaire de ne point donner à ces charbonnières trop d'élévation, quoique dans le même diamètre; l'inconvénient serait encore plus grand, si on avait placé indifféremment le charbon de toute grosseur.

Une charbonnière construite de cette manière peut et doit avoir dix, douze et jusqu'à quinze pieds de diamètre, et deux pieds et demi au plus de hauteur dans le centre.

Au sommet de la charbonnière on ménage une ouverture d'environ six à huit pouces de profondeur, destinée à recevoir le feu qu'on y introduit avec quelques charbons allumés quand la pile est arrangée; alors on la recouvre, et on peut s'y prendre de diverses manières.

La meilleure et la plus prompte, c'est d'employer de la paille et de la terre franche qui ne soit pas trop sèche : toute la surface de la charbonnière se couvre de cette paille, mise assez serrée pour que l'épaisseur d'un bon pouce de terre et pas davantage, placé dessus, ne tombe pas entre les charbons, ce qui nuirait à l'action du feu.

On peut suppléer au défaut de paille par des feuilles sèches, lorsqu'on est dans le cas de s'en procurer : j'ai aussi essayé de me servir de gazon ou mottes, mais il n'en a pas résulté un bon effet.

Une autre méthode qui, attendu la cherté et la rareté de la paille, est mise en pratique

M. Gabriel Jars, de l'Académie de Lyon, et frère de l'académicien que je viens de citer, a publié un très bon Mémoire *sur la manière de préparer le charbon de terre, pour le substituer au charbon de bois dans les travaux métallurgiques, mise en usage depuis l'année* 1769 *dans les mines de Saint-Bel*, dans lequel l'auteur dit, avec grande raison, que « le » charbon de terre est, comme tous les autres bitumes, composé de parties huileuses et » acides; que dans ces acides on distingue un acide sulfureux auquel il croit que l'on » peut attribuer principalement les déchets que l'on éprouve lorsqu'on l'emploie dans la » fonte des métaux : le soufre et les acides dégagés par l'action du feu, dans la fusion, » attaquent, rongent et détruisent les parties métalliques qu'ils rencontrent; voilà les en- » nemis que l'on doit chercher à détruire; mais la difficulté de l'opération consiste à dé- » truire ce principe rongeur, en conservant la plus grande quantité possible de parties » huileuses, phlogistiques et inflammables, qui seules opèrent la fusion, et qui lui sont » unies. C'est à quoi tend le procédé dont je vais donner la méthode; on peut le nommer » le *désoufrage* : après l'opération, le charbon minéral n'est plus à l'œil qu'une matière » sèche, spongieuse, d'un gris noir qui a perdu de son poids et acquis du volume, qui » s'allume plus difficilement que le charbon cru, mais qui a une chaleur plus vive et plus » durable. »

M. Gabriel Jars donne ensuite une comparaison détaillée des effets et du produit du feu des coaks, et de celui du charbon de bois pour la fonte des minerais de cuivre; il dit que les Anglais fondent la plupart des minerais de fer avec les coaks, dont ils obtiennent un

aujourd'hui aux mines de Rive-de-Gier par les ouvriers que les intéressés aux mines de cuivre employaient à cette opération, avec un succès que j'ai éprouvé, est celle de recouvrir les charbonnières avec le charbon même; cela se fait comme il suit :

L'arrangement de la charbonnière étant achevé, on en recouvre la partie inférieure, depuis le sol du terrain jusqu'à la hauteur d'environ un pied, avec du menu charbon cru, tel qu'il vient de la carrière et des déblais qui se font dans le choix du gros charbon ; le restant de la surface est recouvert avec tout ce qui s'est séparé en très petits morceaux des coaks : par cette méthode on n'a pas besoin, comme pour les autres, de pratiquer des trous autour de la circonférence pour l'évaporation de la fumée; les interstices qui se trouvent entre ces menus *coaks* y suppléent et font le même effet; le feu agit également partout.

Lorsque la charbonnière est recouverte jusqu'au sommet, l'ouvrier apporte, comme il a été dit, quelques charbons allumés qu'il jette dans l'ouverture, et achève d'en remplir la capacité avec d'autres charbons; quand il juge que le feu a pris et que la charbonnière commence à fumer, il en recouvre le sommet, et conduit l'opération comme celle du charbon de bois, ayant soin d'empêcher que le feu ne passe par aucun endroit, pour que le charbon ne se consume pas; ainsi du reste jusqu'à ce qu'il ne fume plus, ou du moins que la fumée en sorte claire, signe constant de la fin du *désoufrage* : pour toute cette manœuvre, l'expérience des ouvriers est très nécessaire.

Une telle charbonnière tient le feu quatre jours, et plusieurs heures de moins si l'on a recouvert avec de la paille et de la terre : lorsqu'il ne fume plus, on recouvre le tout avec de la poussière pour étouffer le feu, et on le laisse ainsi pendant douze ou quinze heures; après ce temps, on retire les coaks, partie par partie, à l'aide des râteaux de fer, en séparant le menu qui sert à couvrir d'autres charbonnières.

Lorsque les coaks sont refroidis, on les enferme dans un magasin bien sec : s'il s'y trouve quelques morceaux de charbon qui ne soient pas bien désoufrés, on les met à part pour les faire passer dans une nouvelle charbonnière; on en a de cette manière plusieurs en feu, dont la manœuvre se succède.

Trois ouvriers, ayant un emplacement assez grand, peuvent préparer dans une semaine trois cent cinquante, jusqu'à quatre cents quintaux de coaks. Les charbons de Rive-de-Gier perdent en désoufrage à Saint-Bel trente-cinq pour cent, de manière que cent livres de charbon cru sont réduites à soixante-cinq livres de braises; ce fait a été vérifié plusieurs fois. *Voyages métallurgiques*, par M. Jars, quinzième Mémoire, p. 325.

fer coulé excellent qui se moule très bien; mais que jamais ils ne sont parvenus à en faire un bon fer forgé (a).

Au reste, il y a des charbons qu'il serait peut-être plus avantageux de lessiver à l'eau que de cuire au feu pour les réduire en coaks. M. de Grignon a proposé de se servir de cette méthode, et particulièrement pour le charbon d'Épinac; mais M. de Limare pense au contraire que le charbon d'Épinac, n'étant que pyriteux, ne doit pas être lessivé, et qu'il n'y a nul autre moyen de l'épurer que de le préparer en coak ; la lessive à l'eau ne pouvant servir que pour les charbons chargés d'alun, de vitriol ou d'autres sels qu'elle peut dissoudre, mais non pas pour ceux où il ne se trouve que peu ou point de ces sels dissolubles à l'eau.

Le charbon de Montcenis, quoiqu'à peu de distance de celui d'Épinac, est d'une qualité différente : il faut l'employer au moment qu'il est tiré, sans quoi il fermente bientôt et perd sa qualité; il demande à être désoufré par le moyen du feu, et l'on a nouvellement établi des fourneaux et des hangars pour cette opération.

Le charbon de Rive-de-Gier, dans le Lyonnais, est moins bitumineux, mais en même temps un peu pyriteux, et en général il est plus compact que celui de Montcenis : il est d'une grande activité; son feu est âpre et durable; il donne une flamme vive, rouge et abondante; son poids est de cinquante-quatre livres le pied cube, lorsqu'il est désoufré; et dans cet état il pèse autant que le charbon brut de Saint-Chaumont, qui, quoique assez voisin de celui de Rive-de-Gier, est d'une qualité très différente, car il est friable, léger, et à peu près de la même nature que celui de Montcenis, à l'exception qu'il est un peu moins pyriteux; il ne pèse cru que cinquante-quatre livres le pied cube, et ce poids se réduit à trente-six lorsqu'il est désoufré.

(a) De quelque manière que le charbon de terre ait été torréfié, soit qu'il l'ait été à l'air libre, soit qu'il l'ait été dans des fosses comme à Newcastle, ou dans des fourneaux comme à Sultzbach, l'expérience ne lui a encore été avantageuse que pour les ouvrages qui se jettent en moule : dans les grandes opérations métallurgiques, ce charbon, si l'on veut suivre l'idée commune, n'est pas encore suffisamment *désoufré;* les braises qu'il donne ne remplissent pas à beaucoup près le but qu'on se propose : le fer provenant des forges de Sultzbach, et qui, porté à la filière, se trouvait une *fonte grise* et fort douce, a été reconnu être le produit de plusieurs affinages; en total, la fonte du fer qu'on obtient avec leur feu a toujours deux défauts considérables : on convient d'abord généralement que la qualité du fer est avilie, qu'il est cassant et hors d'état de rendre beaucoup de service. Dans la quantité de métal fondu au feu de charbon de terre, cru ou converti en braise, il se trouve toujours un déchet considérable; dans une semaine on avait fondu à Lancashire, avec le seul charbon de bois, quinze ou seize tonnes de fer (la tonne pèse deux mille), et avec les houilles on n'en a eu que cinq ou six.

Cet inconvénient se remarque également pour toutes les autres espèces de mines : un fourneau de réverbère anglais, chauffé avec le bois de hêtre, même avec des fagots, fait rendre à la mine de plomb dix pour cent de plus que lorsqu'on le chauffe avec le charbon de terre.

Depuis plus de quarante ans on a commencé à vouloir l'employer, mais inutilement, pour la mine de cuivre : il y a vingt-huit ans qu'on avait encore voulu essayer en France, dans le travail d'une mine de cuivre, d'introduire l'usage du charbon de terre, tant pour le grillage que pour la fonte du minéral; on le mettait sur du bois dans le grillage, et on en mêlait neuf parties avec une partie de charbon de bois dans le fourneau allemand pour la fonte : une portion de cuivre, traitée de cette manière, s'est trouvée détruite et a causé des pertes considérables qui ont obligé les entrepreneurs d'abandonner cette fabrication. *Du charbon de terre*, par M. Morand, p. 1186 et 1187. — Ces observations de M. Morand paraîtraient d'abord contredire ce que nous avons cité d'après M. Jars; mais, comme ces dernières expériences ont été faites avec du charbon cru, et que les autres avaient été faites avec des charbons épurés en coaks, leurs résultats devaient être différents.

De toutes les méthodes connues pour épurer le charbon, celle qui se pratique aux environs de Gand est l'une des meilleures : on se sert des charbons crus de Mons et de Valenciennes, et le coak est si bien fait, dit M. de Limare, qu'on s'en sert sans inconvénient dans les blanchisseries de toile fine et de batiste : on l'épure dans des fourneaux entourés de briques, où l'on a ménagé des registres pour diriger l'air et le porter aux parties qui en ont besoin ; mais on assure que la méthode du sieur Ling, qui a mérité l'approbation du gouvernement, est encore plus avantageuse ; et je ne puis mieux terminer cet article qu'en rapportant le résultat des expériences qui ont été faites à Trianon, le 12 janvier 1779, avec du charbon du Bourbonnais désoufré à Paris par cette méthode du sieur Ling, par lesquelles expériences il est incontestablement prouvé que le charbon préparé par ce procédé a une grande supériorité sur toutes les matières combustibles, et particulièrement sur le charbon cru, soit pour le chauffage ordinaire, soit pour les arts de la métallurgie, puisque ces expériences démontrent :

1° Que le charbon ainsi préparé, quoique diminué de masse par l'épurement, tient le feu bien plus longtemps qu'un volume égal de charbon cru ;

2° Qu'il a infiniment plus de chaleur, puisque, dans un temps donné et égal, des masses de métal de même volume acquièrent plus de chaleur sans se brûler ;

3° Que ce charbon de terre préparé est bien plus commode pour les ouvriers, qui ne sont point incommodés des vapeurs sulfureuses et bitumineuses qui s'exhalent du charbon cru ;

4° Que ce charbon préparé est plus économique, soit pour le transport, puisqu'il est plus léger, soit dans tous les usages qu'on en peut faire, puisqu'il se consomme moins vite que le charbon cru ;

5° Que la propriété précieuse que le charbon, préparé par cette méthode, a d'adoucir le fer le plus aigre et de l'améliorer, doit lui mériter la préférence, non seulement sur le charbon cru, mais même sur le charbon de bois ;

6° Enfin, que le charbon de terre épuré par cette méthode peut servir à tous les usages auxquels on emploie le charbon de bois, et avec un très grand avantage, attendu que quatre livres de ce charbon épuré font autant de feu que douze livres de charbon de bois.

DU BITUME

Quoique les bitumes (*) se présentent sous différentes formes, ou plutôt dans des états différents, tant par leur consistance que par les couleurs, ils n'ont cependant qu'une seule et même origine primitive, mais ensuite modifiée par des causes secondaires : le naphte, le pétrole, l'asphalte, la poix de montagne, le succin, l'ambre gris, le jayet, le charbon de terre, tous les bitumes, en un mot, proviennent originairement des huiles animales ou végétales altérées par le mélange des acides ; mais, quoique le soufre provienne aussi des substances organisées, on ne doit pas le mettre au nombre des bitumes, parce qu'il ne contient point d'huile, et qu'il n'est composé que du feu fixe de ces mêmes substances combiné avec l'acide vitriolique.

(*) Voyez la note de la page 4. On a émis récemment l'opinion que le bitume, au lieu d'être une sorte de produit de distillation des matières organiques fossiles, se serait formé par une véritable synthèse effectuée sous l'influence de la chaleur et conformément aux réactions synthétiques pyrogénées signalées par M. Berthelot. On s'appuie, pour admettre cette opinion, sur ce qu'il se trouve dans une foule de régions, notamment dans le granit du plateau central, où n'existent pas de fossiles.

Les matières bitumineuses sont ou solides comme le succin et le jayet, ou liquides comme le pétrole et le naphte, ou visqueuses, c'est-à-dire d'une consistance moyenne entre le solide et le liquide, comme l'asphalte et la poix de montagne : les autres substances plus dures, telles que les schistes bitumineux, les charbons de terre, ne sont que des terres végétales ou limoneuses plus ou moins imprégnées de bitume.

Le naphte est le bitume liquide le plus coulant, le plus léger, le plus transparent et le plus inflammable. Le pétrole, quoique liquide et coulant, est ordinairement coloré et moins limpide que le naphte : ces deux bitumes ne se durcissent ni ne se coagulent à l'air; ce sont les huiles les plus ténues et les plus volatiles du bitume. L'asphalte, que l'on recueille sur l'eau ou dans le sein de la terre, est gras et visqueux dans ce premier état; mais bientôt il prend à l'air un certain degré de consistance et de solidité : il en est de même de la poix de montagne, qui ne diffère de l'asphalte qu'en ce qu'elle est plus noire et moins tenace.

Le succin, qu'on appelle aussi *karabé* et plus communément *ambre jaune*, a d'abord été liquide et a pris sa consistance à l'air, et même à la surface des eaux et dans le sein de la terre (*) : le plus beau succin est transparent et de couleur d'or; mais il y en a de plus ou moins opaque, et de toutes les nuances de couleur du blanc au jaune et jusqu'au brun noirâtre; il renferme souvent de petits débris de végétaux et des insectes terrestres, dont la forme est parfaitement conservée (*a*); il est électrique comme la résine végétale, et par l'analyse chimique on reconnaît qu'il ne contient d'autres matières solides qu'une petite quantité de fer, et qu'il est presque uniquement composé d'huile et d'acide (*b*). Et, comme l'on sait d'ailleurs qu'aucune substance purement minérale ne contient d'huile, on ne peut guère douter que le succin ne soit un pur résidu des huiles animales ou végétales saisies et pénétrées par les acides, et c'est peut-être à la petite quantité de fer contenue dans ces huiles qu'il doit sa consistance et ses couleurs plus ou moins jaunes ou brunes.

Le succin se trouve plus fréquemment dans la mer que dans le sein de la terre (*c*), où

(*a*) M. Keysler dit qu'on ne voit dans le succin que des empreintes de végétaux et d'animaux terrestres, et jamais de poissons. *Bibliothèque raisonnée*, 1742. *Voyage de Keysler*.... Cependant d'autres auteurs assurent qu'il s'y trouve quelquefois des poissons et des œufs de poissons (*Collection académique*, partie étrangère, tome IV, p. 208). On m'a présenté, cette année 1778, un morceau d'environ deux pouces de diamètre, dans l'intérieur duquel il y avait un petit poisson d'environ un pouce de longueur; mais, comme la tranche de ce morceau de succin était un peu entamée, il m'a paru que c'était de l'ambre ramolli, dans lequel on a eu l'art de renfermer le petit poisson sans le déformer.

(*b*) De deux livres de succin entièrement brûlé, M. Bourdelin n'a obtenu que dix-huit grains d'une terre brune, sans saveur, saline, et contenant un peu de fer. Voyez les *Mémoires de l'Académie royale des sciences*.

(*c*) On trouve du jayet et de l'ambre jaune dans une montagne près de Bugarach en Languedoc, à douze ou treize lieues de la mer, et cette montagne en est séparée par plusieurs autres montagnes. On trouve aussi du succin dans les fentes de quelques rochers en Provence (*Mémoires de l'Académie des sciences*, années 1700 et 1703). Il s'en trouve en Sicile, le long des côtes d'Agrigente, de Catane; à Bologne, vers la marche d'Ancône; et dans l'Ombrie, à d'assez grandes distances de la mer. Il en est de même de celui que M. le marquis de Bonnac a vu tirer dans un endroit du territoire de Dantzig, séparé de la mer par de grandes hauteurs. M. Guettard, de l'Académie des sciences, conserve dans son cabinet un morceau de succin qui a été trouvé dans le sein de la terre en Pologne, à plus de cent lieues de distance de la mer Baltique, et un autre morceau trouvé à Newburg, à vingt lieues de distance de Dantzig : il y en a dans des lieux encore plus éloignés de la mer, en Podolie, en Volhinie; le lac Lubien de Posnanie en rejette souvent, etc. *Mémoires de l'Académie des sciences*, année 1762, p. 251 et suiv.

(*) On ignore encore l'origine véritable de l'ambre jaune.

il n'y en a que dans quelques endroits et presque toujours en petits morceaux isolés : parmi ceux que la mer rejette, il y en a de différents degrés de consistance, et même il s'en trouve des morceaux assez mous; mais aucun observateur ne dit en avoir vu dans l'état d'entière liquidité, et celui que l'on tire de la terre a toujours un assez grand degré de fermeté.

L'on ne connaît guère d'autre minière de succin que celle de Prusse, dont M. Neumann a donné une courte description, par laquelle il paraît que cette matière se trouve à une assez petite profondeur dans une terre dont la première couche est de sable, la seconde d'argile mêlée de petits cailloux de la grosseur d'un pouce, la troisième de terre noire remplie de bois fossiles à demi décomposés et bitumineux, et enfin la quatrième d'un minerai ferrugineux : c'est sous cette espèce de mine de fer que se trouve le succin par morceaux séparés, et quelquefois accumulés en tas.

On voit que les huiles de la couche de bois ont dû être imprégnées de l'acide contenu dans l'argile de la couche supérieure, et qui en descendait par la filtration des eaux; que ce mélange de l'acide avec l'huile du bois a rendu bitumineuse cette couche végétale; qu'ensuite les parties les plus ténues et les plus pures de ce bitume sont descendues de même sur la couche du minerai ferrugineux, et qu'en la traversant elles se sont chargées de quelques particules de fer, et qu'enfin c'est du résultat de cette dernière combinaison que s'est formé le succin qui se trouve au-dessous de la mine de fer.

Le jayet diffère du succin en ce qu'il est opaque et ordinairement très noir; mais il est de même nature (*), quoique ce dernier ait quelquefois la transparence et le beau jaune de la topaze; car, malgré cette différence si frappante, les propriétés de l'un et de l'autre sont les mêmes; tous deux sont électriques, ce qui a fait donner au jayet le nom d'*ambre noir*, comme on a donné au succin celui d'*ambre jaune;* tous deux brûlent de même, seulement l'odeur que rend alors le jayet est encore plus forte et sa fumée plus épaisse que celle du succin : quoique solide et assez dur, le jayet est fort léger, et on a souvent pris pour du jayet certains bois fossiles noirs, dont la cassure est lisse et luisante, et qui paraissent en effet ne différer du vrai jayet que parce qu'ils ne répandent aucune odeur bitumineuse en brûlant.

On trouve quelques minières de jayet en France : on en connaît une dans la province de Roussillon, près de Bugarach (*a*). M. de Gensane fait mention d'une autre dans le

(*a*) « J'allai, dit M. Le Monnier, visiter une mine de jayet... Elle ressemble de loin à » un tas de charbon de terre appliqué contre un rocher fort élevé, au bas duquel est l'entrée » d'une petite caverne dans laquelle on voit plusieurs veines de jayet qui courent dans une » terre légère, et même dans les fentes du rocher : cette matière est dure, sèche, légère, » fragile et irrégulière dans sa figure, si ce n'est qu'on voit plusieurs cercles concentriques » dans ses fragments. On en trouve aussi quelques morceaux, mais moins beaux, sur le tas » qui est à l'entrée de la mine, parmi une terre noire bitumineuse : cette terre pourrait être » regardée comme une espèce de jayet impur; car, brûlée sur la pelle, elle répand la même » odeur que le plus beau jayet; l'un et l'autre brûlent difficilement, pétillent un peu en » s'échauffant, et la fumée qu'ils répandent est noire, épaisse et d'une odeur de bitume fort » désagréable : on travaille assez proprement cette matière à Bugarach; on en fait des col- » liers, des chapelets, etc..... En donnant quelques coups de pioche sur ce tas pour décou- » vrir quelques morceaux de jayet, j'ai aperçu des morceaux de véritable succin : la cou- » leur en était un peu foncée, mais ils en avaient parfaitement l'odeur et l'électricité. J'ai » trouvé de même, en continuant de fouiller, des bois pétrifiés avec des circonstances très » favorables pour appuyer la vérité de cette transmutation... Le jayet paraît s'insinuer non » seulement dans les bois pétrifiés, mais encore dans les pierres jusque dans les moindres

(*) Le Jayet est une lignite durcie; il présente très manifestement, dans un grand nombre de cas, les traces de la structure ligneuse.

Gévaudan, sur le penchant de la montagne, près de Vebron (*a*), et d'une autre près de Rouffiac, diocèse de Narbonne, où l'on faisait dans ces derniers temps de jolis ouvrages de cette matière (*b*). On a trouvé dans la glaise, en creusant la montagne de Saint-Germain-en-Laye, un morceau de bois fossile, dont M. Fougeroux de Bondaroy a fait une exacte comparaison avec le jayet. « On sait, dit ce savant académicien, que la couleur du jayet » est noire, mais que la superficie de ses lames n'a point ce luisant qu'offre l'intérieur » du morceau dans sa cassure; c'est aussi ce qu'il est aisé de reconnaître dans le mor- » ceau de bois de Saint-Germain. Dans l'intérieur d'une fente ou d'un morceau rompu, » on voit une couleur d'un noir d'ivoire bien plus brillant que sur la surface du morceau. » La dureté du jayet et du morceau de bois est à peu près la même : étant polis, ils offrent » la même nuance de couleur ; tous deux brûlent et donnent de la flamme sur les char- » bons; le jayet répand une odeur bitumineuse ou de pétrole; certains morceaux du bois » en question donnent une pareille odeur, surtout lorsqu'ils ne contiennent point de py- » rites. Ce morceau de bois est donc changé en jayet, et il sert à confirmer le sentiment » de ceux qui croient le jayet produit par des végétaux (*c*). »

On trouve du très beau jayet en Angleterre dans le comté d'York et en plusieurs endroits de l'Écosse : il y en a aussi en Allemagne, et surtout à Wurtemberg. M. Bowles en a trouvé en Espagne près de Peralegos, « dans une montagne où il y a, dit-il, des veines de » bois bitumineux, qui ont jusqu'à un pied d'épaisseur..... On voit très bien que c'est du » bois, parce que l'on en trouve des morceaux avec leur écorce et leurs fibres ligneuses, » mêlés avec le véritable jayet dur (*d*). »

Il me semble que ces faits suffisent pour qu'on puisse prononcer que le succin et le jayet tirent immédiatement leur origine des végétaux, et qu'ils ne sont composés que d'huiles végétales devenues bitumineuses par le mélange des acides; que ces bitumes ont d'abord été liquides, et qu'ils se sont durcis par leur simple dessèchement, lorsqu'ils ont perdu les parties aqueuses de l'huile et des acides dont ils sont composés. Le bitume, qu'on appelle *asphalte*, nous en fournit une nouvelle preuve : il est d'abord fluide, ensuite mou et visqueux, et enfin il devient dur par la seule dessiccation.

L'asphalte des Grecs est le même que le bitume des Latins : on l'a nommé particulièrement *bitume de Judée*, parce que les eaux de la mer Morte et les terrains qui l'environnent en fournissent une grande quantité; il a beaucoup de propriétés communes avec le succin et le jayet; il est de la même nature, et il paraît, ainsi que la poix de montagne, le pétrole et le naphte, ne devoir sa liquidité qu'à une distillation des charbons de terre et des bois bitumineux qui, se trouvant voisins de quelque feu souterrain, laissent échapper les parties huileuses les plus légères, de la même manière à peu près que ces substances bitumineuses donnent leurs huiles dans nos vaisseaux de chimie. Le naphte, le pétrole et le succin paraissent être les huiles les plus pures que fournisse cette espèce de distillation, et le jayet, la poix de montagne et l'asphalte sont les huiles plus grossières. L'Histoire sainte nous apprend que la mer Morte, ou le lac Asphaltique de Judée,

» fentes ; or, si le jayet, qui, dans sa plus grande fluidité, n'est jamais qu'un bitume liquide, » et peut-être une espèce de pétrole, s'insinue si bien entre les fibres du bois et les plus » petites fentes des autres corps solides, n'en doit-on pas conclure que cette matière, que » nous voyons aujourd'hui dure et compacte, a été autrefois très fluide, et que ce n'est pour » ainsi dire qu'une espèce d'huile desséchée et durcie par la succession du temps. » *Observations d'histoire naturelle*. Paris, 1739, p. 215.

(*a*) *Histoire naturelle du Languedoc*, t. II, p. 244.

(*b*) *Idem, ibidem*, p. 189.

(*c*) *Sur la montagne de Saint-Germain*, par M. Fougeroux de Bondaroy. *Mémoires de l'Académie des sciences*, année 1769.

(*d*) *Histoire naturelle d'Espagne*, par M. Bowles, p. 206 et 207.

était autrefois le territoire de deux villes criminelles qui furent englouties ; on peut donc croire qu'il y a eu des feux souterrains qui, agissant avec violence dans ce lieu, ont été les instruments de cet effet ; et ces feux ne sont pas encore entièrement éteints (*a*) ; ils opèrent donc la distillation de toutes les matières végétales et bitumineuses qui les avoisinent et produisent cet asphalte liquide que l'on voit s'élever continuellement à la surface du lac maudit, dont néanmoins les Arabes et les Égyptiens ont su tirer beaucoup d'utilité, tant pour goudronner leurs bateaux que pour embaumer leurs parents et leurs oiseaux sacrés ; ils recueillent sur la surface de l'eau cette huile liquide, qui par sa légèreté la surmonte comme nos huiles végétales.

L'asphalte se trouve non seulement en Judée et en plusieurs autres provinces du Levant, mais encore en Europe et même en France. J'ai eu occasion d'examiner et même d'employer l'asphalte de Neufchâtel ; il est de la même nature que celui de Judée : en le mêlant avec une petite quantité de poix, on en compose un mastic avec lequel j'ai fait enduire, il y a trente-six ans, un assez grand bassin au Jardin du Roi, qui depuis a toujours tenu l'eau. On a aussi trouvé de l'asphalte en Alsace, en Languedoc sur le territoire d'Alais et dans quelques autres endroits. La description que nous a donnée M. l'abbé de Sauvages de cet asphalte d'Alais ajoute encore une preuve à ce que j'ai dit de sa formation par une distillation *per ascensum*. « On voit, dit-il, régner auprès de Servas, à quelque distance » d'Alais, sur une colline d'une grande étendue, un banc de rocher de marbre qui pose » sur la terre et qui en est couvert : il est naturellement blanc, mais cette couleur est si » fort altérée par l'asphalte qui le pénètre, qu'il est vers sa surface supérieure d'un brun » clair et ensuite très foncé à mesure que le bitume approche du bas du rocher : le terrain » du dessous n'est point pénétré de bitume, à la réserve des endroits où la tranche du banc » est exposée au soleil ; il en découle en été du bitume qui a la couleur et la consistance » de la poix noire végétale ; il en surnage sur une fontaine voisine, dont les eaux ont en » conséquence un goût désagréable...

» Dans le fond de quelques ravines et au-dessous du rocher d'asphalte, je vis un ter- » rain mêlé alternativement de lits de sable et de lits de charbon de pierre, tous parallèles » à l'horizon (*b*). » On voit, par cet exposé, que l'asphalte ne se trouve pas au-dessous, mais au-dessus des couches ou veines bitumineuses de bois et de charbons fossiles et que, par conséquent, il n'a pu s'élever au-dessus que par une distillation produite par la chaleur d'un feu souterrain.

Tous les bitumes liquides, c'est-à-dire l'asphalte, la poix de montagne, le pétrole et le naphte, coulent souvent avec l'eau des sources qui se trouvent voisines des couches de bois et de charbon fossiles. A Begrède près d'Anson en Languedoc, il y a une fontaine qui

(*a*) On m'a assuré que le bitume, pour lequel ce lac a toujours été fameux, s'élève quelquefois du fond en grosses bulles ou bouteilles, qui, dès qu'elles parviennent à la surface de l'eau et touchent l'air extérieur, crèvent en faisant un grand bruit, accompagné de beaucoup de fumée, comme la poudre fulminante des chimistes, et se dispersent en divers éclats ; mais cela ne se voit que sur les bords, car, vers le milieu, l'éruption se manifeste par des colonnes de fumée qui s'élèvent de temps en temps sur le lac : c'est peut-être à ces sortes d'éruptions qu'on doit attribuer un grand nombre de trous ou de creux qu'on trouve autour de ce lac, et qui ne ressemblent pas mal, comme dit fort bien M. Manudrelle, à certains endroits qu'on voit en Angleterre, et qui ont servi autrefois de fourneaux à faire de la chaux ; le bitume, en montant ainsi, est vraisemblablement accompagné de soufre, aussi trouve-t-on l'un et l'autre pêle-mêle répandu sur les bords. Ce soufre ne diffère en rien du soufre ordinaire ; mais le bitume est friable, plus pesant que l'eau, et il rend une mauvaise odeur lorsqu'on le frotte ou qu'on le met sur le feu ; il n'est point violet, comme l'*asphaltus* de Dioscoride, mais noir et luisant comme du jayet. *Voyage de M. Shaw*, traduit de l'anglais ; La Haye, 1743, tome II, p. 73 et 74.

(*b*) Voyez les *Mémoires de l'Académie des sciences*, année 1746, p. 720 et 721.

jette du bitume que l'on recueille à fleur d'eau : on en recueille de même à Gabian, diocèse de Béziers (*a*), et cette fontaine de Gabian est fameuse par la quantité de pétrole qu'elle produit ; néanmoins il paraît, par un Mémoire de M. Rivière, publié en 1717, et par un autre Mémoire, sans nom d'auteur, imprimé à Béziers en 1752, que cette source bitumineuse a été autrefois beaucoup plus abondante qu'elle ne l'est aujourd'hui ; car il est dit qu'elle a donné avant 1717, pendant plus de quatre-vingts ans, trente-six quintaux de pétrole par an, tandis qu'en 1752 elle n'en donnait plus que trois ou quatre quintaux. Ce pétrole est d'un rouge brun foncé ; son odeur est forte et désagréable ; il s'enflamme très aisément, et même la vapeur qui s'en élève, lorsqu'on le chauffe, prend feu si l'on approche une chandelle ou toute autre lumière, à trois pieds de hauteur au-dessus : l'eau n'éteint pas ce pétrole allumé, et, lors même que l'on plonge dans l'eau des mèches bien imbibées de cette huile inflammable, elles continuent de brûler quoique au-dessous de l'eau. Elle ne s'épaissit ni ne se fige par la gelée, comme le font la plupart des huiles végétales, et c'est par cette épreuve qu'on reconnaît si le pétrole est pur, ou s'il est mélangé avec quelqu'une de ces huiles. A Gabian, le pétrole ne sort de la source qu'avec beaucoup d'eau qu'il surnage toujours, car il est beaucoup plus léger, et l'est même plus que l'huile d'olive : « Une » seule goutte de ce bitume, dit M. Rivière, versée sur une eau dormante, a occupé dans » peu de temps un espace d'une toise de diamètre tout émaillé des plus vives couleurs, et, » en s'étendant davantage, il blanchit et enfin disparaît ; au reste, ajoute-t-il, cette huile de » pétrole naturelle est la même que celle qui vient du succin dans la cornue, vers le milieu » de la *distillation* (*b*). »

Cependant ce pétrole de Gabian n'est pas, comme le prétend l'auteur du Mémoire imprimé à Béziers en 1752, le vrai naphte de Babylone : à la vérité, beaucoup de gens prennent le naphte et le pétrole pour une seule et même chose ; mais le naphte des Grecs, qui ne porte ce nom que parce que c'est la matière inflammable par excellence, est plus pur que l'huile de Gabian ou que toute autre huile terrestre que les Latins ont appelée *petroleum*, comme huile sortant des rochers avec l'eau qu'elle surnage. Le vrai naphte est beaucoup plus limpide et plus coulant ; il a moins de couleur, et prend feu plus subitement à une distance assez grande de la flamme : si l'on en frotte du bois ou d'autres combustibles, ils continueront de brûler, quoique plongés dans l'eau (*c*) ; au reste, le terrain dans lequel se trouve le pétrole de Gabian est environné et peut-être rempli de matières bitumineuses et de charbon de terre (*d*).

A une demi-lieue de distance de Clermont en Auvergne, il y a une source bitumineuse assez abondante et qui tarit par intervalles : « L'eau de cette source, dit M. Le Monnier, a une amertume insupportable ; la surface de l'eau est couverte d'une couche mince » de bitume qu'on prendrait pour de l'huile, et qui, venant à s'épaissir par la chaleur de l'air, » ressemble en quelque façon à de la poix... En examinant la nature des terres qui environnent cette fontaine, et en parcourant une petite butte qui n'en est pas fort éloignée, » j'ai aperçu du bitume noir qui découlait d'entre les fentes des rochers ; il se sèche à » mesure qu'il reste à l'air, et j'en ai ramassé encore une demi-livre : il est sec, dur et » cassant, et s'enflamme aisément ; il exhale une fumée noire fort épaisse, et l'odeur qu'il » répand ressemble à celle de l'asphalte ; je suis persuadé que par la distillation on en » retirerait du pétrole (*e*). » Ce bitume liquide de Clermont est, comme l'on voit, moins

(*a*) *Histoire naturelle du Languedoc*, par M. de Gensane, t. Ier, p. 201 et 274.

(*b*) *Mémoire* de M. Rivière, p. 6.

(*c*) Boërhaave, *Elementa chimiæ*, t. Ier, p. 191.

(*d*) *Mémoire sur le pétrole* ; Béziers, 1752.

(*e*) Parmi les charbons de terre, il en est qui, à l'odeur près, ressemblent fort à l'asphalte, quant à la pureté et au coup d'œil, comme il en est qui diffèrent peu du jayet, comme aussi on voit du jayet qu'on pourrait confondre aisément avec l'asphalte et quelques charbons de

pur que celui de Gabian ; et depuis le naphte, que je regarde comme le bitume le mieux distillé par la nature, au pétrole, à l'asphalte, à la poix de montagne, au succin, au jayet et au charbon de terre, on trouve toutes les nuances et tous les degrés d'une plus ou moins grande pureté dans ces matières qui sont toutes de même nature.

« En Auvergne, dit M. Guettard, les monticules qui contiennent le plus de bitume sont » ceux du *Puy-de-Pège* (*poix*) et du Puy-de-Cronelles : celui de Pège se divise en deux » têtes, dont la plus haute peut avoir douze ou quinze pieds ; le bitume y coule en deux » ou trois endroits... A côté de ce monticule se trouve une petite élévation d'environ trois » pieds de hauteur sur quinze de diamètre : selon M. Ozy, cette élévation n'est que de » bitume qui se dessèche à mesure qu'il sort de la terre, la source est au milieu de cette » élévation. Si l'on creuse en différents endroits autour et dessus cette masse de bitume, » on ne trouve aucune apparence de rocher. Le Puy-de-Cronelles, peu éloigné du précé- » dent, peut avoir trente ou quarante pieds de hauteur ; le bitume y est solide, on en voit » des morceaux durs entre les crevasses des pierres ; il en est de même de la partie la plus » élevée du Puy-de-Pège (*a*). »

En Italie, dans les duchés de Modène, Parme et Plaisance, le pétrole est commun : le village de Miano, situé à douze milles de Parme, est un des lieux d'où on le tire dans certains puits construits de manière que cette huile vienne se rassembler dans le fond (*b*).

terre : la matière bitumineuse qui se tire dans le voisinage de Virtemberg, fort ressemblante à du succin qui n'aurait passé que légèrement au feu, et qu'on appelle *succin*, paraît tenir un milieu entre le charbon de terre et le jayet. *Du charbon de terre et de ses mines*, par M. Morand, p. 18. — Le charbon, que les Anglais appellent *kennel coal*, est très pur et ressemble au jayet ; et l'on peut croire que la différence qu'il y a entre les bitumes et les charbons de terre provient de ce que ceux-ci sont mêlés de parties terreuses qui en divisent le bitume et empêchent qu'ils ne puissent, comme les autres bitumes, se liquéfier au feu et s'allumer si promptement ; mais aussi le charbon de terre est de toutes les matières de ce genre bitumineux celle qui conserve le feu plus longtemps et plus fortement... Mais, au reste, ces matières terreuses qui altèrent le bitume des charbons de terre ne sont pas celles qui s'y trouvent en plus grande quantité. *Idem, ibidem.*

(*a*) *Mémoire sur la minéralogie d'Auvergne*, dans ceux de l'*Acad. des sciences*, année 1759... Les pierres bitumineuses de l'Auvergne se trouvent dans des endroits qui forment une suite de monticules posés dans le même alignement : peut-être y a-t-il ailleurs de semblables pierres, car je sais qu'on a trouvé du bitume sur le Puy-de-Pelon, à Chamalière près de Clermont, et au pied des montagnes à l'ouest... Dans le fond des caves des Bénédictins de Clermont, où l'on trouve du bitume, on ramasse une terre argileuse d'un brun foncé, et recouverte d'une poussière jaune soufrée : la pierre du roc où les caves sont creusées est brune, ou brun jaunâtre, ou lavée de blanc : le bitume recouvre ces pierres en partie : il est sec, noir et brillant ; enfin il y a encore à Machaut, hauteur qui est à un quart de lieue de Riom, sur la route de Clermont, une source de poix dont les paysans se servent pour graisser les essieux des voitures. Indépendamment du bitume du Pont-du-Château, le roc sur lequel est construite l'écluse de cet endroit est d'une pierre argileuse, gris verdâtre et parsemée de taches noires et rondes qui paraissent bitumineuses. *Idem, ibibem.*

(*b*) « On rencontre à Miano, dit M. Fougeroux de Bondaroy, plusieurs de ces puits » anciens abandonnés ; mais on n'y compte maintenant que trois puits qui fournissent du » pétrole blanc, et à quelque distance de ce village, deux autres qui donnent du pétrole roux... » On creuse les puits au hasard et sans y être conduit par aucun indice, à cent quatre-vingts » pieds environ de profondeur... L'indice le plus sûr de la présence du pétrole est l'odeur » qui s'élève du fond de la fouille, et qui se fait sentir d'autant plus vivement qu'on parvient » à une plus grande profondeur, et qui vers la fin de l'ouvrage devient si forte que les » ouvriers, en creusant et faisant les murs du puits, ne peuvent pas rester une demi-heure ou » même un quart d'heure sans être remplacés par d'autres, et souvent on les retire éva- » nouis : on creuse donc le puits jusqu'à ce qu'on voie sortir le pétrole, qui se filtre à tra-

Les sources de naphte et de pétrole sont encore plus communes dans le Levant qu'en Italie; quelques voyageurs assurent qu'on brûle plus d'huile de naphte que de chandelle à Bagdad (*a*). « Sur la route de Schiras à Bender-Congon, à quelques milles de Bennaron » vers l'orient, on voit, dit Gemelli Carreri, la montagne de Darap toute de pierre noire, » d'où distille le fameux baume-momie qui, s'épaississant à l'air, prend aussi une couleur » noirâtre : quoiqu'il y ait beaucoup d'autres baumes en Perse, celui-ci a la plus grande » réputation; la montagne est gardée par ordre du roi; tous les ans, les vizirs de Geaxoux, » de Schiras et de Lar, vont ensemble ramasser la momie, qui coule et tombe dans une « conque, où elle se coagule; ils l'envoient au roi sous leur cachet pour éviter toute trom- » perie, parce que ce baume est éprouvé et très estimé en Arabie et en Europe, et qu'on » n'en tire pas plus de quarante onces par chaque année (*b*). » Je ne cite ce passage tout au long que pour rapporter à un bitume ce prétendu baume des momies : nous avons au Cabinet du Roi les deux boîtes d'or remplies de ce baume-momie ou *mumia*, que l'ambassadeur de Perse apporta et présenta à Louis XIV; ce baume n'est que du bitume, et le présent n'avait de mérite que dans l'esprit de ceux qui l'ont offert (*c*). Chardin parle de ce

» vers les terres, et qui quelquefois sort avec force et par jets; c'est ordinairement lors- » qu'on est parvenu à cent quatre-vingts pieds ou environ de profondeur qu'on obtient le » pétrole : souvent, en creusant le puits, on aperçoit quelques filets de pétrole qui se » perdent en continuant l'ouvrage... Les puits sont abandonnés l'hiver et dès la fin de l'au- » tomne; mais au printemps les propriétaires envoient tous les deux ou trois jours tirer le » pétrole avec des seaux comme on tire de l'eau... L'un des trois puits de Miano donne » le pétrole, joint avec l'eau sur laquelle il surnage; cette eau est claire et limpide, et un » peu salée... Le pétrole, au sortir des puits, est un peu trouble, parce qu'il est mêlé d'une » terre légère, et il ne devient clair que lorsqu'il a déposé cette substance étrangère au fond » des vases dans lesquels on le conserve... Les environs de Miano, où l'on tire le pétrole, » ne fournissent point de vraie pierre; la montagne voisine n'est même composée que d'une » terre verdâtre, compacte et argileuse... Cette terre, appelée dans le pays *cocco*, mise sur » des charbons, ne donne point de flamme; elle se cuit au feu, et de verdâtre elle y devient » rougeâtre : elle se fond et s'amollit dans l'eau et y devient maniable : elle n'a point un » goût décidé sur la langue, elle ne fleurit point à l'air; elle fait une vive *effervescence avec* » *l'acide nitreux.* » — (Cette dernière propriété me paraît indiquer que le *cocco* n'est pas une terre argileuse, mais plutôt une terre limoneuse, mêlée de matière calcaire.) — « Dans » le lieu appelé *Salso-Maggiore*, continue M. de Bondaroy, et aux environs, à dix lieues de » Parme, il y a des puits d'eau salée qui donnent aussi du pétrole d'une couleur rousse très » foncée... La terre de Salso-Maggiore est semblable au cocco de Miano, mais d'une cou- » leur plus plombée... Elle devient beaucoup plus verdâtre dans les lits inférieurs, et c'est » de ces derniers lits que sort l'eau salée avec le pétrole, depuis quatre-vingts jusqu'à cent » cinquante brasses en profondeur. » Extrait du *Mémoire* de M. Fougeroux de Bondaroy, sur le pétrole, dans ceux de l'*Académie des sciences*, année 1770. — « A douze mille de » Modène, dit Bernardino Ramazini, du côté de l'Apennin, on voit un rocher escarpé et » stérile au milieu d'un vallon, et qui donne naissance à plusieurs sources d'huile de pétrole : » on descend dans ce rocher par un escalier de vingt-quatre marches, au bas duquel on » trouve un petit bassin rempli d'une eau blanchâtre qui sort du rocher, et sur laquelle » l'huile de pétrole surnage; il se répand à cent toises à la ronde une odeur désagréable, ce qui » ferait croire que cette source a subi quelque altération, puisque François Arioste, qui l'a » décrite il y a trois siècles, la vante surtout pour sa bonne odeur. On amasse l'huile de » pétrole deux fois par semaine sur le bassin principal, environ six livres à chaque fois : le » terrain est rempli de feux souterrains qui s'échappent de temps en temps avec violence; » quelques jours avant ces éruptions, les bestiaux fuient les pâturages des environs. » *Collection académique*, partie étrangère, tome VI, p. 477.

(*a*) *Voyage de Thévenot*; Paris, 1664, t. II, p. 118.

(*b*) *Voyage autour du monde*; Paris, 1719, t. II, p. 274.

(*c*) Sa Majesté Louis XIV fit demander à l'ambassadeur du roi de Perse : 1° le nom de

baume-momie (*a*), et il le reconnaît pour un bitume; il dit qu'outre les momies ou corps desséchés qu'on trouve en Perse dans la province de Corassan, il y a une autre sorte de mumie ou bitume précieux qui distille des rochers, et qu'il y a deux mines ou deux sources de ce bitume : l'une dans la Caramanie déserte au pays de Lar, et que c'est le meilleur pour les fractures, blessures, etc.; l'autre dans le pays de Corassan. Il ajoute que ces mines sont gardées et fermées; qu'on ne les ouvre qu'une fois l'an en présence d'officiers de la province, et que la plus grande partie de ce bitume précieux est envoyée au trésor du roi. Il me paraît plus que vraisemblable que ces propriétés spécifiques, attribuées par les Persans à leur baume-momie, sont communes à tous les bitumes de même consistance, et particulièrement à celui que nous appelons *poix de montagne;* et, comme on vient de le voir, ce n'est pas seulement en Perse que l'on trouve des bitumes de cette sorte, mais dans plusieurs endroits de l'Europe et même en France, et peut-être dans tous les pays du monde (*b*), de la même manière que l'asphalte ou bitume de Judée s'est trouvé non seulement sur la mer Morte, mais sur d'autres lacs et dans d'autres terres très éloignées de la Judée. On voit en quelques endroits de la mer de Marmara, et particulièrement près d'Héraclée, une matière bitumineuse qui flotte sur l'eau en forme de filets, que les nautoniers grecs ramassent avec soin, et que bien des gens prennent pour une sorte de pétrole; cependant elle n'en a ni l'odeur, ni le goût, ni la consistance; les filets sont fermes et solides, et approchent plus en odeur et en consistance du bitume de Judée (*c*).

Dans la Thébaïde, du côté de l'est, on trouve une montagne appelée *Gebel-el-Moël* ou montagne de l'huile, à cause qu'elle fournit beaucoup d'huile de pétrole (*d*). Oléarius et Tavernier font mention du pétrole qui se trouve aux environs de la mer Caspienne : ce dernier voyageur dit « qu'au couchant de cette mer, un peu au-dessus de Chamack, il y a » une roche qui s'avance sur le rivage, de laquelle distille une huile claire comme de » l'eau, jusque-là que des gens s'y sont trompés et ont cru en pouvoir boire; elle s'épaissit » peu à peu, et au bout de neuf ou dix jours elle devient grasse comme de l'huile d'olive, » gardant toujours sa blancheur. Il y a trois ou quatre grandes roches fort hautes assez près » de là qui distillent aussi la même liqueur, mais elle est plus épaisse et tire sur le noir. On » transporte cette dernière huile dans plusieurs provinces de la Perse, où le menu peuple » ne brûle autre chose (*e*). » Léon l'Africain parle de la poix qui se trouve dans quelques rochers du mont Atlas et des sources qui sont infectées de ce bitume; il donne même la manière dont les Maures recueillent cette poix de montagne, qu'ils rendent liquide par le moyen du feu (*f*). On trouve à Madagascar cette même matière que Flacour appelle *de la*

cette drogue ; 2° à quoi elle est propre ; 3° si elle guérit les maladies, tant internes qu'externes ; 4° si c'est une drogue simple ou composée. L'ambassadeur répondit : 1° que cette drogue se nomme en persan *momia;* 2° qu'elle est spécifique pour les fractures des os, et généralement pour toutes les blessures ; 3° qu'elle est employée pour les maladies internes et externes ; qu'elle guérit les ulcères internes et externes, et fait sortir le fer qui pourrait être resté dans les blessures ; 4° que cette drogue est simple et naturelle ; qu'elle distille d'un rocher dans la province de Dezar, qui est une des plus méridionales de la Perse ; enfin qu'on peut s'en servir en l'appliquant sur les blessures, ou en la faisant fondre dans le beurre ou dans l'huile. — Cette notice était jointe aux deux boîtes qui renferment cette drogue.

(*a*) Le nom de *momie*, ou *mumia* en persan, vient de *moum*, qui signifie cire, gomme, onguent.

(*b*) MM. Pering et Browal donnent la description d'une substance grasse, que l'on tire d'un lac de la Finlande, près de Maskoter, que ces physiciens n'hésitent pas à mettre dans le genre des bitumes. *Mémoires de l'Académie de Suède*, t. III, année 1743.

(*c*) *Description de l'Archipel*, par Dapper ; Amsterdam, 1703, p. 497.

(*d*) *Voyage en Égypte*, par Granger; Paris, 1745, p. 202.

(*e*) Les six *Voyages de Tavernier*; Rouen, 1713, t. II, p. 307.

(*f*) Léon Africain, Description ; Lugd. Batav., part, II, p. 771.

poix de terre ou *bitume judaïque* (*a*). Enfin, jusqu'au Japon les bitumes sont non seulement connus, mais très communs, et Kæmpfer assure qu'en quelques endroits de ces îles l'on ne se sert que d'huile bitumineuse au lieu de chandelle (*b*).

En Amérique, ces mêmes substances bitumineuses ne sont pas rares. Dampier a vu de la poix de montagne en blocs de quatre livres pesant, sur la côte de Carthagène : la mer jette ce bitume sur les grèves sablonneuses de cette côte, où il demeure à sec. Il dit que cette poix fond au soleil et est plus noire, plus aigre au toucher et plus forte d'odeur que la poix végétale (*c*). Garcilasso, qui a écrit l'histoire du Pérou, et qui y était né, rapporte qu'anciennement les Péruviens se servaient de bitume pour embaumer leurs morts : ainsi le bitume et même ses usages ont été connus de tous les temps, et presque de tous les peuples policés (*).

Je n'ai rassemblé tous ces exemples que pour faire voir que, quoique les bitumes se trouvent sous différentes formes dans plusieurs contrées, néanmoins les bitumes purs sont infiniment plus rares que les matières dont ils tirent leur origine : ce n'est que par une seconde opération de la nature qu'ils peuvent s'en séparer et prendre de la liquidité ; les charbons de terre, les schistes bitumineux, doivent être regardés comme les grandes masses de matières que les feux souterrains mettent en distillation pour former les bitumes liquides qui nagent sur les eaux ou coulent des rochers. Comme le bitume, par sa nature onctueuse, s'attache à toute matière et souvent la pénètre, il faut la circonstance particulière du voisinage d'un feu souterrain pour qu'il se manifeste dans toute sa pureté ; car il me semble que la nature n'a pas d'autre moyen pour cet effet. Aucun bitume ne se dissout ni ne se délaie dans l'eau : ainsi ces eaux qui sourdissent avec du bitume n'ont pu enlever par leur action propre ces particules bitumineuses ; et dès lors n'est-il pas nécessaire d'attribuer à l'action du feu l'origine de ce bitume coulant, et même à l'action d'un vrai feu, et non pas de la température ordinaire de l'intérieur de la terre ? Car il faut une assez grande chaleur pour que les bitumes se fondent, et il en faut encore une plus grande pour qu'ils se résolvent en naphte et en pétrole, et, tant qu'ils n'éprouvent que la température ordinaire, ils restent durs, soit à l'air, soit dans la terre : ainsi tous les bitumes coulants doivent leur liquidité à des feux souterrains, et ils ne se trouvent que dans les lieux où les couches de terre bitumineuse et les veines de charbon sont voisines de ces feux qui non seulement en liquéfient le bitume, mais le distillent et en font élever les parties les plus ténues pour former le naphte et les pétroles, lesquels, se mêlant ensuite avec des matières moins pures, produisent l'asphalte et la poix de montagne, ou se coagulent en jayet et en succin.

Nous avons déjà dit que le succin a certainement été liquide, puisqu'on voit dans son intérieur des insectes dont quelques-uns y sont profondément enfoncés ; il faut cependant

(*a*) *Voyage à Madagascar* ; Paris, 1661, p. 162.
(*b*) *Histoire du Japon*, par Kæmpfer ; La Haye, 1729, t. Ier, p. 96.
(*c*) *Voyage de Dampier* ; Rouen, 1715, t. III, p. 391.

(*) Les sources les plus importantes de pétrole sont celles qui ont été découvertes dans l'Amérique du Nord en 1858. Drake, qui faisait à cette époque des sondages dans la vallée nommée Oil Creek, en Pensylvanie, pour y découvrir des sources salées, fit jaillir d'un puits artésien une source de pétrole qui débitait près de 4,000 litres par jour. Cette source provenait d'une nappe souterraine immense, exploitée aujourd'hui dans la Pensylvanie, le Canada, l'Ohio, l'Illinois, la Virginie, la Géorgie, le Maryland, le Kentucky et même la Californie. Dans l'Ohio et la Pensylvanie, qui contiennent les gisements les plus importants, il existe 12 à 15,000 puits.

De ce pétrole on retire : l'essence minérale, l'huile de pétrole ordinaire qui sert, comme l'essence, à l'éclairage, l'huile lourde qui n'est employée que dans le graissage, et la paraffine.

avouer que jusqu'à présent aucun observateur n'a trouvé le succin dans cet état de liquidité, et c'est probablement parce qu'il ne faut qu'un très petit temps pour le consolider : ces insectes s'y empêtrent peut-être lorsqu'il distille des rochers et lorsqu'il surnage sur l'eau de la mer, où la chaleur de quelque feu souterrain le sublime en liqueur, comme l'huile de pétrole, l'asphalte et les autres bitumes coulants.

Quoiqu'on trouve, en Prusse et en quelques autres endroits, des mines de succin dans le sein de la terre, cette matière est néanmoins plus abondante dans certaines plages de la mer : en Prusse et en Poméranie, la mer Baltique jette sur les côtes une grande quantité de succin, presque toujours en petits morceaux de toutes les nuances de blanc, de jaune, de brun et de différents degrés de pureté ; et à la vue encore plus qu'à l'odeur, on serait tenté de croire que le succin n'est qu'une résine comme la copale (*), à laquelle il ressemble ; mais le succin est également impénétrable à l'eau, aux huiles et à l'esprit-de-vin, tandis que les résines qui résistent à l'action de l'eau se dissolvent en entier par les huiles et surtout par l'esprit-de-vin : cette différence suppose donc dans le succin une autre matière que celle des résines, ou du moins une combinaison différente de la même matière ; or on sait que toutes les huiles végétales concrètes sont ou des gommes qui ne se dissolvent que dans l'eau, ou des résines qui ne se dissolvent que dans l'esprit-de-vin, ou enfin des gommes-résines qui ne se dissolvent qu'imparfaitement par l'une et par l'autre ; dès lors, ne pourrait-on pas présumer, par la grande ressemblance qui se trouve d'ailleurs entre le succin et les résines, que ce n'est en effet qu'une gomme-résine dans laquelle le mélange des parties gommeuses et résineuses est si intime et en telle proportion, que ni l'eau ni l'esprit-de-vin ne peuvent l'attaquer ; l'exemple des autres gommes-résines, que ces deux menstrues n'attaquent qu'imparfaitement, semble nous l'indiquer.

En général, on ne peut pas douter que le succin, ainsi que tous les autres bitumes liquides ou concrets, ne doivent leur origine aux huiles animales et végétales imprégnées d'acide ; mais comme, indépendamment des huiles, les animaux et végétaux contiennent des substances gélatineuses et mucilagineuses en grande quantité, il doit se trouver des bitumes uniquement composés d'huile, et d'autres mêlés d'huile et de matière gélatineuse ou mucilagineuse ; des bitumes produits par les seules résines, d'autres par les gommes-résines mêlées de plus ou moins d'acides, et c'est à ces diverses combinaisons des différents résidus des substances animales ou végétales que sont dues les variétés qui se trouvent dans les qualités des bitumes.

Par exemple, l'ambre gris (**) paraît être un bitume qui a conservé les parties les plus odorantes des résines dont le parfum est aromatique ; il est dans un état de mollesse et de viscosité dans le fond de la mer auquel il est attaché, et il a une odeur très désagréable et très forte dans cet état de mollesse avant son desséchement : l'avidité avec laquelle les oiseaux, les poissons et la plupart des animaux terrestres le recherchent et l'avalent, semble indiquer que ce bitume contient aussi une grande quantité de matière gélatineuse et nutritive. Il ne se trouve pas dans le sein de la terre : c'est dans celui de la mer, et surtout dans les mers méridionales, qu'il est en plus grande quantité ; il ne se détache du fond que dans le temps des plus grandes tempêtes, et c'est alors qu'il est jeté sur les rivages ; il durcit en se séchant, mais une chaleur médiocre le ramollit plus aisément que les autres bitumes ; il se coagule par le froid, et n'acquiert jamais autant de fermeté que le succin ; cependant, par l'analyse chimique, il donne les mêmes résultats et laisse les mêmes résidus ;

(*) On considère, en effet, la copale comme une résine fossile dont on distingue plusieurs sortes, notamment la résine de *Highgate*, la berengelite, etc.

(**) On ignore l'origine véritable de l'ambre gris ; à l'heure actuelle, on le considère généralement comme un produit de sécrétion durci de certains animaux, notamment des Cétacés.

enfin, il ne resterait aucun doute sur la conformité de nature entre cet ambre jaune ou succin et l'ambre gris, si ce dernier se trouvait également dans le sein de la terre et dans la mer; mais, jusqu'à ce jour, il n'y a qu'un seul homme (a) qui ait dit qu'on a trouvé de l'ambre gris dans la terre en Russie; néanmoins, comme l'on n'a pas d'autres exemples qui puissent confirmer ce fait, et que tout l'ambre gris que nous connaissons a été ou tiré de la mer, ou rejeté par ses flots, on doit présumer que c'est dans la mer seulement que l'huile et la matière gélatineuse dont il est composé se trouvent dans l'état nécessaire à sa formation. En effet, le fond de la mer doit être revêtu d'une très grande quantité de substance gélatineuse animale par la dissolution de tous les corps des animaux qui y vivent et périssent (b), et cette matière gélatineuse doit y être tenue dans un état de mollesse et de fraîcheur, tandis que cette même matière gélatineuse des animaux terrestres, une fois enfouie dans les couches de la terre, s'est bientôt entièrement dénaturée par le dessèchement ou le mélange qu'elle a subi : ainsi ce n'est que dans le fond de la mer que doit se trouver cette matière dans son état de fraîcheur; elle y est mêlée avec un bitume liquide; et, comme la liquidité des bitumes n'est produite que par la chaleur des feux souterrains, c'est aussi dans les mers dont le fond est chaud, comme celles de la Chine et du Japon, qu'on trouve l'ambre gris en plus grande quantité; et il paraît encore que c'est à la matière gélatineuse, molle dans l'eau, et qui prend de la consistance par le dessèchement, que l'ambre gris doit la mollesse qu'on lui remarque tant qu'il est dans la mer, et la propriété de se durcir promptement en se desséchant à l'air, tout comme on peut croire que c'est par l'intermède de la partie gommeuse de sa gomme-résine que le succin peut avoir dans les eaux de la mer une demi-fluidité.

L'ambre gris, quoique plus précieux que l'ambre jaune, est néanmoins plus abondant : la quantité que la nature en produit est très considérable, et on le trouve presque toujours en morceaux bien plus gros que ceux du succin (c), et il serait beaucoup moins rare s'il ne servait pas de pâture aux animaux. Les endroits où la mer le rejette en plus grande quantité dans l'ancien continent sont les côtes des Indes méridionales (d), et particulièrement

(a) J'ajouterai sans hésiter, dit l'auteur, que la formation de l'ambre gris est la même que celle de l'ambre jaune ou succin, parce que je sais qu'il n'y a pas longtemps qu'on a trouvé en Russie de l'ambre gris en fouillant la terre. *Collect. acad.*, partie étrangère, t. IV, p. 297.

(b) M. de Montbéliard a observé, en travaillant à l'histoire des insectes, qu'il y a plusieurs classes d'animaux et insectes marins, tels que les polypes et autres, dont la chair est parfumée, et il est tout naturel que cette matière soit entrée dans la composition de l'ambre gris.

(c) Le capitaine William Keeling dit que les Maures lui avaient appris qu'on avait trouvé sur les côtes de Monbassa, de Madagoxa, de Pata et de Brava, de prodigieuses masses d'ambre gris, dont quelques-unes pesaient jusqu'à vingt quintaux, et si grosses enfin qu'une seule pouvait cacher plusieurs hommes. *Histoire générale des Voyages*, t. Ier, p. 469. — Plusieurs voyageurs parlent de morceaux de cinquante et de cent livres pesant. Voyez Linscot, les anciennes relations des Indes, l'*Histoire d'Éthiopie*, par Gaëtan Charpy, etc.

(d) La mer jette à Jolo beaucoup d'ambre : on assure à Manille qu'avant que les Espagnols eussent pris possession de cette île, les naturels ne faisaient pas de cas de l'ambre, et que les pêcheurs s'en servaient pour faire des torches ou flambeaux, avec lesquels ils allaient pêcher pendant la nuit, mais qu'eux, Espagnols, en relevèrent bientôt le prix...

La mer apporte l'ambre sur les côtes de Jolo vers la fin des vents d'ouest ou d'aval : on y en a quelquefois trouvé de liquide comme en fusion, lequel, ayant été ramassé et bénéficié, s'est trouvé très fin et de bonne qualité. Je ne rapporte point en détail ce que pensent les naturels de Jolo sur la nature de l'ambre... Ce qui est très singulier, c'est la quantité qui s'en trouve sur les côtes occidentales de cette île, quoique très petite, puisqu'elle n'a que quatre à cinq lieues du nord au sud, pendant qu'on n'en trouve point, ou presque point, à

des îles Philippines et du Japon, et sur les côtes du Pégu et de Bengale (a); celles de l'Afrique, entre Mozambique (b) et la mer Rouge, et entre le cap Vert (c) et le royaume de Maroc (d).

En Amérique, il s'en trouve dans la baie de Honduras, dans le golfe de la Floride, sur les côtes de l'île du Maragnon au Brésil; et tous les voyageurs s'accordent à dire que si les chats sauvages, les sangliers, les renards, les oiseaux, et même les poissons et les crabes n'étaient pas fort friands de cette drogue précieuse, elle serait bien plus commune (e) : comme elle est d'une odeur très forte au moment que la mer vient de la rejeter, les Indiens, les Nègres et les Américains la cherchent par l'odorat plus que par les yeux, et les oiseaux, avertis de loin par cette odeur, arrivent en nombre pour s'en repaître, et souvent indiquent aux hommes les lieux où ils doivent la chercher (f). Cette odeur désagréable et forte s'adoucit peu à peu à mesure que l'ambre gris se sèche et se durcit à l'air; il y en a de différents degrés de consistance et de couleur différente : du gris, du brun, du noir et même du blanc, mais le meilleur et le plus dur paraît être le gris cendré. Comme les poissons, les oiseaux et tous les animaux qui fréquentent les eaux ou les bords de la mer avalent ce bitume avec avidité, ils le rendent mêlé de la matière de leurs excréments, et cette matière étant d'un

Mindanao, qui est une île très considérable en comparaison de Jolo. On pourrait peut-être apporter de cette différence la raison suivante : Jolo se trouve comme au milieu de toutes les autres îles de ces mers, et dans le canal de ces violents et furieux courants qu'on y ressent, et qui sont occassionnés par le resserrement des mers en ces parages; et ce qui semblerait appuyer ces raisons est que l'ambre ne vient sur les côtes de Jolo que sur la fin des vents d'aval ou d'ouest. *Voyage dans les mers de l'Inde*, par M. le Gentil; Paris, 1781, t. II, in-4° p. 84 et 85.

(a) On en recueille aussi sur les côtes du Pégu et de Bengale, etc. *Voyage de Mandeslo*, suite d'Oléarius, t. II, p. 139.

(b) Quand le gouverneur de Mozambique revient à Goa, au bout de trois ans que son gouvernement est fini, il emporte environ d'ordinaire avec lui pour trois cent mille *pardos* d'ambre gris, et le pardos est de vingt sous de notre monnaie; il s'en trouve quelquefois des morceaux d'une grosseur considérable. *Voyages de Tavernier*, t. IV, p. 73. — Il vient de l'ambre gris en abondance de Mozambique et de Sofala. *Relation de Saris : Histoire générale des Voyages*, t. II, p. 185.

(c) On trouve quelquefois de l'ambre gris aux îles du cap Vert, et particulièrement à l'île de Sal; et l'on prétend que si les chats sauvages, et même les tortues vertes, ne mangeaient pas cette précieuse gomme, on y en trouverait beaucoup davantage. Robertz, dans l'*Histoire générale des Voyages*, t. II, p. 323.

(d) Sur le bord de l'Océan, dans la province de Sui, au royaume de Maroc, on rencontre beaucoup d'ambre gris, que ceux du pays donnent à bon marché aux Européens qui y trafiquent. *L'Afrique* de Marmol; Paris, 1667, t. II, p. 30. — On tire des rivières de Gambie, de Catsiao et de Saint-Domingo de très bons ambres gris : dans le temps que j'étais sur la mer, elle en jeta sur le rivage une pièce d'environ trente livres; j'en achetai quatre livres, dont une partie fut vendue en Europe, au prix de huit cent florins la livre. *Voyage de Vaden de Broeck*, t. II, p. 308.

(e) Voyez l'*Histoire générale des Voyages*, t. II, p. 187, 363, 367; t. V, p. 210, et t. XIV, p. 247. — L'ambre gris est assez commun sur quelques côtes de Madagascar et de l'île Sainte-Marie : après qu'il y a eu une grande tourmente, on le trouve sur le rivage de la mer. C'est un bitume qui provient du fond de l'eau, se coagule par succession de temps, et devient ferme : les poissons, les oiseaux, les crabes, les cochons, l'aiment tant qu'ils le cherchent incessamment pour le dévorer. *Voyages de Flacour*, p. 29 et 150.

(f) *Histoire des Aventuriers*, etc.; Paris, 1686, t. Ier, p. 307 et 308. — Le nommé Barker a trouvé et ramassé lui-même un morceau d'ambre gris, dans la baie de Honduras, sur une grève sablonneuse, qui pesait plus de cent livres; sa couleur tirait sur le noir, et il était dur à peu près comme un fromage, et de bonne odeur après qu'il fut séché. *Voyage de Dampier*, t. Ier, p. 20.

blanc de craie dans les oiseaux, cet ambre blanc, qui est le plus mauvais de tous, pourrait bien être celui qu'ils rendent avec leur excréments, et de même l'ambre noir serait celui que rendent les cétacés et les grands poissons dont les déjections sont communément noires.

Et, comme l'on a trouvé de l'ambre gris dans l'estomac et les intestins de quelques cétacés (a), ce seul indice a suffi pour faire naître l'opinion que c'était une matière animale qui se produisait particulièrement dans le corps des baleines (b), et que peut-être c'était leur sperme, etc.; d'autres ont imaginé que l'ambre gris était de la cire et du miel tombés des côtes dans les eaux de la mer, et ensuite avalés par les grands poissons, dans l'estomac desquels ils se convertissaient en ambre, ou devenaient tels par le seul mélange de l'eau marine; d'autres ont avancé que c'était une plante comme les champignons ou les truffes, ou bien une racine qui croissait dans le terrain du fond de la mer; mais toutes ces opinions ne sont fondées que sur de petits rapports ou de fausses analogies : l'ambre gris, qui n'a pas été connu des Grecs ni des anciens Arabes, a été dans ce siècle reconnu pour un véritable bitume, par toutes ses propriétés; seulement il est probable, comme je l'ai insinué, que ce bitume, qui diffère de tous les autres par la consistance et l'odeur, est mêlé de quelques parties gélatineuses ou mucilagineuses des animaux et des végétaux qui lui donnent cette qualité particulière; mais l'on ne peut douter que le fond et même la majeure partie de sa substance ne soit un vrai bitume.

Il paraît que l'ambre gris mou et visqueux tient ferme sur le fond de la mer, puisqu'il ne s'en détache que par force, dans le temps de la plus grande agitation des eaux : la quantité jetée sur les rivages, et qui reste après la déprédation qu'en font les animaux, démontre que c'est une production abondante de la nature, et non pas le sperme de la baleine, ou le miel des abeilles, ou la gomme de quelque arbre particulier; ce bitume rejeté, ballotté par la mer, remplit quelquefois les fentes des rochers contre lesquels les flots viennent se briser. Robert Lade décrit l'espèce de pêche qu'il en a vu faire sur les côtes des îles Lucayes; il dit que l'ambre gris se trouve toujours en beaucoup plus grande quantité dans la saison où les vents règnent avec le plus de violence, et que les plus grandes richesses en ce genre se trouvaient entre la petite île d'Éleuthère et celle de Harbour, et que l'on ne doutait pas que les Bermudes n'en continssent encore plus : « Nous commen-» çâmes, dit-il, notre recherche par l'île d'Éleuthère dans un jour fort calme, le 14 de » mars, et nous rapportâmes ce même jour douze livres d'ambre gris : cette pêche ne nous

(a) « Kæmpfer dit qu'on le tire principalement des intestins d'une baleine assez commune » dans la mer du Japon et nommée *fiaksiro :* il y est mêlé avec les excréments de l'animal, » qui sont comme de la chaux, et presque aussi durs qu'une pierre. C'est par leur dureté » qu'on juge s'il s'y trouvera de l'ambre gris; mais ce n'est pas de là qu'il tire son origine. » De quelque manière qu'il croisse au fond de la mer ou sur les côtes, il paraît qu'il sert de » nourriture à ces baleines, et qu'il ne fait que se perfectionner dans leurs entrailles : avant » qu'elles l'aient avalé, ce n'est qu'une substance assez difforme, plate, gluante, semblable à » la bouse de vache, et d'une odeur très désagréable : ceux qui le trouvent dans cet état, » flottant sur l'eau ou jeté sur le rivage, le divisent en petits morceaux, qu'ils pressent pour » lui donner la forme de boule; à mesure qu'il durcit, il devient plus solide et plus pesant; » d'autres le mêlent et le pétrissent avec de la farine de cosses de riz, qui en augmente la » quantité et relève la couleur. Il y a d'autres manières de le falsifier; mais, si l'on en fait » brûler un morceau, le mélange se découvre aussitôt par la couleur, l'odeur et les autres » qualités de la fumée. Les Chinois, pour le mettre à l'épreuve, en râclent un peu dans de » l'eau de thé bouillante : s'il est véritable, il se dissout et se répand avec égalité, ce que » ne fera pas celui qui est sophistiqué. Les Japonais n'ont appris que des Chinois et des » Hollandais la valeur de l'ambre gris : à l'exemple de la plupart des nations orientales de » l'Asie, ils lui préfèrent l'ambre jaune. » *Histoire générale des Voyages*, t. X, p. 657.

(b) Voyez les *Transactions philosophiques*, nos 385 et 387, et la réfutation de cette opinion dans les nos 433, 434 et 435.

» coûta que la peine de plonger nos crochets de fer dans les lieux que notre guide nous » indiquait, et nous eussions encore mieux fait si nous eussions eu des filets..... L'ambre » mou se pliait de lui-même, et embrassait le crochet de fer avec lequel il se laissait tirer » jusque dans la barque; mais, faute de filets, nous eûmes le regret de perdre deux des » plus belles masses d'ambre que j'aie vues de ma vie; leur forme étant ovale, elles ne » furent pas plus tôt détachées que, glissant sur le crochet, elles se perdirent dans la mer... » Nous admirâmes avec quelle promptitude ce qui n'était qu'une gomme mollasse dans le » sein de la mer prenait assez de consistance en un quart d'heure pour résister à la pres- » sion de nos doigts : le lendemain, notre ambre gris était aussi ferme et aussi beau que » celui qu'on vante le plus dans les magasins de l'Europe..... Quinze jours que nous em- » ployâmes à la pêche de l'ambre gris ne nous en rapportèrent qu'environ cent livres; » notre guide nous reprocha d'être venus trop tôt, il nous pressait de faire le voyage des » Bermudes, assurant qu'il y en avait encore en plus grande quantité..... qu'on en avait » tiré une masse de quatre-vingts livres pesant, ce qui cessa de m'étonner lorsque j'appris, » dit ce voyageur, qu'on en avait trouvé, sur les côtes de la Jamaïque, une masse de cent » quatre-vingts livres (*a*). »

Les Chinois, les Japonais, et plusieurs autres peuples de l'Asie, ne font pas de l'ambre gris autant de cas que les Européens : ils estiment beaucoup plus l'ambre jaune ou succin qu'ils brûlent en quantité par magnificence, tant à cause de la bonne odeur que sa fumée répand, que parce qu'ils croient cette vapeur très salubre, et même spécifique pour les maux de tête et les affections nerveuses (*b*).

L'appétit véhément de presque tous les animaux pour l'ambre gris n'est pas le seul indice par lequel je juge qu'il contient des parties nutritives, mucilagineuses, provenant des végétaux, ou même des parties gélatineuses des animaux ; et sa propriété, analogue avec le musc et la civette, semble confirmer mon opinion. Le musc et la civette sont, comme nous l'avons dit (*c*), de pures substances animales : l'ambre gris ne développe sa bonne odeur et ne rend un excellent parfum que quand il est mêlé de musc et de civette en dose convenable; il y a donc un rapport très voisin entre les parties odorantes des animaux et celles de l'ambre gris, et peut-être toutes deux sont-elles de même nature.

DE LA PYRITE MARTIALE

Je ne parlerai point ici des pyrites cuivreuses ni des pyrites arsenicales; les premières ne sont qu'un minerai de cuivre, et les secondes, quoique mêlées de fer, diffèrent de la pyrite martiale en ce qu'elles résistent aux impressions de l'air et de l'humidité, et qu'elles sont même susceptibles de recevoir le plus vif poli : le nom de *marcassites*, sous lequel ces pyrites arsenicales sont connues, les distingue assez pour qu'on ne puisse les confondre avec la pyrite qu'on appelle *martiale* parce qu'elle contient une plus grande quantité de fer que de tout autre métal ou demi-métal (*). Cette pyrite, quoique très dure, ne peut se polir et ne résiste pas à l'impression même légère des éléments humides; elle

(*a*) *Voyage de Robert Lade;* Paris, 1744, t. II, p. 48, 51, 72, 98, 99 et 492.

(*b*) *Histoire du Japon*, par Kæmpfer, Appendice, t. II, p. 50.

(*c*) Voyez l'article de l'animal *musc*, t. III, p. 395, et ceux de la *civette* et du *zibet*, t. *id.*, p. 92.

(*) La Pyrite martiale est un bisulfure de fer. Il est à peine utile de rappeler au lecteur que toute la partie chimique de cet article doit être laissée de côté.

s'effleurit à l'air, et bientôt se décompose en entier : la décomposition s'en fait par une effervescence accompagnée de tant de chaleur, que ces pyrites amoncelées, soit par la main de l'homme, soit par celle de la nature, prennent feu d'elles-mêmes dès qu'elles sont humectées, ce qui démontre qu'il y a dans la pyrite une grande quantité de feu fixe, et, comme cette matière du feu ne se manifeste sous une forme solide que quand elle est saisie par l'acide, il faut en conclure que la pyrite renferme également la substance du feu fixe et celle de l'acide ; mais, comme la pyrite elle-même n'a pas été produite par l'action du feu, elle ne contient point de soufre formé, et ce n'est que par la combustion qu'elle peut en fournir (*a*) ; ainsi l'on doit se borner à dire que les pyrites contiennent les principes dont le soufre se forme par le moyen du feu, et non pas affirmer qu'elles contiennent du soufre tout formé : ces deux substances, l'une de feu, l'autre d'acide, sont dans la pyrite intimement réunies et liées à une terre, souvent calcaire, qui leur sert de base, et qui toujours contient une plus ou moins grande quantité de fer ; ce sont là les seules substances dont la pyrite martiale est composée ; elles concourent par leur mélange et leur union intime à lui donner un assez grand degré de dureté pour étinceler contre l'acier ; et comme la matière du feu fixe provient des corps organisés, les molécules organiques, que cette matière a conservées, tracent dans ce minéral les premiers linéaments de l'organisation en lui donnant une forme régulière, laquelle, sans être déterminée à telle ou telle figure, est néanmoins toujours achevée régulièrement, en sphères, en ellipses, en prismes, en pyramides, en aiguilles, etc., car il y a des pyrites de toutes ces formes différentes, selon que les molécules organiques contenues dans la matière du feu ont par leur mouvement tracé la figure et le plan sur lequel les particules brutes ont été forcées de s'arranger.

La pyrite est donc un minéral de figure régulière et de seconde formation, et qui n'a pu exister avant la naissance des animaux et des végétaux : c'est un produit de leurs détriments plus immédiat que le soufre, qui, quoiqu'il tire sa première origine de ces mêmes détriments des corps organisés, a néanmoins passé par l'état de pyrite, et n'est devenu soufre que par l'effervescence ou la combustion : or l'acide, en se mêlant avec les huiles grossières des végétaux, les convertit en bitume, et, saisissant de même les parties subtiles du feu fixe que ces huiles renfermaient, il en compose les pyrites en s'unissant à la matière ferrugineuse qui lui est plus analogue qu'aucune autre, par l'affinité qu'a le fer avec ces deux principes du soufre ; aussi les pyrites se trouvent-elles sur toute la surface de la terre jusqu'à la profondeur où sont parvenus les détriments des corps organisés, et la matière pyriteuse n'est nulle part plus abondante que dans les endroits qui en contiennent les détriments, comme dans les mines de charbon de terre, dans les couches de bois fossiles, et même dans l'argile, parce qu'elle renferme les débris des coquillages et tous les premiers détriments de la nature vivante au fond des mers. On trouve de même des pyrites sous la terre végétale dans les matières calcaires, et dans toutes celles où l'eau pluviale peut déposer la terre limoneuse et les autres détriments des corps organisés.

La force d'affinité qui s'exerce entre les parties constituantes des pyrites est si grande, que chaque pyrite a sa sphère particulière d'attraction ; elles se forment ordinairement en petits morceaux séparés, et on ne les trouve que rarement en grands bancs ni en veines continues (*b*), mais seulement en petits lits, sans être réunies ensemble, quoiqu'à peu

(*a*) On pourra dire que la combustion n'est pas toujours nécessaire pour produire du soufre, puisque les acides séparent le même soufre, tant des pyrites que des compositions artificielles dans lesquelles on a fait entrer le soufre tout formé ; mais cette action des acides n'est-elle pas une sorte de combustion, puisqu'ils n'agissent que par le feu qu'ils contiennent ?

(*b*) Il y a dans le comté d'Alais, en Languedoc, une masse de pyrites de quelques lieues d'étendue, sur laquelle on a établi deux manufactures de vitriol : il y a aussi près de Saint-Dizier, en Champagne, un banc de pyrites martiales dont on ne connaît pas l'étendue, et ces pyrites en masses continues sont posées sur un banc de grès.

près contigues, et à peu de distance les unes des autres : et, lorsque cette matière pyriteuse se trouve trop mélangée, trop impure pour pouvoir se réunir en masse régulière, elle reste disséminée dans les matières brutes, telles que le schiste ou la pierre calcaire dans lesquelles elle semble exercer encore sa grande force d'attraction; car elle leur donne un degré de dureté qu'aucun autre mélange ne pourrait leur communiquer; les grès même, qui se trouvent pénétrés de la matière pyriteuse, sont communément plus durs que les autres; le charbon pyriteux est aussi le plus dur de tous les charbons de terre; mais cette dureté, communiquée par la pyrite, ne subsiste qu'autant que ces matières, durcies par son mélange, sont à l'abri de l'action des éléments humides; car ces pierres calcaires, ces grès et ces schistes si durs, parce qu'ils sont pyriteux, perdent à l'air, en assez peu de temps, non seulement leur dureté, mais même leur consistance.

Le feu fixe, d'abord contenu dans les corps organisés, a été pendant leur décomposition saisi par l'acide, et tous deux, réunis à la matière ferrugineuse, ont formé des pyrites martiales en très grande quantité, dès le temps de la naissance et de la première mort des animaux et des végétaux : c'est à cette époque, presque aussi ancienne que celle de la naissance des coquillages, à laquelle il faut rapporter le temps de la formation des couches de la terre végétale et du charbon de terre, et aussi les amas de pyrites qui ont fait, en s'échauffant d'elles-mêmes, le premier foyer des volcans; toutes ces matières combustibles sont encore aujourd'hui l'aliment de leurs feux, et la matière première du soufre qu'ils exhalent. Et comme, avant l'usage que l'homme a fait du feu, rien ne détruisait les végétaux que leur vétusté, la quantité de matière végétale accumulée pendant ces premiers âges est immense : aussi s'est-il formé des pyrites dans tous les lieux de la terre, sans compter les charbons qui doivent être regardés comme les restes précieux de cette ancienne matière végétale, qui s'est conservée dans son baume ou son huile, devenue bitume par le mélange de l'acide.

Le bitume et la matière pyriteuse proviennent donc également des corps organisés : le premier en est l'huile, et la seconde la substance du feu fixe, l'un et l'autre saisis par l'acide; la différence essentielle entre le bitume et la pyrite martiale consiste en ce que la pyrite ne contient point d'huile, mais du feu fixe, de l'acide et du fer. Or nous verrons que le fer a la plus grande affinité avec le feu fixe et l'acide, et nous avons déjà démontré que ce métal, contenu en assez grande quantité dans tous les corps organisés, se réunit en grains et se régénère dans la terre végétale dont il fait partie constituante : ce sont donc ces mêmes parties ferrugineuses, disséminées dans la terre végétale, que la pyrite s'approprie dans sa formation, en les dénaturant au point que, quoique contenant une grande quantité de fer, la pyrite ne peut être mise au nombre des mines de fer, dont les plus pauvres donnent plus de métal que les pyrites les plus riches ne peuvent en rendre, surtout dans les travaux en grand, parce qu'elles brûlent plus qu'elles ne fondent, et que, pour en tirer le fer, il faudrait les griller plusieurs fois, ce qui serait aussi long que dispendieux, et ne donnerait pas encore une aussi bonne fonte que les vraies mines de fer.

La matière pyriteuse, contenue dans la couche universelle de la terre végétale, est quelquefois divisée en parties si ténues qu'elle pénètre avec l'eau, non seulement dans les joints des pierres calcaires, mais même à travers leur masse, et que, se rassemblant ensuite dans quelque cavité, elle y forme des pyrites massives. M. de Lassone en cite un exemple dans les carrières de Compiègne (*a*), et je puis confirmer ce fait par plusieurs

(*a*) Les rocs de pierre qui se trouvent fort avant dans la terre, aux environs de Compiègne, avaient pour la plupart des cavités dont quelques-unes avaient jusqu'à un demi-pied de diamètre et plus. Dans ces cavités, on remarquait de petits mamelons ou protubérances adhérentes aux parois, qui s'étaient formés en manière de stalactites; mais ce qu'il y a de plus singulier, c'est une pyrite qui s'est formée dans une de ces cavités par un guhr pyriteux, filtré à travers le tissu même dans le bloc de pierre. *Mémoires de l'Académie des sciences*, année 1771, p. 86.

autres semblables : j'ai vu, dans les derniers bancs de plusieurs carrières de pierre et de marbre, des pyrites en petites masses et en grand nombre, la plupart plates et arrondies, d'autres anguleuses, d'autres à peu près sphériques, etc. J'ai vu qu'au-dessous de ce dernier banc de pierre calcaire qui était situé sous les autres, à plus de cinquante pieds de profondeur, et qui portait immédiatement sur la glaise, il s'était formé un petit lit de pyrites aplaties, entre la pierre et la glaise ; j'en ai vu de même dans l'argile à d'assez grandes profondeurs, et j'ai suivi, dans cette argile, la trace de la terre végétale avec laquelle la matière pyriteuse était descendue par la filtration des eaux. L'origine des pyrites martiales, en quelque lieu qu'elles se trouvent, me paraît donc bien constatée : elles proviennent, dans la terre végétale, des détriments des corps organisés lorsqu'ils se rencontrent avec l'acide, et elles se trouvent partout où ces détriments ont été transportés anciennement par les eaux de la mer, ou infiltrés dans des temps plus modernes par les eaux pluviales (*a*).

Comme les pyrites ont un poids presque égal à celui d'un métal, qu'elles ont aussi le luisant métallique, qu'enfin elles se trouvent quelquefois dans les terrains voisins des mines de fer, on les a souvent prises pour de vraies mines ; cependant il est très aisé de ne s'y pas méprendre, même à la première inspection, car elles sont toutes d'une figure décidée, quoique irrégulière et souvent différente ; d'ailleurs, on ne les trouve guère mêlées en quantité avec la mine de fer en grains ; s'il s'en rencontre dans les mines de fer en grandes masses, elles s'y sont formées comme dans les bancs de pierre, par la filtration des eaux ; elles sont aussi plus dures que les mines de fer, et lorsqu'on les mêle au fourneau, elles les dénaturent et les brûlent au lieu de les faire fondre. Elles ne sont pas disposées comme les mines de fer en amas ou en couches, mais toujours dispersées, ou du moins séparées les unes des autres même dans les petits lits où elles sont le plus contiguës.

Lorsqu'elles se trouvent amoncelées dans le sein de la terre, et que l'humidité peut arriver à leur amas, elles produisent les feux souterrains dont les grands effets nous sont représentés par les volcans, et les moindres effets par la chaleur des eaux thermales, et par les sources de bitume fluide que cette chaleur élève par distillation.

La pyrite, qui paraît n'être qu'une matière ingrate et même nuisible, est néanmoins l'un des principaux instruments dont se sert la nature pour reproduire le plus noble de tous ses éléments : elle a renfermé dans cette matière vile le plus précieux de ses trésors, ce feu fixe, ce feu sacré qu'elle avait départi aux êtres organisés, tant par l'émission de la lumière du soleil que par la chaleur douce dont jouit en propre le globe de la terre.

Je renvoie aux articles suivants ce que nous avons à dire, tant au sujet des marcassites, que sur les pyrites jaunes cuivreuses, les blanches arsenicales, les galènes du plomb, et en général sur les minerais métalliques, dont la plupart ne sont que des pyrites plus ou moins mêlées de métal.

(*a*) Dans la chaîne des collines d'Alais, M. l'abbé de Sauvages a observé une grande quantité de pyrites : « Elles sont, dit-il, principalement composées d'une matière inflammable, » d'un acide vitriolique et d'une terre vitrifiable et métallique qui leur donne une si grande » dureté qu'on en tire des étincelles avec le fusil lorsque la terre métallique est ferrugineuse.

» Cette matière dissoute, qui forme les pyrites, a suivi dans nos rochers des routes » pareilles à celles des sucs pierreux ordinaires :

» 1° Elle a pénétré intimement les pores de la pierre, et, quoiqu'on ne l'y distingue pas » toujours dans les cassures, on ne peut pas douter de sa présence par l'odeur que donnent » les pierres qu'on a fait calciner à demi ;

» 2° Elle s'est épanchée et cristallisée dans les veines qu'on prendrait pour de petits » filons métalliques.

» Lorsque le suc pyriteux a été plus abondant et qu'il a rencontré des cavités ou des fentes » assez larges pour n'y point être gêné, il s'est répandu comme les sucs pierreux dans ces » fentes, il s'y est cristallisé d'une façon régulière. » Voyez les *Mémoires de l'Académie des sciences*, année 1746, p. 732 jusqu'à 740.

DES MATIÈRES VOLCANIQUES

Sous le nom de *matières volcaniques*, je n'entends pas comprendre toutes les matières rejetées par l'explosion des volcans, mais seulement celles qui ont été produites ou dénaturées par l'action de leurs feux : un volcan dans une grande éruption, annoncée par les mouvements convulsifs de la terre, soulève, détache et lance au loin les rochers, les sables, les terres, toutes les masses en un mot qui s'opposent à l'exercice de ses forces ; rien ne peut résister à l'élément terrible dont il est animé ; l'océan de feu qui lui sert de base agite et fait trembler la terre avant de l'entr'ouvrir ; les résistances qu'on croirait invincibles sont forcées de livrer passage à ses flots enflammés ; ils enlèvent avec eux les bancs entiers ou en débris des pierres les plus dures, les plus pesantes, comme les couches de terre les plus légères ; et projetant le tout sans ordre et sans distinction, chaque volcan forme, au-dessus ou autour de sa montagne, des collines de décombres de ces mêmes matières, qui faisaient auparavant la partie la plus solide et le massif de sa base.

On retrouve, dans ces amas immenses de matières projetées, les mêmes sortes de pierres vitreuses ou calcaires, les mêmes sables et terres dont les unes n'ayant été que déplacées et lancées sont demeurées intactes, et n'ont reçu aucune atteinte de l'action du feu ; d'autres qui en ont été sensiblement altérées, et d'autres enfin qui ont subi une si forte impression du feu, et souffert un si grand changement, qu'elles ont pour ainsi dire été transformées, et semblent avoir pris une nature nouvelle et différente de celle de toutes les matières qui existaient auparavant.

Aussi avons-nous cru devoir distinguer dans la matière purement brute deux états différents, et en faire deux classes séparées (*a*) : la première composée des produits immédiats du feu primitif, et la seconde des produits secondaires de ces foyers particuliers de la nature dans lesquels elle travaille en petit comme elle opérait en grand dans le foyer général de la vitrification du globe ; et même ses travaux s'exercent sur un plus grand nombre de substances, et sont plus variés dans les volcans qu'ils ne pouvaient l'être dans le feu primitif, parce que toutes les matières de seconde formation n'existaient pas encore, les argiles, la pierre calcaire, la terre végétale n'ayant été produites que postérieurement par l'intermède de l'eau, au lieu que le feu des volcans agit sur toutes les substances anciennes ou nouvelles, pures ou mélangées, sur celles qui ont été produites par le feu primitif, comme sur celles qui ont été formées par les eaux, sur les substances organisées et sur les masses brutes ; en sorte que les matières volcaniques se présentent sous des formes bien plus diversifiées que celles des matières primitives.

Nous avons recueilli et rassemblé pour le Cabinet du Roi une grande quantité de ces productions de volcans : nous avons profité des recherches et des observations de plusieurs physiciens, qui, dans ces derniers temps, ont soigneusement examiné les volcans

(*a*) Voyez le premier article de cette histoire des Minéraux.

actuellement agissants et les volcans éteints ; mais, avec ces lumières acquises et réunies, je ne me flatte pas de donner ici la liste entière de toutes les matières produites par leurs feux, et encore moins de pouvoir présenter le tableau fidèle et complet des opérations qui s'exécutent dans ces fournaises souterraines, tant pour la destruction des substances anciennes que pour la production ou la composition des matières nouvelles.

Je crois avoir bien compris, et j'ai tâché de faire entendre (*a*) comment se fait la vitrification des laves dans les monceaux immenses de terres brûlées, de cendres et d'autres matières ardentes projetées par explosion dans les éruptions du volcan ; comment la lave jaillit en s'ouvrant des issues au bas de ces monceaux ; comment elle roule en torrents, ou se répand comme un déluge de feu, portant partout la dévastation et la mort ; comment cette même lave, gonflée par son feu intérieur, éclate à sa surface, et jaillit de nouveau pour former des éminences élevées au-dessus de son niveau ; comment enfin, précipitant son cours du haut des côtes dans la mer, elle forme ces colonnes de basalte qui, par leur renflement et leur effort réciproque, prennent une figure prismatique, à plus ou moins de pans suivant les différentes résistances, etc. ; ces phénomènes généraux me paraissent clairement expliqués ; et, quoique la plupart des effets particuliers en dépendent, combien n'y a-t-il pas encore de choses importantes à observer sur la différente qualité de ces mêmes laves et basaltes, sur la nature des matières dont ils sont composés, sur les propriétés de celles qui résultent de leur décomposition ? Ces recherches supposent des études pénibles et suivies : à peine sont-elles commencées ; c'est pour ainsi dire une carrière nouvelle trop vaste pour qu'un seul homme puisse la parcourir tout entière, mais dans laquelle on jugera que nous avons fait quelques pas, si l'on réunit ce que j'en ai dit précédemment à ce que je vais y ajouter (*b*).

Il était déjà difficile de reconnaître dans les premières matières celles qui ont été produites par le feu primitif, et celles qui n'ont été formées que par l'intermède de l'eau : à plus forte raison aurons-nous peine à distinguer celles qui, étant également des produits du feu, ne diffèrent les unes des autres qu'en ce que les premières n'ont été qu'une fois liquéfiées ou sublimées, et que les dernières ont subi une seconde et peut-être une troisième action du feu. En prenant donc en général toutes les matières rejetées par les volcans, il se trouvera dans leur quantité un certain nombre de substances qui n'ont pas changé de nature : le quartz, les jaspes et les micas doivent se rencontrer dans les laves, sous leur forme propre ou peu altérée ; le feldspath, le schorl, les porphyres et granits peuvent s'y trouver aussi, mais avec de plus grandes altérations, parce qu'ils sont plus fusibles ; les grès et les argiles s'y présenteront convertis en poudres et en verres ; on y verra les matières calcaires calcinées ; le fer et les autres métaux sublimés en safran, en litharge ; les acides et alcalis devenus des sels concrets ; les pyrites converties en soufres vifs ; les substances organisées végétales ou animales réduites en cendres ; et toutes ces matières mélangées à différentes doses ont donné des substances nouvelles, et qui paraissent d'autant plus éloignées de leur première origine qu'elles ont perdu plus de traits de leur ancienne forme.

Et si nous ajoutons à ces effets de la force du feu qui par lui-même consume, disperse et dénature, ceux de la puissance de l'eau qui conserve, rapproche et rétablit, nous trouverons encore dans les matières volcanisées des produits de ce second élément : les bancs de basalte ou de laves auront leurs stalactites comme les bancs calcaires ou les masses de granits ; on y trouvera de même des concrétions, des incrustations, des cristaux, des spaths, etc. Un volcan est à cet égard un petit univers ; il nous présentera plus

(*a*) Voyez tome Ier, article des *Laves et des Basaltes*.

(*b*) Voyez l'article entier des *Volcans : Époques de la Nature*, t. IX, p. 528 et suiv., et *Additions*, t. Ier, p. 383 et suiv.

de variétés, dans le règne minéral, que n'en offre le reste de la terre dont les parties solides n'ayant souffert que l'action du premier feu, et ensuite le travail des eaux, ont conservé plus de simplicité : les caractères imprimés par ces deux éléments, quoique difficiles à démêler, se présentent néanmoins avec des traits mieux prononcés ; au lieu que dans les matières volcaniques, la substance, la forme, la consistance, tout, jusqu'aux premiers linéaments de la figure, est enveloppé, ou mêlé, ou détruit, et de là vient l'obscurité profonde où se trouve jusqu'à ce jour la minéralogie des volcans.

Pour en éclaircir les points principaux, il nous paraît nécessaire de rechercher d'abord quelles sont les matières qui peuvent produire et entretenir ce feu, tantôt violent, tantôt calme et toujours si grand, si constant, si durable, qu'il semble que toutes les substances combustibles de la surface de la terre ne suffiraient pas pour alimenter pendant des siècles une seule de ces fournaises dévorantes ; mais, si nous nous rappelons ici que tous les végétaux produits pendant plusieurs milliers d'années ont été entraînés par les eaux et enfouis dans les profondeurs de la terre, où leurs huiles converties en bitumes les ont conservés ; que toutes les pyrites formées en même temps à la surface de la terre ont suivi le même cours et ont été déposées dans les profondeurs où les eaux ont entraîné la terre végétale ; qu'enfin la couche entière de cette terre, qui couvrait dans les premiers temps les sommets des montagnes, est descendue avec ces matières combustibles pour remplir les cavernes qui servent de voûtes aux éminences du globe, on ne sera plus étonné de la quantité et du volume, ni de la force et de la durée de ces feux souterrains. Les pyrites humectées par l'eau s'enflamment d'elles-mêmes : les charbons de terre dont la quantité est encore plus grande que celle des pyrites, les limons bitumineux qui les avoisinent, toutes les terres végétales anciennement enfouies (*), sont autant de dépôts inépuisables de substances combustibles dont les feux une fois allumés peuvent durer des siècles de siècles, puisque nous avons des exemples de veines de charbon de terre dont les vapeurs s'étant enflammées ont communiqué leur feu à la mine entière de ces charbons qui brûlent depuis plusieurs centaines d'années, sans interruption et sans une diminution sensible de leur masse.

Et l'on ne peut guère douter que les anciens végétaux et toutes les productions résultantes de leur décomposition n'aient été transportés et déposés par les eaux de la mer, à des profondeurs aussi grandes que celles où se trouvent les foyers des volcans, puisque nous avons des exemples de veines de charbon de terre, exploitées à deux milles lieues de profondeur (*a*), et qu'il est plus que probable qu'on trouverait des charbons de terre et des pyrites, enfouis encore plus profondément.

Or chacune de ces matières, qui sert d'aliment au feu des volcans, doit laisser après la combustion différents résidus, et quelquefois produire des substances nouvelles : les bitumes, en brûlant, donneront un résidu charbonneux, et formeront cette épaisse fumée qui ne paraît enflammée que dans l'obscurité. Cette fumée enveloppe constamment la tête du volcan, et se répand sur ses flancs en brouillard ténébreux ; et, lorsque les bitumes souterrains sont en trop grande abondance, il sont projetés au dehors avant d'être brûlés : nous avons donné des exemples de ces torrents de bitume vomis par les volcans, quelquefois purs et souvent mêlés d'eau. Les pyrites, dégagées de leurs parties fixes et terreuses, se sublimeront sous la forme de soufre, substance nouvelle, qui ne se trouve ni dans les produits du feu primitif, ni dans les matières formées par les eaux ; car le soufre,

(*a*) Voyez l'article du *Charbon de terre*.

(*) Ce que Buffon dit ici des feux souterrains produits par la combustion des pyrites, des charbons de terre, etc., est tout à fait problématique. On ne doit pas admettre davantage les « cavernes qui servent de voûtes aux éminences du globe ».

qu'on dit être formé par la voie humide, ne se produit qu'au moyen d'une forte effervescence dont la grande chaleur équivaut à l'action du feu : le soufre ne pouvait en effet exister avant la décomposition des êtres organisés et la conversion de leurs détriments en pyrites, puisque sa substance ne contient que l'acide et le feu qui s'était fixé dans les végétaux ou animaux, et qu'elle se forme par la combustion de ces mêmes pyrites, déjà remplies du feu fixe qu'elles ont tiré des corps organisés; le sel ammoniac se formera et se sublimera de même par le feu du volcan ; les matières végétales ou animales contenues dans la terre limoneuse, et particulièrement dans les terreaux, les charbons de terre, les bois fossiles et les tourbes, fourniront cette cendre qui sert de fondant pour la vitrification des laves; les matières calcaires, d'abord calcinées et réduites en poussière de chaux, sortiront en tourbillons encore plus épais, et paraîtront comme des nuages massifs en se répandant au loin; enfin la terre limoneuse se fondra, les argiles se cuiront, les grès se coaguleront, le fer et les autres métaux couleront, les granits se liquéfieront, et des unes ou des autres de ces matières, ou du mélange de toutes, résultera la composition des laves, qui dès lors doivent être aussi différentes entre elles que le sont les matières dont elles sont composées.

Et non seulement ces laves contiendront les matières liquéfiées, fondues, agglutinées et calcinées par le feu; mais aussi les fragments de toutes les autres matières qu'elles auront saisies et ramassées en coulant sur la terre, et qui ne seront que peu ou point altérées par le feu; enfin elles renfermeront encore, dans leurs interstices et cavités, les nouvelles substances que l'infiltration et la stillation de l'eau aura produites avec le temps en les décomposant, comme elle décompose toutes les autres matières.

La cristallisation, qu'on croyait être le caractère le plus sûr de la formation d'une substance par l'intermède de l'eau, n'est plus qu'un indice équivoque, depuis qu'on sait qu'elle s'opère par le moyen du feu comme par celui de l'eau : toute matière liquéfiée par la fusion donnera, comme les autres liquides, des cristallisations; il ne leur faut pour cela que du temps, de l'espace et du repos; les matières volcaniques pourront donc contenir des cristaux, les uns formés par l'action du feu, et les autres par l'infiltration des eaux ; les premiers dans le temps que ces matières étaient encore en fusion, et les seconds longtemps après qu'elles ont été refroidies. Le feldspath est un exemple de la cristallisation par le feu primitif, puisqu'on le trouve cristallisé dans les granits qui sont de première formation. Le fer se trouve souvent cristallisé dans les mines primordiales, qui ne sont que des rochers de pierres ferrugineuses attirables à l'aimant, et qui ont été formées comme les autres grandes masses vitreuses par le feu primitif : ce même fer se cristallise sous nos yeux par un feu lent et tranquille; il en est de même des autres métaux et de tous les régules métalliques. Les matières volcaniques pourront donc renfermer ou présenter au dehors toutes ces substances cristallisées par le feu : ainsi je ne vois rien dans la nature, de tout ce qui a été formé par le feu ou par l'eau, qui ne puisse se trouver dans le produit des volcans, et je vois en même temps que leurs feux ayant combiné beaucoup plus de substances que le feu primitif, ils ont donné naissance au soufre et à quelques autres minéraux qui n'existent qu'en vertu de cette seconde action du feu. Les volcans ont formé des verres de toutes couleurs dont quelques-uns sont d'un beau bleu céleste, et ressemblent à une scorie ferrugineuse (a); d'autres verres aussi fusibles que le feldspath;

(a) Je vis à Venise, chez M. Morosini, l'agate noire d'Islande (*cronstedt minéral*, § 295), et un verre bleu céleste, qui ressemblait si fort à une espèce de scorie de fer bleu que je ne pouvais me persuader que ce fût autre chose; mais différents connaisseurs dignes de foi m'assurent unanimement qu'on trouvait en abondance de ces verres bleus et noirs parmi les matières volcaniques du Véronais, du Vicentin et d'Azulano, dans l'État vénitien. *Lettres de M. Ferber*, p. 33 et 34. — Je dois observer que ces verres bleus, auxquels M. Ferber et M. le baron de Dietrich semblent donner une attention particulière, ne la méritent pas,

des basaltes ressemblant aux porphyres; des laves vitreuses presque aussi dures que l'agate, et auxquelles on a donné, quoique très improprement, le nom d'*agate noire d'Islande;* d'autres laves qui renferment des grenats blancs, des schorls et des chrysolithes, etc. On trouve donc un grand nombre de substances anciennes et nouvelles, pures ou dénaturées dans les basaltes, dans les laves, et même dans la pouzzolane et dans les cendres des volcans. « Le *monte Berico* près de Vicence, dit M. Ferber, est une colline » entièrement formée de cendres de volcan d'un brun noirâtre, dans lesquelles se trouve » une très grande quantité de cailloux de calcédoine ou opale : les uns formant des *druses* » dont les parois peuvent avoir l'épaisseur d'un brin de paille, les autres ayant la figure » de petits cailloux elliptiques, creux intérieurement, et quelquefois remplis d'eau; la grandeur de ces derniers varie depuis le diamètre d'un petit pois jusqu'à un demi-pouce... » Ces cailloux ressemblent assez aux calcédoines et aux opales : les boules de calcédoine » et de zéolithe de Féroé et d'Islande se trouvent nichées dans une terre d'un brun noi- » râtre, de la même manière que les cailloux dont il est ici question (*a*). »

Mais, quoiqu'on trouve dans les produits ou dans les éjections des volcans presque toutes les matières brutes ou minérales du globe, il ne faut pas s'imaginer que le feu volcanique les ait toutes produites, à beaucoup près; et je crois qu'il est toujours possible de distinguer, soit par un examen exact, soit par le rapport des circonstances, une matière, produite par le feu secondaire des volcans, de toutes les autres qui ont été précédemment formées par l'action du feu primitif ou par l'intermède de l'eau. De la même manière que nous pouvons imiter dans nos fourneaux toutes les pierres précieuses (*b*), que nous faisons des verres de toutes couleurs, et même aussi blancs que le cristal de roche (*c*), et presque aussi brillants que le diamant (*d*); que dans ces mêmes fourneaux nous voyons se former des cristallisations sur les matières fondues lorsqu'elles sont en repos et que le feu est longtemps soutenu, nous ne pouvons douter que la nature n'opère les mêmes effets avec bien plus de puissance dans ses foyers immenses, allumés depuis nombre de siècles, entretenus sans interruption et fournis, suivant les circonstances, de toutes les matières dont nous nous servons pour nos compositions. Il faut donc, en examinant les matières volcaniques, que le naturaliste fasse comme le lapidaire, qui rejette au premier coup d'œil et sépare les *stras*, et autres verres de composition, des vrais diamants et des pierres précieuses; mais le naturaliste a ici deux grands avantages : le premier est d'ignorer ce que peut faire et produire un feu dont la véhémence et la continuité ne peuvent être comparées avec celles de nos feux; le second est l'embarras où il se trouve pour distinguer dans ces mêmes matières volcaniques celles qui, étant vraies substances de nature, ont néanmoins été plus ou moins altérées, déformées ou fondues par l'action du feu, sans cependant être entièrement transformées en verres ou en matières nouvelles; cependant, au moyen d'une inspection attentive, d'une comparaison exacte et de quelques expériences faciles sur la nature de chacune de ces matières, on peut espérer de les reconnaître assez pour les rapporter aux substances naturelles, ou pour les en séparer et les joindre aux compositions artificielles, produites par le feu de nos fourneaux.

Quelques observateurs, émerveillés des prodigieux effets produits par ces feux souterrains, ayant sous leurs yeux les gouffres et les montagnes formées par leurs éruptions,

car rien n'est si commun que des verres bleus dans les laitiers de nos fourneaux où l'on fond les mines de fer : ainsi ces mêmes verres se doivent trouver dans les produits des volcans.

(*a*) *Lettres de M. Ferber sur la Minéralogie*, p. 24 et 25.

(*b*) Voyez l'ouvrage de M. de Fontanieu, de l'Académie des sciences, sur la *Manière d'imiter toutes les pierres précieuses*.

(*c*) Le verre ou cristal de Bohême, le flintglass, etc.

(*d*) Les verres brillants, connus vulgairement sous le nom de *stras*.

trouvant dans les matières projetées des substances de toute espèce, ont trop accordé de puissance et d'effet aux volcans; ne voyant dans les terrains volcanisés que confusion et bouleversement, ils ont transporté cette idée sur le globe entier, et ont imaginé que toutes les montagnes s'étaient élevées par la violente action et la force de ces feux intérieurs dont ils ont voulu remplir la terre jusqu'au centre : on a même attribué à un feu central, réellement existant, la température ou chaleur actuelle de l'intérieur du globe. Je crois avoir suffisamment démontré la fausseté de ces idées : quels seraient les aliments d'une telle masse de feu ? pourrait-il subsister, exister sans air ? et sa force expansive n'aurait-elle pas fait éclater le globe en mille pièces? et ce feu, une fois échappé après cette explosion, pourrait-il redescendre et se trouver encore au centre de la terre? Son existence n'est donc qu'une supposition qui ne porte que sur des impossibilités, et dont, en l'admettant, il ne résulterait que des effets contraires aux phénomènes connus et constatés. Les volcans ont à la vérité rompu, bouleversé les premières couches de la terre en plusieurs endroits; ils en ont couvert et brûlé la surface par leurs éjections enflammées; mais ces terrains volcanisés, tant anciens que nouveaux, ne sont pour ainsi dire que des points sur la surface du globe, et en comptant avec moi dans le passé cent fois plus de volcans qu'il n'y en a d'actuellement agissants, ce n'est encore rien en comparaison de l'étendue de la terre solide et des mers : tâchons donc de n'attribuer à ces feux souterrains que ce qui leur appartient, ne regardons les volcans que comme des instruments, ou si l'on veut comme des causes secondaires, et conservons au feu primitif et à l'eau, comme causes premières, le grand établissement et la disposition primordiale de la masse entière de la terre (*).

Pour achever de se faire des idées fixes et nettes sur ces grands objets, il faut se rappeler ce que nous avons dit au sujet des montagnes primitives, et les distinguer en plusieurs ordres : les plus anciennes, dont les noyaux et les sommets sont de quartz et de jaspe, ainsi que celles des granits et porphyres qui sont presque contemporaines, ont toutes été formées par les boursouflures du globe dans le temps de sa consolidation; les secondes dans l'ordre de formation sont les montagnes de schiste ou d'argile qui enveloppent souvent les noyaux des montagnes de quartz ou de granits, et qui n'ont été formées que par les premiers dépôts des eaux après la conversion des sables vitreux en argile; les troisièmes sont les montagnes calcaires, qui généralement surmontent les schistes ou les argiles, et quelquefois les quartz et les granits, et dont l'établissement est, comme l'on voit, encore postérieur à celui des montagnes argileuses (a) : ainsi les petites ou grandes

(a) « Remarquez encore que, dans mon voyage de l'Italie par le Tyrol, j'ai d'abord traversé des montagnes calcaires, ensuite des schisteuses, et enfin de granit; que ces dernières étaient les plus élevées; que je suis redescendu de la partie la plus élevée de la province par des montagnes schisteuses et ensuite calcaires : souvenez-vous de plus qu'on observe la même chose en montant les autres chaînes de montagnes considérables de l'Europe, comme cela est incontestable dans les montagnes Carpathiques, celles de la Saxe, du Hartz, de la Silésie, de la Suisse, des Pyrénées, de l'Écosse et de la Laponie, etc., il paraît qu'on peut en tirer la juste conséquence que le granit forme les montagnes les plus élevées, et en même temps les plus profondes et les plus anciennes que l'on connaisse en Europe, puisque toutes les autres montagnes sont appuyées et reposent sur le granit; que le schiste argileux, qu'il soit pur ou mêlé de quartz et de mica, c'est-à-dire que ce soit du schiste corné ou du grès, a été posé sur le granit ou à côté de lui, et que les montagnes calcaires ou autres couches de pierre ou de terre amenées par les eaux ont encore été placées par-dessus le schiste. » *Lettres sur la Minéralogie*, par M. Ferber, etc., p. 495 et 496.

(*) Voyez dans l'Introduction la critique que j'ai faite des idées de Buffon sur les importantes questions soulevées dans cet article.

éminences formées par le soulèvement ou l'effort des feux souterrains, et les collines produites par les éjections des volcans, ne doivent être considérées que comme des tas de décombres, provenant de ces premières matières projetées et accumulées confusément.

On se tromperait donc beaucoup si l'on voulait attribuer aux volcans les plus grands bouleversements qui sont arrivés sur le globe : l'eau a plus influé que le feu sur les changements qu'il a subis depuis l'établissement des montagnes primitives; c'est l'eau qui a rabaissé, diminué ces premières éminences, ou qui les a enveloppées et couvertes de nouvelles matières; c'est l'eau qui a miné, percé les voûtes des cavités souterraines qu'elle a fait écrouler, et ce n'est qu'à l'affaissement de ces cavernes qu'on doit attribuer l'abaissement des mers et l'inclinaison des couches de la terre, telle qu'on la voit dans plusieurs montagnes, qui, sans avoir éprouvé les violentes secousses du feu, sans s'être entr'ouvertes pour lui livrer passage, se sont néanmoins affaissées, rompues, et ont penché, en tout ou en partie, par une cause plus simple et bien plus générale, c'est-à-dire par l'affaissement des cavernes dont les voûtes leur servaient de base; car, lorsque ces voûtes se sont enfoncées, les terres supérieures ont été forcées de s'affaisser, et c'est alors que leur continuité s'est rompue, que leurs couches horizontales se sont inclinées, etc.; c'est donc à la rupture et à la chute des cavernes ou boursouflures du globe, qu'il faut rapporter tous les grands changements qui se sont faits dans la succession des temps. Les volcans n'ont produit qu'en petit quelques effets semblables (*a*), et seulement dans les portions de terre où se sont trouvées ramassées les pyrites et autres matières inflammables et combustibles qui peuvent servir d'aliment à leur feu, matières qui n'ont été produites que longtemps après les premières, puisque toutes proviennent des substances organisées.

Nous avons déjà dit que les minéralogistes semblent avoir oublié, dans leur énumération des matières minérales, tout ce qui a rapport à la terre végétale; ils ne font pas même mention de sa conversion en terre limoneuse, ni d'aucune de ses productions minérales; cependant cette terre est à nos pieds, sous nos yeux, et ses anciennes couches sont enfouies dans le sein de la terre, à toutes les profondeurs où se trouvent aujourd'hui les foyers des volcans, avec toutes les autres matières qui entretiennent leur feu, c'est-à-dire les amas de pyrites, les veines de charbon de terre, les dépôts de bitume et de toutes les substances combustibles : quelques-uns de ces observateurs ont bien remarqué que la plupart des volcans semblaient avoir leur foyer dans les schistes (*b*), et que leur feu s'était ouvert une issue, non seulement dans les couches de ces schistes, mais encore dans les

(*a*) « La vue des crevasses obliques remplies d'une lave couleur de rouille qui sont dans » le schiste de Recoaro fournit une des preuves les plus convaincantes que le foyer des » volcans existe à la plus grande profondeur dans le schiste et même au-dessous : les fissures qu'on voit ici dans le schiste doivent encore leur origine au dessèchement des par- » ties précédemment imprégnées d'eau, aux violentes commotions et tremblements de terre, » enfin aux efforts prodigieux que fait de bas en haut la matière enflammée d'un volcan ; de » là les couches calcaires, dont la position primitive était horizontale, sont devenues obli- » ques, telles que sont les couches calcaires supérieures de la Scaglia, adossées aux côtés » des monts Euganéens ; de là les fissures des roches calcaires ont été remplies de laves, » qui ont même pénétré entre leurs différentes couches et les ont séparées, comme il se » voit dans la vallée de Polisella, dans le Véronais et en beaucoup d'autres endroits.

» Les flots et les inondations ont déposé des couches accidentelles (*strata tertiara*) qui » ont couvert tout le désordre causé par les volcans ; de nouvelles éruptions sont survenues, » et il est facile d'entrevoir que, dans peut-être plusieurs milliers d'années, ces événements » peuvent s'être réitérés un grand nombre de fois : cette succession de révolutions, dues » alternativement au feu et à l'eau, doit avoir occasionné une grande confusion et un » mélange surprenant des produits de ces deux éléments. » *Lettres sur la Minéralogie*, par M. Ferber, etc., p. 65 et 66.

(*b*) *Lettres sur la Minéralogie*, par M. Ferber, p. 70 et suiv.

bancs et les rochers calcaires qui d'ordinaire les surmontent; mais ils n'ont pas pensé que ces schistes et ces pierres calcaires avaient, pour base commune, des voûtes de cavernes dont la cavité était en tout ou en partie remplie de terre végétale, de pyrites, de bitume, de charbon et de toutes les substances nécessaires à l'entretien du feu; que, par conséquent, ces foyers de volcan ne peuvent pas être à de plus grandes profondeurs que celle où les eaux de la mer ont entraîné et déposé les matières végétales des premiers âges, et que par la même conséquence les schistes et pierres calcaires qui surmontent le foyer du volcan n'ont d'autre rapport avec son feu que de lui servir de cheminée; que, de même, la plupart des substances, telles que les soufres, les bitumes et nombre d'autres minéraux sublimés ou projetés par le feu du volcan, ne doivent leur origine qu'aux matières végétales et aux pyrites qui lui servent d'aliment; qu'enfin la terre végétale étant la vraie matrice de la plupart des minéraux figurés qui se trouvent à la surface et dans les premières couches du globe, elle est aussi la base de presque tous les produits immédiats de ce feu des volcans.

Suivons ces produits en détail, d'après le rapport de nos meilleurs observateurs, et donnons des exemples de leur mélange avec les matières anciennes. On voit, au *monte Ronca* et en plusieurs autres endroits du Vicentin, des couches entières d'un mélange de laves et de marbre, ou de pierres calcaires réunies en une sorte de brèche, à laquelle on peut donner le nom de *brèche volcanique;* on trouve un autre marbre-lave dans une grande fente perpendiculaire d'un rocher calcaire, laquelle descend jusqu'à l'*Astico,* torrent impétueux, et ce marbre, qui ressemble à la *brèche africaine*, est composé de lave noire et de morceaux de marbre blanc dont le grain est très fin, et qui prend parfaitement le poli. Cette lave en brocatelle ou en brèche n'est point rare; on en trouve de semblables dans la vallée d'*Erio-fredo*, au-dessus de *Tonnesa* (*a*), et dans nombre d'autres endroits des terrains volcanisés de cette contrée : ces marbres-laves varient tant par les couleurs de la lave que par les matières calcaires qui sont entrées dans leur composition.

Les laves du pays de *Tresto* sont noires et remplies, comme presque toutes les laves, de cristallisations blanches à beaucoup de facettes de la nature du schorl auxquelles on pourrait donner le nom de grenats blancs : ces petits cristaux de grenats ou schorls blancs ne peuvent avoir été saisis que par la lave en fusion, et n'ont pas été produits dans cette lave même par cristallisation, comme semble l'insinuer M. Ferber en disant « qu'ils sont » d'une nature et d'une figure qui ne s'est vue jusqu'ici dans aucun terrain de notre globe, » sinon dans la lave, et que leur nombre y est prodigieux. On trouve, ajoute-t-il, au milieu de la lave différentes espèces de cailloux qui font feu avec l'acier, telles que des » pierres à fusil, des jaspes, des agates rouges, noires, blanches, verdâtres et de plusieurs autres couleurs, des hyacinthes, des chrysolithes, des cailloux de la nature des calcédoines, » et des opales qui contiennent de l'eau (*b*). » Ces derniers faits confirment ce que nous venons de dire au sujet des cristaux de schorl qui, comme les pierres précédentes, ont été enveloppés dans la lave.

Toutes les laves sont plus ou moins mêlées de particules de fer; mais il est rare d'y voir d'autres métaux, et aucun métal ne s'y trouve en filons réguliers et qui aient de la suite; cependant le plomb et le mercure en cinabre, le cuivre et même l'argent, se rencontrent quelquefois en petite quantité dans certaines laves : il y en a aussi qui renferment des pyrites, de la manganèse, de la blende, et de longues et brillantes aiguilles d'antimoine (*c*).

(*a*) *Lettres de M. Ferber*, p. 67.

(*b*) *Lettres de M. Ferber*, p. 70, 73 et 80. On achète souvent à Naples des verres artificiels au lieu de pierres précieuses du Vésuve, qui sont des variétés de schorl de diverses couleurs qui sortent de ce volcan. *Idem*, *ibidem*, p. 146.

(*c*) *Lettres sur la Minéralogie*, par M. Ferber, p. 85 et 86.

Les matières fondues par le feu des volcans ont donc enveloppé des substances solides et des minéraux de toutes sortes; les poudres calcinées qui s'élèvent de ces gouffres embrasés se durcissent avec le temps et se convertissent en une espèce de tuffeau assez solide pour servir à bâtir. Près du Vésuve, ces cendres terreuses rejetées se sont tellement unies et endurcies par le laps de temps, qu'elles forment aujourd'hui une pierre ferme et compacte dont ces collines volcaniques sont entièrement composées (*a*).

On trouve aussi dans les laves différentes cristallisations qui peuvent provenir de leur propre substance, et s'être formées pendant la condensation et le refroidissement qui a suivi la fusion des laves : alors, comme le pense M. Ferber (*b*), les molécules de matières

(*a*) « Pompéia et Herculanum étaient bâties de ce tuf et de laves : ces villes ont été couvertes de cendres, qui se sont converties en tuf; sous les jardins de Portici on a découvert trois différents lits de laves les uns sous les autres, et on ignore le nombre des couches volcaniques qu'on trouverait encore au-dessous; c'est de ce tuf qu'on se sert encore aujourd'hui pour la construction des maisons de Naples... Les catacombes ont été creusées par les anciens dans ce même tuf... On trouve de temps en temps, dans ce tuf et dans les cendres, des cristaux de schorl blanc en forme de grenats arrondis à beaucoup de facettes; ils sont à demi transparents et vitreux, ou bien ils sont changés en une farine argileuse... Il y a même de ces cristaux dans les pierres ponces rouges que renferme la cendre qui a enseveli Pompéia... La mer détache une quantité da pierres ponces des collines de tuf, contre lesquelles elle se brise; tout le rivage, depuis Naples jusqu'à Pouzzole, en est couvert : les flots y déposent aussi un sable brillant ferrugineux, attirable à l'aimant, que les eaux ont arraché et lavé hors des cendres contenues dans les collines de tuf... Différentes collines des environs de Naples renferment encore des cendres non endurcies et friables de diverses couleurs qu'on nomme *pouzzolanes.* » M. le baron de Dietrich remarque avec raison que la vraie pouzzolane n'est pas précisément de la cendre endurcie et friable, comme le dit M. Ferber, mais plutôt de la pierre ponce réduite en très petits fragments, et je puis observer que la bonne pouzzolane, c'est-à-dire celle qui, mêlée avec la chaux, fait les mortiers les plus durables et les plus impénétrables à l'eau, n'est ni la cendre fine ou grossière pure, ni les graviers de ponce blanche, et qu'il n'y a que la pouzzolane mélangée de beaucoup de parties ferrugineuses qui soit supérieure aux mortiers ordinaires : c'est, comme nous le dirons (à l'article des *ciments de nature*), le ciment ferrugineux qui donne la dureté à presque toutes les terres et même à plusieurs pierres. Au reste, la meilleure pouzzolane, qui vient des environs de Pouzzole, est grise; celle des provinces de l'État ecclésiastique est jaune, et il y en a de noire sur le Vésuve. M. le baron de Dietrich ajoute que la meilleure pouzzolane des environs de Rome se tire d'une colline qui est à la droite de la via Appia, hors de la porte de Saint-Sébastien, et que les grains de cette pouzzolane sont rougeâtres. *Lettres de M. Ferber*, p. 181.

(*b*) « Il y a de ces cristaux, dit M. Ferber, depuis la grandeur d'une tête d'épingle jusqu'à un pouce de diamètre; ils se trouvent dans la plupart des laves des volcans anciens et modernes; ils sont serrés les uns contre les autres; on peut, en frappant sur les laves, les en détacher, et, lorsqu'ils sont tombés, il reste dans la lave une cavité qui conserve l'empreinte des cristaux, et qui est aussi régulière que les cristaux mêmes : il y a communément au centre un petit grain de schorl noir... Il se trouve aussi dans quelques laves du Vésuve de petites colonnes de schorl blanc transparent, avec ou sans pyramides à leur sommet; et aussi des rayons de schorl noir, minces et en aiguilles, ou plus épais et plus gros, arrondis en hexagones...

» On trouve dans ces mêmes laves du mica de schorl feuilleté noir, en feuilles plus ou moins grandes, quelquefois hexagones très brillantes; il paraît que ce ne sont que de petites particules qui ont été détachées par la grande chaleur du schorl noir en colonnes; peut-être ce schorl était-il feuilleté dans son origine.

» On y trouve du schorl noir disséminé par petits points dans les laves.

» Des cristaux de schorl noir fort brillants, hexagones, oblongs, si petits qu'on ne peut découvrir leur figure qu'au moyen de la loupe : la pluie les lave hors des collines de

homogènes se sont séparées du reste du mélange et se sont réunies en petites masses, et quand il s'en est trouvé une plus grande quantité, il en a résulté des cristaux plus grands. Ce naturaliste dit, avec raison, qu'en général les minéraux sont disposés à adopter des figures déterminées dans la fluidité de fusion par le feu, comme dans la fluidité humide; et nous ne devons pas être étonnés qu'il se forme des cristaux dans les laves, tandis qu'il ne s'en voit aucun dans nos verres factices; car la lave, coulant lentement et formant de grandes masses très épaisses, conserve à l'intérieur son état de fusion assez longtemps pour que la cristallisation s'opère : il ne faut dans le verre, dans le fer et dans toute autre matière fondue, que du repos et du temps pour qu'elle se cristallise; et je suis persuadé qu'en tenant longtemps en fonte celle de nos verres factices, il pourrait s'y former des cristaux fort semblables à ceux qui peuvent se trouver dans les laves des volcans (*a*).

» cendres; ils sont attirables par l'aimant, soit qu'ils aient eux-mêmes cette propriété, soit » qu'ils la doivent au sable ferrugineux avec lequel ils sont mêlés.

» Du schorl vert foncé et noirâtre ou clair, couleur de chrysolithe et d'émeraude : il est » renfermé dans une lave noire compacte. Il y en a de la grandeur d'un pouce; il a la » dureté d'un vrai schorl, ou tout au plus celle d'un cristal de quartz coloré, avec la figure » duquel il a du rapport; néanmoins les Napolitains le qualifient de pierre précieuse, ainsi » que l'espèce suivante.

» Du schorl hexagone jaunâtre, couleur de hyacinthe ou de topaze...

» Qu'on examine avec la loupe la lave noire la plus ferme et la plus compacte, on n'y » découvrira que de petits points ou cristaux de schorl blanc; ce qui prouve qu'ils sont une » partie intégrante, et même essentielle de la lave. » *Lettres sur la Minéralogie*, par M. Ferber, p. 200 iusqu'à 230.

(*a*) J'avais deviné juste, puisque je viens de voir dans le journal de M. l'abbé Rozier, du mois de septembre 1779, que M. James Keir a observé cette cristallisation dans du verre qui s'était solidifié très lentement. « La forme, dit-il, la régularité et la grandeur des cris- » taux ont varié selon les circonstances... Les échantillons n° 1 ont été pris au fond d'un » grand pot, qui était resté dans un fourneau de verrerie pendant qu'on laissait éteindre len- » tement le feu; la masse de la matière chauffée était si grande, que la chaleur dura long- » temps sans ajouter du chauffage, et que la concrétion du verre fut très longue. Je trouvai » la partie supérieure du verre changée en une matière blanche, opaque, ou plutôt demi- » opaque, dont la couleur et le tissu ressemblaient à une espèce de verre de Moscovie; sous » cette croûte, qui avait un pouce d'épaisseur ou davantage, le verre était transparent, » quoique fort obscurci, et devenu d'un gros bleu, d'un vert foncé qu'il était. On trouvait » sur ce verre plusieurs cristaux blancs opaques, qui avaient généralement la forme d'un » solide vu de côté... Leur surface se termine par des lignes plutôt elliptiques que circulaires, » disposées de manière qu'une section transversale du cristal est un hexagone... On voit au » milieu de chaque base du cristal une cavité conique... La grandeur des cristaux contigus » ou voisins les uns des autres ne différait pas beaucoup, quoique celle de ceux qui se trou- » vaient à différentes profondeurs du même pot le fût considérablement : leur plus grand » diamètre était d'environ un vingtième de pouce... Ils ne sont pas tous exactement confi- » gurés; mais la plupart ont une régularité si frappante, qu'on ne peut douter que la cris- » tallisation ne soit parfaite.

» Le verre marqué n° 2 offre une autre espèce de cristallisation : je l'ai pris au fond d'un » pot qui avait été tiré du fourneau pendant que le verre était rouge. Il y a deux sortes de » cristaux : les uns sont des colonnes hautes d'environ un huitième de pouces, larges d'un » cinquième de leur hauteur, et irrégulièrement cannelées ou sillonnées de rainures; les » autres... ont leurs bases presque du même diamètre que les précédents, mais leur hauteur » est beaucoup moindre, et ne fait qu'environ un sixième de leur largeur. Leurs bases se » terminent par des lignes qui paraissent déchirées et irrégulières; mais plusieurs tendent » à une forme hexagone dont la régularité peut avoir été troublée par le mouvement du verre » fondu, qui, en tirant le pot du fourneau, aura forcé et plié ces cristaux très minces » pendant qu'ils étaient chauds et flexibles.

Les laves, comme les autres matières vitreuses ou calcaires, doivent avoir leurs stalactites propres et produites par l'intermède de l'eau; mais il ne faut pas confondre ces stalactites avec les cristaux que le feu peut avoir formés (*a*): il en est de même de la *lave*

» Les échantillons n° 3 sortent d'un pot de verrerie, sur le côté duquel avait coulé un » peu de verre fondu, qui y adhéra assez longtemps pour former différentes sortes de » cristaux : l'intérieur de ces échantillons est aussi couvert d'un verre différemment cristal- » lisé. Quelques cristaux semblent des demi-colonnes... d'autres paraissent composés de » plusieurs demi-colonnes réunies sur un même plan, autour du centre commun, comme les » rayons d'une roue. Plusieurs de ces rayons semblent s'étrécir en approchant du centre de » la roue, et ressemblent par conséquent plus à des segments de morceaux de cônes coupés » suivant leur axe qu'à des cylindres...

» L'échantillon de verre n° 4 avait coulé par la fente d'un pot, et adhéra assez longtemps » aux barres de la grille du fourneau pour cristalliser. Quelques cristaux paraissent oblongs » comme des aiguilles, d'autres globulaires ou d'une figure approchante : plusieurs de ceux » qui sont en aiguilles se joignent à un centre commun; et quoique le trop prompt refroidis- » sement du verre les ait probablement empêchés de s'unir en assez grand nombre pour » former des cristaux globulaires complets, ils montrent assez comment ceux qui le sont » ont pu le devenir.

» Toutes les cristallisations que je viens de décrire ont été observées sur un verre à vitre » d'un vert noir qui se coule à Stourbridge. Il est composé de sable, de terre calcaire et de » cendres de végétaux lessivées.

» Il y a encore souvent des cristallisations dans le verre des bouteilles ordinaires, dont les » matériaux sont presque les mêmes que ceux dont je viens de parler, sauf des scories de » fer qu'on y ajoute quelquefois. Je mets ici l'échantillon n° 5 : les cristaux n'y sont pas » enfouis dans un verre transparent non cristallisé, mais saillant à la surface de la masse qui » en est tout opaque et cristallisée. Ils semblent une lame d'épée à deux faces, tronquée par » la pointe.

» Je n'ai vu de cristaux si parfaits que dans ces deux sortes de verre : c'est qu'étant plus » fluides et moins tenaces que tout autre quand on les fond, les particules qui constituent » les cristaux se joignent plus aisément, et s'appliquent les unes aux autres avec moins de » résistance de la part du milieu...

» La cristallisation change considérablement quelques propriétés du verre : elle détruit sa » transparence et lui donne une blancheur opaque ou demi-opaque; elle augmente sa densité, » car celle d'un morceau de verre cristallisé était à celle de l'eau comme 2676 à 1000, au » lieu que la densité d'un morceau non cristallisé, pris à côté du premier, conséquemment » fait des mêmes matériaux et exposé à la même chaleur et aux autres circonstances, était à » celle de l'eau comme 2662 à 1000 : la cristallisation diminue encore la fragilité du verre, » car celui qui est cristallisé ne se fêle pas si tôt en passant du chaud au froid.

» La cristallisation est toujours accompagnée ou précédée de l'évaporation des parties les » plus légères et les plus fluides du verre : un morceau transparent, exposé jusqu'à ce qu'il » fût entièrement cristallisé, perdit un cinquante-huitième de son poids; et d'autres expé- » riences me donnent à croire que le verre trop chargé de flux salins se cristallise plus dif- » ficilement que les autres verres plus durs, jusqu'à ce qu'il en ait perdu le superflu par » l'évaporation... La description de mes cristaux vitreux montre des cristallisations fort variées » dans la même espèce de matière soumise à différentes circonstances : elles varient même » souvent dans le même morceau de verre, comme je l'ai fait voir, quoique les circonstances » n'aient pas changé. » *Journal de Physique*, septembre 1779, p. 187 et suiv.

(*a*) « Dans l'intérieur de quelques morceaux de lave qu'on avait rompue, il y avait de » petites cavités de la grandeur d'une noix, dont les parois étaient revêtues de cristaux blancs, » demi-transparents, en rayons allongés, pyramidaux, pointus ou plats; quelques-uns avaient » une légère teinte d'améthyste : c'est justement de la même manière que les boules d'agate » et les *géodes* sont garnies intérieurement de cristaux de quartz. Il était impossible de » découvrir sur toute la circonférence intérieure la plus petite fente dans la lave. Ces cristaux » étaient de la nature du schorl, mais très durs; je leur donnerais aussi volontiers le nom

noire scoriforme qui se trouve dans la bouche du Vésuve en grappes branchues comme des coraux, et que M. Ferber dit être une stalactite de laves, puisqu'il convient lui-même que ces prétendues stalactites sont des portions de la même matière qui ont souffert un feu plus violent ou plus long que le reste de la lave (*a*). Et quant aux véritables stalactites produites dans les laves par l'infiltration de l'eau, le même M. Ferber nous en fournit des exemples dans ces cristallisations en aiguilles qu'il a vues attachées à la surface intérieure des cavités de la lave, et qui s'y forment comme les cristaux de roche dans les cailloux creux. La grande dureté de ces cristallisations concourt encore à prouver qu'elles ont été produites par l'eau; car les cristaux du genre vitreux, tels que le cristal de roche, qui sont formés par la voie des éléments humides, sont plus durs que ceux qui sont produits par le feu.

Dans l'énumération détaillée et très nombreuse que cet habile minéralogiste fait de toutes les laves du Vésuve, il observe que les micas qui se trouvent dans quelques laves pourraient bien n'être que les exfoliations des schorls contenus dans ces laves; cette idée semble être d'autant plus juste, que c'est de cette manière et par exfoliation que se forment tous les micas des verres artificiels et naturels, et les premiers micas ne sont, comme nous l'avons dit, que les exfoliations en lames minces qui se sont séparées de la surface des verres primitifs. Il peut donc exister des micas volcaniques comme des micas de nature, parce qu'en effet le feu des volcans a fait des verres comme le feu primitif. Dès lors, on doit trouver parmi les laves des masses mêlées de mica : aussi M. Ferber fait mention d'une lave grise compacte avec quantité de lames de mica et de schorl en petits points dispersés, qui ressemble si fort à quelques espèces de granits gris à petits grains qu'à la vue il serait très facile de les confondre.

Le soufre se sublime en flocons et s'attache en grande quantité aux cavités et au faite de la bouche des volcans. La plus grande partie du soufre du Vésuve est en forme irrégulière et en petits grains. On voit aussi de l'arsenic mêlé de soufre dans les ouvertures intérieures de ce volcan, mais l'arsenic se disperse irrégulièrement sur la lave et en petite quantité : il y a de même dans les crevasses et cavités de certaines laves une plus ou moins grande quantité de sel ammoniac blanc; ce sel se sublime quelque temps après l'écoulement de la lave, et l'on en voit beaucoup dans le cratère de la plupart des volcans (*b*). Dans quelques morceaux de lave de l'Etna, il se trouve quantité de matière charbonneuse végétale mêlée d'une substance saline, ce qui prouve que c'est un véritable *natron*, une

» de *quartz;* il y avait un peu de terre brune fine et légère comme de la cendre, qui leur » était attenante.

» J'ai conservé un de ces morceaux, parce qu'il me paraît une preuve très convaincante » de la possibilité de la cristallisation produite par le feu, et je pense que c'est pendant le » refroidissement que se forment le grand nombre de cristaux de schorl blanc en forme de » grenats, qu'on voit en si grand nombre dans les laves d'Italie. » *Lettres sur la Minéralogie*, par M. Ferber, p. 286 et 287.

(*a*) *Lettres sur la Minéralogie*, par M. Ferber, p. 239.

(*b*) M. le baron de Dietrich observe, avec sa sagacité ordinaire, que la formation du sel ammoniac est une preuve de plus de la communication de la mer avec le Vésuve, et que l'acide marin qui le compose ne provient que du sel contenu dans les eaux de la mer qui pénètrent dans les entrailles de ce volcan. *Lettres sur la Minéralogie*, par M. Ferber, note de la page 247. — Nous ajouterons que la production du sel ammoniac, supposant la sublimation de l'alcali volatil, est une preuve incontestable de la présence des matières animales et végétales enfouies sous les soupiraux des volcans; et, quant à la communication de la mer avec leurs foyers, s'il fallait un fait de plus pour la prouver, l'éruption du Vésuve de 1631 nous le fournirait, au rapport de Braccini (*Descriz. dell' erutt. del Vesuvio*, p. 100). Le volcan, dans cette éruption, vomit, avec son eau, des coquilles marines. (Remarques de M. l'abbé Bexon.)

espèce de soude formée par les feux volcaniques, et que c'est à la combustion des végétaux que cette substance saline est due (*a*); et à l'égard du vitriol, de l'alun et des autres sels qu'on rencontre aussi dans les matières volcaniques, nous ne les regarderons pas comme des produits immédiats du feu, parce que leur production varie suivant les circonstances, et que leur formation dépend plus de l'eau que du feu.

Mais, avant de terminer cette énumération des matières produites par le feu des volcans, il faut rapporter, comme nous l'avons promis, les observations qui prouvent qu'il se forme par les feux volcaniques des substances assez semblables au granit et au porphyre, d'où résulte une nouvelle preuve de la formation des granits et porphyres de nature par le feu primitif: il faut seulement nous défier des noms qui font ici, comme partout ailleurs, plus d'embarras que les choses. M. Ferber a quelque raison de dire « qu'en général il y a très peu de différence essentielle entre le schorl, le spath dur » (feldspath), le quartz et les grenats des laves (*b*). » Cela est vrai pour le schorl et le feldspath, et je suis comme persuadé qu'originairement ces deux matières n'en font qu'une, à laquelle on pourrait encore réunir, sans se méprendre, les cristaux volcaniques en forme de grenats; mais le quartz diffère de tous trois par son infusibilité (*) et par ses autres qualités primordiales, tandis que le feldspath, le schorl, soit en feuilles, soit en grains ou grenats, sont des verres également fusibles, et qui peuvent aussi avoir été produits également par le feu primitif et par celui des volcans; les exemples suivants confirmeront cette idée, que je crois bien fondée.

Les schorls noirs en petits rayons, que l'on aperçoit quelquefois dans le porphyre rouge et presque toujours dans les porphyres verts, sont de la même nature que le feldspath, à la couleur près.

Une lave noire de la Toscane, dans laquelle le schorl est en grandes taches blanches et parallélipipèdes, a quelque ressemblance avec le porphyre appelé *serpentine noire antique:* le verre de la lave remplace ici la matière du jaspe, et le schorl celle du feldspath.

La lave rouge des montagnes de Bergame, contenant de petits grenats blancs, ressemble au vrai porphyre rouge (*c*).

(*a*) *Recherches sur les volcans éteints*, par M. Faujas de Saint-Fond, in-fol., p. 70 et suiv.

(*b*) *Lettres sur la Minéralogie*, p. 338.

(*c*) « On trouve le long de l'Adige, sur la chaussée de Vérone à Newmarck, grand nombre » de pierres roulées, telles 1° que du porphyre rouge tacheté de blanc, pareil à celui que » j'ai vu en morceaux détachés entre Bergame, Brescia et Vérone, qui forme dans le Bergamasque des montagnes entières, et qu'on y nomme *sarrès :* je ne puis prendre cette » pierre que pour une lave rouge qui ressemble au porphyre ; 2° une espèce de porphyre » noir avec des taches blanches oblongues, semblable, à la couleur près, au *serpentine verd* » *antico;* 3° du granite gris *granitello;* 4° entre San-Michele et Newmarck, il y a beaucoup » de morceaux détachés d'un porphyre qui compose les montagnes qui sont au delà de » Newmarck, et que je vais décrire.

» Immédiatement après Newmarck, il y a, à main droite, des montagnes de porphyre » contiguës, qui occupent une étendue considérable; elles sont formées : 1° de porphyre » noir avec des taches blanches, transparentes, rondes, de la nature du schorl; 2° de porphyre » avec des taches de spath dur rougeâtre; 3° de porphyre rouge avec des taches blanches : » il y en a d'un rouge clair, d'un rouge foncé et de couleur de foie; 4° le rouge est tout à » fait pareil à la pierre qu'on nomme *sarrès* dans le Bergamasque, avec la différence » seulement que, dans les morceaux détachés du sarrès, les taches de spath dur sont devenues » opaques et couleur de lait par l'action de l'air, tandis que, dans les montagnes de porphyre » rouge, ces taches sont en partie du spath dur couleur de chair, et en partie une espèce

(*) Le quartz ne fond pas au chalumeau mais sous l'influence de l'électricité il fond et peut même se volatiliser.

Les granits gris à petits grains, et qu'on appelle *granitelli*, contiennent moins de feldspath que les granits rouges; et ce feldspath, au lieu d'y être en gros cristaux rhomboïdaux, n'y paraît ordinairement qu'en petites molécules sans forme déterminée. Néanmoins, on connaît une espèce de granit gris à grandes taches blanches parallélipipèdes, et la matière de ces taches, dit M. Ferber (*a*), tient le milieu entre le schorl et le spath dur (feldspath). Il y a aussi des granits gris qui renferment, au lieu de mica ordinaire, du mica de schorl.

Nous devons observer ici que le granit noir et blanc, qui n'a que peu ou point de particules de feldspath, mais de grandes taches noires oblongues de la nature du schorl, ne serait pas un véritable granit si le feldspath y manque, et si, comme le croit M. Ferber, ces taches de schorl noir remplacent le mica; d'autant que les rayons du schorl noir « y sont, » dit-il, en telle abondance, si grands, si serrés... qu'ils paraissent faire le fond de la » pierre. » Et à l'égard du granit vert de M. Ferber, dont le fond est blanc verdâtre avec de grandes taches noires oblongues, et qu'il dit être de la même nature du schorl, et des prétendus porphyres à fond vert de la nature du *trapp* dont nous avons parlé d'après lui (*b*), nous présumons qu'on doit plutôt les regarder comme des productions volcaniques que comme de vrais granits ou de vrais porphyres de nature.

Les basaltes qu'on appelle *antiques*, et les basaltes modernes, ont également été produits par le feu des volcans, puisqu'on trouve dans les basaltes égyptiens les mêmes cristaux de schorl en grenats blancs et de schorl noir en rayons et feuillets, que dans les laves ou basaltes modernes et récents; que, de plus, le basalte noir, qu'on nomme mal à propos *basalte oriental*, est mêlé de petites écailles blanches de la nature du schorl, et que sa fracture est absolument pareille à celle de la lave du *Monte Albano;* qu'un autre basalte noir antique, dont on a des statues, est rempli de petits cristaux en forme de grenats, et présente quelques feuilles brillantes de schorl noir; qu'un autre basalte noir antique est mêlé de petites parties de quartz, de feldspath et de mica, et serait par con-

» de schorl vitreux, transparent, pareil à celui des cristaux en forme de grenats des laves du » Vésuve; mais le schorl du porphyre n'a point adopté de figure régulière : même les taches » transparentes blanches, qui sont dans le porphyre noir du n° 1, sont un schorl vitreux, et » leur forme est ou oblongue ou indéterminée. En général, la ressemblance de ces espèces » de porphyre avec les différentes laves du Vésuve, etc., est si grande, que l'œil le plus » habitué ne saurait les distinguer, et je n'hésite plus d'avancer que les montagnes de por- » phyre qui sont derrière Newmarck sont de vraies laves, sans cependant vouloir tirer de là » une conclusion générale sur la formation des porphyres : une circonstance que j'aurais » presque oubliée m'en donne de nouvelles preuves. Toutes ces montagnes de porphyre sont » composées de colonnes quadrangulaires, pour la plupart rhomboïdales, détachées, ou encore » attenantes les unes aux autres : ce porphyre a donc la qualité d'adopter cette figure en se » fendant et se rompant, comme différentes laves ont la propriété de se cristalliser en colonnes » de basalte. Ces hautes montagnes de porphyre de différente couleur s'étendent jusqu'à » Bandrol, d'abord à main droite seulement, ensuite des deux côtés du chemin. Ce porphyre » s'est partout séparé en grandes ou petites colonnes, généralement quadrangulaires, à » sommet tronqué et uni; les faces qui touchent d'autres colonnes sont lisses; leur figure » enfin est si régulière et si exacte, que personne ne saurait la regarder comme accidentelle : » il faut nécessairement convenir que ces colonnes sont dues à une cristallisation; les angles » des sommets tronqués sont pour la plupart inclinés, ou le diamètre des colonnes est » communément rhomboïdal; mais quelques-unes ont la figure de vrais parallélipipèdes » rectangles, de la longueur d'un doigt jusqu'à celle d'une aune et demie de Suède, et d'un » quart d'aune et plus de diamètre. Il y a beaucoup de ces grandes colonnes plantées sur la » chaussée, comme la lave en colonne ou le basalte l'est aux environs de Bolzano. » *Lettres de M. Ferber*, p. 487 et suiv.

(*a*) *Lettres sur la Minéralogie*, p. 346 et 481.

(*b*) Voyez l'article *du porphyre*.

ÉPERVIER COMMUN

séquent un vrai granit si ces trois substances y étaient réunies comme dans le granit de nature, et non pas nichées séparément comme elles le sont dans ce basalte; qu'enfin on trouve dans un autre basalte antique, brun ou noirâtre, des bandes ou larges raies de granit rouge à petits grains (a). Ainsi le vrai basalte antique n'est point une pierre particulière, ni différente des autres basaltes, et tous ont été produits, comme les laves, par le feu des volcans. Et à l'égard des bandes de granit observées dans le dernier basalte comme elles paraissent être de vrai granit, on doit présumer qu'elles ont été enveloppées par la lave en fusion et incrustées dans son épaisseur.

Puisque le feu primitif a formé une si grande quantité de granits, on ne doit pas être étonné que le feu des volcans produise quelquefois des matières qui leur ressemblent; mais au contraire il me paraît certain que c'est par la voie humide que les cristaux de roche et toutes les pierres précieuses ont été formées; je pense qu'on doit regarder comme des corps étrangers toutes les chrysolithes, hyacinthes, topazes, calcédoines, opales, etc., qui se trouvent dans les différentes matières fondues par le feu des volcans, et que toutes ces pierres ou cristaux ont été saisis et enveloppés par les laves et basaltes lorsqu'ils coulaient en fusion sur la surface des rochers vitreux, dont ces cristaux ne sont que des stalactites que l'ardeur du feu n'a pas dénaturées. Et quant aux autres cristallisations qui se trouvent formées dans les cavités des laves, elles ont été produites par l'infiltration de l'eau après le refroidissement de ces mêmes laves.

Aux observations de M. Ferber et de M. le baron de Dietrich sur les matières volcaniques et volcanisées, nous ajouterons celles de MM. Desmarest, Faujas de Saint-Fond et de Gensane, qui ont examiné les volcans éteints de l'Auvergne, du Velay, du Vivarais et du Languedoc; et, quoique j'aie déjà fait mention de la plupart de ces volcans éteints (b), il est bon de recueillir et de présenter ici les différentes substances que ces observateurs ont reconnues aux environs de ces mêmes volcans, et qu'ils ont jugé avoir été produites par leurs anciennes éruptions.

M. de Gensane parle d'un volcan dont la bouche se trouve au sommet de la montagne qui est entre Lunas et Lodève, et qui a dû être considérable, à en juger par la quantité de laves qu'on peut observer dans tout le terrain circonvoisin (c), Il a reconnu trois volcans dans le voisinage du fort Brescou, sur l'un desquels M. l'évêque d'Agde (Saint-Simon-Sandricourt) a fait, en prélat citoyen, des défrichements et de grandes cultures en vignes qui produisent de bons vins. Ce vieux volcan, stérile jusqu'alors, est couvert d'une si grande épaisseur de laves que le fond du puits que M. l'évêque d'Agde a fait faire dans sa vigne est à cent quatre pieds de profondeur, et entièrement taillé dans ce banc de laves, sans qu'on ait pu en trouver la dernière couche (d), quoique le fond du puits soit à trois pieds au-dessous du niveau de la mer (e). M. de Gensane ajoute qu'il a compté, dans le seul bas Languedoc, dix volcans éteints, dont les bouches sont encore très visibles.

(a) « Ces bandes, dit M. Ferber, sont unies à la pierre sans aucune séparation, non comme » les cailloux dans les brèches, ni comme si c'était d'anciennes fentes refermées par du gra- » nit, mais exactement comme si le basalte et le granit avaient été mous en même temps, » et s'étaient incoporés ainsi l'un dans l'autre en s'endurcissant.,. Ce basalte diffère du précé- » dent en ce que les particules qui constituent le granit y sont réunies, et que par là elles » forment un véritable granit; au lieu que, dans l'espèce précédente, ces parties du granit » sont dispersées et placées chacune séparément dans le basalte... Plusieurs savants italiens » sont dans l'opinion que le granit même peut aussi être formé par le feu. » *Lettres sur la* » *Minéralogie*, p. 350.

(b) Voyez *Histoire naturelle*, t. Ier, p. 398.

(c) *Histoire naturelle du Languedoc*, t. II, p. 16.

(d) *Idem*, t. II, p.158 et 159.

(e) Dans l'île d'*Ischia*, autrefois *Ænaria*, et l'une des anciennes *Pythécuses*, il y a des

M. Desmaret prétend distinguer deux sortes de basaltes (a) : il dit avoir comparé le basalte noir, dont on voit plusieurs monuments antiques à Rome, avec ce qu'il appelle le basalte noir des environs de Tulle en Limousin; il assure avoir vu dans cette pierre des environs de Tulle les mêmes lames, les mêmes taches et bandes de quartz ou de feldspath et de zéolithe que dans le basalte noir antique : néanmoins, ce prétendu basalte de Tulle n'en est point un; c'est une pierre argileuse mêlée de mica noir et de schorl, qui n'a pas à beaucoup près la dureté de la lave compacte ou du basalte, et qui ne porte d'ailleurs aucun caractère ni aucun indice d'un produit de volcan; au contraire, les basaltes gris, noirs et verdâtres des anciens sont, de l'aveu même de cet académicien, composés de petits grains assez semblables à ceux d'une lave compacte et d'un tissu serré, et ces basaltes ressemblent entièrement au basalte d'Antrim en Irlande et à celui d'Auvergne (b).

laves qui ont jusqu'à deux cents pieds d'épaisseur. (Note de M. le baron de Dietrich : *Lettres de Ferber*, p. 275.)

(a) « La première, dit-il, est le basalte noir ou le schorl en grandes masses, et composé » de petites lames que quelques naturalistes italiens appellent aussi *gabbro;* la seconde est » le basalte gris et même un peu verdâtre... Assez souvent les blocs un peu considérables » de ce basalte offrent des taches, et même des sortes de bandes assez suivies, ou de quartz » ou de feldspath rosacé, ou même de zéolithe, qui les traversent en différents sens... Le » basalte noir a une grande affinité avec le granit... Cette pierre est d'une dureté fort » grande, et, vu son mélange avec le granit, il est difficile qu'on en trouve des blocs un » peu considérables... La collection des antiquités du Capitole offre un grand nombre de » statues de basalte noir... Elles sont de la plus grande dureté, d'un beau noir foncé, et la » pierre rend un son clair... Les statues du palais Barberin sont de cette même matière, » quoique moins pure, car on y voit des points blancs quartzeux et des taches de granit. » — Ces points blancs quartzeux ne sont-ils pas le schorl en grenats blancs, qui se trouvent dans presque toutes les laves et basaltes? Voyez les *Mémoires de l'Académie des sciences*, année 1773, p. 599 et suiv.

(b) « On distingue trois substances qui sont renfermées dans les laves : les points quartzeux » et même les granits entiers, le schorl ou gabbro; les matières calcaires, celles qui sont » de la nature de la zéolithe ou de la base de l'alun : ces deux dernières substances pré- » sentent dans les laves toutes les matières du travail de l'eau, depuis la stalactite simple » jusqu'à l'agate et la calcédoine. Ces substances étrangères existaient auparavant dans le » terrain où la lave a coulé, elle les a entraînées et enveloppées; car j'ai observé que, dans » certains cantons, couverts de laves compactes ou d'autres productions de feu, on n'y trouve » pas un seul vestige de ces cristaux de *gabbro*, si les substances qui composent l'ancien » sol n'en contiennent point elles-mêmes. »

Mais nous devons observer qu'indépendamment de ces matières vitreuses ou calcaires, saisies dans leur état de nature, et qui sont plus ou moins altérées par le feu, on trouve aussi dans les laves des matières qui, comme nous l'avons dit, s'y sont introduites depuis par le travail successif des eaux. « Elles sont, comme le dit M. Desmarest, le résultat de » l'infiltration lente d'un fluide chargé de ces matières épurées, et qui a même souvent pénétré » des masses d'un tissu assez serré; elles ne s'y trouvent alors que dans un état cristallin et » spathique... Elles ont pris la forme de stalactites en gouttes rondes ou allongées, en filets » déliés, en tuyaux creux; et toutes ces formes se retrouvent au milieu des laves compactes » comme dans les vides des terres cuites. » *Mémoires de l'Académie des sciences*, année 1773, p. 624.

A ce fait, qui ne m'a jamais paru douteux, M. Desmarest en ajoute d'autres qui mériteraient une plus ample explication. « Les matériaux, dit-il, que le feu a fondus pour pro- » duire le basalte sont les granits. » — Les granits ne sont pas les seuls matériaux qui entrent dans la composition des basaltes, puisqu'ils contiennent peut-être plus de fer, ou d'autres substances, que de matières graniteuses. — « Les granits, continue cet académicien, » ont éprouvé par le feu différents degrés d'altération qui se terminent au basalte : on y voit » le spath fusible (feldspath), qui dans quelques-uns est grisâtre, et qui dans d'autres forme

M. Faujas de Saint-Fond a très bien observé toutes les matières produites par les volcans : ses recherches assidues et suivies pendant plusieurs années, et pour lesquelles il n'a épargné ni soins, ni dépenses, l'ont mis en état de publier un grand et bel ouvrage sur les volcans éteints, dans lequel nous puiserons le reste des faits que nous avons à rapporter, en les comparant avec les précédents.

Il a découvert, dans les volcans éteints du Vivarais, les mêmes pouzzolanes grises, jaunes, brunes et roussâtres qui se trouvent au Vésuve et dans les autres terrains volcanisés de l'Italie : les expériences faites dans les bassins du jardin des Tuileries, et vérifiées publiquement, ont confirmé l'identité de nature de ces pouzzolanes de France et d'Italie, et on peut présumer qu'il en est de même des pouzzolanes de tous les autres volcans.

Cet habile naturaliste a remarqué dans une lave grise, pesante et très dure, des cristaux assez gros, mais confus, lesquels, réduits en poudre, ne faisaient aucune effervescence avec l'acide nitreux, mais se convertissaient au bout de quelques heures en une gelée épaisse, ce qui annonce, dit-il, que cette matière est une espèce de zéolithe ; mais je dois observer que ce caractère par lequel on a voulu désigner la zéolithe est équivoque, car toute matière mélangée de vitreux et de calcaire se réduira de même en gelée. Et d'ailleurs, cette réduction en gelée n'est pas un indice certain, puisqu'en augmentant la quantité de l'acide, on parvient aisément à dissoudre la matière en entier.

Le même M. de Saint-Fond a observé que le fer est très abondant dans toutes les laves, et que souvent il s'y présente dans l'état de rouille, d'ocre ou de chaux ; on voit en effet des laves dont les surfaces sont revêtues d'une couche ocreuse produite par la décomposition du fer qu'elles contenaient, et où d'autres couches ocreuses, encore plus décomposées, se convertissent ultérieurement en une terre argileuse qui happe à la langue (*a*).

Ce même naturaliste rapporte, d'après M. Pazumot, qu'on a d'abord trouvé des zéolithes

» un fond noir d'un grain serré ; et au milieu de ces échantillons on démêle aisément le quartz » qui reste en cristaux ou intacts, ou éclatés par lames, ou réduits à une couleur d'un blanc » terne, comme le quartz blanc rougi au feu et refroidi subitement. » — Le quartz n'est point en cristaux dans les granits de nature, c'est le feldspath qui seul y est en cristaux rhomboïdaux : ainsi le quartz ne peut pas *rester en cristaux intacts*, etc., dans les basaltes. Cette même remarque doit s'étendre sur ce qui suit. — « J'ai deux morceaux de granit, dit cet » académicien, dont une partie est totalement fondue, pendant que l'autre n'est que faible- » ment altérée... On y suit des bandes alternatives et distinctes de quartz qui est cuit à blanc, » et du spath fusible (feldspath) qui est fondu et noir. L'examen des granits fondus à moitié » donne lieu de reconnaître que plusieurs espèces de pierres dures, quelques pierres de *vérole*, » certaines *ophytes*, ne sont que des granits dont la base, qui est le spath fusible (feldspath), » a reçu un degré de fusion assez complet, ce qui en fait le fond, et dont les taches ne sont » produites que par les cristaux quartzeux du granit non altéré. » *Mémoires de l'Académie des sciences*, année 1773, p. 705 jusqu'à 756.

(*a*) Il m'a remis, pour le Cabinet du Roi, une très belle collection en ce genre, dans laquelle on peut voir tous les passages du basalte noir le plus dur à l'état argileux. Les différents morceaux de cette collection présentent toutes les nuances de sa décomposition : l'on y reconnaît de la manière la plus évidente, non seulement toutes les modifications du fer, qui en se décomposant a produit les teintes les plus variées, mais l'on y voit jusqu'à des prismes bien conformés, entièrement convertis en substance argileuse, de manière à pouvoir être coupés avec un couteau aussi facilement que la terre à foulon, tandis que le schorl noir, renfermé dans les prismes, n'a éprouvé aucune altération.

Un fait digne de la plus grande attention, c'est que, dans certaines circonstances, les eaux s'infiltrant à travers ces laves à demi décomposées, ont entraîné leurs molécules ferrugineuses, et les ont déposées et réunies sous la forme d'hématites dans les cavités adjacentes ; alors les laves terreuses, dépouillées de leur fer, ont perdu leur couleur, et ne se présentent plus que comme une terre argileuse et blanche, sur laquelle l'aimant n'a plus d'action.

dans les laves d'Islande, qu'ensuite on en a reconnu dans différents basaltes en Auvergne, dans ceux du Vieux-Brisach en Alsace, dans les laves envoyées des îles de France et de Bourbon, et dans celles de l'île de Feroë. M. Pazumot est en effet le premier qui ait écrit sur la zéolithe trouvée dans les laves, et son opinion est que cette substance n'est pas un produit immédiat du feu, mais une reproduction formée par l'intermède de l'eau et par la décomposition de la terre volcanisée : c'est aussi le sentiment de M. de Saint-Fond ; cependant il avoue qu'il a trouvé de la zéolithe dans l'intérieur du basalte le plus compact et le plus dur. Il n'est donc guère possible de supposer que la zéolithe se soit formée dans ces basaltes par la décomposition de leur propre substance ; et M. de Saint-Fond pense que ces dernières zéolithes étaient formées auparavant, et qu'elles ont seulement été saisies et enveloppées par la lave lorsqu'elle était en fusion. Mais alors, comment est-il possible que la violence du feu ne les ait pas dénaturées, puisqu'elles sont enfermées dans la plus grande épaisseur de la lave où la chaleur était la plus forte ? Aussi notre observateur convient-il qu'il y a des circonstances où le feu et l'eau ont pu produire des zéolithes (*a*), et il en donne des raisons assez plausibles.

Il dit, après l'avoir éprouvé par comparaison, que le basalte noir du Vivarais est plus dur que le basalte antique ou égyptien (*b*) ; il a trouvé, sur le plus haut sommet de la montagne du Mézinc en Velay, un basalte gris blanc un peu verdâtre, dur et sonore, qui se rapproche par la couleur et par le grain du basalte gris verdâtre d'Égypte, et dans lequel

(*a*) « Il y a, dit-il, lieu de croire : 1° que la zéolithe est une pierre mixte et de seconde » formation, produite par l'union intime de la matière calcaire avec la terre vitrifiable ;

» 2° Que la voie humide est en général celle que la nature emploie ordinairement pour la » formation de cette pierre, et que la plupart des zéolithes qu'on trouve dans les laves et » dans les basaltes y sont étrangères, et y ont été prises accidentellement pendant que la » matière était en fusion ;

» 3° Que les eaux ont pu et peuvent encore attaquer la zéolithe engagée dans les laves, » la déplacer et la déposer en lames, quelquefois même en petits cristaux dans les fissures » du basalte ;

» 4° Que les feux souterrains doivent aussi former des combinaisons de la matière cal- » caire avec la terre vitrifiable, ou de la terre vitrifiable avec certaines substances salines, » propres à servir de base aux zéolithes ; mais qu'il faut toujours que l'eau vienne perfec- » tionner ce que le feu n'a fait qu'ébaucher. »

M. de Saint-Fond donne ensuite une très bonne définition du basalte dans les termes suivants : « J'entends, dit-il, par le mot *basalte*, une substance volcanique noire, quelque- » fois grise ou un peu verdâtre, inattaquable aux acides, fusible sans addition, donnant, » quand elle est pure et non altérée, quelques étincelles lorsqu'on la frappe avec l'acier » trempé, susceptible du poli, et devenant alors une des meilleures pierres de touche. Cette » substance doit être regardée comme la matière la plus homogène, la plus fondue, et en » même temps la plus compacte que rejettent les volcans. » *Recherches sur les volcans éteints*, etc., p. 133 et 134.

(*b*) Il observe quelques différences dans la pâte de ce basalte égyptien, d'après les belles statues de cette matière que M. le duc de Chaulnes a rapportées de son voyage d'Égypte ; elles présentent les variétés suivantes : 1° un basalte noir, dur et compact, dont la pâte offre un grain serré, mais sec et âpre au toucher dans les cassures, et néanmoins susceptible d'un beau poli ; 2° un basalte d'un grain semblable, mais d'une teinte verdâtre ; 3° un basalte d'un gris lavé tirant au vert. Au reste, M. Faujas de Saint-Fond ne regarde pas comme un basalte, ni même comme un produit des volcans, la matière de quelques statues égyptiennes qui, quoique d'une belle couleur noire, n'est qu'une pierre argileuse mêlée de mica et de schorl noir en très petits grains, et cette pierre est bien moins dure que le basalte. Notre observateur recommande enfin de ne pas confondre avec le basalte la matière de quelques statues égyptiennes d'un gris noirâtre, qui n'est qu'un granit à grain fin, ou une sorte de granitello.

on remarque quelques lames d'un feldspath blanc vitreux qui a le coup d'œil et le brillant d'une eau glacée. Ces lames sont souvent formées en parallélogrammes, et il y a des morceaux où le feldspath renferme lui-même de petites aiguilles de schorl noir (a).

Enfin, il remarque aussi très bien que les dendrites qu'on voit à la superficie de quelques basaltes sont produites par le fer que l'eau dissout et dépose en forme de ramifications.

A l'égard de la figure prismatique que prennent les basaltes, notre observateur m'en a remis, pour le Cabinet du Roi, des triangulaires, c'est-à-dire à trois pans, qu'il dit être les plus rares, des quadrangulaires, des pentagones, des hexagones, des eptagones et des octogones, tous en prismes bien formés; et, après une infinité de recherches, il avoue n'avoir jamais trouvé du basalte à neuf pans, quoique Molineux dise en avoir vu dans le comté d'Antrim.

Dans certaines laves que M. de Saint-Fond appelle *basaltes irréguliers*, il a reconnu la zéolithe en noyau, avec du schorl noir. Dans un autre bassin du Vivarais, il a vu un gros noyau de feldspath blanc à demi transparent, luisant, et ressemblant à du spath calcaire; et ce feldspath renfermait lui-même une belle aiguille de schorl noir. « Il y a de ces » basaltes, dit-il, qui contiennent des noyaux de pierre calcaire et de pierre vitrifiable de » la nature de la pierre à rasoir, et d'autres noyaux qui ressemblent à du tripoli. » Il a vu. dans d'autres blocs, de la chrysolite verdâtre; dans d'autres, du spath calcaire blanc, cristallisé et à demi transparent. D'autres morceaux sont entremêlés de couches de basaltes et de petites couches de pierre calcaire. D'autres renferment des fragments de granit blanc mêlés de schorl noir; il y en a même dont le granit est en plaques si intimement jointes et liées au basalte que, malgré le poli, la ligne de jonction n'est pas sensible: enfin, dans la cavité d'un autre morceau de basalte, il a reconnu un dépôt ferrugineux sous la forme d'hématite, qui en tapisse tout l'intérieur, et qui est de couleur gorge de pigeon, très chatoyante. On voit sur cette hématite quelques gros grains d'une espèce de calcédoine blanche et demi-transparente : une des faces de ce même morceau est recouverte de dendrites ferrugineuses (b); et parmi les laves proprement dites, il en a remarqué plusieurs qui sont tendres, friables, et prennent peu à peu la nature d'une terre argileuse (c).

(a) « Ce basalte, frappé avec l'acier trempé, jette beaucoup d'étincelles... Sa croûte se » dénature quelquefois et devient d'une rouge jaunâtre ; mais, au lieu de se rendre friable » ou argileuse, cette espèce d'écorce semble se transformer en une autre substance, et, per» dant sa couleur noire, elle ressemble alors à un granit rougeâtre : on peut même dire » que ce basalte lui ressemble tellement qu'on y distingue le même grain, et qu'on y voit » une multitude de points de schorl noir ; il n'y manquerait que du mica pour en faire du » granit complet... Cette espèce de granit incomplet n'est point un vrai granit adhérent » accidentellement à la lave, mais une lave réellement changée en granit par le temps, et » dont la surface s'est décomposée. » *Recherches sur les volcans éteints*, par M. Faujas de Saint-Fond, p. 142.

(b) *Idem, ibidem*, page 166.

(c) « C'est ici un des plus intéressants passages des laves poreuses à l'état d'argile blan» che, et l'on peut suivre par l'observation tous les degrés de cette décomposition : il faut » pour cela que la lave se soit dépouillée de toutes ses parties ferrugineuses. Ce fer, déta» ché des laves par l'impression des éléments humides, a été déposé par l'eau sur les laves » blanches, et elles ont formé des couches de plusieurs pouces d'épaisseur adhérentes à leur » superficie ; ce fer est tantôt en forme de véritable hématite brune, dure, dont la surface » est luisante ; d'autres fois, il a fait des couches de fer *limoneux*, tendre, friable et affectant » une espèce d'organisation assez constante ; enfin le fer des laves, s'agglutinant à la matière » argileuse, a formé une multitude de géodes ferrugineuses de différentes formes et gros» seurs ; et, si l'on suit tous les degrés de la décomposition des laves, on les verra se » ramollir et finir par se convertir en terre ferrugineuse et en argile. »

Il remarque, avec raison, que la *pierre de Gallinace*, qu'on a nommée *agate noire d'Islande*, n'a aucun rapport avec les agates, et que ce n'est qu'un verre demi-transparent, une sorte d'émail qui se forme dans les volcans, et que nous pouvons même imiter en tenant de la lave à un feu violent et longtemps continué. On trouve de cette pierre de gallinace non seulement en Islande, mais dans les montagnes volcaniques du Pérou. Les anciens Péruviens la travaillaient pour en faire des miroirs qu'on a trouvés dans leurs tombeaux. Mais il ne faut pas confondre cette pierre de gallinace avec la *pierre d'Incas*, qui est une marcassite dont ils faisaient aussi des miroirs (*a*). On rencontre de même, sur

Voici, selon le même M. de Saint-Fond, l'ordre dans lequel on observe les laves dans une montagne non loin du château de Polignac :

1° Basalte gris noirâtre ; 2° laves poreuses noires, dont on trouve des masses immédiatement après le basalte ; 3° laves grises et jaunâtres, poreuses, tendres et friables : première altération de cette lave, qui perd sa couleur et son adhésion ;... 4° lave très blanche, poreuse, légère, qui s'est dépouillée de son fer, et qui a passé à l'état d'argile blanche, friable et farineuse ; on y voit quelques petits morceaux moins dénaturés, qui ont conservé une teinte presque imperceptible de noir ; 5° comme le fer qui a abandonné ces laves ne s'est point perdu, les eaux l'ont déposé après ces laves blanches, et en ont formé des espèces de couches de plusieurs pouces d'épaisseur, adhérentes aux laves : ce fer est tantôt en forme de véritable hématite brune, dure, dont la surface est luisante et globuleuse ; d'autres fois il a fait des couches de fer *limoneux*, tendre, friable et affectant une espèce d'organisation assez constante, qui imite la contexture de certains madrépores de l'espèce des *cérébrites;* enfin, le fer des laves, s'agglutinant à la matière argileuse, a formé une multitude d'*œtites* ou de géodes ferrugineuses de différentes formes et grosseurs, pleines d'une substance terreuse, martiale, qui résonnent et font du bruit lorsqu'on les agite : plusieurs de ces géodes ont une organisation intérieure très singulière, qui est l'ouvrage de l'eau ; 6° après ces géodes, qui sont dispersées dans les laves décomposées, on trouve une argile blanche, solide et peu liante, formée par l'eau qui a réuni les molécules des laves poreuses décomposées : ou c'est peut-être ici une lave compacte, totalement changée en argile ; 7° la couche qui vient après cette dernière est une argile verdâtre qui devient savonneuse et peut se pétrir : elle doit peut-être sa couleur aux couches d'hématite, qui se décomposent à leur tour, et viennent colorer en vert ce dernier banc d'argile qui est le plus considérable, et qui n'offre aucune régularité dans sa position et dans son site. *Recherches sur les volcans éteints*, etc., p. 171 et suiv.

(*a*) On distingue dans les *guaques*, ou tombeaux des Péruviens, deux sortes de miroirs de pierre, les uns de *pierres d'Incas*, les autres d'une pierre nommée *gallinace :* la première n'est pas transparente, elle est molle, de la couleur du plomb. Les miroirs de cette pierre sont ordinairement ronds, avec une de leurs surfaces plates, aussi lisses que le plus fin cristal ; l'autre est ovale, ou du moins un peu sphérique, mais moins unie. Quoiqu'ils soient de différentes grandeurs, la plupart ont trois ou quatre pouces de diamètre. M. d'Ulloa en vit un qui n'avait pas moins d'un pied et demi, dont la principale superficie était concave, grossissait beaucoup les objets, aussi polie qu'une pierre pourrait le devenir entre les mains de nos plus habiles ouvriers. Le défaut de la pierre d'Incas est d'avoir des veines et des paillettes qui la rendent facile à briser, et qui gâtent la superficie : on soupçonne qu'elle n'est qu'une composition : à la vérité, il se trouve encore dans les coulées des pierres de cette espèce, mais rien n'empêche de croire qu'on a pu les fondre pour en perfectionner la figure et la qualité.

La pierre de gallinace est extrêmement dure, mais aussi cassante que la pierre à feu : son nom vient de sa couleur, aussi noire que celle du gallinazo. Les miroirs de cette pierre sont travaillés des deux côtés et fort bien arrondis ; leur poli ne le cède en rien à celui de la pierre d'Incas : entre ces derniers miroirs, il s'en trouve de plats, de concaves et de convexes, et fort bien travaillés. On connaît encore des carrières de cette pierre ; mais les Espagnols n'en font aucun cas, parce qu'avec de la transparence et de la dureté, cette pierre a des pailles. *Histoire générale des Voyages*, t. XIII, p. 577 et 578.

l'Etna et sur le Vésuve, quelques morceaux de gallinace, mais en petite quantité, et M. de Saint-Fond n'en a trouvé qu'en un seul endroit du Vivarais, dans les environs de Rochemaure : ce morceau est tout à fait semblable à la gallinace d'Islande; il est de même très noir et d'une substance dure, donnant des étincelles avec l'acier, mais on y voit des bulles de la grosseur de la tête d'une épingle, toutes d'une rondeur exacte (*a*), ce qui paraît être une démonstration de plus de sa formation par le feu.

Indépendamment de toutes les variétés dont nous venons de faire mention, il se trouve très fréquemment dans les terrains volcanisés des brèches et des poudingues que M. de Saint-Fond distingue, avec raison (*b*), par la différence des matières dont ils sont composés.

La pouzzolane n'est que le détriment des matières volcaniques : vue à la loupe, elle présente une multitude de grains irréguliers ; on y voit aussi des points de schorl noir détachés, et très souvent de petites portions de basalte pur ou altéré. On trouve de la pouzzolane dans presque tous les cantons volcanisés, particulièrement dans les environs des cratères ; il y en a plusieurs espèces et de différentes couleurs dans le Vivarais, et en plus grande abondance dans le Velay (*c*).

Et je crois qu'on pourrait mettre encore au nombre des pouzzolanes cette matière d'un rouge ferrugineux qui se trouve souvent entre les couches des basaltes, quoiqu'elle se

(*a*) *Recherches sur les volcans éteints*, etc., p. 172.

(*b*) « Les brèches volcaniques sont remaniées par le feu, et amalgamées avec des laves » plus modernes qui s'en emparent pour en former un seul et même corps... Ces brèches » imitent certains marbres, certains porphyres composés de morceaux irréguliers de diverses » matières... Lorsque les fragments de lave encastrés dans ces brèches ont été primitivement » roulés et arrondis, ou par les eaux, ou par d'autres circonstances, cette brèche doit prendre, à cause de l'arrondissement des pierres, le nom de *poudingue volcanique*, pour la » distinguer de la véritable brèche volcanique dont les fragments sont irréguliers. » *Idem, ibid.*, p. 173.

Ces dernières brèches se trouvent souvent en très grandes masses ; l'église cathédrale et la plupart des maisons de la ville du Puy-en-Velay sont construites d'une brèche volcanique, dont il y a de très grands rochers à la montagne de Danis. Cette brèche est quelquefois en masses irrégulières ; mais, pour l'ordinaire, elle est posée par couches fort épaisses, qui ont été produites par les éruptions de l'ancien volcan de Danis. Il y a près du château de Rochemaure des masses énormes d'une autre brèche volcanique formée par une multitude de très petits éclats irréguliers de basalte noir, dur et sain, de quelques grains de schorl noir vitreux, le tout confondu et mêlé de fragments d'une pierre blanchâtre et tirant un peu sur la couleur de rose tendre. « Cette pierre, ajoute M. de Saint-Fond, a le grain » fin et serré, et paraît avoir été vivement calcinée ; mais elle ne fait aucune effervescence » avec les acides, et c'est peut-être une pierre argileuse qui a perdu une partie de son » gluten et de son éclat : elle est aussi tachetée de très petits points noirs qui pourraient » être du schorl altéré, ou des points ferrugineux ; il y a aussi dans ces brèches volcaniques des » zones de spath calcaire blanc, et même de grandes bandes qui paraissent être l'ouvrage de » l'eau... D'autres brèches contiennent des fragments de quartz roulés et arrondis, du jaspe » un peu brûlé, et le reste de la masse est un composé d'éclats de basalte de différentes » grandeurs, parmi lesquels il se trouve aussi du spath calcaire, des points de schorl, des » agates rouges en fragments de la nature des cornalines, des pierres calcaires, le tout » agglutiné par une pâte jaunâtre qui ressemble à une espèce de matière sablonneuse... » Une autre est composée de fragments de basalte noir encastrés dans une pâte de spath » calcaire blanc et en masse... Un de ces poudingues volcaniques est composé de morceaux » de basalte noir, durs et arrondis, et il contient de même des cailloux de granit roulés et » des noyaux de feldspath arrondis, le tout lié par une pâte graniteuse composée de feld» spath, de mica et de quelques points de schorl noir « *Recherches sur les volcans éteints*, etc., p. 176 et suiv.

(*c*) *Idem*, *ibidem*, p. 181.

présente comme une terre bolaire qui happe à la langue et qui est grasse au toucher. En la regardant attentivement, on y voit beaucoup de paillettes de schorl noir, et souvent même des portions de lave qui n'ont pas encore été dénaturées et qui conservent tous les caractères de la lave ; mais ce qui prouve sa conformité de nature avec la pouzzolane, c'est qu'en prenant dans cette matière rouge celle qui est la plus liante, la plus pâteuse, on en fait un ciment avec de la chaux vive, et que dans ce ciment le liant de la terre s'évanouit, et qu'il prend consistance dans l'eau comme la plus excellente pouzzolane (a).

Les pouzzolanes ne sont donc pas des cendres, comme quelques auteurs l'ont écrit, mais de vrais détriments des laves et des autres matières volcanisées; au reste, il me paraît que notre savant observateur assure trop généralement *qu'il n'y a point de véritables cendres dans les volcans*, et qu'il n'y existe *absolument* que la matière de la lave cuite, recuite, calcinée, réduite ou en scories graveleuses, ou en poudre fine: d'abord il me semble que, dans tout le cours de son ouvrage, l'auteur est dans l'idée que la lave se forme dans le gouffre ou foyer même du volcan, et qu'elle est projetée hors du cratère sous sa forme liquide et coulante ; tandis qu'au contraire la lave ne se forme que dans les éminences ou monceaux de matières ardentes rejetées et accumulées, soit au-dessus du cratère (b), comme dans le Vésuve, soit à quelque distance des bouches d'éruption, comme dans l'Etna ; la lave ne se forme donc que par une vitrification postérieure à l'éjection, et cette vitrification ne se fait que dans les monceaux de matières rejetées; elle ne sort que du pied de ces éminences ou monceaux, et dès lors cette matière vitrifiée ne contient en effet point de cendres; mais les monceaux eux-mêmes en contenaient en très grande quantité, et ce sont ces cendres qui ont servi de fondant pour former le verre de toutes les laves. Ces cendres sont lancées hors du gouffre des volcans, et proviennent des substances combustibles qui servent d'aliment à leur feu ; les pyrites, les bitumes et les charbons de terre, tous les résidus des végétaux et animaux étant les seules matières qui puissent entretenir le feu, il est de toute nécessité qu'elles se réduisent en cendres dans le foyer même du volcan, et qu'elles suivent le torrent de ses projections : aussi plusieurs observateurs, témoins oculaires des éruptions des volcans, ont très bien reconnu les cendres projetées, et quelquefois emportées fort loin par les vents ; et si, comme le dit M. de Saint-Fond, l'on ne trouve pas de cendres autour des anciens volcans éteints, c'est uniquement parce qu'elles ont changé de nature par le laps de temps, et par l'action des éléments humides.

Nous ajouterons encore ici quelques observations de M. de Saint-Fond, au sujet de la formation des pouzzolanes. Les laves poreuses se réduisent en sable et en poussière ; les matières qui ont subi une forte calcination sans se fondre deviennent friables et forment une excellente pouzzolane. La couleur en est jaunâtre, grise, noire ou rougeâtre, en raison des différentes altérations qu'a éprouvées la matière ferrugineuse qu'elles contiennent (c),

(a) *Idem*, p. 180.

(b) Voyez, dans le volume II, l'article qui a rapport aux *basaltes* et aux *laves*.

(c) L'air et l'humidité attaquent la surface des laves les plus dures : les fumées acides, » sulfureuses qui s'élèvent dans les terrains volcanisés, les pénètrent, les attendrissent, et » changent leur couleur noire en rouge, et les convertissent en pouzzolane ocreuse... Le » basalte lui-même le plus compact et le plus dur se convertit en une pouzzolane rouge ou » grise, douce au toucher, et d'une très bonne qualité ; j'ai observé, dit-il, dans le Vivarais, » des bancs entiers de basalte converti en pouzzolane rouge : ces bancs, ainsi décomposés, » étaient recouverts par d'autres bancs intacts et sains, d'un basalte dur et noir... On trouve » dans la montagne de Chenavasi, en Vivarais, le basalte décomposé attenant encore au » basalte sain, et on peut y suivre la dégradation de sa décomposition. » *Recherches sur les volcans éteints*, etc., p. 206.

A l'égard de la substance même des laves en général, M. de Saint-Fond pense « qu'elles » ont pour base une matière quartzeuse ou vitrifiable unie avec beaucoup de fer, et que leur

et il ajoute que c'est uniquement à la quantité du fer contenu dans les laves et basaltes qu'on doit attribuer leur fusibilité : cette dernière assertion me paraît trop exclusive ; ce n'est pas en effet au fer, du moins au fer seul, qu'on doit attribuer la fusibilité des laves, c'est au *salin*, contenu dans les cendres rejetées par le volcan, qu'elles ont dû leur première vitrification ; et c'est au mélange des matières vitreuses, calcaires et salines, autant et plus qu'aux parties ferrugineuses, qu'elles doivent la facilité de se fondre une seconde fois. Les laves se fondent comme nos verres factices et comme toute autre matière vitreuse mélangée de parties calcaires ou salines, et en général tout mélange et toute composition produit la fusibilité ; car l'on sait que plus les matières sont pures, plus elles sont réfractaires au feu ; le quartz, le jaspe, l'argile et la craie purs y résistent également, tandis que toutes les matières mixtes s'y fondent aisément ; et cette épreuve serait le meilleur moyen de distinguer les substances simples des matières composées, si la fusibilité ne dépendait pas encore plus de la force du feu que du mélange des matières ; car, selon moi, les substances les plus simples et les plus réfractaires ne résisteraient pas à cette action du feu si l'on pouvait l'augmenter à un degré convenable.

En comparant toutes les observations que je viens de rapporter, et donnant même aux différentes opinions des observateurs toute la valeur qu'elles peuvent avoir, il me paraît que le feu des volcans peut produire des matières assez semblables aux porphyres et granits, et dans lesquelles le feldspath, le mica et le schorl se reconnaissent sous leur forme propre ; et ce fait seul une fois constaté suffirait pour qu'on dût regarder comme plus que vraisemblable la formation du porphyre et du granit par le feu primitif, et à plus forte raison celle des matières premières dont ils sont composés.

Mais, dira-t-on, quelque sensibles que soient ces rapports, quelque plausibles que paraissent les conséquences que vous en tirez, n'avez-vous pas annoncé que la figuration de tous les minéraux n'est due qu'au travail des molécules organiques qui, ne pouvant en pénétrer le fond par la trop grande résistance de leur substance dure, ont seulement tracé sur la superficie les premiers linéaments de l'organisation, c'est-à-dire les traits de la figuration ? Or il n'y avait point de corps organisés dans ce premier temps où le feu primitif a réduit le globe en verre ; et même est-il croyable que dans ces feux de nos fourneaux ardents où nous voyons se former des cristaux, il y ait des molécules organiques qui concourent à la forme régulière qu'ils prennent ? Ne suffit-il pas d'admettre la puissance de l'attraction et l'exercice de sa force par les lois de l'affinité pour concevoir que toutes les parties homogènes se réunissant, elles doivent prendre en conséquence des figures régulières, et se présenter sous différentes formes relatives à leur différente nature, telles que nous les voyons dans ces cristallisations ?

Ma réponse à cette importante question est que, pour produire une forme régulière dans un solide, la puissance de l'attraction seule ne suffit pas, et que l'affinité n'étant que la même puissance d'attraction, ses lois ne peuvent varier que par la diversité de figure des

» fusibilité n'est due qu'à ce même fer ; il dit que le basalte est de toutes les matières volca» niques celle qui est la plus intimement liée et combinée avec les éléments ferrugineux ; » que le fer y est très voisin de l'état métallique, et que c'est à cette cause qu'on peut attribuer » la facilité qu'a le basalte de se fondre ; que les laves se trouvent plus ou moins altérées, » en raison des différentes impressions et modifications qu'a éprouvées le principe ferru» gineux... Que la pouzzolane, le tuffeau, les laves tendres, rouges, jaunâtres ou de diffé» rentes couleurs, les laves poreuses, les laves compactes, sont toutes les mêmes quant à » leur essence, et ne diffèrent que par les modifications que le feu ou les vapeurs y ont » occasionnées... Qu'enfin la pouzzolane rouge ou d'un brun rougeâtre, étant une des pro» ductions volcaniques non seulement la plus riche en fer, mais celle où ce minéral se trouve » atténué et le plus à découvert, doit former un ciment de la plus grande dureté. » *Idem*, p. 207.

particules sur lesquelles elle agit pour les réunir (*a*) : sans cela, toute matière réduite à l'homogénéité prendrait la forme sphérique, comme la prennent les gouttes d'eau, de mercure et de tout autre liquide, et comme l'ont prise la terre et les planètes dans le temps de leur liquéfaction. Il faut donc nécessairement que tous les corps qui ont des formes régulières, avec des faces et des angles, reçoivent cette impression de figure de quelque autre cause que de l'affinité ; il faut que chaque atome soit déjà figuré avant d'être attiré et réuni par l'affinité ; et, comme la figuration est le premier trait de l'organisation, et qu'après l'attraction, il n'y a d'autre puissance active dans la nature que celle de la chaleur et des molécules organiques qu'elle produit, il me semble qu'on ne peut attribuer qu'à ces mêmes éléments actifs le travail de la figuration.

L'existence des molécules organiques a précédé celle des êtres organisés (*) : elles sont aussi anciennes que l'élément du feu ; un atome de lumière ou de chaleur est par lui-même une molécule active, qui devient organique dès qu'elle a pénétré un autre atome de matière ; ces molécules organiques, une fois formées, ne peuvent être détruites ; le feu le plus violent ne fait que les disperser sans les anéantir : nous avons prouvé que leur essence était inaltérable, leur existence perpétuelle, leur nombre infini ; et qu'étant aussi universellement répandues que les atomes de la lumière, tout concourt à démontrer qu'elles servent également à l'organisation des animaux, des végétaux et à la figuration des minéraux, puisque, après avoir pris à la surface de la terre leur organisme tout entier, dans l'animal et le végétal, retombant ensuite dans la masse minérale, elles réunissent tous les êtres sous la même loi, et ne font qu'un seul empire de tous les règnes de la nature.

(*a*) Voyez, dans les volumes précédents, l'article qui a pour titre : *De la nature, seconde vue.*

(*) Voyez dans l'introduction l'exposé des idées de Buffon sur les molécules organiques et la formation des organismes vivants.

DU SOUFRE

La nature, indépendamment de ses hautes puissances auxquelles nous ne pouvons atteindre, et qui se déploient par des effets universels, a de plus les facultés de nos arts qu'elle manifeste par des effets particuliers : comme nous, elle sait fondre et sublimer les métaux, cristalliser les sels, tirer le vitriol et le soufre des pyrites, etc. Son mouvement plus que perpétuel, aidé de l'éternité du temps, produit, entraîne, amène toutes les révolutions, toutes les combinaisons possibles ; pour obéir aux lois établies par le souverain Être, elle n'a besoin ni d'instruments, ni d'adminicules, ni d'une main dirigée par l'intelligence humaine ; tout s'opère, parce qu'à force de temps tout se rencontre, et que, dans la libre étendue des espaces et dans la succession continue du mouvement, toute matière est remuée, toute forme donnée, toute figure imprimée ; ainsi tout se rapproche ou s'éloigne, tout s'unit ou se fuit, tout se combine ou s'oppose, tout se produit ou se détruit par des forces relatives ou contraires, qui seules sont constantes, et, se balançant sans se nuire, animent l'univers et en font un théâtre de scènes toujours nouvelles, et d'objets sans cesse renaissants (*).

Mais en ne considérant la nature que dans ses productions secondaires, qui sont les seules auxquelles nous puissions comparer les produits de notre art, nous la verrons encore bien au-dessus de nous ; et, pour ne parler que du sujet particulier dont je vais traiter dans cet article, le soufre qu'elle produit au feu de ses volcans est bien plus pur, bien mieux cristallisé, que celui dont nos plus grands chimistes ont ingénieusement trouvé la composition (*a*) : c'est bien la même substance ; ce soufre artificiel et celui de la nature ne sont également que la matière du feu rendue fixe par l'acide (**), et la démonstration de cette vérité, qui ne porte que sur l'initiation par notre art d'un procédé secondaire de la nature, est néanmoins le triomphe de la chimie, et le plus beau trophée qu'elle puisse placer au haut du monument de toutes ses découvertes.

L'élément du feu qui, dans son état de liberté, ne tend qu'à fuir, et divise toute matière

(*a*) Ils sont allés jusqu'à déterminer la proportion dans laquelle l'acide vitriolique et le feu fixe entrent chacun dans le soufre. Stahl a trouvé « que, dans la composition du soufre, » l'acide vitriolique faisait environ quinze seizièmes du poids total, et même un peu plus, et » que le phlogistique faisait un peu moins d'un seizième... M. Brandt dit, d'après ses propres » expériences, que la proportion du principe inflammable à celle de l'acide vitriolique est » à peu près de 3 à 50 (ou d'un dix-septième) en poids ; mais ni M. Brandt ni M. Stahl n'ont » pas connu l'influence de l'air dans la combinaison de leurs expériences, en sorte que cette » proportion n'est pas certaine. » *Dictionnaire de chimie*, par M. Macquer, article *Soufre*.

(*) Passage très remarquable.

(**) Tout ce qui concerne la chimie du soufre est absolument faux. Le soufre est un corps simple ; il ne peut donc être question de rechercher en lui « la matière du feu rendue » fixe par l'acide ».

à laquelle on l'applique, trouve sa prison et des liens dans cet acide, qui lui-même est formé par l'intermède des autres éléments ; c'est par la combinaison de l'air et du feu que l'acide primitif a été produit, et dans les acides secondaires, les éléments de la terre et de l'eau sont tellement combinés qu'aucune autre substance simple ou composée n'a autant d'affinité avec le feu ; aussi cet élément se saisit de l'acide dès qu'il se trouve dans son état de pureté naturelle et sans eau superflue, il forme avec lui un nouvel être qui est le soufre, uniquement composé de l'acide et du feu.

Pour voir clairement ces rapports importants, considérons d'abord le soufre tel que la nature nous l'offre au sommet de ses volcans : il se sublime, s'attache et se cristallise contre les parois des cavernes qui surmontent tous les feux souterrains ; ces chapiteaux des fournaises embrasées par le feu des pyrites sont les grands récipients de cette matière sublimée ; elle ne se trouve nulle part en aussi grande abondance, parce que nulle part l'acide et le feu ne se rencontrent en aussi grand volume, et n'agissent avec autant de puissance.

Après la chute des eaux et la production de l'acide, la nature a d'abord renfermé une partie de la matière du feu dans les pyrites, c'est-à-dire, dans les petites masses ferrugineuses et minérales où l'acide vitriolique, se trouvant en quantité, a saisi cet élément du feu, et le retiendrait à perpétuité, si l'action des éléments humides (*a*) ne survenait pour le dégager et lui rendre sa liberté ; l'humidité, en agissant sur la matière terreuse et s'unissant en même temps à l'acide, diminue sa force, relâche peu à peu les nœuds de son union avec le feu, qui reprend sa liberté dès que ses liens sont brisés : dans cet incendie le feu, devenu libre, emporte avec sa flamme une portion de l'acide auquel il était uni dans la pyrite, et cet acide pur, et séparé de la terre qui reste fixe, forme, avec la substance de la flamme, une nouvelle matière uniquement composée de feu fixé par l'acide, sans mélange de terre ni de fer, ni d'aucune autre matière.

Il y a donc une différence essentielle entre le soufre et la pyrite, quoique tous deux contiennent également la substance du feu saisie par l'acide, puisque le soufre n'est composé que de ces deux substances pures et simples, tandis qu'elles sont incorporées dans la pyrite avec une terre fixe de fer ou d'autres minéraux : le mot de *soufre minéral*, dont on a tant abusé, devrait être banni de la physique, parce qu'il fait équivoque et présente une fausse idée ; car ce soufre minéral n'est pas du soufre, mais de la pyrite, et de même toutes les substances métalliques, qu'on dit être minéralisées par le soufre, ne sont que des pyrites qui contiennent, à la vérité, les principes du soufre, mais dans lesquelles il n'est pas formé. Les pyrites martiales et cuivreuses, la galène du plomb, etc., sont autant de pyrites dans lesquelles la substance du feu et celle de l'acide se trouvent plus ou moins intimement unies aux parties fixes de ces métaux : ainsi les pyrites ont été formées par une grande opération de la nature, après la production de l'acide et des matières combustibles, remplies de la substance du feu ; et le soufre ne s'est formé que par une opération secondaire, accidentelle et particulière, en se sublimant avec l'acide par l'action des feux souterrains. Les charbons de terre et les bitumes qui, comme les pyrites, contiennent de l'acide, doivent par leur combustion produire de même une grande quantité de soufre : aussi toutes les matières, qui servent d'aliment au feu des volcans et à la chaleur des eaux thermales, donnent également du soufre dès que par les circonstances locales, l'acide, et le feu qui l'accompagne et l'enlève, peuvent être arrêtés et condensés par le refroidissement.

On abuse donc du nom de *soufre*, lorsqu'on dit que les métaux sont minéralisés par le

(*a*) L'eau seule ne décompose pas les pyrites : le long des falaises des côtes de Normandie, les bords de la mer sont jonchés de pyrites que les pêcheurs ramassent pour en faire du vitriol.

La rivière de Marne, dans la partie de la Champagne crayeuse qu'elle arrose, est jonchée de pyrites martiales qui restent intactes tant qu'elles sont dans l'eau, mais qui s'effleurissent dès qu'elles sont exposées à l'air.

soufre; et, comme les abus vont toujours en augmentant, on a aussi donné le même nom de *soufre* à tout ce qui peut brûler : ces applications équivoques ou fausses viennent de ce qu'il n'y avait dans aucune langue une expression qui pût désigner le feu dans son état fixe. Le *soufre* des anciens chimistes représentait cette idée (*a*), le *phlogistique* la représente dans la chimie récente, et l'on n'a rien gagné à cette substitution de termes; elle n'a même fait qu'augmenter la confusion des idées, parce qu'on ne s'est pas borné à ne donner au phlogistique que les propriétés du feu fixe : ainsi le mot ancien de *soufre* ou le mot nouveau de *phlogistique*, dans la langue des sciences, n'auraient pas fait de mal s'ils n'eussent exprimé que l'idée nette et claire du feu dans son état fixe; cependant *feu fixe* est aussi court, aussi aisé à prononcer que *phlogistique*, et *feu fixe* rappelle l'idée principale de l'élément du feu, et le représente tel qu'il existe dans les corps combustibles, au lieu que *phlogistique* qu'on n'a jamais bien défini, qu'on a souvent mal appliqué, n'a fait que brouiller les idées, et rendre obscures les explications des choses les plus claires; la réduction des chaux métalliques en est un exemple frappant, car elle s'explique, s'entend aussi clairement que la précipitation, sans qu'il soit nécessaire d'avoir recours, avec nos chimistes, à l'absence ou à la présence du phlogistique.

Dans la nature et surtout dans la matière brute, il n'y a d'êtres réels et primitifs que les quatre éléments (*) : chacun de ces éléments peut se trouver en un état différent de mouvement ou de repos, de liberté ou de contrainte, d'action ou de résistance, etc. Il y aurait donc tout autant de raison de faire un nouveau mot pour l'air fixe, mais heureusement on s'en est abstenu jusqu'ici; ne vaut-il pas mieux en effet désigner par une épithète l'état d'un élément, que de faire un être nouveau de cet état en lui donnant un nom particulier ? Rien n'a plus retardé le progrès des sciences que la *logomachie*, et cette création de mots nouveaux à *demi techniques*, à *demi métaphoriques*, et qui dès lors ne représentent nettement ni l'effet ni la cause : j'ai même admiré la justesse de discernement des anciens; ils ont appelé *pyrites* les matières minérales qui contiennent en abondance la substance du feu; avons-nous eu raison de substituer à ce nom celui de *soufre*, puisque les minerais ne sont en effet que des pyrites ? Et de même les anciens chimistes ont entendu, par le mot de *soufre*, la matière du feu contenue dans les huiles, les résines, les esprits ardents, et dans tous les corps des animaux et des végétaux, ainsi que dans la substance des minéraux; avons-nous aujourd'hui raison de lui substituer celui de phlogistique ? Le mieux eût été de n'adopter ni l'un ni l'autre : aussi n'ai-je employé, dans le cours de cet ouvrage, que l'expression de *feu fixe* (*b*) au lieu de *phlogistique*, comme je n'emploie ici que celle de *pyrite* au lieu de *soufre minéral*.

(*a*) Le soufre des philosophes hermétiques était un tout autre être que le soufre commun : ils le regardaient comme le principe de la lumière, comme celui du développement des germes et de la nutrition des corps organisés (voyez Georg. Wolfgang Wedel, *Éphémérides d'Allemagne*, années 1678, 1679, et la *Collection académique*, partie étrangère, tome III, p. 415 et 416); et sous ces rapports il paraît qu'ils considéraient particulièrement, dans le soufre, son feu fixe, indépendamment de l'acide dans lequel il se trouve engagé : dans ce point de vue, ce n'est plus du soufre qu'il s'agit, mais du feu même, en tant que fixé dans les différents corps de la nature : il en fait l'activité, le développement et la vie, et, en ce sens, le soufre des alchimistes peut en effet être regardé comme le principe des phénomènes de la chaleur, de la lumière, du développement et de la nutrition des corps organisés. (Observation communiquée par M. l'abbé Bexon.)

(*b*) Le phlogistique et le feu fixe sont la même chose, dit très bien M. de Morveau, et le soufre n'est composé que de feu et d'acide vitriolique. *Éléments de chimie*, t. II, p. 21.

(*) Buffon, on le voit, admettait encore la théorie « des quatre éléments » : l'eau, la terre, l'air et le feu. Il me paraît tout à fait inutile de relever les innombrables erreurs contenues dans cet article.

Au reste, si l'on veut distinguer l'idée du feu fixe de celle du phlogistique, il faudra, comme je l'ai dit (*a*), appeler *phlogistique* le feu qui, d'abord étant fixé dans les corps, est en même temps animé par l'air et peut en être séparé; et laisser le nom de *feu fixe* à la matière propre du feu fixé dans ces mêmes corps et qui, sans l'adminicule de l'air auquel il se réunit, ne pourrait s'en dégager.

Le feu fixe est toujours combiné avec l'air fixe, et tous deux sont les principes inflammables de toutes les substances combustibles; c'est en raison de la quantité de cet air et du feu fixe qu'elles sont plus ou moins inflammables : le soufre, qui n'est composé que d'acide pur et de feu fixe, brûle en entier et ne laisse aucun résidu après son inflammation; les autres substances, qui sont mêlées de terres ou de parties fixes, laissent toutes des cendres ou des résidus charbonneux après leur combustion, et en général toute inflammation, toute combustion n'est que la mise en liberté, par le concours de l'air, du feu fixe contenu dans les corps, et c'est alors que ce feu animé par l'air devient *phlogistique;* or le feu libre, l'air et l'eau, peuvent également rendre la liberté au feu fixe contenu dans les pyrites; et comme, au moment qu'il est libre, le feu reprend sa volatilité, il emporte avec lui l'acide auquel il est uni, et forme du soufre par la seule condensation de cette vapeur.

On peut faire du soufre par la fusion ou par la sublimation : il faut pour cela choisir les pyrites qu'on a nommées *sulfureuses*, et qui contiennent la plus grande quantité de feu fixe et d'acide, avec la moindre quantité de fer, de cuivre, ou de toute autre matière fixe; et, selon qu'on veut extraire une grande ou petite quantité de soufre, on emploie différents moyens (*b*), qui néanmoins se réduisent tous à donner du soufre par fusion ou par sublimation.

(*a*) Voyez l'introduction aux minéraux, t. IX de cette *Histoire naturelle*.

(*b*) Pour tirer le soufre des pyrites, et particulièrement des pyrites cuivreuses, on forme, à l'air libre, des tas de pyrites qui ont environ vingt pieds en carré et neuf pieds de haut : on arrange ces pyrites sur un lit de bûches et de fagots; on laisse à ces tas une ouverture qui sert d'évent, ou comme le cendrier sert à un fourneau; on enduit les parois extérieures des tas, qui forment comme des espèces de murs, avec de la pyrite en poudre et en petites particules que l'on mouille; alors on met le feu au bois, et on le laisse brûler pendant plusieurs mois; on forme à la partie supérieure des tas ou de ces massifs des trous ou des creux qui forment comme des bassins dans lesquels le soufre fondu par l'action du feu va se rendre, et d'où on le puise avec des cuillers de fer; mais ce soufre ainsi recueilli n'est point parfaitement pur, il a besoin d'être fondu de nouveau dans des chaudières de fer : alors les parties pierreuses et terreuses qui s'y trouvent mêlées tombent au fond de la chaudière, et le soufre pur nage à leur surface. Telle est la manière dont on fixe le soufre au *Hartz*...

Une autre manière, qui est aussi en usage en Allemagne, consiste à faire griller les pyrites ou la mine de cuivre sous un hangar couvert d'un toit qui va en pente; ce toit oblige la fumée qui part du tas que l'on grille à passer par-dessus une auge remplie d'eau froide; par ce moyen, cette fumée, qui n'est composée que de soufre, se condense et tombe dans l'auge...

En Suède, on se sert de grandes retortes de fer qu'on remplit au tiers de pyrites, et on obtient le soufre par distillation; on ne met qu'un tiers de pyrites, parce que le feu les fait gonfler considérablement : il passe une partie du soufre qui suinte au travers des retortes et qui est fort pur, on le débite pour de la fleur de soufre; quant au reste du soufre, il est reçu dans des récipients remplis d'eau; on enlève ce soufre des récipients, on le porte dans des chaudières de fer, où on le fait fondre, afin qu'il dépose les matières étrangères dont il était mêlé : lorsque les pyrites ont été dégagées du soufre qu'elles contenaient, on les jette dans un tas à l'air libre; après qu'elles ont été exposées aux injures de l'air, ces tas sont sujets à s'enflammer d'eux-mêmes; après quoi, le soufre en est totalement dégagé : mais, pour prévenir l'inflammation, on lave ces pyrites calcinées, et l'on en tire du vitriol, qu'elles ne donneraient point si on les avait laissées s'embraser; après qu'il a été purifié, on le fond de nouveau, on le prend avec des cuillers de fer, et on le verse dans des moules qui lui donnent la forme de bâtons arrondis. C'est ce qu'on appelle *soufre en canons*...

Aux environs du mont Vésuve et dans d'autres endroits de l'Italie, où il se trouve du

Cette substance, tirée des pyrites par notre art, est absolument semblable à celle du soufre que la nature produit par l'action de ses feux souterrains : sa couleur est d'un jaune citrin ; son odeur est désagréable, et plus forte lorsqu'il est frotté ou échauffé ; il est électrique comme l'ambre ou la résine ; sa saveur n'est insipide que parce que le principe aqueux de son acide y étant absorbé par l'excès du feu, il n'a aucune affinité avec la salive, et qu'en général, il n'a pas plus d'action sur les matières aqueuses qu'elles n'en ont sur lui ; sa densité est à peu près égale à celle de la pierre calcaire (*a*) ; il est cassant, presque friable, et se pulvérise aisément, il ne s'altère pas par l'impression des éléments humides, et même l'action du feu ne le décompose pas lorsqu'il est en vaisseaux clos, et privé de l'air nécessaire à toute inflammation. Il se sublime sous sa même forme, au haut du vaisseau clos, en petits cristaux auxquels on a donné le nom de *fleurs de soufre :* celui qu'on obtient par la fusion se cristallise de même en le laissant refroidir très lentement ; ces cristaux sont ordinairement en aiguilles, et cette forme aiguillée, propre au soufre, se voit dans les pyrites et dans presque tous les minéraux où le feu fixe et l'acide se trouvent combinés en grande quantité avec le métal ; il se cristallise aussi en octaèdres, dans les grands soupiraux des volcans.

Le degré de chaleur nécessaire pour fondre le soufre ne suffit pas pour l'enflammer : il faut pour qu'il s'allume porter de la flamme à sa surface, et dès qu'il aura reçu l'inflammation, il continuera de brûler. Sa flamme est légère et bleuâtre, et ne peut même communiquer l'inflammation aux autres matières combustibles, que quand on donne plus d'activité à la combustion du soufre en augmentant le degré de feu ; alors sa flamme devient plus lumineuse, plus intense, et peut enflammer les matières sèches et combustibles (*b*) : cette flamme du soufre, quelque intense qu'elle puisse être, n'en est pas moins pure ; elle est ardente dans toute sa substance, elle n'est accompagnée d'aucune fumée et ne produit point de suie : mais elle répand une vapeur suffocante qui n'est que celle de l'acide encore combiné avec le feu fixe, et à laquelle on a donné le nom d'*acide sulfureux :* au reste, plus lentement on fait brûler le soufre, plus la vapeur est suffocante, et plus l'acide qu'elle contient devient pénétrant ; c'est, comme l'on sait, avec cet acide sulfureux qu'on blanchit les étoffes, les plumes et les autres substances animales (*c*).

soufre, on met les terres qui sont imprégnées de cette substance dans des pots de terre, de la forme d'un pain de sucre ou d'un cône fermé par la base, et qui ont une ouverture au sommet : on arrange ces pots dans un grand fourneau destiné à cet usage, en observant de les coucher horizontalement ; on donne un feu modéré qui suffise pour faire fondre le *soufre*, qui découle par l'orifice qui est à la pointe des pots, et qui est reçu dans d'autres pots dans lesquels on a mis de l'eau froide où le soufre se fige.

Après toutes ces purifications, le soufre renferme encore souvent des substances qui en rendraient l'usage dangereux, et il faut, pour le séparer de ces substances, le sublimer. (Encyclopédie, article *Soufre.*) — Voyez à peu près les mêmes procédés pour l'extraction du soufre des pyrites dans le pays de Liège, *Collection académique*, partie étrangère, t. II, p. 10 ; et dans le *Journal de Physique*, mai 1781, p. 366, quelques vues utiles sur cette exploitation en général, et en particulier sur celle que l'on pourrait faire en Languedoc.

(*a*) Le soufre volatil pèse environ cent quarante-deux livres le pied cube, et le soufre en canon cent trente-neuf à cent quarante livres. Voyez la Table de M. Brisson.

(*b*) Si l'on ne donne au soufre que le petit degré de feu nécessaire pour commencer à le faire brûler, sa flamme bleuâtre ne se voit que dans l'obscurité, et ne peut pas allumer les corps les plus combustibles. M. Baumé a fait ainsi brûler tout le soufre qui est dans la poudre à tirer, sans l'enflammer. *Dictionnaire de chimie*, par M. Macquer, article *Soufre.*

(*c*) L'acide sulfureux volatil a la propriété de détruire et de décomposer les couleurs ; il blanchit les laines et les soies ; sa vapeur s'attache si fortement à ces sortes d'étoffes, que l'on ne peut plus leur faire prendre de couleur, à moins de les bouillir dans l'eau de savon ou dans une dissolution d'alcali fixe ; mais il faut prendre garde de laisser ces étoffes trop

L'acide que le feu libre emporte ne s'élève avec lui qu'à une certaine hauteur ; car, dès qu'il est frappé par l'humidité de l'air, qui se combine avec l'acide, le feu est forcé de fuir, il quitte l'acide et s'exhale tout seul ; cet acide dégagé dans la combustion du soufre est du pur acide vitriolique : « Si l'on veut le recueillir au moment que le feu l'abandonne, il ne » faut que placer un chapiteau au-dessus du vase, avec la précaution de le tenir assez éloi- » gné pour permettre l'action de l'air qui doit entretenir la combustion, et de porter dans » l'intérieur du chapiteau une certaine humidité par la vapeur de l'eau chaude ; on trou- » vera dans le récipient, ajusté au bec du chapiteau, l'acide vitriolique, connu sous le nom » d'*esprit de vitriol*, c'est-à-dire un acide peu concentré et considérablement affaibli par » l'eau (a). On concentre cet acide et on le rend plus pur en le distillant : l'eau, comme plus » volatile, s'élève la première et emporte un peu d'acide ; plus on réitère la distillation, plus » il y a de déchet, mais aussi plus l'acide qui reste se concentre, et ce n'est que par ce » moyen qu'on peut lui donner toute sa force et le rendre tout à fait pur (b). » Au reste, on a imaginé depuis peu le moyen d'effectuer dans des vaisseaux clos la combustion du soufre : il suffit pour cela d'y joindre un peu de nitre qui fournit l'air nécessaire à cette combustion, et d'après ce principe, on a construit des appareils de vaisseaux clos pour tirer l'esprit de vitriol en grand, sans danger et sans perte ; c'est ainsi qu'on y procède actuellement dans plusieurs manufactures (c), et spécialement dans la belle fabrique de sels minéraux, établie à Javelle, sous le nom et les auspices de Mgr le comte d'Artois.

L'eau ne dissout point le soufre et ne fait même aucune impression à sa surface ; cependant, si l'on verse du soufre en fusion dans de l'eau, elle se mêle avec lui, et il reste mou tant qu'on ne le fait pas sécher à l'air ; il reprend sa solidité et toute sa sécheresse dès que l'eau dont il s'est humecté par force, et avec laquelle il n'a que peu ou point d'adhérence, est enlevée par l'évaporation.

Voilà, sur la composition de la substance du soufre et sur ses principales propriétés, ce que nos plus habiles chimistes ont reconnu et nous représentent comme choses incontestables et certaines ; cependant elles ont besoin d'être modifiées, et surtout de n'être pas prises dans un sens absolu si l'on veut s'approcher de la vérité, en se rapprochant des faits réels de la nature. Le soufre, quoique entièrement composé de feu fixe et d'acide, n'en contient pas moins les quatre éléments, puisque l'eau, la terre et l'air se trouvent unis dans l'acide vitriolique, et que le feu même ne se fixe que par l'intermède de l'air.

Le phlogistique n'est pas, comme on l'assure, une substance simple, identique et toujous la même dans tous les corps, puisque la matière du feu y est toujours unie à celle de l'air, et que, sans le concours de ce second élément, le feu fixe ne pourrait ni se dégager ni s'enflammer : on sait que l'air fixe prend souvent la place du feu fixe en s'emparant des matières que celui-ci quitte ; que l'air est même le seul intermède par lequel on puisse dégager le feu fixe, qui alors devient le phlogistique. Ainsi le soufre, indépendamment de l'air fixe qui est entré dans sa composition, se charge encore de nouvel air dans son état de fusion : cet air fixe s'unit à l'acide, la vapeur même du soufre fixe l'air et l'absorbe, et enfin le soufre, quoique contenant le feu fixe en plus grande quantité que toutes les autres substances combustibles, ne peut s'enflammer comme elles, et continuer à brûler que par le concours de l'air.

En comparant la combustion du soufre à celle du phosphore, on voit que dans le soufre

longtemps exposées à la vapeur du soufre, parce qu'elle pourrait les endommager et les rendre cassantes. Encyclopédie, article *Soufre*.

(a) *Éléments de Chimie*, par M. de Morveau, t. II, p. 22.

(b) *Idem, ibidem.*

(c) C'est à Rouen où l'on a commencé à faire de l'huile de vitriol en grand par le soufre ; il s'en fait annuellement dans cette ville et dans les environs quatorze cents milliers : on en fait à Lyon sans intermède du salpêtre. (Note communiquée par M. de Grignon.)

l'air fixe prend la place du feu fixe à mesure qu'il se dégage et s'exhale en flamme, et que dans le phosphore, c'est l'air fixe qui se dégage le premier, et laisse le feu reprendre sa liberté; cet effet s'opère sans le concours extérieur du feu libre, et par le seul contact de l'air, et dans toute matière où il se trouve des acides, l'air s'unit avec eux et se fixe encore plus aisément que le feu même dans les substances les plus combustibles.

Dans les explications chimiques on attribue tous les effets au phlogistique, c'est-à-dire au feu fixe seul, tandis qu'il n'est jamais seul, et que l'air fixe est très souvent la cause immédiate ou médiate de l'effet : heureusement que, dans ces dernières années, d'habiles physiciens, ayant suivi les traces du docteur Hales, ont fait entrer cet élément dans l'explication de plusieurs phénomènes, et ont démontré que l'air se fixait en s'unissant à tous les acides, en sorte qu'il contribue presque aussi essentiellement que le feu, non seulement à toute combustion, mais même à toute calcination, soit à chaud, soit à froid.

J'ai démontré (*a*) que la combustion et la calcination sont deux effets du même ordre, deux produits des mêmes causes; et lorsque la calcination se fait à froid, comme celle de la céruse par l'acide de l'air, c'est que cet acide contient lui-même une assez grande quantité de feu fixe pour produire une petite combustion intérieure qui s'annonce par la calcination, de la même manière que la combustion intérieure des pyrites humectées se manifeste par l'inflammation.

On ne doit donc pas supposer, avec Stahl et tous les autres chimistes, que le soufre n'est composé que de phlogistique et d'acide, à moins qu'ils ne conviennent avec moi que le phlogistique n'est pas une substance simple, mais composée de feu et d'air, tous deux fixes; que, de plus, ce phlogistique ne peut pas être identique et toujours le même, puisque l'air et le feu s'y trouvent combinés en différentes proportions et dans un état de fixité plus ou moins constant; et de même on ne doit pas prononcer, dans un sens absolu, que le soufre, uniquement composé d'acide et de phlogistique, ne contient point d'eau, puisque l'acide vitriolique en contient, et qu'il a même avec cet élément assez d'affinité pour s'en saisir avidement.

L'eau, l'air et le feu peuvent également se fixer dans les corps, et l'on sera forcé, pour exposer au vrai leur composition, d'admettre une eau fixe, comme l'on a été obligé d'admettre un air fixe, après avoir admis le feu fixe; et de même on sera conduit, par des réflexions fondées et par des observations ultérieures, à ne pas regarder l'élément de la terre comme absolument fixe, et on ne conclura pas, d'après l'idée que *toute terre est fixe*, qu'il n'existe point de terre dans le soufre, parce qu'il ne donne ni suie ni résidu après sa combustion : cela prouve seulement que la terre du soufre est volatile, comme celle du mercure, de l'arsenic et de plusieurs autres substances.

Rien ne détourne plus de la route qu'on doit suivre dans la recherche de la vérité que ces principes secondaires dont on fait de petits axiomes absolus, par lesquels on donne l'exclusion à tout ce qui n'y est pas compris : assurer que le soufre ne contient que le feu fixe et l'acide vitriolique, ce n'est pas en exclure l'eau, l'air et la terre, puisque dans la réalité ces trois éléments s'y trouvent comme celui du feu.

Après ces réflexions, qui serviront de préservatif contre l'extension qu'on pourrait donner à ce que nous avons dit, et à ce que nous dirons encore sur la nature du soufre, nous pourrons suivre les travaux de nos savants chimistes, et présenter les découvertes qu'ils ont faites sur ses autres propriétés. Ils ont trouvé moyen de faire du soufre artificiel, semblable au soufre naturel, en combinant l'acide vitriolique avec le phlogistique ou feu fixe animé par l'air (*b*); ils ont observé que le soufre, qui dissout toutes les matières métal-

(*a*) T. IX, p. 39 et suiv.

(*b*) Pour prouver que c'est l'acide vitriolique qui forme le soufre avec le phlogistique ou feu fixe, il suffit de mettre cet acide dans une cornue, de lui présenter des charbons noirs,

liques, à l'exception de l'or et du zinc (a), n'attaque point les pierres ni les autres matières terreuses, mais qu'étant uni à l'alcali, il devient, pour ainsi dire, le dissolvant général de toutes matières : l'or même ne lui résiste pas (b), le zinc seul se refuse à toute combinaison avec le foie de soufre.

Les acides n'ont sur le soufre guère plus d'action que l'eau, mais tous les acalis fixes ou volatils et les matières calcaires l'attaquent, le dissolvent et le rendent dissoluble dans l'eau : on a donné le nom de *foie de soufre* au composé artificiel du soufre et de l'alcali (c); mais ici, comme en tout le reste, notre art se trouve non seulement devancé, mais surpassé par la nature. Le foie de soufre est en effet l'une de ces combinaisons générales qu'elle a produites et produit même le plus continuellement et le plus universellement; car, dans tous les lieux où l'acide vitriolique se rencontre avec les détriments des substances organisées, dont la putréfaction développe et fournit à la fois l'alcali et le phlogistique, il se forme du foie de soufre : on en trouve dans tous les cloaques, dans les terres des cimetières et des voiries, au fond des eaux croupies, dans les terres et pierres plâtreuses, etc., et la formation de ce composé des principes du soufre unis à l'alcali nous offre la production du soufre même sous un nouveau point de vue.

En effet, la nature le produit non seulement par le moyen du feu, au sommet des volcans et des autres fournaises souterraines, mais elle en forme incessamment par les effervescences particulières de toutes les matières qui en contiennent les principes : l'humidité est la première cause de cette effervescence; ainsi l'eau contribue, quoique d'une manière moins apparente et plus sourde, plus que le feu peut-être, à la production et au développement des principes du soufre; et ce soufre, produit par la voie humide, est de

de l'huile ou autre matière que nous savons contenir du phlogistique, ou même de se servir d'une cornue fêlée, par où il puisse s'introduire quelque portion de la matière de la flamme, car tous ces moyens sont également bons : la liqueur qui passera dans le récipient ne sera plus simplement de l'acide, ce sera de l'acide et du feu fixe combinés, un véritable soufre, qui ne différera absolument du soufre solide que parce qu'il sera rendu miscible à l'eau par l'intermède de l'air uni à l'acide.

On produit sur-le-champ le même soufre volatil en portant un charbon allumé à la surface de l'acide... Ceci n'est encore qu'un soufre liquide... Mais on fait du soufre solide avec les mêmes éléments, en prenant du tartre vitriolé qui soit d'acide vitriolique bien pur et d'alcali fixe; on prend deux parties d'alcali fixe et une partie de poussière de charbon : ce mélange donnera en peu de temps, dans un creuset couvert et exposé au feu, une masse fondue que l'on pourra couler sur une pierre graissée, et cette masse sera rouge, cassante, exhalera une forte odeur désagréable, et c'est ce que l'on nomme *foie de soufre*.

Le foie de soufre étant dissoluble dans l'eau de quelque manière qu'on le fasse, si on dissout celui dont nous venons de donner la préparation, et qu'on verse dans la dissolution un acide quelconque, il s'empare de l'alcali, qui était partie constituante du foie de soufre, et il se précipite à l'instant une poudre jaune, qui est un vrai soufre produit par l'art, que l'on peut réduire en masse, cristalliser ou sublimer en fleurs, tout de même que le soufre naturel. *Éléments de chimie*, par M. de Morveau, t. II, p. 24 et suiv.

(a) Les affinités du soufre sont dans l'ordre suivant : les alcalis, le fer, le cuivre, l'étain, le plomb, l'argent, le bismuth, le régule d'antimoine, le mercure, l'arsenic et le cobalt. *Dictionnaire de chimie*, article *Soufre*.

(b) Le foie de soufre divise l'or au moyen du sel de tartre, mais il ne l'altère point. *Éléments de chimie*, par M. de Morveau, t. II, p. 39. — Suivant Stahl, ce fut au moyen du foie de soufre que Moïse réduisit en poudre le Veau d'or, suivant les paroles de l'Exode, chap. XXXIII, v. 20 : « Tulit vitulum quem fecerant, et combussit igne, contrivitque donec » in pulverem redegit, postea sparsit in superficiem aquarum, et potavit filios Israël. » Voyez son Traité intitulé : *Vitulus aureus igne combustus*.

(c) Le foie de soufre se prépare ordinairement avec l'alcali fixe végétal, mais il se fait aussi avec les autres alcalis. *Éléments de chimie*, par M. de Morveau, t. II, p. 37.

la même essence que le soufre produit par le feu des volcans, parce que la cause de leur production, quoique si différente en apparence, ne laisse pas d'être au fond la même : c'est toujours le feu qui s'unit à l'acide vitriolique, soit par l'inflammation des matières pyriteuses, soit par leur effervescence occasionnée par l'humidité; car cette effervescence n'a pour cause que le feu renfermé dans l'acide, dont l'action lente et continue équivaut ici à l'action vive et brusque de la combustion et de l'inflammation.

Ainsi le soufre se produit sous nos yeux en une infinité d'endroits, où jamais les feux souterrains n'ont agi (*a*), et non seulement nous trouvons ce soufre tout formé partout où se sont décomposés les débris des substances du règne animal et végétal; mais nous sommes forcés d'en reconnaître la présence dans tous les lieux où se manifeste celle du foie de soufre, c'est-à-dire dans une infinité de substances minérales qui ne portent aucune empreinte de l'action des feux souterrains.

Le foie de soufre répand une odeur très fétide, et par laquelle on ne peut manquer de le reconnaître : son action n'est pas moins sensible sur une infinité de substances, et seul il fait autant et peut-être plus de dissolutions, de changements et d'altérations dans le règne minéral que tous les acides ensemble : c'est par ce foie de soufre naturel, c'est-à-dire par le mélange de la décomposition des pyrites et des matières alcalines, que s'opère souvent la minéralisation des métaux; il se mêle aussi aux substances terreuses et aux pierres calcaires; plusieurs de ces substances annoncent, par leur odeur fétide, la présence du foie de soufre; cependant les chimistes ignorent encore comment il agit sur elles.

Le foie de soufre ou sa seule vapeur noircit et altère l'argent : il précipite en noir tous les métaux blancs; il agit sur toutes les substances métalliques par la voie humide comme par la voie sèche; lorsqu'il est en liqueur et qu'on y plonge des lames d'argent, il les noircit d'abord et les rend bientôt aigres et cassantes; il convertit en un instant le mercure en éthiops (*b*), et la chaux de plomb en galène (*c*); il ternit sensiblement l'étain, il rouille le fer; mais on n'a pas assez suivi l'ordre de ses combinaisons, soit avec les métaux, soit avec les terres; on sait seulement qu'il attaque le cuivre, et l'on n'a point examiné la composition qui résulte de leur union; on ne connaît pas mieux l'état dans lequel il réduit le fer par la voie sèche; on ignore quelle est son action sur les demi-métaux (*d*), et quels peuvent être les résultats de son mélange avec les matières calcaires par la voie humide, comme par la voie sèche; néanmoins ces connaissances, que la chimie aurait dû nous donner, seraient nécessaires pour reconnaître clairement l'action du foie de soufre dans le sein de la terre, et ses différentes influences sur les substances, tant métalliques que terreuses : on connaît mieux son action sur les substances animales et végétales; il dissout le charbon même par la voie humide, et cette dissolution est de couleur verte.

(*a*) On trouve, en Franche-Comté, des géodes sulfureuses qui contiennent un soufre tout formé, et produit, suivant toute apparence, par l'efflorescence des pyrites dans des lieux où elles auront en même temps éprouvé la chaleur de la putréfaction et de la fermentation.

(*b*) On a observé que cet éthiops, fait par le foie de soufre en liqueur, devient d'un assez beau rouge au bout de quelques années, et que le foie de soufre volatil agit encore plus promptement sur le mercure, car le précipité passe au rouge en trois ou quatre jours, et se cristallise en aiguilles comme le cinabre. *Éléments de chimie,* par M. de Morveau, t. II, p. 40 et 41.

(*c*) Le foie de soufre s'unit au plomb par la voie sèche... Si l'on fait chauffer du foie de soufre en liqueur, dans lequel on ait mis une chaux de plomb, elle se trouve convertie au bout de quelques instants en une sorte de galène artificielle. *Idem, ibidem,* p. 41.

(*d*) Le nickel fondu avec le foie de soufre forme une masse métallique d'un jaune verdâtre qui attire l'humidité de l'air; sa dissolution filtrée laisse précipiter des écailles métalliques que l'on peut refondre : c'est un mélange de soufre et de nickel; il ne détone pas avec le nitre. *Éléments de chimie*, par M. de Morveau, t. II, p. 45.

La nature a de tout temps produit et produit encore tous les jours du foie de soufre par la voie humide; la seule chaleur de la température de l'air ou de l'intérieur de la terre suffit pour que l'eau se corrompe, surtout l'eau qui se trouve chargée d'acide vitriolique, et cette eau putréfiée produit du vrai foie de soufre; toute autre putréfaction, soit des animaux ou des végétaux, donnera de même du foie de soufre dès qu'elle se trouvera combinée avec les sels vitrioliques : ainsi le foie de soufre est une matière presque aussi commune que le soufre même; ses effets sont aussi plus fréquents, plus nombreux que ceux du soufre qui ne peut se mêler avec l'eau qu'au moyen de l'alcali, c'est-à-dire en devenant foie de soufre.

Au reste, cette matière se décompose aussi facilement qu'elle se compose, et tout foie de soufre fournira du soufre en le mêlant avec un acide qui, s'emparant des matières alcalines, en séparera le soufre et le laissera précipiter : on a seulement observé que ce soufre précipité par les acides minéraux est blanc, et que celui qui est précipité par les acides végétaux, et particulièrement par l'acide du vinaigre, est d'un jaune presque orangé.

On sépare le soufre de toutes les substances métalliques et de toutes les matières pyriteuses par la simple torréfaction : l'arsenic et le mercure sont les seuls qui, étant plus volatils que le soufre, se subliment avec lui, et ne peuvent en être séparés par cette opération qu'il faut modifier, et faire alors en vaisseaux clos avec des précautions particulières.

L'huile paraît dissoudre le soufre comme l'eau dissout les sels (*a*) : les huiles grasses et par expression agissent plus promptement et plus puissamment que les huiles essentielles qui ne peuvent le dissoudre qu'avec le secours d'une chaleur assez forte pour le fondre; et, malgré cette affinité très apparente du soufre avec les huiles, l'analyse chimique a démontré qu'il n'y a point d'huile dans la substance du soufre, et que dans aucune huile végétale ou animale il n'y a d'acide vitriolique; mais, lorsque cet acide se mêle avec les huiles, il forme les bitumes, et comme les charbons de terre et les bitumes en général sont les principaux aliments des feux souterrains, il est évident qu'étant décomposés par l'embrasement produit par les pyrites, l'acide vitriolique des pyrites et des bitumes s'unit à la substance du feu, et produit le soufre qui se sublime, se condense et s'attache au haut de ces fournaises souterraines.

Nous donnerons ici une courte indication des différents lieux de la terre où l'on trouve du soufre en plus grande quantité et de plus belle qualité (*b*).

(*a*) Il en est à peu près de cette dissolution du soufre par les huiles comme de celle de la plupart des sels dans l'eau : les huiles peuvent tenir en dissolution une plus grande quantité de soufre à chaud qu'à froid; il arrive de là qu'après que l'huile a été saturée de soufre à chaud, il y a une partie de ce soufre qui se sépare de l'huile par le seul refroidissement, comme cela arrive à la plupart des sels; et l'analogie est si marquée entre ces deux effets, que, lorsque le refroidissement des dissolutions de soufre est lent, cet excès de soufre se dissout à l'aide de la chaleur, se cristallise dans l'huile, de même que les sels se cristallisent dans l'eau en pareille circonstance. Le soufre n'est point décomposé par l'union qu'il contracte avec les huiles, tant qu'on ne lui fait supporter que le degré de chaleur nécessaire à sa dissolution, car on peut le séparer de l'huile, et on le retrouve pourvu de toutes ses propriétés. *Dictionnaire de chimie*, par M. Macquer, article *Soufre*.

(*b*) Le passage suivant de Pline indique quelques-uns des lieux d'où les anciens tiraient le soufre, et prouve que dès lors le territoire de Naples était tout volcanique. « Mira, dit-il, » sulphuris natura quo plurima domantur; nascitur in insulis Æoliis inter Siciliam et Italiam, quas ardere diximus; sed nobilissimum in Melo insulâ. In Italiâ quoque invenitur, » in Neapolitano, Campanoque agro collibus qui vocantur *Leucogæi*. Ibi e cuniculis effossum » perficitur igni. Genera quatuor; vivum quod Græci *apyron* vocant, nascitur solidum, hoc » est gleba... vivum effoditur, translucetque, et viret. Alterum genus appellant *glebam*, ful» lonum tantum officinis familiare... *egulæ* vocatur hoc genus. Quarto autem ad ellychnia » maximè conficienda. » Pline, lib. xxxv, cap. L.

L'Islande est peut-être la contrée de l'univers où il y en a le plus (*a*), parce que cette île n'est pour ainsi dire qu'un faisceau de volcans. Le soufre des volcans de Kamtschatka (*b*), celui du Japon (*c*), de Ceylan (*d*), de Mindanao (*e*), de l'île Java, à l'entrée du golfe Per-

(*a*) Anderson assure que le terrain de l'Islande est de soufre jusqu'à six pouces de profondeur ; cela ne peut être vrai que de quelques endroits ; mais il est certain que le soufre y est généralement fort abondant, car les districts de Huscoin et de Krisevig en fournissent considérablement, soit sur la pente des montagnes, soit en différents endroits de la plaine. On peut charger dans une heure de temps quatre-vingts chevaux d'un soufre naturel, en supposant chaque charge de cent quatre-vingt-douze livres, ce qui fait quinze mille fois cent soixante livres. La terre qui couvre ce soufre est stérile, sèche et chaude ; elle est composée de sable, de limon et de gravier de différentes couleurs, blanc, rouge, jaune et bleu. On connaît les endroits où il y a du soufre par une élévation en dos d'âne, qui paraît sur la terre, et qui a des crevasses dans le milieu, d'où il sort une chaleur beaucoup plus forte que des autres endroits ; on ne fait qu'ôter la superficie de la terre, et on trouve dans le milieu le soufre en morceaux, pur, beau et assez ressemblant au sucre candi : il faut le casser pour le détacher du fond. On peut fouiller jusqu'à la profondeur de deux ou trois pieds ; mais la chaleur devient alors trop forte et le travail trop pénible : plus on s'écarte du milieu de cette veine, plus les morceaux de soufre deviennent rares et petits, jusqu'à ce qu'ils ne soient plus que comme du gravier. On ramasse ce soufre avec des pelles, et il est d'une qualité un peu inférieure à l'autre : ce n'est que dans les nuits claires de l'été que l'on y travaille, la chaleur du soleil incommoderait trop les ouvriers ; ils sont même obligés d'envelopper leurs souliers de quelques gros morceaux de vieux drap pour en garantir les semelles.

Depuis 1722 jusqu'en 1728, on a tiré une grande quantité de soufre de ces deux endroits; mais celui qui avait obtenu le privilège pour ce commerce étant mort, personne ne l'a continué : d'ailleurs les Islandais ne se livrent pas volontiers à ces travaux, qui leur ôtent le temps dont ils n'ont pas trop pour leurs pêches. Extrait des *Mémoires de Horrebows sur l'Islande*, dans le *Journal étranger*, mois d'avril 1758, et de ceux d'*Anderson*, dans la *Bibliothèque raisonnée*, mois de mars 1747.

(*b*) Les montagnes entre lesquelles coule la rivière d'Osernajo, qui sort du lac de Kurilly, renferment des marcassites cuivreuses, du soufre vierge transparent, de la mine de soufre dans une terre crayeuse... Vers le milieu du cours de cette rivière, sont deux volcans qui étaient encore enflammés en 1743, et vers sa source est une montagne blanchâtre, coupée à pic et formée de pierres blanches, semblables à des canots dressés perpendiculairement à côté les uns des autres...

Le soufre vierge se trouve autour de Cambalinos, à Lopatka et à la montagne de Kronotzkoi, mais en plus grande quantité, et la plupart à la baie d'Olutor, où il suinte tout transparent comme celui de Casan, hors d'un rocher ; les morceaux n'ont pas au-dessus de la grosseur d'un pouce : on en trouve partout dans les cailloux près de la mer ; en général, il y en a dans tous les endroits où il y avait autrefois des sources chaudes. *Journal de Physique*, mois de juillet 1781, p. 40 et 41.

(*c*) Le soufre vient principalement de la province de Satzuma, où on le tire d'une petite île voisine, qui en produit une si grande quantité, qu'on l'appelle l'*île du soufre :* il n'y a pas plus de cent ans qu'on s'est hasardé d'y aller... On n'y trouva ni enfer ni diable (comme le peuple le croyait), mais un grand terrain plat qui était tellement couvert de soufre, que, de quelque côté qu'on marchât, une épaisse fumée sortait de dessous les pieds : depuis ce temps-là, cette île rapporte au prince de Satzuma environ vingt caisses d'argent par an, du soufre qu'on y tire de la terre... Le pays de Sinabarra, particulièrement aux environs des bains chauds, produit aussi d'excellent soufre ; mais les habitants n'osent pas le tirer de la terre, de peur d'offenser le génie tutélaire du lieu. *Histoire naturelle et civile du Japon*, par Kæmpfer ; La Haye, 1729, t. Ier, p. 92.

(*d*) Dans l'île de Ceylan, il y a du soufre, mais le roi défend qu'on le tire des mines. *Histoire générale des Voyages*, t. VIII, p. 549.

(*e*) Les volcans de l'île de Mindanao, l'une des Philippines, donnent beaucoup de soufre, surtout celui de Sauxil. *Idem*, t. X, p. 399.

sique (*a*); et dans les mers occidentales, celui du pic de Ténériffe (*b*), de Saint-Domingue (*c*), etc., sont également connus des voyageurs. Il se trouve aussi beaucoup de soufre au Chili (*d*), et encore plus dans les montagnes du Pérou, comme dans presque toutes les montagnes à volcans. Le soufre de Quito et celui de la Guadeloupe passent pour être les plus purs, et l'on en voit des morceaux si beaux et si transparents qu'on les prendrait au premier coup d'œil pour de bel ambre jaune (*e*). Celui qui se recueille sur le Vésuve et sur l'Etna est rarement pur; et il en est de même du soufre que certaines eaux thermales, comme celles d'Aix-la-Chapelle et de plusieurs sources en Pologne (*f*), déposent

(*a*) Le terrain de l'île nommée Jerun, à l'entrée du golfe Persique, est si stérile qu'il ne produit presque que du sel et du soufre. *Idem*, t. Ier, p. 98.

(*b*) Il sort au sud du pic de Ténériffe plusieurs ruisseaux de soufre qui descendent dans la région de la neige ; aussi paraît-elle entremêlée dans plusieurs endroits de veines de soufre. *Idem*, t. II, p. 250.

(*c*) Dans l'île de Saint-Domingue, on trouve des minières de soufre et de pierres ponces. *Idem*, t. XII, p. 218.

(*d*) Dans le Corrégiment de Copiago, dons les Cordillères du Chili, à quarante lieues du port, vers l'est-sud-est, on trouve des mines du plus beau soufre du monde, qui se tire pur d'une veine d'environ deux pieds de large. *Hist. générale des Voyages*, t. XIII, p. 414. — Dans les hautes montagnes de la Cordillère, à quarante lieues vers l'est, sont des mines du plus beau soufre qu'on puisse voir : on le tire tout pur d'une veine d'environ deux pieds de large, sans qu'il ait besoin d'être purifié. Frezier, *Voyage à la mer du Sud*; Paris, 1732, p. 128.

(*e*) La soufrière de la Guadeloupe est la montagne la plus élevée de cette île: elle a été autrefois volcan... Elle est encore embrasée dans son intérieur ; on y trouve une si grande quantité de soufre, qui se sublime par la chaleur souterraine en grande abondance, que cet endroit paraît inépuisable... Le cratère a environ vingt-cinq toises de diamètre, et il sort de la fumée par les fentes qui sont au-dessous ; dans toute cette étendue, il y a beaucoup de soufre dont l'odeur est suffocante... Il y a dans cette soufrière différentes sortes de soufre ; il y en a qui ressemble parfaitement à des fleurs de soufre ; d'autre se trouve en masses compactes, et est d'un beau jaune d'or ; enfin l'on en rencontre des morceaux qui sont d'un jaune transparent comme du succin. Encyclopédie, article *Soufre*.

(*f*) Une fontaine sulfureuse qui est auprès de Sklo ou de Jaworow, sur la droite du chemin en venant de Léopol, a ses environs d'un tuf sableux, jaunâtre, semblable à celui des montagnes que l'on passe en venant de Varsovie à Léopol ; le vrai bassin de la fontaine, dit M. Guettard, et qu'elle s'est formé elle même, peut avoir quatre à cinq pieds de largeur ; l'eau sort du milieu... Les plantes, les feuilles, les petits morceaux de bois qui peuvent se trouver dans le bassin ou sur ses bords sont chargés d'une matière blanche et sulfureuse, dont on voit aussi beaucoup de flocons qui nagent dans l'eau, et qui vont se déposer sur les bords du petit ruisseau qui sort du bassin... M. Guettard s'est assuré, par l'expérience, que cette source est sulfureuse. *Mém. de l'Académie des sciences*, année 1762, p. 312. — C'est particulièrement dans l'étendue de la Pologne, qui renferme les fontaines salées et les mines de sel gemme, que se trouvent encore les mines de soufre et les fontaines sulfureuses. Rzaczynski dit du moins qu'il y a des fontaines sulfureuses près des salines de Bochnia et de Wielizka. M. Schober parle d'une fontaine d'une odeur si disgracieuse, qu'il ne put se déterminer à en goûter ; l'eau de cette fontaine sort d'une montagne appelée Zarky, ou *montagne de soufre*..... Son odeur disgracieuse lui vient probablement des parties sulfureuses qu'elle tire de la montagne Zarky, qui en est remplie : ce soufre est d'un beau jaune et renfermé dans une pierre bleuâtre calcaire. On a autrefois exploité cette mine ; elle est négligée maintenant.

On tire du soufre, suivant Rzaczynski, des écumes que la rivière appelée Ropa forme sur ses bords ; cette rivière traverse Biecz, ville du palatinat de Cracovie. Humenne, ville qui appartient à la Hongrie, mais dont un faubourg dépend de la Pologne, a un petit ruisseau qui donne un soufre noir que l'on rend blanchâtre au feu. *Idem, ibidem*, p. 311.

en assez grande quantité : il faut purifier tous ces soufres qui sont mélangés de parties hétérogènes, en les faisant fondre et sublimer pour les séparer de tout ce qu'ils ont d'impur.

Presque tout le soufre qui est dans le commerce vient des volcans, des solfatares, et autres cavernes et grottes qui se trouvent ou se sont trouvées au-dessus des feux souterrains, et ce n'est guère que dans ces lieux que le soufre se présente en abondance et tout formé; mais ses principes existent en bien d'autres endroits, et l'on peut même dire qu'ils sont universellement répandus dans la nature, et produits partout où l'acide vitriolique, rencontrant les débris des substances organisées, s'est saisi et surchargé de leur feu fixe, et n'attend qu'une dernière action de cet élément pour se dégager des masses terreuses ou métalliques dans lesquelles il se trouve comme enseveli et emprisonné : c'est ainsi que les principes du soufre existent dans les pyrites, et que le soufre se forme par leur combustion; et partout où il y a des pyrites, on peut former du soufre; mais ce n'est que dans les contrées où les matières combustibles, bois ou charbons de terre, sont abondantes, qu'on trouve quelque bénéfice à tirer le soufre des pyrites (*a*). On ne fait ce travail en grand que dans quelques endroits de l'Allemagne et de la Suède, où les mines de cuivre se présentent sous la forme de pyrites; on est forcé de les faire griller plusieurs fois pour en faire exhaler le soufre que l'on recueille comme le premier produit de ces mines. Le point essentiel de cette partie de l'exploitation des mines de cuivre, dont on peut voir ci-dessous les procédés en détail (*b*), est d'empêcher l'inflammation du soufre en même

(*a*) Pour connaître si les pyrites dont on veut tirer le soufre en contiennent assez pour payer les frais, il faut en mettre deux quintaux dans un scorificatoire pour les griller; après quoi, on pèsera ces deux quintaux, et on verra combien il y aura eu de déchet, et cette perte est comptée pour la quantité de soufre qu'elle contenait.

On connaîtra cette quantité plus précisément en distillant les pyrites dans une cornue : il faut alors les briser en petits morceaux; on ramasse tout le soufre qui passe à la distillation dans l'eau qu'on tient dans le récipient; on le fait sécher ensuite, et on le joint à celui qui demeure attaché au col de la cornue pour connaître le poids du total. *Traité de la fonte des mines* de Schlutter, t. Ier, p. 255.

(*b*) Il y a des ateliers construits exprès à Schwartzenberg en Saxe, et en Bohême dans un endroit nommé Alten-Sattel : on y retire le soufre des pyrites sulfureuses; les fourneaux construits pour cela reçoivent des tuyaux de terre dans lesquels on met ces pyrites; et, après que ces tuyaux ont été bien lutés pour que le soufre ne puisse en sortir, on adapte les récipients de fer, dans lesquels on a mis un peu d'eau au bec de ces tuyaux qui sortent des fourneaux, et on lute ensemble; ensuite on échauffe les fourneaux avec du bois, pour faire distiller le soufre des pyrites dans l'eau des récipients... On casse les pyrites de la grosseur d'une petite noix; on en fait entrer trois quintaux dans onze tuyaux, de manière qu'il n'y en ait pas plus dans l'un que dans l'autre; on bouche ensuite le tuyau du côté le plus ouvert avec des couvercles de terre... Après avoir bien luté, de l'autre côté du fourneau, ces mêmes tuyaux avec les récipients... on fait du feu dans le fourneau, mais peu à peu, afin que les tuyaux ne prennent de chaleur que ce qu'il en faut pour faire distiller le soufre... Et au bout d'environ huit heures de feu, on trouve que le soufre a passé dans les récipients... L'on fait alors sortir les pyrites usées pour en remettre de nouvelles à la même quantité de trois quintaux; l'on répète les mêmes manœuvres que dans la première distillation, et on recommence une troisième opération.

On retire ensuite du vitriol des pyrites usées ou brûlées. Ces onze tuyaux dans lesquels on a mis, en trois fois, neuf quintaux de pyrites, rendent, en douze heures, depuis cent jusqu'à cent cinquante livres de soufre cru; et, comme on passe chaque semaine environ cent vingt-six quintaux de pyrites par le fourneau, on en retire depuis quatorze jusqu'à dix-sept quintaux de soufre cru. *Traité de la fonte des mines* de Schlutter, t. II, p. 235 et suiv.— M. Jars, dans ses *Voyages métallurgiques*, t. III, p. 308, ajoute ce qui suit au procédé décrit par Schlutter.

On met dans ce fourneau onze tuyaux de terre que l'on a auparavant enduits avec de l'ar-

temps qu'on détermine son écoulement dans des bassins pour l'y recueillir; cependant il est encore alors impur et mélangé, et ce n'est que du soufre brut qu'il faut purifier en le séparant des parties terreuses ou métalliques qui lui restent unies : on procède à cette purification en faisant fondre ce soufre brut dans de grands vases à un feu modéré; les

gile, et on y introduit, par leur plus grande ouverture, trente à trente-cinq livres de pyrite réduite en petits morceaux : on les bouche ensuite très exactement, de même que les récipients de forme carrée, qu'on remplit d'eau et qu'on recouvre avec leur couvercle de plomb bien luté : après quatre heures de feu, on ôte les pyrites et on les jette dans l'eau pour en faire une lessive que l'on fait évaporer pour en obtenir le vitriol; on met de nouvelles pyrites concassées dans les tuyaux, et l'on répète la même opération toutes les quatre heures, et toutes les douze heures, on ouvre les récipients pour en retirer le soufre; de sorte que le travail d'une semaine est d'environ cent quarante quintaux de pyrites, pour lesquels on consomme quatre cordes et demie de bois, ou quinze cent cinquante-trois pieds cubes, y compris celui que l'on brûle pour la purification du soufre, comme le dit Schlutter. Cette opération se fait dans un fourneau plus petit que celui que décrit cet auteur, car il ne peut y entrer que trois cucurbites de chaque côté : elles sont de fer, ayant deux pieds et demi de hauteur, dix-huit pouces dans leur plus grand diamètre, et une ouverture de sept pouces, à laquelle il y a un chapiteau de terre, dont le bec entre dans un récipient de fer, que Schlutter nomme *avant-coulant*.

Ces cucurbites se remplissent avec du soufre cru que l'on a retiré des pyrites, et en contiennent ensemble sept quintaux; pour la conduite de l'opération et la manière d'en obtenir le soufre et de le mouler, on suit le même procédé que Schlutter a décrit. — Dans le haut Hartz, quand le grillage de la mine de plomb tenant argent de Ramelsberg a resté au feu pendant quinze jours ou environ, le minerai et le noyau de vitriol qui est par-dessus deviennent très gras, c'est-à-dire qu'ils paraissent comme enduits d'une espèce de vernis; alors il faut faire dans le dessus du grillage vingt ou vingt-cinq trous avec une barre de fer, au bout de laquelle il y a un globe de plomb : on unit ces trous avec du *menu vitriol*, et c'est là où le soufre se rassemble ; on l'y puise trois fois par jour, le matin, à midi et le soir, pour le jeter dans un seau où l'on a mis un peu d'eau. Ce soufre, tel qu'il vient des grillages, se nomme *soufre cru;* on l'envoie aux fabriques de soufre pour le purifier : lorsque les trous dont on vient de parler sont ajustés, on ramasse tout autour la matière du grillage, c'est-à-dire qu'on ôte le minéral du bas du grillage, d'un pied ou environ, afin que l'air puisse pénétrer dans ce grillage, et par la chaleur du feu qui l'anime y séparer le soufre ; s'il arrive que ce soufre reste un peu en arrière, on ramasse une seconde fois le grillage pour introduire plus d'air, ce qui se fait jusqu'à trois fois. Pendant toute cette manœuvre, il faut bien prendre garde que le grillage ne se refende, soit par-dessus, soit par les côtés ; si cela arrivait, il faudrait boucher les fentes sur-le-champ, car, faute de cette précaution, il arrive souvent que le grillage se met en feu, que tout le soufre se brûle et se consume, aussi bien que la partie supérieure du noyau de vitriol. *Traité de la fonte des mines* de Schlutter, t. II, p. 167 et 168.

Le printemps et l'automne sont les saisons les plus convenables pour rassembler le soufre dans les trous dont on a parlé, surtout quand l'air est sec : c'est donc selon que l'air est sec ou humide qu'on peut puiser peu à peu, depuis dix jusqu'à vingt quintaux de soufre cru. *Idem, ibidem*, p. 169.

S'il arrive que pendant un beau temps le grillage devienne extrêmement gras d'un côté ou de l'autre, que le soufre perce et traverse le *menu vitriol* qui en fait la couverture, on y fait une autre couverture avec du même métal, qu'on humecte auparavant d'un peu d'eau, et l'on choisit pour cela les côtés du grillage qui ne sont pas exposés au vent d'est, parce qu'il les sèche trop : lorsque cette ouverture est fermée, on ouvre et l'on creuse un peu le grillage, d'abord seulement d'un pied, et l'on met des planches devant pour en entretenir la chaleur, en empêchant le vent d'y entrer; alors le soufre y dégoutte, et forme différentes figures que l'on ôte le matin et le soir... Mais il n'y a point de soufre à espérer pendant l'hiver, dans les fortes pluies, quand l'air est trop chaud, et quand le vent d'est souffle un peu fort. *Idem, ibidem*, p. 170.

parties terreuses se précipitent et le soufre pur surnage (*a*); alors on le verse dans des moules ou lingotières dans lesquelles il prend la forme de canons ou de pains, sous laquelle on le connaît dans le commerce; mais ce soufre, quoique déjà séparé de la plus grande partie de ses impuretés, n'est ni transparent ni aussi pur que celui qui se trouve formé en cristaux sur la plupart des volcans; ce soufre cristallisé doit sa transparence et sa grande pureté à la sublimation qui s'en est faite dans ces volcans, et par la même raison le soufre artificiel le plus pur, ou ce que l'on appelle *fleur de soufre*, n'est autre chose que du soufre sublimé en vaisseaux clos, et qui se présente en poudre ou fleur très pure, qui est un amas de petits cristaux aiguillés et très fins, que l'œil, aidé de la loupe, y distingue.

DES SELS

Les matières salines (*) sont celles qui ont de la saveur; mais d'où leur vient cette propriété qui nous est si sensible, et qui affecte les sens du goût, de l'odorat et même celui

(*a*) Dans les travaux du bas Hartz, le soufre cru, tel qu'il a d'abord été tiré des pyrites, se porte dans des fabriques où il est purifié... On en met d'abord deux quintaux et demi, tel qu'il vient des grillages, dans un chaudron de fer encastré dans un fourneau; on le casse en morceaux, que l'on met l'un après l'autre dans le chaudron, où on le fond avec un feu doux de bois de sapin; il faut cinq heures pour cette première opération, mais la seconde n'en exige que trois ou environ. Le vitriol et la mine qui se trouvent encore dans le soufre se précipitent par leur poids au fond du chaudron d'où on les retire, après quoi on verse le soufre liquide dans un vase pour le faire refroidir; s'il contient encore quelque impureté, elle se dépose pendant le refroidissement du soufre, tant au fond que sur les parois du vase; si, après cette dépuration, le soufre paraît clair et jaune, on le coule dans des moules de bois, qu'on a trempés dans l'eau auparavant, afin que le soufre puisse s'en détacher aisément et se retirer des moules, qui sont en forme de cylindre creux. C'est ce qu'on nomme *soufre jaune* : on peut le vendre tel qu'il est.....

Ce qui se précipite dans le commencement de la fonte du soufre brut ne sert plus de rien; mais ce qui se dépose et s'attache dans le fond et contre les parois du vase est du soufre gris. Lorsqu'on en a une quantité suffisante, on le remet dans un chaudron pour le refondre; de là on le verse dans un vase ou chaudron de cuivre, où le tout se refroidit pendant que les impuretés se déposent, ce qui forme des pains de soufre de près de deux cents livres; le dessous en est encore gris, mais le soufre jaunâtre qui est par-dessus se perfectionne par la distillation, et se convertit en soufre jaune.

Il ne faut pas que le feu soit trop violent pendant la purification du soufre, parce qu'il perdrait sa belle couleur jaune et deviendrait gris.

On purifie aussi par la distillation le soufre qui n'est que jaunâtre, pour lui donner une plus belle couleur.

Cette distillation se fait dans un fourneau où il y a huit cucurbites de fer fondu, dans lesquelles on met huit quintaux de soufre jaunâtre; on adapte au-devant de ces cucurbites des tuyaux qui aboutissent à des pots de terre; ces pots sont percés au fond et par devant, afin de laisser un passage au soufre qui doit y tomber pour se rendre ensuite dans un bassin; à mesure que les bassins se remplissent, on en retire le soufre, que l'on met dans un vase ou chaudron de cuivre, où il se refroidit, comme dans la précédente purification; ensuite on le coule dans les moules : lorsque ce vase ou chaudron est plein, les cucurbites ne sont

(*) Les erreurs fourmillent dans cet article comme dans le précédent. Il me paraît inutile de les relever, car le chapitre ne peut offrir d'intérêt qu'à des chimistes de profession, au point de vue historique.

du toucher? Quel est ce principe salin? Comment et quand a-t-il été formé? Il était certainement contenu et relégué dans l'atmosphère, avec toutes les autres matières volatiles, dans le temps de l'incandescence du globe; mais, après la chute des eaux et la dépuration de l'atmosphère, la première combinaison qui s'est faite dans cette sphère encore ardente a été celle de l'union de l'air et du feu; cette union a produit l'acide primitif : toutes les matières aqueuses, terreuses ou métalliques avec lesquelles cet acide primitif a pu se combiner, sont devenues des substances salines; et comme cet acide s'est formé par la seule union de l'air avec le feu, il me paraît que ce premier acide, le plus simple et le plus pur de tous, est l'acide aérien, auquel les chimistes récents ont donné le nom d'*acide méphitique*, qui n'est que de l'air fixe (*), c'est-à-dire de l'air fixé par le feu.

Cet acide primitif est le premier principe salin; il a produit tous les autres acides et alcalis; il n'a pu se combiner d'abord qu'avec les verres primitifs, puisque les autres matières n'existaient pas encore : par son union avec cette terre vitrifiée, il a pris plus de masse et acquis plus de puissance, et il est devenu *acide vitriolique*, qui, étant plus fixe et plus fort, s'est incorporé avec toutes les substances qu'il a pu pénétrer; l'acide aérien, plus volatil, se trouve universellement répandu, et l'acide vitriolique réside principalement dans les argiles et autres détriments des verres primitifs; il s'y manifeste sous la forme d'alun : ce second acide a aussi saisi dans quelques lieux les substances calcaires et a formé les gypses; il a saisi la plupart des minéraux métalliques, et leur a causé de grandes altérations; il en a pour, ainsi dire converti quelques-uns dans sa propre substance, en leur donnant la forme du vitriol.

En second lieu, l'acide primitif, que je désignerai dorénavant par le nom d'*acide aérien*, s'est uni avec les matières métalliques qui, comme les plus pesantes, sont tombées les premières sur le globe vitrifié; et en agissant sur ces minerais métalliques, il a formé l'acide arsenical ou l'arsenic, qui, ayant encore plus de masse que le vitriolique, a aussi plus de force, et de tous est le plus corrosif; il se présente dans la plupart des mines dont il a minéralisé et corrompu les substances.

Ensuite, mais plusieurs siècles après, cet acide primitif, en s'unissant à la matière calcaire, a formé l'*acide marin*, qui est moins fixe et plus léger que l'acide vitriolique, et qui, par cette raison, s'est plus universellement répandu, et se présente sous la forme de sel gemme dans le sein de la terre, et sous celle de sel marin dans l'eau de toutes les mers; cet acide marin n'a pu se former qu'après la naissance des coquillages, puisque la matière calcaire n'existait pas auparavant.

Peu de temps après, ce même acide aérien et primitif est entré dans la composition de tous les corps organisés; et, se combinant avec leurs principes, il a formé par la fermentation les acides animaux et végétaux, et l'*acide nitreux* par la putréfaction de leurs détriments; car il est certain que cet acide aérien existe dans toutes les substances animales ou végétales, puisqu'il s'y manifeste sous sa forme primitive d'air fixe; et comme on peut le retirer sous cette même forme, tant de l'acide nitreux que des acides vitriolique et marin, et même de l'arsenic, on ne peut douter qu'il ne fasse partie constituante de tous ces acides qui ne sont que secondaires, et qui, comme l'on voit, ne sont pas simples, mais composés de cet acide primitif différemment combiné, tant avec la matière brute qu'avec les substances organisées.

plus qu'à moitié pleines; on cesse le feu pendant environ une demi-heure, pendant que l'on coule en moule le soufre déjà purifié; ensuite on recommence le feu pour achever la distillation, et répéter ensuite la même manœuvre que dans la première distillation. Il ne faut pas faire un trop grand feu, car on risquerait de faire embraser le soufre : cette distillation dure huit heures. *Traité de la fonte des mines* de Schlutter, t. II, p. 222 et suiv.

(*) C'est l'acide carbonique.

Cet acide primitif réside dans l'atmosphère, et y réside en grande quantité sous sa forme active : il est le principe et la cause de toutes les impressions qu'on attribue aux éléments humides ; il produit la rouille du fer, le vert-de-gris du cuivre, la céruse du plomb, etc., par l'action qu'il donne à l'humidité de l'air ; mêlé avec les eaux pures, il les rend acides ou acidules ; il aigrit les liqueurs fermentées ; avec le vin il forme le vinaigre ; enfin, il me paraît être le seul et vrai principe non seulement de tous les acides, mais de tous les alcalis, tant minéraux que végétaux et animaux.

On peut le retirer du *natron* ou alcali qu'on appelle *minéral*, ainsi que de l'alcali fixe végétal, et encore plus abondamment de l'alcali volatil, en sorte qu'on doit réduire tous les acides et tous les alcalis à un seul principe salin ; et ce principe est l'acide aérien qui a été le premier formé, et qui est le plus simple, le plus pur de tous, et le plus universellement répandu : cela me paraît d'autant plus vrai que nous pouvons par notre art rappeler à cet acide tous les autres acides, ou du moins les rapprocher de sa nature, en les dépouillant, par des opérations appropriées, de toutes les matières étrangères avec lesquelles il se trouve combiné dans ces sels ; et que, de même, il n'est pas impossible de ramener les alcalis à l'état d'acide, en les séparant des substances animales et végétales avec lesquelles tout alcali se trouve toujours uni ; car, quoique la chimie ne soit pas encore parvenue à faire cette conversion ou ces réductions, elle en a assez fait pour qu'on puisse juger par analogie de leur possibilité : le plus ingénieux des chimistes, le célèbre Stahl, a regardé l'acide vitriolique comme l'acide universel, et comme le seul principe salin ; c'est la première idée d'après laquelle il a voulu établir sa théorie des sels ; il a jugé que, quoique la chimie n'ait pu jusqu'à ce jour ramener démonstrativement les alcalis à l'acide, c'est-à-dire résoudre ce que la nature a combiné, il ne fallait s'en prendre qu'à l'impuissance de nos moyens. Rien n'est mieux vu : ce grand chimiste a ici consulté la simplicité de la nature ; il a senti qu'il n'y avait qu'un principe salin, et comme l'acide vitriolique est le plus puissant des acides, il s'est cru fondé à le regarder comme l'acide primitif ; c'était ce qu'il pouvait penser de mieux dans un temps où l'on n'avait que des idées confuses de l'acide aérien, qui est non seulement plus simple, mais plus universel que l'acide vitriolique ; mais, lorsque cet habile homme a prétendu que son acide universel et primitif n'est composé que de *terre et d'eau*, il n'a fait que mettre en avant une supposition dénuée de preuves et contraire à tous les phénomènes, puisque de fait, l'air et le feu entrent peut-être plus que la terre et l'eau dans la substance de tout acide, et que ces deux éléments constituent seuls l'essence de l'acide primitif.

Des quatre éléments qui sont les vrais principes de tous les corps, le feu seul est actif ; et lorsque l'air, la terre et l'eau exercent quelque impression, ils n'agissent que par le feu qu'ils renferment, et qui seul peut leur donner une puissance active : l'air surtout, dont l'essence est plus voisine de celle du feu que celle des deux derniers éléments, est aussi plus actif. L'atmosphère est le réceptacle général de toutes les matières volatiles ; c'est aussi le grand magasin de l'acide primitif, et d'ailleurs tout acide considéré en lui-même, surtout lorsqu'il est concentré, c'est-à-dire séparé autant qu'il est possible de l'eau et de la terre, nous présente les propriétés du feu animé par l'air : la corrosion par les acides minéraux n'est-elle pas une espèce de brûlure ? La saveur acide, amère ou âcre de tous les sels, n'est-elle pas un indice certain de la présence et de l'action d'un feu qui se développe dès qu'il peut, avec l'air, se dégager de la base aqueuse ou terreuse à laquelle il est uni ? Et cette saveur, qui n'est que la mise en liberté de l'air et du feu, ne s'opère-t-elle pas par le contact de l'eau et de toute matière aqueuse, telle que la salive, et même par l'humidité de la peau ? Les sels ne sont donc corrosifs et même sapides que par le feu et l'air qu'ils contiennent. Cette vérité peut se démontrer encore par la grande chaleur que produisent tous les acides minéraux dans leur mélange avec l'eau, ainsi que par leur résistance à l'action de la forte gelée : la présence du feu et de l'air dans le principe salin me paraît donc très évidemment démontrée par les effets, quand même on regarderait, avec Stahl, l'acide vitriolique comme l'acide primitif et le premier principe salin ; car l'air s'en dégage en même temps que le feu par l'intermède de l'eau comme dans la pyrite ; et cette action de l'humidité produit non seulement de la chaleur, mais une espèce de flamme intérieure et de feu réellement actif, qui brûle en corrodant toutes les substances auxquelles l'acide peut s'unir, et ce n'est que par le moyen de l'air que le feu contracte cette union avec l'eau.

L'acide aérien altère aussi tous les sucs extraits des végétaux ; il produit le vinaigre et le tartre ; il forme dans les animaux l'acide auquel on a donné le nom d'*acide phosphorique* : ces acides des végétaux et des animaux, ainsi que tous ceux qu'on pourrait regarder comme intermédiaires, tels que l'acide des citrons, des grenades, de l'oseille, et ceux des fourmis, de la moutarde, etc., tirent également leur origine de l'acide aérien modifié dans chacune de ces substances par la fermentation, ou par le mélange d'une plus ou moins grande quantité d'huile ; et même les substances dont la saveur est douce, telles que le sucre, le miel, le lait, etc., ne diffèrent de celles qui sont aigres et piquantes, comme les citrons, le vinaigre, etc., que par la quantité et la qualité du mucilage et de l'huile qui enveloppe l'acide ; car leur principe salin est le même, et toutes leurs saveurs, quoique si différentes, doivent se rapporter à l'acide primitif, et à son union avec l'eau, l'huile et la terre mucilagineuse des substances animales et végétales.

On adoucit tous les acides et même l'acide vitriolique, en les mêlant aux substances huileuses, et particulièrement à l'esprit-de-vin ; et c'est dans cet état huileux, mucilagineux et doux, que l'acide aérien se trouve dans plusieurs substances végétales, et dans les fruits dont l'acidité ou la saveur plus douce ne dépend que de la quantité d'eau, d'huile et de terre atténuée et mucilagineuse dans lesquelles cet acide se trouve combiné ; l'acide animal appartient aux végétaux comme aux animaux, car on le tire de la moutarde et de plusieurs autres plantes, aussi bien que des insectes et autres animaux ; on doit donc en inférer que les acides animaux et les acides végétaux sont les mêmes, et qu'ils ne diffèrent que par la quantité ou la qualité des matières avec lesquelles ils sont mêlés ; et, en les examinant en particulier, on verra bien que le vinaigre, par exemple, et le tartre étant tous deux des produits du vin, leurs acides ne peuvent différer essentiellement ; la fermentation a seulement plus développé celui du vinaigre, et l'a même rendu volatil et presque spiritueux : ainsi tous les acides des animaux ou des végétaux, et même les acerbes, qui ne sont que des acides mêlés d'une huile amère, tirent leur première origine de l'acide aérien.

Les acides minéraux sont beaucoup plus forts que les acides animaux et végétaux. « Ces derniers acides, dit M. Macquer, retiennent toujours de l'huile, *au lieu que les acides » minéraux n'en contiennent point du tout* (a). » Il me semble que cette dernière assertion doit être interprétée ; car il faut reconnaître que, si les acides minéraux dans leur état de pureté ne contiennent aucune huile, ils peuvent en passant à l'état de sel, par leur union avec diverses terres, se charger en même temps de parties huileuses ; et en effet, la matière grasse des sels, dans les *eaux mères*, paraît être une substance huileuse, puisqu'elle se réduit à l'état charbonneux par la combustion (b) : les sels minéraux contiennent donc une huile qui paraît leur être essentielle, et celle qui se trouve de plus dans les acides tirés des animaux et des végétaux ne leur est qu'accessoire ; c'est probablement par l'affinité de cette matière grasse avec les huiles végétales et les graisses animales que l'acide minéral peut se combiner dans les végétaux et dans les animaux.

Les acides et les alcalis sont des principes salins, mais ne sont pas des sels : on ne les

(a) *Dictionnaire de chimie*, par M. Macquer, article *Sel*.
(b) *Lettres de M. Desmeste*, t. Ier, p. 51.

trouve nulle part dans leur état pur et simple, et ce n'est que quand ils sont unis à quelque matière qui puisse leur servir de base qu'ils prennent la forme de sel, et qu'ils doivent en porter le nom; cependant les chimistes les ont appelés *sels simples*, et ils ont nommé *sels neutres* les vrais sels. Je n'ai pas cru devoir employer cette dénomination, parce qu'elle n'est ni nécessaire ni précise; car, si l'on appelle *sel neutre* tout sel dont la base est une et simple, il faudra donner le nom d'*hépar* aux sels dont la base n'est pas simple, mais composée de deux matières différentes, et donner un troisième, quatrième, cinquième nom, etc., à ceux dont la base est composée de deux, trois, quatre, etc., matières différentes : c'est là le défaut de toutes les nomenclatures méthodiques; elles sont forcées de disparaître dès que l'on veut les appliquer aux objets réels de la nature.

Nous donnerons donc le nom de *sel* à toutes les matières dans lesquelles le principe salin est entré, et qui ont une saveur sensible; et nous ne présenterons d'abord que les sels qui sont formés par la nature, soit en masses solides dans le sein de la terre, soit en dissolution dans l'air et dans l'eau : on peut appeler *sels fossiles* ceux qu'on tire de la terre; les vitriols, l'alun, la sélénite, le natron, l'alcali fixe végétal, le sel marin, le nitre, le sel ammoniac, le borax, et même le soufre et l'arsenic, sont tous des sels formés par la nature; nous tâcherons de reconnaître leur origine et d'expliquer leur formation, en nous aidant des lumières que la chimie a répandues sur cet objet plus que sur aucun autre, et les réunissant aux faits de l'histoire naturelle qu'on ne doit jamais en séparer.

La nature nous offre en stalactites les vitriols du fer, du cuivre et du zinc; l'alun en filets cristallisés; la sélénite en gypse aussi cristallisé; le natron en masse solide et pure, ou simplement mêlé de terre; le sel marin en cristaux cubiques et en masses immenses; le nitre en efflorescences cristallisées; le sel ammoniac en poudre sublimée par les feux souterrains; le borax en eau gélatineuse, et l'arsenic en terre métallique; elle a d'abord formé l'acide aérien par la seule et simple combinaison de l'air et du feu; cet acide primitif, s'étant ensuite combiné avec toutes les matières terreuses et métalliques, a produit l'acide vitriolique avec la terre vitrifiable, l'arsenic avec les matières métalliques, l'acide marin avec les substances calcaires, l'acide nitreux avec les détriments putréfiés des corps organisés : il a de même produit les alcalis par la végétation; l'acide du tartre et du vinaigre par la fermentation; enfin, il est entré sous sa propre forme dans tous les corps organisés : l'air fixe que l'on tire des matieres calcaires, celui qui s'élève par la première fermentation de tous les végétaux, ou qui se forme par la respiration des animaux, n'est que ce même acide aérien, qui se manifeste aussi par sa saveur dans les eaux acidules, dans les fruits, les légumes et les herbes; il a donc produit toutes les substances salines, il s'est étendu sur tous les règnes de la nature; il est le premier principe de toute saveur, et, relativement à nous, il est pour l'organe du goût ce que la lumière et les couleurs sont pour le sens de la vue.

Et les odeurs qui ne sont que des saveurs plus fines, et qui agissent sur l'odorat qui n'est qu'un sens de goût plus délicat, proviennent aussi de ce premier principe salin, qui s'exhale en parfums agréables dans la plupart des végétaux, et en mauvaises odeurs dans certaines plantes et dans presque tous les animaux; il s'y combine avec leurs huiles grossières ou volatiles, il s'unit à leur graisse, à leurs mucilages; il s'élabore avec leur sève et leur sang, il se transforme en acides aigres, acerbes ou doux, en alcalis fixes ou volatils, par le travail de l'organisation auquel il a grande part; car, c'est après le feu le seul agent de la nature, puisque c'est par ce principe salin que tous les corps acquièrent leurs propriétés actives, non seulement sur nos sens vivants du goût et de l'odorat, mais encore sur les matières brutes et mortes, qui ne peuvent être attaquées et dissoutes que par le feu ou par ce principe salin. C'est le ministre secondaire de ce grand et premier agent qui, par sa puissance sans bornes, brûle, fond ou vitrifie toutes les substances passives, que le principe salin, plus faible et moins puissant, ne peut qu'attaquer, entamer et dissoudre, et cela parce que le feu y est tempéré par l'air auquel il est uni et que, quand il produit de la chaleur ou d'autres effets semblables à ceux du feu, c'est qu'on sépare cet élément de la base passive dans laquelle il était renfermé.

Tous les sels dissous dans l'eau se cristallisent en forme assez régulière, par une évaporation lente et tranquille; mais, lorsque l'évaporation de l'eau se fait trop promptement, ou qu'elle est troublée par quelque mouvement extérieur, les cristaux salins ne se forment qu'imparfaitement et se groupent confusément. Les différents sels donnent des cristaux de figures différentes; ils se produisent principalement à la surface du liquide, à mesure qu'il s'évapore, ce qui prouve que l'air contribue à leur formation, et qu'elle ne dépend pas uniquement du rapprochement des parties salines qui s'unissent, à la vérité, par leur attraction mutuelle, mais qui ont besoin pour cela d'être mises en liberté parfaite : or elles n'obtiennent cette liberté entière qu'à la surface du liquide, parce que sa résistance augmente avec sa densité par l'évaporation; en sorte que les parties salines se trouvent, à la vérité, plus voisines par la diminution du volume du liquide, mais elles ont en même temps plus de peine à vaincre sa résistance, qui augmente dans la même proportion que ce volume diminue; et c'est par cette raison que toutes les cristallisations des sels s'opèrent plus efficacement et plus abondamment à la surface qu'à l'intérieur du liquide en évaporation.

Lorsque l'on a tiré par ce moyen tout le sel en cristaux que le liquide chargé de sel peut fournir, il en reste encore dans l'*eau mère*, mais ce sel y est si fort engagé avec la matière grasse qu'il n'est plus susceptible de rapprochement de cristallisation; et même si cette matière grasse est en très grande quantité, l'eau ne peut plus en dissoudre le sel; cela prouve que la solubilité dans l'eau n'est pas une propriété inhérente et essentielle aux substances salines.

Il en est du caractère de la cristallisation comme de celui de la solubilité : la propriété de se cristalliser n'est pas plus essentielle aux sels que celle de se dissoudre dans l'eau, et l'un de nos plus judicieux physiciens, M. de Morveau, a eu raison de dire « que la saveur » est le seul caractère distinctif des sels, et que les autres propriétés, qu'on a voulu ajou- » ter à celle-ci pour perfectionner leur définition, n'ont servi qu'à rendre plus incertaines » les limites que l'on voulait fixer..., la solubilité par l'eau ne convenant pas plus aux sels » qu'à la gomme et à d'autres matières : il en est de même de la cristallisation, puisque » tous les corps sont susceptibles de se cristalliser en passant de l'état liquide à l'état » solide; et il en est encore de même, ajoute-t-il, de la qualité qu'on suppose aux sels de » n'être point combustibles par eux-mêmes; car, dans ce cas, le nitre ammoniacal ne » serait plus un sel (*a*). »

Nos définitions, qui pèchent si souvent par défaut, pèchent aussi, comme l'on voit, quelquefois par excès : l'un nuit au complément, et l'autre à la précision de l'idée qui représente la chose, et les énumérations qu'on se permet de faire en conséquence de cette extension des définitions nuisent encore plus à la netteté de nos vues, et s'opposent au libre exercice de l'esprit en le surchargeant de petites idées particulières, souvent précaires, en lui présentant des méthodes arbitraires qui l'éloignent de l'ordre réel des choses, et enfin, en l'empêchant de s'élever au point de pouvoir généraliser les rapports que l'on doit en tirer. Quoiqu'on puisse donc réduire tous les sels de la nature à un seul principe salin, et que ce principe primitif soit, selon moi, l'acide aérien, la nombreuse énumération qu'on a faite des sels sous différents noms ne pouvait manquer de s'opposer à cette vue générale; on a cru jusqu'au temps de Stahl, et plusieurs chimistes croient encore, que les principes salins, dans l'acide nitreux et dans l'acide marin, sont très différents de celui de l'acide vitriolique, et que ces mêmes principes sont non seulement différents,

(*a*) *Éléments de chimie*, t. Ier, p. 127.

mais opposés et contraires dans les acides et dans les alcalis; or n'est-ce pas admettre autant de causes qu'il y a d'effets dans un même ordre de choses? C'est donner la nomenclature pour la science, et substituer la méthode au génie.

De la même manière qu'on a fait et compté trois sortes d'acides relativement aux trois règnes, les acides minéraux, végétaux et animaux, on compte aussi trois sortes d'alcalis, le minéral, le végétal et l'animal; et néanmoins ces trois alcalis doivent se réduire à un seul, et même l'alcali peut aussi se ramener à l'acide, puisqu'ils paraissent opposés, et qu'ils agissent violemment l'un contre l'autre.

Nous ne suivrons donc pas, en traitant des sels, l'énumération très nombreuse qu'on en a faite en chimie, d'autant que chaque jour ce nombre peut augmenter, et que les combinaisons qui n'ont pas encore été tentées pourraient donner de nouveaux résultats salins dont la formation, comme celle de la plupart des autres sels, ne serait due qu'à notre art; nous nous contenterons de présenter les divisions générales, en nous attachant particulièrement aux sels que nous offre la nature, soit dans le sein et à la surface de la terre, soit au sommet de ses volcans (*a*).

(*a*) Si l'on veut se satisfaire à cet égard, on peut consulter la table ci-jointe, que mon illustre ami, M. de Morveau, vient de publier. Cette nomenclature, quoique très abrégée, paraîtra néanmoins encore assez nombreuse.

TABLEAU DE NOMENCLATURE CHIMIQUE

Contenant les principales dénominations analogiques, et des exemples de formation des noms composés.

RÈGNES.	ACIDES.	Les sels formés de ces acides prennent les noms génériques de
DES TROIS RÈGNES.	Méphitique ou air fixe	Méphites.
	Vitriolique	Vitriols.
	Nitreux	Nitres.
Minéral	Muriatique, ou du sel marin	Muriates.
	Régalin	Régaltes.
	Arsenical	Arséniates.
	Boracin ou sel sédatif	Borax.
	Fluorique ou du spath fluor	Fluors.
	Acéteux ou vinaigre	Acètes.
	Tartareux ou du tartre	Tartres.
Végétal	Oxalin ou de l'oseille	Oxaltes.
	Saccharin ou du sucre	Sacchartes.
	Citrin ou du citron	Citrates.
	Lignique ou du bois	Lignites.
	Phosphorique	Phosphates.
Animal	Formicin ou des fourmis	Formiates.
	Sébacé ou du suif	Sébates.
	Galactique ou du lait	Galactes.

BASES OU SUBSTANCES qui s'unissent aux acides.	EXEMPLES pour la classe des vitriols.	EXEMPLES pris de diverses classes.
Phlogistique	Soufre vitriolique ou soufre commun	Soufre méphitique ou plombagine.
Alumine ou terre de l'argile	Vitriol alumineux ou alun	Nitre alumineux.
Calce ou terre calcaire	Vitriol calcaire ou sélénite	Muriate calcaire.
Magnésie	Vitriol magnésien ou sel d'Epsom	Acète de magnésie.

Nous venons de voir que la première division des acides et des alcalis en minéraux, végétaux et animaux, est plutôt une partition nominale qu'une division réelle, puisque tous ne sont au fond que la même substance saline, qui, seule et sans secours, entre dans les végétaux et les animaux, et qui attaque aussi la plupart des matières vitrifiables, calcaires et métalliques; ce n'est que relativement à ce dernier effet qu'on lui a donné le nom d'*acide minéral;* et, comme cette division en acides minéraux, végétaux et animaux, a été universellement adoptée, je ne sais pourquoi l'on n'a pas rappelé l'acide nitreux à l'acide végétal et animal, puisqu'il n'est produit que par la putréfaction des corps organisés : cependant on le compte parmi les acides minéraux, parce qu'il est le plus puissant après l'acide vitriolique; mais cette puissance même et ses autres propriétés me semblent démontrer que c'est toujours le même acide, c'est-à-dire l'acide aérien, qui a passé par les végétaux et par les animaux dans lesquels il s'est exalté avec la matière du feu, par la fermentation putride de leurs corps, et que c'est par ces combinaisons multipliées qu'il a pris tous les caractères particuliers qui le distinguent des autres acides.

Dans les végétaux, lorsque l'acide aérien se trouve mêlé d'huile douce ou enveloppé

BASES OU SUBSTANCES qui s'unissent aux acides.	EXEMPLES pour la classe des vitriols.	EXEMPLES pris de diverses classes.
Barote ou terre du spath pesant	Vitriol barotique ou spath pesant	Tartre barotique.
Potasse ou alcali fixe végétal.	Vitriol de potasse ou tartre vitriolé	Arséniate de potasse.
Soude ou alcali fixe minéral.	Vitriol de soude ou sel de Glauber	Borax de soude ou borax commun.
Ammoniac ou alcali volatil.	Vitriol ammoniacal	Fluor ammoniacal.
Or	Vitriol d'or	Régalte d'or.
Argent	Vitriol d'argent	Oxalte d'argent.
Platine	Vitriol de platine	Saccharte de platine.
Mercure	Vitriol de mercure	Citrate de mercure.
Cuivre	Vitriol de cuivre ou vitriol de Chypre	Lignite de cuivre.
Plomb	Vitriol de plomb	Phosphate de plomb.
Étain	Vitriol d'étain	Formiate d'étain.
Fer	Vitriol de fer ou couperose verte	Sébaste martial.
Antimoine (au lieu de régule d')	Vitriol antimonial	Muriate antimonial ou beurre d'antimoine.
Bismuth	Vitriol de bismuth	Galacte de bismuth.
Zinc	Vitriol de zinc ou couperose blanche	Borax de zinc.
Arsenic	Vitriol d'arsenic	Muriate d'arsenic.
Cobalt	Vitriol de cobalt	Saccharte de cobalt.
Nickel	Vitriol de nickel	Formiate de nickel.
Manganèse	Vitriol de manganèse	Oxalte de manganèse.
Esprit-de-vin	Éther vitriolique	Éther lignique ou éther de Goettling, etc., etc.

Les dix-huit acides, les vingt-quatre bases et les produits de leur union forment ainsi quatre cent soixante-quatorze dénominations claires et méthodiques, indépendamment des *hépars*, ou composés à trois parties, dont les noms viennent encore dans ce système, comme *hépar de soude, hépar ammoniacal, pyrite d'argent*, etc., etc. Voyez le *Journal de physique*, t. XIX, mai 1782, p. 382.

de mucilage, la saveur est agréable et sucrée : l'acide des fruits, du raisin, par exemple, ne prend de l'aigreur que par la fermentation, et néanmoins tous les sels tirés des végétaux contiennent de l'acide, et ils ne diffèrent entre eux que par les qualités qu'ils acquièrent en fermentant et qu'ils empruntent de l'air en se joignant à l'acide qu'il contient ; et de même que tous les acides végétaux aigres ou doux, acerbes ou sucrés, ne prennent ces saveurs différentes que par les premiers effets de la fermentation, l'acide nitreux n'acquiert ses qualités caustiques et corrosives que par cette même fermentation portée au dernier degré, c'est-à-dire à la putréfaction : seulement nous devons observer que l'acide animal entre peut-être autant et plus que le végétal dans le nitre; car, comme cet acide subit encore de nouvelles modifications en passant du végétal à l'animal, et que tous deux se trouvent réunis dans les matières putréfiées, ils s'y rassemblent, s'exaltent ensemble, et se combinant avec l'alcali fixe végétal, ils forment le nitre dont l'acide, malgré toutes ces transformations, n'en est pas moins essentiellement le même que l'acide aérien.

Tous les acides tirent donc leur première origine de l'acide aérien, et il me semble qu'on ne pourra guère en douter si l'on pèse toutes les raisons que je viens d'exposer, et auxquelles je n'ajouterai qu'une considération qui est encore de quelque poids. On conserve tous les acides, même les plus forts et les plus concentrés, dans des flacons ou vaisseaux de verre; ils entameraient toute autre matière : or, dans les premiers temps, le globe entier n'était qu'une masse de verre sur laquelle les acides minéraux, s'ils eussent existé, n'auraient pu faire aucune impression, puisqu'ils n'en font aucune sur notre verre : l'acide aérien au contraire agit sur le verre, et peu à peu l'entame, l'exfolie, le décompose et le réduit en terre; par conséquent, cet acide est le premier et le seul qui ait agi sur la masse vitreuse du globe, et, comme il était alors aidé d'une forte chaleur, son action en était d'autant plus prompte et plus pénétrante; il a donc pu, en se mêlant intimement avec la terre vitrifiée, produire l'acide vitriolique qui n'a plus d'action sur cette même terre, parce qu'il en contient et qu'elle lui sert de base : dès lors cet acide, le plus fort et le plus puissant de tous, n'est néanmoins ni le plus simple de tous, ni le premier formé; il est le second dans l'ordre de formation, l'arsenic est le troisième, l'acide marin le quatrième, etc., parce que l'acide primitif aérien n'a d'abord pu saisir que la terre vitrifiée, ensuite la terre métallique (*a*), puis la terre calcaire, etc., à mesure et dans le même ordre que ces matières se sont établies sur la masse du globe vitrifié : je dis à mesure et dans le même ordre, parce que les matières métalliques sont tombées les premières de l'atmosphère où elles étaient reléguées et étendues en vapeurs; elles ont rempli les interstices et les fentes du quartz et des autres verres primitifs, où l'acide aérien les ayant saisies a produit l'acide arsenical; ensuite, après la production et la multiplication des coquillages, les matières calcaires, formées de leurs débris, se sont établies, et l'acide aérien les ayant pénétrées a produit l'acide marin, et successivement les autres acides et les alcalis après la naissance des animaux et des végétaux; enfin, la production des acides et des alcalis a nécessairement précédé la formation des sels, qui tous supposent la combinaison de ces mêmes acides ou alcalis avec une matière terreuse ou métallique, laquelle leur sert de base et contient toujours une certaine quantité d'eau qui entre dans la cristallisation de tous les sels; en sorte qu'ils sont beaucoup moins simples que les acides ou alcalis, qui seuls sont les principes de leur essence saline.

Ceci était écrit, ainsi que la suite de cette histoire naturelle des sels, et j'étais sur le point de livrer cette partie de mon ouvrage à l'impression, lorsque j'ai reçu (au mois de juillet de cette année 1782), de la part de M. le chevalier Marsilio Landriani, de Milan, le

(*a*) Les mines spathiques et les malachites contiennent notamment une très grande quantité d'acide aérien.

troisième volume de ses opuscules *physico-chimiques,* dans lequel j'ai vu, avec toute satisfaction, que cet illustre et savant physicien a pensé comme moi sur l'acide primitif. Il dit expressément « que l'acide universel, élémentaire, primitif, dans lequel peuvent se résoudre » tous les acides connus jusqu'à ce jour, est l'acide *méphitique*, cet acide qui, étant combiné » avec la chaux vive, l'adoucit et la *neutralise,* qui, mêlé avec les eaux, les rend acidules » et pétillantes ; c'est l'*air fixe* de Black, le *gaz méphitique* de Macquer, l'*acide atmosphé-* » *rique* de Bergman. »

M. le chevalier Landriani prouve son assertion par des expériences ingénieuses (*a*) : il a pensé avec notre savant académicien, M. Lavoisier, que l'air fixe ou l'acide méphitique se forme par la combinaison de l'air et du feu, et il conclut par dire : « Il me paraît

(*a*) « Que l'on prenne une certaine quantité d'acide vitriolique, qu'on y mêle une quan- » tité donnée d'esprit-de-vin rectifié, comme pour faire l'éther vitriolique, qu'on en recueille » les produits aériformes au moyen de l'appareil pneumatique, on obtiendra une quantité » notable d'air fixe, de tout point semblable à celui qui se tire de la pierre calcaire, des sub- » stances alcalines, de celles qui sont en fermentation, etc. ; que l'on répète l'expérience » avec d'autres acides, tels que le marin, le nitreux, avec les précautions nécessaires pour » éviter les explosions et autres accidents, il se développera toujours dans la distillation une » quantité notable d'air fixe.

» J'ai tenté la même expérience, avec le même succès, avec l'acide de l'arsenic (*), le phos- » phorique, le vinaigre radical ; j'ai toujours obtenu une quantité notable d'air fixe, ayant » les mêmes propriétés que celui que l'on obtient par les procédés du docteur Priestley, et » je ne doute pas que l'on n'en tirât tout autant de l'acide spathique, de celui du sucre et » du tartareux, puisque le sucre seul, décomposé par le feu, donne beaucoup d'air inflam- » mable et d'air fixe, tel qu'on le tire aussi de l'acide du sucre, traité à la manière du cé- » lèbre Bergman. (Voyez les *Opuscules choisis* de Milan, t. II.) Quant à l'acide tartareux » découvert par Bergman, sans prendre la peine de le combiner avec l'esprit-de-vin, on » sait, par les expériences de M. Berthollet, que la crème de tartre donne une prodigieuse » quantité d'air fixe, et je ne doute pas que l'acide tartareux pur n'en produisît autant.

» A l'extrémité d'un tube de verre ouvert des deux bouts, que l'on adapte avec de la » cire d'Espagne un gros fil de fer dont une portion entrera dans le tube, l'autre restera » dehors et sera terminée par une petite boule de métal ; que l'on remplisse le tube de mer- » cure, et que l'on y introduise une certaine quantité d'air déphlogistiqué, tiré du précipité » rouge, et une petite colonne d'eau de chaux, et que l'on décharge une grosse bouteille de » Leyde plusieurs fois de suite à travers la colonne d'air, l'eau de chaux prendra de la » blancheur, et déposera sur la superficie du mercure une quantité sensible de poudre » blanche : si, au lieu d'eau de chaux, on avait introduit dans le tube de la teinture de tour- » nesol, elle aurait rougi par la précipitation de l'air fixe que l'air déphlogistiqué tire du » précipité rouge ; que l'on substitue de l'air déphlogistiqué, tiré du turbith minéral qu'on » aura bien lavé, afin de le dépouiller de tout acide surabondant, et que cet air soit phlogis- » tiqué par des décharges réitérées de la bouteille de Leyde, toujours il s'engendrera de » l'air fixe. La même production d'air fixe aura lieu si l'on emploie de l'air déphlogistiqué » tiré, ou du précipité couleur de brique obtenu par la solution du sublimé corrosif décom- » posé avec l'alcali caustique, ou de l'air déphlogistiqué, tiré des fleurs de zinc, saturées » d'acide arsenical, ou du sel mercuriel acéteux, lavé dans beaucoup d'eau pour le dépouil- » ler de tout acide surabondant, et qui n'aurait point été intimement combiné ; en un mot, » tout air déphlogistiqué quelconque, obtenu par un acide quelconque, est en partie con- » vertible en air fixe par les décharges réitérées de la bouteille de Leyde. » *Opuscules physico-chimiques* de M. le chevalier Landriani ; Milan, 1781, p. 62 et suiv.

(*) La découverte de cet acide arsenical est due au célèbre Schéele ; cet acide se tire aisément en distillant de l'acide nitreux sur de l'acide cristallin, qui met à découvert l'acide arsenical. Voyez, dans les *Opuscules choisis* de Milan, t. II, le procédé commode et sûr de l'illustre Fabroni pour tirer ce nouvel acide ; et la dissertation de Bergman, qui renferme tout ce qui est su sur cet acide. (Note de M. de Morveau.)

» hors de doute : 1° que l'air déphlogistiqué, au moment qu'il s'élève des corps capables de » le produire, se change en air fixe, s'il est surpris par le phlogistique dans le moment » de sa formation;

» 2° Que, comme il résulte des expériences que les acides nitreux, vitriolique, marin, » phosphorique, arsenical, unis à certaines terres, peuvent se changer en air déphlogis- » tiqué, lequel de son côté peut aisément se convertir en air fixe; et comme d'autre part » l'acide du sucre, celui de la crème de tartre, celui du vinaigre, celui des fourmis, etc., » peuvent aussi aisément se convertir en air fixe, par le moyen de la chaleur, il est assez » démontré que tous les acides peuvent être convertis en air fixe, et que cet air fixe » est peut-être l'acide universel, comme étant le plus commun et se rencontrant le plus » fréquemment dans les diverses productions de la nature. »

Je suis sur tout cela du même avis que M. le chevalier Landriani, et je n'ai d'autre mérite ici que d'avoir reconnu, d'après mon système général sur la formation du globe, que le plus pur et le plus simple des acides avait dû se former le premier par la combinaison de l'air et du feu, et que par conséquent on devait le regarder comme l'acide primitif dont tous les autres ont tiré leur origine; mais je n'étais pas en état de démontrer par les faits, comme ce savant physicien vient de le faire, que tous les acides, de quelque espèce qu'ils soient, peuvent être convertis en cet acide primitif, ce qui confirme victorieusement mon opinion; car cette conversion des acides doit être réciproque et commune, en sorte que tous les acides ont pu être formés par l'acide aérien, puisque tous peuvent être ramenés à la nature de cet acide.

Il me paraît donc plus certain que jamais, tant par ma théorie que par les expériences de M. Landriani, que l'acide aérien, c'est-à-dire l'air fixe ou fixé par le feu, est vraiment l'acide primitif, et le premier principe salin dont tous les autres acides et alcalis tirent leur origine, et cet acide uniquement composé d'air et de feu n'a pu former les autres substances salines qu'en se combinant avec la terre et l'eau : aussi tous les autres acides contiennent de la terre et de l'eau; et la quantité de ces deux éléments est plus grande dans tous les sels que celle de l'air et du feu; ils prennent différentes formes selon les doses respectives des quatre éléments, et selon la nature de la terre qui leur sert de base; et comme la proportion de la quantité des quatre éléments dans les principes salins, et la qualité différente de la terre qui sert de base à chaque sel, peuvent toutes se combiner les unes avec les autres, le nombre des substances salines est si grand qu'il ne serait guère possible d'en faire une exacte énumération; d'ailleurs toutes les combinaisons salines, faites par l'art de la chimie, ne doivent pas être mises sur le compte de la nature; nos premières considérations doivent donc tomber sur les sels qui se forment naturellement soit à la surface, soit à l'intérieur de la terre : nous les examinerons séparément, et les présenterons successivement en commençant par les sels vitrioliques.

ACIDE VITRIOLIQUE ET VITRIOLS

Cet acide (*) est absolument sans odeur et sans couleur; il ressemble à cet égard parfaitement à l'eau : néanmoins sa substance n'est pas aussi simple ni même, comme le dit Stahl, uniquement composée des seuls éléments de la terre et de l'eau; il a été formé par l'acide aérien, il en contient une grande quantité, et sa substance est réellement composée d'air et de feu unis à la terre vitrifiable, et à une très petite quantité d'eau qu'on lui enlève

(*) L'acide vitriolique de Buffon est notre acide sulfurique et ses vitriols nos sulfates.

aisément par la concentration ; car il perd peu à peu sa liquidité par la grande chaleur, et peut prendre une forme concrète (*a*) par la longue application d'un feu violent; mais, dès qu'il est concentré, il attire puissamment l'humidité de l'air, et par l'addition de cette eau il acquiert plus de volume ; il perd en même temps quelque chose de son activité saline : ainsi l'eau ne réside dans cet acide épuré qu'en très petite quantité, et il n'y a de terre qu'autant qu'il en faut pour servir de base à l'air et au feu, qui sont fortement et intimement unis à cette terre vitrifiable.

Au reste, cet acide et les autres acides minéraux ne se trouvent pas dans la nature seuls et dégagés, et on ne peut les obtenir qu'en les tirant des substances avec lesquelles ils se sont combinés, et des corps qui les contiennent. C'est en décomposant les pyrites, les vitriols, le soufre, l'alun et les bitumes qu'on obtient l'acide vitriolique (*b*) : toutes ces

(*a*) Quelques chimistes ont donné le nom d'*huile de vitriol glaciale* à cet acide concentré au point d'être sous forme concrète : à mesure qu'on le concentre, il perd de sa fluidité, il file et paraît gras au toucher comme l'huile ; on l'a par cette raison nommé *huile de vitriol*, mais très improprement, car il n'a aucun caractère spécifique des huiles, ni l'inflammabilité. Le toucher gras de ce liquide semble provenir, comme celui du mercure, du grand rapprochement de ses parties; et c'est en effet, après le mercure, le liquide le plus dense qui nous soit connu : aussi, lorsqu'il est soumis à la violente action du feu, il prend une chaleur beaucoup plus grande que l'eau et que tout autre liquide, et, comme il est peu volatil et point inflammable, il a l'apparence d'un corps solide pénétré de feu et presque en incandescence.

(*b*) Ce n'est pas que la nature ne puisse faire dans ses laboratoires tout ce qui s'opère dans les nôtres ; si la vapeur du soufre en combustion se trouve renfermée sous des voûtes de cavernes, l'acide sulfureux s'y condensera en acide vitriolique. M. Joseph Baldassari nous offre même à ce sujet une très belle observation : ce savant a trouvé dans une grotte du territoire de Sienne, au milieu d'une masse d'incrustation déposée par les eaux thermales des bains de Saint-Philippe, « un véritable acide vitriolique, pur, naturellement concret, et » sans aucun mélange de substances étrangères... Cette grotte est située dans une petite » montagne, sur la pente d'une montagne plus haute, qui paraît avoir été un ancien volcan... » Le fond de cette grotte et ses parois jusqu'à la hauteur d'environ une brasse et demie, dit » M. Baldassari, sont entièrement recouverts d'une belle croûte jaune de soufre en petits » cristaux, et tous les corps étrangers, transportés par le vent ou par quelque autre cause » dans le fond de cette caverne, y sont enduits d'une couche de soufre plus ou moins épaisse, » suivant le temps quils y ont séjourné.

» Au-dessus de cette zone de soufre, le reste des parois et la voûte de la grotte sont » tapissées d'une innombrable quantité de concrétions groupées, recouvertes d'efflorescences » qui laissent sur la langue l'impression d'une saveur acide, mais d'un acide parfaitement » semblable à celui qu'on retire du vitriol par la distillation, et n'ont rien de ce goût austère » et astringent des vitriols et de l'alun... Le fond de la grotte exhale une vapeur chaude, » qui répand une forte odeur de soufre, et s'élève à la même hauteur que la bande soufrée, » c'est-à-dire à une brasse et demie.... Mais cette vapeur ne s'élève que par le vent du midi...

» On voit, dans la masse des incrustations, une grande fente qui a plus de trente brasses » de profondeur, et dont les parois, dans la partie basse, sont recouvertes de soufre, et, » dans la haute, des mêmes efflorescences salines que celles dont on vient de parler...

» La vapeur du fond de la grotte est une émanation de ce que les chimistes appellent » *acide sulfureux volatil*... L'odeur en est très forte et suffocante : aussi trouvai-je beaucoup » d'insectes morts dans cette grotte, et l'un de mes compagnons ayant, en se baissant, plongé » sa tête dans l'atmosphère infecte, fut obligé de la relever promptement pour éviter la » suffocation.

» Cet acide sulfureux volatil détruisit les couleurs du papier bleu que je jetai par terre, » il devint cendré; un morceau de soie cramoisie fut aussi pareillement décoloré, et tout ce que » nous avions d'argent sur nous, comme boucles, etc., devint noir avec quelques taches jaunes...

» Cette vapeur forme un soufre sur le fond des parois de la grotte... Et, après la forma- » tion de ce soufre, une portion de l'acide vitriolique excédante rencontre et regagne les

matières en sont plus ou moins imprégnées, toutes peuvent aussi lui servir de base, et il forme avec elles autant de différents sels, desquels on le retire toujours sous la même forme et sans altération.

On a donné le nom de *vitriol* à trois sels métalliques, formés par l'union de l'acide vitriolique avec le fer, le cuivre et le zinc; mais on pourrait, sans abuser du nom, l'étendre à toutes les substances dans lesquelles la présence de l'acide vitriolique se manifeste d'une manière sensible : le vitriol du fer est vert, celui du cuivre est bleu, et celui du zinc est blanc ; tous trois se trouvent dans le sein de la terre, mais en petite quantité, et il paraît que ce sont les seules matières métalliques que la nature ait combinées avec cet acide; et quand même on serait parvenu par notre art à faire d'autres vitriols métalliques, nous ne devons pas les mettre au nombre des substances naturelles, puisqu'on n'a jamais trouvé de vitriols d'or, d'argent, de plomb, d'étain, ni d'antimoine, de bismuth, de cobalt, etc., dans aucun lieu, soit à la surface, soit à l'intérieur de la terre.

Le vitriol vert ou le vitriol ferrugineux, appelé vulgairement *couperose*, se présente dans toutes les mines de fer, où l'eau chargée d'acide vitriolique a pu pénétrer : c'est sous les glaises ou les plâtres que gisent ordinairement ces mines de vitriol, parce que les terres argileuses et plâtreuses sont imprégnées de cet acide qui, se mêlant avec l'eau des sources souterraines, ou même avec l'eau des pluies, descend par stillation sur la matière ferrugineuse, et se combinant avec elle forme ce vitriol vert qui se trouve, tantôt en masses assez informes, auxquelles on donne le nom de pierres *atramentaires* (*a*), et tantot en stalactites plus ou moins opaques, et quelquefois cristallisées : la forme de ces cristaux vitrioliques est rhomboïdale, et assez semblable à celle des cristaux du spath calcaire. C'est donc dans les mines de fer, de seconde et de troisième formation, abreuvées par les eaux qui découlent des matières argileuses et plâtreuses, qu'on rencontre ce vitriol natif, dont la formation suppose non seulement la décomposition de la matière ferrugineuse, mais encore le mélange de l'acide en assez grande quantité; toute matière ferrugineuse imprégnée de cet acide donnera du vitriol; aussi le tire-t-on des pyrites martiales, en les décomposant par la calcination ou par l'humidité.

Cette pyrite, qui n'a aucune saveur dans son état naturel, se décompose, lorsqu'elle est exposée longtemps à l'humidité de l'air, en une poudre saline, acerbe et styptique; en lessivant cette poudre pyriteuse, on en retire du vitriol par l'évaporation et le refroidissement : lorsqu'on veut en obtenir en grande quantité, on entasse ces pyrites les unes sur les autres, à deux ou trois pieds d'épaisseur; on les laisse exposées aux impressions de l'air pendant trois ou quatre ans, et jusqu'à ce qu'elles se soient réduites en poudre, on les remue deux fois par an pour accélérer cette décomposition; on recueille l'eau de la pluie qui les lessive pendant ce temps, et on la conduit dans des chaudières où l'on place des ferrailles qui s'y dissolvent en partie par l'excès de l'acide, ensuite on fait évaporer cette eau, et le vitriol se présente en cristaux (*b*).

» parois et la voûte de la grotte, c'est-à-dire les incrustations qui y sont attachées; l'acide » s'y attache sous la forme d'efflorescences, ou de filets qui sont de véritable acide vitriolique » pur, concret et exempt de toute combinaison.

M. Baldassari a observé depuis de semblables efflorescences sulfureuses et vitrioliques à Saint-Albino, dans le voisinage de Monte-Pulciano et aux lacs de Travale, où il a trouvé des branches d'arbres couvertes de concrétions de soufre et de vitriol. *Journal de Physique*, mai 1776, p. 397 et suiv.

(*a*) Parce qu'elles servent, comme le vitriol lui-même, à composer les diverses sortes de teintures noires ou d'encre, *atramentum;* c'est l'étymologie que Pline nous en donne lui-même : « Diluendo (dit-il en parlant du vitriol), fit atramentum tingendis coriis, unde atramenti sutorii nomen. » Liv. XXXIV, chap. XII.

(*b*) Dans le grand nombre de fabriques de vitriol de fer, celle de Newcastle, en Angleterre,

On peut aussi tirer le vitriol des pyrites par le moyen du feu qui dégage, sous la forme de soufre, une partie de l'acide et du feu fixe qu'elles contiennent (*a*); on lessive ensuite la matière qui reste après cette extraction du soufre, et pour charger d'acide l'eau de ce résidu, on la fait passer successivement sur d'autres résidus également *désoufrés*, après quoi on l'évapore dans des chaudières de plomb : la matière pyriteuse n'est pas épuisée de vitriol par cette première opération ; on la reprend pour l'étendre à l'air, et au bout de dix-huit mois ou deux ans, elle fournit, par une semblable lessive, de nouveau vitriol.

Il y a dans quelques endroits des terres qui sont assez mêlées de pyrites décomposées pour donner du vitriol par une seule lessive : au reste, on ne se sert que de chaudières de plomb pour la fabrication du vitriol, parce que l'acide rongerait le fer et le cuivre. Pour reconnaître si la lessive vitriolique est assez chargée, il faut se servir d'un *pèse-liqueur;* dès que cet instrument indiquera que la lessive contient vingt-huit onces de vitriol, on pourra la faire évaporer pour obtenir ce sel en cristaux ; il faut encore quinze

est remarquable par la grande pureté du vitriol qui s'y produit : nous empruntons de M. Jars la description de cette fabrique de Newcastle. « Les pyrites martiales, dit-il, que l'on trouve » très fréquemment dans les mines de charbon que l'on exploite aux environs de la ville de » Newcastle, joint à la propriété qu'elles ont de tomber aisément en efflorescence, ont donné » lieu à l'établissement de plusieurs fabriques de vitriol ou couperose.

» Telles qu'elles sont extraites des mines, elles sont vendues à des compagnies qui les » paient à raison de huit livres sterling les vingt tonnes (vingt quintaux la tonne), rendues » aux fabriques qui, pour la commodité du transport, sont placées au bord d'une rivière sur » le penchant de la montagne ; au-dessus, on a formé plusieurs emplacements pour y recevoir » la pyrite, lesquels ont, à la vérité, la même inclinaison que la montagne, mais dont on a » regagné le niveau avec des murs construits sur le devant et sur les côtés, de même que, si » l'on eût voulu y pratiquer des réservoirs; le sol, dont la forme est un plan incliné, est battu » avec de la bonne argile, capable de retenir l'eau; et dans les endroits où ces plans se » réunissent, il y a des canaux qui communiquent à un autre principal placé le long du mur » de devant.

» C'est sur ce sol que l'on met et que l'on étend la pyrite pour y être décomposée, soit par » l'humidité répandue dans l'atmosphère, soit par l'eau des pluies, qui, en filtrant à travers, » se charge de vitriol avant que d'arriver dans les canaux, et de ceux-ci se rend dans deux » grands réservoirs, d'où on l'enlève ensuite pour la mettre dans les chaudières...

» Ayant mis dans le fond de la chaudière de la vieille ferraille, que l'on arrange le long » des côtés latéraux, et jamais dans le milieu, où le feu a trop d'action, on la remplit avec de » l'eau des réservoirs, et partie avec des eaux mères, ayant soin de la tenir toujours pleine » pendant l'ébullition jusqu'à ce qu'il se forme une pellicule. La durée d'une évaporation » varie suivant le degré de force que l'eau a acquise; trois à quatre jours suffisent quelque- » fois pour concentrer celle d'une pleine chaudière; d'autres fois, elle exige une semaine » entière ; après ce temps, on transvase cette eau dans une des caisses de cristallisation, où » elle reste plus ou moins de temps, suivant le degré de chaleur de l'atmosphère...

» Chaque chaudière produit communément quatre tonnes ou quatre-vingts quintaux de » vitriol, indépendamment de celui qui est contenu dans les eaux mères; il se vend aux » Hollandais à raison de quatre livres sterling la tonne ; si on l'établit à un si bas prix, il » faut observer qu'on n'a eu, pour ainsi dire, que les premières dépenses de l'établissement » à faire, puisque cette pyrite n'a pas besoin d'être calcinée, et que les seuls frais sont ceux » de l'évaporation, qui sont d'un mince objet dans un pays où le charbon est à très bas prix ; » d'ailleurs, ce vitriol est de la meilleure qualité, puisqu'il n'est composé que du fer et de » l'acide vitriolique : il n'en est pas de même de celui que l'on fabrique communément en » Allemagne et en France avec des pyrites extraites d'un filon, qui contiennent presque tou- » jours du cuivre ou du zinc, dont il est comme impossible de les priver entièrement, surtout » avec bénéfice. » *Voyages métallurgiques*, t. III, p. 316 et suiv.

(*a*) Voyez les procédés de cette extraction, sous l'article du *Soufre.*

jours pour opérer cette cristallisation, et l'on a observé qu'elle réussit beaucoup mieux pendant l'hiver qu'en été (*a*).

Nous avons en France quelques mines de vitriol naturel : « On en exploite, dit » M. de Gensane, une au lieu de la Fonds près Saint-Julien-de-Valgogne; le travail y est » conduit avec la plus grande intelligence; le minéral y est riche et en grande abondance, » et le vitriol qu'on y fabrique est certainement de la première qualité (*b*). » Il doit se trouver de semblables mines dans tous les endroits où la terre limoneuse et ferrugineuse se trouve mêlée d'une grande quantité de pyrites décomposées (*c*).

Il se produit aussi du vitriol par les eaux sulfureuses qui découlent des volcans ou des solfatares : « La formation de ce vitriol, dit M. l'abbé Mazéas, s'opère de trois façons; » la première, par les vapeurs qui s'élèvent des solfatares et des ruisseaux sulfureux; ces » vapeurs en retombant sur les terres ferrugineuses les recouvrent peu à peu d'une efflo- » rescence de vitriol..... La seconde se fait par la filtration des vapeurs à travers les » terres; ces sortes de mines fournissent beaucoup plus de vitriol que les premières; elles » se trouvent communément sur le penchant des montagnes qui contiennent des mines » de fer, et qui ont des sources d'eau sulfureuse : la troisième manière est lorsque la terre » ferrugineuse contient beaucoup de soufre; on s'aperçoit, dès qu'il a plu, d'une chaleur » sur la surface de la terre causée par une fermentation intestine... Il se forme du vitriol » en plus ou moins grande quantité dans ces terres (*d*). »

(*a*) Le vitriol martial d'Angleterre est en cristaux de couleur vert brune, d'un goût doux, astringent, approchant de celui du vitriol blanc. Le vitriol dans lequel il y a une surabondance de fer est d'un beau vert pur; c'est celui dont on se sert pour l'opération de l'huile de vitriol : celui d'Allemagne est en cristaux d'un vert bleuâtre, assez beaux, d'un goût âcre et astringent; ils participent non seulement du fer, mais encore d'une portion de cuivre : cette espèce convient fort à l'opération de l'eau-forte.

Le vitriol se tire encore d'une autre matière que des pyrites : dans les mines de cuivre où l'on exploite le cuivre, le fond des galeries est toujours abreuvé d'une eau provenant de la condensation des vapeurs qui règnent dans ces mines; quelquefois même il sort, par quelques ouvertures naturellement pratiquées dans le bas de ces mines, une liqueur minérale très bleuâtre ou légèrement verdâtre : c'est le *vitriolum ferreum cupreum aquis immixtum*. On adapte à l'orifice de cette issue un tuyau de bois qui conduit la liqueur dans une citerne remplie de vieille ferraille : la partie cuivreuse en dissolution, qui donnait au mélange une couleur bleue, fait divorce et se dépose en forme d'une boue roussâtre sur les morceaux de fer, qui ont plus d'affinité avec l'acide vitriolique que n'en a le cuivre; alors la liqueur, de bleuâtre qu'elle était pour la plus grande partie, se change en une belle couleur verte, simple et martiale; on la décante dans une autre citerne, dont le niveau est pratiqué à la base de la précédente : on y plonge de nouveau un morceau de fer, lequel, s'il ne rougit pas ni ne se dissout pas, fournit une preuve constante que l'eau ne participe que d'un fer pur, et qu'elle en est suffisamment chargée; alors on procède à l'évaporation et à la cristallisation : celle-ci se fait en portant la liqueur chaude, soit dans différents tonneaux de bois de chêne ou de sapin, lesquels sont garnis d'un bon nombre de branches de bois fourchues, longues de quinze pouces, et différemment entre-croisées, soit dans des fosses ou des auges garnies de planches, dans lesquelles on suspend des morceaux de bois qui ressemblent à des herses, étant hérissés de plus de cinquante chevilles ou pointes; c'est ainsi qu'en multipliant les surfaces sur lesquelles le vitriol s'attache et se cristallise l'on accélère la cristallisation et sa régularité. *Minéralogie* de Valmont de Bomare, t. Ier, p. 303.

(*b*) *Histoire naturelle de Languedoc*, t. Ier, p. 176.

(*c*) Avant de quitter Cazalla en Espagne, je fus voir une mine de vitriol qui est à une demi-lieue, dans le rocher d'une montagne appelée les Châtaigniers... La pierre est pyriteuse et ferrugineuse, et l'on y voit des fleurs et des taches profondes de jaune verdâtre, et une sorte de farine. Bowles, *Histoire naturelle d'Espagne*.

(*d*) Mémoires sur les solfatares des environs de Rome, t. V des *Mémoires des Savants étrangers*, p. 319.

Le vitriol bleu, dont la base est le cuivre, se forme comme le vitriol de fer ; on ne le trouve que dans les mines secondaires où le cuivre est déjà décomposé, et dont les terres sont abreuvées d'une eau chargée d'acide vitriolique. Ce vitriol cuivreux se présente aussi en masses ou en stalactites, mais rarement cristallisées, et les cristaux sont plus souvent dodécaèdres qu'hexaèdres ou rhomboïdaux : on peut tirer ce vitriol des pyrites cuivreuses et des autres minerais de ce métal qui sont presque tous dans l'état pyriteux (*a*).

On peut aussi employer des débris ou rognures de cuivre avec l'alun pour faire ce vitriol ; on commence par jeter sur ces morceaux de cuivre du soufre pulvérisé ; on les met ensemble dans un four, et on les plonge ensuite dans une eau où l'on a fait dissoudre de l'alun : l'acide de l'alun ronge et détruit les morceaux de cuivre ; on transvase cette eau dans des baquets de plomb lorsqu'elle est suffisamment chargée, et en la faisant évaporer on obtient le vitriol qui se forme en beaux cristaux bleus (*b*) ; c'est de cette apparence cristalline ou vitreuse que le non même de *vitriol* est dérivé (*c*).

Le vitriol de zinc est blanc, et se trouve aussi en masses et en statactites dans les minières de pierre calaminaire ou dans les blendes ; il ne se présente que très rarement en cristaux à facettes ; sa cristallisation la plus ordinaire dans le sein de la terre est en filets soyeux et blancs (*d*).

(*a*) On ne peut tirer le vitriol bleu que de la véritable mine de cuivre ou de la matte crue qui en provient : plus la mine de cuivre est pure, plus elle contient de cuivre, plus le vitriol est d'un beau bleu ; cependant il y a moins de bénéfice à convertir le cuivre en vitriol que de le convertir en métal, attendu qu'on ne le tire pas tout d'une mine par la lessive, et qu'il en coûterait beaucoup trop pour retirer ce reste de cuivre par la fonte.

Lorsqu'on veut faire du vitriol bleu d'une mine de cuivre, il faut la griller ou griller sa matte... On met cette mine toute chaude dans des cuves qu'on ne remplit qu'à moitié ; ou bien, si on l'a laissé refroidir après le grillage, il faut que l'eau qu'on verse dessus soit bouillante, ce qui est encore mieux, surtout dans les endroits où, comme à Goslar, il y a dans l'atelier une chaudière exprès pour faire chauffer l'eau : la lessive du vitriol bleu se fait comme celle du vitriol vert ; et si pendant vingt-quatre heures elle ne s'enrichit pas assez et ne contient pas au moins dix onces de vitriol, on peut la laisser séjourner pendant quarante-huit heures, ou bien verser cette lessive sur d'autre mine calcinée, afin d'en faire une lessive double : après que la lessive a séjourné le temps nécessaire sur la mine, on la transporte dans d'autres cuves pour qu'elle puisse s'y clarifier ; ensuite on tire la mine qui a été lessivée et on la grille de nouveau, ou pour la fondre, ou pour en faire une seconde lessive.

Les eaux mères qui restent après la cristallisation du vitriol se remettent dans la chaudière avec de la lessive neuve, comme dans la fabrication du vitriol vert : on verse dans une cuve à rafraîchir les lessives cuites, et après qu'elles y ont déposé leur limon, on les transvase dans des cuves à cristalliser, et l'on y suspend des roseaux ou des échalas de bois, après lesquels le vitriol se cristallise. *Traité de la fonte des mines* de Schlutter, t. II, p. 638 et 639.

(*b*) Pline a parfaitement connu cette formation des cristaux du vitriol, et même il en décrit le procédé mécanique avec autant d'élégance que de clarté : « Fit in Hispaniæ puteis, » dit-il, id genus aquæ habentibus... decoquitur... et in piscinas ligneas funditur, immobi- » libus super has transtris dependet restes, quibus adhærescens limus, vitreis acinis imagi- » nem quamdam uvæ reddit ; color cæruleus perquam spectabili nitore, vitrumque creditur. » *Histoire naturelle*, lib., XXXIV, ch. XII.

(*c*) Les Grecs, qui apparemment connaissaient mieux le vitriol de cuivre que celui de fer, avaient donné à ce sel un nom qui désignait son affinité avec ce premier métal ; c'est la remarque de Pline : « Græci cognationem æris nomina fecerunt... appellantes chalcantum. » Lib. XXXIV, cap. XII.

(*d*) La base du vitriol blanc est le zinc : on l'a souvent nommé *vitriol de Goslard*, parce qu'on le tire des mines de plomb et d'argent de Rammelsberg, près de Goslard ; on leur

On peut ajouter à ces trois vitriols métalliques, qui tous trois se trouvent dans l'intérieur de la terre, une substance grasse à laquelle on a donné le nom de *beurre fossile*, et qui suinte des schistes alumineux; c'est une vraie stalactite vitriolique ferrugineuse, qui contient plus d'acide qu'aucun des autres vitriols métalliques, et par cette raison M. le baron de Dietrich a cru pouvoir avancer que ce beurre fossile n'est que de l'acide vitriolique concret (*a*); mais, si l'on fait attention que cet acide ne prend une forme concrète qu'après une très forte concentration et par la continuité d'un feu violent, et qu'au contraire ce beurre vitriolique se forme, comme les autres stalactites, par l'intermède de l'eau, il me semble qu'on ne doit pas hésiter à le rapporter aux vitriols que la nature produit par la voie humide.

fait subir un premier grillage par lequel on retire du soufre, et, pour obtenir le vitriol blanc, on fait les mêmes opérations que pour le vitriol vert. Ce vitriol blanc se fabrique toujours en été; il faut que la lessive soit chargée de quinze ou dix-sept onces de vitriol avant de la mettre dans des cuves où elle doit déposer son limon jaune; car, s'il en restait dans la lessive lorsqu'on la verse dans la chaudière pour la faire bouillir, le vitriol, au lieu d'être blanc, se cristalliserait rougeâtre... L'ébullition de la lessive du vitriol blanc doit être continuée plus longtemps que celle du vitriol vert... Lorsque la lessive est suffisamment évaporée, on la transvase dans la cuve à *rafraîchir*, et de là dans des cuviers de cristallisation où l'on arrange des lattes et des roseaux; elle y reste quinze jours, après quoi on retire le vitriol blanc pour le mettre dans la caisse à égoutter, puis on le calcine et on l'enferme dans des barils. *Traité de la fonte des mines* de Schlutter, t. II, p. 639. — Wallerius, suivant la remarque de M. Valmont de Bomare (*Minéralogie*, t. Ier, p. 307), observe que le vitriol de zinc, indépendamment de ce demi-métal, paraît contenir aussi du fer, du cuivre, et même du plomb : cela peut être, en le considérant dans un état d'impureté et de mélange, mais il n'en est pas moins vrai que le zinc est sa base.

(*a*) M. le baron de Dietrich dit (note 34) que ce minéral est décrit par M. Pallas, sous le nom de *kamenoja maslo;* en allemand, *stein butters*, c'est-à-dire *beurre fossile*. « Ce n'est, » dit M. de Dietrich, autre chose qu'un acide vitriolique chargé de quelques parties ferrugi- » neuses et de beaucoup de matières terreuses et grasses... On en tire d'un schiste alumi- » neux fort dur et brun à Willischtan, sur la rive droite de l'Aï; il suinte des fentes des » rochers et des grottes formées dans ces schistes, sous la forme d'une matière grasse d'un » blanc jaunâtre, qui se durcit un peu en la faisant sécher. Lorsqu'on examine avec attention » les endroits les plus propres de ces grottes, on le découvre sous la forme d'aiguilles fines; » c'est, selon toute apparence, de l'acide vitriolique concret natif, comme celui qui a été » découvert par le docteur Balthazar, en Toscane; dès que le temps est humide, cette matière » suinte avec bien plus d'abondance hors des rochers.

» Il y a un schiste argileux vitriolique sur la rivière de Tomsk, près de la ville de ce » nom, dont on extrait du vitriol impur jaune, qu'on vend mal à propos à Tomsk pour du » beurre fossile. C'est à Krasnojark qu'on trouve le véritable beurre fossile en grande abon- » dance et à bon marché; on l'y apporte des bords du fleuve Jeniseï et de ceux du fleuve » Mana, où on le trouve dans les crevasses et cavités d'un schiste alumineux noir, à la sur- » face duquel il est attaché sous la forme d'une croûte épaisse et raboteuse : il y en a aussi » en aiguilles; il y est en général très blanc, léger, et lorsqu'on le brûle à la flamme qui le » liquéfie facilement, et qu'on le fait bouillir, il s'en élève des vapeurs vitrioliques rouges, » et le résidu est une terre légère très blanche et savonneuse. On trouve la même matière » dans un schiste alumineux brun, sur le rivage de Chilok, près du village de Parkina; le » peuple se sert de cette matière en guise de remède pour arrêter les diarrhées et dysente- » ries, les pertes des femmes en couches, les fleurs blanches et autres écoulements impurs : » on le donne pour vomitif aux enfants, afin de les débarrasser des glaires qu'ils ont sur la » poitrine; enfin on s'en sert encore en cas de nécessité, au lieu de vitriol, pour teindre le » cuir en noir; et l'on prétend que les forgerons en font usage pour faire de l'acier : ce » dernier fait aurait mérité d'être constaté. » *Voyage de M. Pallas*, t. II, p. 88, 626, 697; et t. III, p. 258.

Après ces vitriols à base métallique, on doit placer les vitriols à base terreuse qui, pris généralement, peuvent se réduire à deux : le premier est l'alun dont la terre est argileuse ou vitreuse, et le second est le gypse que les chimistes ont appelé *sélénite*, et dont la base est une terre calcaire. Toutes les argiles sont imprégnées d'acide vitriolique, et les terres qu'on appelle *alumineuses* ne diffèrent des argiles communes qu'en ce qu'elles contiennent une plus grande quantité de cet acide; l'alun y est toujours en particules éparses, et c'est très rarement qu'il se présente en filets cristallisés : on le retire aisément de toutes les terres et pierres argileuses en les faisant calciner et ensuite lessiver à l'eau.

Le gypse, qu'on peut regarder comme un vitriol calcaire, se présente en stalactites et en grands morceaux cristallisés dans toutes les carrières de plâtre.

Mais, lorsque la quantité de terre contenue dans l'argile et dans le plâtre est très grande en comparaison de celle de l'acide, il perd en quelque sorte sa propriété la plus distinctive; il n'est plus corrosif, il n'est pas même sapide, car l'argile et le plâtre n'affectent pas plus nos organes que toute autre matière; et sous ce point de vue, on doit rejeter du nombre des substances salines ces deux matières, quoiqu'elles contiennent de l'acide.

Nous devons, par la même raison, ne pas compter au nombre des vitriols, ou substances vraiment salines, toutes les matières où l'acide en petite quantité se trouve non seulement mêlé avec l'une ou l'autre terre argileuse ou calcaire, mais avec toutes deux, comme dans les marnes et dans quelques autres terres et pierres mélangées de parties vitreuses, calcaires, limoneuses et métalliques : ces sels à double base forment un second ordre de matières salines, auxquelles on peut donner le nom d'*hépar;* mais toute matière simple, mixte ou composée de plusieurs substances différentes, dans laquelle l'acide est engagé ou saturé, de manière à n'être pas senti ni reconnu par la saveur, ne doit ni ne peut être comptée parmi les sels sans abuser du nom; car, alors, presque toutes les matières du globe seraient des sels, puisque presque toutes contiennent une certaine quantité d'acide aérien. Nous devons ici fixer nos idées par notre sensation; toutes les matières insipides ne sont pas des sels, toutes celles au contraire dont la saveur offense, irrite ou flatte le sens du goût, seront des sels, de quelque nature que soit leur base et en quelque nombre ou quantité qu'elles puissent être mélangées; cette propriété est générale, essentielle, et même la seule qui puisse caractériser les substances salines et les séparer de toutes les autres matières : je dis le seul caractère distinctif des sels, car l'autre propriété par laquelle on a voulu les distinguer, c'est-à-dire la solubilité dans l'eau, ne leur appartient pas exclusivement ni généralement, puisque les gommes et même les terres se dissolvent également dans toutes les liqueurs aqueuses, et que d'ailleurs on connaît des sels que l'eau ne dissout point (*a*), tels que le soufre qui est vraiment salin, puisqu'il contient l'acide vitriolique en grande quantité.

Suivons donc l'ordre des matières dans lesquelles la saveur saline est sensible; et ne considérant d'abord que les composés de l'acide vitriolique, nous aurons, dans les minéraux, les vitriols de fer, de cuivre et de zinc auxquels on doit ajouter l'alun, parce que tous sont non seulement sapides, mais même corrosifs.

L'acide vitriolique, qui par lui-même est fixe, devient volatil en s'unissant à la matière du feu libre sur laquelle il a une action très marquée, puisqu'il la saisit pour former le soufre, et qu'il devient volatil avec lui dans sa combustion; cet acide sulfureux volatil ne diffère de l'acide vitriolique fixe que par son union avec la vapeur sulfureuse dont il répand l'odeur; et le mélange de cette vapeur à l'acide vitriolique, au lieu d'augmenter sa force, la diminue beaucoup; car cet acide, devenu volatil et sulfureux, a beaucoup moins de puissance pour dissoudre; son affinité avec les autres substances est plus faible; tous les autres acides peuvent le décomposer, et de lui-même il se décompose par la seule éva-

(*a*) *Lettres de M. Demeste*, t. Ier, p. 44.

Ed. Traviès pinx   Imp. F. Tan[illegible]   [illegible]

BONDRÉE APIVORE

A. Le Vasseur Éditeur

poration : la fixité n'est donc point une qualité essentielle à l'acide vitriolique; il peut se convertir en acide aérien, puisqu'il devient volatil et se laisse emporter en vapeurs sulfureuses.

L'acide sulfureux fait seulement plus d'effet que l'acide vitriolique sur les couleurs tirées des végétaux et des animaux; il les altère, et même les fait disparaître avec le temps, au lieu que l'acide vitriolique fait reparaître quelques-unes de ces mêmes couleurs, et en particulier celle des roses; l'acide sulfureux les détruit toutes, et c'est d'après cet effet qu'on l'emploie pour donner aux étoffes la plus grande blancheur et le plus beau lustre.

L'acide sulfureux me paraît être l'une des nuances que la nature a mises entre l'acide vitriolique et l'acide nitreux; car toutes les propriétés de cet acide sulfureux les rapprochent évidemment de l'acide nitreux, et tous deux ne sont au fond que le même acide aérien qui, ayant passé par l'état d'acide vitriolique, est devenu volatil dans l'acide sulfureux, et a subi encore plus d'altération avant d'être devenu acide nitreux par la putréfaction des corps organisés : ce qui fait la principale différence de l'acide sulfureux et de l'acide nitreux, c'est que le premier est beaucoup plus chargé d'eau que le second, et que par conséquent, il n'est pas aussi fortement uni avec la matière du feu.

Après les vitriols métalliques, nous devons considérer les sels que l'acide vitriolique a formés avec les matières terreuses, et particulièrement avec la terre argileuse qui sert de base à l'alun; nous verrons que cette terre est la même que celle du quartz, et nous en tirerons une nouvelle démonstration de la conversion réelle du verre primitif en argile.

LIQUEUR DES CAILLOUX

J'ai dit et répété plus d'une fois dans le cours de mes ouvrages, que l'argile tirait son origine de la décomposition des grès et des autres débris du quartz réduits en poudre, et atténués par l'action des acides et l'impression de l'eau; je l'ai même démontré par des expériences faciles à répéter, et par lesquelles on peut convertir en assez peu de temps la poudre de grès en argile, par la simple action de l'acide aérien et de l'eau; j'ai rapporté de semblables épreuves sur le verre pulvérisé; j'ai cité les observations réitérées et constantes qui nous ont également prouvé que les laves les plus solides des volcans se convertissent en terre argileuse, en sorte qu'indépendamment des recherches chimiques et des preuves qu'elles peuvent fournir, la conversion des sables vitreux en argiles m'était bien démontrée; mais une vérité, tirée des analogies générales, fait peu d'effet sur les esprits accoutumés à ne juger que par les résultats de leur méthode particulière : aussi la plupart des chimistes doutent encore de cette conversion, et néanmoins les résultats bien entendus de leur propre méthode me semblent confirmer cette même vérité aussi pleinement qu'ils le peuvent désirer; car après avoir séparé dans l'argile l'acide de sa base terreuse, ils ont reconnu que cette base était une terre vitrifiable; ils ont ensuite combiné par le moyen du feu le quartz pulvérisé avec l'alcali dissous dans l'eau, et ils ont vu que cette matière précipitée devient soluble comme la terre de l'alun par l'acide vitriolique; enfin ils en ont formé un composé fluide qu'ils ont nommé *liqueur des cailloux* (*). « Une demi-partie d'alcali » et une partie de quartz pulvérisé fondues ensemble, dit M. de Morveau, forment un beau » verre transparent, qui conserve sa solidité : si on change les proportions et que l'on » mette, par exemple, quatre parties d'alcali pour une partie de terre quartzeuse, la masse

(*) Silicate de potasse. Je n'ai pas besoin de répéter ici ce que j'ai dit déjà au sujet de la chimie de Buffon.

» fondue participera d'autant plus des propriétés salines; elle sera soluble par l'eau, ou » même se résoudra spontanément en liqueur par l'humidité de l'air; c'est ce que l'on » nomme *liqueur des cailloux :* le quartz y est tenu en dissolution par l'alcali, au point de » passer par le filtre.

» Tous les acides, et même l'eau chargée d'air fixe, précipitent cette liqueur des cailloux, » parce qu'en s'unissant à l'alcali, ils le forcent d'abandonner la terre; quand les deux » liqueurs sont concentrées, il se fait une espèce de miracle chimique, c'est-à-dire que le » mélange devient solide... On peut conclure de toutes les expériences faites à ce sujet : » 1° que la terre quartzeuse éprouve pendant sa combinaison avec l'alcali, par la fusion, » une altération qui la rapproche de l'état de l'argile, et la rend susceptible de former de » l'alun avec l'acide vitriolique; 2° que la terre argileuse et la terre quartzeuse, altérées par » la vitrification, ont une affinité marquée, même par la voie humide, avec l'alcali privé » d'air, etc... Aussi l'argile et l'alun sont bien réellement des sels vitrioliques à base de terre » vitrifiable...

» L'argile est un sel avec excès de terre... et il est certain qu'elle contient de l'acide » vitriolique, puisqu'elle décompose le nitre et le sel marin à la distillation; on démontre » que sa base est alumineuse, en saturant d'acide vitriolique l'argile dissoute dans l'eau » et formant ainsi un véritable alun; on fait passer enfin l'alun à l'état d'argile, en lui fai- » sant prendre une nouvelle portion de terre alumineuse, précipitée et édulcorée : il faut » l'employer tandis qu'elle est encore en bouillie, car elle devient beaucoup moins soluble » en séchant, et cette circonstance établit une nouvelle analogie entre elle et la terre pré- » cipitée de la liqueur des cailloux (*a*). »

Cette terre qui sert de base à l'alun est argileuse; elle prend au feu, comme l'argile, toutes sortes de couleurs; elle y devient rougeâtre, jaune, brune, grise, verdâtre, bleuâtre et même noire, et si l'on précipite la terre vitrifiable de la liqueur des cailloux, cette terre précipitée a toutes les propriétés de la terre de l'alun; car en l'unissant à l'acide vitriolique on en fait de l'alun, ce qui prouve que l'argile est de la même essence que la terre vitrifiable ou quartzeuse.

Ainsi les recherches chimiques, bien loin de s'opposer au fait réel de la conversion des verres primitifs en argile, le démontrent encore par leurs résultats, et il est certain que l'argile ne diffère du quartz ou du grès réduits en poudre que par l'atténuation des molécules de cette poudre quartzeuse sur laquelle l'acide aérien, combiné avec l'eau, agit assez longtemps pour les pénétrer, et enfin les réduire en terre : l'acide vitriolique ne produirait pas cet effet, car il n'a point d'action sur le quartz ni sur les autres matières vitreuses; c'est donc à l'acide aérien qu'on doit l'attribuer : son union d'une part avec l'eau, et d'autre part le mélange des poussières alcalines avec les poudres vitreuses, lui donnent prise sur cette même matière quartzeuse; ceci me paraît assez clair, même en rigoureuse chimie, pour espérer qu'on ne doutera plus de cette conversion des débris de coquilles et d'autres productions du même genre, qui toutes peuvent fournir à l'acide aérien l'intermède alcalin, nécessaire à sa prompte action sur la matière vitrifiable; d'ailleurs l'acide aérien, seul et sans mélange d'alcali, attaque avec le temps toutes les matières vitreuses; car le quartz, le cristal de roche et tous les autres verres produits par la nature, se ternissent, s'irisent et se décomposent à la surface par la seule impression de l'air humide, et par conséquent la conversion du quartz en argile a pu s'opérer par la seule combinaison de l'acide aérien et de l'eau : ainsi les expériences chimiques prouvent ce que les observations en histoire naturelle m'avaient indiqué, savoir, que l'argile est de la même essence que le quartz, et qu'elle n'en diffère que par l'atténuation de ses molécules réduites en terre par l'impression de l'acide primitif et de l'eau.

(*a*) *Éléments de chimie*, par M. de Morveau, t. II, p. 59, 70 et 71.

Et ce même acide aérien, en agissant dès les premiers temps sur la matière quartzeuse, y a pris une base qui l'a fixé, et en a fait l'acide le plus puissant de tous, l'acide vitriolique qui, dans le fond, ne diffère de l'acide primitif que par sa fixité, et par la masse et la force que lui donne la substance vitrifiable qui lui sert de base; mais l'acide aérien étant répandu dans toute l'étendue de l'air, de la terre et des eaux, et le globe entier n'étant dans le premier temps qu'une masse vitrifiée, cet acide primitif a pénétré toutes les poudres vitreuses, et les ayant atténuées, ramollies et humectées par son union avec l'eau, les a peu à peu décomposées, et enfin converties en terres argileuses.

ALUN

L'acide aérien s'étant d'abord combiné avec les poudres du quartz et des autres verres primitifs, a produit l'acide vitriolique par son union avec cette terre vitrifiée, laquelle s'étant ensuite convertie et réduite en argile par cette action même de l'acide et de l'eau, cet acide vitriolique s'y est conservé et s'y manifeste sous la forme d'alun (*), et l'on ne peut douter que ce sel ne soit composé d'acide vitriolique et de terre argileuse; mais cette terre de l'alun est-elle de l'argile pure comme M. Bergman, et, d'après lui, la plupart des chimistes récents le prétendent? Il me semble qu'il y a plusieurs raisons d'en douter, et qu'on peut croire avec fondement que cette argile qui sert de base à l'alun n'est pas pure, mais mélangée d'une certaine quantité de terre limoneuse et calcaire, qui toutes deux contiennent de l'alcali.

1° Deux de nos plus savants chimistes, MM. Macquer et Baumé, ont reconnu des indices de substances alcalines dans cette terre : « Quoique essentiellement argileuse, dit M. Macquer, la terre de l'alun paraît cependant exiger un certain degré de calcination, et même » le concours des sels alcalis pour former facilement et abondamment de l'alun avec de » l'acide vitriolique; et M. Baumé est parvenu à réduire l'alun en une espèce de sélénite, » en combinant avec ce sel la plus grande quantité possible de sa propre terre (*a*). » Cela me paraît indiquer assez clairement que cette terre qui sert de base à l'alun n'est pas une argile pure, mais une terre vitreuse mélangée de substances alcalines et calcaires.

2° M. Fougeroux de Bondaroy, l'un de nos savants académiciens, qui a fait une très bonne description (*b*) de la carrière dont on tire l'alun de Rome, dit expressément : « Je » regarde cette pierre d'alun comme calcaire, puisqu'elle se calcine au feu..... La chaux » que l'on fait de cette pierre a la propriété de se durcir sans aucun mélange de sable ou » d'autres terres, lorsque après avoir été humectée on la laisse sécher. » Cette observation de M. de Bondaroy semble démontrer que les pierres de cette carrière de la *Tolfa* (**) dont

(*a*) *Dictionnaire de Chimie*, t. IV, p. 9 et suiv.
(*b*) *Mémoires de l'Académie des sciences*, année 1766, p. 1 et suiv.

(*) Les aluns sont des silicates doubles hydrates d'alumine et d'un protoxyde (potasse, soude, magnésie, protoxyde de fer, protoxyde de manganèse). La façon dont Buffon explique leur formation est tout à fait erronée; il fait combiner l'acide carbonique (acide aérien) avec le quartz pour donner de l'acide sulfurique, ce qui est absolument impossible.

(**) Les pierres de la carrière de Tolfa sont formées d'*alunite* ou *mine d'alun*, qui est une combinaison d'alun avec de l'alumine hydratée ou du sous-sulfate d'alumine et du sulfate de potasse. Sous l'influence d'une calcination modérée, l'alunite se décompose en dégageant une odeur sulfureuse. En traitant le résidu de la calcination par l'eau, on obtient l'alun, qui se dissout dans l'eau et qu'on fait ensuite cristalliser.

on tire l'alun de Rome, seraient de la même nature que nos pierres à plâtre, si la matière calcaire n'y était pas mêlée d'une plus grande quantité d'argile ; ce sont, à mon avis, des marnes plus argileuses que calcaires, qui ont été pénétrées de l'acide vitriolique, et qui par conséquent peuvent fournir également de l'alun et de la sélénite.

3° L'alun ne se tire pas de l'argile blanche et pure qui est de première formation, mais des glaises ou argiles impures qui sont de seconde formation, et qui toutes contiennent des corps marins, et sont par conséquent mélangées de substance calcaire, et souvent aussi de terre limoneuse.

4° Comme l'alun se tire aussi des pyrites, et même en grande quantité, et que les pyrites contiennent de la terre ferrugineuse et limoneuse, il me semble qu'on peut en inférer que la terre qui sert de base à l'alun est aussi mélangée de terre limoneuse, et je ne sais si le grand boursouflement que ce sel prend au feu ne doit être attribué qu'à la raréfaction de son eau de cristallisation, et si cet effet ne provient pas, du moins en partie, de la nature de la terre limoneuse qui, comme je l'ai dit, se boursoufle au feu, tandis que l'argile pure y prend de la retraite.

5° Et ce qui me paraît encore plus décisif, c'est que l'acide vitriolique, même le plus concentré, n'a aucune action sur la terre vitrifiable pure, et qu'il ne l'attaque qu'autant qu'elle est mélangée de parties alcalines ; il n'a donc pu former l'alun avec la terre vitrifiable simple ou avec l'argile pure, puisqu'il n'aurait pu les saisir pour en faire la base de ce sel, et qu'en effet il n'a saisi l'argile qu'à cause des substances calcaires ou limoneuses dont cette terre vitrifiable s'est trouvée mélangée.

Quoi qu'il en soit, il est certain que toutes les matières dont on tire l'alun ne sont ni purement vitreuses ni purement calcaires ou limoneuses, et que les pyrites, les pierres d'alun et les terres alumineuses, contiennent non seulement de la terre vitrifiable ou de l'argile en grande quantité, mais aussi de la terre calcaire ou limoneuse en petite quantité ; ce n'est que quand cette terre de l'alun a été travaillée par des opérations qui en ont séparé les terres calcaires et limoneuses qu'elle a pu devenir une argile pure sous la main de nos chimistes. Cependant M. le baron de Dietrich prétend (*a*) « que la terre qui » fournit l'alun, et que l'on tire à la Tolfa, est une véritable argile qui ne contient point, » ou très peu de parties calcaires ; que la petite quantité de sélénite qui se forme pendant » la manipulation ne prouve pas qu'il y ait de la terre calcaire dans la terre d'alun..... et » que la chaux qui produit la sélénite peut très bien provenir des eaux avec lesquelles on » arrose la pierre après l'avoir calcinée. » Mais, quelque confiance que puissent mériter les observations de cet habile minéralogiste, nous ne pouvons nous empêcher de croire que la terre dont on retire l'alun ne soit composée d'une grande quantité d'argile, et d'une certaine portion de terre limoneuse et de terre calcaire ; nous ne croyons pas qu'il soit nécessaire d'insister sur les raisons que nous venons d'exposer, et qui me semblent décisives ; l'impuissance de l'acide vitriolique sur les matières vitrifiables suffit seule pour démontrer qu'il n'a pu former l'alun avec l'argile pure : ainsi l'argile vitriolique a existé longtemps avant l'alun, qui n'a pu être produit qu'après la naissance des coquillages et des végétaux, puisque leurs détriments sont entrés dans sa composition.

La nature ne nous offre que très rarement et en bien petite quantité de l'alun tout formé ; on a donné à cet alun natif le nom d'*alun de plume*, parce qu'il est cristallisé en filets qui sont arrangés comme les barbes d'une plume (*b*) ; ce sel se présente plus souvent en efflo-

(*a*) *Lettres sur la Minéralogie*, par M. Ferber. Note de M. le baron de Dietrich, p. 315 et 316.

(*b*) Les rochers qui entourent l'île de Melo sont d'une nature de pierre légère, spongieuse, qui semble porter l'empreinte de la destruction. La pierre des anciennes carrières que je visitai offre les mêmes caractères ; toutes les parois de ces galeries souterraines sont couvertes d'alun qui s'y forme continuellement ; on y trouve le superbe et véritable alun de

rescence de formes différentes sur la surface de quelques minéraux pyriteux; sa saveur est acerbe et styptique, et son action très astringente : ces effets, qui proviennent de l'acide vitriolique, démontrent qu'il est plus libre et moins saturé dans l'alun que dans la sélénite, qui n'a point de saveur sensible, et en général le plus ou moins d'action de toute matière saline dépend de cette différence; si l'acide est pleinement saturé par la matière qu'il a saisie, comme dans l'argile et le gypse, il n'a plus de saveur, et moins il est saturé, comme dans l'alun et les vitriols métalliques, plus il est corrosif; cependant la qualité de la base dans chaque sel influe aussi sur sa saveur et son action; car plus la matière de ces bases est dense et pesante, plus elle acquiert de masse et de puissance par son union avec l'acide, et plus la saveur qui en résulte a de force.

Il n'y a point de mines d'alun proprement dites, puisqu'on ne trouve nulle part ce sel en grandes masses comme le sel marin, ni même en petites masses comme le vitriol; mais on le tire aisément des argiles qui portent le nom de *terres alumineuses*, parce qu'elles sont plus chargées d'acide, et peut-être plus mélangées de terre limoneuse ou calcaire que les autres argiles : il en est de même de ces pierres d'alun dont nous venons de parler, et qui sont *argilo-calcaires;* on le retire aussi des pyrites dans lesquelles l'acide vitriolique se trouve combiné avec la terre ferrugineuse et limoneuse : la simple lessive à l'eau chaude suffit pour extraire ce sel des terres alumineuses; mais il faut laisser effleurir les pyrites à l'air, ainsi que ces pierres d'alun, ou les calciner au feu et les réduire en poudre avant de les lessiver pour en obtenir l'alun.

L'eau bouillante dissout ce sel plus promptement et en bien plus grande quantité que l'eau froide; il se cristallise par l'évaporation et le refroidissement; la figure de ses cristaux varie comme celle de tous les autres sels. M. Bergman assure néanmoins que, quand la cristallisation de l'alun n'est pas troublée, il forme des octaèdres parfaits (*a*), transparents et sans couleur comme l'eau. Cet habile et laborieux chimiste prétend aussi s'être assuré que ces cristaux contiennent trente-neuf parties d'acide vitriolique, seize parties et demie d'argile pure, et quarante-cinq parties et demie d'eau (*b*); mais je soupçonne que dans son eau, et peut-être même dans son acide vitriolique, il est resté de la terre calcaire ou limoneuse, car il est certain que la base de l'alun en contient : l'acide, quoiqu'en si grande quantité, relativement à celle de la terre qui lui sert de base, est néanmoins si fortement uni avec cette terre qu'on ne peut l'en séparer que par le feu le plus violent; il n'y a d'autre moyen de les désunir qu'en offrant à cet acide des alcalis, ou quelque matière inflammable avec lesquelles il ait encore plus d'affinité qu'avec sa terre; on retire par ce moyen l'acide vitriolique de l'alun calciné, on en forme du soufre artificiel, et du pyrophore qui a la propriété de s'enflammer par le seul contact de l'air (*c*).

L'alun qui se tire des matières pyriteuses s'appelle dans le commerce *alun de glace* ou *alun de roche;* il est rarement pur, parce qu'il retient presque toujours quelques parties

plume, qu'il ne faut pas confondre avec l'amiante, quoique à la première inspection il soit souvent facile de s'y tromper. L'alun de Melo était fort estimé des anciens; Pline en parle, et paraît même désigner cet alun de plume dans le passage suivant : « Concreti aluminis unum genus schiston appellant Græci, in capillamenta quædam canescentiâ dehiscens; unde quidam trichitin potiùs appellavere. » Lib. xxxv, cap. xv. *Voyage pittoresque de la Grèce*, par M. le comte de Choiseul-Gouffier, in-folio, p. 12.

(*a*) M. Demeste dit avec plus de fondement, ce me semble, que « ce sel se cristallise en » effet en octaèdres rectangles lorsqu'il est avec excès d'acide, mais que la forme de ces octaèdres varie beaucoup; que leurs côtés et leurs angles sont souvent tronqués, et que » d'ailleurs il a vu des cristaux d'alun parfaitement cubiques, et d'autres rectangles. » *Lettres*, t. II, p. 220.

(*b*) *Opuscules chimiques*, t. Ier, p. 309 et 310.

(*c*) *Dictionnaire de Chimie*, par M. Macquer, article *Alun*.

métalliques, et qu'il est mêlé de vitriol de fer. L'alun connu sous le nom d'*alun de Rome* (a) est plus épuré et sans mélange sensible de vitriol de fer, quoiqu'il soit un peu rouge; on le tire, en Italie, des pierres alumineuses de la carrière de la Tolfa : il y a de

(a) La carrière de la Tolfa, qui fournit l'*alun de Rome*..., forme, dit M. de Bondaroy, une montagne haute de cent cinquante ou cent soixante pieds...; les pierres dont elle est formée ne sont point arrangées par lits, comme la plupart des pierres calcaires,... mais par masses et par blocs...

La pierre d'alun tient un peu à la langue... et, selon les ouvriers, elle se décompose lorsqu'on la laisse longtemps exposée à l'air... Pour faire calciner cette pierre, on l'arrange sur la voûte de plusieurs fourneaux qui sont construits sous terre, de manière que chaque pierre laisse entre elle un petit intervalle pour laisser parvenir le feu jusqu'au haut du fourneau... et on ne retire ces pierres qu'après qu'elles ont subi l'action du feu pendant douze ou quatorze heures... Lorsqu'elles sont bien calcinées, elles se rompent aisément, s'attachent fortement sur la langue, et y laissent le goût styptique de l'alun... Mais une calcination trop vive gâterait ces pierres, et il vaut mieux qu'elles soient moins calcinées, parce qu'il est aisé de remédier à ce dernier inconvénient en les remettant au feu...

Ces pierres calcinées sont ensuite arrangées en forme de muraille disposée en talus, pour recevoir l'eau dont on les arrose de temps à autre pendant l'espace de quarante jours; mais, s'il survient des pluies continuelles, elles sont entièrement perdues, parce que l'eau, en les décomposant plus qu'il ne faudrait, se charge des sels et les entraîne avec elle... Lorsque les pierres sont parvenues à un juste degré de décomposition, c'est-à-dire lorsque leurs parties sont entièrement désunies, on peut en former une pâte blanche pétrifiable... On les porte alors dans les chaudières que l'on a remplies d'eau, et dont le fond est de plomb... tandis que cette eau des chaudières est en ébullition, on remue la matière avec une pelle, on la débarrasse des écumes qui nagent sur sa surface, et ensuite on fait évaporer l'eau qui a dissous les sels d'alun;... et lorsqu'on juge qu'elle est assez chargée de sel on la fait passer dans un cuvier, ensuite dans des cuves de bois de chêne, dont la forme est carrée; et c'est dans ces dernières cuves qu'on la laisse cristalliser... Au bout d'environ quinze jours, on voit l'alun se cristalliser, le long de l'intérieur des cuves, en cristaux fort irréguliers; mais quelquefois, à l'ouverture de la décharge des cuves, l'alun se forme en beaux cristaux et d'une forme très régulière...

Les pierres ne donnent peut-être pas en sel d'alun la cinquantième partie de leur poids... elles sont très peu attaquables par les acides... n'étincellent que faiblement avec le briquet, et les ouvriers prétendent que les meilleures n'étincellent point du tout... Elles ont le grain fin, et sont aisées à casser... La terre qui reste après la calcination et la cristallisation du sel tient beaucoup de la nature d'une argile lavée.

Je regarde cette pierre comme calcaire, puisqu'elle se calcine au feu;... cependant les expériences faites par d'habiles chimistes ont démontré que la terre qui fait la base de l'alun est vitrifiable... *La chaux que l'on fait de cette pierre a la propriété de se durcir sans aucun mélange de sable ou d'autres terres, lorsque, après avoir été humectée, on la laisse sécher*. Dans toute chaux il se trouve de la craie; dans celle-ci, il semble qu'on trouve du sable ou une vraie terre glaise : la pierre d'alun non calcinée et broyée en poudre fine prend une consistance approchante de celle d'une terre grasse lorsqu'on l'a humectée d'eau... La meilleure est jaunâtre, un peu grise. *Mémoires de l'Académie des sciences*, année 1766, p. 1 et suiv. — M. l'abbé Guénée prétend néanmoins que la meilleure terre d'alun est blanche comme de la craie, et le sentiment des ouvriers s'accorde en cela avec le sien : ils rejettent les pierres grumeleuses, qui s'égrènent facilement entre les doigts, et celles qui sont rougeâtres. *Lettres de M. Ferber*, note, p. 316.

Les montagnes alumineuses de la Tolfa, disposées en rochers blancs, comme de la craie, sont, dit M. Ferber, séparées par un vallon qui a plusieurs petites issues sur les côtes, et qui ne doit son origine qu'à l'immensité de pierres alumineuses qu'on en a tirées... Les mineurs, soutenus par des cordes sur les bords escarpés des rochers auxquels ils sont adossés, font, dans cette situation, des trous qu'ils chargent de poudre... ensuite on y met le feu, après quoi on détache les pierres que la poudre a fait éclater... L'argile alumineuse est

semblables carrières de pierres d'alun en Angleterre (a), particulièrement à Whitby, dans le comté d'York, ainsi qu'en Saxe, en Suède, en Norvège (b), et dans les pays de Hesse et

d'un gris blanc ou blanche comme de la craie; elle est compacte et assez dure : en la raclant avec un couteau, on en obtient une poudre argileuse qui ne fait point effervescence avec les acides; elle est déjà pénétrée de l'acide vitriolique, et sa base est une terre argileuse... Il y a dans la même carrière une argile molle, blanche comme de la craie, et une autre d'un gris bleuâtre, que l'acide a commencé à tacher de blanc... La pierre d'alun de la Tolfa est donc une argile durcie, pénétrée et blanchie par l'acide vitriolique; cette pierre renferme quelques petites parties calcaires qui se forment en sélénite pendant la fabrication de l'alun; elles s'attachent aux vaisseaux : cette argile ou pierre d'alun compacte, sans être schisteuse, est disposée en masses et non par couches.

Les masses d'argile blanche de la Tolfa sont traversées de haut en bas par diverses petites veines de quartz gris blanc, presque perpendiculaires, de trois à quatre pouces d'épaisseur. Il y a de la pierre d'alun blanche à taches rougeâtres, qui ressemble à un savon marbré rouge et blanc. *Lettres sur la Minéralogie*, p. 315 et suiv.

(a) Il y a, dit Daniel Colwal (*Transactions philosophiques*, année 1678), des mines de pierres qui fournissent de l'alun dans la plupart des montagnes situées entre Scarboroug et la rivière de Tées, dans le comté d'York, et encore près de Preston, dans le Lancashire; cette pierre est d'une couleur bleuâtre et a quelque ressemblance avec l'ardoise.

Les meilleures mines sont celles qui se trouvent les plus profondes en terre, et qui sont arrosées de quelques sources; les mines sèches ne valent rien; mais aussi, lorsque l'humidité est trop grande, elle gâte les pierres et les rend nitreuses.

Il se rencontre dans ces mines des veines d'une autre pierre de même couleur, mais qui n'est pas si bonne : ces mines sont quelquefois à soixante pieds de profondeur. La pierre, exposée à l'air avant d'être calcinée, se brise d'elle-même et se met en fragments, qui, macérés dans l'eau, donnent du vitriol ou de la couperose, au lieu qu'elle donne de l'alun lorsqu'elle a été calcinée auparavant; cette pierre calcinée conserve sa dureté tant qu'elle reste dans la terre ou sous l'eau : quelquefois il sort de l'endroit d'où l'on tire la mine un ruisseau dont les eaux, étant évaporées par la chaleur du soleil, donnent de l'alun natif; on calcine cette mine avec le fraisil ou charbon à demi consumé de Newcastle, avec du bois et du genêt. Cette calcination se fait sur plusieurs bûchers, que l'on charge jusqu'à environ huit à dix verges d'épaisseur, et à mesure que le feu gagne le dessus, on recharge de nouvelle mine quelquefois à la hauteur de soixante pieds successivement, et cette hauteur n'empêche pas que le feu ne gagne toujours le dessus, c'est-à-dire le sommet, sans qu'on lui fournisse de nouvel aliment : il est même plus ardent sur la fin, et dure tant qu'il reste des matières sulfureuses unies à la pierre. *Collection académique*, partie étrangère, t. VI, p. 193.

(b) M. Jars nous donne une notice de ces différentes mines d'alun : « Au sud et au nord » de la ville de Whitby, dit-il, le long des côtes de la mer, le terrain a été tellement lavé » par les eaux, que le rocher d'alun y est entièrement à découvert sur une étendue de plus » de douze milles, où il est exploité sur une hauteur perpendiculaire de cent pieds au-dessus de son niveau : ce rocher s'étend aussi fort avant dans les terres... Il se délite par » lames comme le schiste; il est de couleur d'ardoise, mais beaucoup plus friable qu'elle, » se décompose aisément à l'air, et y perd de même entièrement sa qualité alumineuse, » s'il est lavé par les pluies. On trouve très souvent entre ses lames ou feuillets de petits » grains de pyrites, des bélemnites, mais surtout une grande quantité de cornes d'Ammon, » enveloppées d'un rocher plus dur et de forme arrondie. On prétend que les lits de ce » rocher vont jusqu'à une profondeur que l'on ne peut déterminer au-dessous du niveau de » la mer, mais qu'il y est de moindre qualité; d'ailleurs on a pour plusieurs siècles à » exploiter de celui qui est à découvert...

» La mine d'alun de Schwemsal, en Saxe, est située au bord de la rivière de la Molda, » dans une plaine dont le terrain est très sablonneux : le minerai y est par couches, dont » on en distingue deux qui s'étendent sur une lieue d'arrondissement, et très faciles à » exploiter, puisqu'elles se trouvent près de la surface de la terre, et qu'elles sont presque

de Liège, de même que dans quelques provinces d'Espagne (a). On extrait l'alun, dans ces différentes mines, à peu près par les mêmes procédés qui consistent à faire effleurir à l'air, pendant un temps suffisant, la terre ou pierre alumineuse, à la lessiver ensuite, et à faire cristalliser l'alun par l'évaporation de l'eau (b); l'alun de Rome est celui qui est le plus estimé et qu'on assure être le plus pur : tous les aluns sont, comme l'on voit, des produc-

» horizontales... Le minerai n'est point en roc, comme celui de Whitby; il consiste en une » terre durcie, mais très friable, dont les morceaux se détachent en surfaces carrées, comme » la plupart des charbons de terre : ces surfaces sont très noires; mais, si l'on brise ces » morceaux, on voit que l'intérieur est composé de petites couches très minces d'une terre » brune schisteuse; le minerai d'ailleurs contient beaucoup de bitume, peu de soufre, et » tombe facilement en efflorescence : c'est pourquoi on ne le fait pas griller; il n'est besoin » que de l'exposer à l'air pour en développer l'alun... Le minerai reste exposé à l'air pendant deux ans avant que d'être lessivé; alors il est en majeure partie décomposé et tombe » presque en poussière.

» Il arrive très souvent que le minerai éprouve une fermentation si considérable qu'il » s'enflamme; et, comme il serait dangereux de perdre beaucoup d'alun, on y remédie, aussitôt que l'on s'en aperçoit, en ouvrant le tas dans l'endroit où se forme l'embrasement : le » seul contact de l'air suffit pour l'arrêter ou l'éteindre, sans qu'il soit besoin d'y jeter de » l'eau; lorsque le minerai a été deux ans en efflorescence, il prend dans son intérieur une » couleur jaunâtre, qui est due sans doute à une terre martiale : on y voit entre ses couches de l'alun tout formé, et sur toute la longueur de la surface extérieure du tas des lignes » d'une matière blanche, qui n'est autre chose que ce sel tout pur.

» A Christineoff, en Suède, le rocher alumineux est une espèce d'ardoise noire qui se » délite aisément, et qui contient très souvent entre ses lits des rognons de pyrite martiale » de différentes grosseurs, mais dont la forme est presque toujours celle d'une sphère aplatie : on y trouve encore des couches d'un rocher noir, à grandes et petites facettes d'un » pied d'épaisseur, qui, par la mauvaise odeur qu'il donne en le frottant, peut-être mis dans » la classe des *pierres de porc* : on y voit aussi des petites veines perpendiculaires d'un » gypse très blanc.

» Ces couches de minerai ont une très grande étendue ; on prétend même avoir reconnu » qu'elles avaient une continuité à plus d'une lieue; mais ce qu'il y a de certain, c'est » qu'on ignore encore leur profondeur.

» Sur le penchant d'une petite montagne opposée de la ville de Christiania en Norvège, » et presque au niveau de la mer, on exploite une mine d'alun qui a donné lieu à un établissement assez considérable... L'espèce de minerai que l'on a à traiter est proprement » une ardoise, qui contient entre ses lits quantité de rognons de pyrites martiales; on » l'exploite de la même manière qu'en Suède, à tranchée ouverte et à peu de frais.

» Sur la route de Grossalmrode à Cassel, on trouve plusieurs mines d'alun qui sont » exploitées par des particuliers... Le minerai d'alun forme une couche d'une très grande » étendue, sur huit à neuf toises d'épaisseur, et dont la couleur et la texture le rapprochent » beaucoup de l'espèce de celui de Schwensal que l'on exploite en Saxe, mais surtout dans » la partie inférieure de la couche : il est de même tendre et friable, et tombe facilement » en efflorescence ; mais souvent il est mêlé de bois fossile très bitumineux, et quelquefois » aussi de ce bois pétrifié. « *Voyages minéralogiques*, t. III, p. 288, 293, 297, 303 et 305.

(a) Les Espagnols prétendent que l'alun d'Aragon est encore meilleur que celui de » Rome. Ce sel, dit M. Bowles, se trouve formé dans la terre comme le salpêtre et le sel » commun; il ne faut, pour le raffiner, qu'une simple lessive, qui le filtre et lui ôte » toute l'impureté de la terre... Après cette lessive, on le fait évaporer au feu, ensuite on » verse la liqueur dans d'autres vaisseaux, où on laisse l'alun se cristalliser au fond. » *Histoire naturelle d'Espagne*, p. 390 et suiv.

(b) Dans quelques-unes de ces exploitations, on fait griller le minerai; mais, comme le remarque très bien M. Jars, cette opération n'est bonne que pour celles de ces mines qui sont très pyriteuses, et serait pernicieuse dans les autres, où la combustion détruirait une portion de l'alun, et qu'il suffit de laisser effleurir à l'air, où elles s'échauffent d'elles-mêmes.

tions de notre art, et le seul sel de cette espèce, que la nature nous offre tout formé, est l'alun de plume, qui ne se trouve que dans les cavités (a) où suintent et s'évaporent les eaux chargées de ce sel en dissolution. Cet alun est très pur, mais nulle part il n'est en assez grande quantité pour faire un objet de commerce, et encore moins pour fournir à la consommation que l'on fait de l'alun dans plusieurs arts et métiers.

Ce sel a en effet des propriétés utiles, tant pour la médecine que pour les arts, et surtout pour la teinture et la peinture : la plupart des pastels ne sont que des terres d'alun teintes de différentes couleurs; il sert à la teinture en ce qu'il a la propriété d'ouvrir les pores et d'entamer la surface des laines et des soies qu'on veut teindre, et de fixer les couleurs jusque dans leur substance; il sert aussi à la préparation des cuirs, à lisser le papier, à argenter le cuivre, à blanchir l'argent, etc. Mis en suffisante quantité sur la poudre à canon, il la préserve de l'humidité et même de l'inflammation; il s'oppose aussi à l'action du feu sur le bois et sur les autres matières combustibles, et les empêche de brûler si elles en sont fortement imprégnées; on le mêle avec le suif pour rendre les chandelles plus fermes : on frotte d'alun calciné les formes qui servent à imprimer les toiles et papiers pour y faire adhérer les couleurs; on en frotte de même les balles d'imprimerie pour leur faire prendre l'encre, etc.

Les Asiatiques ont, avant les Européens, fait usage de l'alun ; les plus anciennes fabriques de ce sel étaient en Syrie et aux environs de Constantinople et de Smyrne, dans le temps des califes, et ce n'est que vers le milieu du xve siècle que les Italiens transportèrent l'art de fabriquer l'alun dans leur pays, et que l'on découvrit les mines alumineuses d'Ischia, de Viterbe, etc. Les Espagnols établirent ensuite, dans le xvie siècle, une manufacture d'alun près de Carthagène, à Almazaran, et cet établissement subsiste encore. Depuis ce temps, on a fabriqué de l'alun en Angleterre, en Bohême et dans d'autres provinces de l'Allemagne, et aujourd'hui on en connaît sept manufactures en Suède, dont la plus considérable est celle de Garphyttau dans la Noricie (b).

Il y a en France assez de mines pyriteuses, et même assez de terres alumineuses pour qu'on pût y faire tout l'alun dont on a besoin sans l'acheter de l'étranger, et néanmoins je n'en connais qu'une seule petite manufacture en Roussillon, près des Pyrénées; cependant on en pourrait fabriquer de même en Franche-Comté, où il y a une grande quantité de terres alumineuses à quelque distance de Norteau (c). M. de Gensane, qui a reconnu ces terres, en a aussi trouvé en Vivarais, près de la Gorce : « Plusieurs veines de cette

(a) Dans l'une des mines du territoire de Latera, on trouve contre les parois de la voûte le plus bel alun de plume cristallisé en petites aiguilles, blanc argenté, tantôt très pur, tantôt combiné avec du soufre; on y trouve aussi une pierre argileuse bleuâtre, crevassée, au milieu de laquelle l'alun s'est fait jour pour se cristalliser en efflorescence : cette mine est située dans un tuf volcanique où l'on trouve du soufre en masses errantes et disséminées... Il se trouve au fond de ces mines une eau vitriolique qui découle de la voûte; cette eau, en filtrant à travers les couches qui surmontent la voûte, y forme une croûte, et dépose cet alun natif que l'on trouve aussi cristallisé de même dans plusieurs pierres... Il y a aussi de l'alun cristallisé et en efflorescence sur les parois des voûtes à Puzzola, comme à Mulino près de Latera... Il y a deux sources auprès des mines del Mulino, dont l'eau est chargée d'une terre alumineuse, blanchâtre, qui lui donne un goût très styptique... Le limon que l'eau abandonne, ainsi que les petites branches et herbes qui y surnagent ou qui restent à sec, se revêtissent d'une croûte alumineuse qui s'en détache aisément, et qui est sans mélange de terre : les grenouilles que l'on met dans cette eau ne peuvent y vivre, et cependant on y voit une très grande quantité de petits vermisseaux qui y multiplient : mais il n'y croît point de végétaux, et ces deux sources exhalent une odeur de foie de soufre très désagréable. M. Cassini fils. *Mémoires de l'Académie des sciences*, année 1777, p. 580 et suiv.

(b) *Opuscules chimiques* de M. Bergman, t. Ier, p. 304 et suiv.

(c) M. de Gensane, *Mémoires des savants étrangers*, t. IV.

» terre alumineuse, sont, dit-il, parsemées de charbon *jayet*, et l'on y trouve par inter-» valles de l'alun natif (*a*). » Il y a aussi, près de Soyon, des mines de couperose et d'alun (*b*); on voit encore beaucoup de terres alumineuses aux environs de Roquefort et de Cascastel (*c*); d'autres près de Cornillon (*d*), dans le diocèse d'Uzès, dans lesquelles l'alun se forme naturellement; mais combien n'avons-nous pas d'autres richesses que nous foulons aux pieds, non par dédain ni par défaut d'industrie, mais par les obstacles qu'on met, ou le peu d'encouragement que l'on donne à toute entreprise nouvelle!

AUTRES COMBINAISONS DE L'ACIDE VITRIOLIQUE

Nous venons de voir que cet acide, le plus fort et le plus puissant de tous, a saisi les terres argileuses et calcaires, dans lesquelles il se manifeste sous la forme d'alun et de sélénite; que l'argile et le plâtre, quoique imprégnés de cet acide, n'ont néanmoins aucune saveur saline, parce qu'il y a des excès de terre sur la quantité d'acide, et qu'il y est pleinement saturé; que l'alun au contraire, dont la base n'est que de la terre argileuse mêlée d'une petite portion de terre alcaline, a une saveur styptique et des effets astringents, parce que l'acide n'y est pas saturé; qu'il en est de même de tous les vitriols métalliques dont la base, étant d'une matière plus dense que la terre vitreuse ou calcaire, a donné à ces sels plus de masse et de puissance : nous avons vu que les terres alumineuses ne sont que des argiles mélangées et plus fortement imprégnées que les autres d'acide vitriolique; que l'alun, qu'on peut regarder comme un vitriol à base terreuse, retient dans ses cristaux une quantité d'eau plus qu'égale à la moitié de son poids, et que cette eau n'est pas essentielle à sa substance saline, puisqu'il la perd aisément au feu sans se décomposer; qu'il s'y boursoufle comme la terre limoneuse, et qu'en même temps qu'il se laisse dépouiller de son eau, il retient très fixement l'acide vitriolique, et devient après la calcination presque aussi corrosif que cet acide même.

Maintenant, si nous examinons les autres matières avec lesquelles cet acide se trouve combiné, nous reconnaîtrons que l'alcali minéral ou marin (*), qui est le seul sel alcali naturel et qui est universellement répandu, est aussi le seul avec lequel l'acide vitriolique se soit naturellement combiné sous la forme d'un sel cristallisé auquel on a donné le nom du chimiste *Glauber* (**). On trouve ce sel dans l'eau de la mer, et généralement dans toutes les eaux qui tiennent du sel gemme ou marin en dissolution; mais la nature n'en

(*a*) *Histoire naturelle du Languedoc*, t. III, p. 177.
(*b*) *Histoire naturelle du Languedoc*, t. III, p. 201.
(*c*) *Idem, ibidem*, p. 177.
(*d*) Les couches de terre alumineuses y sont séparées par d'autres couches d'une terre à foulon très précieuse : cette terre est de la plus grande finesse et d'une blancheur éclatante; elle est de la nature des kaolins et très propre à la fabrique des porcelaines, parce que le feu n'altère point sa blancheur et qu'elle est très liante : on en fait des pipes à tabac d'une beauté surprenante. Au-dessous de toutes ces couches, on trouve un autre banc d'une terre également fine, et qui ne diffère de la précédente que par la couleur qui est d'un jaune de citron, assez semblable à la terre que nous appelons *jaune de Naples*, mais plus fine : sa couleur est permanente et résiste à l'action du feu; elle est par conséquent propre à colorer la faïence en la mêlant avec le feldspath. *Idem*, t. Ier, p. 158 et 159.

(*) Hydrate de sodium ou Soude.
(**) Sulfate de sodium.

a formé qu'une très petite quantité en comparaison de celle du sel gemme ou marin, qui diffère de ce sel de Glauber, en ce que ce n'est pas l'acide vitriolique, mais l'acide marin qui est uni avec l'alcali dans le sel marin, qui de tous les sels naturels est le plus abondant.

Lorsque l'on combine l'acide vitriolique avec l'*alcali végétal* (*), il en résulte un sel, cristallisable, d'une saveur amère et salée, auquel on a donné plusieurs noms différents et singulièrement celui de *tartre vitriolé* (**) : ce sel, qui est dur et qui décrépite au feu, ne se dissout que difficilement dans l'eau et ne se trouve pas cristallisé par la nature, quoique tous les sels formés par l'acide vitriolique puissent se cristalliser.

L'acide vitriolique qui se combine dans les terres vitreuses, calcaires et métalliques, et se présente sous la forme d'alun, de sélénite et de vitriol, se trouve encore combiné dans le sel d'Epsom (***) avec la *magnésie*, qui est une terre particulière différente de l'argile, et qui paraît aussi avoir quelques propriétés qui la distinguent de la terre calcaire : en la supposant mixte et composée des deux, elle approche beaucoup plus de la craie que de l'argile. Cette terre *magnésie* ne se trouve point en grandes masses comme les argiles, les craies, les plâtres, etc.; néanmoins elle est mêlée dans plusieurs matières vitreuses et calcaires; on l'a reconnue par l'analyse chimique dans les schistes bitumineux, dans les terres plâtreuses, dans les marnes, dans les pierres appelées *serpentines*, dans l'*ampélite*. et l'on a observé qu'elle forme, à la surface et dans les interstices de ces matières, un sel amer fort abondant; l'acide vitriolique est combiné dans ce sel jusqu'à saturation, et lorsqu'on l'en retire en lui offrant un alcali, la magnésie qui lui servait de base se présente sous la forme d'une terre blanche, légère, sans saveur et presque sans ductilité lorsqu'on la mêle avec l'eau : ces propriétés lui sont communes avec les terres calcaires imprégnées d'acide vitriolique, dont sans doute la magnésie retient encore quelques parties après avoir été précipitée de la dissolution de son sel ; elle se rapproche encore plus de la nature de la terre calcaire, en ce qu'elle fait une grande effervescence avec tous les acides. et qu'elle fournit de même une très grande quantité d'air fixe ou d'acide aérien, et qu'après avoir perdu cet air par la calcination, elle se dissout comme la chaux dans tous les acides : seulement cette magnésie calcinée n'a pas la causticité de la chaux, et ne se dissout pas de même lorsqu'on la mêle avec l'eau, ce qui la rapproche de la nature du plâtre; cette différence de la chaux vive et de la magnésie calcinée semble provenir de la plus grande puissance avec laquelle la chaux retient l'acide aérien, que la calcination n'enlève qu'en partie à la terre calcaire et qu'elle enlève en plus grande quantité à la magnésie : cette terre n'est donc au fond qu'une terre calcaire qui, d'abord imprégnée comme le plâtre d'acide vitriolique, se trouve encore plus abondamment fournie d'acide aérien que la pierre calcaire ou le plâtre; et ce dernier acide est la seule cause de la différence des propriétés de la magnésie et des qualités particulières de son sel : il se forme en grande quantité à la surface des matières qui contiennent de la magnésie ; l'eau des pluies ou des sources le dissout et l'emporte dans les eaux, dont on le tire par l'évaporation; et ce sel, formé de l'acide vitriolique à base de magnésie, a pris son nom de la fontaine d'*Epsom*, en Angleterre, de l'eau de laquelle on le tire en grande quantité. M. Brownrigg assure avoir trouvé du sel d'Epsom cristallisé dans les mines de charbon de Withaven : il était en petites masses solides, transparentes, et en filaments blancs argentins, tantôt réunis, tantôt isolés, dont quelques-uns avaient jusqu'à trois pouces de longueur (*a*).

La saveur de ce sel n'est pas piquante, elle est même fraîche, mais suivie d'un arrière-goût amer; sa qualité n'est point astringente; il est donc en tout très différent de l'alun,

(*a*) Voyez les *Éléments de chimie*, par M. de Morveau, t. Ier, p. 132.

(*) Hydrate de potassium ou Potasse.
(**) Sulfate de potassium.
(***) Sulfate de magnésium.

et comme il diffère aussi de la sélénite par sa saveur et sa solubilité dans l'eau, on a jugé que la magnésie qui lui sert de base était une terre entièrement différente de l'argile et de la craie; d'autant que cette même magnésie, combinée avec d'autres acides, tels que l'acide nitreux ou celui du vinaigre, donne encore des sels différents de ceux que l'argile ou la terre calcaire donne en les combinant avec ces mêmes acides : mais, si l'on compare ces différences avec les rapports et les ressemblances que nous venons d'indiquer entre la terre calcaire et la magnésie, on ne pourra douter, ce me semble, qu'elle ne soit au fond une vraie terre calcaire, d'abord pénétrée d'acide vitriolique, et ensuite modifiée par l'acide aérien, et peut-être aussi par l'alcali végétal, dont elle paraît avoir plusieurs propriétés.

La seule chose qui pourrait faire penser que cette terre magnésie est mêlée d'une petite quantité d'argile, c'est que, dans les matières argileuses, elle est si fortement unie à la terre alumineuse qu'on a de la peine à l'en séparer; mais cet effet prouve seulement que la terre de l'alun n'est pas une argile pure, et qu'elle contient une certaine quantité de terre alcaline; ainsi, tout considéré, je regarde la magnésie comme une sorte de plâtre : ces deux matières sont également imprégnées d'acide vitriolique, elles ont les mêmes propriétés essentielles, et quoique la magnésie ne se présente pas en grandes masses comme le plâtre, elle est peut-être en aussi grande quantité sur la terre et dans l'eau, car on en retire des cendres de tous les végétaux, et plus abondamment des *eaux mères*, du nitre et du sel marin, autre preuve que ce n'est au fond qu'une terre calcaire modifiée par la végétation et la putréfaction.

L'acide vitriolique, en se combinant avec les huiles végétales, a formé les bitumes (*a*), et s'est pleinement saturé, car il n'a plus aucune action sur le bitume, qui n'a pas plus de saveur sensible que l'argile et le plâtre, dans lesquels cet acide est de même pleinement saturé.

Si l'on expose à l'action de l'acide vitriolique les substances végétales et animales dans leur état naturel, « il agit à peu près comme le feu, s'il est bien concentré; il les des- » sèche, les crispe et les réduit presque à l'état charbonneux, et de là on peut juger qu'il » en altère souvent les principes, en même temps qu'il les sépare (*b*). » Ceci prouve bien que cet acide n'est pas uniquement composé des principes aqueux et terreux, comme Stahl et ses disciples l'ont prétendu, mais qu'il contient aussi une grande quantité d'air actif et de feu réel. Je crois devoir insister ici sur ce que j'ai déjà dit à ce sujet, parce que le plus grand nombre des chimistes pensent que l'acide vitriolique est l'acide primitif, et que pour le prouver ils ont tâché d'y ramener ou d'en rapprocher tous les autres acides. Or, leur grand maître en chimie a voulu établir sa théorie des sels sur deux idées, dont l'une est générale, l'autre particulière : la première, *que l'acide vitriolique est l'acide universel et le seul principe salin, qu'il y ait dans la nature, et que toutes les autres substances salines, acides ou alcalines, ne sont que des modifications de cet acide altéré, enveloppé, déguisé par des substances accessoires;* nous n'avons pas adopté cette idée, qui néanmoins a le mérite de se rapprocher de la simplicité de la nature. L'acide vitriolique sera, si l'on veut, le second acide; mais l'acide aérien est le premier, non seulement dans l'ordre de leur formation, mais encore parce qu'il est le plus pur et le plus simple de tous, n'étant composé que d'air et de feu, tandis que l'acide vitriolique et tous les autres acides sont mêlés

(*a*) L'acide vitriolique, versé sur les huiles d'amande, d'olive, de navette, et même sur les huiles essentielles, les noircit sur-le-champ et les rend plus solides; le mélange acquiert, avec le temps, une consistance et des propriétés qui le rapprochent sensiblement du bitume, quand l'huile est plus terreuse, et de la résine quand l'huile est plus légère et plus volatile... On n'a point examiné l'action de l'acide vitriolique sur les résines, les gommes et les sucs gommo-résineux... Avec l'acide vitriolique et l'esprit-de-vin on produit l'éther. *Éléments de chimie*, par M. de Morveau, t. III, p. 121 et 122.

(*b*) *Eléments de chimie*, par M. de Morveau, t. III, p. 123.

de terre et d'eau : nous nous croyons donc fondés à regarder l'acide aérien comme l'acide primitif, et nous pensons qu'il faut substituer cette idée à celle de ce grand chimiste, qui le premier a senti qu'on devait ramener tous les acides à un seul acide primitif et universel; mais sa seconde supposition, *que cet acide universel n'est composé que de terre et d'eau,* ne peut se soutenir, non seulement parce que les effets ne s'accordent point avec la cause supposée, mais encore parce que cette idée particulière et secondaire me parait opposée, et même contraire à toute théorie, puisque alors l'air et le feu, les deux principaux agents de la nature, seraient exclus de toute substance essentiellement saline et réellement active, attendu que toutes ne contiendraient que ce même principe salin, uniquement composé de terre et d'eau.

Dans la réalité, l'acide est après le feu l'agent le plus actif de la nature, et c'est par le feu et par l'air contenus dans sa substance qu'il est actif, et qu'il le devient encore plus lorsqu'il est aidé de la chaleur, ou lorsqu'il se trouve combiné avec des substances qui contiennent elles-mêmes beaucoup d'air et de feu, comme dans le nitre; il devient au contraire d'autant plus faible qu'il est mêlé d'une plus grande quantité d'eau, comme dans les cristaux d'alun, la crême de tartre, les sels ou les sucs des plantes fermentées ou non fermentées, etc.

Les chimistes ont, avec raison, distingué les substances salines par elles-mêmes, des matières qui ne sont salines que par le mélange des principes salins avec d'autres substances : « *Tous* les acides et alcalis minéraux, végétaux et animaux, tant fixes que vola-
» tils, *fluors* ou concrets, doivent, dit M. Macquer, être regardés comme des substances
» salines par elles-mêmes; il y a même quelques autres substances qui n'ont point
» de propriétés acides ou alcalines décidées, mais qui, ayant celles des sels en général
» et pouvant communiquer les propriétés salines aux composés dans lesquels elles
» entrent, peuvent par cette raison être regardées comme des substances essentiellement
» salines; tels sont l'arsenic et le sel sédatif... Toutes ces substances, quoique essentiel-
» lement salines, diffèrent beaucoup entre elles, surtout par les degrés de force et d'ac-
» tivité, et par leur attraction plus ou moins grande avec les matières dans lesquelles elles
» peuvent se combiner ; comparez, par exemple, la force de l'acide vitriolique avec la fai-
» blesse de l'acide du tartre... Les acides minéraux sont plus forts que les acides
» tirés des végétaux et des animaux, et parmi les acides minéraux l'acide vitriolique
» est le plus fort, le plus inaltérable, et par conséquent le plus pur, le plus simple, le plus
» sensiblement et essentiellement sel... Parmi les autres substances salines, celles qui
» paraissent les plus actives, les plus simples, tels que les *autres acides minéraux, nitreux*
» *et marins,* sont en même temps celles dont les propriétés se *rapprochent le plus de celles*
» *de l'acide vitriolique.* On peut faire prendre à l'acide vitriolique plusieurs des propriétés
» caractéristiques de l'acide nitreux, en le combinant d'une certaine manière avec le prin-
» cipe inflammable, comme on le voit par l'exemple de l'acide sulfureux volatil : les acides
» huileux végétaux deviennent d'autant plus forts et plus *semblables à l'acide vitriolique,*
» qu'on les dépouille plus exactement de leurs principes huileux ; et peut-être parvien-
» drait-on *à les réduire en acide vitriolique pur* en multipliant les opérations, et récipro-
» quement l'acide vitriolique et le nitreux, affaiblis par l'eau et traités avec une grande
» quantité de matières huileuses, et encore mieux avec l'esprit-de-vin, prennent des carac-
» tères d'acides végétaux... Les propriétés des alcalis fixes semblent, à la vérité, s'éloigner
» beaucoup de celles des acides en général, et par conséquent de l'acide vitriolique; cepen-
» dant, comme il entre dans la composition des alcalis fixes une grande quantité de terre.
» qu'on peut séparer beaucoup de cette terre par des distillations et calcinations réitérées,
» et qu'à mesure qu'on dépouille ces substances salines de leur principe terreux, elles
» deviennent d'autant moins fixes et d'autant plus déliquescentes, en un mot qu'elles se
» *rapprochent d'autant plus de l'acide vitriolique* à cet égard, il ne paraîtra pas hors de

» vraisemblance que *les alcalis ne puissent devoir leurs propriétés salines à un principe » salin de la nature de l'acide vitriolique*, mais beaucoup déguisé par la quantité de terre, » et vraisemblablement des principes inflammables auxquels il est joint dans ces combi- » naisons ; et les alcalis volatils sont des matières salines essentiellement de même nature » que l'alcali fixe, et qui ne doivent leur volatilité qu'à une différente proportion et com- » binaison de leurs principes prochains (*a*). »

J'ai cru devoir rapporter tous ces faits, avoués par les chimistes, et tels qu'ils sont consignés dans les ouvrages d'un des plus savants et des plus circonspects d'entre eux, pour qu'on ne puisse plus douter de l'unité du principe salin ; qu'on cesse de voir les acides nitreux et marin, et les acides végétaux et animaux comme essentiellement différents de l'acide vitriolique, et qu'enfin on s'habitue à ne pas regarder les alcalis comme des substances salines d'une nature opposée, et même contraire à celle des acides : c'était l'opinion dominante depuis plus d'un siècle, parce qu'on ne jugeait de l'acide et de l'alcali qu'en les opposant l'un à l'autre, et qu'au lieu de chercher ce qu'ils ont de commun et de semblable, on ne s'attachait qu'à la différence que présentent leurs effets, sans faire attention que ces mêmes effets dépendent moins de leurs propriétés salines que de la qualité des substances accessoires dont ils sont mélangés, et dans lesquelles le principe salin ne peut se manifester sous la même forme, ni s'exercer avec la même force et de la même manière que dans l'acide, où il n'est ni contraint ni masqué.

Et cette conversion des acides et des alcalis qui, dans l'opinion de Stahl, peuvent tous se ramener à l'acide vitriolique, est supposée réciproque, en sorte que cet acide peut devenir lui-même un alcali ou un autre acide ; mais tous, sous quelque forme qu'ils se présentent, proviennent originairement de l'acide aérien.

Reprenant donc le principe salin dans son essence et sous sa forme la plus pure, c'est-à-dire sous celle de l'acide aérien, et le suivant dans ses combinaisons, nous trouverons qu'en se mêlant avec l'eau, il en a formé des liqueurs spiritueuses : toutes les eaux acidules et mousseuses, le vin, le cidre, la bière, ne doivent leurs qualités qu'au mélange de cet acide aérien qu'ils contiennent sous la forme d'air fixe ; nous verrons qu'étant ensuite absorbé par ces mêmes matières, il leur donne l'aigreur du vinaigre, du tartre, etc., qu'étant entré dans la substance des végétaux et des animaux, il a formé l'acide animal et tous les alcalis par le travail de l'organisation. Cet acide primitif, s'étant d'abord combiné avec la terre vitrifiée, a formé l'acide vitriolique, lequel a produit, avec les substances métalliques, les vitriols de fer, de cuivre et de zinc ; avec l'argile et la terre calcaire, l'alun et la sélénite ; le sel de Glauber avec l'alcali minéral, et le sel d'*Epsom* ou de *Sedlitz* avec la magnésie.

Ce sont là les principales combinaisons sous lesquelles se présente l'acide vitriolique, car nulle part on ne le trouve dans son état de pureté et sous sa forme liquide, et cela par la raison qu'ayant une très grande tendance à s'unir avec le feu libre, avec l'eau et avec la plupart des substances terreuses et métalliques, il s'en saisit partout, et ne demeure nulle part sous cette forme liquide que nous lui connaissons lorsqu'il est séparé par notre art de toutes les substances auxquelles il est naturellement uni : cet acide, bien déflegmé et concentré, pèse spécifiquement plus du double de l'eau, et par conséquent beaucoup plus que la terre commune ; et, comme sa fluidité diminue à mesure qu'on le concentre, on doit croire que, si l'on pouvait l'amener à un état concret et solide, il aurait plus de densité que les pierres calcaires et les grès (*b*) ; mais, comme il a une très grande

(*a*) *Dictionnaire de chimie*, article *Sel*.

(*b*) En supposant que l'eau distillée pèse dix mille, le grès des tailleurs de pierre ne pèse que vingt mille huit cent cinquante-cinq ; ainsi l'acide vitriolique bien concentré, pesant plus du double de l'eau, pèse au moins autant que le grès.

affinité avec l'eau, et que même il attire l'humidité de l'air, il n'est pas étonnant que, ne pouvant être condensé que par une forte chaleur, il ne se trouve jamais sous une forme sèche et solide dans le sein de la terre.

Dans les eaux qui découlent des collines calcaires, et qui se rassemblent sur la glaise qui leur sert de base, l'acide vitriolique de la glaise se trouve combiné avec la terre calcaire ; ces eaux contiennent donc de la sélénite en plus ou moins grande quantité, et c'est de là que vient la crudité de presque toutes les eaux de puits ; la sélénite dont elles sont imprégnées leur donne une sorte de sécheresse dure qui les empêche de se mêler au savon et de pénétrer les pois et autres graines que l'on veut faire cuire : si l'eau a filtré profondément dans l'épaisseur de la glaise, la saveur de l'acide vitriolique y devient plus sensible, et dans les lieux qui recèlent des feux souterrains, ces eaux deviennent sulfureuses par leur mélange avec l'acide sulfureux volatil, etc.

L'acide aérien et primitif, en se combinant avec la terre calcaire, a produit l'acide marin, qui est moins fixe et moins puissant que le vitriolique, et auquel cet acide aérien a communiqué une partie de sa volatilité : nous exposerons les propriétés particulières de cet acide dans les articles suivants.

ACIDES DES VÉGÉTAUX ET DES ANIMAUX

La formation des acides végétaux et animaux par l'acide aérien (*) est encore plus immédiate et plus directe que celle des acides minéraux, parce que cet acide primitif a pénétré tous les corps organisés, et qu'il y réside sous sa forme propre et en grande quantité (**).

Si l'on voulait compter les acides végétaux par la différence de leur saveur, il y en aurait autant que de plantes et de fruits, dont le goût agréable ou répugnant est varié presque à l'infini ; ces végétaux plus ou moins fermentés présenteraient encore d'autres acides plus développés et plus actifs que les premiers ; mais tous proviennent également de l'acide aérien.

Les acides végétaux que les chimistes ont le mieux examinés sont ceux du vinaigre et du tartre, et ils n'ont fait que peu d'attention aux acides des végétaux non fermentés. Tous les vins, et en particulier celui du raisin, se font par une première fermentation de la liqueur des fruits, et cette première fermentation leur ôte la saveur sucrée qu'ils ont naturellement ; ces liqueurs vineuses, exposées à l'air, c'est-à-dire à l'action de l'acide aérien, l'absorbent et s'aigrissent : l'acide primitif est donc également la cause de ces deux fermentations, il se dégage dans la première, et se laisse absorber dans la seconde. Le vinaigre n'est formé que par l'union de cet acide aérien avec le vin, et il conserve seulement une petite quantité d'huile inflammable ou d'esprit-de-vin qui le rend spiritueux ; aussi s'évapore-t-il à l'air, et il n'en attire pas l'humidité comme les acides minéraux ; d'ailleurs, il est mêlé, comme le vin, de beaucoup d'eau, et le moyen le plus sûr et le plus facile de concentrer le vinaigre est de l'exposer à une forte gelée ; l'eau qu'il contient se glace, et ce qui reste est un vinaigre très fort, dans lequel l'acide est concentré ; mais il faut s'attendre à ne tirer que cinq pour cent d'un vinaigre qu'on fait ainsi geler, et ce vinaigre, concentré par la gelée, est plus sujet à s'altérer que l'autre, parce que le froid, qui lui a

(*) Acide carbonique. Buffon lui fait jouer un rôle de la plus haute importance et surtout bizarre.

(**) Tout ce chapitre n'a d'autre intérêt que les notions qu'il fournit à l'histoire de la chimie. Je considère comme inutile d'en relever toutes les erreurs.

enlevé toute son eau, ne lui a rien fait perdre de son huile; il faut donc l'en dégager par la distillation pour l'obtenir et le conserver dans son état de pureté et de plus grande force. Cependant la pureté de cet acide n'est jamais absolue; quelque épuré qu'il soit, il retient toujours une certaine quantité d'huile éthérée qui ne peut que l'affaiblir; il n'a aucune action directe sur les matières vitreuses, et cependant il agit comme l'acide aérien sur les substances calcaires et métalliques; il convertit le fer en rouille, le cuivre en vert-de-gris, etc.; il dissout avec effervescence les terres calcaires, et forme avec elles un sel très amer, qui s'effleurit à l'air; il agit de même sur les alcalis: c'est par son union avec l'alcali végétal (*) que se fait la *terre foliée* de tartre (**), qui est employée en médecine comme un puissant apéritif; on distingue, dans la saveur de cette terre, le goût du vinaigre et celui de l'alcali fixe dont elle est chargée, et elle attire, comme l'alcali, l'humidité de l'air. On peut aisément en dégager l'acide du vinaigre en offrant à son alcali un acide plus puissant.

Le vinaigre dissout avec effervescence l'alcali fixe minéral (***) et l'alcali volatil: cet acide forme avec le premier un sel dont les cristaux et les qualités sont à peu près les mêmes que celles de la terre foliée du tartre, et il produit avec l'alcali volatil un sel ammoniacal qui attire puissamment l'humidité de l'air; enfin l'acide du vinaigre peut dissoudre toutes les substances animales et végétales. M. Gellert assure que cet acide, aidé d'une chaleur longtemps continuée, réduit en bouillie les bois les plus durs, ainsi que les cornes et les os des animaux.

Les substances qui sont susceptibles de fermentation contiennent du tartre tout formé, avant même d'avoir fermenté (*a*); il se trouve en grande quantité dans tous les sucs du raisin et des autres fruits sucrés: ainsi l'on doit regarder le tartre comme un produit immédiat de la végétation, qui ne souffre point d'altération par la fermentation, puisqu'il se présente sous sa même forme dans les résidus du vin et du vinaigre après la distillation.

Le tartre est donc un dépôt salin qui se sépare peu à peu des liqueurs vineuses, et prend une forme concrète et presque *pierreuse*, dans laquelle on distingue néanmoins quelques parties cristallisées: la saveur du tartre, quoique acide, est encore sensiblement *vineuse*; les chimistes ont donné le nom de *crème de tartre* (****) au sel cristallisé que l'on en tire, et ce sel n'est pas simple; il est combiné avec l'alcali végétal. L'acide, contenu dans ce sel de tartre, se sépare de sa base par la seule action du feu; il s'élève en

(*a*) M. Wiegleb dit que l'acide oxalin, ou sel essentiel de l'oseille, appartient naturellement aux sels tartareux, et forme un acide particulier uni à un alcali fixe, qui en est saturé avec excès: il se distingue des autres sels tartareux, tant par un goût acide supérieur que par la figure de ses cristaux, et de plus, par les qualités toutes particulières des parties constituantes de l'acide qui lui est propre: on le prépare en grande quantité dans différentes contrées avec le suc de l'oseille, comme en Suisse, en Souabe, au Hartz et dans les forêts de Thuringe; mais celui qui se fait en Suisse a l'avantage d'être parfaitement blanc, en cristaux assez gros et très beaux.

Par les expériences de M. Wiegleb sur le sel oxalin, il paraît que ce sel est exactement un pur acide végétal, et que cet acide a une très grande affinité avec la terre calcaire. Le même auteur s'est convaincu que l'acide du sel d'oseille pouvait décomposer le nitre et le sel marin: et que néanmoins cet acide n'est proprement ni de l'acide nitreux, ni de l'acide marin, ni de l'acide vitriolique. Extrait du *Journal de physique*, supplément au mois de juillet 1782.

(*) Hydrate de potassium.
(**) Acétate neutre de potasse.
(***) Hydrate de sodium.
(****) Bitartrate de potasse.

grande quantité, et sous sa forme propre d'acide aérien, et la matière qui reste après cette séparation est une terre alcaline qui a les mêmes propriétés que l'alcali fixe végétal : la preuve évidente que l'acide aérien est le principe salin de l'acide du tartre, c'est qu'en essayant de le recueillir, il fait explosion et brise les vaisseaux.

Le sel de tartre n'attaque pas les matières vitreuses, et néanmoins il se combine et forme un sel avec la terre de l'alun, autre preuve que cette terre qui sert de base à l'alun n'est pas une terre vitreuse pure, mais mélangée de parties alcalines, calcaires ou limoneuses ; car l'acide du tartre agit avec une grande puissance sur les substances calcaires, et il s'unit avec effervescence à l'alcali fixe végétal ; ils forment ensemble un sel auquel les chimistes ont donné le nom de *sel végétal* (*) ; il s'unit de même et fait effervescence avec l'alcali minéral, et ils donnent ensemble un autre sel connu sous le nom de *sel de seignette* (**) ; ces deux sels sont au fond de la même essence, et ne diffèrent pas plus l'un de l'autre que l'alcali végétal diffère de l'alcali minéral, qui, comme nous l'avons dit, sont essentiellement les mêmes. Nous ne suivrons pas plus loin les combinaisons de la crème de tartre, et nous observerons seulement qu'elle n'agit point du tout sur les huiles.

Au reste, le sel du tartre est l'un des moins solubles dans l'eau ; il faut qu'elle soit bouillante, et en quantité vingt fois plus grande que celle du sel pour qu'elle puisse le dissoudre.

Les vins rouges donnent du tartre plus ou moins rouge, et les vins blancs du tartre grisâtre, et plus ou moins blanc ; leur saveur est à peu près la même et d'un goût aigrelet plutôt qu'acide.

Le sucre, dont la saveur est si agréable, est néanmoins un sel essentiel que l'on peut tirer en plus ou moins grande quantité de plusieurs végétaux : il est l'un des plus dissolubles dans l'eau, et lorsqu'on le fait cristalliser avec précaution, il donne de beaux cristaux ; c'est ce sucre purifié que nous appelons *sucre candi*. Le principe acide de ce sel est encore évidemment l'acide aérien ; car le sucre étant dissous dans l'eau pure fermente, et cet acide s'en dégage en partie par une évaporation spiritueuse ; le reste demeure fortement uni avec l'huile et la terre mucilagineuse, qui donnent à ce sel sa saveur douce et agréable. M. Bergman a obtenu un acide très puissant en combinant le sucre avec une grande quantité d'acide nitreux ; mais cet acide composé ne doit point être regardé comme l'acide principe du sucre, puisqu'il est formé par le moyen d'un autre acide qui en est très différent ; et, quoique les propriétés de l'acide nitreux et de cet acide saccharin ne soient pas les mêmes, on ne doit pas en conclure, avec ce savant chimiste, que ce même acide saccharin n'ait rien emprunté de l'acide nitreux qu'on est obligé d'employer pour le former.

Les propriétés les mieux constatées et les plus évidentes des acides animaux sont les mêmes que celles des acides végétaux, et démontrent suffisamment que le principe salin est le même dans les uns et les autres : c'est également l'acide aérien différemment modifié par la végétation ou par l'organisation animale, d'autant que l'on retire cet acide de plusieurs plantes aussi bien que des animaux. Les fourmis (***) et la moutarde (****) fournissent le même acide et en grande quantité ; cet acide est certainement aérien, car il est très volatil, et si l'on met en distillation une masse de fourmis fraîches et qui n'aura pas eu le temps de fermenter, une grande partie de l'acide animal s'en dégage et se volatilise sous sa propre forme d'air fixe ou d'acide aérien ; et cet acide, recueilli et séparé de l'eau

(*) Tartrate de potasse.

(**) Tartrate double de potasse et de soude.

(***) Les fourmis produisent l'acide formique.

(****) La moutarde doit ses propriétés à une essence sulfurée qui n'existe pas dans la graine, mais qui se forme sous l'influence de l'eau par combinaison de deux principes préexistants.

avec laquelle il a passé dans la distillation, a les mêmes propriétés à peu près que l'acide du vinaigre : il se combine de même avec les alcalis fixes, et forme des sels qui, par l'odeur urineuse, décèlent leur origine animale.

Les chimistes récents ont donné le nom d'*acide phosphorique* à l'acide qu'ils ont tiré, non seulement de l'urine et des excréments, mais même des os et des autres parties solides des animaux ; mais il en est à peu près de cet acide phosphorique des os, comme de l'acide du sucre, parce qu'on ne peut obtenir le premier que par le moyen de l'acide vitriolique, et le second par celui de l'acide nitreux, ce qui produit des acides composés qui ne sont plus les vrais acides du sucre et des os ; lesquels considérés en eux-mêmes et dans leur simplicité se réduiront également à la forme d'acide aérien ; et, s'il est vrai, comme le dit M. Proust (*a*), qu'on ait trouvé de l'acide phosphorique dans des mines de plomb blanches, on ne pourra guère douter qu'il ne puisse tirer en partie son origine de l'acide vitriolique.

Un de nos habiles chimistes (*b*) s'est attaché à prouver par plusieurs expériences, contre les assertions d'un autre habile chimiste, que l'acide phosphorique est tout formé dans les animaux, et qu'il n'est point le produit du feu ou de la fermentation (*c*) ; cela se peut et je serais même très porté à le croire, pourvu que l'on convienne que cet acide phosphorique, tout formé dans les animaux ou dans les excréments, n'est pas absolument le même que celui qu'on en tire en employant l'acide vitriolique, dont la combinaison ne peut que l'altérer et l'éloigner d'autant plus de sa forme originelle d'acide aérien, que le travail de l'organisation suffit pour le convertir en acide phosphorique, tel qu'on le retire de l'urine, sans le secours de l'acide vitriolique ni d'aucun autre acide.

ALCALIS ET LEURS COMBINAISONS

De la même manière qu'on doit réduire tous les acides au seul acide aérien, on peut aussi lui ramener les alcalis (*), en les réduisant tous à l'alcali minéral ou marin : c'est même le seul sel que la nature nous présente dans un état libre et non *neutralisé*. On connaît cet alcali sous le nom de *natron* ; il se forme contre les murs des édifices, ou sur la terre et

(*a*) *Journal de physique*, février 1781, p. 145 et suiv.

(*b*) M. Brongniard, démonstrateur en chimie aux écoles du Jardin du Roi. Il a fait sur ce sujet un grand nombre d'expériences par lesquelles il a reconnu que l'acide phosphorique est produit par une modification de l'acide aérien, qui s'en dégage en quantité considérable dans la décomposition de l'acide phosphorique, et même dans sa concentration : si l'on fait brûler du phosphore en vaisseaux clos, on obtient une très grande quantité d'air fixe ou acide aérien, et en même temps l'acide sulfurique coule le long des parois des récipients ; ce même acide, soumis ensuite à l'action du feu dans une cornue de verre, donne des vapeurs abondantes et presque incoercibles ; si, au lieu de faire brûler ainsi le phosphore, on l'expose seulement à l'action de l'air dans une atmosphère tempérée et humide, le phosphore se décompose en brûlant presque insensiblement ; il donne une flamme très légère, et laisse échapper une très grande quantité d'air fixe ; on peut s'en convaincre en imbibant un linge d'une solution alcaline caustique ; au bout d'un certain laps de temps, l'alcali est saturé d'acide aérien et cristallisé très parfaitement : ces expériences prouvent d'une manière convaincante, que l'acide phosphorique est le résultat d'une modification particulière de l'acide aérien, qui ne peut avoir lieu qu'au moyen de la végétation et de l'animalisation.

(*c*) *Journal de physique*, mars 1781, p. 234 et suiv.

(*) Les alcalis sont des oxydes métalliques. Ils ne sont pas le moins du monde réductibles à un seul.

les eaux dans les climats chauds; on m'en a envoyé, de *Suez*, des morceaux assez gros et assez purs; cependant il est ordinairement mêlé de terre calcaire (*a*) : ce sel, auquel on a donné le nom d'*alcali minéral*, pourrait, comme le nitre, être placé dans le règne végétal, puisqu'il est de la même nature que l'alcali qu'on tire de plusieurs plantes qui croissent dans les terres voisines de la mer; et que d'ailleurs, il paraît se former par le concours de l'acide aérien, et à peu près comme le salpêtre; mais celui-ci ne se présente nulle part en masses ni même en morceaux solides, au lieu que le natron, soit qu'il se forme sur la terre ou sur l'eau, devient compact et même assez solide (*b*).

Les anciens ont parlé du natron sous le nom de *nitre :* sur quoi le P. Hardouin se trompe, lorsqu'il dit (*c*) que le *nitrum* de Pline est *exactement la même chose que notre salpêtre;* car il est clair que Pline, sous le nom de *nitre*, parle du natron qui se forme, dit-il, dans l'eau de certains lacs d'Égypte, vers *Memphis* et *Naucratis*, et qui a la propriété qu'il lui attribue de conserver les corps. A sa causticité, augmentée par la falsification qu'en faisaient dès lors les Égyptiens en y mêlant de la chaux (*d*), on le reconnaît évidemment pour l'alcali minéral ou natron, bien différent du vrai nitre ou salpêtre.

On emploie le natron dans le Levant aux mêmes usages que nous employons la *soude*, et ces deux alcalis sont en effet de même nature ; nous tirions autrefois du natron d'Alexandrie, où s'en fait le commerce (*e*); et si ce sel alcalin était moins cher que le sel de soude

(*a*) Le natron qui nous vient d'Égypte se tire de deux lacs, l'un voisin du Caire, et l'autre à quelque distance d'Alexandrie; ces lacs sont secs pendant neuf mois de l'année, et se remplissent en hiver d'une eau qui découle des éminences voisines ; cette eau saline n'est pas limpide, mais trouble et rougeâtre; les premières chaleurs du printemps la font évaporer, et le natron se forme sur le sol du lac d'où on le tire en morceaux solides et grisâtres, qui deviennent plus blancs en les exposant à l'air pour les laisser s'égoutter : on a donné le nom de *sel mural* au natron qui se forme contre les vieux murs ; il est ordinairement mêlé d'une grande quantité de substance calcaire, et dans cet état il est neutralisé.

(*b*) Granger, dans son *Voyage en Égypte*, parle de plaines sablonneuses et d'un lac où se forme le natron : « Le sel du lac, dit-il, était congelé sur la surface des eaux, et assez » épais pour y passer avec nos chameaux... Le lac s'emplit des eaux des pluies qui com- » mencent en décembre et finissent en février : ces eaux y déposent les sels dont elles se sont » chargées sur les montagnes et dans les plaines sablonneuses ; après quoi, elles se filtrent » à travers une terre grasse et argileuse, et vont par des canaux souterrains aboutir à plu- » sieurs puits dont l'eau est bonne à boire : on voit aux environs de ce lac des bœufs sau- » vages, des gazelles, etc.

» Outre le natron qu'on tire du fond de ce lac en morceaux de douze et quinze livres, » avec une barre de fer, on y trouve de cinq autres espèces de sel : tous ces sels sont bien- » tôt remplacés par de nouveaux sels que les pluies y apportent. On jette, dans les creux » d'où on le tire, des plantes sèches, des os, des guenilles, ce qui a donné lieu de croire à » plusieurs personnes que ces sortes de choses étaient changées en sel par la vertu des eaux » du lac, mais cela n'est pas vrai.

» Le natron appartient au Grand Seigneur : le pacha du Caire le donne à ferme, et c'est » ordinairement le plus puissant des beys qui le prend, et qui en donne quinze mille quin- » taux au Grand Seigneur; il n'y a que les habitants de la dépendance de Terranée, qui » soient employés à pêcher et à transporter le natron qui est gardé par dix soldats et vingt » Arabes affidés. » *Voyages en Égypte;* Paris, 1745, p. 167 et suiv.

(*c*) Quarante-sixième section, chapitre x du trente et unième livre.

(*d*) Voyez Pline à l'endroit cité.

(*e*) A deux journées du Caire est le lac de natron : les vaisseaux du Havre et des Sables-d'Olonne en viennent charger à Alexandrie pour Rouen, parce qu'on s'en sert en Normandie pour blanchir les toiles, ce qui les brûle ; les Égyptiens s'en servent au lieu de levain, c'est pourquoi ils ont tous les bourses grosses sans être incommodés ; l'âcreté, ou plutôt la qualité mordante de cette pierre est si grande, que, si l'on en met dans un pot où il y ait de la

auquel il peut suppléer, et que nous tirons aussi de l'étranger, il ne faudrait pas abandonner ce commerce qui paraît languir.

La plupart des propriétés de cet alcali minéral sont les mêmes que celles de l'alcali fixe végétal, et ils ne diffèrent entre eux que par quelques effets (*a*), qu'on peut attribuer à l'union plus intime de la base terreuse dans l'alcali minéral que dans l'alcali végétal, mais tous deux sont essentiellement de la même nature.

viande, elle la fait cuire et la rend tendre. Si l'on jette dans ce lac un animal mort, et même un arbre, il devient natron et se pétrifie, ce qui a été fort bien décrit par Ovide, et peu entendu de ceux qui n'ont point vu ces merveilles de la nature, lorsqu'il a dit que quelques corps ont été changés en pierres par les dieux qui en ont eu compassion. *Voyages de La Boullaye le Gouz;* Paris, 1657, p. 383. — « Le lac du natron, éloigné de dix lieues du » monastère *Dir Syadet*, ou de Notre-Dame, paraît comme un grand étang glacé, sur la » glace duquel il serait tombé un peu de neige... Ce lac est divisé en deux ; le plus septen- » trional se fait par une eau qui sourdit de dessous terre sans qu'on remarque le lieu, et » le méridional se fait par une grosse source qui bouillonne ; il y a bien de l'eau de la hau- » teur du genou qui sort de la terre, et qui aussitôt se congèle... Et généralement le natron » se fait et parfait en un an par cette eau qui est rougeâtre : au-dessus il y a un sel rouge » de l'épaisseur de six doigts, puis un natron noir dont on se sert pour la lessive, et enfin » est le natron qui est presque comme le premier sel, mais plus solide ; au-dessus il y a » une fontaine douce... De ce lac on va à un autre lac, où se voit, vers le temps de la Pen- » tecôte, du sel qui se forme en pyramides, et qu'on appelle pour cela *sel pyramidal.* » *Voyages de Thévenot;* Paris, 1664, t. Ier, p. 487 et suiv.

(*a*) L'alcali fixe minéral, qu'on suppose ici dans son plus grand degré de pureté, diffère de l'alcali fixe végétal : 1° en ce qu'il attire moins l'humidité de l'air, et qu'il ne se résout point en liqueur, comme le fait l'alcali fixe végétal ;

2° Lorsqu'il est dissous dans l'eau, si l'on traite cette dissolution par évaporation et refroidissement, l'alcali minéral se coagule en cristaux, précisément comme le font les sels neutres; en quoi il diffère du sel alcali fixe ordinaire ou végétal, qui, lorsqu'il est bien calciné, est très déliquescent, et ne se cristallise que lorsqu'il est uni avec beaucoup de *gaz méphitique;*

3° L'alcali fixe minéral, dissous par la fusion, convertit en verre toutes les terres comme l'alcali végétal; mais on a observé que, toutes choses égales d'ailleurs, il vitrifie mieux, et qu'il forme des verres plus solides et plus durables...

4° Avec l'acide vitriolique, l'alcali minéral forme un sel neutre cristallisé, nommé *sel de Glauber;* mais ce sel diffère beaucoup du tartre vitriolé par la figure de ses cristaux, qui sont d'ailleurs beaucoup plus gros, par la quantité d'eau beaucoup plus grande qu'il retient dans sa cristallisation, par sa dissolubilité dans l'eau qui est beaucoup plus considérable, enfin par le peu d'adhérence qu'il a avec l'eau de sa cristallisation : cette propriété est telle que le sel de Glauber, exposé à l'air, y perd l'eau de sa cristallisation, ainsi que sa transparence et sa forme, et s'y change en une poussière blanche comme l'alcali minéral. Comme l'acide est le même dans le tartre vitriolé et dans le sel de Glauber, il est clair que les différences qui se trouvent entre ces deux sels ne peuvent venir que de la nature de leurs bases alcalines : toutes les propriétés qui distinguent le sel de Glauber du tartre vitriolé doivent donc être regardées comme des différences entre l'alcali végétal et le minéral; il en est de même de toutes les combinaisons de ce dernier acide avec les autres acides ;

5° Avec l'acide nitreux, l'alcali minéral forme une espèce particulière de nitre, susceptible de détonation et de cristallisation ; mais il diffère du nitre ordinaire, ou à base d'alcali végétal, par la figure de ses cristaux, qui, au lieu d'être en longues aiguilles, sont formés en solides à six faces rhomboïdales, c'est-à-dire dont deux angles sont aigus et deux obtus : cette figure, qui approche de la cubique, a fait donner à ce sel le nom de *nitre cubique* ou de *nitre quadrangulaire :* elle est due à l'alcali marin ;

6° Avec l'acide marin, l'alcali minéral forme le *sel commun*, qui se cristallise en cubes parfaits, et qui diffère du sel neutre formé par le même acide uni à l'alcali végétal, singulièrement par sa saveur, qui est infiniment plus agréable. *Dictionnaire de Chimie*, par M. Macquer, article *Alcali minéral.*

C'est de la cendre des plantes qui contiennent du sel marin que l'on obtient l'alcali fixe végétal en grande quantité, et quoique tiré des végétaux, il est le même que l'alcali minéral ou marin : la différence de leurs effets n'est bien sensible que sur les acides végétaux et sur les huiles dont ils font des sels de différentes sortes, et des savons plus ou moins fermes.

On obtient donc par la combustion et l'incinération des plantes qui croissent près de la mer, et qui par conséquent sont imprégnées de sel marin, on obtient, dis-je, en grande quantité l'alcali minéral ou marin, qui porte le nom de *soude*, et qu'on emploie dans plusieurs arts et métiers.

On distingue dans le commerce deux sortes de soudes : la première, qui provient de la combustion des kalis et autres plantes terrestres qui croissent dans les climats chauds et dans les terres voisines de la mer; la seconde, qu'on se procure de même par la combustion et la réduction en cendres des *fucus*, des *algues* et des autres plantes qui croissent dans la mer même; et néanmoins la première soude contient beaucoup plus d'alcali marin que la seconde, et ce sel alcali est, comme nous l'avons dit, le même que le natron : ainsi la nature sait former ce sel encore mieux que l'art; car nos soudes ne sont jamais pures; elles sont toujours mêlées de plusieurs autres sels, et surtout de sel marin, souvent elles contiennent aussi des parties ferrugineuses et d'autres matières terreuses qui ne sont point salines.

C'est par son alcali fixe que la soude produit tous ses effets : ce sel sert de fondant dans les verreries et de détergent dans les blanchisseries; avec les huiles il forme les savons, etc. Au reste, on peut employer la soude telle qu'elle est, sans en tirer le sel, si l'on ne veut faire que du verre commun; mais il la faut épurer pour faire des verres blancs et des glaces. Le sel marin, dont l'alcali de la soude est presque toujours mêlé, ne nuit point à la vitrification, parce qu'il est très fusible, et qu'il ne peut que faciliter la fusion des sables vitreux, et entraîner les impuretés dont ils peuvent être souillés; le *fiel du verre*, qui s'élève au-dessus du verre fondu, n'est qu'un mélange de ces impuretés et des sels.

L'alcali fixe végétal ou minéral doit également sa formation au travail de la nature dans la végétation, car on le peut tirer également de tous les végétaux dans lesquels il est seulement en plus ou moins grande quantité. Ce sel végétal, lorsqu'il est pur, se présente sous la forme d'une poudre blanche, mais non cristallisée; sa saveur est si violente et si caustique, qu'il brûlerait et cautériserait la langue si on le goûtait sans le délayer auparavant dans une grande quantité d'eau; il attire l'humidité de l'air en si grande abondance qu'il se résout en eau : cet alcali, qu'on appelle *fixe*, ne l'est néanmoins qu'à un feu très modéré, car il se volatilise à un feu violent, et cela prouve assez que la chaleur peut le convertir en alcali volatil, et que tous deux sont au fond de la même essence : l'alcali fixe a plus de puissance que les autres sels pour vitrifier les substances terreuses ou métalliques : il les fait fondre et les convertit presque toutes en verre solide et transparent.

Les cendres de nos foyers contiennent de l'alcali fixe végétal, et c'est par ce sel qu'elles nettoient et détergent le linge par la lessive : cet alcali que fournissent les cendres des végétaux est fort impur, cependant on en fait beaucoup dans les pays où le bois est abondant; on le connaît dans les arts sous le nom de *potasse*, et, quoique impur, il est d'un grand usage dans les verreries, dans la teinture et dans la fabrication du salpêtre.

C'est sans fondement qu'un de nos chimistes a prétendu que le tartre ne contient point d'alcali (*a*); cette opinion a été bien réfutée par M. Bernard : l'alcali fixe se trouve tout formé dans les végétaux, et le tartre, qui n'est qu'un de leurs résidus, ne peut manquer

(*a*) Voyez le *Journal de Physique*, mars 1781, *Mémoire sur l'alcali fixe*.

d'en contenir; et d'ailleurs la lie de vin, brûlée et réduite en cendres, fournit une grande quantité d'alcali aussi bon, et même plus pur que celui de la soude.

C'est par la combinaison de l'acide marin avec l'alcali minéral que s'est formé le sel marin ou sel commun dont nous faisons un si grand usage : il se trouve non seulement dissous dans l'eau de toutes les mers et de plusieurs fontaines, mais il se présente encore en masses solides et en très grands amas dans le sein de la terre; et, quoique l'acide de ce sel, c'est-à-dire l'acide marin (*) provienne originairement de l'acide aérien, comme tous les autres acides, il a des propriétés particulières qui l'en distinguent; il est plus faible que les acides vitrioliques et nitreux, et on l'a regardé comme le troisième dans l'ordre des acides minéraux; cette distinction est fondée sur la différence de leurs effets; l'acide marin est moins puissant, moins actif que les deux premiers, parce qu'il contient moins d'air et de feu, et d'ailleurs, il acquiert des propriétés particulières par son union avec l'alcali; et s'il était possible de le dépouiller et de le séparer en entier de cette base alcaline, peut-être reprendrait-il les qualités de l'acide vitriolique ou de l'acide aérien, qui, comme nous l'avons dit, est l'acide primitif dont la forme ne varie que par les différentes combinaisons qu'il subit ou qu'il a subies en s'unissant à d'autres substances.

L'acide marin diffère de l'acide vitriolique en ce qu'il est plus léger, plus volatil, qu'il a de l'odeur, de la couleur, et qu'il produit des vapeurs; toutes ces qualités semblent indiquer qu'il contient une bonne quantité d'acide aérien provenant du détriment des corps organisés; il diffère de l'acide nitreux par sa couleur, qui est d'un jaune mêlé de rouge, par ses vapeurs qui sont blanches, par son odeur qui tire sur celle du safran, et parce qu'il a moins d'affinité avec les terres absorbantes et les sels alcalis; enfin cet acide marin n'est pas susceptible d'un aussi grand degré de concentration que les acides vitrioliques et nitreux, à cause de sa volatilité qui est beaucoup plus grande (*a*).

Au reste, comme l'alcali minéral ou marin et l'alcali fixe végétal sont de la même nature, et qu'ils sont presque universellement répandus, on ne peut guère douter que l'alcali ne se soit formé dès les premiers temps, après la naissance des végétaux, par la combinaison de l'acide primitif aérien avec les détriments des substances animales et végétales : il en est de même de l'acide marin, qui se trouve combiné dans des matières de toute espèce; car, indépendamment du sel commun dont il fait l'essence avec l'alcali minéral, il se combine aussi avec les alcalis végétaux et animaux, fixes ou volatils, et il se trouve dans les substances calcaires, dans les matières nitreuses, et même dans quelques substances métalliques, comme dans la mine d'*argent cornée;* enfin, il forme le sel ammoniac lorsqu'il s'unit avec l'alcali volatil par sublimation dans le feu des volcans.

L'alcali minéral et l'alcali végétal, qui sont au fond les mêmes, sont aussi tous deux fixes : le premier se trouve presque pur dans le natron, et le second se tire plus abondamment des cendres du tartre que de toute autre matière végétale. On leur donne la dénomination d'*alcalis caustiques*, lorsqu'ils prennent en effet une plus grande causticité par l'addition de l'acide aérien contenu dans les chaux terreuses ou métalliques; par cette union ces alcalis commencent à se rapprocher de la nature de l'acide : l'alcali volatil appartient plus aux animaux qu'aux végétaux, et, lorsqu'il est de même imprégné de l'acide aérien, il ne peut plus se cristalliser, ni même prendre une forme solide, et dans cet état on l'a nommé *alcali fluor*.

L'acide phosphorique paraît être l'acide le plus actif qu'on puisse tirer des animaux; si l'on combine cet acide des animaux avec l'alcali volatil, qui est aussi leur alcali le plus exalté, il en résulte un sel auquel les chimistes récents ont donné le nom de sel *micro-*

(*a*) *Dictionnaire de chimie*, par M. Macquer, article *Acide marin.*

(*) C'est l'acide chlorhydrique.

cosmique, et dont M. Bergman a cru devoir faire usage dans presque toutes ses analyses chimiques : ce sel est en même temps ammoniacal et phosphorique, et lorsque l'acide du phosphore se trouve combiné avec une substance calcaire, comme dans les os des animaux, il semble que les propriétés salines disparaissent; car ce sel phosphorique à base calcaire n'a plus aucune saveur sensible : la substance calcaire des os fait sur l'acide phosphorique le même effet que la craie sur l'acide vitriolique; cet acide animal, et l'acide végétal *acéteux* ou *tartareux*, contiennent sensiblement beaucoup de cet air fixe ou acide aérien, duquel il tire leur origine.

SEL MARIN ET SEL GEMME

L'eau de la mer contient une grande quantité d'acide et d'alcali, puisque le sel qu'on en retire en la faisant évaporer est composé des deux; elle est aussi imprégnée de bitume, et c'est ce qui fait qu'elle est en même temps saline et amère; or, le bitume est composé d'acide et d'huile, et d'ailleurs la décomposition de tous les corps organisés dont la mer est peuplée produit une immense quantité d'huile : l'eau marine contient donc non seulement les acides et les alcalis, mais encore les huiles et toutes les matières qui peuvent provenir de la décomposition des corps, à l'exception de celles que ces substances prennent par la putréfaction à l'air libre; encore se forme-t-il à la surface de la mer, par l'action de l'acide aérien, des matières assez semblables à celles qui sont produites sur la terre par la décomposition des animaux et des végétaux.

La formation du sel marin n'a pu s'opérer qu'après la production de l'acide et de l'alcali, puisqu'ils en sont les substances constituantes; l'acide aérien a été formé dès les premiers temps, après l'établissement de l'atmosphère, par le simple mélange de l'air et du feu; mais l'alcali n'a été produit que dans un temps subséquent par la décomposition des corps organisés. L'eau de la mer n'était d'abord que simplement acide ou même acidule, elle est devenue plus acide et plus salée par l'union de l'acide primitif avec les alcalis et les autres acides; ensuite elle a pris de l'amertume par le mélange du bitume, et enfin elle s'est chargée de graisse et d'huile par la décomposition des corps de tous les cétacés, poissons et amphibies dont la substance est, comme l'on sait, plus huileuse que celle des animaux terrestres.

Et cette salure, cette amertume et cette huile de l'eau de la mer n'ont pu qu'augmenter avec le temps, parce que tous les fleuves qui arrivent à ce grand réceptacle des eaux sont eux-mêmes chargés de parties salines, bitumineuses et huileuses que la terre leur fournit, et que toutes ces matières étant plus fixes et moins volatiles que l'eau, l'évaporation ne les enlève pas; leur quantité ne peut donc qu'augmenter, tandis que celle de l'eau reste toujours la même, puisque les eaux courantes sur la terre ramènent à la mer tout ce que les vapeurs poussées par les vents lui enlèvent.

On doit encore ajouter à ces causes de l'augmentation de la salure des mers la quantité considérable de sel que les eaux qui filtrent dans l'intérieur de la terre dissolvent et détachent des masses purement salines qui se trouvent en plusieurs lieux, et jusqu'à d'assez grandes profondeurs; on a donné le nom de *sel gemme* à ce sel fossile : il est absolument de la même nature que celui qui se tire de l'eau de la mer par l'évaporation; il se trouve sous une forme solide, concrète et cristallisée, en amas immenses, dans plusieurs régions du globe, et notamment en Pologne (*a*), en

(*a*) Les mines de sel de Wieliczka, dit M. Guettard, sont sans contredit un des beaux ouvrages de la nature : on ne peut voir qu'avec une espèce d'admiration ces masses énormes de sel renfermées dans le sein de la terre...

Hongrie (*a*), en Russie et en Sibérie (*b*). On en trouve aussi en Allemagne, dans les environs de Hall, près de Salzbourg (*c*), dans quelques provinces de l'Es-

Quiconque a vu une carrière de pierre à plâtre pareille à celles des environs de Paris peut aisément se former l'idée des mines de sel à Wieliczka... Les grands bancs de sel, de même que les grands bancs de pierres, se trouvent dans le fond de ces mines; ils sont surmontés de bancs beaucoup moins considérables, et ceux-ci sont précédés de lits de différentes terres ou de sable dans l'ordre suivant :

1° Un banc de sable à grains fins, arrondis en forme d'œufs blancs ou jaunâtres, et quelquefois rougeâtres;

2° Plusieurs lits de glaise ou argile dont la couleur ordinaire est un jaune rouille de fer, ou bien un grès plus ou moins formé, quelquefois verdâtre; elles sont aussi plus ou moins mêlées de sable ou de petits graviers. *Mémoires de l'Académie des sciences*, année 1762, p. 493 et suiv.

(*a*) Près de la ville d'Éperies se trouve une mine de sel qui a cent quatre-vingts brasses de profondeur : les veines de sel sont larges, on en tire des morceaux qui pèsent jusqu'à deux milliers. La couleur de ce sel est grise, mais, étant broyé, il est blanc; il est composé de parties pointues. La même mine donne un autre sel composé de carrés et de tables; et un troisième qui paraît composé de plusieurs branches.

Le sel de cette mine est de plusieurs couleurs; celui qui est mêlé avec la terre en conserve un peu la couleur. On en voit d'autres morceaux bien cristallisés, qui ont une légère couleur bleue, et le comte de Rothal en avait, en 1670, un morceau d'un très beau jaune; il y en a des morceaux si durs, qu'on leur donne la figure que l'on veut. Cependant ces morceaux de sel s'humectent bientôt dans les cabinets, et, si on les met dans une étuve, ils perdent leur transparence. *Collection académique,* partie étrangère, t. II, p. 211, 212 et suiv.

(*b*) M. Pallas observe, dans la relation de ses voyages, qu'il y a une immense quantité de sel dans l'empire de Russie : il suffirait, selon lui, d'en exploiter les riches salines pour cesser de tirer de l'étranger cette denrée de première nécessité. Les lacs salés sont surtout très communs dans le gouvernement d'Orembourg, le pays des Baskirs, etc.; il y en a parmi ceux des Kirguis un très curieux, dont les eaux sont salées d'un côté et douces de l'autre. La surface du lac d'Indéri est couverte d'une glace de sel assez forte pour qu'on puisse traverser ce lac sans le moindre danger, et cette denrée y est assez abondante pour fournir à la consommation de tout l'empire, si des communications en facilitaient le transport dans les autres provinces; elle serait alors aussi commune dans les marchés que les besoins en sont multipliés. (Extrait de la *Gazette de France* du lundi 17 janvier 1774, article *Pétersbourg.*) — Il y a dans le désert, entre le Volga et l'Oural, à quatre-vingts werstes de Yenatayevska, une vaste carrière de sel fossile très pur; les Kalmouks appellent cet endroit Tschapschatschi : cette mine de sel est peut-être capable d'en fournir autant que celle d'Hetzk dans le gouvernement d'Orembourg, d'où l'on tire cinq cent mille *pouds* de sel par an. (Extrait du *Discours* de M. Guldenstaed *sur les productions de la Russie;* Pétersbourg, 1776, p. 55 et suiv.

Une montagne d'où l'on tire du sel en Sibérie est à trente werstes à l'orient des sources salées, et, comme elles, sur le rivage droit du Kaptendei; elle a trente brasses de hauteur, et de l'orient à l'occident deux cent dix brasses de longueur. Depuis le pied jusqu'aux deux tiers de la hauteur, elle est composée de cristaux cubiques de sel assez gros, où l'on ne trouve pas le moindre mélange de terre ou d'autre matière hétérogène. La montagne est couverte à son sommet d'une terre glaise rougeâtre, d'où l'on tire un talc blanc de la plus belle espèce, et elle est fort rapide du côté de la rivière : le sel de la source est précisément de même qualité que celui de la montagne, et la nature ne saurait produire un meilleur sel de cuisine. *Hist. générale des Voyages,* t. XVIII, p. 282. — Il y a quatorze salines sur la rive droite du Kawda en Sibérie; ces salines ont deux sources d'eau salée qui produisent du sel fort blanc cristallin; mais, comme l'eau est faible, il lui faut trois fois vingt-quatre heures pour se réduire en sel. *Idem, ibidem*, p. 469.

(*c*) En Allemagne, il y a des mines de sel dans une montagne appelée le Diremberg, près de Hall ou Hallein, sur la Salza, à quatre lieues de Salzbourg... On entre d'abord dans une galerie étroite, par laquelle on marche l'espace d'un quart de lieue entre des canaux

pagne (*a*), et spécialement en Catalogne, où l'on voit près de la ville de Cardonne une montagne entière de sel (*b*) : en d'autres endroits, les amas de sel gemme forment des

couverts ; dans l'un coule de l'eau douce, dans l'autre de l'eau salée, qu'un tuyau de bois conduit jusqu'à Hall : au bout de cette galerie, on descend un puits de trente pieds de profondeur... Ensuite on parcourt des galeries semblables à la première, et l'on arrive à un second puits, puis à un troisième et à un quatrième, que l'on descend comme le premier : ces puits forment les différents étages de la mine; elle peut avoir douze cent soixante pieds de profondeur, et huit mille cinquante de longueur, à en juger par les proportions d'une machine de bois qui représente ces mines, et qu'on montre dans ces souterrains.

Les galeries aboutissent à des chambres; c'est dans ces chambres qu'on ramasse le sel, qui en quelque sorte végète sur les murs, en y formant différents dessins, tels à peu près que ceux qu'on voit sur les vitres lorsqu'il gèle. La hauteur de ces chambres est d'environ six pieds; leur étendue est différente et leur forme irrégulière : la plus grande a neuf cent dix pieds de longueur sur trois cent quatre-vingt-cinq de largeur; l'étendue de ces chambres, qui se soutiennent sans appui, est une des choses les plus extraordinaires de ces mines. M. Guettard, *Mémoires de l'Académie des sciences*, année 1763, p. 203 et suiv.

(*a*) Près de Villena, à quelques lieues d'Alicante, il y a un marais d'où l'on tire le sel pour la consommation des villages voisins; et à quatre lieues de là, une montagne isolée, toute de sel gemme, couvert seulement d'une couche de plâtre de différentes couleurs...

Il y a beaucoup de salines dans la juridiction de Mingranilla; on travaille à quelques-unes, et non aux autres : le sel gemme qu'on en tire est excellent, parce que cette espèce est toujours plus salée que celle qui se fait par évaporation, y ayant moins d'eau dans sa cristallisation...

A une demi-lieue de là, on descend un peu pour entrer dans un terrain de plâtre où sont quelques collines... Au bas de la couverture de plâtre, il y a un banc de sel gemme dont on ne sait point la profondeur, parce que, quand les excavations passent trois cent pieds, il en coûte beaucoup pour tirer le sel, et que quelquefois le terrain s'enfonce ou se remplit d'eau; alors on creuse de nouveaux puits, car tout l'endroit est une masse énorme de sel, mêlé en certaines places avec un peu de terre de plâtre, et dans d'autres, pur et rougeâtre, et le plus souvent cristallin... Dans la mine de Cardona, au contraire, il n'y a point de plâtre, et cependant le sel en est si dur et si bien cristallisé, que l'on en fait des statues, de petits autels et des meubles curieux. Celui de Mingranilla est dur aussi, mais moins que celui de Cardona, parce qu'il se casse, comme quelques spaths fragiles... Cette mine a dû être couverte anciennement d'une épaisseur de plus de huit cents pieds de matières étrangères, que les eaux ont peu à peu entraînées dans les lieux les plus bas.

Dans une montagne où est le village de Valliera, on trouve une mine de sel gemme qui paraît hors de terre : du côté de l'entrée, et à environ vingt pas en dedans, on voit que le sel, qui est blanc et abondant, a pénétré dans les couches de plâtre. Cette mine peut avoir environ quatre cents pas de longueur, et différentes galeries latérales en ont plus de quatre-vingts soutenues par des piliers de sel qui la font ressembler à une église gothique; le sel suit la direction de la colline en penchant un peu au nord, comme les veines du plâtre; ce sel n'a qu'environ cinq pieds de haut... Il paraît avoir rongé différentes couches de plâtre et de margue (marne) pour se placer où il est, quoiqu'il reste cependant assez de ces matières.

Au bout de la principale galerie... on voit que la bande de sel descend jusqu'au vallon, et passe à la colline qui est vis-à-vis... La voûte de cette mine est de plâtre... Ensuite il y a deux pouces de sel blanc, séparé du plâtre par quelques filons de terre saline; après, il y a trois doigts de sel pur et deux de sel de pierre, et une bande de terre; ensuite une autre bande bleue, suivie de deux pouces de sel; après quoi il y a des bandes alternatives de terre et de sel cristallin jusqu'au lit de la mine qui est de plâtre; descendant au vallon et montant aux collines qui sont vis-à-vis, les bandes de terre sont d'un bleu obscur, et les lits de sel sont de couleur blanche : cette mine est très élevée eu égard à la mer, parce que depuis Bayonne on monte toujours pour y arriver. *Histoire naturelle d'Espagne*, par M. Bowles, p. 376 et suiv.

(*b*) La ville de Cardonne est située au pied d'une montagne de sel, qui est presque coupée

bancs d'une très grande épaisseur sur une étendue de deux ou trois lieues en longueur et d'une largeur indéterminée, comme on l'a observé dans la mine de Wieliczka, en Pologne, qui est la plus célèbre de toutes celles du Nord.

Les bancs de sel y sont surmontés de plusieurs lits de glaises, mêlés, comme les autres glaises, d'un peu de sable et de débris de coquilles et autres productions marines. L'argile ou glaise contient l'acide, et les corps marins contiennent l'alcali; on pourrait donc imaginer qu'ils ont fourni l'alcali nécessaire pour former avec l'acide ce sel fossile; mais, lorsqu'on jette les yeux sur l'épaisseur énorme de ces bancs de sel, on voit que, quand même la glaise et les corps marins qu'elle renferme se seraient entièrement dépouillés de leur acide et de leur alcali, ils n'auraient pu produire que les dernières couches superficielles de ces bancs, dont l'épaisseur étonne encore plus que leur étendue; il me semble donc que, pour concevoir la formation de ces masses immenses de sel pur, il faut avoir recours à une cause plus puissante et plus ancienne que celle de la stillation des eaux et de la dissolution des sels contenus dans les terres qui surmontent ces salines : elles ont commencé par être des marais salants, où l'eau de la mer en stagnation a produit successivement les couches de sel qui composent ces bancs, et qui se sont déposées les unes sur les autres à mesure qu'elles se formaient par l'évaporation des eaux qui arrivaient pour remplacer les premières, et qui laissaient de même déposer leur sel après l'évaporation; en sorte que, dans le temps où la chaleur du globe était beaucoup plus grande qu'elle ne l'est aujourd'hui, le sel a dû se former bien plus promptement et plus abondamment qu'il ne se forme dans nos marais salants; aussi ce sel gemme est-il communément plus solide et plus pur que celui que nous obtenons en faisant évaporer les eaux salées; il a retenu moins d'eau dans sa cristallisation; il attire moins l'humidité de l'air et ne se dissout qu'avec beaucoup de temps dans l'eau, à moins qu'on n'aide la dissolution par le secours de la chaleur.

On vient de voir par les notes précédentes que ces grands amas de sel gemme se trouvent tous ou sous des couches de glaises et de marne, ou sous des bancs de plâtre, c'est-à-dire sous des matières déposées et transportées par les eaux, et que par conséquent la formation de ces amas de sel est à peu près contemporaine aux dernières alluvions des eaux, dont les dépôts sont en effet les glaises mêlées de craie et de plâtres, matières dont la substance est analogue à celle du sel marin, puisqu'elles contiennent en même temps l'acide et l'alcali, qui font l'essence de sa composition; cependant, je le répète, ce ne sont pas les parties salines contenues dans ces bancs argileux, marneux et plâtreux, qui seules ont pu produire ces énormes dépôts de sel gemme, quand même ces bancs de terre auraient été de huit cents pieds plus épais, comme dit M. Bowles; et ce ne peut être que par des alternatives d'alluvion et de dessèchement et par une évaporation prompte que ces grandes masses de sel ont pu s'accumuler.

Pour faire mieux entendre cette formation successive, supposons que le sol sur lequel

perpendiculairement du côté de la rivière : cette montagne est une masse énorme de sel solide de quatre ou cinq pieds de haut, sans raies, ni fentes, ni couches, et il n'y a point de plâtre aux environs; elle a une lieue de circuit... On ignore la profondeur du sel, qui pour l'ordinaire est blanc; il y en a aussi du rouge... d'autre d'un bleu clair, mais ces couleurs disparaissent lorsque le sel est écrasé, car dans cet état il est blanc...

La superficie de la montagne est grande; cependant les pluies ne font pas diminuer le sel : la rivière qui coule au pied est néanmoins salée, et, quand il pleut, la salaison augmente et fait mourir le poisson; mais ce mauvais effet ne s'étend pas à plus de trois lieues, après quoi le poisson se porte aussi bien qu'ailleurs. *Histoire naturelle d'Espagne*, par M. Bowles, p. 410 et suiv. — Les anciens ont parlé de ces montagnes de sel de l'Espagne. « Est, dit » Aulu-Gelle, in his regionibus (Hispaniæ) mons ex sale mero magnus; quantùm demas, » tantùm adcrescit. » Aulu-Gelle, lib. II, cap. XXII, *ex Catone*.

porte la dernière couche saline fût alternativement baigné par les marées, et que pendant les six heures de l'alluvion du flux la chaleur fût alors assez grande, comme elle l'était en effet, pour causer, dans cet intervalle de six heures, la prompte évaporation de quelques pouces d'épaisseur d'eau, il se sera dès lors formé sur ce sol une première couche de sel de quelques lignes d'épaisseur, et, douze heures après, cette première couche aura été surmontée d'une autre produite par la même cause; en sorte que dans les lieux où la marée s'élevait à une grande hauteur, les amas de sel ont pu prendre presque autant d'épaisseur: cette cause a certainement produit un tel effet dans plusieurs lieux de la terre, et particulièrement dans ceux où les amas de sel ne sont pas d'une très grande épaisseur, et quelques-uns de ces amas semblent offrir encore la trace des ondes qui les ont accumulés (*a*); mais dans les lieux où ces amas sont épais de cinquante et peut-être de cent pieds, comme à Wieliczka en Pologne, et à Cardonne, en Catalogne, on peut encore supposer très légitimement une seconde circonstance qui a pu concourir comme cause avec la première. Cette circonstance s'est trouvée dans les lieux où la mer formait des anses ou des bassins, dans lesquels son eau stagnante devait s'évaporer presque aussi vite qu'elle se renouvelait, ou bien s'évaporait en entier lorsqu'elle ne pouvait être renouvelée (*b*). On peut se former une idée de ces anciens bassins de la mer et de leur produit en sel par les lacs salés que nous connaissons en plusieurs endroits de la surface de la terre; une chaleur double de celle de la température actuelle causerait en peu de temps l'entière évaporation de l'eau et laisserait au fond toute la masse de sel qu'elle tient en dissolution, et l'épaisseur de ce dépôt salin serait proportionnelle à la quantité d'eau contenue dans le bassin et enlevée par l'évaporation; en sorte, par exemple, qu'en supposant huit cents brasses ou quatre mille pieds de profondeur au bassin, on aurait au moins cent pieds d'épaisseur de sel après l'évaporation de cette eau, qui, comme l'on sait, contient communément un quarantième de sel relativement à son poids; je dis cent pieds au moins, car ici le volume augmente plus que proportionnellement à la masse; je ne sais si cette augmentation relative a été déterminée par des expériences, mais je suis persuadé qu'elle est considérable, tant par la quantité d'eau que le sel retient dans sa cristallisation, que par les matières grasses et terreuses dont l'eau de la mer est toujours chargée, et que l'évaporation ne peut enlever.

Quoi qu'il en soit, les vues que je viens de présenter sont suffisantes pour concevoir la formation de ces prodigieux dépôts de sel sur lesquels nous croyons devoir donner encore quelques détails inportants. Voici l'ordre des différents bancs de terre et de pierre

(*a*) Aux environs de la ville de Northwich, dans le comté de Chester en Angleterre, et dans un terrain plat, on exploite quantité de mines de sel. Le sel en roc ou en masse s'y trouve à vingt toises de profondeur perpendiculaire, recouvert d'un espèce de schiste noir, et au-dessus d'un sable que l'on voit sur toute la surface.

Dans la crainte de rencontrer des sources d'eau qui gêneraient, ou peut-être détruiraient l'exploitation, on n'a pas approfondi dans la masse de sel au-dessous de dix toises; de sorte qu'on en ignore absolument l'épaisseur : on n'a pas même osé la sonder.

Le sel en roc paraît avoir été déposé par couches ou lits de plusieurs couleurs ; il est généralement d'un rouge foncé, ressemblant à peu près à la couleur du sable qui compose la surface du terrain ; d'autres de différentes nuances, et enfin de celui qui est parfaitement blanc et pur, sans aucun mélange. Mais ce qu'il y a encore de très particulier, c'est que ces couches de sel sont dans une position qui ferait croire que le dépôt s'en fait par ondes, comme on voit ceux que la mer fait sur ses côtes. *Voyages métallurgiques*, par M. Jars, t. III, p. 332.

(*b*) L'été du Groenland, moins long qu'ailleurs, y est pourtant assez chaud pour qu'on soit obligé de se dégarnir quand on marche, surtout dans les baies et les vallons où les rayons du soleil se concentrent sans que les vents de mer y pénètrent. L'eau qui reste dans les bassins et les creux des rochers après le flux s'y coagule au soleil, et s'y cristallise en un très beau sel de la plus grande blancheur. *Histoire générale des Voyages*, t. XIX, p. 20.

qu'on trouve avant de parvenir au sel dans les mines de Wieliczka : « Le premier lit, » celui qui s'étend jusqu'à l'extérieur de la mine, est de sable, c'est-à-dire un amas de » grains fins arrondis, blancs, jaunâtres et même rougeâtres. Ce banc de sable est suivi » de plusieurs lits de terre argileuse plus ou moins colorée; mais le plus ordinairement » ces terres ont la couleur de rouille de fer. Ces lits de terre, à une certaine profondeur, » sont séparés par des lames de pierre que leur peu d'épaisseur, jointe à leur couleur » noirâtre, ferait regarder comme des ardoises; ce sont des pierres feuilletées... On des- » cend d'abord dans le premier étage par une espèce de puits de huit pieds en carré, ayant » deux cents pieds de France de profondeur, au lieu de six cents, comme on a voulu le » dire... On y trouve une chapelle taillée dans la masse du sel, et qui peut avoir environ » trente pieds de longueur sur vingt-quatre de largeur et dix-huit de hauteur; tous les » ornements et les images de cette chapelle sont aussi faits avec du sel... Il n'y a que » neuf cents pieds de profondeur depuis le sommet de la mine jusque dans l'endroit le » plus profond... Et il est étonnant qu'on ait voulu persuader au public qu'il y avait dans » cette mine une espèce de ville souterraine, puisqu'il n'y a dans les galeries que quel- » ques petites chambres qui sont destinées à enfermer les outils des ouvriers lorsqu'ils » s'en vont le soir de la mine...

» Plus on pénètre profondément dans ces salines, plus on trouve le sel abondant et » pur; si l'on rencontre quelques couches de terre, elles n'ont ordinairement que deux à » trois pieds d'épaisseur et fort peu d'étendue; toutes ces couches sont d'une glaise plus » ou moins sableuse.

» On n'a trouvé jusqu'à présent dans ces mines aucune production volcanique, telles » que soufre, bitume , charbon minéral, etc., comme il s'en trouve dans les salines de » Halle, de la haute Saxe et du comté de Tyrol. On y trouve beaucoup de coquilles, prin- » cipalement des bivalves et des madrépores...

» Je n'assurerai pas que ces mines aient, comme on le dit, trois lieues d'étendue en » tous sens... Mais il y a lieu de croire qu'elles communiquent à celles de Bochnia (ville à » cinq milles au levant de Wieliczka), où l'on exploite le même sel; le travail de Wie- » liczka a toujours été dirigé du côté de Bochnia, et celui de Bochnia du côté de Wieliczka » jusqu'en 1772, qu'on se trouva arrêté de part et d'autre par un lit de terre marneuse » ne contenant pas un atome de sel... Mais l'administration ayant dirigé l'exploitation du » côté du midi, on trouva du sel beaucoup plus pur...

» On détache ce sel de la masse, en blocs qui ont ordinairement sept à huit pieds de » longueur sur quatre de largeur et deux d'épaisseur; on emploie pour cela des coins de » fer, et on opère à peu près de la manière qu'on le fait dans nos carrières pour en tirer » la pierre de taille... Lorsque ces gros blocs sont ainsi détachés, on les divise en trois ou » quatre parties dont on fait des cylindres pour faciliter le transport...

» Les morceaux de sel que l'on trouve quelquefois dans cette mine de Wieliczka se » rencontrent par cubes isolés dans les couches de glaises, sans affecter de marche régu- » lière, et quelquefois formant des bandes de deux à trois pouces d'épaisseur dans la » masse du sel; mais celui qui se trouve en grain dans la glaise est toujours le plus beau, » et on conduit presque tout ce sel blanc dans l'endroit que l'on appelle la Chancellerie, » qui est un bureau où travaillent quatre commis pendant la journée : tout ce qui orne » cette Chancellerie, comme tables, armoires, etc., est en sel... Avec les morceaux de sel » blanc les plus transparents, on travaille de jolis ouvrages qui ont différentes formes, » comme des crucifix, des tables, des chaises, des tasses à café, des canons montés sur » leurs affûts, des montres, des salières, etc. (*a*). »

(*a*) *Observations sur les mines de sel gemme de Wieliczka*, par M. Bernard. *Journal de Physique*, mois de décembre 1780, p. 159 et suiv.

Nous ne pouvons douter qu'il n'y ait en France des mines de sel gemme, puisque nous y connaissons un grand nombre de fontaines salées, et dans nos provinces même les plus éloignées de la mer; mais la recherche de ces mines est prohibée, et même l'usage de l'eau qui en découle nous est interdit par une loi fiscale, qui s'oppose au droit si légitime d'user de ce que la nature nous offre avec profusion; loi de proscription contre l'aisance de l'homme et la santé des animaux, qui, comme nous, doivent participer aux bienfaits de la mère commune, et qui faute de sel ne vivent et ne se multiplient qu'à demi; loi de malheur, ou plutôt sentence de mort contre les générations à venir, qui n'est fondée que sur le mécompte et sur l'ignorance, puisque le libre usage de cette denrée, si nécessaire à l'homme et à tous les êtres vivants, ferait plus de bien et deviendrait plus utile à l'État que le produit de la prohibition, car il soutiendrait et augmenterait la vigueur, la santé, la propagation, la multiplication des hommes et de tous les animaux utiles. La gabelle fait plus de mal à l'agriculture que la grêle et la gelée; les bœufs, les chevaux, les moutons, tous nos premiers aides dans cet art de première nécessité et de réelle utilité, ont encore plus besoin que nous de ce sel qui leur était offert comme l'assaisonnement de leur insipide herbage et comme un préservatif contre l'humidité putride dont nous les voyons périr; tristes réflexions que j'abrège en disant que l'anéantissement d'un bienfait de la nature est un crime dont l'homme ne se fût jamais rendu coupable, s'il eût entendu ses véritables intérêts.

Les mines de sel se présentent dans tous les pays où l'on a la liberté d'en faire usage (*a*); il y en a tout autant en Asie qu'en Europe, et le despotisme oriental, qui nous paraît si pesant pour l'humanité, s'est cependant abstenu de peser sur la nature : le sel est commun en Perse et ne paye aucun droit (*b*); les salines y sont en grand nombre, tant à la

(*a*) Nous séjournâmes un jour à Bex (dans le voisinage de Lausanne en Suisse), et nous l'employâmes à visiter les *salines* qui sont dans la montagne : on y cherche, en poussant des galeries dans le sein du rocher, la *masse de sel*, où une source d'eau prend en y passant celui qu'elle charrie et qu'on en tire à grands frais. Le rocher montre en quelques endroits des veines de ce sel qui font espérer qu'on trouvera cette masse. *Lettres de M. de Luc*, citoyen de Genève, p. 9 et 10.

(*b*) Le sel se fait par la nature toute seule, et sans aucun art; le soufre et l'alun se font de même ; il y a deux sortes de sel dans le pays, celui des terres et celui des mines ou de roche. Il n'y a rien de plus commun en Perse que le sel, car d'un côté il n'y a nul droit dessus, et de l'autre vous trouvez des plaines entières, longues de dix lieues et plus, toutes couvertes de sel, et vous en trouvez d'autres qui sont couvertes de soufre et d'alun : on en passe quantité de cette sorte en voyageant dans la Parthide, dans la Perside, dans la Caramanie. Il y a une plaine de sel proche de Cachan, qu'il faut passer pour aller en Hircanie, où vous trouvez le sel aussi net et aussi pur qu'il se puisse. Dans la Médie et à Ispahan, le sel se tire des mines, et on le transporte par gros quartiers, comme la pierre de taille; il est si dur en des endroits, comme dans la Caramanie déserte, qu'on en emploie les pierres pour la construction des maisons des pauvres gens. *Voyages de Chardin en Perse*, etc.; Amsterdam, 1711, t. II, p. 23. — Cette dernière particularité n'est point du tout fabuleuse ; Pline parle de ces constructions en masses de sel, que l'on cimente, ajoute-t-il, en les mouillant : « Gerris, Arabiæ oppido, muros domosque massis salis faciunt, aquâ ferruminantes. » Au reste, de pareilles structures ne peuvent subsister que dans un pays tel que l'Arabie, où il ne pleut jamais. — En sortant de la ville de Kom, à notre droite, nous découvrîmes la montagne de Kilesim, qui n'est que médiocrement haute ; mais elle est ceinte de tous côtés de plusieurs collines stériles et pierreuses, qui ne produisent que du sel, aussi bien que toute la campagne voisine, et qui est toute blanche de sel et de salpêtre : cette montagne, de même que celles de Nochtznan, de Kulb, d'Urumi, de Kemre, de Hemedan, de Bisetum et de Suldur, fournissent toute la Perse de sel, que l'on en tire comme d'une carrière. *Voyages d'Oléarius en Moscovie*; Paris, 1656, t. II, p. 5. — Il y a quantité de montagnes dans la Perse... Il y en a plusieurs d'où l'on tire le sel comme on tire des pierres

surface que dans l'intérieur de la terre. On voit aux environs d'Amsterdam une montagne de sel gemme (*a*) où les habitants du pays et même les étrangers ont la liberté d'en prendre autant qu'il leur plaît (*b*); il y en a aussi des plaines immenses qui sont pour ainsi dire toutes couvertes de sel (*c*); on voit une semblable plaine de sel en Natolie (*d*). Pline dit que Ptolémée, en plaçant son camp près de Péluse, découvrit sous le sable une

d'une carrière, et pour la valeur d'un sou on en donne un pied et demi en carré. Il se trouve aussi des plaines dont le sable n'est que pur sel, mais il n'a pas le même effet que celui de France, et il en faut le double pour saler raisonnablement les viandes. *Voyages de Tavernier en Turquie*, etc., t. II, p. 10 et 11. — Quelques montagnes aux environs du château de Thaïkan, à deux journées nord-est-quart-de-nord de Balack, ville située sur les frontières de Perse, sont composées du plus beau sel de roche : cette ville de Balack a été ruinée par les Tartares. *Histoire générale des Voyages*, t. VII, p. 318. — L'on trouve quantité de ruisseaux d'eau salée, au bord desquels s'épaissit et se forme un sel très blanc : et ce qui est bien davantage, proche de Congo, il y a une plaine qui, par l'espace de plusieurs milles, est toute blanche de sel, lequel venant à se fondre en temps de pluie, et par ce moyen effaçant entièrement les chemins, cause une extrême confusion, et donne aux passants une peine incroyable. *Voyages d'Orient*, par le P. Philippe, carme déchaussé; Lyon, 1669, t. II p. 104.

(*a*) On trouve dans la province d'Astracan une montagne de sel qui, bien qu'on y en prenne journellement, semble ne point diminuer : ce sel est dur et aussi transparent que du cristal. Il est permis à toutes sortes de gens d'y en faire couper, ce qui a enrichi beaucoup de marchands. *Voyages historiques de l'Europe*; Paris, 1693, t. II, p. 34 et 35.

(*b*) Pline cite une montagne de sel aux Indes, laquelle était, dit-il, pour le souverain, son possesseur, une source inépuisable de richesse. « Sunt et montes nativi salis, ut in Indiâ » Oromenus, in quo lapidicinarum modo cæditur renascens; majusque regum vectigal ex eo, » quam ex auro atque margaritis. » Lib. XXXI, cap. I, sect. 39.

(*c*) Au delà du Volga, vers le couchant, s'étend une longue bruyère de plus de soixante-dix lieues d'Allemagne jusqu'au Pont-Euxin; et vers le midi, une autre de plus de quatre-vingts lieues le long de la mer Caspie... Mais ces déserts ne sont point si stériles qu'ils ne produisent du sel en plus grande quantité que les marais de France et d'Espagne; ceux de ces quartiers-là les appellent Mozakoski. Kainkowa et Gwoftonki, qui sont à dix, quinze et trente werstes d'Astracan, ont des veines salées, que le soleil cuit et fait nager sur l'eau l'épaisseur d'un doigt, comme un cristal de roche, et en si grande quantité, qu'en payant deux liards d'impôt de chaque poud, c'est-à-dire du poids de quarante livres, on en emporte tant que l'on veut ; il sent la violette comme en France, et les Moscovites en font un grand trafic, en le portant sur le bord du Volga, où ils le mettent en de grands monceaux jusqu'à ce qu'ils aient la commodité de le transporter ailleurs. Petreins, dans son *Histoire de Moscovie*, dit qu'à deux lieues d'Astracan, il y a deux montagnes, qu'il nomme Bussin, qui produisent du sel de roche en si grande abondance, que, quand trente mille hommes y travailleraient incessamment, ils n'en pourraient pas tarir les sources; mais je n'ai pu rien apprendre de ces montagnes imaginaires : cependant il est certain que le fond des veines salées dont nous venons de parler est inépuisable, et que l'on n'en a pas sitôt enlevé une croûte qu'il ne s'y en fasse aussitôt une nouvelle. Le même Petreins se trompe aussi quand il dit que ces montagnes fournissent de sel la Médie, la Perse et l'Arménie, puisque ces provinces ne manquent point de marais salants, non plus que la Moscovie, ainsi que nous le verrons dans la suite. *Voyages d'Olearius;* Paris, 1656, t. Ier, p. 319.

(*d*) Tavernier parle d'une plaine de Natolie, qui a environ dix lieues de long et une ou deux de large, qui n'est qu'un lac salé dont l'eau se congèle et se forme en sel qu'on ne peut dissoudre qu'avec peine, si ce n'est dans l'eau chaude ; ce lac fournit de sel presque toute la Natolie, et la charge d'une charrette, tirée par deux buffles, ne coûte sur le lieu qu'environ quarante-cinq sous de notre monnaie : il s'appelle Douslac, c'est-à-dire la place de sel, et le pacha de Couchahur, petite ville qui est à deux journées, en retire vingt-quatre mille écus par an. *Voyages de Tavernier*, t. Ier, p. 124.

couche de sel que l'on trouva s'étendre de l'Égypte à l'Arabie (a). La mer Caspienne et plusieurs autres lacs sont plus ou moins salés (b) : ainsi, dans les terres les plus éloignées de l'Océan, l'on ne manque pas plus de sel que dans les contrées maritimes, et partout il ne coûte que les frais de l'extraction ou de l'évaporation. On peut voir, dans les notes ci-jointes, la manière dont on recueille le sel à la Chine, au Japon et dans quelques autres provinces de l'Asie (c). En Afrique, il y a peut-être encore plus de mines de sel qu'en

(a) « Invenit et juxta Pelusium Ptolemæus rex, cùm castra faceret ; quo exemplo postea » inter Ægyptum et Arabiam cœptum est inveniri, detractis arenis. » Lib. XXXI, cap. 1, sect. 39.

(b) Pline, en parlant des rivières salées, qu'il place dans la mer Caspienne, dit que le sel forme une croûte à la surface, sous laquelle le fleuve coule comme s'il était glacé ; ce qu'on ne peut néanmoins entendre que des mers et des anses, où l'eau tranquille et dormante et baissant dans les chaleurs donnait lieu à la voûte de sel de se former : « Sed et summa flu- » minum durantur in salem, amne reliquo veluti sub gelu fluente, ut apud Caspias portas, » quæ *salis flumina* appellantur. » *Hist. nat.*, lib. XXXI, cap. 1, sect. 39.

(c) Les parties occidentales de la Chine qui bordent la Tartarie sont bien pourvues de sel, malgré leur éloignement de la mer ; outre les salines qui se trouvent dans quelques-unes de ces provinces, on voit dans quelques autres une sorte de terre grise, comme dispersée de côté et d'autre, en pièces de trois ou quatre arpents, qui rend une prodigieuse quantité de sel. Pour le recueillir, on rend la surface de la terre aussi unie que la glace, en lui laissant assez de pente pour que l'eau ne s'y arrête point ; lorsque le soleil vient à la sécher, jusqu'à faire paraître blanches les particules de sel qui s'y trouvent mêlées, on les rassemble en petits tas, qu'on bat ensuite soigneusement, afin que la pluie puisse s'y imbiber : la seconde opération consiste à les étendre sur de grandes tables un peu inclinées, qui ont des bords de quatre ou cinq doigts de hauteur ; on y jette de l'eau fraîche, qui, faisant fondre les parties de sel, les entraîne avec elle dans de grands vaisseaux de terre, où elles tombent goutte à goutte par un petit tube. Après avoir ainsi dessalé la terre, on la fait sécher, on la réduit en poudre, et on la remet dans le lieu d'où on l'a tirée : dans l'espace de sept ou huit jours, elle s'imprègne de nouvelles parties de sel, qu'on sépare encore par la même méthode.

Tandis que les hommes sont occupés de ce travail aux champs, leurs femmes et leurs enfants s'emploient, dans des huttes bâties au même lieu, à faire bouillir le sel dans de grandes chaudières de fer, sur un fourneau de terre percé de plusieurs trous, par lesquels tous les chaudrons reçoivent la même chaleur ; la fumée passant par un long noyau, en forme de cheminée, sort à l'extrémité du fourneau : l'eau, après avoir bouilli quelque temps, devient épaisse et se change par degrés en un sel blanchâtre, qu'on ne cesse pas de remuer avec une grande spatule de fer jusqu'à ce qu'il soit devenu tout à fait blanc. *Histoire générale des Voyages*, t. VI, p. 486 et 487. — Au Japon, le sel se fait avec de l'eau de la mer : on creuse un grand espace de terre qu'on remplit de sable fin, sur lequel on jette de l'eau de la mer, et on le laisse sécher ; on recommence la même opération jusqu'à ce que le sable paraisse assez imbibé de sel ; alors on le ramasse, on le met dans une cuve, dont le fond est percé en trois endroits ; on y jette encore de l'eau de la mer, qu'on laisse filtrer au travers du sable : on reçoit cette eau dans de grands vases, pour la faire bouillir jusqu'à certaine consistance, et le sel qui en sort est calciné dans de petits pots de terre jusqu'à ce qu'il devienne blanc. *Histoire naturelle du Japon*, par Kæmpfer, t. Ier, p. 95.

Chez les Mogols, il y a une mine de sel mêlée de sable à la profondeur d'un pouce sous terre ; cette région en est remplie : les Mogols, pour le purifier, mettent ce mélange dans un bassin où ils jettent de l'eau ; le sel venant à se dissoudre, ils le versent dans un autre bassin et le font bouillir ; après quoi ils le font sécher au soleil. Ils s'en procurent encore plus aisément dans leurs étangs d'eau de pluie, où il se ramasse de lui-même dans des trous ; et, séchant au soleil, il laisse une croûte de sel fin et pur, qui est quelquefois épaisse de deux doigts, et qui se lève en masse. *Histoire générale des Voyages*, t. VII, p. 464. — La province de Portalona, au couchant de l'île de Ceylan, a un port de mer d'où une partie du royaume tire du sel et du poisson... A l'égard des parties orientales que l'éloignement

Europe et en Asie : les voyageurs citent les salines du cap de Bonne-Espérance (*a*) : Kolbe surtout s'étend beaucoup sur la manière dont s'y forme le sel et sur les moyens de le

et la difficulté des chemins empêchent de tirer du sel de ce port, la nature a pourvu à leurs besoins d'une autre manière. Le vent d'est fait entrer l'eau de la mer dans le port de Leaouva; et, lorsque ensuite le vent d'ouest amène le beau temps, cette eau se congèle, et fournit aux habitants plus de sel qu'ils n'en peuvent employer. *Idem*, t. VIII, p. 520.

Dans le royaume d'Asem, on fait du sel en faisant sécher et brûler ensuite cette verdure qui se trouve ordinairement sur les eaux dormantes : les cendres qui en proviennent étant bouillies et passées servent de sel. La seconde méthode est de prendre de grandes feuilles de figuier que l'on sèche et que l'on brûle de même. Les cendres sont une espèce de sel d'une âcreté si piquante, qu'il serait impossible d'en manger s'il n'était adouci : on met les cendres dans l'eau ; on les y remue l'espace de dix ou douze heures ; ensuite on passe cette eau trois fois dans un linge, et puis on la fait bouillir ; à mesure qu'elle bout, le fond s'épaissit, et lorsqu'elle est consumée, on trouve au fond de la chaudière un sel blanc et d'assez bon goût. C'est de la cendre des mêmes feuilles qu'on fait dans le royaume d'Asem une lessive dont on blanchit les soies; si le pays avait plus de figuiers, les habitants feraient toutes leurs soies blanches, parce que la soie de cette couleur est beaucoup plus claire que l'autre. *Hist. génér. des Voy.* t. IX, p. 548.

(*a*) Dans les environs de la baie de Saldanha, qui sont habités par les Kochoquas ou Salthanchaters, il y a plusieurs mines de sel dont les étrangers font commerce... Il y a aussi des salines dans plusieurs endroits du pays des Damaquas, mais elles ne sont d'aucun usage, parce qu'elles sont trop éloignées des habitations européennes, et que les Hottentots ne mangent jamais de sel... Dans toutes les terres du cap de Bonne-Espérance, le sel est formé par l'action du soleil sur l'eau des pluies; ces eaux s'amassent dans des espèces de bassins naturels pendant la saison des pluies; elles entraînent avec elles, en descendant des montagnes et des collines, un limon gras dont la couleur est plombée, et c'est sur ce limon que se forme le sel dans les bassins.

L'eau, en descendant dans ces bassins, est toujours noirâtre et sale; mais au bout de quelque temps elle devient claire et limpide, et ne redevient noirâtre que dans le mois d'octobre, temps auquel elle commence à devenir salée ; à mesure que la chaleur de l'été devient plus grande, elle prend un goût plus âcre et plus salé, et sa couleur devient enfin d'un rouge foncé : les vents du sud-est, soufflant alors avec force, agitent cette eau et accélèrent l'évaporation... Le sel commence à paraître sur les bords ; sa quantité augmente de jour en jour, et vers le solstice d'été les bassins se trouvent remplis d'un beau sel blanc, dont la couche a quelquefois six pouces d'épaisseur, surtout si les pluies ont été assez considérables pour remplir d'eau ces creux ou ces bassins naturels...

Dès que le sel est ainsi formé, chaque habitant des colonies en fait sa provision pour toute l'année; il n'a besoin pour cela d'aucune permission, ni de payer aucun droit : il y a seulement deux bassins qui sont réservés pour la Compagnie hollandaise et pour le gouvernement, et dans lesquels les colons ne prennent point de sel...

Ce sel du cap de Bonne-Espérance est blanc et transparent ; ses grains ont ordinairement six angles, et quelquefois plus; le plus blanc et le plus fin est celui qui se tire du milieu du bassin, c'est-à-dire de l'endroit où la couche de sel est la plus épaisse... Celui des bords est grossier, dur et amer; cependant on le préfère pour saler la viande et le poisson, parce qu'il est plus dur à fondre que celui du milieu du bassin; mais ni l'un ni l'autre ne vaut celui d'Europe pour ces sortes de salaisons, et les viandes qui en sont salées ne peuvent jamais soutenir un long voyage.

La manière dont se forme ce sel ressemble trop à celle dont se produit le nitre pour ne pas supposer que le sel du Cap vient en bonne partie du nitre que le terrain et l'air contiennent dans ce pays... Ces parties nitreuses descendent peu à peu sur la terre où elles restent renfermées jusqu'à ce que les pluies, tombant en abondance, lavent le terrain et les entraînent avec elles dans les bassins... D'un autre côté, on a lieu de présumer que le terrain des vallées du Cap est naturellement salé, puisque l'herbe qui croît dans ces vallées a

recueillir. En Abyssinie, il y a de vastes plaines toutes couvertes de sel, et l'on y connaît aussi des mines de sel gemme (a); il s'en trouve de même aux îles du cap Vert (b), au cap

un goût d'amertune et de salure, et que les Hollandais nomment ces pâturages *terres saumaches;* et ce fait seul serait suffisant pour expliquer la formation du sel dans les terrains du cap de Bonne-Espérance.

Enfin, pour prouver que l'air est chargé de particules salsugineuses au Cap, M. Kolbe rapporte une expérience qui a été faite par un de ses amis, dont il résulte que si l'on reçoit dans un vaisseau les vents qui soufflent au Cap, il se forme sur les parois de ce vaisseau de petites gouttes qui, augmentant peu à peu, le remplissent en entier; que cette eau qui, d'abord, ne paraît pas être salée, étant exposée dans un endroit où la chaleur et l'air puissent agir en même temps sur l'eau et sur le vaisseau, elle devient dans l'espace de trois ou quatre heures salsugineuse et blanchâtre, paraît comme mélangée de vert de mer et de bleu céleste, et laisse un sédiment qui prend la forme de gelée.

Lorsque après cela on couvre légèrement le vaisseau et qu'on le met sur un fourneau, cette eau devient d'abord jaune, ensuite rougeâtre, et enfin elle prend une couleur d'un rouge écarlate; il s'y forme après cela divers corps de différentes figures : les parties *nitreuses* sont sexangulaires, cannelées et oblongues, les *vitrioliques* (ou plutôt de sel marin) ont la figure cubique, et les *urinaires* prennent une figure sexangulaire, ronde et étoilée. On démêle aussi les parties de sel; les unes sont jaunes, les autres blanches et brillantes, etc... Telle est, ajoute M. Kolbe, l'expérience que mon correspondant a faite et qu'il a réitérée soixante-dix fois et toujours avec le même succès; toujours il a retiré de cette eau *aérienne* les trois principes, etc. *Description du cap de Bonne-Espérance;* Amsterdam, 1741, partie II, p. 110, 128, 195 et jusqu'à 202. — L'on peut dire que partout l'air des environs de la mer est salé à peu près comme au Cap, et cet air salé, pompé par la végétation, donne un goût salin à ses productions. Il y a des raisins et d'autres fruits salés : les différentes plantes dont on fait le varech le sont plus ou moins suivant les différents parages. Celles qui sont le plus proches des embouchures des fleuves le sont moins que celles qui croissent sur les écueils des hautes mers.

(a) Le P. Lobo dit qu'en partant du port de Baylno sur la mer Rouge, il traversa de grandes plaines de sel qui aboutissent aux montagnes de Duan, par lesquelles l'Abyssinie est séparée du pays des Galles et des Mores... Le même auteur dit que la principale monnaie des Abyssins est le sel qu'on donne par morceaux de la longueur d'une palme, larges et épais de quatre doigts : chacun en porte un petit morceau dans sa poche; lorsque deux amis se rencontrent, ils tirent leurs petits morceaux de sel et se le donnent à lécher l'un à l'autre. *Bibliothèque raisonnée*, t. Ier, p. 56 et 58. — On se sert en Éthiopie de sel de roche pour la petite monnaie : il est blanc comme la neige, et dur comme la pierre; on le tire de la montagne Lafla, et on le porte dans les magasins de l'empereur, où on le forme en tablettes qu'on appelle *amouly*, ou en demi-tablettes qu'on nomme *courman*. Chaque tablette est longue d'un pied, large et épaisse de trois pouces : dix de ces tablettes valent trois livres de France. On le rompt selon le paiement qu'on a à faire, et on se sert de ce sel également pour la monnaie et pour l'usage domestique. M. Poncet, suite des *Lettres édifiantes*. Paris, 1704, quatrième Recueil, p. 329.

(b) L'île de Sal, l'une de celles du cap Vert, tire son nom de la grande quantité de sel qui s'y congèle naturellement, toute l'île étant pleine de marais salants; le terroir est fort stérile, ne produisant aucun arbre, etc. *Nouveau voyage autour du monde*, par Dampier; Rouen, 1715, t. Ier, p. 92. — Il y a des mines de sel dans l'île de Buona-Vista, l'une des îles du cap Vert; on en charge des vaisseaux, et l'on en conduit dans la Baltique. *Histoire générale des voyages*, t. II, p. 293. — L'île de Mai est la plus célèbre des îles du cap Vert par son sel, que les Anglais chargent tous les ans dans leurs vaisseaux. Barbot assure que cette île pourrait en fournir tous les ans la cargaison de mille vaisseaux. Ce sel se charge dans des espèces de marais salants où les eaux de la mer sont introduites dans le temps des marées vives, par de petits aqueducs pratiqués dans le banc de sable : ceux qui le viennent charger le prennent à mesure qu'il se forme, et le mettent en tas dans quelques endroits secs avant que l'on y introduise de l'eau nouvelle. Dans cet étang, le sel ne commence à se

Blanc (*a*); et, comme la chaleur est excessive au Sénégal, en Guinée et dans toutes les terres basses de l'Afrique, le sel s'y forme par une évaporation prompte et presque continuelle (*b*); il s'en forme aussi sur la côte d'Or (*c*), et il y a des mines de sel gemme au

congeler que dans la saison sèche; au lieu que dans les salines des Indes occidentales, c'est au temps des pluies, particulièrement dans l'île de la Tortue. *Hist. gén. des voyages*, t. II, p. 372.

(*a*) A six journées de la ville de Hoden, derrière le cap Blanc, on trouve une ville nommée Teggazza, d'où l'on tire tous les ans une grande quantité de sel de roche, qui se transporte sur le dos des chameaux à Tumbuto, et de là dans le royaume de Melly, qui est du pays des Nègres. *Histoire générale des voyages*, t. II, p. 293. — Ces nègres regardent le sel comme un préservatif contre la chaleur; ils en font chaque jour dissoudre un morceau dans un vase rempli d'eau, et l'avalent avec avidité, ils croient lui être redevables de leur santé et de leurs forces. *Idem*, *ibidem*.

(*b*) On ne saurait presque s'imaginer combien est considérable le gain que les Nègres font à cuire le sel sur la côte de Guinée... Tous les Nègres du pays sont obligés à venir quérir le sel sur la côté; ainsi, il ne vous sera pas difficile de comprendre que le sel y soit extrêmement cher et les gens du commun sont forcés de se contenter, en place de sel, d'une certaine herbe un peu salée, leur bourse ne pouvant souffrir qu'ils achètent du sel.

Quelques milles dans les terres derrière Ardra, d'où viennent la plupart des esclaves, on en donne un et quelquefois deux pour une poignée de sel...

Voici la manière de cuire le sel : quelques-uns font cuire l'eau de la mer dans des bassins de cuivre aussi longtemps qu'elle se mette ou se change en sel; mais c'est la manière la plus longue, et par conséquent la moins avantageuse; aussi ne fait-on cela que dans les lieux où le pays est si haut, que la mer ou les rivières salées n'y peuvent couler par-dessus; mais dans les autres endroits où l'eau des rivières ou de la mer se répand souvent, ils creusent de profondes fosses pour y renfermer l'eau qui se dérobe, en suite de quoi, le plus fin ou le plus doux de cette eau se sèche peu à peu par l'ardeur du soleil, et devient plus propre pour en tirer dans peu de temps beaucoup de sel.

En d'autres endroits ils ont des salines où l'eau est tellement séchée par la chaleur du soleil, qu'ils n'ont pas besoin de la faire cuire, mais n'ont qu'à l'amasser dans ces salines.

Ceux qui n'ont pas les moyens d'acheter des bassins de cuivre, ou qui ne veulent pas employer leur argent à ces bassins, ou bien encore qui craignent que l'eau de mer devant cuire si longtemps, ces bassins ne fussent bientôt percés par le feu, prennent des pots de terre dont ils mettent dix ou douze les uns contre les autres, et font ainsi deux longues rangées, étant attachés les uns aux autres avec de l'argile, comme s'ils étaient maçonnés, et sous ces pots il y a comme un fourneau, où l'on met continuellement du bois; cette manière est la plus ordinaire dont ils se servent, et avec laquelle cependant ils ne tirent pas tant de sel ni si promptement. Le sel est extrêmement fin et blanc sur toute la côte (à l'exception des environs d'Acra), principalement dans le pays de Fantin, où il surpasse presque la neige en blancheur. *Voyages de Bosman*; Utrecht, 1705, p. 321 et suiv.

Le long du rivage du canal de Biyurt, quelques lieues au-dessus de la barre du fleuve du Sénégal, la nature a formé des salines fort riches; on en compte huit éloignées l'une de l'autre d'une ou deux lieues : ce sont de grands étangs d'eau salée, au fond desquels le sel se forme en masse; on le brise avec des crocs de fer pour le faire sécher au soleil : à mesure qu'on le tire de l'étang, il s'en forme d'autre. On s'en sert pour saler les cuirs; il est corrosif et fort inférieur en bonté au sel de l'Europe. Chaque étang a son fermier qui se nomme *ghiodin* ou *komessu*, sous la dépendance du roi de Kayor. *Histoire générale des voyages*, t. II, p. 489.

(*c*) La côte d'Or, en Afrique, fournit un fort bon sel et en abondance... La méthode des Nègres est de faire bouillir l'eau de la mer dans des chaudières de cuivre, jusqu'à sa parfaite congélation... Ceux qui sont situés plus avantageusement creusent des fosses et des trous, dans lesquels ils font entrer l'eau de la mer pendant la nuit : la terre étant d'elle-même salée et nitreuse, les parties fraîches de l'eau s'exhalent bientôt à la chaleur du soleil, et laissent de fort bon sel, qui ne demande pas d'autres préparations. Dans quelques endroits, on voit des salines régulières où la seule peine des habitants est de recueillir le sel chaque jour. *Histoire générale des voyages*, t. IV, p. 216 et suiv.

Congo (*a*) : en général, l'Afrique, comme la région la plus chaude de la terre, a peu d'eau douce, et presque tous les lacs et autres eaux stagnantes de cette partie du monde sont plus ou moins salés.

L'Amérique, surtout dans les contrées méridionales, est assez abondante en sel marin; il s'en trouve aussi dans les îles, et notamment à Saint-Domingue (*b*) et sur plusieurs côtes du continent (*c*); ainsi que dans les terres de l'isthme de Panama (*d*), dans celles du Pérou (*e*), de la Californie (*f*) et jusque dans les terres Magellaniques (*g*).

(*a*) Le pays de Sogno est voisin des mines de Demba, d'où l'on tire à deux ou trois pieds de terre un sel de roche d'une beauté parfaite, aussi clair que la glace, sans aucun mélange : on le coupe en pièces d'une aune de long, qui se transportent dans toutes les parties du pays. De Lille place les mines de sel dans le pays de Bamba : ce pays de Sogno fait partie du royaume de Congo. *Idem*, *ibidem*, p. 626.

(*b*) L'île de Saint-Domingue a, dans plusieurs endroits de ses côtes, des salines naturelles, et l'on trouve du sel minéral dans une montagne voisine du lac Xaragua, plus dur et plus corrosif que le sel marin, avec cette propriété que les brèches que l'on y fait se réparent, dit-on, dans l'espace d'un an. Oviédo ajoute que toute la montagne est d'un très bon sel, aussi luisant que le cristal, et comparable à celui de Cardonne en Catalogne. *Hist. génér. des voyages*, t. XII, p. 218. — Il y a dans cette île de très belles salines, qui sans être cultivées donnent du sel aussi blanc que la neige, et étant travaillées en pourraient fournir davantage que toutes les salines de France, de Portugal et d'Espagne. Il se rencontre de ces salines au midi, dans la baie d'Ocoa, dans le cul-de-sac, à un lieu nommé *coridon*, au septentrion de l'île vers l'orient, à Caracol, à Limonade, à Monte-Christo; il y en a encore en plusieurs autres lieux, et ce ne sont ici que les principales. Outre ces salines marines, l'on trouve dans les montagnes des mines de sel qu'on appelle ici *sel gemme*, qui est aussi beau et aussi bon que le sel marin : je l'ai moi-même éprouvé, et l'ai trouvé beaucoup meilleur que le premier. *Histoire des Aventuriers Boucaniers.* Paris, 1686, t. Ier, p. 84.

(*c*) Derrière le cap d'Araya en Amérique, qui est vis-à-vis de la pointe occidentale de la Marguerite, la nature a placé une saline qui serait utile aux navigateurs, si elle n'était pas trop éloignée du rivage; mais dans l'intérieur du golfe, le continent forme un coude près duquel est une autre saline, la plus grande peut-être qu'on ait connue jusqu'à aujourd'hui ; elle n'est pas à plus de trois cents pas du rivage, et l'on y trouve dans toutes les saisons de l'année un excellent sel, quoique moins abondant au temps des pluies : quelques-uns croient que les flots de la mer, poussés dans l'étang par les tempêtes, et n'ayant point d'issues pour en sortir, y sont coagulés par l'action du soleil, comme il arrive dans les salines artificielles de France et d'Espagne; d'autres jugent que les eaux salées s'y rendent de la mer par des conduits souterrains, parce que le rivage paraît trop convexe pour donner passage aux flots; enfin d'autres encore attribuent aux terres mêmes une qualité saline, qu'elles communiquent aux eaux de pluie : ce sel est si dur, qu'on ne peut en tirer sans y employer des instruments de fer. *Histoire générale des voyages*, t. XIV, p. 393.

(*d*) Les Indiens de cet isthme tirent leur sel de l'eau de la mer, qu'ils cuisent dans des pots de terre jusqu'à ce qu'elle soit évaporée, et que le sel reste au fond en forme de gâteau ; ils en coupent à mesure qu'ils en ont besoin, mais cette voie est si longue qu'ils n'en peuvent pas faire en grande quantité, et qu'ils l'épargnent beaucoup. *Voyages de Wafer*, suite de Dampier, t. IV, p. 241. — Le sel minéral ou sel de pierre se trouve très abondamment au Pérou ; il y a aussi, dans la province de Lipes, une plaine de sel de plus de quarante lieues de longueur sur seize de largeur, à l'endroit le plus étroit. *Métallurgie d'Alphonse Barba*, t. Ier, p. 24 et suiv.

(*e*) Le port de Gunta, dans le Corrégiment de Guyaquil au Pérou, est si riche en salines, qu'il suffit seul pour fournir du sel à toute la province de Quito. *Histoire générale des voyages*, t. XIII, p. 366.

(*f*) Ce n'est pas de la mer qu'on tire le sel pour la Californie ; il y a des salines dont le sel est blanc et luisant comme du cristal, mais en même temps si dur qu'on est souvent obligé de le rompre à grands coups de marteau. Il serait d'un bon débit dans la Nouvelle-Espagne où le sel est rare. M. Poncet, suite des *Lettres édifiantes;* Paris, 1705, cinquième Recueil, p. 271.

(*g*) Vers le port Saint-Julien en Amérique, environ cinquante degrés de latitude sud, le

Il y a donc du sel dans presque tous les pays du monde (*a*), soit en masses solides à l'intérieur de la terre, soit en poudre cristallisée à sa surface, soit en dissolution dans les eaux courantes ou stagnantes. Le sel en masse ou en poudre cristallisée ne coûte que la peine de le tirer de sa mine ou celle de le recueillir sur la terre; celui qui est dissous dans l'eau ne peut s'obtenir que par l'évaporation, et dans les pays où les matières combustibles sont rares, on peut se servir avantageusement de la chaleur du soleil, et même l'augmenter par des miroirs ardents, lorsque la masse de l'eau salée n'est pas considérable; et l'on a observé que les vents secs font autant et peut-être plus d'effet que le soleil sur la surface des marais salants. On voit, par le témoignage de Pline, que les Germains et les Gaulois tiraient le sel des fontaines salées par le moyen du feu (*b*); mais le bois ne leur coûtait rien, ou si peu qu'ils n'ont pas eu besoin de recourir à d'autres moyens : aujourd'hui, et même depuis plus d'un siècle, on fait le sel en France par la seule évaporation, en attirant l'eau de la mer dans de grands terrains qu'on appelle des *marais salants.* M. Montel a donné une description très exacte des marais salants de Pécais, dans le bas Languedoc (*c*); on peut en lire l'extrait dans la note ci-dessous : on ne

voyageur Narborough vit, en 1669, un marais qui n'avait pas moins de deux milles de long, et sur lequel il trouva deux pouces d'épaisseur d'un sel très blanc, qu'on aurait pris de loin pour un pavé fort uni : ce sel était également agréable au palais et à l'odorat. *Histoire générale des voyages*, t. XI, p. 36. George Anson dit la même chose dans son *Voyage autour du monde*, p. 58.

(*a*) Les voyageurs nous disent qu'au pays d'Asem, aux Indes orientales, le sel naturel manque absolument, et que les habitants y suppléent par un sel artificiel. « Pour cet effet, » ils prennent de grandes feuilles de la plante qu'on nomme aux Indes *figuier d'Adam ;* ils » les font sécher, et, après les avoir fait brûler, les cendres qui restent sont mises dans » l'eau, qui en adoucit l'âpreté ; on les y remue pendant dix à douze heures, après quoi » l'on passe cette eau au travers d'un linge, et on la fait bouillir : à mesure qu'elle bout, le » fond s'épaissit, et quand elle est consumée, on y trouve pour sédiment au fond du vase un » sel blanc et assez bon ; mais c'est là le sel des riches, et les pauvres de ce pays en emploient » d'un ordre fort inférieur. Pour le faire, on ramasse l'écume verdâtre qui s'élève sur les » eaux dormantes et en couvre la superficie ; on fait sécher cette matière, on la brûle, et » les cendres qui en proviennent étant bouillies, il en vient une espèce de sel, que le com- » mun peuple d'Asem emploie aux mêmes usages que nous employons le nôtre. » *Académie des sciences de Berlin,* année 1745, p. 73.

(*b*) « Galliæ, Germaniæque ardentibus lignis aquam salsam infundunt. » Pline, lib. XXXI, cap. I, sect. 39.

(*c*) Ces salines de Pécais sont situées à une lieue et demie d'Aigues-Mortes, dans une plaine dont l'étendue est d'environ une lieue et demie en tout sens : ce terrain est presque tout sablonneux et limoneux, mêlé avec un débris de coquillages que la mer y a jeté... Ce terrain est coupé de canaux creusés exprès pour la facilité du transport des sels, qui ne se fait qu'en hiver ou dans des barques; on le dépose dans le grand entrepôt pour le compte du roi...

On compte dix-sept salines dans tout le terrain de Pécais; mais il n'y en a que douze qui soient en valeur, et toutes sont éloignées de la mer d'environ deux mille toises. Ce terrain de Pécais est plus bas que les étangs, qui sont séparés de la mer par une plage, et qui communiquent avec elle par quelques ouvertures; il est aussi plus bas que le bras du Rhône qui passe à Saint-Gilles, dont on a tiré un canal qui arrive à Pécais : il y a des digues, tant du côté de ce bras du Rhône que du côté des étangs, pour empêcher les inondations...

Toute l'eau dont on se sert dans les douze salines vient des étangs... Ces salines sont divisées en compartiments de cinquante, cent, etc., arpents chacun ; plus ils sont grands et plus la récolte de sel est abondante, parce que l'eau salée qui vient des étangs parcourt plus d'espace et a plus de temps pour s'évaporer... C'est au commencement de mai que l'on fait les premiers travaux, en divisant les grands compartiments en d'autres plus petits : cette séparation se fait par le moyen des bâtardeaux, des piquets, des fascines et de la terre... On fait à Pécais qu'une récolte de sel chaque année, et le temps nécessaire à l'évaporation est de quatre à cinq mois, depuis le commencement de mai jusqu'à la fin de septembre.

Il y a de même des marais salants en Provence, dans lesquels on fait quelquefois deux récoltes chaque année, parce que la chaleur et la sécheresse de l'été y sont plus grandes ; et, comme la mer Méditerranée n'a ni flux ni reflux, il y a plus de sûreté et moins d'inconvénient à établir des marais salants dans son voisinage que dans celui de l'Océan. Les

ne fait entrer qu'environ un pied et demi d'eau sur le terrain, et comme il est imprégné de sel depuis plusieurs siècles, l'eau, à force de rouler dessus, se charge d'une plus grande quantité de sel... L'eau évaporée par la chaleur du soleil produit à sa surface une pellicule, et lorsqu'elle est prête à former le sel, elle parait quelquefois rouge ou de couleur de rose, quand on la regarde à une certaine distance, et d'autres fois claire et limpide ; mais les ouvriers en jugent par une épreuve fort simple : ils plongent la main dans l'eau salée, et tout de suite ils la présentent à l'air ; s'il se forme dans l'instant, sur la surface de la peau, de petits cristaux et une légère croûte saline, ils jugent que l'eau est au point requis, et qu'il faut la conduire aux réservoirs, ensuite aux puits à roue, et enfin dans les tables pour les faire cristalliser... Les puits à roue n'ont ordinairement que cinq à six pieds de profondeur... Les tables ont des rebords formés de terre, pour y retenir huit à douze lignes d'eau que l'on y fait entrer toutes les vingt-quatre heures, et on ne lève du sel qu'après avoir réitéré l'introduction de l'eau sur les tables une vingtaine de fois, c'est-à-dire au bout de vingt jours : si la cristallisation a bien réussi, il reste après ce temps une épaisseur de sel d'environ trois pouces ou de deux pouces et demi... Ce sel est quelquefois si dur, surtout lorsque les vents du nord ont régné pendant l'évaporation, qu'il faut se servir de pelles de fer pour le détacher... On enlève ce sel ainsi formé sur les tables, et on en forme des monceaux en forme de pyramides, qui contiennent chacun environ quatre-vingts ou quatre-vingt-six minots de sel, du poids de cent livres par minot ; au bout de vingt-quatre heures, on rassemble tous ces petits monceaux de sel, et on en forme, sur un terrain élevé, des amas qui ont quelquefois cent toises de long, onze de large et cinq de hauteur, que l'on couvre ensuite de paille ou de roseau, en attendant qu'on puisse les faire transporter sur les grands entrepôts de vente, où l'on charge le sel pour l'approvisionnement des greniers du roi...

On ne fait chaque année, dans toutes les salines de Pécais, qu'une seule récolte ; dans les salines de Provence, à ce qu'on m'a assuré, on fait quelquefois une seconde récolte de sel qui est fort inférieur à celui de la première.

Si dans l'espace de quatre mois, que dure toute la manœuvre de l'opération, il survient des pluies fréquentes, des vents de mer ou des orages, on fait une mauvaise récolte ; il faudrait toujours, pour bien réussir, un soleil ardent et un vent du nord ou nord-ouest... Les inondations du Rhône, qui répandent des eaux douces sur le terrain des salines, font quelquefois perdre la récolte d'une année...

Suivant le règlement des gabelles, on doit ne laisser le sel en tas que pendant une année, pour lui faire perdre cette amertume et cette âcreté qu'on lui trouve lorsqu'il est récemment fabriqué ; mais il y reste bien plus longtemps, car les propriétaires ne le vendent ordinairement aux fermiers généraux qu'au bout de trois, quatre et quelquefois cinq ans ; au bout de ce temps, il est si dur qu'on ne peut le détacher qu'avec des pics de fer.

Dans les bonnes récoltes, on tire des salines de Pécais jusqu'à cinq cent treize mille minots de sel... On le vend au roi sur le pied de quarante-deux livres quinze sous le gros muid (c'est-à-dire cinq sous le minot, pesant cent livres)... Elles produisent au roi environ sept à huit millions par an...

Les bords des canaux qui conduisent l'eau dans les puits à roue sont couverts de belles cristallisations de sel, que l'on est obligé de détacher de temps en temps, parce qu'avec le temps elles intercepteraient le passage de l'eau... La surface de l'eau qui coule au milieu du canal est couverte d'une pellicule mince, qui est un indice pour connaître quand une dissolution de certains sels doit être mise à cristalliser...

La plaine de sel que l'on voit sur les compartiments, et dont la blancheur se fait apercevoir de loin, ne commence à paraître que dans les premiers jours de juin, temps où les eaux sont déjà prêtes à être conduites dans les puits à roue, et se soutient jusqu'au mois d'octobre

seuls marais salants de Pécais, dit M. Montel, rapportent à la ferme générale sept ou huit millions par an : pour que la récolte du sel soit regardée comme bonne, il faut que la couche de sel, produite par l'évaporation successive pendant quatre ou cinq mois, soit épaisse de deux pouces et demi ou trois pouces. Il est dit, dans la *Gazette d'agriculture*, « qu'en 1775, il y avait plus de quinze cents hommes employés à recueillir et entasser le » sel dans les marais de Pécais : indépendamment de ces salines et de celles de Saint-Jean » et de Roquemaure, où le sel s'obtient par industrie, il s'en forme tout naturellement des

ou de novembre. Dans certaines années, cette cristallisation ne dure pas si longtemps : tout dépend des pluies plus ou moins abondantes...

L'eau évaporée au point requis, à mesure qu'on l'élève par les seaux des puits à roue, se cristallise aux parois de ces seaux, surtout si le soleil est ardent et si le vent du nord règne ; on est alors obligé d'y faire passer l'eau des étangs, ou de détacher deux fois par jour ces cristallisations, pour qu'elles ne remplissent pas toute la capacité du seau ; mais ce dernier travail serait trop pénible, et on préfère la première manœuvre. On sait que le sel marin a la propriété de grimper dès qu'on lui présente quelque corps pendant qu'il cristallise ; c'est à cette propriété que sont dues ces cristallisations auxquelles les ouvriers donnent toutes sortes de figures, comme de lacs d'amour, de crucifix, d'étoiles, d'arbres, etc... Elles sont formées à l'aide de morceaux de bois auxquels le sel s'attache, en sorte qu'il prend la figure qu'on a donnée à ces morceaux de bois : toutes ces cristallisations sont des amas de cubes très réguliers et d'une grosseur très considérable...

On tire de l'écume qui surnage les eaux salées que l'on fait passer aux tables un sel qui est friable et très blanc, et que l'on emploie à l'usage des salières dont on se sert pour la table ; mais ce sel est plus amer que l'autre, parce qu'il contient du sel de Glauber et du sel marin à base terreuse... Ce sel de Glauber se trouve en quantité dans l'eau de la mer que l'on puise sur nos côtes... Nous trouvions principalement le sel de Glauber à la partie inférieure de la cristallisation ou de la masse totale des deux sels cristallisés : la raison en est que le sel de Glauber, étant très soluble dans une moindre quantité d'eau que le sel marin, est entraîné au-dessous de ce dernier sel par la dernière partie de l'eau qui reste avant l'entière dissipation. C'est par la même raison qu'on ne voit pas un atome de sel de Glauber dans ces belles cristallisations que le sel forme en grimpant, ni dans toutes les croûtes salines qui s'attachent aux puits à roue, etc... C'est ce sel de Glauber et le sel marin à base terreuse qui donnent de l'amertune au sel nouvellement fabriqué, et qui s'en séparent ensuite, parce qu'ils sont très solubles : lorsque le sel est pendant quelques années conservé en tas avant d'être mis dans les greniers du roi, il en est meilleur et plus propre à l'usage de nos cuisines...

Au moyen de ce que le sel de Pécais reste pendant trois, quatre ou cinq ans rassemblé en monceaux avant d'être vendu aux fermiers du roi, il se sépare de tout son sel de Glauber et du sel marin à base terreuse, et devient enfin le sel le meilleur, le plus salant, le moins amer du royaume, et peut-être de l'Europe ; il est encore le plus dur, le plus beau, et celui qui est formé en plus gros cristaux bien compacts et bien secs : par là les surfaces qu'il présente à l'air étant les plus petites possibles, il est très peu sujet à l'influence de son humidité, tandis que les sels en neige qu'on tire par une forte évaporation sur le feu, soit de l'eau de la mer, soit des puits salants, comme en Franche-Comté, en Lorraine, etc., sont au contraire très exposés, par leur état de corps rare, par la multiplication de leurs surfaces, à être pénétrés par l'humidité de l'air dont le sel marin se charge facilement ; ces sels formés sur le feu contiennent d'ailleurs tout leur sel de Glauber et beaucoup de sel marin à base terreuse, ou du moins une bonne partie ; celui de Bretagne et de Normandie les contient dans la même proportion où ils sont dans l'eau de la mer, car on y évapore jusqu'à dessiccation ; et celui de Franche-Comté et de Lorraine en contient une partie, quoiqu'on enlève le sel avant que toute la liqueur soit consumée sur les poêles...

Il faut au surplus que les ouvriers qui fabriquent le sel à Pécais prennent garde que les tables ne manquent jamais d'eau pendant tout le temps de sa saunaison, parce que, selon eux, le sel s'échaufferait et serait difficile à battre ou à laver. *Mémoires de M. Montel*, dans ceux de l'*Académie des sciences*, année 1763, p. 441 et suiv.

» quantités mille fois plus considérables dans les marais qui s'étendent jusqu'auprès de » Martigues en Provence; l'imagination peut à peine se figurer la quantité étonnante de » sel qui s'y trouve cette année : *tous les hommes, tous les bestiaux de l'Europe ne pour-» raient la consommer en plusieurs années*, et il s'en forme à peu près autant tous les ans.

» Pour garder, ce n'est pas dire conserver, mais bien perdre tout ce sel, il y aura une » brigade de gardes à cheval, nommée dans le pays du nom sinistre de *Brigade noire*, » laquelle va campant d'un lieu à l'autre, et envoyant journellement des détachements de » tous les côtés. Ces gardes ont commencé à camper vers la fin de mai; ils resteront sur » pied, suivant la coutume, jusqu'à ce que les pluies d'automne aient fondu et dissipé tout » ce sel naturel (*a*). »

On voit, par ce récit, qu'on pourrait épargner le travail des hommes, et la dépense des digues et autres constructions nécessaires au maintien des marais salants, si l'on voulait profiter de ce sel que nous offre la nature; il faudrait seulement l'entasser comme on entasse celui qui s'est déposé dans les marais salants, et le conserver pendant trois ou quatre ans, pour lui faire perdre son amertume et son eau superflue : ce n'est pas que ce sel trop nouveau soit nuisible à la santé, mais il est de mauvais goût, et tout celui qu'on débite au public, dans les greniers à sel, doit, par les règlements, avoir été *facturé* deux ou trois ans auparavant.

Malgré l'inconvénient des marées, on n'a pas laissé d'établir des marais salants sur l'Océan comme sur la Méditerranée, surtout dans le bas Poitou, le pays d'Aunis, la Saintonge, la Bretagne et la Normandie : le sel s'y fait de même par l'évaporation de l'eau marine. « Or on facilite cette évaporation, dit M. Guettard, en faisant circuler l'eau autour » de ces marais, et en la recevant ensuite dans de petits carrés qui se forment au moyen » d'espèces de vannes; l'eau par son séjour s'y évapore plus ou moins promptement, et » toujours proportionnellement à la force de la chaleur du soleil; elle y dépose ainsi le » sel dont elle est chargée (*b*). » Cet académicien décrit ensuite avec exactitude les salines de Normandie dans la baie d'Avranches, sur une plage basse où le mouvement de la mer se fait le moins sentir, et donne le temps nécessaire à l'évaporation. Voici l'extrait de cette description : on ramasse le sable chargé de ce dépôt salin, et cette récolte se fait pendant neuf ou dix mois de l'année, on ne la discontinue que depuis la fin de décembre jusqu'au commencement d'avril..... On transporte ce sable mêlé de sel dans un lieu sec, où on en fait de gros tas en forme de spirale, ce qui donne la facilité de monter autour pour les exhausser autant qu'on le juge à propos; on couvre ces tas avec des fagots, sur lesquels on met un enduit de terre grasse pour empêcher la pluie de pénétrer... Lorsqu'on veut travailler ce sable salin, on découvre peu à peu le tas, et à mesure qu'on enlève le sable, on le lave dans une fosse enduite de glaise bien battue et revêtue de planches, entre les joints desquelles l'eau peut s'écouler; on met dans cette fosse cinquante ou soixante boisseaux de ce sable salin, et on y verse trente ou trente-cinq seaux d'eau ; elle passe à travers le sable et dissout le sel qu'il contient; on la conduit par des gouttières dans des cuves carrées de trois pieds, qui sont placées dans un bâtiment qui sert à l'évaporation; on examine avec une éprouvette si cette eau est assez chargée de sel, et si elle ne l'est pas assez, on enlève le sable de la fosse et on y en remet du nouveau : lorsque l'eau se trouve suffisamment salée, on la transvase dans des vaisseaux de plomb, qui n'ont qu'un ou deux pouces de profondeur sur vingt-six pouces de longueur et vingt-deux de largeur; on place ces plombs sur un fourneau qu'on échauffe avec des fagots bien secs; l'évaporation se fait en deux heures, on remet alors de la nouvelle eau salée dans les vaisseaux de plomb, et on la fait évaporer de même. La quantité de sel que l'on retire en

(*a*) *Gazette d'Agriculture* du mardi 12 septembre 1775, article *Paris*.
(*b*) *Mémoires de l'Académie des sciences*, année 1758, p. 99 et suiv.

vingt-quatre heures, au moyen de ces opérations répétées, est d'environ cent livres dans trois vaisseaux de plomb des dimensions ci-dessus : on donne d'abord un feu assez fort, et on le continue ainsi jusqu'à ce qu'il se forme une petite fleur de sel sur l'écume de cette eau, on enlève alors cette écume et on ralentit le feu; l'évaporation étant achevée, on remue le sel avec une pelle pour le dessécher, on le jette dans des paniers en forme d'entonnoir où il peut s'égoutter : ce sel, quoique tiré par le moyen du feu et dans un pays où le bois est cher, ne se vend guère que trois livres dix sous les cinquante livres pesant (*a*). Il y a aussi en Bretagne soixante petites fabriques de sel par évaporation, tiré des vases et sables de la mer, dans lesquels on mêle un tiers de sable gris pour le purifier, et porter les liqueurs à quinze sur cent.

On fait aussi du sel en grand dans quelques cantons de cette même province de Bretagne; on tire des marais salants de la baie de Bourganeuf seize ou dix-sept mille muids de sel, et l'on estime que ceux de Guérande et du Croisic produisent, année commune, environ vingt-cinq mille muids (*b*).

En Franche-Comté, en Lorraine et dans plusieurs autres contrées de l'Europe et des autres parties du monde, le sel se tire de l'eau des fontaines salées. M. de Montigny, de l'Académie des sciences, a donné une bonne description des salines de la Franche-Comté, et du travail qu'elles exigent; voici l'extrait de ses observations : « Les eaux, dit M. de » Montigny, de tous les puits salés, tant de Salins que de Montmorot, contiennent en dis- » solution, avec le sel marin ou *sel gemme*, des gypses ou sélénites gypseuses, des sels » composés de l'acide vitriolique engagé dans une base terreuse, du sel de Glauber, des » sels déliquescents, composés de l'acide marin engagé dans une base terreuse; une terre » alcaline très blanche que l'on sépare du sel gemme, lorsqu'on le tient longtemps en » fusion dans un creuset; enfin une espèce de glaise très fine, et quelques parties grasses, » bitumineuses, ayant une forte odeur de pétrole. Toutes ces eaux portent un principe » alcalin surabondant..... Elles ne sont point mêlées de vitriols métalliques.....

» Les sels en petits grains, ainsi que les sels en pain, se sont également trouvés char- » gés d'un alcali terreux..... Ainsi ces sels ne sont pas comme le sel marin dans un état » de neutralité parfaite.

» Le sel à gros grains de Montmorot est le seul que nous ayons trouvé parfaitement » neutre..... Ce sel à gros grains est tiré des mêmes eaux que le sel à petits grains, mais » il est formé par une évaporation beaucoup plus lente; il vient en cristaux plus gros, » très réguliers, et en même temps beaucoup plus purs..... Si les eaux des fontaines » salées ne contenaient que du sel gemme en dissolution, l'évaporation de ces eaux, plus » lente ou plus prompte, n'influerait en rien sur la pureté du sel..... On ne peut donc » séparer les matières étrangères de ces sels de Franche-Comté que par une très lente » évaporation, et cependant c'est avec les sels à petits grains, faits par une très prompte » évaporation, que l'on fabrique tous les sels en pains, dont l'usage est général dans » toute la Franche-Comté..... On met les pains de sel qu'on vient de fabriquer sur des lits » de braises ardentes où ils restent pendant vingt-cinq, trente et même quarante heures, » jusqu'à ce qu'ils aient acquis la sécheresse et la dureté nécessaires pour résister au » transport (*c*)..... Le mélange de sel de Glauber, de gypse, de bitume et de sel marin à » base terreuse, qui vient par la réduction de ces eaux, est d'une amertume inexprimable...

(*a*) Voyez le *Mémoire* de M. Guettard, depuis la page 99 jusqu'à 116.

(*b*) *Observations d'histoire naturelle*, par M. le Monnier, t. IV, p. 432.

(*c*) Nous devons observer que cette pratique de mettre le sel à l'exposition du feu, pour le durcir, est très préjudiciable à la pureté et à la qualité du sel :

1° Parce que, pour mouler le sel, il faut qu'il soit humecté de son eau mère, que le feu ne fait que dessécher en agglutinant la masse saline, et cette eau mère est une partie impure qui reste dans le sel ;

» La saveur et la qualité du sel marin sont fort altérées par le mélange du gypse, » lorsque les eaux ne reçoivent pas assez de chaleur pour en opérer la séparation, et la » quantité du gypse est fort considérable dans les eaux de Salins..... Le gypse de Salins » rend le sel d'un blanc opaque, et le gypse de Montmorot lui donne sa couleur grise..... » Lorsque les eaux sont faibles en salure comme celles de Montmorot, on a trouvé le » moyen de les concentrer par une méthode ingénieuse (*a*) et qui multiplie l'évaporation » sans feu. »

Ces fontaines salées de la Franche-Comté, qui fournissent du sel à toute cette province et à une partie de la Suisse, ne sont pas plus abondantes que celles qui se trouvent en Lorraine et qui s'exploitent dans les petites villes de Dieuze, Moyenvic et Château-Salins, toutes situées le long de la vallée qu'arrose la rivière de *Seille*. A Rosières, dans la même province, était une saline des plus belles de l'Europe, par l'étendue de son bâtiment de graduation ; mais cette saline est détruite depuis environ vingt ans : à Dieuze, non plus qu'à Moyenvic et à Château-Salins, on n'a pas besoin de ces grands bâtiments ou hangars de graduation pour évaporer l'eau, parce que d'elle-même elle est assez chargée pour qu'on puisse, en la soumettant immédiatement à l'ébullition, en tirer le sel avec profit.

Il se trouve aussi des sources et fontaines salées dans le duché de Bourgogne, et dans plusieurs autres provinces, où la ferme générale entretient des gardes pour empêcher le peuple de puiser de l'eau dans ces sources : si l'on refuse ce sel aux hommes, on devrait au moins permettre aux animaux de s'abreuver de cette eau, en établissant des bassins dans lesquels ces mêmes gardes ne laisseraient entrer que les bœufs et les moutons qui ont autant et peut-être plus besoin que l'homme de ce sel, pour prévenir les maladies de pourriture qui les font périr, ce qui, je le répète, cause beaucoup plus de perte à l'État que la vente du sel ne donne de profit.

Dans quelques endroits, ces fontaines salées forment de petits lacs ; on en voit un aux environs de Courtaison, dans la principauté d'Orange : « Des hommes, dit M. Guettard, » intéressés à ce qu'on ne fasse point d'usage de cette eau, ordonnent de *trépigner* et » mêler ainsi avec la terre le sel qui peut dans la belle saison se cristalliser sur les bords » de cet étang ; l'eau en est claire et limpide, un peu onctueuse au toucher, d'un goût pas- » sablement salé. Ce petit lac est éloigné de la mer d'environ vingt lieues ; s'il n'était dû » qu'à une masse d'eau de mer restée dans cet endroit, bientôt la seule évaporation aurait

2° Une partie du gypse se décompose, son acide vitriolique agit sur la base du sel marin, le dénature et le rend amer ;

3° Le sel marin le plus pur reçoit une altération très sensible par la calcination ; il devient plus caustique, une partie de l'acide s'en dissipe et laisse une base terreuse qui procède de la décomposition de l'alcali minéral. La décomposition du sel est si sensible, que l'on ne peut rester dans les étuves du grillage, à cause des vapeurs acides qui affectent la poitrine et les yeux.

(*a*) Des pompes, mues par un courant d'eau, élèvent les eaux salées dans des réservoirs placés au haut d'un vaste hangar, long et étroit, d'où on les fait tomber par gouttes, au moyen de plusieurs files de robinets, sur des lits d'épines accumulées jusqu'à la hauteur d'environ dix-huit pieds ; l'eau, répandue en lames très déliées, et divisée presque à l'infini sur tous les branchages des épines, est reçue dans un vaste bassin formé de planches de sapin, qui sert de base à tout le hangar ; de ce bassin, les mêmes eaux sont relevées et reportées par d'autres pompes dans le réservoir supérieur : on les fait ainsi passer et repasser à plusieurs reprises sur les épines, ce qui fait qu'elles deviennent de plus en plus salées... et lorsqu'elles ont acquis onze à douze degrés de salure, c'est-à-dire lorsqu'elles sont en état de rendre environ douze livres de sel par cent livres d'eau, on les fait couler dans les poêles de la saline pour les évaporer au feu, et dans cet état les eaux de Montmorot sont encore inférieures en salure au degré naturel des eaux de Salins. *Mémoires* de M. de Montigny, dans ceux de l'*Academie des sciences*, année 1762, p. 118.

» suffi pour le tarir : ce lac ne reçoit point de rivière, il faut donc nécessairement qu'il » sorte de son fond des sources d'eau salée pour l'entretenir (a). »

En d'autres pays, où la nature, moins libérale que chez nous, est en même temps moins insultée, et où on laisse aux habitants la liberté de recueillir et de solliciter ses bienfaits, on a su se procurer, et pour ainsi dire créer des sources salées, là où il n'en existait pas, en conduisant, par de grands et ingénieux travaux, des cours d'eau à travers des couches de terres ou de pierres imbues ou imprégnées de sel, que ces eaux dissolvent et dont elles sont chargées. C'est à M. Jars que nous devons la connaissance et la description de cette singulière exploitation qui se fait dans le voisinage de la ville de Hall en Tyrol. « Le sel, dit-il, est mélangé dans cette mine avec un rocher de la nature de l'ar» doise, qui en contient dans tous ses lits ou divisions..... Pour extraire le sel de cette » masse, on commence par ouvrir une galerie, en partant d'un endroit où le rocher est » ferme, et on l'avance d'une vingtaine de toises; ensuite on en fait une seconde de » chaque côté d'environ dix toises, et d'autres encore qui leur sont parallèles; de sorte » qu'il ne reste dans cet espace que des piliers distants les uns des autres de cinq pieds, » et qui ont à peu près les mêmes dimensions en carré, sur six pieds de hauteur, qui est » celle des galeries : pendant qu'on travaille à ces excavations, d'autres ouvriers sont » occupés à faire des mortaises ou entailles de chaque côté de la galerie principale, qui a » été commencée dans le rocher ferme, pour y placer des pièces de bois, et y former une » digue qui serve à retenir l'eau; et dans la partie inférieure de cette digue on laisse une » ouverture pour y mettre une bonde ou un robinet. Lorsque le tout est exactement bou» ché, on y fait arriver de l'eau douce par des tuyaux qui partent du sommet de la mon» tagne; peu à peu le sel se dissout à mesure que l'eau monte dans la galerie..... Dans » quelques-unes des excavations de cette mine, l'eau séjourne cinq, six et même douze » mois avant que d'être saturée, ce qui dépend de la richesse de la veine de sel et de » l'étendue de l'excavation..... Ce n'est que quand l'eau est entièrement saturée, que l'on » ouvre les robinets des digues, pour la faire couler et la conduire par des tuyaux de bois » jusqu'à Hall, où sont les chaudières d'évaporation (b). »

Dans les contrées du Nord où l'eau de la mer se glace, on pourrait tirer le sel de cette eau, en la recevant dans des bassins peu profonds, et la laissant exposée à la gelée : le sel abandonne la partie qui se glace et se concentre dans la portion inférieure de l'eau, qui, par ce moyen assez simple, se trouve beaucoup plus salée qu'elle ne l'était auparavant.

Il semble que la nature ait pris elle-même le soin de combiner l'acide et l'alcali pour former ce sel qui nous est le plus utile, le plus nécessaire de tous, et qu'elle l'ait en même temps accumulé, répandu en immense quantité sur la terre et dans toutes les mers; l'air même est imprégné de ce sel; il entre dans la composition de tous les êtres organisés; il plaît au goût de l'homme et de tous les animaux : il est aussi reconnaissable par sa figure que recommandable par sa qualité; il se cristallise plus facilement qu'aucun autre sel; et ses cristaux sont des cubes presque parfaits (c); il est moins soluble que plusieurs autres sels, et la chaleur de l'eau, même bouillante, n'augmente que très peu sa solubilité; néanmoins il attire si puissamment l'humidité de l'air, qu'il se réduit en liqueur si on le retient dans des lieux très humides; il décrépite sur le feu par l'effort de l'air qui se dégage alors de ses cristaux, dont l'eau s'évapore en même temps; et cette eau de cristallisation qui dans certains sels, comme l'alun, paraît faire plus de la moitié de la masse saline, n'est dans le sel marin qu'en petite quantité, car en le faisant calciner et même fondre à un feu

(a) *Mémoires sur la minéralogie du Dauphiné*, t. Ier, p. 180 et suiv.

(b) *Voyages métallurgiques*, t. III, p. 328 et 329.

(c) Les grains figurés en trémies sont de petits cubes groupés les uns contre les autres.

Imp. P. Taneur

Busard Montagu

violent, il n'éprouve aucune décomposition et forme une masse opaque et blanche, également saline et du même poids à peu près (*a*) qu'avant la fusion, ce qui prouve qu'il ne perd au feu que de l'air et qu'il contient très peu d'eau.

Ce sel, qui ne peut être décomposé par le feu, se décompose néanmoins par les acides vitrioliques et nitreux, qui, ayant plus d'affinité avec son acide, s'en saisissent et lui font abandonner sa base alcaline; autre preuve que les trois acides, vitriolique, nitreux et marin, sont de la même nature au fond, et qu'ils ne diffèrent que par les modifications qu'ils ont subies : aucun de ces trois acides ne se trouve pur dans le sein de la terre; et lorsqu'on les compare, on voit que l'acide marin ne diffère du vitriolique qu'en ce qu'il est moins pesant et plus volatil, qu'il saisit moins fortement les substances alcalines et qu'il ne forme presque toujours avec elles que des sels déliquescents : il ressemble à l'acide nitreux par cette dernière propriété, qui prouve que tous deux sont plus faibles que l'acide vitriolique dont on peut croire qu'ils se sont formés, en ne perdant pas de vue leur première origine qu'il ne faut pas confondre avec leur formation secondaire et leur conversion réciproque. L'acide aérien a été le premier formé; il n'est composé que d'air et de feu : ces deux éléments, en se combinant avec la terre vitrifiée, ont d'abord produit l'acide vitriolique; ensuite l'acide marin s'est produit par leur combinaison avec les matières calcaires, et enfin l'acide nitreux a été formé par l'union de ce même acide aérien avec la terre limoneuse et les autres débris putréfiés des corps organisés.

Comme l'acide marin est plus volatil que le nitreux et le vitriolique, on ne peut le concentrer autant; il ne s'unit pas de même avec la matière du feu, mais il se combine pleinement avec les alcalis fixe et volatil; il forme avec le premier le sel marin, et avec le second un sel très piquant, qui se sublime par la chaleur.

Quoique l'acide marin ne soit qu'un faible dissolvant en comparaison des acides vitriolique et nitreux, il se combine néanmoins avec l'argent et avec le mercure; mais sa propriété la plus remarquable, c'est qu'étant mêlé avec l'acide nitreux, ils font ensemble ce que l'acide vitriolique (*) ne peut faire, ils dissolvent l'or qu'aucun autre dissolvant ne peut entamer; et, quoique l'acide marin soit moins puissant que les deux autres, il forme néanmoins des sels plus corrosifs avec les substances métalliques; il les dissout presque toutes avec le temps, surtout lorsqu'il est aidé de la chaleur, et il agit même plus efficacement sur leurs chaux que les autres acides.

Comme toute la surface de la terre a été longtemps sous les eaux, et que c'est par les mouvements de la mer qu'ont été formées toutes les couches qui enveloppent le noyau du globe fondu par le feu, il a dû rester après la retraite des eaux une grande quantité des sels qui y étaient dissous; ainsi les acides de ces sels doivent être universellement répandus : on a donné le nom d'*acide méphitique* à leurs émanations volatiles; cet *acide méphitique* n'est que notre acide aérien, qui, sous la forme d'air fixe, se dégage des sels, et enlève une petite quantité de leur acide particulier auquel il était uni par l'intermède de l'eau; aussi cet acide se manifeste-t-il dans la plupart des mines sous la forme de *mouffette suffocante*, qui n'est autre chose que de l'air fixe stagnant dans ces profonds souterrains : et ce phénomène offre une nouvelle et grande preuve de la production primitive de l'acide aérien, et de sa dispersion universelle dans tous les règnes de la nature. Toutes les matières minérales en effervescence, et toutes les substances végétales ou animales en fermentation, peuvent donc produire également de l'acide méphitique; mais les seules matières animales et végétales en putréfaction produisent assez de cet acide pour donner naissance au sel de nitre.

(*a*) Le sel marin ne perd qu'un huit-centième de son poids par la calcination.

(*) Ce mélange de l'*acide nitrique* et de l'*acide chlorhydrique* est l'*eau régale*, ce fameux *dissolvant de l'or* des anciens chimistes.

NITRE

L'acide nitreux est moins fixe que l'acide vitriolique, et moins volatil que l'acide marin ; tous trois sont toujours fluides, et on ne les trouve nulle part dans un état concret, quoiqu'on puisse amener à cet état l'acide vitriolique, en le concentrant par une chaleur violente, mais il se résout bientôt en liqueur dès qu'il est refroidi. Cet acide ne prend point de couleur au feu, et il y reste blanc ; l'acide marin y devient jaune, et l'acide nitreux paraît d'abord vert, mais sa vapeur en se mêlant avec l'air devient rouge, et il prend lui-même cette couleur rouge par une forte concentration : cette vapeur que l'acide nitreux exhale a de l'odeur et colore la partie vide des vaisseaux de verre dans lesquels on le tient renfermé ; comme plus volatil, il est aussi moins pesant que l'acide vitriolique, qui pèse plus du double de l'eau, tandis que la pesanteur spécifique de l'acide nitreux n'est que de moitié plus grande que celle de l'eau pure.

Quoique plus faible à certains égards que l'acide vitriolique, l'acide nitreux ne laisse pas que de le vaincre à la distillation, en le séparant de l'alcali. Or l'acide vitriolique ayant plus d'acide nitreux avec l'alcali, comment se peut-il que cet alcali lui soit enlevé par ce second acide ? Cela ne prouve-t-il pas que l'acide aérien réside en grande quantité dans l'acide nitreux, et qu'il est la cause médiate de cette décomposition opposée à la loi commune des affinités ?

On peut enlever à tous les sels l'eau qui est entrée dans leur cristallisation, et sans laquelle leurs cristaux ne se seraient pas formés ; cette eau, ni la forme en cristaux, ne sont donc point essentielles aux sels, puisque après en avoir été dépouillés, ils ne sont point décomposés, et qu'ils conservent toutes leurs propriétés salines. Le nitre seul se décompose lorsqu'on le prive de cette eau de cristallisation, et cela démontre que l'eau, ainsi que l'acide aérien, entrent dans la composition de ce sel, non seulement comme parties intégrantes de sa masse, mais même comme parties constituantes de sa substance et comme éléments nécessaires à sa formation.

Le nitre (*) est donc de tous les sels le moins simple, et quoique les chimistes aient abrégé sa définition en disant que c'est un sel composé d'acide nitreux et d'alcali fixe végétal, il me paraît que c'est non seulement un composé, mais même un *surcomposé* de l'acide aérien par l'eau, la terre et le feu fixe des substances animales et végétales exaltées par la fermentation putride ; il réunit les propriétés des acides minéraux, végétaux et animaux : quoique moins fort que l'acide vitriolique par sa qualité dissolvante, il produit d'autres plus grands effets ; il semble même augmenter la force du plus puissant des éléments, en donnant au feu plus de violence et d'activité.

L'acide nitreux attaque presque toutes les matières métalliques ; il dissout avec autant de promptitude que d'énergie toutes les substances calcaires et toutes les terres mêlées des détriments de végétaux et des animaux ; il forme avec presque toutes des sels déliquescents. Il agit aussi très fortement sur les huiles, et même il les enflamme lorsqu'il est bien concentré ; mais en l'affaiblissant avec de l'eau et l'unissant à l'huile, il forme des sels savonneux ; et en le mêlant dans cet état aqueux avec l'esprit-de-vin, il s'adoucit au point de perdre presque toute son acidité, et l'on peut en faire une liqueur éthérée, semblable à l'éther qui se fait avec l'esprit-de-vin et l'acide vitriolique. Ce dernier acide peut prendre une forme concrète à force de concentration ; l'acide nitreux, plus volatil, reste toujours

(*) Azotate de potasse. Encore un chapitre qui n'a d'intérêt qu'au point de vue historique, dans toute sa partie chimique.

liquide et s'exhale continuellement en vapeurs; il attire l'humidité de l'air, mais moins fortement que l'acide vitriolique : il en est de même de l'effet que ces deux acides produisent en les mêlant avec l'eau; la chaleur est plus forte et le bouillonnement plus grand par le vitriolique que par le nitreux; celui-ci est néanmoins très corrosif, et ce qu'on appelle *eau forte* (*) n'est que ce même acide nitreux, affaibli par une certaine quantité d'eau.

Cet acide, ainsi que tous les autres, provient originairement de l'acide aérien, et il semble en être plus voisin que les deux autres acides minéraux; car il est évidemment uni à une grande quantité d'air et de feu : la preuve en est que l'acide nitreux ne se trouve que dans les matières imprégnées des déjections ou des débris putréfiés des végétaux et des animaux, qui contiennent certainement plus d'air et de feu qu'aucun des minéraux; ce n'est qu'en unissant ces acides minéraux avec l'acide aérien ou avec les substances qui en contiennent, qu'on peut les amener à la forme d'acide nitreux; par exemple, on peut faire du nitre avec de l'acide vitriolique, et de l'urine (*a*); et de même l'acide sulfureux volatil, qui n'est que l'acide vitriolique uni avec l'air et le feu, approche autant de la nature de l'acide nitreux qu'il s'éloigne de celle de l'acide vitriolique, duquel néanmoins il ne diffère que par ce mélange qui le rend volatil, et lui donne l'odeur du soufre qui brûle. De plus, l'acide nitreux et l'acide sulfureux se ressemblent encore, et diffèrent de l'acide vitriolique en ce qu'ils altèrent beaucoup plus les couleurs des végétaux que l'acide vitriolique, et que les cristallisations des sels qu'ils forment avec l'alcali se ressemblent entre elles autant qu'elles diffèrent de celle du tartre vitriolé (*b*).

Tout nous porte donc à croire que l'acide nitreux est moins simple et plus surchargé d'air et de feu que tous les autres acides; que même, comme nous l'avons dit, ce sel est un *surcomposé* de feu et d'air accumulés et concentrés avec une petite portion d'eau et de terre, par le travail profond et la chaleur intime de l'organisation animale et végétale : qu'enfin ces mêmes éléments y sont exaltés et développés par la fermentation putride.

De tous les sels le nitre est celui qui se dissout, se détruit et s'évanouit le plus complètement et le plus rapidement, et toujours avec une explosion qui démontre le combat intestin et la puissante expansion des fluides élémentaires, qui s'écartent et se fuient à l'instant que leurs liens sont rompus.

En présentant le phlogistique, c'est-à-dire le feu animé par l'air, à l'acide vitriolique, le feu, comme nous l'avons dit, se fixe par cet acide, et il en résulte une nouvelle substance qui est le soufre. En présentant de même le phlogistique à l'acide du nitre, il devrait, suivant l'ingénieuse idée de Stahl, se former un soufre nitreux; mais tel est l'excès du feu renfermé dans cet acide, que le soufre s'y détruit à l'instant même qu'il se forme, la moindre accession d'un nouveau feu suffisant pour le dégager de ses liens et le mettre en explosion.

Cette détonation du nitre est le plus terrible phénomène que la nature, sollicitée par notre art, ait jusqu'ici manifesté. Si le feu de Prométhée fut dérobé aux cieux, celui-ci semble pris au Tartare, portant partout la ruine et la mort : combiné par un génie funeste, ou plutôt soufflé par le démon de la guerre, il est devenu le grand instrument de la destruction des hommes et de la dévastation de la terre.

Ce redoutable effet du nitre enflammé est causé par la propriété qu'il a de s'allumer en un instant dans toutes les parties de sa masse, dès qu'elles peuvent être atteintes par la flamme. La surabondance de son propre feu n'attend que le plus léger contact de cet élé-

(*a*) M. Pietch, dans une dissertation couronnée par l'Académie de Berlin en 1749, assure qu'ayant imbibé d'urine et d'acide vitriolique une pierre calcaire, et l'ayant laissée exposée quelque temps à l'air, il l'a trouvée après cela toute remplie de nitre. *Éléments de chimie*, par M. de Morveau, t. II, p. 126.

(*b*) *Dictionnaire de chimie*, par M. Macquer, t. Ier, article *Acide nitreux*.

(*) Acide azotique.

ment pour s'y réunir en rompant ses liens avec une force et une violence à laquelle rien ne peut résister. L'inflammation de la première particule communiquant son feu à celles qui l'avoisinent, et ainsi de proche en proche dans toute la masse, avec une inconcevable rapidité, et dans un instant pour ainsi dire indivisible, la somme de toutes ces explosions simultanées forme la détonation totale, d'autant plus redoutable qu'elle est plus renfermée, et que les résistances qu'on lui oppose sont plus grandes; car c'est encore une des propriétés particulières du nitre, et qui décèle de plus en plus sa nature ignée et aérienne, que de brûler et détoner en vaisseaux clos, et sans avoir besoin, comme toute autre matière combustible, du contact et du ressort de l'air libre.

La plus grande force de la poudre à canon tient donc à ce que tout son nitre s'enflamme, et s'enflamme à la fois, ou dans le plus petit temps possible : or, cet effet dépend d'abord de la pureté du nitre, et ensuite de la proportion et de l'intimité de son mélange avec le soufre et le charbon, destinés à porter l'inflammation sur toutes les parties du nitre. L'expérience a fait connaître que la meilleure proportion de ce mélange pour faire la poudre à canon est de soixante-quinze parties de nitre, sur quinze parties et demie de soufre et neuf parties et demie de charbon; néanmoins, le charbon et le soufre ne contribuent pas par eux-mêmes à l'explosion du nitre; ils ne servent dans la composition de la poudre qu'à porter et communiquer subitement le feu à toutes les parties de sa masse; et même l'on pourrait dans le mélange supprimer le charbon et ne se servir que du soufre pour porter la flamme sur le nitre; car M. Baumé dit avoir fait de très bonne poudre à canon par cette seule mixtion du soufre et du nitre.

Comme cet usage du nitre ou salpêtre n'est malheureusement que trop universel, et que la nature semble s'être refusée à nous offrir ce sel en grande quantité, on a cherché des moyens de s'en procurer par l'art, et ce n'est que de nos jours qu'on a tâché de perfectionner la pratique de ces procédés : c'est l'objet du prix annoncé pour l'année prochaine (*a*) par l'Académie des sciences sur les nitrières artificielles. Ces recherches auront sans doute pour point de vue d'exposer au libre contact de l'air, sous le plus de surface possible et dans un degré de température et d'humidité convenables à la fermentation, un mélange proportionné de matières végétales et animales en putréfaction. Les substances animales produisent à la vérité du nitre en plus grande abondance que les matières végétales; mais ce nitre formé par la putréfaction des animaux est à base terreuse et sans alcali fixe, et les végétaux putréfiés, ou les résidus de leur combustion, peuvent seuls fournir au nitre cette base d'alcali fixe.

On obtiendra donc du bon nitre toutes les fois qu'on exposera au contact et à l'impression de l'air des matières végétales et animales en putréfaction, soit en les mêlant avec des terres et pierres poreuses, suivant le procédé que nous indique la nature, en nous offrant le nitre produit dans les plâtras et les craies, soit en projetant ces matières sur des fagots ou fascines, ainsi que le propose M. Macquer, supposé néanmoins que ce mélange soit entretenu dans le degré de température et d'humidité nécessaires pour soutenir la fermentation putride; car cette dernière circonstance n'est pas moins essentielle que le concours de l'air pour la production du nitre, même de celui qui se forme naturellement.

La nature n'a point produit de nitre en masse; il semble qu'elle ait, comme nous, besoin de tout son art pour former ce sel; c'est par la végétation qu'elle le travaille et le développe dans quelques plantes, telles que les *boraginées*, les *soleils*, etc., et il est à présumer que ces plantes dans lesquelles le nitre est tout formé le tirent de la terre et de l'air avec la sève ; car l'acide aérien réside dans l'atmosphère et s'étend à la surface de la terre ; il devient acide nitreux en s'unissant aux éléments des matières animales et végétales putréfiées, et il se formerait du nitre presque partout, si les pluies ne le dissol-

(*a*) Ceci a été écrit dans l'année 1781.

vaient pas à mesure qu'il se produit : aussi l'on ne trouve du nitre en nature et en quantité sensible que dans quelques endroits des climats secs et chauds, comme en Espagne et en Orient (*a*), et dans le nouveau continent au Pérou (*b*), sur des terrains de tout temps incultes où la putréfaction des corps organisés s'est opérée sans trouble, et a été aidée de la chaleur et maintenue par la sécheresse. Ces terres sont quelquefois couvertes d'une couche de salpêtre de deux ou trois lignes d'épaisseur ; il est semblable à celui que l'on recueille sur les parois des vieux murs en les balayant légèrement avec un houssoir, d'où lui vient le nom de *salpêtre de houssage ;* c'est par la même raison que l'on trouve des couches de salpêtre naturel sur la craie et sur le tuf calcaire dans les endroits caverneux, où ces terres sont à l'abri des pluies, et j'en ai moi-même recueilli sous des voûtes et dans les cavités des carrières de pierre calcaire où l'eau avait pénétré et entraîné ce sel qui s'était formé à la surface du terrain. Mais rien ne prouve mieux la nécessité du concours de l'acide aérien pour la formation du nitre que les observations de M. le duc de La Rochefoucauld, l'un de nos plus illustres et plus savants académiciens ; il les a faites sur le terrain de la montagne de la Roche-Guyon, située entre Mantes et Vernon ; cette montagne n'est qu'une masse de craie, dans laquelle on a pratiqué quelques habitations où l'on a trouvé et recueilli du nitre en efflorescence et quelquefois cristallisé : cela n'a rien d'extraordinaire, puisque ces lieux étaient habités par les hommes et les animaux ; aussi M. le duc de La Rochefoucauld s'est-il attaché à reconnaître si la craie de l'intérieur de la montagne contenait du nitre comme en contiennent ses cavités et sa surface, et il s'est convaincu, par des observations exactes et appuyées d'expériences décisives, que ni le nitre ni l'acide nitreux n'existent dans la craie qui n'a pas été exposée aux impressions de l'air, et il prouve par d'autres expériences que cette seule impression de l'air suffit pour produire l'acide nitreux dans la craie. Voilà donc évidemment l'acide nitreux ra-

(*a*) En revenant du mont Sinaï à Suez, nous fûmes coucher dans un vallon dont toute la terre était si couverte de nitre qu'il semblait qu'il eût neigé : au milieu passait un ruisseau dont les eaux en avaient le goût. *Voyages de Monconys;* Lyon, 1645, p. 248. — La plupart du salpêtre qui se vend à Guzarate vient d'un endroit à soixante lieues d'Agra, et on le tire des terres qui ont été longtemps en friche. La terre noire et grasse est celle qui en rend le plus, quoique l'on en tire aussi d'autres terres, et on le fait en la manière suivante : ils font des fosses qu'ils remplissent de terre salpêtreuse, et y font couler par une rigole autant d'eau qu'il faut pour la détremper, à quoi ils emploient les pieds, en la démêlant jusqu'à ce qu'elle devienne comme de la bouillie ; quand ils croient que l'eau a attiré à elle tout le salpêtre qui était dans la terre, ils en prennent la partie la plus claire et la mettent dans une autre fosse, où elle s'épaissit, et alors ils le font cuire dans des poêles, comme le sel, en l'écumant incessamment ; et après cela ils le mettent dans des pots de terre, où le reste de la lie va au fond : et quand l'eau commence à se geler, ils la tirent de ces pots pour la faire sécher au soleil, où il achève de se durcir et de prendre la forme en laquelle on l'apporte en Europe. *Voyages de Mandeslo*, suite d'*Oléarius*, t. II, p. 230. — Le salpêtre vient en quantité d'Agra et de Patna, ville de Bengala, et le raffiné coûte trois fois plus que celui qui ne l'est pas. Les Hollandais ont établi un magasin à Choupar, à quatorze lieues au-dessus de Patna, et leurs salpêtres y étant raffinés, ils les font transporter par la rivière jusqu'à Ongueli. Ils avaient fait venir des chaudières de Hollande, et pris des raffineurs pour raffiner eux-mêmes leurs salpêtres ; mais cela ne leur a pas réussi, parce que les gens du pays, voyant que les Hollandais leur voulaient ôter le gain du raffinement, ne leur fournirent plus de petit-lait, sans quoi le salpêtre ne se peut blanchir, car il n'est point du tout estimé s'il n'est fort blanc et transparent. *Voyages de Tavernier*, t. II, p. 366.

(*b*) Sur les côtes de la mer Pacifique, près de Lima, on rencontre une grande quantité de salpêtre que l'on pourrait ramasser avec la pelle, et dont on ne fait aucun usage : c'est principalement sur les terres qui servent de pâturage, et qui ne produisent que des graminées, que l'on trouve le plus abondamment ce sel. M. Dombay, *Journal de Physique*, mars 1780, p. 212.

mené à l'acide aérien; car l'alcali végétal, qui sert de base au nitre, est tout aussi évidemment produit par la décomposition putride des végétaux, et c'est par cette raison qu'on trouve du nitre tout formé dans la terre végétale et sur la surface spongieuse de la craie, des tufs et des autres substances calcaires (*a*); mais, en général, le salpêtre naturel n'est nulle part assez abondant pour qu'on puisse en ramasser une grande quantité, et pour y suppléer on est obligé d'avoir recours à l'art : une simple lessive suffit pour le tirer de ces terres où il se forme naturellement; les matières qui en contiennent le plus sont les terres crétacées et surtout les débris des mortiers et des plâtres qui ont éte employés dans les bâtiments, et cependant on n'en extrait guère qu'une livre par quintal; et, comme il s'en fait une prodigieuse consommation, on a cherché à combiner les matières et les circonstances nécessaires pour augmenter et accélérer la formation de ce sel.

En Prusse et en Suède, on fait du salpêtre en amoncelant par couches alternatives du gazon, des cendres, de la chaux et du chaume (*b*); on délaie ces trois premières matières avec de l'urine et de l'eau mère de salpêtre; on arrose de temps en temps d'urine les couches qui forment ce monceau qu'on établit sous un hangar à l'abri de la pluie; le salpêtre se forme et se cristallise à la surface du tas en moins d'un an, et on assure qu'il s'en produit ordinairement pendant dix ans. Nous avons suivi cette méthode en France, et on pourra peut-être la perfectionner (*c*); mais jusqu'à ce jour on a cherché le salpêtre dans toutes les habitations des hommes et des animaux, dans les caves, les écuries, les étables et dans les autres lieux humides et couverts; c'est une grande incommodité pour les habitants de la campagne et même pour ceux des villes, et il est fort à désirer que les nitrières artificielles puissent suppléer à cette recherche, plus vexatoire qu'un impôt.

Après avoir recueilli les débris et les terres où le salpêtre se manifeste, on mêle ces matières avec des cendres, et on lessive le mélange par une grande quantité d'eau; on fait passer cette eau, déjà chargée de sel, sur de nouvelles terres toujours mêlées de cendres, jusqu'à ce qu'elle contienne douze livres de matière saline sur cent livres d'eau; ensuite on fait bouillir ces eaux pour les réduire par l'évaporation, et on obtient le nitre qui se cristallise par le refroidissement. Au lieu de cendres on pourrait mêler de la potasse avec les terres nitreuses, car la cendre des végétaux n'agit ainsi que par son sel, et la potasse n'est que le sel de cette cendre.

Au reste, la première saline dont les eaux sont chargées jusqu'à douze pour cent (*d*)

(*a*) En Normandie, du côté d'Évreux, près du château de M. le duc de Bouillon, il y a une fabrique de salpêtre entretenue par la lixivation des raclures de la craie des rochers, que l'on ratisse sept à huit fois par an.

(*b*) Sur quoi un physicien (M. Tronson du Coudray, *Journal de Physique*, mai 1772) a remarqué que l'addition de la chaux produisait un mauvais effet dans cette extraction du salpêtre, des particules calcaires se mêlant dans sa cristallisation, et le rendant moins pur et plus déliquescent; mais nous ne serons pas également du même avis que ce physicien sur l'inutilité prétendue des cendres dans la lessive des plâtras, puisqu'il déclare lui-même que la quantité de sels obtenue de plus, en soustrayant les cendres, n'était que des sels déliquescents. Voyez le *Journal de Physigue* cité.

(*c*) Il y a quatorze ou quinze nitrières artificielles nouvellement établies en Franche-Comté, plusieurs en Bourgogne, et quelques-unes dans d'autres provinces.

(*d*) La quantité de salpêtre tenue en dissolution est absolument relative au degré de température de l'eau, et même avec des différences très considérables. Il résulte des expériences de M. Tronson du Coudray qu'il faut huit livres d'eau pour dissoudre à froid une livre de salpêtre à la température de trois degrés au-dessus de la glace, mais que trois livres d'eau suffisent pour dissoudre ce même poids dans un air tempéré : par les grandes chaleurs de l'été, deux livres d'eau peuvent tenir dix livres de salpêtre en dissolution... Une eau déjà saturée de sel marin dissout néanmoins encore, dans un air tempéré, les deux tiers de salpêtre que dissoudrait un pareil poids d'eau pure, etc. *Journal de Physique*, mai 1772, p. 233 et 234.

est un mélange de plusieurs sels, et particulièrement de sel marin combiné avec différentes bases; mais, comme ce sel se précipite et se cristallise le premier, on l'enlève aisément, et on laisse le nitre qui est encore en dissolution se cristalliser lentement; il prend alors une forme concrète, et on le sépare du reste de la liqueur; mais comme, après cette première cristallisation, elle contient encore du nitre, on la fait évaporor et refroidir une seconde fois pour obtenir le surplus de ce sel, qui se manifeste de même en cristaux, après quoi il ne reste que l'*eau mère*, dont les sels ne peuvent plus se cristalliser (*a*); mais ce nitre n'est pas encore assez pur pour en faire de la poudre à canon, il faut le dissoudre et le faire cristalliser une seconde et même une troisième fois pour lui donner toute la pureté et la blancheur qu'il doit avoir avant d'être employé à cet usage.

Le nitre s'enflamme sur les charbons ardents avec un bruit de sifflement, et lorsqu'on le fait fondre dans un creuset il fait explosion et détone dès qu'on lui offre quelque matière inflammable, et particulièrement du charbon réduit en poudre. Ce sel purifié est transparent; il n'attire que faiblement l'humidité de l'air; il n'a que peu ou point d'odeur; sa saveur est désagréable; néanmoins on l'emploie dans les salaisons pour donner aux viandes une couleur rouge. La forme de ses cristaux varie beaucoup; ils se présentent tantôt en prismes rayés dans leur longueur, tantôt en rhombes, tantôt en parallélipipèdes rectangles ou obliques. M. le docteur Demeste a scrupuleusement examiné toutes ces variétés de figure (*b*), et il pense qu'on pourrait les réduire au parallélipipède, qui est, dit-il, la forme primitive de ce sel.

La plupart des sels peuvent perdre leur forme cristallisée et être privés de leur eau de cristallisation sans être décomposés et sans que leur essence saline en soit altérée; le nitre seul se décompose par le concours de l'air lorsqu'il est en fusion; son eau de cristallisation se réduit en vapeurs et enlève avec elle l'acide, en sorte qu'il ne reste au fond du creuset que de l'alcali fixe, preuve évidente que l'acide du nitre est le même que l'acide aérien : au reste, comme le nitre se dissout bien plus parfaitement et en plus grande quantité dans l'eau bouillante que dans l'eau froide, il se cristallise plus par le refroidissement que par l'évaporation, et les cristaux seront d'autant plus gros que le refroidissement aura été plus lent.

La saveur du nitre n'est pas agréable comme celle du sel marin; elle est cependant plus fraîche, mais elle laisse ensuite une impression répugnante au goût. Ce sel se conserve à l'air : comme il est chargé d'acide aérien, il n'attire pas celui de l'atmosphère, il ne perd pas même sa transparence dans un air sec, et ne devient déliquescent que par une surcharge d'humidité; il se liquéfie très aisément au feu, et à un degré de chaleur bien inférieur à celui qui est nécessaire pour le faire rougir; ils se fond sans grand mouvement intérieur et sans boursouflement à l'extérieur, lors même qu'on pousse la fonte jusqu'au rouge. En laissant refroidir ce nitre fondu, il forme une masse solide et demi-transparente, à laquelle on a donné le nom impropre de *cristal minéral*, car ce n'est que du nitre qui n'est plus cristallisé et qui, du reste, a conservé toutes ses propriétés.

L'acide vitriolique et l'arsenic, qui ont encore plus d'affinité que l'acide nitreux avec l'alcali, décomposent le nitre en lui enlevant l'alcali sans toucher à son acide, ce qui fournit le moyen de retirer cet acide du nitre par la distillation. L'acide qui reste retient une certaine quantité d'arsenic, et c'est ce qu'on appelle *nitre fixé par l'arsenic*; c'est un très bon fondant, et duquel on peut se servir avantageusement pour la vitrification : nous ne parlerons pas des autres combinaisons de l'acide nitreux, et nous nous réservons de les indiquer dans les articles où nous traiterons de la dissolution des métaux.

(*a*) *Éléments de Chimie* par M. de Morveau, t. II. p. 132 et suiv.
(*b*) *Lettres* de M. Demeste à M. le docteur Bernard, t. 1er, p. 225 et suiv.

SEL AMMONIAC

Ce sel (*) est ainsi nommé du mot grec *ammos*, qui signifie du sable, parce que les anciens ont écrit qu'on le trouvait dans les sables, qui avaient aussi donné leur nom au temple de Jupiter Ammon; cette tradition, néanmoins, ne s'est pas pleinement confirmée, car ce n'est qu'au-dessus des volcans et des autres fournaises souterraines que nous sommés assurés qu'il se trouve réellement du sel ammoniac formé par la nature : c'est un composé de l'acide marin et de l'alcali volatil et cette union ne peut se faire que par le feu ou par l'action d'une grande chaleur. On a dit que l'ardeur du soleil, dans les terrains secs des climats les plus chauds, produisait ce sel dans les endroits où la terre se trouvait arrosée de l'urine des animaux, et, cela ne paraît pas impossible, puisque l'urine pétrifiée donne de l'alcali volatil et que la chaleur du soleil dans un temps de sécheresse peut équivaloir à l'action d'un feu réel; et, comme il y a sur la surface de la terre des contrées où le sel marin abonde, il peut s'y former du sel ammoniac par l'union de l'acide de ce sel avec l'alcali volatil de l'urine et des autres matières animales ou végétales en putréfaction, et de même dans les lieux où il se sera rencontré d'autres sels acides, vitrioliques, nitreux, etc., il en aura résulté autant de différents sels ammoniacaux qu'il y a de combinaisons diverses entre l'acide de ces sels et l'alcali volatil; car, quoiqu'on puisse dire aussi qu'il y a plusieurs alcalis volatils, parce qu'en effet ils diffèrent entre eux par quelques qualités qu'ils empruntent des substances dont on les tire, cependant tous les chimistes conviennent qu'en les purgeant de ces matières étrangères, tous ces alcalis volatils se réduisent à un seul, toujours semblable à lui-même lorsqu'il est amené à un point de pureté convenable (*a*).

De tous les sels ammoniacaux, celui que la nature nous présente en plus grande quantité est le sel ammoniac, formé de l'acide marin et de l'alcali volatil; les autres, qui sont composés de ce même alcali avec l'acide vitriolique, l'acide nitreux ou avec les acides végétaux et animaux, n'existent pas sur la terre ou ne s'y trouvent qu'en si petite quantité qu'on peut les négliger dans l'énumération des productions de la nature. Mais de la même manière que l'alcali fixe et minéral s'est combiné en immense quantité avec l'acide marin, comme le moins éloigné de son essence, et a produit le sel commun, l'alcali volatil a aussi saisi de préférence cet acide marin plus volatil, et par conséquent plus conforme à sa nature que les deux autres acides minéraux; il n'est donc pas impossible que le sel ammoniac se forme dans tous les lieux où l'alcali volatil et le sel marin se trouvent réunis; les anciens relateurs ont écrit que l'urine des chameaux produit sur les sables salés de l'Arabie et de la Libye du sel ammoniac en grande quantité. Mais les voyageurs récents n'ont ni recherché ni vérifié ce fait, qui néanmoins me paraît assez probable.

Les acides en général s'unissent moins intimement avec l'alcali volatil qu'avec les alcalis fixes, et l'acide marin en particulier n'est qu'assez faiblement uni avec l'alcali volatil dans le sel ammoniac; c'est peut-être par cette raison que tous les sels ammoniacaux ont une saveur beaucoup plus vive et plus piquante que les sels composés des mêmes acides et de l'alcali fixe; ces sels ammoniacaux sont aussi plus volatils et plus susceptibles de décomposition, parce que l'alcali volatil n'est pas aussi fortement uni que l'alcali fixe avec leur acide.

(*a*) Voyez le *Dictionnaire* de M. Macquer, article *Alcali volatil.*

(*) Chlorhydrate d'ammoniaque. Encore un chapitre tellement riche en erreurs, qu'il est impossible et fort inutile de les relever toutes.

On trouve du sel ammoniac tout formé et sublimé au-dessus des solfatares et des volcans; et ce fait nous fournit une nouvelle preuve de ce que j'ai dit au sujet des matières qui servent d'aliment à leurs feux : ce sont les pyrites, les terres limoneuses et végétales, les terreaux, le charbon de terre, les bitumes et toutes les substances, en un mot, qui sont composées des détriments des végétaux et des animaux, et c'est par le choc de l'eau de la mer contre le feu que se font les explosions des volcans ; l'incendie de ces matières animales et végétales humectées d'eau marine doit donc former du sel ammoniac, qui se sublime par la violence du feu, et qui se cristallise par le refroidissement contre les parois des solfatares et des volcans. Le savant minéralogiste Cronstedt dit : « Qu'il serait » aisé d'assigner l'origine du sel ammoniac, s'il était prouvé que les volcans sont produits » par des ardoises formées de végétaux décomposés et d'animaux putréfiés avec l'*humus*, » car on sait, ajoute-t-il, que les pétrifications ont des principes qui donnent un sel uri- » neux. » Mais les ardoises ne sont pas, comme le dit Cronstedt, de l'*humus* ou *terre* végétale; elles ne sont pas formées de cette terre et de végétaux décomposés ou d'animaux putréfiés, et les volcans ne sont pas produits par les ardoises, car c'est cette même terre *humus*, ce sont les détriments des végétaux et des animaux dont elle est composée, qui sont les véritables aliments des feux souterrains ; ce sont de même les charbons de terre, les bitumes, les pyrites et toutes les matières composées ou chargées de ces détriments des corps organisés qui causent leur incendie et entretiennent leur feu, et ce sont ces mêmes matières qui contiennent des sels urineux en bien plus grande quantité que les pétrifications ; enfin, c'est là la véritable origine du sel ammoniac dans les volcans : il se forme par l'union de l'acide de l'eau marine à l'alcali volatil des matières animales et végétales, et se sublime ensuite par l'action du feu.

Le sel ammoniac et le phosphore sont formés par ces deux mêmes principes salins ; l'acide marin, qui seul ne s'unit pas avec la matière du feu, la saisit dès qu'il est joint à l'alcali volatil et forme le sel ammoniac ou le phosphore, suivant les circonstances de sa combinaison ; et même, lorsque l'acide marin ou l'acide nitreux sont combinés avec l'alcali fixe minéral, ils produisent encore le phosphore, car le sel marin *calcaire* et le nitre *calcaire* répandent et conservent de la lumière assez longtemps après leur calcination, ce qui semble prouver que la base de tout phosphore est l'alcali, et que l'acide n'en est que l'accessoire. C'est donc aussi l'alcali volatil plutôt que l'acide marin qui fait l'essence de tous les sels ammoniacaux, puisqu'ils ne diffèrent entre eux que par leurs acides, et que tous sont également formés par l'union de ce seul alcali; enfin c'est par cette raison que tous les sels ammoniacaux sont à demi volatils.

Le sel ammoniac, formé par la combinaison de l'alcali volatil avec l'acide marin, se cristallise lorsqu'il est pur, soit par la sublimation, soit par la simple évaporation, toutes deux néanmoins suivies du refroidissement : comme ses cristaux conservent une partie de la volatilité de leur alcali, la chaleur du soleil suffit pour les dissiper en les volatilisant. Au reste, ce sel est blanc, presque transparent, et, lorsqu'il est sublimé dans des vaisseaux clos, il forme une masse assez compacte, dans laquelle on remarque des filets appliqués dans leur longueur parallèlement les uns aux autres (*a*) ; il attire un peu l'humidité de l'air et devient déliquescent avec le temps ; l'eau le dissout facilement, et l'on a observé qu'il produit un froid plus que glacial dans sa dissolution ; ce grand refroidissement est d'autant plus marqué que la chaleur de l'air est plus grande et qu'on le dissout dans une eau plus chaude; et la dissolution se fait bien plus promptement dans l'eau bouillante que dans l'eau froide.

L'action du feu ne suffit pas seule pour décomposer le sel ammoniac : il se volatilise à l'air libre ou se sublime comme le soufre en vaisseaux clos, sans perdre sa forme et

(*a*) *Dictionnaire de Chimie*, par M. Macquer, article *Sel ammoniac*.

son essence; mais on le décompose aisément par les acides vitriolique et nitreux, qui sont plus puissants que l'acide marin et qui s'emparent de l'alcali volatil, que cet acide plus faible est forcé d'abandonner; on peut aussi le décomposer par les alcalis fixes et par les substances calcaires et métalliques qui s'emparent de son acide, avec lequel elles ont plus d'affinité que l'alcali volatil.

La décomposition de ce sel par la craie ou par toute autre matière calcaire offre un phénomène singulier; c'est que d'un sel ammoniac que nous supposons composé de parties égales d'acide marin et d'alcali volatil, on retire par cette décomposition beaucoup plus d'alcali volatil, au point que, sur une livre de sel composé de huit onces d'acide marin et de huit onces d'alcali volatil, on retire quatorze onces de ce même alcali : ces six onces de surplus ont certainement été fournies par la craie, laquelle, comme toutes les autres substances calcaires, contient une très grande quantité d'air et d'eau qui se dégagent ici avec l'alcali volatil pour en augmenter le volume et la masse, autre preuve que l'air fixe ou acide aérien peut se convertir en alcali volatil.

Indépendamment de l'acide aérien, il entre encore de la matière inflammable dans l'alcali volatil, et par conséquent dans la composition du sel ammoniac ; il fait par cette raison fuser le nitre lorsqu'on les chauffe ensemble ; il rehausse la couleur de l'or si on le projette sur la fonte de ce métal ; il sert aussi, et par la même cause, à fixer l'étamage sur le cuivre et sur le fer. On fait donc un assez grand usage de ce sel, et, comme la nature n'en fournit qu'en très petite quantité, on aurait dû chercher les moyens d'en fabriquer par l'art ; mais jusqu'ici on s'est contenté de s'en procurer par le commerce; on le tire des Indes orientales, et surtout de l'Égypte (*a*), où l'on en fait tous les ans plusieurs centaines de quintaux : c'est des déjections des animaux et des hommes que l'on extrait ce sel en Égypte (*b*). On sait que, faute de bois, on y ramasse soigneusement les excréments de tous les animaux ; on les mêle avec un peu de paille hachée pour leur donner du corps et les faire sécher au soleil; ils deviennent combustibles par ce desséchement, et l'on ne se sert guère d'autres matières pour faire du feu ; on recueille encore avec plus de soin la suie que leur combustion produit abondamment ; cette suie contient l'alcali volatil et l'acide marin, tous deux nécessaires à la formation du sel ammoniac : aussi ne faut-il que la renfermer dans des vaisseaux de verre qu'on en remplit aux trois quarts et qu'on chauffe

(*a*) On fait du sel ammoniac dans plusieurs lieux de l'Égypte, et surtout à Damanhour, qui est un village situé dans le Delta, avec de la suie animale que l'on met dans des ballons de verre avec du sel marin, dissous dans l'urine de chameaux ou d'autres bêtes de somme. Sicard, dans les *Nouveaux voyages des missionnaires dans le Levant*, t. II. — Le sel *ammoniac* se tire simplement de la suie provenue de la fiente de toutes sortes de quadrupèdes : les plantes les plus ordinaires dont ces animaux se nourrissent en Égypte sont la criste-marine, *salicornia ;* l'arroche ou patte d'oie, *chenopodium ;* le kali de Naples, *mesembryanthemum :* toutes plantes qui sont très chargées de sel marin. On emploie aussi avec succès les excréments humains, qui passent pour fournir une grande quantité de sel ammoniac... On regarde même comme la meilleure la suie provenant des excréments humains... Vingt-six livres de bonne suie, traitée et bien chauffée dans de gros matras de verre, donnent environ six livres de sel ammoniac ; ce sel s'attache peu à peu, et forme une masse en forme de gâteau à la partie supérieure du matras, que l'on brise pour en détacher cette masse, qui est convexe par-dessus et plate par-dessous : elle est noirâtre à l'extérieur et blanchâtre à l'intérieur. C'est dans cet état que l'on envoie d'Égypte le sel ammoniac dans toute l'Europe et l'Asie, et on en exporte d'Égypte chaque année environ huit cent cinquante quintaux. Voyez les *Mémoires de l'Académie de Suède*, année 1751.

(*b*) On pourrait faire en France, comme en Égypte, du sel ammoniac ; car, dans plusieurs de nos provinces qui sont dégarnies de bois, telles que certaines parties de la Bretagne, du Dauphiné, du Limousin, de la Champagne, etc., les pauvres gens ne brûlent que des excréments d'animaux.

graduellement au point de faire sublimer l'alcali volatil ; il enlève avec lui une portion de l'acide marin, et ils forment ensemble au haut du vaisseau une masse considérable de sel ammoniac. Vingt-six livres de cette suie animale donnent, dit-on, six livres de sel ammoniac : ce qu'il y a de sûr, c'est que l'Égypte en fournit l'Europe et l'Asie ; néanmoins, on fabrique aussi du sel ammoniac dans quelques endroits des Indes orientales ; mais il ne nous en arrive que rarement et en petite quantité ; on le distingue aisément de celui d'Égypte, il est en forme de pain de sucre, et l'autre est en masse aplatie ; leur surface est également noircie de l'huile fuligineuse de la suie, et il faut les laver pour les rendre blancs au dehors comme ils le sont au dedans.

La saveur de ce sel est piquante et salée, et en même temps froide et amère ; son odeur pénétrante est urineuse, et il y a toute raison de croire qu'il peut en effet se former dans les lieux où l'alcali volatil de l'urine putréfiée se combine avec l'acide du sel marin. Ses cristaux sont en filets arrangés en forme de barbes de plumes, à peu près comme ceux de l'alun ; ils sont pliants et flexibles, au lieu que ceux de l'alun sont raides et cassants. Au reste, on peut tirer du sel ammoniac de toutes les matières qui contiennent du sel marin et de l'alcali volatil. Il y a même des plantes comme la moutarde, les choux, etc., qui fournissent du sel ammoniac, parce qu'elles sont imprégnées de ces deux sels.

On recueille le sel ammoniac qui se sublime par l'action des feux souterrains, et même l'on aide à sa formation en amoncelant des pierres sur les ouvertures et fentes par où s'exhalent les fumées ou vapeurs enflammées ; elles laissent sur ces pierres une espèce de suie blanche et salée, de laquelle on tire du sel marin et du sel ammoniac ; quelquefois aussi cette suie est purement ammoniacale, et cela arrive lorsque l'acide marin dégagé de sa base s'est combiné avec l'alcali volatil des substances animales et végétales, qui, sous la forme de bitume, de charbon de terre, etc., servent d'aliment au feu des volcans : le Vésuve, l'Etna et toutes les solfatares en produisent, et l'on en trouve aussi sur les vieux volcans éteints, ou qui brûlent tranquillement et sans explosion ; on cite le pays de Calmouks en Tartarie, et le territoire d'Orenbourg en Sibérie, comme très abondants en sel ammoniac ; on assure que dans ces lieux il a formé d'épaisses incrustations sur les rochers, et que même il se présente quelquefois en masses jointes à du soufre ou d'autres matières volcaniques.

BORAX

Le borax (*) est un sel qui nous vient de l'Asie, et dont l'origine et même la fabrication ne nous sont pas bien connues : il paraît néanmoins que ce sel est formé ou du moins ébauché par la nature, et que les anciens Arabes, qui lui ont donné son nom, savaient le facturer et en faisaient un grand usage ; mais ils ne nous ont rien transmis de ce qu'ils pouvaient savoir sur sa formation dans le sein de la terre, et sur la manière de l'extraire et de le préparer ; les voyageurs modernes nous apprennent seulement que ce sel se trouve dans quelques provinces de la Perse (*a*), de la Tartarie méri-

(*a*) Le borax est un sel minéral qui naît aux Indes orientales, en Perse, en Transylvanie ; après qu'il a été tiré de la terre, on le raffine peu à peu comme les autres sels, et il se condense en beaux morceaux blancs, nets, transparents, secs ; il se garde facilement sans s'humecter ; il a d'abord un goût un peu amer, après quoi il devint douceâtre : on s'en sert pour souder quelques métaux, et principalement l'or, ce qui l'a fait appeler *chrysocolla ;* il est aussi quelquefois employé dans la médecine comme un remède incisif et apéritif. *Collection académique*, partie française, t. II, p. 28.

(*) Borate de soude.

dionale (*a*) et dans quelques contrées des Indes orientales (*b*). La meilleure relation est celle qui a été publiée par l'un de nos plus laborieux et savants naturalistes, M. Valmont de Bomare (*c*), par laquelle il paraît que ce sel se trouve dans des terres grasses et dans des pierres tendres, arrosées ou peut-être formées du dépôt des eaux qui découlent des montagnes à mines métalliques, ce qui semble indiquer que ce sel est en dissolution dans ces eaux, et que la terre grasse ou la pierre tendre ont été pénétrées de cette eau saline et minérale. On appelle *tinkal* ou *borax brut* la matière qu'on extrait de ces terres et pierres par la lessive et l'évaporation, et c'est sous cette forme et sous ce nom qu'on l'apporte en Europe, où l'on achève de le purifier.

Dans leur état de pureté, les cristaux du borax ressemblent à ceux de l'alun; ils contiennent cependant moins d'eau et en exigent une plus grande quantité pour se dissoudre, et même ils ne se dissolvent bien que dans l'eau chaude. Au feu, ce sel se gonfle moins

(*a*) Le borax, dont les orfèvres se servent pour purifier l'or et l'argent, se trouve dans la montagne de la province de Purbet, sous le Razia Biberom, vers la grande Tartarie... Le borax vient de la rivière de Jankehneav, laquelle, en sortant de la montagne, entre dans la rivière de Maseroov, laquelle traverse toute la province, et produit cette drogue, qui croît au fond de l'eau comme le corail : les Guzarates l'appellent *jankenckhav*, et le gardent dans des bourses de peau de mouton, qu'ils remplissent d'huile pour le mieux conserver. *Voyages de Mandeslo*, suite d'*Oléarius*; Paris, 1656, t. II, p. 250.

(*b*) Il n'y a point d'autres précautions à prendre, dans l'achat du borax qui se fait dans la province de Guzarate, que de voir s'il est bien blanc et bien transparent, de même que le salpêtre. Suite des *Voyages de Tavernier*; Rouen, 1713, t. V, p. 184.

(*c*) On nous a écrit en 1754 d'Ispahan, dit M. de Bomare, que le borax brun, tel qu'on l'envoie en Europe, se retirait d'une terre sablonneuse ou d'une pierre tendre, grisâtre, grasse, que l'on trouve seulement en Perse et dans l'empire du grand Mogol, à Golconde et à Visapour, proche des torrents et au bas des montagnes, d'où il découle une eau mousseuse, laiteuse, un peu âcre et lixivielle. Ces pierres sont de différentes grosseurs; on les expose à l'air, afin qu'elles subissent une sorte d'efflorescence, jusqu'à ce qu'elles paraissent rouges à leur superficie, quelquefois verdâtres, obscures et brunâtres; c'est là ce qu'on appelle *matrice de borax*, *borax gras*, *brut*, et *pierre de borax*. Tantôt ce sel se retire d'une eau épaisse, que l'on trouve dans des fosses très profondes près d'une mine de cuivre de Perse : cette liqueur a l'œil verdâtre, et la saveur d'un sel fade; on a soin de ramasser non seulement cette liqueur, mais encore la matière comme gélatineuse, qui la contient : on fait une espèce de lessive, tant de l'eau que de la terre graisseuse et des pierres dont nous venons de faire mention, jusqu'à ce qu'elles soient tout à fait insipides; on mélange ensuite toutes les dissolutions chargées de borax; on les fait évaporer à consistance requise; puis on procède à la cristallisation, en versant la liqueur à demi refroidie dans des fosses enduites de glaise ou d'argile blanchâtre et recouvertes d'un chapeau enduit de la même matière; on laisse ainsi la liqueur se cristalliser, et, au bout de trois mois environ, on trouve une couche de cristaux diffus, opaques, terreux, verdâtres et visqueux, d'un goût nauséabond, qui flottent dans une partie de la liqueur qui n'a point totalement cristallisé; on les expose quelque temps à l'air, afin qu'ils sèchent un peu : c'est ce qu'on appelle *borax gras* de la première purification.

On dissout de nouveau ce sel dans une quantité suffisante d'eau; puis l'on donne quelques jours à la dissolution, pour que les particules les plus hétérogènes s'en séparent et se précipitent; ensuite on la décante : on l'évapore et on la met à cristalliser dans une autre fosse que la première, mais également enduite d'argile grasse : après l'espace de deux mois, on trouve des cristaux plus purs, plus réguliers que les précédents; ils sont demi-blancs, verdâtres, grisâtres, un peu transparents, cependant toujours couverts d'une substance grasse, dont on les dépouille facilement en Hollande. C'est en cet état qu'on apporte en Europe ces cristaux de la seconde purification, auxquels l'on donne improprement le nom de *borax brut*, ou *borax de la première fonte*. *Minéralogie de M. de Bomare*, t. Ier, p. 344 et 345.

que l'alun, mais il s'y liquéfie et s'y calcine de même; enfin il se convertit en une sorte de verre salin, qu'on préfère au borax même dans plusieurs usages, parce qu'étant dépouillé de toute humidité, il n'est point sujet à se boursoufler : ce verre de borax n'est ni dur ni dense, et il participe moins des qualités du verre que de celles du sel; il se décompose à l'air, y devient farineux; il se dissout dans l'eau, et donne par l'évaporation des cristaux tout semblables à ceux du borax; ainsi ce sel, en se vitrifiant, loin de se dénaturer, ne fait que s'épurer davantage et acquérir des propriétés plus actives, car ce verre de borax est le plus puissant de tous les fondants, et lorsqu'on le mêle avec des terres de quelque qualité qu'elles soient, il les convertit toutes en verres solides et plus ou moins transparents, suivant la nature de ces terres.

Tout ceci paraît déjà nous indiquer que le borax contient une grande quantité d'alcali, et cela se prouve encore par l'effet des acides sur ce sel; ils s'emparent de son alcali et forment des sels tout semblables à ceux qu'ils produisent en se combinant avec l'alcali minéral ou marin, et non seulement on peut enlever au borax son alcali par les acides vitriolique, nitreux et marin, mais aussi par les acides végétaux (*a*); ainsi la présence de l'alcali fixe dans le borax est parfaitement démontrée; mais ce n'est cependant pas cet alcali seul qui constitue son essence saline, car, après en avoir séparé par les acides cet alcali, il reste un sel qui n'est lui-même ni acide ni alcali, et qu'on ne sait comment définir : M. Homberg, de l'Académie des sciences, est le premier qui en ait parlé; il l'a nommé *sel sédatif* (*), et ce nom n'a rapport qu'à quelques propriétés calmantes que cet habile chimiste a cru lui reconnaître, mais on ignore encore quel est le principe salin de ce sel singulier; et, comme sur les choses incertaines il est permis de faire des conjectures, et que j'ai ci-devant réduit tous les sels simples à trois sortes, savoir : les acides, les alcalis et les arsenicaux, il me semble qu'on peut soupçonner avec fondement que le sel sédatif a l'arsenic pour principe salin.

D'abord, il paraît certain que ce sel existe tout formé dans le borax et qu'il y est uni avec l'alcali, dont les acides ne font que le dégager, puisqu'en le combinant de nouveau avec l'alcali on en refait du borax. 2° Le sel sédatif n'est point un acide, et cependant il semble suppléer l'acide dans le borax, puisqu'il y est uni avec l'alcali : or, il n'y a dans la nature que l'arsenic qui puisse faire fonction d'acide avec les substances alcalines. 3° On obtient le sel sédatif du borax par sublimation, il s'élève et s'attache au haut des vaisseaux clos en filets déliés ou en lames minces, légères et brillantes, et c'est sous cette forme qu'on conserve ce sel. On peut aussi le retirer du borax par la simple cristallisation; il paraît être aussi pur que celui qu'on obtient par la sublimation, car il est également brillant et aussi beau, il est seulement plus pesant, quoique toujours très léger; et l'on ne peut s'empêcher d'admirer la légèreté de ce sel obtenu par sublimation : un gros, dit M. Macquer, suffit pour emplir un assez grand bocal. 4° C'est toujours par le moyen des acides qu'on retire le sel sédatif du borax, soit par sublimation ou par cristallisation; et M. Baron, habile chimiste, de l'Académie des sciences, a bien prouvé qu'il ne se forme pas, comme on pourrait l'imaginer, par la combinaison actuelle de l'alcali avec les acides dont on se sert pour le retirer du borax : ainsi ce sel n'est certainement point un acide connu. 5° Les chimistes ont regardé ce sel comme simple, parce qu'il ne leur a pas été possible de le décomposer : il a résisté à toutes les épreuves qu'ils ont pu tenter, et il a conservé son essence sans altération. 6° Ce sel est non seulement le plus puissant fondant des substances terreuses, mais il produit le même effet sur les matières métalliques.

(*a*) Voyez, sur ce sujet, les travaux de MM. Lémery, Geoffroy et Baron, dans les *Mémoires de l'Académie des sciences.*

(*) Acide borique.

Ainsi, quoique le sel sédatif paraisse simple et qu'il le soit en effet plus que le borax, il est néanmoins composé de quelques substances salines et métalliques, si intimement unies que notre art ne peut les séparer, et je présume que ces substances peuvent être de l'arsenic et du cuivre, auquel on sait que l'arsenic adhère si fortement qu'on a grande peine à l'en séparer : ceci n'est qu'une conjecture, un soupçon ; mais, comme d'une part le borax ne se trouve que dans des terres ou des eaux chargées de parties métalliques, et particulièrement dans le voisinage des mines de cuivre en Perse ; et que d'autre part le sel sédatif n'est ni acide ni alcali, et qu'il a plusieurs propriétés semblables à celles de l'arsenic, et qu'enfin il n'y a de sels simples dans la nature que l'acide, l'alcali et l'arsenic, j'ai cru que ma conjecture était assez fondée pour la laisser paraître, en la soumettant néanmoins à toute critique, et particulièrement à l'arrêt irrévocable de l'expérience, qui la détruira ou la confirmera : je puis, en attendant, citer un fait qui paraît bien constaté : M. Cadet, l'un de nos savants chimistes, de l'Académie des sciences, a tiré du borax un culot de cuivre par des dissolutions et des filtrations réitérées, et ce seul fait suffit pour démontrer que le cuivre est une des substances dont le borax est composé ; mais il sera peut-être plus difficile d'y reconnaître l'arsenic.

Le sel sédatif est encore plus fusible, plus vitrifiable et plus vitrifiant que le borax, et cependant il est privé de son alcali, qui, comme l'on sait, est le sel le plus fondant et le plus nécessaire à la vitrification ; dès lors, ce sel sédatif contient donc une matière qui, sans être alcaline, a néanmoins la même propriété vitrifiante : or, je demande quelle peut être cette matière, si ce n'est de l'arsenic, qui seul a ces propriétés, et qui même peut fondre et vitrifier plusieurs substances que les alcalis ne peuvent vitrifier ?

Ce sel se dissout dans l'esprit-de-vin ; il donne à sa flamme une belle couleur verte, ce qui semble prouver encore qu'il est imprégné de quelques éléments métalliques, et particulièrement de ceux du cuivre ; il est vrai qu'en supposant ce sel composé d'arsenic et de cuivre, il faut encore admettre dans sa composition une terre vitrescible capable de saturer l'arsenic et d'envelopper le cuivre, car ce sel sédatif a très peu de saveur, et ses effets, au lieu d'être funestes comme ceux de l'arsenic et du cuivre, ne sont que doux et même salutaires ; mais ne trouve-t-on pas la même différence d'effets entre le sublimé corrosif et le mercure doux ? Un autre fait qui va encore à l'appui de ma conjecture, c'est que le borax fait pâlir la couleur de l'or, et l'on sait que l'arsenic le pâlit ou blanchit de même, mais on ne sait pas, et il faudrait l'essayer, si en jetant à plusieurs reprises une grande quantité de borax sur l'or en fusion il ne le rendrait pas cassant comme fait l'arsenic ; s'il produisait cet effet, on ne pourrait guère douter que le borax et le sel sédatif ne continssent de l'arsenic. Au reste, il faudrait faire de préférence cet essai sur le sel sédatif qui est débarrassé d'alcali, et qui a, comme le borax, la propriété de blanchir l'or. Enfin on peut comparer au borax le *nitre fixé par l'arsenic*, qui devient par ce mélange un très puissant fondant, et qu'on peut employer au lieu de borax pour opérer la vitrification ; tous ces rapports me semblent indiquer que l'arsenic fait partie du borax, mais qu'il adhère si fortement à la base métallique de ce sel qu'on ne peut l'en séparer.

Au reste, il n'est pas certain qu'on ne puisse tirer le sel sédatif que du seul borax, puisque M. Hoëffer assure que les eaux du lac Cherchiago, dans le territoire de Sienne, en Italie, en fournissent une quantité assez considérable, et cependant il ne dit pas que ces mêmes eaux fournissent du borax (a).

On apporte de Turquie, de Perse, du continent des Indes et même de l'île de Ceylan, du *tinkal* ou *borax brut* de deux sortes : l'un est mou et rougeâtre, et l'autre est ferme et gris ou verdâtre ; on leur enlève ces couleurs et l'onctuosité dont ils sont encore imprégnés

(a) Voyez le *Mémoire* de M. Hoëffer, directeur de pharmacie du grand-duc de Toscane, imprimé à Florence en 1778.

en les purifiant. Autrefois, les Vénitiens étaient, et actuellement les Hollandais sont les seuls qui aient le secret de ce petit art, et les seuls aussi qui fassent le commerce de ce sel; cependant on assure que les Anglais en tirent de plusieurs endroits des Indes, et qu'ils en achètent des Hollandais à Ceylan.

Le borax bien purifié doit être fort blanc et très léger; on le falsifie souvent en le mêlant d'alun; il porte alors une saveur styptique sur la langue, et, volume pour volume, il est bien moins léger que le borax pur, qui n'a d'ailleurs presque point de saveur, et dont les cristaux sont plus transparents que ceux de l'alun : on distingue donc à ces deux caractères sensibles le borax pur du borax mélangé.

La plus grande et la plus utile propriété du borax est de faciliter plus qu'aucun autre sel la fusion des métaux; il en rassemble aussi les parties métalliques et les débarrasse des substances hétérogènes qui s'y trouvent mêlées, en les réduisant en scories qui nagent au-dessus du métal fondu; il le défend aussi de l'action de l'air et du feu, parce qu'il forme lui-même un verre qui sert de bain au métal avec lequel il ne se confond ni ne se mêle; et comme il en accélère et facilite la fusion, il diminue par conséquent la consommation des combustibles et le temps nécessaire à la fonte, car il ne faut qu'un feu modéré pour qu'il exerce son action fondante; on s'en sert donc avec tout avantage pour souder les métaux, dont on peut par son moyen réunir les pièces les plus délicates sans les déformer; il a éminemment cette utile propriété de réunir et souder ensemble tous les métaux durs et difficiles à fondre.

Quoiqu'à mon avis le borax contienne de l'arsenic, il est néanmoins autant ami des métaux que l'arsenic se montre leur ennemi : le borax les rend liants et fusibles et ne leur communique aucune des qualités de l'arsenic, qui, lorsqu'il est seul et nu, les aigrit et les corrode; et d'ailleurs l'action du borax est subordonnée à l'art, au lieu que l'arsenic agit par sa propre activité, et se trouve répandu et produit par la nature dans presque tout le règne minéral; et à cet égard l'arsenic comme sel devrait trouver ici sa place.

Nous avons dit que des trois grandes combinaisons salines de l'acide primitif ou aérien, la première s'est faite avec la terre vitreuse, et nous est représentée par l'acide vitriolique; la seconde s'est opérée avec la terre calcaire, et a produit l'acide marin; et la troisième avec la substance métallique a formé l'arsenic. L'excès de causticité qui le caractérise et ses autres propriétés semblent en effet tenir à la masse et à la densité de la base que nous lui assignons; mais l'arsenic est un protée qui non seulement se montre sous la forme de sel, mais se produit aussi sous celle d'un régule métallique, et c'est à cause de cette propriété qu'on lui a donné le nom et le rang de demi-métal : ainsi nous remettons à en traiter à la suite les demi-métaux, dont il paraît être le dernier, quoique, par des traits presque aussi fortement marqués, il s'unisse et s'assimile aux sels.

Nous terminerons donc ici cette histoire naturelle des sels, peut-être déjà trop longue; mais j'ai dû parler de toutes les matières salines que produit la nature, et je n'ai pu le faire sans entrer dans quelque discussion sur les principes salins, et sans exposer avec un peu de détail les différents effets des acides et des alcalis amenés par notre art à leur plus grand degré de pureté; j'ai tâché d'exposer leurs propriétés essentielles, et je crois qu'on en aura des idées nettes, si l'on veut me lire sans préjugés : j'aurais encore plus excédé les bornes que je me suis prescrites, si je me fusse livré à comparer avec les sels produits par la nature tous ceux que la chimie a su former par ses combinaisons; les sels sont, après le feu, les plus grands instruments de ce bel art, qui commence à devenir une science par sa réunion avec la physique.

DU FER

On trouve rarement les métaux sous leur forme métallique dans le sein de la terre ; ils y sont ordinairement sous une forme minéralisée, c'est-a-dire altérée par le mélange intime de plusieurs matières étrangères, et la quantité des métaux purs est très petite en comparaison de celle des métaux minéralisés; car, à l'exception de l'or, qui se trouve presque toujours dans l'état de métal, tous les autres métaux se présentent le plus souvent dans l'état de minéralisation. Le feu primitif, en liquéfiant et vitrifiant toute la masse des matières terrestres du globe, a sublimé en même temps les substances métalliques, et leur a laissé d'abord leur forme propre et particulière ; quelques-unes de ces substances métalliques ont conservé cette forme native, mais la plupart l'ont perdue par leur union avec des matières étrangères et par l'action des éléments humides. Nous verrons que la production des métaux purs et celle des métaux mélangés de matière vitreuse par le feu primitif sont contemporaines, et qu'au contraire les métaux minéralisés par les acides et travaillés par l'eau sont d'une formation postérieure.

Tous les métaux sont susceptibles d'être sublimés par l'action du feu; l'or, qui est le plus fixe de tous, ne laisse pas de se sublimer par la chaleur (a), et il en est de même de tous les autres métaux et minéraux métalliques : ainsi, lorsque le feu primitif eut réduit en verre les matières fixes de la masse terrestre, les substances métalliques se sublimèrent et furent par conséquent exclues de la vitrification générale; la violence du feu les tenait élevées au-dessus de la surface du globe; elles ne tombèrent que quand cette chaleur extrême, commençant à diminuer, leur permit de rester dans un état de fusion sans être sublimées de nouveau. Les métaux qui, comme le fer et le cuivre, exigent le plus de feu pour se fondre, durent se placer les premiers sur la roche du globe encore tout ardente : l'argent et l'or, dont la fusion ne suppose qu'un moindre degré de feu, s'établirent ensuite et coulèrent dans les fentes perpendiculaires de cette roche déjà consolidée; ils remplirent les interstices que le quartz décrépité leur offrait de toutes parts, et c'est par cette raison qu'on trouve l'or et l'argent vierge en petits filets dans la roche quartzeuse. Le plomb et l'étain, auxquels il ne faut qu'une bien moindre chaleur pour se liquéfier, coulèrent longtemps après ou se convertirent en chaux, et se placèrent de même dans les fentes perpendiculaires; enfin tous ces métaux, souvent mêlés et réunis ensemble, y formèrent des filons primitifs des mines primordiales, qui toutes sont mélangées de plusieurs minéraux métalliques. Et le mercure, qu'une médiocre chaleur volatilise, ne put s'établir que peu de temps avant la chute des eaux et des autres matières également volatiles.

Quoique ces dépôts des différents métaux se soient formés successivement et à mesure que la violence du feu diminuait, comme ils se sont faits dans les mêmes lieux, et que les fentes perpendiculaires ont été le réceptacle commun de toutes les matières métalliques fondues ou sublimées par la chaleur intérieure du globe, toutes les mines sont mêlées de

(a) Voyez les preuves, p. 244, du volume actuel, note *a*.

différents métaux et minéraux métalliques (a); en effet, il y a presque toujours plusieurs métaux dans la même mine : on trouve le fer avec le cuivre, le plomb avec l'argent, l'or avec le fer, et quelquefois tous ensemble; car il ne faut pas croire, comme bien des gens se le figurent, qu'une mine d'or ou d'argent ne contienne que l'une ou l'autre de ces matières; il suffit, pour qu'on lui donne cette dénomination, que la mine soit mêlée d'une assez grande quantité de l'un ou de l'autre de ces métaux pour être travaillée avec profit; mais souvent et presque toujours le métal précieux y est en moindre quantité que les autres matières minérales ou métalliques.

Quoique les faits subsistants s'accordent parfaitement avec les causes et les effets que je suppose, on ne manquera pas de contester cette théorie de l'établissement local des mines métalliques : on dira qu'on peut se tromper en estimant par comparaison et jugeant par analogie les procédés de la nature; que la vitrification de la terre et la sublimation des métaux par le feu primitif, n'étant pas des faits démontrés, mais de simples conjectures, les conséquences que j'en tire ne peuvent qu'être précaires et purement hypothétiques; enfin l'on renouvellera sans doute l'objection triviale si souvent répétée contre les hypothèses, en s'écriant qu'en bonne physique il ne faut ni comparaisons ni systèmes.

Cependant il est aisé de sentir que nous ne connaissons rien que par comparaison, et que nous ne pouvons juger des choses et de leurs rapports qu'après avoir fait une ordonnance de ces mêmes rapports, c'est-à-dire un système. Or les grands procédés de la nature sont les mêmes en tout, et, lorsqu'ils nous paraissent opposés, contraires ou seulement différents, c'est faute de les avoir saisis et vus assez généralement pour les bien comparer. La plupart de ceux qui observent les effets de la nature, ne s'attachant qu'à quelques points particuliers, croient voir des variations et même des contrariétés dans ses opérations, tandis que celui qui l'embrasse par des vues plus générales reconnaît la simplicité de son plan et ne peut qu'admirer l'ordre constant et fixe de ses combinaisons, et l'uniformité de ses moyens d'exécution : grandes opérations, qui, toutes fondées sur des lois invariables, ne peuvent varier elles-mêmes ni se contrarier dans les effets; le but du philosophe naturaliste doit donc être de s'élever assez haut pour pouvoir déduire d'un seul effet général, pris comme cause, tous les effets particuliers; mais, pour voir la nature sous ce grand aspect, il faut l'avoir examinée, étudiée et comparée dans toutes les parties de son immense étendue; assez de génie, beaucoup d'étude, un peu de liberté de penser, sont trois attributs sans lesquels on ne pourra que défigurer la nature, au lieu de la représenter : je l'ai souvent senti en voulant la peindre, et malheur à ceux qui ne s'en doutent pas! leurs travaux, loin d'avancer la science, ne font qu'en retarder le progrès; de petits faits, des objets présentés par leurs faces obliques, ou vus sous un faux jour, des choses mal entendues, des méthodes scolastiques, de grands raisonnements fondés sur une métaphysique puérile ou sur des préjugés, sont les matières sans substance des ouvrages de l'écrivain sans génie; ce sont autant de tas de décombres qu'il faut enlever avant de pouvoir construire. Les sciences seraient donc plus avancées si moins de gens avaient écrit : mais l'amour-propre ne s'opposera-t-il pas toujours à la bonne foi? L'ignorant se croit suffisamment instruit; celui qui ne l'est qu'à demi se croit plus que savant, et tous s'imaginent avoir du génie, ou du moins assez d'esprit pour en critiquer les productions; on le voit par les ouvrages de ces écrivains qui n'ont d'autre mérite que de crier contre

(a) Les métaux et demi-métaux n'ont pas chacun leur mine particulière, et leurs minerais ne sont pas des corps homogènes : au contraire, presque toutes les substances métalliques sont souvent confondues ensemble, et l'on présume même que quelques-unes, telles que le zinc et le platine, résultent du mélange des autres.

L'argent, le plomb, le cuivre, l'arsenic et le cobalt se trouvent assez souvent confondus dans le même filon de mine, en des quantités presque égales. *Mémoires de Physique*, par M. de Grignon, in-4°, p. 272.

les systèmes, parce qu'ils sont non seulement incapables d'en faire, mais peut-être même d'entendre la vraie signification de ce mot qui les épouvante ou les humilie; cependant tout système n'est qu'une combinaison raisonnée, une ordonnance des choses ou des idées qui les représentent, et c'est le génie seul qui peut faire cette ordonnance, c'est-à-dire un système en tout genre, parce que c'est au génie seul qu'il appartient de généraliser les idées particulières, de réunir toutes les vues en un faisceau de lumière, de se faire de nouveaux aperçus, de saisir les rapports fugitifs, de rapprocher ceux qui sont éloignés, d'en former de nouvelles analogies, de s'élever enfin assez haut, et de s'étendre assez loin pour embrasser à la fois tout l'espace qu'il a rempli de sa pensée; c'est ainsi que le génie seul peut former un ordre systématique des choses et des faits, de leurs combinaisons respectives, de la dépendance des causes et des effets; de sorte que le tout rassemblé, réuni, puisse présenter à l'esprit un grand tableau de spéculations suivies, ou du moins un vaste spectacle dont toutes les scènes se lient et se tiennent par des idées conséquentes et des faits assortis.

Je crois donc que mes explications sur l'action du feu primitif, sur la sublimation des métaux, sur la formation des matières vitreuses, argileuses et calcaires, sont d'accord avec les procédés de la nature dans ses plus grandes opérations, et nous verrons que l'ensemble de ce système et ses autres rapports seront encore confirmés par tous les faits que nous rapporterons dans la suite, en traitant de chaque métal en particulier.

Mais, pour ne parler ici que du fer, on ne peut guère douter que ce métal n'ait commencé à s'établir le premier sur le globe, et peu de temps après la consolidation du quartz, puisqu'il a coloré les jaspes et les cristaux de feldspath, au lieu que l'or, l'argent, ni les autres métaux ne paraissent pas être entrés comme le fer dans la substance des matières vitreuses produites par le feu primitif; et ce fait prouve que le fer, plus capable de résister à la violence du feu, s'est en effet établi le premier et dès le temps de la consolidation des verres de nature : car le fer primordial se trouve toujours intimement mêlé avec la matière vitreuse, et il a formé avec elle de très grandes masses et même des montagnes à la surface du globe, tandis que les autres métaux, dont l'établissement a été postérieur, n'ont occupé que les intervalles des fentes perpendiculaires de la roche quartzeuse dans lesquelles ils se trouvent par filons et en petits amas (*a*).

Aussi n'existe-t-il nulle part de grandes masses de fer pur et pareil à notre fer forgé, ni même semblable à nos fontes de fer, et à peine peut-on citer quelques exemples de petits morceaux de fonte ou régule de fer trouvés dans le sein de la terre, et formés sans doute accidentellement par le feu des volcans, comme l'on trouve aussi et plus fréquemment des morceaux d'or, d'argent et de cuivre, qu'on reconnaît évidemment avoir été fondus par ces feux souterrains (*b*).

(*a*) Pline dit, avec raison, que, de toutes les substances métalliques, le fer est celle qui se trouve en plus grandes masses, et qu'on a vu des montagnes qui en étaient entièrement formées : « Metallorum omnium vena ferri largissima est : Cantabriæ maritimâ parte quam » parte quam Oceanus alluit, mons præruptè altus, incredibile dictu, totus ex eâ materie » est. » Lib. XXXIV, cap. XV.

(*b*) Les mines d'argent de Huantafaya et celles de cuivre mélangées d'or de Coquimbo sont situées dans des contrées où il ne pleut jamais et où il fait chaud, tandis que toutes les autres mines riches du Pérou sont situées dans les Cordillères, du côté où il pleut abondamment, et qui est recouvert de neige, et où il fait un froid excessif dans quelques saisons de l'année; mais ces mines de Huantafaya et de Coquimbo doivent être regardées comme des mines accidentelles qu'on pourrait appeler mines de *fondition*, parce que ces métaux ont été mis en fonte par un feu de volcan, et qu'ils ont été déposés en fusion dans les fentes des rochers ou dans le sable. Les monceaux de mine de Huantafaya que j'ai acquis, monsieur, pour le Cabinet, et que je vous remettrai, laissent apercevoir les mêmes accidents

La substance du fer de nature n'a donc jamais été pure, et dès le temps de la consolidation du globe, ce métal s'est mêlé avec la matière vitreuse, et s'est établi en grandes masses dans plusieurs endroits à la surface, et jusqu'à une petite profondeur dans l'intérieur de la terre. Au reste, ces grandes masses ou roches ferrugineuses ne sont pas également riches en métal : quelques-unes donnent soixante-dix ou soixante-douze pour cent de fer en fonte, tandis que d'autres n'en donnent pas quarante ; et l'on sait que cette fonte de fer, qui résulte de la fusion des mines, n'est pas encore du métal, puisque avant de devenir fer, elle perd au moins un quart de sa masse par le travail de l'affinerie; on est donc assuré que les mines de fer en roche les plus riches ne contiennent guère qu'une moitié de fer, et que l'autre moitié de leur masse est de matière vitreuse; on peut même le reconnaître en soumettant ces mines à l'action des acides qui en dissolvent le fer et laissent intacte la substance vitreuse.

D'ailleurs ces roches de fer, que l'on doit regarder comme les mines primordiales de ce métal dans son état de nature, sont toutes attirables à l'aimant (*a*), preuve évidente qu'elles ont été produites par l'action du feu, et qu'elles ne sont qu'une espèce de fonte impure de fer, mélangée d'une plus ou moins grande quantité de matière vitreuse; nos mines de fer en grain, en ocre ou en rouille, quoique provenant originairement des détriments de ces roches primitives, mais ayant été formées postérieurement par l'intermède de l'eau, ne sont point attirables à l'aimant, à moins qu'on ne leur fasse subir une forte impression du feu à l'air libre (*b*). Ainsi la propriété d'être attirable à l'aimant appartenant uniquement aux mines de fer qui ont passé par le feu, on ne peut guère se refuser à croire que ces énormes rochers de fer attirables à l'aimant n'aient en effet subi la violente action du feu dont ils portent encore l'empreinte, et qu'ils n'aient été produits dans le temps de la dernière incandescence et de la première condensation du globe.

Les masses de l'aimant ne paraissent différer des autres roches de fer qu'en ce qu'elles ont été exposées aux impressions de l'électricité de l'atmosphère, et qu'elles ont en même temps éprouvé une plus grande ou plus longue action du feu qui les a rendues magnéti-

que l'on observe dans les ateliers où on fond en grand le métal pour les monnaies. Il y a entre autres un gros morceau de cette mine d'argent de Huantafaya qui présente une cristallisation de soufre, ce qui prouve qu'il a été formé par le feu d'un volcan. (Extrait d'une lettre de M. Dombey, correspondant du Cabinet d'Histoire naturelle, à M. de Buffon, datée de Lima, le 2 novembre 1781.)

(*a*) Comme toutes les mines de Suède sont très attirables à l'aimant, on se sert de la boussole pour les trouver : cette méthode est fort en usage, et elle est assez sûre, quoique les mines de fer soient souvent enfouies à plusieurs toises de profondeur (voyez les *Voyages métallurgiques* de M. Jars, t. Ier). Mais elle serait inutile pour la recherche de la plupart de nos mines de fer en grain, dont la formation est due à l'action de l'eau, et qui ne sont poin attirables à l'aimant avant d'avoir subi l'action du feu.

(*b*) Les mines de fer en grain ne sont en général point attirables à l'aimant; il faut, pour qu'elles le deviennent, les faire griller à un feu assez vif et à l'air libre ; j'en ai fait l'expérience sur la mine de Villers près Montbard, qui se trouve en sacs, entre des rochers calcaires, et qui est en grains assez gros; ayant fait griller une once de cette mine à feu ouvert, et l'ayant fait broyer et réduire en poudre, l'aimant en a tiré six gros et demi; mais, ayant fait mettre une pareille quantité de cette mine dans un creuset couvert et bien bouché, qu'on a fait rougir à blanc, et ayant ensuite écrasé cette mine ainsi grillée au moyen d'un marteau, l'aimant n'en a tiré aucune partie de fer, tandis que dans un autre creuset mis au feu en même temps, et qui n'était pas bouché, cette même mine, réduite ensuite en poudre par le marteau, s'est trouvée aussi attirable par l'aimant que la première. Cette expérience m'a démontré que le feu seul ou le feu fixe ne suffit pas pour rendre la mine de fer attirable à l'aimant, et qu'il est nécessaire que le feu soit libre et animé par l'air pour produire cet effet.

ques par elles-mêmes et au plus haut degré; car on peut donner le magnétisme à tout fer ou toute matière ferrugineuse, non seulement en la tenant constamment dans la même situation, mais encore par le choc et par le frottement, c'est-à-dire par toute cause ou tout mouvement qui produit de la chaleur et du feu : on doit donc penser que les pierres d'aimant étant de la même nature que les autres roches ferrugineuses, leur grande puissance magnétique vient de ce qu'elles ont été exposées à l'air, et travaillées plus violemment ou plus longtemps par la flamme du feu primitif; la substance de l'aimant paraît même indiquer que le fer qu'elle contient a été altéré par le feu et réduit en un état de régule très difficile à fondre, puisqu'on ne peut traiter les pierres d'aimant à nos fourneaux, ni les fondre avantageusement pour en tirer du fer, comme l'on en tire de toutes les autres pierres ferrugineuses ou mines de fer en roche, en les faisant auparavant griller et concasser (*a*).

Toutes les mines de fer en roche doivent donc être regardées comme des espèces de fontes de fer, produites par le feu primitif; mais on ne doit pas compter au nombre de ces roches primordiales de fer celles qui sont mêlées de matière calcaire; ce sont des mines secondaires, des concrétions spathiques, en masses plus ou moins distinctes ou confuses, et qui n'ont été formées que postérieurement par l'intermède de l'eau : aussi ne sont-elles point attirables à l'aimant; elles doivent être placées au nombre des mines de seconde et peut-être de troisième formation; de même, il ne faut pas confondre avec les mines primitives, vitreuses et attirables à l'aimant, celles qui, ayant éprouvé l'impression du feu dans les volcans, ont acquis cette propriété qu'elles n'avaient pas auparavant; enfin il faut excepter encore les sables ferrugineux et magnétiques, tels que celui qui est mêlé dans le platine, et tous ceux qui se trouvent mélangés dans le sein de la terre, soit avec les mines de fer en grains, soit avec d'autres matières; car ces sablons ferrugineux, attirables à l'aimant, ne proviennent que de la décomposition du mâchefer ou résidu ferrugineux des végétaux brûlés par le feu des volcans ou par d'autres incendies.

On doit donc réduire le vrai fer de nature, le fer primordial, aux grandes masses des roches ferrugineuses attirables à l'aimant, et qui ne sont mélangées que de matières vitreuses; ces roches se trouvent en plus grande quantité dans les régions du Nord que dans les autres parties du globe; on sait qu'en Suède, en Russie, en Sibérie, ces mines magnétiques sont très communes, et qu'on les cherche à la boussole; on prétend aussi qu'en Laponie, la plus grande partie du terrain n'est composée que de ces masses ferrugineuses; si ce dernier fait est aussi vrai que les premiers, il augmenterait la probabilité, déjà fondée, que la variation de l'aiguille aimantée provient de la différente distance et de la situation où l'on se trouve, relativement au gisement de ces grandes masses magnétiques : je dis la variation de l'aiguille aimantée, car je ne prétends pas que sa direction vers les pôles doive être uniquement attribuée à cette même cause; je suis persuadé que cette direction de l'aimant est un des effets de l'électricité du globe, et que le froid des régions polaires influe plus qu'aucune autre cause sur la direction de l'aimant (*b*).

Quoi qu'il en soit, il me paraît certain que les grandes masses des mines de fer en roche ont été produites par le feu primitif, comme les autres grandes masses des matières vitreuses. On demandera peut-être pourquoi ce premier fer de nature produit par le feu ne se présente pas sous la forme de métal, pourquoi l'on ne trouve dans ces mines aucune masse de fer pur et pareil à celui que nous fabriquons à nos feux. J'ai prévenu cette question

(*a*) On trouve quelquefois de l'aimant blanc qui ne paraît pas avoir passé par le feu, parce que toutes les matières ferrugineuses se colorent au feu en rouge brun ou en noir; mais cet aimant blanc n'est peut-être que le produit de la décomposition d'un aimant primitif, reformé par l'intermède de l'eau. Voyez ci-après l'article de l'*Aimant*.

(*b*) Voyez ci-après l'article de l'*Aimant*.

en prouvant que (*a*) le fer ne prend de la ductilité que parce qu'il a été comprimé par le marteau : c'est autant la main de l'homme que le feu qui donne au fer la forme de métal, et qui change en fer ductile la fonte aigre, en épurant cette fonte, et en rapprochant de plus près les parties métalliques qu'elle contient; cette fonte de fer, au sortir du fourneau, reste, comme nous l'avons dit, encore mélangée de plus d'un quart de matières étrangères; elle n'est donc, tout au plus, que d'un quart plus pure que les mines en roche les plus riches, qui par conséquent ont été mêlées, par moitié, de matières vitreuses dans la fusion opérée par le feu primitif.

On pourra insister en retournant l'objection contre ma réponse, et disant qu'on trouve quelquefois de petits morceaux de fer pur ou natif dans certains endroits, à d'assez grandes profondeurs, sous des rochers ou des couches de terre, qui ne paraissent pas avoir été remuées par la main des hommes, et que ces échantillons du travail de la nature, quoique rares, suffisent pour prouver que notre art et le secours du marteau ne sont pas des moyens uniques ni des instruments absolument nécessaires, ni par conséquent les seules causes de la ductilité et de la pureté de ce métal, puisque la nature, denuée de ces adminicules de notre art, ne laisse pas de produire du fer assez semblable à celui de nos forges.

Pour satisfaire à cette instance, il suffira d'exposer que, par certains procédés, nous pouvons obtenir du régule de fer sans instruments ni marteaux, et par le seul effet d'un feu bien administré et soutenu longtemps au degré nécessaire pour épurer la fonte sans la brûler, en laissant ainsi remuer par le feu, successivement et lentement, les molécules métalliques, qui se réunissent alors par une espèce de départ ou séparation des matières hétérogènes dont elles étaient mélangées. Ainsi, la nature aura pu, dans certaines circonstances, produire le même effet; mais ces circonstances ne peuvent qu'être extrêmement rares, puisque par nos propres procédés, dirigés à ce but, on ne réussit qu'à force de précautions.

Ce point, également intéressant pour l'histoire de la nature et pour celle de l'art, exige quelques discussions de détail dans lesquelles nous entrerons volontiers par la raison de leur utilité. La mine de fer jetée dans nos fourneaux, élevés de vingt à vingt-cinq pieds et remplis de charbons ardents, ne se liquéfie que quand elle est descendue à plus des trois quarts de cette hauteur ; elle tombe alors sous le vent des soufflets et achève de se fondre au-dessus du creuset qui la reçoit, et dans lequel on la tient pendant quelques heures, tant pour en accumuler la quantité que pour la laisser se purger des matières hétérogènes qui s'écoulent en forme de verre impur qu'on appelle *laitier* : cette matière, plus légère que la fonte de fer, en surmonte le bain dans le creuset; plus on tient la fonte dans cet état, en continuant le feu, plus elle se dépouille de ses impuretés; mais, comme l'on ne peut la brasser autant qu'il le faudrait, ni même la remuer aisément dans ce creuset, elle reste nécessairement encore mêlée d'une grande quantité de ces matières hétérogènes, en sorte que les meilleures fontes de fer en contiennent plus d'un quart, et les fontes communes près d'un tiers, dont il faut les purger pour les convertir en fer (*b*). Ordinairement on fait, au bout de douze heures, ouverture au creuset ; la fonte coule comme un ruisseau de feu dans un long et large sillon, où elle se consolide en un lingot ou *gueuse* de quinze cents à deux mille livres de poids; on laisse ce lingot se refroidir au moule, et on l'en tire pour le conduire sur des rouleaux et le faire entrer, par l'une de ses extrémités, dans le foyer de l'affinerie, où cette extrémité, chauffée par un nouveau feu, se ramollit et se sépare du reste du lingot; l'ouvrier perce et pétrit avec des *ringards* (c) cette loupe à demi

(*a*) Tome IX, quatrième Mémoire sur la ténacité du fer.

(*b*) Dans cet épurement même de la fonte, pour la convertir en fer par le travail de l'affinerie et par la percussion du marteau, il se perd quelques portions de fer que les matières hétérogènes entraînent avec elles, et on en retrouve une partie dans les scories de l'affinerie.

(c) On appelle *ringards* des barreaux de fer pointus par l'une de leurs extrémités.

liquéfiée, qui, par ce travail, s'épure et laisse couler par le fond du foyer une partie de la matière hétérogène que le feu du fourneau de fusion n'avait pu séparer; ensuite l'on porte cette loupe ardente sous le marteau, où la force de la percussion fait sortir de sa masse encore molle le reste des substances impures qu'elle contenait; et ces mêmes coups redoublés du marteau rapprochent et réunissent, en une masse solide et plus allongée, les parties de ce fer que l'on vient d'épurer, et qui ne prennent qu'alors la forme et la ductilité du métal.

Ce sont là les procédés ordinaires dans le travail de nos forges, et, quoiqu'ils paraissent assez simples, ils demandent de l'intelligence et supposent de l'habitude et même des attentions suivies. L'on ne doit pas traiter autrement les mines pauvres qui ne donnent que trente ou même quarante livres de fonte par quintal; mais avec des mines riches en métal, c'est-à-dire avec celles qui donnent soixante-dix, soixante ou même cinquante-cinq pour cent, on peut obtenir du fer et même l'acier sans faire passer ces mines par l'état d'une fonte liquide et sans les couler en lingots : au lieu des hauts fourneaux entretenus en feu sans interruption pendant plusieurs mois, il ne faut pour ces mines riches que de petits fourneaux qu'on charge et vide plusieurs fois par jour; on leur a donné le nom de *fourneaux à la catalane*, ils n'ont que trois ou quatre pieds de hauteur; ceux de Styrie en ont dix ou douze, et, quoique la construction de ces fourneaux à la catalane et de ceux de Styrie soit différente, leur effet est à peu près le même; au lieu de gueuses ou lingots d'une fonte coulée, on obtient dans ces petits fourneaux des *massets* ou loupes formées par coagulation, et qui sont assez épurées pour qu'on puisse les porter sous le marteau au sortir de ces fourneaux de liquation; ainsi, la matière de ces massets est bien plus pure que celle des gueuses, qu'il faut travailler et purifier au feu de l'affinerie avant de les mettre sur l'enclume. Ces massets contiennent souvent de l'acier, qu'on a soin d'en séparer, et le reste est du bon fer ou du fer mêlé d'acier. Voilà donc de l'acier et du fer, tous deux produits par le seul régime du feu et sans que l'ouvrier en ait pétri la matière pour la dépurer; et de même, lorsque dans les hauts fourneaux on laisse quelques parties de fonte se recuire au feu pendant plusieurs semaines, cette fonte, d'abord mêlée d'un tiers ou d'un quart de substances étrangères, s'épure au point de devenir un vrai régule de fer qui commence à prendre de la ductilité : ainsi la nature a pu et peut encore, par le feu des volcans, produire des fontes et des régules de fer semblables à ceux que nous obtenons dans ces fourneaux de liquation sans le secours du marteau; et c'est à cette cause qu'on doit rapporter la formation de ces morceaux de fer ou d'acier qu'on a regardés comme natifs, et qui, quoique très rares, ont suffi pour faire croire que c'était là le vrai fer de la nature, tandis que dans la réalité elle n'a formé, par son travail primitif, que des roches ferrugineuses, toutes plus impures que les fontes de notre art.

Nous donnons dans la suite les procédés par lesquels on peut obtenir des fontes, des aciers et des fers de toutes qualités; l'on verra pourquoi les mines de fer riches peuvent être traitées différemment des mines pauvres; pourquoi la méthode catalane, celle de Styrie et d'autres, ne peuvent être avantageusement employées à la fusion de nos mines en grains; pourquoi, dans tous les cas, nous nous servons du marteau pour achever de consolider le fer, etc. Il nous suffit ici d'avoir démontré par les faits que le feu primitif n'a point produit de fer pur semblable à notre fer forgé; mais que la quantité tout entière de la matière de fer s'est mêlée, dans le temps de la consolidation du globe, avec les substances vitreuses, et que c'est de ce mélange que sont composées les roches primordiales de fer et d'aimant; qu'enfin, si l'on tire quelquefois du sein de la terre des morceaux de fer, leur formation, bien postérieure, n'est due qu'à la main de l'homme ou à la rencontre fortuite d'une mine de fer dans le gouffre du volcan.

Reprenant donc l'ordre des premiers temps, nous jugerons aisément que les roches ferrugineuses se sont consolidées presque en même temps que les rochers graniteux se sont formés, c'est-à-dire après la consolidation et la réduction en débris du quartz et des autres premiers verres : ces roches sont composées de molécules ferrugineuses intimement unies avec la matière vitreuse; elles ont d'abord été fondues ensemble; elles se sont ensuite consolidées par le refroidissement, sous la forme d'une pierre dure et pesante; elles ont conservé cette forme primitive dans tous les lieux où elles n'ont pas été exposées à l'action des éléments humides; mais les parties extérieures de ces roches ferrugineuses s'étant trouvées, dès le temps de la première chute des eaux, exposées aux impressions des éléments humides, elles se sont converties en rouille et en ocre. Cette rouille, détachée de leurs masses, aura bientôt été transportée, comme les sables vitreux, par le mouvement des eaux et déposée sur le fond de cette première mer, lequel, dans la suite, est devenu la surface de tous nos continents.

Par cette décomposition des premières roches ferrugineuses, la matière du fer s'est trouvée répandue sur toutes les parties de la surface du globe, et par conséquent cette matière est entrée avec les autres éléments de la terre dans la composition des végétaux et des animaux, dont les détriments, s'étant ensuite accumulés, ont formé la terre végétale dans laquelle la mine de fer en grain s'est produite par la réunion de ces mêmes particules ferrugineuses disséminées et contenues dans cette terre, qui, comme nous l'avons dit (*a*), est la vraie matrice de la plupart des minéraux figurés, et en particulier de mines de fer en grains.

La grande quantité de rouille détachée de la surface des roches primitives de fer, et transportée par les eaux, aura dû former aussi des dépôts particuliers en plusieurs endroits; chacune de nos mines d'ocre est un de ces anciens dépôts, car l'ocre ne diffère de la rouille de fer que par le plus ou moins de terre qui s'y trouve mêlée. Et lorsque la décomposition de ces roches primordiales s'est opérée plus lentement, et qu'au lieu de se convertir en rouille grossière, la matière ferrugineuse a été atténuée et comme dissoute par une action plus lente des éléments humides, les parties les plus fines de cette matière ayant été saisies et entraînées par l'eau ont formé par stillation des concrétions ou stalactites ferrugineuses, dont la plupart sont plus riches en métal que les mines en grains et en rouille.

On peut réduire toutes les mines de fer de seconde formation à ces trois états de mines en grains, de mines en ocre ou en rouille, et de mines en concrétion; elles ont également été produites par l'action et l'intermède de l'eau; toutes tirent leur origine de la décomposition des roches primitives de fer, de la même manière que les grès, les argiles et les schistes proviennent de la décomposition des premières matières vitreuses.

J'ai démontré, dans l'article de la terre végétale (*b*), comment se sont formés les grains de la mine de fer; nous les voyons, pour ainsi dire, se produire sous nos yeux par la réunion des particules ferrugineuses disséminées dans cette terre végétale, et ces grains de mine contiennent quelquefois une plus grande quantité de fer que les roches de fer les plus riches; mais, comme ces grains sont presque toujours très petits, et qu'il n'est jamais possible de les trier un à un ni de les séparer en entier des terres avec lesquelles ils sont mêlés, surtout lorsqu'il s'agit de travailler en grand, ces mines en grains ne rendent ordinairement par quintal que de trente-cinq à quarante-cinq livres de fonte et souvent moins, tandis que plusieurs mines en roche donnent depuis cinquante jusqu'à soixante et au delà; mais je me suis assuré, par quelques essais en petit, qu'on aurait au moins un aussi grand produit en ne faisant fondre que le grain net de ces mines de seconde formation; elles peuvent être plus ou moins riches en métal, selon que chaque grain aura reçu dans sa composition une plus ou moins forte quantité de substance métallique, sans mélange de

(*a*) Voyez l'article de la *Terre végétale*, p. 191.
(*b*) *Ibid.*, p. *id.* et suiv.

matières hétérogènes ; car de la même manière que nous voyons se former des stalactites plus ou moins pures dans toutes les matières terrestres, ces grains de mine de fer, qui sont de vraies stalactites de la terre végétale imprégnée de fer, peuvent être aussi plus ou moins purs, c'est-à-dire plus ou moins chargés de parties métalliques ; et par conséquent, ces mines peuvent être plus riches en métal que le minerai en roche, qui, ayant été formé par le feu primitif, contient toujours une quantité considérable de matière vitreuse ; je dois même ajouter que les mines en stalactites et en masses concrètes en fournissent un exemple sensible : elles sont, comme les mines en grains, formées par l'intermède de l'eau, et quoiqu'elles soient toujours mêlées de matières hétérogènes, elles donnent assez ordinairement une plus grande quantité de fer que la plupart des mines de première formation.

Ainsi, toute mine de fer, soit qu'elle ait été produite par le feu primitif ou travaillée par l'eau, est toujours mélangée d'une plus ou moins grande quantité de substances hétérogènes ; seulement on doit observer que, dans les mines produites par le feu, le fer est toujours mélangé avec une matière vitreuse, tandis que, dans celles qui ont été formées par l'intermède de l'eau, le mélange est plus souvent de matière calcaire (*a*) : ces dernières mines, qu'on nomme *spathiques* (*b*), à cause de ce mélange de spath ou de parties calcaires, ne sont point attirables à l'aimant, parce qu'elles n'ont pas été produites par le feu et qu'elles ont été, comme les mines en grains ou en rouille, toutes formées du détriment des premières roches ferrugineuses qui ont perdu leur magnétisme par cette décomposition ; néanmoins, lorsque ces mines secondaires, formées par l'intermède de l'eau, se trouvent mêlées de sablons ferrugineux qui ont passé par le feu, elles sont alors attirables à l'aimant, parce que ces sablons, qui ne sont pas susceptibles de rouille, ne perdent jamais cette propriété d'être attirables à l'aimant.

La fameuse montagne d'Eisenhartz, en Styrie, haute de quatre cent quatre-vingts toises, est presque toute composée de minéraux ferrugineux de différentes qualités : on en tire, de temps immémorial, tout le fer et l'acier qui se fabriquent dans cette contrée, et l'on a observé (*c*) que le minéral propre à faire de l'acier était différent de celui qui est propre à faire du bon fer. Le minéral le plus riche en acier, que l'on appelle *phlint*, est blanc, fort dur et difficile à fondre ; mais il devient rouge ou noir et moins dur en s'efflеurissant dans la mine même ; celui qui est le plus propre à donner du fer doux est le plus tendre ; il est aussi plus fusible, et quelquefois environné de rouille ou d'ocre : le noyau et la masse principale de cette montagne sont sans doute de fer primordial produit par le feu primitif, duquel les autres minéraux ferrugineux ne sont que des exsudations, des concrétions, des stalactites plus ou moins mélangées de matière calcaire, de pyrites et d'autres substances dissoutes ou délayées par l'eau et qui sont entrées dans la composition de ces masses secondaires lorsqu'elles se sont formées.

(*a*) « Les mines de fer de Rougei en Bretagne sont en masses de rocher, de trois quarts » de lieue d'étendue, sur quinze à dix-huit pieds d'épaisseur, disposées en bancs horizon- » taux ; elles sont de seconde formation, et sont en même temps mêlées de matières silicées. » Je ne cite cet exemple que pour faire voir que les mines de seconde formation se trouvent quelquefois mêlées de matières vitreuses ; mais, dans ce cas, ces matières vitreuses sont elles-mêmes de seconde formation : ce fait m'a été fourni par M. de Grignon, qui a observé ces mines en Bretagne. — Les fameuses mines de fer de Hattemberg, en Carinthe, sont dans une montagne qui est composée de pierres calcaires grisâtres, disposées par couches, et qui se divisent en feuillets lorsqu'elles sont longtemps exposées à l'air. Le minerai y est rarement en filons réguliers, et il se trouve presque toujours en grandes masses. *Voyages minéralogiques* de M. Jaskevisch ; *Journal de Physique*, décembre 1782.

(*b*) Il y a de ces mines spathiques attirables à l'aimant dans le Dauphiné et dans les Pyrénées.

(*c*) *Voyages métallurgiques*, par M. Jars, t. Ier, p. 29 et 30.

De quelque qualité que soient les mines de fer en roches solides, on est obligé de les concasser et de les réduire en morceaux gros comme des noisettes avant de les jeter au fourneau; mais, pour briser plus aisément les blocs de ce minéral ordinairement très dur, on est dans l'usage de les faire griller au feu; on établit une couche de bois sec, sur laquelle on met ces gros morceaux de minéral que l'on couvre d'une autre couche de bois, puis un second lit de minéral, et ainsi alternativement jusqu'à cinq ou six pieds de hauteur, et après avoir allumé le feu, on le laisse consumer tout ce qui est combustible et s'éteindre de lui-même : cette première action du feu rend le minéral plus tendre; on le concasse plus aisément, et il se trouve plus disposé à la fusion qu'il doit subir au fourneau; toutes les roches de fer qui ne sont mélangées que de substances vitreuses exigent qu'on y joigne une certaine quantité de matière calcaire pour en faciliter la fonte; celles au contraire qui ne contiennent que peu ou point de matière vitreuse, et qui sont mélangées de substances calcaires, demandent l'addition de quelque matière vitrescible, telle que la terre limoneuse, qui, se fondant aisément, aide à la fusion de ces mines de fer et s'empare des parties calcaires dont elles sont mélangées.

Les mines qui ont été produites par le feu primitif sont, comme nous l'avons dit, toutes attirables à l'aimant, à moins que l'eau ne les ait décomposées et réduites en rouille, en ocre, en grains ou en concrétion; car elles perdent dès lors cette propriété magnétique; cependant les mines primitives ne sont pas les seules qui soient attirables à l'aimant; toutes celles de seconde formation qui auront subi l'action du feu soit dans les volcans, soit par les incendies des forêts, sont également et souvent aussi susceptibles de cette attraction; en sorte que, si l'on s'en tenait à cette seule propriété, elle ne suffirait pas pour distinguer les mines ferrugineuses de première formation de toutes les autres qui, quoique de formation bien postérieure, sont également attirables à l'aimant; mais il y a d'autres indices assez certains par lesquels on peut les reconnaître. Les matières ferrugineuses primitives sont toutes en très grandes masses et toujours intimement mêlées de matière vitreuse; celles qui ont été produites postérieurement par les volcans ou par d'autres incendies ne se trouvent qu'en petits morceaux, et le plus souvent en paillettes et en sablons, et ces sablons ferrugineux et très attirables à l'aimant sont ordinairement bien plus réfractaires au feu que la roche de fer la plus dure : ces sablons ont apparemment essuyé une si forte action du feu qu'ils ont pour ainsi dire changé de nature et perdu toutes leurs propriétés métalliques, car il ne leur est resté que la seule qualité d'être attirables à l'aimant, qualité communiquée par le feu, et qui, comme l'on voit, n'est pas essentielle à toute matière ferrugineuse, puisque les mines qui ont été formées par l'intermède de l'eau en sont dépourvues ou dépouillées, et qu'elles ne reprennent ou n'acquièrent cette propriété magnétique qu'après avoir passé par le feu.

Toute la quantité, quoique immense, du fer disséminé sur le globe provient donc originairement des débris et détriments des grandes masses primitives, dans lesquelles la substance ferrugineuse est mêlée avec la matière vitreuse et s'est consolidée avec elle; mais ce fer disséminé sur la terre se trouve dans des états très différents, suivant les impressions plus ou moins fortes qu'il a subies par l'action des autres éléments et par le mélange de différentes matières. La décomposition la plus simple du fer primordial est sa conversion en rouille : les faces des roches ferrugineuses, exposées à l'action de l'acide aérien (*), se sont couvertes de rouille, et cette rouille de fer, en perdant sa propriété magnétique, a néanmoins conservé ses autres qualités, et peut même se convertir en métal plus aisément que la roche dont elle tire son origine. Ce fer, réduit en rouille et

(*) Nous savons que Buffon appelle acide aérien l'acide carbonique. Il commet donc ici une erreur en attribuant la formation de la rouille à l'action de « l'acide aérien » sur la rouille; c'est l'oxygène qui en détermine la production en se combinant avec le fer.

transporté dans cet état par les eaux sur toute la surface du globe, s'est plus ou moins mêlé avec la terre végétale : il s'y est uni et atténué au point d'entrer avec la sève dans la composition de la substance des végétaux, et, par une suite nécessaire, dans celle des animaux ; les uns et les autres rendent ensuite ce fer à la terre par la destruction de leur corps. Lorsque cette destruction s'opère par la pourriture, les particules de fer provenant des êtres organisés n'en sont pas plus magnétiques, et ne forment toujours qu'une espèce de rouille plus fine et plus ténue que la rouille grossière dont elles ont tiré leur origine; mais, si la destruction des corps se fait par le moyen du feu, alors toutes les molécules ferrugineuses qu'ils contenaient reprennent, par l'action de cet élément, la propriété d'être attirables à l'aimant, que l'impression des éléments humides leur avait ôtée; et, comme il y a eu dans plusieurs lieux de la terre de grands incendies de forêts, et presque partout des feux particuliers et des feux encore plus grands dans les terrains volcanisés, on ne doit pas être surpris de trouver, à la surface et dans l'intérieur des premières couches de la terre, des particules de fer attirables à l'aimant, d'autant que les détriments de tout le fer fabriqué par la main de l'homme, toutes les poussières de fer produites par le frottement et par l'usure, conservent cette propriété tant qu'elles ne sont pas réduites en rouille. C'est par cette raison que, dans une mine dont les particules en rouille ou les grains ne sont point attirables à l'aimant, il se trouve souvent des paillettes ou sablons magnétiques qui, pour la plupart, sont noirs et quelquefois brillants comme du mica : ces sablons, quoique ferrugineux, ne sont ni susceptibles de rouille, ni dissolubles par les acides, ni fusibles au feu; ce sont des particules d'un fer qui a été brûlé autant qu'il peut l'être et qui a perdu, par une trop longue ou trop violente action du feu, toutes ses qualités, à l'exception de la propriété d'être attiré par l'aimant, qu'il a conservée ou plutôt acquise par l'impression de cet élément.

Il se trouve donc dans le sein de la terre beaucoup de fer en rouille et une certaine quantité de fer en paillettes attirables à l'aimant. On doit rechercher le premier pour le fondre, et rejeter le second, qui est presque infusible. Il y a dans quelques endroits d'assez grands amas de ces sablons ferrugineux que des artistes peu expérimentés ont pris pour de bonnes mines de fer, et qu'ils ont fait porter à leur fourneau sans se douter que cette matière ne pouvait s'y fondre. Ce sont ces mêmes sablons ferrugineux qui se trouvent toujours mêlés avec le platine et qui font même partie de la substance de ce minéral.

Voilà donc déjà deux états sous lesquels se présente le fer disséminé sur la terre : celui d'une rouille qui n'est point attirable à l'aimant et qui se fond aisément à nos fourneaux, et celui de ces paillettes ou sablons magnétiques qu'on ne peut réduire que très difficilement en fonte; mais, indépendamment de ces deux états, les mines de fer de seconde formation se trouvent encore sous plusieurs autres formes, dont la plus remarquable, quoique la plus commune, est en grains plus ou moins gros; ces grains ne sont point attirables à l'aimant, à moins qu'ils ne renferment quelques atomes de ces sablons dont nous venons de parler, ce qui arrive assez souvent lorsque les grains sont gros; les ætites ou géodes ferrugineuses doivent être mises au nombre de ces mines de fer en grains, et leur substance est quelquefois mêlée de ces paillettes attirables à l'aimant; la nature emploie les mêmes procédés pour la formation de ces géodes ou gros grains que pour celle des plus petits; ces derniers sont ordinairement les plus purs, mais tous, gros et petits, ont au centre une cavité vide ou remplie d'une matière qui n'est que peu ou point métallique; et plus les grains sont gros, plus est grande proportionnellement la quantité de cette matière impure qui se trouve dans le centre. Tous sont composés de plusieurs couches superposées et presque concentriques ; et ces couches sont d'autant plus riches en métal qu'elles sont plus éloignées du centre. Lorsqu'on veut mettre au fourneau de grosses géodes, il faut en séparer cette matière impure qui est au centre, en les faisant concasser et laver. Mais on doit employer de préférence les mines en petits grains, qui sont aussi plus communes et plus riches que les mines en géodes ou en très gros grains.

Comme toutes nos mines de fer en grains ont été amenées et déposées par les eaux de la mer, et que, dans ce mouvement de transport, chaque flot n'a pu se charger que de matières d'un poids et d'un volume à peu près égal, il en résulte un effet qui, quoique naturel, a paru singulier; c'est que, dans chacun de ces dépôts, les grains sont tous à peu près égaux en grosseur, et sont en même temps de la même pesanteur spécifique. Chaque minière de fer a donc son grain particulier : dans les unes les grains sont aussi petits que la graine de moutarde; dans d'autres, ils sont comme de la graine de navette, et dans d'autres, ils sont gros comme des pois. Et les sables ou graviers, soit calcaires, soit vitreux, qui ont été transportés par les eaux avec ces grains de fer, sont aussi du même volume et du même poids que les grains, à très peu près, dans chaque minière. Souvent ces mines en grains sont mêlées de sables calcaires, qui, loin de nuire à la fusion, servent de castine ou fondant; mais quelquefois aussi elles sont enduites d'une terre argileuse et grasse, si fort adhérente aux grains qu'on a grande peine à la séparer par le lavage; et si cette terre est de l'argile pure, elle s'oppose à la fusion de la mine, qui ne peut s'opérer qu'en ajoutant une assez grande quantité de matière calcaire : ces mines mélangées de terres *attachantes*, qui demandent beaucoup plus de travail au lavoir et beaucoup plus de feu au fourneau, sont celles qui donnent le moins de produit relativement à la dépense. Cependant, en général, les mines en grains coûtent moins à exploiter et à fondre que la plupart des mines en roches, parce que celles-ci exigent de grands travaux pour être tirées de leur carrière, et qu'elles ont besoin d'être grillées pendant plusieurs jours avant d'être concassées et jetées au fourneau de fusion.

Nous devons ajouter à cet état du fer en grains celui du fer en stalactites ou concrétions continues, qui se sont formées soit par l'agrégation des grains, soit par la dissolution et le flux de la matière dont ils sont composés, soit par des dépôts de toute autre matière ferrugineuse, entraînée par la stillation des eaux : ces concrétions ou stalactites ferrugineuses sont quelquefois très riches en métal, et souvent aussi elles sont mêlées de substances étrangères et surtout de matières calcaires, qui facilitent leur fusion et rendent ces mines précieuses par le peu de dépense qu'elles exigent et le bon produit qu'elles donnent.

On trouve aussi des mines de fer mêlées de bitume et de charbon de terre; mais il est rare qu'on puisse en faire usage, parce qu'elles sont presque aussi combustibles que ce charbon (*a*), et que souvent la matière ferrugineuse y est réduite en pyrites, et s'y trouve en trop petite quantité pour qu'on puisse l'extraire avec profit.

Enfin le fer disséminé sur la terre se trouve encore dans un état très différent des trois états précédents; cet état est celui de pyrite, minéral ferrugineux dont le fond n'est que du fer décomposé et intimement lié avec la substance du feu fixe qui a été saisie par l'acide; la quantité de ces pyrites ferrugineuses est peut-être aussi grande que celle des mines de fer en grains et en rouille : ainsi, lorsque les détriments du fer primordial n'ont été attaqués que par l'humidité de l'air ou l'impression de l'eau, ils se sont convertis en rouille, en ocre, ou formés en stalactites et en grains; et, quand ces mêmes détriments ont subi une violente action du feu, soit dans les volcans, soit par d'autres incendies, ils ont été brûlés autant qu'ils pouvaient l'être, et se sont transformés en mâchefer, en sablons et paillettes attirables à l'aimant; mais, lorsque ces mêmes détriments, au lieu d'être travaillés par les éléments humides ou par le feu, ont été saisis par l'acide chargé de la substance du feu fixe, ils ont, pour ainsi dire, perdu leur nature de fer, et ils ont

(*a*) M. Cronstedt, dans les *Mémoires de l'Académie de Suède*, année 1751, t. XII, p. 230, a donné la description détaillée d'une de ces mines de fer combustible.

pris la forme de pyrites que l'on ne doit pas compter au nombre des vraies mines de fer, quoiqu'elles contiennent une grande quantité de matière ferrugineuse, parce que le fer y étant dans un état de destruction et intimement uni ou combiné avec l'acide et le feu fixe, c'est-à-dire avec le soufre qui est le destructeur du fer, on ne peut ni séparer ce métal, ni le rétablir par les procédés ordinaires; il se sublime et brûle au lieu de fondre, et même une assez petite quantité de pyrites, jetées dans un fourneau avec la mine de fer, suffit pour en gâter la fonte; on doit donc éviter avec soin l'emploi des mines mêlées de parties pyriteuses, qui ne peuvent donner que de fort mauvaise fonte et du fer très cassant.

Mais ces mêmes pyrites, dont on ne peut guère tirer les parties ferrugineuses par le moyen du feu, reproduisent du fer en se décomposant par l'humidité : exposées à l'air, elles commencent par s'effleurir à la surface, et bientôt elles se réduisent en poudre; leurs parties ferrugineuses reprennent alors la forme de rouille, et dès lors on doit compter ces pyrites décomposées au nombre des autres mines de fer ou des rouilles disséminées, dont se forment les mines en grains (*a*) et en concrétions. Ces concrétions se trouvent quelquefois mélangées avec de la terre limoneuse, et même avec de petits cailloux ou du sable vitreux; et, lorsqu'elles sont mêlées de matières calcaires, elles prennent des formes semblables à celle du spath, et on les a dénommées *mines spathiques :* ces mines sont ordinairement très fusibles et souvent fort riches en métal (*b*). Quelques-unes, comme celle de Conflans en Lorraine, sont en assez grandes masses et en gros blocs, d'un grain serré et d'une couleur tannée; ce minéral est rempli de cristallisations de spath, de bélemnites, de cornes d'Ammon, etc., il est très riche et donne du fer de bonne qualité (*c*).

Il en est de même des mines de fer cristallisées, auxquelles on a donné le nom d'*hé-*

(*a*) Quelques minéralogistes ont même prétendu que toutes les mines de fer en grains et en concrétions doivent leur origine à la décomposition des pyrites. « Toutes les mines de » Champagne, dit M. de Grignon, sont produites par la décomposition des pyrites martiales... » Celles de Poisson, de Noncourt et de Montreuil sont les plus abondantes, les plus riches » et les meilleures de la province; on les appelle, quoique improprement, *mines en roche,* » parce qu'on les tire en assez grand volume, et qu'elles se trouvent dans les fentes des » rochers calcaires... Elles sont formées par le dépôt de la destruction des pyrites, et elles » ont dans leur structure une infinité de formes différentes, par feuillets, par cases carrées » et oblongues, et ces mines en masses sont encore mêlées avec d'autres mines en petits » grains, semblables à toutes les autres mines en grains de ce canton, sur plus de vingt » lieues d'étendue depuis Saint-Dizier, en remontant vers les sources de la Marne, de la » Blaise et de l'Aube. » *Mémoires de Physique,* etc., p. 22 et 23. — Je dois observer que cette opinion serait trop exclusive : la destruction des pyrites martiales n'est pas la seule cause de la production des mines en concrétions ou en grains, puisque tous les détriments des matières ferrugineuses doivent les produire également, et que d'ailleurs la décomposition et la dissémination universelle de la matière ferrugineuse par l'eau ont précédé nécessairement la formation des pyrites, qui ne sont en effet produites que dans les lieux où la matière ferrugineuse, l'acide et le feu fixe des détriments des végétaux et des animaux se sont trouvés réunis. Aussi M. de Grignon modifie-t-il son opinion dans sa préface, p. 7 : « Je prouve, dit-il, par des observations locales, que toutes les mines de fer de Champagne » sont le produit de la décomposition des pyrites, qui sont abondantes dans cette province, » *ou du ralliement des particules de fer disséminées dans les corps détruits qui en con-* » *tiennent, ou du fer même décomposé;* que ces mines ont été le jouet des eaux dont elles » ont suivi l'impulsion, et qui les ont accumulées ou étendues entre des couches de terre de » diverses qualités, ou les ont ensachées entre des fentes de rochers. »

(*b*) La mine spathique, connue en Dauphiné sous le nom de *maillat,* donne plus de cinquante pour cent, et celle de Champagne, que M. de Grignon appelle *mine tuberculeuse, isabelle, spathique,* donne soixante-cinq pour cent. Voyez *Mémoires de Physique,* p. 29.

(*c*) *Idem, ibidem,* p. 378.

matites (a), parce qu'il s'en trouve souvent qui sont d'un rouge couleur de sang : ces hématites cristallisées doivent être considérées comme des stalactites des mines de fer sous lesquelles elles se trouvent; elles sont quelquefois étendues en lits horizontaux d'une assez grande épaisseur, sous des couches beaucoup plus épaisses de mines en rouille ou en ocre (b); et l'on voit évidemment que ces hématites sont produites par la stillation d'une eau chargée de molécules ferrugineuses qu'elle a détachées en passant à travers cette grande épaisseur d'ocre ou de rouille. Au reste, toutes les hématites ne sont pas rouges : il y en a de brunes et même de couleur plus foncée (c); mais, lorsqu'on les réduit en poudre, elles prennent toutes une couleur d'un rouge plus ou moins vif, et l'on peut les considérer en général comme l'un des derniers produits de la décomposition du fer par l'intermède de l'eau.

Les hématites, les mines spathiques et autres concrétions ferrugineuses, de quelques substances qu'elles soient mêlées, ne doivent pas être confondues avec les mines du fer primordial; elles ne sont que de seconde ou de troisième formation : les premières roches de fer ont été produites par le feu primitif, et sont toutes intimement mélangées de matières vitreuses; les détriments de ces premières roches ont formé les rouilles et les ocres que le mouvement des eaux a transportées sur toutes les parties du globe; les particules plus ténues de ces rouilles ferrugineuses ont été pompées par les végétaux, et sont entrées

(a) L'hématite peut être regardée comme une chaux de fer, mais toujours cristallisée; cette cristallisation est en aiguilles ou en rayons, souvent divergents, et qui paraissent tendre du centre à la circonférence. On distingue trois sortes de mines de fer en hématites : l'une cristallisée et striée comme le cinabre, une autre grenue et compacte, une troisième en masse homogène et lisse ; c'est de cette dernière, qu'on appelle *sanguine*, que se servent les dessinateurs; celle qu'on nomme *brouillamini* n'est qu'un bol ferrugineux, durci par le dessèchement à l'air. (Note communiquée par M. de Grignon.)

(b) Je crois qu'on doit rapporter à ces couches d'hématites en grandes masses la mine de fer qui se tire à Rouez, dans le Maine, et de laquelle M. de Burbure m'a envoyé la description suivante : « Cette mine, située à cinq quarts de lieues de Sillé-le-Guillaume, est très » riche; elle est dans une terre ocreuse qui a plus de trente pieds d'épaisseur ; il part de la » partie inférieure de cette mine plusieurs filons qui, en s'enfonçant, vont aboutir à de gros » blocs isolés de mines de fer ; ces blocs se rencontrent à vingt ou vingt-six pieds de pro- » fondeur, et sont composés de particules ferrugineuses qui paraissent être sans mélange ; » ils ont aussi des ramifications qui, en se prolongeant, vont se joindre à d'autres masses de » mines de fer, moins pures que ces premiers blocs, parce qu'elles renferment dans l'intérieur » de petites pierres qui y sont incorporées et intimement unies; néanmoins les forgerons » leur trouvent une sorte de mérite qui les font préférer aux autres masses ferrugineuses » plus homogènes, car, si elles renferment moins de fer, elles ont l'avantage de se fondre » plus aisément, à cause des pierres qu'elles renferment, et qui en facilitent la fusion. » Note communiquée par M. de Burbure, lieutenant de la maréchaussée à Sillé-le-Guillaume.— C'est à cette même sorte de mine que l'on peut rapporter celles auxquelles on donne le nom de *mines tapées*, qui sont des mines de concrétions en masses et couches, et qui gisent souvent sous les mines en ocre ou en rouille, et qui, quoique en grands morceaux, sont ordinairement plus riches en métal; la plupart sont spathiques ou mélangées de matières calcaires. (Note communiquée par M. de Grignon.)

(c) Entre les pierres ferrugineuses noires de ce canton, je ne vis, dit M. Bowles, aucune hématite rouge ; et ce qu'il y a de singulier, c'est qu'à une demie lieue de là on en trouve beaucoup de rouges et point de noires... On voit dans les mines de fer de la Biscaye des hématites qui sont enchâssées dans les creux des veines, et qui sont singulières par leurs différentes formes et grosseurs : on en trouve qui sont grosses comme la tête d'un homme... D'autres sont plates comme des rognons de bœuf... Il y en a qui sont jaunes et rouges en dedans... Ces hématites sont très pesantes et contiennent beaucoup de fer, mais souvent c'est un fer aigre et intraitable. *Histoire naturelle d'Espagne*, par M. Bowles, p. 69 et 334.

dans leur composition et dans celle des animaux, qui les ont ensuite rendues à la terre, par la pourriture et la destruction de leur corps. Ces mêmes molécules ferrugineuses, ayant passé par le corps des êtres organisés, ont conservé une partie des éléments du feu dont elles étaient animées, pendant qu'ils étaient vivants ; et c'est de la réunion de ces molécules de fer animées de feu que se sont formées les pyrites, qui ne contiennent en effet que du fer, du fixe et de l'acide, et qui d'ailleurs, se présentant toujours sous une forme régulière, n'ont pu la recevoir que par l'impression des molécules organiques, encore actives dans les derniers résidus des corps organisés. Et comme les végétaux, produits et détruits dans les premiers âges de la nature, étaient en nombre immense, la quantité des pyrites, produites par leurs résidus, est de même si considérable qu'elle surpasse en quelques endroits celle des mines de fer en rouille et en grains, et les pyrites se trouvent souvent enfouies à de plus grandes profondeurs que les unes et les autres.

C'est de la décomposition successive de ces pyrites et de tous les autres détriments du fer primordial ou secondaire que se sont ensuite formées les concrétions spathiques et les mines en masses ou en grains, qui toutes sont de seconde et de troisième formation : car, indépendamment des mines en rouilles ou en grains, qui ont autrefois été transportées, lavées et déposées par les eaux de la mer, indépendamment de celles qui ont été produites par la destruction des pyrites et par celle de tout le fer dont nous faisons usage, on ne peut douter qu'il ne se forme encore tous les jours de la mine de fer en grains dans la terre végétale, et des pyrites dans toutes les terres imprégnées d'acide et que, par conséquent, les mines secondaires de fer ne puissent se reproduire plusieurs fois de la même manière qu'elles ont d'abord été produites, c'est-à-dire avec les mêmes molécules ferrugineuses, provenant originairement des détriments des roches primordiales de fer, qui se sont mêlées dans toutes les matières brutes et dans tous les corps organisés, et qui ont successivement pris toutes les formes sous lesquelles nous venons de les présenter.

Ainsi ces différentes transformations du fer n'empêchent pas que ce métal ne soit un dans la nature, comme tous les autres métaux : ses mines, à la vérité, sont plus sujettes à varier que toutes les autres mines métalliques, et, comme elles sont en même temps les plus difficiles à traiter, et que les expériences, surtout en grand, sont longues et très coûteuses, et que les procédés, ainsi que les résultats des routines ou méthodes ordinaires, sont très différents les uns des autres, bien des gens se sont persuadé que la nature, qui produit partout le même or, le même argent, le même cuivre, le même plomb, le même étain, s'était prêtée à une exception pour le fer, et qu'elle en avait formé de qualités très différentes, non seulement dans les divers pays, mais dans les mêmes lieux. Cependant cette idée n'est point du tout fondée : l'expérience m'a démontré que l'essence du fer est toujours et partout la même (*a*), en sorte que l'on peut, avec les plus mauvaises mines, venir à bout de faire des fers d'aussi bonne qualité qu'avec les meilleures ; il ne faut pour cela que purifier ces mines en les purgeant de la trop grande quantité de matières étrangères qui s'y trouvent; le fer qu'on en tirera sera dès lors aussi bon qu'aucun autre.

Mais, pour arriver à ce point de perfection, il faut un traitement différent suivant la nature de la mine ; il faut l'essayer en petit et la bien connaître avant d'en faire usage en grand, et nous ne pouvons donner sur cela que des conseils généraux, qui trouveront néanmoins leur application particulière dans un très grand nombre de cas. Toute roche primordiale de fer, ou mine en roche mélangée de matière vitreuse, doit être grillée pendant plusieurs jours, et ensuite concassée en très petits morceaux avant d'être mise au fourneau : sans cette première préparation, qui rend le minéral moins dur, on ne viendrait que très

(*a*) Voyez ce que j'ai dit à ce sujet dans la Partie expérimentale, t. IX, quatrième Mémoire et suivants.

difficilement à bout de le briser, et il refuserait même d'entrer en fusion au feu du fourneau, ou n'y entrerait qu'avec beaucoup plus de temps; il faut toujours y mêler une bonne quantité de castine ou matière calcaire. Le traitement de ces mines exige donc une plus grande dépense que celui des mines en grains, par la consommation plus grande des combustibles employés à leur réduction; et, à moins qu'elles ne soient, comme celles de Suède, très riches en métal, ou que les combustibles ne soient à très bas prix, le produit ne suffit pas pour payer les frais du travail.

Il n'en est pas de même des mines en concrétions et en masses spathiques ou mélangées de matières calcaires; il est rarement nécessaire de les griller (a) : on les casse aisément au sortir de leur minière, et elles se fondent avec une grande facilité et sans addition, sinon d'un peu de terre limoneuse ou d'autre matière vitrifiable lorsqu'elles se trouvent trop chargées de substance calcaire; ces mines sont donc celles qui donnent le plus de produit relativement à la dépense.

Pour qu'on puisse se former quelque idée du gisement et de la qualité des mines primordiales ou roches de fer, nous croyons devoir rapporter ici les observations que M. Jars, de l'Académie des sciences, a faites dans ses voyages. « En Suède, dit-il, la mine de Nordmarck, à trois lieues au nord de Philipstadt, est en filons perpendiculaires, dans une montagne peu élevée au milieu d'un très large vallon; les filons suivent la direction de la montagne qui est du nord au sud, et ils sont presque tous à très peu près parallèles; ils ont en quelques endroits sept ou huit toises de largeur. Les montagnes de ce district, et même de toute cette province, sont de granit; mais les filons de mine de fer se trouvent aux environs, dans une espèce de pierre bleuâtre et brunâtre : cette pierre est unie aux filons de fer, comme le quartz l'est au plomb, au cuivre, etc. Lorsque le granit s'approche du filon, il le dérange et l'oblitère; ainsi les filons de fer ne se trouvent point dans le granit : le meilleur indice est le mica blanc et noir à grandes facettes; on est presque toujours sûr de trouver, au-dessous, du minéral riche. Il y a aussi de la pierre calcaire aux environs des granits; mais le fer ne s'y trouve qu'en rognons, et non pas en filons, ce qui prouve qu'il est de seconde formation dans ces pierres calcaires. Le minéral est attirable à l'aimant; il est très dur, très compact et fort pesant, il donne plus de cinquante pour cent de bonne fonte; ces mines sont en masses, et on les travaille comme nous exploitons nos carrières les plus dures avec de la poudre.

» Les mines de Presberg, à deux lieues à l'orient de Philipstadt, sont de même en filons et dans des rochers assez semblables à ceux de Nordmarck; ces filons sont quelquefois accompagnés de grenats, de schorl et d'une pierre micacée assez semblable à la craie de Briançon; ils sont situés dans une presqu'île environnée d'un très grand lac; ils sont parallèles et vont comme la presqu'île, du nord au sud.

» On dédaigne d'exploiter les filons qui n'ont pas au moins une toise d'épaisseur; le minéral rend en général cinquante pour cent de fonte. Les filons sont presque perpendiculaires, et les différentes mines ont depuis douze jusqu'à quarante toises de profondeur.

» On fait griller le minéral avant de le jeter dans les hauts fourneaux, qui ont environ vingt-cinq pieds de hauteur; on le fond à l'aide d'une castine calcaire.

» Les mines de Danemora, dans la province d'Upland, à une lieue d'Upsal, sont les meilleures de toute la Suède : le minéral est communément uni avec une matière fusible (b),

(a) Il y a cependant, dans les Pyrénées et dans le Dauphiné, des mines spathiques où la matière calcaire est si intimement unie et en si grande quantité avec la substance ferrugineuse, qu'il est nécessaire de les griller, afin de réduire en chaux cette matière calcaire, que l'on en sépare ensuite par le lavage; mais ces sortes de mines ne font qu'une légère exception à ce qui vient d'être dit.

(b) J'observerai que, si cette mine est de première formation, la matière dont le minéral est mélangé et qui lui est intimement unie ne doit pas être calcaire, mais que ce pourrait

» en sorte qu'il se fond seul et sans addition de matière calcaire. Ces mines de Danemora » sont au bord d'un grand lac; les filons en sont presque perpendiculaires et parallèles » dans une direction commune du nord-est au sud-ouest; quoique tous les rochers soient » de granit, les filons de fer sont toujours, comme ceux des mines précédentes, dans une » pierre bleuâtre (*a*) : il y a actuellement dix mines en exploitation sur trois filons bien » distincts; la plus profonde de ces mines est exploitée jusqu'à quatre-vingts toises de pro- » fondeur; elle est, comme toutes les autres, fort incommodée par les eaux : on les exploite » comme des carrières de pierre dure, en faisant au jour de très grandes ouvertures. Le » minéral est très attirable à l'aimant; on lui donne sur tous les autres la préférence pour » être converti en acier; on y trouve quelquefois de l'asbeste : on exploite ces mines tant » avec la poudre à canon qu'avec de grands feux de bois allumés, et l'on jette ce bois » depuis le dessus de la grande ouverture. Après l'extraction de ces pierres de fer en quar- » tiers plus ou moins gros, on en impose de deux pieds de hauteur sur une couche de » bois de sapin de deux pieds d'épaisseur, et l'on couvre le minéral d'un pied et demi de » poudre de charbon, et ensuite on met le feu au bois : le minéral, attendri par ce gril- » lage (*b*), est broyé sous un marteau ou bocard, après quoi on le jette au fourneau seul » et sans addition de castine. »

Dans plusieurs endroits, les mines de fer en roche sont assez magnétiques pour qu'on puisse les trouver à la boussole; cet indice est l'un des plus certains pour distinguer les mines de première formation par le feu de celles qui n'ont ensuite été formées que par l'intermède de l'eau; mais, de quelque manière et par quelque agent que ces mines aient été travaillées, l'élément du fer est toujours le même (*c*), et l'on peut, en y mettant tous

être du feldspath ou du schorl, qui non seulement sont très fusibles par eux-mêmes, mais qui communiquent de la fusibilité aux substances dans lesquelles ils se trouvent incorporés.

(*a*) M. Jars ne dit pas si cette pierre bleue est vitreuse ou calcaire; sa couleur bleue provient certainement du fer qui fait partie de sa substance, et je présume que sa fusibilité peut provenir du feldspath et du schorl qui s'y trouvent mêlés, et qu'elle ne contient point de substance calcaire à laquelle on pourrait attribuer sa fusibilité. Ma présomption est fondée sur ce que cette mine descend jusqu'à quatre-vingts toises dans un terrain qui n'est environné que de granit, et où M. Jars ne dit pas avoir observé des bancs de pierre calcaire; il me paraît donc que cette mine de Danemora est de première formation, comme celles de Presberg et de Nordmarck, et que, quoiqu'elle soit plus fusible, elle ne contient que de la matière vitreuse, comme toutes les autres mines de fer primitives.

(*b*) « Le but du rôtissage des mines est moins pour dissiper les parties volatiles, quoiqu'il » remplisse cet objet lorsque le minéral en contient, que de rompre le gluten, et de désunir » les parties terreuses d'avec les métalliques... De dur et compact, il devient, après le » rôtissage, tendre, friable et attirable par l'aimant, supposé qu'il ne le fût pas auparavant : » l'air avec le temps peut produire le même effet que le rôtissage, mais il ne rend pas le » minerai attirable par l'aimant... Si le rôtissage est trop fort, le minerai produit moins de » métal... En Norvège et en Suède, où les minerais sont attirables par l'aimant, et par con- » séquent plus métallisés naturellement que ceux que nous avons en France, on les rôtit » toujours préalablement à la fonte qui se fait dans les hauts fourneaux...

» Si l'on prend les mêmes espèces de minerai de fer, que l'on en fasse rôtir la moitié, et » qu'on les fonde séparément... on obtiendra des fontes dont la différence sera sensible; la » fonte qui proviendra du minerai rôti sera plus pure que l'autre, le feu du grillage ayant » commencé à désunir les parties terreuses d'avec les métalliques, et à dissiper l'acide sul- » fureux s'il y en avait, ainsi que les parties volatiles. » *Voyages métallurgiques*, par M. Jars, t. Ier, p. 8 et 12.

(*c*) Le fer est un : ce qui en a fait douter, c'est la variété presque infinie qui se trouve dans les fers, telle qu'avec la même mine et dans la même forge on a souvent de bon et de mauvais fer; mais ce n'est pas que l'élément du fer ne soit le même, et ces différences viennent d'abord des matières hétérogènes qu'on est obligé de fondre avec la mine, et

les soins nécessaires, faire du bon fer avec les plus mauvaises mines : tout dépend du traitement de la mine et du régime du feu, tant au fourneau de fusion qu'à l'affinerie.

Comme l'on sait maintenant fabriquer le fer dans presque toutes les parties du monde, nous pouvons donner ici l'énumération des mines de fer qui se travaillent actuellement chez tous les peuples policés. On connaît en France celles d'Allevard en Dauphiné, qui sont en masses concrètes, et qui donnent de très bon fer et d'assez bon acier pour la fonte, que l'on appelle *acier de rive :* « J'ai vu, dit M. de Grignon, environ vingt filons de » mines spathiques dans les montagnes d'Allevard ; il y en a qui ont six pieds et plus de » largeur sur une hauteur incommensurable ; ils marchent régulièrement et sont presque » tous perpendiculaires ; on donne le nom de *maillat* à ceux des filons dont le minerai » fond aisément et donne du fer doux, et l'on appelle *rive* les filons dont le minerai est » bien moins fusible et produit du fer dur ; c'est avec le mélange d'un tiers de *maillat* sur » deux tiers de rives, qu'on fait fondre la mine de fer dont on fait ensuite de bon acier « connu sous le nom d'*acier de rive* (a). »

Les mines du Berri (b), de la Champagne, de la Bourgogne, de la Franche-Comté, du Nivernais, du Languedoc (c) et de quelques autres provinces de France, sont pour la plu-

ensuite du différent travail des ouvriers à l'affinerie. On fait, en Suède, le meilleur fer du monde avec les plus mauvaises mines, c'est-à-dire avec les mines les plus aigres et les plus réfractaires ; mais au moyen du grillage, avant de les jeter au fourneau, et ensuite en tenant plus longtemps la fonte en fusion, et enfin par l'emploi du charbon doux à l'affinerie, on donne au fer un grand degré de perfection. Nous pouvons rendre bons tous nos mauvais fers en les forgeant une seconde fois et repliant la barre sur elle-même ; le marteau en fera sortir une matière vitrifiée, il y aura du déchet pour le volume et le poids, mais la qualité du fer en sera bien meilleure. Nous pouvons de même purifier nos fontes d'abord en les laissant plus longtemps au fourneau, et mieux encore en les faisant fondre une seconde fois.

Pour avoir du bon fer avec toute espèce de mines, en masse de pierre ou roche, il faut nécessairement les faire griller d'abord en les réduisant en très petits morceaux avant de les jeter au fourneau : cette préparation par le grillage n'est pas nécessaire pour les mines en grains, qu'il suffira de bien laver pour en séparer, autant qu'il est possible, les terres et les sables. *Mémoires de Physique*, de M. Grignon, p. 39.

(a) Note communiquée par M. le chevalier de Grignon, le 21 septembre 1778.

(b) Dans le Berri, le fer est si commun que je ne crois pas qu'on puisse assigner aucun endroit dont on n'en puisse tirer : aussi travaille-t-on beaucoup ce métal, et fait-il l'objet d'un commerce important. On ne le cherche pas bien profondément dans les entrailles de la terre, et il n'est pas distribué par filons comme les autres métaux ; il est répandu sur la surface, ou tout au plus à quelques pieds de profondeur... On creuse jusqu'à quatre ou cinq pieds, et on en tire une terre jaune mêlée de cailloux et de petites boules rougeâtres, grosses comme des pois : c'est la mine de fer ; la meilleure est celle qui est la plus ronde, pesante, rouge et brillante en dedans, et non pas noire. On débarrasse cette mine de la tere jaune (qui est une espèce d'ocre), en la mettant dans des corbeilles que l'on promène dans les mares ; l'eau délaie et emporte la terre, et ne laisse que la mine et les cailloux : par une autre opération, mais fort grossière, on sépare les cailloux d'avec la mine, en sorte qu'il en reste toujours une quantité considérable. Cette mine en grains donne un fer très doux, mais fournit peu ; on la mêle avec une autre qu'on tire en gros quartiers, dans des carrières au village de Sans, près Sancerre ; on casse celle-ci en petits morceaux d'un pouce cubique, etc. *Observations d'histoire naturelle*, par M. le Monnier : Paris, 1739, p. 117.

(c) On trouve dans le vallon de Trépalon (diocèse d'Alais) une quantité de mines de fer à l'opposite de celles de charbon ; elles sont d'une bonne qualité... Leurs veines, après avoir traversé le Gardon, un peu au-dessus de la Blaquière, se trouvent recouvertes d'un banc d'ocre naturelle qui est très belle, et dont on pourrait tirer parti. Les veines de fer traversent celles du charbon, qu'elles interceptent un peu au-dessus du Mas-des-Bois, après quoi, celles

part en rouille et en grains, et fournissent la plus grande partie des fers qui se consomment dans le royaume : en général, on peut dire qu'il y a en France des mines de fer de presque toutes les sortes ; celles qui sont en masses solides se trouvent non seulement en Dauphiné, mais aussi dans le Roussillon, le comté de Foix, la Bretagne et la Lorraine, et celles qui sont en grains ou en rouille se présentent en grand nombre dans presque toutes les autres provinces de ce royaume.

L'Espagne a aussi ses mines de fer dont quelques-unes sont en masses concrètes, qui se sont formées de la dissolution et du détriment des masses primitives ; d'autres qui fournissent beaucoup de vitriol ferrugineux et qui paraissent être produites par l'intermède de l'eau chargée d'acide : il y en a d'autres en ocre et en grains dans plusieurs endroits de la Catalogne, de l'Aragon, etc. (a).

de charbon reprennent leurs cours et se divisent en deux branches vers la Blaquière. *Histoire naturelle du Languedoc*, par M. de Gensane, t. Ier, p. 216. — A un petit quart de lieue des mines de charbon (qui se trouvent entre Bize et le Pont-de-Cabessac, au diocèse de Narbonne), au lieu appelé Saint-Aulaire, sur le chemin de Montaulieu, on trouve de très bonnes mines de fer ; elles sont en général en grenailles rondes, semblables à de la dragée de plomb ; et ces grenailles sont fort pesantes, et donnent ordinairement du fer de la première qualité : cette espèce de minéral est très abondante... Nous avons trouvé également de très bonnes mines de fer au pied de la montagne du Tauch (même diocèse), et à Segure, auprès du ruisseau, une mine d'argent mêlée de mine de fer... La montagne de Bergueiroles, dans la paroisse de Saint-Paul-de-la-Coste, au diocèse d'Alais... est pénétrée de toutes parts par de grosses veines presque horizontales de mine de fer cristallisée, blanche et noire : ces veines, qui sont les unes au-dessus des autres, sont séparées par de fortes couches de pierre à chaux, en sorte que le minéral n'a pas la moindre communication avec les roches vitrifiables, et se trouve à plus de deux cents toises au-dessus de la base de la montagne, qui, comme presque toutes les montagnes calcaires, porte sur un fond schisteux... Je puis dire la même chose des riches mines de fer des Corbières, telles que celles de Cascatel, d'Aveja, de Villerouge et autres.... J'ai trouvé dans les landes de Cérisy, au diocèse de Bayeux, quantité de coquillages bivalves, dont toute la substance de la coquille et du poisson est changée en véritable mine de fer. J'ai aussi trouvé dans les Corbières, au diocèse de Narbonne, des morceaux de bois entièrement changés en mine de fer. *Histoire naturelle du Languedoc*, par M. de Gensane, t. II, p. 13, 13, 14, 175, 176 et 183.

(a) Entre Alcocer et Orellena, il y a une mine de fer dans une espèce de grès, où j'ai vu l'ocre la plus belle et la plus fine qu'il y ait au monde. On traverse une rude montagne pour arriver à Nabalvillar, où il y a des pierres hématites, et une espèce de terre noire qui reluit en la frottant dans les mains ; c'est un minéral mort de fer réfractaire, dont on ne peut jamais rien tirer... En sortant d'Albaracin par l'est, on trouve, à la distance de quelques milles, une mine de fer en terre calcaire, entourée d'un grès rougeâtre, et aussitôt après on trouve une autre mine noire de fer, où le métal est comme de gros grains de raisin. D'Albaracin nous fûmes à Moline d'Aragon, en traversant les montagnes, où il y a deux mines de fer ; l'une est dans la partie calcaire de la montagne, et donne du fer si doux qu'on peut le travailler à froid... La seconde mine est à une lieue de la première... Elle donne un fer aigre ; elle est dans une roche de quartz, et est plus abondante que la première... Cette mine, qui donne quarante pour cent de métal, est un peu dure à fondre. *Histoire naturelle d'Espagne*, par M. Bowles, p. 56, 107 et 274. — La mine de Saromostro provient de la dissolution et du dépôt du fer par l'eau... C'est un composé de lames ou petites écailles très minces, appliquées les unes sur les autres... Il est si sûr que cette mine se forme journellement, qu'on ne doit pas être étonné de ce qu'on y a trouvé des fragments de pics, de pioches, etc., dans des endroits que l'on a creusés il y a plusieurs siècles, et qui se sont ensuite remplis de minéral... Le minéral forme un lit interrompu, qui varie dans son épaisseur depuis trois pieds jusqu'à dix : la couverture est une roche calcaire de deux à six pieds d'épaisseur... Aux environs de Bilbao (en Biscaye), on découvre le fer en quelques endroits sur la terre ; et à un quart de lieue de la ville est une montagne remplie d'une mine de fer qui contient du vitriol :

En Italie, les mines de fer les plus célèbres sont celles de l'île d'Elbe ; on en a fait récemment de longues descriptions, qui néanmoins sont assez peu exactes ; ces mines sont ouvertes depuis plusieurs siècles, et fournissent du fer à toutes les provinces méridionales de l'Italie (a).

Dans la Grande-Bretagne, il se trouve beaucoup de mines de fer ; la disette de bois fait

c'est une vaste colline ou un monceau énorme de mine de fer, qui charrie et attire un acide vitriolique, lequel, pénétrant dans la roche ferrugineuse, dissout le métal, et fait paraître à la superficie des plaques de vitriol vertes, bleues et blanches. Vis-à-vis de cette montagne, de l'autre côté de la rivière, il y en a une autre semblable qui produit une grande quantité de vitriol, qui est de toute couleur, jaune clair, etc...

A peu de distance de ce grand rocher ferrugineux, un ingénieur fit couper un morceau de la montagne pour aplanir la nouvelle promenade de la ville ; et, comme il la fit couper d'aplomb et de cinquante à quatre-vingts pieds de hauteur, on découvrit la mine de fer, qui est en véritables veines, qui plongent tantôt directement, tantôt obliquement, et représentent grossièrement les racines d'un arbre. Il y a des veines qui ont un pouce de diamètre, et d'autres qui sont plus grosses que le bras, variant à l'infini, selon le plus ou moins de résistance que la terre oppose au charriage de l'eau, car on ne peut douter que ce ne soit son ouvrage. *Idem*, p. 326, 331 et suiv.

(a) Dans l'île d'Elbe, deux montagnes méritent principalement l'attention des minéralogistes, savoir le mont Calamita et celui de Rio, où sont les célèbres mines de fer... A la distance d'environ deux milles de l'endroit où se trouve la pierre d'aimant, dans ce mont Calamita, le terrain commence à être ferrugineux et parsemé de pierres hématites noirâtres ou rougeâtres, et de pierres ferrugineuses, micacées et écailleuses : on y trouve, surtout du côté de la mer, plusieurs morceaux d'aimant détachés des grandes masses de la montagne, et d'autres qui y sont enfoncés, et il semble que la montagne n'est elle-même qu'un amas de blocs ferrugineux et de morceaux d'aimant, car toute la superficie est couverte de ces morceaux écroulés.

On exploite la mine de Rio en plein air, comme une carrière de marbre... Toute la superficie de la montagne est couverte d'une terre ferrugineuse rougeâtre et noirâtre, mêlée de quantité de petites écailles luisantes de minéral de fer... L'intérieur de la montagne, suivant ce qu'on découvre dans les excavations, présente un amas irrégulier de diverses matières : 1° des masses de minéral de différentes qualités... La première, que les ouvriers appellent *ferrata*, et l'autre *luciola*. La ferrata a presque la couleur et le brillant du fer, même de l'acier lustré, et est très dure, très pesante : c'est l'hématite couleur de fer de Cronstedt ; la luciola, qui est un minéral écailleux de fer micacé, est moins dure, moins pesante et moins riche que la ferrata... Ces mines ne courent point par filons, elles sont en masses solitaires plus ou moins grosses, et quelquefois voisines les unes des autres ; elles n'ont point de directions constantes, et l'on en trouve du haut en bas de la montagne, et jusqu'au niveau de la mer... Le bon minéral de fer est le plus souvent accompagné d'une terre argileuse de différentes couleurs, qui paraît être de la même nature que le schiste argileux qui abonde dans cette montagne.

On trouve aussi dans la même montagne des pyrites, mais en médiocre quantité... et quelques monceaux d'aimant... Cette mine de Rio est très abondante, et fournit du fer à Naples, au duché de Toscane, à la république de Gênes, à la Corse, à la Romagne, etc... Et l'on voit par un passage d'Aristote que les Grecs, de son temps, tiraient déjà du fer de cette île ; elle a été célébrée par Virgile, Strabon et d'autres anciens, à cause de l'abondance de son fer...

Le fer que produit cette mine de Rio est d'une très bonne qualité ; il égale en bonté celui de Suède... On réduit la mine en fusion, sans addition d'aucun fondant...

La montagne de Rio n'est point disposée par couches horizontales, il semble que les matières ferrugineuses, ocreuses et argileuses y aient été jetées confusément. *Observations sur les mines de fer de l'île d'Elbe ; Journal de Physique*, mois de décembre 1778, p. 416 et suiv. — Les montagnes de l'île d'Elbe, dit M. Ferber, sont de granit : il y en a du violet

que depuis longtemps on se sert de charbon de terre pour les fondre : il faut que ce charbon soit épuré lorsqu'on veut s'en servir, surtout à l'affinerie ; sans cette préparation, il rendrait le fer très cassant. Les principales mines de fer de l'Écosse sont près de la bourgade de Carron (*a*) ; celles de l'Angleterre se trouvent dans le duché de Cumberland (*b*) et dans quelques autres provinces.

qui est très beau, parce que le spath dur (feldspath) qu'il renferme est violet et à grands cubes, larges ou épais, oblongs et polygones...

La mine de fer n'est pas en veines ou filons, et cependant il y a une montagne entière, qui n'est formée que de mine de fer environnée de granit... La montagne ferrugineuse de l'île d'Elbe consiste pour la plupart en une mine compacte ; c'est ou de l'hématite couleur de fer, ou de la mine de fer attirable par l'aimant sans être grillée. Il y a aussi du vrai aimant très bon et très fort : ces mines se cristallisent dans toutes les cavités en forme de crête de coq, en polygones et autres stalactites de différentes formes... On trouve aussi dans ces mines de la pyrite cristallisée, ou des marcassites polygones et cubiques, un peu de pyrite cuivreuse, de l'amiante blanc, de la crème de loup (*spuma lupi*) en longues aiguilles concentriques. Dans les fentes, qui souvent sont très longues et larges, et qu'on peut appeler des *filons*, il y a beaucoup de bol blanc, rouge et couleur de foie : une partie de cette terre bolaire est quelquefois endurcie jusqu'à la consistance d'un vrai jaspe. *Lettres sur la minéralogie*, p. 440 et suiv. — M. le baron de Dietrich ajoute qu'il ne paraît pas qu'on ait tiré du fer dans aucun autre endroit de l'île d'Elbe que dans cette montagne ; la mine de fer n'est qu'à une portée de fusil de la mer : « tous les rochers, dit-il, que l'on voit sur le » rivage sont ferrugineux ; cent cinquante ouvriers y travaillent constamment ; on se sert de » poudre à canon pour l'exploiter ; on assure qu'on trouvait toujours la même quantité de » mine jusqu'à six ou sept milles de distance... Toutes les mines de fer de l'île d'Elbe, qui » ont un aspect métallique, cristallisées ou micacées, sont attirables à l'aimant ; celles, au » contraire, qui sont simplement ocreuses ou sous la forme de chaux, ne le sont point sans » avoir été grillées... » — La pierre d'aimant ne se trouve pas dans la mine de fer de Rio ; c'est sur la montagne la plus haute de l'île d'Elbe, située à cinq milles de Capoliori, qu'il faut chercher cette pierre... Environ à deux milles de la place où on la trouve, la terre est couverte de grands morceaux de pierres ferrugineuses, qui ressemblent à une mine de fer en roche, et paraissent avoir subi l'action du feu... « J'étais, dit M. de Dietrich, muni de » limaille de fer et d'une boussole ; à une certaine distance de l'endroit où je trouvai la » véritable pierre d'aimant, l'aiguille se porta entièrement au midi, parce que la pierre » d'aimant était en effet au midi de mon chemin et sur les escarpés de la mer... La pierre » d'aimant rougie au feu et ensuite refroidie perd sa vertu magnétique. » Note sur la *Minéralogie* de Ferber, p. 440.

(*a*) A Carron, en Écosse, on use de cinq espèces de mines de fer, qui ne rendent pas plus de trente pour cent de fer en gueuse ; les unes sont en pierres, d'autres en grains, et d'autres en hématites ou tête vitrée : on joint à ces mines, avant de les jeter au fourneau, un sixième de minerai plus riche, que l'on fait venir du duché de Cumberland, qui est aussi une espèce d'hématite ou tête vitrée... L'*ironstone* ou pierre de fer, qui se trouve auprès de Carron en Écosse, se tire d'une terre molle et argileuse ; elle se trouve en morceaux près de la superficie de la terre, et est très pauvre ; mais la bonne mine de fer est en rognons dans une espèce d'argile, et se trouve en couches presque horizontales, et cette mine en rognons surmonte un lit de schiste sous lequel se trouve une veine de charbon : la nature de ce minerai de fer est d'un gris noir et d'un grain serré. *Voyages métallurgiques* de M. Jars, p. 270.

(*b*) Les mines qu'on trouve aux environs de la forge de Cliftonfurnace, dans le duché de Cumberland, sont à peu près semblables à celles que l'on tire aux environs de Carron en Écosse, mais elles sont en général plus riches en fer ; quelques-unes sont en pierres roulées, et on les nomme *pierres de fer*. *Idem*, p. 235. — On trouve des *ironstone* ou pierres de fer en plusieurs endroits, et même dans le voisinage des mines de charbon près de Lichtfield et de Dudley, et dans la province de Lancastre ; et quelquefois ces pierres de fer forment des couches qui s'enfoncent à une assez grande profondeur. *Du charbon de terre*, par M. Morand, p. 1202.

Dans le pays de Liège (*a*), les mines de fer sont presque toutes mêlées d'argile, et dans le comté de Namur (*b*), elles sont au contraire mélangées de matière calcaire. La plupart des mines d'Alsace et de Suisse (*c*) gisent aussi sur des pierres calcaires : toute la partie du mont Jura, qui commence aux confins du territoire de Schaffouse, et qui s'étend jusqu'au comté de Neuchâtel, offre en plusieurs endroits des indices certains de mines de fer.

Toutes les provinces d'Allemagne ont de même leurs mines de fer, soit en roche, en grains, en ocre, en rouille ou en concrétions : celles de Styrie (*d*) et de Carinthie (*e*), dont nous avons parlé, sont les plus fameuses ; mais il y en a aussi de très riches dans le Tyrol (*f*), la Bohême (*g*), la Saxe, le comté de Nassau-Siegen, le pays de Hanovre (*h*), etc.

(*a*) Selon M. Krenger, les mines de fer du pays de Liège sont toutes argileuses, et au contraire celles du comté de Namur sont toutes calcaires ; il en est de même des mines d'Alsace. *Journal de Physique*, mois de septembre 1775, p. 227.

(*b*) Les mines du comté de Namur sont des ocres plus ou moins dures, et dont quelques-unes sont d'un assez beau rouge... Ces minerais produisent en général un fer cassant à froid, et par conséquent très bon pour la fabrication des clous... On ne grille point le minerai. Voyez les *Voyages métallurgiques* de M. Jars, t. Ier, p. 310.

(*c*) Selon M. Guettard, le fer est très commun en Suisse : le mont Jura offre de toutes parts des indices de mines de fer en grains, qui se trouvent aussi très communément dans plusieurs autres cantons de la Suisse ; il y en a de fort abondantes dans le comté de Sargans, qui donnent au fourneau de bon acier. Voyez les *Mémoires de l'Académie des sciences*, année 1752, p. 343 et 344.

(*d*) La mine de fer de Styrie, qui est écailleuse, et que les Allemands appellent *stahlstein* ou *pierre d'acier*, donne en effet de l'acier par la fonte et peut aussi donner de très bon fer. M. le baron Dietrich dit qu'on trouve des mines écailleuses, toutes semblables à celles de Styrie, dans le pays de Nassau-Siegen, dans la Saxe, le Tyrol, etc., et que partout on en fait de très bon fer ou de l'excellent acier ; et il ajoute que la mine d'Allevard, en Dauphiné, est de la même nature, et que l'on fait dans le pays de Bergame et de Brescia de très bon acier d'une mine à peu près pareille. *Lettres sur la Minéralogie*, par M. Ferber, note, p. 37 et 38.

(*e*) Depuis douze cents ans, on exploite dans deux hautes montagnes de la Carinthie, à deux lieues de Frisach, soixante mines de fer... Il y a des minerais bruns et d'autres rougeâtres... et comme ils ne se fondent pas tous au fourneau avec la même facilité, on les fait griller séparément avant de les mélanger pour la fonte. *Voyages métallurgiques*, par M. Jars, t. Ier, p. 53 et 54.

(*f*) Dans le Tyrol, à Kleinboden, la plus grande partie du minerai est à petites facettes, et ressemble au *phlintz* de Styrie. Il y en a une autre espèce aussi à petites facettes, mais très blanc ; et une autre à très grandes facettes, qui est la vraie mine de fer spathique : il y a de pareil minerai dans le Voigtland et dans le Dauphiné. *Idem*, p. 64.

(*g*) A trois quarts de lieues de Platen, en Bohême, on exploite deux filons perpendiculaires de mine de fer, larges chacun de deux à trois toises, et l'on y trouve un pied d'épaisseur en minerai tout pur, de l'espèce qu'on nomme *hématite* ou *tête vitrée ;* on sait que l'hématite présente une infinité de rayons qui tendent tous au même centre. Les filons sont renfermés dans un grès, ou plutôt ils ont pour *toit* et pour *mur* une pierre de grès à gros grains. Cette mine de fer avait, en 1757, cinquante-neuf toises de profondeur ; à mesure que l'on a approfondi, le filon est devenu meilleur : elle fournit du minerai à treize forges, tant en Saxe qu'en Bohême. Pour fondre ce minerai, on y joint de la pierre à chaux : l'hématite ou tête vitrée donne du fer très doux et d'une fusion très facile lorsqu'on la mêle avec une plus grande quantité d'une mine jaune d'ocre, qu'on trouve presque à la surface de la terre. *Idem*, p. 70 et suiv.

(*h*) Il y a près de Kœnigs-Hutte, au pays de Hanovre, des mines de fer qui rendent jusqu'à soixante et quatre-vingts livres de fonte par cent, et d'autres qui n'en rendent que quinze ou vingt : on les mêle ensemble au fourneau, où elles rendent en commun trente ou

M. Guettard fait mention des mines de fer de la Pologne, et il en a observé quelques-unes : elles sont pour la plupart en rouille, et se tirent presque toutes dans les marais ou dans les lieux bas; d'autres sont, dit-il, en petits morceaux ferrugineux, et celles qui se trouvent dans les collines sont aussi à peu près de même nature (a).

Les pays du Nord sont les plus abondants en mines de fer : les voyageurs assurent que la plus grande partie des terres de la Laponie sont ferrugineuses ; on a aussi trouvé des mines de fer en Islande (b) et en Groënland (c).

En Moscovie, dans les Russies et en Sibérie, les mines de fer sont très communes et font aujourd'hui l'objet d'un commerce important, car on en transporte le fer en grande quantité dans plusieurs provinces de l'Asie et de l'Europe, et même jusque dans nos ports de France (d).

quarante pour cent... Il y a aussi d'autres minerais de fer qui sont plus durs et plus réfractaires, en sorte qu'on est obligé de les faire griller avant de les mêler avec les autres minerais pour les jeter au fourneau... Les mines de fer des environs de Blanckenbourg sont disposées par couches, et sont en masses à douze ou quinze toises de profondeur sur des roches de marbre. *Idem*, *ibidem*.

(a) En Pologne, il y a des mines de fer qui se tirent dans les marais : M. Guettard dit qu'elles sont d'un jaune d'ocre pâle, ou un peu brun, avec des veines plus foncées ou noirâtres... Le fer qu'elles donnent est cassant, et semblable à celui que fournit en Normandie la mine appelée *cosse*, à laquelle elles ressemblent beaucoup. Une autre mine de fer de Pologne est noirâtre avec des cavités entièrement vides ; on la prendrait, au premier coup d'œil, pour une pierre de volcans... De quelque nature que soient ces mines en Pologne, celles du moins que j'ai vues, elles se trouvent dans des marais ou dans des endroits qui ont toutes les marques d'avoir été autrefois marécageux. Rzaczynski dit qu'en général la Polésie polonaise a encore plus de mines de fer que la Volhinie, qu'elles se tirent aussi des marécages... et qu'elles sont jaunâtres ou couleur de rouille de fer...

Les marais de Cracovie, dit encore M. Guettard, renferment des mines de fer qu'on n'exploite point ; les morceaux de minéral y sont isolés, ils ont un pied au plus de longueur sur quelques pouces d'épaisseur : dans quelques endroits cependant, ces morceaux peuvent avoir trois ou quatre pieds dans la première dimension, sur un peu plus d'épaisseur que les autres ; ils sont placés à deux ou trois pieds de profondeur au-dessous d'une terre qui tient de la nature de la tourbe, et l'on trouve en fouillant plus bas du pareil minéral de fer sous d'autres couches de terre... Comme les précédentes mines de marais, celles-ci sont poreuses, légères, terreuses, noirâtres, avec des taches jaunâtres ; on découvre de temps en temps dans ces fouilles, et dans les autres qu'on peut faire dans les marais, de la terre bleue appelée *fleur de fer*... Il y a des mines très abondantes, mais qui ne sont pas de marais, dans le palatinat de Sandomir, auprès de Suchedniow et de Samsonow... Ces mines sont brunes, composées de plusieurs lames, et recouvertes d'une terre jaune couleur d'ocre. *Mémoires de l'Académie des sciences*, année 1762, p. 246, 304 et 305.

(b) Les Irlandais font des ustensiles de ménage avec du fer, dont ils recueillent sans peine la mine en différents endroits. *Hist. générale des Voyages*, t. XVIII, p. 36.

(c) *Idem*, t. XIX, p. 30.

(d) Dans la province de Dwime, en Moscovie, on trouve plusieurs mines de fer. (*Voyages historiques de l'Europe*, t. VII, p. 26)... Et à vingt-six lieues de Moscou, auprès de Tula, il y a d'autres mines fort abondantes. *Voyages d'Oléarius ;* Paris, 1656, t. Ier, p........ Les Tartares qui habitent les bords des rivières de Kondoma et de Mrasa savent fondre la mine de fer dans de petits fourneaux creusés en terre et surmontés d'un chapiteau ; ils pilent la mine et apportent alternativement dans le fourneau du minerai pilé et du charbon ; ils se servent de deux soufflets, et ne font que deux ou trois livres de fonte à la fois. Gmelin, *Hist. générale des Voyages*, t. XVIII, p. 153 et 154. — En Sibérie, à quinze werstes de la ville de Tomsk, il y a une montagne composée entièrement de mine de fer ; on en fait griller le minerai avant de le jeter au fourneau : il se trouve aussi chez les Barsajakes des mines qui donnent de très bon fer. *Idem*, p. 160 et 161. — Dans les terres voisines du Lena,

En Asie, le fer n'est pas aussi commun dans les parties méridionales que dans les contrées septentrionales : les voyageurs disent qu'il y a très peu de mines de fer au Japon. et que ce métal y est presque aussi cher que le cuivre (a); cependant, à la Chine, le fer est à bien plus bas prix, ce qui prouve que les mines de ce dernier métal y sont en plus grande abondance.

On en trouve dans les contrées de l'Inde, à Siam (b), à Golconde (c) et dans l'île de Ceylan (d). L'on connaît de même les fers de Perse (e), d'Arabie (f), et surtout les aciers

il se trouve des mines de fer mêlées avec des terres ferrugineuses jaunes ou rouges, et l'on en tire de très bon fer. *Idem*, p. 284 et 285. — On trouve chez les Ostiaques, à quelque distance des bords du Jenisei, du minerai de fer fort pesant et fort riche, rouge en dehors et brun en dedans. *Idem*, p. 361. — M. l'abbé Chappe a compté cinquante-deux mines de fer aux environs d'Ékatérinbourg, en Sibérie : ces mines sont, dit-il, mêlées avec des terres vitrifiables ou argileuses, et jamais avec des matières calcaires ; pas une de ces mines n'est disposée en filons; elles sont toutes par dépôts, dispersées sans ordre, du moins en apparence. On trouve presque toujours ces mines dans les montagnes basses et sur les bords des ruisseaux; elles sont à trois pieds sous terre, elles ont vingt-quatre à trente pieds de profondeur... On fait griller toutes ces mines à l'air libre avant de les mettre au fourneau, et on en fait de très bon fer. Gmelin, *Hist. générale des Voyages*, t. XIX, p. 472. — M. Pallas a trouvé en Russie, aux environs de la rivière de Geni, une masse de fer du poids de cent cinquante-deux livres, qu'il a envoyée à l'académie de Pétersbourg. Cette masse a la forme d'une éponge, et est percée de trous ronds remplis de petits corps polis de couleur d'ambre : ce fer se plie aisément sans le secours du feu ; un feu médiocre suffit pour le travailler. On peut en faire toutes sortes de petits outils; mais, lorsqu'on l'expose à l'action d'un grand feu, il perd sa souplesse, se granule et se casse, au lieu de plier. Cette masse ferrugineuse a été trouvée sous la croupe d'une montagne couverte de bois, peu éloignée du mont Rénur, près duquel est une mine d'aimant. *Journal historique et politique*, 30 octobre 1773, article *Pétersbourg*.

(a) On ne trouve du fer au Japon que dans quelques provinces, mais on l'y trouve en grande abondance, et cependant on l'y vend presque aussi cher que le cuivre. *Histoire générale des Voyages*, t, X, p. 655.

(b) A Siam, près de la ville de Campeng-Pei, il y a une montagne au sommet de laquelle on trouve une mine de fer dont on tire même de l'acier par la fonte; cependant en général on connaît peu de mines de fer dans ce pays, et les Siamois ne sont pas habiles à le travailler; car ils n'ont pas d'épingles, d'aiguilles, de clous, de ciseaux ni de ferrures : chacun se fait des épingles de bambou, comme nos ancêtres en faisaient d'épines. *Histoire générale des Voyages*, t. IX, p. 307 et 308. — Le village de Beausonin, au royaume de Siam, est composé de dix ou douze maisons, et est environné de mines de fer; il y a une forge où chaque habitant est obligé de fondre cent vingt-cinq livres de fer pour le roi : toute la forge consistait en deux ou trois fourneaux que l'on remplit de charbon et de mine alternativement; le charbon venant à se consumer peu à peu, la mine se trouve au fond en une espèce de boulet. Les soufflets dont on se sert sont deux cylindres de bois creusés, dont le diamètre peut être de sept à huit pouces. Chaque cylindre a son piston avec de petites cordes, et un homme seul le fait agir. *Second voyage au royaume de Siam;* Paris, 1689, p. 242 et 243.

(c) A Golconde, on fabrique beaucoup de fer et d'acier qui se transportent en divers endroits des Indes. *Histoire générale des Voyages*, t. IX, p. 517.

(d) Le fer est commun dans l'île de Ceylan, et les habitants savent même en faire de l'acier. *Idem*, t. VIII, p, 549.

(e) On fait à Kom, en Perse, de très bonnes lames d'épées et de sabres : l'acier dont ces lames sont faites vient de Niris, proche Ispahan, où il y a plusieurs mines de ce métal. *Voyages de Jean Struys;* Rouen, 1719, t. Ier, p. 272. — Les principales mines de Perse sont dans l'Hyrcanie, la Médie septentrionale, au pays des Parthes et dans la Bactriane; mais le fer qu'on en tire n'est pas si doux que celui qu'on fait en Angleterre. *Voyages de Chardin;* Amsterdam, 1711, t. II, p. 23.

(f) Les Grecs ont dit mal à propos que l'Arabie heureuse n'avait point de fer, puisque

fameux, connus sous le nom de *damas*, que ces peuples savaient travailler avant même que nous eussions, en Europe, trouvé l'art de faire de bon acier.

En Afrique, les fers de Barbarie (*a*) et ceux de Madagascar (*b*) sont cités par les voyageurs; il se trouve aussi des mines de fer dans plusieurs autres contrées de cette partie du monde, à Bambouck (*c*), à Congo (*d*) et jusque chez les Hottentots (*e*). Mais tous ces peuples, à l'exception des Barbaresques, ne savent travailler le fer que très grossièrement, et il n'y a ni forges ni fourneaux considérables dans toute l'étendue de l'Afrique; du moins, les relateurs ne font mention que des fourneaux nouvellement établis par le roi de Maroc, pour fondre des canons de cuivre et de fonte de fer.

Il y a peut-être autant de mines de fer dans le vaste continent de l'Amérique que dans les autres parties du monde, et il paraît qu'elles sont aussi plus abondantes dans les contrées du nord que dans celles du midi; nous avons même formé, dès le siècle précédent, des établissements considérables de fourneaux et de forges dans le Canada (*f*), où l'on

aujourd'hui même on y exploite encore des mines dans le district de Saad.... Mais ce fer de Saad est moins bon que celui qu'on apporte d'Europe, et leur revient plus cher, vu l'ignorance des Arabes et le manque de bois. *Description de l'Arabie*, par M. Niebuhr, p. 123.

(*a*) Le plomb et le fer sont les seuls métaux qu'on ait découverts jusqu'ici en Barbarie. Le fer est fort bon, mais il n'est pas en grande quantité; ce sont les Kabyles des districts montagneux de Bon-Jeirah qui le tirent de la terre et qui le forgent; ils l'apportent ensuite en petites barres aux marchés de Bon-Jeirah et d'Alger. La mine est assez abondante dans les montagnes de Dwée et de Zikkar; la dernière est la plus riche et fort pesante, et l'on y trouve quelquefois du cinabre. *Voyages de Shaw*, t. Ier, p. 306. — Il y a aussi du fer dans le royaume de Maroc, dans les montagnes de Gesula. *L'Afrique* de Marmol, t. II, p. 76. — Et les habitants de Beni-Besseri, au pied du mont Atlas, en font leur principal commerce. *Idem*, t. III, p. 27.

(*b*) On trouve du fer à Madagascar, et les habitants de quelques parties montagneuses de cette île sont assez industrieux pour le fabriquer en barres; les mines sont très fusibles, et produisent un fer très doux. *Relation de Madagascar*, par François Cauche; Paris, 1651, p. 68 et 69.

(*c*) On trouve du fer non seulement à Bambouck, dans le royaume de Galam, de Kayne et de Dramuret, où il est en abondance, mais encore dans tous les autres pays en descendant le Sénégal, surtout à Joël et Donghel, dans les États du Siratik, où il est si commun que les Nègres en font des pots et des marmites. *Histoire générale des Voyages*, t. II, p. 644.

(*d*) On trouve beaucoup de fer, ainsi que plusieurs autres métaux, dans le royaume de Congo. *Recueil des Voyages de la Compagnie des Indes*; Amsterdam, 1702, t. IV, p. 321.

(*e*) Les mines de fer sont fort communes dans le pays des Hottentots, et les habitants savent même les convertir en fer par la fonte. *Histoire générale des Voyages*, t. V. p. 172; *Voyages de Kolbe*. — Au cap de Bonne-Espérance, il y a des indices certains de mines de fer. *Description du cap de Bonne-Espérance*, par Kolbe; Amsterdam, 1741, part. II, p. 174.

(*f*) Au Canada, la ville des Trois-Rivières a dans son voisinage des mines d'excellent fer. *Histoire générale des Voyages*, t. XIV, p. 700. — Les mines de fer sont en Canada plus abondantes et plus communes que dans la plupart des provinces de l'Europe; celles des Trois-Rivières surtout surpassent celles d'Espagne par la quantité de fer qu'elles donnent. *Histoire philosophique et politique*; Amsterdam, 1772, t. II, p. 65. — « Les mines des Trois-» Rivières, dit M. Guettard, donnent d'excellent fer; cependant il ne faut pas croire que » tout le fer du Canada soit d'une égale qualité; il y en a de très doux et de très malléable, » et d'autre qui est aigre et fort aisé à casser : cette différence peut venir ou de la manière » de le faire, ou de celle qui se trouve entre les mines... Suivant M. Gautier, toutes les » terres du Canada contiennent des mines de fer; il y en a dans un endroit appelé la *Mine » au Racourci*, et au cap Martin; ces mines sont mêlées avec un peu de cuivre ou d'autre » métal... Les morceaux de celle du cap Martin pèsent autant que le fer, à volume égal; le » fer y a paru presque tout pur, à en juger par la couleur... Lorsqu'on prend un morceau » de cette mine, et que, sans l'avoir purifié ni fait passer par le feu, on le présente à l'aiguille

fabriquait de très bon fer : il se trouve de même des mines de fer en Virginie (*a*), où les Anglais ont établi depuis peu des forges ; et, comme ces mines sont très abondantes et se tirent aisément, et presqu'à la surface de la terre, dans toutes ces provinces qui sont actuellement sous leur domination, et que d'ailleurs le bois y est très commun, ils peuvent fabriquer le fer à peu de frais, et ils ne désespèrent pas, dit-on, de fournir ce fer de l'Amérique, au Portugal, à la Turquie, à l'Afrique, aux Indes orientales, et à tous les pays où s'étend leur commerce (*b*). Suivant les voyageurs, on a aussi trouvé des mines de fer dans les climats plus méridionaux de ce nouveau continent, comme à Saint-Domingue (*c*), au Mexique (*d*), au Pérou (*e*), au Chili (*f*), à la Guyane (*g*) et au Brésil (*h*); et cependant les Mexicains et les Péruviens, qui étaient les peuples les plus policés de ce continent, ne faisaient aucun usage du fer, quoiqu'ils eussent trouvé l'art de fondre les autres métaux, ce qui ne doit pas étonner, puisque dans l'ancien continent il existait des peuples bien plus anciennement civilisés que ne pouvaient l'être les Américains, et que néanmoins il n'y a pas trois mille cinq cents ans que les Grecs ont, les premiers, trouvé les moyens de fondre la mine de fer, et de fabriquer ce métal dans l'île de Crète.

La matière du fer ne manque donc en aucun lieu du monde; mais l'art de la travailler est si difficile qu'il n'est pas encore universellement répandu, parce qu'il ne peut être avantageusement pratiqué que chez les nations les plus policées, et où le gouvernement concourt à favoriser l'industrie : car, quoiqu'il soit physiquement très possible de faire partout du fer de la meilleure qualité, comme je m'en suis assuré par ma propre expérience, il y a tant d'obstacles physiques et moraux qui s'opposent à cette perfection de l'art que, dans l'état présent des choses, on ne peut guère l'espérer.

Pour en donner un exemple, supposons un homme qui, dans sa propre terre, ait des mines de fer et des charbons de terre, ou des bois en plus grande quantité que les habitants de son pays ne peuvent en consommer, il lui viendra tout naturellement dans l'esprit l'idée d'établir des forges pour consumer ces combustibles, et tirer avantage de ses mines. Cet établissement, qui exige toujours une grosse mise de fonds et qui demande autant d'économie dans la dépense que d'intelligence dans les constructions, pourrait rap-

» aimantée, il la fait varier et produit sur elle presque les mêmes effets et les mêmes mou- » vements qu'une lame de couteau ordinaire... Quand on pulvérise cette mine, et qu'on verse » dessus un peu d'esprit de vitriol, il fermente très peu ou presque point ; mais quand on » la jette dans un mélange d'esprit de nitre et de sel marin, ce qui fait une eau régale, il » paraît que ce qui est de couleur de cuivre s'y dissout. Ces expériences donnent lieu de » penser que le fer est presque partout pur dans cette mine du cap Martin ; celle du Racourci » est plus mélangée. » Voyez les *Mémoires de l'Académie des sciences de Paris*, année 1752, p. 207 et suiv.

(*a*) Il y a des mines de fer à Falling-Croak, sur la rivière James, dans la Virginie. *Histoire générale des Voyages*, t. XIV, p. 474. — Et même tous les lieux élevés de cette presqu'île sont remplis de mines de fer. *Idem*, p. 402.

(*b*) *Histoire philosophique et politique des établissements des Européens dans les deux Indes;* Amsterdam, 1772, t. VI, p. 356.

(*c*) L'île de Saint-Domingue a des mines de fer. *Histoire générale des Voyages*, t. XII, p. 218.

(*d*) Le canton de Mertitlan, au Mexique, renferme une quantité de mines de fer. *Idem*, p. 648.

(*e*) On trouve aussi au Pérou, dans le territoire de Cuença, plusieurs morceaux de mines de fer attirables à l'aimant. *Idem*, t. XIII, p. 598.

(*f*) Il y a aussi des mines de fer au Chili. *Idem*, p. 412.

(*g*) La Guyane française est abondante en mines de fer. *Idem*, t. XIV, p. 377.

(*h*) Au Brésil, à trente lieues de Saint-Paul au sud, on rencontre les montagnes de Bera-Suéaba, abondantes en mines de fer. *Idem*, p. 225.

porter à ce propriétaire environ dix pour cent, si la manutention en était administrée par lui-même. La peine et les soins qu'exige la conduite d'une telle entreprise, à laquelle il faut se livrer tout entier et pour longtemps, le forceront bientôt à donner à ferme ses mines, ses bois et ses forges, ce qu'il ne pourra faire qu'en cédant moitié du produit : l'intérêt de sa mise se réduit dès lors à cinq au lieu de dix pour cent; mais le très pesant impôt dont la fonte de fer est grevée au sortir du fourneau diminue si considérablement le bénéfice, que souvent le propriétaire de forge ne tire pas trois pour cent de sa mise, à moins que des circonstances particulières et très rares ne lui permettent de fabriquer ses fers à bon marché et de les vendre cher (*a*). Un autre obstacle moral tout aussi opposé, quoique indirectement, à la bonne fabrication de nos fers, c'est le peu de préférence qu'on donne aux bonnes manufactures, et le peu d'attention pour cette branche de commerce qui pourrait devenir l'une des plus importantes du royaume, et qui languit par la liberté de l'entrée des fers étrangers. Le mauvais fer se fait à bien meilleur compte que le bon, et cette différence est au moins du cinquième de son prix ; nous ne ferons donc jamais que du fer de qualité médiocre, tant que le bon et le mauvais fer seront également grevés d'impôts, et que les étrangers nous apporteront, sans un impôt proportionnel, la quantité de bons fers dont on ne peut se passer pour certains ouvrages.

D'ailleurs les architectes et autres gens chargés de régler les mémoires des ouvriers qui emploient le fer dans les bâtiments et dans la construction des vaisseaux ne font pas assez d'attention à la différente qualité des fers; ils ont un tarif général et commun sur lequel ils règlent indistinctement le prix du fer, en sorte que les ouvriers qui l'emploient pour leur compte dédaignent le bon, et ne prennent que le plus mauvais et le moins cher : à Paris surtout, cette inattention fait que dans les bâtiments on n'emploie que de mauvais fers, ce qui en cause ou précipite la ruine. On sentira toute l'étendue de ce préjudice si l'on veut se rappeler ce que j'ai prouvé par des expériences (*b*); c'est qu'une barre de bon fer a non seulement plus de durée pour un long avenir, mais encore quatre ou cinq fois plus de force et de résistance actuelle qu'une pareille barre de mauvais fer.

Je pourrais m'étendre bien davantage sur les obstacles qui, par des règlements mal entendus, s'opposent à la perfection de l'art des forges en France; mais, dans l'histoire naturelle du fer, nous devons nous borner à le considérer dans ses rapports physiques, en exposant non seulement les différentes formes sous lesquelles il nous est présenté par la nature, mais encore toutes les différentes manières de traiter les mines et les fontes de fer pour en obtenir du bon métal. Ce point de vue physique, aujourd'hui contrarié par les obstacles moraux dont nous venons de parler, est néanmoins la base réelle sur laquelle on doit se fonder pour la conduite des travaux de cet art, et pour changer ou modifier les règlements qui s'opposent à nos succès en ce genre.

Nous n'avons, en France, que peu de ces roches primordiales de fer, si communes dans

(*a*) J'ai établi dans ma terre de Buffon un haut fourneau avec deux forges; l'une a deux feux et deux marteaux, et l'autre a un feu et un marteau : j'y ai joint une fonderie, une double batterie, deux martinets, deux bocards, etc.; toutes ces constructions, faites sur mon propre terrain et à mes frais, m'ont coûté plus de trois cent mille livres; je les ai faites avec attention et économie; j'ai ensuite conduit pendant douze ans toute la manutention de ces usines, je n'ai jamais pu tirer les intérêts de ma mise au denier vingt; et après douze ans d'expérience, j'ai donné à ferme toutes ces usines pour six mille cinq cents livres. Ainsi je n'ai pas deux et demi pour cent de mes fonds, tandis que l'impôt en produit à très peu près autant et sans mise de fonds à la caisse du domaine : je ne cite ces faits que pour mettre en garde contre des spéculations illusoires les gens qui pensent à faire de semblables établissements, et pour faire voir en même temps que le gouvernement, qui en tire le profit le plus net, leur doit protection.

(*b*) Voyez la Partie expérimentale, Mémoire sur la ténacité du fer.

les provinces du nord, et dans lesquelles l'élément du fer est toujours mêlé et intimement uni avec une matière vitreuse. La plupart de nos mines de fer sont en petits grains ou en rouille, et elles se trouvent ordinairement à la profondeur de quelques pieds ; elles sont souvent dilatées sur un assez grand espace de terrain, où elles ont été déposées par les anciennes alluvions des eaux avant qu'elles n'eussent abandonné la surface de nos continents : si ces mines ne sont mêlées que de sables calcaires, un seul lavage ou deux suffiront pour les en séparer, et les rendre propres à être mises au fourneau ; la portion de sable calcaire que l'eau n'aura pas emportée servira de castine, il n'en faudra point ajouter, et la fusion de la mine sera facile et prompte ; on observera seulement que, quand la mine reste trop chargée de ce sable calcaire et qu'on n'a pu l'en séparer assez en la lavant ou la criblant, il faut alors y ajouter, au fourneau, une petite quantité de terre limoneuse qui, se convertissant en verre, fait fondre en même temps cette matière calcaire superflue, et ne laisse à la mine que la quantité nécessaire à sa fusion, ce qui fait la bonne qualité de la fonte.

Si ces mines en grains se trouvent au contraire mêlées d'argile fortement attachée à leurs grains, et qu'on a peine d'en séparer par le lavage, il faut le réitérer plusieurs fois, et donner à cette mine, au fourneau, une assez grande quantité de castine ; cette matière calcaire facilitera la fusion de la mine en s'emparant de l'argile qui enveloppe le grain, et qui se fondra par ce mélange : il en sera de même si la mine se trouve mêlée de petits cailloux ; la matière calcaire accélèrera leur fusion ; seulement on doit laver, cribler et vanner ces mines, afin d'en séparer, autant qu'il est possible, les petits cailloux qui souvent y sont en trop grande quantité.

J'ai suivi l'extraction et le traitement de ces trois sortes de mines ; les deux premières étaient en *nappes*, c'est-à-dire dilatées dans une assez grande étendue de terrain ; la dernière, mêlée de petits cailloux, était au contraire en *nids* ou en sacs, dans les fentes perpendiculaires des bancs de pierre calcaire : sur une vingtaine de ces mines *ensachées* dans les rochers calcaires, j'ai constamment observé qu'elles n'étaient mêlées que de petits cailloux quartzeux, de calcédoines et de sables vitreux, mais point du tout de graviers ou de sable calcaire, quoique ces mines fussent environnées de tous côtés de bancs solides de pierres calcaires dont elles remplissaient les intervalles ou fentes perpendiculaires à d'assez grandes profondeurs, comme de cent, cent cinquante et jusqu'à deux cents pieds ; ces fentes, toujours plus larges vers la superficie du terrain, vont toutes en se rétrécissant à mesure qu'on descend, et se terminent par la réunion des rochers calcaires dont les bancs deviennent continus au-dessous ; ainsi, quand ce sac de mine était vidé, on pouvait examiner du haut en bas et de tous côtés les parois de la fente qui la contenait ; elles étaient de pierre purement calcaire, sans aucun mélange de mine de fer ni de petits cailloux : les bancs étaient horizontaux, et l'on voyait évidemment que la fente perpendiculaire n'était qu'une disruption de ces bancs, produite par la retraite et le dessèchement de la matière molle dont ils étaient d'abord composés ; car la suite de chaque banc se trouvait à la même hauteur de l'autre côté de la fente, et tous étaient de même parfaitement correspondants, du haut jusqu'en bas de la fente.

J'ai, de plus, observé que toutes les parois de ces fentes étaient lisses et comme usées par le frottement des eaux, en sorte qu'on ne peut guère douter qu'après l'établissement de la matière des bancs calcaires par lits horizontaux, les fentes perpendiculaires ne se soient d'abord formées par la retraite de cette matière sur elle-même en se durcissant : après quoi, ces mêmes fentes sont demeurées vides, et leur intérieur, d'abord battu par les eaux, n'a reçu que dans des temps postérieurs les mines de fer qui les remplissent.

Ces transports paraissent être les derniers ouvrages de la mer sur nos continents : elle a commencé par étendre les argiles et les sables vitreux sur la roche du globe et sur toutes les matières solides et vitrifiées par le feu primitif ; les schistes se sont formés par le desséchement des argiles, et les grès par la réunion des sablons quartzeux ; ensuite les poudres calcaires, produites par les débris des premiers coquillages, ont formé les bancs de pierre, qui sont presque toujours posés au-dessus des schistes et des argiles, et en même temps les détriments des végétaux, descendus des parties les plus élevées du globe, ont formé les veines de charbons et de bitumes; enfin les derniers mouvements de la mer, peu de temps avant d'abandonner la surface de nos collines, ont amené, dans les fentes perpendiculaires des bancs calcaires, ces mines de fer en grains qu'elle a lavés et séparés de la terre végétale, où ils s'étaient formés comme nous l'avons expliqué (a).

Nous observons encore que ces mines, qui se trouvent *ensachées* dans les rochers calcaires, sont communément en grains plus gros que celles qui sont dilatées par couches sur une grande étendue de terrain (b); elles n'ont de plus aucune suite, aucune autre correspondance entre elles que la direction de ces mêmes fentes, qui, dans les masses calcaires, ne suivent pas la direction générale de la colline, du moins aussi régulièrement que dans les montagnes vitreuses; en sorte que, quand on a épuisé un de ces sacs de mine, l'on n'a souvent nul indice pour en trouver un autre : la boussole ne peut servir ici, car ces mines en grains ne font aucun effet sur l'aiguille aimantée, et la direction de la fente n'est qu'un guide incertain; car, dans la même colline, on trouve des fentes dont la plus grande dimension horizontale s'étend dans des directions très différentes et quelquefois opposées, ce qui rend la recherche de ces mines très équivoque et leur produit si peu assuré, si contingent, qu'il serait fort imprudent d'établir un fourneau dans un lieu où l'on n'aurait que de ces mines en sacs, parce que ces sacs étant une fois épuisés, on ne serait nullement assuré d'en trouver d'autres; les plus considérables de ceux dont j'ai fait l'extraction ne contenaient que deux ou trois mille muids de mine, quantité qui suffit à peine à la consommation du fourneau pendant huit ou dix mois. Plusieurs de ces sacs ne contenaient que quatre ou cinq cents muids, et l'on est toujours dans la crainte de n'en pas trouver d'autres après les avoir épuisés; il faut donc s'assurer s'il n'y a pas à proximité, c'est-à-dire à deux ou trois lieues de distance du lieu où l'on veut établir un fourneau, d'autres mines en couches assez étendues pour pouvoir être moralement sûr qu'une extraction continuée pendant un siècle ne les épuisera pas : sans cette prévoyance, la matière métallique venant à manquer, tout le travail cesserait au bout d'un temps, la forge périrait faute d'aliment, et l'on serait obligé de détruire tout ce que l'on aurait édifié.

Au reste, quoique le fer se reproduise en grains sous nos yeux dans la terre végétale, c'est en trop petite quantité pour que nous puissions en faire usage; car toutes les minières dont nous faisons l'extraction ont été amenées, lavées et déposées par les eaux de la mer lorsqu'elle couvrait encore nos continents : quelque grande que soit la consommation qu'on a faite, et qu'on fait tous les jours de ces mines, il paraît néanmoins que ces anciens dépôts ne sont pas, à beaucoup près, épuisés, et que nous en avons en France pour un grand nombre de siècles, quand même la consommation doublerait par les encouragements qu'on devrait donner à nos fabrications de fer; ce sera plutôt la matière combustible qui manquera, si l'on ne donne pas un peu plus d'attention à l'épargne des bois en favorisant l'exploitation des mines de charbon de terre.

Presque toutes nos forges et fourneaux ne sont entretenus que par du charbon de bois (c),

(a) Voyez, ci-devant, l'article qui a pour titre : *De la Terre végétale.*

(b) Ce n'est qu'en quelques endroits que l'on trouve de ces mines dilatées en gros grains sur une grande étendue de terrain. M. de Grignon en a reconnu quelques-unes de telles en Franche-Comté.

(c) Les charbons de chêne, charme, hêtre et autres bois durs, sont meilleurs pour le fourneau de fusion; et ceux du tremble, bouleau et autres bois mous sont préférables pour l'affinerie; mais il faut laisser reposer pendant quelques mois les charbons de bois durs. Le

et, comme il faut dix-huit à vingt ans d'âge au bois pour être converti en bon charbon, on doit compter qu'avec deux cent cinquante arpents de bois bien économisés, l'on peut faire annuellement six cents ou six cent cinquante milliers de fer; il faut donc, pour l'entretien d'un pareil établissement, qu'il y ait au moins dix-huit fois deux cent cinquante ou quatre mille cinq cents arpents à portée, c'est-à-dire à deux ou trois lieues de distance, indépendamment d'une quantité égale ou plus grande pour la consommation du pays. Dans toute autre position, l'on ne pourra faire que trois ou quatre cents milliers de fer par la rareté des bois, et toute forge qui ne produirait pas trois cents milliers de fer par an ne vaudrait pas la peine d'être établie ni maintenue : or c'est le cas d'un grand nombre de ces établissements faits dans les temps où le bois était plus commun, où on ne le tirait pas par le flottage des provinces éloignées de Paris, où, enfin, la population étant moins grande, la consommation du bois, comme de toutes les autres denrées, était moindre; mais, maintenant que toutes ces causes et notre plus grand luxe ont concouru à la disette du bois, on sera forcé de s'attacher à la recherche de ces anciennes forêts enfouies dans le sein de la terre, et qui, sous une forme de matière minérale, ont retenu tous les principes de la combustibilité des végétaux, et peuvent les suppléer non seulement pour l'entretien des feux et des fourneaux nécessaires aux arts, mais encore pour l'usage des cheminées et des poêles de nos maisons, pourvu qu'on donne à ce charbon minéral les préparations convenables.

Les mines en rouille ou en ocre, celles en grains et les mines spathiques ou en concrétions, sont les seules qu'on puisse encore traiter avantageusement dans la plupart de nos provinces de France, où le bois n'est pas fort abondant; car, quand même on y découvrirait des mines de fer primitif, c'est-à-dire de ces roches primordiales, telles que celles des contrées du Nord, dans lesquelles la substance ferrugineuse est intimement mêlée avec la matière vitreuse, cette découverte nous serait peu utile, attendu que le traitement de ces mines exige près du double de consommation de matière combustible, puisqu'on est obligé de les faire griller au feu pendant quinze jours ou trois semaines avant de pouvoir les concasser et les jeter au fourneau; d'ailleurs, ces mines en roche, qui sont en masses très dures, et qu'il faut souvent tirer d'une grande profondeur, ne peuvent être exploitées qu'avec de la poudre et de grands feux qui les ramollissent et les font éclater : nous aurions donc un grand avantage sur nos concurrents étrangers si nous avions autant de matières combustibles; car avec la même quantité nous ferions le double de ce qu'ils peuvent faire, puisque l'opération du grillage consomme presque autant de combustible que celle de la fusion; et, comme je l'ai souvent dit, il ne tient qu'à nous d'avoir d'aussi bon fer que celui de Suède, dès qu'on ne sera pas forcé, comme on l'est aujourd'hui, de trop épargner le bois, ou que nous pourrons y suppléer par l'usage du charbon de terre épuré.

La bonne qualité du fer provient principalement du traitement de la mine avant et après sa mise au fourneau : si l'on obtient une très bonne fonte, on sera déjà bien avancé pour faire d'excellent fer. Je vais indiquer, le plus sommairement qu'il me sera possible, les moyens d'y parvenir, et par lesquels j'y suis parvenu moi-même, quoique je n'eusse sous ma main que des mines d'une très médiocre qualité.

Il faut s'attacher, dans l'extraction des mines en grains, aux endroits où elles sont les plus pures : si elles ne sont mêlées que d'un quart, ou d'un tiers de matière étrangère, on

charbon de chêne, employé à l'affinerie, rend le fer cassant; mais, au fourneau de fusion, c'est de tous les charbons celui qui porte le plus de mine, ensuite c'est le charbon de hêtre, celui de sapin et celui de châtaignier, qui de tous en porte le moins, et doit être réservé, avec les bois blancs, pour l'affinerie. On doit tenir sèchement et à couvert tous les charbons; ceux de bois blancs surtout s'altèrent à l'air et à la pluie dans très peu de temps; le charbon des jeunes chênes, depuis dix-huit jusqu'à trente ans d'âge, est celui qui brûle avec le plus d'ardeur.

doit encore les regarder comme bonnes; mais, si ce mélange hétérogène est de deux tiers ou de trois quarts, il ne sera guère possible de les traiter avantageusement, et l'on fera mieux de les négliger et de chercher ailleurs; car il arrive toujours que, dans la même minière, dilatée sur une étendue de quelques lieues de terrain, il se trouve des endroits où la mine est beaucoup plus pure que dans d'autres, et de plus la portion inférieure de la minière est communément la meilleure; au contraire, dans les minières qui sont en sacs perpendiculaires, la partie supérieure est toujours la plus pure, et on trouve la mine plus mélangée à mesure que l'on descend; il faut donc choisir, et dans les unes et dans les autres, ce qu'elles auront de mieux, et abandonner le reste si l'on peut s'en passer.

Cette mine, extraite avec choix, sera conduite au lavoir pour en séparer toutes les matières terreuses que l'eau peut délayer, et qui entraînera aussi la plus grande partie des sables plus menus ou plus légers que les grains de la mine : seulement il faut être attentif à ne pas continuer le lavage dès qu'on s'aperçoit qu'il passe beaucoup de mine avec le sable (*a*), ou bien il faut recevoir ce sable mêlé de mine dans un dépôt d'où l'on puisse ensuite le tirer pour le cribler ou le vanner, afin de rendre la mine assez nette pour pouvoir la mêler avec l'autre. On doit de même cribler toute mine lavée qui reste encore chargée d'une trop grande quantité de sable ou de petits cailloux : en général, plus on épurera la mine par les lotions ou par le crible, et moins on consommera de combustible pour la fondre, et l'on sera plus que dédommagé de la dépense qu'on aura faite pour cette préparation de la mine par son produit au fourneau (*b*).

La mine épurée à ce point peut être confiée au fourneau avec certitude d'un bon produit en quantité et en qualité; une livre et demie de charbon de bois suffira pour produire une livre de fonte, tandis qu'il faut une livre trois quarts et quelquefois jusqu'à deux livres de charbon lorsque la mine est restée impure : si elle n'est mêlée que de petits cailloux ou de sables vitreux, on fera bien d'y ajouter une certaine quantité de matière calcaire, comme d'un sixième ou d'un huitième par chaque charge, pour en faciliter la fusion; si au contraire elle est trop mêlée de matière calcaire, on ajoutera une petite quantité, comme d'un quinzième ou d'un vingtième, de terre limoneuse, ce qui suffira pour en accélérer la fusion.

Il y a beaucoup de forges où l'on est dans l'usage de mêler les mines de différentes qualités avant de les jeter au fourneau; cependant on doit observer que cette pratique ne peut être utile que dans des cas particuliers; il ne faut jamais mélanger une mine très fusible avec une mine réfractaire, non plus qu'une mine en gros morceaux avec une mine en très petits grains, parce que l'une se fondant en moins de temps que l'autre, il arrive qu'au moment de la coulée la mine réfractaire ou celle qui est en gros morceaux n'est qu'à demi fondue, ce qui donne une mauvaise fonte dont les parties sont mal liées; il

(*a*) Ce serait entrer dans un trop grand détail que de donner ici les proportions et les formes des différents lavoirs qu'on a imaginés pour nettoyer les mines de fer en grains, et les purger des matières étrangères, qui quelquefois sont tellement unies aux grains qu'on a grande peine à les en détacher. Le lavoir foncé de fer et percé de petits trous, inventé par M. Robert, sera très utile pour les mines ainsi mêlées de terre grasse et attachante; mais pour toutes les autres mines qui ne sont mélangées que de sable calcaire ou de petits cailloux vitreux, les lavoirs les plus simples suffisent et même doivent être préférés.

(*b*) Les cribles cylindriques, longs de quatre à cinq pieds sur dix-huit ou vingt pouces de diamètre, montés en fil de fer sur un axe à rayons, sont les plus expéditifs et les meilleurs : j'en ai fait construire plusieurs, et je m'en suis servi avec avantage; un enfant de dix ans suffit pour tourner ce crible dans lequel le minerai coule par une trémie; le sablon le plus fin tombe au-dessous de la tête du crible, les grains de mine tombent dans le milieu, et les plus gros sables et petits cailloux vont au delà par l'effet de la force centrifuge. C'est de tous les moyens le plus sûr pour rendre la mine aussi nette qu'il est possible.

vaut donc mieux fondre seules les mines, de quelque nature qu'elles soient, que de les mêler avec d'autres qui seraient de qualités très différentes; mais, comme les mines en grains sont à peu près de la même nature, la plus ou moins grande fusibilité de ces mines ne vient pas de la différente qualité des grains, et ne provient que de la nature des terres et des sables qui y sont mêlés; si ce sable est calcaire, la fonte sera facile; s'il est vitreux ou argileux, elle sera plus difficile : on doit corriger l'une par l'autre lorsque l'on veut mélanger ces mines au fourneau; quelques essais suffisent pour reconnaître la quantité qu'il faut ajouter de l'une pour rendre l'autre plus fusible; en général, le mélange de la matière calcaire à la matière vitreuse les rend bien plus fusibles qu'elles ne le seraient séparément.

Dans les mines en roche ou en masse, ces essais sont plus faciles; il ne s'agit que de trouver celles qui peuvent servir de fondant aux autres : il faut briser cette mine massive en morceaux d'autant plus petits qu'elle est plus réfractaire; au reste, les mines de fer qui contiennent du cuivre doivent être rejetées, car elles ne donneraient que du fer très cassant.

La conduite du fourneau demande tout autant et peut-être encore plus d'attention que la préparation de la mine : après avoir laissé le fourneau s'échauffer lentement pendant trois ou quatre jours, en imposant successivement sur le charbon une petite quantité de mine (environ cent livres pesant), on met en jeu les soufflets en ne leur donnant d'abord qu'un mouvement assez lent (de quatre ou cinq foulées par minute); on commence alors à augmenter la quantité de la mine, et l'on en met pendant les deux premiers jours deux ou trois mesures (d'environ soixante livres chacune), sur six mesures de charbon (d'environ quarante livres pesant), à chaque charge que l'on impose au fourneau, ce qui ne se fait que quand les charbons enflammés dont il est plein ont baissé d'environ trois pieds et demi. Cette quantité de charbon qu'on impose à chaque charge étant toujours la même, on augmentera graduellement celle de la mine d'une demi-mesure le troisième jour, et d'autant chaque jour suivant, en sorte qu'au bout de huit ou neuf jours on imposera la charge complète de six mesures de mine sur six mesures de charbon; mais il vaut mieux, dans le commencement, se tenir au-dessous de cette proportion que de se mettre au-dessus.

On doit avoir l'attention d'accélérer la vitesse des soufflets en même proportion à peu près qu'on augmente la quantité de mine, et l'on pourra porter cette vitesse jusqu'à dix coups par minute, en leur supposant trente pouces de foulée, et jusqu'à douze coups si la foulée n'est que de vingt-quatre ou vingt-cinq pouces; le régime du feu dépend de la conduite du vent, et de tous deux dépendent la célérité du travail et la fusion plus ou moins parfaite de la mine : aussi, dans un fourneau bien construit, tout doit-il être en juste proportion; la grandeur des soufflets, la largeur de l'orifice de leurs *buses*, doivent être réglées sur la capacité du fourneau; une trop petite quantité d'air ferait languir le feu, une trop grande le rendrait trop vif et dévorant; la fusion de la mine ne se ferait, dans le premier cas, que très lentement et imparfaitement, et dans le second, la mine n'aurait pas le temps de se liquéfier, elle brûlerait en partie au lieu de se fondre en entier.

On jugera du résultat de tous ces effets combinés par la qualité de la *matte* ou fonte de fer que l'on obtiendra : on peut couler toutes les neuf à dix heures; mais on fera mieux de mettre deux ou trois heures de plus entre chaque coulée; la mine en fusion tombe comme une pluie de feu dans le creuset, où elle se tient en bain, et se purifie d'autant plus qu'elle y séjourne plus de temps; les scories vitrifiées des matières étrangères dont elle était mêlée surnagent le métal fondu et le défendent en même temps de la trop vive action du feu, qui ne manquerait pas d'en calciner la surface; mais, comme la quantité de ces scories est toujours très considérable, et que leur volume boursouflé s'élèverait à trop de hauteur dans le creuset, on a soin de laisser couler et même de tirer cette matière superflue, qui n'est que du verre impur, auquel on a donné le nom de *laitier*, et qui ne contient aucune partie de métal lorsque la fusion de la mine se fait bien ; on peut en juger par la nature même de ce laitier, car, s'il est fort rouge, s'il coule difficilement, s'il est *poisseux* ou mêlé de mine mal fondue, il indiquera le mauvais travail du fourneau ; il faut que ce laitier soit coulant et d'un rouge léger en sortant du fourneau : ce rouge que le feu lui donne s'évanouit au moment qu'il se refroidit, et il prend différentes couleurs, suivant les matières étrangères qui dominaient dans le mélange de la mine.

On pourra donc, toutes les douze heures, obtenir une gueuse ou lingot d'environ deux milliers, et, si la fonte est bien liquide et d'une belle couleur de feu, sans être trop étincelante, on peut bien augurer de sa qualité ; mais on en jugera mieux en l'examinant après l'avoir couverte de poussière de charbon et l'avoir laissée refroidir au moule pendant six ou sept heures ; si le lingot est très sonore, s'il se casse aisément sous la masse, si la matière en est blanche et composée de lames brillantes et de gros grains à facettes, on prononcera sans hésiter que cette fonte est de mauvaise ou du moins de très médiocre qualité, et que, pour la convertir en bon fer, le travail ordinaire de l'affinerie ne serait pas suffisant : il faudra donc tâcher de corriger d'avance cette mauvaise qualité de la fonte par le traitement au fourneau ; pour cela, on diminuera d'un huitième, ou même d'un sixième, la quantité de mine que l'on impose à chaque charge sur la même quantité de charbon, ce qui seul suffira pour changer la qualité de la fonte ; car, alors, on obtiendra des lingots moins sonores, dont la matière, au lieu d'être blanche et à gros grains, sera grise et à petits grains serrés, et, si l'on compare la pesanteur spécifique de ces deux fontes, celle-ci pèsera plus de cinq cents livres le pied cube, tandis que la première n'en pèsera guère que quatre cent soixante-dix ou quatre cent soixante-quinze, et cette fonte grise à grains serrés donnera du bon fer au travail ordinaire de l'affinerie, où elle demandera seulement un peu plus de temps et de feu pour se liquéfier (*a*).

(*a*) La fonte blanche, dit M. de Grignon, est la plus mauvaise, elle est blanche lorsqu'on surcharge le fourneau de trop de mine relativement au charbon ; elle peut aussi devenir telle par la négligence du fondeur, lorsqu'il n'a pas attention de travailler son ouvrage pour faire descendre doucement les charges, et qu'il les laisse former une voûte au-dessus de la tuyère, et toutes les fois que la fusion n'est pas exacte, et que la mine est précipitée dans le bain sans être assez séparée, et enfin lorsque, par quelque cause que ce soit, la chaleur se trouve diminuée dans le fourneau. La fonte blanche est sonore, dure et fragile ; elle est très fusible au feu, mais elle donne un fer cassant, dur et *rouverain*.

La fonte qu'on appelle *truitée* est parsemée de taches grises ; elle est moins mauvaise que la fonte purement blanche : cette fonte truitée est très propre à faire de gros ouvrages, comme des enclumes ; elle se travaille aisément et donne de meilleur fer que les fontes blanches.

Une fonte grise devient blanche, dure et cassante lorsqu'on la coule dans un moule humide et à une petite épaisseur : la partie la plus mince est plus blanche que le reste ; celle qui suit est truitée, et il n'y a que les endroits les plus épais dont la fonte soit grise.

La fonte grise donne le meilleur fer : il y en a de deux espèces, l'une d'un gris cendré et l'autre d'un gris beaucoup plus foncé tirant sur le brun noir ; la première est la meilleure, elle sort du fourneau aussi fluide que de l'eau : cette fonte grise, dans son état de perfection, donne une cristallisation régulière en la laissant refroidir lentement pendant plusieurs jours ; elle fait une retraite très considérable sur elle-même ; sa cristallisation est en forme pyramidale et se termine en une pointe très aiguë ; elle se forme principalement dans les petites cavités de la fonte.

La fonte grise est moins sonore que la blanche, parce qu'elle est plus douce et que ses parties sont plus souples.

La fonte brune ou noirâtre est telle, parce qu'on a donné trop peu de mine relativement au charbon, et que la chaleur du fourneau était trop grande ; elle est moins pesante et plus

Il en coûte donc plus au fourneau et à l'affinerie, pour obtenir du bon fer, que pour en faire du mauvais, et j'estime qu'avec la même mine la différence peut aller à un quart en sus; si la fabrication du mauvais fer coûte cent francs par millier, celle du bon fer coûtera cent vingt-cinq livres et, malheureusement, dans le commerce, on ne paye guère que dix livres de plus le bon fer, et souvent même on le néglige pour n'acheter que le mauvais; cette différence serait encore plus grande si l'on ne regagnait pas quelque chose dans la conversion de la bonne fonte en fer; il n'en faut qu'environ quatorze cents pesant, tandis qu'il faut au moins quinze, et souvent seize cents d'une mauvaise fonte, pour faire un millier de fer. Tout le monde pourrait donc faire de la bonne fonte et fabriquer du bon fer; mais l'impôt dont il est grevé force la plupart de nos maîtres de forges à négliger leur art, et à ne rechercher que ce qui peut diminuer la dépense et augmenter la quantité, ce qui ne peut se faire qu'en altérant la qualité. Quelques-uns d'entre eux, pour épargner la mine, s'étaient avisés de faire broyer les crasses ou scories qui sortent du foyer de l'affinerie et qui contiennent une certaine quantité de fer intimement mêlé avec des matières vitrifiées : par cette addition, ils trouvèrent d'abord un bénéfice considérable en apparence, le fourneau rendait beaucoup plus de fonte; mais elle était si mauvaise qu'elle perdait à l'affinerie ce qu'elle avait gagné au fourneau, et qu'après cette perte, qui compensait le bénéfice ou plutôt le réduisait à rien, il y avait encore tout à perdre sur la qualité du fer, qui participait de tous les vices de cette mauvaise fonte; ce fer était si cendreux, si cassant, qu'il ne pouvait être admis dans le commerce.

Au reste, le produit en fer que peut donner la fonte dépend aussi beaucoup de la manière de la traiter au feu de l'affinerie : « J'ai vu, dit M. de Grignon, dans les forges du » bas Limousin, faire avec la même fonte deux sortes de fer : le premier doux, d'excellente » qualité et fort supérieur à celui du Berri; on y emploie quatorze cents livres de fonte; » le second est une combinaison de fer et d'acier pour les outils aratoires, et l'on n'emploie » que douze cents livres de fonte pour obtenir un millier de fer; mais on consomme un » sixième de plus de charbon que pour le premier; cette différence ne provient que de la » manière de poser la tuyère et de préserver le fer du contact immédiat du vent (*a*). » Je pense qu'en effet, si l'on pouvait, en affinant la fonte, la tenir toujours hors de la ligne du vent et environnée de manière qu'elle ne fût point exposée à l'action de l'air, il s'en brûlerait beaucoup moins, et qu'avec douze cents, ou tout au plus treize cents livres de fonte, on obtiendrait un millier de fer.

La mine la plus pure, celle même dont on a trié les grains un à un, est souvent intimement mêlée de particules d'autres métaux ou demi-métaux, et particulièrement de cuivre et de zinc : ce premier métal, qui est fixe, reste dans la fonte, et le zinc, qui est volatil, se sublime ou se brûle (*b*).

poreuse que l'autre fonte, et plus douce à la lime ; elle s'égrène plus facilement, mais se casse plus difficilement ; elle est très dure à fondre, mais elle donne un bon fer nerveux ; ses cristaux sont de la même forme que ceux de la fonte grise, mais seulement plus courts. Cette fonte brune ou noire ne réussit pas pour mouler des pièces minces, parce qu'elle ne prend pas bien les impressions ; mais elle est très bonne pour de grosses pièces de résistance, comme tourillons, colliers d'arbres, etc. Il se forme beaucoup d'écailles minces et de limailles sur cette fonte noire, poreuse et soufflée : cette limaille est assez semblable à du mica noir ou au sablon ferrugineux qui se trouve dans quelques mines, et qui ressemble aussi au sablon ferrugineux de la platine ; ces petites lames sont autant de parcelles atténuées du régule de fer. *Mémoires de Physique,* par M. de Grignon, p. 60 et suiv.

(*a*) Lettre de M. le chevalier de Grignon à M. le comte de Buffon, datée de Paris, le 29 juillet 1782.

(*b*) Il s'élève beaucoup de vapeurs qui s'étendent à une grande hauteur au-dessus du *gueulard* d'un fourneau où l'on fond la mine de fer ; cette vapeur prend feu au bord de la surface

La fonte blanche, sonore et cassante, que je réprouve pour la fabrique du bon fer, n'est guère plus propre à être moulée ; elle se boursoufle au lieu de se condenser par la retraite, et se casse au moindre choc; mais la fonte blanchâtre, et qui commence à tirer au gris, quoique très dure et encore assez aigre, est très propre à faire des colliers d'arbres de roues, des enclumes et d'autres grosses masses qui doivent résister au frottement ou à la percussion : on en fait aussi des boulets et des bombes; elle se moule aisément et ne prend que peu de retraite dans le moule. On peut d'ailleurs se procurer à moindres frais cette espèce de fonte au moyen de simples fourneaux à réverbères (a), sans soufflets, et dans lesquels on emploie le charbon de terre plus ou moins épuré : comme ce combustible donne une chaleur beaucoup plus forte que celle du charbon de bois, la mine se fond et coule dans ces hauts fourneaux aussi promptement et en plus grande quantité que dans nos hauts fourneaux, et on a l'avantage de pouvoir placer ces fourneaux partout, au lieu qu'on ne peut établir que sur des courants d'eau nos grands fourneaux à soufflets; mais cette fonte faite au charbon de terre, dans ces fourneaux de réverbère, ne donne pas du bon fer et les Anglais, tout industrieux qu'ils sont, n'ont pu jusqu'ici parvenir à fabriquer des fers de qualité même médiocre avec ces fontes, qui vraisemblablement ne s'épurent pas assez dans ces fourneaux; et cependant j'ai vu et éprouvé moi-même qu'il était possible, quoique assez difficile, de faire du bon fer avec de la fonte fondue au charbon de terre

de cette ouverture ; les bords se revêtent d'une poussière blanche ou jaune, qui est une matière métallique décomposée et sublimée : outre cela, il se forme sur les parois dans l'intérieur du fourneau, à commencer aux deux tiers environ de sa hauteur depuis la cuve, une matière brune dont la couche est légère, mais fort adhérente aux briques du fourneau ; cette matière sublimée est ferrugineuse. Il y a souvent dans le brun des taches blanches et jaunâtres, et l'on y trouve dans quelques cavités de belles cristallisations en filets déliés..... Cette substance est la *cadmie des fourneaux ;* on en retire du zinc, ainsi ce demi-métal paraît être contenu dans la mine de fer ; il reste même du zinc dans la fonte de fer après la fusion, quoique la plus grande partie de ce demi-métal, qui ne peut souffrir une violente action du feu sans se brûler et se volatiliser, soit réduite en *tutie* vers l'ouverture du fourneau, où elle forme une suie métallique qui s'attache aux parois du fourneau, et cette suie de zinc et ce fer est le *pompholix ;* non seulement toutes les mines de fer de Champagne, mais encore celles des autres provinces de France, contiennent du zinc. *Mémoires de Physique*, par M. de Grignon, p. 275 et suiv. — M. Granger dit que toutes les mines de fer brunes, opaques ou ocracées, contiennent de la chaux de zinc, et qu'il y a un passage comme insensible de ces mines à la pierre calaminaire, et réciproquement de la pierre calaminaire à ces mines de fer. On voit tous ces degrés dans le pays de Liège et dans le duché de Limbourg : « Nous croyons, ajoute-t-il, que cette dose de zinc, contenu dans les mines de fer, est ce » qui leur donne la facilité de produire des fers de tant de qualités différentes, et qu'elle est peut-être plus considérable qu'on ne pense. » *Journal de Physique*, mois de septembre 1775, p. 225 et suiv.

(a) C'est la pratique commune en plusieurs provinces de la Grande-Bretagne, où l'on fond et coule de cette manière les plus belles fontes moulées et des masses de plusieurs milliers en gros cylindres et autres formes. Nous pourrions de même faire usage de ces fourneaux dans les lieux où le charbon de terre est à portée. M. le marquis de Luchet m'a écrit qu'il avait fait essai de cette méthode dans les provinces du comté de Nassau. « J'ai » mis, dit-il, dans un fourneau construit selon la méthode anglaise cinq quintaux de mine » de fer, et au bout de huit heures la mine était fondue. » (Lettre de M. le marquis de Luchet à M. le comte de Buffon, datée de Ferney, le 4 mars 1775.) — Je suis convaincu de la vérité de ce fait, que M. de Luchet opposait à un fait également vrai, et que j'ai rapporté. (Voyez dans le IXe volume, l'introduction à l'histoire des minéraux.) C'est que la mine de fer ne se fond point dans nos fourneaux de réverbère, même les plus puissants, tels que ceux de nos verreries et glaceries ; la différence vient de ce qu'on la chauffe avec du bois, dont la chaleur n'est pas à beaucoup près aussi forte que celle du charbon de terre.

dans nos hauts fourneaux à soufflets, parce qu'elle s'y épure davantage que dans ceux de réverbère.

Cette fonte, faite dans des fourneaux de réverbère, peut utilement être employée aux ouvrages moulés; mais, comme elle n'est pas assez épurée, on ne doit pas s'en servir pour les canons d'artillerie : il faut au contraire la fonte la plus pure, et j'ai dit ailleurs (*a*) qu'avec des précautions et une bonne conduite au fourneau on pouvait épurer la fonte, au point que les pièces de canon, au lieu de crever en éclats meurtriers, ne feraient que se fendre par l'effet d'une trop forte charge, et dès lors résisteraient sans peine et sans altération à la force de la poudre aux charges ordinaires.

Cet objet, étant de grande importance, mérite une attention particulière : il faut d'abord bannir le préjugé où l'on était qu'il n'est pas possible de tenir la fonte de fer en fusion pendant plus de quinze ou vingt heures, qu'en la gardant plus longtemps elle se brûle, qu'elle peut aussi faire explosion, qu'on ne peut donner au creuset du fourneau une assez grande capacité pour contenir dix ou douze milliers de fonte, que ces trop grandes dimensions du creuset et de la cuve du fourneau en altéreraient ou même en empêcheraient le travail, etc. : toutes ces idées, quoique très peu fondées et pour la plupart fausses, ont été adoptées; on a cru qu'il fallait deux et même trois hauts fourneaux pour pouvoir couler une pièce de trente-six et même de vingt-quatre, afin de partager en deux ou même en trois creusets la quantité de fonte nécessaire, et ne la tenir en fusion que dix-huit ou vingt heures; mais, indépendamment des mauvais effets de cette méthode dispendieuse et mal conçue, je puis assurer que j'ai tenu pendant quarante-huit heures sept milliers de fonte en fusion dans mon fourneau sans qu'il soit arrivé le moindre inconvénient, sans qu'elle ait bouillonné plus qu'à l'ordinaire, sans qu'elle se soit brûlée, etc. (*b*), et que j'ai

(*a*) Voyez la partie expérimentale, t. IX, *Mémoire sur les moyens de perfectionner les canons de fonte de fer*.

(*b*) Ayant fait part de mes observations à M. le vicomte de Morogues, et lui ayant demandé le résultat des expériences faites à la fonderie de Ruelle en Angoumois, voici l'extrait des réponses qu'il eut la bonté de me faire :

« On a fondu à Ruelle des canons de vingt-quatre à un seul fourneau; le creuset devait » contenir sept mille cinq cents ou huit mille de matière ; la fusion de la fonte ne peut pas » être égale dans deux fourneaux différents, et c'est ce qui doit déterminer à ne couler qu'à » un seul fourneau.

» On emploie environ quarante-huit heures pour la fusion de sept mille cinq cents ou » huit mille de matière pour un canon de vingt-quatre, et l'on emploie vingt-trois à vingt- » quatre heures pour la fusion de trois mille cinq cents pour un canon de huit; ainsi, la » fonte du gros canon ayant été le double du temps dans le creuset, il est évident qu'elle a » dû se purifier davantage.

» Il n'est pas à craindre que la fonte se brûle lorsqu'elle est une fois en bain dans le » creuset. A la vérité, lorsqu'il y a trop de charbon, et par conséquent trop de feu et trop » peu de mine dans le fourneau, elle se brûle en partie, au lieu de fondre en entier ; la » fonte qui en résulte est brune, poreuse et bourrue, et n'a pas la consistance ni la dureté » d'une bonne fonte : seulement il faut avoir attention que la fonte dans le bain soit toujours » couverte d'une certaine quantité de laitier. Cette fonte bourrue, dont nous venons de parler, » est douce et se fore aisément ; mais comme elle a peu de densité, et par conséquent de » résistance, elle n'est pas bonne pour les canons.

» La fonte grise à petits grains doit être préférée à la fonte trop brune, qui est trop » tendre, et à la fonte blanche à gros grains, qui est trop dure et trop impure.

» Il faut laisser le canon refroidir lentement dans son moule, pour éviter la sorte de » trempe qui ne peut que donner de l'aigreur à la matière du canon : bien des gens croient » néanmoins que cette surface extérieure, qui est la plus dure, donne beaucoup de force au » canon.

» Il n'y a pas longtemps que l'on tourne les pièces de canon : et qu'on les coule pleines

vu clairement que, si la capacité du creuset, qui s'était fort augmentée par un feu de six mois, eût été plus grande, j'aurais pu y amasser encore autant de milliers de matière en fusion, qui n'aurait rien souffert en la laissant toujours surmontée du laitier nécessaire pour la défendre de la trop grande action du feu et du contact de l'air. Cette fonte, au contraire, tenue pendant quarante-huit heures dans le creuset, n'en était que meilleure et plus épurée; elle pesait cinq cent douze livres le pied cube, tandis que les fontes grises ordinaires qu'on travaillait alors à mes forges ne pesaient que quatre cent quatre-vingt-quinze livres, et que les fontes blanches ne pesaient que quatre cent soixante-douze livres le pied cube (*a*). Il peut donc y avoir une différence de plus de trente-cinq livres par pied cube, c'est-à-dire d'un douzième environ sur la pesanteur spécifique de la fonte de fer; et, comme sa résistance est tout au moins proportionnelle à sa densité, il s'ensuit que les pièces de canon de cette fonte dense résisteront à la charge de douze livres de poudre, tandis que celles de fonte blanche et légère éclateront par l'effort d'une charge de dix à onze livres: il en est de même de la pureté de la fonte, elle est, comme sa résistance, plus que proportionnelle à sa densité; car, ayant comparé le produit en fer de ces fontes, j'ai vu qu'il fallait quinze cent cinquante des premières, et seulement treize cent vingt de la fonte épurée qui pesait cinq cent douze livres le pied cube pour faire un millier de fer.

Quelque grande que soit cette différence, je suis persuadé qu'elle pourrait l'être encore

» pour les forer ensuite ; l'avantage, en les coulant pleines, est d'éviter les chambres qui se » forment dans tous les canons coulés à noyaux. L'avantage de les tourner consiste en ce » qu'elles seront parfaitement centrées et d'une épaisseur égale dans toutes les parties cor- » respondantes : le seul inconvénient du tour est que les pièces sont plus sujettes à la rouille » que celles dont on n'a pas entamé la surface.

» La plus grande difficulté est d'empêcher le canon de s'arquer dans le moule; or, le » tour remédie à ce défaut et à tous ceux qui proviennent des petites imperfections du moule.

» La première couche qui se durcit dans la fonte d'un canon est la plus extérieure; l'hu- » midité et la fraîcheur du moule lui donnent une trempe qui pénètre à une ligne ou une » ligne et demie dans les pièces de gros calibre, et davantage dans ceux de petit calibre, » parce que leur surface est proportionnellement plus grande relativement à leur masse : » or, cette enveloppe trempée est plus cassante, quoique plus dure que le reste de la » matière, elle ne lui est pas aussi intimement unie, et semble faire un cercle concentrique » assez distinct du reste de la pièce ; elle ne doit donc pas augmenter la résistance de la » pièce. Mais si l'on craint encore de diminuer la résistance du canon, en enlevant l'écorce » par le tour, il n'y aura qu'à compenser cette diminution, en donnant deux ou trois lignes » de plus d'épaisseur au canon.

» On a observé que la matière est meilleure dans la culasse des pièces que dans les » volées, et cette matière de la culasse est celle qui a coulé la première et qui est sortie du » fond du creuset, et qui par conséquent a été tenue le plus longtemps en fusion ; au con- » traire, la *masselotte* du canon, qui est la matière qui coule la dernière, est d'une mauvaise » qualité et remplie de scories.

» On doit observer que, si l'on veut fondre du canon de vingt-quatre à un seul fourneau, » il serait mieux de commencer par ne donner au creuset que les dimensions nécessaires » pour couler du dix-huit, et laisser agrandir le creuset par l'action du feu ; avant de couler » du vingt-quatre, et par la même raison on fera l'ouvrage pour couler du vingt-quatre, » qu'on laissera ensuite agrandir pour couler du trente-six. » (Mémoire envoyé par M. le vicomte de Morogues à M. de Buffon ; Versailles, le 1er février 1769).

(*a*) J'ai fait ces épreuves à une très bonne et grande balance hydrostatique, sur des morceaux cubiques de fonte de quatre pouces, c'est-à-dire de soixante-quatre pouces cubes, tous également tirés du milieu des gueuses, et ensuite ajustés par la lime à ces dimensions. M. Brisson, dans sa Table des pesanteurs spécifiques, donne cinq cent quatre livres sept onces six gros de poids à un pied cube de fonte ; cinq cent quarante-cinq livres deux onces quatre gros au fer forgé, et cinq cent quarante-sept livres quatre onces à l'acier.

plus, et qu'avec un fourneau construit exprès pour couler du gros canon, dans lequel on ne verserait que de la mine bien préparée et à laquelle on donnerait en effet quarante-huit heures de séjour dans le creuset avec un feu toujours égal, on obtiendrait de la fonte encore plus dense, plus résistante, et qu'on pourrait parvenir au point de la rendre assez métallique pour que les pièces, au lieu de crever en éclats, ne fissent que se fendre, comme les canons de bronze, par une trop forte charge.

Car la fonte n'est dans le vrai qu'une *matte* de fer plus ou moins mélangée de matières vitreuses; il ne s'agirait donc que de purger cette matte de toutes parties hétérogènes, et l'on aurait du fer pur; mais, comme cette séparation des parties hétérogènes, ne peut se faire complètement par le feu du fourneau, et qu'elle exige de plus le travail de l'homme et la percussion du marteau, tout ce que l'on peut obtenir par le régime du feu le mieux conduit, le plus longtemps soutenu, est une fonte en régule encore plus épurée que celle dont je viens de parler : il faut pour cela briser en morceaux cette première fonte et la faire refondre; le produit de cette seconde fusion sera du régule, qui est une matière mitoyenne entre la fonte et le fer : ce régule approche de l'état de métallisation, il est un peu ductile, ou du moins il n'est ni cassant, ni aigre, ni poreux, comme la fonte ordinaire; il est au contraire très dense, très compact, très résistant, et par conséquent très propre à faire de bons canons.

C'est aussi le parti que l'on vient de prendre pour les canons de notre marine; on casse en morceaux les vieux canons ou les gueuses de fonte, on les refond dans des fourneaux d'aspiration à réverbère : la fonte s'épure et se convertit en régule par cette seconde fusion; on a confié la direction de ce travail à M. Wilkinson, habile artiste anglais, qui a très bien réussi. Quelques autres artistes français ont suivi la même méthode avec succès, et je suis persuadé qu'on aura dorénavant d'excellents canons, pourvu qu'on ne s'obstine pas à les tourner; car je ne puis être ici de l'avis de M. le vicomte de Morogues (*a*), dont néanmoins je respecte les lumières, et pense qu'en enlevant par le tour l'écorce du canon on lui ôte sa cuirasse, c'est-à-dire la partie la plus dure et la plus résistante de toute sa masse (*b*).

(*a*) Voyez la note précédente.

(*b*) Voici ce que m'a écrit à ce sujet M. de la Belouze, conseiller au parlement de Paris, qui a fait des expériences et des travaux très utiles dans ses forges du Nivernais : « Vous » regardez, monsieur, comme fait certain que la fonte la plus dense est la meilleure pour » faire des canons; j'ai hésité longtemps sur cette vérité, et j'avais pensé d'abord que la fonte » première, comme étant plus légère et conséquemment plus élastique, cédant plus facile- » ment à l'impulsion de la poudre, devrait être moins sujette à casser que la fonte seconde, » c'est-à-dire la fonte refondue, qui est beaucoup plus pesante.

» Je n'ai décidé le sieur Frerot à les faire de fonte refondue que parce qu'en Angleterre » on ne les fait que de cette façon; cependant, en France, on ne les fond que de fonte pre- » mière... La fonte refondue est beaucoup plus pesante, car elle pèse cinq cent vingt à cinq » cent trente livres, au lieu que l'autre ne pèse que cinq cents livres le pied cube...

» Vous avez grande raison, monsieur, de dire qu'il ne faut pas tourner les canons... La » partie extérieure des canons, c'est-à-dire l'enveloppe, est toujours la plus dure, et ne se » fond jamais au fourneau de réverbère, et, sans le ringard, on retirerait presque les pièces » figurées comme elles étaient lorsqu'on les a mises au fourneau. Cette enveloppe se con- » vertit presque toute en fer à l'affinerie, car, avec onze cent cinquante livres de fonte, on » fait un millier de très bon fer,... tandis qu'il faut quatorze cents ou quinze cents livres » de notre fonte première pour avoir un millier de fer...

» Vous désireriez, monsieur, qu'on pût couler les canons avec la fonte d'un seul four- » neau; mais le poids en est trop considérable, et je ne crois pas que le sieur Wilkinson les » coule à Indret avec le jet d'un seul fourneau, surtout pour les canons de vingt-quatre. Le » sieur Frerot ne coule que des canons de dix-huit avec le jet de deux fourneaux de pareille

Cette fonte refondue ou ce régule de fer pèse plus de cinq cent trente livres le pied cube; et, comme le fer forgé pèse cinq cent quarante-cinq ou cinq cent quarante-six livres, et que la meilleure fonte ne pèse que cinq cent douze, on voit que le régule est dans l'état intermédiaire et moyen entre la fonte et le fer : on peut donc être assuré que les canons faits avec ce régule non seulement résisteront à l'effort des charges ordinaires, mais qu'ayant en même temps un peu de ductilité, ils se fendront au lieu d'éclater à de trop fortes charges.

On doit préférer ces nouveaux fourneaux d'aspiration à nos fourneaux ordinaires, parce qu'il ne serait pas possible de refondre la fonte en gros morceaux dans ces derniers, et qu'il y a un grand avantage à se servir des premiers, que l'on peut placer où l'on veut, et sur des plans élevés où l'on a la facilité de creuser des fosses profondes, pour établir le moule du canon sans craindre l'humidité; d'ailleurs, il est plus court et plus facile de réduire la fonte en régule par une seconde fusion que par un très long séjour dans le creuset des hauts fourneaux : ainsi l'on a très bien fait d'adopter cette méthode pour fondre les pièces d'artillerie de notre marine (*a*).

La fonte, épurée autant qu'elle peut l'être dans un creuset, ou refondue une seconde fois, devient donc un régule qui fait la nuance ou l'état mitoyen entre la fonte et le fer : ce régule, dans sa première fusion, coule à peu près comme la fonte ordinaire; mais, lorsqu'il est une fois refroidi, il devient presque aussi infusible que le fer : le feu des volcans a quelquefois formé de ces régules de fer, et c'est ce que les minéralogistes ont appelé à propos *fer natif;* car, comme nous l'avons dit, le fer de nature est toujours mêlé de matières vitreuses, et n'existe que dans les roches ferrugineuses produites par le feu primitif.

La fonte de fer tenue très longtemps dans le creuset, sans être agitée et remuée de temps en temps, forme quelquefois des boursouflures ou cavités dans son intérieur où la matière se cristallise (*b*). M. de Grignon est le premier qui ait observé ces cristallisations

» grandeur et dans la même exposition; il coule avec un seul fourneau les canons de douze, » mais il a toujours un fourneau près de la fonte, duquel il peut se servir pour achever le » canon, et le surplus de la fonte du second fourneau s'emploie à couler de petits canons; » on ne fait pour cela que détourner le jet lorsque le plus gros canon est coulé. » (Extrait d'une lettre de M. de la Belouze à M. de Buffon, datée de Paris, le 31 juillet 1781.)

(*a*) La fonderie royale que le ministre de la marine vient de faire établir près de Nantes, en Bretagne, démontre la supériorité de cette méthode sur toutes celles qui étaient en usage auparavant, et qui étaient sujettes aux inconvénients dont nous venons de faire mention.

(*b*) M. de Grignon rejette avec raison l'opinion de M. Romé Delisle, qui, dans sa *Cristallographie*, prétend « que l'eau, tenue dans son état de fluidité et aidée du secours de » l'air, est le principal et peut-être l'unique instrument de la nature dans la formation des » cristaux métalliques; qu'on ne peut attribuer la génération des cristaux métalliques à des » fusions violentes qui s'opèrent dans le sein de la terre, au moyen des feux souterrains que » l'on y suppose; qu'inutilement on tenterait d'imiter ces cristaux dans nos laboratoires *par* » *le secours du feu ou par la voie sèche,* plutôt que par la voie humide; qu'il ne faut pas » confondre les figures ébauchées par l'art avec les vraies formes cristallines, qui sont le » produit d'une opération lente de la nature par l'intermède de l'eau. » *Cristallographie*, p. 321 et 322. — M. de Grignon oppose à cela des faits évidents : il a trouvé un morceau de fer niché dans une masse de fonte et de laitier, qui est restée en fusion pendant plusieurs jours, et dont le refroidissement a été prolongé pendant plus de quinze dans son fourneau... On voyait dans ce morceau deux cristaux cubiques de régule de fer, et la partie du milieu était formée d'une multitude de petits cristaux de fonte de fer, que l'on peut regarder comme les éléments des plus grands : ces petits cristaux étaient tous absolument semblables et fort réguliers dans toutes leurs parties... ils ne différaient entre eux que par le volume...

Cet exemple fait voir, comme le dit M. de Grignon, que l'on peut parvenir à la géné-

1. Passerin huppé. 2. Bruant [illegible]

du régule de fer, et l'on a reconnu depuis que tous les métaux et les régules des demi-métaux se cristallisaient de même à un feu bien dirigé et assez longtemps soutenu, en sorte qu'on ne peut plus douter que la cristallisation, prise généralement, ne puisse s'opérer par l'élément du feu comme par celui de l'eau.

Le fer est de tous les métaux celui dont l'état varie le plus : tous les fluides, à l'exception du mercure, l'attaquent et le rongent; l'air sec produit à sa surface une rouille légère qui, en se durcissant, fait l'effet d'un vernis impénétrable et assez ressemblant au vernis des bronzes antiques; l'air humide forme une rouille plus forte et plus profonde, de couleur d'ocre; l'eau produit avec le temps, sur le fer qu'on y laisse plongé, une rouille noire et légère. Toutes les substances salines font de grandes impressions sur ce métal et le convertissent en rouille : le soufre fait fondre en un instant le fer rouge de feu et le change en pyrite; enfin l'action du feu détruit le fer ou du moins l'altère, dès qu'il a pris sa parfaite métallisation; un feu très véhément le vitrifie; un feu moins violent, mais longtemps continué, le réduit en colcothar pulvérulent, et, lorsque le feu est à un moindre degré, il ne laisse pas d'attaquer à la longue la substance du fer, et en réduit la surface en lames minces et en écailles. La fonte de fer est également susceptible de destruction par les mêmes éléments; cependant l'eau n'a pas autant d'action sur la fonte que sur le fer, et les plus mauvaises fontes, c'est-à-dire celles qui contiennent le plus de parties vitreuses, sont celles sur lesquelles l'air humide et l'eau font le moins d'impression.

ration des cristaux métalliques en employant des moyens convenables, c'est-à-dire un feu véhément, et un refroidissement très lent et sans trouble; cela est non seulement vrai pour le fer, mais pour tous les autres métaux, que l'on peut également faire cristalliser au feu de nos fourneaux, comme les derniers travaux de nos chimistes, et les régules cristallisés qu'ils ont obtenus de la plupart des métaux et demi-métaux l'ont évidemment prouvé. Ainsi, l'opinion de M. Delisle était bien mal fondée : tout dissolvant qui rend la matière fluide la dispose à la cristallisation, et elle s'opère dans les matières fondues par le feu comme dans celles qui sont liquéfiées par l'eau.

« Ces deux éléments, dit très bien M. de Grignon, donnent à peu près les mêmes produits par des procédés différents, avec des substances qui peuvent se modifier également par ces deux agents; mais l'eau qui peut dissoudre et cristalliser les sels, charrier et faciliter la condensation d'un métal minéralisé ou en état de décomposition, élever la charpente des corps organisés, ne peut concourir à donner à aucun métal, en son état de métalléité parfaite, une forme régulière, c'est-à-dire le cristalliser... C'est au feu, l'agent le plus actif, le plus puissant de la nature, que sont réservées ces importantes opérations; le feu achève en des instants très courts le résultat de ces opérations, au lieu que l'eau y emploie une longue suite de siècles. » *Mémoires de Physique*, p. 476 et suiv. — J'ai fait » moi-même un essai sur la cristallisation de la fonte de fer, que je crois devoir rapporter ici. Cet essai a été fait dans un très grand creuset de molybdène, sur une masse d'environ deux cent cinquante livres de fonte : on avait pratiqué vers le bas de ce creuset un trou de huit à neuf lignes de diamètre, que l'on avait ensuite bouché avec de la terre de coupelle; ce creuset fut placé sur une grille et entouré au bas de charbons ardents, tandis que la partie supérieure était défendue de la chaleur par une table circulaire de briques; on remplit ensuite le creuset de fonte liquide, et quand la surface supérieure de cette fonte, qui était exposée à l'air, eut pris de la consistance, on ouvrit promptement le bas du creuset; il coula d'un seul jet plus de moitié de la fonte encore rouge, et qui laissa une grande cavité dans l'intérieur de toute la masse; cette cavité se trouva hérissée de très petits cristaux, dans lesquels on distinguait à la loupe des faces disposées en octaèdres, mais la plupart étaient comme des trémies creuses, puisque, avec une barbe de plume, elles se détachaient et tombaient en petits feuillets, comme les mines de fer micacées, ce qui néanmoins est éloigné des belles cristallisations de M. de Grignon, et annonce que, dans cette opération, le refroidissement fut encore trop prompt, car il est bon de le répéter, ce n'est que par un refroidissement très lent que la fonte en fusion peut prendre une forme cristallisée.

Après avoir exposé les différentes qualités de la fonte de fer et les différentes altérations que la seule action du feu peut lui faire subir jusqu'à sa destruction, il faut reprendre cette fonte au point où notre art la convertit en une nouvelle matière que la nature ne nous offre nulle part sous cette forme, c'est-à-dire en fer et en acier, qui de toutes les substances métalliques sont les plus difficiles à traiter, et doivent pour ainsi dire toutes leurs qualités à la main et au travail de l'homme: mais ce sont aussi les matières qui, comme par dédommagement, lui sont les plus utiles et plus nécessaires que tous les autres métaux, dont les plus précieux n'ont de valeur que par nos conventions, puisque les hommes qui ignorent cette valeur de convention donnent volontiers un morceau d'or pour un clou; en effet, si l'on estime les matières par leur utilité physique, le sauvage a raison, et si nous les estimons par le travail qu'elles coûtent, nous trouverons encore qu'il n'a pas moins raison : que de difficultés à vaincre! que de problèmes à résoudre! combien d'arts accumulés les uns sur les autres ne faut-il pas pour faire ce clou ou cette épingle dont nous faisons si peu de cas? D'abord, de toutes les substances métalliques, la mine de fer est la plus difficile à fondre (*a*); il s'est passé bien des siècles avant qu'on en ait trouvé les moyens : on sait que les Péruviens et les Mexicains n'avaient en ouvrages travaillés que de l'or, de l'argent, du cuivre, et point de fer; on sait que les armes des anciens peuples de l'Asie n'étaient que de cuivre, et tous les auteurs s'accordent à donner l'importante découverte de la fusion de la mine de fer aux habitants de l'île de Crète, qui, les premiers, parvinrent aussi à forger le fer dans les cavernes du mont Ida (*b*), quatorze cents ans environ avant l'ère chrétienne. Il faut en effet un feu violent et en grand volume pour fondre la mine de fer et la faire couler en lingots, et il faut un second feu tout aussi violent pour ramollir cette fonte; il faut en même temps la travailler avec des ringards de fer, avant de la porter sous le marteau pour la forger et en faire du fer, en sorte qu'on n'imagine pas trop comment ces Crétois, premiers inventeurs du fer forgé, ont pu travailler leurs fontes, puisqu'ils n'avaient pas encore d'outils de fer; il est à croire qu'après avoir ramolli les fontes au feu, ils les ont de suite portées sous le marteau, où elles n'auront d'abord donné qu'un fer très impur dont ils auront fabriqué leurs premiers instruments ou ringards, et qu'ayant ensuite travaillé la fonte avec ces instruments, ils seront parvenus peu à peu au point de fabriquer du vrai fer; je dis peu à peu, car, lorsque après ces difficultés vaincues on a forgé cette barre de fer, ne faut-il pas ensuite la ramollir encore au feu pour la couper sous des tranchants d'acier et la séparer en petites verges? ce qui suppose d'autres machines, d'autres fourneaux, puis enfin un art particulier pour réduire ces verges en clous, et un plus grand art si l'on veut en faire des épingles; que de temps, que de travaux successifs ce petit exposé ne nous offre-t-il pas! Le cuivre qui, de tous les métaux après le fer, est le plus difficile à traiter, n'exige pas à beaucoup près autant de travaux et de machines combinées; comme plus ductile et plus souple, il se prête à toutes les formes qu'on veut lui donner; mais on sera toujours étonné que d'une terre métallique, dont on ne peut

(*a*) Il y a quelques mines de cuivre pyriteuses qui sont encore plus longues à traiter que la mine de fer; il faut neuf ou dix grillages préparatoires à ces mines de cuivre pyriteuses avant de les réduire en *mattes*, et faire subir à cette matte l'action successive de trois, quatre et cinq feux avant d'obtenir du cuivre noir; enfin, il faut encore fondre et purifier ce cuivre noir avant qu'il ne devienne cuivre rouge, et tel qu'on puisse le verser dans le commerce. Ainsi, certaines mines de cuivre exigent encore plus de travail que les mines de fer pour être réduites en métal; mais ensuite le cuivre se prête bien plus aisément que le fer à toutes les formes qu'on veut lui donner.

(*b*) Hésiode cité par Pline, lib. VII, cap. LVI. — Strabon, lib. X. — Diodore de Sicile, lib. XV, cap. V. — Clément d'Alexandrie, lib. I, p. 307. — Eusèbe, *Préparation évangélique*. — Enfin, dans les *Marbres* d'Oxford, l'invention du fer est rapportée à l'année 1432 avant l'ère chrétienne.

faire avec le feu le plus violent qu'une fonte aigre et cassante, on soit parvenu, à force d'autres feux et de machines appropriées, à tirer et réduire en fils déliés cette matière revêche, qui ne devient métal et ne prend de la ductilité que sous les efforts de nos mains.

Parcourons, sans trop nous arrêter, la suite des opérations qu'exigent ces travaux. Nous avons indiqué ceux de la fusion des mines : on coule la fonte en gros lingots ou gueuses dans un sillon de quinze à vingt pieds de longueur, sur sept ou huit pouces de profondeur, et ordinairement on les laisse se coaguler et se refroidir dans cette espèce de moule qu'on a soin d'humecter auparavant avec de l'eau ; les surfaces inférieures du lingot prennent une trempe par cette humidité, et sa surface supérieure se trempe aussi par l'impression de l'air : la matière en fusion demeure donc encore liquide dans l'intérieur du lingot, tandis que ses faces extérieures ont déjà pris de la solidité par le refroidissement ; l'effort de cette chaleur, beaucoup plus forte en dedans et au centre qu'à la circonférence du lingot, le force à se courber, surtout s'il est de fonte blanche, et cette courbure se fait dans le sens où il y a le moins de résistance, c'est-à-dire en haut, parce que la résistance est moindre qu'en bas et vers les côtés ; on peut voir, dans mes Mémoires (*a*), combien de temps la matière reste liquide à l'intérieur après que les surfaces se sont consolidées.

D'ordinaire, on laisse la gueuse ou lingot se refroidir au moule pendant six ou sept heures ; après quoi, on l'enlève, et on est obligé de le faire peser pour payer un droit très onéreux d'environ six livres quinze sous par millier de fonte, ce qui fait plus de dix livres par chaque millier de fer ; c'est le double du salaire de l'ouvrier, auquel on ne paye que cinq livres pour la façon d'un millier de fer ; et d'ailleurs, ce droit que l'on perçoit sur les fontes cause encore une perte réelle, et une grande gêne, par la nécessité où l'on est de laisser refroidir le lingot pour le peser, ce que l'on ne peut faire tant qu'il est rouge de feu ; au lieu qu'en le tirant du moule au moment qu'il est consolidé, et le mettant sur des rouleaux de pierre pour entrer encore rouge au feu de l'affinerie, on épargnerait tout le charbon que l'on consomme pour le réchauffer à ce point lorsqu'il est refroidi ; or un impôt, qui non seulement grève une propriété d'industrie qui devrait être libre, telle que celle d'un fourneau, mais qui gène encore le progrès de l'art, et force en même temps à consommer plus de matière combustible qu'il ne serait nécessaire, cet impôt, dis-je, a-t-il été bien assis, et doit-il subsister sous une administration éclairée ?

Après avoir tiré du moule le lingot refroidi, on le fait entrer, par l'une de ses extrémités, dans le feu de l'affinerie où il se ramollit peu à peu, et tombe ensuite par morceaux, que le forgeron réunit et pétrit avec des ringards pour en faire une loupe de soixante à quatre-vingts livres de poids ; dans ce travail, la matière s'épure et laisse couler des scories par le fond du foyer. Enfin, lorsqu'elle est assez pétrie, assez maniée et chauffée jusqu'au blanc, on la tire du feu de l'affinerie avec de grandes tenailles, et on la jette sur le sol pour la frapper de quelques coups de masse, et en séparer, par cette première percussion, les scories qui souvent s'attachent à sa surface, et en même temps pour en rapprocher toutes les parties intérieures, et les préparer à recevoir la percussion plus forte du gros marteau, sans se détacher ni se séparer ; après quoi, on porte avec les mêmes tenailles cette loupe sous un marteau de sept à huit cents livres pesant, et qui peut frapper jusqu'à cent dix et cent vingt coups par minute, mais dont on ménage le mouvement pour cette première fois, où il ne faut que comprimer la masse de la loupe par des coups assez lents ; car, dès qu'elle a perdu son feu vif et blanc, on la reporte au foyer de l'affinerie pour lui donner une seconde chaude ; elle s'y épure encore et laisse couler de nouveau quelques scories, et lorsqu'elle est une seconde fois chauffée à blanc, on la porte de même du foyer sur l'enclume, et on donne au marteau un mouvement de plus en plus

(*a*) Voyez le *Mémoire sur la fusion des Mines de fer*, t. IX.

accéléré, pour étendre cette pièce de fer en une barre ou bande qu'on ne peut achever que par une troisième, quatrième et quelquefois une cinquième chaude. Cette percussion du marteau purifie la fonte en faisant sortir au dehors les matières étrangères dont elle était encore mêlée, et elle rapproche en même temps, par une forte compression, toutes les parties du métal qui, quand il est pur et bien traité, se présente en fibres nerveuses toutes dirigées dans le sens de la longueur de la barre, mais qui n'offre au contraire que de gros grains ou des lames à facettes lorsqu'il n'a pas été assez épuré, soit au fourneau de fusion, soit au foyer de l'affinerie ; et c'est par ces caractères très simples que l'on peut toujours distinguer les bons fers des mauvais en les faisant casser : ceux-ci se brisent au premier coup de masse, tandis qu'il en faut plus de cent pour casser une pareille bande de fer nerveux, et que souvent même il faut l'entamer avec un ciseau d'acier pour la rompre.

Le fer, une fois forgé, devient d'autant plus difficile à refondre qu'il est plus pur et en plus gros volume ; car on peut assez aisément faire fondre les vieilles ferrailles réduites en plaques minces ou en petits morceaux ; il en est de même de la limaille ou des écailles de fer (*a*) ; on peut en faire d'excellent fer, soit pour le tirer en fil d'archal, soit pour en faire

(*a*) On met dans le foyer de l'affinerie un lit de charbon et de ferraille alternativement, et, lorsque le creuset de l'affinerie est plein, on le recouvre d'une forte quantité de charbons : on met le feu au charbon et l'on donne une grande vitesse aux soufflets ; on remet du nouveau charbon à mesure qu'il s'affaisse ; on y mêle d'autres ferrailles, et l'on continue ainsi jusqu'à ce que le creuset contienne une loupe d'environ quatre-vingts livres. Il n'est pas nécessaire de remuer et travailler cette loupe aussi souvent que celle qui provient de la gueuse ; mais il faut jeter des scories dans le creuset et entretenir un bain pour empêcher le fer de brûler ; il faut aussi modérer la vivacité de la flamme en jetant de l'eau dessus, ce qui concentre la chaleur dans le foyer ; la loupe étant formée, on arrête le vent et on la tire du creuset : elle est d'un rouge blanc très vif ; on la porte sous le marteau pour en faire d'abord un bloc de quelques pouces de longueur, après quoi on la remet au feu, et on fait une barre par une seconde ou troisième chaude. Le déchet, tant au feu qu'au marteau, est d'un quart environ.

Il y a quelque choix à faire dans les vieilles ferrailles ; les clous à latte ne sont pas bons à être refondus ; toutes les ferrailles plates ou torses sont bonnes ; les fers qui résultent des ferrailles refondues sont très ductiles et très bons ; on en fait des canons de fusil ; tout l'art consiste à bien souder ce fer, en lui donnant le juste degré de feu nécessaire. Les écailles qui se lèvent et se séparent de ce fer sont elles-mêmes du bon fer, qu'on peut encore refondre et souder ensemble et avec l'autre fer ; il faut seulement les mêler avec une égale quantité de ferrailles plus solides, pour les empêcher de s'éparpiller dans le feu. La limaille de fer humectée prend corps et devient en peu de jours une masse dure qu'on brise en morceaux gros comme des noix, et, en les mêlant avec d'autres vieilles ferrailles, elles donnent de très bon fer.

Qu'on prenne une barre de fer large de deux à trois pouces, épaisse de deux à trois lignes, qu'on la chauffe au rouge, et qu'avec la panne du marteau on y pratique, dans sa longueur, une cannelure ou cavité, qu'on la plie sur elle-même pour la doubler ou corroyer, l'on remplira ensuite la cannelure des écailles ou paillettes en question ; on lui donnera une chaude douce d'abord en rabattant les bords, pour empêcher qu'elles ne s'échappent, et on battra la barre comme on le pratique pour corroyer le fer, avant de la chauffer à blanc ; on la chauffera ensuite blanche et fondante, et la pièce soudera à merveille ; on la cassera à froid, et l'on n'y verra rien qui annonce que la soudure n'ait pas été complète et parfaite, et que toutes les parties de fer ne se soient pas pénétrées réciproquement, sans laisser aucun espace vide. J'ai fait cette expérience aisée à répéter, qui doit rassurer sur les pailles, soit qu'elles soient plates ou qu'elles aient la forme d'aiguille, puisqu'elles ne sont autre chose que du fer, comme la barre avec laquelle on les incorpore et où elles ne forment plus qu'un même corps avec elle.

J'ai fait nettoyer avec soin le creuset d'une grosse forge, et l'ayant rempli de charbon de bois, et donné l'eau aux soufflets, j'ai, lorsque le feu a été vif, fait jeter par-dessus de ces

des canons de fusil, ainsi qu'on le pratique depuis longtemps en Espagne. Comme c'est un des emplois du fer qui demandent le plus de précaution, et que l'on n'est pas d'accord sur la qualité des fers qu'il faut préférer pour faire de bons canons de fusil, j'ai tâché de prendre sur cela des connaissances exactes, et j'ai prié M. de Montbeillard, lieutenant-colonel d'artillerie et inspecteur des armes à Charleville et Maubeuge, de me communiquer ce que sa longue expérience lui avait appris à ce sujet : on verra, dans la note ci-dessous (*a*),

paillettes ou exfoliations : après avoir successivement rechargé de charbon et de pailles de fer pendant une heure et demie, j'ai fait découvrir l'ouvrage. J'ai observé que ces pailles, qui sont aussi déliées que du talc, trempées par l'air, très légères et très cassantes, n'étant pas assez solides pour se fixer et s'unir ensemble, devaient être entièrement détruites pour la plupart; les autres formaient de petites masses éparpillées, qui n'ont pu se joindre et former une seule loupe, comme le font les ferrailles qui ont du corps et de la consistance. J'ai fait jeter dans l'eau froide une de ces petites masses, prise dans le creuset, et l'ayant mise au feu d'une petite forge au charbon de terre, et battue à petits coups lorsqu'elle a été couleur de cerise, toutes les parties s'en sont réunies. Je l'ai fait chauffer encore au même degré, et battre de même, après quoi on l'a chauffée blanc et étirée ; on l'a cassée lorsqu'elle a été refroidie, et il s'est trouvé un fer parfait et tout de nerf.

Si l'on veut réunir ces pailles dans le creuset et en former une seule loupe, il faut les mêler avec un sixième ou plus de ferrailles, qui, tombant les premières, serviront de base sur laquelle elles se fixeront au lieu de s'éparpiller, et feront corps avec elles. Sans cette précaution, l'extrême légèreté de ces écailles ne leur permettant pas d'opposer à l'agitation violente de l'intérieur du creuset une résistance suffisante, une partie sera entièrement détruite, et le reste se dispersera et ne pourra se réunir qu'en petites masses, comme cela est arrivé ; mais il résulte toujours de ces deux expériences que ces écailles, pailles ou lames, comme on voudra les appeler, sont de fer, et qu'elles ne peuvent en aucune manière et dans aucun cas empêcher la soudure de deux parties de fer qu'on veut réunir. (Note communiquée par M. de Montbeillard, lieutenant-colonel d'artillerie, au mois de mai 1770.)

(*a*) Le fer qui passe pour le plus excellent, c'est-à-dire d'une belle couleur blanche tirant sur le gris, entièrement composé de nerfs ou de couches horizontales, sans mélange de grains, est de tous les fers celui qui convient le moins : observons d'abord qu'on chauffe la barre à blanc pour en faire la maquette, qui est chauffée à son tour pour faire la lame à canon ; cette lame est ensuite roulée dans sa longueur, et chauffée blanche à chaque pouce et demi deux ou trois fois, et souvent plus, pour souder le canon; que peut-il résulter de toutes ces chaudes ainsi multipliées sur chaque point, et qui sont indispensables? Nous avons supposé le fer parfait et tout de nerf : s'il est parfait, il n'a plus rien à gagner, et l'action d'un feu aussi violent ne peut que lui fait perdre de sa qualité, qu'il ne reprend jamais en entier, malgré le recuit qu'on lui donne. Je conçois donc que le feu, dirigé par le vent des soufflets, coupe les nerfs en travers, qui deviennent des grains d'une espèce d'autant plus mauvaise que le fer a été chauffé blanc plus souvent, et par conséquent plus desséché : j'ai fait quelques expériences qui confirment bien cette opinion. Ayant fait tirer plusieurs lames à canon du carré provenu de la loupe à l'affinerie et les ayant cassées à froid, je les trouvai toutes de nerf et de la plus belle couleur; je fis faire un morceau de barre à la suite du même lopin, duquel je fis faire des lames à canon, qui, cassées à froid, se trouvèrent mi-parties de nerf et de grains : ayant fait tirer une barre du reste du carré, je le pliai à un bout et la corroyai, et en ayant fait faire des macquettes et ensuite des lames, elles ne présentèrent plus que des grains à leur fracture et d'une qualité médiocre...

Étant aux forges de Mouzon, je fis faire une maquette et une lame au bout d'une barre de fer, presque toutes d'un bon grain avec très peu de nerf; l'extrémité de la lame cassée à froid a paru mêlée de beaucoup de nerf, et le canon qui en a été fabriqué a plié comme de la baleine; on ne l'a cassé qu'à l'aide du ciselet et avec la plus grande difficulté : la fracture était toute de nerf.

Ayant vu un canon qui cassa comme du verre, en le frappant sur une enclume, et qui montrait en totalité de très gros et vilains grains, sans aucune partie de nerf, on m'a présenté la barre avec laquelle la maquette et la lame qui avaient produit ce canon avaient été

que les canons de fusil ne doivent pas être faits, comme on pourrait l'imaginer, avec du fer qui aurait acquis toute sa perfection, mais seulement avec du fer qui puisse encore en acquérir par le feu qu'il doit subir pour prendre la forme d'un canon de fusil.

Mais revenons au fer qui vient d'être forgé, et qu'on veut préparer pour d'autres usages encore plus communs : si on le destine à être fendu dans sa longueur pour en faire des clous et autres menus ouvrages, il faut que les bandes n'aient que de cinq à huit lignes d'épaisseur sur vingt-cinq à trente de largeur ; on met ces bandes de fer dans un fourneau de réverbère qu'on chauffe au feu de bois, et lorsqu'elles ont acquis un rouge vif de feu, on les tire du fourneau et on les fait passer, les unes après les autres, sous les *espatards* ou cylindres pour les aplatir, et ensuite sous des taillants d'acier, pour les fendre en longues verges carrées de trois, cinq et six lignes de grosseur ; il se fait une prodigieuse consommation de ce fer en verge, et il y a plusieurs forges en France, où l'on en fait annuellement quelques centaines de milliers. On préfère, pour le feu de ce fourneau ou four de fenderie, les bois blancs et mous aux bois de chêne et autres bois durs, parce que la flamme en est plus douce, et que le bois de chêne contient de l'acide qui ne laisse pas d'altérer un peu la qualité du fer : c'est par cette raison qu'on doit, autant qu'on le peut, n'employer le charbon de chêne qu'au fourneau de fusion, et garder les charbons de bois blanc pour les affineries et pour les fourneaux de fenderie et de batterie ; car la cuisson du bois de chêne en charbon ne lui enlève pas l'acide dont il est chargé, et en général le feu du bois radoucit l'aigreur du fer, et lui donne plus de souplesse et un peu plus de ductilité qu'il n'en avait au sortir de l'affinerie dont le feu n'est entretenu que par du charbon. L'on peut faire passer à la fenderie des fers de toute qualité : ceux qui sont les plus aigres servent à faire de petits clous à lattes qui ne plient pas, et qui doivent être plutôt cassants que souples ; les verges de fer doux sont pour les clous des maréchaux, et peuvent être passées par la filière pour faire du gros fil de fer, des anses de chaudières, etc.

faites, laquelle était entièrement de très beau nerf ; on a tiré une maquette au bout de cette barre, sans la plier et corroyer, laquelle s'est trouvée de nerf avec un peu de grain ; ayant plié et corroyé le reste de cette barre dont on fit une maquette, elle a montré moins de nerf et plus de grains que celle qui n'avait pas été corroyée : suivons cette opération ; la barre était toute de nerf ; la maquette, tirée au bout sans la doubler, avait déjà un peu de grains ; celle tirée de la même barre pliée et corroyée, avait encore plus de grains, et enfin un canon, provenant de cette barre pliée et corroyée, était tout de grains larges et brillants comme le mauvais fer, et elle a cassé comme du verre. Néanmoins je ne prétends pas conclure de ce que je viens d'avancer, qu'on doive préférer pour la fabrication des canons de fusil le fer aigre et cassant, je suis bien loin de le penser ; mais je crois pouvoir assurer, d'après un usage journalier et constant, que le fer le plus propre à cette fabrication est celui qui présente, en le cassant à froid, le tiers ou la moitié du nerf, et les deux autres tiers ou la moitié de grains d'une bonne espèce, petits, sans ressembler à ceux de l'acier, et blancs en tirant sur le gris ; la partie nerveuse se détruit ou s'altère aux différents feux successifs que le fer essuie sur chaque point, et la partie de grains devient nerveuse en s'étendant sous le marteau, et remplace l'autre.

Les axes de fer, qui supportent nos meules de grès, pesant sept à huit milliers, étant faits de différentes mises rapportées et soudées les unes après les autres, on a grand soin de mélanger, pour les fabriquer, des fers de grains et de nerf ; si l'on n'employait que celui de nerf, il n'y a point d'axe qui ne cassât.

Le canon de fusil qui résulte du fer, ainsi mi-partie de grains et de nerf, est excellent et résistera à de très vives épreuves... Si l'on a des ouvrages à faire avec du fer préparé en échantillon, de manière que quelques chaudes douces suffisent pour fabriquer la pièce, le fer de nerf doit être préféré à tous les autres, parce qu'on ne risque pas de l'altérer par des chaudes vives et répétées, qui sont nécessaires pour souder. (Suite de la note communiquée par M. de Montbeillard, lieutenant-colonel d'artillerie.)

Si l'on destine les bandes de fer forgé à faire de la tôle, on les fait de même passer au feu de la fenderie, et, au lieu de les fendre sur leur longueur, on les coupe en travers dès qu'elles sont ramollies par le feu ; ensuite on porte ces morceaux coupés sous le martinet pour les élargir ; après quoi, on les met dans le fourneau de la batterie, qui est aussi de réverbère, mais qui est plus large et moins long que celui de la fenderie, et que l'on chauffe de même avec du bois blanc : on y laisse chauffer ces morceaux de fer, et on les en tire en les mettant les uns sur les autres pour les élargir encore en les battant à plusieurs fois sous un gros marteau, jusqu'à les réduire en feuillets d'une demi-ligne d'épaisseur ; il faut pour cela du fer doux ; j'ai fait de la très bonne tôle avec de vieilles ferrailles, néanmoins le fer ordinaire, pourvu qu'il soit nerveux, bien *sué* et sans pailles, donnera aussi de la bonne tôle en la faisant au feu de bois, au lieu qu'au feu de charbon ce même fer ne donnerait que de la tôle cassante.

Il faut aussi du fer doux et nerveux pour faire au martinet du fer de cinq ou six lignes, bien carré, qu'on nomme du *carillon*, et des verges ou tringles rondes du même diamètre : j'ai fait établir deux de ces martinets, dont l'un frappe trois cent douze coups par minute ; cette grande rapidité est doublement avantageuse, tant par l'épargne du combustible et la célérité du travail, que par la perfection qu'elle donne à ces fers.

Enfin, il faut un fer de la meilleure qualité, et qui soit en même temps très ferme et très ductile pour faire du fil de fer, et il y a quelques forges en Lorraine, en Franche-Comté, etc., où le fer est assez bon pour qu'il puisse passer successivement par toutes les filières, depuis deux lignes de diamètre jusqu'à la plus étroite, au sortir de laquelle le fil de fer est aussi fin que du crin : en général, le fer qu'on destine à la filière doit être tout de nerf et ductile dans toutes ses parties ; il doit être bien *sué*, sans pailles, sans soufflures et sans grains apparents. J'ai fait venir des ouvriers de la Lorraine allemande pour en faire à mes forges, afin de connaître la différence du travail et la pratique nécessaire pour forger ce fer de filerie : elle consiste principalement à purifier la loupe au feu de l'affinerie deux fois au lieu d'une, à donner à la pièce une chaude ou deux de plus qu'à l'ordinaire, et à n'employer dans tout le travail qu'une petite quantité de charbon à la fois, réitérée souvent, et enfin à ne forger des barreaux que de douze ou treize lignes en carré, en les faisant suer à blanc à chaque chaude ; j'ai eu par ces procédés des fers que j'ai envoyés à différentes fileries où ils ont été tirés en fils de fer avec succès.

Il faut aussi du fer de très bonne qualité pour faire la tôle mince dont on fait le fer-blanc : nous n'avons encore en France que quatre manufactures en ce genre, dont celle de Bains en Lorraine est la plus considérable (*a*). On sait que c'est en étamant la tôle, c'est-à-dire en la recouvrant d'étain, que l'on fait le fer-blanc ; il faut que l'étoffe de cette tôle soit homogène et très souple pour qu'elle puisse se plier et se rouler sans se fendre ni se gercer, quelque mince qu'elle soit : pour arriver à ce point, on commence par faire de la tôle à la manière ordinaire, et on la bat successivement sous le marteau, en mettant les feuilles en *doublons* les unes sur les autres jusqu'au nombre de soixante-quatre, et lorsqu'on est parvenu à rendre ces feuilles assez minces, on les coupe avec de grands ciseaux pour les séparer, les ébarber et les rendre carrées ; ensuite on plonge ces feuilles une à une dans des eaux *sures* ou aigres pour les *décaper*, c'est-à-dire pour leur enlever la petite couche noirâtre dont se couvre le fer chaque fois qu'il est soumis à l'action du feu, et qui empêcherait l'étain de s'attacher au fer ; ces eaux aigres se font au moyen d'une certaine quantité de farine de seigle et d'un peu d'alun qu'on y mêle ; elles enlèvent cette couche noire du fer, et lorsque les feuilles sont bien nettoyées, on les plonge verticalement dans

(*a*) Il s'en était élevé une à Morambert en Franche-Comté, qui n'a pu se soutenir, parce que les fermiers généraux n'ont voulu se relâcher sur aucun des droits auxquels cette manufacture était assujettie, comme étant établie dans une province réputée étrangère.

un bain d'étain fondu et mêlé d'un peu de cuivre; il faut auparavant recouvrir le bain de cet étain fondu avec une couche épaisse de suif ou de graisse pour empêcher la surface de l'étain de se réduire en chaux : cette graisse prépare aussi les surfaces du fer à bien recevoir l'étain, et on en retire la feuille presque immédiatement après l'avoir plongée pour laisser égoutter l'étain superflu; après quoi, on la frotte avec du son sec, afin de la dégraisser, et enfin il ne reste plus qu'à dresser ces feuilles de fer étamées avec des maillets de bois, parce qu'elles se sont courbées et voilées par la chaleur de l'étain fondu.

On ne croirait pas que le fer le plus souple et le plus ductile fût en même temps celui qui se trouve le plus propre pour être converti en acier, qui, comme l'on sait, est d'autant plus cassant qu'il est plus parfait; néanmoins, l'étoffe du fer, dont on veut faire l'acier par cémentation, doit être la même que celle du fer de filerie, et l'opération par laquelle on le convertit en acier ne fait que hacher les fibres nerveuses de ce fer et lui donner encore un un plus grand degré de pureté, en même temps qu'il se pénètre et se charge de la matière du feu qui s'y fixe, je m'en suis assuré par ma propre expérience; j'ai fait établir pour cela un grand fourneau d'aspiration et d'autres plus petits, afin de ménager la dépense de mes essais, et j'ai obtenu des aciers de bonne qualité, que quelques ouvriers de Paris ont pris pour de l'acier d'Angleterre; mais j'ai constamment observé qu'on ne réussissait qu'autant que le fer était pur, et que, pour être assuré d'un succès constant, il fallait n'employer que des fers de la plus excellente qualité ou des fers rendus tels par un travail approprié; car les fers ordinaires, même les meilleurs de ceux qui sont dans le commerce, ne sont pas d'une qualité assez parfaite pour être convertis par la cémentation en bon acier; et si l'on veut ne faire que de l'acier commun, l'on n'a pas besoin de recourir à la cémentation, car, au lieu d'employer du fer forgé, on obtiendra de l'acier comme on obtient du fer avec la seule fonte, et seulement en variant les procédés du travail, et les multipliant à l'affinerie et au marteau (*a*).

On doit donc distinguer des aciers de deux sortes : le premier, qui se fait avec la fonte de fer ou avec le fer même, et sans cémentation; le second, que l'on fait avec le fer, en employant un cément; tous deux se détériorent également, et perdent leur qualité par des

(*a*) Pour obtenir de l'acier avec la fonte de fer, on met dans le foyer beaucoup de petits charbons et du poussier que l'on humecte, afin qu'il soit plus adhérent, et des scories légères et fluides... On presse davantage la fusion... Le bain est toujours couvert de scories, et on ne les fait point écouler... De cette manière, la matière du fer reposant sur du charbon en a le contact immédiat par-dessous... La force et la violence du feu achève de séparer les parties terreuses, qui, rencontrant les scories, font corps avec elles et s'y accrochent; mais le déchet est plus grand, car on n'obtient en acier que la moitié de la fonte, tandis qu'en fer on en obtient les deux tiers.

A mesure que l'acier est purgé de ses parties terreuses, il résiste davantage au feu et se durcit; lorsqu'il a acquis une consistance suffisante à pouvoir être coupé et à supporter les coups de marteau, l'opération est finie, on le retire; mais le fer et l'acier que l'on retire ainsi de ces deux opérations sont rarement purs et assez bons pour tous les usages du commerce... Car l'acier que l'on retire du fer de fonte peut être uni à quelques portions de fer qui le rende inégal, de sorte qu'il n'aura pas la même dureté dans toutes les parties... Cependant on n'en fait pas d'autre en Allemagne, et c'est pourquoi l'on préfère les limes d'Angleterre, qui sont d'acier de fonte... Pour faire l'acier cémenté, il ne faut employer que du fer de bonne qualité, et tout fer qui est difficile à souder, qui se gerce ou qui est pailleux, doit être rejeté. *Voyages métallurgiques* de M. Jars, p. 24 et suiv... Le même M. Jars, après avoir donné ailleurs la méthode dont on se sert en Suède pour tirer de l'acier par la fonte, ajoute que les Anglais tirent de Danemora le fer qu'ils convertissent en acier par cémentation, qu'ils le payent quinze livres par cent de plus que les autres fers, que ce fer de Danemora est marqué *O O*, et que les Suédois ne sont pas encore parvenus à faire d'aussi bon acier cémenté que les Anglais. *Idem*, p. 28 et suiv.

chaudes réitérées, et la pratique par laquelle on a cru remédier à ce défaut, en donnant à chaque morceau de fer la forme de la pièce qu'on veut convertir en acier, a elle-même son inconvénient; car celles de ces pièces, comme sabres, couteaux, rasoirs, etc., qui sont plus minces dans le tranchant que dans le dos, seront trop acier dans la partie mince et trop fer dans l'autre, et d'ailleurs les petites boursouflures qui s'élèvent à leur surface rendraient ces pièces défectueuses : il faut, de plus, que l'acier cémenté soit corroyé, *sué* et soudé pour avoir de la force et du corps; en sorte que ce procédé de forger les pièces, avant de les mettre dans le cément, ne peut convenir que pour les morceaux épais, dont on ne veut convertir que la surface en acier.

Pour faire de l'acier avec la fonte de fer, il faut commencer par rendre cette fonte aussi pure qu'il est possible avant de la tirer du fourneau de fusion, et pour cela, si l'on met huit mesures de mine pour faire de la fonte ordinaire, il n'en faudra mettre que six par charge sur la même quantité de charbon, afin que la fonte en devienne meilleure : on pourra aussi la tenir plus longtemps en bain dans le creuset, c'est-à-dire quinze ou seize heures au lieu de douze, elle achèvera pendant ce temps de s'épurer; ensuite on la coulera en petites gueuses ou lingots, et, pour la dépurer encore davantage, on fera fondre une seconde fois ce lingot dans le feu de l'affinerie; cette seconde fusion lui donnera la qualité nécessaire pour devenir du bon acier au moyen du travail suivant.

On remettra au feu de l'affinerie cette fonte épurée pour en faire une loupe qu'on portera sous le marteau lorsqu'elle sera rougie à blanc, on la traitera comme le fer ordinaire, mais seulement sous un plus petit marteau, parce qu'il faut aussi que la loupe soit assez petite, c'est-à-dire de vingt-cinq à trente livres seulement; on en fera un barreau carré de dix ou onze lignes au plus, et, lorsqu'il sera forgé et refroidi, on le cassera en morceaux longs d'environ un pied, que l'on remettra au feu de l'affinerie, en les arrangeant en forme de grille, les uns sur les autres : ces petits barreaux se ramolliront par l'action du feu et se souderont ensemble; l'on en fera une nouvelle loupe que l'on travaillera comme la première, et qu'on portera de même sous le marteau pour en faire un nouveau barreau, qui sera peut-être déjà de bon acier; et même, si la fonte a été bien épurée, on aura de l'acier assez bon dès la première fois; mais, supposé que cette seconde fois l'on n'ait encore que du fer ou du fer mêlé d'acier, il faudra casser de nouveau le barreau en morceaux et en former encore une loupe au feu de l'affinerie, pour la porter ensuite au marteau, et obtenir enfin une barre de bon acier. On sent bien que le déchet doit être très considérable, et d'ailleurs cette méthode de faire de l'acier ne réussit pas toujours; car il arrive assez souvent qu'en chauffant plusieurs fois ces petites barres on n'obtient pas de l'acier, mais seulement du fer nerveux : ainsi je ne conseillerais pas cette pratique, quoiqu'elle m'ait réussi, vu qu'elle doit être conduite fort délicatement et qu'elle expose à des pertes. Celle que l'on suit en Carinthie, pour faire de même de l'acier par la seule dépuration de la fonte, est plus sûre et même plus simple : on observe d'abord de faire une première fonte, la meilleure et la plus pure qu'il se peut; cette fonte est coulée en *floss*, c'est-à-dire en gâteaux d'environ six pieds de long sur un pied de large, et trois à quatre pouces d'épaisseur; cette *floss* est portée et présentée par le bout à un feu animé par des soufflets, qui la fait fondre une seconde fois et couler dans un creuset placé sous le foyer. Tout le fond de ce creuset est rempli de poudre de charbon bien battue; on en garnit de même les parois, et par-dessus la fonte on jette du charbon et du laitier pour la couvrir : après six heures de séjour dans le creuset (*a*), la fonte étant bien épurée de son laitier, on en prend une loupe d'environ cent quarante à cent cinquante livres, que l'on porte sous le marteau pour être divisée en deux ou trois *massets*, qui sont ensuite chauffés et *étirés* en barres,

(*a*) Six pour la première *loupe*, et seulement cinq ou quatre pour les suivantes, le creuset étant plus embrasé.

qui, quoique brutes, font de bon acier, et qu'il ne faut que porter à la batterie pour y recevoir des chaudes successives et être mises sous le martinet qui leur donne la forme (*a*). Il me paraît que le succès de cette opération tient essentiellement à ce que la fonte soit environnée d'une épaisseur de poudre de charbon, qui, de cette manière, produit une sorte de cémentation de la fonte et la sature de feu fixe (*), tout comme les bandes de fer forgé en sont saturées dans la cémentation proprement dite, dont nous allons exposer les procédés.

Cette conversion du fer en acier au moyen de la cémentation a été tentée par nombre d'artistes, et réussit assez facilement dans de petits fourneaux de chimie; mais elle présente plusieurs difficultés lorsqu'on veut travailler en grand, et je ne sache pas que nous ayons en France d'autres fourneaux que celui de Néronville en Gâtinois, où l'on convertisse à la fois jusqu'à soixante-quinze et quatre-vingts milliers de fer en acier, et encore cet acier n'est peut-être pas aussi parfait que celui qu'on fait en Angleterre : c'est ce qui a déterminé le gouvernement à charger M. de Grignon de faire, dans mes forges et au fourneau de Néronville, des essais en grand, afin de connaître quelles sont les provinces du royaume dont les fers sont les plus propres à être convertis en acier par la voie de la cémentation : les résultats de ces expériences ont été imprimés dans le *Journal de Physique* du mois de septembre 1782; on en peut voir l'extrait dans la note ci-dessous (*b*); et voici ce que ma propre expérience m'avait fait connaître avant ces derniers essais.

(*a*) Voyez les *Voyages métallurgiques* de M. Jars, t. Ier, p. 61 et suiv., où ces procédés de la conversion de la fonte en acier, en Styrie et en Carinthie, sont détaillés très au long.

(*b*) En 1780, M. de Grignon fut chargé par le gouvernement de faire des expériences en grand pour déterminer quelles sont les provinces du royaume qui produisent les fers les plus propres à être convertis en acier par la cémentation. M. le comte de Buffon offrit ses forges et le grand fourneau qu'il avait fait construire pour les mêmes opérations, et on y fit arriver des fers du comté de Foix, du Roussillon, du Dauphiné, de l'Alsace, de la Franche-Comté, des Trois-Évêchés, de Champagne, du Berri, de Suède, de Russie et d'Espagne.

Tous ces fers furent réduits au même échantillon, et placés dans la caisse de cémentation; leur poids total était de quatre mille sept cent deux livres, et on les enveloppa de vingt-quatre pieds cubes de poudre de cémentation : on mit ensuite le feu au fourneau, et on le soutint pendant cent cinquante-sept heures consécutives, dont trente-sept heures de petit feu, vingt-quatre de feu médiocre, et quatre-vingt-seize heures d'un feu si actif, qu'il fondit les briques du revêtissement du fourneau, du diaphragme, des arceaux, et de la voûte supérieure où sont les tuyaux aspiratoires...

Lorsque le fourneau fut refroidi, et que le fer fut retiré de la caisse, on en constata le poids, qui se trouva augmenté de soixante et une livres, mais une partie de cette augmentation de poids provient de quelques parcelles de matières du cément, qui restent attachées à la surface des barres. M. de Grignon, pour constater précisément l'accroissement du poids acquis par la cémentation, soumit, dans une expérience subséquente, cinq cents livres de fer en barres, bien décapé, et il fit écurer de même les barres au sortir de la cémentation, pour enlever la matière charbonneuse qui s'y était attachée, et il se trouva six livres et demie d'excédent, qui ne peut être attribué qu'au principe qui convertit le fer en acier, principe qui augmente non seulement le poids du fer, mais encore le volume de dix lignes et demie par cent pouces de longueur des barres, indépendamment du soulèvement de l'étoffe du fer qui forme les ampoules, que M. de Grignon attribue à l'air, et même à l'eau interposée dans le fer; et s'il était possible d'estimer le poids de cet air et de l'eau que la violente chaleur fait sortir du fer, le poids additionnel du principe qui se combine au fer, dans sa conversion en acier, se trouverait encore plus considérable.

Le fourneau de Buffon, quoique très solidement construit, s'étant trouvé détruit par la

(*) L'acier est un carbure de fer contenant du silicium et du phosphore.

J'ai fait chauffer au feu de bois, dans le fourneau de la fonderie, plusieurs bandes de mon fer de la meilleure qualité, et qui avait été travaillé comme les barreaux qu'on envoyait aux fileries pour y faire du fil de fer, et j'ai fait chauffer au même feu et en même temps d'autres bandes de fer moins épuré, et tel qu'il se vend dans mes forges pour le commerce; j'ai fait couper à chaud toutes ces bandes en morceaux longs de deux pieds. parce que la caisse de mon premier fourneau d'essais, où je voulais les placer pour les convertir en acier, n'avait que deux pieds et demi de longueur sur dix-huit pouces de largeur et autant de hauteur. On commença par mettre sur le fond de la caisse une couche de charbon en poudre de deux pouces d'épaisseur, sur laquelle on plaça, une à une, les petites bandes de fer de deux pieds de longueur, de manière qu'elles ne se touchaient pas; et qu'elles étaient séparées les unes des autres par un intervalle de plus d'un demi-pouce, on mit ensuite sur ces bandes une autre couche d'un pouce d'épaisseur de poudre de charbon, sur laquelle on posa de même d'autres bandes de fer, et ainsi alternativement des couches de charbon et des bandes de fer, jusqu'à ce que la caisse fût remplie, à trois pouces près, dans toute sa hauteur; on remplit ces trois derniers pouces vides, d'abord avec deux pouces de poudre de charbon, sur laquelle on amoncela en forme de dôme autant de poudre de grès qu'il pouvait en tenir sur la caisse sans s'ébouler : cette couverture de poudre de grès sert à préserver la poudre de charbon de l'atteinte et de la communication du feu. Il faut aussi avoir soin que les bandes de fer ne touchent ni par les côtés, ni par les extré-

violence du feu, M. de Grignon prit le parti d'aller à la manufacture de Néronville faire une autre suite d'expériences, qui lui donna les mêmes résultats qu'il avait obtenus à Buffon.

Les différentes qualités des fers soumis à la cémentation ont éprouvé des modifications différentes et dépendantes de leur caractère particulier.

Le premier effet que l'on aperçoit est cette multitude d'ampoules qui s'élèvent sur les surfaces : cette quantité est d'autant plus grande que l'étoffe du fer est plus désunie par des pailles, des gerçures et des fentes.

Les fers les mieux étoffés, dont la pâte est pleine et homogène, sont moins sujets aux ampoules : ceux qui n'ont que l'apparence d'une belle fabrication, c'est-à-dire qui sont bien unis, bien sués au dehors, mais dont l'affinage primitif n'a pas bien lié la pâte, sont sujets à produire une très grande quantité de bulles.

Les fers cémentés ne sont pas les seuls qui soient sujets aux ampoules ; les tôles et les fers noirs, préparés pour l'étamage, sont souvent défectueux pour les mêmes causes.

La couleur bleue, plus ou moins forte, dont se couvrent les surfaces des barres de fer soumises à la cémentation, est l'effet d'une légère décomposition superficielle ; plus cette couleur est intense, plus on a lieu de soupçonner l'acier de vivacité, c'est-à-dire de supersaturation : ce défaut s'annonce aussi par un son aigu que rend l'acier *poule* lorsqu'on le frappe ; le son grave au contraire annonce dans l'acier des parties ferreuses, et le bon acier se connaît par un son soutenu, ondulant et timbré.

Le fer cémenté, en passant à l'état d'acier, devient sonore, et devient aussi très fragile, puisque l'acier poule ou boursouflé est plus fragile que l'acier corroyé et trempé, sans que le premier ait été refroidi par un passage subit du chaud au froid : le fer peut donc être rendu fragile par deux causes diamétralement opposées, qui sont le feu et l'eau ; car le fer ne devient acier que par une supersaturation du feu fixe, qui, en s'incorporant avec les molécules du fer, en coupe et rompt la fibre, et la convertit en grains plus ou moins fins ; et c'est ce feu fixe, introduit dans le fer cémenté, qui en augmente le poids et le volume.

M. de Grignon observe que tous les défauts dont le fer est taché, et qui proviennent de la fabrication même ou du caractère des mines, ne sont point détruits par la cémentation ; qu'au contraire ils ne deviennent que plus apparents ; que c'est pour cette raison que, si l'on veut obtenir du bon acier par la cémentation, il faut nécessairement choisir les meilleurs fers, les plus parfaits, tant par leur essence que par leur fabrication, puisque la cémentation ne purifie pas le fer, et ne lui enlève pas les corps hétérogènes dont il peut être allié ou par amalgame ou par interposition : l'acier, selon lui, n'est point un fer plus pur, mais seu-

mités, aux parois de la caisse, dont elles doivent être éloignées et séparées par une épaisseur de deux pouces de poudre de charbon : on a soin de pratiquer, dans le milieu d'une des petites faces de la caisse, une ouverture où l'on passe, par le dehors, une bande de huit ou dix pouces de longueur et de même épaisseur que les autres, pour servir d'indice ou d'éprouvette; car, en retirant cette bande de fer au bout de quelques jours de feu, on juge par son état de celui des autres bandes renfermées dans la caisse, et l'on voit, en examinant cette bande d'épreuve, à quel point est avancée la conversion du fer en acier.

Le fond et les quatre côtés de la caisse doivent être de grès pur ou de très bonnes briques bien jointes et bien lutées avec de l'argile : cette caisse porte sur une voûte de briques, sous laquelle s'étend la flamme d'un feu qu'on entretient continuellement sur un *tisar* à l'ouverture de cette voûte, le long de laquelle on pratique des tuyaux aspiratoires de six pouces en six pouces, pour attirer la flamme et la faire circuler également tout autour de la caisse, au-dessus de laquelle doit être une autre voûte où la flamme, après avoir circulé, est enfin emportée rapidement par d'autres tuyaux d'aspiration aboutissant à une grande et haute cheminée. Après avoir réussi à ces premiers essais, j'ai fait construire un grand fourneau de même forme, et qui a quatorze pieds de longueur sur neuf de largeur et huit de hauteur, avec deux *tisars* en fonte de fer sur lesquels on met le bois, qui doit être bien sec, pour ne donner que de la flamme sans fumée; la voûte inférieure communique à l'entour de la caisse par vingt-quatre tuyaux aspiratoires, et la voûte supérieure communique à la grande cheminée par cinq autres tuyaux : cette cheminée est élevée de trente pieds au-dessus du fourneau et elle porte sur de grosses gueuses de fonte. Cette construction démontre assez que c'est un grand fourneau d'aspiration où l'air, puissamment attiré par le feu, anime la flamme et la fait circuler avec la plus grande rapidité; on entretient ce feu sans interruption pendant cinq ou six jours, et dès le quatrième on tire l'éprouvette pour s'assurer de l'effet qu'il a produit sur les bandes de fer qui sont dans la caisse de cémentation : on reconnaîtra, tant aux petites boursouflures qu'à la cassure de cette bande d'épreuve, si le fer est près ou loin d'être transformé en acier, et d'après cette connaissance l'on fera cesser ou continuer le feu; et, lorsqu'on

lement un fer supersaturé de feu fixe, et il y a autant d'aciers défectueux que de mauvais fers.

M. de Grignon observe les degrés de perfection des différents fers convertis en acier dans l'ordre suivant :

Les fers d'Alsace sont ceux de France qui produisent les aciers les plus fins pour la pâte; mais ces aciers ne sont pas si nets que ceux des fers de roche de Champagne, qui sont mieux fabriqués que ceux d'Alsace : quoique les fers de Berri soient en général plus doux que ceux de Champagne et de Bourgogne, ils ont donné les aciers les moins nets, parce que leur étoffe n'est pas bien liée ; et il a remarqué qu'en général les fers les plus doux à la lime, tels que ceux de Berri et de Suède, donnent des aciers beaucoup plus vifs que les fers fermes à la lime et au marteau, et que les derniers exigent une cémentation plus continuée et plus active. Il a reconnu que les fers de Sibérie donnaient un acier très difficile à traiter, et défectueux pour la désunion de son étoffe; que ceux d'Espagne donnent un acier propre à des ouvrages qui exigent un beau poli ; et il conclut qu'on peut faire de très bon acier fin avec les fers de France, en soignant leur fabrication : il désigne en même temps les provinces qui fournissent les fers qui sont les plus susceptibles de meilleur acier dans l'ordre suivant : Alsace, Champagne, Dauphiné, Limousin, Roussillon, comté de Foix, Franche-Comté, Lorraine, Berri et Bourgogne.

Il serait fort à désirer que le gouvernement donnât des encouragements pour élever des manufactures d'acier dans ces différentes provinces, non seulement pour l'acier par la cémentation, mais aussi pour la fabrication des aciers naturels, qui sont à meilleur compte que les premiers, et d'un plus grand usage dans les arts, surtout dans les arts de première nécessité.

jugera que la conversion est achevée, on laissera refroidir le fourneau ; après quoi, on fera une ouverture vis-à-vis le dessus de la caisse, et on en tirera les bandes de fer qu'on y avait mises, et qui dès lors seront converties en acier.

En comparant ces bandes les unes avec les autres, j'ai remarqué : 1° que celles qui étaient de bon fer épuré avaient perdu toute apparence de nerf, et présentaient à leur cassure un grain très fin d'acier, tandis que les bandes de fer commun conservaient encore de leur étoffe de fer, ou ne présentaient qu'un acier à gros grains; 2° qu'il y avait à l'extérieur beaucoup plus et de plus grandes boursouflures sur les bandes de fer commun que sur celles de bon fer; 3° que les bandes voisines des parois de la caisse n'étaient pas si bien converties en acier que les bandes situées au milieu de la caisse, et que de même les extrémités de toutes les bandes étaient de moins bon acier que les parties du milieu.

Le fer, dans cet état, au sortir de la caisse de cémentation, s'appelle de l'acier *boursouflé;* il faut ensuite le chauffer très doucement, et ne lui donner qu'un rouge couleur de cerise pour le porter sous le martinet et l'étendre en petits barreaux; car, pour peu qu'on le chauffe un peu trop, il s'éparpille et l'on ne peut le forger : il y a aussi des précautions à prendre pour le tremper; mais j'excéderais les bornes que je me suis prescrites dans mes ouvrages sur l'histoire naturelle, si j'entrais dans de plus grands détails sur les différents arts du travail du fer ; peut-être même trouvera-t-on que je me suis déjà trop étendu sur l'objet du fer en particulier: je me bornerai donc aux inductions que l'on peut tirer de ce qui vient d'être dit.

Il me semble qu'on pourrait juger de la bonne ou mauvaise qualité du fer par l'effet de la cémentation; on sait que le fer le plus pur est aussi le plus dense, et que le bon acier l'est encore plus que le meilleur fer; ainsi l'acier doit être regardé comme du fer encore plus pur que le meilleur fer : l'un et l'autre ne sont que le même métal dans deux états différents, et l'acier est pour ainsi dire un fer plus métallique que le simple fer; il est certainement plus pesant, plus magnétique, d'une couleur plus foncée, d'un grain beaucoup plus fin et plus serré, et il devient à la trempe bien plus dur que le fer trempé; il prend aussi le poli le plus vif et le plus beau : cependant, malgré toutes ces différences, on peut ramener l'acier à son premier état de fer par des céments d'une qualité contraire à celle des céments dont on s'est servi pour le convertir en acier, c'est-à-dire en se servant de matières absorbantes, telles que les substances calcaires, au lieu de matières inflammables, telle que la poudre de charbon dont on s'est servi pour le cémenter.

Mais, dans cette conversion du fer en acier, quels sont les éléments qui causent ce changement et quelles sont les substances qui peuvent le subir ? indépendamment des matières vitreuses, qui sans doute restent dans le fer en petite quantité, ne contient-il pas aussi des particules de zinc et d'autres matières hétérogènes (*a*)? Le feu doit détruire ces molécules de zinc, ainsi que celles des matières vitreuses pendant la cémentation, et par conséquent, elle doit achever de purifier le fer; mais il y a quelque chose de plus, car, si le fer, dans cette opération qui change sa qualité, ne faisait que perdre sans rien acquérir, s'il

(*a*) Le zinc contenu dans les mines de fer ne se montre pas seulement dans la cadmie qui se sublime dans l'intérieur du foyer supérieur du fourneau de fonderie, mais encore la *chapelle*, la *poitrine*, les *marâtres* et le *gueulard* du fourneau sont enduits d'une poudre sous diverses couleurs, qui n'est que de la *tutie* ou du *pompholix;* tout le zinc ne se sépare pas du minéral dans la fusion ; il en reste encore une partie considérable, combinée avec le fer dans la fonte, ce que j'ai prouvé en démontrant le zinc contenu dans les grappes qui se subliment et s'attachent à la *mérade* des affineries..... J'en ai aussi reconnu dans les travaux que j'ai visités en Champagne, Bourgogne, Franche-Comté, Alsace, Lorraine et Luxembourg, et j'ai appris depuis que l'on en trouve dans plusieurs autres provinces ; d'où l'on peut inférer que le zinc est un demi-métal ami du fer, et qu'il entre peut-être dans sa composition. *Mémoires de Physique*, par M. de Grignon, p. 18 et 19 de la préface.

se délivrait en effet de toutes ses impuretés, sans remplacement, sans acquisition d'autre matière, il deviendrait nécessairement plus léger; or, je me suis assuré que ces bandes de fer, devenues acier par la cémentation, loin d'être plus légères, sont spécifiquement plus pesantes et que, par conséquent, elles acquièrent plus de matière qu'elles n'en perdent; dès lors, quelle peut donc être cette matière, si ce n'est la substance même du feu (*) qui se fixe dans l'intérieur du fer, et qui contribue, encore plus que la bonne qualité ou la pureté du fer, à l'essence de l'acier?

La trempe produit dans le fer et l'acier des changements qui n'ont pas encore été assez observés, et, quoiqu'on puisse ôter à tous deux l'impression de la trempe en les recuisant au feu, et les rendre à peu près tels qu'ils étaient avant d'avoir été trempés, il est pourtant vrai qu'en les trempant et les chauffant plusieurs fois de suite, on altère leur qualité. La trempe à l'eau froide rend le fer cassant; l'action du froid pénètre à l'intérieur, rompt et hache le nerf, et le convertit en grains; j'ai vu, dans mes forges, que les ouvriers accoutumés à tremper dans l'eau la partie de la barre qu'ils viennent de forger afin de la refroidir promptement, ayant dans un temps de forte gelée suivi leur habitude, et trempé toutes leurs barres dans l'eau presque glacée, elles se trouvèrent cassantes au point d'être rebutées des marchands : la moitié de la barre qui n'avait pas été trempée était de bon fer nerveux, tandis que l'autre moitié, qui avait été trempée à la glace, n'avait plus de nerf, et ne présentait qu'un mauvais grain. Cette expérience est très certaine, et ne fut que trop répétée chez moi; car il y eut plus de deux cents barres dont la seconde moitié était la seule bonne, et l'on fut obligé de casser toutes ces barres par le milieu, et de reforger toutes les parties qui avaient été trempées, afin de leur rendre le nerf qu'elles avaient perdu.

A l'égard des effets de la trempe sur l'acier, personne ne les a mieux observés que M. Perret; et voici les faits, ou plutôt les effets essentiels que cet habile architecte a reconnus (*a*). « La trempe change la forme des pièces minces d'acier, elle les voile et les » courbe en différents sens; elle y produit des cassures et des gerçures; ces derniers effets » sont très communs, et néanmoins très préjudiciables : ces défauts proviennent de ce que » l'acier n'est pas forgé avec assez de régularité, ce qui fait que, passant rapidement du » chaud au froid, toutes les parties ne reçoivent pas avec égalité l'impression du froid. » Il en est de même si l'acier n'est pas bien pur ou contient quelques corps étrangers; ils » produiront nécessairement des cassures... Le bon acier ne casse à la première trempe » que quand il est trop écroui par le marteau; celui qu'on n'écrouit point du tout, et » qu'on ne forge que chaud, ne casse point à la première trempe, et l'on doit remarquer » que l'acier prend du gonflement à chaque fois qu'on le chauffe... Plus on donne de » trempe à l'acier, et plus il s'y forme de cassures; car la matière de l'acier ne cesse de » travailler à chaque trempe. L'acier fondu d'Angleterre se gerce de plusieurs cassures, et » celui de Styrie non seulement se casse, mais se crible par des trempes réitérées... Pour » prévenir l'effet des cassures, il faut chauffer couleur de cerise la pièce d'acier, et la » tremper dans du suif en l'y laissant jusqu'à ce qu'elle ait perdu son rouge; on peut, au » lieu de suif, employer toute autre graisse; elle produira le même effet, et préservera » l'acier des cassures que la trempe à l'eau ne manque pas de produire. On donnera si » l'on veut ensuite une trempe à l'ordinaire à la pièce d'acier, ou l'on s'en tiendra à la » seule trempe du suif : l'artiste doit tâcher de conduire son travail de manière qu'il ne » soit obligé de tremper qu'une fois; car chaque trempe altère de plus en plus la matière

(*a*) *Mémoire sur les effets des cassures que la trempe occasionne à l'acier*, par M. Perret, correspondant de l'Académie de Béziers.

(*) Il n'y a pas de « substance du feu », la substance que Buffon nomme ici de la sorte est le carbone.

» de l'acier : au reste, la trempe au suif ne durcit pas l'acier, et par conséquent ne suffit » pas pour les instruments tranchants qui doivent être très durs; ainsi il faudra les trem- » per à l'eau après les avoir trempés au suif. On a observé que la trempe à l'huile végétale » donne plus de dureté que la trempe au suif ou à toute autre graisse animale, et c'est sans » doute parce que l'huile contient plus d'eau que la graisse. »

L'écrouissement que l'on donne aux métaux les rend plus durs, et occasionne en particulier les cassures qui se font dans le fer et l'acier; la trempe augmente ces cassures, et ne manque jamais d'en produire dans les parties qui ont été les plus *récrouies*, et qui sont, par conséquent, devenues les plus dures : l'or, l'argent, le cuivre, battus à froid, s'écrouisent et deviennent plus durs et plus élastiques sous les coups réitérés du marteau; il n'en est pas de même de l'étain et du plomb qui, quoique battus fortement et longtemps, ne prennent point de dureté ni d'élasticité; on peut même faire fondre l'étain en le faisant frapper sous un martinet prompt, et on rend le plomb si mou et si chaud qu'il paraît aussi prêt à se fondre. Mais je ne crois pas, avec M. Perret, qu'il existe une matière particulière que la percussion fait entrer dans le fer, l'or, l'argent et le cuivre, et que l'étain ni le plomb ne peuvent recevoir : ne suffit-il pas que la substance de ces premiers métaux soit par elle-même plus dure que celle du plomb et de l'étain pour qu'elle le devienne encore plus par le rapprochement de ses parties? La percussion du marteau ne peut produire que ce rapprochement, et, lorsque les parties intégrantes d'un métal sont elles-mêmes assez dures pour ne se point écraser, mais seulement se rapprocher par la percussion, le métal écroui deviendra plus dur et même élastique, tandis que les métaux, comme le plomb et l'étain dont la substance est molle jusque dans ses plus petits atomes, ne prendront ni dureté ni ressort, parce que les parties intégrantes, étant écrasées par la percussion, n'en seront que plus molles, ou plutôt ne changeront pas de nature ni de propriété, puisqu'elles s'étendront au lieu de se resserrer et de se rapprocher. Le marteau ne fait donc que comprimer le métal en détruisant les pores ou interstices qui étaient entre ses parties intégrantes, et c'est par cette raison qu'en remettant le métal écroui dans le feu dont le premier effet est de dilater toute substance, les interstices se rétablissent entre les parties du métal, et l'effet de l'écrouissement ne subsiste plus.

Mais, pour en revenir à la trempe, il est certain qu'elle fait un effet prodigieux sur le fer et l'acier. La trempe dans l'eau très froide rend, comme nous venons de le dire, le meilleur fer tout à fait cassant; et, quoique cet effet soit beaucoup moins sensible lorsque l'eau est à la température ordinaire, il est cependant très vrai qu'elle influe sur la qualité du fer, et qu'on doit empêcher le forgeron de tremper sa pièce encore rouge de feu pour la refroidir, et même il ne faut pas qu'il jette une grande quantité d'eau dessus en la forgeant, tant qu'elle est dans l'état d'incandescence : il en est de même de l'acier, et l'on fera bien de ne le tremper qu'une seule fois dans l'eau à la température ordinaire.

Dans certaines contrées où le travail du fer est encore inconnu, les Nègres, quoique les moins ingénieux de tous les hommes, ont néanmoins imaginé de tremper le bois dans l'huile ou dans des graisses dont ils le laissent s'imbiber; ensuite ils l'enveloppent avec de grandes feuilles, comme celles de bananier, et mettent sous de la cendre chaude les instruments de bois qu'ils veulent rendre tranchants; la chaleur fait ouvrir les pores du bois qui s'imbibe encore plus de cette graisse, et, lorsqu'il est refroidi, il paraît lisse, sec, luisant, et il est devenu si dur qu'il tranche et perce comme une arme de fer : des zagaies de bois dur et trempé de cette façon, lancées contre des arbres à la distance de quarante pieds, y entrent de trois ou quatre pouces, et pourraient traverser le corps d'un homme; leurs haches de bois, trempées de même, tranchent tous les autres bois (*a*). On sait d'ailleurs

(*a*) Note communiquée en 1774 par M. de Renne, ancien capitaine de vaisseau de la Compagnie des Indes.

qu'on fait durcir le bois en le passant au feu, qui lui enlève l'humidité qui cause en partie sa mollesse; ainsi, dans cette trempe à la graisse ou à l'huile sous la cendre chaude, on ne fait que substituer aux parties aqueuses du bois une substance qui lui est plus analogue et qui en rapproche les fibres de plus près.

L'acier trempé très dur, c'est-à-dire à l'eau froide, est en même temps très cassant : on ne s'en sert que pour certains ouvrages, et en particulier pour faire des outils qu'on appelle *brunissoirs*, qui, étant d'un acier plus dur que tous les autres aciers, servent à lui donner le dernier poli (*a*).

Au reste, on ne peut donner le poli vif, brillant et noir qu'à l'espèce d'acier qu'on appelle *acier fondu*, et que nous tirons d'Angleterre; nos artistes ne connaissent pas les moyens de faire cet excellent acier; ce n'est pas qu'en général il ne soit assez facile de fondre l'acier; j'en ai fait couler à mes fourneaux d'aspiration plus de vingt livres en fusion très parfaite, mais la difficulté consiste à traiter et à forger cet acier fondu, cela demande les plus grandes précautions, car ordinairement il s'éparpille en étincelles au seul contact de l'air, et se réduit en poudre sous le marteau.

Dans les fileries, on fait des filières qui doivent être de la plus grande dureté, avec une sorte d'acier qu'on appelle *acier sauvage;* on le fait fondre, et au moment qu'il se coagule, on le frappe légèrement avec un marteau à main, et à mesure qu'il prend du corps, on le chauffe et on le forge en augmentant graduellement la force et la vitesse de la percussion, et on l'achève en le forgeant au martinet. On prétend que c'est par ce procédé que les Anglais forgent leur acier fondu, et on assure que les Asiatiques travaillent de même leur acier en pain qui est aussi d'excellente qualité. La fragilité de cet acier fondu est presque égale à celle du verre, c'est pourquoi il n'est bon que pour certains outils, tels que les rasoirs, les lancettes, etc., qui doivent être très tranchants et prendre le plus de dureté et le plus beau poli; mais il ne peut servir aux ouvrages qui, comme les lames d'épées, doivent avoir du ressort; et c'est par cette raison que dans le Levant (*b*), comme en Europe,

(*a*) On sait que c'est avec de la potée ou chaux d'étain délayée dans de l'esprit-de-vin que l'on polit l'acier, mais les Anglais emploient un autre procédé pour lui donner le poli noir et brillant dont ils font un secret. M. Perret dont nous venons de parler, paraît avoir découvert ce secret; du moins, il est venu à bout de polir l'acier à peu près aussi bien qu'on le polit en Angleterre; il faut pour cela broyer la potée sur une plaque de fonte de fer bien unie et polie; on se sert d'un brunissoir de bois de noyer sur lequel on colle un morceau de peau de buffle qu'on a précédemment lissé avec la pierre ponce, et qu'on imprègne de potée délayée à l'eau-de-vie. Ce polissoir doit être monté sur une roue de cinq à six pieds de diamètre pour donner un mouvement plus vif. La matière que M. Perret a trouvée la meilleure pour polir parfaitement l'acier est l'acier lui-même fondu avec du soufre, et ensuite réduit en poudre. M. de Grignon assure que le colcothar retiré du vitriol après la distillation de l'eau-forte est la matière qui donne le plus beau poli noir à l'acier; il faut laver ce colcothar encore chaud plusieurs fois et le réduire au dernier degré de finesse par la décantation ; il faut aussi qu'il soit entièrement dépouillé de ses parties salines qui formeraient des taches bleuâtres sur le poli; il paraît que M. Langlois est de nos artistes celui qui a le mieux réussi à donner ce beau poli noir à l'acier.

(*b*) Les mines d'acier de Perse produisent beaucoup, car l'acier n'y vaut que sept sous la livre... Cet acier est fin, ayant le grain fort menu et délié, qualité qui naturellement et sans artifice le rend dur comme le diamant; mais d'autre côté il est cassant comme du verre. Et comme les artisans persans ne lui savent pas bien donner la trempe, il n'y a pas moyen d'en faire des ressorts ni des ouvrages déliés et délicats : il prend pourtant une fort bonne trempe dans l'eau froide, ce qu'on fait en l'enveloppant d'un linge mouillé au lieu de le jeter dans une auge d'eau, après quoi on le fait chauffer sans le rougir tout à fait. Cet acier ne se peut point non plus allier avec le fer, et si on lui donne le feu trop chaud, il se brûle et devient comme de l'écume de charbon; on le mêle avec l'acier des Indes, qui est plus doux et qui

les lames de sabre et d'épée se font avec un acier mélangé d'un peu d'étoffe de fer qui lui donne de la souplesse et de l'élasticité.

Les Orientaux ont mieux que nous le petit art de damasquiner l'acier (*a*); cela ne se fait pas en y introduisant de l'or ou de l'argent, comme on le croit vulgairement, mais par le seul effet d'une percussion souvent réitérée. M. Gau a fait sur cela plusieurs expériences dont il a eu la bonté de me communiquer le résultat (*b*): cet habile artiste, qui a porté notre manufacture des armes blanches à un grand point de perfection, s'est convaincu avec

est beaucoup plus estimé. Les Persans appellent l'une et l'autre sorte d'acier *poulard, janherder* et *acier ondé*, pour le distinguer d'avec l'acier d'Europe. C'est de cet acier-là qu'ils font leurs belles lames damasquinées; ils les fondent en pain rond comme le creux de la main et en petits bâtons carrés. *Voyages de Chardin en Perse*, etc.; Amsterdam, 1711, t. II, p. 23.

(*a*) Les Persans savent parfaitement bien damasquiner avec le vitriol les ouvrages d'acier, comme sabres, couteaux, etc.;... mais la nature de l'acier dont ils se servent y contribue beaucoup. Cet acier s'apporte de Golconde, et c'est le seul qui se puisse bien damasquiner; aussi est-il différent du nôtre, car, quand on le met au feu pour lui donner la trempe, il ne lui faut donner qu'une petite rougeur, comme couleur de cerise, et, au lieu de le tremper dans l'eau comme nous faisons, on ne fait que l'envelopper dans un linge mouillé, parce que, si on lui donnait la même chaleur qu'aux nôtres, il deviendrait si dur que dès qu'on le voudrait manier, il se casserait comme du verre. On met cet acier en pain gros comme nos pains d'un sou, et pour savoir s'il est bon et s'il n'y a point de fraude, on le coupe en deux, chaque morceau suffisant pour faire un sabre, car il s'en trouve qui n'a pas été bien préparé et qu'on ne saurait damasquiner. Un de ces pains d'acier, qui n'aura coûté à Golconde que la valeur de neuf ou dix sous, vaut quatre ou cinq *abassis* en Perse; et plus on le porte loin, plus il devient cher, car en Turquie on vend le pain jusqu'à trois piastres, et il en vient à Constantinople, à Smyrne, à Alep et à Damas, où anciennement on le transportait. Le plus grand négoce des Indes se rendait au Caire par la mer Rouge; mais aujourd'hui, autant le roi de Golconde apporte de difficulté à laisser sortir de l'acier de son pays, autant le roi de Perse tâche d'empêcher qu'on n'enlève de celui qui est entré dans son royaume. Je fais toutes ces remarques pour désabuser bien des gens qui croient que les sabres et couteaux qui nous viennent de Turquie se font d'acier de Damas, ce qui est une erreur, parce que, comme je l'ai dit, il n'y a point d'acier au monde que celui de Golconde qu'on puisse damasquiner sans que l'acier s'altère comme le nôtre. *Voyages de Tavernier*; Rouen, 1713, t. II, p. 330 et 331.

(*b*) « Monsieur, de retour à Klingensthal, j'ai fait, comme j'ai eu l'honneur de vous le promettre à Montbard, plusieurs épreuves sur l'acier, pour en fabriquer des lames de sabres et de couteaux de chasse de même étoffe et de même qualité que celles de Turquie, connues sous le nom de *damas* : les résultats de ces différentes épreuves ont toujours été les mêmes, et je profite de la permission que vous m'avez donnée de vous en rendre compte.

» Après avoir fait travailler et préparer une certaine quantité d'acier propre à en faire du damas, j'en ai destiné un tiers à recevoir le double de l'argent que j'y emploie ordinairement; dans le second tiers, j'y ai mis la dose ordinaire, et point d'argent du tout dans le dernier tiers.

» J'ai eu l'honneur de vous dire, monsieur, de quelle façon je fais ce mélange de l'argent avec de l'acier; j'ai augmenté de précaution pour mieux enfermer l'argent, et, comme j'ai commencé mes épreuves par les petites barres ou plaques qui en tenaient le double, en donnant à celles du dessus et du dessous le double d'épaisseur des autres, je les ai fait chauffer au blanc bouillant, et ce n'a été qu'avec une peine infinie que l'ouvrier est venu à bout de les souder ensemble : elles paraissaient à l'intérieur l'être parfaitement, et on ne voyait point sur l'enclume qu'il en fût sorti de l'argent. La réunion de ces plaques m'a donné un lingot de neuf pouces de long sur un pouce d'épaisseur et autant de largeur.

» J'ai ensuite fait remettre au feu ce lingot pour en former une lame de couteau de chasse; c'est dans cette opération, en aplatissant et en allongeant ce lingot, que les défauts

moi que ce n'est que par le travail du marteau et par la réunion de différents aciers mêlés d'un peu d'étoffe de fer que l'on vient à bout de damasquiner les lames de sabres, et de leur donner en même temps le tranchant, l'élasticité et la ténacité nécessaires ; il a reconnu comme moi que ni l'or ni l'argent ne peuvent produire cet effet.

Il me resterait encore beaucoup de choses à dire sur le travail et sur l'emploi du fer : je me suis contenté d'en indiquer les principaux objets ; chacun demanderait un traité particulier, et l'on pourrait compter plus de cent arts ou métiers tous relatifs au travail de ce métal, en le prenant depuis ses mines jusqu'à sa conversion en acier et sa fabrication en canons de fusils, lames d'épées, ressorts de montre, etc. Je n'ai pu donner ici que

de soudure qui étaient dans l'intérieur se sont découverts, et quelque soin que l'ouvrier y ait donné, il n'a pu forger cette lame sans beaucoup de pailles.

» J'ai fait recommencer cette opération par quatre fois différentes, et toutes les lames ont été pailleuses sans qu'on ait pu y remédier, ce qui me persuade qu'il y est entré beaucoup d'argent.

» Les barres dans lesquelles je n'ai mis que la dose ordinaire d'argent, et dont les plaques du dessus et du dessous n'avaient pas plus d'épaisseur que les autres, ont toutes bien soudé et ont donné des lames sans paille ; il s'est trouvé sur l'enclume beaucoup d'argent fondu qui s'y était attaché.

» A l'égard des barres forgées sans argent, elles ont été soudées sans aucune difficulté comme de l'acier ordinaire, et elles ont donné de très belles lames. Pour connaître si ces lames sans argent avaient les mêmes qualités pour le tranchant et la solidité que celles fabriquées avec de l'argent, j'ai essayé le tranchant de toutes forces sur des nœuds de bois de chêne, qu'elles ont coupés sans s'ébrécher ; j'en ai ensuite mis une à plat entre deux barres de fer sur mon escalier, comme vous l'avez vu faire sur le vôtre, et ce n'a été qu'après l'avoir tourmentée dans tous les sens que je suis parvenu à la déchirer. J'ai donc trouvé à ces lames le même tranchant et la même ténacité. Il semblerait d'après ces épreuves :

» 1° Que, s'il reste de l'argent dans l'acier, il est impossible de le souder dans les endroits où il se trouve ;

» 2° Que, lorsqu'on réussit à souder parfaitement des barres où il y a de l'argent, il faut que cet argent, qui est en fusion lorsque l'acier est rouge blanc, s'en soit échappé aux premiers coups de marteau, soit par les jointures des barres posées les unes sur les autres, soit par les pores alors ouverts de l'acier ; lorsque les plaques sont plus épaisses, l'argent fondu se répand en partie sur l'enclume, et il est impossible de souder les endroits où il en reste ;

» 3° L'argent ne communique aucune vertu à l'acier, soit pour le tranchant, soit pour la solidité ; et l'opinion du public, qui avait décidé mes recherches, et qui attribue au mélange de l'acier et de l'argent la bonté des lames de Damas en Turquie, est sans fondement, puisque, en décomposant un morceau vous-même, monsieur, vous n'y avez pas trouvé plus d'argent que dans la lame de même étoffe faite ici, dans laquelle il en était cependant entré ;

» 4° Le tranchant étonnant de ces lames et leur solidité ne proviennent, ainsi que les dessins qu'elles présentent, que du mélange des différents aciers qu'on y emploie, et de la façon qu'on les travaille ensemble.

» Pour que vous puissiez, monsieur, en juger par vous-même, et rectifier mes idées à ce sujet, j'envoie à mon dépôt de l'arsenal de Paris, pour vous être remises à leur arrivée :

» 1° Une des lames forgées avec les lingots où il y avait le double d'argent, dans laquelle je crois qu'il y en a encore, parce qu'elle n'a pu être bien soudée, et que vous voudrez bien faire décomposer après avoir fait éprouver son tranchant et sa solidité ;

» 2° Une lame forgée d'un lingot où j'avais mis moitié d'argent, bien soudée, et sur laquelle j'ai fait graver vos armoiries ;

» 3° Une lame fabriquée d'une barre d'acier travaillée pour damas, dans laquelle il n'est point entré d'argent ; vous voudrez bien faire mettre cette lame aux plus fortes épreuves, tant pour le tranchant sur du bois qu'en essayant sa résistance en la forçant entre deux barres de fer. » (Lettre de M. Gaü, entrepreneur général de la manufacture des armes blanches, à M. le comte de Buffon, datée de Klingensthal, le 29 avril 1775.)

la filiation de ces arts, en suivant les rapports naturels qui les font dépendre les uns des autres : le reste appartient moins à l'histoire de la nature qu'à celle des progrès de notre industrie.

Mais nous ne devons pas oublier de faire mention des principales propriétés du fer et de l'acier, relativement à celles des autres métaux : le fer, quoique très dur, n'est pas fort dense ; c'est, après l'étain, le plus léger de tous. Le fer commun, pesé dans l'eau, ne perd guère qu'un huitième de son poids, et ne pèse que cinq cent quarante-cinq ou cinq cent quarante-six livres le pied cube (a): l'acier pèse cinq cent quarante-huit à cinq cent quarante-neuf livres, et il est toujours spécifiquement un peu plus pesant que le meilleur fer ; je dis le meilleur fer, car en général ce métal est sujet à varier pour la densité, ainsi que pour la ténacité, la dureté, l'élasticité, et il paraît n'avoir aucune propriété absolue que celle d'être attirable à l'aimant; encore cette qualité magnétique est-elle beaucoup plus grande dans l'acier et dans certains fers que dans d'autres; elle augmente aussi dans certaines circonstances et diminue dans d'autres; et cependant cette propriété d'être attirable à l'aimant paraît appartenir au fer, à l'exclusion de toute autre matière, car nous ne connaissons dans la nature aucun métal, aucune autre substance pure qui ait cette qualité magnétique et qui puisse même l'acquérir par notre art ; rien au contraire ne peut la faire perdre au fer tant qu'il existe dans son état de métal. Et non seulement il est toujours attirable par l'aimant, mais il peut lui-même devenir aimant, et lorsqu'il est une fois aimanté, il attire l'autre fer avec autant de force que l'aimant même (b).

De tous les métaux, après l'or, le fer est celui dont la ténacité est la plus grande : selon Musschenbroeck, un fil de fer d'un dixième de pouce de diamètre peut soutenir un poids de quatre cent cinquante livres sans se rompre ; mais j'ai reconnu par ma propre expérience qu'il y a une énorme différence entre la ténacité du bon et du mauvais fer (c), et quoiqu'on choisisse le meilleur pour le passer à la filière, on trouvera encore des différences dans la ténacité des différents fils de fer de même grosseur, et l'on observera généralement que plus le fil de fer sera fin, plus la ténacité sera grande à proportion.

Nous avons vu qu'il faut un feu très violent pour fondre le fer forgé, et qu'en même temps qu'il se fond, il se brûle et se calcine en partie, et d'autant plus que la chaleur est plus forte : en le fondant au foyer d'un miroir ardent, on le voit bouillonner, brûler, jeter une flamme assez sensible et se changer en mâchefer; cette scorie conserve la qualité magnétique du fer, après avoir perdu toutes les autres propriétés de ce métal.

Tous les acides minéraux et végétaux agissent plus ou moins sur le fer et l'acier; l'air, qui dans son état ordinaire est toujours chargé d'humidité, les réduit en rouille ; l'air sec ne les attaque pas de même et ne fait qu'en ternir la surface ; l'eau la ternit davantage et la noircit à la longue : elle en divise et sépare les parties constituantes, et l'on peut avec de l'eau pure réduire ce métal en une poudre très fine (d), laquelle néanmoins est encore

(a) On a écrit et répété partout que le pied cube de fer pèse cinq cent quatre-vingts livres (Voyez le *Dictionnaire de Chimie*, article *Fer*) ; mais cette estimation est de beaucoup trop forte. M. Brisson s'est assuré, par des épreuves à la balance hydrostatique, que le fer forgé, non écroui comme écroui, ne pèse également que cinq cent quarante-cinq livres deux ou trois onces le pied cube, et que le pied cube d'acier pèse cinq cent quarante-huit livres : on s'était donc trompé de trente-cinq livres, en estimant cinq cent quatre-vingts livres le poids d'un pied cube de fer. (Voyez la Table des pesanteurs spécifiques de M. Brisson.)

(b) Voyez, dans le XIIe volume, l'article de l'*Aimant*.

(c) Voyez le *Mémoire sur la ténacité du fer*, dans le IXe volume.

(d) Prenez de la limaille de fer nette et brillante ; mettez-la dans un vase ; versez assez d'eau dessus pour la couvrir d'un pouce ou deux ; faites-la remuer avec une spatule de fer jusqu'à ce qu'elle soit réduite en poudre si fine qu'elle reste suspendue à la surface de l'eau : cette poudre est encore du vrai fer très attirable à l'aimant.

du fer dans son état de métal, car elle est attirable à l'aimant et se dissout comme le fer dans tous les acides : ainsi, ni l'eau, ni l'air seuls n'ôtent au fer sa qualité magnétique, il faut le concours de ces deux éléments, ou plutôt l'action de l'acide pour le réduire en rouille, qui n'est plus attirable à l'aimant.

L'acide nitreux dévore le fer autant qu'il le dissout : il le saisit d'abord avec la plus grande violence ; et, lors même que cet acide en est pleinement saturé, son activité ne se ralentit pas, il dissout le nouveau fer qu'on lui présente en laissant précipiter le premier.

L'acide vitriolique, même affaibli, dissout aussi le fer avec effervescence et chaleur, et les vapeurs qui s'élèvent de cette dissolution sont très inflammables. En la faisant évaporer et la laissant refroidir, on obtient des cristaux vitrioliques verts, qui sont connus sous le nom de *couperose* (*a*).

L'acide marin dissout très bien le fer, et l'eau régale encore mieux : ces acides nitreux et marins, soit séparément, soit conjointement, forment avec le fer des sels qui, quoique métalliques, sont déliquescents ; mais, dans quelque acide que le fer soit dissous, on peut toujours l'en séparer par le moyen des alcalis ou des terres calcaires ; on peut aussi le précipiter par le zinc, etc.

Le soufre qui fait fondre le fer rouge en un instant est plutôt le destructeur que le dissolvant de ce métal, il en change la nature et le réduit en pyrite : la force d'affinité entre le soufre et le fer est si grande qu'ils agissent violemment l'un sur l'autre, même sans le secours du feu, car dans cet état de pyrite ils produisent eux-mêmes de la chaleur et du feu, à l'aide seulement d'un peu d'humidité.

De quelque manière que le fer soit dissous ou décomposé, il paraît que ses précipités et ses chaux en safran, en ocre, en rouille, etc., sont tous colorés de jaune, de rougeâtre ou de brun ; aussi emploie-t-on ces chaux de fer pour la peinture à l'huile et pour les émaux.

Enfin le fer peut s'allier avec tous les autres métaux, à l'exception du plomb et du mercure ; suivant M. Geller, les affinités du fer sont dans l'ordre suivant : l'or, l'argent, le cuivre ; et, suivant M. Geoffroy : le régule d'antimoine, l'argent, le cuivre et le plomb ; mais ce dernier chimiste devait exclure le plomb et ne pas oublier l'or, avec lequel le fer a plus d'affinité qu'avec aucun autre métal. Nous verrons même que ces deux métaux, le fer et l'or, se trouvent quelquefois si intimement unis par des accidents de nature, que notre art ne peut les séparer l'un de l'autre (*b*).

(*a*) Voyez ci-devant l'article du *Vitriol*.
(*b*) Voyez l'article de la *Platine*, dans le IXe volume.

DE L'OR

Autant nous avons vu le fer subir de transformations et prendre d'états différents, soit par les causes naturelles, soit par les effets de notre art; autant l'or nous paraîtra fixe, immuable et constamment le même, sous notre main comme sous celle de la nature : c'est de toutes les matières du globe la plus pesante, la plus inaltérable, la plus tenace, la plus extensible, et c'est par la réunion de ces caractères prééminents que, dans tous les temps, l'or a été regardé comme le métal le plus parfait et le plus précieux ; il est devenu le signe universel et constant de la valeur de toute autre matière, par un consentement unanime et tacite de tous les peuples policés. Comme il peut se diviser à l'infini sans rien perdre de son essence, et même sans subir la moindre altération, il se trouve disséminé sur la surface entière du globe, mais en molécules si ténues que sa présence n'est pas sensible. Toute la couche de la terre qui recouvre le globe en contient, mais c'est en si petite quantité qu'on ne l'aperçoit pas et qu'on ne peut le recueillir ; il est plus apparent, quoique encore en très petite quantité, dans les sables entraînés par les eaux et détachés de la masse des rochers qui le recèlent; on le voit quelquefois briller dans ces sables dont il est aisé de le séparer par des lotions réitérées : ces paillettes charriées par les eaux, ainsi que toutes les autres particules de l'or qui sont disséminées sur la terre, proviennent également des mines primordiales de ce métal. Ces mines gisent dans les fentes du quartz où elles se sont établies peu de temps après la consolidation du globe; souvent l'or y est mêlé avec d'autres métaux sans en être altéré; presque toujours il est allié d'argent, et néanmoins il conserve sa nature dans le mélange, tandis que les autres métaux, corrompus et minéralisés, ont perdu leur première forme avant de voir le jour, et ne peuvent ensuite la reprendre que par le travail de nos mains : l'or, au contraire, vrai métal de nature, a été formé tel qu'il est; il a été fondu ou sublimé par l'action du feu primitif, et s'est établi sous la forme qu'il conserve encore aujourd'hui ; il n'a subi d'autre altération que celle d'une division presque infinie; car il ne se présente nulle part sous une forme minéralisée; on peut même dire que, pour minéraliser l'or, il faudrait un concours de circonstances qui ne se trouvent peut-être pas dans la nature, et qui lui feraient perdre ses qualités les plus essentielles; car il ne pourrait prendre cette forme minéralisée qu'en passant auparavant par l'état de précipité, ce qui suppose précédemment sa dissolution par la réunion des acides nitreux et marin ; et ces précipités de l'or ne conservent pas les grandes propriétés de ce métal ; ils ne sont plus inaltérables et ils peuvent être dissous par les acides simples ; ce n'est donc que sous cette forme de précipité que l'or pourrait être minéralisé; et, comme il faut la réunion de l'acide nitreux et de l'acide marin pour en faire la dissolution (*), et ensuite un alcali ou une matière métallique pour opérer le précipité, ce

(*) Le liquide dont on se sert le plus habituellement pour dissoudre l'or est un mélange d'acide azotique (1 part.) et d'acide chlorhydrique (4 part.). On le désigne sous le nom d'Eau régale.

serait par le plus grand des hasards que ces combinaisons se trouveraient réunies dans le sein de la terre, et que ce métal pourrait être dans un état de minéralisation naturelle.

L'or ne s'est établi sur le globe que quelque temps après sa consolidation, et même après l'établissement du fer, parce qu'il ne peut pas supporter un aussi grand degré de feu, sans se sublimer ou se fondre : aussi ne s'est-il point incorporé dans la matière vitreuse; il a seulement rempli les fentes du quartz, qui toujours lui sert de gangue; l'or s'y trouve dans son état de nature, et sans autre caractère que celui d'un métal fondu; ensuite il s'est sublimé par la continuité de cette première chaleur du globe, et il s'est répandu sur la superficie de la terre en atomes impalpables et presque imperceptibles.

Les premiers dépôts ou mines primitives de cette matière précieuse ont donc dû perdre de leur masse et diminuer de quantité, tant que le globe a conservé assez de chaleur pour en opérer la sublimation; et cette perte continuelle, pendant les premiers siècles de la grande chaleur du globe, a peut-être contribué plus qu'aucune autre cause à la rareté de ce métal et à sa dissémination universelle en atomes infiniment petits : je dis universelle, parce qu'il y a peu de matières à la surface de la terre qui n'en contiennent une petite quantité; les chimistes en ont trouvé dans la terre végétale, et dans toutes les autres terres qu'ils ont mises à l'épreuve (*a*).

Au reste, ce métal, le plus dense de tous, est en même temps celui que la nature a produit en plus petite quantité : tout ce qui est extrême est rare, par la raison même qu'il est extrême; l'or pour la densité, le diamant pour la dureté, le mercure pour la volatilité, étant extrêmes en qualité, sont rares en quantité. Mais, pour ne parler ici que de l'or, nous observerons d'abord que, quoique la nature paraisse nous le présenter sous différentes formes, toutes néanmoins ne diffèrent les unes des autres que par la quantité et jamais par la qualité, parce que ni le feu, ni l'eau, ni l'air, ni même tous ces éléments combinés, n'altèrent pas son essence, et que les acides simples qui détruisent les autres métaux ne peuvent l'entamer (*b*).

En général, on trouve l'or dans quatre états différents, tous relatifs à sa seule divisibilité, savoir, en poudre, en paillettes, en grains et en filets séparés ou conglomérés. Les mines primordiales de ce métal sont dans les hautes montagnes, et forment des filons dans le quartz jusqu'à d'assez grandes profondeurs; elles se sont établies dans les fentes

(*a*) L'or trouvé par nos chimistes récents, dans la terre végétale, est une preuve de la dissémination universelle de ce métal, et ce fait paraît avoir été connu précédemment; car Boërhaave parle d'un programme présenté aux États-Généraux, sous ce titre : *De arte extrahendi aurum e qualibet terrâ arvensi*.

(*b*) M. Tillet, savant physicien de l'Académie des sciences, s'est assuré que l'acide nitreux, rectifié autant qu'il est possible, ne dissout pas un seul atome de l'or qu'on lui présente : à la vérité, l'eau-forte ordinaire semble attaquer un peu les feuilles d'or par une opération forcée, en faisant bouillir, par exemple, quatre ou cinq onces de cet acide sur un demi-gros d'or pur réduit en une lame très mince, jusqu'à ce que toute la liqueur soit réduite au poids de quelques gros; alors la petite quantité d'acide qui reste se trouve chargée de quelques particules d'or, mais le métal y est dans l'état de suspension, et non pas véritablement dissous; puisqu'au bout de quelque temps, il se précipite au fond du flacon, quoique bien bouché, ou bien il surnage à la surface de la liqueur avec son brillant métallique, au lieu que dans une véritable dissolution, telle qu'on l'opère par l'eau régale, la combinaison du métal est si parfaite avec les deux acides réunis, qu'il ne les quitte jamais de lui-même (*) : d'après ce rapport de M. Tillet, il est aisé de concevoir que l'acide nitreux, forcé d'agir par la chaleur, n'agit ici que comme un corps qui en frotterait un autre, et en détacherait par conséquent quelques particules, et dès lors on peut assurer que cet acide ne peut ni dissoudre, ni même attaquer l'or par ses propres forces.

(*) Remarque communiquée à M. de Buffon par M. Tillet, avril 1781.

perpendiculaires de cette roche quartzeuse, et l'or y est toujours allié d'une plus ou moins grande quantité d'argent ; ces deux métaux y sont simplement mélangés et font masse commune ; ils sont ordinairement incrustés en filets ou en lames dans la pierre vitreuse, et quelquefois ils s'y trouvent en masses et en faisceaux conglomérés : c'est à quelque distance de ces mines primordiales que se trouve l'or en petites masses, en grains, en pepites, etc., et c'est dans les ravines des montagnes qui en recèlent les mines, qu'on le recueille en plus grande quantité. On le trouve aussi en paillettes et en poudre dans les sables que roulent les torrents et les rivières qui descendent de ces mêmes montagnes, et souvent cette poudre d'or est dispersée et disséminée sur les bords de ces ruisseaux et dans les terres adjacentes (*a*) ; mais soit en poudre, en paillettes, en grains, en filets ou en masses, l'or de chaque lieu est toujours de la même essence, et ne diffère que par le degré de pureté ; plus il est divisé, plus il est pur, en sorte que, s'il est à 20 carats dans sa mine en montagne, les poudres et les paillettes qui en proviennent sont souvent à 22 et 23 carats, parce qu'en se divisant, ce métal s'est épuré et purgé d'une partie de son alliage naturel : au reste, ces paillettes et ces grains qui ne sont que des débris des mines primordiales, et qui ont subi tant de mouvements, de chocs et de rencontres d'autres matières, n'en ont rien souffert qu'une plus grande division ; elles ne sont jamais intérieurement altérées, quoique souvent recouvertes à l'extérieur de matières étrangères.

L'or le plus fin, c'est-à-dire le plus épuré par notre art, est, comme l'on sait, à 24 carats ; mais l'on n'a jamais trouvé d'or à ce titre dans le sein de la terre, et dans plusieurs mines il n'est qu'à 22, et même à 16 et 11 carats, en sorte qu'il contient souvent un quart, et même un tiers de mélange ; et cette matière étrangère qui se trouve originairement alliée avec l'or est une portion d'argent, lequel, quoique beaucoup moins dense, et par conséquent moins divisible que l'or, se réduit néanmoins en molécules très ténues : l'argent est, comme l'or, inaltérable, inaccessible aux efforts des éléments humides, dont l'action détruit tous les autres métaux ; et c'est par cette prérogative de l'or et de l'argent qu'on les a toujours regardés comme des métaux parfaits, et que le cuivre, le plomb, l'étain et le fer, qui sont tous sujets à plus ou moins d'altération par l'impression des agents extérieurs, sont des métaux imparfaits en comparaison des deux premiers. L'or se trouve donc allié d'argent, même dans sa mine la plus riche et sur sa gangue quartzeuse ; ces deux métaux presque aussi parfaits, aussi purs l'un que l'autre, n'en sont que plus intimement unis ; le haut ou bas aloi de l'or natif dépend donc principalement de la petite ou grande quantité d'argent qu'il contient : ce n'est pas que l'or ne soit aussi quelquefois mêlé de cuivre et d'autres substances métalliques (*b*) ; mais ces mélanges ne sont pour ainsi dire qu'extérieurs, et, à l'exception de l'argent, l'or n'est point allié, mais seulement contenu et disséminé dans toutes les autres matières métalliques ou terreuses.

On serait porté à croire, vu l'affinité apparente de l'or avec le mercure et leur forte attraction mutuelle, qu'ils devraient se trouver assez souvent amalgamés ensemble ; cependant rien n'est plus rare, et à peine y a-t-il un exemple d'une mine où l'on ait trouvé l'or pénétré de ce minéral fluide : il me semble qu'on peut en donner la raison d'après ma théorie ; car, quelque affinité qu'il y ait entre l'or et le mercure, il est certain que la fixité de l'un et la grande volatilité de l'autre ne leur ont guère permis de s'établir en même temps ni dans les mêmes lieux, et que ce n'est que par des hasards postérieurs à

(*a*) Wallerius compte douze sortes d'or dans les sables ; mais ces douze sortes doivent se réduire à une seule, parce ce qu'elles ne diffèrent les unes des autres que par la couleur, la grosseur ou la figure, et qu'au fond c'est toujours le même or.

(*b*) Par exemple, l'or de Guinée, de Sofala, de Malaca, contient du cuivre et très peu d'argent, et le cuivre des mines de Coquimbo au Pérou contient, à ce qu'on dit, de l'or sans aucun mélange d'argent.

leur établissement primitif, et par des circonstances très particulières, qu'ils ont pu se trouver mélangés.

L'or répandu dans les sables, soit en poudre, en paillettes ou en grains plus ou moins gros, et qui provient du débris des mines primitives, loin d'avoir rien perdu de son essence, a donc encore acquis de la pureté; les sels acides, alcalins et arsenicaux, qui rongent toutes les substances métalliques, ne peuvent entamer celle de l'or : ainsi dès que les eaux ont commencé de détacher et d'entraîner les minerais des différents métaux, tous auront été altérés, dissous, détruits par l'action de ces sels; l'or seul a conservé son essence intacte, et il a même défendu celle de l'argent, lorsqu'il s'y est trouvé mêlé en suffisante quantité.

L'argent, quoique aussi parfait que l'or à plusieurs égards, ne se trouve pas aussi communément en poudre ou en paillettes, dans les sables et les terres : d'où peut provenir cette différence à laquelle il me semble qu'on n'a pas fait assez d'attention? pourquoi les terrains au pied des montagnes à mines sont-ils semés de poudre d'or? pourquoi les terrents qui s'en écoulent roulent-ils des paillettes et des grains de ce métal, et que l'on trouve si peu de poudre, de paillettes ou de grains d'argent dans ces mêmes sables, quoi que les mines d'où découlent ces eaux contiennent souvent beaucoup plus d'argent que d'or? n'est-ce pas une preuve que l'argent a été détruit avant de pouvoir se réduire en paillettes, et que les sels de l'air, de la terre et des eaux l'ont saisi, dissous dès qu'il s'est trouvé réduit en petites parcelles, au lieu que ces mêmes sels ne pouvant attaquer l'or, sa substance est demeurée intacte lors même qu'il s'est réduit en poudre ou en atomes impalpables?

En considérant les propriétés générales et particulières de l'or, on a d'abord vu qu'il était le plus pesant, et par conséquent le plus dense des métaux (a) qui sont eux-mêmes

(a) La densité de l'or a été bien déterminée par M. Brisson, de l'Académie des sciences. L'eau distillée étant supposée peser 10,000 livres, il a vu que l'or à 24 carats, fondu et non battu, pèse 192,581 livres 12 onces 3 gros 62 grains, et que par conséquent un pied cube de cet or pur, pèserait 1,348 livres 1 once 0 gros 61 grains; et que ce même or à 24 carats, fondu et battu, pèse relativement à l'eau 193,617 livres 12 onces 4 gros 28 grains, en sorte que le pied cube de cet or, pèserait 1,355 livres 5 onces 0 gros 00 grains. L'or des ducats de Hollande approche de très près ce degré de pureté; car la pesanteur spécifique de ces ducats est de 193,519 livres 12 onces 4 gros 25 grains, ce qui donne 1,354 livres 10 onces 1 gros 2 grains pour le poids d'un pied cube de cet or. Voyez la *Table des pesanteurs spécifiques*, par M. Brisson. — J'observerai que, pour avoir au juste les pesanteurs spécifiques de toutes les matières, il faut non seulement se servir d'eau distillée, mais que pour connaître exactement le poids de cet eau, il faudrait en faire distiller une assez grande quantité, par exemple, assez pour remplir un vaisseau cubique d'un pied de capacité, peser ensuite le tout, et déduire la tare du vaisseau; cela serait plus juste que si l'on n'employait qu'un vaisseau de quelques pouces cubiques de capacité : il faudrait aussi que le métal fût absolument pur, ce qui n'est peut-être pas possible, mais au moins le plus pur qu'il se pourra; je me suis beaucoup servi d'un globe d'or, raffiné avec soin, d'un pouce de diamètre, pour mes expériences sur le progrès de la chaleur dans les corps, et en le pesant dans l'eau commune, j'ai vu qu'il ne perdait pas $\frac{1}{19}$ de son poids; mais probablement cette eau était bien plus pesante que l'eau distillée. Je suis donc très satisfait qu'un de nos habiles physiciens ait déterminé plus précisément cette densité de l'or à 24 carats, qui, comme l'on voit, augmente de poids par la percussion; mais était-il bien assuré que cet or fût absolument pur? il est presque impossible d'en séparer en entier l'argent que la nature y a mêlé; et d'ailleurs la pesanteur de l'eau, même distillée, varie avec la température de l'atmosphère, et cela laisse encore quelque incertitude sur la mesure exacte de la densité de ce métal précieux. Ayant sur cela communiqué mes doutes à M. de Morveau, il a pris la peine de s'assurer qu'un pied cube d'eau distillée pèse 71 livres 7 onces 5 gros 8 grains et $\frac{1}{21}$ de grain, l'air étant à la température de 12 degrés. L'eau, comme l'on sait, pèse plus ou moins, suivant qu'il fait

les substances les plus pesantes de toutes les matières terrestres; rien ne peut altérer ou changer dans l'or cette qualité prééminente : on peut dire qu'en général la densité constitue l'essence réelle de toute matière brute, et que cette première propriété fixe en même temps nos idées sur la proportion de la quantité de l'espace à celle de la matière sous un volume donné. L'or est le terme extrême de cette proportion, toute autre substance occupant plus d'espace; il est donc la matière par excellence, c'est-à-dire la substance qui de toutes est la plus matière, et néanmoins, ce corps si dense et si compact, cette matière dont les parties sont si rapprochées, si serrées, contient peut-être encore plus de vide que de plein, et par conséquent nous démontre qu'il n'y point de matière sans pores, que le contact des atomes matériels n'est jamais absolu ni complet, qu'enfin il n'existe aucune substance qui soit pleinement matérielle, et dans laquelle le vide ou l'espace ne soit interposé, et n'occupe autant et plus de place que la matière même.

Mais, dans toute matière solide, ces atomes matériels sont assez voisins pour se trouver dans la sphère de leur attraction mutuelle, et c'est en quoi consiste la ténacité de toute matière solide; les atomes de même nature sont ceux qui se réunissent de plus près : ainsi la ténacité dépend en partie de l'homogénéité. Cette vérité peut se démontrer par l'expérience; car tout alliage diminue ou détruit la ténacité des métaux : celle de l'or est si forte qu'un fil de ce métal, d'un dixième de ligne de diamètre, peut porter avant de se rompre, cinq cents livres de poids; aucune autre matière métallique ou terreuse ne peut en supporter autant.

La divisibilité et la ductilité ne sont que des qualités secondaires, qui dépendent en partie de la densité et en partie de la ténacité, ou de la liaison des parties constituantes. L'or qui, sous un même volume, contient plus du double de matière que le cuivre, sera par cela seul une fois plus divisible; et, comme les parties intégrantes de l'or sont plus voisines les unes des autres que dans toute autre substance, sa ductilité est aussi la plus grande, et surpasse celle des autres métaux (*a*) dans une proportion bien plus grande que celle de la densité ou de la ténacité, parce que la ductilité, qui est le produit de ces deux

plus froid ou plus chaud, et les différences qu'on a trouvées dans la densité des différentes matières soumises à l'épreuve de la balance hydrostatique, viennent non seulement du poids absolu de l'eau à laquelle on les compare, mais encore du degré de la chaleur actuelle de ce liquide, et c'est par cette raison qu'il faut un degré fixe, tel que la température de 12 degrés, pour que le résultat de la comparaison soit juste. Un pied cube d'eau distillée, pesant donc toujours, à la température de 12 degrés, 71 livres 7 onces 5 gros 8 $\frac{1}{24}$ grains, il est certain que, si l'or perd dans l'eau $\frac{1}{19}$ de son poids, le pied cube de ce métal pèse 1,358 livres 1 once 1 gros 8 $\frac{19}{23}$ grains, et je crois cette estimation trop forte, car, comme je viens de le dire, le globe d'or très fin, d'un pouce de diamètre, dont je me suis servi, ne perdait pas $\frac{1}{19}$ de son poids dans de l'eau qui n'était pas distillée, et par conséquent, il se pourrait que dans l'eau distillée il n'eût perdu que $\frac{1}{18}$ $\frac{3}{4}$, et dans ce cas $\left(\frac{1}{18}\ \frac{3}{4}\right)$ le pied cube d'or ne pèserait réellement que 1,340 livres 9 onces 2 gros 25 grains : il me paraît donc qu'on a exagéré la densité de l'or, en assurant qu'il perd dans l'eau plus de $\frac{1}{19}$ de son poids, et que c'est tout au plus s'il perd $\frac{1}{19}$, auquel cas le pied cube pèserait 1,358 livres; ceux qui assurent qu'il n'en pèse que 1,348, et qui disent en même temps qu'il perd dans l'eau entre $\frac{1}{19}$ et $\frac{1}{20}$ de son poids, ne se sont pas aperçus que ces deux résultats sont démentis l'un par l'autre.

(*a*) « La ductilité de l'or est telle qu'une once de ce métal, qui ne fait qu'un très petit » volume, peut couvrir et dorer très exactement un fil d'argent long de quatre cent quarante-quatre lieues. » *Dictionnaire de chimie*, article *Or*... « Une once d'or passée à la » filière, peut s'étendre en un fil de soixante-treize lieues de longueur. » *Mémoires de l'Académie des sciences*, année 1713... Les batteurs d'or réduisent une once de ce métal en seize cents feuilles, chacune de trente-sept lignes de longueur et autant de largeur, ce qui fait à peu près cent six pieds carrés d'étendue, pour les seize cents feuilles.

causes, n'est pas en rapport simple à l'une ou à l'autre de ces qualités, mais en raison composée des deux : la ductilité sera donc relative à la densité multipliée par la ténacité, et c'est ce qui dans l'or rend cette ductilité encore plus grande, à proportion, que dans tout autre métal.

Cependant la forte ténacité de l'or, et sa ductilité encore plus grande, ne sont pas des propriétés aussi essentielles que sa densité : elles en dérivent et ont leur plein effet, tant que rien n'intercepte la liaison des parties constituantes, tant que l'homogénéité subsiste, et qu'aucune force ou matière étrangère ne change la position de ces mêmes parties; mais ces deux qualités, qu'on croirait essentielles à l'or, se perdent dès que sa substance subit quelque dérangement dans son intérieur; un grain d'arsenic ou d'étain, jeté sur un marc d'or en fonte ou même leur vapeur, suffit pour altérer toute cette quantité d'or, et le rend aussi fragile qu'il était auparavant tenace et ductile : quelques chimistes ont prétendu qu'il perd de même sa ductilité par les matières inflammables, par exemple, lorsque étant en fusion, il est immédiatement exposé à la vapeur du charbon (*a*); mais je ne crois pas que cette opinion soit fondée.

L'or perd aussi sa ductilité par la percussion; il s'écrouit, devient cassant, sans addition ni mélange d'aucune matière ni vapeur, mais par le seul dérangement de ses parties intégrantes : ainsi ce métal, qui de tous est le plus ductile, n'en perd pas moins aisément sa ductilité, ce qui prouve que ce n'est point une propriété essentielle et constante à la matière métallique, mais seulement une qualité relative aux différents états où elle se trouve, puisqu'on peut lui ôter par l'écrouissement, et lui rendre par le recuit au feu, cette qualité ductile alternativement, et autant de fois qu'on le juge à propos. Au reste, M. Brisson, de l'Académie des sciences, a reconnu par des expériences très bien faites qu'en même temps que l'écrouissement diminue la ductilité des métaux, il augmente leur densité, qu'ils deviennent par conséquent d'une plus grande pesanteur spécifique, et que cet excédent de densité s'évanouit par le recuit (*b*).

La fixité au feu, qu'on regarde encore comme une des propriétés essentielles de l'or, n'est pas aussi absolue, ni même aussi grande qu'on le croit vulgairement, d'après les expériences de Boyle et de Kunckel; ils ont, disent-ils, tenu pendant quelques semaines de l'or en fusion, sans aucune perte sur son poids; cependant je suis assuré, par des expériences faites dès l'année 1747 (*c*) à mon miroir de réflexion, que l'or fume et se sublime en vapeurs, même avant de se fondre; on sait d'ailleurs qu'au moment où ce métal devient rouge, et qu'il est sur le point d'entrer en fusion, il s'élève à sa surface une petite flamme d'un vert léger, et M. Macquer, notre savant professseur de chimie, a suivi les progrès de l'or en fonte au foyer d'un miroir réfringent, et a reconnu de même qu'il continuait de fumer et de s'exhaler en vapeur; il a démontré que cette vapeur était métallique, qu'elle saisissait et dorait l'argent ou les autres matières qu'on tenait au-dessus de cet or fumant (*d*). Il n'est donc pas douteux que l'or ne se sublime en vapeurs métalliques, non seulement après, mais même avant sa fonte au foyer des miroirs ardents; ainsi ce n'est pas la très grande violence de ce feu du soleil qui produit cet effet, puisque la sublimation s'opère à un degré de chaleur assez médiocre et avant que ce métal entre en fusion : dès lors, si les

(*a*) « J'ignore, m'écrit à ce sujet M. Tillet, si l'on a fait des expériences bien décidées » pour prouver que l'or en fusion perd sa ductilité étant exposé à la vapeur du charbon; » mais je sais certainement qu'on est dans l'usage pour les travaux des monnaies, lorsque » l'or est en fusion dans les creusets, de les couvrir de charbon afin qu'il s'y conserve une » grande chaleur, et souvent on brasse l'or dans le creuset, en employant un charbon long » et à demi-embrasé, sans que le métal perde rien de sa ductilité. »

(*b*) *Mémoires de l'Académie des sciences,* année 1772, seconde partie.

(*c*) Voyez les *Mémoires sur les miroirs ardents*, t. IX.

(*d*) *Dictionnaire de chimie*, article *Or*.

expériences de Boyle et de Kunckel sont exactes, l'on sera forcé de convenir que l'effet de notre feu sur l'or n'est pas le même que celui du feu solaire, et que, s'il ne perd rien au premier, il peut perdre beaucoup, et peut-être tout au second; mais je ne puis m'empêcher de douter de la réalité de cette différence d'effets du feu solaire et de nos feux, et je présume que ces expériences de Boyle et de Kunckel n'ont pas été suivies avec assez de précision pour en conclure que l'or est absolument fixe au feu de nos fourneaux.

L'opacité est encore une de ces qualités qu'on donne à l'or par excellence au-dessus de toute autre matière; elle dépend, dit-on, de la *grande densité de ce métal; la feuille d'or la plus mince ne laisse passer de la lumière que par les gerçures accidentelles qui s'y trouvent* (*a*); si cela était, les matières les plus denses seraient toujours les plus opaques; mais souvent on observe le contraire, et l'on connaît des matières très légères qui sont entièrement opaques, et des matières pesantes qui sont transparentes; d'ailleurs, les feuilles de l'or battu laissent non seulement passer de la lumière par leurs gerçures accidentelles, mais à travers leurs pores; et Boyle a, ce me semble, observé le premier que cette lumière qui traverse l'or est bleue; or les rayons bleus sont les plus petits atomes de la lumière solaire; ceux des rayons rouges et jaunes sont les plus gros, et c'est peut-être par cette raison que les bleus peuvent passer à travers l'or réduit en feuilles, tandis que les autres, qui sont plus gros, ne sont point admis ou sont tous réfléchis; et cette lumière bleue étant uniformément apparente sur toute l'étendue de la feuille, on ne peut douter qu'elle n'ait passé par ses pores, et non par les gerçures. Ceci n'a rapport qu'à l'effet; mais, pour la cause, si l'opacité, qui est le contraire de la transparence, ne dépendait que de la densité, l'or serait certainement le corps le plus opaque, comme l'air est le plus transparent; mais combien n'y a-t-il pas d'exemples du contraire! Le cristal de roche, si transparent, n'est-il pas plus dense que la plupart des terres ou pierres opaques? Et, si l'on attribue la transparence à l'homogénéité, l'or, dont les parties paraissent être homogènes, ne devrait-il pas être très transparent? Il me semble donc que l'opacité ne dépend ni de la densité de la matière, ni de l'homogénéité de ses parties, et que la première cause de la transparence est la disposition régulière des parties constituantes et des pores; que, quand ces mêmes parties se trouvent disposées en formes régulières et posées de manière à laisser entre elles des vides situés dans la même direction, alors la matière doit être transparente; et qu'elle est au contraire nécessairement opaque dès que les pores ne sont pas situés dans des directions correspondantes.

Et cette disposition qui fait la transparence s'oppose à la ténacité : aussi les corps transparents sont en général plus friables que les corps opaques; et l'or, dont les parties sont fort homogènes et la ténacité très grande, n'a pas ses parties ainsi disposées; on voit en le rompant qu'elles sont pour ainsi dire engrenées les unes dans les autres; elles présentent au microscope de petits angles prismatiques, saillants et rentrants; c'est donc de cette disposition de ses parties constituantes que l'or tient sa grande opacité, qui, du reste, ne paraît en effet si grande que parce que sa densité permet d'étendre en une surface immense une très petite masse, et que la feuille d'or, quelque mince qu'elle soit, est toujours plus dense que toute autre matière. Cependant, cette disposition des vides ou pores dans les corps n'est pas la seule cause qui puisse produire la transparence : le corps transparent n'est, dans ce premier cas, qu'un crible par lequel peut passer la lumière; mais, lorsque les vides sont trop petits, la lumière est quelquefois repoussée au lieu d'être admise; il faut qu'il y ait attraction entre les parties de la matière et les atomes de la lumière pour qu'ils la pénètrent; car l'on ne doit pas considérer ici les pores comme des gerçures ou des trous, mais comme des interstices, d'autant plus petits et plus serrés que la matière est plus dense; or, si les rayons de lumière n'ont point d'affinité avec le corps sur lequel ils

(*a*) *Dictionnaire de chimie*, article *Or*.

tombent, ils seront réfléchis et ne le pénétreront pas; l'huile dont on humecte le papier pour le rendre transparent en remplit et bouche en même temps les pores; elle ne produit donc la transparence que parce qu'elle donne au papier plus d'affinité qu'il n'en avait avec la lumière, et l'on pourrait démontrer, par plusieurs autres exemples, l'effet de cette attraction de transmission de la lumière ou des autres fluides dans les corps solides; et peut-être l'or, dont la feuille mince laisse passer les rayons bleus de la lumière, à l'exclusion tous les autres rayons, a-t-il plus d'affinité avec ces rayons bleus, qui dès lors sont admis, tandis que les autres sont tous repoussés!

Toutes les restrictions que nous venons de faire sur la fixité, la ductilité et l'opacité de l'or, qu'on a regardées comme des propriétés trop absolues, n'empêchent pas qu'il n'ait au plus haut degré toutes les qualités qui caractérisent la noble substance du plus parfait métal; car il faut encore ajouter à sa prééminence en densité et en ténacité, celle d'une essence indestructible et d'une durée presque éternelle : il est inaltérable, ou du moins plus durable, plus impassible qu'aucune autre substance; il oppose une résistance invincible à l'action des éléments humides, à celle du soufre et des acides les plus puissants, et des sels les plus corrosifs; néanmoins, nous avons trouvé par notre art non seulement les moyens de le dissoudre, mais encore ceux de le dépouiller de la plupart de ses qualités, et si la nature n'en a pas fait autant, c'est que la main de l'homme, conduite par l'esprit, a souvent plus fait qu'elle : et, sans sortir de notre sujet, nous verrons que l'or dissous, l'or précipité, l'or fulminant, etc., ne se trouvant pas dans la nature, ce sont autant de combinaisons nouvelles toutes résultantes de notre intelligence. Ce n'est pas qu'il soit physiquement impossible qu'il y ait dans le sein de la terre de l'or dissous, précipité et minéralisé, puisque nous pouvons le dissoudre et le précipiter de sa dissolution, et puisque dans cet état de précipité il peut être saisi par les acides simples comme les autres métaux et se montrer par conséquent sous une forme minéralisée; mais, comme cette dissolution suppose la réunion de deux acides, et que ce précipité ne peut s'opérer que par une troisième combinaison, il n'est pas étonnant qu'on ne trouve que peu ou point d'or minéralisé dans le sein de la terre (*a*), tandis que tous les autres métaux se présentent presque toujours sous cette forme, qu'ils reçoivent d'autant plus aisément qu'ils sont plus susceptibles d'être attaqués par les sels de la terre et par les impressions des éléments humides.

On n'a jamais trouvé de précipités d'or, ni d'or fulminant dans le sein de la terre; la raison en deviendra sensible si l'on considère en particulier chacune des combinaisons nécessaires pour produire ces précipités: d'abord on ne peut dissoudre l'or que par deux puissances réunies et combinées, l'acide nitreux avec l'acide marin, ou le soufre avec l'alcali; et la réunion de ces deux substances actives doit être très rare dans la nature, puisque les acides et les alcalis, tels que nous les employons, sont eux-mêmes des produits de notre art, et que le soufre natif n'est aussi qu'un produit des volcans. Ces raisons sont les mêmes, et encore plus fortes pour les précipités d'or; car il faut une troisième combinaison pour le tirer de sa dissolution, au moyen du mélange de quelque autre matière avec laquelle le dissolvant ait plus d'affinité qu'avec l'or; et ensuite, pour que ce précipité puisse acquérir la propriété fulminante, il faut encore choisir une matière entre toutes les autres qui peuvent également précipiter l'or de sa dissolution: cette matière est l'alcali volatil, sans lequel il ne peut devenir fulminant; cet alcali volatil est le seul intermède qui dégage subitement l'air et cause la fulmination; car, s'il n'est point entré d'alcali volatil dans la dissolution de l'or, et qu'on le précipite avec l'alcali fixe ou toute autre matière, il ne sera pas fulminant : enfin, il faut encore lui communiquer une assez forte

(*a*) L'or est minéralisé, dit-on, dans la mine de Nagiach : on prétend aussi que le *zinopel* ou *sinople* provient de la décomposition de l'or faite par la nature, sous la forme d'une terre ou chaux couleur de pourpre; mais je doute que ces faits soient bien constatés.

chaleur pour qu'il exerce cette action fulminante; or toutes ces conditions réunies ne peuvent se rencontrer dans le sein de la terre, et dès lors il est sûr qu'on n'y trouvera jamais de l'or fulminant. On sait que l'explosion de cet or fulminant est beaucoup plus violente que celle de la poudre à canon, et qu'elle pourrait produire des effets encore plus terribles, et même s'exercer d'une manière plus insidieuse, parce qu'il ne faut ni feu, ni même une étincelle, et que la chaleur seule, produite par un frottement assez léger, suffit pour causer une explosion subite et foudroyante.

On a, ce me semble, vainement tenté l'explication de ce phénomène prodigieux; cependant, en faisant attention à toutes les circonstances et en comparant leurs rapports, il me semble qu'on peut au moins en tirer des raisons satisfaisantes et très plausibles sur la cause de cet effet: si, dans l'eau régale, dont on se sert pour la dissolution de l'or, il n'est point entré d'alcali volatil, soit sous sa forme propre, soit sous celle du sel ammoniac, de quelque manière et avec quelque intermède qu'on précipite ce métal, il ne sera ni ne deviendra fulminant, à moins qu'on ne se serve de l'alcali volatil pour cette précipitation; lorsqu'au contraire, la dissolution sera faite avec le sel ammoniac, qui toujours contient de l'alcali volatil, de quelque manière et avec quelque intermède que l'on fasse la précipitation, l'or deviendra toujours fulminant; il est donc assez clair que cette qualité fulminante ne lui vient que de l'action ou du mélange de l'alcali volatil, et l'on ne doit pas être incertain sur ce point, puisque ce précipité fulminant pèse un quart de plus que l'or dont il est le produit; dès lors, ce quart en sus de matière étrangère, qui s'est alliée avec l'or dans ce précipité, n'est autre chose, du moins en grande partie, que de l'alcali volatil; mais cet alcali contient, indépendamment de son sel, une grande quantité d'air inflammable, c'est-à-dire d'air élastique mêlé de feu; dès lors, il n'est pas surprenant que ce feu ou cet air inflammable, contenu dans l'alcali volatil, qui se trouve pour un quart incorporé avec l'or, ne s'enflamme en effet par la chaleur, et ne produise une explosion d'autant plus violente, que les molécules de l'or dans lesquelles il est engagé sont plus massives et plus résistantes à l'action de cet élément incoercible, et dont les effets sont d'autant plus violents que les résistances sont plus grandes. C'est par cette même raison de l'air inflammable contenu dans l'or fulminant que cette qualité fulminante est détruite par le soufre mêlé avec ce précipité; car le soufre qui n'est que la matière du feu, fixée par l'acide, a la plus grande affinité avec cette même matière du feu contenue dans l'alcali volatil; il doit donc lui enlever ce feu, et dès lors, la cause de l'explosion est ou diminuée, ou même anéantie par ce mélange du soufre avec l'or fulminant.

Au reste, l'or fulmine avant d'être chauffé jusqu'au rouge, dans les vaisseaux clos comme en plein air; mais, quoique cette chaleur nécessaire pour produire la fulmination ne soit pas très grande, il est certain qu'il n'y a nulle part, dans le sein de la terre, un tel degré de chaleur, à l'exception des lieux voisins des feux souterrains, et que par conséquent, il ne peut se trouver d'or fulminant que dans les volcans dont il est possible qu'il ait quelquefois augmenté les terribles effets; mais, par son explosion même, cet or fulminant se trouve tout à coup anéanti, ou du moins perdu et dispersé en atomes infiniment petits (a).

(a) M. Macquer, après avoir cité quelques exemples funestes des accidents arrivés par la fulmination de l'or à des chimistes peu attentifs ou trop courageux, dit qu'ayant fait fulminer, dans une grande cloche de verre, une quantité de ce précipité, assez petite pour n'en avoir rien à craindre, on a trouvé, après la détonation, sur les parois de la cloche, l'or en nature que cette détonation n'avait point altéré. Comme cela pourrait induire en erreur, je crois devoir observer que cette matière qui avait frappé contre les parois du vaisseau, et s'y était attachée, n'était pas, comme il le dit, *de l'or en nature*, mais de l'or précipité, ce qui est fort différent, puisque celui-ci a perdu la principale propriété de sa nature, qui est d'être inaltérable, indissoluble par les acides simples, et que tous les acides peuvent au contraire altérer et même dissoudre ce précipité.

Il n'est donc pas étonnant qu'on n'ait jamais trouvé d'or fulminant dans la nature, puisque d'une part le feu ou la chaleur le détruit en le faisant fulminer, et que d'autre part, il ne pourrait exercer cette action fulminante dans l'intérieur de la terre, au degré de sa température actuelle. Au reste, on ne doit pas oublier qu'en général les précipités d'or, lorsqu'ils sont réduits, sont à la vérité toujours de l'or; mais que, dans leur état de précipité et avant la réduction, ils ne sont pas, comme l'or même, inaltérables, indestructibles, etc.; leur essence n'est donc plus la même que celle de l'or de nature; tous les acides minéraux ou végétaux (*a*), et même les simples acerbes, tels que la noix de galle (*b*), agissent sur ces précipités et peuvent les dissoudre, tandis que l'or en métal n'en éprouve aucune altération : les précipités de l'or ressemblent donc à cet égard aux métaux imparfaits, et peuvent par conséquent être altérés de même et minéralisés; mais nous venons de prouver que les combinaisons nécessaires pour faire des précipités d'or n'ont guère pu se trouver dans la nature, et c'est sans doute par cette raison qu'il n'existe réellement que peu ou point d'or minéralisé dans le sein de la terre; et s'il en existait, cet or minéralisé serait en effet très différent de l'autre; on pourrait le dissoudre avec tous les acides, puisqu'ils dissolvent les précipités dont se serait formé cet or minéralisé.

Il ne faut qu'une petite quantité d'acide marin, mêlé à l'acide nitreux, pour dissoudre l'or; mais la meilleure proportion est de quatre parties d'acide nitreux et une partie de sel ammoniac. Cette dissolution est d'une belle couleur jaune, et, lorsque ces dissolvants sont pleinement saturés, elle devient claire et transparente; dans tout état, elle teint en violet plus ou moins foncé toutes les substances animales : si on la fait évaporer, elle donne en se refroidissant des cristaux d'un beau jaune transparent; et si l'on pousse plus loin l'évaporation au moyen de la chaleur, les cristaux disparaissent, et il ne reste qu'une poudre jaune et très fine qui n'a pas le brillant métallique.

Quoiqu'on puisse précipiter l'or dissous dans l'eau régale avec tous autres les métaux, avec les alcalis, les terres calcaires, etc., c'est l'alcali volatil qui, de toutes les matières connues, est la plus propre à cet effet; il réduit l'or plus promptement que les alcalis fixes ou les métaux : ceux-ci changent la couleur du précipité; par exemple, l'étain lui donne la belle couleur pourpre qu'on emploie sur nos porcelaines.

L'or pur a peu d'éclat, et sa couleur jaune est assez mate; le mélange de l'argent le blanchit, celui du cuivre le rougit; le fer lui communique sa couleur; une partie d'acier fondue avec cinq parties d'or pur lui donne la couleur du fer poli : les bijoutiers se servent avec avantage de ces mélanges pour les ouvrages où ils ont besoin d'or de différentes couleurs. L'on connaît, en chimie (*c*), des procédés par lesquels on peut donner aux pré-

(*a*) « Le vinaigre n'attaque point l'or tant qu'il est en masse; mais si, après avoir dissous » ce métal dans l'eau régale, on le précipite par l'alcali fixe, le vinaigre dissout ce précipité : » cette dissolution par le vinaigre est de même précipitée par l'alcali fixe et par l'alcali » volatil, et le précipité formé par cette dernière substance est fulminant. » *Éléments de chimie*, par M. de Morveau, t. III, p. 18.

(*b*) La dissolution d'or est précipitée avec le temps par l'infusion de noix de galle; il se forme insensiblement des nuages de couleur pourpre, qui se répandent dans toute la liqueur; l'or ne se dépose au fond du vase qu'en très petite qnantité, il se ramasse presque entièrement à la surface de la liqueur, où il paraît avec son éclat métallique. M. Monnet (*Dissolution des métaux*, p. 127) assure que l'or précipité par l'extrait acerbe est soluble dans l'acide nitreux, et que cette dissolution est très stable, de couleur bleuâtre, et qu'elle n'est pas précipitée par l'alcali fixe.

(*c*) « Les précipités que l'on obtient lorsqu'on décompose la dissolution de l'or dans l'eau » régale, au moyen de l'argent, du cuivre, du fer et des régules de cobalt et de zinc, sont » des molécules d'or revivifiées par la voie humide, au lieu que si on emploie l'étain, le » plomb, l'antimoine, le bismuth et l'arsenic, les résultats de ces opérations sont des chaux » d'or, susceptibles de se vitrifier au moyen des substances vitreuses qu'on y ajoute et qui

Imp. R. Taneur

1 TANGARA SEPTICOLOR _ 2. TANGARA À TÊTE BLEUE.

[illegible]sseur, Éditeur

cipités de l'or les plus belles couleurs, propre, rouge, verte, etc. : ces couleurs sont fixes et peuvent s'employer dans les émaux ; le borax blanchit l'or plus que tout autre mélange, et le nitre lui rend la couleur jaune que le borax avait fait disparaître.

Quoique l'or soit le plus compacte et le plus tenace des métaux, il n'est néanmoins que peu élastique et peu sonore : il est très flexible et plus mou que l'argent, le cuivre et le fer, qui de tous est le plus dur; il n'y a que le plomb et l'étain qui aient plus de mollesse que l'or, et qui soient moins élastiques ; mais, quelque flexible qu'il soit, on a beaucoup de peine à le rompre (*). Les voyageurs disent que l'or de Malaca, qu'on croit venir de Madagascar, et qui est presque tout blanc, se fond aussi promptement que du plomb. On assure aussi qu'on trouve dans les sables de quelques rivières de ces contrées des grains d'or que l'on peut couper au couteau, et que même cet or est si mou qu'il peut recevoir aisément l'empreinte d'un cachet (*a*) ; il se fond à peu près comme du plomb, et l'on prétend que cet or est le plus pur de tous : ce qu'il y a de certain, c'est que plus ce métal est pur et moins il est dur ; il n'a dans cet état de pureté, ni odeur ni saveur sensible, même après avoir été fortement frotté ou chauffé. Malgré sa mollesse, il est cependant susceptible d'un assez grand degré de dureté par l'écrouissement, c'est-à-dire par la percussion souvent réitérée du marteau, ou par la compression successive et forcée de la filière ; il perd même alors une grande partie de sa ductilité et devient assez cassant. Tous les métaux acquièrent de même un excès de dureté par l'écrouissement ; mais on peut toujours détruire cet effet en les faisant recuire au feu, et l'or qui est le plus doux, le plus ductile de tous, ne laisse pas de perdre cette ductilité par une forte et longue percussion ; il devient non seulement plus dur, plus élastique, plus sonore, mais même il se gerce sur ses bords lorsqu'on lui fait subir une extension forcée sous les rouleaux du laminoir : néanmoins il perd par le recuit ce fort écrouissement plus aisément qu'aucun autre métal ; il ne faut pour cela que le chauffer, pas même jusqu'au rouge, au lieu que le cuivre et le fer doivent être pénétrés de feu pour perdre leur écrouissement.

» en reçoivent une couleur pourpre... Les précipités que l'on obtient par l'intermède du » plomb sont d'un gris noirâtre ; celui de l'étain est pourpre... Lorsqu'on fait fulminer de » l'or sur de l'étain, du plomb, de l'antimoine, du bismuth et de l'arsenic, on obtient une » chaux pourpre analogue au précipité de Cassius ; au lieu que l'or, en fulminant sur l'ar- » gent, le cuivre, le fer, le cobalt et le zinc, se revivifie et s'incruste sur ces régules métal- » liques. » *Lettres du docteur Demeste*, t. II, p. 459 et 461. — L'or est aussi calciné et réduit en chaux pourpre par une forte décharge électrique... Mais la même décharge revivifie l'or en chaux, comme elle réduit la chaux de plomb. *Éléments de chimie*, par M. de Morveau, t. II, p. 85.

(*a*) Quelques chimistes ont assuré qu'on peut donner par l'art cette mollesse à l'or, que quelquefois il tient de la nature : Beccher, dans le second supplément à sa *Physique souterraine*, indique un procédé par lequel il prétend qu'on peut donner à l'or la mollesse du plomb, et ce procédé consiste à jeter un grand nombre de fois le même or fondu dans une liqueur composée d'esprit de sel ammoniac et d'esprit-de-vin rectifié. Je doute de ce résultat du procédé de Beccher, et il serait bon de le vérifier en répétant l'expérience... Brandt dit avoir obtenu un or blanc et fragile par une longue digestion avec le mercure ; il ajoute que dans cet état il n'est plus possible de séparer entièrement le mercure de l'or, ni par la calcination la plus forte avec le soufre, ni par la fonte répétée plusieurs fois au feu le plus violent. *Lettres du docteur Demeste*, t. II, p. 458.

(*) L'or est le plus ductile et le plus malléable de tous les métaux. On peut le réduire en feuilles n'ayant pas plus de 1/12000[e] de millimètre d'épaisseur et l'étirer en fils tellement grêles, qu'avec cinq centigrammes d'or on obtient un fil ayant 162 mètres de longueur. Mais sa ténacité n'est pas très considérable, car il suffit d'un poids de 68[kil],216 pour déterminer la rupture d'un fil d'or ayant 2 millimètres de diamètre.

Après avoir exposé les principales propriétés de l'or, nous devons indiquer aussi les moyens dont on se sert pour le séparer des autres métaux ou des matières hétérogènes avec lesquelles il se trouve souvent mêlé. Dans les travaux en grand, on ne se sert que du plomb, qui, par la fusion, sépare de l'or toutes ces matières étrangères en les scorifiant : on emploie aussi le mercure, qui, par amalgame, en fait pour ainsi dire l'extrait en s'y attachant de préférence. Dans les travaux chimiques, on fait plus souvent usage des acides. « Pour séparer l'or de toute autre matière métallique, on le traite, dit mon savant ami, » M. de Morveau, soit avec des sels qui attaquent les métaux imparfaits à l'aide d'une » chaleur violente, et qui s'approprient même l'argent qui pourrait lui être allié, tels que » le vitriol, le nitre et le sel marin ; soit par le soufre ou par l'antimoine qui en contient » abondamment ; soit enfin par la coupellation, qui consiste à mêler l'or avec le double de » son poids environ de plomb, qui, en se vitrifiant, entraîne avec lui et scorifie tous les » autres métaux imparfaits ; de sorte que le bouton de fin reste seul sur la coupelle, qui » absorbe dans ses pores la litharge de plomb et les autres matières qu'elle a scorifiées (*a*). » La coupellation laisse donc l'or encore allié d'argent : mais on peut les séparer par le moyen des acides, qui n'attaquent que l'un ou l'autre de ces métaux ; et comme l'or ne se laisse dissoudre par aucun acide simple, ni par le soufre, et que tous peuvent disssoudre l'argent, on a, comme l'on voit, plusieurs moyens pour faire la séparation ou le départ de ces deux métaux : on emploie ordinairement l'acide nitreux, il faut qu'il soit pur, mais non pas trop fort ou concentré ; c'est de tous les acides celui qui dissout l'argent avec plus d'énergie, et sans aide de la chaleur, ou tout au plus avec une petite chaleur pour commencer la dissolution.

En général, pour que toute dissolution s'opère, il faut non seulement qu'il y ait une grande affinité entre le dissolvant et la matière à dissoudre, mais encore que l'une de ces deux matières soit fluide pour pouvoir pénétrer l'autre, en remplir tous les pores et détruire par la force d'affinité celle de la cohérence des parties de la matière solide. Le mercure, par sa fluidité et par sa très grande affinité avec l'or, doit être regardé comme l'un de ses dissolvants, car il le pénètre et semble le diviser dans toutes ses parties ; cependant ce n'est qu'une union, une espèce d'alliage, et non pas une dissolution, et l'on a eu raison de donner à cet alliage le nom d'*amalgame*, parce que l'amalgame se détruit par la seule évaporation du mercure, et que d'ailleurs tous les vrais alliages ne peuvent se faire que par le feu, tandis que l'amalgame peut se faire à froid, et qu'il ne produit qu'une union particulière, qui est moins intime que celle des alliages naturels ou faits par la fusion ; et, en effet, cet amalgame ne prend jamais d'autre solidité que celle d'une pâte assez molle, toujours participant de la fluidité du mercure, avec quelque métal qu'on puisse l'unir ou le mêler. Cependant l'amalgame se fait encore mieux à chaud qu'à froid ; le mercure, quoique du nombre des liquides, n'a pas la propriété de mouiller les matières terreuses, ni même les chaux métalliques, il ne contracte d'union qu'avec les métaux, qui sont sous leur forme de métal : une assez petite quantité de mercure suffit pour les rendre friables, en sorte qu'on peut dans cet état les réduire en poudre par une simple trituration, et avec une plus grande quantité de mercure on en fait une pâte, mais qui n'a ni cohérence ni ductilité ; c'est de cette manière très simple qu'on peut amalgamer l'or, qui, de tous les métaux, a la plus grande affinité avec le mercure ; elle est si puissante qu'on la prendrait pour une espèce de magnétisme ; l'or blanchit dès qu'il est touché par le mercure, pour peu qu'il en reçoive les émanations ; mais dans les métaux qui ne s'unissent avec lui que difficilement, il faut pour le succès de l'amalgame employer le secours du feu, en réduisant d'abord le métal en poudre très fine et faisant ensuite chauffer le mercure à peu près au point où il commence à se volatiliser ; on fait en même temps et séparément

(*a*) *Éléments de chimie*, article de l'*Or*.

rougir la poudre du métal, et tout de suite on la triture avec le mercure chaud ; c'est de cette manière qu'on l'amalgame avec le cuivre ; mais l'on ne connaît aucun moyen de lui faire contracter union avec le fer.

Le vrai dissolvant de l'or est, comme nous l'avons dit, l'eau régale composée de deux acides, le nitreux et le marin ; et comme s'il fallait toujours deux puissances réunies pour dompter ce métal, on peut encore le dissoudre par le foie de soufre, qui est un composé de soufre et d'alcali fixe : cependant cette dernière dissolution a besoin d'être aidée et ne se fait que par le moyen du feu. On met l'or en poudre très fine ou en feuilles brisées dans un creuset avec du foie de soufre, on les fait fondre ensemble, et l'or disparaît dans le produit de cette fusion ; mais en laissant dissoudre dans l'eau ce même produit, l'or y reste en parfaite dissolution, et il est aisé de le tirer par précipitation.

Les alliages de l'or avec l'argent et le cuivre sont fort en usage pour les monnaies et pour les ouvrages d'orfévrerie ; on peut de même l'allier avec tous les autres métaux ; mais tout alliage lui fait perdre plus ou moins de sa ductilité (*a*), et la plus petite quantité d'étain ou même la seule vapeur de ce métal suffisent pour le rendre aigre et cassant : l'argent est celui de tous qui diminue le moins sa très grande ductilité.

L'or naturel et natif est presque toujours allié d'argent en plus ou moins grande proportion : cet alliage lui donne de la fermeté et pâlit sa couleur ; mais le mélange du cuivre l'exalte, le rend d'un jaune plus rouge, et donne à l'or un assez grand degré de dureté ; c'est par cette dernière raison que, quoique cet alliage du cuivre avec l'or en diminue la densité au delà des proportions du mélange, il est néanmoins fort en usage pour les monnaies qui ne doivent ni se plier, ni s'effacer, ni s'étendre, et qui auraient tous ces inconvénients si elles étaient fabriquées d'or pur.

Suivant M. Geller, l'alliage de l'or avec le plomb devient spécifiquement plus pesant, et il y a pénétration entre ces deux métaux, tandis que le contraire arrive dans l'alliage de l'or et de l'étain, dont la pesanteur spécifique est moindre : l'alliage de l'or avec le fer devient aussi spécifiquement plus léger ; il n'y a donc nulle pénétration entre ces deux métaux, mais une simple union de leurs parties, qui augmente le volume de la masse, au lieu de le diminuer comme le fait la pénétration. Cependant ces deux métaux, dont les parties constituantes ne paraissent pas se réunir d'assez près dans la fusion, ne laissent pas d'avoir ensemble une grande affinité, car l'or se trouve souvent, dans la nature, mêlé avec le fer, et de plus il facilite au feu la fusion de ce métal. Nos habiles artistes devraient donc mettre à profit cette propriété de l'or et le préférer au cuivre pour souder les petits ouvrages d'acier qui demandent le plus grand soin et la plus grande solidité ; et ce qui semble prouver encore la grande affinité de l'or avec le fer, c'est que quand ces deux métaux se trouvent alliés, on ne peut les séparer en entier par le moyen du plomb, et il en est de même de l'argent allié au fer ; on est obligé d'y ajouter du bismuth pour achever de les purifier (*b*).

L'alliage de l'or avec le zinc produit un composé dont la masse est spécifiquement plus pesante que la somme des pesanteurs spécifiques de ces deux matières composantes ; il y a donc pénétration dans le mélange de ce métal avec ce demi-métal, puisque le volume en devient plus petit ; on a observé la même chose dans l'alliage de l'or et du bismuth : au reste on a fait un nombre prodigieux d'essais du mélange de l'or avec toutes les autres matières métalliques, que je ne pourrais rapporter ici sans tomber dans une trop grande prolixité.

(*a*) L'or s'unit au platine, et c'est la crainte de le voir falsifier par ce mélange qui a décidé le gouvernement d'Espagne à faire fermer les mines de platine. *Éléments de chimie*, par M. de Morveau, t. Ier, p. 263.

(*b*) M. Poërner, cité dans le *Dictionnaire de chimie*, article de l'*Affinage*.

Les chimistes ont recherché avec soin les affinités de ce métal, tant avec les substances naturelles qu'avec celles qui ne sont que le produit de nos arts; et il s'est trouvé que ces affinités étaient dans l'ordre suivant: 1° l'eau régale, 2° le foie de soufre, 3° le mercure, 4° l'éther, 5° l'argent, 6° le fer, 7° le plomb. L'or a aussi beaucoup d'affinité avec les substances huileuses, volatiles et atténuées, telles que les huiles essentielles des plantes aromatiques, l'esprit-de-vin, et surtout l'éther (a) : il en a aussi avec les bitumes liquides, tels que le naphte et le pétrole; d'où l'on peut conclure qu'en général c'est avec les matières qui contiennent le plus de principes inflammables et volatils que l'or a le plus d'affinité, et dès lors on n'est pas en droit de regarder comme une chimère absurde l'idée que l'or rendu potable peut produire quelque effet dans les corps organisés, qui, de tous les êtres, sont ceux dont la substance contient la plus grande quantité de matière inflammable et volatile, et que par conséquent l'or extrêmement divisé puisse y produire de bons ou de mauvais effets, suivant les circonstances et les différents états où se trouvent ces mêmes corps organisés. Il me semble donc qu'on peut se tromper en prononçant affirmativement sur la nullité des effets de l'or pris intérieurement, comme remède, dans certaines maladies, parce que le médecin, ni personne, ne peut connaître tous les rapports que ce métal très atténué peut avoir avec le feu qui nous anime.

Il en est de même de cette fameuse recherche appelée le *grand œuvre*, qu'on doit rejeter en bonne morale, mais qu'en saine physique l'on ne peut pas traiter d'impossible; on fait bien de dégoûter ceux qui voudraient se livrer à ce travail pénible et ruineux, qui, même fût-il suivi du succès, ne serait utile en rien à la société; mais pourquoi prononcer d'une manière décidée que la transmutation des métaux soit absolument impossible, puisque nous ne pouvons douter que toutes les matières terrestres, et même les éléments, ne soient tous convertibles; qu'indépendamment de cette vue spéculative, nous connaissons plusieurs alliages dans lesquels la matière des métaux se pénètre et augmente de densité? l'essence de l'or consiste dans la prééminence de cette qualité, et toute matière qui, par le mélange, obtiendrait le même degré de densité, ne serait-elle pas de l'or? ces métaux mélangés, que l'alliage rend spécifiquement plus pesants par leur pénétration réciproque, ne semblent-ils pas nous indiquer qu'il doit y avoir d'autres combinaisons où cette pénétration étant encore plus intime, la densité deviendrait plus grande?

On ne connaissait ci-devant rien de plus dense que le mercure après l'or, mais on a récemment découvert le platine ; ce minéral nous présente l'une de ces combinaisons où la densité se trouve prodigieusement augmentée, et plus que moyenne entre celle du mercure et celle de l'or; mais nous n'avons aucun exemple qui puisse nous mettre en droit de prononcer qu'il y ait dans la nature des substances plus denses que l'or, ni des moyens d'en former par notre art; notre plus grand chef-d'œuvre serait en effet d'augmenter la densité de la matière, au point de lui donner la pesanteur de ce métal ; peut-être ce chef-

(a) L'éther a, de même que toutes les matières huileuses très ténues et très volatiles, la propriété d'enlever l'or de sa dissolution dans l'eau régale; et comme l'éther est plus subtil qu'aucune de ces matières, il produit aussi beaucoup mieux cet effet : il suffit de verser de l'éther sur une dissolution d'or, de mêler les deux liqueurs en secouant la fiole; aussitôt que le mélange est en repos, l'éther se débarrasse de l'eau régale et la surnage; alors l'eau régale dépouillée d'or devient blanche, tandis que l'éther se colore en jaune : de cette manière on fait très promptement une teinture d'or ou or potable, mais peu de temps après l'or se sépare de l'éther, reprend son brillant métallique, et paraît cristallisé à la surface. *Éléments de chimie*, par M. de Morveau, t. III, p. 316 et 317. — Les huiles essentielles, mêlées et agitées avec une dissolution d'or par l'eau régale, enlèvent ce métal et s'en emparent; mais l'or nage seulement dans ce fluide, d'où il se précipite en grande partie : il n'y est point dans un état de dissolution parfaite, et conserve toujours une certaine quantité d'acide régalin. *Idem*, p. 356.

d'œuvre n'est-il pas impossible, et peut-être même y est-on parvenu; car dans le grand nombre des faits exagérés ou faux, qui nous ont été transmis au sujet du *grand œuvre*, il y en a quelques-uns (*a*) dont il me paraît assez difficile de douter; mais cela ne nous empêche pas de mépriser, et même de condamner tous ceux qui, par cupidité, se livrent à cette recherche, souvent même sans avoir les connaissances nécessaires pour se conduire dans leurs travaux; car il faut avouer qu'on ne peut rien tirer des livres d'alchimie : ni la *Table hermétique*, ni la *Tourbe des philosophes*, ni *Philalète* et quelques autres que j'ai pris la peine de lire (*b*), et même d'étudier, ne m'ont présenté que des obscurités, des procédés inintelligibles où je n'ai rien aperçu, et dont je n'ai pu rien conclure, sinon que tous ces chercheurs de pierre philosophale ont regardé le mercure comme la base commune des métaux, et surtout de l'or et de l'argent. Beccher, avec sa *terre mercurielle*, ne s'éloigne pas beaucoup de cette opinion; il prétend même avoir trouvé le moyen de fixer cette base commune des métaux ; mais, s'il est vrai que le mercure ne se fixe en effet que par un froid extrême, il n'y a guère d'apparence que le feu des fourneaux de tous ces chimistes ait produit le même effet; cependant on aurait tort de nier absolument la possibilité de ce changement d'état dans le mercure, puisque, malgré la fluidité qui lui paraît être essentielle, il est dans le cinabre sous une forme solide, et que nous ne savons pas si sa substance ou sa vapeur, mêlée avec quelque autre matière que le soufre, ne prendrait pas une forme encore plus solide, plus concrète et plus dense. Le projet de la transmutation des métaux et celui de la fixation du mercure doivent donc être rejetés, non comme des idées chimériques ni des absurdités, mais comme des entreprises téméraires, dont le succès est plus que douteux : nous sommes encore si loin de connaître tous les effets des puissances de la nature, que nous ne devons pas les juger exclusivement par celles qui nous sont connues, d'autant que toutes les combinaisons possibles ne sont pas à beaucoup près épuisées, et qu'il nous reste sans doute plus de choses à découvrir que nous n'en connaissons.

En attendant que nous puissions pénétrer plus profondément dans le sein de cette nature inépuisable, bornons-nous à la contempler et à la décrire par les faces qu'elle nous présente : chaque sujet, même le plus simple, ne laisse pas d'offrir un si grand nombre de rapports que l'ensemble en est encore très difficile à saisir ; ce que nous avons dit jusqu'ici sur l'or n'est pas à beaucoup près tout ce qu'on pourrait en dire ; ne négligeons, s'il est possible, aucune observation, aucun fait remarquable sur ses mines, sur la manière de les travailler, et sur les lieux où on les trouve. L'or, dans ses mines primitives, est ordinairement en filets, en rameaux, en feuilles, et quelquefois cristallisé en très petits grains de forme octaèdre; cette cristallisation, ainsi que toutes ces ramifications, n'ont pas été produites par l'intermède de l'eau, mais par l'action du feu primitif qui tenait encore ce métal en fusion; il a pris toutes ces formes dans les fentes du quartz, quelque temps après sa consolidation : souvent ce quartz est blanc, et quelquefois il est teint d'un jaune couleur de corne, ce qui a fait dire à quelques minéralogistes (*c*) qu'on trouvait l'or dans la pierre

(*a*) Voyez entre autres le fait de transmutation du fer en or, cité par Model dans ses *Récréations chimiques*, traduites en français par M. Parmentier.

(*b*) Je puis même dire que j'ai vu un bon nombre de ces messieurs *adeptes*, dont quelques-uns sont venus de fort loin pour me consulter, disaient-ils, et me faire part de leurs travaux; mais tous ont été bientôt dégoûtés de ma conversation par mon peu d'enthousiasme.

(*c*) « L'or vierge se trouve non seulement dans du quartz ou de la *pierre de corne*, mais » encore dans des pierres de veines tendres, comme, par exemple, dans une terre ferru- » gineuse coagulée, et dans une terre de silex ou de limon blanche et tendre; il y en a » beaucoup d'exemples dans la Hongrie et dans la Transylvanie; on a même reconnu que » l'or vierge se montre dans ces veines sous toutes sortes de figures, quelquefois sous la » forme de fil allongé : on en trouve aussi qui traverse de grandes pierres. » *Instructions sur l'art des mines*, par M. Delius, t. Ier, p. 101.

de corne comme dans le quartz ; mais la vraie pierre de corne étant d'une formation postérieure à celle du quartz, l'or qui pourrait s'y trouver ne serait lui-même que de seconde formation. L'or primordial, fondu ou sublimé par le feu primitif, s'est logé dans les fentes que le quartz, déjà décrépité par les agents extérieurs, lui offrait de toutes parts, et communément il s'y trouve allié d'argent (*a*), parce qu'il ne faut qu'à peu près le même degré de chaleur pour fondre et sublimer ces deux métaux : ainsi l'or et l'argent ont occupé en même temps les fentes perpendiculaires de la roche quartzeuse, et ils y ont en commun formé les mines primordiales de ces métaux ; toutes les mines secondaires en ont successivement tiré leur origine quand les eaux sont venues dans la suite attaquer ces mines primitives, et en détacher les grains et les parcelles qu'elles ont entraînés et déposés dans le lit des rivières et dans les terres adjacentes ; et ces débris métalliques, rapprochés et rassemblés, ont quelquefois formé des agrégats, qu'on reconnait être des ouvrages de l'eau, soit par leur structure, soit par leur position dans les terres et les sables.

Il n'y a donc point de mines dont l'or soit absolument pur, il est toujours allié d'argent ; mais cet alliage varie en différentes proportions, suivant les différentes mines (*b*), et dans la plupart, il y a beaucoup plus d'argent que d'or ; car, comme la quantité de l'argent s'est trouvée surpasser de beaucoup celle de l'or, les alliages naturels, résultant de leur mélange, sont presque tous composés d'une bien plus grande quantité d'argent que d'or.

Ce métal mixte de première formation est, comme nous l'avons dit, engagé dans un roc quartzeux auquel il est étroitement uni : pour l'en tirer, il faut donc commencer par broyer la pierre, en laver la poudre pour en séparer les parties moins pesantes que celles du métal, et achever cette séparation par le moyen du mercure, qui, s'amalgamant avec les particules métalliques, laisse à part le restant de la matière pierreuse ; on enlève ensuite le mercure en donnant à cette masse amalgamée un degré de chaleur suffisant pour le volatiliser, après quoi il ne reste plus que la portion métallique, composée d'or et d'argent (*c*) ; on sépare enfin ces deux métaux, autant qu'il est possible, par les opérations du

(*a*) En Hongrie, on rencontre assez souvent des mines d'argent qui contiennent une portion d'or si considérable, que, par rapport à l'argent qu'on en tire, elle monte jusqu'à un quart. M. de Justi, cité dans le *Journal étranger*, mois de septembre, année 1756, p. 45.

(*b*) Pline parle d'un or des Gaules qui ne contenait qu'un *trente-sixième d'argent :* en admettant le fait, cet or serait le plus pur qu'on eût jamais trouvé. « Omni auro inest argentum, vario pondere ; alibi denâ, alibi nonâ, alibi octavâ parte : in uno tantùm Galliæ metallo, quod vocant albicratense, tricesima sexta portio invenitur, et ideo cæteris præest. » Lib, XXXIII, cap. XXI.

(*c*) L'or se trouve rarement seul dans une mine ; il est presque toujours caché dans l'argent qui l'accompagne ; et pour le tirer de sa mine, il faut le traiter d'abord comme une mine d'argent... Ce précieux métal est souvent si divisé dans les mines, qu'à peine peut-on s'assurer par les essais ordinaires qu'elles tiennent de l'or,... et souvent il faut attendre que la mine ait été fondue en grand pour essayer par le départ l'argent qui en provient. Les mines de Rammelsberg, près de Goslar dans le Hartz, peuvent servir ici d'exemple : elles tiennent de l'or, mais en si petite quantité, que le grain ne peut se trouver par l'essai, puisque le marc d'argent de ces mines ne donne que trois quarts de grains d'or ; et il faut fondre ordinairement trente-cinq quintaux de ces mines pour avoir un marc d'argent. Ainsi, pour trouver dans l'essai seulement un quart de grain d'or, il faudrait essayer dix quintaux deux tiers de mine. Les essais de ces sortes de mine se font aisément dans les lieux où il y a des fonderies établies ; mais, quand on n'a pas la commodité de fondre ces mines en grand, il faut chercher quelque moyen de connaître leur produit par l'essai......

Si les mines qui contiennent de l'or sont chargées de pyrites ou de quelque fluor extrêmement dur à piler, il faut les griller, et ensuite les piler et les laver. On ne prend que huit quintaux de plomb pour un quintal de mine aisée à fondre, au lieu qu'il en faut seize quand elles sont rebelles à la fonte ; on les scorifie, puis on coupelle le plomb comme à l'ordi-

départ, qui cependant ne laissent jamais l'or parfaitement pur (*a*), comme s'il était impossible à notre art de séparer en entier ce que la nature a réuni ; car, de quelque manière que l'on procède à cette séparation de l'or et de l'argent, qui, dans la nature, ne font le plus souvent qu'une masse commune, ils restent toujours mêlés d'une petite portion du métal qu'on tâche d'en séparer (*b*), de sorte que ni l'or ni l'argent ne sont jamais dans un état de pureté absolue.

Cette opération du *départ*, ou séparation de l'or et de l'argent, suppose d'abord que la masse d'alliage ait été purifiée par le plomb, et qu'elle ne contienne aucune autre matière métallique, sinon de l'or et de l'argent; on peut y procéder de trois manières différentes, en se servant des substances qui, soit à chaud, soit à froid, n'attaquent pas l'or, et peuvent néanmoins dissoudre l'argent: 1° l'acide nitreux n'attaque pas l'or et dissout l'argent; l'or reste donc seul après la dissolution de l'argent; 2° l'acide marin a (*c*), comme l'acide nitreux,

naire. Les scories de ces essais doivent avoir la fluidité de l'eau; pour peu qu'elles filent, on n'a pas leur véritable produit en argent et en or.

Lorsqu'on a coupellé le plomb, enrichi de cette scorification, on pèse le grain d'argent qu'il a laissé sur la coupelle, et qui est composé d'or et d'argent, que l'on départ par le moyen de l'eau-forte ; mais, avant de soumettre le bouton au départ, on le réduit en lamines, que l'on fait rougir au feu pour les recuire, afin que l'eau-forte les attaque plus aisément... Dans ces sortes de départs, où il s'agit d'avoir la petite portion d'or que contient chaque bouton de coupelle, on emploie l'eau-forte pure... Aussitôt que la première eau-forte a cessé de dissoudre, on la verse et on en remet de l'autre, qui achève de dissoudre l'argent qui pourrait encore se trouver avec l'or......

S'il y a beaucoup d'or dans l'argent, c'est-à-dire la moitié, l'eau-forte, même en ébullition, ne l'attaque pas ; elle ne dissout que les parties de l'argent qui se trouvent à la surface des lamines, qu'il faut alors refondre avec deux fois leur poids d'argent pur, ou d'argent de départ purifié de tout cuivre... On aplatit le nouveau bouton en lamine, que l'on fait recuire, pour être ensuite soumise à l'opération du départ, qui alors se fait bien... Lorsqu'on a rassemblé tout l'or provenant du départ, on le fait rougir au feu dans un creuset pour achever de le débarrasser entièrement de l'acide du dissolvant, et pour lui faire prendre la couleur d'un vrai or... Ensuite on le laisse refroidir pour le peser, et connaître le produit de la mine qu'on a essayée. *Traité de la fonte des mines* de Schlutter, traduit par M. Hellot, t. Ier, p. 177 et suiv.

(*a*) Je crois cependant qu'il n'est pas impossible de séparer absolument l'or et l'argent l'un de l'autre, en multipliant les opérations et les moyens, et qu'au moins on arriverait à une approximation si grande, qu'on pourrait regarder comme nulle la portion presque infiniment petite de celui qui resterait contenu dans l'autre.

(*b*) M. Cramer, dans sa *Docimasie*, assure que, si le départ se fait par l'eau-forte, il reste toujours une petite portion d'argent unie à l'or, et de même que, quand on fait le départ par l'eau régale, il reste toujours une petite portion d'or unie à l'argent, et il estime cette proportion depuis un deux centième jusqu'à un cent cinquantième. *Dictionnaire de Chimie*, article *Départ*. — M. Tillet observe qu'il est très vrai qu'on n'obtient pas de l'or parfaitement pur par la voie du départ, mais que cependant il est possible de parvenir à ce but par la dissolution de l'or fin dans l'eau régale, ou par des cémentations réitérées.

(*c*) « On peut purifier l'or, c'est-à-dire en séparer l'argent qu'il contient, par l'acide marin, » au moyen d'une cémentation ; il faut d'abord qu'il soit réduit en lames minces ; on stratifie » ces lames avec un cément fait de quatre parties de briques pilées et tamisées, d'une partie » de colcothar et d'une partie de sel marin, le tout réduit en pâte ferme avec un peu d'eau : » pendant cette opération, où il est très important que la chaleur ne soit pas assez forte pour » fondre l'or, l'acide du colcothar et de l'argile dégage celui du sel marin et ce dernier, à » raison de sa concentration et de l'état de vapeur où il se trouve, attaque l'argent, et, à la » faveur de la dilatation que le feu occasionne, va chercher ce métal jusque dans des alliages » où l'or serait en assez grande quantité pour le défendre de l'action de l'eau-forte. » *Éléments de Chimie*, par M. de Morveau, t. II, p. 218.

la vertu de dissoudre l'argent sans attaquer l'or, et par conséquent la puissance de les séparer; mais le départ par l'acide nitreux est plus complet et bien plus facile; il se fait par la voie humide et à l'aide d'une très petite chaleur; au lieu que le départ par l'acide marin, qu'on appelle *départ concentré*, ne peut se faire que par une suite de procédés assez difficiles; 3° le soufre a aussi la même propriété de dissoudre l'argent sans toucher à l'or, mais ce n'est qu'à l'aide de la fusion, c'est-à-dire d'une chaleur violente; et, comme le soufre est très inflammable et qu'il se brûle et se volatilise en grande partie, en se mêlant au métal fondu, on préfère l'antimoine pour faire cette espèce de départ sec, parce que le soufre étant uni dans l'antimoine aux parties régulines de ce demi-métal, il résiste plus à l'action du feu, et pénètre le métal en fusion dans lequel il scorifie l'argent et laisse l'or au-dessous. De ces trois agents l'acide nitreux est celui qu'on doit préférer (*a*), la manipulation des deux autres étant plus difficile et la purification plus incomplète que par le premier.

On doit observer que, pour faire par l'acide nitreux le départ avec succès, il ne faut pas que la quantité d'or contenue dans l'argent soit de plus de deux cinquièmes; car alors cet acide ne pourrait dissoudre les parties d'argent qui, dans ce cas, seraient défendues et trop couvertes par celles de l'or pour être attaquées et saisies; s'il se trouve donc plus de deux cinquièmes d'or dans la masse dont on veut faire le départ, on est obligé de la faire fondre et d'y ajouter autant d'argent qu'il en faut pour qu'il n'y ait en effet que deux cinquièmes d'or dans cette nouvelle masse; ainsi l'on s'assurera d'abord de cette proportion, et il me semble que cela serait facile par la balance hydrostatique, et que ce moyen serait bien plus sûr que la pierre de touche et les aiguilles alliées d'or et d'argent à différentes doses, dont se servent les essayeurs pour reconnaître cette quantité dans la masse de ces métaux alliés : on a donc eu raison de proscrire cette pratique dans les monnaies de France (*b*); car ce n'est qu'au vrai un tâtonnement dont il ne peut résulter qu'une estimation incertaine, tandis que, par la différente pesanteur spécifique de ces deux métaux, on aurait un résultat précis de la proportion de la quantité de chacun dans la masse alliée dont on veut faire le départ. Quoi qu'il en soit, lorsqu'on s'est à peu près assuré de cette proportion, et que l'or n'y est que pour un quart ou au-dessous, on doit employer de l'eau-forte ou acide nitreux bien pur, c'est-à-dire exempt de tout autre acide, et surtout du vitriolique et du marin : on verse cette eau-forte sur le métal, réduit en grenailles ou en lames très minces; il en faut un tiers de plus qu'il n'y a d'argent dans l'alliage; on aide

(*a*) MM. Brandt, Schoeffer, Bergman et d'autres, ayant avancé que l'acide nitreux, quoique très pur, pouvait dissoudre une certaine quantité d'or, et cet effet paraissant devoir influer sur la sûreté de l'importante opération du départ, les chimistes de notre Académie des sciences ont été chargés de faire des expériences à ce sujet, et ces expériences ont prouvé que l'acide nitreux n'attaque point ou très peu l'or, puisque, après en avoir séparé l'argent qui y était allié, et dont on connaissait la proportion, on a toujours retrouvé juste la même quantité d'or. « Cependant ils ajoutent, dans le rapport de leurs épreuves, qu'il ne » faut pas conclure que, dans aucun cas, l'acide nitreux ne puisse faire éprouver à l'or » quelque très faible déchet. L'acide nitreux le plus pur se charge de quelques particules « d'or; mais nous pouvons assurer que les circonstances nécessaires à la production de cet » effet sont absolument étrangères au départ d'essai; que, dans ce dernier, lorsqu'on le » pratique suivant les règles et l'usage reçu, il ne peut jamais y avoir le moindre déchet » sur l'or. » *Rapport sur l'opération du départ*, dans le *Journal de physique*, février 1781, p. 142.

(*b*) M. Tillet m'écrit, à ce sujet, qu'on ne fait point usage des *touchaux* pour le travail des monnaies de France; le titre des espèces n'y est constaté que par l'opération de l'essai ou du départ : les orfèvres emploient, il est vrai, le touchau dans leur maison commune, mais ce n'est que pour les menus ouvrages en si petit volume qu'ils offrent à peine la matière de l'essai en règle, et qui sont incapables de supporter le poinçon de marque.

la dissolution par un peu de chaleur, et on la rend complète en renouvelant deux ou trois fois l'eau-forte, qu'on fait même bouillir avant de la séparer de l'or, qui reste seul au fond du vaisseau, et qui n'a besoin que d'être bien lavé dans l'eau chaude pour achever de se nettoyer des petites parties de la dissolution d'argent attachées à sa surface, et, lorsqu'on a obtenu l'or, on retire ensuite l'argent de la dissolution, soit en le faisant précipiter, soit en distillant l'eau-forte pour la faire servir une seconde fois.

Toute masse dont on veut faire le départ par cette voie ne doit donc contenir que deux cinquièmes d'or au plus sur trois cinquièmes d'argent ; et dans cet état, la couleur de ces deux métaux alliés est presque aussi blanche que l'argent pur, et, loin qu'une plus grande quantité de ce dernier métal nuisît à l'effet du départ, il est au contraire d'autant plus aisé à faire que la proportion de l'argent à l'or est plus grande : ce n'est que quand il y a environ moitié d'or dans l'alliage qu'on s'en aperçoit à sa couleur qui commence à prendre un œil de jaune faible.

Pour reconnaître au juste l'aloi ou le titre de l'or, il faut donc faire deux opérations : d'abord le purger au moyen du plomb de tout mélange étranger, à l'exception de l'argent, qui lui reste uni, parce que le plomb ne les attaque ni l'un ni l'autre ; et, ensuite, il faut faire le départ par le moyen de l'eau-forte. Ces opérations de l'essai et du départ, quoique bien connues des chimistes, des monnayeurs et des orfèvres, ne laissent pas d'avoir leurs difficultés par la grande précision qu'elles exigent, tant pour le régime du feu que pour le travail des matières, d'autant que par le travail le mieux conduit on ne peut arriver à la séparation entière de ces métaux ; car il restera toujours une petite portion d'argent dans l'or le plus raffiné, comme une portion de plomb dans l'argent le plus épuré (*a*).

(*a*) Pour faire l'essai de l'argent, on choisit deux coupelles égales de grandeur et de poids ; l'usage est de prendre des coupelles qui pèsent autant que le plomb qu'on emploie dans l'essai, parce qu'on a observé que ce sont celles qui peuvent boire toute la litharge qui se forme pendant l'opération ; on les place l'une à côté de l'autre, sous la moufle, dans un fourneau d'essai ; on allume le fourneau, on fait rougir les coupelles, et on les tient rouges pendant une demi-heure avant d'y rien mettre.....

Quand les coupelles sont rouges à blanc, on met dans chacune d'elles la quantité de plomb qu'on a déterminée, et qui doit être plus ou moins grande, suivant que l'argent a plus ou moins d'alliage ; on augmente le feu en ouvrant les portes du cendrier jusqu'à ce que le plomb soit rouge, fumant et agité d'un mouvement de *circulation*, et que sa surface soit nette et bien découverte.

On met alors dans chaque coupelle l'argent réduit en petites lames, afin qu'il se fonde plus promptement, en soutenant toujours et même en augmentant le feu jusqu'à ce que l'argent soit bien fondu et mêlé avec le plomb... L'on voit autour du métal un petit cercle de litharge qui s'imbibe continuellement dans la coupelle, et à la fin de l'essai, le bouton de fin, n'étant plus couvert d'aucune litharge, paraît brillant et reste seul sur la coupelle ; et si l'opération a été bien conduite, les deux essais doivent donner le bouton de fin dans le même temps à peu près : au moment que ce bouton se fixe, on voit sur sa surface des couleurs d'iris, qui font des ondulations et se croisent avec beaucoup de rapidité... Il faut avoir grande attention à l'administration du feu, pour que la chaleur ne soit ni trop violente ni trop faible ; dans le premier cas, le plomb se scorifie trop vite et n'a pas le temps d'emporter toutes les impuretés de l'argent ; dans le second cas, et ce qui est encore pis, il n'entre pas assez dans la coupelle... mais la chaleur doit toujours aller en augmentant jusqu'à la fin de l'opération... Quand elle est achevée, on laisse encore les coupelles au même degré de chaleur pendant quelques moments, pour donner le temps aux dernières portions de litharge de s'imbiber ; après quoi, on les laisse refroidir doucement, surtout si le bouton de fin est gros, pour lui donner le temps de se consolider jusqu'au centre sans qu'il crève d'autre côté, ce qui arriverait s'il se refroidissait trop vite ; enfin il faut le détacher de la coupelle avant qu'elle ne soit trop refroidie, parce qu'alors il se détache plus facilement.

On pèsera ensuite exactement les deux boutons de fin, et, si leur poids est le même, l'essai

Nous ne pouvons nous dispenser de parler des différents emplois de l'or dans les arts et de l'usage ou plutôt de l'abus qu'on en fait par un vain luxe pour faire briller nos vêtements, nos meubles et nos appartements, en donnant la couleur de l'or à tout ce qui n'en est pas et l'air de l'opulence aux matières les plus pauvres; et cette ostentation se montre sous mille formes différentes. Ce qu'on appelle *or de couleur* n'en a que l'apparence; ce n'est qu'un simple vernis qui ne contient point d'or, et avec lequel on peut néanmoins donner à l'argent et au cuivre la couleur jaune et brillante de ce précieux métal; les garnitures en cuivre de nos meubles, les bras, les feux de cheminée, etc., sont peints de ce vernis couleur d'or, ainsi que les cuirs qu'on appelle *dorés*, et qui ne sont réellement qu'étamés et peints ensuite avec ce vernis doré. A la vérité, cette fausse dorure diffère beaucoup de la vraie, et il est très aisé de les distinguer; mais on fait avec le cuivre, réduit en feuilles minces, une autre espèce de dorure qui peut en imposer lorsqu'on la peint avec ce même vernis couleur d'or. La vraie dorure est celle où l'on emploie de l'or : il faut pour cela qu'il soit réduit en feuilles très minces ou en poudre fine, et pour dorer tout métal, il suffit d'en bien nettoyer la surface, de le faire chauffer et d'y appliquer exactement ces feuilles ou cette poudre d'or, par la pression et le frottement doux d'une pierre hématite, qui le brillante et le fait adhérer. Quelque simple que soit cette manière de dorer, il y en a une autre peut-être encore plus facile : c'est d'étendre sur le métal qu'on

aura été bien fait, et l'on connaîtra au juste le titre de la masse de l'argent dans laquelle on a pris les morceaux pour les essayer; le titre sera indiqué par la quantité que l'argent aura perdue par la coupelle. *Dictionnaire de chimie*, article *Essais.*

J'observerai ici, avec M. Tillet, qu'on a tort de négliger la petite quantité d'argent que la litharge entraîne toujours dans la coupelle, car cette quantité négligée donne lieu à des rapports constamment faux de la quantité juste d'argent que contiennent intrinsèquement les lingots dont les essayeurs établissent le titre : ce point assez délicat de docimasie a été traité dans plusieurs Mémoires insérés dans ceux de l'Académie des sciences, et notamment dans un Mémoire de M. Tillet qui se trouve dans le volume de l'année 1769; on y voit clairement de quelle conséquence il pourrait être qu'on ne négligeât pas la petite quantité de fin que la coupelle absorbe.

Comme il n'y a presque point de plomb qui ne contienne de l'argent, et que cet argent a dû se mêler dans le bouton de fin, il faut, avant de faire l'essai à la coupelle par le plomb, s'assurer de la quantité d'argent que ce plomb contient, et pour cela on passe à la coupelle une certaine quantité de plomb tout seul, et l'on voit ce qu'il fournit d'argent... Le plomb de Willach, en Carinthie, qui ne contient pas d'argent, est recherché pour faire les essais...

Lorsqu'on veut faire l'essai d'un lingot d'or, on en coupe vingt-quatre grains qu'on pèse exactement à la petite balance d'essai : on pèse d'un autre côté soixante-douze grains d'argent fin ; on passe ces deux métaux ensemble à la coupelle en employant à peu près dix fois plus de plomb qu'il n'y a d'or; on conduit cette coupellation comme celle pour l'essai de l'argent, si ce n'est qu'on chauffe un peu plus vivement sur la fin, lorsque l'essai est prêt à faire son éclair : l'or se trouve après cela débarrassé de tout autre alliage que de l'argent...

Ensuite on aplatit le bouton de fin sur le tas d'acier, en le faisant recuire à mesure qu'il s'écrouit, de peur qu'il ne fende; on le réduit par ce moyen en une petite lame qu'on roule ensuite en forme de cornet, puis on en fait le départ par l'eau-forte.

La diminution qui se trouve sur le poids de l'or, après le départ, fait connaître la quantité d'alliage que cet or contient...

On peut aussi purifier l'or par l'antimoine, qui emporte en même temps les métaux imparfaits et l'argent dont il est mêlé; mais cette purification de l'or n'est pas assez parfaite pour pouvoir servir à la juste détermination du titre de l'or, et il vaut mieux employer la coupellation par le plomb pour séparer d'abord l'or de tous les métaux imparfaits, et ensuite le départ pour le séparer de l'argent. *Dictionnaire de chimie*, article *Essais.*

veut dorer un amalgame d'or et de mercure, de le chauffer ensuite assez pour faire exhaler en vapeurs le mercure qui laisse l'or sur le métal, qu'il ne s'agit plus que de frotter avec le brunissoir pour le rendre brillant; il y a encore d'autres manières de dorer; mais c'est peut-être déjà trop en histoire naturelle que de donner les principales pratiques de nos arts (*).

Mais nous laisserions imparfaite cette histoire de l'or si nous ne rapportions pas ici tous les renseignements que nous avons recueillis sur les différents lieux où se trouve ce métal : il est, comme nous l'avons dit, universellement répandu, mais en atomes infiniment petits, et il n'y a que quelques endroits particuliers où il se présente en particules sensibles et en masses assez palpables pour être recueillies. En parcourant dans cette vue les quatre parties du monde, on verra qu'il n'y a que peu de mines d'or proprement dites dans les régions du nord, quoiqu'il y ait plusieurs mines d'argent, qui presque toujours est allié d'une petite quantité d'or. Il se trouve aussi très peu de vraies mines d'or dans les climats tempérés; il y en a seulement quelques-unes où l'on a rencontré de petits morceaux de ce métal massif; mais dans presque toutes l'or n'est qu'en petite quantité dans l'argent avec lequel il est toujours mêlé. Les mines d'or les plus riches sont dans les pays les plus chauds, et particulièrement dans ceux où les hommes ne sont pas anciennement établis en société policée, comme en Afrique et en Amérique, car il est très probable que l'or est le premier métal dont on se soit servi : plus remarquable par son poids qu'aucun autre, et plus fusible que le cuivre et le fer, il aura bientôt été reconnu, fondu, travaillé; on peut citer pour preuve les Péruviens et les Mexicains, dont les vases et les instruments étaient d'or, et qui n'en avaient que peu de cuivre et point du tout de fer, quoique ces métaux soient abondants dans leur pays; leurs arts n'étaient pour ainsi dire qu'ébauchés, parce qu'eux-mêmes étaient des hommes nouveaux et qui n'étaient qu'à demi policés depuis cinq ou six siècles. Ainsi, dans les premiers temps de la civilisation de l'espèce humaine, l'or, qui de tous les métaux s'est présenté le premier à la surface de la terre ou à de petites profondeurs, a été recueilli, employé et travaillé, en sorte que dans les pays peuplés et civilisés plus anciennement que les autres, c'est-à-dire dans les régions septentrionales et tempérées, il n'est resté pour la postérité que le petit excédent de ce qui n'a pas été consommé; au lieu que dans ces contrées méridionales de l'Afrique et de l'Amérique, qui n'ont été peuplées que les dernières, et où les hommes n'ont jamais été policés, la quantité de ce métal s'est trouvée tout entière, et telle pour ainsi dire que la nature l'avait produite et confiée à la terre encore vierge; l'homme n'en avait pas encore déchiré les entrailles (a); son sein était à peine effleuré lorsque les conquérants du nouveau monde en ont forcé les habitants à la fouiller dans toutes ses parties par des travaux immenses : les Espagnols et les Portugais ont en moins d'un siècle plus tiré d'or du Mexique et du Brésil que les naturels du pays n'en avaient recueilli depuis le premier temps de leur population. La Chine, dira-t-on, semble nous offrir un exemple contraire; ce pays, très anciennement policé, est encore abondant en mines d'or qu'on dit être assez riches; mais ne dit-on pas en même temps, avec plus de vérité, que la plus grande partie de l'or qui circule à la Chine vient des pays étrangers? Plusieurs empereurs chinois assez sages, assez humains pour épargner la sueur et ménager la vie de leurs sujets, ont défendu l'extraction des mines dans toute l'étendue de leur domination (b) : ces défenses ont subsisté

(a) « Regnaverat in Colchis Saleucis, qui terram virgineam nactus, plurimùm argenti » aurique eruisse dicitur. » Pline, lib. xxxv.

(b) Les anciens Romains avaient eu la même sagesse : « Metallorum omnium fertilitate » nullis cedit terris Italia, sed interdictum id vetere consulto patrum, Italiæ parci jubentium. » Pline, *Hist. nat.*, lib. III, cap. XXIV.

(*) On emploie surtout aujourd'hui, toutes les fois que c'est possible, la galvanoplastie.

longtemps et n'ont été qu'assez rarement interrompues; il se pourrait donc en effet qu'il y eût encore à la Chine des mines intactes et riches, comme dans les contrées heureuses où les hommes n'ont pas été forcés de les fouiller; car les travaux des mines, dans le nouveau monde, ont fait périr en moins de deux ou trois siècles plusieurs millions d'hommes (a); et cette plaie énorme faite à l'humanité, loin de nous avoir procuré des richesses réelles, n'a servi qu'à nous surcharger d'un poids aussi lourd qu'inutile. Le prix des denrées étant toujours proportionnel à la quantité du métal qui n'en est que le signe, l'augmentation de cette quantité est plutôt un mal qu'un bien : vingt fois moins d'or et d'argent rendraient le commerce vingt fois plus léger, puisque tout signe en grosse masse, toute représentation en grand volume, est plus pénible à transporter, coûte plus à manier, et circule moins aisément qu'une petite quantité qui représenterait également et aussi bien la valeur de toute chose. Avant la découverte du nouveau monde, il y avait réellement vingt fois moins d'or et d'argent en Europe, mais les denrées coûtaient vingt fois moins : qu'avons-nous donc acquis avec ces millions de métal? La charge de leur poids.

Et cette surcharge de quantité deviendrait encore plus grande et peut-être immense, si la cupidité ne s'opposait pas à elle-même des obstacles et n'était arrêtée par des bornes qu'elle ne peut franchir : quelque ardente qu'ait été dans tous les temps la soif de l'or, on n'a pas toujours eu les mêmes moyens de l'étancher, ces moyens ont même diminué d'autant plus qu'on s'en est plus servi; par exemple, en supposant, comme nous le faisons ici, qu'avant la conquête du Mexique et du Pérou, il n'y eût en Europe que la vingtième partie de l'or et de l'argent qui s'y trouve aujourd'hui, il est certain que le profit de l'extraction de ces mines étrangères, dans les premières années pendant lesquelles on a doublé cette première quantité, a été plus grand que le profit d'un pareil nombre d'années pendant lesquelles on l'a triplé, et encore bien plus grand que celui des années subséquentes; le bénéfice réel a donc diminué en même proportion que le nombre des années s'est augmenté, en supposant égalité de produit dans chacune, et, si l'on trouvait actuellement une mine assez riche pour en tirer autant d'or qu'il y en avait en Europe avant la découverte du nouveau monde, le profit de cette mine ne serait aujourd'hui que d'un vingtième, tandis qu'alors il aurait été du double; ainsi, plus on a fouillé ces mines riches, et plus on s'est appauvri : richesse toujours fictive, et pauvreté réelle dans le premier comme le dernier temps; masses d'or et d'argent, signes lourds, monnaies pesantes, dont, loin de l'augmenter, on devrait diminuer la quantité en fermant ces mines comme autant de gouffres funestes à l'humanité, d'autant qu'aujourd'hui leur produit suffit à peine pour la subsistance des malheureux qu'on y emploie ou condamne; mais jamais les nations ne se confédéreront pour un bien général à faire au genre humain, et rien ici ne peut nous consoler, sinon l'espérance très fondée que dans quelques siècles, et peut-être plus tôt, on sera forcé d'abandonner ces affreux travaux, que l'or même, devenu trop commun, ne pourra plus payer.

En attendant, nous sommes obligés de suivre le torrent, et je manquerais à mon objet si je ne faisais pas ici mention de tous les lieux qui nous fournissent, ou peuvent nous fournir ce métal, lequel ne deviendra vil que quand les hommes s'ennobliront par des vues de sagesse dont nous sommes encore bien éloignés. On continuera donc à chercher l'or partout où il pourra se trouver, sans faire attention que, si la recherche coûte à peu près autant que tout autre travail, il n'y a nulle raison d'y employer des hommes qui, par la culture de la terre, se procureraient une subsistance aussi sûre, et augmenteraient en même temps la richesse réelle, le vrai bien de toute société, par l'abondance des denrées, tandis que celle du métal ne peut y produire que le mal de la disette et d'un surcroît de cherté.

Nous avons en France plusieurs rivières ou ruisseaux qui charrient de l'or en paillettes,

(a) Voyez le livre de Las Casas sur la destruction des Indiens.

que l'on recueille dans leurs sables, et il s'en trouve aussi en paillettes et en poudre dans les terres voisines de leurs bords; les chercheurs de cet or, qu'on appelle *arpailleurs*, gagneraient autant, et plus, à tout autre métier, car à peine la récolte de ces paillettes d'or va-t-elle à vingt-cinq ou trente sous par jour. Cette même recherche, ou plutôt cet emploi du temps était, comme nous venons de le dire, vingt fois plus profitable du temps des Romains (*a*), puisque l'arpailleur pouvait alors gagner vingt fois sa subsistance; mais, à mesure que la quantité du métal s'est augmentée, et surtout depuis la conquête du nouveau monde, le même travail des arpailleurs a moins produit, et produira toujours de moins en moins, en sorte que ce petit métier, déjà tombé, tombera tout à fait, pour peu que cette quantité de métal augmente encore : l'or d'Amérique a donc enterré l'or de France, en diminuant vingt fois sa valeur; il a fait le même tort à l'Espagne, dont les intérêts bien entendus auraient exigé qu'on n'eût tiré des mines de l'Amérique qu'autant d'or qu'il en fallait pour fournir les colonies, et en maintenir la valeur numéraire en Europe toujours sur le même pied à peu près. Jules César cite l'Espagne et la partie méridionale des Gaules (*b*) comme très abondantes en or; elles l'étaient en effet, et le seraient encore, si nous n'avions pas nous-mêmes changé cette abondance en disette, et diminué la valeur de notre propre bien en recevant celui de l'étranger : l'augmentation de toute quantité en durée nécessaire aux besoins, ou utile au service de l'homme, est certainement un bien; mais l'augmentation du métal, qui n'en est que le signe, ne peut pas être un bien, et ne fait que du mal, puisqu'elle réduit à rien la valeur de ce même métal dans toutes les terres et chez tous les peuples qui s'en sont laissé surcharger par des importations étrangères.

Autant il serait nécessaire de donner de l'encouragement à la recherche et aux travaux des mines des matières combustibles et des autres minéraux, si utiles aux arts et au bien de la société, autant il serait sage de faire fermer toutes celles d'or et d'argent, et de laisser consommer peu à peu ces masses trop énormes sous lesquelles sont écrasées nos caisses, sans que nous en soyons plus riches ni plus heureux.

Au reste, tout ce que nous venons de dire ne doit dégrader l'or qu'aux yeux de l'homme sage, et ne lui ôte pas le haut rang qu'il tient dans la nature : il est le plus parfait des métaux, la première substance entre toutes les substances terrestres, et il mérite à tous égards l'attention du philosophe naturaliste; c'est dans cette vue que nous recueillerons ici les faits

(*a*) Pline dit qu'on tirait tous les ans, des Pyrénées et des provinces voisines, vingt mille livres pesant d'or, sans compter l'argent, le cuivre, etc.; il dit ailleurs que Servius Tullius, roi des Romains, fut le premier qui fit de la monnaie d'or, et qu'avant lui on l'échangeait tout brut. — Strabon rapporte que, dans le temps d'Auguste et de Tibère, les Romains tiraient des Pyrénées une si grande quantité d'or et d'argent, que ces métaux devinrent infiniment plus communs qu'avant la conquête des Gaules par Jules-César; mais ce n'était pas seulement des mines des Pyrénées que les Romains tiraient cette grande quantité d'or et d'argent, car Suétone reproche à César d'avoir saccagé les villes de la Gaule pour avoir leurs richesses, tellement qu'ayant pris de l'or en abondance, il le vendit en Italie, à trois mille petits sesterces la livre, ce qui, selon Budée, ne fait monter le marc qu'à soixante-deux livres dix sous de notre monnaie. — Tacite donne une idée de l'abondance de l'or et de l'argent dans les Gaules par ce qu'il fait dire à l'empereur Claude, séant dans le sénat : « Ne » vaut-il pas mieux, dit ce prince, que les Gaulois nous apportent leurs richesses que de les » en laisser jouir séparés de nous? » Hellot, *Mémoires sur l'exploitation des mines de Baygory*.

(*b*) Les anciens ont écrit que l'Espagne, sur toutes les autres provinces du monde connu, était la plus abondante en or et en argent, et particulièrement le Portugal, la Galice et les Asturies. Pline dit qu'on apportait tous les ans d'Espagne à Rome plus de vingt mille livres d'or, et aujourd'hui les Espagnols tirent ces deux métaux d'Amérique. *Histoire des Indes*, par Acosta; Paris, 1600, p. 136.

relatifs à la recherche de ce métal, et que nous ferons l'énumération des différents lieux où il se trouve.

En France, le Rhin, le Rhône, l'Arve (a), le Doubs, la Cèse, le Gardon, l'Ariège, la Garonne, le Salat (b), charrient des paillettes et des grains d'or qu'on trouve dans leurs sables, surtout aux angles rentrants de ces rivières. Ces paillettes ont souvent leurs bords arrondis ou repliés, et c'est par là qu'on les distingue encore plus aisément que par le poids, des paillettes de mica, qui quelquefois sont de la même couleur, et ont même plus de brillant que celles d'or. On trouve aussi d'assez gros grains d'or dans les rigoles formées par les eaux pluviales, dans les terrains montagneux de Fériès et de Bénagues : on a vu de ces grains, dit M. Guettard, qui pesaient une demi-once ; ces grains et paillettes d'or sont accompagnés d'un sable ferrugineux : il ajoute que, dès qu'on s'éloigne de ces montagnes, seulement de cinq ou six lieues, on ne trouve plus de grains d'or, mais seulement des paillettes très minces. Cet académicien fait encore mention de l'or en paillettes qu'on a trouvé en Languedoc et dans le pays de Foix (c). M. de Gensane dit aussi qu'il y

(a) *Voyage de Misson*, t. III, p. 73.

(b) Les rivières de France qui charrient de l'or sont : 1° le Rhin ; on trouve des paillettes d'or dans les sables de ce fleuve, depuis Strasbourg jusqu'à Philisbourg ; elles sont plus rares entre Strasbourg et Brissac, où le Rhin est plus rapide... L'endroit de ce fleuve où il en dépose davantage est entre le Fort-Louis et Guermesheim ; mais tout cela se réduit à une assez petite quantité, puisque, sur deux lieues d'étendue que le magistrat de Strasbourg donne à ferme pour en tirer les paillettes d'or, on ne lui en porte que quatre ou cinq onces par an, ce qui vient de ce que les arpailleurs sont en trop petit nombre, encore plus que de la disette d'or, car on en pourrait tirer une bien plus grande quantité : on paye les arpailleurs à raison de trente à quarante sous par jour ;

2° Le Rhône roule, dans le pays de Gex, assez de paillettes d'or pour occuper pendant l'hiver quelques paysans, à qui les journées valent à peu près depuis douze jusqu'à vingt sous. Ils s'attachent principalement à lever les grosses pierres ; ils enlèvent le sable qui les environne, et c'est de ce sable qu'ils tirent les paillettes : on ne trouve ces paillettes que depuis l'embouchure de la rivière d'Arve dans le Rhône, jusqu'à cinq lieues au-dessous ;

3° Le Doubs, mais les paillettes d'or y sont assez rares ;

4° La petite rivière de Cèse, qui tire son origine d'auprès de Ville-Fort, dans les Cévennes : dans plusieurs lieues de son cours, on trouve partout à peu près également des paillettes, communément beaucoup plus grandes que celles du Rhône et du Rhin ;

5° La rivière du Gardon, qui, comme celle de Cèse, vient des montagnes des Cévennes, entraîne aussi des paillettes d'or, à peu près de même grandeur et en aussi grand nombre ;

6° L'Ariège, dont le nom indique assez qu'elle charrie de l'or : on en trouve en effet des paillettes dans le pays de Foix, mais c'est aux environs de Pamiers qu'elle en fournit le plus ; elle en roule aussi dans le territoire de l'évêché de Mirepoix ;

7° On fait tous les ans dans la Garonne, à quelques lieues de Toulouse, une petite récolte de paillettes d'or ; mais il y a lieu de croire qu'elle en tire la plus grande partie de l'Ariège, car ce n'est guère qu'au-dessous du confluent de cette dernière rivière qu'on les cherche. L'Ariège elle-même paraît tirer ses paillettes de deux ruisseaux supérieurs, savoir celui de Ferriet et celui de Benagues ;

8° Le Salat, dont la source, comme celle de l'Ariège, est dans les Pyrénées, roule des paillettes d'or que les habitants de Saint-Giron ramassent pendant l'hiver. *Mémoires de l'Académie des sciences*, année 1778, p. 69 et suiv.

On sait, par des anecdotes certaines, que la monnaie de Toulouse recevait ordinairement chaque année deux cents marcs de cet or recueilli des rivières de l'Ariège, de la Garonne et du Salat : on en a porté dans le bureau de Pamiers, depuis 1750 jusqu'en 1760, environ quatre-vingts marcs, quoique ce bureau n'ait tout au plus que deux lieues d'arrondissement. *Idem*, année 1761, p. 197.

(c) M. Paillhès a trouvé dans le Languedoc et dans le pays de Foix quantité de terres aurifères... Il dit que, lorsqu'on creuse dans la haute ou basse ville de Pamiers, pour des

en a dans plusieurs rivières des diocèses d'Uzès et de Montpellier (*a*) : ces grains et paillettes d'or, qui se trouvent dans les rivières et terres adjacentes, viennent, comme je l'ai dit, des mines renfermées dans les montagnes voisines ; mais on ne connaît actuellement qu'un très petit nombre de ces mines en montagnes (*b*) : il y en a une dans les Vosges près de Steingraben, où l'on a trouvé des feuilles d'or vierge d'un haut titre, dans un spath fort blanc (*c*) ; une autre à Saint-Marcel-lez-Jussey en Franche-Comté, que l'éboulement des terres n'a pas permis de suivre. Les Romains ont travaillé des mines d'or à la montagne d'Orel en Dauphiné ; et l'on connaît encore aujourd'hui une mine d'argent tenant or, à l'Hermitage, au-dessus de Tain, et dans la montagne du Pontel en Dauphiné : on en a aussi reconnu à Banjoux en Provence ; à Londat, à Rivière et à la montagne d'Argentière, dans le comté de Foix, dans le Bigorre, en Limousin, en Auvergne, et même en Normandie et dans l'Ile-de-France (*d*) ; toutes ces mines et plusieurs autres étaient autrefois bien connues et même exploitées ; mais l'augmentation de la quantité du métal venu de l'étranger a fait abandonner le travail de ces mines, dont le produit n'aurait pu payer la dépense, tandis qu'anciennement ce même travail était très profitable.

En Hongrie, il y a plusieurs mines d'or dont on tirerait un grand produit, si ce métal n'était pas devenu si commun ; la plupart de ces mines sont travaillées depuis longtemps, surtout dans les montagnes de Cremnitz et de Schemnitz (*e*), où l'on trouve encore de temps en temps quelques nouveaux filons : il y en avait sept en exploitation dans le temps d'Alphonse Barba, qui dit que la plus riche était celle de Cremnitz (*f*) ; elle est

puits et des fondements, on en tire des terres remplies de paillettes d'or... Les plus grandes paillettes sont de trois à quatre lignes de longueur, et toujours plus longues que larges ; il y en a de si petites qu'elles sont imperceptibles, quelques-unes ont les angles aigus, mais la plupart les ont arrondis, il y en a même qui sont repliées : il y a aussi des grains de différentes grosseurs... Il y a des cailloux qui sont presque couverts et entourés par une lame d'or ; ils sont tous de la nature du quartz, mais ils sont de différentes couleurs... Il y a trois espèces de ces cailloux : les premiers sont ferrugineux et rougeâtres, et extrêmement durs ; les seconds sont aussi ferrugineux et colorés de roussâtre et de noir ; les troisièmes sont blanchâtres et fournissent les plus gros grains d'or. Pour en tirer les paillettes, on pile ces cailloux dans un mortier de fer, et on les réduit en poudre. M. Guettard, *Mémoires de l'Académie des sciences*, année 1761, p. 198 et suiv.

(*a*) Dans le diocèse de Montpellier, on cherche des paillettes d'or le long de la rivière de l'Hérault ; j'en ai vu une qui pesait près d'un gros, elle était fort mince, mais large, et les arpailleurs m'assurèrent qu'il y avait peu de temps qu'ils en avaient trouvé une qui pesait au delà d'une demi-once... Ces paillettes se trouvaient entre deux bancs de roche qui traversent la rivière, et ils ne pouvaient en avoir que lorsque les eaux étaient basses. *Histoire naturelle du Languedoc*, par M. de Gensane, t. Ier, p. 193.

(*b*) Le pays des Tarbelliens, que quelques-uns disent être le territoire de Tarbes, d'autres celui de Dax, produisait autrefois de l'or, suivant le témoignage de Strabon : « Aquitaniæ » solum, quod est ad littus Oceani, majore sui parte arenosum est et tenue... Ibi est etiam » sinus isthmum efficiens, qui pertinet ad sinum Gallicum in Narbonensi orâ, idemque cum » illo sinu hic sinus nomen habet : Tarbelli hunc sinum tenent, apud quos optima sunt auri » metalla ; in fossis enim non altè actis inveniuntur auri laminæ manum implentes, aliquando » exiguâ indigentes repurgatione ; reliquium ramenta et glebæ sunt, ipsæ quoque non multum » operis desiderantes. » Strabon, lib. IV.

(*c*) *Mémoires sur l'exploitation des mines*, par M. de Gensane, dans ceux des *Savants étrangers*, t. IV, p. 141.

(*d*) Hellot, *Traité de la fonte des mines* de Schlutter, t. Ier, p. 1 jusqu'à 68.

(*e*) *Gazette d'agriculture*, article *Pétersbourg*, du 22 août 1775.

(*f*) Les sept mines d'or de Hongrie ne sont pas éloignées les unes des autres ; voici leurs noms : Cremnitz, Schemnitz, Newsol, Koningsberg, Bohentz, Libeten et Hin. On trouve dans celle de Cremnitz des morceaux de pur or. *Métallurgie* d'Alphonse Barba, t. II, p. 285.

d'une grande étendue, et l'on assure qu'on y travaille depuis plus de mille ans; on l'a fouillée dans plusieurs endroits à plus de cent soixante brasses de profondeur. Il y a aussi des mines d'or en Transylvanie, dans lesquelles on a trouvé de l'or vierge (*a*). Rzaczynski parle des mines des monts Krapacks, et entre autres d'une veine fort riche dont l'or est en poudre (*b*). En Suède, on a découvert quelques mines d'or, mais le minerai n'a rendu que la trente-deuxième partie d'une once par quintal (*c*); enfin on a aussi reconnu de l'or en Suisse, dans plusieurs endroits de la Valteline, et particulièrement dans la montagne de l'Oro, qui en a tiré son nom. L'on en trouve aussi dans le canton d'Underwald; plusieurs rivières, dans les Alpes, en roulent des paillettes; le Rhin, dans le pays des Grisons, la Reuss, l'Aar et plusieurs autres, aux cantons de Lucerne, de Soleure, etc. (*d*). Le Tage et quelques autres fleuves d'Espagne ont été célébrés par les anciens, à cause de l'or qu'ils roulent, et il n'est pas douteux que toutes ces paillettes et grains d'or, que l'on trouve dans les eaux qui découlent des Alpes, des Pyrénees et des montagnes intermédiaires, ne proviennent des mines primitives renfermées dans ces montagnes et que, si l'on pouvait suivre ces courants d'eau chargés d'or jusqu'à leur source, on ne serait pas éloigné du lieu qui les recèle; mais, je le répète, ces travaux seraient maintenant très inutiles, et leur produit bien superflu. J'observerai seulement, d'après l'exposition qui vient d'être faite, que les rivières aurifères sont plus souvent situées au couchant qu'au levant des montagnes. La France, qui est à l'ouest des Alpes, a beaucoup plus de cet or de transport que l'Italie et l'Allemagne, qui sont situées à l'est. Nous verrons, par l'examen des autres régions où l'on recueille l'or en paillettes, si cette observation doit être présentée comme un fait général.

La plupart des peuples d'Asie ont anciennement tiré de l'or du sein de la terre, soit dans les montagnes qui produisent ce métal, soit dans les rivières qui en charrient les débris. Il y en a une mine en Turquie, à peu de distance du chemin de Salonique à Constantinople, qui, du temps du voyageur Paul Lucas, était en pleine exploitation et affermée par le Grand-Seigneur (*e*). L'île de Thasos, aujourd'hui Thaso dans l'Archipel, était célèbre chez les anciens, à cause de ses riches mines d'or : Hérodote en parle, et dit aussi qu'il y avait beaucoup d'or dans les montagnes de la Thrace, dont l'une s'éboula par la sape des grands travaux qu'on y avait faits pour en tirer ce métal (*f*). Ces mines de l'île de Thaso sont actuellement abandonnées; mais il y en a une dans le milieu de l'île de Chypre, près de la ville de Nicosie, d'où l'on tire encore beaucoup d'or (*g*).

Dans la Mingrélie, à six journées de Teflis, il y a des mines d'or et d'argent (*h*) : on en trouve aussi dans la Perse, auxquelles il paraît qu'on a travaillé anciennement; mais on

(*a*) Dans plusieurs exploitations de la Transylvanie, les veines d'or ne produisent point de minerai tant qu'il y a du quartz bien blanc, peu dense, clair, et d'une couleur transparente comme de l'eau; dès qu'il commence à avoir une couleur grisâtre ou brunâtre, qu'il devient plus dense et avec des cavités cristalliques, l'or commence à se faire voir. *Instruction sur l'art des mines*, par M. Délius, traduction, t. Ier, p. 52. — Beaucoup de veines dans la Transylvanie, dont on a retiré dans les moyennes hauteurs de l'or vierge, se sont changées, dans les profondeurs, en minerai de plomb ou en mine morte, ou bien elles sont devenues tout à fait stériles. *Idem*, p. 72.

(*b*) Voyez les *Mémoires de l'Académie des sciences*, année 1762, p. 318.

(*c*) *Mémoires de l'Académie de Suède*, t. II.

(*d*) *Mémoires de l'Académie des sciences*, année 1762, p. 318.—Mémoire, sans nom d'auteur, *sur les Curiosités de la Suisse*.

(*e*) *Troisième Voyage de Paul Lucas*, Rouen, 1719, t. Ier, p. 60.

(*f*) *Description de l'Archipel*, par Dapper; Amsterdam, 1703, p. 254.

(*g*) *Idem, ibidem*, p. 52.

(*h*) *Voyages de Tavernier;* Rouen, 1713, t. Ier, p. 453.

les a abandonnées comme en Europe, parce que la dépense excédait le produit, et aujourd'hui tout l'or et l'argent de Perse vient des pays étrangers (*a*).

Les montagnes qui séparent le Mogol de la Tartarie sont riches en mines d'or et d'argent; les habitants de la Buckarie recueillent ces métaux dans le sable des torrents qui tombent de ces montagnes (*b*). Dans le Thibet, au delà du royaume de Cachemire, il y a trois montagnes, dont l'une produit de l'or, la seconde des grenats, et la troisième du lapis; il y a aussi de l'or au royaume de Tipra (*c*) et dans plusieurs rivières de la dépendance du Grand Lama, et la plus grande partie de cet or est transportée à la Chine (*d*). On a reconnu des mines d'or et d'argent dans le pays d'Azem, sur les frontières du Mogol (*e*). Le royaume de Siam est l'un des pays du monde où l'or paraît être le plus commun (*f*); mais nous n'avons aucune notice sur les mines de cette contrée : la partie de l'Asie où l'on trouve le plus d'or est l'île de Sumatra; les habitants d'Achem en recueillent sur le penchant des montagnes, dans les ravines creusées par les eaux : cet or est en petits morceaux et passe pour être très pur (*g*) : d'autres voyageurs disent, au contraire, que cet or d'Achem est de très bas aloi, même plus bas que celui de la Chine; ils ajoutent qu'il se trouve à l'ouest ou sud-ouest de l'île, et que quand les Hollandais vont y chercher le poivre, les paysans leur en apportent une bonne quantité (*h*) : d'autres mines d'or, dans la même île, se trouvent aux environs de la ville de Tikon (*i*); mais aucun voyageur n'a donné d'aussi bons renseignements sur ces mines que M. Herman Grimm, qui a fait sur cela, comme sur plusieurs autres sujets d'histoire naturelle, de très bonnes observations (*j*).

(*a*) Les Persans ont cessé le travail de leurs mines depuis que l'or et l'argent sont devenus communs, tant par celui qu'on leur porte d'Europe que par la quantité d'or très considérable qui sort de l'Abyssinie, de l'île de Sumatra, de la Chine et du Japon. *Voyages de Tavernier*; Rouen, 1713, t. II, p. 12 et 263.

(*b*) *Histoire générale des Voyages*, t. VIII, p. 211.

(*c*) *Voyages de Tavernier*, etc., t. IV, p. 86.

(*d*) *Histoire générale des Voyages*, t. VI, p. 108.

(*e*) *Voyages de Tavernier*, etc., t. IV, p. 193.

(*f*) L'or paraît être extrêmement commun à Siam, si l'on en juge par la vaisselle du roi et de l'éléphant blanc, qui est toute d'or, et par plusieurs grandes pagodes et autres ornements qui sont d'or massif dans les temples et les palais. *Histoire de Siam*, par Gervaise; Paris, 1688, p. 296.

(*g*) *Lettres édifiantes*; Paris, 1703, troisième Recueil, p. 73.

(*h*) *Voyages de Tavernier*, t. IV, p. 85.

(*i*) *Histoire générale des Voyages*, t. IX, p. 34.

(*j*) Selon M. Herman-Nicolas Grimm, les mines de Sumatra se trouvent dans des montagnes qui sont à trois milles environ de Sillida; elles appartiennent à la Compagnie hollandaise des Indes orientales : leur profondeur est de quatorze toises à peu près; elles sont percées de routes souterraines .. Les filons varient depuis un doigt jusqu'à deux palmes; on y trouve : 1° une mine d'argent noirâtre dans du spath blanc; elle est entremêlée de filets brillants couleur d'or... Cette mine est riche en or et en argent;

2° Une autre mine d'argent, entrecoupée de plusieurs stries d'or; le filon n'a guère qu'un doigt de diamètre en certains endroits;

3° Une mine grise, semée de points noirâtres; elle donne un marc d'argent, et près de deux onces d'or par quintal...;

4° Une mine qui se trouve par morceaux détachés, couverte d'efflorescence d'argent, de couleur bleuâtre; elle contient aussi du fer : son produit est de dix à douze marcs d'argent, avec quelques onces d'or par quintal...

Non loin de cette mine est un endroit appelé Tambumpuora, où les naturels du pays recueillent de l'or... Il y a une crevasse ou ravine dans la montagne par où l'eau tombe dans le vallon; ils prennent la terre et le sable de cette ravine, en font la lotion, et trouvent l'or au fond des vaisseaux. *Collection académique*, t. VI, p. 296 et suiv.

L'île de Célèbes ou de Macassar produit aussi de l'or que l'on tire du sable des rivières (*a*) : il en est de même de l'île de Bornéo (*b*), et dans les montagnes de l'île de Timor, il se trouve de l'or très pur (*c*). Il y a aussi quelques mines d'or et d'argent aux Maldives (*d*), à Ceylan (*e*), et dans presque toutes les îles de la mer des Indes jusqu'aux îles Philippines, d'où les Espagnols en ont tiré une quantité assez considérable (*f*).

Dans la partie méridionale du continent de l'Asie, on trouve, comme dans les îles, de très riches mines d'or, à Camboye (*g*), à la Cochinchine (*h*), au Tunquin (*i*), à la Chine où plusieurs rivières en charrient (*j*); mais, selon les voyageurs, cet or de la Chine est

(*a*) *Voyages de Tavernier*, t. IV, p. 85.

(*b*) *Histoire générale des Voyages*, t. XI, p. 485.

(*c*) *Idem, ibidem*, p. 249.

(*d*) *Découvertes des Portugais*, par le P. Laffiteau; Paris, 1733, t. Ier, p. 553.

(*e*) *Recueil des Voyages des Hollandais;* Amsterdam, 1702, t. II, p. 256 et 510.

(*f*) Dans les montagnes de l'île de Masbaste, l'une des Philippines, il y a de riches mines d'or à vingt-deux carats, et le contre-maître du galion *le Saint-Joseph*, sur lequel je passai à la Nouvelle-Espagne, y étant un jour descendu, en tira en peu de temps une once et un quart d'or très fin; on ne travaille point aujourd'hui à ces mines. Gemelli Carreri, *Voyages autour du monde*, t. V, p. 89 et 90. — Dans plusieurs autres des îles Philippines, les montagnes contiennent aussi des mines d'or, et les rivières en charrient dans leurs sables : le gouverneur m'a dit que l'on ramasse en tout environ pour deux cent mille pièces de huit tous les ans, ce qui se fait sans le secours du feu ni de mercure, d'où l'on peut conjecturer quelle prodigieuse quantité on en tirerait, si les Espagnols voulaient s'y attacher comme ils ont fait en Amérique...

La province de Paracule en a plus qu'aucune autre, aussi bien que les rivières de Boxtuan, des Pintados, de Cantanduam, de Masbaste et de Bool, ce qui faisait qu'autrefois un nombre infini de vaisseaux en venaient trafiquer. *Idem, ibidem*, t. V, p. 123 et 124. — Les habitants de Mindanao trouvent de fort bon or en creusant la terre et dans les rivières, en y faisant des fosses avant que le flot arrive. *Idem*, p. 208. — L'or se trouve presque dans toutes les îles Philippines; on en trouvait autrefois beaucoup : on m'a assuré que la quantité qu'on en tirait, soit des mines, soit des sables que les rivières charrient, montait à deux cent mille piastres, année commune... Mais à présent le travail des mines est négligé... et malgré tous les encouragements que la cour de Madrid a accordés aux Manillois, on tire aujourd'hui très peu d'or des Philippines. *Voyages dans les mers de l'Inde*, par M. le Gentil, t. II, p. 30 et 31; Paris, 1781, in-4°.

(*g*) Mendez Pinto rapporte qu'entre les royaumes de Camboye et de Campa, en Asie, est une rivière qui se décharge dans la mer, à neuf degrés de latitude nord, et vient du lac Binator, qui est à deux cent cinquante lieues dans les terres, que ce lac est environné de hautes montagnes, au pied desquelles on trouve des mines d'or, dont la plus riche est auprès du village nommé Chincaleu, et que l'on tirait de ces mines chaque année pour la valeur de vingt-deux millions de notre monnaie. *Histoire générale des Voyages*, t. X, p. 327 et 328.

(*h*) *Idem*, t. IX, p. 34.

(*i*) Dans la partie septentrionale du Tunquin, il y a plusieurs montagnes qui produisent de l'or. *Voyages de Dampier*, t. III, p. 25.

(*j*) Dans la province de Kokonor, il y a une rivière nommée en langue mongole Altan-kol ou *rivière d'or*, qui est peu profonde et se rend dans les lacs de Tsing-fuhay; les habitants du pays emploient tout l'été à recueillir l'or de Kokonor... Cet or, venu apparemment des montagnes voisines, est fort estimé, et se vend dix fois son poids d'argent... La rivière de Chy-chakyang, dont le nom chinois signifie *rivière d'or*, comme Altan-kol en langue mongole, charrie aussi de l'or. *Hist. générale des Voyages*, t. VII, p. 108. — Il y a non seulement à la Chine des rivières qui charrient de l'or, mais des minières dans les montagnes de Se-chuen et de Yun-nan, du côté de l'ouest; la seconde de ces provinces passe pour la plus riche : elle reçoit beaucoup d'or d'un peuple nommé Lolo, qui occupe les parties voisines

d'assez bas aloi (*a*) : ils assurent que les Chinois apportent à Manille de l'or qui est très blanc, très mou, et qu'il faut allier avec un cinquième de cuivre rouge, pour lui donner la couleur et la consistance nécessaire dans les arts. Les îles du Japon (*b*) et celle de Formose (*c*), sont peut-être encore plus riches en mines d'or que la Chine; enfin l'on trouve de l'or jusqu'en Sibérie (*d*), en sorte que ce métal, quoique plus abondant dans les contrées méridionales de l'Asie, ne laisse pas de se trouver aussi dans toutes les régions de cette grande partie du monde.

Les terres de l'Afrique sont plus intactes, et par conséquent plus riches en or que celles de l'Asie; les Africains en général, beaucoup moins civilisés que les Asiatiques, se sont rarement donné la peine de fouiller la terre à de grandes profondeurs, et quelque abondantes que soient les mines d'or dans leurs montagnes, ils se sont contentés d'en recueillir les débris dans les vallées adjacentes, qui étaient, et même sont encore très richement pourvues de ce métal : dès l'année 1442, les Maures, voisins du cap Bajador, offrirent de la poudre d'or aux Portugais, et c'était la première fois que les Européens eussent vu de

d'Ava, de Pégu et de Laor; mais cet or n'est pas des plus beaux... Le plus beau se trouve dans les districts de Li-kiang-fu et de Yang-chang-fu. *Idem*, t. VI, p. 484.

(*a*) Il y a plusieurs mines d'or à la Chine, mais en général il est moins pur que celui du Brésil; les Chinois en font néanmoins un très grand commerce. *Voyages de le Gentil;* Paris, 1725, t. II, p. 15.

(*b*) Le Japon passe pour la contrée de toute l'Asie la plus riche en or, mais on croit que la plus grande partie vient de l'île de Formose. *Voyages de Tavernier,* t. IV, p. 85. — Quelques provinces de l'empire du Japon possèdent des mines d'or... Le commerce s'en fait en or de fonte et en or en poudre, que l'on tire des rivières... Les plus abondantes mines de l'or le plus pur ont été longtemps les mines de Sado, une des provinces septentrionales de Niphon : on y recueille encore quantité de poudre d'or. Les mines Suronga sont aussi très estimées; mais les unes et les autres commencent à s'épuiser; on en a découvert de nouvelles auxquelles il est défendu de travailler... Une montagne située sur le golfe d'Okas, s'étant écroulée dans la mer à la fin du siècle passé, on trouva que le sable du lieu qu'elle avait occupé était mêlé d'or pur... Dans la province de Chiango et dans l'île d'Amakusa, il y a aussi des mines d'or, mais on ne peut y travailler, à cause des eaux. *Histoire générale des Voyages*, t. X, p. 654.

(*c*) Il y a une grande quantité de mines d'or et d'argent dans l'île de Formose, et on en trouve de même beaucoup dans les îles des Voleurs et autres îles adjacentes; mais l'or de l'île des Voleurs n'est pas un métal pur : il y a dans ces îles, sans parler de celle des Voleurs, trois mines d'or et trois mines d'argent fort abondantes... Ces insulaires estimaient plus l'argent que l'or, parce que ce précieux métal y était très commun... Tous leurs ustensiles étaient ordinairement d'or ou d'argent... Leurs temples, soit dans les villes, soit à la campagne, étaient pour la plupart couverts d'or; mais, depuis que les Hollandais leur ont porté du fer pour en avoir de l'or, ils l'ont moins prodigué. *Description de l'île Formose;* Amsterdam, 1705, p. 167 et 168.

(*d*) La Sibérie a des mines d'or, mais dont le produit ne vaut pas la dépense; elles sont aux environs de Kathérinbourg : une terre blanche tirant sur le gris, mêlée de quelques couches de terre martiale, indique la mine d'or. A peine a-t-on creusé deux pieds que les filons paraissent... Ces mines sont dans des glaises bleues, et se terminent ordinairement à des couches d'ocre; l'or est communément dans le quartz et souvent dans un ocre très friable : on le trouve par petites paillettes, qu'on sépare au lavage. Cette mine d'or et quatre autres se trouvent à peu près sous la même latitude, et elles sont à plus de deux cents toises au-dessus du niveau de la mer, et renfermées dans des matières vitrifiables, tandis que les mines de cuivre ne sont qu'à cent quatre-vingts toises du même niveau de la mer, et mêlées de matières calcaires. *Histoire générale des Voyages,* t. XIX, p. 475 et 476. — Les mines de Kathérinbourg rendent annuellement deux cents à deux cent quatre-vingts livres d'or. *Journal politique,* 15 février 1776, article *Paris.*

l'or en Afrique (*a*). La recherche de ce métal suivit de près ces offres; car, en 1641, on fit commerce de l'*or de la Mina* (*b*) (or de la mine) au cinquième degré de latitude nord, sur cette même côte qu'on a depuis nommée la *Côte d'Or*. Il y avait néanmoins de l'or dans les parties de l'Afrique anciennement connues, et dans celles qui avaient été découvertes longtemps avant le cap Bajador; mais il y a toute apparence que les mines n'en avaient pas été fouillées ni même reconnues; car le voyageur Roberts est le premier qui ait indiqué des mines d'or dans les îles du Cap-Vert (*c*). La Côte d'Or est encore aujourd'hui l'une des parties de l'Afrique qui produisent la plus grande quantité de ce métal; la rivière d'Axim en charrie des paillettes et des grains qu'elle dépose dans le sable en assez grande quantité pour que les Nègres prennent la peine de plonger et de tirer ce sable du fond de l'eau (*d*).

(*a*) « Gonzalez reçut, pour la rançon de deux jeunes gens qu'il y avait faits prisonniers, une » quantité considérable de poudre d'or; ce fut la première fois que l'Afrique fit luire ce pré- » cieux métal aux yeux des aventuriers portugais, et cette raison leur fit donner à un ruis- » seau, à environ six lieues dans les terres, le nom de *Rio d'Oro*. » *Histoire générale des Voyages*, t. Ier, p. 7.

(*b*) Desmarchais dit que les habitants du canton de Mina... tirent beaucoup d'or de leurs rivières et des ruisseaux; il assure qu'à la distance de quelques lieues au nord et au nord-est du château, il y a plusieurs mines de ce métal, mais que les Nègres du pays n'ont pas plus d'habileté à les faire valoir que ceux de Bambuk et de Tombut en ont dans le royaume de Galam. Cependant, continue-t-il, elles doivent être fort riches, pour avoir fourni aussi longtemps autant d'or que les Portugais et les Hollandais en ont tiré. Pendant que les Portugais étaient en possession de Mina, ils ne prenaient pas la peine d'ouvrir leurs magasins, si les marchands nègres n'apportaient cinquante marcs d'or à la fois. Les Hollandais qui sont établis dans le même lieu, depuis plus d'un siècle, en ont apporté d'immenses trésors; on prétend qu'ils ont fait de grandes découvertes dans l'intérieur des terres, mais qu'ils jugent à propos de les cacher au public. *Idem*, t. IV, p. 44.

(*c*) Dans l'île Saint-Jean, au cap Vert, le voyageur Roberts grimpa sur un des rochers, où il trouva de l'or en filets dans la pierre, et entre autres une partie plus grosse et longue comme le doigt, qu'il eut de la peine à tirer du roc dans lequel la veine d'or s'enfonçait beaucoup plus. *Idem*, t. II, p. 295.

(*d*) *Histoire générale des Voyages*, t. II, p. 530 et suiv. — Sur la côte d'Or en Afrique, la rivière d'Axim, qui roule des paillettes d'or, est à peine navigable. Les habitants cherchent ce métal dans le fond de cette rivière, en s'y plongeant et ramassant une quantité de sable, dont ils remplissent une calebasse avant de reparaître sur l'eau; ensuite ils cherchent l'or dans cette matière qu'ils ont rapportée dans leurs calebasses : il se trouve en paillettes et en grains après le lavage de cette matière. Dans la saison des pluies, où la rivière d'Axim et les ruisseaux qui y aboutissent se gonflent considérablement, on trouve dans leur sable des grains d'or plus gros et en plus grande quantité; cet or est très pur. Bosman, *ibid.*, t. IV, p. 19. — L'or le plus fin de la côte d'Or est celui d'Axim; on assure qu'il est à vingt-deux et même vingt-trois carats : celui d'Acra ou de Tasor est inférieur; celui d'Akanez et d'Achem suit immédiatement, et celui de Fétu est le pire... Les peuples d'Axim et d'Achem le tirent du sable de leurs rivières... L'or d'Acra vient de la montagne de Tafu, qui est à trente lieues dans l'intérieur des terres... L'or d'Akanez et de Fétu est tiré de la terre sans grande fatigue... mais l'or de ce pays ne passe jamais de vingt à vingt et un carats... Rien n'est si commun parmi ces Nègres que les bracelets et les ornements d'or... La vaisselle de leurs rois, leurs fétiches sont entièrement d'or... Ils distinguent de trois sortes d'or, le fétiche, les lingots et la poudre. L'or fétiche est fondu et communément allié à quelque autre métal; les lingots sont des pièces de différents poids, tels, dit-on, qu'ils sont sortis de la mine, M. Phips en avait un qui pesait trente onces : cet or est aussi très sujet à l'alliage. La meilleure poudre d'or est celle qui vient des royaumes intérieurs de Dumkira, d'Akim et d'Akanez; on prétend qu'elle est tirée du sable des rivières. Les habitants creusent des trous dans la terre, près des lieux où l'eau tombe des montagnes, et l'or y est arrêté par son poids... Les Nègres de cette côte ont des filières pour tirer de l'or en fil. *Histoire générale des Voyages*, t. IV, p. 215 et 216.

On recueille aussi beaucoup d'or par le lavage dans les terres du royaume de Kanon (*a*), à l'est et au nord-est de Galam, où il se trouve presque à la surface du terrain; il y en a aussi dans le royaume de Tombut, ainsi qu'à Gago et à Zamfara: il y en a de même dans plusieurs endroits de la Guinée (*b*), et dans les terres voisines de la rivière de Gambra (*c*), ainsi qu'à la côte des Dents (*d*); il y a aussi un grand nombre de mines d'or dans le royaume de Butna, qui s'étend depuis les montagnes de la Lune jusqu'à la rivière de Maguika (*e*), et un plus grand nombre encore dans le royaume de Bambuk (*f*).

(*a*) *Histoire générale des Voyages*, t. II, p. 530, 531 et 534.

(*b*) En Guinée, les Nègres recueillent les paillettes d'or, qui se trouvent en assez grande quantité dans la plupart des ruisseaux qui découlent des montagnes. *Histoire générale des Voyages*, t. Ier, p. 257. — Il y a trois endroits où les habitants du pays cherchent l'or : 1° dans les montagnes; 2° auprès des rivières, où l'eau en entraîne de petites parties avec le sable; 3° au bord de la mer, où l'on trouve de petites sources d'eau vive dans lesquelles il y a de l'or, et il s'en trouve beaucoup plus qu'à l'ordinaire dans le temps des grandes pluies. Cependant ce travail, qui se fait en lavant le sable de ces sources ou ruisseaux, ne produit souvent qu'une très petite quantité d'or, et quelquefois point du tout; mais aussi il donne quelquefois par hasard des grains ou *pépites* un peu grosses. *Voyage en Guinée*, par Bosman, lettre VI, p. 82. — Dans la province de Dinkira, qui est à cinq ou six journées de distance de la côte de Guinée, et dans quelques autres contrées de cette même région, il y a des mines d'or, dont les Nègres font le commerce avec les marchands européens qui fréquentent cette côte; l'or qu'apportent ceux de Dinkira est bon et pur... Ceux d'Acany apportent de l'or d'Asiant et d'Axim, et de celui qu'ils tirent dans leur pays; cet or est d'une grande pureté... Il n'y a point de pays que nous connaissions dont il sorte tant d'or que de celui d'Axim, et c'est le meilleur de toute cette côte; on le connaît aisément à sa couleur obscure... Il y a encore plus d'or à Asiant qu'à Dinkira; il en est de même du pays d'Anamé, situé entre Asiant et Dinkira... On en tirait aussi beaucoup du pays d'Awiné, qui est situé sur la côte fort au-dessus d'Axim. *Idem*, *ibid.*

(*c*) Il y a de l'or dans les terres des Nègres Mandingos, qui sont voisins de la rivière Gambra; ces Nègres apportent l'or en petits lingots façonnés en forme d'anneaux; ils disent que cet or n'est pas de l'or lavé et tiré en poudre des sables ou de la terre, mais qu'il se trouve dans les montagnes, à vingt journées de Kower. *Histoire générale des Voyages*, t. III, p. 632.

(*d*) Le royaume de Guiomeré, sur la côte d'Ivoire, en Afrique, est abondant en or. *Idem*, *ibidem.*

(*e*) *Histoire générale des Voyages*, t. V, p. 228.

(*f*) L'or est si commun dans le territoire de Bambuk, que, pour en avoir, il suffit de racler la superficie d'une terre argileuse, légère et mêlée de sable. Lorsque la mine est très riche, elles est fouillée à quelques pieds de profondeur et jamais plus loin, quoiqu'elle paraisse plus abondante à mesure qu'on creuse davantage : ces mines sont plus riches que celles de Galam, de Tombut et de Bambara. *Histoire philosophique et politique des deux Indes*; Amsterdam, 1772, t. Ier, p. 516... Les mines de Bambuk, qui furent ouvertes en 1716, produisent beaucoup d'or en poudre et en grains, qu'on trouve dans la terre à peu de profondeur, et on l'en retire par le lavage; cet or est très pur... Ces mines qui sont dans des terres argileuses de différentes couleurs, mêlées de sable, sont très aisées à être exploitées, et dix hommes y font plus d'ouvrage et en tirent plus d'or que cent dans les plus riches mines du Pérou et du Brésil... Les Nègres n'ont remarqué autre chose, pour la connaissance des mines d'or dans ce pays, sinon que les terres les plus sèches et les plus stériles sont celles qui en fournissent le plus... Ils ne creusent jamais qu'à six, sept ou huit pieds de profondeur, et ne vont jamais plus loin, quoique l'or y devienne souvent plus abondant, parce qu'ils ne savent pas faire des charpentes capables de soutenir les terres. *Histoire générale des Voyages*, t. II, p. 640 et 641... A vingt-cinq lieues de la jonction de la rivière Falemé avec le Sénégal, il y a une mine d'or dans un canton haut et sablonneux, que les Nègres se contentent, pour ainsi dire, de gratter sans la fouiller profondément... Il y en a d'autres à

Tavernier fait mention d'un morceau d'or naturel, ramifié en forme d'arbrisseau, qui serait le plus beau morceau qu'on ait jamais vu dans ce genre, si son récit n'est pas exagéré (a). Pyrard dit aussi avoir vu une branche d'or massif et pur, longue d'une coudée et branchue comme du corail, qui avait été trouvée dans la rivière de Couesme ou Couama, autrement appelée *rivière Noire*, à Sofala. Dans l'Abyssinie, la province de Goyame est celle où se trouvent les plus riches mines d'or (b) : on porte ce métal, tel qu'on le tire de la mine, à Gondar, capitale du royaume, et l'on y travaille pour le purifier et le fondre en lingots. Il se trouve aussi en Éthiopie, près d'Helem, de l'or disséminé dans les premières couches de la terre, et cet or est très fin (c) ; mais la contrée de l'Afrique la plus riche, ou du moins la plus anciennement célèbre par son or, est celle de Sofala et du Monomotapa (d) : on croit, dit Marmol, que le pays d'Ophir, où Salomon tirait l'or pour orner son temple, est le pays même de Sofala ; cette conjecture serait un peu mieux fondée en la faisant tomber sur la province de Monomotapa, qui porte encore actuellement le nom d'Ophur ou Ofur (e) ; quoi qu'il en soit, cette abondance d'or à Sofala et dans le pays

cinquante lieues de cette même jonction, dans les terrains qui avoisinent la rivière Falemé... Les mines de Ghinghi-Faranna sont à cinq lieues plus loin... Tous les ruisseaux qui arrosent ce grand territoire, et qui vont se jeter dans la rivière de Falemé, roulent beaucoup d'or que les Nègres recueillent avec le sable qui en est encore plus chargé que les terres voisines... Les montagnes voisines de Ghinghi-Faranna sont couvertes d'un gravier doré qui parait fort mêlé de paillettes d'or...

La plus riche de toutes les mines du Bambuk est celle qui a été découverte en 1716 ; elle est au centre du royaume, à trente lieues de la rivière de Falemé à l'est, et quarante du fort Saint-Pierre à Kaygnure, sur la même rivière. Elle est d'une abondance surprenante, et l'or en est fort pur. Il y a une grande quantité d'autres mines dans ce pays, dans l'espace de quinze à vingt lieues... Tout ce terrain des mines est environné de montagnes hautes, nues et stériles... On trouve dans tout ce pays des trous faits par les Nègres d'environ dix pieds de profondeur ; ils ne vont pas plus bas, quoiqu'ils conviennent tous que l'or est plus abondant dans le fond qu'à la surface. *Histoire générale des Voyages*, t. II, p. 642 et suiv.

(a) Dans les présents que le roi d'Éthiopie envoyait au Grand-Mogol, il y avait un arbre d'or de deux pieds quatre pouces de haut, et gros de cinq ou six pouces par la tige. Il avait dix ou douze branches dont quelques-unes étaient plus petites : à quelques endroits des grosses branches, on voyait quelque chose de raboteux, qui en quelque chose ressemblait à des bourgeons. Les racines de cet arbre, que la nature avait ainsi fait, étaient petites et courtes, et la plus longue n'avait pas plus de quatre ou cinq pouces. *Voyages de Tavernier*, t. IV, p. 86 et suiv.

(b) *Lettres édifiantes*, quatrième Recueil, p. 338.

(c) *Lettres édifiantes*, quatrième Recueil, p. 400.

(d) Le royaume de Sofala est arrosé principalement par deux grands fleuves, Rio del Espirito-Santo et Cuama. Ces deux fleuves et toutes les rivières qui s'y déchargent sont célèbres par le sable d'or qui roule avec leurs eaux. Au long du fleuve de Cuama, il y a beaucoup d'or dont les mines sont fort abondantes ; ces mines portent le nom de Manica, et sont éloignées d'environ cinquante lieues de montagnes, au-dessus desquelles l'air est toujours serein. Il y a d'autres mines à cent cinquante lieues qui avaient précédemment beaucoup plus de réputation : on trouve dans ce grand pays des édifices d'une structure merveilleuse, avec des inscriptions d'un caractère inconnu. Les habitants ignorent tout à fait leur origine. *Histoire générale des Voyages*, t. Ier, p. 9 et 91.

(e) Les plus riches mines d'or du royaume de Mongas, dans le Monomotapa, sont celles de Massapa, qui portent le nom d'Ofur ; on y a trouvé un lingot d'or de douze mille ducats, et un autre de quarante mille. L'or s'y trouve non seulement entre les pierres, mais même sous l'écorce de certains arbres jusqu'au sommet, c'est-à-dire jusqu'à l'endroit où le tronc commence à se diviser en branches. Les mines de Manchika et de Butna sont peu inférieures à celles d'Ofur. *Hist. générale des Voyages*, t. V, p. 224. — Cet empire est arrosé de plusieurs rivières qui roulent de l'or ; telles sont Passami, Luanga, Mangiono et quelques autres. Dans

d'Ofur ou Monomotapa ne paraît pas encore avoir diminué, quoiqu'il y ait toute apparence que, de temps immémorial, la plus grande partie de l'or qui circulait dans les provinces orientales de l'Afrique, et même en Arabie, venait de ce pays de Sofala. Les principales mines sont situées dans les montagnes, à cinquante lieues et plus de distance de la ville de Sofala : les eaux qui découlent de ces montagnes entraînent une infinité de paillettes d'or et de grains assez gros (*a*). Ce métal est de même très commun à Mozambique (*b*); enfin l'île de Madagascar participe aussi aux richesses du continent voisin; seulement il paraît que l'or de cette île est d'assez bas aloi, et qu'il est mêlé de quelques matières qui le rendent blanc, et lui donnent de la mollesse et plus de fusibilité (*c*).

L'on doit voir assez évidemment par cette énumération de toutes les terres qui ont produit et produisent encore de l'or, tant en Europe qu'en Asie et en Afrique, combien peu nous était nécessaire celui du nouveau monde; il n'a servi qu'à rendre presque nulle la valeur du nôtre; il n'a même augmenté que pendant un temps assez court la richesse de ceux qui le faisaient extraire pour nous l'apporter; ces mines ont englouti les nations amé-

les montagnes qui bordent la rivière de Cuama, on trouve de l'or en plusieurs endroits, soit dans les mines, ou dans les pierres, ou dans les rivières; il y en a aussi beaucoup dans le royaume de Butna. *Recueil des Voyages de la Compagnie des Indes*, t. III, p. 625. — C'est du Monomotapa et du côté de Sofala et de Mozambique que se tire l'or le plus pur de l'Afrique; on le tire sans grande peine en fouillant la terre de deux ou trois pieds seulement, et dans ces pays, qui ne sont point habités, parce qu'il n'y a point d'eau, il se trouve sur la surface de la terre de l'or par morceaux de toutes sortes de formes et de poids, et il y en a qui pèsent jusqu'à une ou deux onces. Tavernier, t. IV, p. 86 et suiv.

(*a*) Il y a des mines d'or qui sont à cent et à deux cents lieues de Sofala, et l'on y rencontre, aussi bien que dans les fleuves, l'or en grains, quelques-uns dans les veines des rochers, d'autres qui ont été entraînés l'hiver par les eaux, et les habitants le cherchent l'été quand les eaux sont basses; ils se plongent dans les tournants et en tirent du limon, qui, étant lavé, il se trouve de gros grains d'or en plus ou moindre quantité. *L'Afrique* de Marmol, t. III, p. 113. — Entre Mozambique et Sofala, on trouve une grande quantité d'or pur et en poudre dans le sable d'une rivière qu'on appelle le fleuve Noir... Tout cet or de Sofala est en paillettes, en poudre et en petits grains, et fort pur. *Voyage de Fr. Pyrard de Laval*, t. II, p. 247. — Les Cafres de Sofala font des galeries sous terre pour tâcher de trouver les mines d'or, dont ils recueillent les paillettes et les grains que les torrents et les ruisseaux entraînent avec les sables, et il arrive souvent qu'ils trouvent, au moyen de leurs travaux, des mines assez abondantes, mais toujours mêlées de sable et de terre, et quelquefois en ramifications dans les pierres. *Hist. de l'Éthiopie*, par le P. Joan dos Santos; Paris, 1684, part. II, p. 115 et 116.

(*b*) A Mozambique, la poudre d'or est commune et sert même de monnaie; on en apporte aussi du cap des Courants; elle se trouve au pied des montagnes ou dans les sables amenés par les eaux. Quelquefois il s'en trouve de gros morceaux très purs; j'en ai vu un d'une demi-livre pesant, mais cela est fort rare. *Voyage de Jean Moquet;* Rouen, 1645, liv. IV, p. 260.

(*c*) On voit, par le témoignage de Flacourt, qu'il y avait anciennement beaucoup d'or à Madagascar, et qu'il était tiré du pays même; cet or n'était en aucune façon semblable à celui que nous avons en Europe, *étant*, dit-il, *plus blafard et presque aussi aisé à fondre que du plomb*. Leur or a été fouillé dans le pays en diverses provinces, car tous les grands en possèdent et l'estiment beaucoup... Les orfèvres du pays ne sauraient employer notre or, disant qu'il est trop dur à fondre. *Voyage à Madagascar;* Paris, 1661, p. 83. — Il y a tant d'or à Madagascar, qu'il n'est pas possible qu'il y ait été apporté des pays étrangers; il a été tiré dans le pays même. Il y en a de trois sortes : le premier qu'ils appellent *or de Malacasse*, qui est blafard, et ne vaut pas plus de dix écus l'once; c'est un or qui se fond presque aussi aisément que le plomb. Il y a de l'or que les Arabes ont apporté, et qui est beau, bien raffiné, et vaut bien l'or de sequin; le troisième est celui que les chrétiens y ont apporté, et qui est dur à fondre. L'or de Malacasse est celui qui a été fouillé dans le pays. *Idem*, p. 148.

ricaines et dépeuplé l'Europe : quelle différence pour la nature et pour l'humanité, si les myriades de malheureux qui ont péri dans ces fouilles profondes des entrailles de la terre eussent employé leurs bras à la culture de sa surface ! Ils auraient changé l'aspect brut et sauvage de leurs terres informes en guérets réguliers, en riantes campagnes aussi fécondes qu'elles étaient stériles et qu'elles le sont encore : mais les conquérants ont-ils jamais entendu la voix de la sagesse, ni même le cri de la pitié ? Leurs seules vues sont la déprédation et la destruction ; ils se permettent tous les excès du fort contre le faible ; la mesure de leur gloire est celle de leurs crimes, et leur triomphe l'opprobre de la vertu. En dépeuplant ce nouveau monde, ils l'ont défiguré et presque anéanti ; les victimes sans nombre qu'ils ont immolées à leur cupidité mal entendue auront toujours des voix qui réclameront à jamais contre leur cruauté : tout l'or qu'on a tiré de l'Amérique pèse peut-être moins que le sang humain qu'on y a répandu.

Comme cette terre était de toutes la plus nouvelle, la plus intacte et la plus récemment peuplée, elle brillait encore, il y a trois siècles, de tout l'or et l'argent que la nature y avait versé avec profusion ; les naturels n'en avaient ramassé que pour leur commodité, et non par besoin ni par cupidité ; ils en avaient fait des instruments, des vases, des ornements, et non pas des monnaies ou des signes de richesse exclusifs (*a*) ; ils en estimaient la valeur par l'usage, et auraient préféré notre fer s'ils eussent eu l'art de l'employer : quelle dut être leur surprise lorsqu'ils virent des hommes sacrifier la vie de tant d'autres hommes, et quelquefois la leur propre à la recherche de cet or, que souvent ils dédaignaient de mettre en œuvre ? Les Péruviens rachetèrent leur roi, que cependant on ne leur rendit pas, pour plusieurs milliers pesant d'or (*b*) : les Mexicains en avaient fait à peu près autant et furent trompés de même ; et, pour couvrir l'horreur de ces violations, ou plutôt pour étouffer les germes d'une vengeance éternelle, on finit par exterminer presque en entier ces malheureuses nations ; car à peine reste-t-il la millième partie des anciens peuples auxquels ces terres appartenaient, et sur lesquelles leurs descendants, en très petit nombre, languissent dans l'esclavage ou mènent une vie fugitive. Pourquoi donc n'a-t-on pas préféré de partager avec eux ces terres qui faisaient leur domaine ? Pourquoi ne leur en céderait-on pas quelque portion aujourd'hui, puisqu'elles sont si vastes et plus d'aux trois quarts incultes, d'autant qu'on n'a plus rien à redouter de leur nombre ? Vaines représentations, hélas ! en faveur de l'humanité. Le philosophe pourra les approuver, mais les hommes puissants daigneront-ils les entendre ?

Laissons donc cette morale affligeante, à laquelle je n'ai pu m'empêcher de revenir à la vue du triste spectacle que nous présentent les travaux des mines en Amérique : je n'en dois pas moins indiquer ici les lieux où elles se trouvent, comme je l'ai fait pour les autres parties du monde ; et, à commencer par l'île de Saint-Domingue, nous trouverons qu'il y a des mines d'or dans une montagne près de la ville de Sant-Iago-Cavallero, et que les eaux qui en descendent entraînent et déposent de gros grains d'or (*c*) : qu'il y en a de

(*a*) « Scelus fecit qui primus ex auro denarium signavit. » Pline.

(*b*) L'or était si commun au Pérou, que, le jour de la prise du roi Atabalipa par les Espagnols, ils se firent donner de l'or pour deux millions de pistoles d'Espagne ; on peut dire à peu près la même chose de ce qu'ils tirèrent du Mexique, après la prise du roi Montézuma. *Histoire universelle des Voyages*, par Montfraisier ; Paris, 1707, p. 318.

(*c*) *Histoire des Aventuriers* ; Paris, 1680, t. Ier, p. 70. — La rivière de Cibao, dans l'île d'Espagne, était la plus célèbre par la grande quantité d'or qu'on trouvait dans les sables. *Histoire des Voyages*, par Montfraisier, p. 319. — Charlevoix raconte qu'on trouva à Saint-Domingue, sur le bord de la rivière Hayna, un morceau d'or si grand qu'il pesait trois mille six cents écus d'or, et qui était si pur que les orfèvres jugèrent qu'il n'y aurait pas trois cents écus de déchet à la fonte : il y avait dans ce morceau quelques petites veines de pierre, mais ce n'étaient guère que des taches qui avaient peu de profondeur. *Histoire de Saint-*

même dans l'île de Cuba (*a*) et dans celle de Sainte-Marie, dont les mines ont été découvertes au commencement du siècle dernier. Les Espagnols ont autrefois employé un grand nombre d'esclaves au travail de ces mines : outre l'or que l'on tirait du sable, il s'en trouvait d'assez gros morceaux, comme enchâssés naturellement dans les rochers (*b*). L'île de la Trinité a aussi des mines et des rivières qui fournissent de l'or (*c*).

Dans le continent, à commencer par l'isthme de Panama, les mines d'or se trouvent en grand nombre; celles du Darien sont les plus riches, et fournissent plus que celles de Veraguas et de Panama (*d*). Indépendamment du produit des mines en montagnes, les rivières de cet isthme donnent aussi beaucoup d'or en grains, en paillettes et en poudre, ordinairement mêlé d'un sable ferrugineux qu'on en sépare avec l'aimant (*e*); mais c'est au Mexique que l'or s'est trouvé répandu avec le plus de profusion; l'une des mines les plus fameuses est celle de Mezquital, dont nous avons déjà parlé : la pierre de cette mine, dit M. Bowles, est un quartz blanc mêlé, en moindre quantité, avec un quartz couleur de bois ou de corne, qui fait feu contre l'acier ; on y voit quelques petites taches vertes, lesquelles ne sont que des cristaux qui ressemblent aux émeraudes en groupes, et dont l'intérieur contient de petits grains d'or (*f*). Presque toutes les autres provinces du Mexique ont aussi des mines d'or ou des mines d'argent (*g*) plus ou moins mêlé d'or ; selon le même M. Bolwes, celle de Mezquital, quoique la meilleure, ne donne au quintal que 30 onces d'argent et 22 $\frac{1}{2}$ grains d'or (*h*) ; mais il y a apparence qu'il a été mal informé sur la nature et le produit de cette mine ; car, si elle ne tenait en effet que 22 $\frac{1}{2}$ grains d'or, sur 30 onces d'argent par quintal, ce qui ne ferait pas 6 grains d'or par marc d'argent, on n'en ferait pas le départ à la monnaie de Mexico, puisqu'il est réglé par les ordonnances qu'on ne séparera que l'argent tenant par marc 27 grains d'or et au-dessus, et qu'autrefois il fallait 30 grains pour qu'on en fît le départ, ce qui est, comme l'on voit, une très petite quantité d'or en comparaison de celle de l'argent : et cet argent du Mexique, restant toujours mêlé d'un peu d'or, même après les opérations du départ, est plus estimé que celui du

Domingue, t. Ier, p. 206. — Il se faisait, dans les commencements de la découverte de Saint-Domingue, quatre fontes d'or chaque année, deux dans la ville de Buena-Ventura pour les vieilles et les nouvelles mines de Saint-Christophe, et deux à la Conception, qu'on appelait communément la ville de la Vega, pour les mines de Cibao et les autres qui se trouvaient plus à portée de cette place. Chaque fonte fournissait, dans la première de ces deux villes, cent dix ou cent vingt mille marcs; celle de la Vega, cent vingt-cinq ou cent trente, et quelquefois cent quarante mille marcs : de sorte que l'or qui se tirait tous les ans des mines de toute l'île montait à quatre cent soixante mille marcs. *Idem*, p. 265 et 266.

(*a*) *Voyage de Coréal;* Paris, 1722, t. Ier, p. 8.

(*b*) *Histoire générale des Voyages*, t. X, p. 353.

(*c*) *Idem*, t. XIV, p. 336.

(*d*) *Idem*, t. XIII, p. 277.

(*e*) *Voyage de Wafer;* suite de ceux de *Dampierre*, t. IV, p. 170.

(*f*) *Histoire naturelle d'Espagne*, p. 149.

(*g*) Dans la province qui se nomme proprement Mexique, les cantons de Tuculula et de Tiapa, au sud, ont quantité de veines d'or et d'argent... Les mines d'or de la province de Chiapa, qui étaient fort abondantes autrefois, sont aujourd'hui épuisées; cependant il se trouve encore des veines d'or dans ses montagnes, mais elles sont abandonnées... Vers Golfo Dolce, les historiens disent qu'il y a une mine d'or fort abondante... Les montagnes qui séparent les Honduras de la province de Nicaragua ont fourni beaucoup d'or et d'argent aux Espagnols... Ses principales mines sont celles de Valladolid ou Comayagua, celle de Gracias à Dios, et celles des vallées de Xaticalpa et d'Olancho, dont tous les torrents roulent de l'or... Il y avait aussi de l'or dans la province de Costa Ricca et dans celle de Veraguas. *Histoire générale des Voyages*, t. XII, p. 648.

(*h*) *Histoire naturelle d'Espagne*, p. 149.

Pérou (*a*), surtout plus que celui des mines de Sainte-Pécaque, que l'on transporte à Compostelle.

Les relateurs s'accordent à dire que la province de Carthagène fournissait autrefois beaucoup d'or ; et l'on y voit encore des fouilles et des travaux très anciens, mais ils sont actuellement abandonnés (*b*) : c'est au Pérou que le travail de ces mines est aujourd'hui en pleine exploitation (*c*). Frézier remarque seulement que les mines d'or sont assez rares dans la partie méridionale de ce royaume (*d*), mais que la province de Popayan en est remplie, et que l'ardeur pour les exploiter semble être toujours la même. M. d'Ulloa dit que chaque jour on y découvre de nouvelles mines qu'on s'empresse de mettre en valeur, et nous ne pouvons mieux faire que de rapporter ici ce que ce savant naturaliste péruvien a écrit sur les mines de son pays : « Les Partidos ou districts de Celi, de Buga, » d'Amalguer et de Barbocoas sont, dit-il, les plus abondants en métal, avec l'avantage » que l'or y est très pur, et qu'on n'a pas besoin d'y employer le mercure pour le séparer » des parties étrangères ; les mineurs appellent *Minas de Çaxa* celles où le minéral est » renfermé entre des pierres : celles de Popayan ne sont pas dans cet ordre ; car l'or s'y » trouve répandu dans les terres et les sables... Dans le bailliage de Choco, outre les mines » qui se traitent au lavoir, il s'en trouve quelques-unes où le minerai est enveloppé d'autres » matières métalliques et de sacs bitumineux, dont on ne peut le séparer qu'au moyen du » mercure. Le platine est un autre obstacle qui oblige quelquefois d'abandonner les mines : » on donne ce nom à une pierre si dure que, ne pouvant la briser sur une enclume » d'acier, ni la réduire par calcination, on ne peut tirer le minerai qu'elle renferme qu'avec » un travail et des frais extraordinaires. Entre toutes ces mines, il y en a plusieurs où » l'or est mêlé d'un *tombac* aussi fin que celui de l'Orient, avec la propriété singulière de » ne jamais engendrer de vert-de-gris, et de résister aux acides.

» Dans le bailliage de Zaruma au Pérou, l'or des mines est de si bas aloi qu'il n'est » quelquefois qu'à 18 et même à 16 carats, mais cette mauvaise qualité est réparée par » l'abondance... Le gouvernement de Jaën de Bracamoros a des mines de la même espèce, » qui rendaient beaucoup il y a un siècle (*e*)... Autrefois, il y avait quantité de mines » d'or ouvertes dans la province de Quito, et plus encore de mines d'argent... On a re- » cueilli des grains d'or dans les ruisseaux qui tirent leur source de la montagne de Pit- » chincha ; mais rien ne marque qu'on y ait ouvert des mines... Le pays de Pattactanga,

(*a*) *Histoire générale des Voyages*, t. XI, p. 389.

(*b*) *Idem*, t. XIII, p. 245.

(*c*) Il y a des mines d'or dans le diocèse de Truxillo, au Pérou, dans le Corrégiment de Patas. *Idem*, p. 307. — Et au diocèse de Guamangua, dans le Corrégiment de Parinacocha ; on en trouve au Corrégiment de Cotabamba et de Chumbi-Vilcas, au diocèse de Cusco ; dans celui d'Aymaraes, au même diocèse ; dans celui de Caravaya, dont l'or est à vingt-trois carats ; dans celui de Condefuios d'Arequipa, au diocèse de ce nom ; dans celui de Chicas, au diocèse de la Plata ; dans celui de Lipe, dont les mines sont abandonnées aujourd'hui ; dans celui d'Amparaes ; celui de Choyantas ; celui de la Paz, dans le diocèse de ce nom ; celui de Laricanas, qui est de l'or à vingt-trois carats et trois grains, dans le même diocèse de la Paz. *Idem*, p. 307 jusqu'à 320.

(*d*) Suivant Frézier, les mines d'or sont rares dans la partie méridionale du Pérou, et il ne s'en trouve que dans la province de Guanaco, du côté de Lima ; dans celle de Chicas, où est la ville de Tarja et proche de la Paz ; à Chuguiago, où l'on a trouvé des grains d'or vierge d'une prodigieuse grosseur, dont l'un, entre autres, pesait soixante-quatre marcs, et un autre quarante-cinq marcs, de trois alois différents. *Idem*, t. XIII, p. 589.

(*e*) La petite province de Zaruma, dit M. de La Condamine, était autrefois célèbre par ses mines d'or, qui sont aujourd'hui presque abandonnées ; l'or en est de bas aloi, et seulement de quatorze carats ; il est mêlé d'argent et ne laisse pas d'être fort doux sous le marteau. *Voyage de M. de La Condamine*, p. 21.

» dans la juridiction de Riobamba, est si rempli de mines, qu'en 1743, un habitant de » cette ville avait fait enregistrer pour son seul compte dix-huit veines d'or et d'argent, » toutes riches et de bon aloi ; l'une de ces mines d'argent rendait quatre-vingts marcs » par cinquante quintaux de minerai, tandis qu'elles passent pour riches quand elles en » donnent huit à dix marcs... Il y a aussi des mines d'or et d'argent dans les montagnes » de la juridiction de Cuença, mais qui rendent peu. Les gouvernements de Quixos et de » Macas sont riches en mines ; ceux de Marinas et d'Atamès en ont aussi d'une grande » valeur... Les terres arrosées par quelques rivières qui tombent dans le Maragnon, et par » les rivières de Sant-Lago et de Mira, sont remplis de veines d'or (*a*). »

Les anciens historiens du nouveau monde, et entre autres le P. Acosta, nous ont laissé quelques renseignements sur la manière dont la nature a disposé l'or dans ces riches contrées ; on le trouve sous trois formes différentes : 1° en grains ou *pépites*, qui sont des morceaux massifs et sans mélange d'autre métal ; 2° en poudre ; 3° dans des pierres : « J'ai vu, dit cet historien, quelques-unes de ces pépites qui pesaient plusieurs livres (*b*). » L'or, dit-il, a par excellence sur les autres métaux de se trouver pur et sans mélange ; » cependant, ajoute-t-il, on trouve quelquefois des pépites d'argent tout à fait pures ; » mais l'or en pépites est rare, en comparaison de celui qu'on trouve en poudre. L'or en » pierre est une veine d'or infiltrée dans la pierre, comme je l'ai vu à Caruma, dans le » gouvernement des salines... Les anciens ont célébré les fleuves qui roulaient de l'or : » savoir le Tage en Espagne, le Pactole en Asie, et le Gange aux Indes orientales. Il y a » de même, dans les rivières des îles de Barlovento, de Cuba, Portorico et Saint-Domingue, » de l'or mêlé dans leurs sables... Il s'en trouve aussi dans les torrents au Chili, à Quito » et au nouveau royaume de Grenade. L'or qui a le plus de réputation est celui de Cara- » nava au Pérou, et celui de Valdivia au Chili, parce qu'il est très pur et de vingt-trois » carats et demi. L'on fait aussi état de l'or de Veragua qui est très fin ; celui de la Chine » et des Philippines, qu'on apporte en Amérique, n'est pas à beaucoup près aussi pur (*c*). »

Le voyageur Wafer raconte qu'on trouve de même une grande quantité d'or dans les sables de la rivière de Coquimbo au Pérou, et que le terrain voisin de la baie où se décharge cette rivière dans la mer est comme poudré de poussière d'or, *au point* dit-il, *que, quand nous y marchions, nos habits en étaient couverts, mais cette poudre était si menue, que c'eût été un ouvrage infini de vouloir la ramasser.* « La même chose nous arriva, con- » tinue-t-il, dans quelques autres lieux de cette même côte où les rivières amènent de cette » poudre avec le sable ; mais l'or se trouve en paillettes et en grains plus gros à mesure » que l'on remonte ces rivières aurifères vers leurs sources (*d*). »

Au reste, il paraît que les grains d'or que l'on trouve dans les rivières, ou dans les terres adjacentes, n'ont pas toujours leur brillant jaune et métallique ; ils sont souvent

(*a*) *Histoire générale des Voyages*, t. XIII, p. 594 et suiv.

(*b*) Les Espagnols donnent le nom de *pépite* à un morceau d'or ou d'argent qui n'a pas encore été purifié, et qui sort seulement de la mine. « J'en ai vu une, dit Feuillée, du poids » de trente-trois livres et quelques onces, qu'un Indien avait trouvée dans une ravine que » les eaux avaient découverte ; ce que j'ai admiré dans cette pépite, c'est que sa partie supé- » rieure était beaucoup plus parfaite que l'inférieure, et que cette perfection diminuait à » mesure qu'elle s'approchait de la partie inférieure, dans une proportion admirable : vers » l'extrémité de la partie supérieure, l'or était de vingt-deux carats deux grains ; un peu plus » bas, de vingt et un carats un demi-grain ; à deux pouces de distance de sa partie supé- » rieure, elle n'était plus que de vingt et un carats ; et vers l'extrémité de sa partie infé- » rieure, la pépite n'était que de dix-sept carats et demi. » *Observations physiques*, par le P. Feuillée ; Paris, 1722, t. Ier, p. 468.

(*c*) *Histoire naturelle et morale des deux Indes*, par Joseph Acosta ; Paris, 1600, p. 134.

(*d*) *Voyage de Wafer*, à la suite de ceux de *Dampierre*, t. IV, p. 288.

teints d'autres couleurs, brunes, grises, etc. : par exemple, on tire des ruisseaux du pays d'Arécaja de l'or en forme de dragées de plomb, et qui ressemblent à ce métal par leur couleur grise ; on trouve aussi de cet or gris dans les torrents de Coroyeo ; celui que les eaux roulent dans le pays d'Arécaja vient probablement des mines de la province de Carabaja qui en est voisine, et c'est l'une des contrées du Pérou qui est la plus abondante en or fin, qu'Alphonse Barba dit être de vingt-trois carats trois grains (a), ce qui serait à peu près aussi pur que notre or le mieux raffiné.

Les terres du Chili sont presque aussi riches en or que celles du Mexique et du Pérou : on a trouvé, à douze lieues vers l'est de la ville de la Conception, des pépites d'or, dont quelques-unes étaient du poids de huit ou dix marcs et de très haut aloi ; on tirait autrefois beaucoup d'or vers Angol, à dix ou douze lieues plus loin, et l'on pourrait en recueillir en mille autres endroits, car tout cet or est dans une terre qu'il suffit de laver (b). Frézier, dont nous tirons cette indication, en a donné plusieurs autres avec un égal discernement sur les mines des diverses provinces du Chili (c) : on trouve encore de l'or dans les terres qu'arrosent le Maragnon, l'Orénoque, etc. (d) ; il y en a aussi dans quelques

(a) *Métallurgie* d'Alphonse Barba, t. Ier, p. 97.

(b) *Voyage de Frézier*, p. 76.

(c) Tit-Til, village du Chili, est situé à mi-côte d'une haute montagne qui est toute pleine de mines d'or qui ne sont pas fort riches, et dont la pierre ou minerai est fort dure. On écrase ce minerai sous un bocard ou sous une meule de pierre dure, et, lorsque ce minerai est concassé, on jette du mercure dessus pour en tirer l'or ; on ramasse ensuite cet amalgame d'or et de mercure, on le met dans un nouet de toile pour en exprimer le mercure autant qu'on peut ; on le fait ensuite chauffer pour faire évaporer ce qui en reste, et c'est ce qu'on appelle *de l'or en pigne ;* on fait fondre cette pigne pour achever de la dégager du mercure, et alors on connaît le juste prix et le véritable aloi de cet or... L'or de ces mines est à vingt ou vingt et un carats... Suivant la qualité des minières et la richesse des veines, cinquante quintaux de minerai, ou chaque caxon, donne quatre, cinq et six onces d'or ; car, quand il n'en donne que deux, le mineur ne retire que ses frais, ce qui arrive assez souvent. On peut dire que ces mines d'or sont, de toutes les mines métalliques, les plus inégales en richesse de métal, et par conséquent en produit. On poursuit une veine qui s'élargit, se rétrécit, semble même se perdre, et cela dans un petit espace de terrain ; mais ces veines aboutissent quelquefois à des endroits où l'or paraît accumulé en bien plus grande quantité que dans le reste de la veine... A la descente de la montagne de Valparaiso, du côté de l'ouest, il y a une coulée dans laquelle est un riche lavoir d'or ; on y trouve souvent des morceaux d'or vierge d'environ une once... Il s'en trouve quelquefois de plus gros et de deux ou trois marcs... On trouve aussi dans cette même contrée beaucoup d'or dans les terres et les sables, surtout au pied des montagnes et dans leurs angles rentrants, et on lave ces terres et sables dans lesquels souvent l'or n'est point apparent, ce qui est plus facile à exploiter que de le tirer de la minière en pierre, parce qu'il ne faut ici ni moulin, ni vif-argent, ni ciseaux, ni masse pour rompre les veines du minerai... Ces terres, qui contiennent de l'or, sont ordinairement rougeâtres, et l'on trouve l'or à peu de pieds de profondeur. Il y a des mines très riches et des moulins bien établis à Copiago et Lampangui. La montagne où se trouvent ces mines en pierre est auprès des Cordillères ; à 31 degrés de latitude sud, à quatre-vingts lieues de Valparaiso, on y a découvert, en 1710, quantité de mines de toutes sortes de métaux, d'or, d'argent, de fer, de plomb, de cuivre et d'étain... L'or de Lampangui est de vingt et un à vingt-deux carats, le minerai y est dur ; mais à deux lieues de là, dans la montagne de l'Eavin, il est tendre et presque friable, et l'or y est en poudre si fine qu'on n'y en voit à l'œil aucune marque. *Voyage de la mer du Sud*, etc., par Frézier ; Paris, 1732, p. 96 et suiv.

(d) La rivière nommée Tapajocas, dans le gouvernement de Maragnon, roule de l'or dans les sables, depuis une montagne médiocre nommée Yuquaratinci. Cette rivière, qui est dans le pays des Curabatubas, arrose le pied de cette montagne. *Histoire générale des Voyages*, t. XIV, p. 20. — La rivière de Caroli, qui tombe dans l'Orénoque, roule de l'or dans ses sables, et Raleigh remarqua des fils d'or dans les pierres. *Idem*, p. 350.

endroits de la Guyane (*a*). Enfin les Portugais ont découvert et fait travailler depuis près d'un siècle les mines du Brésil et du Paraguay, qui se sont trouvées, dit-on, encore plus riches que celles du Mexique et du Pérou. Les mines les plus prochaines de Rio-Janeiro, où l'on apporte ce métal, sont à une assez grande distance de cette ville. M. Cook dit (*b*) qu'on ne sait pas au juste où elles sont situées, et que les étrangers ne peuvent les visiter, parce qu'il y a une garde continuelle sur les chemins qui conduisent à ces mines : on sait seulement qu'on en tire beaucoup d'or, et que les travaux en sont difficiles et périlleux; car on achète annuellement, pour le compte du roi, quarante mille nègres qui ne sont employés qu'à les exploiter (*c*).

Selon l'amiral Anson, ce n'est qu'au commencement de ce siècle qu'on a trouvé de l'or au Brésil : on remarqua que les naturels du pays se servaient d'hameçons d'or pour la pêche, et on apprit d'eux qu'ils recueillaient cet or dans les sables et graviers que les pluies et les torrents détachaient des montagnes. « Il y a, dit le voyageur, de l'or disséminé dans les terres basses, mais qui paye à peine les frais de la recherche, et les montagnes offrent des veines d'or engagées dans les rochers; mais le moyen le plus facile de se procurer de l'or, c'est de le prendre dans le limon des torrents qui en charrient. Les esclaves employés à cet ouvrage doivent fournir à leurs maîtres un huitième d'once par jour; le surplus est pour eux, et ce surplus les a souvent mis en état d'acheter leur liberté. Le roi a droit de quint sur tout l'or que l'on extrait des mines, ce qui va à trois cent mille livres sterling par an; et par conséquent, la totalité de l'or extrait des mines, chaque année, est d'un million cinq cent mille livres sterling, sans compter l'or qu'on exporte en contrebande, et qui monte peut-être au tiers de cette somme (*d*). »

Nous n'avons aucun autre indice sur ces mines d'or si bien gardées par les ordres du roi de Portugal : quelques voyageurs nous disent seulement qu'au nord du fleuve Jujambi, il y a des montagnes qui s'étendent de trente à quarante lieues de l'est à l'ouest, sur dix à quinze lieues de largeur; qu'elles renferment plusieurs mines d'or; qu'on y trouve aussi ce métal en grains et en poudre, et que son aloi est communément de vingt-deux carats; ils ajoutent qu'on y rencontre quelquefois des grains ou pépites qui pèsent deux ou trois onces (*e*).

Il résulte de ces indications qu'en Amérique comme en Afrique, et partout ailleurs où la terre n'a pas encore été épuisée par les recherches de l'homme, l'or le plus pur se trouve, pour ainsi dire, à la surface du terrain, en poudre, en paillettes ou en grains, et quelquefois en pépites qui ne sont que des grains plus gros, souvent aussi purs que des lingots fondus : ces pépites et ces grains, ainsi que les paillettes et les poudres, ne sont que les débris plus ou moins brisés et atténués par le frottement de plus gros morceaux d'or arrachés par les torrents et détachés des veines métalliques de première formation;

(*a*) *Histoire générale des Voyages*, t. XIV, p. 360.

(*b*) *Voyage de Cook*, t. II, p. 256.

(*c*) Rio-Janeiro est l'entrepôt et le débouché principal des richesses du Brésil. Les mines principales sont les plus voisines de la ville, dont néanmoins elles sont distantes de soixante-quinze lieues. Elles rendent au roi tous les ans, pour son droit de *quint*, au moins cent douze arobes d'or; l'année 1762, elles en rapportèrent cent dix-neuf. Sous la capitainerie des mines générales, on comprend celles de Rio-de-Moros, de Sabara et de Sero-Frio. Cette dernière, outre l'or qu'on en retire, produit encore tous les diamants qui proviennent du Brésil; ils se trouvent dans le fond d'une rivière qu'on a soin de détourner, pour séparer ensuite d'avec les cailloux, qu'elle roule dans son lit, les diamants, les topazes, les chrysolithes et autres pierres de qualité inférieure. *Voyage autour du monde*, par M. de Bougainville, t. Ier, p. 145 et 146.

(*d*) *Voyage autour du monde*, par l'amiral Anson.

(*e*) *Histoire générale des Voyages*, t. XIV, p. 223.

ils sont descendus en roulant du haut des montagnes dans les vallées. Le quartz et les autres gangues de l'or, entraînés en même temps par le mouvement des eaux, se sont brisés, et ont, par leur frottement, divisé, comminué ces morceaux de métal, qui dès lors se sont trouvés isolés, et se sont arrondis en grains ou atténués en paillettes par la continuité du frottement dans l'eau ; et enfin ces mêmes paillettes, encore plus divisées, ont formé les poudres plus ou moins fines de ce métal : on voit aussi des agrégats assez grossiers de parcelles d'or qui paraissent s'être réunies par la stillation et l'intermède de l'eau, et qui sont plus ou moins mélangées de sables ou de matières terreuses, rassemblées et déposées dans quelque cavité, où ces parcelles métalliques n'ont que peu d'adhésion avec la terre et le sable dont elles sont mélangées ; mais toutes ces petites masses d'or, ainsi que les grains, les paillettes et les poudres de ce métal, tirent également leur origine des mines primordiales, et leur pureté dépend en partie de la grande division que ces grains métalliques ont subie en s'exfoliant et se comminuant par les frottements qu'ils n'ont cessé d'essuyer depuis leur séparation de la mine, jusqu'aux lieux où ils ont été entraînés ; car cet or arraché de ses mines, et roulé dans le sable des torrents, a été choqué et divisé par tous les corps durs qui se sont rencontrés sur sa route ; et plus ces particules d'or ont été atténuées, plus elles auront acquis de pureté en se séparant de tout alliage par cette division mécanique, qui, dans l'or, va, pour ainsi dire, à l'infini : il est d'autant plus pur qu'il est plus divisé, et cette différence se remarque en comparant ce métal en paillettes ou en poudre avec l'or des mines, car il n'est qu'à vingt-deux carats dans les meilleures mines en montagnes, souvent à dix-neuf ou vingt, et quelquefois à seize et même à quatorze, tandis que, communément, l'or en paillettes est à vingt-trois carats, et rarement au-dessous de vingt. Comme ce métal est toujours plus ou moins allié d'argent dans ces mines primordiales, et quelquefois d'argent mêlé d'autres matières métalliques, la très grande division qu'il éprouve par les frottements, lorsqu'il est détaché de sa mine, le sépare de ces alliages naturels, et le rend d'autant plus pur qu'il est réduit en atomes plus petits ; en sorte qu'au lieu du bas aloi que l'or avait dans sa mine, il prend un plus haut titre à mesure qu'il s'en éloigne, et cela par la séparation et, pour ainsi dire, par le départ mécanique de toute matière étrangère.

Il y a donc double avantage à ne recueillir l'or qu'au pied des montagnes et dans les eaux courantes qui en ont entraîné les parties détachées des mines primitives ; ces parties détachées peuvent former, par leur accumulation, des mines secondaires en quelques endroits : l'extraction du métal qui, dans ces sortes de mines, ne sera mêlé que de sable ou de terre, sera bien plus facile que dans les mines primordiales, où l'or se trouve toujours engagé dans le quartz et le roc le plus dur : d'autre côté, l'or de ces mines de seconde formation sera toujours plus pur que le premier ; et, vu la quantité de ce métal dont nous sommes actuellement surchargés, on devrait au moins se borner à ne ramasser que cet or déjà purifié par la nature, et réduit en poudre, en paillettes ou en grains, et seulement dans les lieux où le produit de ce travail seraient évidemment au-dessus de sa dépense.

DE L'ARGENT

Nous avons dit que, dans la nature primitive, l'argent et l'or n'ont fait généralement qu'une masse commune, toujours composée de l'un et l'autre de ces métaux, qui même ne se sont jamais complètement séparés, mais seulement atténués, divisés par les agents extérieurs et réduits en atomes si petits que l'or s'est trouvé d'un côté, et a laissé de l'autre la plus grande partie de l'argent ; mais, malgré cette séparation, d'autant plus naturelle qu'elle est plus mécanique, nulle part on n'a trouvé de l'or exempt d'argent, ni d'argent qui ne contînt un peu d'or. Pour la nature, ces deux métaux sont du même ordre, et elle les a doués de plusieurs attributs communs ; car, quoique leur densité soit très différente (*a*), leurs autres propriétés essentielles sont les mêmes : ils sont également inaltérables et presque indestructibles ; l'un et l'autre peuvent subir l'action de tous les éléments sans en être altérés ; tous deux se fondent et se subliment à peu près au même degré de feu (*b*) ; ils n'y perdent guère plus l'un que l'autre (*c*) ; ils résistent à toute sa violence, sans se convertir en chaux (*d*) (*) ; tous deux ont aussi plus de ductilité que tous les autres métaux ;

(*a*) « Un pied cube d'argent pèse 720 livres; un pied cube d'or, 1,348 livres. Le premier » ne perd dans l'eau qu'un onzième de son poids, et l'autre entre un dix-neuvième et un » vingtième. » *Dictionnaire de chimie*, articles de l'*Or* et de l'*Argent*. — J'observerai que ces proportions ne sont pas exactes, car, en supposant que l'or perde un dix-neuvième et demi de son poids, et que l'argent ne perde qu'un onzième, si le pied cube d'or pèse 1,348 livres, le pied cube d'argent doit peser 760 livres seize-trentièmes. M. Bomare, dans son *Dictionnaire d'histoire naturelle*, dit que le pouce cube d'argent pèse 6 onces 5 gros 26 grains, ce qui ne ferait qu'un peu plus de 718 livres le pied cube; tandis que dans sa *Minéralogie*, t. II, p. 210, il dit que le pied cube d'argent pèse 11,523 onces, ce qui fait 720 livres 3 onces pour le pied cube. Les estimations données par M. Brisson sont plus justes : le pied cube d'or à 24 carats, fondu et non battu, pèse, selon lui, 1,348 livres 1 once 41 grains, et le pied cube d'or à 24 carats, fondu et battu, pèse 1,355 livres 5 onces 60 grains; le pied cube d'argent à 12 deniers, fondu et non battu, pèse 733 livres 3 onces 1 gros 52 grains, et le pied cube du même argent à 12 deniers, c'est-à-dire aussi pur qu'il est possible, pèse, lorsqu'il est forgé ou battu, 735 livres 11 onces 7 gros 43 grains.

(*b*) On est assuré de cette sublimation de l'or et de l'argent, non seulement par mes expériences au miroir ardent, mais aussi par la quantité que l'on en recueille dans les suies des fourneaux d'affinage des monnaies.

(*c*) Kunckel, ayant tenu de l'or et de l'argent pendant quelques semaines en fusion, assure que l'or n'avait rien perdu de son poids; mais il avoue que l'argent avait perdu quelques grains. Il a mal à propos oublié de dire sur quelle quantité.

(*d*) L'argent, tenu au foyer d'un miroir ardent, se couvre comme l'or d'une pellicule vitreuse; mais M. Macquer, qui a fait cette expérience, avoue qu'on n'est pas encore assuré si cette vitrification provient des métaux ou de la poussière de l'air. *Dictionnaire de chimie*, article *Argent*.

(*) Par le mot « chaux » Buffon désigne ici les oxydes hydratés des chimistes modernes.

seulement l'argent, plus faible en densité et moins compact que l'or, ne peut prendre autant d'extension (a); et de même, quoiqu'il ne soit pas susceptible d'une véritable rouille par les impressions de l'air et de l'eau, il oppose moins de résistance à l'action des acides et n'exige pas, comme l'or, la réunion de deux puissances actives pour entrer en dissolution; le foie de soufre le noircit et le rend aigre et cassant; l'argent peut donc être attaqué dans le sein de la terre plus fortement et bien plus fréquemment que l'or, et c'est par cette raison que l'on trouve assez communément de l'argent minéralisé (b), tandis qu'il est extrêmement rare de trouver l'or dans cet état d'altération ou de minéralisation.

L'argent, quoique un peu plus fusible que l'or, est cependant un peu plus dur et plus sonore (c); le blanc éclatant de sa surface se ternit et même se noircit dès qu'elle est exposée aux vapeurs des matières inflammables, telles que celles du soufre, du charbon, et à la fumée des substances animales; si même il subit longtemps l'impression de ces vapeurs sulfureuses, il se minéralise et devient semblable à la mine que l'on connaît sous le nom *d'argent vitré*.

Les trois propriétés communes à l'or et à l'argent, qu'on a toujours regardés comme les seuls métaux parfaits, sont la ductilité, la fixité au feu et l'inaltérabilité à l'air et dans l'eau. Par toutes les autres qualités, l'argent diffère de l'or et peut souffrir des changements et des altérations auxquels ce premier métal n'est pas sujet. On trouve, à la vérité, de l'argent qui, comme l'or, n'est point minéralisé, mais c'est proportionnellement en bien moindre quantité; car, dans ses mines primordiales, l'argent, toujours allié d'un peu d'or, est très souvent mélangé d'autres matières métalliques, et particulièrement de plomb et de cuivre : on regarde même comme des mines d'argent toutes celles de plomb et de cuivre qui contiennent une certaine quantité de ce métal (d); et dans les mines secondaires pro-

(a) « Un fil d'argent d'un dixième de pouce de diamètre ne soutient, avant de rompre, » qu'un poids de 270 livres, au lieu qu'un pareil fil d'or soutient 500 livres... On peut » réduire un grain d'argent en une lame de trois aunes, c'est-à-dire de 126 pouces de lon- » gueur *sur 2 pouces* de largeur, ce qui fait une étendue de 252 pouces carrés, et dès lors, » avec une once d'argent, c'est-à-dire 576 grains, on pourrait couvrir un espace de 504 pieds » carrés. » *Expériences* de Musschenbroeck. — Il y a certainement ici une faute d'impression qui tombe sur les mots *deux pouces de largeur* : ce fil d'argent n'avait en effet que 2 lignes et non pas 2 pouces, et par conséquent 26 pouces carrés d'étendue, au lieu de 126; d'après quoi l'on voit que 576 grains, ou 1 once d'argent, ne peuvent en effet s'étendre que sur 104 et non pas sur 504 pieds carrés; et c'est encore beaucoup plus que la densité de ce métal ne paraît l'indiquer, puisque une once d'or ne s'étend que sur 106 pieds carrés : dès lors, en prenant ces deux faits pour vrais, la ductilité de l'argent est presque aussi grande que celle de l'or, quoique sa densité et sa ténacité soient beaucoup moindres. Il y a aussi toute apparence qu'Alphonse Barba se trompe beaucoup en disant que l'or est cinq fois plus ductile que l'argent : il assure qu'une once d'argent s'étend en un fil de 2,400 aunes de longueur; que cette longueur peut être couverte par 6 grains et demi d'or, et qu'on peut dilater l'or au point qu'une once de ce métal couvrira plus de dix arpents de terre. (*Métallurgie* d'Alphonse Barba, t. Ier, p. 102.)

(b) « On rencontre de l'argent natif en rameaux, entrelacés et comprimés, quelquefois à » la superficie des gangues spathiques et quartzeuses; on en trouve de cristallisé en cubes, » il y en a en pointes ou filets qui provient de la décomposition des mines d'argent rouges » ou vitreuses, et quelquefois des mines d'argent grises, etc. Il est assez ordinaire de trouver » sous cet argent en filets des portions plus ou moins sensibles de la mine sulfureuse, à la » décomposition de laquelle il doit son origine. » *Lettres de M. Demeste à M. Bernard*, t. II, p. 430.

(c) Cramer, cité pour ce fait dans le *Dictionnaire de chimie*, article de l'*Argent*.

(d) La plupart des mines d'argent de Hongrie ne sont que des mines de cuivre tenant argent, dont les plus riches ont donné 15 ou 20 marcs d'argent par quintal et beaucoup plus de cuivre; « on sépare ces métaux, dit M. de Morveau, par les procédés suivants. Dans un

duites par la stillation et le dépôt des eaux, l'argent se trouve souvent attaqué par les sels de la terre et se présente dans l'état de minéralisation sous différentes formes ; on peut voir par les listes des nomenclateurs en minéralogie, et particulièrement par celle que donne Vallérius, combien ces formes sont variées, puisqu'il en compte dix sortes principales et quarante-neuf variétés dans ces dix sortes ; je dois cependant observer qu'ici, comme dans tout autre travail des nomenclateurs, il y a toujours beaucoup plus de noms que de choses.

Dans la plupart des mines secondaires, l'argent se présente en forme de minerai pyriteux, c'est-à-dire mêlé et pénétré des principes du soufre, ou bien altéré par le foie du soufre et quelquefois par l'arsenic (a).

L'acide nitreux (*) dissout l'argent plus puissamment qu'aucun autre ; l'acide vitriolique le précipite de cette dissolution et forme avec lui de très petits cristaux qu'on pourrait appeler du *vitriol d'argent* ; l'acide marin, qui le dissout aussi, en fait des cristaux plus gros, dont la masse réunie par la fusion se nomme *argent corné*, parce qu'il est à demi transparent comme de la corne.

La nature a produit en quelques endroits de l'argent sous cette forme ; on en trouve en Hongrie, en Bohême et en Saxe, où il y a des mines qui offrent à la fois l'argent natif, l'argent rouge, l'argent vitré et l'argent corné (b) : lorsque cette dernière mine n'est point

» four construit exprès pour se rendre maître du degré de feu, on arrange l'un à côté de » l'autre les tourteaux de cuivre noir tenant argent, auxquels on a mêlé environ un quart de » plomb, suivant la quantité d'argent qui tient la masse de cuivre ; on met alors le feu dans » le four, on place des charbons jusque sur les tourteaux. Ces pièces s'affaissent : le plomb, » qui se fond plus aisément que le cuivre et qui a plus d'affinité avec l'argent, s'en charge » et s'écoule à travers les pores du cuivre, tandis qu'il est encore solide ; le plomb et l'ar- » gent se réunissent dans la partie inférieure des plaques de fer ; on rassemble tout le plomb » riche en argent, au moyen d'un second feu un peu plus fort où l'on fait ressuer la masse » de cuivre ; il est aisé après cela de passer cet argent à la coupelle, de refondre le cuivre en » lingots, et par là, la mine se trouve épurée de tout ce qu'elle contenait sans aucune perte.

» Lorsque le plomb contient de l'argent, on coupelle en grand le plomb provenant de la » première fonte, et on le convertit en litharge sur un foyer fait de cendres lessivées ; on lui » donne un second affinage dans de vraies coupelles, et les débris de ces vaisseaux, ainsi que » des fourneaux, et même la litharge qui ne serait pas reçue dans le commerce, sont remis » au fourneau pour en revivifier le plomb. » *Éléments de chimie*, par M. de Morveau, t. Ier, p. 230 et 231.

(a) « La mine d'argent rouge est minéralisée par l'arsenic et le soufre ; elle est d'un » rouge plus ou moins vif, tantôt transparente comme un rubis, tantôt opaque et plus ou » moins obscure : elle est cristallisée de plusieurs manières, la plus ordinaire est en pris- » mes hexaèdres, terminés par des pyramides obtuses. » *Lettres de M. Demeste*, t. II, p. 437. — J'observerai que c'est à cette mine qu'il faut rapporter la seconde variété que M. Demeste a rapportée à la mine d'argent vitreux, puisqu'il dit lui-même que ce n'est qu'une modification de la mine d'argent rouge, et que cette mine vitreuse contient encore un peu d'arsenic ; qu'elle s'égrène sous le couteau, loin de s'y couper. Voyez, *idem*, p. 436.

(b) Les mines riches de Saint-Andreasberg sont composées d'argent natif ou vierge, de mine d'argent rouge et de mine d'argent vitré : on vend, sur le pied de la taxe ou évaluation, ce qu'on trouve d'argent vierge et sans mélange ; ou bien on le fait imbiber dans le plomb d'un affinage. Comme ces sortes de mines riches se trouvent aussi fort souvent mêlées avec des mines ordinaires, et qu'un quintal de ce mélange contient jusqu'à cinquante marcs d'argent, on se contente de piler ces sortes de mines à sec, et on les fond ensuite crues ou sans les griller... A Joachimstal, en Bohême, on trouve de temps en temps, parmi les mines,

(*) Par « acide nitreux », Buffon entend l'acide azotique qui est, en effet, le meilleur dissolvant de l'argent.

altérée, elle est demi-transparente et d'un gris jaunâtre ; mais, si elle a été attaquée par des vapeurs sulfureuses ou par le foie de soufre, elle devient opaque et d'une couleur brune ; l'argent minéralisé par l'acide marin se coupe presque aussi facilement que de la cire ; dans cet état, il est très fusible, une partie se volatilise à un certain degré de feu, ainsi que l'argent corné fait artificiellement, et l'autre partie qui ne s'est point volatilisée se revivifie très promptement (a).

Le soufre dissout l'argent par la fusion et le réduit en une masse de couleur grise ; et cette masse ressemble beaucoup à la mine d'argent vitré, qui, comme celle de l'argent corné, est moins dure que ce métal, et peut se couper au couteau (b). L'or ne subit aucun de ces changements ; on ne doit donc pas être étonné qu'on le trouve si rarement sous une forme minéralisée, et qu'au contraire dans toutes les mines de seconde formation, où les eaux et les sels de la terre ont exercé leur action, l'argent se présente dans différents états de minéralisation et sous des formes plus ou moins altérées ; il doit même être souvent mêlé de plusieurs matières étrangères métalliques ou terreuses, tandis que, dans son état primordial, il n'est allié qu'avec l'or ou mêlé de cuivre et de plomb ; ces trois métaux sont ceux avec lesquels l'argent paraît avoir le plus d'affinité ; ce sont du moins ceux avec lesquels il se trouve plus souvent uni dans son état de minerai (c) ; il est bien plus rare de trouver l'argent uni avec le mercure, quoiqu'il ait aussi avec ce fluide métallique une affinité très marquée.

Suivant M. Geller, qui a fait un grand travail sur l'alliage des métaux et des demi-métaux, celui de l'or avec l'argent n'augmente que très peu en pesanteur spécifique : il n'y a donc que peu ou point de pénétration entre ces deux métaux fondus ensemble ; mais dans l'alliage de l'argent avec le cuivre, qu'on peut faire de même en toute proportion, le composé de ces deux métaux devient spécifiquement plus pesant, tandis que l'alliage du cuivre avec l'or l'est sensiblement moins ; ainsi, dans l'alliage de l'argent et du cuivre, le volume diminue et la masse se resserre, au lieu que le volume augmente par l'extension de la masse dans celui de l'or et du cuivre. Au reste, le mélange du cuivre rend également l'argent et l'or plus sonores et plus durs, sans diminuer de beaucoup leur ductilité ; on prétend même qu'il peut la leur conserver lorsqu'on ne le mêle qu'en petite quantité, et qu'il défend ces métaux contre les vapeurs du charbon, qui, selon nos chimistes, en attaquent et diminuent la quantité ductile : cependant, comme nous l'avons déjà remarqué à l'article de l'*Or*, on ne s'aperçoit guère de cette diminution de ductilité causée par la vapeur du charbon ; car il est d'usage dans les monnaies, lorsque les creusets de fer, qui contiennent jusqu'à 2,500 marcs d'argent, sont presque pleins de la matière en fusion, il est, dis-je, d'usage d'enlever les couvercles de ces creusets pour achever de les remplir de charbon, et d'entretenir la chaleur par de nouveau charbon, dont le métal est toujours recouvert, sans que l'on remarque aucune diminution de ductilité dans les lames qui résultent de cette fonte (d).

des lamines d'argent rouge et de l'argent vierge. *Traité de la fonte des mines de Schlutter*, traduit par M. Hellot, t. II, in-4°, p. 273 et 296.

(a) *Lettres de M. Demeste*, t. II, p. 432.

(b) *Éléments de chimie*, par M. de Morveau, t. Ier, p. 264.

(c) « La mine d'argent grise ou blanche n'est, dit M. Demeste, qu'une mine de cuivre » tenant argent. » Cette assertion est trop générale, puisque, dans le nombre des mines d'argent grises, il y a peut-être plus de mines de plomb que de cuivre tenant argent. « Il y » a de ces mines grises et blanches, continue-t-il, qui sont d'un gris clair et brillant, répan- » dues en petites masses lamelleuses, rarement bien distinctes dans les gangues quartzeuses, » souvent mêlées de pyrites aurifères ; dans les mines de Hongrie, on en tire 20 à 25 marcs » d'argent par quintal. » *Lettres de M. Demeste*, t. II, p. 442.

(d) Observation communiquée par M. Tillet, en avril 1781.

L'argent, allié avec le plomb ainsi qu'avec l'étain, devient spécifiquement plus pesant; mais l'étain enlève à l'argent comme à l'or sa ductilité : le plomb entraîne l'argent dans la fusion et le sépare du cuivre; il a donc plus d'affinité avec l'argent qu'avec le cuivre. M. Geller, et la plupart des chimistes après lui, ont dit que le fer s'alliait aussi très bien à l'argent : ce fait m'ayant paru douteux, j'ai prié M. de Morveau de le vérifier; il s'est assuré par l'expérience qu'il ne se fait aucune union intime, aucun alliage entre le fer et l'argent, et j'ai vu moi-même, en voulant faire de l'acier damassé, que ces deux métaux ne peuvent contracter aucune union.

On sait que tous les métaux imparfaits peuvent se calciner et se convertir en une sorte de chaux, en les tenant longtemps en fusion et les agitant de manière que toutes leurs parties fondues se présentent successivement à l'air; on sait, de plus, que tous augmentent de volume et de poids en prenant cet état de chaux. Nous avons dit et répété (*a*) que cette augmentation de quantité provenait uniquement des particules d'air fixées par le feu et réunies à la substance du métal qu'elles ne font que masquer, puisqu'on peut toujours lui rendre son premier état en présentant à cet air fixé quelques matières inflammables avec lesquelles il ait plus d'affinité qu'avec le métal; dans la combustion, cette matière inflammable dégage l'air fixé, l'enlève, et laisse par conséquent le métal sous sa première forme. Tous les métaux imparfaits et les demi-métaux peuvent ainsi se convertir en chaux; mais l'or et l'argent se sont toujours refusés à cette espèce de conversion, parce qu'apparemment ils ont moins d'affinité que les autres avec l'air, et que, malgré la fusion qui tient leurs parties divisées, ces mêmes parties ont néanmoins entre elles encore trop d'adhérence pour que l'air puisse les séparer et s'y incorporer; et cette résistance de l'or et de l'argent à toute action de l'air donne le moyen de purifier ces deux métaux par la seule force du feu, car il ne faut, pour les dépouiller de toute autre matière, qu'en agiter la fonte, afin de présenter à sa surface toutes les parties des autres matières qui y sont contenues, et qui bientôt, par leur calcination ou leur combustion, laisseront l'or ou l'argent seuls en fusion et sous leur forme métallique. Cette manière de purifier l'or et l'argent était anciennement en usage, mais on a trouvé une façon plus expéditive en employant le plomb, qui, dans la fonte de ces métaux, détruit ou plutôt sépare et réduit en scories toutes les autres matières métalliques (*b*) dont ils peuvent être mêlés; et le plomb lui-même, se scorifiant avec les autres métaux dont il s'est saisi, il les sépare de l'or et de l'argent, les entraîne, ou plutôt les emporte et s'élève avec eux à la surface de la fonte où ils se calcinent et se scorifient tous ensemble par le contact de l'air, à mesure qu'on remue la matière en fusion et qu'on en découvre successivement la surface, qui ne se scorifierait ni ne se calcinerait si elle n'était incessamment exposée à l'action de l'air libre; il faut donc enlever ou faire écouler ces scories à mesure qu'elles se forment, ce qui se fait aisément, parce qu'elles surnagent et surmontent toujours l'or et l'argent en fusion. Cependant on a encore trouvé une manière plus facile de se débarrasser de ces scories, en se servant de vaisseaux plats et évasés qu'on appelle *coupelles*, et qui étant faits d'une matière sèche, poreuse et résistante au feu, absorbe dans ses pores les scories, tant du plomb que des autres minéraux métalliques, à mesure qu'elles se forment, en sorte que les coupelles ne retiennent et ne conservent dans leur capacité extérieure que le métal d'or ou d'argent, qui, par la forte attraction de leurs parties constituantes, se forme et se présente toujours en une masse globuleuse appelée *bouton de fin* : il faut une plus forte chaleur pour tenir ce métal fin en fusion que lorsqu'il était encore mêlé de plomb, car le

(*a*) Voyez le Discours qui sert d'introduction à l'Histoire des Minéraux.

(*b*) Il n'y a que le fer qui, comme nous l'avons dit à l'article de l'or, ne se sépare pas en entier par la moyen du plomb; il faut, suivant M. Pœner, y ajouter du bismuth pour achever de scorifier le fer.

bouton de fin se consolide presque subitement au moment que l'or ou l'argent qu'il contient sont entièrement purifiés ; on le voit donc tout à coup briller de l'éclat métallique, et ce coup de lumière s'appelle *coruscation* dans l'art de l'affineur, dont nous abrégeons ici les procédés, comme ne tenant pas directement à notre objet.

On a regardé comme argent natif tout celui qu'on trouve dans le sein de la terre sous sa forme de métal ; mais dans ce sens, il faut en distinguer de deux sortes, comme nous l'avons fait pour l'or : la première sorte d'argent natif est celle qui provient de la fusion par le feu primitif et qui se trouve quelquefois en grands morceaux (*a*), mais bien plus souvent en filets ou en petites masses feuilletées et ramifiées dans le quartz et autres matières vitreuses ; la seconde sorte d'argent natif est en grains, en paillettes ou en poudre, c'est-à-dire en débris qui proviennent de ces mines primordiales, et qui ont été détachés par les agents extérieurs et entraînés au loin par le mouvement des eaux. Ce sont ces mêmes débris rassemblés qui, dans certains lieux, ont formé des mines secondaires d'argent, où souvent il a changé de forme en se minéralisant.

L'argent de première formation est ordinairement incrusté dans le quartz ; souvent il est accompagné d'autres métaux et de matières étrangères en quantité si considérable que les premières fontes, même avec le secours du plomb, ne suffisent pas pour le purifier.

Après les mines d'argent natif, les plus riches sont celles d'argent corné et d'argent vitré : ces mines sont brunes, noirâtres ou grises, elles sont flexibles, et même celle d'argent corné est extensible sous le marteau, à peu près comme le plomb ; les mines d'argent rouge, au contraire, ne sont pas extensibles, mais cassantes ; ces dernières mines sont, comme les premières, fort riches en métal.

Nous allons suivre le même ordre que dans l'article de l'or, pour l'indication des lieux où se trouvent les principales mines d'où l'on tire l'argent. En France, on connaissait assez anciennement celles des montagnes des Vosges, ouvertes dès le dixième siècle (*b*), et d'autres dans plusieurs provinces, comme en Languedoc (*c*), en Gévaudan et en

(*a*) « Il y a, dans le Cabinet du roi de Danemark, deux très grands morceaux de mine » d'argent, tous deux dans une pierre blanche, plus dure que le marbre (c'est-à-dire dans du » quartz). Le plus grand de ces morceaux a cinq pieds six pouces de longueur, et le second » quatre pieds, tous deux en forme de solives ; on estime qu'il y a trois quarts d'argent sur » un quart de pierre, et le premier morceau pèse 560 livres. » *Journal étranger*, mois de » juin 1758. — On assure que, dans le Hartz, on a trouvé un morceau d'argent si considé» rable, qu'étant battu on en fit une table autour de laquelle pouvaient se tenir vingt-quatre personnes. *Dictionnaire d'Histoire naturelle*, par M. de Bomare, article *Argent*.

(*b*) « Dès le dixième siècle, il y avait plus de trente puits de mines ouverts dans les mon» tagnes des Vosges, depuis les sources de la Moselle jusqu'à celles de la Sarre ; on en » tirait de l'argent et du cuivre : on a renouvelé avec succès, en différentes époques, plu» sieurs de ces anciennes mines ; loin d'être épuisées, elles paraissent encore très riches. » On peut croire que, dans cette chaîne de montagnes, tous les rochers renferment égale» ment dans leur sein ces riches minéraux, puisque ces rochers sont généralement de la » même nature et la plus analogue aux productions métalliques. Mais pourquoi offrir aux » hommes les vaines et cruelles richesses que recèle la terre ? Les vrais trésors sont sous » nos pas : tel qui saurait ajouter un grain à chaque épi qui jaunit dans nos champs » ferait, à l'œil du sage, un plus beau présent au monde que celui qui découvrit le » Potosi. » *Histoire de Lorraine*, par M. l'abbé Bexon, p. 64. — La mine de Saint-Pierre, qui n'est pas éloignée de Giromagny, présente de grands travaux ; le minéral est d'argent mêlé d'un peu de cuivre... Vis-à-vis la mine de Sainte-Barbe, dans la montagne du Balon, il y a un filon de mine d'argent... On connaît aussi deux filons de mine d'argent dans la vallée de Saint-Amarin, celui de Vercholtz et celui de Saint-Antoine. *Exploitation des Mines*, par M. de Gensane; *Mémoires des Savants étrangers*, t. IV, p. 141 et suiv.

(*c*) Dans le douzième siècle, les mines d'argent du Languedoc étaient travaillées très utilement par les seigneurs des terres où elles se trouvaient : toutes ces mines, ainsi que

Rouergue (*a*), dans le Maine et dans l'Angoumois (*b*); et nouvellement on en a trouvé en Dauphiné, qui ont présenté d'abord d'assez grandes richesses. M. de Gensane en a reconnu quelques autres dans le Languedoc (*c*); mais le produit de la plupart de ces mines ne payerait pas la dépense de leur travail, et dans un pays comme la France, où l'on peut

plusieurs autres qui sont abandonnées, ne sont néanmoins pas entièrement épuisées, d'autant plus que les anciens, n'ayant pas l'usage de la poudre, ne pouvaient pas faire éclater les rochers durs; ils ne pouvaient que les calciner à force de bois qu'ils arrangeaient dans ces souterrains, et auxquels ils mettaient le feu; et, lorsque le rocher trop dur ne se brisait pas après cette calcination, ils abandonnaient le filon... Il paraît aussi, par les Annales de l'abbaye de Villemagne et par d'anciens titres des seigneurs de Beaucaire, qu'à la fin du quatorzième siècle, les mines de France étaient encore aussi riches qu'aucune de l'Europe. *Mémoires de l'Académie des sciences*, année 1756, p. 134 et suiv. — « Sur les montagnes Noires, en Languedoc, il y a, dit César Arcon (en 1667), une mine d'argent, à laquelle le seigneur de » Canette fit travailler jusqu'à ce qu'elle fût inondée. Il y en a une autre à Lanet, dont sept » quintaux de minerai donnaient un quintal de cuivre et quatre marcs d'argent; mais au » bout de cinq ans on l'abandonna à cause de la mauvaise odeur. Il y a d'autres filons dans » la même montagne : il y a aussi une mine à Davesan, dont on tirait par quintal de matières » dix onces d'argent et un peu de plomb... On a fait autrefois de grands travaux dans le » pays de Corbières pour cultiver des minerais de cuivre, de plomb et d'antimoine... On y » a trouvé quelques rognons métalliques de six à sept quintaux chacun, qui donnaient dix » onces d'argent par quintal, avec un peu de plomb et de cuivre. » Barba, *Métallurgie*, t. II, p. 268 et 276.

(*a*) On voit, par les registres de l'hôtel de ville de Villefranche, en Rouergue, qu'il y a eu anciennement des mines d'argent ouvertes aux environs, auxquelles on a travaillé jusque dans le seizième siècle. *Description de la France*, par Piganiol; Paris, 1718, t. IV, p. 208. — Strabon, qui vivait du temps d'Auguste, dit que les Romains tiraient de l'argent du Gévaudan et du Rouergue, et qu'ils creusèrent aussi dans les Pyrénées pour en tirer ce métal ainsi que l'or. Il ajoute que le pays situé entre les Pyrénées et les Alpes avait fourni beaucoup de ce dernier métal, et que l'or devint plus commun à Rome après la conquête des Gaules... César, dans ses *Commentaires*, dit que les mines avaient été travaillées même avant la conquête, et il fallait qu'il y eût en effet beaucoup d'or dans les Gaules, vu la quantité que César en fit passer en Italie, et qui y fut vendu à bas prix (1,500 petits sesterces le marc, ce qui ne revient, selon Budée, qu'à 62 livres 10 sous de notre monnaie). *Mémoires de l'Académie des sciences*, année 1756, p. 134 et suiv.

(*b*) Il fallait qu'il y eût autrefois des mines d'or et d'argent dans le Maine, puisque l'art. LXX de la Coutume du Maine porte que la fortune d'or trouvée en mine appartient au roi, et la fortune d'argent, pareillement trouvée en mine, au comte vicomte de Beaumont, et baron. *Idem*, p. 178. — On a découvert à Montmeron, proche Angoulême, une mine d'argent, mais on ne l'a pas exploitée. *Voyage historique de l'Europe;* Paris, 1693, t. Ier, p. 88.

(*c*) Au-dessous du château de Tournel, on nous a fait voir, auprès du moulin qui est sur le bord de la rivière, un très beau filon de mine de plomb et argent. Cette mine, qui n'a point été touchée, mériterait d'être exploitée, parce que la veine se suit très bien; on y remarque sur la tête qui paraît au jour de la pyrite mêlée avec de la mine de plomb sur toute sa longueur, ce qui en caractérise la bonté... Il y a auprès du village de Mataval un filon de mine de plomb et argent... A une demi-lieue de Bahours, on trouve au fond d'un vallon une mine de plomb qui rend depuis sept jusqu'à neuf onces d'argent par quintal de minerai; le filon traverse le ruisseau et se prolonge des deux côtés dans l'intérieur et le long des montagnes opposées. *Histoire naturelle du Languedoc*, par M. de Gensane, t. II, p. 22, 240 et 248. — Au-dessous de la paroisse de Saint-André, diocèse d'Uzès, au lieu appelé l'Estrade, il y a un très bon filon de mine d'argent grise. *Idem*, t. Ier, p. 167. — Il y a dans la montagne appelée les Cacarnes, diocèse de Pons, une mine de plomb et argent fort riche, mais le minéral n'y est pas abondant; il y a une autre mine semblable, mais moins riche en argent, au lieu appelé Brioun, le tout dans le territoire de Riouset. *Idem*, t. II, p. 209. — En remontant de Colombières vers Donts, on trouve près de ce dernier endroit de très

employer les hommes à des travaux vraiment utiles, on ferait un bien réel en défendant ceux de la fouille des mines d'or et d'argent, qui ne peuvent produire qu'une richesse fictive et toujours décroissante.

En Espagne, la mine de Guadalcanal, dans la Sierra-Morena ou montagne Noire, est l'une des plus fameuses ; elle a été travaillée dès le temps des Romains (a), ensuite abandonnée, puis reprise et abandonnée de nouveau, et enfin encore attaquée dans ces derniers temps : on assure qu'autrefois elle a fourni de très grandes richesses, et qu'elle n'est pas à beaucoup près épuisée ; cependant les dernières tentatives n'ont point eu de succès, et peut-être sera-t-on forcé de renoncer aux espérances que donnait son ancienne et grande célébrité. « Les sommets des montagnes autour de Guadalcanal, dit M. Bowles, sont tous arrondis, » et partout à peu près de la même hauteur ; les pierres en sont fort dures, et ressemblent » au grès de Turquie (*Cos Turcica*)... Il y a deux filons du levant au couchant, qui se ren- » dent à la grande veine dont la direction est du nord au sud ; on peut la suivre de l'œil » dans un espace de plus de deux cents pas à la superficie ; à une lieue et demie au couchant » de Guadalcanal, il y a une autre mine dans un roc élevé ; la veine est renversée, c'est- » à-dire qu'elle est plus riche à la superficie qu'au fond ; elle peut avoir seize pieds d'épais- » seur, et elle est, comme les précédentes, composée de quartz et de spath. A deux lieues » au levant de la même ville, il y a une autre mine dont la veine est élevée de deux pieds » hors de la terre, et qui n'a que deux pieds d'épaisseur. Au reste, ces mines, qui se pré- » sentent avec de si belles apparences, sont ordinairement trompeuses ; elles donnent » d'abord de l'argent ; mais en descendant plus bas on ne trouve plus que du plomb. » Ce naturaliste parle aussi d'une mine d'argent sans plomb, située au midi et à quelques lieues de distance de Zalamea. Il y a une mine d'argent dans la montagne qui est au nord de Lograso (b), et plusieurs autres dans les Pyrénées, qui ont été travaillées par les anciens, et qui maintenant sont abandonnées (c) ; il y en a aussi dans les Alpes et en plusieurs endroits de la Suisse. MM. Scheuchzer, Cappeler et Guettard en ont fait mention (d),

bonnes mines de plomb et argent. *Idem*, t. II, p. 315. — Aux Corteilles, diocèse de Narbonne, il y a un très beau filon de mine d'argent, mêlée de blende. *Idem*, t. II, p. 188.

(a) Pline dit que l'argent le plus pur se tirait de l'Espagne, et que l'on y exploitait des mines d'or qui avaient été ouvertes par Annibal, et néanmoins n'étaient pas encore à beaucoup près épuisées. Liv. XXX, chap. XXVII.

(b) *Histoire naturelle d'Espagne*, par M. Bowles, p. 63 et suiv. Cet auteur parle aussi de quelques autres mines du même canton, où l'on trouve de l'argent vierge, de l'argent vitré, etc.

(c) L'avarice a été souvent trompée par le succès des exploitations faites par les Phéniciens, les Carthaginois et les Romains. Les premiers, au rapport de Diodore de Sicile, trouvèrent tant d'or et d'argent dans les Pyrénées, qu'ils en mirent aux ancres de leurs vaisseaux; on tirait en trois jours un talent euboïque en argent, ce qui montait à huit cents ducats. Enflammés par ce récit, des particuliers ont tenté des recherches dans la partie septentrionale des Pyrénées; ils semblent avoir ignoré que le côté méridional a toujours été regardé comme le plus riche en métaux. Tite-Live parle de l'or et de l'argent que les mines de Huesca fournissaient aux Romains ; les monts qui s'allongent vers le nord jusqu'à Pampelune sont fameux, suivant Alphonse Barba, par la quantité d'argent qu'on en a tirée. Ils s'étendent aussi vers l'Èbre, dont la richesse est vantée par Aristote et par Claudien : « In » Iberia narrant combustis aliquando à pastoribus sylvis, calenteque ex ignibus terra, mani- » festatum argentum defluxisse. Cumque postmodum terræ motus supervenissent, eruptis » hiatibus magnam copiam argenti simul collectam. » Aristote, *de Mirab. auscult.* — L'histoire ne cite point les mines que les anciens ont exploitées du côté de France, ce qui prouve qu'elles leur ont paru moins utiles que les mines d'Espagne : aussi avons-nous remarqué que les entreprises tentées dans cette partie ont presque toujours été ruineuses. *Essais sur la minéralogie des Pyrénées*, in-4°, p. 244.

(d) M. Scheuchzer dit qu'il y a une mine d'argent à Johanneberg, à Baranvald... M Cappeler dit que le cuivre mêlé à l'argent se montre de toutes parts dans le mont Spin,

et ce sont sans doute ces hautes montagnes des Pyrénées et des Alpes qui renferment les mines primordiales d'or et d'argent, dont on trouve les débris en paillettes dans les eaux qui en découlent; toutes les mines de seconde formation sont dans les lieux inférieurs au pied de ces montagnes, et dans les collines formées originairement par le mouvement et le dépôt des eaux du vieil Océan.

Les mines d'argent qui nous sont les mieux connues en Europe sont celles de l'Allemagne; il y en a plusieurs que l'on exploite depuis très longtemps, et l'on en découvre assez fréquemment de nouvelles. M. de Justi, savant minéralogiste, dit en avoir trouvé six en 1751, dont deux sont fort riches, et sont situées sur les frontières de la Styrie (*a*). Selon lui, ces mines sont mêlées de substances calcaires en grande quantité, et cependant il assure qu'elles ne perdent rien de leur poids lorsqu'elles sont grillées par le feu, et qu'il ne s'en élève pas la moindre fumée ou vapeur pendant la calcination : ces assertions sont difficiles à concilier; car il est certain que toute substance calcaire perd beaucoup de son poids lorsqu'elle est calcinée, et que par conséquent cette mine d'Annaberg, dont parle M. de Justi, doit perdre en poids à proportion de ce qu'elle contient de substance calcaire. Ce savant minéralogiste assure qu'il existe un très grand nombre de mines d'argent minéralisé par l'alcali, mais cette opinion doit être interprétée, car l'alcali seul ne pourrait opérer cet effet; tandis que le foie de soufre, c'est-à-dire les principes du soufre réunis à l'alcali peuvent le produire; et, comme M. de Justi ne parle pas du foie de soufre, mais de l'alcali simple, ses expériences ne me paraissent pas concluantes; car l'alcali minéral seul n'a aucune action sur l'argent en masse : et nous pouvons très bien entendre la formation de la mine blanche de Schemnitz par l'intermède du foie de soufre : la nature ne paraît donc pas avoir fait cette opération de la manière dont le prétend M. de Justi (*b*);

au-dessus de Zillis. *Mémoires de M. Guettard*, dans ceux de l'*Académie des sciences*, année 1752, p. 323. — On a découvert, en creusant le bassin de Kriembach, qu'une pierre bleuâtre renfermait de l'argent... Il y a aussi de l'argent dans le canton d'Underwald... Les environs de Bex et du lac Léman renferment des veines d'argent. *Idem*, p. 333 et 336.

(*a*) « La plus riche ressemble à une pierre brune tirant sur le rouge, et l'autre ressemble » à une pierre blanche, et se trouve près d'Annaberg : cette pierre blanche ne paraît être » qu'une pierre calcaire; l'eau agit sur elle, après avoir été calcinée, comme sur une pierre » à chaux, et elle ne contient ni soufre, ni arsenic, ni aucun métal; l'on n'y aperçoit que » l'argent sous une forme métallique au moyen d'une loupe... Dès le commencement, elle » rendait une, deux et trois livres d'argent par quintal; à peine les ouvriers eurent-ils creusé » à une brasse et demie de profondeur, que la mine rendait jusqu'à vingt-quatre marcs par » quintal... On y rencontre même des morceaux de mines d'argent blanches et rouges, et il » se trouve aussi de l'argent massif. » *Nouvelles vérités à l'avantage de la physique*, par M. de Justi; *Journal étranger*, octobre 1754.

(*b*) Cette mine est extrêmement riche, car la mine commune contient ordinairement trois, quatre, jusqu'à six marcs d'argent par quintal; la bonne en rend jusqu'à vingt marcs, et l'on en tire encore davantage de quelques morceaux : on a même trouvé à cette mine d'Annaberg des masses d'argent natif du poids de plusieurs livres... M. de Justi prétend que tout ce qui n'est pas d'argent natif dans cette mine a été minéralisé par un sel alcalin, et voici ses preuves :

Les plus riches morceaux de la mine sont toujours ceux qui, tirant sur le blanc, sont mous et cassants, qui paraissent composés partout de parties homogènes, et dans lesquels ni la simple vue ni le secours du microscope ne font apercevoir aucune particule d'argent sensible. Il faut donc que l'argent y soit mêlé intimement avec une substance qui le prive de sa forme métallique, et, comme il n'y a dans cette mine ni soufre ni arsenic, mes expériences démontreront que ce ne peut être que l'alcali minéral.

Dans les parties de la mine qui sont moins riches, la dureté de la matière est à peu près égale à celle du marbre commun, et l'on y voit des parcelles d'argent dans leur forme de métal... Et ce qui démontre que cette mine riche et molle a été véritablement produite par

car, quoi qu'il n'ait point reconnu de soufre dans cette mine, le foie de soufre qui est, pour ainsi dire, répandu partout, doit y exister comme il existe non seulement dans les matières terreuses, mais dans les substances calcaires et autres matières qui accompagnent les mines de seconde fondation.

En Bohême, les principales mines d'argent sont celles de Saint-Joachim ; les filons en sont assez minces, et la matière en est très dure, mais elle est abondante en métal ; les mines de Kuttemberg sont mêlées d'argent et de cuivre, elles ne sont pas si riches que celles de Saint-Joachim (a). On peut voir, dans les ouvrages des minéralogistes allemands, la description des mines de plusieurs autres provinces, et notamment de celles de Transylvanie, de la Hesse et de Hongrie ; celles de Schemnitz (b) contiennent depuis deux jusqu'à cinq gros d'argent, et depuis cinq jusqu'à sept deniers d'or par marc, non compris une once et un gros de cuivre qu'on peut en tirer aussi (c).

Mais il n'y a peut-être pas une mine en Europe où l'on ait fait d'aussi grands travaux que dans celle de Salzberg en Suède, si la description qu'en donne Regnard n'est point exagérée : il la décrit comme une ville souterraine dans laquelle il y a des maisons, des écuries et de vastes emplacements (d).

l'union de l'alcali avec l'argent, c'est qu'on obtient un vrai *foie de soufre* lorsqu'à une partie de la mine en question on ajoute la moitié du soufre, et que l'on fait fondre ces deux matières dans un vaisseau fermé...

Depuis que j'ai été convaincu par la mine d'Annaberg qu'il y a dans la nature des mines véritablement alcalines, j'en ai encore découvert dans d'autres endroits : à Schemnitz, en Hongrie, on a trouvé depuis longtemps que les mines riches qu'on y exploite étaient accompagnées d'une substance minérale, molle, blanche, et de la nature de la craie. Cette substance, qui, à cause de la subtilité de ses parties et du peu de solidité de sa masse, blanchit les mains comme de la craie, a été pendant très longtemps jetée comme une matière inutile ; on s'est enfin avisé de l'essayer, et on a trouvé, par les essais ordinaires, qu'elle contenait dix marcs d'argent par quintal... Et, si l'on y veut faire attention, on trouvera peut-être fréquemment cette mine alcaline dans le voisinage des carrières de marbre et de pierre à chaux...

Toute la montagne où se trouve la mine d'Annaberg n'est composée que d'une pierre à chaux ou d'une espèce de marbre commun, et l'on m'a envoyé de Silésie une espèce de marbre qui venait de la montagne appelée le Zottemberg, et dont j'ai tiré par l'analyse deux onces et demie d'argent par quintal... M. Lheman m'a assuré avoir vu un marbre qui contenait jusqu'à trois onces et demie d'argent par quintal. *Nouvelles vérités à l'avantage de la physique*, par M. de Justi ; *Journal étranger*, mois de mai 1756, p. 71 et suiv.

(a) Grisclius, dans les *Éphémérides d'Allemagne* depuis l'année 1670 à 1686.

(b) Par les Mémoires de M. Ferber, sur les mines de Hongrie, il paraît que la mine de Schemnitz est fort riche ; que celle de Kremnitz a fourni, depuis 1749 jusqu'en 1759, en or et en argent, la valeur de 42,498,000 florins, c'est-à-dire plus de 84 millions de notre monnaie ; et que, depuis 1648, celle de Felsobania fournit par an environ 100 marcs d'or, 3,000 marcs d'argent, 3,000 quintaux de plomb et 1,500 quintaux de litharge, sans compter les mines de cuivre et autres. *Mémoires* imprimés à Berlin en 1780, in-8°. Extraits dans le *Journal de Physique*, août 1781, p. 161.

(c) *Traité de la fonte des Mines* de Schlutter, t. II, p. 304.

(d) Regnard ajoute, à la description des excavations de la mine, la manière dont on l'exploite : « On fait, dit-il, sécher les pierres qu'on tire de la mine sur un fourneau qui » brûle lentement, et qui sépare l'antimoine, l'arsenic et le soufre d'avec la pierre : le plomb » et l'argent restent ensemble. Cette première opération est suivie d'une seconde, et ces » pierres séchées sont jetées dans des trous où elles sont pilées et réduites en boue, par le » moyen de gros marteaux que l'eau fait agir ; cette boue est délayée dans une eau qui » coule incessamment sur une planche mise en glacis et qui, emportant le plus grossier, » laisse l'argent et le plomb dans le fond sur une toile. La troisième opération sépare » l'argent d'avec le plomb, qui fond en écume, et la quatrième sert enfin à le perfectionner et » à le mettre en état de souffrir le marteau... On me fit, dit l'auteur, présent d'un morceau

« En Pologne, dit M. Guettard, les forêts de Leibitz sont riches en veines de métaux, » indiquées par les travaux qu'on y a faits anciennement; il y a au pied de ces monta- » gnes une mine d'argent découverte du temps de Charles XII (a). »

Le Danemark, la Norvège (b) et presque toutes les contrées du nord ont aussi des mines d'argent dont quelques-unes sont fort riches, et nous avons au Cabinet de Sa Majesté de

» d'amiante, dont on avait trouvé plusieurs dans cette mine. » *Œuvres de Regnard;* Paris, 1742, t. Ier, p. 204 et suiv.

(a) *Mémoires de l'Académie des sciences de Paris*, année 1762, p. 319.

(b) En Norvège, il y a plusieurs mines d'argent où il se trouve quelquefois des morceaux de ce métal qui sont d'une grandeur extraordinaire : on en conserve un dans le Cabinet du roi de Danemark, du poids de onze cent vingt marcs. On tire des pièces entières d'argent pur des mines de Kongsberg. La profondeur perpendiculaire d'une de ces mines est de cent trente toises; ces mines sont sans suite, et néanmoins il n'y a peut-être que celles de Potosi qui rendent davantage. *Histoire naturelle de Norvège*, par Pontoppidan; *Journal étranger*, mois d'août 1755. M. Jars vient de donner une description plus détaillée de ces mines de Kongsberg; elles ont été découvertes par des filets d'argent qui se manifestaient au jour... On évalue le produit annuel de toutes les mines de ce département à 32 ou 33 mille marcs d'argent... Tous les rochers de cette partie de la Norvège sont très compacts et si durs, qu'on est obligé d'employer le feu pour les abattre... Les veines principales les plus riches sont presque toutes dans des rochers ferrugineux, et ces mines s'appauvrissent toutes à mesure que l'on descend, en sorte qu'il est très rare de trouver du minerai d'argent, lorsqu'on est descendu jusqu'au niveau de la rivière qui coule dans la vallée au-dessous de ces rochers. Les veines minérales renfermées dans les filons principaux sont fort étroites; il est rare qu'elles aient au-dessus d'un pied d'épaisseur, elles n'ont même très souvent qu'un pouce ou quelques lignes. Ces veines ne produisent généralement point d'argent minéralisé, si l'on en excepte quelques morceaux de mine d'argent vitreuse que le hasard fait rencontrer quelquefois, encore moins de la mine d'argent rouge, mais toujours de l'argent vierge ou natif, extrêmement varié dans ses configurations; elles sont remplies de différentes matières pierreuses, qui servent comme de matrice à ce métal, et forment un composé de spath calcaire, d'un autre fusible couleur d'améthyste, d'un spath verdâtre et d'un autre encore d'un blanc transparent, ressemblant assez à une sélénite et souvent recouvert de cuir fossile ou de montagne, qui tous sont unis à de l'argent vierge et en contiennent eux-mêmes; ce métal se trouve encore dans un rocher de couleur grise, qui pourrait être regardé comme le toit et le mur desdits filons; on le rencontre aussi, mais plus rarement, avec du mica.

Dans tout ce mélange, on n'aperçoit aucune partie de quartz, mais bien dans les filons principaux où l'on trouve même de la pyrite riche en argent, dans laquelle ce métal se manifeste quelquefois, et où l'on voit des cristallisations de spath et de quartz... Ces filons contiennent aussi de la blende.

L'argent est toujours massif dans le rocher et presque pur, c'est-à-dire avec peu de mélange... Plusieurs fois on en a détaché des morceaux qui pesaient depuis 20 jusqu'à 80 marcs. Dans la principale mine de *Gottès hilf in der noth*, située sur le filon de la montagne moyenne..., on trouva, il y a près de sept ans, à cent trente-cinq toises au-dessous de la surface de la terre, un seul morceau d'argent vierge presque pur, qui pesait 419 marcs... Cependant la forme la plus commune où l'on trouve ce métal est celle d'un fil plus ou moins gros, prenant toutes sortes de courbes et figures : quelques-uns ont un pied et plus de longueur; d'autres ont la finesse des cheveux, seuls ou réunis ensemble en grande quantité par un seul point d'où ils partent, mais ordinairement mêlés à du spath ou du rocher; d'autres encore forment différentes branches de ramifications de diverses grosseurs, dont la blancheur et le brillant annoncent toute la pureté du métal lorsqu'il est raffiné.

On en trouve aussi en feuilles ou lames; c'est communément à travers ou entre les lits d'un rocher gris schisteux, de manière que, dans un de ces morceaux qui pourrait avoir quatre pouces d'épaisseur, on rencontre quelquefois une, deux et même trois couches pénétrées de cet argent qui, quand on les sépare, présentent à chaque surface des feuilles très blanches et très minces.

très beaux morceaux de mine d'argent, que le roi de Danemark, actuellement régnant, a eu la bonté de nous envoyer. Il s'en trouve aussi aux îles de Féroë et en Islande (a).

Dans les parties septentrionales de l'Asie, les mines d'argent ne sont peut-être pas plus rares ni moins riches que dans celles du nord de l'Europe : on a nouvellement publié à Pétersbourg un tableau des mines de Sibérie, par lequel il paraît qu'en cinquante-huit années on a tiré, d'une seule mine d'argent, douze cent seize mille livres de ce métal, qui tenait environ une quatre-vingtième partie d'or. Il y a aussi une autre mine dont l'exploitation n'a commencé qu'en 1748, et qui, depuis cette époque jusqu'en 1771, a donné quatre cent mille livres d'argent, dont on a tiré douze mille sept cents livres d'or (b). MM. Gmelin et Muller font mention, dans leurs voyages, des mines d'argent qu'ils ont vues à Argunsk, à quelque distance de la rivière Argum : ils disent qu'elles sont dans une terre molle et à une petite profondeur, que la plupart se trouvent situées dans des plaines environnées de montagnes (c), et qu'on rencontre ordinairement, au-dessus du minerai d'argent, une espèce de chaux de plomb, composée de plus de plomb que d'argent.

Il y a aussi plusieurs mines d'argent à la Chine, surtout dans les provinces de Junnam et de Sechuen (d) : on en trouve de même à la Cochinchine (e), et celles du Japon paraissent être les plus abondantes de toutes (f). On connait aussi quelques mines d'argent dans l'intérieur du continent de l'Asie. Chardin dit qu'il n'y a pas beaucoup de vraies mines d'argent en Perse, mais beaucoup de mines de plomb qui contiennent de l'argent; il ajoute que celle de Renan, à quatre lieues d'Ispahan, et celles de Kirman et de Mazanderan, n'ont été négligées qu'à cause de la disette du bois qui, dans toute la Perse, rend trop dispendieux le travail des mines (g).

Nous ne connaissons guère les mines d'argent de l'Afrique : les voyageurs qui se sont fort étendus sur les mines d'or de cette partie du monde paraissent avoir négligé de faire mention de celles d'argent; ils nous disent seulement qu'on en trouve au cap Vert (h), au Congo (i), au Bambuk (j), et jusque dans les pays hottentots (k).

Il est de ces veines, enfin, où l'argent est tellement divisé dans le spath et le rocher, quoique vierge, qu'on a bien de la peine à le reconnaître; dans d'autres, on ne le distingue point du tout; il en est de même du quatrième filon. M. Jars, *Mémoires des savants étrangers*, t. IX, p. 455 et suiv.

(a) Selon Horrebow, les Islandais ont trouvé dans leurs montagnes du métal qui, étant fondu, s'est trouvé être du bon argent. *Histoire générale des Voyages*, t. XVIII, p. 36.

(b) *Journal de Politique et de Littérature*, février 1776, article *Paris*.

(c) *Histoire générale des Voyages*, t. XVIII, p. 207.

(d) *Idem*, t. VI, p. 483.

(e) Suivant Mendez Pinto, il y a aux environs de Quanjaparu, dans l'anse de la Cochinchine, des mines d'argent dont on tire une fort grande quantité de ce métal. *Idem*, t. IX, p. 384.

(f) On ne connait guère d'autres mines d'argent dans toute l'Asie que celles du Japon, dont les relations vantent l'abondance. Cependant Mendez Pinto dit qu'il y en a de fort abondantes sur les bords du lac du Chiamuy, d'où on le transporte dans d'autres provinces de l'Asie. *Idem*, t. X, p. 328. — La province de Bungo, au Japon, a des mines d'argent; Kattami, lieu situé au nord de cet empire, en a de plus riches encore. L'argent du Japon passe pour le meilleur du monde; autrefois, on l'échangeait à la Chine, poids pour poids, contre de l'or. *Idem*, p. 654.

(g) *Voyage de Chardin*, t. II, p. 22.

(h) On assure que dans l'île Saint-Antoine, au cap Vert, il y a une mine d'argent, mais qui n'est pas encore exploitée. *Histoire générale des Voyages*, t. II, p. 418.

(i) On trouve des mines d'argent dans la province de Bamba, au Congo, qui s'étendent jusque vers Angole. *Idem*, t. IV, p. 617.

(j) Il y a des mines d'argent dans le Bambuk, en Afrique. *Idem*, t. II, p. 644. — Il y a aussi des mines d'argent dans les terres d'Angoykayango, en Afrique. *Idem*, t. IV, p. 488.

(k) On a aussi découvert, au commencement de ce siècle, une mine d'argent dans les

Imp. R. Taneur

1 Grive Litorne. 2 Merle de roche

Mais c'est en Amérique où nous trouverons un très grand nombre de mines d'argent, plus étendues, plus abondantes, et travaillées plus en grand qu'en aucune autre partie du monde. La plus fameuse de toutes est celle de Potosi au Pérou : « Le minerai, dit » M. Bowles, en est noir, et formé de la même sorte de pierre que celle de Freyberg, en » Saxe ; ce naturaliste ajoute que la mine appelée Rosicle, dans le Pérou, est de la même » nature que celle de Rothgulden-Erz et de Andreasberg dans le Hartz, et de Sainte-Marie-» aux-Mines dans les Vosges (*a*).

Les mines de Potosi furent découvertes en 1545, et l'on n'a pas cessé d'y travailler depuis ce temps, quoiqu'il y ait quantité d'autres mines dans cette même contrée du Pérou. Frézier assure que de son temps les mines d'argent les plus riches étaient celles d'Oriero, à quatre-vingts lieues d'Arica, et il dit qu'en 1712 on en découvrit une auprès de Cusco, qui d'abord a donné près de vingt pour cent de métal, mais qui a depuis beaucoup diminué ainsi que celle de Potosi (*b*). Du temps d'Acosta, c'est-à-dire au commencement de l'autre siècle, cette mine de Potosi était sans comparaison la plus riche de toutes celles du Pérou : elle est située presque au sommet des montagnes dans la province de Charcas, et il y fait très froid en toute saison. Le sol de la montagne est sec et stérile ; elle est en forme de cône, et surpasse en hauteur toutes les montagnes voisines ; elle peut avoir une lieue de circonférence à la base, et son sommet est arrondi et convexe. Sa hauteur, au-dessus des autres montagnes qui lui servent de base, est d'environ un quart de lieue. Au-dessous de cette plus haute montagne, il y en a une plus petite où l'on trouvait de l'argent en morceaux épars ; mais, dans la première, la mine est dans une pierre extrêmement dure ; on a creusé de deux cents stades, ou hauteur d'homme, dans cette montagne, sans qu'on ait été incommodé des eaux ; mais ces mines étaient bien plus riches dans les parties supérieures, et elles se sont appauvries au lieu de s'ennoblir en descendant (*c*). Parmi les autres mines d'argent du Pérou, celle de Turco, dans le corrégiment de Cavanga, est très remarquable, parce que le métal forme un tissu avec la pierre très apparent à l'œil ; d'autres mines d'argent dans cette même contrée ne sont ni dans la pierre ni dans les montagnes, mais dans le sable, où il suffit de faire une fouille pour trouver des morceaux de ce métal, sans autre mélange qu'un peu de sable qui s'y est attaché (*d*).

Frézier, voyageur très intelligent, a donné une assez bonne description de la manière dont on procède au Pérou pour exploiter ces mines et en extraire le métal. On commence par concasser le minerai, c'est-à-dire les pierres qui contiennent le métal : on les broie ensuite dans un moulin fait exprès ; on crible cette poudre, et l'on remet sous la meule les gros grains de minerai qui restent sur le crible, et lorsque le minerai se trouve mêlé de certains minéraux trop durs qui l'empêchent de se pulvériser, on le fait calciner pour le piler de nouveau ; on le moud avec de l'eau, et on recueille dans un réservoir cette

colonies hollandaises, au pays des Hottentots ; mais on n'en a pas continué l'exploitation. Kolbe, dans l'*Histoire générale des Voyages*, t. V, p. 135.

(*a*) *Histoire naturelle d'Espagne*, p. 27.

(*b*) *Histoire générale des Voyages*, t. XIII, p. 589.

(*c*) Ce roc de Potosi contient quatre veines principales : la *riche*, le *centeno*, celle d'*étain* et celle de *mendicta*. Ces veines sont en la partie orientale de la montagne, et on n'en trouve point en la partie occidentale, elles courent nord et sud... Elles ont à l'endroit le plus large six pieds, et au plus étroit une palme : ces veines ont des rameaux qui s'étendent de côté et d'autre... Toutes ces mines sont aujourd'hui (en 1589) fort profondes, à quatre-vingts, cent ou deux cents stades, ou hauteur d'homme... On a reconnu, par expérience, que plus haut est située la veine à la superficie de la terre, plus elle est riche et de meilleur aloi... On tire le minerai à coups de marteaux, parce qu'il est dur à peu près comme le caillou. *Histoire naturelle des Indes*, par Acosta ; Paris, 1600, p. 137 et suiv.

(*d*) *Histoire générale des Voyages*, t. XIII, p. 300.

boue liquide qu'on laisse sécher, et pendant qu'elle est encore molle on en fait des *caxons*, c'est-à-dire de grandes tables d'un pied d'épaisseur, et de vingt-cinq quintaux de pesanteur; on jette sur chacune deux cents livres de sel marin qu'on laisse s'incorporer pendant deux ou trois jours avec la terre; ensuite on l'arrose de mercure qu'on fait tomber par petites gouttes; il en faut une quantité d'autant plus grande que le minerai est plus riche, dix, quinze et quelquefois vingt livres pour chaque table. Ce mercure ramasse toutes les particules de l'argent. On pétrit chaque table huit fois par jour, pour que le mercure les pénètre en entier, et afin d'échauffer le mélange; car un peu de chaleur est nécessaire pour que le mercure se saisisse de l'argent, et c'est ce qui fait qu'on est quelquefois obligé d'ajouter de la chaux pour augmenter la chaleur de cette mixtion; mais il ne faut user de ce secours qu'avec une grande précaution; car si la chaux produit trop de chaleur, le mercure se volatilise, et emporte avec lui une partie de l'argent. Dans les montagnes froides, comme à Lipès et à Potosi, on est quelquefois obligé de pétrir le minerai pendant deux mois de suite, au lieu qu'il ne faut que huit ou dix jours dans les contrées plus tempérées : on est même forcé de se servir de fourneaux pour échauffer le mélange et presser l'amalgame du mercure de ces contrées où le froid est trop grand ou trop constant.

Pour reconnaître si le mercure a fait tout son effet, on prend une petite portion de la grande table ou caxon, on la délaie et lave dans un bassin de bois; la couleur du mercure qui reste au fond indique son effet : s'il est noirâtre, on juge que le mélange est trop chaud et on ajoute du sel au caxon pour le refroidir; mais si le mercure est blanchâtre ou blanc, on peut présumer que l'amalgame est fait en entier; alors on transporte la matière du caxon dans les lavoirs où tombe une eau courante; on la lave jusqu'à ce qu'il ne reste que le métal sur le fond des lavoirs qui sont garnis de cuir. Cet amalgame d'argent et de mercure, que l'on nomme *pella*, doit être mis dans des chausses de laine pour laisser égoutter le mercure; on serre ces chausses et on les presse même avec des pièces de bois pour l'en faire sortir autant qu'il est possible; après quoi, comme il reste encore beaucoup de mercure mêlé à l'argent, on verse cet amalgame dans un moule de bois en forme de pyramide tronquée à huit pans, et dont le fond est une plaque de cuivre percée de plusieurs petits trous. On foule et presse cette matière *pella* dans ces moules pour en faire des masses qu'on appelle *pignes*. On lève ensuite le moule, et l'on met la pigne avec sa base de cuivre sur un grand vase de terre rempli d'eau et sous un chapiteau de même terre, sur lequel on fait un feu de charbon qui fait sortir en vapeurs le mercure contenu dans la pigne; cette vapeur tombe dans l'eau et y reprend la forme de mercure coulant : après cela, la pigne n'est plus qu'une masse poreuse, friable et composée de grains d'argent contigus qu'on porte à la monnaie pour la fondre (*a*).

Frézier ajoute à cette description dont je viens de donner l'extrait quelques autres faits intéressants sur la différence des mines ou minerais d'argent : celui qui est blanc et gris, mêlé de taches rousses ou bleuâtres, est le plus commun dans les minières de Lipès; on y distingue à l'œil simple des grains d'argent quelquefois disposés dans la pierre en forme de petites palmes. Mais il y a d'autres minerais où l'argent ne paraît point, entre autres un minerai noir, dans lequel on n'aperçoit l'argent qu'en raclant ou entamant sa surface; ce minerai, qui a si peu d'apparence et qui souvent est mêlé de plomb, ne laisse pas d'être souvent plus riche et coûte moins à travailler que le minerai blanc; car, comme il contient du plomb qui enlève à la fonte toutes les impuretés, l'on n'est pas obligé d'en faire l'amalgame avec le mercure : c'était de ces minières d'argent noir que les anciens Péruviens tiraient leur argent. Il y a d'autres minerais d'argent de couleurs différentes, un qui est noir, mais devient rouge en le mouillant ou le grattant avec du fer; il est riche, et

(*a*) Frézier, *Histoire générale des Voyages*, t. XIII, p. 59.

l'argent qu'on en tire est d'un haut aloi. Un autre brille comme du talc, mais il donne peu de métal ; un autre, qui n'en contient guère plus, est d'un rouge jaunâtre : on le tire aisément de sa mine en petits morceaux friables et mous ; il y a aussi du minerai vert qui n'est guère plus dur et qui paraît être mêlé de cuivre ; enfin on trouve de l'argent pur en plusieurs endroits ; mais ce n'est que dans la seule mine de *Cotamito*, assez voisine de celle de Potosi, que l'on voit des fils d'argent pur entortillés comme ceux du galon brûlé.

Il en est donc de l'argent comme de l'or et du fer : leurs mines primordiales sont toutes dans le roc vitreux, et ces métaux y sont incorporés en plus ou moins grande quantité dès le temps de leur première fusion ou sublimation par le feu primitif ; et les mines secondaires qui se trouvent dans les matières calcaires ou schisteuses tirent évidemment leur origine des premières. Ces mines de seconde et de troisième formation, qu'on a quelquefois vues s'augmenter sensiblement par l'addition du minerai charrié par les eaux, ont fait croire que les métaux se produisaient de nouveau dans le sein de la terre, tandis que ce n'est au contraire que de leur décomposition et de la réunion de leurs détriments que toutes ces mines nouvelles ont pu et peuvent encore être formées ; et, sans nous éloigner de nos mines d'argent du Pérou, il s'en trouve de cette espèce au pied des montagnes et dans les excavations des mines même abandonnées depuis longtemps (*a*).

Les mines d'argent du Mexique ne sont guère moins fameuses que celles du Pérou. M. Bowles dit que, dans celle appelée Valladora, le minerai le plus plus riche donnait cinquante livres d'argent par quintal, le moyen vingt-cinq livres et le plus pauvre huit livres, et que souvent on trouvait dans cette mine des morceaux d'argent vierge (*b*). On estime même que tout l'argent qui se tire du canton de Sainte-Pécaque est plus fin que celui du Pérou (*c*) : suivant Gemelli Careri, la mine de Santa-Crux avait en 1697 plus de sept cents pieds de profondeur ; celle de Navaro plus de six cents, et l'on peut compter, dit-il, plus de mille ouvertures de mines (*d*), dans un espace de six lieues, autour de

(*a*) Dans la montagne de Potosi, l'on a tant creusé en différents endroits que plusieurs mines se sont abîmées, et ont enseveli les Indiens qui travaillaient, avec leurs outils et étançons. Dans la suite des temps, on est venu refouiller les mêmes mines, et l'on a trouvé dans le bois, dans les crânes et autres os humains, des filets d'argent qui les pénètrent. C'est encore un fait indubitable qu'on a trouvé beaucoup d'argent dans les mines de Lipès, d'où on en avait tiré longtemps auparavant. Je sais qu'on répond à cela qu'autrefois elles étaient si riches qu'on négligeait les petites quantités ; mais je doute que lorsqu'il n'en coûte guère plus de travail, on perde volontiers ce que l'on tient. Si à ces faits nous ajoutons ce que nous avons dit des lavoirs d'Adacoll et de la montagne de Saint-Joseph, où se forme le cuivre, on ne doutera plus que l'argent et les autres métaux ne se forment tous les jours dans certains lieux... Les anciens philosophes et quelques modernes ont attribué au soleil la formation des métaux ; mais, outre qu'il est inconcevable que sa chaleur puisse pénétrer jusqu'à des profondeurs infinies, on peut se désabuser de cette opinion, en faisant attention à un fait incontestable que voici :

Il y a environ trente ans que la foudre tomba sur la montagne d'Ilimani, qui est au-dessus de la Paze, autrement Chuquiago, ville du Pérou, à quatre-vingts lieues d'Arica ; elle en abattit un morceau, dont les éclats qu'on trouva dans la ville et aux environs étaient pleins d'or ; néanmoins cette montagne, de temps immémorial, a toujours été couverte de neige ; donc la chaleur du soleil, qui n'a pas assez de force pour fondre la neige, n'a pas dû avoir celle de former de l'or, qui était dessous et qu'elle a couvert sans interruption... D'ailleurs, la plupart des mines du Pérou ou du Chili sont couvertes de neige pendant huit mois de l'année. Frézier, *Voyage à la mer du Sud ;* Paris 1732, p. 146 et suiv.

(*b*) *Histoire naturelle d'Espagne*, p. 23 et 24.

(*c*) *Histoire générale des Voyages*, t. XI, p. 389.

(*d*) C'est une observation importante et qui n'avait pas échappé au génie de Pline, « qu'on ne trouve guère un filon seul et isolé ; mais que, lorsqu'on en a découvert un, on » est presque sûr d'en rencontrer plusieurs autres aux environs. » « Ubicumque una inventa

Santa-Crux (*a*). Celles de la Trinité ont été fouillées jusqu'à huit cents pieds de profondeur: les gens du pays assurèrent à ce voyageur qu'en dix ou onze années, depuis 1687 jusqu'en 1697, on en avait tiré quarante millions de marcs d'argent. Il cite aussi la mine de Saint-Matthieu, qui n'est qu'à peu de distance de la Trinité, et qui, n'ayant été ouverte qu'en 1689, était fouillée à quinze cents pieds en 1697 : il dit que les pierres métalliques en sont de la plus grande dureté, qu'il faut d'abord les *pétarder* et les briser à coups de marteau; que l'on distingue et sépare les morceaux qu'on peut faire fondre tout de suite de ceux qu'on doit auparavant amalgamer avec le mercure. On broie ces pierres métalliques propres à la fonte dans un mortier de fer, et, après avoir séparé par des lavages la poudre de pierre autant qu'il est possible, on mêle le minerai avec une certaine quantité de plomb, et on les fait fondre ensemble; on enlève les scories avec un croc de fer, tandis que par le bas on laisse couler l'argent en lingots, que l'on porte dans un autre fourneau pour le refondre et achever d'en séparer le plomb. Chaque lingot d'argent est d'environ quatre-vingts ou cent marcs, et, s'ils ne se trouvent pas au titre prescrit, on les fait refondre une seconde fois avec le plomb pour les affiner. On fait aussi l'essai de la quantité d'or que chaque lingot d'argent peut contenir, et on l'indique par une marque particulière; s'il s'y trouve plus de quarante grains d'or par marc d'argent, on en fait le départ. Et, pour les autres parties du minerai que l'on veut traiter par l'amalgame, après les avoir réduites en poudre très fine, on y mêle le mercure et l'on procède comme nous l'avons dit en parlant du traitement des mines de Potosi; le mercure qu'on y emploie vient d'Espagne ou du Pérou, il en faut un quintal pour séparer mille marcs d'argent. Tout le produit des mines du Mexique et de la Nouvelle-Espagne doit être porté à Mexico, et l'on assure qu'à la fin du dernier siècle ce produit était de deux millions de marcs par an, sans compter ce qui passait par des voies indirectes (*b*).

» vena est, non procul invenitur alia. » Lib. xxx, cap. xxvii. — « La sublimation ou la » chute des vapeurs métalliques, une fois déterminée vers les grands sommets vitreux, dut » remplir à la fois les différentes fentes perpendiculaires ouvertes dès lors dans ces masses » primitives; et c'est dans un sens relatif à cette production ou précipitation simultanée que » le même naturaliste interprète le nom latin, originairement grec, des métaux (Μετ'αλλα, quasi » μετ'αλλων); comme pour désigner des matières ramassées et rassemblées aux mêmes lieux, » ou des substances produites en même temps et disposées ensemble. » Note communiquée par M. l'abbé Bexon.

(*a*) En Amérique, les mines d'argent se trouvent communément dans les montagnes et rochers très hauts et déserts... Il y a des mines de deux sortes différentes, les unes qu'ils appellent *égarées*, et les autres *fixes* et *arrêtées*. Les égarées sont des morceaux de métal qui se trouvent amassés en quelques endroits, lesquels étant tirés et enlevés, il ne s'en trouve pas davantage; mais les veines fixes sont celles qui, en profondeur et longueur, ont une suite continue en façon de grandes branches et rameaux, et quand on en a trouvé de cette espèce, on en trouve ordinairement plusieurs autres au même lieu... Les Américains savaient fondre l'argent, mais ils n'ont jamais employé le mercure pour le séparer du minerai. *Histoire naturelle des Indes*, par Acosta; Paris, 1600, p. 137.

(*b*) *Histoire générale des Voyages*, t. XI, p. 530 et suiv. — Les cantons de Tlasco et de Maltepèque, à l'ouest du Mexique, sont aussi fort célèbres par leurs mines d'argent; Guaximango, du côté du nord, ne l'est pas moins par les siennes, avec onze autres dans ce même canton; et dans la province de Guaxaga il y en a un aussi grand nombre. Les mines de Guanaxati et de Talpuyaga sont deux autres mines célèbres; la première est à vingt-huit lieues de Valladolid au nord, et l'autre à vingt-quatre lieues de Mexico. Une montagne fort haute et inaccessible aux voitures, et même aux bêtes de charge, qui est placée dans la province de Guadalajara, vers les Zacatèques, renferme quantité de mines d'argent et de cuivre mêlées de plomb. La province de Xalisco, conquise en 1554, est une des plus riches de la Nouvelle-Espagne par ses mines d'argent, autour desquelles il s'est formé des habitations

Il y a aussi plusieurs mines d'argent au Chili, surtout dans le voisinage de Coquimbo (*a*) et au Brésil, à quelque distance dans les terres voisines de la baie de Tous-les-Saints (*b*); l'on en trouve encore dans plusieurs autres endroits du continent de l'Amérique, et même dans les îles : les anciens voyageurs citent en particulier celle de Saint-Domingue (*c*), mais la culture et le produit du sucre et des autres denrées de consommation que l'on tire de cette île sont des trésors bien plus réels que ceux de ses mines.

Après avoir ci-devant exposé les principales propriétés de l'argent et avoir ensuite parcouru les différentes contrées où ce métal se trouve en plus grande quantité, il ne nous reste plus qu'à faire mention des principaux faits et des observations particulières que les physiciens et les chimistes ont recueillis en travaillant l'argent et en le soumettant à un nombre infini d'épreuves : je commencerai par un fait que j'ai reconnu le premier. On était dans l'opinion que ni l'or ni l'argent, mis au feu et même tenus en fusion ne perdaient rien de leur substance; cependant il est certain que tous deux se réduisent en vapeurs et se subliment au feu du soleil à un degré de chaleur même assez faible. Je l'ai observé, lorsqu'en 1747 j'ai fait usage du miroir que j'avais inventé pour brûler à de grandes distances (*d*) : j'exposai à 40, 50 et jusqu'à 60 pieds de distance des plaques et des assiettes d'argent; je les ai vues fumer longtemps avant de se fondre, et cette fumée était assez épaisse pour faire une ombre très sensible qui se marquait sur le terrain. On s'est depuis pleinement convaincu que cette fumée était vraiment une vapeur métallique; elle s'attachait aux corps qu'on lui présentait et en argentait la surface; et, puisque cette sublimation se fait à une chaleur médiocre par le feu du soleil, il y a toute raison de croire qu'elle se fait aussi et en bien plus grande quantité par la forte chaleur du feu de nos fourneaux, lorsque non seulement on y fond ce métal, mais qu'on le tient en fusion pendant un mois, comme l'a fait Kunckel. J'ai déjà dit que je doutais beaucoup de l'exactitude de son expérience, et je suis persuadé que l'argent perd par le feu une quantité sensible de sa substance, et qu'il en perd d'autant plus que le feu est plus violent et appliqué plus longtemps.

L'argent offre dans ses dissolutions différents phénomènes dont il est bon de faire ici mention : lorsqu'il est dissous par l'acide nitreux, on observe que, si l'argent est à peu près pur, la couleur de cette dissolution, qui d'abord est un peu verdâtre, devient ensuite très blanche, et que, quand il est mêlé d'une petite quantité de cuivre, elle est constamment verte.

Les dissolutions des métaux sont en général plus corrosives que l'acide même dans lequel ils ont été dissous ; mais celle de l'argent par l'acide nitreux l'est au plus haut degré, car elle produit des cristaux si caustiques qu'on a donné à leur masse réunie par la fusion le nom de *pierre infernale*. Pour obtenir ces cristaux, il faut que l'argent et l'acide nitreux aient été employés purs : ces cristaux se forment dans la dissolution par

nombreuses, avec des fonderies, des moulins, etc... Celle de Calnacana contient aussi des mines d'argent. Les Zacatèques ou Zacutecas sont un grand nombre de cantons qui forment, sous ce nom commun, la plus riche province de la Nouvelle-Espagne; on y compte douze ou quinze mines d'argent, dont neuf ou dix sont fort célèbres, surtout celle *del Fresnillo*, qui paraît inépuisable. La province de la Nouvelle-Biscaye contient les mines d'Eude, de Saint-Jeanet et de Sainte-Barbe, qui sont d'une grande abondance et voisines de plusieurs mines de plomb. Les montagnes qui séparent le Honduras de la province de Nicaragua ont fourni beaucoup d'or et d'argent aux Espagnols. La province de Costa-Ricca fournit aussi de l'or et de l'argent. *Idem*, t. XII, p. 648 et suiv.

(*a*) *Idem*, t. XIII, p. 412.

(*b*) *Voyages de M. de Gennes;* Paris, 1698, p. 145.

(*c*) *Histoire générale des Voyages*, t. XII, p. 218.

(*d*) *Mémoires de l'Académie des sciences*, année 1747.

le seul refroidissement; ils n'ont que peu de consistance, et sont blancs et aplatis en forme de paillettes; ils se fondent très aisément au feu et longtemps avant d'y rougir; et c'est cette masse fondue et de couleur noirâtre qui est la pierre infernale.

Il y a plusieurs moyens de retirer l'argent de sa solution dans l'acide nitreux : la seule action du feu, longtemps continuée, suffit pour enlever cet acide ; on peut aussi précipiter le métal par les autres acides, vitriolique ou marin, par les alcalis et par les métaux qui, comme le cuivre, ont plus d'affinité que l'argent avec l'acide nitreux.

L'argent, tant qu'il est dans l'état de métal, n'a point d'affinité avec l'acide marin; mais, dès qu'il est dissous, il se combine aisément et même fortement avec cet acide, car la mine d'argent cornée paraît être formée par l'action de l'acide marin (*a*); cette mine se fond très aisément et même se volatilise à un feu violent (*b*).

L'acide vitriolique attaque l'argent en masse au moyen de la chaleur; il le dissout même complètement, et en faisant distiller cette dissolution, l'acide passe dans le récipient et forme un sel qu'on peut appeler *vitriol d'argent*.

Les acides animaux et végétaux, comme l'acide des fourmis ou celui du vinaigre, n'attaquent point l'argent dans son état de métal, mais ils dissolvent très bien ses *précipités* (*c*).

Les alcalis n'ont aucune action sur l'argent, ni même sur ses précipités; mais, lorsqu'ils sont unis aux principes du soufre, comme dans le foie de soufre, ils agissent puissamment sur la substance de ce métal, qu'ils noircissent et rendent aigre et cassant.

Le soufre, qui facilite la fusion de l'argent, doit par conséquent en altérer la substance; cependant il ne l'attaque pas comme celle du fer et du cuivre, qu'il transforme en pyrite : l'argent fondu avec le soufre peut en être séparé dans un instant par l'addition du nitre, qui, après la détonation, laisse l'argent sans perte sensible ni diminution de poids. Le nitre réduit au contraire le fer et le cuivre en chaux, parce qu'il a une action directe sur ces métaux et qu'il n'en a point sur l'argent.

La surface de l'argent ne se convertit point en rouille par l'impression des éléments humides; mais elle est sujette à se ternir, se noircir et se colorer : on peut même lui donner l'apparence et la couleur de l'or en l'exposant à certaines fumigations, dont on a eu raison de proscrire l'usage pour éviter la fraude.

On emploie utilement l'argent battu en feuilles minces pour en couvrir les autres métaux, tels que le cuivre en fer : il suffit pour cela de nettoyer la surface de ces métaux et de les faire chauffer ; les feuilles d'argent qu'on y applique s'y attachent et y adhèrent fortement. Mais, comme les métaux ne s'unissent qu'aux métaux, et qu'ils n'adhèrent à aucune autre substance, il faut, lorsqu'on veut argenter le bois ou toute autre matière qui n'est pas métallique, se servir d'une colle faite de gomme ou d'huile, dont on enduit le bois par plusieurs couches qu'on laisse sécher avant d'appliquer la feuille d'argent sur la dernière ; l'argent n'est en effet que collé sur l'enduit du bois, et ne lui est uni que par cet intermède dont on peut toujours le séparer sans le secours de la fusion et en faisant seulement brûler la colle à laquelle il était attaché.

(*a*) *Éléments de Chimie*, par M. de Morveau, t. Ier, p. 113.

(*b*) « On retire de la Lune-Cornée l'argent bien plus pur que celui de la coupelle; mais » l'opération est laborieuse et présente un phénomène intéressant. L'argent, qui, comme » l'on sait, est une substance très fixe, y acquiert une telle volatilité qu'il est capable de » s'élever comme le mercure, de percer les couvercles des creusets, etc... Il faut aussi qu'il » éprouve dans cet état une sorte d'attraction de transmission au travers des pores des » vaisseaux les plus compacts, puisque l'on trouve une quantité de grenailles d'argent disséminées jusque dans la tourte qui supportait le creuset. » *Éléments de Chimie*, par M. de Morveau, t. Ier, p. 220.

(*c*) *Idem*, t. II, p. 15; et t. III, p. 19.

Quoique le mercure s'attache promptement et assez fortement à la surface de l'argent, il n'en pénètre pas la masse à l'intérieur ; il faut le triturer avec ce métal pour en faire l'amalgame.

Il nous reste encore à dire un mot du fameux arbre de Diane, dont les charlatans ont si fort abusé en faisant croire qu'ils avaient le secret de donner à l'or et à l'argent la faculté de croître et de végéter comme les plantes ; néanmoins, cet arbre métallique n'est qu'un assemblage ou accumulation des cristaux produits par le travail de l'acide nitreux sur l'amalgame du mercure et de l'argent : ces cristaux se groupent successivement les uns sur les autres, et, s'accumulant par superposition, ils représentent grossièrement la figure extérieure d'une végétation (*a*).

(*a*) Pour former l'arbre de Diane, on fait dissoudre ensemble ou séparément quatre gros d'argent et deux gros de mercure dans l'eau-forte précipitée; on étend cette dissolution par cinq onces d'eau distillée ; on verse le mélange dans une petite cucurbite de verre, dans laquelle on a mis auparavant six gros d'amalgame d'argent, en consistance de beurre, et on place le vaisseau dans un endroit tranquille, à l'abri de toute commotion : au bout de quelques heures, il s'élève de la masse d'amalgame un buisson métallique avec de belles ramifications. *Éléments de chimie*, par M. de Morveau, t. III, p. 434 et 435.

DU CUIVRE

De la même manière et dans le même temps que les roches primordiales de fer se sont réduites en rouille par l'impression des éléments humides, les masses du cuivre primitif se sont décomposées en vert-de-gris, qui est la rouille de ce métal, et qui, comme celle du fer, a été transportée par les eaux, et disséminée sur la terre ou accumulée en quelques endroits, où elle a formé des mines qui se sont de même déposées par alluvion, et ont ensuite produit les minerais cuivreux de seconde et de troisième formation ; mais le cuivre natif ou de première origine a été formé, comme l'or et l'argent, dans les fentes perpendiculaires des montagnes quartzeuses, et il se trouve, soit en morceaux de métal massif, soit en veines ou filons mélangés d'autres métaux. Il a été liquéfié ou sublimé par le feu, et il ne faut pas confondre ce cuivre natif de première formation avec le cuivre en stalactites, en grappes ou filets, que nos chimistes ont également appelés *cuivres natifs* (a), parce qu'ils se trouvent purs dans le sein de la terre : ces derniers cuivres sont au contraire de troisième et peut-être de quatrième formation ; la plupart proviennent d'une cémentation naturelle qui s'est faite par l'intermède du fer auquel le cuivre décomposé s'est attaché après avoir été dissous par les sels de la terre. Ce cuivre, rétabli dans son état de métal par la cémentation, aussi bien que le cuivre primitif qui subsiste encore en masses métalliques, s'est offert le premier à la recherche des hommes : et, comme ce métal est moins difficile à fondre que le fer, il a été employé longtemps auparavant pour fabriquer les armes et les instruments d'agriculture. Nos premiers pères ont donc usé, consommé les premiers cuivres de l'ancienne nature : c'est, ce me semble, par cette raison, que nous ne trouvons presque plus de ce cuivre primitif dans notre Europe, non plus qu'en Asie ; il a été consommé par l'usage qu'en ont fait les habitants de ces deux parties du monde très anciennement peuplées et policées, au lieu qu'en Afrique, et surtout dans le continent de l'Amérique, où les hommes sont plus nouveaux et n'ont jamais été bien civilisés, on trouve encore aujourd'hui des blocs énormes de cuivre en masse qui n'a besoin que d'une première fusion pour donner un métal pur, tandis que tout le cuivre minéralisé, et qui se présente sous la forme de pyrites, demande de grands travaux, plusieurs feux de grillage, et même plusieurs fontes avant qu'on puisse le réduire en bon métal ; cependant ce cuivre minéralisé est presque le seul que l'on trouve aujourd'hui en Europe ; le cuivre primitif a été épuisé, et, s'il en reste encore, ce n'est que dans l'intérieur des montagnes où nous n'avons pu fouiller, tandis qu'en Amérique il se présente à nu, non seulement sur les montagnes, mais jusque dans les plaines et les lacs, comme on le verra dans l'énumération que nous ferons des mines de ce métal, et de leur état actuel dans les différentes parties du monde.

Le cuivre primitif était donc du métal presque pur, incrusté comme l'or et l'argent dans les fentes du quartz, ou mêlé comme le fer primitif dans les masses vitreuses ; et ce

(a) Lettres de M. Demeste au docteur Bernard, t. II, p. 355.

métal a été déposé par fusion ou par sublimation dans les fentes perpendiculaires du globe, dès le temps de sa consolidation; l'action de ce premier feu en a fondu et sublimé la matière, et l'a incorporée dans les rochers vitreux : tous les autres états dans lesquels se présente le cuivre sont postérieurs à ce premier état, et les minerais mêlés de pyrites n'ont été produits, comme les pyrites elles-mêmes, que par l'intermède des éléments humides; le cuivre primitif attaqué par l'eau, par les acides, les sels, et même par les huiles des végétaux décomposés, a changé de forme; il a été altéré, minéralisé, détérioré, et il a subi un si grand nombre de transformations qu'à peine pourrons-nous le suivre dans toutes ses dégradations et décompositions.

La première et la plus simple de toutes les décompositions du cuivre est sa conversion en vert-de-gris ou verdet; l'humidité de l'air ou le plus léger acide suffisent pour produire cette rouille verte : ainsi, dès les premiers temps, après la chute des eaux, toutes les surfaces des blocs du cuivre primitif ou des roches vitreuses, dans lesquelles il était incorporé et fondu, auront plus ou moins subi cette altération; la rouille verte aura coulé avec les eaux et se sera disséminée sur la terre ou déposée dans les fentes et cavités où nous trouvons le cuivre sous cette forme de verdet. L'eau, en s'infiltrant dans les mines de cuivre, en détache des parties métalliques; elle les divise en parties si ténues que souvent elles sont invisibles, et qu'on ne les peut reconnaître qu'au mauvais goût et aux effets encore plus mauvais de ces eaux cuivreuses, qui toutes découlent des endroits où gisent les mines de ce métal, et communément elles sont d'autant plus chargées de parties métalliques qu'elles en sont plus voisines : ce cuivre, dissous par les sels de la terre et des eaux, pénètre les matières qu'il rencontre : il se réunit au fer par cémentation, il se combine avec tous les sels acides et alcalins; et, se mêlant aussi avec les autres substances métalliques, il se présente sous mille formes différentes, dont nous ne pourrons indiquer que les variétés les plus constantes.

Dans ses mines primordiales, le cuivre est donc sous sa forme propre de métal natif, comme l'or et l'argent vierge; néanmoins il n'est jamais aussi pur dans son état de nature qu'il le devient après avoir été raffiné par notre art : dans cet état primitif, il contient ordinairement une petite quantité de ces deux premiers métaux ; ils paraissent tous trois avoir été fondus ensemble ou sublimés presque en même temps dans les fentes de la roche du globe; mais, de plus, le cuivre a été incorporé et mêlé, comme le fer primitif, avec la matière vitreuse. Or, l'on sait que le cuivre exige plus de feu que l'or et l'argent pour entrer en fusion, et que le fer en exige encore plus que le cuivre : ainsi ce métal tient entre les trois autres le milieu dans l'ordre de la fusion primitive, puisqu'il se présente d'abord, comme l'or et l'argent, sous la forme de métal fondu, et encore comme le fer, sous la forme d'une pierre métallique. Ces pierres cuivreuses sont communément teintes ou tachées de vert ou de bleu; la seule humidité de l'air ou de la terre donne aux particules cuivreuses cette couleur verdâtre, et la plus petite quantité d'alcali volatil la change en bleu; ainsi ces masses cuivreuses, qui sont teintes ou tachées de vert ou de bleu, ont déjà été attaquées par les éléments humides ou par les vapeurs alcalines.

Les mines de cuivre tenant argent sont bien plus communes que celles qui contiennent de l'or; et, comme le cuivre est plus léger que l'argent, on a observé que dans les mines mêlées de ces deux métaux, la quantité d'argent augmente à mesure que l'on descend; en sorte que le fond du filon donne plus d'argent que de cuivre, et quelquefois même ne donne que de l'argent (*a*), tandis que, dans sa partie supérieure, il n'avait offert que du cuivre.

En général, les mines primordiales de cuivre sont assez souvent voisines de celles d'or

(*a*) Le cuivre se forme près de l'or et de l'argent, dans des pierres minérales de différentes couleurs, quoique toujours marquées de bleu et de vert. En suivant les veines de cuivre pur, on rencontre quelquefois de riches échantillons d'or très fin; mais il est plus

et d'argent, et toutes sont situées dans les montagnes vitreuses produites par le feu primitif; mais les mines cuivreuses de seconde formation, et qui proviennent du détriment des premières, gisent dans les montagnes schisteuses, formées, comme les autres montagnes à couches, par le mouvement et le dépôt des eaux. Ces mines secondaires ne sont pas aussi riches que les premières : elles sont toujours mélangées de pyrites et d'une grande quantité d'autres matières hétérogènes (*a*).

Les mines de troisième formation gisent, comme les secondes, dans les montagnes à couches, et se trouvent non seulement dans les schistes, ardoises et argiles, mais aussi dans les matières calcaires : elles proviennent du détriment des mines de première et de seconde formation, réduites en poudre ou dissoutes et incorporées avec de nouvelles matières. Les minéralogistes leur ont donné autant de noms qu'elles leur ont présenté de différences. La *chrysocolle* ou vert de montagne, qui n'est que du vert-de-gris très atténué; la chrysocolle bleue, qui ne diffère de la verte que par la couleur que les alcalis volatils ont fait changer en bleu ; on l'appelle aussi *azur*, lorsqu'il est bien intense, et il perd cette belle couleur quand il est exposé à l'air, et reprend peu à peu sa couleur verte, à mesure que l'alcali volatil s'en dégage ; il reparait alors, comme dans son premier état, sous la forme de chrysocolle verte, ou sous celle de malachite : il forme aussi des cristaux verts et bleus, suivant les circonstances, et l'on prétend même qu'il en produit quelquefois d'aussi rouges et d'aussi transparents que ceux de la mine d'argent rouge. Nos chimistes récents en donnent pour exemple les cristaux rouges qu'on a trouvés dans les cavités d'un morceau de métal enfoui depuis plusieurs siècles dans le sein de la terre ; ce morceau est une partie de la jambe d'un cheval de bronze, trouvée à Lyon en 1771 : mon savant ami, M. de Morveau, m'a écrit qu'en examinant au microscope les cavités de ce morceau, il y a vu non seulement des cristaux d'un rouge de rubis, mais aussi d'autres cristaux d'un beau vert d'émeraude et transparents dont on n'a pas parlé, et il me demande qu'est-ce qui a pu produire ces cristaux (*b*). M. Demeste dit à ce sujet que l'azur et le vert de cuivre, ainsi que la malachite et les cristaux rouges qui se trouvent dans ce bloc de métal, anciennement enfoui, sont autant de produits des différentes modifications que le cuivre, en état métallique, a subies dans le sein de la terre (*c*) ; mais cet habile chimiste me

ordinaire de trouver de l'argent : quand on aperçoit quelques échantillons d'argent sur la superficie des veines de cuivre, le fond a coutume d'être riche en argent... La superficie de la mine d'Ostologué, au pays de Lipès, était de cuivre pur; mais, à mesure qu'on creusait, elle se transformait en argent, jusqu'à devenir argent pur. *Métallurgie* d'Alphonse Barba, t. Ier, p. 107.

(*a*) Dans les montagnes à couches, le cuivre est ordinairement dans un composé d'ardoise gris, noir ou bleuâtre, dans lequel il y a souvent des pyrites cuivreuses, du vert-de-gris ou du bleu de cuivre parsemé très finement... Les ardoises cuivreuses, qu'on trouve communément dans les montagnes à couches, sont puissantes depuis quelques pouces jusqu'à un pied et demi, et rarement plus ; elles sont aussi très pauvres en métal, ne donnent que deux ou trois livres de cuivre par quintal ; mais ce cuivre est très bon. *Instruction sur les mines*, par M. Delius, t. Ier, p. 87 et 88.

(*b*) Lettres de M. de Morveau à M. de Buffon. Dijon, le 28 août 1781.

(*c*) « Rien n'est plus propre, dit-il, à démontrer le passage du cuivre natif aux mines » secondaires que la jambe d'un cheval antique de bronze, trouvée dans une fouille faite » à Lyon en 1771 : cette jambe, qui avait été dorée, offrait non seulement de la malachite » et de l'azur de cuivre, mais on y remarquait aussi plusieurs cavités dont l'intérieur était » tapissé de petits cristaux très éclatants, de mine rouge de cuivre, transparente comme la » plus belle mine d'argent rouge... On peut donc avancer que l'azur et le vert de cuivre, » ainsi que les cristaux rouges qui s'y rencontrent, sont autant de produits des différentes » modifications que le cuivre en état métallique a subies dans le sein de la terre. » *Lettres de M. Demeste*, etc., t. II, p. 357 et 358.

paraît se tromper, en attribuant au cuivre seul l'origine de ces *petits cristaux qui sont*, dit-il, *très éclatants, et d'une mine rouge de cuivre transparente, comme la plus belle mine d'argent rouge* : car ce morceau de métal n'était pas de cuivre pur, mais de bronze, comme il le dit lui-même, c'est-à-dire de cuivre mêlé d'étain et, dès lors, ces cristaux rouges peuvent être regardés comme des cristaux produits par l'arsenic, qui reste toujours en plus ou moins grande quantité dans ce métal. Le cuivre seul n'a jamais produit que du vert qui devient bleu quand il éprouve l'action de l'alcali volatil.

M. Demeste dit encore « que l'azur de cuivre ou les fleurs de cuivre bleues ressemblent » aux cristaux d'azur artificiels ; que leur passage à la couleur verte, lorsqu'elles se » décomposent, est le même, et qu'elles ne diffèrent qu'en ce que ces derniers sont solubles » dans l'eau. » Mais je dois observer que, néanmoins, cette différence est telle qu'on ne peut plus admettre la même composition, et qu'il ne reste ici qu'une ressemblance de couleur. Or, le vitriol bleu présente la même analogie, et cependant on ne doit pas le confondre avec le bleu d'azur. M. Demeste ajoute, avec toute raison, « que l'alcali volatil est plus » commun qu'on ne croit à la surface et dans l'intérieur de la terre.... ; qu'on trouve ces » cristaux d'azur dans les cavités des mines de cuivre décomposées, et que quelquefois ces » petits cristaux sont très éclatants et de l'azur le plus vif ; que cet azur de cuivre prend » le nom de *bleu de montagne* lorsqu'il est mélangé à des matières terreuses qui en affai- » blissent la couleur, et qu'enfin le bleu de montagne, comme l'azur, sont également sus- » ceptibles de se décomposer en passant lentement à l'état de malachite.... ; que la mala- » chite, le vert de cuivre ou fleurs de cuivre vertes, résultent souvent de l'altération » spontanée de l'azur de cuivre, mais que ce vert est aussi produit par la décomposition » du cuivre natif et des mines de cuivre, à la surface desquelles on le rencontre en mala- » chites ou masses plus ou moins considérables et mamelonnées, et que ce sont de vraies » stalactites de cuivre, comme l'hématite en est une de fer. (*a*) » Tout ceci est très vrai, et c'est même de cette manière que les malachites sont ordinairement produites ; la simple décomposition du cuivre en rouille verte, entraînée par la filtration des eaux, forme des stalactites vertes, et cette combinaison est bien plus simple que celle de l'altération de l'azur et de sa réduction en stalactites vertes ou malachites : il en est de même du vert de montagne ; il est produit plus communément par la simple décomposition du cuivre en rouille verte ; et l'habile chimiste que je viens de citer me paraît se tromper encore en prononçant exclusivement, « que le vert de montagne est toujours un produit de la » décomposition du bleu de montagne ou de celle du vitriol de cuivre (*b*). » Il me semble au contraire que c'est le bleu de montagne qui lui-même est produit par l'altération du vert qui se change en bleu : car la nature a les mêmes moyens que l'art, et peut par conséquent faire, comme nous, du vert avec du bleu, et changer le bleu en vert sans qu'il soit nécessaire de recourir au cuivre natif pour produire ces effets.

Quoique le cuivre soit de tous les métaux celui qui approche le plus de l'or et de l'argent par ses attributs généraux, il en diffère par plusieurs propriétés essentielles : sa nature n'est pas aussi parfaite, sa substance est moins pure, sa densité et sa ductilité moins grandes ; et ce qui démontre le plus l'imperfection de son essence, c'est qu'il ne résiste pas à l'impression des éléments humides ; l'air, l'eau, les huiles et les acides l'altèrent et le convertissent en verdet ; cette espèce de rouille pénètre, comme celle du fer, dans l'intérieur du métal, et avec le temps en détruit la cohérence et la texture.

Le cuivre de première formation étant dans un état métallique, et ayant été sublimé ou fondu par le feu primitif, se refond aisément à nos feux ; mais le cuivre minéralisé, qui est de seconde formation, demande plus de travail que tout autre minerai pour être

(*a*) *Lettres de M. Demeste*, etc., t. II, p. 369 et suiv.
(*b*) *Idem*, t. II, p. 370.

réduit en métal; il est donc à présumer que, comme le cuivre a été employé plus anciennement que le fer, ce n'est que de ce premier cuivre de nature que les Égyptiens, les Grecs et les Romains ont fait usage pour leurs instruments et leurs armes (*a*), et qu'ils n'ont pas tenté de fondre les minerais cuivreux qui demandent encore plus d'art et de travail que les mines de fer; ils savaient donner au cuivre un grand degré de dureté, soit par la trempe, soit par le mélange de l'étain ou de quelque autre minéral, et ils rendaient leurs instruments et leurs armes de cuivre propres à tous les usages auxquels nous employons ceux de fer. Ils alliaient aussi le cuivre avec les autres métaux, et surtout avec l'or et l'argent. Le fameux airain de Corinthe, si fort estimé des Grecs (*b*), était un mélange de cuivre, d'argent et d'or, dont ils ne nous ont pas indiqué les proportions, mais qui faisait un alliage plus beau que l'or par la couleur, plus sonore, plus élastique, et en même temps aussi peu susceptible de rouille et d'altération : ce que nous appelons airain ou bronze aujourd'hui n'est qu'un mélange de cuivre et d'étain, auxquels on joint souvent quelques parties de zinc et d'antimoine.

Si l'on mêle le cuivre avec le zinc, sa couleur rouge devient jaune, et l'on donne à cet alliage le nom de *cuivre jaune* ou *laiton :* il est un peu plus dense que le cuivre pur (*c*), mais c'est lorsque ni l'un ni l'autre n'ont été comprimés ou battus, car il devient moins dense que le cuivre rouge après la compression. Le cuivre jaune est aussi moins sujet à verdir, et suivant les différentes doses du mélange, cet alliage est plus ou moins blanc, jaunâtre, jaune ou rouge; c'est d'après ces différentes couleurs qu'il prend les noms de *similor*, de *peinchebec* et de *métal de Prince;* mais aucun ne ressemble plus à l'or pur par le brillant et la couleur que le laiton bien poli, et fait avec de la mine de zinc ou pierre calaminaire, comme nous l'indiquerons dans la suite.

Le cuivre s'unit très bien à l'or, et cependant en diminue la densité au delà de la proportion du mélange, ce qui prouve qu'au lieu d'une pénétration intime, il n'y a dans cet alliage qu'une extension ou augmentation de volume par une simple addition de parties interposées, lesquelles, en écartant un peu les molécules de l'or et se logeant dans les intervalles, augmentent la dureté et l'élasticité de ce métal qui, dans son état de pureté, a plus de mollesse que de ressort.

L'or, l'argent et le cuivre se trouvent souvent alliés par la nature dans les mines primordiales, et ce n'est que par plusieurs opérations réitérées et dispendieuses que l'on parvient à les séparer : il faut donc, avant d'entreprendre ce travail, s'assurer que la quantité de ces deux métaux, contenue dans le cuivre, est assez considérable, et plus qu'équivalente aux frais de leur séparation; il ne faut pas même s'en rapporter à des essais faits en petit, ils donnent toujours un produit plus fort, et se font proportionnellement à moindres frais que les travaux en grand.

On trouve rarement le cuivre allié avec l'étain dans le sein de la terre, quoique leurs

(*a*) Les anciens se servaient beaucoup plus de cuivre que de fer; les habitants du Pérou et du Mexique employaient le cuivre à tous les usages auxquels nous employons le fer. *Métallurgie* d'Alphonse Barba, t. Ier, p. 106.

(*b*) « Æri corinthio pretium ante argentum, ac pene etiam ante aurum. » Plin. lib. XXXIV, cap. I.

(*c*) Selon M. Brisson, le pied cube de cuivre rouge, fondu et non forgé, ne pèse que 545 livres 2 onces 4 gros 35 grains, tandis qu'un pied cube de ce même cuivre rouge, passé à la filière, pèse 621 livres 7 onces 7 gros 26 grains. Cette grande différence démontre que de tous les métaux le cuivre est celui qui se comprime le plus; et la compression par la filière est plus grande que celle de la percussion par le marteau. M. Geller dit que la densité de l'alliage, à parties égales de cuivre et de zinc, est à celle du cuivre pur comme 878 sont à 874. *Chimie métallurgique*, t. Ier, p. 265. — Mais M. Brisson a reconnu que le pied cube de cuivre jaune, fondu et non forgé, pèse 587 livres.

mines soient souvent très voisines et même superposées, c'est-à-dire l'étain au-dessus du cuivre ; cependant ces deux métaux ne laissent pas d'avoir entre eux une affinité bien marquée : le petit art de l'étamage est fondé sur cette affinité; l'étain adhère fortement et sans intermède au cuivre, pourvu que la surface en soit assez nette pour être touchée dans tous les points par l'étain fondu ; il ne faut pour cela que le petit degré de chaleur nécessaire pour dilater les pores du cuivre et fondre l'étain, qui dès lors s'attache à la surface du cuivre qu'on enduit de résine pour prévenir la calcination de l'étain.

Lorsqu'on fond le cuivre et qu'on y mêle de l'étain, l'alliage qui en résulte démontre encore mieux l'affinité de ces deux métaux, car il y a pénétration dans leur mélange : la densité de cet alliage, connu sous les noms d'*airain* ou de *bronze*, est plus grande que celle du cuivre et de l'étain pris ensemble, au lieu que la densité des alliages de cuivre avec l'or et l'argent est moindre, ce qui prouve une union bien plus intime entre le cuivre et l'étain qu'avec ces deux autres métaux, puisque le volume augmente dans ces derniers mélanges, tandis qu'il diminue dans le premier ; au reste, l'airain est d'autant plus dur, plus aigre et plus sonore que la quantité d'étain est plus grande, et il ne faut qu'une partie d'étain sur trois de cuivre pour en faire disparaître la couleur et même pour le défendre à jamais de sa rouille ou vert-de-gris, parce que l'étain est, après l'or et l'argent, le métal le moins susceptible d'altération par les éléments humides; et quand, par la succession d'un temps très long, il se forme sur l'airain ou bronze une espèce de rouille verdâtre, c'est, à la vérité, du vert-de-gris, mais qui, s'étant formé très lentement et se trouvant mêlé d'une portion d'étain, produit cet enduit, que l'on appelle *patine*, sur les statues et les médailles antiques (*a*).

Le cuivre et le fer ont ensemble une affinité bien marquée, et cette affinité est si grande et si générale qu'elle se montre non seulement dans les productions de la nature, mais aussi par les produits de l'art. Dans le nombre infini des mines de fer qui se trouvent à la surface ou dans l'intérieur de la terre, il y en a beaucoup qui sont mêlées d'une certaine quantité de cuivre, et ce mélange a corrompu l'un et l'autre métal ; car, d'une part, on ne peut tirer que de très mauvais fer de ces mines chargées de cuivre, et, d'autre part, il faut que la quantité de ce métal soit grande dans ces mines de fer pour pouvoir en extraire le cuivre avec profit. Ces métaux, qui semblent être amis, voisins et même unis dans le sein de la terre, deviennent ennemis dès qu'on les mêle ensemble par le moyen du feu : une seule once de cuivre, jetée dans le foyer d'une forge, suffit pour corrompre un quintal de fer.

Le cuivre que l'on tire des eaux qui en sont chargées, et qu'on connait sous le nom de *cuivre de cémentation*, est du cuivre précipité par le fer; autant il se dissout de fer dans cette opération, autant il adhère de cuivre au fer qui n'est pas encore dissous, et cela par simple attraction de contact : c'est en plongeant des lames de fer dans les eaux chargées de parties cuivreuses qu'on obtient ce cuivre de cémentation, et l'on recueille par ce moyen facile une grande quantité de ce métal en peu de temps (*b*). La nature fait quelquefois une opération assez semblable ; il faut pour cela que le cuivre dissous rencontre des particules ou de petites masses ferrugineuses qui soient dans l'état métallique ou presque métallique et qui, par conséquent, aient subi la violente action du feu ; car cette union n'a pas lieu lorsque les mines de fer ont été produites par l'intermède de l'eau et converties en

(*a*) Cet enduit ou *patine* est ordinairement verdâtre, et quelquefois bleuâtre, et il acquiert avec le temps une si grande dureté qu'il résiste au burin. *Lettres de M. Demeste*, t. II, p. 374.

(*b*) A Saint-Bel, l'eau qui traverse les mines de cuivre se sature en quelque sorte de vitriol de cuivre naturel ; il suffit de jeter dans les bassins où on reçoit cette eau une quantité de vieilles ferrailles; on y trouve, peu de jours après, un cuivre rouge pur : c'est ce qu'on appelle *cuivre de cémentation*. *Éléments de chimie*, par M. de Morveau, t. II, p. 91.

rouille, en grains, etc. Ce n'est donc que dans de certaines circonstances qu'il se forme du cuivre par cémentation dans l'intérieur de la terre : par exemple, il s'opère quelque chose de semblable dans la production de certaines malachites, et dans quelques autres mines de seconde et de troisième formation, où le vitriol cuivreux a été précipité par le fer, qui a, plus que tout autre métal, la propriété de séparer et de précipiter le cuivre de toutes ses dissolutions.

L'affinité du cuivre avec le fer est encore démontrée par la facilité que ces deux métaux ont de se souder ensemble : il faut seulement, en les tenant au feu, les empêcher de se calciner et de brûler, ce que l'on prévient en les couvrant de borax ou de quelque autre matière fusible qui les défende de l'action du feu animé par l'air; car ces deux métaux souffrent toujours beaucoup de déchet et d'altération par le feu libre lorsqu'ils ne sont pas parfaitement recouverts et défendus du contact de l'air.

Il n'y a point d'affinité apparente entre le mercure et le cuivre, puisqu'il faut réduire le cuivre en poudre et les triturer ensemble fortement et longtemps pour que le mercure s'attache à cette poudre cuivreuse : cependant il y a moyen de les unir d'une manière plus apparente et plus intime; il faut pour cela plonger du cuivre en lames dans le mercure dissous par l'acide nitreux ; ces lames de cuivre attirent le mercure dissous et deviennent aussi blanches, à leur surface, que les autres métaux amalgamés de mercure.

Quoique le cuivre puisse s'allier avec toutes les matières métalliques, et quoiqu'on le mêle en petite quantité dans les monnaies d'or et d'argent pour leur donner de la couleur et de la dureté, on ne fait néanmoins des ouvrages en grand volume qu'avec deux de ces alliages : le premier avec l'étain pour les statues, les cloches, les canons; le second avec la calamine ou mine de zinc pour les chaudières et autres ustensiles de ménage : ces deux alliages, l'airain et le laiton, sont même devenus aussi communs et peut-être plus nécessaires que le cuivre pur, puisque dans tous deux la qualité nuisible de métal, dont l'usage est très dangereux, se trouve corrigée; car de tous les métaux que l'homme peut employer pour son service, le cuivre est celui qui produit les plus funestes effets.

L'alliage du cuivre et du zinc n'est pas aigre et cassant comme celui du cuivre et de l'étain : le laiton conserve de la ductilité; il résiste plus longtemps que le cuivre pur à l'action de l'air humide et des acides qui produisent le vert-de-gris, et il prend l'étamage aussi facilement. Pour faire du bon et beau laiton, il faut trois quarts de cuivre et un quart de zinc, mais tous deux doivent être de la plus grande pureté. L'alliage à cette dose est d'un jaune brillant, et, quoiqu'en général tous les alliages soient plus ou moins aigres, et qu'en particulier le zinc n'ait aucune ductilité, le laiton néanmoins, s'il est fait dans cette proportion, est aussi ductile que le cuivre même; mais, comme le zinc tiré de sa mine par la fusion n'est presque jamais pur, et que, pour peu qu'il soit mêlé de fer ou d'autres parties hétérogènes, il rend le laiton aigre et cassant, on se sert plus ordinairement et plus avantageusement de la calamine, qui est une des mines du zinc ; on la réduit en poudre, on en fait un cément en la mêlant avec égale quantité de poudre de charbon humectée d'un peu d'eau; on recouvre de ce cément les lames de cuivre, et l'on met le tout dans une caisse ou creuset que l'on fait rougir à un feu gradué, jusqu'à ce que les lames de cuivre soient fondues. On laisse ensuite refroidir le tout et l'on trouve le cuivre changé en laiton et augmenté d'un quart de son poids si l'on a employé un quart de calamine sur trois quarts de cuivre, et ce laiton fait par cémentation a tout autant de ductilité à froid que le cuivre même : mais, comme le dit très bien M. Macquer (*a*), il n'a pas la même malléabilité à chaud qu'à froid, parce que le zinc se fondant plus vite que le cuivre, l'alliage alors n'est plus qu'une espèce d'amalgame qui est trop mou pour souffrir la percussion du marteau. Au reste, il paraît, par le procédé et par le produit de cette

(*a*) *Dictionnaire de chimie*, à l'article *Cuivre jaune*.

sorte de cémentation, que le zinc contenu dans la calamine est réduit en vapeurs par le feu, et qu'il est par conséquent dans sa plus grande pureté lorsqu'il entre dans le cuivre : on peut en donner la preuve en faisant fondre à feu ouvert le laiton, car alors tout le zinc s'exhale successivement en vapeurs ou en flammes, et emporte même avec lui une petite quantité de cuivre.

Si l'on fond le cuivre en le mêlant avec l'arsenic, on en fait une espèce de métal blanc qui diffère du cuivre jaune ou laiton, autant par la qualité que par la couleur, car il est aussi aigre que l'autre est ductile; et, si l'on mêle à différentes doses le cuivre, le zinc et l'arsenic, l'on obtient des alliages de toutes les teintes du jaune au blanc, et de tous les degrés de ductilité du liant au cassant.

Le cuivre en fusion forme, avec le soufre, une espèce de matte noirâtre, aigre et cassante, assez semblable à celle qu'on obtient par la première fonte des mines pyriteuses de ce métal : en le pulvérisant et le détrempant avec un peu d'eau, on obtient de même par son mélange avec le soufre aussi pulvérisé une masse solide assez semblable à la matte fondue.

Un fil de cuivre d'un dixième de pouce de diamètre peut soutenir un poids d'environ trois cents livres avant de se rompre; et, comme sa densité n'est tout au plus que de six cent vingt et une livres et demie par pied cube, on voit que sa ténacité est proportionnellement beaucoup plus grande que sa densité. La couleur du cuivre pur est d'un rouge orangé, et cette couleur, quoique fausse, est plus éclatante que le beau jaune de l'or pur. Il a plus d'odeur qu'aucun autre métal : on ne peut le sentir sans que l'odorat en soit désagréablement affecté, on ne peut le toucher sans s'infecter les doigts, et cette mauvaise odeur qu'il répand et communique en le maniant et le frottant est plus permanente et plus difficile à corriger que la plupart des autres odeurs. Sa saveur, plus que répugnante au goût, annonce ses qualités funestes : c'est, dans le règne minéral, le poison de nature le plus dangereux après l'arsénic.

Le cuivre est beaucoup plus dur, et par conséquent beaucoup plus élastique et plus sonore que l'or, duquel néanmoins il approche plus que les autres métaux imparfaits par sa couleur et même par sa ductilité, car il est presque aussi ductile que l'argent : on le bat en feuilles aussi minces et on le tire en filets très déliés.

Après le fer, le cuivre est le métal le plus difficile à fondre : exposé au grand feu, il devient d'abord chatoyant et rougit longtemps avant d'entrer en fusion ; il faut une chaleur violente et le faire rougir à blanc pour qu'il se liquéfie, et lorsqu'il est bien fondu il bout et diminue de poids s'il est exposé à l'air ; car sa surface se brûle et ce calcine dès qu'elle n'est pas recouverte et qu'on néglige de faire à ce métal un bain de matières vitreuses, et même avec cette précaution il diminue de masse et souffre du déchet à chaque fois qu'on le fait rougir au feu : la fumée qu'il répand est en partie métallique et rend verdâtre ou bleue la flamme des charbons, et toutes les matières qui contiennent du cuivre donnent à la flamme ces mêmes couleurs vertes ou bleues ; néanmoins sa substance est assez fixe, car il résiste plus longtemps que le fer, le plomb et l'étain à la violence du feu avant de se calciner. Lorsqu'il est exposé à l'air libre et qu'il n'est pas recouvert, il se forme d'abord à sa surface de petites écailles qui surnagent la masse en fusion : ce cuivre, à demi brûlé, a déjà perdu sa ductilité et son brillant métallique, et se calcinant ensuite de plus en plus, il se change en une chaux noirâtre, qui, comme les chauds du plomb et des autres métaux, augmente très considérablement en volume et en poids par la quantité de l'air qui se fixe en se réunissant à leur substance. Cette chaux est bien plus difficile à fondre que le cuivre en métal, et, lorsqu'elle subit l'action d'un feu violent, elle se vitrifie et produit un émail d'un brun chatoyant qui donne au verre blanc une très belle couleur verte; mais, si l'on veut fondre cette chaux de cuivre seule en la poussant à un feu encore plus violent, elle se brûle en partie, et laisse un résidu qui n'est qu'une espèce de scorie vitreuse et noirâtre, dont on ne peut ensuite retirer qu'une très petite quantité de métal.

En laissant refroidir très lentement et dans un feu gradué le cuivre fondu, on peut le faire cristalliser en cristaux proéminents à sa surface et qui pénètrent dans son intérieur ; il en est de même de l'or, de l'argent et de tous les autres métaux et minéraux métalliques : ainsi la cristallisation peut s'opérer également par le moyen du feu comme par celui de l'eau ; et dans toute matière liquide et liquéfiée, il ne faut que de l'espace, du repos et du temps pour qu'il se forme des cristallisations par l'attraction mutuelle des parties homogènes et similaires.

Quoique tous les acides puissent dissoudre le cuivre, il faut néanmoins que l'acide marin et surtout l'acide vitriolique soient aidés de la chaleur, sans quoi la dissolution serait excessivement longue : l'acide nitreux le dissout au contraire très promptement, même à froid ; cet acide a plus d'affinité avec le cuivre qu'avec l'argent, car l'on dégage parfaitement l'argent de sa dissolution, et on le précipite en entier et sous sa forme métallique par l'intermède du cuivre. Comme cette dissolution du cuivre par l'eau-forte se fait avec grand mouvement et forte effervescence, elle ne produit point de cristaux, mais seulement un sel déliquescent, au lieu que les dissolutions du cuivre par l'acide vitriolique ou par l'acide marin, se faisant lentement et sans ébullition, donnent de gros cristaux d'un beau bleu qu'on appelle *vitriol de Chypre* ou *vitriol bleu*, ou des cristaux en petites aiguilles d'un beau vert.

Tous les acides végétaux attaquent aussi le cuivre : c'est avec l'acide du marc des raisins qu'on fait le vert-de-gris dont se servent les peintres ; le cuivre, avec l'acide du vinaigre, donne des cristaux que les chimistes ont nommés *cristaux de Vénus*. Les huiles, le suif et les graisses attaquent aussi ce métal, car elles produisent du vert-de-gris à la surface des vaisseaux et des ustensiles avec lesquels on les coule ou les verse. En général, on peut dire que le cuivre est de tous les métaux celui qui se laisse entamer, ronger, dissoudre le plus facilement par un grand nombre de substances ; car, indépendamment des acides, des acerbes, des sels, des bitumes, des huiles et des graisses, le foie de soufre l'attaque et l'alcali volatil peut même le dissoudre : c'est à cette dissolution du cuivre par l'alcali volatil qu'on doit attribuer l'origine des malachites de seconde formation. Les premières malachites, c'est-à-dire celles de première formation, ne sont, comme nous l'avons dit, que des stalactites du cuivre dissous en rouille verte ; mais les secondes peuvent provenir des dissolutions du cuivre par l'alcali volatil, lorsqu'elles ont perdu leur couleur bleue et repris la couleur verte, ce qui arrive dès que l'alcali volatil s'est dissipé. « Lorsque l'alcali volatil, dit M. Macquer, a dissous le cuivre jusqu'à saturation, l'espèce de » sel métallique qui résulte de cette combinaison forme des cristaux d'un bleu foncé et » des plus beaux ; mais, par l'exposition à l'air, l'alcali se sépare et se dissipe peu à peu ; » la couleur bleue des cristaux, dans lesquels il ne reste presque que du cuivre, se change » en un très beau vert, et le composé ressemble beaucoup à la malachite : il est très possible » que le cuivre contenu dans cette pierre ait précédemment été dissous par l'alcali volatil, et réduit par cette matière saline dans l'état de malachite (*a*). »

Au reste, les huiles, les graisses et les bitumes n'attaquent le cuivre que par les acides qu'ils contiennent ; et de tous les alcalis, l'alcali volatil est celui qui agit le plus puissamment sur ce métal : ainsi l'on peut assurer qu'en général tous les sels de la terre et des eaux, soit acides, soit alcalins, attaquent le cuivre et le dissolvent avec plus ou moins de promptitude ou d'énergie.

Il est aisé de retirer le cuivre de tous les acides qui le tiennent en dissolution, en les faisant simplement évaporer au feu ; on peut aussi le séparer de ces acides en employant les

(*a*) *Dictionnaire de chimie*, à l'article *Cuivre*.

alcalis fixes ou volatils, et même les substances calcaires : les précipités seront des poudres vertes, mais elles seront bleues si les alcalis sont caustiques, comme ils le sont en effet dans les matières calcaires lorsqu'elles ont été calcinées. Il ne faudra qu'ajouter à ce précipité ou chaux de cuivre, comme à toute autre chaux métallique, une petite quantité de matière inflammable pour la réduire en métal : et, si l'on fait fondre cette chaux de cuivre avec du verre blanc, on obtient des émaux d'un très beau vert; mais on doit observer qu'en général les précipités qui se font par les alcalis ou par les matières calcaires ne se présentent pas sous leur forme métallique, et qu'il n'y a que les précipités par un autre métal où les résidus, après l'évaporation des acides, qui soient en effet sous cette forme, c'est-à-dire en état de métal, tandis que les autres précipités sont tous dans l'état de chaux.

On connaît la violente action du soufre sur le fer, et, quoique sa puissance ne soit pas aussi grande sur le cuivre, il ne laisse pas de l'exercer avec beaucoup de force (*a*) : on peut donc séparer ce métal de tous les autres métaux par l'intermède du soufre, qui a plus d'affinité avec le cuivre qu'avec l'or, l'argent, l'étain et le plomb, et, lorsqu'il est mêlé avec le fer, le soufre peut encore les séparer, parce qu'ayant plus d'affinité avec le fer qu'avec le cuivre, il s'empare du premier et abandonne le dernier. Le soufre agit ici comme ennemi ; car, en accélérant la fusion de ces deux métaux, il les dénature en même temps, ou plutôt il les ramène par force à leur état de minéralisation et change ces métaux en minerais; car le cuivre et le fer, fondus avec le soufre, ne sont plus que des pyrites semblables aux minerais pyriteux, dont on tire ces métaux dans leurs mines de seconde formation.

Les filons où le cuivre se trouve dans l'état de métal sont les seules mines de première formation. Dans les mines secondaires, le cuivre se présente sous la forme de minerai pyriteux, et dans celles de troisième formation, il a passé de cet état minéral ou pyriteux à l'état de rouille verte, dans lequel il a subi de nouvelles altérations et mille combinaisons diverses par le contact et l'action des autres substances salines ou métalliques. Il n'y a que les mines de cuivre primitif que l'on puisse fondre sans les avoir fait griller auparavant : toutes celles de seconde formation, c'est-à-dire toutes celles qui sont dans un état pyriteux, demandent à être grillées plusieurs fois ; et souvent encore, après plusieurs feux de grillage, elles ne donnent qu'une matte cuivreuse mêlée de soufre, qu'il faut refondre de nouveau pour avoir enfin du cuivre noir, dont on ne peut tirer le cuivre rouge en bon métal qu'en faisant passer et fondre ce cuivre noir au feu violent et libre des charbons enflammés, où il achève de se séparer du soufre, du fer et des autres matières hétérogènes qu'il contenait encore dans cet état de cuivre noir.

Ces mines de cuivre de seconde formation peuvent se réduire à deux ou trois sortes : la première est la pyrite cuivreuse, qu'on appelle aussi improprement *marcassite*, qui contient une grande quantité de soufre et de fer, et dont il est très difficile de tirer le peu de cuivre qu'elle renferme (*b*) ; la seconde est la mine jaune de cuivre, qui est aussi une pyrite cuivreuse, mais moins chargée de soufre et de fer que la première ; la troisième est la mine de cuivre grise, qui contient de l'arsenic avec du soufre, et souvent un peu d'argent : cette mine grise paraît blanchâtre, claire et brillante lorsque la quantité d'argent est

(*a*) Les lames de cuivre stratifiées avec le soufre forment une espèce de *matte* aigre, cassante, de couleur de fer..... Cette opération réussit également par la voie humide, en employant le cuivre en limaille, et en détrempant le mélange avec un peu d'eau. *Éléments de chimie*, par M. de Morveau, t. II, p. 53.

(*b*) La marcassite ou pyrite cuivreuse est très pauvre en métal de cuivre ; mais elle contient beaucoup de fer, de soufre, et quelquefois même un peu d'arsenic... Elle est si dure qu'elle donne des étincelles avec le briquet. *Lettres de M. Demeste*, t. II, p. 367.

un peu considérable, et, si elle ne contient point du tout d'argent, ce n'est qu'une pyrite plutôt arsenicale que cuivreuse (*a*).

Pour donner une idée nette des travaux qu'exigent ces minerais de cuivre avant qu'on ne puisse les réduire en bon métal, nous ne pouvons mieux faire que de rapporter ici par extrait les observations de feu M. Jars, qui s'est donné la peine de suivre toutes les manipulations et préparations de ces mines, depuis leux extraction jusqu'à leur conversion en métal raffiné. « Les minéraux de Saint-Bel et de Chessy, dans le Lyonnais, sont, dit-il, des » pyrites cuivreuses, auxquelles on donne deux, trois ou quatre grillages avant de les » fondre dans un fourneau à manche, où elles produisent des mattes qui doivent être gril- » lées neuf à dix fois avant que de donner par la fonte leur cuivre noir : ces mattes sont » des masses régulines, contenant du cuivre, du fer, du zinc, une très petite quantité » d'argent et des parties terreuses, le tout réuni par une grande abondance de soufre.

» Le grand nombre de grillages que l'on donne à ces mattes avant d'obtenir le cuivre » noir a pour but de faire brûler et volatiliser le soufre, et de désunir les parties terrestres » d'avec les métalliques ; on fait ensuite fondre cette matte en la stratifiant à travers les » charbons, et les particules de cuivre se réunissent entre elles par la fonte, et vont par » leur pesanteur spécifique occuper la partie inférieure du bassin destiné à les recevoir.

» Mais, lorsqu'on ne donne que très peu de grillages à ces mattes, il arrive que les » métaux qui ont moins d'affinité avec le soufre qu'il n'en a lui-même avec les autres qui » composent la masse réguline, se précipitent les premiers ; on peut donc conclure que » l'argent doit se précipiter le premier, ensuite le cuivre, et que le soufre reste uni au fer. » Mais l'argent de ces mattes paraît être en trop petite quantité pour se précipiter seul ; » d'ailleurs il est impossible de saisir, dans les travaux en grand, le point précis du rôtis- » sage qui serait nécessaire pour rendre la séparation exacte... et il ne se fait aucune pré- » cipitation, surtout par la voie sèche, sans que le corps précipité n'entraîne avec lui du » précipitant et de ceux auxquels il était uni (*b*). »

Ces mines de Saint-Bel et de Chessy ne contiennent guère qu'une once d'argent par quintal de cuivre, quantité trop petite pour qu'on puisse en faire la séparation avec quelque profit. Leur minerai est une pyrite cuivreuse mêlée néanmoins de beaucoup de fer. Le minerai de celle de Chessy contient moins de fer et beaucoup de zinc ; cependant on les traite toutes deux à peu près de la même manière. On donne à ces pyrites, comme le dit M. Jars, deux, trois et jusqu'à quatre feux de grillage avant de les fondre. Les mattes qui proviennent de la première fonte doivent encore être grillées neuf ou dix fois avant de donner, par la fusion, leur cuivre noir : en général, le traitement des mines de cuivre est d'autant plus difficile est plus long, qu'elles contiennent moins de cuivre et plus de pyrites, c'est-à-dire de soufre et de fer, et les procédés de ce traitement doivent varier suivant la qualité ou la quantité des différents métaux et minéraux contenus dans ces mines. Nous en donnerons quelques exemples dans l'énumération que nous allons faire des principales mines de cuivre de l'Europe et des autres parties du monde.

(*a*) Ces différentes mines de cuivre grises éprouvent dans le sein de la terre divers degrés d'altération, à proportion que leurs minéralisateurs se volatilisent; elles passent alors par divers états successifs de décomposition, auxquels on a donné les noms de *mine de cuivre vitreuse hépatique, violette* ou *azurée*, de *mine de cuivre vitreuse couleur de poix*, d'*azur* et de *vert de cuivre*, de *malachite*, et enfin de *bleu* et de *vert de montagne*... Les couleurs rougeâtre, pourpre, violette, azurée, le chatoiement de l'espèce de glacé qu'on observe à la surface de la mine de cuivre hépatique, violette ou azurée, sont dues à la dissipation plus ou moins considérable des substances arsenicales et sulfureuses... Si la décomposition est plus avancée, les couleurs vives sont remplacées par une teinte d'un brun rougeâtre foncé. *Idem*, t. II, p. 364 et 365.

(*b*) *Mémoires de l'Académie des sciences*, année 1770, p. 434 et 435.

En France, celles de Saint-Bel et de Chessy, dont nous venons de parler, sont en pleine et grande exploitation ; cependant on n'en tire pas la vingtième partie du cuivre qui se consomme dans le royaume. On exploite aussi quelques mines de cuivre dans nos provinces voisines des Pyrénées, et particulièrement à Baigorry, dans la basse Navarre (*a*). Les travaux de ces mines sont dirigés par un habile minéralogiste, M. Hettlinger, que j'ai déjà eu occasion de citer, et qui a bien voulu m'envoyer pour le Cabinet du Roi quelques échantillons des minéraux qui s'y trouvent, et entre autres de la mine de fer en écailles qui est très singulière, et qui se forme dans les cavités d'un filon mêlé de cuivre et de fer (*b*).

Il y a aussi de riches mines de cuivre et d'argent à Giromagny et au Puy, dans la haute Alsace ; on en a tiré en une année seize cents marcs d'argent et vingt-quatre milliers de cuivre : on trouve aussi d'autres mines de cuivre à Steinbach, à Saint-Nicolas dans le Val-de-Leberthal et à Astenbach (*c*).

En Lorraine, la mine de la Croix donne du cuivre, du plomb et de l'argent : il y a aussi une mine de cuivre à Fraise, et d'autres aux villages de Sainte-Croix et de Lusse qui tiennent de l'argent ; d'autres à la montagne du Tillot, au Val-de-Lièvre, à Vaudrevanges, et enfin plusieurs autres à Sainte-Marie-aux-Mines (*d*).

En Franche-Comté, à Plancher-lès-Mines, il y aussi des mines de cuivre, et auprès de Château-Lambert il s'en trouve quatre veines placées l'une sur l'autre, et l'on prétend que cette mine a rendu depuis vingt jusqu'à cinquante pour cent de cuivre (*e*).

On a aussi reconnu plusieurs mines de cuivre dans le Limousin (*f*), en Dauphiné, en Provence, dans le Vivarais, le Gévaudan et les Cévennes (*g*) ; en Auvergne, près de Saint-

(*a*) Dans la basse Navarre, à Baigorry, on découvrit, en 1746, cinq cent trente-trois pieds de filons, suivis par trois galeries et par trois puits ; ces filons avaient un, deux et trois pieds de largeur. Le minéral, tant pur que celui qu'il faut piler et laver, y est enveloppé dans une gangue blanche, du genre des quartz vitrifiables ; et il est à remarquer que la plupart des mines de cuivre de cette contrée sont mêlées de fer dans leur minerai, et que celle de Baigorry est la seule qui n'en contienne pas.

Ce minéral de Baigorry est jaune quand on le tire d'un endroit sec de filon, et pour peu qu'il y ait d'humidité, il prend toutes sortes de belles couleurs... Mais ces couleurs s'effacent en moins de deux ans à l'air, et disparaissent même pour peu qu'on chauffe le minerai...

En 1752, on découvrit dans la même montagne un filon de minéral gris, presque massif, contenant cuivre et argent : on a vu un morceau qui pesait vingt-sept livres sans aucune gangue, qui, par l'essai qu'en fit M. Hellot, donna dix-sept livres de cuivre et trois marcs deux onces trois gros d'argent par quintal fictif... Hellot, *Mémoires de l'Académie des sciences*, année 1756, p. 139 et suiv.

(*b*) Lettres de M. Hettlinger à M. de Buffon ; Baigorry, le 16 juin 1774.

(*c*) *Traité de la fonte des mines* de Schlutter, t. Ier, p. 11 et 12.

(*d*) *Idem*, p. 8 et 9.

(*e*) *Idem*, p. 13.

(*f*) Dans le bas Limousin, au comté d'Ayen, il y a plusieurs filons de cuivre en verdet et en *terre verte*, qui donnent, l'un dix-sept et l'autre vingt-deux livres de métal par quintal. Une autre mine que j'ai découverte est plus abondante que les précédentes ; le cuivre y est combiné avec le plomb, et donne vingt-trois livres de cuivre par quintal. Quoique ces mines soient médiocrement riches, elles peuvent être exploitées avec profit ; elles ne sont que des *fluors*, procédant de la décomposition des mines primitives, et infiltrées dans des masses de gros sable quartzeux, qui ont été entraînées des montagnes du haut Limousin. (Lettres de M. le chevalier de Grignon ; Paris, 29 juillet 1782.)

(*g*) En Dauphiné, il y a une mine de cuivre dans la montagne de la Coche, au revers de la vallée du Grésivaudan, du côté de l'Oisan, dont l'exploitation est abandonnée à cause de la difficulté des chemins... Il y a une autre mine de cuivre sur la montagne des Hyères, à cinq lieues du bourg d'Oisan ; elle est mêlée d'ocre, de quartz et de pyrite sulfureuse ; le filon a

Amaud ; en Touraine, à l'abbaye de Noyers ; en Normandie, près de Briquebec ; dans le Cotentin et à Carrolet, dans le diocèse d'Avranches (a).

En Languedoc (b), M. de Gensane a reconnu plusieurs mines de cuivre qu'il a très bien

treize pouces de large... Dans la même province, il y a une autre mine de cuivre au-dessus des lacs de Belledonne... et des lacs de Brande... Une autre aux Acles, au-dessus de Plampines, dans le Briançonnais : cette dernière mine est un mélange de cuivre et de fer, dissous par un acide sulfureux que l'air a développé ; elle a rendu cinquante pour cent de beau cuivre rosette... Une autre au-dessus des bains du Monestier de Briançon, qui a donné quinze livres un quart de cuivre pour cent... Celle d'Huez, en haut Dauphiné, est sulfureuse et ferrugineuse, et donne treize livres de cuivre par quintal... Il y a encore beaucoup d'autres mines de cuivre dans la même province...

En Provence, au territoire d'Hyères, il y a une mine de cuivre tenant argent et un peu d'or... Une autre au territoire de la Roque ; et dans celui de Sisteron il se trouve aussi du cuivre, ainsi qu'auprès de la ville de Digne...

Dans le Vivarais, il y a des pyrites cuivreuses au vallon de Pourchasse, à deux lieues de Joyeuse... A Altier, en Gévaudan, à sept quarts de lieue de Bayard, il y a des pyrites blanches arsenicales qui contiennent du cuivre,..

A Lodève, près des Cévennes, il y a une mine de cuivre tenant argent... une autre à la Roquette, aux Cévennes, à quatre lieues et demie d'Anduse. *De la fonte des mines*, par Schlutter, traduit par M. Hellot, t. Ier, p. 16 et suiv.

(a) *Idem*, p. 60, 64 et 68.

(b) En revenant du Puits-Saint-Pons vers Riots et Oulargues (diocèse de Pons), nous avons trouvé au lieu de Casillac une mine de cuivre fort considérable ; on y a fait quelque travail... Le minéral y est répandu par petits blocs dispersés dans toute la masse de la veine, qui a plusieurs toises de largeur, et qui paraît au jour sur l'étendue d'un bon quart de lieue de longueur ; le minéral y est très arsenical, et contient depuis vingt-deux jusqu'à vingt-cinq livres de cuivre au quintal... Le minéral est de la nature des mines de cuivre grises, vulgairement appelées *falerts*...

Il y a une autre veine de cuivre au lieu appelé Lasfonts, paroisse de Mas-de-l'Église,... peu éloignée de celle de Casillac. *Histoire naturelle du Languedoc*, par M. de Gensane, t. II, p. 213. — A une lieue de la ville de Marvejols en Gévaudan, dans le territoire de Saint-Léger-de-Poire, on trouve plusieurs sources d'eau cuivreuse, propre à donner du cuivre par cémentation ; elles coulent dans un vallon à un demi-quart de lieue de Saint-Léger. Les habitants de ce canton ont l'imprudence de boire de ces eaux pour se purger. *Idem*, t. II, p. 250.

A la montagne de Fraisinet (diocèse d'Uzès), il y a deux filons de mine de cuivre... Le minéral est jaune, mêlé de mine hépathique ; il est de bonne qualité et passablement riche en argent. *Idem*, t. Ier, p. 164. — A la montagne de la Garde, il y a une veine considérable de mine de cuivre bitumineuse, connue en Allemagne sous le nom de *Pech-erz* : cette espèce de mine est fort estimée par la quantité du cuivre qu'elle donne, parce qu'outre sa grande ductilité, il a une très belle couleur d'or. *Idem*, p. 165. — Il y a deux filons de mine de cuivre à la montagne du Fort. *Idem*, p. 166. — Une autre à la montagne de Dévèse ; deux autres filons qui passent sous Villefort, et deux autres qui traversent la rivière immédiatement au-dessus du pont. *Idem, ibid.* — Au-dessus de Saint-André de Cap-Sèze, il y a de fort bonnes mines de cuivre. *Idem*, p. 167. — Au-dessus du village de Galuzières, dans le diocèse d'Alais, en montant directement au-dessus du château, il y a un filon considérable de mine de cuivre et d'argent qui a plus de quatre toises d'épaisseur, et qui s'étend de l'ouest à l'est sur une longueur de près d'une demi-lieue. On aperçoit dans ce filon plusieurs espèces de mine de cuivre ; il y en a de la jaune, de la grise, de bleu d'azur, de la malachite, de l'hépatique et autres. *Idem*, t. II, p. 225. — Aux environs de Saint-Sauveur, au lieu appelé *Low-camp-des-Hûns*, il y a un gros filon de cuivre et argent dont la gangue ou matrice a près de cinq toises de largeur. *Idem*, p. 230. — Dans le diocèse de Narbonne, il y a des mines de cuivre et argent aux lieux appelés la Cunale et Peyre-Couverte, et celles de Jasat-d'Empoix sont fort riches en argent : il y a un autre filon d'argent et cuivre à Peysegut. *Idem*, p. 187.

observées et décrites; il a fait de semblables recherches en Alsace (a). Et M. Le Monnier, premier médecin ordinaire du Roi, a observé celles du Roussillon (b) et celle de Corall, dans la partie des Pyrénées située entre la France et l'Espagne (c).

— Dans toutes ces montagnes, on trouve en général beaucoup de cuivre en azur. *Idem, ibid.* — Vers Buisse, il y a plusieurs filons de très bonne mine de cuivre qu'on avait ouverte il y a une quarantaine d'années, et qu'on a abandonnée en même temps que celle de Meissoux... Le minéral de ce canton renferme beaucoup de cette espèce de mine que les Allemands appellent *Pech-erz*, et que nous pouvons nommer *mine de cuivre bitumineuse;* elle ressemble en effet au jayet et passe pour donner le plus beau cuivre connu. On y trouve aussi de la mine de cuivre pyriteuse jaune, et également de la mine de cuivre azur. *Idem*, p. 192 et 193. — On avait fait, il y a quelques années, plusieurs ouvertures sur une mine de cuivre, au lieu de Thines (diocèse du Vivarais); mais, outre qu'elle est très pauvre, c'est que le défaut de bois n'en permettait pas l'exploitation. *Idem*, t. III, p. 182 et 183. — Au bas du village de Saint-Michel, on voit un filon de mine de cuivre. *Idem*, p. 197. — En descendant des montagnes vers Écoussains, on trouve près de ce dernier endroit d'assez belles veines de cuivre. *Idem*, p. 265.

(a) Dans la montagne, du côté de Giromagny, est la mine de Saint-Daniel, qui a plus de deux cents pieds de profondeur. Le minéral domine en cuivre; il rend un peu de plomb et d'argent : ce filon de Saint-Daniel est traversé par un autre, où les anciens ont fait des travaux. Le minéral est la plupart de mine d'argent... En remontant vers le sommet de la montagne de Saint-Antoine, il y a un filon de mine jaune de cuivre et de malachites...

Toutes les montagnes qui séparent Plancher-lès-Mines, en Franche-Comté, de Giromagny sont entrelacées d'un nombre prodigieux de différents filons qui les traversent en tous sens: toutes ces mines donnent du cuivre, du plomb et de l'argent.

A droite du village d'Orbey est Saint-Joseph, où l'on tire de très belles mines de cuivre de toute espèce; une entre autres est d'un pourpre vif, tigré de jaune, et d'une matière blanche qu'on prendrait pour du spath, et qui est cependant de la pure mine de cuivre. Le filon est accompagné quelquefois d'une espèce de quartz feuilleté blanc très réfractaire, et qui, quoique pesant, ne tient point de métal.

On trouve du cuivre dans plusieurs autres endroits des environs d'Orbey, comme à Storkenson, à la montagne de Steingraben; celui-ci est enfermé dans un roc d'une espèce de quartz vert aussi dur que de l'acier; la mine est partie bleu de montagne, quelque peu de mine de cuivre jaune, et la plus grande partie de mine bitumineuse. Le sommet du filon est une mine ferrugineuse brûlée, toute semblable au mâchefer; et l'on voit assez souvent, pendant la nuit, sortir de grosses flammes de cet endroit : ce filon est traversé par un autre filon de mine de cuivre malachite et jaune, et quelquefois d'une belle couleur de rose et de lilas; elle contient quelquefois un peu d'or. *Sur l'exploitation des mines*, par M. de Gensane, *Mémoires des savants étrangers*, t. IV, p. 141 et suiv.

(b) Les montagnes dont la plaine du Roussillon est environnée, surtout celles qui tiennent à la chaîne des Pyrénées, sont garnies, pour la plupart, de mines dans leur intérieur. Il y a quelques mines de fer; mais les plus communes sont celles de cuivre, et on en exploite quelques-unes avec succès... Il y a une autre veine de cuivre fort riche au pied de la montagne d'Albert, tout proche du village de Soredde... Cette veine si abondante était accompagnée de feuilles de cuivre rouge très ductile, et formé tel par la nature; on les trouvait répandues parmi le gravier, ou plaquées entre des pierres, et même le cuivre est ramifié dans d'autres en forme de dendrites... M. Le Monnier a observé que la mine tirée du puits Sainte-Barbe était mêlée avec une pyrite jaune pâle qui paraît sulfureuse et arsenicale. Celle du puits Saint-Louis, qui est voisine du premier, quoiqu'un peu moins pesante que celle du puits Sainte-Barbe, paraît meilleure et moins embarrassée de pyrites arsenicales, et elle est engagée dans une espèce de quartz qui la rend très aisée à fondre; enfin celle du Corall semble être la meilleure de toutes, elle est de même intimement unie à du quartz fort dur. *Observations d'hist. naturelle*, par M. Le Monnier; Paris, 1739, p. 209 et suiv.

(c) Les mines de cuivre de Catalogne ne sont qu'à une lieue de Corall... Celle qui donne du cuivre plus estimé que celui de Corall se trouve située précisément dans la colline de

Depuis la découverte de l'Amérique, les mines de cuivre, comme celles d'or et d'argent, ont été négligées en Espagne et en France, parce que l'on tire ces métaux du nouveau monde à moindres frais, et qu'en général les mines les plus riches de l'Europe, et les plus aisées à extraire, ont été fouillées et peut-être épuisées par les anciens ; on n'y trouve plus de cuivre en métal ou de première formation, et on a négligé les minières des pyrites cuivreuses ou de seconde formation, par la difficulté de les fondre, et à cause des grands frais que leur traitement exige. Celles des environs de Molina, dont parle M. Bowles (*a*) et qui paraissent être de troisième formation, sont également négligées ; cependant, indépendamment de ces mines de Molina en Aragon, il y a d'autres mines de cuivre à six lieues de Madrid, et d'autres dans la montagne de Guadelupe, dans lesquelles on fait aujourd'hui quelques travaux : celles-ci, dit M. Bowles, sont dans une ardoise jaspée de bleu et de vert (*b*).

En Angleterre, dans la province de Cornouailles, fameuse par ses mines d'étain, on trouve des mines de cuivre en filons, dont quelques-uns sont très voisins des filons d'étain, et quelquefois même sont mêlés de ces deux métaux : comme la plupart de ces mines sont dans un état pyriteux, elles sont de seconde formation ; quelques-unes néanmoins sont

Bernadelle, sous la montagne qui sépare la France d'avec l'Espagne, entre la ville d'Autez et celle de Campredon. Il y a dans cette mine d'anciens et grands travaux, et l'on voit, dans les galeries et dans les chambres auxquelles elles aboutissent, des taches bleues et vertes, et même des incrustations de vert-de-gris, et aussi des filets de cuivre qui forment un réseau de différentes couleurs, rouges, violettes, etc., et ce réseau métallique s'observe dans toute l'étendue des galeries : « Je m'attendais, dit M. Le Monnier, à voir quelques filons » cuivreux ; mais il paraît qu'il n'en a jamais existé d'autres, dans cette mine, que ce réseau » métallique que j'ai vu presque partout... Toute cette mine, qui est d'une étendue très con- » sidérable, est dans une pierre dure qu'il faut faire éclater à la poudre ; et il y a dans » quelques cavités de cette pierre du cuivre vert et soyeux, et dans quelques autres il y » avait une poudre grumelée d'un très beau bleu d'outremer. » *Observations d'histoire naturelle*, par M. Le Monnier ; Paris, 1739, p. 209 et suiv.

(*a*) « A quelques lieues de Molina, il y a une montagne appelée la *Platilla ;* on voit au » sommet des roches blanches qui sont de pierre à chaux, mêlées de taches bleues et vertes... » Dans les galeries de la mine de cuivre, on voit que toutes les pierres sont fendillées et » laissent découler de l'eau chargée de matière cuivreuse, et les fentes sont remplies de » minéral de cuivre bleu, vert et jaune, mêlé de terre blanche calcaire. Ce minéral, formé » par stillation, est toujours composé de lames très minces et parallèlement appli- » quées les unes contre les autres... La matière calcaire s'y trouve toujours mêlée avec » le minéral de cuivre de quelque couleur qu'il soit... Il se forme souvent en petits cristaux » dans les cavités du minéral même, et ces cristaux sont verts, bleus ou blancs... Le miné- » ral commence par être fluide et dissous, ou au moins en état de mucilage qui a coulé très » lentement, et que les eaux pluviales dissolvent de nouveau et entraînent dans les fentes ou » cavités où elles tombent goutte à goutte et forment la stalactite... La mine bleue ne se » mêle point avec le reste, et elles sont d'une nature très distincte ; car je trouvai que le » bleu de cette mine contient un peu d'arsenic, d'argent et de cuivre, et le produit de sa » fonte est une sorte de métal de cloche. La mine verte ne contient pas le moindre atome » d'arsenic, et le cuivre se minéralise avec la terre blanche susdite, sans qu'il y ait la » moindre partie de fer. Cette mine de la Platilla étant une mine de charriage ou d'alluvion, » elle ne peut être bien profonde. » *Histoire naturelle d'Espagne*, par M. Bowles, p. 141 et suiv. — Je dois observer que cette mine, décrite par M. Bowles, est non seulement d'alluvion, comme il le dit, et comme le démontre le mélange du cuivre avec la matière calcaire, mais qu'elle est encore de stillation, c'est-à-dire d'un temps postérieur à celui des alluvions, puisqu'elle se forme encore aujourd'hui par le suintement de ces matières dans les fentes des pierres quartzeuses où se trouve ce minéral cuivreux qui se réunit aussi en stalactites dans les cavités de la roche.

(*b*) *Histoire naturelle d'Espagne*, p. 28 et 67.

exemptes de pyrites, et paraissent tenir de près à celles de première formation; M. Jars les a décrites avec son exactitude ordinaire (*a*).

En Italie, dans le Vicentin, « on fabrique annuellement, dit M. Ferber, beaucoup de » cuivre, de soufre et de vitriol. La lessive vitriolique est très riche en cuivre, que l'on en » tire par cémentation et en y mettant des lames de fer (*b*). » Ces mines sont, comme l'on voit, de dernière formation. On trouve aussi de pareilles mines de cuivre en Suisse, dans le pays des Grisons et dans le canton de Berne, à six lieues de Romain-Moutier (*c*).

En Allemagne, dit Schlutter, on compte douze sortes de mines de cuivre (*d*), dont cependant aucune n'est aussi riche en métal que les mines de plomb, d'étain et de fer de

(*a*) Les filons de cuivre de la province de Cornouailles sont dans une espèce de schiste nommé *killas*, dont la couleur est différente du schiste qui contient le filon d'étain : avec l'étain ce killas est brun, noir et bleuâtre, mais avec les minéraux de cuivre il est plutôt grisâtre, blanchâtre et rougeâtre. Il est très commun de rencontrer des filons qui produisent du minéral de cuivre et de celui d'étain en même temps, mais il y en a toujours un qui domine.

Les matières qui accompagnent et annoncent les minéraux de cuivre, et qui en contiennent souvent elles-mêmes, consistent, proche la surface de la terre, en une espèce de minéral de fer décomposé en partie ou substance ocreuse, mêlée de quartz ou d'un rocher bleuâtre; mais, dans la profondeur, ces matières sont un composé de quartz, de mica blanc sur une pierre en roche d'un bleu clair; assez souvent de la pyrite, tantôt blanche, tantôt jaune; quelquefois le tout est parsemé avec des taches de minéral de cuivre. *Observations sur les mines*, par M. Jars; *Mémoires de l'Académie des sciences*, année 1770, p. 540.—Au-dessus de la ville de Redruth, on exploite une mine de cuivre très abondante... son filon est peu éloigné de celui de la mine d'étain de Peduandera; il lui est parallèle... La largeur commune du filon peut être de quatre à cinq pieds; il est composé d'un beau minéral jaune ou pyrite cuivreuse, point de blende, assez souvent du quartz et de la pyrite, surtout de la blanche qui est arsenicale... quelquefois du cristal de roche qu'on nomme *diamant de Cornouailles*... On trouve quelquefois du cuivre natif dans la partie supérieure du filon et dans les endroits où il n'est pas riche... Le filon est renfermé dans le rocher schisteux nommé *killas*... Le côté du mur du filon est tendre, souvent il est composé d'une matière jaune et poreuse, souvent aussi d'une espèce d'argile... Le filon est très riche et abondant dans la plus grande profondeur, qui est de soixante et quelques toises... A cinq milles de Redruth, on exploite encore plusieurs filons qui sont de la même nature et dans une roche de même espèce... Il y a entre autres, dans ce pays, une mine de cuivre vitrée extrêmement riche, mais très peu abondante... On trouve dans tout ce terrain une très grande quantité de puits jusqu'à Sainte-Agnès, où, particulièrement près de la mer, les filons de cuivre ne sont qu'en petit nombre, en comparaison des filons d'étain qui y sont beaucoup plus nombreux, tandis que c'était le contraire du côté de Redruth. *Observations sur les mines*, par M. Jars, dans les *Mémoires de l'Académie des sciences*, année 1770, p. 540.

(*b*) *Lettres sur la Minéralogie*, par M. Ferber, p. 47 et 48.

(*c*) *Mémoire* de M. Guettard, dans ceux de l'*Académie des sciences*, année 1752, p. 323.

(*d*) Ces douze sortes de mines de cuivre sont :

1° Le cuivre natif ou mine de cuivre sous forme métallique; il est rare et ressemble à celui qui a été raffiné;

2° Le cuivre azur ou mine de cuivre vitrée, elle tient de l'arsenic et un peu de fer;

3° La mine de cuivre jaune, qui est une espèce de pyrite composée de soufre, de beaucoup de fer et de peu de cuivre;

4° La mine de cuivre fauve, qui tient du soufre, de l'arsenic, de l'argent et du cuivre en plus grande quantité que la précédente;

5° Autre mine de cuivre différente de la précédente;

6° La mine de cuivre bleu d'outremer (*ultra marina*), qui n'est autre chose que du cuivre dissous par les acides, et précipité et pénétré par l'alcali volatil. Comme elle ne tient ni soufre ni arsenic, elle n'a pas besoin, à la rigueur, d'être calcinée, non plus que la mine de

ces mêmes contrées. Comme la plupart de ces mines de cuivre contiennent beaucoup de pyrites, il faut les griller avec soin ; sans cela, le cuivre ne se réduit point, et l'on n'obtient que de la matte. Le grillage est ordinairement de sept à huit heures, et il est à propos de laisser refroidir cette mine grillée, de la broyer et griller de nouveau trois ou quatre fois de suite en la broyant à chaque fois; ces feux interrompus la désoufrent beaucoup mieux qu'un feu continué. Les mines riches, telles que celles d'azur et celles que les ouvriers appellent mines *pourries* ou *éventées*, n'ont pas besoin d'être grillées autant de fois ni si longtemps; cependant toutes les mines de cuivre, pauvres ou riches, doivent subir le grillage, car après cette opération elles donnent un produit plus prompt et plus certain ; et souvent encore le métal pur est difficile à extraire de la plupart de ces mines grillées. En général, les pratiques pour le traitement des mines doivent être relatives à leur qualité plus ou moins riche, et à leur nature plus ou moins fusible. La plupart sont si pyriteuses qu'elles ne rendent que très difficilement leur métal après un très grand nombre de feux. Les plus rebelles de toutes sont les mines qui, comme celles de Rammelsberg et du haut Hartz (*a*), sont non seulement mêlées de pyrites, mais de beaucoup de mines de fer: il s'est passé bien du temps avant qu'on ait trouvé les moyens de tirer le cuivre de ces mines pyriteuses et ferrugineuses.

Les anciens, comme nous l'avons dit, n'ont d'abord employé que le cuivre de première formation qui se réduit en métal dès la première fonte, et ensuite ils ont fait usage du cuivre de dernière formation qu'on se procure aisément par la cémentation; mais les mines de cuivre en pyrites, qui sont presque les seules qui nous restent, n'ont été travaillées avec succès que dans ces derniers temps, c'est-à-dire beaucoup plus tard que les mines de fer, qui, quoique difficiles à réduire en métal, le sont cependant beaucoup moins que ces mines pyriteuses de cuivre.

Dans le bas Hartz, les mines de cuivre contiennent du plomb et beaucoup de pyrites; il leur faut trois feux de grillage, et autant à la matte qui en provient; on fond ensuite cette matte qui, malgré les trois feux qu'elle a subis, ne se convertit pas tout entière en métal; car dans la fonte il se trouve encore de la matte qu'on est obligé de séparer du métal et de faire griller de nouveau pour la refondre (*b*).

Dans le haut Hartz, la plupart des mines de cuivre sont aussi pyriteuses, et il faut de même les griller d'autant plus fort et plus de fois qu'elles le sont davantage. Aux environs de Clausthal, il y en a de bonnes, de médiocres et de mauvaises; ces dernières ne sont

cuivre verte, appelée *malachite;* au petit essai on ne les rôtit pas, pour la fonte en grand on les rôtit fort peu ;

7° La mine de cuivre verte, nommée *malachite;*

8° La mine de cuivre en sable, qui est composée de cuivre et d'arsenic, mêlé de sable ;

9° La mine d'argent, blanche (ou grise) tenant plus de cuivre que d'argent; mais les mines portent ordinairement le nom du métal qui, étant vendu, produit une plus grande somme d'argent que l'autre, quoiqu'en plus grande quantité ;

10° La mine de cuivre en ardoise ou écailles cuivreuses : elle donne peu de cuivre aux essais, aussi bien que la précédente ;

11° Presque toutes les pyrites un peu colorées, parce qu'il n'y en a presque point qui ne contienne une ou deux livres de cuivre par quintal ;

12° Le vitriol bleu verdâtre natif se met au rang des mines de cuivre, parce que ce métal y sert en partie de base à l'acide qui s'est cristallisé avec lui et avec un peu de fer. *Traité de la fonte des mines* de Schlutter, t. Ier, p. 190 et 191.

(*a*) Les mines de cuivre de Rammelsberg et celles du haut Hartz ne sont que des pyrites cuivreuses, et il n'est pas étonnant qu'on ait ignoré si longtemps l'art d'en tirer le cuivre : il y a peu de mines auxquelles il faille donner un aussi grand nombre de feux pour les griller et qui, dans la fonte, soient aussi chaudes et aussi rougeâtres. *Idem*, t. II, p. 426.

(*b*) *Traité de la fonte des mines* de Schlutter, t. II, p. 206 et 207.

pour ainsi dire que des pyrites ; on mêle ces mines ensemble pour les faire griller une première fois à un feu qui dure trois ou quatre semaines ; après quoi on leur donne un second feu de grillage avant de les fondre, et l'on n'obtient encore que de la matte crue, qu'on soumet à cinq ou six feux successifs de grillage, selon que cette matte est plus ou moins sulfureuse. On fond de nouveau cette matte grillée, et enfin on parvient à obtenir du cuivre noir en assez petite quantité, car cent quintaux de cette matte grillée ne donnent que huit à dix quintaux de cuivre noir, et quarante ou cinquante quintaux de matière moyenne entre la matte brute et le cuivre noir : on fait griller de nouveau cinq ou six fois cette matte moyenne avant de la jeter au fourneau de fusion ; elle rend à peu près la moitié de son poids en cuivre noir, et entre un tiers et un quart de matière qu'on appelle *matte simple*, que l'on fait encore griller de nouveau sept à huit fois avant de la fondre, et cette matte simple ne se convertit qu'alors en cuivre noir (*a*).

Les mines de cuivre qui sont plus riches et moins pyriteuses rendent dès la première fonte leur cuivre noir, mêlé d'une matte qu'on n'est obligé de griller qu'une seule fois, pour obtenir également le cuivre noir pur ; les mines feuilletées ou en ardoises, du comté de Mansfeld, quoique très peu pyriteuses en apparence, ne donnent souvent que de la matte à la première fonte, et ne produisent à la seconde qu'une livre ou deux de cuivre noir par quintal. Celles de Riegelsdorf, qui sont également en ardoise, ne donnent que deux à trois livres de cuivre par quintal ; mais, comme il suffit de les griller une seule fois pour en obtenir le cuivre noir, on ne laisse pas de trouver du bénéfice à les fondre, quoiqu'elles rendent si peu, parce qu'une seule fonte suffit aussi pour réduire le cuivre noir en bon métal (*b*).

On trouve, dans la mine de Meydenbek, du cuivre en métal mêlé avec des pyrites cuivreuses noires et vertes : cette mine paraît donc être de première formation, seulement une partie du cuivre primitif a été décomposée dans la mine même, par l'action des éléments humides ; mais, malgré cette altération, ces minerais sont peu dénaturés, et ils peuvent se fondre seuls : on mêle les minerais noir et vert avec le cuivre natif, et ce mélange rend son métal dès la première fonte, et même assez pur pour qu'on ne soit pas obligé de le raffiner (*c*).

En Hongrie, il se trouve des mines de cuivre de toutes les nuances et qualités ; celle de Hornground est d'une grande étendue, elle est en larges filons et si riche qu'elle donne quelquefois jusqu'à cinquante et soixante livres de cuivre par quintal : elle est composée de deux sortes de minerais, l'un jaune, qui ne contient que du cuivre ; l'autre noir, qui contient du cuivre et de l'argent. Ces mines, quoique si riches, sont néanmoins très pyriteuses, et il faut leur faire subir douze ou quatorze fois l'action du feu avant de les réduire en métal. On tire avec beaucoup moins de frais le cuivre des eaux cuivreuses qui découlent de cette mine au moyen des lames de fer qu'on y plonge, et auxquelles il s'unit par cémentation. En général, c'est dans les montagnes de schiste ou d'ardoise que se trouvent, en Hongrie, les plus nobles veines de cuivre (*d*).

« Il y a en Pologne, dit M. Guettard, sur les confins de la Hongrie et du comté de Speis, » une mine de cuivre tenant or et argent.... Cette mine est d'un jaune doré avec des taches » couleur de gorge de pigeon, et elle est mêlée de quartz ; il y en a une autre dans les » terres de Staroste de Bulkow..... J'en ai vu un morceau qui était un quartz gris clair, » parsemé de points cuivreux ou de pyrites cuivreuses d'un jaune doré (*e*). »

(*a*) *Traité de la fonte des mines* de Schlutter, t. II, p. 209.
(*b*) *Idem*, *ibidem*, p. 461.
(*c*) *Idem*, *ibidem*, t. II, p. 491.
(*d*) Delius, *Sur l'Art des mines*, traduction française, t. Ier, p. 62.
(*e*) *Mémoires de l'Académie des sciences*, année 1762, p. 320.

En Suède, les mines de cuivre sont non seulement très nombreuses, mais aussi très abondantes et très riches : la plus fameuse est celle du cap Ferberg ; on en prendrait d'abord le minerai pour une pyrite cuivreuse, et cependant il n'est que peu sulfureux, et il est mêlé d'une pierre vitreuse et fusible ; il rend son cuivre dès la première fonte ; il y a plusieurs autres mines qui ne sont pas si pures et qui, néanmoins, peuvent se fondre après avoir été grillées une seule fois ; il n'est pas même nécessaire d'y ajouter d'autres matières pour en faciliter la fusion, il ne faut que quelques scories vitreuses pour leur faire un bain et les empêcher de se calciner à la fonte (*a*).

En Danemark et en Norvège, selon Pontoppidan, il y a des mines de cuivre de toute espèce : celle de Roraas est la plus renommée ; trois fourneaux qui y sont établis ont rendu en onze années, quarante mille neuf cent quarante-quatre quintaux de cuivre (*b*). M. Jars dit « que cette mine de Roraas ou de Reuras est une mine immense de pyrites cuivreuses, » si près de la surface de la terre que l'on a pu facilement y pratiquer des ouvertures assez » grandes pour y faire entrer et sortir des voitures qui en transportent au dehors les mine- » rais, et que cette mine produit annuellement douze mille quintaux et plus de cuivre (*c*). »

On trouve aussi des indices de mines de cuivre en Laponie, à soixante lieues de Tornea, et en Groenland : l'on a vu du vert-de-gris et des paillettes cuivreuses dans des pierres, ce qui démontre assez qu'il s'y trouve aussi des mines de ce métal (*d*).

En Islande, il y a de même des mines de cuivre, les unes à sept milles de distance de la ville de Wiclow ; d'autres dans la montagne de Crown-Bawn, qui sont en exploitation, et dont les fosses ont depuis 40, 50 et jusqu'à 60 toises de profondeur (*e*). Le relateur observe : « Que les ouvriers ayant laissé une pelle de fer dans une de ces mines de cuivre, » où il coule de l'eau, cette pelle se trouva quelque temps après tout incrustée de cuivre, » et que c'est d'après ce fait que les habitants ont pris l'idée de tirer ainsi le cuivre de ces » eaux, en y plongeant des barres de fer ; il ajoute que non seulement le cuivre incruste » le fer, mais que cette eau cuivreuse le pénètre et semble le convertir en cuivre, que le » tout tombe en poudre au fond du réservoir où l'on contient cette eau cuivreuse ; que les » barres de fer contractent d'abord une espèce de rouille qui, par degrés, consomme entiè- » rement le fer ; que le cuivre qui est dans l'eau étant ainsi continuellement attiré et fixé « par le fer, il se précipite au fond en forme de sédiment, qu'il faut pour cela du fer doux, » et que l'acier n'est pas propre à cet effet ; qu'enfin ce sédiment cuivreux est en poudre » rougeâtre. » Nous observerons que c'est non seulement dans ces mines d'Islande, mais dans plusieurs autres, comme dans celles de Suède, du Hartz, etc., que l'on trouve de temps en temps, et en certains endroits abandonnés depuis longtemps, des fers incrustés de cuivre, et des bois dans lesquels ce métal s'est insinué en forme de végétation, qui pénètre entre les fibres du bois et en remplit les intervalles (*f*) ; mais ce n'est point une pénétration intime du cuivre dans le fer, comme le dit le relateur, et encore moins une conversion de ce métal en cuivre.

(*a*) *Traité de la fonte des mines* de Schlutter, t. II, p. 493.

(*b*) *Journal étranger*, mois d'août 1755.

(*c*) *Mémoires des Savants étrangers*, t. IX, p. 452.

(*d*) *Histoire générale des Voyages*, t. XIX, p. 30.

(*e*) Le premier minéral qu'on y trouve en creusant est une pierre ferrugineuse ; au-dessous on découvre une mine de plomb qui semble être mêlée avec de l'argile, mais qui donne beaucoup de plomb et peu d'argent, et plus bas, une mine pierreuse et brillante qui rend soixante-quinze onces d'argent par tonne de mine, et en outre une grande quantité de plomb le plus fin : après avoir percé quelques toises plus bas, on arrive à la veine de cuivre qui est très riche, et qu'on peut suivre jusqu'à une certaine profondeur. *Journal étranger*, mois de décembre 1754, p. 115, jusques et compris p. 120.

(*f*) *Bibliothèque raisonnée*, t. XLIII, p. 70.

Après cette énumération des mines du cuivre de l'Europe, il nous reste à faire mention de celles des autres parties du monde ; et en commençant par l'Asie, il s'en trouve d'abord dans les îles de l'Archipel ; celle de Chalcitis, aujourd'hui Chalcé, avait même tiré son nom du cuivre qui s'y trouvait. L'île d'Eubée en fournissait aussi (*a*) ; mais la plus riche de toutes en cuivre est celle de Chypre : les anciens l'ont célébrée sous le nom d'Œrosa, et ils en tiraient une grande quantité de cuivre et de zinc (*b*).

Dans le continent de l'Asie, on a reconnu et observé plusieurs mines de cuivre : en Perse (*c*), « le cuivre, dit Chardin, se tire, principalement à Sary, dans les montagnes de » Mazenderan ; il y en a aussi à Bactriam et vers Casbin ; tous ces cuivres sont aigres, et, » pour les adoucir, les Persans les allient avec du cuivre de Suède et du Japon, en en » mettant une partie sur vingt du leur (*d*). »

MM. Gmelin et Muller ont reconnu et observé plusieurs mines de cuivre en Sibérie : ils ont remarqué que toutes ces mines, ainsi que celles des autres métaux, sont presque à la surface de la terre. Les plus riches en cuivre sont dans les plus hautes montagnes près de la rive occidentale du Jénisca ; on y voit le cuivre à la surface de la terre en mines rougeâtres ou vertes, qui toutes produisent quarante-huit à cinquante livres de cuivre par quintal (*e*). Ces mines, situées au haut des montagnes, sont sans doute de première formation : la mine verte a seulement été un peu altérée par les éléments humides. De toutes les autres mines de cuivre, dont ces voyageurs font mention, la moins riche est celle de Pichtama-Gora, qui cependant donne douze pour cent de bon cuivre : il y a cinq de ces mines en exploitation, et l'on voit, dans plusieurs autres endroits de cette même contrée, les vestiges d'anciens travaux qui démontrent que toutes ces montagnes contiennent de bonnes mines (*f*). Celles des autres parties de la Sibérie sont plus pauvres ; la plupart ne donnent que deux, trois ou quatre livres de cuivre par quintal (*g*) : on trouve, sur la croupe et au pied de plusieurs montagnes, différentes mines de cuivre de seconde et de troisième formation : il y en a dans les environs de Cazan, qui ont formé des stalactites cuivreuses, et des malachites très belles et aisées à polir ; on peut même dire que c'est dans cette contrée du nord de l'Asie que les malachites se trouvent le plus communément, quoiqu'il y en ait aussi en quelques endroits de l'Europe, et particulièrement en Saxe, dans plusieurs mines de cuivre de troisième formation ; ces concrétions cuivreuses ou malachites se présentent sous différentes formes ; il y en a de fibreuses ou formées en rayons, comme si elles étaient cristallisées, et par là elles ressemblent à la zéolithe ; il y en a d'autres qui paraissent formées par couches successives, mais qui ne diffèrent des premières que par leur apparence extérieure. Nous en donnerons des notions plus précises lorsque nous traiterons des stalactites métalliques.

(*a*) Les premiers ouvrages d'airain avaient, suivant la tradition des Grecs, été travaillés en Eubée, dans la ville de Chalcis, qui en avait tiré son nom. Solin, chap. XI.

(*b*) *Description de l'Archipel*, par Dapper, p. 329 et 445.

(*c*) Il y a des mines de cuivre aux environs de la ville de Cachem en Perse, où l'on fait commerce de ce métal. *Voyage de Struys*, t. Ier, p. 275. — A quelques lieues de la ville de Tauris, on trouve une mine de cuivre qui rapporte beaucoup au roi. *Voyage de Gemelli Careri*, t. II, p. 45.

(*d*) *Voyage de Chardin*, t. II, p. 23.

(*e*) *Histoire générale des Voyages*, t. XVIII, p. 370.

(*f*) *Idem, ibid.*

(*g*) A cinquante-deux verstes de Catherinbourg se trouve la mine de Polewai, qui n'est pas disposée par couches, mais par chambres, et qui ne donne qu'environ trois livres de cuivre par quintal. *Histoire générale des Voyages*, t. XVIII, p. 108. — Celles de Werchoturie ne rendent que deux pour cent, le minerai est une pyrite de cuivre mêlée de veines irrégulières de quartz noirâtre. *Idem*, p. 460.

Les mines de Souxon en Sibérie sont fort considérables, et s'étendent à plus de trente lieues; elles sont situées dans des collines qui ont environ cent toises de hauteur, et paraissent en suivre la pente; toutes ne donnent guère que quatre livres de cuivre par quintal : ces mines de Souxon sont de troisième et dernière formation; car on les trouve dans le sable, et même dans des bois fossiles qui sont tachés de bleu et de vert, et dans l'intérieur desquels la mine de cuivre a formé des cristaux (*a*). Il en est de même des mines de cuivre des monts Riphées : on ne les exploite qu'au pied des montagnes, où le minerai de cuivre se trouve avec des matières calcaires, et suit, comme celles de Sauxon, la pente des montagnes jusqu'à la rivière (*b*).

Au Kamtschatka, où de temps immémorial les habitants étaient aussi sauvages que ceux de l'Amérique septentrionale, il se trouve encore du cuivre natif en masses et en débris (*c*), et une des îles voisines de celle de Béring, où ce métal se trouve en morceaux sur le rivage, en a pris le nom d'*île de Cuivre* (*d*).

La Chine est peut-être encore plus riche que la Sibérie en bonnes mines de cuivre : c'est surtout dans la province d'Yun-nan qu'il s'en trouve en plus grande quantité; et il paraît que, quoiqu'on ait très anciennement fouillé ces mines, elles ne sont pas épuisées, car on en tire encore une immense quantité de métal. Les Chinois distinguent trois espèces de cuivre qu'ils prétendent se trouver naturellement dans leurs différentes mines : 1° le cuivre rouge ou cuivre commun, et qui est du cuivre de première formation ou de cémentation; 2° le cuivre blanc qu'ils assurent avoir toute sa blancheur au sortir de la mine, et qu'on a peine à distinguer de l'argent lorsqu'il est employé. Ce cuivre blanc est aigre, et n'est vraisemblablement qu'un mélange de cuivre et d'arsenic; 3° le tombac, qui ne paraît être au premier coup d'œil qu'une simple mine de cuivre, mais qui est mêlé d'une assez grande quantité d'or (*e*) : il se trouve une de ces mines de tombac fort abondante dans la province de Hu-quang. On fait de très beaux ouvrages avec ce tombac, et, en général, on ne consomme nulle part plus de cuivre qu'à la Chine pour les canons, les cloches, les instruments, les monnaies, etc. (*f*); cependant le cuivre est encore plus commun au Japon qu'à la Chine; les mines les plus riches, et qui donnent le métal le plus fin et le plus ductile, sont dans la province de Kijnok et de Surunga (*g*), et cette dernière doit être regardée comme une mine de tombac, car elle tient une bonne quantité d'or. Les Japonais tirent de leurs mines une si grande quantité de cuivre que les Européens, et particulièrement les Hollandais, en achètent pour le transporter et en faire commerce (*h*); mais autant le cuivre rouge est commun dans ces îles du Japon, autant le cuivre jaune ou laiton y est rare,

(*a*) *Histoire générale des Voyages*, t. XIX, p. 47.

(*b*) *Idem*, *ibid.*, p. 475.

(*c*) « Dans quelques endroits du Kamtschatka, on trouve dans le sable une si grande » quantité de petits morceaux de cuivre natif, qu'on pourrait en charger des charrettes » entières. » Le sieur Scherer, cité dans le *Journal de physique*. Juillet, 1781, p. 41 et suiv.

(*d*) Mednoi-ostroff ou l'île de cuivre qui se voit de l'île de Béring est ainsi appelée à cause des gros morceaux de cuivre natif qu'on trouve sur la grève... surtout à la pointe ouest de la bande méridionale. Maleviskoi en recueillit, entre les roches et la mer, sur une grève d'environ douze verges. *Idem*, *ibid*.

(*e*) *L'aurichalcum* de Pline paraît être une espèce de tombac, qu'il désigne comme un cuivre naturel, d'une qualité particulière et plus excellente que le cuivre commun, mais dont les veines étaient déjà depuis longtemps épuisées : « In Cypro prima æris inventio; mox » vilitas, reperto in aliis terris præstantiore, maximè aurichalco, quod præcipuum bonitatem » admirationemque diù obtinuit; nec reperitur longo jam tempore effœtâ tellure. » Lib. XXXIV, cap. II.

(*f*) *Histoire générale des Voyages*, t. V, p. 484.

(*g*) *Idem*, t. X, p. 655.

(*h*) *Histoire naturelle du Japon*, par Kæmpfer, t. Ier, p. 94.

parce qu'on n'y trouve point de mine de zinc, et qu'on est obligé de tirer du Tunquin, ou d'encore plus loin, la calamine ou le zinc nécessaire à cet alliage (a).

Enfin, pour achever l'énumération des principales mines de cuivre de l'Asie, nous indiquerons celles de l'île Formose, qui sont si abondantes, au rapport des voyageurs, qu'une seule de ces mines pourrait suffire à tous les besoins et usages de ces insulaires; la plus riche est celle de Peorko : le minéral est du cuivre rouge (b), et paraît être de première formation.

Nous ne ferons que citer celles de Macassar dans les îles Célèbes (c); celles de l'île de Timor (d), et enfin celles de Bornéo dont quelques-unes sont mêlées d'or et donnent du tombac, comme celles de la province de Surunga au Japon, et de Hu-quang à la Chine (e).

En Afrique, il y a beaucoup de cuivre, et même du cuivre primitif. Marmol parle d'une mine riche, qui était, il y a près de deux siècles, en pleine exploitation dans la province de Suz au royaume de Maroc, et il dit qu'on en tirait beaucoup de cuivre et de laiton qu'on transportait en Europe : il fait aussi mention des mines du mont Atlas dans la province de Zahara, où l'on fabriquait des vases de cuivre et de laiton (f). Ces mines de la Barbarie et du royaume de Maroc fournissent encore aujourd'hui une très grande quantité de ce métal que les Africains ne se donnent pas la peine de raffiner, et qu'ils nous vendent en cuivre brut. Les montagnes des îles du cap Vert contiennent aussi des mines de cuivre; car il en découle plusieurs sources dont les eaux sont chargées d'une grande quantité de parties cuivreuses qu'il est aisé de fixer et de recueillir par la cémentation (g). Dans la province de Bambuk, si abondante en or, on trouve aussi beaucoup de cuivre, et particulièrement dans les montagnes de Radschinkadbar, qui sont d'une prodigieuse hauteur (h). Il y a aussi des mines de cuivre dans plusieurs endroits du Congo et à Benguela : l'une des plus riches de ces contrées est celle de la baie des Vaches dont le cuivre est très fin (i); on trouve de même des mines de ce métal en Guinée, au pays des Insijesses (j), et enfin dans les terres des Hottentots. Kolbe fait mention d'une mine de cuivre qui n'est qu'à une lieue de distance du Cap dans une très haute montagne, dont il dit que le minéral est pur et très abondant (k). Cette mine, située dans une si haute montagne, est sans doute de première formation, comme celles de Bambuk, et comme la plupart des autres mines de cuivre de l'Afrique; car, quoique les Maures, les Nègres, et surtout les Abyssins,

(a) *Histoire naturelle du Japon*, par Kæmpfer, t. Ier, p. 94.

(b) *Description de l'île Formose*. Amsterdam, 1705, p. 168.

(c) *Histoire générale des Voyages*, t. X, p. 458.

(d) *Idem*, t. XI, p. 552.

(e) *Idem*, t. V, p. 484; et t. IX, p. 307. « Le tombac, dit Ovington, est fort recherché » aux Indes orientales; on croit que c'est un mélange naturel d'or, d'argent et de cuivre, » qui est de bon aloi dans de certains endroits, comme à Bornéo, et de beaucoup plus bas » aloi dans d'autres, comme à Siam. » *Voyage de Jean Ovington*, t. II, p. 213. — Le tombac de Siam et de Bornéo ne nous laisse pas douter qu'il n'y ait dans ces contrées plusieurs autres mines de cuivre, dont les voyageurs ont négligé de faire mention.

(f) *L'Afrique de Marmol*. Paris, 1667, t. II, p. 35; et t. III, p. 8.

(g) Il y a des mines de cuivre dans les îles du cap Vert, et particulièrement dans l'île Saint-Jean, où le voyageur Roberts a remarqué des eaux cuivreuses, dans lesquelles il suffisait de tenir la lame d'un couteau pendant une minute ou deux, pour que cette lame fût incrustée de cuivre d'une belle couleur jaune... Il remarqua plusieurs fontaines dont les eaux produisaient le même effet, qui était toujours plus marqué à mesure qu'on s'approchait de la source. *Histoire générale des Voyages*, t. II, p. 399.

(h) *Idem*, t. II, p. 664; et t. IV, p. 486.

(i) *Idem*, t. IV, p. 483; et t. V, p. 66.

(j) *Idem*, t. IV, p. 344.

(k) *Idem*, t. V, p. 186.

aient eu de temps immémorial des instruments de ce métal (a), leur art ne s'étend guère qu'à fondre le cuivre natif ou celui de troisième formation, et ils n'ont pas tenté de tirer ce métal des mines pyriteuses de seconde formation, qui exigent de grands travaux pour être réduites en métal.

Mais c'est surtout dans le continent du nouveau monde, et particulièrement dans les contrées de tout temps inhabitées, que se trouvent en grand nombre les mines de cuivre de première formation ; nous avons déjà cité quelques lieux de l'Amérique septentrionale, où l'on a rencontré de gros blocs de cuivre natif et presque pur ; on en trouvera beaucoup plus à mesure que les hommes peupleront ces déserts, car, depuis que les Espagnols se sont habitués au Pérou et au Chili, on en a tiré une immense quantité de cuivre : partout on a commencé par les mines de première formation qui sont les plus aisées à fondre. Frézier, témoin judicieux, rapporte « que dans une montagne qui est à douze lieues de » Pampas du Paraguay et à cent lieues de la Conception, l'on a découvert des mines de » cuivre si singulières qu'on en a vu des blocs ou pépites de plus de cent quintaux ; que » ce cuivre est si pur que, d'un seul morceau de quarante quintaux, on en a fait six canons » de campagne de six livres de balle chacun, pendant qu'il était à la Conception ; qu'au » reste, il y a dans cette même montagne du cuivre pur et du cuivre imparfait, et en » pierres mêlées de cuivre (b). »

C'est aux environs de Coquimbo que les mines de cuivre sont en plus grand nombre ; et elles sont en même temps si abondantes qu'une seule, quoique travaillée depuis longtemps, fournit encore aujourd'hui tout le cuivre qui se consomme à la côte du Chili et du Pérou. Il y a aussi plusieurs autres mines de cuivre à Carabaya et dans le corrégiment de Copiago (c) : ces mines de cuivre du Pérou sont presque toujours mêlées d'argent, en sorte que souvent on leur donne le nom de *mines d'argent*, et l'on a observé qu'en général toutes les mines d'argent du Pérou sont mêlées de cuivre, et que toutes celles de cuivre le sont d'argent (d) ; mais ces mines de cuivre du Pérou sont en assez petit nombre, et beaucoup moins riches que celles du Chili ; car M. Bowles les compare à celles qu'on travaille actuellement en Espagne (e). Dans le Mexique, au canton de Kolima, il se trouve des mines de deux sortes de cuivre, l'une si molle et si ductile que les habitants en font de très beaux vases, l'autre si dure qu'ils l'emploient au lieu de fer pour les instruments d'agriculture (f) ; enfin l'on trouve des mines de cuivre à Saint-Domingue (g), et du cuivre en métal et de première formation au Canada (h) et dans les parties plus septentrionales de l'Amérique, comme chez les Michillimakinacs (i), et aux environs de la rivière Danoise,

(a) Il y a des mines de cuivre très abondantes dans un lieu nommé *Soudi*, qui n'est pas loin d'Abissina. Les forgerons nègres se rendent à Soudi vers le mois de septembre et s'occupent à le fondre jusqu'au mois de mai. *Idem*, t. IV, p. 592.

(b) *Voyages à la mer du Sud*. Paris, 1732, p. 76 et 77.

(c) *Histoire générale des voyages*, t. XIII, p. 412 et 414.

(d) Barba, *Métallurgie*, t. 1er, p. 107 et 108.

(e) La mine de cuivre de Carabaya, dans le Pérou, contient le même quartz, la même marcassite et la même matrice d'améthyste que la nouvelle mine de cuivre que l'on travaille à Colmenaoviejo, à six lieues de Madrid. — Celle de cuivre vert de Moquagna, dans le Pérou, est presque la même que celle de Molina d'Aragon. *Histoire naturelle d'Espagne*, par M. Bowles, p. 28.

(f) *Histoire générale des voyages*, t. XII, p. 648.

(g) *Idem*, *ibid*., p. 218.

(h) Sur les bords du lac Érié, au Canada, on a vu des blocs de cuivre rouge tout régulisé et qu'on a employé sans aucune préparation : on soupçonne que cette mine est dans le lac même. M. Guettard, *Mémoires de l'Académie des sciences*, année 1752, p. 216.

(i) Il y a du cuivre presque pur et en grande quantité aux environs d'un grand lac, au pays des Michillimakinac, et même dans les petites îles de ce lac ; on a travaillé de ce cuivre à la baie d'Hudson (*a*) ; il y a d'autres mines de cuivre de seconde formation aux Illinois (*b*) et aux Sioux (*c*) ; et, quoique les voyageurs ne disent pas qu'il se trouve en Amérique des mines de tombac comme en Asie et en Afrique, cependant les habitants de l'Amérique méridionale ont des anneaux, des bracelets et d'autres ornements d'une matière métallique qu'ils nomment *caracoli*, et que les voyageurs ont regardée comme un mélange de cuivre, d'argent et d'or produit par la nature ; il est vrai que ce caracoli ne se rouille ni ne se ternit jamais ; mais il est aigre, grenu et cassant ; on est obligé de le mêler avec de l'or pour le rendre plus doux et plus traitable ; il est donc entré de l'arsenic ou de l'étain dans cet alliage ; et, si le caracoli n'est pas du platine, ce ne peut être que du tombac altéré par quelque minéral, d'autant que le relateur ajoute : « Que les Européens ont voulu » imiter ce métal en mêlant six parties d'argent, trois de cuivre et une d'or ; mais que » cet alliage n'approche pas encore de la beauté du caracoli des Indiens, qui paraît comme » de l'argent surdoré légèrement avec quelque chose d'éclatant, comme s'il était un peu » enflammé (*d*). » Cette couleur rouge et brillante n'est point du tout celle du platine, et c'est ce qui me fait présumer que ce caracoli des Américains est une sorte de tombac, un mélange d'or, d'argent et de cuivre, dont la couleur s'est peut-être exaltée par l'arsenic.

Les régions d'où l'on tire actuellement la plus grande quantité de cuivre sont le Chili, le Mexique et le Canada, en Amérique ; le royaume de Maroc et les autres provinces de Barbarie en Afrique ; le Japon et la Chine en Asie, et la Suède en Europe : partout on doit employer, pour extraire ce métal, des moyens différents, suivant la différence des mines ; celles du cuivre primitif ou de première formation par le feu, ou celles de décomposition par l'eau, et qui toutes sont dans l'état métallique, n'ont besoin que d'être fondues une seule fois pour être réduites en très bon métal ; elles donnent par conséquent un grand produit à peu de frais : après les mines primordiales qui coûtent le moins à traiter, on doit donc s'attacher à celles où le cuivre se trouve très atténué, très divisé, et où néanmoins il conserve son état métallique ; telles sont les eaux chargées de parties cuivreuses qui découlent de la plupart de ces mines. Le cuivre charrié par l'eau y est dissous par l'acide vitriolique, et cet acide s'attachant au fer qu'on plonge dans cette eau, et le détruisant peu à peu, quitte en même temps le cuivre et le laisse à la place du fer : on peut donc facilement tirer le cuivre de ces eaux qui en sont chargées en y plongeant des lames de fer, sur lesquelles il s'attache en atomes métalliques, qui forment bientôt des incrustations massives. Ce cuivre de cémentation donne, dès la première fonte, un métal aussi pur que celui du cuivre primitif : ainsi l'on peut assurer que, de toutes les mines de

à la mission du saut Sainte-Marie. *Histoire de la Nouvelle-France*, par Charlevoix, t. III, p. 281.

(*a*) Aux environs de la rivière Danoise, à la baie d'Hudson, il y a une mine de cuivre rouge, si abondante et si pure, que, sans le passer par la forge, les sauvages ne font que le frapper entre deux pierres, tel qu'ils le recueillent dans la mine, et lui font prendre la forme qu'ils veulent lui donner. *Voyage de Robert Lade*. Traduction, Paris, 1744, t. II, p. 316.

(*b*) Il y a aussi une mine de cuivre au pays des Illinois, qui est jointe à une mine de plomb, à lames carrées ; la partie cuivreuse est en verdet, et le total est mêlé d'une terre jaunâtre qui paraît ferrugineuse. M. Guettard, *Mémoires de l'Académie des sciences*, année 1752, p. 216.

(*c*) Charlevoix rapporte que Le Sueur avait découvert une mine de cuivre très abondante dans une montagne près d'une rivière au pays de Sioux, dans l'Amérique septentrionale, et qu'il en avait fait tirer en vingt-deux jours trente livres pesant ; il ajoute que la terre de cette mine est verte et surmontée d'une croûte noire et aussi dure que le roc. *Histoire et description de la Nouvelle-France*. Paris, 1744, t. II, p. 413.

(*d*) *Nouveau voyage aux îles de l'Amérique*. Paris, 1722, t. II, p. 21.

cuivre, celles de première et celles de dernière formation sont les plus aisées à traiter et aux moindres frais.

Lorsqu'il se trouve dans le courant de ces eaux cuivreuses des matières ferrugineuses aimantées ou attirables à l'aimant, et qui par conséquent sont dans l'état métallique ou presque métallique, il se forme, à la surface de ces masses ferrugineuses, une couche plus ou moins épaisse de cuivre; cette cémentation, faite par la nature, donne un produit semblable à celui de cémentation artificielle ; c'est du cuivre presque pur, et que nos minéralogistes ont aussi appelé *cuivre natif* (a), quoique ce nom ne doive s'appliquer qu'au cuivre de première formation produit par le feu primitif. Au reste, comme il n'existe dans le sein de la terre que très peu de fer en état métallique, ce cuivre, produit par cette cémentation naturelle, n'est aussi qu'en petite quantité, et ne doit pas être compté au nombre des mines de ce métal.

Après la recherche des mines primitives du cuivre et des eaux cuivreuses qui méritent préférence par la facilité d'en tirer le métal, on doit s'attacher aux mines de troisième formation, dans lesquelles le cuivre, décomposé par les éléments humides, est plus ou moins séparé des parties pyriteuses, c'est-à-dire du soufre et du fer dont il est surchargé dans tous ces minerais de seconde formation. Les mines de cuivre vitreuses et soyeuses, celles d'azur et de malachites, celles de bleu et de vert de montagne, etc., sont toutes de cette troisième formation ; elles ont perdu la forme pyriteuse, et en même temps une partie du soufre et du fer qui est la base de toute pyrite : la nature a fait ici, par la voie humide et à l'aide du temps, cette séparation que nous ne faisons que par le moyen du feu; et, comme la plupart de ces mines de troisième formation ne contiennent qu'en petite quantité des parties pyriteuses, c'est-à-dire des principes du soufre, elles ne demandent aussi qu'un ou deux feux de grillage, et se réduisent ensuite en métal dès la première fonte.

Enfin, les plus rebelles de toutes les mines de cuivre, les plus difficiles à extraire, les plus dispendieuses à traiter, sont les mines de seconde formation, dans lesquelles le minerai est toujours dans un état plus ou moins pyriteux : toutes contiennent une certaine quantité de fer, et plus elles en contiennent, plus elles sont réfractaires (b) ; et malheureusement, ces mines sont dans notre climat les plus communes, les plus étendues et souvent les seules qui se présentent à nos recherches : il faut, comme nous l'avons dit, plusieurs torréfactions avant de les jeter au fourneau de fusion, et souvent encore plusieurs autres feux pour en griller les mattes avant que par la fonte elles se réduisent en cuivre noir, qu'il faut encore traiter au feu pour achever d'en faire du cuivre rouge. Dans ces travaux, il se fait une immense consommation de matières combustibles ; les soins multipliés, les dépenses excessives ont souvent fait abandonner ces mines : ce n'est que dans les endroits où les combustibles, bois ou charbon de terre abondent, ou bien dans ceux où le minerai de cuivre est mêlé d'or ou d'argent, qu'on peut exploiter ces mines pyriteuses avec profit; et comme l'on cherche, avec raison, tous les moyens qui peuvent diminuer la dépense, on a tenté de réunir les pratiques de la cémentation et de la lessive à celle de la torréfaction (c).

(a) Lorsque ces eaux, qui tiennent du vitriol bleu en dissolution, rencontrent des molécules ferrugineuses (sans doute dans l'état métallique ou très voisines de cet état), il en résulte une espèce de cémentation naturelle qui donne naissance à du cuivre *natif. Lettres* de M. Demeste au docteur Bernard, t. II, p. 368.

(b) Toutes les mines de cuivre sulfureuses ou arsenicales contiennent toujours plus ou moins de fer... L'arsenic ne reste si opiniâtrément uni au cuivre que parce qu'il est joint avec le fer... Il faut donc, pour avoir du bon cuivre, séparer, autant qu'il est possible, toutes les parties du fer qui peuvent s'y trouver, et c'est par le moyen du soufre qu'on peut faire cette séparation. Voyez Delius, cité dans le *Journal de physique*, juillet 1780, p. 53 et suiv.

(c) Quand on veut avoir le cuivre des mines sans les fondre, il faut les griller et les

Nous ne donnerons point ici le détail des opérations du raffinage de ce métal (a); ce serait trop s'éloigner de notre objet, et nous nous contenterons seulement d'observer que

porter toutes rouges, ou au moins très chaudes, dans une cuve où l'on aura mis un peu d'eau auparavant, pour empêcher qu'elles ne s'allument, ce qui arrive quand elles sont sulfureuses... Comme la mine s'y met presque rouge, l'eau s'échauffe et elle détache mieux la partie cuivreuse dissoute par l'acide du soufre, ce qu'elle fait en moins de deux jours si la mine a été bien grillée, car celle qui ne l'a point été n'abandonne pas son cuivre. Pour avoir encore ce qui peut être resté de cuivre dans la mine après cette première opération, on la grille une seconde fois et même on lui donne deux feux, parce qu'étant humide et presque réduite en boue, un premier feu la grille mal; lorsqu'elle est bien grillée, on la remet dans la cuve sur la première lessive; quand on veut l'avoir plus forte et plus chargée de cuivre, on l'y laisse quarante-huit heures.

On peut employer cette lessive à deux usages : 1° en l'évaporant pour en faire du vitriol bleu; 2° à en précipiter le cuivre... Quand la lessive s'est chargée de cuivre, on la retire de dessus son marc, et on la fait chauffer dans une chaudière de plomb. On a dans une cuve plusieurs barres de fer arrangées verticalement, et toutes séparées les unes des autres...; on y verse ensuite la lessive toute chaude, et on couvre la cuve pour en conserver la chaleur, car, plus longtemps elle reste chaude, plus tôt le cuivre s'y précipite; et, s'il y a assez de fer dans la cuve, tout le cuivre peut s'y précipiter dès la première fois, sans quoi il faudrait chauffer de nouveau la lessive; car, quoique le cuivre se précipite aussi dans la lessive froide, la précipitation en est beaucoup plus lente...

Pour connaître si tout le cuivre a été précipité, on trempe dans la lessive une lame de fer polie et qui ne soit point grasse, et on l'y tient quelque temps : si cette lame se couvre d'un enduit rouge, c'est une preuve qu'il y a encore du cuivre dans la lessive; si elle n'y change pas de couleur, tout le cuivre est précipité.

Lorsque tout le cuivre s'est précipité, on fait couler la lessive dans des baquets, en débouchant les trous qui sont à différentes hauteurs le long d'un des côtés de la cuve, afin de ne pas déranger les barres de fer; il faut prendre garde aussi, lorsqu'on a débouché les trous d'en bas, que l'eau n'entraîne avec elle le limon cuivreux. Cette lessive, coulée et reçue dans les baquets, peut être employée à faire la couperose verte, puisqu'elle contient du fer disssous.

Tant que les barres de fer ne sont pas entièrement rongées, elles peuvent toujours servir à précipiter, et il n'est pas nécessaire de les sortir souvent de la cuve pour les nettoyer : ainsi l'on peut verser de la nouvelle lessive chaude jusqu'à ce qu'elles soient presque détruites; après quoi on les retire, on les racle et l'on met la matière cuivreuse qui en tombe dans de l'eau claire. On pourrait mettre d'abord ces barres de fer dans la chaudière de plomb où l'on fait bouillir la lessive cuivreuse; la précipitation se ferait encore plus vite.

La matière cuivreuse qui vient de cette précipitation contient beaucoup de fer, qu'on peut en séparer en partie par le lavage; mais, comme le cuivre est réduit en un limon fort fin, il faut bien prendre garde que l'eau ne l'emporte avec elle. Lorsqu'on a rassemblé assez de ce limon pour en faire une fonte, on le grille si l'on veut, quoique cela ne soit pas nécessaire; mais, comme il faut le sécher exactement avant de le fondre, on le met sur une aire couverte de charbon, qu'on allume pour qu'il rougisse : on répète cette manœuvre deux fois, parce qu'ainsi grillé il se fond plus aisément.

Ce cuivre, ainsi précipité, est la même chose que le *cément* de Hongrie, et on le fond avec addition de scories qui ne rendent point de mattes, et mieux encore avec des scories de refonte de litharge; alors on ne retire de la fonte que du cuivre noir et point de matte.

Cette manière de retirer le cuivre de ses mines se fait avec des frais peu considérables, mais elle n'en sépare jamais tout le cuivre, et le minéral qui reste en contient encore assez pour mériter d'être fondu. *Traité de la fonte des mines* de Schlutter, traduit par Hellot, t. II, p. 502 et suiv.

(a) Le déchet au raffinage du cuivre noir de Saint-Bel est de huit à neuf pour cent. (Mémoires de M. Jars.) — Le déchet des cuivres bruts de Barbarie et de Mogador n'est que de cinq ou six pour cent. (Mémoires de M. de Limare.)

le déchet au raffinage est d'autant moindre (*a*) que la quantité qu'on raffine à la fois est plus grande; et cela par une raison générale et très simple, c'est qu'un grand volume offrant à proportion moins de surface qu'un petit, l'action destructive de l'air et du feu qui porte immédiatement sur la surface du métal emporte, calcine ou brûle moins de parties de la masse en grand qu'en petit volume : au reste, nous n'avons point encore en France d'assez grands fourneaux de fonderie pour raffiner le cuivre avec profit; les Anglais ont non seulement établi plusieurs de ces fourneaux (*b*), mais ils ont en même temps construit des machines pour laminer le cuivre afin d'en revêtir leurs navires. Au moyen de ces grands fourneaux de raffinage, ils tirent bon parti des cuivres bruts qu'ils achètent au Chili, au Mexique, en Barbarie et à Mogador; ils en font un commerce très avantageux, car c'est d'Angleterre que nous tirons nous-mêmes la plus grande partie des cuivres dont on se sert en France et dans nos colonies; nous éviterons donc cette perte, nous gagnerons même beaucoup si l'on continue de protéger l'établissement que M. de Limare (*c*).

(*a*) Un raffinage de cinquante quintaux de cuivre noir rend ordinairement quarante-cinq à quarante-six quintaux de cuivre rosette, ce qui fait un déchet de huit ou neuf pour cent: mais ce déchet n'est qu'apparent, puisque, par des essais réitérés, on a reconnu que son déchet réel n'était que de quatre et demi pour cent, parce qu'il reste toujours beaucoup de cuivre dans les crasses; on sait que, dans quelques fourneaux que ce soit, les scories provenant du raffinage sont toujours riches en cuivre : il est prouvé que le cuivre fait environ un pour cent moins de déchet dans le fourneau à manche que sur les petits foyers, et on peut attribuer cette différence à ce que l'on perfectionne dans une seule opération une quantité de cuivre qui en exige au moins vingt sur le petit foyer; on sait que l'on ne peut raffiner du cuivre sans qu'il n'y en ait toujours un peu qui se scorifie avec les matières qui lui sont étrangères : plus le volume est grand, plus la quantité qui se scorifie est petite à proportion... Il est prouvé que la dépense du grand fourneau est moindre de deux tiers de celle qu'exige en charbon le raffinage sur les petits foyers... Le fourneau de Chessy, dans le Lyonnais, à raffiner le cuivre, a plus de chaleur que n'en ont ceux d'Allemagne... Celui de Gruenthal, en Saxe, consomme quatre cent trente-huit pieds cubes de bois de corde, et environ vingt-quatre pieds de charbon pour raffiner quarante quintaux de cuivre noir; à Tayoba, en Hongrie, on consomme deux cent vingt pieds cubes de bois de corde pour raffiner cinquante quintaux de cuivre noir, auxquels on ajoute trois ou quatre quintaux de plomb, qui se scorifient en pure perte : on sait encore que dix livres de plomb scorifient environ une livre de cuivre. M. Jars, *Mémoires de l'Académie des sciences*, année 1769, p. 602 et 603.

(*b*) On raffine aujourd'hui le cuivre dans de grands fourneaux à réverbère, à l'aide du vent d'un soufflet qu'une roue hydraulique fait mouvoir; on n'y emploie que du charbon de terre naturel. Chaque raffinage est de quatre-vingts quintaux, et dure quinze à seize heures. On fait ordinairement trois raffinages de suite dans le même fourneau par semaine; on le laisse refroidir, et on le répare pour la semaine suivante. Quand les opérations sont considérables, il faut avoir trois de ces fourneaux, dont un est toujours en réparation lorsque les autres sont en feu. En se bornant à mille quintaux de fabrication par mois, il suffit d'un de ces fourneaux à réverbère. *Mémoire sur l'établissement d'une fonderie et d'un laminoir de cuivre*, communiqué à M. de Buffon par M. de Limare.

(*c*) Les ordres du ministre pour doubler les vaisseaux en cuivre, dit M. de Limare, font prendre le parti d'établir des fourneaux de fonderie et des laminoirs à Nantes, où l'on ferait amener de Cadix les cuivres bruts du Chili et de toute l'Amérique, ainsi que ceux de Mogador et de la Barbarie; on pourrait même tirer ceux du Levant qui viennent à Marseille, car Nantes est le port du royaume qui expédie et qui reçoit le plus de navires de Cadix, de la Russie et de l'Amérique septentrionale; il est aussi le plus à portée des mines de charbon de terre et des débouchés d'Orléans et de Paris, ainsi que des arsenaux de Rochefort, de Lorient et de Brest.

La consommation du cuivre ne peut qu'accroître, avec le temps, par la quantité de nitrières qu'on établit dans le royaume, par le doublage des navires que l'on commence à

l'un de nos plus habiles métallurgistes, vient d'entreprendre sous les auspices du Gouvernement.

faire en cuivre, etc., par les expéditions que l'on pourra faire pour l'Inde de planches de cuivre coulé, par la fourniture des arsenaux d'Espagne pour le doublement de leurs vaisseaux, en payement de laquelle on prendrait des cuivres bruts du Mexique, dont le roi d'Espagne s'est réservé la possession, et qui ne perdent que six à sept pour cent dans l'opération du raffinage...

Les cuivres bruts de Barbarie ne coûteront pas davantage, soit qu'on les tire directement de Mogador et de Larrache par les navires hollandais, soit que l'on prenne la voie de Cadix par les vaisseaux mêmes de Nantes, qui font souvent le cabotage, en attendant leur chargement en retour pour la France. D'ailleurs, ces navires de Barbarie ne donnent que cinq à six pour cent de déchet au raffinage.

On pourra aussi se procurer des cuivres bruts de la Russie, de la Hongrie, et surtout de l'Amérique septentrionale, qui a fourni jusqu'à ce jour la majeure partie des raffineries anglaises. Mémoire communiqué par M. de Limare à M. de Buffon, en novembre 1780.

DE L'ÉTAIN

Ce métal, le plus léger de tous (*a*), n'est pas à beaucoup près aussi répandu que les cinq autres; il paraît affecter des lieux particuliers, et dans lesquels il se trouve en grande quantité; il est aussi très rarement mêlé avec l'argent, et ne se trouve point avec l'or; nulle part il ne se présente sous sa forme métallique (*b*), et, quoiqu'il y ait d'assez grandes variétés dans ses mines, elles sont toutes plus ou moins mêlées d'arsenic. On en connaît deux sortes principales : la mine en pierre vitreuse ou roche quartzeuse, dans laquelle l'étain est disséminé, comme le fer l'est dans ses mines primordiales; et la mine cristallisée qui est ordinairement plus riche que la première.

Les cristaux de ces mines d'étain sont très apparents, très distincts, et ont quelquefois plus d'un pouce de longueur. Dans chaque minière, et souvent dans la même, ils sont de couleurs différentes; il y en a de noirs, de blancs, de jaunes et de rouges comme le grenat: les cristaux noirs sont les plus communs et les plus riches en métal : il paraît que le foie de soufre, qui noircit la surface de l'étain, a eu part à la minéralisation de mines en cristaux noirs; quelques-unes de ces mines donnent soixante-dix, et jusqu'à quatre-vingts livres d'étain par quintal (*c*). Les cristaux blancs pèsent plus qu'aucun des autres, et cependant ils ne rendent que trente ou quarante livres de métal pour cent; dans les mines de Saxe, les cristaux rouges et les jaunes sont plus rares que les noirs et les blancs : toutes ces mines en cristaux se réduisent aisément en étain, par la simple addition de quelques matières inflammables, ce qui démontre que ce ne sont que des chaux, c'est-à-dire du métal calciné, et qui s'est ensuite cristallisé par l'intermède de l'eau.

Dans la seconde sorte de mines d'étain, c'est-à-dire celles qui sont en pierre ou roche, le métal, ou plutôt la chaux de l'étain est si intimement incorporée avec la pierre, que ces

(*a*) Le pied cube d'étain pur de Cornouailles, fondu et non battu, pèse, suivant M. Brisson, 510 livres 6 onces 2 gros 68 grains, et lorsque ce même étain est battu ou écroui, le pied cube pèse 510 livres 15 onces 2 gros 45 grains; ce qui démontre que ce métal n'est que peu susceptible de compression. L'étain de Melac ou de Malaca, fondu et non battu, pèse le pied cube 510 livres 11 onces 6 gros 61 grains, et lorsqu'il est battu ou écroui, il pèse 511 livres 7 onces 2 gros 17 grains : ainsi cet étain de Malaca peut se comprimer un peu plus que l'étain de Cornouailles. La pesanteur spécifique de l'étain fin et de l'étain commun est beaucoup plus grande, parce que ces étains sont plus ou moins alliés de cuivre et de plomb.

(*b*) Quelques auteurs ont écrit qu'on avait trouvé des morceaux d'étain natif dans les mines d'étain de Bohême et de Saxe, mais cela est très douteux; et l'étain que l'on voit dans les Cabinets sous le nom d'*étain natif*, qui a une figure de stalactite non cylindrique, mais ondulée ou bouillonnée et argentine, et qu'on prétend qui se trouve dans la presqu'île de Malaca, nous paraît formé par le feu des volcans. Bomare, *Minéralogie*, t. II, article de l'*Étain*.

(*c*) *Traité de la fonte des mines* de Schlutter, t. 1er, p. 215.

mines sont très dures et très difficiles à fondre. La plupart des mines de Cornouailles en Angleterre, celles de Bohême et quelques-unes de la Saxe sont de cette nature; elles se trouvent quelquefois mêlées de mines en cristaux; mais d'ordinaire ces mines en pierres sont seules et se trouvent en filons, en couches, en rognons, en grenailles: souvent le roc qui les renferme est si dur qu'on ne peut le faire éclater qu'en le pétardant avec la poudre, et qu'on est quelquefois obligé de le calciner auparavant pour l'attendrir, en faisant un grand feu pendant plusieurs jours dans l'excavation de la mine; ensuite, lorsqu'on a tiré les blocs, on est obligé de les faire griller avant de les broyer sous le bocard, où la mine se lave en même temps qu'elle se réduit en poudre; et il faut encore faire griller cette poudre métallique avant qu'on ne puisse la réduire en métal.

Si la mine d'étain, ce qui est assez rare, se trouve mêlée d'argent, on ne peut séparer ces deux métaux qu'en faisant vitrifier l'étain (a): si elle est mêlée de minerai de cuivre, la mine d'étain, plus pesante que celle de cuivre, s'en sépare par le lavage; mais, lorsqu'elle est mêlée avec la mine de fer, on n'a pas trouvé d'autre moyen de séparer ces deux métaux qu'en les broyant à sec, et en tirant ensuite le fer au moyen de l'aimant.

Après que le minerai d'étain a été grillé et lavé, on le porte au fourneau de fusion qu'on a eu soin de bien chauffer auparavant; on le remplit en parties égales de charbon et de mine humectée; on donne le feu pendant dix ou douze heures, après quoi l'on perce le creuset du fourneau pour laisser couler l'étain qu'on reçoit dans des lingotières; on recueille aussi les scories pour les refondre et en retirer le métal qu'elles ont retenu, et qu'on ne peut obtenir en entier que par plusieurs fusions. En Saxe, l'on fond ordinairement dix-huit ou vingt quintaux de mines en vingt-quatre heures, mais il est très nécessaire de faire bien griller et calciner le minerai avant de le porter au fourneau de fusion. afin d'en faire sublimer, autant qu'il est possible, l'arsenic qui s'y trouve si intimement mêlé qu'on n'a pu trouver encore les moyens de l'enlever en entier et de le séparer parfaitement de l'étain; et, comme les mines de ce métal sont toutes plus ou moins arsenicales, il faut non seulement les griller, les broyer et les laver une première fois, mais réitérer ces mêmes opérations deux, trois et quatre fois, selon que le minerai est plus ou moins chargé d'arsenic, qui, dans l'état de nature, paraît faire partie constituante de ces mines: ainsi l'étain et l'arsenic, dès les premiers temps de la formation des mines par l'action du feu primitif, ont été incorporés ensemble; et, comme il ne faut qu'un très médiocre degré de chaleur pour tenir l'étain en fusion, il aura été entièrement calciné par la violente chaleur du feu primitif, et c'est par cette raison qu'on ne le trouve nulle part dans le sein de la

(a) De tous les moyens que l'on indique pour séparer l'argent de l'étain, le meilleur et le plus simple est d'employer le fer. M. Grosse a trouvé ce moyen en essayant une sorte de plomb, pour voir s'il pouvait être employé aux coupelles, car on s'était aperçu qu'il était allié d'étain. Il jeta dessus de la limaille de fer, et donna un bon feu..... En peu de temps, le plomb se couvrit d'une nappe formée par l'étain et le fer; alors il est bon d'ajouter un peu de sel alcali fixe pour faciliter la séparation de ces scories d'avec le régule. Cette pratique peut être employée à séparer l'étain de l'argent; mais, avant d'y ajouter le fer, il faut y mettre le plomb, sans quoi la fonte se ferait difficilement et même imparfaitement, parce que l'étain se calcinerait sans se séparer de l'argent. Il n'y a point de meilleur moyen de remédier aux coupelles dont le plomb se hérisse ou végète à l'occasion de l'étain.

Mais si on avait de l'or et de l'argent alliés d'étain, il faudrait calciner vivement ces métaux dans un creuset, afin de vitrifier l'étain; et ensuite, pour enlever ce verre d'étain, ou même pour perfectionner sa vitrification, il suffirait de jeter dans le creuset un peu de verre de plomb. M. Grosse, cité par M. Hellot dans le *Traité de la fonte des mines* de Schlutter, t. Ier, p. 226. — Ce procédé pour la calcination de l'étain ne peut se faire dans un creuset que très lentement et par une manœuvre pénible, au lieu que cette opération se fait facilement, promptement et complètement sur un test à rôtir. Note communiquée par M. de Morveau.

terre sous sa forme métallique; et, comme il a plus d'affinité avec l'arsenic qu'avec toute autre matière, leurs parties calcinées et leurs vapeurs sublimées se seront mutuellement saisies, et ont formé les mines primordiales dans lesquelles l'étain n'est mêlé qu'avec l'arsenic seul. Celles qui contiennent des parties pyriteuses sont de seconde formation, et ne se sont établies qu'après les premières; elles doivent, comme toutes les mines pyriteuses, leur formation et leur position à l'action et au mouvement des eaux : les premières mines d'étain se trouvent par cette raison en filons dans les montagnes quartzeuses produites par le feu, et les secondes dans les montagnes à couches formées par le dépôt des eaux.

Lorsque l'on jette la mine d'étain au fourneau de fusion, il faut tâcher de la faire fondre le plus vite qu'il est possible, pour empêcher la calcination du métal (*a*), qu'on doit aussi avoir soin de couvrir de poudre de charbon au moment qu'il est réduit en fonte; car à peine est-il en fusion, que sa surface se change en chaux grise, qui devient blanche en continuant le feu. Cette chaux, dans le premier état, s'appelle *cendre d'étain*, et dans le second on la nomme *potée*. Lorsque cette dernière chaux ou potée d'étain a été bien calcinée, elle est aussi réfractaire au feu que les os calcinés : on ne peut la fondre seule qu'à un feu long et très violent; elle s'y convertit en un verre laiteux semblable par la couleur à la calcédoine, et, lorsqu'on la mêle avec du verre, elle entre à la vérité dans l'émail qui résulte de cette fusion, mais sans être vitrifiée (*b*); c'est avec cette potée d'étain, mêlée de matières vitrifiables, que l'on fait l'émail le plus blanc de nos belles faïences.

Lorsque les mines d'étain contiennent beaucoup d'arsenic, et qu'on est obligé de les griller et calciner à plusieurs reprises, on recueille l'arsenic en faisant passer la fumée de cette mine en calcination par des cheminées fort inclinées. Les parties arsenicales s'attachent aux parois de ces cheminées, dont il est ensuite aisé de les détacher en les raclant.

On peut imiter artificiellement ces mines d'étain (*c*), en mêlant avec ce métal de l'arsenic calciné; et même ce minéral ne manque jamais d'opérer la calcination de l'étain, et de se mêler intimement avec sa chaux lorsqu'on le traite au feu avec ce métal (*d*), ce qui

(*a*) Les Anglais font rôtir trois fois la mine d'étain, et la lavent jusqu'à ce qu'il n'y paraisse plus rien de terreux; ensuite ils la chauffent une quatrième fois jusqu'à la faire bien rougir. Ils la pèsent pour savoir ce qu'elle a perdu au lavage et à la calcination : à une partie de cette mine ainsi préparée, ils joignent trois parties de *flux noir;* ils mettent ce mélange dans un creuset et le couvrent de sel commun. Ils fondent à un feu vif et prompt, et n'y laissent le creuset que le temps nécessaire pour faire fondre l'étain, tant parce qu'il se brûle aisément que parce que les sels en fusion le rongent et en dérobent.

Quelquefois ils substituent au flux noir la même quantité de charbon de terre en poudre; ils le mêlent et conduisent la fonte comme par le flux noir. *Traité de la fonte des mines* de Schlutter, traduit par M. Hellot, t. Ier, p. 221.

(*b*) Si l'on mêle la potée d'étain, au moyen de la fusion, avec du verre blanc transparent, bientôt il devient opaque et passe à l'état d'*émail* par l'interposition des molécules de cette chaux invitrifiable, même par l'intermède du verre de plomb; aussi empêche-t-elle la coupellation en nageant à la surface du plomb fondu, et, lorsqu'on veut coupeller quelque matière métallique qui contient de l'étain, il faut, par une calcination préliminaire, en extraire ce dernier métal. *Lettres* de M. Demeste à M. Bernard, t. II, p. 406.

(*c*) M. Monnet fait entrer du fer en quantité dans la composition de la mine artificielle d'étain. On pourrait donc croire, avec quelque fondement, qu'il en est de l'étain comme du cuivre, et que l'arsenic ne leur adhère si fortement que par le fer que les mines de ces deux métaux contiennent.

(*d*) Une demi-once de rognures de feuilles d'étain acquit, par cette calcination dans une cucurbite de verre, vingt-six grains d'augmentation de poids, quoique la chaleur eût été assez modérée pour que l'arsenic se sublimât sans faire entrer le métal en fusion. *Éléments de chimie*, par M. de Morveau, t. II, p. 330.

nous prouve que c'est de cette manière que la nature a produit ces mines d'étain, et que c'est à la calcination de ces deux substances par le feu primitif qu'est due leur origine; les parties métalliques de l'étain se seront réunies avec l'arsenic, et de la décomposition de ces mines par les éléments humides ont résulté les mines de seconde formation, qui toutes sont mêlées de pyrites décomposées et d'arsenic : ainsi, dans toutes ces mines, l'étain n'est ni dans son état de métal, ni même minéralisé par les principes du soufre; il est toujours dans son état primitif de chaux, et il est simplement uni avec l'arsenic. Dans les mines de seconde formation, la chaux d'étain est non seulement mêlée d'arsenic, mais encore de fer et de quelques autres matières métalliques, telles que le cuivre, le zinc et le cobalt.

La nature n'ayant produit l'étain qu'en chaux (*), et point du tout sous sa forme métallique, c'est uniquement à nos recherches et à notre art que nous devons la connaissance et la jouissance de ce métal utile : il est d'un très beau blanc, quoique moins brillant que l'argent; il a peu de dureté, il est même, après le plomb, le plus mou des métaux; on est obligé de mêler un peu de cuivre avec l'étain, pour lui donner la fermeté qu'exigent les ouvrages qu'on en veut faire; par ce mélange, il devient d'autant plus dur qu'on augmente davantage la proportion du cuivre; et, lorsqu'on mêle avec ce dernier métal une certaine quantité d'étain, l'alliage qui en résulte, auquel on donne le nom d'*airain* ou de *bronze*, est beaucoup plus dur, plus élastique et plus sonore que le cuivre même.

Quoique tendre et mou lorsqu'il est pur, l'étain ne laisse pas de conserver un peu d'aigreur, car il est moins ductile que les métaux plus durs, et il fait entendre, lorsqu'on le plie, un petit cri ou craquement qui n'est produit que par le frottement entre ses parties constituantes, et qui semble annoncer leur désunion ; cependant on a quelque peine à le rompre, et on peut le réduire en feuilles assez minces, quoique la ténacité ou la cohérence de ses parties ne soit pas grande ; car un fil d'étain d'un dixième de pouce de diamètre se rompt sous moins de cinquante livres de poids; sa densité, quoique moindre que celle des cinq autres métaux, est cependant proportionnellement plus grande que sa ténacité; car un pied cube d'étain pèse 510 ou 511 livres. Au reste, la pesanteur spécifique de l'étain qui est dans le commerce varie suivant les différents endroits où on le fabrique ; celui qui nous vient d'Angleterre est plus pesant que celui d'Allemagne et de Suède.

L'étain rend par le frottement une odeur désagréable ; mis sur la langue, sa saveur est déplaisante : ces deux qualités peuvent provenir de l'arsenic dont il est très rare qu'il soit entièrement purgé ; l'on s'en aperçoit bien par la vapeur que ce métal répand en entrant en fusion ; c'est une odeur à peu près semblable à celle de l'ail, qui, comme l'on sait, caractérise l'odeur des vapeurs arsenicales.

L'étain résiste plus que les autres métaux imparfaits à l'action des éléments humides ; il ne se convertit point en rouille comme le fer, le cuivre et le plomb, et, quoique sa surface se ternisse à l'air, l'intérieur demeure intact, et sa superficie se ternit d'autant moins qu'il est plus épuré ; mais il n'y a point d'étain pur dans le commerce : celui qui nous vient d'Angleterre est toujours mêlé d'un peu de cuivre, et celui que l'on appelle *étain fin* ne laisse pas d'être mêlé de plomb.

Quoique l'étain soit le plus léger des métaux, sa mine, dans laquelle il est toujours en état de chaux, est spécifiquement plus pesante qu'aucune de celles des autres métaux minéralisés, et il paraît que cette grande pesanteur provient de son intimité d'union avec l'arsenic ; car, en traitant ces mines, on a observé que les plus pesantes sont celles qui contiennent en effet une plus grande quantité de ce minéral. Les minerais d'étain, soit en pierre, soit en cristaux, soit en poudre ou sablon, sont donc toujours mêlés d'arsenic, mais souvent ils contiennent aussi du fer : ils sont de différentes couleurs, les plus communs

(*) C'est-à-dire à l'état d'oxyde.

sont les noirs et les blancs ; mais, lorsqu'on les broie, leurs couleurs s'exaltent et ils deviennent plus ou moins rouges par cette comminution. Au reste, les sables ou poudres métalliques qu'on trouve souvent dans les mines d'étain n'en sont que des détriments, et quelquefois ces détriments sont si fort altérés qu'ils ont perdu toute consistance, et presque toutes les propriétés métalliques. Les mineurs ont appelé *mundick* cette poussière qu'ils rejettent comme trop appauvrie, et dont en effet on ne peut tirer, avec beaucoup de travail, qu'une très petite quantité d'étain ; la substance de ce mundick n'est pour la plus grande partie que de l'arsenic décomposé (*a*).

Comme l'étain ne se trouve qu'en quelques contrées particulières, et que ses mines, en général, sont assez difficiles à extraire et à traiter, on peut croire avec fondement que ce métal n'a été connu et employé que longtemps après l'or, l'argent et le cuivre, qui se sont présentés dès les premiers temps sous leur forme métallique ; on peut dire la même chose du plomb et du fer ; ces métaux n'ont vraisemblablement été employés que les derniers ; néanmoins, la connaissance et l'usage des six métaux date de plus de trois mille cinq cents ans ; ils sont tous nommés dans les livres sacrés ; les armes d'Achille, faites par Vulcain, étaient de cuivre allié d'étain (*b*) : les Hébreux et les anciens Grecs ont donc employé ce dernier métal (*c*), et comme les grandes Indes leur étaient inconnues, et qu'ils n'avaient commerce avec les nations étrangères que par les Phéniciens (*d*), il est à présumer qu'ils tiraient cet étain d'Angleterre, ou qu'il y avait, dans ce temps, des mines de ce métal en exploitation dans l'Asie Mineure, lesquelles depuis ont été abandonnées (*e*). Actuellement, on ne connaît en Europe, ou plutôt on ne travaille les mines d'étain qu'en Angleterre et en quelques provinces de l'Allemagne ; ces mines sont très abondantes et comme accumulées les unes auprès des autres dans ces contrées : ce n'est pas qu'il n'y en ait ailleurs, mais elles sont si pauvres, en comparaison de celles de Cornouailles en Angleterre, et de celles de Bohême et de Saxe, qu'on les a négligées ou tout à fait oubliées.

(*a*) On distingue aisément le *mundick* des autres mines par sa couleur brillante, mais cependant brune et sale, et dont elle teint les doigts... Les mineurs assurent qu'ils ne trouvent que peu ou point d'étain dans les endroits où ils rencontrent du mundick... Et il est sûr que, si on laisse du mundick parmi l'étain qu'on veut fondre, il le rend épais et moins ductile... Les mineurs regardent cette substance, mundick, comme un poison, et croient que c'est une espèce d'arsenic... Il en sort en effet une puanteur très dangereuse, lorsqu'on le brûle pour le séparer de l'étain. Merret, *Collection académique*, partie étrangère, t. II, p. 480 et suiv. — On distingue aisément ce mundick du minerai d'étain, car le mundick s'attache aux doigts et les salit ; cette matière, si elle reste avec l'étain, le gâte, lui ôte son éclat et le rend cassant. Le feu dissipe le mundick et l'odeur en est pernicieuse. M. Hellot, ayant examiné cette matière, l'a trouvée presque en tout semblable à une mine bitumineuse d'arsenic qui fut envoyée de Sainte-Marie-aux-Mines. *Minéralogie* de M. de Bomare, t. II, p. 111 et suiv.

(*b*) Homère nous dit aussi que les héros de Troie couvraient de plaques d'étain la tête des chevaux attelés à leur char de bataille ; mais il ne paraît pas qu'au temps du siège de Troie, les Grecs se servissent de vases d'étain sur leur table, car Homère, si fidèle à représenter toutes les coutumes, ne dit rien à ce sujet, tandis qu'il fait plus d'une fois mention des chaudrons d'airain dans lesquels les capitaines et les soldats faisaient cuire leur viande.

(*c*) Les anciens Romains se servaient de miroirs d'étain que l'on fabriquait à Brindes, et il y a toute apparence que cet étain était mêlé de bismuth. « Specula ex stanno laudatissima » Brundusii temperabantur, donec argenteis uti cœpere et ancillæ. » Pline, lib. XXXIV, cap. XVII.

(*d*) Le prophète Ézéchiel, en s'adressant à la ville de Tyr, lui dit : « Les Carthaginois » trafiquaient avec vous ; ils vous apportaient toutes sortes de richesses et remplissaient vos » marchés d'argent, de plomb et d'étain. » Chap. XXVII, v. 12.

(*e*) Woodward prétend, peut-être pour l'honneur de sa nation, que les anciens Bretons faisaient commerce avec les Phéniciens, et leur fournissaient de l'étain dès la plus haute antiquité ; mais ce savant naturaliste ne cite pas les garants de ce fait.

En France, on a reconnu des mines d'étain dans la province de Bretagne, et, comme elle n'est pas fort éloignée de Cornouailles, il paraît qu'on pourrait y chercher ces mines avec espérance de succès : on en a aussi trouvé des indices en Anjou, au Gévaudan et dans le comté de Foix (a). On en a reconnu en Suisse (b); mais aucune de ces mines de France et de Suisse n'a été suivie ni travaillée. En Suède, on a découvert et exploité deux mines d'étain qui se sont trouvées assez riches en métal (c); mais les plus riches de toute l'Europe sont celles des provinces de Cornouailles (d) et de Dévon, en Angleterre, et néanmoins ces mines paraissent être de seconde ou de troisième formation (e); car on y a

(a) Dans le Gévaudan, il y a dans la paroisse de Veuron, selon M. de Murville, une mine d'étain qu'on pourrait traiter avec succès... Suivant Malus, il y a de l'étain dans les montagnes de la vallée d'Uston, au comté de Foix... Et en Anjou, suivant Piganiol, il y a dans la paroisse de Courcelles des mines d'argent, de plomb et d'étain. *Traité de la fonte des mines* de Schlutter, t. Ier, p. 24, 41 et 63.

(b) La montagne Aubrig, dans le canton Schwitz, en Suisse, renferme de l'étain qui est mêlé de pierres lenticulaires et de peignes. M. Guettard, *Mémoires de l'Académie des sciences*, année 1752, p. 330.

(c) On a découvert dans la province de Danmora une mine d'étain mêlée de fer, dont M. Richman a donné la description; elle est plus dure et moins pesante que les mines d'étain de Saxe, et moins abondante en étain. M. Brandt en ajoute une autre, découverte auprès de Westanfors, dans la Werstmanie; elle a encore moins d'étain, moins de pesanteur spécifique et plus de fer. *Bibliothèque raisonnée*, t. XLI, p. 27.

(d) Les mines de Cornouailles sont de couleurs différentes; il y en a de six sortes : de la pâle, de la grise, de la blanche, de la brune, de la rouge et de la noire : cette dernière est la plus riche et la meilleure, et cependant les plus riches de toutes ne donnent que cinquante pour cent. On trouve dans le *sparr*, qui fait souvent la gangue de cette mine, des cristaux assez durs pour couper le verre, lesquels sont quelquefois d'un rouge transparent et ont l'éclat du rubis. Sur ce *sparr* on trouve aussi une autre sorte de substance semblable à une pierre blanche, tendre, que les mineurs appellent *kelum*, qui laisse une écume blanche lorsqu'on la lave dans l'eau en sortant de la mine : il semble que ce soit la même matière que le *sparr*, et qu'elle n'en diffère que par le degré de pétrification cristalline... et à l'égard des cristaux d'étain, on peut assurer qu'ils sont toujours mêlés d'arsenic, dont ils répandent l'odeur et même des particules farineuses par une simple calcination sur une pelle à feu... Les cristaux blancs sont ceux qui sont le plus mêlés d'arsenic; ils sont les plus réfractaires au feu, et ce sont les plus rares. Il y a d'autres cristaux d'étain d'un jaune d'or qui sont aussi assez rares, autre part que dans la Hesse; d'autres cristaux qui sont d'une couleur rouge tirant communément sur celle du spath rose ou du *petit rubis;* ils sont pour l'ordinaire un peu transparents : il y a aussi des cristaux d'étain transparents de couleur violette; ils produisent abondamment dans la fonte; on en trouve en Hongrie dont la figure est presque cubique, et accompagnée quelquefois de pyrites sulfureuses; il y a aussi des cristaux bruns qui ont souvent une figure fort bizarre, leur couleur est assez semblable à celle des grenats bruts ordinaires; il y en a aussi de verts qui ne pèsent pas autant que les bruns, et qui cependant rendent beaucoup à la fonte; ils forment des espèces de quilles à huit pans, d'un brun noirâtre en dehors, fort durs et d'un vert chatoyant intérieurement comme le spath vitreux et écailleux. *Minéralogie* de M. Bomare, t. II, p. 111 et suiv.

(e) L'étain est si abondant dans le pays de Cornouailles, qu'il est répandu presque partout, et que même les filons de cuivre les plus abondants contiennent de l'étain dans leur partie supérieure, c'est-à-dire proche la surface de la terre; ce métal y est même assez abondant pour mériter l'extraction. D'autres fois, le minéral de cuivre et celui d'étain se trouvent dans le même filon, quoique séparément, ce qui ne continue pas ordinairement dans la profondeur.

Presque joignant la ville de Redrath, on exploite une mine d'étain très considérable, nommée *peduandrea*. Cette mine fut d'abord commencée comme mine de cuivre; on y a extrait une très grande quantité de minéral; on y travaillait alors deux filons parallèles qui

trouvé des débris de végétaux, et même des arbres entiers (*a*) : elles sont en couches ou veines très voisines, et d'une longue étendue, toutes dans la même direction de l'est à l'ouest (*b*), comme sont aussi toutes les veines de charbon de terre et autres matières anciennement entraînées et déposées par le mouvement des mers; et ces veines d'étain courent pour la plupart à la surface du terrain, et ne descendent guère qu'à quarante ou cinquante toises de profondeur; elles gisent dans des montagnes à couches de médiocre hauteur, et leurs débris, entraînés par les eaux pluviales, se retrouvent dans les vallons en si grande quantité, qu'il y a souvent plus de profit à les ramasser qu'à fouiller les mines dont ils proviennent (*c*). Ces veines, très longues en étendue, n'ont que peu de largeur; il y en a qui n'ont que quelques pouces, et les plus larges n'ont que six ou sept pieds (*d*); elles

se touchaient presque l'un l'autre, de sorte qu'ils n'en formaient qu'un seul : l'un produisait du minéral jaune de cuivre ou pyrite cuivreuse, et l'autre du minéral d'étain. Le premier était joignant le toit, et le second joignant le mur ou rocher inférieur; mais en allant dans la profondeur, le minéral de cuivre a cessé, de sorte qu'il ne reste plus que le filon d'étain, qui est fort abondant : cette mine a de cinquante à soixante toises de profondeur.

A Godolphin-Ball, se trouve la mine d'étain la plus étendue qu'il y ait dans le pays de Cornouailles... La direction des filons est toujours de l'est à l'ouest, comme dans toutes les mines de ce pays, et son inclinaison au nord-est d'environ 70 degrés. Cette mine a, dit-on, quatre-vingt-dix toises de profondeur perpendiculaire... On compte cinq filons parallèles sur cinquante à soixante toises d'étendue, mais qui ne sont point exploités également... il n'y a que le principal qu'on exploite en totalité.

Ces filons sont renfermés dans un granit à gros grains, très dur; mais il n'en est pas ici comme en Saxe et en Bohême : l'étain ne se trouve jamais réuni et confondu dans cette pierre, mais dans une espèce de roche bleuâtre qui paraît être la matrice générale du plus grand nombre des mines d'étain de Cornouailles. On rencontre communément, le long du filon joignant le mur, ce qu'on nomme le *guide :* c'est un quartz mêlé quelquefois de *mica*, lequel le rend peu solide. Le filon consiste lui-même en un quartz fort dur, qui n'est pas toujours parfaitement blanc, mais qui a un œil bleuâtre; il est réuni à la roche bleue dans laquelle se trouve le minéral d'étain, mais presque toujours en petits grains cristallisés comme des grenats. On y trouve aussi quelquefois du quartz cristallisé en hexagone; il y a des endroits du filon qui sont très riches, mais fort tendres : ce minéral est parsemé de beaucoup de mica et de petits grains de minéral d'étain, comme de grenats; ce filon a 2, 3, 4, 5 pieds de large, plus ou moins. *Observations sur les mines*, par M. Jars; *Mémoires de l'Académie des sciences*, année 1770.

(*a*) *Voyages historiques de l'Europe;* Paris, 1693, t. IV, p. 104.

(*b*) Les veines d'étain de Cornouailles ont une direction très étendue, puisqu'on rencontre plusieurs mines d'étain dans les îles de Seilly, qui sont situées dans les mêmes directions et latitude que la province de Cornouailles. M. Jars; *Mémoires de l'Académie des sciences*, année 1770, p. 554.

(*c*) Dans les environs de la ville de Sainte-Austle, province de Cornouailles, on a travaillé anciennement beaucoup de mines d'étain; mais il y en a peu en exploitation aujourd'hui, on se contente de prendre les terrains qui sont dans le fond des vallons, et de les laver pour en retirer les morceaux de minéral d'étain qui y sont répandus et dont les angles sont arrondis comme ayant été roulés, et probablement détachés des filons d'étain des montagnes voisines; ces minéraux d'étain sont répandus dans les vallons sur de grandes étendues; ils peuvent provenir aussi des détriments ou déblais des mines anciennement exploitées, et qui auront été entraînés et déposés par les eaux de pluie... Il y a toujours des filons sur les éminences voisines, dont le minerai est de la même nature que celui que l'on trouve répandu dans les vallons... Il est si commun dans les mines d'étain que le minéral se présente jusqu'à la surface de la terre; il y en a qui sont en pierre très dure, mais il y en a aussi près de Saint-Austle qui est en roche très tendre. M. Jars; *Mémoires de l'Académie des sciences*, année 1770, p. 540 et suiv.

(*d*) Merret, qui a écrit en 1678, dit que les pierres du pays de Cornouailles, d'où l'on tire

DRONGO AZURE

sont dans un roc dur, dans lequel on trouve quelquefois des cristaux blancs et transparents, qu'on nomme improprement *diamants* de Cornouailles. M. Jars et M. le baron de Dietrich, qui ont observé la plupart de ces mines, ont reconnu qu'elles étaient quelquefois mêlées de minerais de cuivre (*a*), et que souvent les mines de cuivre sont voisines de celles d'étain (*b*); et on a remarqué, de plus, que, comme toutes les mines d'étain contiennent de l'arsenic, les vapeurs qui s'élèvent de leurs fosses sont très nuisibles, et quelquefois mortelles (*c*).

De temps immémorial, les Anglais ont su tirer grand parti de leurs mines d'étain; ils savent les traiter pour le plus grand profit; ils ne font pas de commerce, ni peut-être d'usage de l'étain pur; ils le mêlent toujours avec une petite quantité de plomb ou de cuivre. « Lorsque la mine d'étain, dit M. Geoffroy, a reçu toutes les préparations qui doi» vent la disposer à être fondue, on procède à cette dernière opération dans un fourneau à » manche... On refond cet étain, qui est en gâteaux, pour le couler dans des moules de » pierre carrés et oblongs, et c'est ce qu'on appelle *saumons*... Ces saumons sont plus » ou moins fins, suivant les endroits où l'on en coupe pour faire des épreuves; le dessus » ou la crème du saumon est très douce et si pliante qu'on ne peut la travailler seule; on » est obligé d'y mêler du cuivre dont elle peut porter jusqu'à trois livres sur cent, et quel» quefois jusqu'à cinq livres. Le milieu du saumon est plus dur, et ne peut porter que deux » livres de cuivre, et le fond est si aigre qu'il y faut joindre du plomb pour le travailler. » L'étain ne sort point d'Angleterre dans sa pureté naturelle ou tel qu'il a coulé dans le » fourneau; il y a des défenses très rigoureuses de le transporter dans les pays étrangers, » avant qu'il ait reçu l'alliage porté par la loi (*d*). »

Quelques-uns de nos habiles chimistes, et particulièrement MM. Bayen et Charlard, ont fait un grand nombre d'expériences sur les différents étains qui sont dans le commerce : ils ont reconnu que l'étain d'Angleterre en gros saumons, ainsi qu'en petits lingots, mis dans

l'étain, se trouvent quelquefois à un ou deux pieds au-dessous de la surface de la terre, le plus souvent disposées en veines entre deux murs de rocher, couleur de rouille, qui ne paraissent avoir que très peu d'affinité avec l'étain. Les veines ont depuis quatre jusqu'à dix-huit pouces environ de largeur, et elles sont le plus souvent dirigées de l'est à l'ouest... Les fosses ont quarante, cinquante et quelquefois soixante brasses de profondeur. *Collection académique*, partie étrangère, t. II, p. 480 et suiv.

(*a*) M. le baron de Dietrich, qui a séjourné pendant plusieurs mois en Cornouailles, dit que la nature elle-même a mêlé ensemble le cuivre et l'étain... qu'il n'y a guère que les mines d'étain roulées par les torrents, et celles qui se trouvent dans le quartz granuleux qui renferme du schorl, qui ne soient pas mêlées avec de la mine de cuivre. *Journal de Physique*, mai 1780, p. 382.

(*b*) Aux environs de la ville de Marazion, on exploite plusieurs filons de minéral de cuivre et de celui d'étain, à peu près de la nature et dans la même roche schisteuse, nommée *killas*, que ceux des environs de la ville de Redrath... Il y a aussi des minéraux d'étain dans le granit, entre autres dans le rocher qui compose le mont Saint-Michel, qui n'est séparé de Marazion que par un petit bras de mer : on aperçoit dans ce rocher une fort grande quantité de filons d'un fort bon minéral d'étain...

On estime le produit en étain de cette province à la valeur de cent quatre-vingt-dix à deux cent mille livres sterling chaque année, et qu'il se vend du minéral de cuivre pour cent quarante mille livres sterling. *Observations sur les mines*, par M. Jars; *Mémoires de l'Académie des sciences*, année 1770, p. 540 et suiv.

(*c*) Lorsque la mine est riche, on trouve la veine à dix brasses de profondeur, et au-dessous on trouve une cavité vide ou fente de quelques pouces d'ouverture; il sort de ces souterrains des vapeurs nuisibles et même mortelles. *Collection académique*, partie étrangère, t. II, p. 480 et suiv.

(*d*) *Recherches chimiques sur l'étain*, par MM. Bayen et Charlard, p. 99 et 100.

une retorte, ou dans un vaisseau clos pour subir l'action du feu, laisse échapper une petite quantité de matière blanche qui s'attache au col de la retorte, et *qui n'est point du tout arsenicale*; ils ont trouvé que cet étain n'est pas allié de cuivre pur, mais de laiton; car ils en ont tiré non seulement un sel à base de cuivre, mais un nitre à base de zinc : cette dernière remarque de MM. Bayen et Charlard s'accorde très bien avec l'observation de M. Jars, qui dit que, outre le plomb et le cuivre, les ouvriers mêlent quelquefois du zinc avec l'étain, et qu'ils préfèrent la limaille du laiton, qu'il n'en faut qu'une demi-livre sur trois cents pesant d'étain pour le dégraisser, c'est-à-dire pour le rendre facile à planer (*a*); mais je ne puis me persuader que cette poudre blanche, que l'étain laisse échapper, ne soit point du tout arsenicale, puisqu'elle s'est sublimée, et que ce n'est point une simple chaux; et quand même ce ne serait qu'une chaux d'étain, elle contiendrait toujours de l'arsenic; d'ailleurs, en traitant cet étain d'Angleterre avec l'eau régale, ou seulement avec l'acide marin, ces habiles chimistes ont trouvé qu'il contenait une petite quantité d'arsenic; ceci paraît donc infirmer leur première assertion sur cette *matière blanche qui s'attache au col de la retorte, et qu'ils disent n'être nullement arsenicale.* Quoi qu'il en soit, on leur a obligation d'avoir recherché quelle pouvait être la quantité d'arsenic contenue dans l'étain dont nous faisons usage : ils sont assurés qu'il n'y en a tout au plus qu'un grain sur une once, et l'on peut, en suivant leurs procédés (*b*), connaître au juste la quantité d'arsenic que tout étain contient.

Les mines d'étain de Saxe, de Misnie, de Bohême et de Hongrie gisent, comme celles d'Angleterre, dans les montagnes à couches, et à une médiocre profondeur; elles ne sont ni aussi riches ni aussi aussi étendues que celles de Cornouailles : l'étain qu'on en tire est néanmoins aussi bon, et même les Allemands prétendent qu'il est meilleur pour l'étamage; on peut douter que cette prétention soit fondée, et le peu de commerce qui se fait de cet étain d'Allemagne prouve assez qu'il n'est pas supérieur à celui d'Angleterre.

Les cantons où se trouvent les meilleures mines de Saxe sont les montagnes de Masterberg vers Boles-schau : les veines sont à vingt-quatre toises de profondeur dans des rochers d'ardoise; elles n'ont qu'une toise en largeur. Une de ces mines d'étain est couchée sur une mine très riche de cuivre, que l'on en sépare en la cassant; une autre à Breytenbrun vers la ville de Georgenstadt, qui est fort riche en étain, et néanmoins mêlée d'une grande quantité de fer, que l'on en tire au moyen de l'aimant après l'avoir réduite en poudre : le canton de Furstemberg est entouré de mines d'étain, et dans le centre de cette même contrée, il y a des mines d'argent (*c*). Les mines d'étain d'Eibenstok s'étendent dans une longueur de quelques lieues, et se fouillent à dix toises de profondeur; elles sont mêlées de fer, et on y a quelquefois trouvé des paillettes d'or. Toute la montagne de Goyer est remplie de mines d'étain; mais le roc qui les renferme est si dur qu'on est obigé de le faire calciner par le feu avant d'en tirer les blocs. On trouve aussi des mines d'étain à

(*a*) *Mémoires* de M. Jars; *Académie des sciences*, année 1770.

(*b*) Le vrai moyen de bien connaître la portion de l'arsenic mêlé à l'étain est de faire dissoudre ce dernier métal dans l'acide marin très pur; s'il ne reste rien lorsque la dissolution est faite, l'étain est sans arsenic; s'il reste un peu de poudre noire, il faut la séparer avec soin, la laver, la faire sécher et en jeter sur des charbons ardents pour reconnaître si elle est arsenicale ou non. L'est-elle? qu'on l'expose à un degré de feu capable d'opérer la sublimation de l'arsenic; si elle s'exhale en entier, elle est de pur régule d'arsenic; s'il reste un peu de poudre dans le test qu'on emploie à l'opération, qu'on la pèse s'il est possible, ou qu'on l'évalue, et on saura ce qu'une quantité donnée d'étain quelconque contient réellement d'arsenic sous forme réguline... On dit sous forme réguline, parce qu'en effet la chaux d'arsenic ne peut se combiner avec l'étain, tandis qu'au contraire son régule s'y unit avec la plus grande facilité. *Recherches sur l'étain*, par MM. Bayen et Charlard, p. 118 et suiv.

(*c*) *Traité de la fonte des mines* de Schlutter, traduit par M. Hellot, t. II, p. 585.

Schnéeberg; enfin, à Anersberg, la plus haute montagne de toute la Saxe, il y en a une à vingt-huit toises de profondeur sur trois toises de largeur, dans un rocher d'ardoise : cette mine a produit, en 1741, cinq cents quintaux d'étain (a).

En Bohême, à trois quarts de lieue de Platen, il se trouve une mine d'étain voisine d'une mine de fer, qui toutes deux sont dans un banc de grès à gros grains (b); et, comme le minerai d'étain est mêlé de parties ferrugineuses, on le fait griller après l'avoir broyé pour en séparer le fer au moyen de l'aimant; il se trouve aussi des mines d'étain dans le district d'Ellebagen et dans celui de Salznet; une autre à Schlac-Kenwald, qui s'enfonce assez profondément (c). Enfin, il y a aussi quelques veines d'étain dans les mines de Hongrie (d) : on assure de même qu'il s'en trouve en Pologne; mais nous n'avons aucune notice assez circonstanciée de ces mines pour pouvoir en parler.

L'Asie est peut-être plus riche que l'Europe en étain; il s'en trouve en abondance à la Chine (e), au Japon (f) et à Siam (g); il y en a aussi à Macassar (h), à Malaca (i), Banca, etc.; cependant les Asiastiques ne font pas de ce métal autant d'usage que les Européens; ils ne

(a) *Traité de la fonte des mines* de Schlutter, traduit par M. Hellot, t. II, p. 588.

(b) *Voyages métallurgiques* de M. Jars, p. 71.

(c) *Éphémérides d'Allemagne*, année 1686.

(d) On trouve des mines d'étain dans plusieurs contrées de l'Europe, en Saxe, en Misnie, comme à Stolberg, Goyer, Anneberg, Altemberg, Freiberg, dans la montagne de Saint-André de la forêt Noire. En Bohême, dans les mines de Groupe près de Tœplitz, dans celles d'Aberdam, de Schoufeld, etc. Dans la Hongrie, aux mines de Schonmitz et du comté de Lyptow. M. Geoffroy; *Mémoires de l'Académie des sciences*, année 1738, p. 103. — L'une des plus fameuses de toutes les mines d'Allemagne est celle d'Altemberg; on n'en trouve point de semblable dans toute l'histoire des mines... elle fournit de la mine d'étain, depuis la superficie jusqu'à cent cinquante toises de profondeur perpendiculaire. Ces sortes de filons en masses n'ont que rarement une direction réglée, mais ils ont leurs bornes qui quelquefois est une pierre sèche, quelquefois un roc que les mineurs appellent le *séparateur*. *Traité de la fonte des mines* de Schlutter, t. II, p. 585 et suiv.

(e) On tirait autrefois à la Chine beaucoup d'étain aux environs de la ville d'U-si... L'étain est si commun dans cet empire, que le prix en est fort modique. *Histoire générale des Voyages*, t. VI, p. 484. — On voit à Dehly, aux Indes, un certain métal appelé *utunac*, qui approche de l'étain, mais qui est beaucoup plus beau et plus fin, et souvent on le prend pour de l'argent; ce métal s'apporte de la Chine. Thévenot, *Voyage au Levant;* Paris, 1664, t. III, p. 136.

(f) La province de Bungo au Japon produit de l'étain si blanc et si fin, qu'il n'est guère inférieur à l'argent, mais les Japonais n'en font presque aucun usage. *Histoire générale des Voyages*, t, X, p. 655.

(g) Les Siamois travaillent depuis très longtemps des mines d'étain et de plomb fort abondantes... Leur étain se débite dans toutes les Indes. Il est mou et mal purifié et tel qu'on le voit dans des boîtes à thé qui viennent des régions orientales; et, pour le rendre plus dur et plus blanc, ils y mêlent de la calamine, espèce de pierre minérale qui se réduit facilement en poudre et qui, étant fondue avec le cuivre, sert à le rendre jaune; mais elle rend l'un et l'autre de ces deux métaux plus cassants et plus aigres. *Histoire générale des Voyages*, t. X, p. 307.

(h) Quelques provinces de Macassar, dans l'île Célèbes, ont des mines d'étain. *Idem*, t. X, p. 458.

(i) On trouve de l'étain dans quelques endroits des Indes orientales, comme au royaume de Quidday, entre Tanasseri et le détroit de Malaca. M. Geoffroy; *Mémoires de l'Académie des sciences*, année 1738, p. 103. — Les Hollandais apportent des Indes orientales des espèces d'étain qui passent pour étain fin; celui de Malac ou Malaca et celui de Banca, qui n'est pas aussi parfait que celui de Malaca qu'on emploie de préférence pour les teintures en écarlate et pour étamer les glaces. *Idem*, p. 111.

s'en servent guère que pour étamer le cuivre (*a*) ou faire de l'airain, en alliant ces deux métaux ensemble; mais ils font commerce de l'étain avec nous, et cet étain qui nous vient des Indes est plus fin que celui que nous tirons de l'Angleterre, parce qu'il est moins allié; car l'on a observé que, dans leur état de pureté, ces étains d'Angleterre et des Indes sont également souples et difficiles à rompre : cette flexibilité tenace donne un moyen facile de reconnaître si l'étain est purgé d'arsenic; car, dès qu'il contient une certaine quantité de cette mauvaise matière, il se rompt facilement.

Ainsi l'étain, comme tous les métaux, est un dans la nature; et les étains qui nous viennent de différents pays ne diffèrent entre eux que par le plus ou moins de pureté : ils seraient absolument les mêmes s'ils étaient dépouillés de toute matière étrangère; mais, comme ce métal, lorsqu'il est pur, ne peut être employé que pour l'étamage, et qu'il est trop mou pour pouvoir le planer et le travailler en lames, on est obligé de l'allier avec d'autres matières métalliques pour lui donner de la fermeté, et c'est par cette raison que dans le commerce il n'y a point d'étain pur (*b*).

Nous n'avons que peu ou point de connaissances des mines d'étain qui peuvent se trouver en Afrique : les voyageurs ont seulement remarqué quelques ouvrages d'étain chez les peuples de la côte de Natal (*c*), et il est dit, dans les *Lettres édifiantes*, qu'au royaume de Queba, il y a de l'étain aussi blanc que celui d'Angleterre, mais qu'il n'en a pas la solidité, et qu'on en fabrique des pièces de monnaie qui pèsent une livre et ne valent que sept sous (*d*); cet étain, qui n'a pas la solidité de celui d'Angleterre, est sans doute de l'étain dans son état de pureté.

En Amérique, les Mexicains ont autrefois tiré de l'étain des mines de leur pays (*e*); on en a trouvé au Chili dans le corrégiment de Copiago (*f*). Au Pérou, les Incas en ont fait exploiter cinq mines dans le district de Charcas. « Il s'est trouvé quelquefois, dit » Alphonse Barba, des minerais d'argent dans les mines d'étain, et toujours quantité de » minerais de cuivre : il ajoute qu'une des quatre principales veines de la mine de Potosi » s'appelle *étain*, à cause de la quantité de ce métal qu'on trouve sur la superficie de » la veine, laquelle peu à peu devient tout argent (*g*). » On voit encore par cet exemple que l'étain, comme le plus léger des métaux, les a presque toujours surmontés dans la

(*a*) Il n'y a guère de mines d'argent en Asie, si ce n'est au Japon; mais on a, dit Tavernier, découvert à Dalogore, à Sangore, à Bordalon et à Bata des mines très abondantes d'étain, ce qui a fait beaucoup de tort aux Anglais, parce qu'on n'a plus besoin de leur étain en Asie; au reste, ce métal ne sert en ce pays-là qu'à étamer les pots, marmites et autres ustensiles de cuivre. *Voyage de Tavernier;* Rouen, 1713, t. IV, p. 91.

(*b*) Nous croyons donc pouvoir conclure que les étains de Banca, de Malaca et d'Angleterre, doux, lorsqu'ils sortent du magasin d'un honnête marchand, sont purs ou privés de tout alliage naturel ou artificiel, qu'ils sont parfaitement égaux entre eux, c'est-à-dire qu'ils sont l'un à l'égard de l'autre comme de l'or à vingt-quatre carats ou de l'argent à douze deniers, tirés d'une mine d'Europe, seraient à de l'or ou de l'argent aux mêmes titres des mines de l'Amérique méridionale.

Cependant ces étains si purs ne peuvent être d'aucune utilité dans nos ménages : leur mollesse, leur flexibilité y met un obstacle insurmontable; il faut dont que l'art leur donne une certaine raideur, un certain degré de solidité qui les rendent propres à conserver toutes les formes que la nécessité ou les circonstances obligent le potier à donner à ce métal; or, pour parvenir à ce but, on a eu recours à différents alliages. *Recherches sur l'étain,* par MM. Bayen et Charlard, p. 95.

(*c*) *Histoire générale des Voyages*, t. Ier, p. 25.

(*d*) *Lettres édifiantes*, onzième Recueil, p. 165.

(*e*) *Histoire générale des Voyages*, t. XII, p. 650.

(*f*) *Idem*, t. XIII, p. 414.

(*g*) *Métallurgie* d'Alphonse Barba, t. Ier, p. 114.

fusion ou calcination par le feu primitif, et que les mines primordiales de ce métal servent pour ainsi dire de toit ou de couvert aux mines des autres métaux plus pesants.

L'étain s'allie par la fusion avec toutes les matières métalliques; il gâte l'argent, et l'or surtout, en leur ôtant leur ductilité, et ce n'est qu'en le calcinant qu'on peut le séparer de ces deux métaux; il diminue aussi la ductilité du cuivre, et rend ces métaux aigres, sonores et cassants; il s'unit très bien au fer chauffé à un degré de chaleur médiocre; et, lorsqu'on le mêle par la fusion avec le fer, il ne le rend pas sensiblement plus aigre. Les métaux les plus ductiles sont ceux dont l'étain détruit le plus facilement la ténacité; il ne faut qu'une très petite dose d'étain pour altérer l'or et l'argent, tandis qu'il faut le mêler en assez grande quantité avec le cuivre et le plomb pour les rendre aigres et cassants : en fondant l'étain à partie égale avec le plomb, l'alliage est ce que les plombiers appellent de la *soudure*, et ils l'emploient en effet pour souder leurs ouvrages en plomb. Au reste, cet alliage mi-partie de plomb et d'étain ne laisse pas d'avoir un peu de ductilité.

L'étain mêlé par la fusion avec le bismuth, qui se fond encore plus aisément que ce métal, en devient plus solide, plus blanc et plus brillant; et c'est probablement cet alliage de bismuth et d'étain que l'on connaît aux Indes sous le nom de *tutunac*.

Le régule d'antimoine donne à l'étain beaucoup de dureté, et le rend en même temps très cassant : il n'en faut qu'une partie sur trois cents d'étain pour lui donner de la rigidité, et l'on ne peut employer ce mélange que pour faire des cuillers, fourchettes et autres ouvrages qui ne vont point sur le feu.

L'alliage de l'étain avec le zinc est d'une pesanteur spécifique moindre que la somme du poids des deux, tandis que l'alliage du zinc avec tous les autres métaux est au contraire d'une pesanteur spécifique plus grande que celle des deux matières prises ensemble.

L'étain s'unit avec l'arsenic et avec le cobalt; il devient par ces mélanges plus dur, plus sonore et plus cassant. MM. Bayen et Charlard assurent qu'il ne faut qu'une deux cent cinquante-sixième partie d'arsenic, fondue avec l'étain, pour le rendre aigre et hors d'état d'être employé par les ouvriers (*a*): si l'on mêle une partie d'arsenic sur cinq d'étain pur, l'alliage est si fragile qu'on ne peut l'employer à aucun usage, et une partie sur quinze forme un alliage qui présente de grandes facettes assez semblables à celles du bismuth, et qui est plus friable que le zinc et moins fusible que l'étain.

Ainsi l'étain peut s'allier avec tous les métaux et les demi-métaux, et l'ordre de ses affinités est le fer, le cuivre, l'argent et l'or; et, quoiqu'il se mêle très bien par la fusion avec le plomb, il a moins d'affinité avec ce métal qu'avec les quatre autres.

L'étain n'a aussi que peu d'affinité avec le mercure, cependant ils adhèrent ensemble dans l'étamage des glaces; le mercure reste interposé entre la feuille d'étain et le verre; il donne aux glaces la puissance de réfléchir la lumière avec autant de force que le métal le mieux poli : cependant il n'adhère au verre que par simple contact, et son union avec la feuille d'étain est assez superficielle; ce n'est point un amalgame aussi parfait que celui de l'or ou de l'argent, et les boules de mercure (*b*) auxquelles on attribue la propriété de purifier l'eau sont moins un alliage ou un amalgame qu'un mélange simple et peu intime d'étain et de mercure.

L'étain s'unit au soufre par la fusion, et le composé qui résulte de cette mixtion est plus difficile à fondre que l'étain ou le soufre pris séparément.

(*a*) *Recherches chimiques sur l'étain*, p. 56.

(*b*) Trois parties de mercure ajoutées à douze parties d'étain de Malac, fondues dans une marmite de fer et coulées dans des moules sphériques, forment les *boules de mercure*, auxquelles on attribue la vertu de purifier l'eau et de faire périr les insectes qu'elle contient; elles acquièrent, en se refroidissant, assez de solidité pour être transportées : lorsqu'on veut s'en servir, on les met dans un nouet que l'on suspend dans l'eau, et on la fait bouillir un instant. *Éléments de chimie*, par M. de Morveau, t. III, p. 256 et 440.

Tous les acides agissent sur l'étain, et quelques-uns le dissolvent avec la plus grande énergie; on peut même dire qu'il est non seulement dissous, mais calciné par l'acide nitreux, et cet exemple, comme nombre d'autres, démontre assez que les acides n'agissent que par le feu qu'ils contiennent (*a*). Le feu de l'acide nitreux exerce son action avec tant de violence sur l'étain qu'il le fait passer, sans fusion, de son état de métal à celui d'une chaux tout aussi blanche et tout aussi peu fusible que la *potée*, ou chaux produite par l'action d'un feu violent; et, quoique cet acide semble dévorer ce métal, il le rend néanmoins avec autant de facilité qu'il s'en est saisi ; il l'abandonne en s'élevant en vapeurs, et il conserve si peu d'adhésion avec cette chaux métallique, qu'on ne peut pas en former un sel. Le nitre, projeté sur l'étain en fusion, s'enflamme avec lui et hâte sa calcination, comme il hâte aussi celle des autres métaux qui peuvent se calciner ou brûler.

L'acide vitriolique, au contraire, ne dissout l'étain que lentement et sans effervescence ; il faut même qu'il soit aidé d'un peu de chaleur pour que sa dissolution commence, et pendant qu'elle s'opère, il se forme du soufre qui s'élève en vapeurs blanches, et qui quelquefois surnage la liqueur comme de l'huile, et se précipite par le refroidissement. Cette dissolution de l'étain par l'acide vitriolique donne un sel composé de cristaux en petites aiguilles entrelacées.

L'acide marin exige plus de chaleur que l'acide vitriolique pour dissoudre l'étain ; il faut que ce premier acide soit fumant; les vapeurs qui s'élèvent pendant cette dissolution assez lente ont une odeur arsenicale; la liqueur de cette dissolution est sans couleur et limpide comme de l'eau; elle se change presque tout entière en cristaux par le refroidissement. « L'étain, dit M. de Morveau, a une plus grande affinité avec l'acide marin que plusieurs autres substances métalliques, et même que l'argent, le mercure et l'antimoine, » puisqu'il décompose leurs sels. L'étain, mêlé avec le sublimé corrosif, dégage le mercure, » même sans le secours de la chaleur, et l'on tire de ce mélange, à la distillation, un » esprit de sel très fumant, connu sous le nom de *liqueur de Libavius* (*b*). » Au reste, les cristaux qui se forment dans la dissolution de l'étain par l'acide marin se résolvent en liqueur par la plus médiocre chaleur, et même par celle de la température de l'air en été.

L'eau régale n'a pas besoin d'être aidée de la chaleur pour attaquer l'étain, elle le dissout même en grande quantité; une eau régale, faite de deux parties d'acide nitreux et d'une partie d'acide marin, dissout très bien moitié de son poids d'étain en grenailles (*c*), même à froid : en délayant cette dissolution dans une grande quantité d'eau, l'étain se sépare de l'acide sous la forme d'une chaux blanche; et, lorsqu'on mêle cette dissolution avec une dissolution d'or, faite de même par l'eau régale, et qu'on les délaie dans une grande quantité d'eau, il se forme un précipité couleur de pourpre, connu sous le nom de

(*a*) Je ne dois pas dissimuler que la raison des chimistes est ici bien différente de la mienne : ils disent que c'est en prenant le phlogistique de l'étain que l'acide nitreux le calcine, et ils prétendent le prouver par ce que, dans cette opération, l'acide prend les mêmes propriétés que lui donne le charbon, et que l'étain qui a passé dans l'acide nitreux, quoique non dissous, ne se laisse plus dissoudre, et que, par conséquent, en supposant dans cette opération que l'étain fût calciné par le feu de l'acide, il devrait brûler de nouveau, et que cependant il est de fait que la chaux d'étain et l'acide nitreux n'ont plus aucune action l'un sur l'autre. Cette raison des chimistes est tirée de leur système sur le phlogistique, qu'ils mettent en jeu partout, et lors même qu'il n'en est nul besoin. L'étain contient sans doute du feu et de l'air fixe, comme tous les autres métaux; mais ici le feu contenu dans l'acide nitreux suffit, comme tout autre feu étranger, pour produire la calcination de ce métal sans rien emprunter de son phlogistique.

(*b*) *Éléments de chimie*, par M. de Morveau, t. II, p. 238 et 239.

(*c*) *Idem*, p. 373. « Cette dissolution, ajoute ce savant chimiste, fournit quelquefois des » cristaux en aiguilles par une évaporation très lente. »

pourpre de Cassius, et précieux par l'usage qu'on en fait pour les émaux : l'étain a donc non seulement la puissance d'altérer l'or dans son état de métal, mais même d'en faire une espèce de chaux dans sa dissolution, ce qu'aucun autre agent de la nature, ni même l'art, ne peuvent faire. C'est aussi avec cette dissolution d'étain dans l'eau régale que l'on donne aux étoffes de laine la couleur vive et éclatante de l'écarlate : sans cela, le cramoisi et le pourpre de la cochenille et de la gomme laque ne pourraient s'exalter en couleur de feu.

Les acides végétaux agissent aussi sur l'étain, on peut même le dissoudre avec le vinaigre distillé ; la crème de tartre l'attaque plus faiblement ; l'alcali fixe en corrode la surface à l'aide d'un peu de chaleur ; mais, selon M. de Morveau, il résiste constamment à l'action de l'alcali volatil (*a*).

Considérant maintenant les rapports de l'étain avec les autres métaux, nous verrons qu'il a tant d'affinité avec le fer et le cuivre, qu'il s'unit et s'incorpore avec eux, sans qu'ils soient fondus ni même rougis à blanc ; ils retiendront l'étain fondu dès que leurs pores seront ouverts par la chaleur, et qu'ils commenceront à rougir ; l'étain enduira leur surface, y adhérera, et même il la pénétrera et s'unira à leur substance plus intimement que par un simple contact ; mais il faut pour cela que leur superficie soit nette et pure, c'est-à-dire nettoyée de toute crasse ou matière étrangère ; car, en général, les métaux ne contractent d'union qu'entre eux, et jamais avec les autres substances ; il faut de même que l'étain, qu'on veut appliquer à la surface du fer ou du cuivre, soit purgé de toute matière hétérogène, et qu'il ne soit que fondu et point du tout calciné ; et, comme le degré de chaleur qu'on donne au fer et au cuivre pour recevoir l'étamage ne laisserait pas de calciner les parties de l'étain au moment de leur contact, on enduit ces métaux avec de la poix-résine ou de la graisse, qui revivifie les parties calcinées et conserve à l'étain fondu son état de métal assez de temps pour qu'on puisse l'étendre sur toute la surface que l'on veut étamer.

Au reste, cet art de l'étamage, quoique aussi universellement répandu qu'anciennement usité (*b*), et qu'on n'a imaginé que pour parer aux effets funestes du cuivre, devrait néanmoins être proscrit, ou du moins soumis à un règlement de police, si l'on avait plus de soin de la santé des hommes ; car les ouvriers mêlent ordinairement un tiers de plomb dans l'étain pour faire leur étamage sur le cuivre, que les graisses, les beurres, les huiles et les sels changent en vert-de-gris : or, le plomb produit des effets à la vérité plus lents, mais tout aussi funestes que le cuivre ; on ne fait donc que substituer un mal au mal qu'on voulait éviter, et que même on n'évite pas en entier ; car le vert-de-gris perce en peu de temps le mince enduit de l'étamage, et l'on serait épouvanté si l'on pouvait compter le nombre des victimes du cuivre dans nos laboratoires et nos cuisines. Aussi le fer est-il bien préférable pour ces usages domestiques : c'est le seul de tous les métaux imparfaits qui n'ait aucune qualité funeste ; mais il noircit les viandes et tous les autres mets ; il lui faut donc un étamage d'étain pur, et l'on pourrait, comme nous l'avons dit, s'assurer par l'eau régale (*c*) s'il est exempt d'arsenic, et n'employer à l'étamage du fer que de l'étain épuré et éprouvé.

(*a*) L'étain nous a paru constamment résister à l'action de l'alcali volatil caustique, malgré que quelques chimistes aient avancé que, dans la décomposition du vitriol ammoniacal par l'étain, l'alcali volatil entraîne un peu de ce métal qui s'en sépare à la longue, ou qui est précipité par un acide. *Éléments de chimie*, par M. de Morveau, t. III, p. 256.

(*b*) Pline en parle : « Stannum illitum æneis vasis sapores gratiores facit, et compescit » æruginis virus. » *Hist. nat.*, lib. XXXIV, cap. XVI.

(*c*) Les étains que l'on appelle purs sont encore mélangés d'arsenic ; à peine sont-ils touchés par l'eau régale qu'ils se ternissent, deviennent noirs et se convertissent en une poudre de la même couleur, dont il est aisé de retirer tout l'arsenic en la lavant une ou deux fois avec un peu d'eau distillée, qui, dissolvant le sel formé par la calcination de l'étain

On se sert de résine, de graisse, et plus efficacement encore de sel ammoniac, pour empêcher la calcination de l'étain au moment de son contact avec le fer. En plongeant une lame de fer polie dans l'étain fondu, elle se couvrira d'un enduit de ce métal; et l'on a observé qu'en mettant de l'étain dans du fer fondu, ils forment ensemble de petits globules qui décrépitent avec explosion.

Au reste, lorsqu'on pousse l'étain, ou plutôt la chaux d'étain à un feu violent, elle s'allume et produit une flamme assez vive après avoir fumé; on a recueilli cette fumée métallique qui se condense en poudre blanche. M. Geoffroy, qui a fait ces observations, remarque aussi que, dans la chaux blanche ou potée d'étain, il se forme quelquefois des parties rouges : ce dernier fait me paraît indiquer qu'avec un certain degré de feu, on viendrait à bout de faire une chaux rouge d'étain, puisque ce n'est qu'avec un certain degré de feu bien déterminé, et ni trop fort ni trop faible, qu'on donne à la chaux de plomb le beau rouge du minium.

Nous ne pouvons mieux finir cet article de l'étain qu'en rapportant les bonnes observations que MM. Bayen et Charlard ont faites sur les différents étains qui sont dans le commerce (a); ils en distinguent trois sortes : 1° l'étain tel qu'il sort des fonderies, et sans

avec l'acide régalisé, laissera au fond du vase environ deux grains d'une poudre noire qui est du véritable arsenic...

L'arsenic, en quelque petite proportion qu'il soit mêlé avec l'étain, n'y en eût-il que $\frac{1}{2048}$, se manifeste encore lorsqu'on expose ce mélange dans l'eau régale. *Recherches chimiques sur l'étain*, par MM. Bayen et Charlard, p. 58 et suiv.

(a) Nous diviserons, disent-ils, tout l'étain qui se trouve dans le commerce intérieur du royaume :

1° En étain pur et sans aucun mélange artificiel, tel enfin qu'il sort des fonderies; 2° en étain allié dans les fonderies même avec d'autres métaux à des titres prescrits par l'usage ou par les lois du pays; 3° en étain ouvragé par les potiers, qui sont tenus de se conformer, dans tout ce qu'ils font concernant leur art, à des règlements anciennement établis, et aujourd'hui trop peu suivis.

L'étain pur ou sans mélange artificiel pourrait nous venir d'Angleterre, si, à ce qu'on assure, l'exportation n'en était pas prohibée par les lois du pays. Au défaut de celui d'Angleterre, il nous en est apporté en assez grande quantité des Indes... On nomme ce dernier *étain de Banca* ou de *Malaca*, ou simplement de *Malac;* celui-ci nous arrive en petits lingots pesant une livre, et qui, à cause de leur forme, ont été appelés *petits chapeaux* ou *écritoires*.

L'étain qui se vend sous le nom de *Banca* se fait distinguer du précédent, et par la forme de ses lingots qui sont oblongs, et par leur poids qui est de quarante-cinq à cinquante livres, et même au-dessus. Du reste, ces lingots de Banca et de Malaca n'ont point l'éclat ordinaire à l'étain; ils sont recouverts d'une sorte de rouille grise ou *crasse*, d'autant plus épaisse qu'ils ont séjourné plus longtemps dans le fond des vaisseaux, dont ils faisaient vraisemblablement le lest...

Il nous est arrivé de l'étain pur d'Angleterre en petits morceaux ou échantillons pesant chacun entre quatre et cinq onces; leur aspect annonce qu'ils ont été détachés d'une grosse masse à l'aide du ciseau et du marteau... Les côtés par où ils ont été coupés ont conservé l'éclat métallique, tandis que le côté ou la superficie externe est mamelonnée et couverte d'une pellicule dorée, qui offre assez fréquemment les différentes couleurs de la gorge de pigeon...

Nous avons trouvé chez un marchand de l'étain pur, qu'il nous assura venir d'Angleterre, et qui en effet ne différait en rien pour la qualité de celui dont nous venons de parler; cependant il avait la forme de petits chapeaux qui pesaient chacun deux livres... Mais nous savons que les marchands sont dans l'habitude de réduire les gros lingots en petits, pour se faciliter le détail de l'étain. Tels sont les étains qui passent dans le commerce pour être les plus purs ou, ce qui est la même chose, pour n'avoir reçu artificiellement aucun alliage. *Recherches chimiques sur l'étain*, par MM. Bayen et Charlard, p. 22 et suiv.

mélange artificiel ; 2° l'étain allié dans les fonderies, suivant l'usage ou la loi des différents pays (a) ; 3° l'étain ouvragé par les potiers (b). Ces habiles chimistes ont reconnu, par des comparaisons exactes et multipliées, que les étains de Malaca et de Banca, ainsi que celui qu'ils ont reçu d'Angleterre, en petits échantillons de quatre à cinq onces, et aussi celui qui se vend à Paris, sous le nom d'*étain doux*, ont tous le plus grand et le même éclat, qu'ils résistent, également et longtemps, aux impressions de l'air sans se ternir ; qu'ils sont les uns et les autres si ductiles ou extensibles, qu'on peut aisément les réduire, sous le marteau, en feuilles aussi minces que le plus fin papier, sans y faire de gerçure ; qu'on en peut plier une verge d'une ligne de diamètre quatre-vingts fois à angle droit sans la rompre ; que le cri de ces étains doux est différent de celui des étains aigres, et qu'enfin ces étains doux, de quelque pays qu'ils viennent, sont tous de la même densité ou pesanteur spécifique (c).

(a) La seconde classe de l'étain que nous examinons comprend celui que nous tirons en très grande quantité de l'Angleterre, d'où on nous l'envoie en lingots d'environ trois cents livres; nous les appelons *gros saumons*. Cet étain est d'un grand usage parmi nous, et il se débite aux différents ouvriers en petites baguettes triangulaires de neuf à dix lignes de pourtour, et d'environ un pied et demi de long... Il n'est pas pur, et, selon M. Geoffroy, il a reçu en Angleterre même l'alliage prescrit par la loi du pays. *Idem*, p. 27.

(b) A l'égard de la troisième classe, elle renferme, comme nous l'avons dit, tous les étains ouvragés, et vendus par les potiers d'étain sous toutes sortes de formes. Le premier en rang est celui qu'ils vendent sous la marque d'étain fin ; le second sous celle d'étain commun, et le troisième sous le nom de *claire étoffe* ou simplement de *claires*. *Idem*, p. 28.

(c) *Recherches sur l'étain*, par MM. Bayen et Charlard, p. 29 et 30.

DU PLOMB

Le plomb, quoique le plus dense (a) des métaux après l'or, est le moins noble de tous; il est mou sans ductilité, et il a plus de poids que de valeur; ses qualités sont nuisibles et ses émanations funestes. Comme ce métal se calcine aisément et qu'il est presque aussi fusible que l'étain, ils n'ont tous deux pu supporter l'action du feu primitif sans se convertir en chaux : aussi le plomb ne se trouve pas plus que l'étain dans l'état de métal, leurs mines primordiales sont toutes en nature de chaux ou dans un état pyriteux; elles ont suivi le même ordre, subi les mêmes effets dans leur formation; et la différence la plus essentielle de leurs minerais, c'est que celui du plomb est exempt d'arsenic, tandis que celui de l'étain en est toujours mêlé, ce qui semble indiquer que la formation des mines d'étain est postérieure à celle des mines de plomb.

La galène de plomb est une vraie pyrite, qui peut se décomposer à l'air comme les autres pyrites, et dans laquelle est incorporée la chaux du plomb primitif, qu'il faut revivifier par notre art pour la réduire en métal; on peut même imiter artificiellement cette pyrite ou galène en fondant du soufre avec le plomb; le mélange s'enflamme sur le feu, et laisse après la combustion une litharge en écailles, qui ne fond qu'après avoir rougi, et se réunit par la fusion en une masse noirâtre, disposée en lames minces et à facettes, semblables à celles de la galène naturelle; le foie de soufre convertit aussi la chaux de plomb en galène : ainsi l'on ne peut guère douter que les galènes en général n'aient originairement été des chaux de plomb, auxquelles l'action des principes du soufre aura donné cette forme de minéralisation.

Cette galène ou ce minerai de plomb affecte une figure hexaèdre presque cubique; sa couleur est à peu près la même que celle du plomb terni par l'air; seulement elle est un peu plus foncée et plus luisante; sa pesanteur approche aussi de celle de ce métal; mais la galène en diffère en ce qu'elle est cassante et feuilletée assez irrégulièrement; elle ne se présente que rarement en petites masses isolées (b), mais presque toujours en groupes de cubes appliqués assez régulièrement les uns contre les autres; ces pyrites cubiques de plomb varient pour la grandeur; il y en a de si petites dans certaines mines qu'on ne les aperçoit qu'à la loupe, et dans d'autres on en voit qui ont plus d'un demi-pouce en toutes dimensions; il y a de ces mines dont les filons sont si minces qu'on a peine à les apercevoir et à les suivre, tandis qu'il s'en trouve d'autres qui ont plusieurs pieds d'épaisseur, et c'est dans les cavités de ces larges filons que la galène est en groupes plus uniformes

(a) Selon M. Brisson, le pied cube de plomb fondu, écroui ou non écroui, pèse également 794 livres 10 onces 4 gros 44 grains : ainsi ce métal n'est susceptible d'aucune compression, d'aucun écrouissement par la percussion.

(b) M. de Grignon m'a dit avoir observé dans le Limousin une mine de plomb qui est en cristaux octaèdres, isolés ou groupés par une ou deux faces : cette mine gît dans du sable quartzeux légèrement agglutiné.

et en cubes plus réguliers ; le quartz est ordinairement mêlé avec ces galènes de première formation : c'est leur gangue naturelle, parce que la substance du plomb en état de chaux a primitivement été déposée dans les fentes du quartz, où l'acide est ensuite venu la saisir et la minéraliser. Souvent cette substance du plomb s'est trouvée mêlée avec d'autres minerais métalliques ; car les galènes contiennent communément du fer et une petite quantité d'argent (*a*), et dans leurs groupes on voit souvent de petites masses interposées qui sont purement pyriteuses, et ne contiennent point de plomb.

Comme ce métal se convertit en chaux, non seulement par le feu, mais aussi par les éléments humides, on trouve quelquefois dans le sein de la terre des mines en céruse (2), qui n'est qu'une chaux de plomb produite par l'acide de l'humidité : ces mines en céruse ne sont point pyriteuses comme la galène ; presque toujours on les trouve mêlées de plusieurs autres matières métalliques qui ont été décomposées en même temps, et qui toutes sont de troisième formation. Car, avant cette décomposition du plomb en céruse, on peut compter plusieurs degrés et nuances par lesquels la galène passe de son premier état à des formes successives : d'abord elle devient chatoyante à sa surface, et à mesure qu'elle avance dans sa décomposition, elle perd de son brillant, et prend des couleurs rougeâtres et verdâtres. Nous parlerons dans la suite de ces différentes espèces de mines, qui toutes sont d'un temps bien postérieur à celui de la formation de la galène, qu'on doit regarder comme la mère de toutes les autres mines de plomb.

La manière de triter ces mines en galène, quoique assez simple, n'est peut-être pas encore assez connue. On commence par concasser le minerai, on le grille ensuite en ne lui donnant d'abord que peu de feu ; on l'étend sur l'aire d'un fourneau qu'on chauffe graduellement ; on remue la matière de temps en temps, et d'autant plus souvent qu'elle est en plus grande quantité. S'il y en a 20 quintaux, il faut un feu gradué de cinq ou six heures ; on jette de la poudre de charbon sur le minerai afin d'opérer la combustion des parties sulfureuses qu'il contient ; ce charbon, en s'enflammant, emporte aussi l'air fixe de la chaux métallique ; elle se réduit dès lors en métal coulant à mesure qu'on remue le minerai et qu'on augmente le feu ; on a soin de recueillir le métal dans un bassin où l'on doit le couvrir aussi de poudre de charbon pour préserver sa surface de toute calcination : on emploie ordinairement quinze heures pour tirer tout le plomb contenu dans vingt quintaux de mine, et cela se fait à trois reprises différentes ; le métal provenant de la première coulée, qui se fait au bout de neuf heures de feu, se met à part lorsque la mine de plomb contient de l'argent ; car, alors, le métal qu'on recueille à cette première coulée en contient plus que celui des coulées subséquentes. La seconde coulée se fait après trois autres heures de feu ; elle est moins riche en argent que la première ; enfin la troisième et dernière, qui est aussi la plus pauvre en argent, se fait encore trois heures après ; et cette manière d'extraire le métal à plusieurs reprises est très avantageuse dans les travaux en grand, parce que l'on concentre, pour ainsi dire, par cette pratique, tout l'argent dans la première coulée, surtout lorsque la mine n'en contient qu'une petite quantité : ainsi l'on n'est pas obligé de rechercher l'argent dans la masse entière du plomb, mais seulement dans la portion de cette masse qui est fondue la première (*b*).

Nous avons en France plusieurs mines de plomb, dont quelques-unes sont fort abondantes et en pleine exploitation : celles de La Croix en Lorraine donnent du plomb, de l'argent et du cuivre. Celle de Hargenthen, dans la Lorraine allemande, est remarquable en ce

(*a*) On ne connaît guère que la mine de Willach, en Carinthie, qui ne contienne point d'argent ; et on a remarqué qu'assez ordinairement, plus les grains de la galène sont petits, et plus le minerai est riche en argent.

(*b*) *Observations métallurgiques* de M. Jars ; *Mém. de l'Académie des sciences*, année 1770, p. 515.

qu'elle se trouve mêlée avec du charbon de terre (a) : cette circonstance démontre assez que c'est une mine de seconde formation. Au Val-Sainte-Marie, la mine a les couleurs de l'iris, et est en grains assez gros; celles de Sainte-Marie-aux-Mines et celles de Stenbach, en Alsace, contiennent de l'argent; celles du village d'Auxelles n'en tiennent que peu, et enfin les mines de Saint-Nicolas et d'Astenbach sont de plomb et de cuivre (b).

Dans la Franche-Comté, on a reconnu un filon de plomb à Ternan, à trois lieues de Château-Lambert; d'autres à Frêne, à Plancher-les-Mines, à Body, etc.

En Dauphiné, on exploite une mine de plomb dans la montagne de Vienne : on en a abandonné une autre au village de la Pierre, diocèse de Gap, parce que les filons sont devenus trop petits; il s'en trouve une à deux lieues du bourg d'Oisans, qui a donné cinquante-neuf livres de plomb et quinze deniers d'argent par quintal (c).

En Provence, on en connaît trois ou quatre (d), et plusieurs dans le Vivarais (e), le Languedoc (f), le Roussillon (g), le comté de Foix (h) et le pays de Comminges (i). On trouve aussi plusieurs mines de plomb dans le Bigorre (j), le Béarn (k) et la Basse-Navarre (l).

(a) *Traité de la fonte des mines* de Schlutter, t. Ier, p. 8.

(b) *Traité de la fonte des mines* de Schlutter, p. 11 et 12.

(c) *Idem*, p. 13 et suiv.

(d) En Provence, il y a des mines de plomb au territoire de Ramatuelle, dans celui de la Roque; à Beaujeu, au territoire de la Nolle; dans celui de Luc, diocèse de Fréjus, etc. *Idem*, p. 21.

(e) Dans le Vivarais, six mines de plomb tenant argent, près de Tournon... Autres mines de plomb à Bayard, diocèse d'Uzès; dans le même territoire de Bayard, il y a d'autres mines de plomb à Ranchine et à Saint-Loup... d'autres à une lieue de Nancé, paroisse de Babours, tenant plomb et argent. *Idem*, p. 22 et 23.

(f) En Languedoc, il y a des mines de plomb à Pierre-Cervise, à Auriac, à Cascatel, qui donnent du cuivre, du plomb et de l'antimoine... Il y en a d'autres dans la montagne Noire, près la vallée de Corbières. *Idem*, p. 26.

(g) Dans le Roussillon, il y a une mine de plomb entre les territoires de Pratès et ceux de Mauère et Serra-Longa... Autres mines de plomb à rognons dans le territoire de Torigna; ces mines sont en partie dans les vignes, et on les découvre après des pluies d'orage : les paysans en vendent le minerai aux potiers... La même province renferme encore d'autres mines semblables. *Idem*, p. 35.

(h) Dans le comté de Foix, mines de plomb tenant argent à l'Aspie... Autre mine de plomb dans la montagne de Montronstand... Autre au village de Pesche, près Château-Verdun... Autre dans les environs d'Arques, qui est en feuillets fort serrés et très pesants. *Idem*, p. 41.

(i) Dans le comté de Comminges, il y a une belle mine de plomb près Jends, dans la vallée de Loron... Une autre dans la vallée d'Arboust, tenant argent... Une autre, tenant aussi argent, dans la vallée de Luchon,... et d'autres dans la vallée de Lège et dans la montagne Souquette : cette dernière tient argent et or... La montagne de Geveiran est pleine de mines de plomb et de mines d'argent, que les Romains ont travaillé autrefois... Il y a encore plusieurs autres mines de plomb dans le même comté. *Idem*, p. 43 et suiv.

(j) Dans le Bigorre, il y a une mine de cuivre verte à Gaverin... Une autre à Consrette, au-dessus de Barrage... Dans la montagne de Castillan, proche Peyre-Fite, il y a des mines de plomb qu'on ne peut travailler que trois ou quatre mois de l'année, à cause des neiges... Autres mines de plomb à Streix, dans la vallée d'Auzun... A Poichytte et dans plusieurs autres lieux du Bigorre. *Idem*, p. 46 et 47.

(k) Dans le Béarn, il y a une mine de plomb sur la montagne de Habal, à cinq lieues de Larmes, qui est en exploitation et qui rend cinquante pour cent... Et une autre mine de plomb dans la montagne de Monheins. *Idem*, p. 50 et 52.

(l) Dans la basse Navarre, la montagne d'Agella, qui borne la vallée d'Aure, renferme plusieurs mines de plomb tenant argent... Celle d'Avadec contient aussi une mine de plomb tenant argent... Dans les Pyrénées, il y a de même des mines de plomb dans la montagne

Ces provinces ne sont pas les seules, en France, dans lesquelles on ait découvert et travaillé des mines de plomb; il s'en trouve aussi, et même de très bonnes, dans le Lyonnais (*a*), le Beaujolais (*b*), le Rouergue (*c*), le Limousin (*d*), l'Auvergne (*e*), le Bourbonnais (*f*), l'Anjou (*g*), la province de Normandie (*h*) et la Bretagne (*i*), où celles de Pompéan et de Poulawen sont exploitées avec succès; on peut même dire que celle de Pompéan est la plus riche qui soit en France, et peut-être en Europe: nous en avons, au Cabinet du Roi, un très gros et très pesant morceau, qui m'a été donné par feu M. le chevalier d'Arcy, de l'Académie des sciences.

M. de Gensane, l'un de nos plus habiles minéralogistes, a fait de bonnes observations sur la plupart de ces mines: il dit que, dans le Gévaudan, on en trouve en une infinité d'endroits, que celle d'Alem, qui est à grosses mailles, est connue dans le pays sous le nom de *vernis*, parce que les habitants la vendent aux potiers pour vernisser leurs terreries; il ajoute que les veines de cette mine sont pour la plupart horizontales, et dispersées sans suite dans une pierre calcaire fort dure (*j*). On trouve aussi de cette mine à vernis en grosses lames auprès de Combette, paroisse d'Ispagnac (*k*). Le docteur Astruc avait parlé plusieurs années auparavant d'une semblable mine près de Durford, dans le diocèse d'Alais, qu'on employait aussi pour vernisser les poteries (*l*). M. de Gensane a observé dans les mines de plomb de Pierre-Lade, diocèse d'Uzès, que l'un des filons donne quelquefois de

de Belonca... Dans celles de Ludens... de Portuson, de Varan et plusieurs autres endroits. *Traité de la fonte des mines* de Schlutter, t. Ier, p. 54, 55, 57 et suiv.

(*a*) Dans le Lyonnais, il y a des mines de plomb près Saint-Martin de la Plaine... D'autres près de Tarare, dont les échantillons n'ont donné que huit livres de plomb et trente grains d'argent par quintal. *Idem*, p. 31.

(*b*) Dans le Beaujolais, il y a des mines de plomb près du Rhône, dans un lieu nommé Guyon... D'autres à Consens en Forès, à Saint-Julien-Molin-Molette, etc. Il y en a encore plusieurs autres dans cette province. *Idem*, p. 32.

(*c*) *Idem*, p. 30.

(*d*) Dans le Limousin, il y a une mine de plomb à Fargens, à une demi-lieue de Tralage... Une autre dans la paroisse de Vicq, élection de Limoges, et à Saint-Hilaire une autre mine de plomb tenant étain: il y a encore d'autres mines de plomb qu'on soupçonne tenir de l'étain. *Idem*, p. 59. — Les meilleures mines de plomb du Limousin sont celles de Glanges, Mercœur et Issoudun: cette dernière donne soixante-cinq à soixante-dix livres de plomb par quintal de minerai, mais ce filon est très mince. (Note communiquée par M. de Grignon, en octobre 1782.)

(*e*) En Auvergne, il y a une mine de plomb à Combres, à deux lieues de Pontgibaud: elle ne rend que cinq livres de plomb par quintal, mais cent livres de ce plomb donnent deux marcs et une once d'argent; elle est abandonnée... Il y a d'autres mines de plomb à Chades, entre Riom et Pontgibaud, et d'autres dans l'élection de Riom. *Traité de la fonte des mines* de Schlutter, t. Ier, p. 60 et 61.

(*f*) Dans le Bourbonnais, il y a des mines de plomb dans l'enclos des Chartreux de Moulins et dans le village d'Uzès. *Idem*, p. 62.

(*g*) En Anjou, selon Piganiol, il y a des mines de plomb dans la paroisse de Corcelle... Une autre à Montrevaux; cette dernière a été travaillée et ensuite abandonnée. *Idem*, p. 64.

(*h*) En Normandie, il y a une mine de plomb à Pierreville, auprès de Falaise. *Idem*, p. 68.

(*i*) En Bretagne, il y a une mine de plomb à Pompéan: en 1733 et 1734, le minerai donnait jusqu'à soixante-dix-sept livres pour cent de plomb, et ce plomb rendait trois onces au plus d'argent par quintal... Il y a encore d'autres mines de plomb à Borien, Serugnat, Poulawen, Ploué, Lequefré, le Prieuré, la Feuillée, Ploué-Norminais, Carnot, Plucquets, Trebiran, Paul et Melcarchais. *Idem*, p. 70.

(*j*) *Histoire naturelle du Languedoc*, t. III, p. 225.

(*k*) *Histoire naturelle du Languedoc*, t. III, p. 238.

(*l*) *Bibliothèque raisonnée*, juillet, août et septembre 1759.

l'argent pur en filigranes, et qu'en général, ces mines rendent quarante livres de plomb, et deux ou trois onces d'argent par quintal; mais il dit que le minerai est de très difficile fusion, parce qu'il est intimement mêlé avec de la pierre cornée.

Dans la montagne de Mat-Imbert, il y a deux gros filons de mines de plomb riches en argent : ces filons, qui ont aujourd'hui trois ou quatre toises d'épaisseur d'un très beau spath piqueté de minéral, traversent deux montagnes, et paraissent sur plus d'une lieue de longueur; il y a des endroits où leur gangue s'élève au-dessus du terrain de cinq à six toises de hauteur (*a*). Cet habile minéralogiste cite encore un grand nombre d'autres mines de plomb dans le Languedoc, dont plusieurs contiennent un peu d'argent, et dont le minéral paraît presque partout à la surface de la terre. « Près des bains de la Malon, diocèse » de Béziers, on ramasse, dit-il, presque à la surface du terrain, des morceaux de mine de » plomb dispersés et enveloppés dans une ocre jaunâtre; il règne tout le long de ce vallon » une quantité de veines de plomb, d'argent et de cuivre; ces veines sont la plupart recou- » vertes par une espèce de minéral ferrugineux d'un rouge de cinabre, et tout à fait sem- » blable à de la mine de mercure (*b*). »

Dans le Vivarais, M. de Gensane indique les mines de plomb de l'Argentière (*c*); celles

(*a*) *Histoire naturelle du Languedoc*, par M. de Gensane, t. II, p. 163 et 164

(*b*) *Idem, ibid.*

(*c*) La petite ville de l'Argentière, en Vivarais, tire son nom des mines de plomb et argent qu'on y exploitait autrefois... Il n'y a point de veines réglées; le minéral s'y trouve dispersé dans un grès très dur, ou espèce de granit, qui forme la masse des montagnes qui environnent l'Argentière. Ce minéral est à grains fins, semblables aux grains d'acier; il rend au delà de soixante livres de plomb, et depuis quatre jusqu'à cinq onces d'argent au quintal... Il n'y a que la crête de ces montagnes qui ait été attaquée, et il s'en faut bien que le minerai y soit épuisé. Il y a sur ces montagnes, depuis Vals jusqu'à la rivière de la Douce, dans la paroisse de Serre-Mejames, quantité d'indices de mines de plomb; mais un phénomène bien singulier, c'est qu'on trouve sur la surface de ce terrain des morceaux de mines de plomb plâtreux, semblables à de la pierre à chaux, qui renferment des grains de plomb naturel, dont quelques-uns pèsent jusqu'à une demi-once... La matière dure et terreuse qui renferme ces grains rend elle-même jusqu'au delà de quatre-vingts pour cent de plomb...

En descendant de ces hautes montagnes dans le vallon de Saint-Laurent-les-Bains, nous avons remarqué quelques veines de mines de plomb. Il y en a une surtout considérable au bas de ce village, sur la surface de laquelle on remarque plusieurs filets de spath d'une très belle couleur d'améthyste...

Il y a peu de cantons dans le Languedoc où il y ait autant de minéraux que le long du vallon de Mayres, surtout aux montagnes qui sont au midi de cette vallée. On commence à apercevoir les veines de ces minéraux auprès de la Narce, village situé sur la montagne du côté de la Chassade. Il y a auprès des Artch... une montagne qui nous a paru toute composée de mines de plomb et argent. On en trouve des veines considérables au pied du village de Mayres.

En montant du Chayla, au bas du château de la Chaise, on trouve près du chemin un très beau filon de mine de plomb. Il y en a plusieurs de même nature près le village de Saint-Michel.

La montagne qui s'étend depuis Beaulieu à Éthèses jusqu'au delà de Vincieux est traversée par un grand nombre de filons de mine de plomb, dont une grande partie est exploitée par M. de Plumestein, qui en a la concession de Sa Majesté... Le filon d'Éthèses a environ deux pieds de largeur, et est entremêlé d'une terre noire... Le filon de Broussin est magnifique... Il y a des endroits où le minéral pur a près de quatre pieds de largeur. Comme ce minéral ne tient presque pas d'argent, on en sépare le plus pur pour les potiers du diocèse, sous le nom de *vernis*. Le surplus, qui se trouve mêlé de blende ou de roche, est porté à la fonderie de Saint-Julien, où l'on en extrait le plomb... Il y a un autre filon de mine de plomb à Baley, paroisse de Talancieux, qui n'est pas riche. *Histoire naturelle du Languedoc*, par M. de Gensane, t. III, p. 178 et suiv.

des montagnes voisines de la rivière de la Douce; celles de Saint-Laurent-les-Bains, du vallon de Mayres, et plusieurs autres qui méritent également d'être remarquées; il en a aussi reconnu quelques autres dans différents endroits de la province du Velay (a).

En Franche-Comté, à Plancher-lez-Mines dans la grande montagne, les mines sont de plomb et d'argent; elles sont ouvertes de temps immémorial, et on y a fait des travaux immenses: on voit à Baudy, près de Château-Lambert, un filon qui règne tout le long d'une petite plaine sur le sommet de la montagne. Cette veine de plomb est sous une roche de granit, d'environ trois toises d'épaisseur, et qui ressemble à une voûte en pierres sèches qu'on aurait faite exprès; elle s'étend sur toute la longueur de la plaine en forme de crête (b). Nous observerons sur cela que cette roche ne doit pas être de granit primitif, mais seulement d'un granit formé par alluvion, ou peut-être même d'un grès à gros grains, que les observateurs confondent souvent avec le vrai granit.

Et ce qui confirme ma présomption, c'est que les mines ne se trouvent jamais dans les montagnes de granit primitif, mais toujours dans les schistes ou dans les pierres calcaires qui leur sont adossés. M. Jaskevisch dit, en parlant des mines de plomb qui sont à quelque distance de Fribourg en Brisgaw, que ces mines se trouvent des deux côtés de la montagne de granit et qu'il n'y en a aucune trace dans le granit même (c).

En Espagne, M. Bowles a observé plusieurs mines de plomb dont quelques-unes ont donné un très grand produit, et jusqu'à quatre-vingts livres par quintal (d).

(a) On trouve dans le canton (de la paroisse de Brignon, en Velay) une très belle mine de plomb, dont la veine est très bien caractérisée... Nous avons trouvé dans les bois voisins de Versillac un très beau filon de mine de plomb... Du côté d'Icenjaux, nous avons reconnu en différents endroits des marques très caractérisées de mine de plomb... Vers Saint-Maurice-de-Lignan et de Prunières, nous avons trouvé quantité de marques de mine de plomb parmi les rochers de granit... On voit auprès de Monistrol plusieurs anciens travaux sur des mines de plomb; celle qu'on appelle la Borie est des plus considérables. Les gens du pays nous ont assuré qu'il y a beaucoup de minéral dans le fond des travaux, qui ne sont qu'à vingt-cinq toises de profondeur; mais qu'on avait été obligé de les abandonner, à cause de la quantité d'eau qui s'y trouvait... A peu de distance de cet endroit est la mine de Nant, dont on vend le minéral aux potiers : la veine ne donne que par rognons... Il y a encore plusieurs autres mines et indices de mines de plomb dans ce diocèse. *Traité de la fonte des mines* de Schlutter, p. 236, 244, 245, 246 et 247.

(b) *Histoire naturelle du Languedoc*, par M. de Gensane, t. II, p. 19 et suiv.

(c) A quelque distance de Fribourg, en Brisgaw, il y a plusieurs mines qui avaient été abandonnées, mais que l'on exploite de nouveau... La montagne de Grensem, où se trouvent plusieurs de ces mines de plomb, est adossée à une montagne de granit... Toutes les pierres qu'on y trouve sont de vrai granit grisâtre, à fort petits grains, avec des points de schorl noir, ressemblant beaucoup au *granitello* d'Italie. Du côté opposé de cette montagne est une autre mine de plomb dont le minerai est une galène; sa gangue est de spath calcaire. La montagne granitique se trouve donc entre les montagnes calcaires qui renferment les mines. *Voyages de M. Jaskevisch*, dans le supplément au *Journal de physique* du mois d'octobre 1782.

(d) Il y a une mine de plomb à deux lieues d'Orellana, sur le chemin de Zalaméa : cette mine est dans une petite éminence... La veine coupe directement la pierre d'ardoise; elle est dans le quartz. *Histoire naturelle d'Espagne*, par M. Bowles, p. 57. — Dans la province de Jaen, en Espagne, aucune mine ne se trouve dans la pierre calcaire, et il y en a une de plomb près de Limarès, dans du granit gris ordinaire. La veine a, dans certains endroits, soixante pieds de large, et dans d'autres pas plus d'un. Les salbandes qui enveloppent la veine sont d'argile, mais ces salbandes sont souvent à découvert et se mêlent avec le granit... De ces salbandes qui accompagnent les mines en général, l'une soutient le filon par-dessous et l'autre le couvre par-dessus, et c'est la plus grosse... Cette mine de plomb est ordinairement en veines, mais on y trouve aussi des rognons... on en a trouvé un si

En Angleterre, celle de Mendip est une galène en masse, sans gangue et presque pure (*a*); il y a aussi de très riches mines de ce métal dans la province de Derby (*b*), ainsi que dans les montagnes des comtés de Cardigan et de Cumberland (*c*), et l'on en connaît encore d'aussi pures que celles de Mendip, dans quelques endroits de l'Écosse (*d*).

M. Guettard a reconnu des indices de mines de plomb en Suisse (*e*), et il a observé de bonnes mines de ce métal en Pologne; elles sont, dit-il, abondantes et riches en argent (*f*). Il dit aussi que la mine d'Olkuszow, diocèse de Cracovie, est sans matière étrangère.

abondant que, pendant quatre ou cinq ans, il fournit une quantité prodigieuse de plomb dans un espace de soixante pieds de large, autant de long, et sur autant de profondeur... C'est une véritable galène à gros grains, qui donne pour l'ordinaire soixante à quatre-vingts livres de plomb par quintal... et comme ce plomb ne contient que trois ou quatre onces d'argent par quintal, il ne vaut pas la peine d'être coupellé. *Idem*, p. 417 et suiv.

(*a*) La mine de Mendip, dans le comté de Sommerset, est en quelques endroits en filons perpendiculaires, tantôt plus étroits, tantôt plus larges; cette mine ne forme qu'une masse, et elle contient du plomb pur, excepté à la surface, où elle est mêlée d'une terre rouge. M. Guettard; *Mémoires de l'Académie des sciences*, année 1762, p. 321 et suiv.

(*b*) On trouve en Derbyshire des veines de plomb très considérables, dans une pierre à chaux coquillière, à laquelle on donne un très beau poli, et dont on fait plusieurs ouvrages... Toutes les mines de cette province sont très riches en argent, et sont dans des montagnes récentes dont les pierres contiennent des corps marins... Cependant en Derbyshire, comme ailleurs, la pierre à chaux est posée sur le schiste... Malgré cette exception, il n'en est pas moins vrai que les montagnes de nouvelle formation renferment rarement de vrais filons de mine. *Lettres sur la minéralogie*, par M. Ferber; note, p. 56 et suiv.

(*c*) On sait qu'en général toutes les montagnes du comté de Cardigan, en Angleterre, sont remplies de mines de plomb qui contiennent de l'argent... Dans les montagnes de Cumberland, il y a du cuivre, de l'or et de l'argent, et du plomb noir. M. Guettard; *Mémoires de l'Académie des sciences*, année 1746, p. 385.

(*d*) Il y a trois sortes de mines de plomb en Écosse : la première, nommée *lum-lead*, est presque de plomb pur; la seconde, *swelling-lead* ou *smethon*, est la mine triée; la troisième, la mine pauvre. On ne fond pas la première ni la seconde; on les vend aux potiers de terre pour vernir leurs poteries. *Traité de la fonte des mines* de Schlutter, t. II, p. 325.

(*e*) Les Alpes du canton de Schwitz renferment des mines de plomb. *Mémoires de l'Académie des sciences*, année 1752, p. 330. — Scheuchzer dit qu'il y a une mine de plomb au-dessus de Zillis en Barenwald; une autre de plomb et de cuivre à Anneberg. *Idem*, p. 333. La vallée de Ferrera, les environs de Schams, de Davos et de Disentis fournissent du plomb. *Idem*, *ibidem*. — Dans les environs du Grimsel en Suisse, il y a des veines de plomb. *Idem*, p. 336.

(*f*) Il y a à Olkuszow, dans le domaine de l'évêque de Cracovie, une mine de plomb sans matière étrangère, qui est écailleuse. Ses épontes ou salbandes sont d'une terre calcaire... Une autre mine de plomb, trouvée dans les Karpathes, est à petites écailles et contient beaucoup d'argent gris; une troisième est à petites écailles avec des veines d'une terre jaune d'ocre; une quatrième est aussi écailleuse, pure et en masse, composée d'espèce de grains mal liés, de sorte qu'on dirait que cette mine a passé par le feu; ces deux dernières se trouvent aussi dans les Karpathes... Les mines d'Olkutz, en Pologne, ont été travaillées dès le quatorzième siècle; on y voit plusieurs puits, dont quelques-uns descendent jusqu'à quatre-vingts brasses de profondeur. Leur situation est au pied d'une petite montagne, qui s'élève en pente douce. Le minerai de ces mines est la galène couleur de plomb; elle est sans mélange de cailloux ni de sable, ni d'aucune autre substance... Le minerai est répandu dans une terre jaunâtre, mêlée d'une pierre semblable à la calamine, et à de la pierre à chaux dans quelques endroits; cette terre contient aussi des fragments d'une pierre ferrugineuse, qui a été très utile pour la fonte du minerai... A la profondeur de cinq ou six brasses, on trouve d'abord une espèce de pierre à chaux, et dès la dixième brasse on rencontre la veine du minéral, qui, dans quelques endroits, n'a que deux ou trois pouces, et

Il y a dans la Carinthie des mines de plomb qui sont en pleine exploitation; elles gisent dans les montagnes calcaires, et l'on en tire par année vingt mille quintaux de plomb (a). Les mines de plomb que l'on trouve dans le Palatinat en Allemagne, sous la forme d'une pierre cristallisée, sont exemptes de même de toute matière étrangère; ce sont des mines en chaux qui, comme celles de plomb blanc, ne contiennent en effet que du plomb, de l'air et de l'eau, sans mélange d'aucune autre matière métallique (b).

On voit, par cette énumération, qu'il se trouve un grand nombre de mines de plomb dans presque toutes les provinces de l'Europe : les plus remarquables, ou plutôt les mieux connues, sont celles qui contiennent une quantité considérable d'argent; il y en a de toute espèce en Allemagne (c), de même qu'en Suède, et jusqu'en Norvège.

On ne peut guère douter qu'il n'y ait tout autant de mines de plomb en Asie qu'en Europe; mais nous ne pouvons indiquer que le petit nombre de celles qui ont été remar-

dans d'autres jusqu'à une demi-brasse d'épaisseur... On tire de ce plomb onze marcs et demi d'argent, sur soixante-dix quintaux de plomb. M. Guettard, *Mémoires de l'Académie des sciences*, année 1762, p. 319, 321 et suiv.

(a) On trouve dans les mines de Bleyberg, en Carinthie, plusieurs sortes de minerais : 1° le plombage ou plomb compact presque malléable, couleur de vrai plomb minéralisé avec le soufre et l'arsenic; 2° la galène de plomb cristallisée en cubes ou en octaèdres; 3° la craie parsemée de petits points de galène de plomb qui forment de jolies dendrides; 4° le plomb spatheux, couleur de jaune clair, jusqu'à l'oranger blanc, couleur de plomb transparent, couleur de vert pâle..., etc. *Voyages de M. Jaskevisch*, dans le supplément au *Journal de physique* du mois d'octobre de l'année 1782.

(b) Dans le haut palatinat, à Fregung, il y a une mine de plomb qui n'est mêlée d'aucun autre métal, et par conséquent excellente pour l'usage de la coupelle; elle est en partie sous la forme d'une pierre cristalline; le reste n'est pas si riche en plomb et paraît plus farineux. *Collection académique*, partie étrangère, t. II, p. 2.

(c) La mine de plomb et d'argent de Rammelsberg est en partie très pure, et en partie mêlée de pyrites cuivreuses et de soufre; et dans le milieu de ces pyrites on trouve quelques veines de mines de plomb brillantes... Le produit de cette mine est en argent, depuis un gros jusqu'à une once, et en plomb depuis six jusqu'à quarante livres par quintal. On ne peut réduire cette mine en moindre volume par le bocard et le lavage, parce que sa gangue est trop dure et trop pesante; mais elle a l'avantage d'être assez pure : ainsi on peut la regarder comme une mine triée; à cause de sa dureté, on attend qu'elle ait reçu trois grillages avant de l'essayer... Les mines qui se tirent des minières des Halzbrucke ne contiennent par quintal que depuis une demi-once jusqu'à deux onces et demie d'argent; mais elles rendent depuis vingt-huit jusqu'à soixante-cinq livres de plomb par quintal : ainsi, comme elles sont tendres, on les grille seules, et on ne leur donne que deux feux pour les ajouter ensuite aux autres dans la fonte...

On trouve à Foelgebaugen de la mine de plomb à gros brillants, dont le quintal rend depuis soixante-dix jusqu'à quatre-vingts livres de plomb, et depuis six gros jusqu'à une once et demie d'argent; on y trouve aussi de la mine de plomb à petits brillants, contenant un peu plus d'argent et moins de plomb; on tire les meilleurs morceaux de ces mines, et on pile et lave le reste; mais le tout doit être grillé...

Dans le haut Hartz, le produit des mines pilées varie beaucoup; il y en a dont le quintal ne tient qu'une demi-once d'argent, d'autres qui en contiennent jusqu'à un marc... Celles d'Andreasberg sont plus riches, parce qu'on y trouve de l'argent vierge et de la *minera argenti rubra*, dont les grillages fournissent beaucoup d'argent; enfin, il y en a d'autres qui, sans argent vierge ni même d'argent rouge, fournissent encore plus d'argent...

Les mines qu'on tire dans le comté de Stolberg, à Strelzberg, sont de plomb et d'argent, mêlées d'un peu de pyrites et de mines de cuivre. Il se trouve aussi dans les mêmes filons de la mine de fer jaune et blanche qu'on ne peut en séparer entièrement, ni en pilant ni en lavant le minéral : ainsi on la trie le mieux qu'il est possible, en la pilant grossièrement et la faisant passer par un crible. *Traité de la fonte des mines* de Schlutter, t. II, p. 162, 182, 186, 196 et 328.

quées par les voyageurs, et il en est de même de celles de l'Afrique et de l'Amérique. En Arabie, selon Niebuhr, il y a tant de mines de plomb dans l'Oman, et elles sont si riches qu'on en exporte beaucoup (*a*). A Siam, les voyageurs disent qu'on travaille depuis longtemps des mines de plomb et d'étain (*b*). En Perse, dit Tavernier, on n'avait ni plomb ni étain que celui qui arrivait des pays étrangers ; mais on a découvert une mine de plomb auprès de la ville d'Yerde (*c*). M. Peyssonnel a vu une mine de plomb dans l'île de Crète, dont il a tiré neuf onces de plomb sur une livre et une très petite quantité d'argent ; il dit qu'en creusant un peu plus profondément, on découvre quelquefois des veines d'un minerai de couleur grise, taillé à facettes brillantes, mêlé de soufre et d'un peu d'arsenic, et qu'il a tiré d'une livre de ce minerai sept onces de plomb et une drachme d'argent (*d*). En Sibérie, il se trouve aussi nombre de mines de plomb, dont quelques-unes sont fort riches en argent (*e*).

Nous avons peu de connaissances des mines de plomb de l'Afrique : seulement le docteur Shaw fait mention de celles de Barbarie, dont quelques-unes, dit-il, donnent quatre-vingts livres de métal par quintal (*f*).

Dans l'Amérique septentrionale, on trouve de bonnes mines de plomb aux Illinois (*g*), au Canada (*h*), en Virginie (*i*) ; il y en a aussi beaucoup au Mexique (*j*), et quelques-unes au Pérou (*k*).

(*a*) *Description de l'Arabie*, p. 125.

(*b*) *Histoire générale des voyages*, t. XVIII, p. 307.

(*c*) *Idem*, t. X, p. 656.

(*d*) *Histoire de Crète*, manuscrite, par M. Peyssonnel.

(*e*) A quelque distance d'Argunsk, en Sibérie, et à quelques verstes de l'ancienne mine d'Ildikim, on a découvert un nouveau filon d'un beau minéral luisant, très foncé, mêlé d'un peu de gravier qui contient deux onces d'argent et plus de cinquantes livres de plomb par quintal. Il y a encore d'autres minerais dont on tire trois onces d'argent et soixante-quatorze livres de plomb, et l'argent qu'il donne contient de l'or. *Hist. générale des voyages*, t. XVIII, p. 209.

(*f*) Les mines de plomb de Jibbel-Ris-Sass, près d'Hamman-Leef, celles de Wamarb-Réese et celles de Benibootateb sont toutes fort riches, et l'on en pourrait certainement tirer de grands trésors, si elles étaient mieux travaillées... On tire aisément par le feu quatre-vingts livres de métal d'un seul quintal de mine... Il y en a aussi dans les terres d'Alger, et surtout dans une haute montagne appelée *Van-naff-Réese,* dont le sommet est couvert de neige. Après de grandes pluies, les torrents qui découlent de cette montagne charrient des grains et pailles de ce minéral, lesquels s'arrêtent sur ses bords, brillent comme l'argent à la lueur du soleil. *Voyages de Shaw*, t. Ier, p. 40 et 306.

(*g*) Dans le pays des Illinois, il y a des mines de plomb dont on peut tirer soixante-seize ou quatre-vingts livres de plomb par quintal... Ce plomb contient un peu d'argent. M. Guettard, *Mémoires de l'Académie des sciences*, année 1752, p. 210.

(*h*) Il y a une mine de plomb à la baie Saint-Paul, à vingt-cinq lieues de Québec,... qui est dans une grande montagne... Les filons de cette mine de Saint-Paul sont placés perpendiculairement dans le rocher... Les pierres que l'on trouve à la surface ou à peu de profondeur ne sont qu'environnées de métal à la surface, et à mesure que l'on descend, les pierres en sont plus pénétrées. Les veines sont de différentes largeurs et peu éloignées les unes des autres. *Idem*, p. 210 et suiv.

(*i*) La Virginie a des mines de plomb auxquelles on a travaillé et qui sont aujourd'hui abandonnées. *Histoire générale des voyages*, t. XIV, p. 508.

(*j*) Le canton d'Yzquiquilpa, à vingt-deux lieues de Mexico, abonde en mines de plomb... La province de Guaxaca renferme la montagne Itz-qui-tepeque, où il se trouve quantité de veines de plomb; celle de Guadalajara renferme dans ses montagnes beaucoup de mines d'argent et de cuivre mêlées de plomb. Il s'en trouve aussi de plomb et d'argent dans la province de la Nouvelle-Biscaye... Et autrefois on en tirait beaucoup de la province de Chiapa. *Idem*, t. XII, p. 648.

(*k*) Le Corrégiment de Guanta, dans le diocèse de Guamanga, au Pérou, a des mines de plomb. *Idem*, p. 648.

Toutes les mines de plomb en galène affectent une figure hexaèdre en lames écailleuses ou en grains anguleux, et c'est en effet sous cette forme que la nature a établi les mines primordiales de ce métal : toutes celles qui se présentent sous d'autres formes ne proviennent que de la décomposition de ces premières mines dont les détriments, saisis par les sels de la terre et mélangés d'autres minéraux, ont formé les mines secondaires de céruse, de plomb blanc (*a*), de plomb vert, de plomb rouge, etc., qui sont bien connues des naturalistes ; mais M. de Gensane fait mention d'une mine singulière qui renferme des grains de plomb tout à fait pur. Voici l'extrait de ce qu'il dit à ce sujet : « Entre Pradel » et Vairreau, il y a une mine de plomb dans des couches d'une pierre calcaire fauve, et » souvent rouge ; le filon n'a qu'un pouce et demi ou deux pouces d'épaisseur, et s'étend » presque tout le long de la forêt des châtaigniers : c'est en général une vraie mine de » plomb blanche et terreuse ; mais, ce qu'il y a de singulier, c'est que cette substance ter- » reuse renferme dans son intérieur de véritables grains de plomb tout faits, ce qui était » inconnu jusqu'ici ; cette terre minérale, qui renferme ces grains, rend jusqu'au delà de » quatre-vingt-dix livres de plomb par quintal, et les grains de plomb qu'elle renferme » sont très purs et très doux ; ils n'affectent point une configuration régulière, il y en a » de toutes sortes de figures ; on en voit qui forment de petites veines au travers du mi- » néral en forme de filigrane, et qui ressemblent aux taches des dendrites. On trouve du » minéral semblable, et qui contient encore plus de plomb natif, près du village de Fayet, » et de même près de Villeneuve-de-Berg, et encore dans la montagne qui est à droite du » chemin qui conduit à Aubenas, à une petite lieue de Villeneuve-de-Berg ; les quatre » endroits de ces montagnes où l'on trouve ce minéral sont à plus de trois lieues de dis- » tance les uns des autres sur un même alignement, et la ligne entière a plus de huit » lieues de longueur. Les plus gros grains de plomb pur sont comme des marrons, ou de » la grosseur d'une petite noix ; il y en a d'aplatis, d'autres plus épais et tout biscornus ; » la plupart sont de la grosseur d'un petit pois, et il y en a qui sont presque impercep- » tibles. La terre métallique qui les renferme est de la même couleur que la litharge » réduite en poussière impalpable ; cette terre se coupe au couteau, mais il faut le mar- » teau pour la casser ; elle renferme aussi de véritables scories de plomb, et quelquefois » une matière semblable à de la litharge ; cependant ce minéral ne provient point d'an- » ciennes fonderies ; d'ailleurs, il est répandu dans une très grande étendue de terrain ; on » en trouve sur un espace de plus d'un quart de lieue, sans rencontrer de scories dans le » voisinage, où l'on n'a pas mémoire qu'il y ait jamais eu de fonderies (*b*). »

(*a*) La mine de plomb blanche qui se trouve dans celle de Ponlaouen, en Bretagne, est en assez gros cristaux, de forme prismatique, irrégulièrement striés dans leur longueur, d'un blanc de nacre transparent, qui donnent au quintal quatre-vingts livres de plomb tenant un peu d'argent... Cette mine de plomb blanche, quoi qu'en dise Vallerius, est parfaitement soluble par tous les acides... Elle ne contient point d'arsenic, quoique Vallerius l'ait assuré, ni d'acide marin, comme le prétend M. Sage... Les mines de plomb spathiques sont des mines de plomb de seconde formation, que l'on rencontre dispersées sans ordre et sans suite dans les environs et toujours assez près des galènes ou mines de plomb sulfureuses. La position des mines spathiques, leur cristallisation distincte plus ou moins les font aisément reconnaître pour l'ouvrage des eaux souterraines chargées de la partie métallique des galènes décomposées. *Mémoire de M. Labory*, dans ceux des *Savants étrangers*, t. IX, p, 442 et suiv.

(*b*) M. de Virly, président à la Chambre des comptes de Dijon, a eu la bonté de m'apporter un morceau de cette mine mêlé de plomb tout pur, qu'il a trouvé à l'Argentière en Vivarais, sur l'une des deux montagnes entre lesquelles cette ville est située ; il en a rapporté des morceaux gros comme le poing, et communément il y en a de la grosseur d'un œuf : les uns ont l'apparence d'une terre métallique, ils ressemblent au massicot et sont un peu transparents ; d'autres, plus légers, sont en état de verre et renferment des globules de

Ces derniers mots semblent indiquer que M. de Gensane soupçonne avec raison que le feu a eu part à la formation de cette mine singulière; s'il n'y a pas eu de fonderies dans ces lieux, il y a eu des forêts, et très probablement des incendies, ou bien on doit supposer quelque ancien volcan dont le feu aura calciné la plus grande partie de la mine, et l'aura réduite en chaux blanche, en scories, en litharge, dans lesquelles certaines parties se seront revivifiées en métal, au moyen des matières inflammables qui servaient d'aliments à l'incendie; cette mine est donc de dernière formation : comme elle gît en grande partie sous la pierre calcaire, elle n'a pas été produite par le feu primitif, qui d'ailleurs l'aurait entièrement réduite en chaux, et n'y aurait pas laissé du métal; ce n'est donc qu'une mine ordinaire, qui a seulement été dénaturée accidentellement par le feu souterrain d'un ancien volcan, ou par de grands incendies à la surface du terrain.

Et non seulement le feu a pu former ces mines de plomb en chaux blanche; mais l'eau peut aussi les produire : la céruse, que nous voyons se former à l'air sous les plombs qui y sont exposés, est une vraie chaux de ce métal, qui, étant entraînée, transportée et déposée en certains endroits de l'intérieur de la terre par la stillation des eaux, s'accumule en masses ou en veines, sous une forme plus ou moins concrète. La mine de plomb blanche n'est qu'une céruse cristallisée, également produite par l'eau; il n'y a de différence qu'en ce que la céruse naturelle est plus mêlée de parties terreuses : ces mines de céruse, les plus nouvelles de toutes, se forment tous les jours, comme celles du fer en rouille, par les détriments de ces métaux.

Les mines de plomb vitreuses et cristallisées, qui proviennent de la décomposition des galènes, prennent différentes couleurs par le contact ou l'union des différentes substances métalliques qu'elles rencontrent; le fer leur donne une couleur rouge, et, selon M. Monnet, il les colore aussi quelquefois en vert : cet observateur dit avoir remarqué, dans les mines de plomb de la Croix en Lorraine (*a*), un grand nombre de cristaux de plomb vert dans les cavités de la gangue de cette mine, qui n'est qu'une mine de fer grisâtre; d'où il conclut que les cristaux verts de plomb peuvent être formés de la décomposition de la galène par le fer. La galène elle-même peut se régénérer dans les mines de plomb qui sont en état de céruse ou de chaux blanche : on peut le démontrer, tant par la forme fistuleuse de ces galènes qu'on appelle *plomb noir*, que par plusieurs morceaux de mines dans lesquels la base des cristaux est encore de plomb blanc, seulement un peu rougeâtre, et dont la partie supérieure est convertie en galène.

En général, les mines de plomb tiennent presque toutes une petite quantité d'argent; elles sont aussi très souvent mêlées de fer et d'antimoine (*b*), et quelquefois de cuivre (*c*); mais l'on n'a qu'un seul exemple de mine de plomb tenant du zinc (*d*); et de même que l'on

métal plus ou moins gros, qui se laissent entamer au couteau et sont réellement du plomb. Il y a beaucoup de mines de plomb en galène aux environs de l'Argentière; elles ont été exploitées dans le temps des croisades comme mines d'argent; c'est même, à ce que l'on dit, ce qui a donné le nom à la ville : il n'y a point de vestiges d'anciens volcans dans ces deux montagnes, et ces matières de plomb, qui ont évidemment éprouvé l'action du feu, sont peut-être les restes d'anciennes exploitations ou le produit de la fusion des mines de galène par l'incendie des forêts qui couvraient ces montagnes.

(*a*) *Observations sur une mine de plomb*, par M. Monnet.

(*b*) Il y a du plomb qui, dans la mine, est mêlé avec de l'antimoine et qui en conserve encore après la fonte. *Mémoires de l'Académie des sciences*, année 1733, p. 313.

(*c*) Il se trouve des mines de plomb cuivreuses, et le plomb qu'on en retire conserve toujours quelques impressions du cuivre. *Idem, ibidem.*

(*d*) Il y a près de Goslar une mine de plomb qui contient une assez grande quantité de zinc... mais on croit communément que c'est la seule mine en Europe qui en contienne. *Idem, ibidem.*

trouve de l'argent dans presque toutes les mines de plomb, on trouve aussi du plomb dans la plupart des mines d'argent; mais, dans les filons de ces mines, le plomb, comme plus pesant, descend au-dessous de l'argent, et il arrive presque toujours que les veines les plus riches en argent se changent en plomb à mesure qu'elles s'étendent en profondeur (*a*).

Pour connaître la quantité de métal qu'une mine de plomb peut contenir, il faut la griller en ne lui donnant d'abord que peu de feu, la bien laver ensuite et l'essayer avec le flux noir, et quelquefois y ajouter de la limaille de fer (*b*), pour absorber le soufre que le grillage n'aurait pas tout enlevé (*c*); mais, quoique par ces moyens on obtienne la quantité de plomb assez juste, l'essai par la voie humide est encore plus fidèle; voici le procédé de M. Bergman (*d*) : on pulvérise la galène, on la fait digérer dans l'acide nitreux ou dans l'acide marin jusqu'à ce que tout le plomb soit dissous, et alors le soufre minéral se précipite; on s'assure que ce soufre est pur en le faisant dissoudre dans l'alcali caustique, on précipite le plomb par l'alcali cristallisé, et cent trente-deux parties de précipité indiquent cent parties de plomb : si le plomb tient argent, on le sépare du précipité par l'alcali volatil, et, s'il y a de l'antimoine, on le calcine par l'acide nitreux concentré; si la galène tient du fer, on précipite le plomb et l'argent qui peuvent y être unis, ainsi que la quantité de fer qui se trouve dans l'acide, en mettant une lame de fer dans la dissolution; celle que la lame de fer a produite indique exactement la quantité de ce métal contenue dans la galène.

Le plomb, extrait de sa mine par la fonte, demande encore des soins tant qu'il est en métal coulant; car, si on le laisse exposé à l'action de l'air, sa surface se couvre d'une poudre grise, dont la quantité augmente à mesure que le feu continue, en sorte que tout le métal se convertit en chaux, et acquiert par cette conversion une augmentation de volume très considérable (*e*) : cette chaux grise, exposée de nouveau à l'action du feu, y prend bientôt, en la remuant avec une spatule de fer, une assez belle couleur jaune, et dans cet état on lui donne le nom de *massicot;* et, si l'on continue de la remuer en la tenant

(*a*) Delius, *Sur l'art des mines*, t. Ier, p. 73.

(*b*) On met six quintaux de flux noir sur un quintal de mine; on mêle le tout pour être mis dans un creuset que l'on place au feu; on conduit la fonte comme celle d'un essai de mine de cuivre, excepté que celui de la mine de plomb est fini beaucoup plus tôt. On peut faire aussi ces essais avec quatre quintaux de flux noir sur un quintal de mine, et même avec deux ou trois quintaux de ce flux, pourvu que la mine soit bien désoufrée.

Si les mines de plomb contiennent beaucoup d'antimoine, on ajoute, à l'essai d'un quintal de ces mines, vingt-cinq ou *cinquante* pour cent de limaille de fer, plus ou moins, selon que la mine est chargée d'antimoine... Si on essaie les mines lavées ou celles qu'on nomme vulgairement *pures*, parce qu'elles n'ont point ou très peu de gangues, sans les faire rôtir, il faut y ajouter vingt-cinq pour cent de limaille de fer : le plomb s'en détache plus aisément; mais l'essai est souvent incertain, parce que le fer donne à l'essai une couleur noire. Quant aux mines rôties, il ne faut pas y ajouter de fer. *Traité de la fonte des mines* de Schlutter, t. Ier, p. 207 et 208.

(*c*) Les mines de plomb exigent la torréfaction, à cause du soufre qu'elles contiennent : on ajoute de la limaille de fer dans l'essai pour les en dépouiller plus sûrement : quand la mine tient de l'argent, ce qui arrive fréquemment, on appelle *plomb-d'œuvre* le produit de la première fonte qui se fait à travers les charbons ou au feu de réverbère, sur de la *brasque*. On retire de l'argent du plomb-d'œuvre par une espèce de coupellation en grand, c'est-à-dire en convertissant le plomb en litharge, sur un foyer fait de cendres lessivées; on lui donne un second affinage dans de vraies coupelles, et les débris de ces vaisseaux, ainsi que ceux des fourneaux et même la litharge qui ne serait pas reçue dans le commerce, sont remis au fourneau pour revivifier le plomb. *Éléments de chimie*, par M. de Morveau, t. Ier, p. 231.

(*d*) *Opuscules*, t. II, dissertation 24.

(*e*) M. Demeste dit que cette augmentation de volume ou de pesanteur est comme de 113 à 100.

toujours exposée à l'air, à un certain degré de feu, elle prend une belle couleur rouge, et dans cet état on lui donne le nom de *minium;* je dis à un certain degré de feu, car un feu plus fort ou plus faible ne changerait pas le massicot en minium; et ce feu constant et nécessaire pour lui donner une belle couleur rouge est de cent vingt degrés (*a*); car, si l'on donne à ce même minium une chaleur plus grande ou moindre, il perd également son beau rouge, redevient jaune et ne reprend cette couleur rouge qu'au feu de cent vingt degrés de chaleur. C'est à M. Geoffrin qu'est due cette intéressante observation, et c'est à M. Jars (*b*) que nous devons la connaissance des pratiques usitées en Angleterre pour faire le minium en grande quantité, et par conséquent à moindres frais qu'on ne le fait ordinairement.

(*a*) Division du thermomètre de Réaumur.

(*b*) Il y a deux fabriques de minium dans le comté de Derby, l'une auprès de Chesterfield, et l'autre aux environs de la ville de Wiskworth. Le fourneau pour cette opération est un réverbère à deux chauffes, renfermées sous une seule et même voûte... On y fait usage de charbon de terre... On emploie communément quinze quintaux ou dix lingots de plomb dans une opération...

On commence par mettre en dedans, et devant l'embouchure du fourneau, le grossier de la matière jaune qui est resté au fond de la bassine dans le lavage, ce qui empêche le plomb de couler au dehors du fourneau. On introduit le plomb dans le fourneau, et, dès qu'il est fondu, on l'agite continuellement; à mesure qu'il se réduit en chaux, on le tire de côté, et on continue jusqu'à ce que le tout soit converti en poudre, ce qui arrive ordinairement au bout de quatre ou cinq heures. S'il reste encore quelques morceaux de plomb, on les conserve pour une autre opération. On donne une chaleur vive pendant tout le temps de cette conversion; cependant elle ne donne qu'un rouge de cerise très foncé, car les deux ouvertures des chauffes et l'embouchure du fourneau sont toujours ouvertes, afin que le contact de l'air accélère la calcination...

Il faut plus que les quatre ou cinq heures qui convertissent le plomb en chaux pour qu'il soit réduit en poudre jaune : ainsi on le laisse encore près de vingt-quatre heures dans le fourneau; mais on ne le remue pas souvent dès qu'il est une fois en poudre, seulement autant qu'il le faut pour empêcher qu'il ne se mette en grumeaux ou ne se fonde en masse. Quand on juge la chaux de plomb assez calcinée, on la tire hors du fourneau avec un râble de fer, et on la fait tomber sur un pavé uni, on fait couler de l'eau fraîche par-dessus pour diviser la chaux qui peut être grumelée, et la rendre assez friable pour passer au moulin, et on continue jusqu'à ce qu'elle soit imbibée et bien refroidie : cette matière étant encore chaude ressemble beaucoup à la litharge, et, lorsqu'elle est froide, elle est d'une couleur jaune sale. Cette matière jaune est mise dans un moulin pour y être broyée en y versant de l'eau, et à mesure qu'elle se broie, elle tombe dans une cuve placée pour la recevoir au bas du moulin; mais, comme cette matière n'est pas également broyée, on la passe dans un tonneau plein d'eau pour y être lavée à l'aide d'une bassine de cuivre qu'on remplit à moitié de chaux de plomb, et qu'on agite de manière que la matière broyée la plus fine se mêle à toute l'eau du tonneau et se précipite au fond, tandis que celle qui n'est pas divisée suffisamment reste dans la bassine, et sert pour être placée, comme on l'a déjà dit, devant l'embouchure intérieure du fourneau pour être calcinée de nouveau avec le plomb... On continue de procéder de la même manière pour le moulin et pour le lavage, jusqu'à ce que toute la matière jaune, provenue de la première calcination, ait été entièrement passée. Lorsque le lavage est fait, on laisse précipiter au fond du tonneau la matière qui est suspendue dans l'eau par sa grande division, ensuite on verse l'eau pour retirer le précipité auquel on donne la couleur rouge par l'opération suivante. On introduit cette matière précipitée ou chaux de plomb dans le milieu du fourneau, on en forme un seul tas que l'on aplatit, et sur cet aplatissement on fait des raies ou sillons, et on ne remue la matière que pour l'empêcher de s'agglutiner; et c'est par cette dernière opération qu'on lui donne la couleur rouge. Il faut trente-six ou quarante-huit heures de feu avec du charbon de terre, comme dans la première calcination, et on retire ensuite la matière toute chaude; elle paraît alors d'un rouge très foncé, mais elle prend, en se refroidissant, le beau rouge du minium. M. Jars, *Mémoires de l'Académie des sciences*, année 1770, p. 68 et suiv.

Les Anglais ne se servent que de charbon de terre pour faire le minium, et ils prétendent même qu'on ne réussirait pas avec le charbon de bois; cependant, dit M. Jars, il n'y aurait d'autre inconvénient que celui des éclats de ce charbon qui pourraient revivifier quelques parties de la chaux de plomb, ce qu'il est très aisé d'éviter. Je ne pense pas, avec M. Jars, que ce soit là le seul inconvénient. Le charbon de bois ne donne pas une chaleur aussi forte ni aussi constante que le charbon de terre, et d'ailleurs l'acide sulfureux qui s'en exhale, et la fumée du bitume qu'il contient, peuvent contribuer à donner à la chaux de plomb la belle couleur rouge.

Toutes ces chaux de plomb, blanches, grises, jaunes et rouges, sont non seulement très aisées à vitrifier, mais même elles déterminent promptement et puissamment la vitrification de plusieurs autres matières: seules, elles ne donnent que de la litharge ou du verre jaune très peu solide; mais, fondues avec le quartz, elles forment un verre très solide, assez transparent, et d'une belle couleur jaune.

Considérant maintenant les propriétés particulières du plomb dans son état de métal, nous verrons qu'il est le moins dur et le moins élastique de tous les métaux; que, quoiqu'il soit très mou, il est aussi le moins ductile; qu'il est encore le moins tenace, puisqu'un fil d'un dixième de pouce de diamètre ne peut soutenir un poids de 30 livres sans se rompre; mais il est, après l'or, le plus pesant; car je ne mets pas le mercure ni le platine au nombre des vrais métaux : son poids spécifique est à celui de l'eau distillée comme 113533 sont à 10000, et le pied cube de plomb pur pèse 794 livres 10 onces 4 gros 44 grains (*a*). Son odeur est moins forte que celle du cuivre, cependant elle se fait sentir désagréablement lorsqu'on le frotte; il est d'un assez beau blanc quand il vient d'être fondu, ou lorsqu'on l'entame et le coupe; mais l'impression de l'air ternit en peu de temps sa surface qui se décompose en une rouille légère, de couleur obscure et bleuâtre : cette rouille est assez adhérente au métal, elle ne s'en détache pas aussi facilement que le vert-de-gris se détache du cuivre; c'est une espèce de chaux qui se revivifie aussi aisément que les autres chaux de plomb; c'est une céruse commencée : cette décomposition par les éléments humides se fait plus promptement lorsque ce métal est exposé à de fréquentes alternatives de sécheresse et d'humidité.

Le plomb, comme l'on sait, se fond très facilement, et, lorsqu'on le laisse refroidir lentement, il forme des cristaux qu'on peut rendre très apparents par un procédé qu'indique M. l'abbé Mongez : c'est en formant une géode dans un creuset, dont le fond est environné de charbon, et qu'on perce dès que la surface du métal fondu a pris de la consistance : on obtient de cette manière des cristaux bien formés en pyramides trièdres isolées, et de trois à quatre lignes de longueur. Je me suis servi du même moyen pour cristalliser la fonte de fer.

Le plomb, exposé à l'air dans son état de fusion, se combine avec cet élément, qui non seulement s'attache à sa surface, mais se fixe dans sa substance, la convertit en chaux, et en augmente le volume et le poids (*b*) : cet air fixé dans le métal est la seule cause de sa conversion en chaux, le phlogistique ne fait rien ici, et il est étonnant que nos chimistes s'obstinent à vouloir expliquer, par l'absence et la présence de ce phlogistique, les phénomènes de la calcination et de la revivification des métaux, tandis qu'on peut démontrer que le changement du métal en chaux et son augmentation de volume, ou pesanteur absolue, ne viennent que de l'air qui y est entré, puisqu'on en retire cet air en même quantité, et que rien n'est plus simple et plus aisé à concevoir que la réduction de cette chaux en

(*a*) Voyez la *Table des pesanteurs spécifiques*, par M. Brisson.

(*b*) Selon M. Chardenon, un quintal de plomb donne jusqu'à cent dix livres de chaux; et, de tous les métaux, le plomb et l'étain sont ceux qui acquièrent le plus de pesanteur dans la calcination. *Mémoires de l'Académie de Dijon*, t. Ier, p. 303 et suiv.

métal, puisqu'on peut également démontrer que l'air ayant plus d'affinité avec les matières inflammables qu'avec le métal, il l'abandonne dès qu'on lui présente quelqu'une de ces matières, et laisse par conséquent le métal dans l'état où il l'avait trouvé. La réduction de la chaux des métaux n'est donc au vrai qu'une sorte de précipitation, aussi aisée à entendre, aussi facile à démontrer que toute autre.

Nous observerons en particulier que le plomb et l'étain sont les deux métaux avec lesquels l'air se fixe et se combine le plus promptement dans leur état de fusion, mais que l'étain le retient bien plus puissamment; la chaux de plomb se réduit beaucoup plus aisément en métal que celle de l'étain par l'addition des matières inflammables : ainsi l'affinité de l'air s'exerce d'une manière plus intime avec l'étain qu'avec le plomb.

Si nous comparons encore ces deux métaux par d'autres propriétés, nous trouverons que le plomb approche de l'étain, non seulement par la facilité qu'il a de se calciner, mais encore par la fusibilité, la mollesse, la couleur, et qu'il n'en diffère qu'en ce que, comme nous venons de le dire, la chaux du plomb est plus aisément réductible, et, quoique ces deux chaux soient d'abord de la même couleur grise, la chaux d'étain, par une forte calcination, devient blanche et reste blanche, tandis que celle de plomb devient jaune, puis rouge par une calcination continuée; de plus, celle de l'étain ne se vitrifie que très difficilement, au lieu que celle du plomb se change en un vrai verre transparent et pesant, et qui devient au feu si fluide et si actif qu'il perce les creusets les plus compacts : ce verre de plomb, dans lequel l'air fixe de sa chaux s'est incorporé, peut encore se réduire facilement en métal coulant; il suffit de le broyer et de le refondre en y ajoutant une matière inflammable, avec laquelle l'air ayant plus d'affinité qu'avec le plomb se dégagera en saisissant cette matière inflammable qui l'emporte, et il laissera par conséquent le plomb dans son premier état de métal coulant.

Le plomb peut s'allier avec tous les métaux, à l'exception du fer, avec lequel il ne paraît pas qu'il puisse contracter d'union intime (a); cependant on peut les réunir de très près en faisant auparavant fondre le fer. M. de Morveau a, dans son Cabinet, un culot formé d'acier fondu et de plomb, dans lequel, à la vérité, ces deux métaux ne sont pas alliés, mais simplement adhérents de si près que la ligne de séparation n'est presque pas sensible.

La chaux de cuivre et celle du plomb mélangées s'incorporent et se vitrifient toutes deux ensemble; le plomb entraîne le cuivre dans sa vitrification, et il rejette le fer sur les bords de la coupelle : c'est par cette propriété particulière qu'il purge l'or et l'argent de toute matière métallique étrangère; personne n'a mieux décrit tout ce qui se passe dans les coupellations que notre savant académicien, M. Sage, dans ses Mémoires sur les *Essais*.

On a observé que le plomb et l'étain, mêlés ensemble, se calcinent plus promptement et plus profondément que l'un ou l'autre ne se calcine seul; c'est de cette chaux, mi-partie d'étain et de plomb, que se fait l'émail blanc des faïences communes; et c'est avec le verre de plomb seul qu'on verrait les poteries de terre encore plus communes.

Le plomb semble approcher de l'argent par quelques propriétés : non seulement il lui est presque toujours uni dans ses mines; mais, lors même qu'il est pur et dans son état de métal, il présente les mêmes phénomènes dans ses dissolutions par les acides; il forme, comme l'argent, avec l'acide nitreux, un sel plus caustique que les sels des autres métaux.

Le plomb a aussi de l'affinité avec le mercure; ils s'amalgament facilement, et ils for-

(a) « Ce métal s'unit assez facilement avec tous les métaux, excepté le fer, avec lequel » il refuse opiniâtrément tout alliage : son affinité avec l'argent et son antipathie avec le fer » est si grande, que si l'on fait fondre dans du plomb de *l'argent allié avec un peu de fer*, » le plomb s'empare aussitôt de l'argent, mais rejette le fer, qui vient nager à sa surface. » *Dictionnaire de chimie*, par M. Macquer, article *Plomb*. — J'observerai qu'il est douteux que le fer *s'allie* réellement avec l'argent : il ne s'unit avec ce métal que comme l'acier s'unit avec le plomb par une forte adhésion, mais sans mélange intime.

ment ensemble des cristaux : cet amalgame de plomb a la propriété singulière de décrépiter très vivement sur le feu.

L'ordre des affinités du plomb avec les autres métaux, suivant M. Geller, est l'argent, l'or, l'étain, le cuivre ; cette grande affinité de l'argent et du plomb que l'art nous démontre est bien indiquée par la nature ; car l'on trouve l'argent uni au plomb dans toutes les mines de première comme de dernière formation ; ce sont les poudres des mines primitives de l'argent, qui se sont unies et mêlées avec la chaux de plomb, et ont formé les galènes ou premiers minerais de ce métal ; mais les affinités du plomb avec l'or, l'étain et le cuivre que l'art nous a fait reconnaître, ne se manifestent que par de légers indices dans le sein de la terre ; ce n'est point avec ces métaux que le plomb s'y combine ; mais c'est avec les sels, et surtout avec les acides qu'il prend des formes différentes : la galène, qu'on doit regarder comme le plomb de première formation, n'est qu'une espèce de pyrite composée de chaux de plomb, et de l'acide uni à la substance du feu fixe. L'air et les sels de la terre ont ensuite décomposé ces galènes comme ils décomposent toutes les autres pyrites, et c'est de leurs détriments que se sont formées toutes les mines de seconde et de troisième formation ; cette marche de la nature est uniforme ; le feu primitif a fondu, sublimé ou calciné les métaux, après quoi les éléments humides, les sels, et surtout les acides, les ont attaqués, corrodés, dissous et, s'incorporant avec eux par une union intime, leur ont donné les nouvelles formes sous lesquelles ils se présentent.

Tous les acides minéraux ou végétaux peuvent entamer ou dissoudre le plomb ; les huiles et les graisses agissent aussi sur ce métal en raison des acides qu'elles contiennent ; elles l'attaquent surtout dans son état de chaux, et dissolvent la céruse, le minium et la litharge à l'aide d'une médiocre chaleur.

L'acide vitriolique doit être concentré et aidé de la chaleur pour dissoudre le plomb réduit en poudre métallique ou en chaux, et cette dissolution produit un sel qu'on appelle *vitriol de plomb*. On a remarqué que le minium résiste plus que les autres chaux de plomb à cet acide, qu'il ne se dissout qu'en partie, et qu'il perd seulement sa belle couleur rouge, et devient d'un brun presque noir (*a*). Les sels neutres, qui contiennent de l'acide vitriolique, agissent aussi sur les chaux de plomb ; ils les précipitent de leur dissolution dans l'acide nitreux, et forment avec elles un vitriol de plomb.

L'acide nitreux, loin d'être concentré comme le vitriolique, doit au contraire être affaibli pour bien dissoudre le plomb ; et la dissolution, après l'évaporation, donne des cristaux qui, comme tous les autres sels produits par ce même métal, ont plutôt une saveur sucrée que saline : au reste, cet acide dissout également le plomb dans son état de métal et dans son état de chaux, c'est-à-dire les céruses, le massicot, le minium et même les mines de plomb blanches, vertes et rouges, etc.

L'acide marin ne dissout le plomb qu'à l'aide d'une forte chaleur ; cette dissolution donne un sel dont les cristaux sont brillants et en petites aiguilles : cet acide, ainsi que les sels qui en contiennent, précipite le plomb de sa dissolution dans l'acide nitreux, et forme un sel métallique auquel les chimistes ont donné le nom de *plomb corné*, comme ils ont aussi nommé argent corné, ou *lune cornée*, les cristaux de la dissolution de l'argent par le même acide marin.

Le soufre s'unit aisément avec le plomb par la fusion, et, lorsqu'on laisse ce mélange exposé à l'action du feu libre, il se brûle en partie, et le reste, qui est calciné, forme une espèce de pyrite ou mine de plomb semblable à la galène (*b*).

(*a*) *Éléments de chimie*, par M. de Morveau, t. II, p. 54.

(*b*) « Le plomb fondu avec le soufre s'enflamme seul ; il reste une poudre noire écailleuse, » que l'on appelle *plomb brûlé*, cette matière n'entre en fusion qu'après avoir rougi ; elle » produit une masse noire, aigre, disposée à facettes ; c'est une galène ou mine de plomb » artificielle. » *Éléments de chimie*, par M. de Morveau, t. II, p. 54.

Les acides végétaux, et en particulier celui du vinaigre, attaquent et dissolvent le plomb; c'est en l'exposant à la vapeur du vinaigre qu'on le convertit en chaux blanche, et c'est de cette manière que l'on fait la céruse qui est dans le commerce : cette chaux ou céruse se dissout parfaitement dans le vinaigre concentré; elle y produit même une grande quantité de cristaux dont la saveur est sucrée (a); on a souvent abusé de cette propriété de la céruse et des autres chaux, ou sels de plomb, pour adoucir le vin au détriment de la santé de ceux qui le boivent. Au reste, l'on ne doit pas regarder la céruse comme une chaux de plomb parfaite, mais comme une matière dans laquelle le plomb n'est qu'à demi dissous ou calciné par l'acide aérien, et reste encore plutôt dans l'état métallique que dans l'état salin; en sorte qu'elle n'est pas soluble dans l'eau comme les sels.

Le plomb se dissout aussi dans l'acide du tartre, à l'aide de la chaleur et d'une longue digestion : si l'on fait évaporer cette dissolution, elle prend une consistance visqueuse et donne un sel cristallisé en lames carrées (b) : enfin, les acerbes ne laissent pas d'avoir aussi quelque action sur le plomb, car la noix de galle le précipite de sa dissolution dans l'acide nitreux, et la surface de la liqueur se couvre en même temps d'une pellicule à reflets rouges et verts.

Les alcalis fixes et volatils, non plus que les terres absorbantes, ne font pas des effets bien sensibles sur le plomb, dans quelque état qu'il soit; néanmoins, ils ont avec ce métal une affinité bien marquée dans certaines circonstances : par exemple, ils le précipitent de sa dissolution dans l'acide marin, sous la forme d'une poudre blanche qui se ternit bientôt à l'air comme le métal même (c).

En comparant les mines primordiales des six métaux, nous voyons que l'or seul se trouve presque toujours en état de métal dans le sein de la terre, que, quoiqu'il n'y soit jamais pur, mais allié de plus ou moins d'argent ou de cuivre, il ne se présente que rarement sous une forme minéralisée, et qu'il recouvre et défend l'argent de toute altération : on assure cependant que l'or est vraiment minéralisé dans la mine de Naghiac (d), et dans

(a) « L'acide acéteux en vapeurs agit sur le plomb et le réduit en chaux : si l'on assujettit dans un chapiteau de verre des lames de plomb minces, que l'on adapte ce chapiteau » à une cucurbite évasée, dans laquelle on aura mis du vinaigre, et qu'après avoir luté un » récipient, on le distille au bain de sable pendant dix ou douze heures, les lames se couvrent d'une matière blanche que l'on appelle *blanc de plomb* et qui, broyée avec un tiers » ou environ de craie, forme la céruse... Pour achever de le saturer, on met le blanc de » plomb dans un matras, on verse dessus douze à quinze fois autant de vinaigre distillé; le » mélange prend une saveur sucrée, la substance métallique entre en dissolution, il s'excite » beaucoup de chaleur; on place le matras sur un bain de sable, et on laisse le tout en » digestion pendant un jour. Après avoir décanté la liqueur, on la fait évaporer jusqu'à la » pellicule, on la place dans un lieu frais, il s'y forme de petits cristaux groupés en aiguilles, » on les redissout dans le vinaigre, et on traite de même cette dissolution pour avoir le » sucre de Saturne. » *Éléments de chimie*, par M. de Morveau, t. III, p. 28.

(b) *Idem, ibid.*, p. 82.

(c) L'alcali caustique n'a presque point d'action sur le plomb, mais il dissout, pendant l'ébullition, une quantité très sensible de minium qui n'en est pas séparée par le filtre, qui se dépose avec le temps dans le flacon sous forme d'une poudre blanche, et qui est précipitée sur-le-champ par l'eau-forte. *Idem, ibid.*, p. 28.

L'alcali volatil caustique, digéré sur la limaille de plomb, prend dans les premiers jours une couleur légèrement ambrée, qui disparaît ensuite entièrement; une partie du métal est réduite à l'état de chaux, une autre partie est tenue en dissolution au point de passer par le filtre, elle est précipitée par l'acide nitreux. *Idem, ibid.*, p. 256.

(d) M. Bergman, à qui M. Tungberg a envoyé un morceau de cette mine de Naghiac, s'est assuré qu'il contenait du quartz blanc, une *pierre arénaire blanchâtre*, se coupant au couteau, faisant effervescence avec les acides, et de la *manganèse*. La formation de cette mine ne doit donc être regardée que comme accidentelle.

quelques pyrites nouvellement trouvées en Dauphiné ; mais ce métal ne doit néanmoins subir aucun changement, aucune altération, que par des combinaisons qui ne peuvent se trouver que très rarement dans la nature; et nous verrons, en traitant du platine, que l'or, qui fait le fond de sa substance, y est encore plus altéré et presque dénaturé; ces deux exemples sont les seuls qu'on puisse donner d'un changement d'état dans l'or, et l'on ne doit pas les regarder comme des opérations ordinaires de la nature, mais comme des accidents si rares qu'ils n'ôtent rien à la vérité du fait général, que l'or se présente partout dans l'état de métal, et seulement plus ou moins divisé, et non minéralisé.

L'argent se trouve assez souvent, comme l'or, dans l'état de métal pur; mais il est encore plus souvent mêlé avec le plomb ou minéralisé, c'est-à-dire altéré par les sels de la terre; le cuivre résiste beaucoup moins à l'impression des éléments humides, et, quoiqu'il se trouve quelquefois en état de métal, il se présente ordinairement sous des formes minéralisées, et variées, pour ainsi dire, à l'infini : ces trois métaux, l'or, l'argent et le cuivre, sont les seuls qui aient pris dès les premiers temps, et conservé plus ou moins jusqu'à ce jour, leur état métallique; le fer, le plomb et l'étain ne se trouvent nulle part, et même n'ont jamais été dans cet état métallique; le feu primitif les a fondus ou calcinés; le fer, par sa fusion, s'est mêlé à la roche vitreuse, et le plomb et l'étain, après leur calcination, ont été saisis par l'acide et réduits en minerais pyriteux, ainsi que les cuivres qui n'ont pas conservé leur état de métal : tous ces métaux ont souvent été mêlés les uns avec les autres; et dans les mines primordiales, comme dans les mines secondaires, on les trouve quelquefois tous réunis ensemble.

DU MERCURE

Rien ne ressemble plus à l'étain ou au plomb, dans leur état de fusion, que le mercure dans son état naturel; aussi l'a-t-on regardé comme un métal fluide auquel on a cherché, mais vainement, les moyens de donner de la solidité; on a seulement trouvé que le froid extrême pouvait le coaguler, sans lui donner une solidité constante, ni même aussi permanente, à beaucoup près, que celle de l'eau glacée; et, par ce rapport unique et singulier, le mercure semble se rapprocher de la nature de l'eau, autant qu'il approche du métal par d'autres propriétés, et notamment par sa densité, la plus grande de toutes après celle de l'or (*a*); mais il diffère de tout métal, et même de tout minéral métallique, en ce qu'il n'a nulle ténacité, nulle dureté, nulle solidité, nulle fixité, et il se rapproche encore de l'eau par sa volatilité, puisque, comme elle, il se volatilise et s'évapore à une médiocre chaleur. Ce liquide minéral est-il donc un métal? ou n'est-il pas une eau qui ressemble aux métaux parce qu'elle est chargée des parties les plus denses de la terre, avec lesquelles elle s'est plus intimement unie que dans aucune autre matière? On sait qu'en général toute fluidité provient de la chaleur, et qu'en particulier le feu agit sur les métaux comme l'eau sur les sels, puisqu'il les liquéfie, et qu'il les tiendrait en une fluidité constante s'il était toujours au même degré de violente chaleur, tandis que les sels ne demandent que celui de la température actuelle pour demeurer liquides : tous les sels se liquéfiant dans l'eau comme les métaux dans le feu, la fluidité du mercure tient, ce me semble, plus au premier élément qu'au dernier; car le mercure ne se solidifie qu'en se glaçant comme l'eau; il lui faut même un bien plus grand degré de froid, parce qu'il est beaucoup plus dense; le feu est ici en quantité presque infiniment petite, au lieu que ce même élément ne peut agir sur les métaux, comme liquéfiant, comme dissolvant, que quand il leur est appliqué en quantité infiniment grande, en comparaison de ce qu'il en faut au mercure pour demeurer liquide.

De plus, le mercure se réduit en vapeurs par l'effet de la chaleur, à peu près comme l'eau, et ces deux vapeurs sont également incoercibles, même par les résistances les plus fortes : toutes deux font éclater et fendre les vaisseaux les plus solides avec explosion; enfin, le mercure mouille les métaux, comme l'eau mouille les sels ou les terres, à proportion des sels qu'elles contiennent; le mercure ne peut-il donc pas être considéré comme une eau dense et pesante, qui ne tient aux métaux que par ce rapport de densité? Et cette eau, plus dense que tous les liquides connus, n'a-t-elle pas dû se former, après la chute des autres eaux et des matières également volatiles reléguées dans l'atmosphère, pendant l'incandescence du globe? Les parties métalliques, terrestres, aqueuses et salines, alors sublimées ou réduites en vapeurs, se seront combinées; et, tandis que les matières

(*a*) La pesanteur spécifique de l'or à 24 carats est de 192,581, et celle du plomb de 113,523. La pesanteur spécifique du mercure coulant est de 135,681, et celle du cinabre d'Almaden est de 102,185. Voyez les Tables de M. Brisson.

fixes du globe se vitrifiaient ou se déposaient sous la forme de métal ou de chaux métallique, tandis que l'eau, encore pénétrée de feu, produisait les acides et les sels, les vapeurs de ces substances métalliques, combinées avec celles de l'eau et des principes acides, n'ont-elles pas pu former cette substance du mercure, presque aussi volatile que l'eau et dense comme le métal? Cette substance liquide, qui se glace comme l'eau et qui n'en diffère essentiellement que par sa densité, n'a-t-elle pas dû se trouver dans l'ordre des combinaisons de la nature, qui a produit non seulement des métaux et des demi-métaux, mais aussi des terres métalliques et salines, telles que l'arsenic? Or, pour compléter la suite de ses opérations, n'a-t-elle pas dû produire aussi des eaux métalliques, telles que le mercure? L'échelle de la nature, dans ses productions métalliques, commence par l'or qui est le métal le plus inaltérable et, par conséquent, le plus parfait; ensuite l'argent qui, étant sujet à quelques altérations, est moins parfait que l'or; après quoi le cuivre, l'étain et le plomb, qui sont susceptibles non seulement d'altération, mais de décomposition, sont des métaux imparfaits en comparaison des deux premiers; enfin, le fer fait la nuance entre les métaux imparfaits et les demi-métaux; car le fer et le zinc ne présentent aucun caractère essentiel qui doive réellement les faire placer dans deux classes différentes; la ductilité du fer est une propriété que l'art lui donne, il se brûle comme le zinc; il lui faut seulement un feu plus fort, etc. : on pourrait donc également prendre le fer pour le premier des demi-métaux, ou le zinc pour le dernier des métaux; et cette échelle se continue par l'antimoine, le bismuth, et finit par les terres métalliques et par le mercure, qui n'est qu'une substance métallique liquide.

On se familiarisera avec l'idée de cette possibilité, en pesant les considérations que nous venons de présenter, et en se rappelant que l'eau, dans son essence, doit être regardée comme un sel insipide et fluide; que la glace, qui n'est que ce même sel rendu solide, le devient d'autant plus que le froid est plus grand; que l'eau, dans son état de liquidité, peut acquérir de la densité à mesure qu'elle dissout les sels; que l'eau, purgée d'air, est incompressible, et dès lors composée de parties très solides et très dures; que par conséquent elle deviendrait très dense, si ces mêmes parties s'unissaient de plus près; et, quoique nous ne connaissions pas au juste le moyen que la nature a employé pour faire ce rapprochement des parties dans le mercure, nous en voyons néanmoins assez pour être fondés à présumer que ce minéral fluide est plutôt une eau métallique qu'un vrai métal; de la même manière que l'arsenic, auquel on donne le nom de *demi-métal*, n'est qu'une terre plutôt saline que métallique, et non pas un vrai demi-métal (*).

On pourra me reprocher que j'abuse ici des termes, en disant que le mercure mouille les métaux, puisqu'il ne mouille pas les autres matières, au lieu que l'eau et les autres liquides mouillent toutes les substances qu'on leur offre et que, par conséquent, ils ont seuls la faculté de mouiller; mais en faisant attention à la grande densité du mercure, et à la forte attraction qui unit entre elles ses parties constituantes, on sentira aisément qu'une eau, dont les parties s'attireraient aussi fort que celles du mercure, ne mouillerait pas plus que le mercure dont les parties ne peuvent se désunir que par la chaleur, ou par une puissance plus forte que celle de leur attraction réciproque, et que dès lors ces mêmes parties ne peuvent mouiller que l'or, l'argent et les autres substances qui les attirent plus puissamment qu'elles ne s'attirent entre elles; on sentira de même que, si l'eau paraît mouiller indifféremment toutes les matières, c'est que ses parties intégrantes

(*) Malgré les erreurs que contiennent les considérations auxquelles se livre ici Buffon, elles n'en sont pas moins remarquables parce qu'elles montrent combien le savant naturaliste était convaincu des relations qui existent entre les différents corps, même minéraux, et des traits de ressemblance qui rapprochent les uns des autres ceux qui paraissent différer le plus.

n'ayant qu'une faible adhérence entre elles, tout contact suffit pour les séparer, et plus l'attraction étrangère surpassera l'attraction réciproque et mutuelle de ces parties constituantes de l'eau, plus les matières étrangères l'attireront puissamment et se mouilleront profondément. Le mercure, par sa très grande fluidité, mouillerait et pénétrerait tous les corps solides de la nature, si la force d'attraction, qui s'exerce entre ses parties en proportion de leur densité, ne les tenait pour ainsi dire en masse et ne les empêchait par conséquent de se séparer et de se répandre en molécules assez petites pour pouvoir entrer dans les pores des substances solides : la seule différence entre le mercure et l'eau, dans l'action de mouiller, ne vient donc que du plus ou moins de cohérence dans l'agrégation de leurs parties constituantes, et ne consiste qu'en ce que celles de l'eau se séparent les unes des autres bien plus facilement que celles du mercure.

Ainsi ce minéral, fluide comme l'eau, se glaçant comme elle par le froid, se réduisant comme elle en vapeurs par le chaud, mouillant les métaux comme elle mouille les sels et les terres, pénétrant même la substance des huiles et des graisses, et entrant avec elles dans le corps des animaux, comme l'eau entre dans les végétaux, a de plus avec elle un rapport qui suppose quelque chose de commun dans leur essence; c'est de répandre, comme l'eau, une vapeur qu'on peut regarder comme humide : c'est par cette vapeur que le mercure blanchit et pénètre l'or sans le toucher, comme l'humidité de l'eau répandue dans l'air pénètre les sels; tout concourt donc, ce me semble, à prouver que le mercure n'est pas un vrai métal, ni même un demi-métal, mais une eau chargée des parties les plus denses de la terre; comme les demi-métaux ne sont que des terres chargées, de même, d'autres parties denses et pesantes qui les rapprochent de la nature des métaux.

Après avoir exposé les rapports que le mercure peut avoir avec l'eau, nous devons aussi présenter ceux qu'il a réellement avec les métaux : il en a la densité, l'opacité, le brillant métallique, il peut de même être dissous par les acides, précipité par les alcalis ; comme eux, il ne contracte aucune union avec les matières terreuses, et, comme eux encore, il en contracte avec les autres métaux ; et si l'on veut qu'il soit métal, on pourrait même le regarder comme un troisième métal parfait, puisqu'il est presque aussi inaltérable que l'or et l'argent par les impressions des éléments humides. Ces propriétés relatives et communes le rapprochent donc encore plus de la nature du métal qu'elles ne l'éloignent de celle de l'eau, et je ne puis blâmer les alchimistes qui, voyant toutes ces propriétés dans un liquide, l'ont regardé comme l'eau des métaux, et particulièrement comme la base de l'or et de l'argent dont il approche par sa densité, et auxquels il s'unit avec un empressement qui tient du magnétisme, et encore parce qu'il n'a, comme l'or et l'argent, ni odeur ni saveur : enfin, on n'est pas encore bien assuré que ce liquide si dense n'entre pas comme principe dans la composition des métaux, et qu'on ne puisse le retirer d'aucun minéral métallique. Recherchons donc, sans préjugé, quelle peut être l'essence de ce minéral amphibie, qui participe de la nature du métal et de celle de l'eau; rassemblons les principaux faits que la nature nous présente, et ceux que l'art nous a fait découvrir sur ses différentes propriétés avant de nous arrêter à notre opinion.

Mais ces faits paraissent d'abord innombrables : aucune matière n'a été plus essayée, plus maniée, plus combinée ; les alchimistes surtout, persuadés que le mercure ou la terre mercurielle était la base des métaux, et voyant qu'il avait la plus grande affinité avec l'or et l'argent, ont fait des travaux immenses pour tâcher de le fixer, de le convertir, de l'extraire; ils l'ont cherché non seulement dans les métaux et minéraux, mais dans toutes les substances et jusque dans les plantes ; ils ont voulu ennoblir, par son moyen, les métaux imparfaits, et, quoiqu'ils aient presque toujours manqué le but de leurs recherches, ils n'ont pas laissé de faire plusieurs découvertes intéressantes. Leur objet principal n'était pas absolument chimérique, mais peut-être moralement impossible à atteindre ; car rien ne s'oppose à l'idée de la transmutation (*) ou de l'ennoblissement des métaux que le peu de puissance de notre art, en comparaison des forces de la nature, et puisqu'elle peut convertir les éléments, n'a-t-elle pas pu, ne pourrait-elle pas encore transmuer les substances métalliques ? Les chimistes ont cru, pour l'honneur du nom, devoir rejeter toutes les idées des alchimistes; ils ont même dédaigné d'étudier et de suivre leurs procédés; ils ont cependant adopté leur langue, leurs caractères et même quelques-unes des obscurités de leurs principes; le phlogistique, si ce n'est pas le feu fixe animé par l'air, le minéralisateur, si ce n'est pas encore le feu contenu dans les pyrites et dans les acides, me paraissent aussi précaires que la terre mercurielle et l'eau des métaux; nous croyons devoir rejeter également tout ce qui n'existe pas comme tout ce qui ne s'entend pas, c'est-à-dire tout ce dont on ne peut avoir une idée nette; nous tâcherons donc, en faisant l'histoire du mercure, d'en écarter les fables autant que les chimères.

Considérant d'abord le mercure tel que la nature nous l'offre, nous voyons qu'il ne se trouve que dans les couches de la terre formées par le dépôt des eaux ; qu'il n'occupe pas, comme les métaux, les fentes perpendiculaires de la roche du globe, qu'il ne gît pas dans le quartz, et n'en est même jamais accompagné, qu'il n'est point mêlé dans les minerais des autres métaux; que sa mine, à laquelle on donne le nom de *cinabre*, n'est point un vrai minerai, mais un composé, par simple juxtaposition, de soufre et de mercure réunis, qui ne se trouve que dans les montagnes à couches, et jamais dans les montagnes primitives; que par conséquent la formation de ces mines de mercure est postérieure à celle des mines primordiales des métaux, puisqu'elle suppose le soufre déjà formé par la décomposition des pyrites; nous verrons de plus que ce n'est que très rarement que le mercure se présente dans un état coulant, et que, quoiqu'il ait moins d'affinité que la plupart des métaux avec le soufre, il ne s'est néanmoins incorporé qu'avec les pierres ou les terres qui en sont surchargées; que jamais il ne leur est assez intimement uni pour n'en pas être aisément séparé, qu'il n'est même entré dans ces terres sulfureuses que par une sorte d'imbibition, comme l'eau entre dans les autres terres, et qu'il a dû les pénétrer toutes les fois qu'il s'est trouvé réduit en vapeurs; qu'enfin il ne se trouve qu'en quelques endroits particuliers, où le soufre s'est lui-même trouvé en grande quantité, et réduit en foie de soufre par des alcalis ou des terres calcaires, qui lui ont donné l'affinité nécessaire à son union avec le mercure: il ne se trouve, en effet, en quantité sensible que dans ces seuls endroits; partout ailleurs, il n'est que disséminé en particules si ténues qu'on ne peut les rassembler, ni même les apercevoir que dans quelques circonstances particulières. Tout cela peut se démontrer en comparant attentivement les observations et les faits, et nous allons en donner les preuves dans le même ordre que nous venons de présenter ces assertions.

Des trois grandes mines de mercure, et dont chacune suffirait seule aux besoins de tout l'univers, deux sont en Europe et une en Amérique; toutes trois se présentent sous la forme solide de cinabre: la première de ces mines est celle d'Idria dans la Carniole (*a*);

(*a*) Idria est une petite ville située dans la Carniole, dans un vallon très profond, sur les deux bords de la rivière d'Idria, dont elle porte le nom; elle est entourée de hautes montagnes de pierres calcaires qui portent sur un schiste ou ardoise noire, dans les couches duquel sont les travaux des fameuses mines de mercure; l'épaisseur de ce schiste pénétré de mercure et de cinabre est d'environ vingt toises d'Idria, et sa largeur ou étendue est de

(*) Le lecteur sera frappé de la hardiesse des pensées qu'émet ici Buffon. Pour lui, tous les corps minéraux ne sont produits que par la « transmutation » les uns des autres. Dans ces derniers temps, les expériences de Lockyer, en montrant que très probablement la plupart des éléments chimiques, considérés comme simples, ne sont que des états différents d'un même corps, ont donné une grande probabilité à l'opinion émise par Buffon. (Voyez mon Introduction à cette édition.)

elle est dans une ardoise noire surmontée de rochers calcaires ; la seconde est celle d'Almaden, en Espagne (a), dont les veines sont des bancs de grès (b) ; la troisième est celle de Guanca-Velica, petite ville à soixante lieues de Pisco, au Pérou (c). Les veines du cinabre

deux jusqu'à trois cents toises : cette riche couche d'ardoise varie soit en s'inclinant, soit en se replaçant horizontalement, souvent même à contresens. La profondeur des principaux puits est de cent onze toises. Voyez la *Description des mines d'Idria*, par M. Ferber, publiée en 1774.

(a) Almaden est un bourg de la province de la Manche, qui est environné, du côté du midi, de plusieurs montagnes dépendantes de la Sierra-Morena ou montagne Noire. Ce bourg est situé au sommet d'une montagne, sur le penchant et au pied de laquelle, du côté du midi, il y a cinq ouvertures différentes qui conduisent par des chemins souterrains aux endroits d'où se tire le cinabre. On ne voit point au dehors de cette mine ni de ces terres qui caractérisent par quelque couleur extraordinaire le minéral que l'on trouve dans son sein, ni de ces décombrements qui rendent ordinairement leur entrée difficile ou qui exhalent quelque odeur sensible... On tire la mine en gros quartiers massifs, et ce sont des forçats qui sont condamnés à ce travail et qui sont emprisonnés dans une enceinte qui environne l'un des puits de la mine... Les veines, qui paraissent au fond de l'endroit où les mineurs travaillent, sont de trois sortes. La plus commune est de pure roche de couleur grisâtre à l'extérieur et mêlée dans son intérieur de nuances rouges, blanches et cristallines. Cette première veine en contient une seconde dont la couleur approche de celle du *minium*.

La troisième est d'une substance compacte, très pesante, dure et grenue comme celle du grès, et d'un rouge mat de brique, parsemée d'une infinité de petits brillants argentins.

Parmi ces trois sortes de veines, qui sont les seules utiles, se trouvent différentes autres pierres de couleur grisâtre et ardoisée, et deux sortes de terres grasses et onctueuses, blanches et grises que l'on rejette. Extrait du *Mémoire* de M. de Jussieu, dans ceux de l'*Académie des sciences*, année 1719, p. 350 et suiv.

(b) La ville d'Almaden est composée de plus de trois cents maisons, avec l'église, bâtie sur le cinabre... La mine est dans une montagne dont le sommet est une roche nue sur laquelle on aperçoit quelques petites taches de cinabre... Dans le reste de la montagne on trouve quelques petites veines d'ardoise avec des veines de fer, lesquelles, à la superficie, suivent la direction de la colline... Deux veines traversent la colline en longueur; elles ont depuis deux jusqu'à quatorze pieds de large. En certains endroits il en sort des rameaux qui prennent une direction différente... La pierre de ces veines est la même que celle du reste de la colline, qui est du grès semblable à celui de Fontainebleau; elle sert de matrice au cinabre, qui est plus ou moins abondant, selon que le grain est plus ou moins fin; quelques-uns de ces morceaux de la même veine renferment jusqu'à dix onces de vif argent par livre et d'autres n'en contiennent que trois...

La hauteur de cette colline d'Almaden est d'environ cent vingt pieds... les énormes morceaux de rochers de grès qui composent l'intérieur de la montagne sont divisés par des fentes verticales... Deux veines de ces rochers, plus ou moins pourvues de cinabre, coupent la colline presque verticalement, lesquelles, comme nous l'avons dit, ont depuis trois jusqu'à quatorze pieds de largeur; ces deux veines se réunissent en s'éloignant jusqu'à cent pieds, et c'est de là qu'on a tiré la plus riche et la plus grande quantité du minéral. *Histoire naturelle d'Espagne*, par M. Bowles, p. 5 jusqu'à 29.

(c) Guanca-Velica est une petite ville d'environ cent familles, éloignée de Pisco de soixante lieues; elle est fameuse par une mine de vif-argent, qui seule fournit tous les moulins d'or et d'argent du Pérou... Lorsqu'on en a tiré une quantité suffisante, le roi fait fermer la mine.

La terre qui contient le vif-argent est d'un rouge blanchâtre comme de la brique mal cuite; on la concasse et on la met dans un fourneau de terre dont le chapiteau est une voûte en cul-de-four, un peu sphéroïde; on l'étend sur une grille de fer recouverte de terre, sous laquelle on entretient un petit feu avec de l'herbe *icho*, qui est plus propre à cela que toute autre matière combustible, et c'est pourquoi il est défendu de la couper à vingt lieues à la ronde; la chaleur de ce feu volatilise le vif-argent en fumée et, au moyen d'un réfrigérant, on le fait tomber dans l'eau. Frézier, *Voyage à la mer du Sud*, p. 164 et 165... Ces

y sont ou dans une argile durcie et blanchâtre, ou dans de la pierre dure. Ainsi ces trois mines de mercure gisent également dans des ardoises ou des grès, c'est-à-dire dans des collines ou montagnes à couches, formées par le dépôt des eaux, et toutes trois sont si abondantes en cinabre qu'il semble que tout le mercure du globe y soit accumulé (a) ; car les petites mines de ce minéral que l'on a découvertes en quelques autres endroits ne peuvent leur être comparées ni pour l'étendue, ni pour la quantité de la matière, et nous n'en ferons ici mention que pour démontrer qu'elles se trouvent toutes dans des couches déposées par les eaux de la mer, et jamais dans les montagnes de quartz ou dans des rochers vitreux, qui ont été formés par le feu primitif.

En France, on reconnut en 1739, à deux lieues de Bourbonne-les-Bains, deux espèces de terre qui rendirent une trois centième partie de leur poids en mercure ; elles gisaient à quinze ou seize pieds de profondeur sur une couche de terre glaise (b). A cinq lieues de Bordeaux, près de Langon, il y a une fontaine au fond de laquelle on trouve assez souvent du mercure coulant (c) ; en Normandie, au village de La Chapelle, élection de Saint-Lô, il y a eu quelques travaux commencés pour exploiter une mine de mercure, mais le produit n'était pas équivalent à la dépense, et cette mine a été abandonnée (d) ; enfin, dans quelques endroits du Languedoc, particulièrement à Montpellier, on a vu du mercure dans l'argile à de petites profondeurs, et même à la surface de la terre (e).

En Allemagne, il se trouve quelques mines de mercure dans les terres du Palatinat et du duché de Deux-Ponts (f) ; et, en Hongrie, les mines de Cinabre, ainsi que celles d'Almaden en Espagne, sont souvent accompagnées de mine de fer en rouille, et quelquefois le fer, le mercure et le soufre y sont tellement mêlés qu'ils ne font qu'un même corps (g).

Cette mine d'Almaden est si riche qu'elle a fait négliger toutes les autres mines de mer-

mines de Guanca-Velica sont abondantes et en grand nombre; mais, sur toutes ces mines, celle qu'on appelle d'*Amador de Cabrera,* autrement *des Saints*, est belle et remarquable; c'est une roche de pierre très dure, toute semée de vif-argent et de telle grandeur qu'elle s'étend à plus de quatre-vingts vares de longueur et quarante en largeur, en laquelle mine on a fait plusieurs puits et fosses de soixante-dix stades de profondeur... La seule mine de Cabrera est si riche en mercure, qu'on en a estimé la valeur à plus de cinq cent mille ducats. C'est de cette mine de Guanca-Velica qu'on porte le mercure, tant au Mexique qu'au Potosi, pour tirer l'argent des matières qu'on appelait raclures et qu'on rejetait auparavant comme ne valant pas la peine d'être traitées par la fonte. Acosta, *Histoire naturelle et morale des Indes*, p. 150 et suiv.

(a) La nature a prodigué les mines de mercure en si grande quantité à Idria, qu'elles pourraient non seulement suffire à la consommation de notre partie du monde, mais encore en pourvoir toute l'Amérique si on le voulait et si on ne diminuait pas l'extraction de la mine pour soutenir le mercure à un certain prix. *Lettres sur la minéralogie,* par M. Ferber, p. 14... On tire tous les ans de la mine d'Almaden cinq ou six mille quintaux de vif-argent pour le Mexique. *Histoire naturelle d'Espagne*, par M. Bowles, p. 5 et suiv.

(b) *Traité de la fonte des mines* de Schlutter, t. Ier, p. 7.

(c) Lettres de M. l'abbé Belley à M. Hellot. *Idem, ibid.*, p. 51.

(d) *Idem, ibid.*, p. 68.

(e) La colline sur laquelle est bâtie la ville de Montpellier renferme du mercure coulant aussi bien que les terres des environs; il se trouve dans une terre argileuse jaunâtre et quelquefois grise. *Histoire naturelle du Languedoc*, par M. de Gensane, t. Ier, p. 252. — Depuis le Mas-de-l'Église jusqu'à Oulargues et même jusqu'à Colombières, on trouve une grande quantité d'indices de mines de mercure et on assure qu'on en voit couler quelquefois d'assez grosses gouttes sur la surface de la terre. La qualité du terroir, au pied de ces montagnes, consiste en roches ardoisées blanchâtres; elles sont entremêlées de quelques bancs de granit fort talqueux. *Idem*, t. II, p. 214.

(f) *Lettres sur la minéralogie*, par M. Ferber, p. 12.

(g) *Histoire naturelle d'Espagne*, par M. Bowles, p. 5 jusqu'à 29.

cure en Espagne; cependant on en a reconnu quelques-unes près d'Alicante et de Valence(a); on a aussi exploité une mine de ce minéral en Italie, à six milles de la Valle imperino, près de Feltrino, mais cette mine est actuellement abandonnée (b); on voit de même des indices de mines de mercure en quelques endroits de la Pologne (c).

En Asie, les voyageurs ne font mention de mines de mercure qu'à la Chine (d) et aux Philippines (e), et ils ne disent pas qu'il y en ait une seule en Afrique; mais en Amérique, outre la grande et riche mine de Guanca-Velica du Pérou, on en connait quelques autres; on en a même exploité une près d'Azoque, dans la province de Quito (f). Les Péruviens travaillaient depuis longtemps aux mines de cinabre, sans savoir ce que c'était que le mercure: ils n'en connaissaient que la mine dont ils faisaient du vermillon pour se peindre le corps ou faire des images; ils avaient fait beaucoup de travaux à Guanca-Velica dans cette seule vue (g), et ce ne fut qu'en 1567 que les Espagnols commencèrent à travailler le cinabre pour en tirer le mercure (h). On voit, par le témoignage de Pline, que les Romains faisaient aussi grand cas du vermillon, et qu'ils tiraient d'Espagne, chaque année, environ dix mille livres de cinabre tel qu'il sort de la mine, et qu'ils le préparaient ensuite à Rome. Théophraste, qui vivait quatre cents ans avant Pline, fait mention du cinabre d'Espagne: ces traits historiques semblent prouver que les mines d'Idria, bien plus voisines de Rome que celles d'Espagne, n'étaient pas encore connues; et, de fait, l'Espagne était policée et commerçante, tandis que la Germanie était encore inculte.

On voit, par cette énumération des mines de mercure des différentes parties du monde, que toutes gisent dans les couches de la terre remuée et déposée par les eaux, et qu'aucune

(a) A deux lieues de la ville d'Alicante... en une montagne de pierre calcaire... en fouillant du côté du vallon, on trouva une veine de cinabre; mais, quand je vis cette veine disparaître à cent pieds de profondeur, je fis suspendre l'excavation.

Dans cette ouverture de la roche on trouva treize onces de sable de belle couleur rouge, qui, par l'essai, rendit plus d'une once de vif-argent par livre. Ce sable, par sa dureté et sa figure angulaire, ressemblait tout à fait à celui de la mer... A la superficie de cette montagne et près d'un banc de plâtre couleur de chair, il y avait des coquilles de mer, de l'ambre minéral et une veine, comme un fil, de cinabre... Je fis creuser au pied d'une montagne, près de la ville de Saint-Philippe en Valence, et à la profondeur de vingt-deux pieds, il se trouve une terre très dure, blanche et calcaire, dans laquelle on aperçoit plusieurs gouttes de vif-argent fluide, et, ayant fait laver cette terre, il en sortit vingt-cinq livres de mercure vierge... Un peu au-dessus de l'endroit où se trouve le mercure, il y a des pétrifications et du plâtre. La ville de Valence est traversée par une bande de craie sans pétrifications, qui, à deux pieds de sa superficie, est remplie de gouttes de vif-argent... *Histoire naturelle d'Espagne*, par M. Bowles, p. 34 et suiv.

(b) *Lettres sur la minéralogie*, par Ferber, p. 48.

(c) Rzaczynski dit, d'après Belius, que la partie des monts Karpathes qui regarde la Pologne renferme du cinabre et peut-être des paillettes d'or... et il dit, d'après Bruckmann, que le comté de Spia renferme aussi du cinabre. M. Guettard, *Mémoires de l'Académie des sciences*, année 1762, p. 318.

(d) Le *tchacha* est probablement le cinabre; le meilleur vient de la province de Houquang; il est plein de mercure, et l'on assure que d'une livre de cinabre on en tire une demi-livre de mercure coulant... Lorsqu'on laisse ce cinabre à l'air, il ne perd rien de sa couleur et il se vend fort cher. Le Père d'Entrecolles, *Lettres édifiantes*, vingt-deuxième Recueil, p. 358.

(e) L'île de Panamao, aux Philippines, est presque contiguë à celle de Leyte... elle est montagneuse, arrosée de plusieurs ruisseaux et pleine de mines de soufre et de vif-argent. Gemelli Careri, *Voyage autour du monde*. Paris, 1719, t. V, p. 119.

(f) *Histoire générale des Voyages*, t. XIII, p. 598.

(g) *Histoire naturelle des Indes*, par Acosta, p. 150.

(h) *Histoire philosophique et politique des deux Indes*, t. III, p. 235

ne se trouve dans les montagnes produites par le feu primitif, ni dans les fentes du quartz: on voit de même qu'on ne trouve point de cinabre mêlé avec les mines des autres métaux (a), à l'exception de celles de fer en rouille, qui, comme l'on sait, sont de dernière formation. L'établissement des mines primordiales d'or, d'argent et de cuivre dans la roche quartzeuse est donc bien antérieur à celui des mines de mercure; et dès lors, n'en doit-on pas conclure que ces métaux, fondus ou sublimés par le feu primitif, n'ont pu saisir ni s'assimiler une matière qui, par sa volatilité, était alors comme l'eau, reléguée dans l'atmosphère; que dès lors, il n'est pas possible que ces métaux contiennent un seul atome de cette matière volatile et que, par conséquent, on doit renoncer à l'idée d'en tirer le mercure ou le principe mercuriel qui ne peut s'y trouver? Cette idée du mercure, principe existant dans l'or et l'argent, était fondée sur la grande affinité et l'attraction très forte qui s'exerce entre le mercure et ces métaux; mais on doit considérer que toute attraction, toute pénétration qui se fait entre un solide et un liquide est généralement proportionnelle à la densité des deux matières, et que celle du mercure étant très grande et ses molécules infiniment petites, il peut aisément pénétrer les pores de ces métaux, et les humecter comme l'eau humecte la terre.

Mais suivons mes assertions : j'ai dit que le cinabre n'était point un vrai minéral, mais un simple composé de mercure saisi par le foie de soufre, et cela me paraît démontré par la composition du cinabre artificiel fait par la voie humide : il ne faut que le comparer avec la mine de mercure pour être convaincu de leur identité de substance. Le cinabre naturel en masse est d'un rouge très foncé; il est composé d'aiguilles luisantes appliquées longitudinalement les unes sur les autres, ce qui seul suffit pour démontrer la présence réelle du soufre : on en fait en Hollande du tout pareil et en grande quantité; nous en ignorons la manipulation, mais nos chimistes l'ont à peu près devinée; ils font du cinabre artificiel par le moyen du feu, en mêlant du mercure au soufre fondu (b), et ils en font aussi par la voie humide, en combinant le mercure avec le foie de soufre (c).

(a) On observe que dans les mines de cinabre d'Almaden il n'y a aucun autre métal. *Mémoires de l'Académie des sciences*, année 1719, p. 350.

(b) On fait du cinabre artificiel semblable en tout au cinabre naturel... Pour cela on mêle quatre parties de mercure coulant avec une partie de soufre qu'on a fait fondre dans un pot de terre non vernissé; on agite ce mélange qui s'unit très facilement à l'aide de la chaleur; le mercure, uni au soufre, devient noirâtre... La force d'affinité s'exerce avec tant de puissance entre ces deux matières, qu'il en résulte une combinaison... On laisse ce mélange brûler pendant une minute; après quoi on retire la matière, on la pulvérise dans un mortier de marbre et, par cette trituration, elle se réduit en une poudre violette... On fait sublimer cette poudre en la mettant dans un matras à un feu de sable qu'on augmente graduellement jusqu'à ce que le fond du matras soit bien rouge. Le sublimé qu'on obtient par cette opération est en masse aiguillée, de couleur rouge brun, comme l'est le cinabre naturel lorsqu'il n'est pas pulvérisé... Par ce procédé, donné par M. Baumé, on obtient, à la vérité, du cinabre, mais qui n'est pas si beau que celui que l'on fait en Hollande, où il y a des manufactures en grand de cinabre artificiel, mais dont les procédés ne nous sont pas connus au juste. *Dictionnaire de chimie*, par M. Macquer, article *Cinabre*.

(c) On peut aussi faire du cinabre artificiel par la voie humide, en appliquant, soit au mercure seul, soit aux dissolutions de mercure par les acides, mais surtout par l'acide nitreux, les différentes espèces de *foie de soufre*,... et l'on doit remarquer que ce cinabre, fait par la voie humide, a une couleur rouge vif de feu, infiniment plus éclatante que celle du cinabre qu'on obtient par la sublimation;... mais cette différence ne vient que de ce que le cinabre sublimé est en masse plus compacte que l'autre, ce qui lui donne une couleur rouge si foncée qu'il paraît rembruni; mais, en le broyant sur un porphyre en poudre très fine, il prend un rouge vif éclatant... Celui qu'on obtient par la voie humide n'étant point en masse comme le premier, mais en poudre fine, paraît donc plus rouge par cette seule raison. *Idem*, *ibid*.

Ce dernier procédé paraît être celui de la nature : le foie de soufre n'étant que le soufre lui-même combiné avec les matières alcalines, c'est-à-dire avec les matières terrestres, à l'exception de celles qui ont toutes été produites par le feu primitif, on peut concevoir aisément que, dans les lieux où le foie de soufre et le mercure se seront trouvés ensemble, comme dans les argiles, les grès, les pierres calcaires, les terres limoneuses et autres matières formées par le dépôt des eaux, la combinaison du mercure, du soufre et de l'alcali se sera faite, et le cinabre aura été produit. Ce n'est pas que la nature n'ait pu former aussi, dans certaines circonstances, du cinabre par le feu des volcans; mais, en comparant les deux procédés par lesquels nous avons su l'imiter dans cette production du cinabre, on voit que celui de la sublimation par le feu exige un bien plus grand nombre de combinaisons que celui de la simple union du foie de soufre au mercure par la voie humide.

Le mercure n'a par lui-même aucune affinité avec les matières terreuses, et l'union qu'il contracte avec elles par le moyen du foie de soufre, quoique permanente, n'est point intime; car on les retire aisément des masses les plus dures de cinabre en les exposant au feu (*a*). Ce n'est donc que par des accidents particuliers, et notamment par l'action des feux souterrains, que le mercure peut se séparer de sa mine, et c'est par cette raison qu'on le trouve si rarement dans son état coulant. Il n'est donc entré dans les matières terreuses que par imbibition, comme tout autre liquide, et il s'y est uni au moyen de la combinaison de leurs alcalis avec le soufre; et cette imbibition ou humectation paraît bien démontrée, puisqu'il suffit de faire chauffer le cinabre pour le dessécher (*b*), c'est-à-dire pour enlever le mercure, qui dès lors s'exhale en vapeurs, comme l'eau s'exhale par le dessèchement des terres humectées.

Le mercure a beaucoup moins d'affinité que la plupart des métaux avec le soufre, et il ne s'unit ordinairement avec lui que par l'intermède des terres alcalines : c'est par cette raison qu'on ne le trouve dans aucune mine pyriteuse, ni dans les minerais d'aucun métal, non plus que dans le quartz et autres matières vitreuses produites par le feu primitif; car les alcalis ni le soufre n'existaient pas encore dans le temps de la formation des matières vitreuses; et, quoique les pyrites, étant d'une formation postérieure, contiennent déjà les principes du soufre, c'est-à-dire l'acide et la substance du feu, ce soufre n'était ni développé ni formé, et ne pouvait, par conséquent, se réunir à l'alcali, qui lui-même n'a été produit qu'après la formation des pyrites, ou tout au plus tôt en même temps.

Enfin, quoiqu'on ait vu, par l'énumération que nous avons faite de toutes les mines connues, que le mercure ne se trouve en grande quantité que dans quelques endroits particuliers où le soufre tout formé s'est trouvé réuni aux terres alcalines, il n'en faut cependant pas conclure que ces seuls endroits contiennent toute la quantité de mercure existante; on peut, et même on doit croire, au contraire, qu'il y en a beaucoup à la surface et dans les premières couches de la terre, mais que ce minéral fluide étant, par sa nature, susceptible

(*a*) Il est aisé de reconnaître si une pierre contient du mercure : il suffit de la faire chauffer et de la mettre toute rouge sous une cloche de verre, car alors la fumée qu'elle exhalera se convertit en petites gouttelettes de mercure coulant.

J'ai observé, dit M. de Jussieu, dans les endroits même de la veine la plus riche, que l'on n'y trouve point de mercure coulant et que, s'il en paraît quelquefois, ce n'est qu'un effet de la violence des coups que les mineurs donnent sur le cinabre, qui est une roche dure, ou plus encore de la chaleur de la poudre dont on se sert pour pétarder ces mines. *Mémoires de l'Académie des sciences,* année 1719, p. 350 et suiv.

(*b*) Ceci est exactement vrai pour tout cinabre qui contient une base terreuse capable de retenir le soufre; cependant on doit excepter le cinabre qui ne serait uniquement composé que de soufre et de mercure, car il se sublimerait plutôt que de se décomposer; mais ce cinabre sans base terreuse ne se trouve guère dans la nature.

d'une division presque infinie, il s'est disséminé en molécules si ténues qu'elles échappent à nos yeux et même à toutes les recherches de notre art, à moins que par hasard, comme dans les exemples que nous avons cités, ces molécules ne se trouvent en assez grand nombre pour pouvoir les recueillir ou les réunir par la sublimation. Quelques auteurs ont avancé qu'on a tiré du mercure coulant des racines d'une certaine plante semblable au doronic (*a*), qu'à la Chine on en tirait du pourpier sauvage (*b*); je ne veux pas garantir ces faits, mais il ne me paraît pas impossible que le mercure disséminé en molécules très petites soit pompé avec la sève par les plantes, puisque nous savons qu'elles pompent les particules du fer contenu dans la terre végétale.

En faisant subir au cinabre l'action du feu dans des vaisseaux clos, il se sublimera sans changer de nature, c'est-à-dire sans se décomposer; mais en l'exposant au même degré de feu dans des vaisseaux ouverts, le soufre du cinabre se brûle, le mercure se volatilise et se perd dans les airs; on est donc obligé, pour le retenir, de le sublimer en vaisseaux clos, et afin de le séparer du soufre, qui se sublime en même temps, on mêle, avec le cinabre réduit en poudre, de la limaille de fer (c); ce métal, ayant beaucoup plus d'affinité que le mercure avec le soufre, s'en empare à mesure que le feu le dégage, et par cet intermède le mercure s'élève seul en vapeurs qu'il est aisé de recueillir en petites gouttes coulantes dans un récipient à demi plein d'eau. Lorsqu'on ne veut que s'assurer si une

(*a*) « Selon M. Manfredi, il vient dans la vallée de Lancy, qui est située entre les mon- » tagnes de Tunis, une plante semblable au doronic; on trouve auprès de ses racines du » mercure coulant en petits globules; son suc exprimé à l'air dans une belle nuit fournit » autant de mercure qu'il s'est dissipé de suc. » *Collection académique,* partie étrangère, t. II, p. 93.

(*b*) Le P. d'Entrecolles rapporte qu'à la Chine on tire du mercure de certaines plantes, et surtout du pourpier sauvage, que même ce mercure est plus pur que celui qu'on tire des mines, et qu'on les distingue à la Chine par deux différents noms. *Lettres édifiantes*, vingt-deuxième Recueil, p. 457.

(*c*) Si on met le cinabre sur le feu dans des vaisseaux clos, il se sublime en entier, sans changer de nature. Si on l'expose, au contraire, à l'air libre et sur le même feu, c'est-à-dire dans des vaisseaux ouverts, il se décompose, parce que le soufre se brûle, et alors le mercure se dégage réduit en vapeurs; mais, comme il s'en produit beaucoup par cette manière, on a trouvé moyen de le séparer du soufre en vaisseaux clos, en offrant au soufre quelque intermède qui ait avec lui plus d'affinité qu'il n'en a avec le mercure... comme l'alcali fixe, la chaux, etc., et même les métaux et demi-métaux, surtout le fer, le cuivre, l'étain, le plomb, l'argent, le bismuth et le régule d'antimoine, qui tous ont plus d'affinité avec le soufre que n'en a le mercure, et de toutes ces substances, c'est le fer qui est la plus commode et la plus usitée pour la décomposition du cinabre en petit. On prend deux parties de cinabre et une partie de limaille de fer non rouillée; on les mêle bien ensemble; on met ce mélange dans une cornue qu'on place dans un fourneau à feu nu, ou dans une capsule, au bain de sable, arrangée de manière qu'on puisse donner un feu assez fort; on ajoute à la cornue un récipient qui contient de l'eau, et on procède à la distillation. Le mercure, dégagé du soufre par l'intermède du fer, s'élève en vapeurs qui passent dans le récipient et s'y condensent, pour la plus grande partie, au fond de l'eau en mercure coulant. Il y a aussi une portion du mercure qui reste très divisée et qui s'arrête à la surface de l'eau, à cause de la finesse de ses parties, sous la forme d'une poudre noirâtre, qu'il faut ramasser exactement pour la mêler avec le mercure en masse, avec lequel elle s'incorpore facilement. Ce mercure, qu'on passe ensuite à travers un linge serré, est très pur... On trouve dans la cornue le soufre du cinabre uni avec le fer, ou l'alcali, ou telle autre matière qu'on aura employée pour le séparer du mercure...

Trois livres de cinabre, suivant M. Baumé, donnent deux livres deux onces de mercure; la limaille de fer absorbe douze onces et demie de soufre, et il y a perte d'une once et demie. *Dictionnaire de chimie,* par M. Macquer, article *Cinabre.*

terre contient du mercure ou n'en contient pas, il suffit de mêler de la poudre de cette terre avec de la limaille de fer sur une brique que l'on couvre d'un vase de verre et de mettre du feu sous cette brique : si la terre contient du mercure, on le verra s'élever en vapeurs qui se condenseront, au haut du vase, en petites gouttes de mercure coulant.

Après avoir considéré le mercure dans sa mine, où il fait partie du solide de la masse il faut maintenant l'examiner dans son état fluide. Il a le brillant métallique peut-être plus qu'aucun autre métal, la même couleur ou plutôt le même blanc que l'argent; sa densité est entre celle du plomb et celle de l'or; il ne perd qu'un quatorzième de son poids dans une eau dont le pied cube est supposé peser soixante-douze livres, et par conséquent le pied cube de mercure pèse mille huit livres. Les éléments humides ne font sur le mercure aucune impression sensible; sa surface même ne se ternit à l'air que par la poussière qui la couvre, et qu'il est aisé d'en séparer par un simple et léger frottement; il paraît se charger de même de l'humidité répandue dans l'air; mais, en l'essuyant, sa surface reprend son premier brillant.

On a donné le nom de *mercure vierge* à celui qui est le plus pur et le plus coulant, et qui se trouve quelquefois dans le sein de la terre, après s'être écoulé de sa mine par la seule commotion ou par un simple mouvement d'agitation, sans le secours du feu; celui que l'on obtient par la sublimation est moins pur, et l'on pourra reconnaître sa grande pureté à un effet très remarquable : c'est qu'en le secouant dans un tuyau de verre, son frottement produit alors une lumière sensible et semblable à l'éclair électrique; l'électricité est, en effet, la cause de cette apparence lumineuse.

Le mercure répandu sur la surface polie de toute matière avec laquelle il n'a point d'affinité forme, comme tous les autres liquides, de petites gouttes globuleuses par la seule force de l'attraction mutuelle de ses parties : les gouttes du mercure se forment non seulement avec plus de promptitude, mais en plus petites masses, parce qu'étant douze ou quinze fois plus dense que les autres liquides, sa force d'attraction est bien plus grande et produit des effets plus apparents.

Il ne paraît pas qu'une chaleur modérée, quoique très longtemps appliquée, change rien à l'état du mercure coulant (*a*); mais, lorsqu'on lui donne un degré de chaleur beaucoup plus fort que celui de l'eau bouillante, l'attraction réciproque de ses parties n'est plus assez forte pour les tenir réunies; elles se séparent et se volatilisent, sans néanmoins changer d'essence ni même s'altérer; elles sont seulement divisées et lancées par la force de la chaleur : on peut les recueillir en arrêtant cet effet par la condensation, et elles se représentent alors sous la même forme et telles qu'elles étaient auparavant.

Quoique la surface du mercure se charge des poussières de l'air et même des vapeurs de l'eau qui flottent dans l'atmosphère, il n'a aucune affinité avec l'eau, et il n'en prend avec l'air que par le feu de calcination : l'air s'attache alors à sa surface et se fixe entre ses pores, sans s'unir bien intimement avec lui et même sans se corrompre ni s'altérer; ce qui semble prouver qu'il n'y a que peu ou point de feu fixe dans le mercure, et qu'il ne peut en recevoir à cause de l'humidité qui fait partie de sa substance, et même l'on ne peut y attacher l'air qu'au moyen d'un feu assez fort et soutenu pendant plusieurs mois : le mercure, par cette très longue digestion dans des vaisseaux qui ne sont pas exactement clos, prend peu à peu la forme d'une *espèce de chaux* (*b*), qui

(*a*) Boërhaave a soumis dix-huit onces de mercure à cinq cents distillations de suite, et n'y a remarqué, après cette longue épreuve, aucun changement sensible, sinon qu'il lui a paru plus fluide, que sa pesanteur spécifique était un peu augmentée, et qu'il lui est resté quelques grains de matière fixe. *Dictionnaire de chimie*, par M. Macquer, article *Mercure*.

(*b*) Par la digestion à un degré de chaleur très fort et soutenu pendant plusieurs mois dans un vaisseau qui n'est pas exactement clos, le mercure éprouve une altération plus sensible; sa surface se change peu à peu en une poudre rougeâtre, terreuse, qui n'a plus aucun

néanmoins est différente des chaux métalliques; car, quoiqu'elle en ait l'apparence, ce n'est cependant que du mercure chargé d'air pur, et diffère des autres chaux métalliques en ce qu'elle se revivifie d'elle-même et sans addition d'aucune matière inflammable ou autre qui ait plus d'affinité avec l'air qu'il n'en a avec le mercure : il suffit de mettre cette prétendue chaux dans un vaisseau bien clos, et de la chauffer à un feu violent pour qu'en se volatilisant le mercure abandonne l'air avec lequel il n'était uni que par la force d'une longue contrainte, et sans intimité, puisque l'air qu'on en retire est pur, et n'a contracté aucune des qualités du mercure; que d'ailleurs, en pesant cette chaux, on voit qu'elle rend par sa réduction la même quantité, c'est-à-dire autant d'air qu'elle en avait saisi; mais, lorsqu'on réduit les autres chaux métalliques, c'est l'air que l'on emporte en lui offrant des matières inflammables, au lieu que, dans celles-ci, c'est le mercure qui est emporté et séparé de l'air par sa seule volatilité (*a*).

Cette union de l'air avec le mercure n'est donc que superficielle; et, quoique celle

brillant métallique, et qui nage toujours à la surface du reste du mercure, sans s'y incorporer : on peut convertir ainsi en entier en poudre rouge une quantité donnée de mercure; il ne faut que le temps et les vaisseaux convenables. On appelle cette préparation du mercure précipité *per se*, et on ne peut obtenir cette poudre rouge ou précipité *per se* qu'en faisant subir au mercure la plus forte chaleur qu'il puisse supporter sans se réduire en vapeurs.

Ce précipité paraît être une vraie chaux de mercure... d'autant qu'il ne s'est fait que par le concours de l'air; il ne pèse pas autant que le mercure, puisqu'il nage à sa surface, mais son volume ou pesanteur absolue est augmentée d'environ $\frac{1}{10}$. On en peut dégager l'air auquel est due cette augmentation de poids, et faire la réduction de ce précipité ou de cette chaux sans addition dans des vaisseaux clos, dans lesquels le mercure se revivifie; l'air qui se dégage de cette chaux de mercure est très pur (ce qui est bien différent de l'air qui se dégage des autres chaux métalliques, qui est très corrompu), et il n'y a point de perte de mercure dans cette réduction. *Dictionnaire de chimie*, par M. Macquer, article *Mercure*.

(*a*) Ayant communiqué cet article à mon savant ami M. de Morveau, aux lumières duquel j'ai la plus grande confiance, je dois avouer qu'il ne s'est pas trouvé de mon avis; voici ce qu'il m'écrit à ce sujet : « Il paraît que la chaux de mercure est une vraie chaux métallique, » dans le sens des chimistes, *Stalhiens*, c'est-à-dire à laquelle il manque le feu fixe ou phlo- » gistique; en voici trois preuves directes entre bien d'autres :

« 1° L'acide vitriolique devient sulfureux avec le mercure; il n'acquiert cette propriété » qu'en prenant du phlogistique; il ne peut en prendre qu'où il y en a; le mercure contient » donc du phlogistique. Le précipité *per se* de même avec l'acide vitriolique ne le rend pas » sulfureux; il est donc privé de ce principe inflammable;

» 2° L'acide nitreux forme de l'air nitreux avec toutes les matières qui peuvent lui fournir » du phlogistique; cela arrive avec le mercure, non avec le précipité *per se* : l'un tient donc » ce principe, et l'autre en est privé;

» 3° Les métaux imparfaits traités au feu en vaisseaux clos avec la chaux du mercure se » calcinent pendant qu'il se détruit; ainsi l'un reçoit ce que l'autre perd. Avant l'opération, » le métal imparfait pouvait fournir au nitre le phlogistique nécessaire à sa déflagration; il » ne le peut plus après l'opération. N'est-il pas évident qu'il en a été privé pendant cette » opération ? »

Je conviens avec M. de Morveau de tous ces faits, et je conviendrai aussi de la conséquence qu'il en tire, pourvu qu'on ne la rende pas générale. Je suis bien éloigné de nier que le mercure ne contienne pas du feu fixe et de l'air fixe, puisque toutes les matières métalliques ou terreuses en contiennent; mais je persiste à penser qu'une explication où l'on n'emploie qu'un de ces deux éléments est plus simple que toutes les autres où l'on a recours à deux; et c'est le cas de la chaux du mercure, dont la formation et la réduction s'expliquent très clairement par l'union et la séparation de l'air, sans qu'il soit nécessaire de recourir au phlogistique; et nous croyons avoir très suffisamment démontré que l'accession ou la récession de l'air fixé suffirait pleinement pour opérer et expliquer tous les phénomènes de la formation et de la réduction des chaux métalliques.

du soufre avec le mercure dans le cinabre ne soit pas bien intime, cependant elle est beaucoup plus forte et plus profonde; car, en mettant le cinabre en vaisseaux clos comme la chaux de mercure, le cinabre ne se décompose pas, il se sublime sans changer de nature et sans que le mercure se sépare, au lieu que, par le même procédé, sa chaux se décompose et le mercure quitte l'air.

Le foie de soufre paraît être la matière avec laquelle le mercure a le plus de tendance à s'unir, puisque, dans le sein de la terre, le mercure ne se présente que sous la forme de cinabre : le soufre seul, et sans mélange de matières alcalines, n'agit pas aussi puissamment sur le mercure; il s'y mêle à peu près comme les graisses lorsqu'on les triture ensemble, et ce mélange, où le mercure disparaît, n'est qu'une poudre pesante et noire à laquelle les chimistes ont donné le nom d'*héthiops minéral* (*a*); mais, malgré ce changement de couleur et malgré l'apparence d'une union assez intime entre le mercure et le soufre dans ce mélange, il est encore vrai que ce n'est qu'une union de contact et très superficielle; car il est aisé d'en retirer sans perte, et précisément, la même quantité de mercure sans la moindre altération; et, comme nous avons vu qu'il en est de même lorsqu'on revivifie le mercure du cinabre, il paraît démontré que le soufre, qui altère la plupart des métaux ne cause aucun changement intérieur dans la substance du mercure.

Au reste, lorsque le mercure, par le moyen du feu et par l'addition de l'air, prend la forme d'une chaux ou d'une terre en poudre, cette poudre est d'abord noire, et devient ensuite d'un beau rouge en continuant le feu : elle offre même quelquefois de petits cristaux transparents et d'un rouge de rubis.

Comme la densité du mercure est très grande, et qu'en même temps ses parties constituantes sont presque infiniment petites, il peut s'appliquer mieux qu'aucun autre liquide aux surfaces de tous les corps polis. La force de son union, par simple contact, avec une glace de miroir, a été mesurée par un de nos plus savants physiciens (*b*), et s'est

(*a*) L'éthiops minéral est une combinaison de mercure avec une assez grande quantité de soufre; il est noir... Il se fait ou par la fusion ou par la simple trituration... On fait fondre du soufre dans un vaisseau de terre non vernissé; aussitôt qu'il est fondu, on y mêle une égale quantité de mercure en retirant le vaisseau de dessus le feu. On agite le mélange jusqu'à ce qu'il soit refroidi et figé; il reste après cela une masse noire et friable qu'on broie et qu'on tamise, et c'est l'éthiops.

Et lorsqu'on veut faire de l'éthiops sans feu, on triture le mercure avec le soufre dans un mortier de verre ou de marbre, en mettant deux parties de mercure sur trois parties de fleurs de soufre, et on triture jusqu'à ce que le mercure ne soit plus visible... L'union du mercure et du soufre dans l'éthiops n'est pas si forte que dans le cinabre; il ne faut pas croire pour cela qu'elle soit nulle, et qu'il n'y ait dans l'éthiops qu'un simple mélange ou interposition des parties des deux substances : il y a adhérence et combinaison réelle. La preuve en est qu'on ne peut les séparer que par des intermèdes qui sont les mêmes que ceux qu'on emploie pour séparer le mercure du cinabre, et cet éthiops peut aisément devenir, étant traité par les procédés chimiques, du véritable cinabre artificiel. *Dictionnaire de chimie*, par M. Macquer, article *Éthiops*.

(*b*) Si l'on met, dit M. de Morveau, en équilibre une balance portant à l'un de ses bras un morceau de glace taillé en rond, de deux pouces et demi de diamètre, suspendu dans une position horizontale par un crochet mastiqué sur la surface supérieure, et que l'on fasse ensuite descendre cette glace sur la surface du mercure placé au-dessous, à très peu de distance, il faudra ajouter dans le bassin opposé jusqu'à neuf gros dix-huit grains pour détacher la glace du mercure et vaincre l'adhésion résultant du contact.

Le poids et la compression de l'atmosphère n'entrent pour rien dans ce phénomène, car l'appareil étant mis sur le récipient dénué d'air de la machine pneumatique, le mercure adhérera encore à la glace avec une force égale, et cette adhésion soutiendra de même les neuf gros dont on aura chargé précédemment l'autre bras de la balance. *Éléments de chimie*, par M. de Morveau, t. Ier, p. 54 et 55.

trouvée beaucoup plus forte qu'on ne pourrait l'imaginer : cette expérience prouve encore, comme je l'ai dit à l'article de l'étain, qu'il y a, entre la feuille d'étain et la glace, une couche de mercure pur, vif et sans mélange d'aucune partie d'étain, et que cette couche de mercure coulant n'est adhérente à la glace que par simple contact.

Le mercure ne s'unit donc pas plus avec le verre qu'avec aucune autre matière terreuse; mais il s'amalgame avec la plupart des substances métalliques; cette union par amalgame est une humectation qui se fait souvent à froid et sans produire de chaleur ni d'effervescence, comme cela arrive dans les dissolutions; c'est une opération moyenne entre l'alliage et la dissolution; car la première suppose que les deux matières sont liquéfiées par le feu, et la seconde ne se fait que par la fusion ou la calcination du métal par le feu contenu dans le dissolvant, ce qui produit toujours de la chaleur; mais, dans les amalgames, il n'y a qu'humectation et point de fusion ni de dissolution : et même un de nos plus habiles chimistes (*a*) a observé que non seulement les amalgames se font sans produire de chaleur, mais qu'au contraire ils produisent un froid sensible qu'on peut mesurer en y plongeant un thermomètre.

On objectera peut-être qu'il se produit du froid pendant l'union de l'alcali minéral avec l'acide nitreux, du sel ammoniac avec l'eau, de la neige avec l'eau, et que toutes ces unions sont bien de vraies dissolutions; mais cela même prouve qu'il ne se produit du froid que quand la dissolution commence par l'humectation; car la vraie cause de ce froid est l'évaporation de la chaleur de l'eau ou des liqueurs en général, qui ne peuvent mouiller sans s'évaporer en partie.

L'or s'amalgame avec le mercure par le simple contact : il le reçoit à sa surface, le retient dans ses pores, et ne peut en être séparé que par le moyen du feu. Le mercure colore en entier les molécules de l'or; leur couleur jaune disparaît, l'amalgame est d'un gris tirant sur le brun si le mercure est saturé. Tous ces effets proviennent de l'attraction de l'or qui est plus forte que celle des parties du mercure entre elles, et qui par conséquent les sépare les unes des autres, et les divise assez pour qu'elles puissent entrer dans les pores et humecter la substance de l'or; car en jetant une pièce de ce métal dans du mercure, il en pénétrera toute la masse avec le temps, et perdra précisément en quantité ce que l'or aura gagné, c'est-à-dire ce qu'il aura saisi par l'amalgame. L'or est donc de tous les métaux celui qui a la plus grande affinité avec le mercure, et on a employé très utilement le moyen de l'amalgame pour séparer ce métal précieux de toutes les matières étrangères avec lesquelles il se trouve mêlé dans ses mines : au reste, pour amalgamer promptement l'or ou d'autres métaux, il faut les réduire en feuilles minces ou en poudre, et les mêler avec le mercure par la trituration.

L'argent s'unit aussi avec le mercure par le simple contact, mais il ne le retient pas aussi puissamment que l'or, leur union est moins intime; et, comme la couleur de l'argent est à peu près la même que celle du mercure, sa surface devient seulement plus brillante lorsqu'elle en est humectée : c'est ce beau blanc brillant qui a fait donner au mercure le nom de *vif-argent*.

Cette grande affinité du mercure avec l'or et l'argent semblerait indiquer qu'il doit se trouver dans le sein de la terre des amalgames naturels de ces métaux; cependant, depuis qu'on recherche et recueille des minéraux, à peine a-t-on un exemple d'or natif amalgamé, et l'on ne connait en argent que quelques morceaux tirés des mines d'Allemagne, qui contiennent une quantité assez considérable de mercure pour être regardés comme de vrais amalgames (*b*) : il est aisé de concevoir que cette rareté des amalgames naturels vient de

(*a*) M. de Machi.

(*b*) M. Sage fait mention d'un morceau d'or natif de Hongrie, d'un jaune grisâtre, fragile, et dans lequel l'analyse lui a fait trouver une petite quantité de mercure, avec lequel on

la rareté même du mercure dans son état coulant, et ce n'est pour ainsi dire qu'entre nos mains qu'il est dans cet état, au lieu que dans celles de la nature il est en masse solide de cinabre, et dans des endroits particuliers très différents, très éloignés de ceux où se trouvent l'or et l'argent primitifs, puisque ce n'est que dans les fentes du quartz et dans les montagnes produites par le feu que gisent ces métaux de première formation, tandis que c'est dans les couches formées par le dépôt des eaux que se trouve le mercure.

L'or et l'argent sont les seules matières qui s'amalgament à froid avec le mercure; il ne peut pénétrer les autres substances métalliques qu'au moyen de leur fusion par le feu, il s'amalgame aussi très bien par ce même moyen avec l'or et l'argent : l'ordre de la facilité de ces amalgames est l'or, l'argent, l'étain, le plomb, le bismuth, le zinc et l'arsenic; mais il refuse de s'unir et de s'amalgamer avec le fer, ainsi qu'avec les régules d'antimoine et de cobalt. Dans ces amalgames qui ne se font que par la fusion, il faut chauffer le mercure jusqu'au degré où il commence à s'élever en vapeurs, et en même temps faire rougir au feu la poudre des métaux qu'on veut amalgamer pour la triturer avec le mercure chaud. Les métaux qui, comme l'étain et le plomb, se fondent avant de rougir, s'amalgament plus aisément et plus promptement que les autres; car ils se mêlent avec le mercure qu'on projette dans leur fonte, et il ne faut que la remuer légèrement pour que le mercure s'attache à toutes leurs parties métalliques. Quant à l'or, l'argent et le cuivre, ce n'est qu'avec leurs poudres rougies au feu que l'on peut amalgamer le mercure; car, si l'on en versait sur ces métaux fondus, leur chaleur trop forte, dans cet état de fusion, non seulement le sublimerait en vapeurs, mais produirait des explosions dangereuses.

Autant l'amalgame de l'or et de l'argent se fait aisément, soit à chaud, soit à froid, autant l'amalgame du cuivre est difficile et lent : la manière la plus sûre et la moins longue de faire cet amalgame est de tremper des lames de cuivre dans la dissolution du mercure par l'acide nitreux ; le mercure dissous s'attache au cuivre et en blanchit les lames. Cette union du mercure et du cuivre ne se fait donc que par le moyen de l'acide, comme celle du mercure et du soufre se fait par le moyen de l'alcali.

On peut verser du mercure dans du plomb fondu, sans qu'il y ait explosion, parce que la chaleur qui tient le plomb en fusion est fort au-dessous de celle qui est nécessaire pour y tenir l'or et l'argent : aussi l'amalgame se fait très aisément avec le plomb fondu (*a*) ;

peut croire que cet or avait été naturellement amalgamé. Ce morceau, ne contenant que très peu de mercure, doit être certainement rangé parmi les mines d'or; mais les amalgames natifs d'argent de Sahlberg et du Palatinat contiennent souvent plus de mercure que d'argent; ils devraient donc être rapportés parmi les mines de mercure. *Lettres de M. Demeste*, t. II, p. 109.

(*a*) 1° Parties égales de mercure et de plomb forment une masse blanche solide, dont une partie du mercure se sépare par une exsudation, occasionnée par la seule chaleur de l'atmosphère, en globules infiniment petits.

2° Deux parties de plomb et une de mercure forment une masse blanche, dure, cassante, à petits grains comme ceux de l'acier, dont le mercure ne s'échappe pas ; ces deux substances forment alors une combinaison durable.

3° Trois parties de plomb et une de mercure forment une masse plus ductile que le plomb et l'étain ; on en peut faire des vases et on la tire aisément à la filière.

4° Ce dernier mélange est d'une fusibilité extraordinaire ; mais, si on l'expose d'abord à un grand feu, il éclate avec explosion ; si, au contraire, on le liquéfie à une douce chaleur, on peut ensuite le chauffer au rouge ; mais il bout continuellement avec un bruissement comme la graisse.

5° Si l'on continue à le tenir en fusion, le mercure se dissipe successivement et totalement en vapeurs.

6° La crasse qui se forme à la surface du plomb combiné avec le mercure, exposée seule dans un vaisseau rouge de feu, décrépite comme le sel marin.

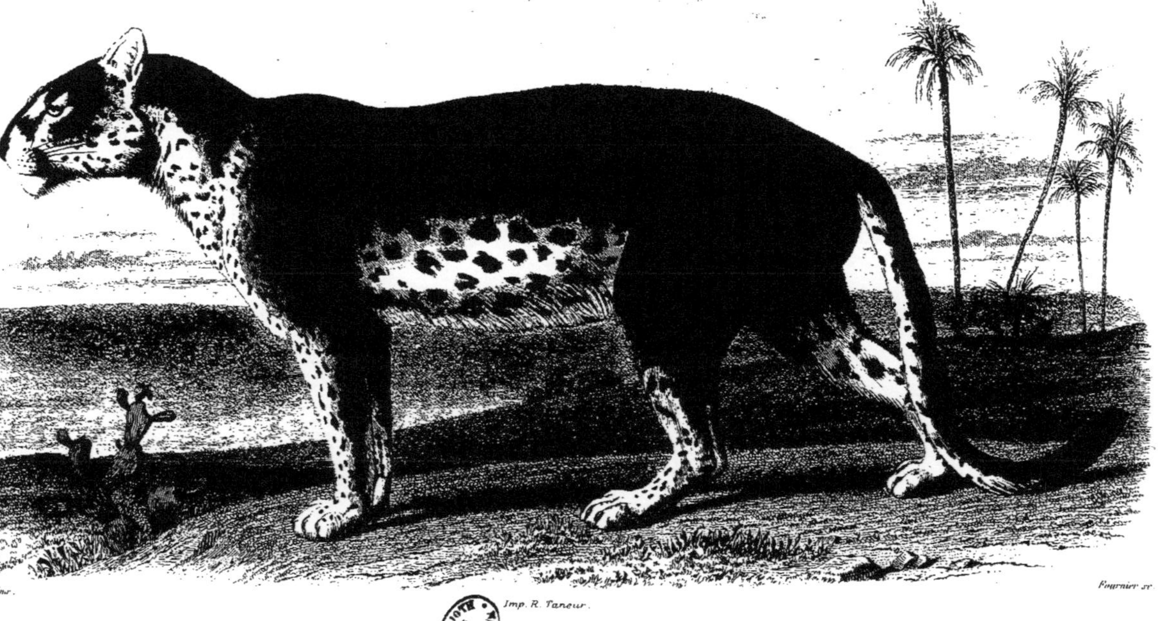

Traviès pinx. Imp. R. Taneur. Fournier sc.

PANTHÈRE D'AFRIQUE.

Le Vasseur Editeur

il en est de même de l'étain; mais il peut aussi se faire à froid avec ces deux métaux, en les réduisant en poudre et les triturant longtemps avec le mercure; c'est avec cet amalgame de plomb qu'on lute les bocaux ou vases de verre, dans lesquels on conserve les animaux dans l'esprit-de-vin.

L'amalgame avec l'étain est d'un très grand et très agréable usage pour l'étamage des glaces : ainsi des six métaux il y en a quatre, l'or, l'argent, le plomb et l'étain, avec lesquels le mercure s'amalgame naturellement, soit à chaud, soit à froid; il ne se joint au cuivre que par intermède; enfin il refuse absolument de s'unir au fer; et nous allons trouver les mêmes différences dans les demi-métaux.

Le bismuth et le mercure s'unissent à froid en les triturant ensemble; ils s'amalgament encore mieux lorsque le bismuth est en fusion, et ils forment des cristaux noirs assez réguliers, et qui ont peu d'adhérence entre eux; mais cette cristallisation du bismuth n'est pas un effet qui lui soit propre et particulier; car l'on est également parvenu à obtenir par le mercure une cristallisation de tous les métaux avec lesquels il peut s'unir (*a*).

Lorsqu'on mêle le mercure avec le zinc en fusion, il se fait un bruit de grésillement, semblable à celui de l'huile bouillante dans laquelle on trempe un corps froid; cet amalgame prend d'abord une sorte de solidité, et redevient fluide par la simple trituration; le même effet arrive lorsqu'on verse du mercure dans de l'huile bouillante, il y prend même une solidité plus durable que dans le zinc fondu. Néanmoins cette union du zinc et du mercure paraît être un véritable amalgame; car l'un de nos plus savants chimistes, M. Sage, a reconnu qu'il se cristallise comme les autres amalgames, et, d'ailleurs, le mercure semble dissoudre à froid quelque portion du zinc : cependant cette union du zinc et du mercure paraît être incomplète; car il faut agiter le bain qui est toujours gluant et pâteux.

On ne peut pas dire non plus qu'il se fasse un amalgame direct, et sans intermède, entre le mercure et le régule d'arsenic, lors même qu'il est en fusion; enfin le mercure ne peut s'amalgamer d'aucune manière avec l'antimoine et le cobalt: ainsi, de tous les demi-métaux, le bismuth est le seul avec lequel le mercure s'amalgame naturellement; et qui sait si cette résistance à s'unir avec ces substances métalliques, et la facilité de s'amalgamer avec d'autres, et particulièrement avec l'or et l'argent, ne provient pas de quelques qualités communes dans leur tissu, qui leur permet de s'humecter de cette eau métallique, laquelle a tant de rapport avec eux par sa densité?

Quoi qu'il en soit, on voit, par ces différentes combinaisons du mercure avec les matières métalliques, qu'il n'a réellement d'affinité bien sensible qu'avec l'or et l'argent, et que ce n'est pour ainsi dire que par force, et par des affinités préparées par le feu, qu'il se joint aux autres métaux, et que même il s'unit plus facilement et plus intimement avec les substances animales et végétales qu'avec toutes les matières minérales, à l'exception de l'or et de l'argent.

Au reste, ce n'est point un amalgame, mais un onguent que forme le mercure mêlé par la trituration avec les huiles végétales et les graisses animales; elles agissent sur le mercure comme le foie de soufre, elles le divisent en particules presque infiniment petites, et par cette division extrême, cette matière si dense pénètre tous les pores des corps organisés, surtout ceux où elle se trouve aidée de la chaleur, comme dans le corps des animaux sur lequel elle produit des effets salutaires ou funestes, selon qu'elle est administrée.

7° Cet amalgame de mercure et de plomb se combine avec l'or, l'argent, le cuivre rosette, le laiton, le régule d'antimoine, le zinc et le bismuth; il les aigrit tous, excepté l'étain, avec lequel il produit un assez beau métal mixte, blanc et ductile. (Note communiquée par M. de Grignon, en octobre 1782.)

(*a*) Voyez là-dessus les expériences de M. Sage.

Cette union des graisses avec le mercure paraît même être plus intime que celle de l'amalgame qui se fait à froid avec l'or et l'argent (*a*), parce que deux fluides qui ont ensemble quelque affinité se mêleront toujours plus aisément qu'un solide avec un fluide, quand même il y aurait entre eux une forte attraction : ainsi les graisses agissent peut-être plus puissamment que ces métaux sur la substance du mercure, parce qu'en se rancissant elles saisissent l'acide aérien, qui doit agir sur le mercure; et la preuve en est qu'on peut le retirer sans aucune perte de tous les amalgames, au lieu qu'en fondant la graisse on ne le retire pas en entier, surtout si l'onguent a été gardé assez longtemps pour que la graisse ait exercé toute son action sur le mercure (*b*).

Considérant maintenant les effets des dissolvants sur le mercure, nous verrons que les acides ne le dissolvent pas également comme ils dissolvent les métaux, puisque le plus puissant de tous, l'acide vitriolique, ne l'attaque qu'au moyen d'une forte chaleur (*c*); il en est à peu près de même de l'acide marin : pour qu'il s'unisse intimement avec le mercure, il faut que l'un et l'autre soient réduits en vapeurs, et de leur combinaison résulte un sel d'une qualité très funeste, qu'on a nommé *sublimé corrosif;* dans cet état forcé, le mercure ne laisse pas de conserver une si grande attraction avec lui-même, qu'il peut se surcharger des trois quarts de son poids de mercure nouveau (*d*); et c'est en chargeant ainsi le sublimé

(*a*) Il ne faut pas regarder le mercure comme simplement distribué et entremêlé avec les parties de la graisse dans l'onguent mercuriel : il est très certain, au contraire, qu'il y a adhérence et combinaison, même très intime, au moins d'une portion du mercure avec la graisse;... car, lorsqu'il est fait depuis un temps, on ne peut plus, en le fondant, retirer tout le mercure qu'on y avait mis. *Dictionnaire de chimie*, par M. Macquer, article *Mercure*.

(*b*) Quoique le mercure soit susceptible de se diviser lorsqu'on le triture avec une huile grasse, il ne paraît pas qu'il y ait réellement dissolution... Le mercure se combine plus facilement avec les graisses animales, qui ne sont néanmoins qu'une espèce d'huile où l'acide est plus abondant et qui manifestent d'ailleurs les mêmes affinités que les autres substances huileuses. On ne doit pas néanmoins attribuer l'action de ces graisses sur le mercure à l'acide phosphorique qu'elles contiennent.

C'est en combinant la graisse avec le mercure que l'on forme la pommade mercurielle... Dans cet onguent, les parties de mercure ne paraissent pas simplement distribuées ou entremêlées avec les parties de la graisse; on est fondé à penser, au contraire, qu'il y a adhérence et union, même très intime, car cette graisse de l'onguent mercuriel se rancit très promptement, comme il arrive à toutes les matières huileuses qui entrent dans quelque combinaison...

Lorsque l'onguent mercuriel est vieux, si on le frotte entre deux papiers gris, la graisse s'imbibe dans le papier et l'on ne voit point de globules de mercure; il n'en est pas de même lorsque cet onguent est récent; on y découvre très aisément une grande quantité de parties métalliques. Toutes ces observations prouvent qu'il y a une vraie combinaison, une union intime dans ce mélange lorsqu'il est vieux. *Éléments de chimie*, par M. de Morveau, t. III, p. 389 et suiv.

(*c*) L'acide vitriolique, dans son état ordinaire, n'agit point ou n'agit que très faiblement et très mal sur le mercure en masse. Ces deux substances ne peuvent se combiner ensemble, à moins que l'acide ne soit dans le plus grand degré de concentration et secondé par la chaleur la plus forte... Lorsque cet acide est bien concentré, il réduit le mercure en une masse saline de couleur blanche, appelée *vitriol de mercure*.

Si on expose à l'action du feu la combinaison de l'acide vitriolique avec le mercure, la plus grande partie de cet acide s'en détache; mais, une chose fort remarquable, c'est que le mercure, traité ainsi par l'acide vitriolique, soutient une plus grande chaleur et paraît, par conséquent, un peu plus fixe que quand il est pur. Cette fixité est une suite de son état de chaux. *Dictionnaire de chimie*, par M. Macquer, article *Mercure*.

(*d*) L'acide marin en liqueur n'agit point sensiblement sur le mercure en masse, même lorsqu'il est aidé de la chaleur de l'ébullition; mais lorsque cet acide très concentré est réduit en vapeurs et qu'il rencontre le mercure réduit aussi en vapeurs, alors ils s'unissent

corrosif de nouveau mercure, qu'on en diminue la qualité corrosive, et qu'on en fait une préparation salutaire, qu'on appelle *mercure doux*, qui contient en effet si peu de sel marin qu'il n'est pas dissoluble dans l'eau; on peut donc dire que le mercure oppose une grande résistance à l'action de l'acide vitriolique et de l'acide marin; mais l'acide nitreux le dissout avec autant de promptitude que d'énergie: lorsque cet acide est pur, il a la puissance de le dissoudre sans le secours de la chaleur; cette dissolution produit un sel blanc qui peut se cristalliser, et qui est corrosif comme celui de la dissolution d'argent par cet acide (*a*). Dans cette dissolution, le mercure est en partie calciné; car, après la formation des cristaux, il se précipite en poudre d'un jaune citrin qu'on peut regarder comme une chaux de mercure. Au reste, l'acide nitreux, qui dissout si puissamment le mercure coulant, n'attaque point le cinabre, parce que le mercure y est défendu par le soufre qui l'enveloppe, et sur lequel cet acide n'a point d'action. Cette différence entre le mercure et le soufre semble indiquer qu'autant le soufre contient de feu fixe, autant le mercure en est privé, et cela confirme l'idée que l'essence du mercure tient plus à l'élément de l'eau qu'à celui du feu.

Des acides végétaux, celui du tartre est le seul qui agisse sensiblement sur le mercure; le vinaigre ne l'attaque pas dans son état coulant, et ne s'unit qu'avec sa chaux; mais en triturant longtemps la crème de tartre avec le mercure coulant, on vient à bout de les unir en y ajoutant néanmoins un peu d'eau; on pourrait donc dire qu'aucun acide végétal n'agit directement et sans intermède sur le mercure. Il en est de même des acides qu'on peut tirer des animaux; ils ne dissolvent ni n'attaquent le mercure, à moins qu'ils ne soient mêlés d'huile ou de graisse, en sorte qu'à tout considérer, il n'y a que l'acide aérien qui agisse à la longue par l'intermède des graisses sur le mercure, et l'acide nitreux qui le dissolve d'une manière directe et sans intermède: car les alcalis fixes ou volatils n'ont aucune action sur le mercure coulant, et ne peuvent se combiner avec lui que quand ils le saisissent en vapeurs ou en dissolutions; ils le précipitent alors sous la forme d'une poudre ou chaux, mais que l'on peut toujours revivifier sans addition de matière charbonneuse ou inflammable; on produit cet effet par les seuls rayons du soleil, au foyer d'un verre ardent.

Une preuve particulière de l'impuissance des acides végétaux ou animaux pour dissoudre le mercure, c'est que l'acide des fourmis, au lieu de dissoudre sa chaux, la revivifie; il ne faut pour cela que les tenir ensemble en digestion (*b*).

Le mercure n'étant par lui-même ni acide, ni alcalin, ni salin, ne me paraît pas devoir être mis au nombre des dissolvants, quoiqu'il s'attache à la surface et pénètre les pores de l'or, de l'argent et de l'étain: ces trois métaux sont les seules matières auxquelles il s'unit dans son état coulant, et c'est moins une dissolution qu'une humectation; ce n'est

d'une manière très intime. Il en résulte un sel marin mercuriel cristallisé en aiguilles aplaties et qu'on a nommé *sublimé corrosif*, parce que l'on ne l'obtient que par la sublimation... L'affinité de l'acide marin avec le mercure est si grande, qu'il se charge, en quelque sorte, d'une quantité considérable de cette matière métallique... Le sublimé corrosif peut absorber et se charger peu à peu, par la trituration, des trois quarts de son poids de nouveau mercure. *Dictionnaire de chimie*, par M. Macquer, article *Mercure*.

(*a*) L'acide nitreux dissout très bien le mercure: dix onces de bon acide suffisent pour achever la dissolution de huit onces de ce métal; il l'attaque même à froid et produit effervescence et chaleur... La dissolution se colore d'abord en bleu, par l'union du principe inflammable; il s'y forme, par le refroidissement, un sel neutre, non déliquescent, disposé en aiguilles: c'est le nitre mercuriel... M. Baumé remarque que la dissolution de nitre mercuriel, refroidie sur le bain de sable, donnait des aiguilles perpendiculaires et que, refroidie loin du feu, elle donnait des aiguilles horizontales. *Éléments de chimie*, par M. de Morveau, t. II, p. 179 et suiv.

(*b*) *Éléments de chimie*, par M. de Morveau, t. II, p. 13.

que par addition aux surfaces, et par juxtaposition, et non par pénétration intime et décomposition de la substance de ces métaux qu'il se combine avec eux.

Non seulement tous les alcalis, ainsi que les terres absorbantes, précipitent le mercure de ses dissolutions et le font tomber en poudre noire ou grise, qui prend avec le temps une couleur rouge, mais certaines substances métalliques le précipitent également : le cuivre, l'étain et l'antimoine, ne décomposent pas ces dissolutions; et ces précipités, tous revivifiés, offrent également du mercure coulant.

On détruit en quelque sorte la fluidité du mercure en l'amalgamant avec les métaux ou en l'unissant avec les graisses; on peut même lui donner une demi-solidité en le jetant dans l'huile bouillante : il y prend assez de consistance pour qu'on puisse le manier, l'étendre, et en faire des anneaux et d'autres petits ouvrages; le mercure reste dans cet état de solidité, et ne reprend sa fluidité qu'à l'aide d'une chaleur assez forte.

Il y a donc deux circonstances, bien éloignées l'une de l'autre, dans lesquelles néanmoins le mercure prend également de la solidité, et ne reprend de la fluidité que par l'accession de la chaleur : la première est celle du très grand froid, qui ne lui donne qu'une solidité presque momentanée, et que le moindre degré de diminution de ce froid, c'est-à-dire la plus petite augmentation de chaleur, liquéfie; la seconde, au contraire, n'est produite que par une très grande chaleur, puisqu'il prend cette solidité dans l'huile bouillante ou dans le zinc en fusion, et qu'il ne peut ensuite se liquéfier que par une chaleur encore plus grande. Quelle conséquence directe peut-on tirer de la comparaison de ces deux mêmes effets dans des circonstances si opposées, sinon que le mercure participant de la nature de l'eau et de celle du métal, il se gèle, comme l'eau, par le froid d'une part, et de l'autre se consolide, comme fait un métal en fusion par la température actuelle, en ne reprenant sa fluidité, comme tout autre métal, que par une forte chaleur ? Néanmoins, cette conséquence n'est peut-être pas la vraie, et il se peut que cette solidité qu'acquiert le mercure dans l'huile bouillante et dans le zinc fondu provienne du changement brusque d'état que la forte chaleur occasionne dans ses parties intégrantes, et peut-être aussi de la combinaison réelle des parties de l'huile ou du zinc qui en font un amalgame solide.

Quoi qu'il en soit, on ne connaît aucun autre moyen de fixer le mercure; les alchimistes ont fait de vains et immenses travaux pour atteindre ce but : l'homme ne peut transmuer les substances, ni d'un liquide de nature en faire un solide par l'art; il n'appartient qu'à la nature de changer les essences (*a*) et de convertir les éléments, et encore faut-il qu'elle soit aidée de l'éternité du temps, qui, réunie à ses hautes puissances, amène toutes les combinaisons possibles et toutes les formes dont la matière peut devenir susceptible.

Il en est à peu près de même des grandes recherches et des longs travaux que l'on a faits pour tirer le mercure des métaux; nous avons vu qu'il ne peut pas exister dans les mines primordiales formées par le feu primitif; dès lors, il serait absurde de s'obstiner à le rechercher dans l'or, l'argent et le cuivre primitifs, puisqu'ils ont été produits et fondus par ce feu : il semblerait plus raisonnable d'essayer de le trouver dans les matières dont la formation est contemporaine ou peu antérieure à la sienne; mais l'idée de ce projet s'évanouit encore lorsqu'on voit que le mercure ne se trouve dans aucune mine métallique, même de seconde formation, et que le seul fer décomposé et réduit en rouille l'accompagne quelquefois dans sa mine où, étant toujours uni au soufre et à l'alcali, ce n'est et ne peut

(*a*) Je ne puis donner une entière confiance à ce qui est rapporté dans les *Récréations chimiques*, par M. Parmentier, t. Ier, p. 339 et suiv.; c'est néanmoins ce que nous avons de plus authentique sur la transmutation des métaux : on y donne un procédé pour convertir le mercure en or, résistant à toute épreuve, et ce par le moyen de l'acide de tartre. Ce procédé, qui est de Constantin, a été répété par Mayer et vérifié par M. Parmentier, qui a soin d'avancer qu'il n'est pas fait pour enrichir.

même être que dans les terres grasses et chargées des principes du soufre par la décomposition des pyrites, qu'on pourra se permettre de le chercher avec quelque espérance de succès.

Cependant plusieurs artistes, qui même ne sont pas alchimistes, prétendent avoir tiré du mercure de quelques substances métalliques, car nous ne parlerons pas du *prétendu mercure* des *prétendus philosophes*, qu'ils disent être plus pesant, moins volatil, plus pénétrant, plus adhérent aux métaux que le mercure ordinaire, et qui leur sert de base comme fluide ou solide : ce mercure philosophique n'est qu'un être d'opinion, un être dont l'existence n'est fondée que sur l'idée assez spécieuse que le fonds de tous les métaux est une matière commune, une terre que Beccher a nommée *terre mercurielle*, et que les autres alchimistes ont regardée comme la base des métaux. Or il me paraît qu'en retranchant l'excès de ces idées, et les examinant sans préjugés, elles sont aussi fondées que celles de quelques autres actuellement adoptées dans la chimie : ces êtres d'opinion, dont on fait des principes, portent également sur l'observation de plusieurs qualités communes qu'on voudrait expliquer par un même agent doué d'une propriété générale; or, comme les métaux ont évidemment plusieurs qualités communes, il n'est pas déraisonnable de chercher quelle peut être la substance active ou passive qui, se trouvant également dans tous les métaux (*), sert de base générale à leurs propriétés communes; on peut même donner un nom à cet être idéal pour pouvoir en parler et s'entendre sur ses propriétés supposées; c'est là tout ce qu'on doit se permettre; le reste est un excès, une source d'erreurs, dont la plus grande est de regarder ces êtres d'opinion comme réellement existants, et de les donner pour des substances matérielles, tandis qu'ils ne représentent que par abstraction des qualités communes de ces substances.

Nous avons présenté, dans nos Suppléments, la grande division des matières qui composent le globe de la terre : la première classe contient la matière vitreuse fondue par le feu; la seconde, les matières calcaires formées par les eaux; la troisième, la terre végétale provenant du détriment des végétaux et des animaux; or, il ne paraît pas que les métaux soient expressément compris dans ces trois classes, car ils n'ont pas été réduits en verre par le feu primitif; ils tirent encore moins leur origine des substances calcaires ou de la terre végétale. On doit donc les considérer comme faisant une classe à part, et certainement ils sont composés d'une matière plus dense que celle de toutes les autres substances : or, quelle est cette matière si dense? Est-ce une terre solide, comme leur dureté l'indique? est-ce un liquide pesant, comme leur affinité avec le mercure semble aussi l'indiquer? est-ce un composé de solide et de liquide tel que la prétendue terre mercurielle? ou plutôt n'est-ce pas une matière semblable aux autres matières vitreuses, et qui n'en diffère essentiellement que par sa densité et sa volatilité? car on peut aussi la réduire en verre. D'ailleurs les métaux, dans leur état de nature primitive, sont mêlés et incorporés dans les matières vitreuses; ils ont seuls la propriété de donner au verre des couleurs fixes que le feu même ne peut changer : il me paraît donc que les parties les plus denses de la matière terrestre étant douées, relativement à leur volume, d'une plus forte attraction réciproque, elles se sont, par cette raison, séparées des autres et réunies entre elles sous un plus petit volume; la substance des métaux, prise en général, ne présente donc qu'un seul but à nos recherches, qui serait de trouver, s'il est possible, les moyens d'augmenter la densité de la matière vitreuse, au point d'en faire un métal, ou seulement d'augmenter celle des métaux qu'on appelle imparfaits, autant qu'il serait nécessaire pour leur donner la pesanteur de l'or; ce but est peut-être placé au delà des limites de la puissance de notre art, mais au moins il n'est pas absolument chimérique, puisque nous avons déjà reconnu une augmentation considérable de pesanteur spécifique dans plusieurs alliages métalliques.

(*) Ici encore, Buffon se montre préoccupé de l'idée de l'unité de la matière.

Le chimiste Juncker a prétendu transmuer le cuivre en argent (a), et il a recueilli les procédés par lesquels on a voulu tirer du mercure des métaux; je suis persuadé qu'il n'en existe dans aucun métal de première formation, non plus que dans aucune mine primordiale, puisque ces métaux et le mercure n'ont pu être produits ensemble. M. Grosse, de l'Académie des sciences, s'est trompé sur le plomb, dont il dit avoir tiré du mercure, car son procédé a été plusieurs fois répété, et toujours sans succès, par les plus habiles chimistes; mais, quoique le mercure n'existe pas dans les métaux produits par le feu primitif, non plus que dans leurs mines primordiales, il peut se trouver dans les mines métalliques de dernière formation, soit qu'elles aient été produites par le dépôt et la stillation des eaux, ou par le moyen du feu et par la sublimation dans les terrains volcanisés.

Plusieurs auteurs célèbres, et entre autres Beccher et Lancelot, ont écrit qu'ils avaient tiré du mercure de l'antimoine; quelques-uns même ont avancé que ce demi-métal n'était que du mercure fixé par une vapeur arsenicale. M. de Soubey, ci-devant médecin consultant du roi, a bien voulu me communiquer un procédé par lequel il assure aussi avoir tiré du mercure de l'antimoine (b). D'autres chimistes disent avoir augmenté la quantité du

(a) Voici son procédé : on fait couler en masse, au feu de sable, quatre parties de feuilles de cuivre, quatre parties de sublimé corrosif et deux parties de sel ammoniac; on pulvérise ce composé et on le lave dans le vinaigre jusqu'à ce que le nouveau vinaigre ne verdisse plus; on fond alors ce qui reste avec une partie d'argent et on coupelle avec le plomb. Suivant Juncker, le cuivre se trouve converti en argent. M. Weber, chimiste allemand, vient de répéter jusqu'à deux fois ce procédé, sur l'assurance que deux personnes lui avaient donnée qu'il leur avait réussi; il avoue qu'il n'a retrouvé que l'argent ajouté à la fusion, et il remarque, avec toute raison, que c'est opérer assez heureusement et avec toute exactitude lorsqu'une portion du métal fin ne passe pas par la cheminée avec l'espérance de la transmutation. *Magasin physico-chimique* de M. Weber, t. Ier, p. 121.

(b) « Le mercure, dit M. de Soubey, est un mixte aqueux et terreux dans lequel il entre » une portion du principe inflammable ou sulfureux, et qui est chargé jusqu'à l'excès de la » terre de Beccher; voilà, dit-il, la meilleure définition qu'on puisse donner du mercure. Il » m'a paru si avide du principe constituant les métaux et les demi-métaux, que je suis parvenu à précipiter ceux-ci avec le mercure ordinaire sous une forme de chaux réductible, » sans addition, avec le secours de l'eau et avec celui du feu; j'ai ainsi calciné tous les » métaux, même les plus parfaits, d'une manière aussi irréductible, avec du mercure tiré » des demi-métaux.

» L'affinité du mercure est si grande avec les métaux et les demi-métaux, qu'on pourrait, » pour ainsi dire, assurer que le mercure est au règne minéral ce que l'eau est aux deux » autres règnes. Pour prouver cette assertion, j'ai fait des essais sur les demi-métaux et » j'expose seulement ici le procédé fait sur le régule d'antimoine : en fondant une partie de » ce régule avec deux parties d'argent (qui sert ici d'intermède et qu'on sépare l'opération » finie), on réduira ces matières en poudre, qu'on amalgamera avec cinq ou six parties de » mercure; on triturera le mélange avec de l'eau de fontaine, pendant douze à quinze heures, » jusqu'à ce qu'elle en sorte blanche; l'amalgame sera longtemps brun et, par les lotions » réitérées, l'eau entraînera peu à peu avec elle le régule sous une forme de chaux noire » entièrement fusible; cette chaux, recueillie avec soin, séchée et mise au feu dans une » cornue, on en sépare le mercure que s'y était mêlé; en décantant l'eau qui a servi à nettoyer l'amalgame, on ne trouvera que les deux tiers du poids du régule qui avait été fondu » et ensuite amalgamé avec le mercure; on sépare aussi, par la sublimation, celui qui était » resté avec l'argent : alors, si l'opération a été bien faite, l'argent sera dégagé de tout » alliage et très blanc; le mercure aura sensiblement augmenté de poids, en tenant compte » de celui qui était mêlé avec la chaux du régule qu'on suppose avoir été séparé par la distillation. On peut conclure que le mercure s'est approprié le tiers du poids qui manque » sur la totalité du régule et que ce tiers s'est réduit en mercure, ne pouvant plus s'en séparer; les deux tiers restants quittent l'état de chaux si on les rétablit par les procédés ordi-

mercure en traitant le sublimé corrosif avec le cinabre d'antimoine (*a*); d'autres, par des préparations plus combinées, prétendent avoir converti quelques portions d'argent en mercure (*b*); d'autres enfin assurent en avoir tiré de la limaille de fer, ainsi que de la chaux, du cuivre, et même de l'argent et du plomb, à l'aide de l'acide marin (*c*).

C'est par l'acide marin, et même par les sels qui en contiennent, que le mercure est précipité plus abondamment de ces dissolutions, et ces précipités ne sont point en poudre sèche, mais en mucilage ou gelée blanche, qui a quelque consistance; c'est une sorte de sel mercuriel, qui néanmoins n'est guère soluble dans l'eau. Les autres précipités du mercure par l'alcali et par les terres absorbantes sont en poudre de couleurs différentes; tous ces précipités détonent avec le soufre, et M. Bayen a reconnu qu'ils retiennent tous quelques portions de l'acide dissolvant et des substances qui ont servi à la précipitation.

On connait, en médecine, les grands effets du mercure mêlé avec les graisses dans lesquelles néanmoins on le croirait éteint : il suffit de se frotter la peau de cette pommade mercurielle pour que ce fluide si pesant soit saisi par intususception et entraîné dans toutes les parties intérieures du corps, qu'il pénètre intimement, et sur lesquelles il exerce une action violente qui se porte particulièrement aux glandes et se manifeste par la sali-

» naires avec le flux noir ou autre fondant, et l'expérience peut être répétée jusqu'à ce que
» le régule d'antimoine soit en entier réduit en mercure.

» Si l'on fait évaporer jusqu'à siccité l'eau qui a servi aux lotions, après l'avoir laissée
» déposer, il restera une terre grisâtre ayant un goût salin et rougissant un peu au feu; cette
» terre appartenait au mercure qui l'a déposée dans l'eau qui la tenait en dissolution.

» Le mercure, dans l'opération ci-dessus, fait la fonction du feu et produit les mêmes
» effets; il a fait disparaître du régule d'antimoine son aspect brillant, il lui a fait perdre
» une partie de son poids en le calcinant d'une manière irréductible, sans addition, avec
» le secours de l'eau et de la trituration, aussi complètement que pourrait le faire le feu. »

On peut remarquer dans cet exposé de M. de Souhey que son idée sur l'essence du mercure, qu'il regarde comme une eau métallique, s'accorde avec les miennes; mais j'observerai qu'il n'est pas étonnant que les métaux traités avec le mercure se calcinent même par la simple trituration. On sait que le métal fixe retient un peu de mercure au feu de distillation; on sait aussi que le mercure emporte à la distillation un peu de métaux fixes; ainsi, tant qu'on n'aura pas purifié le mercure que l'on croit avoir augmenté par le mercure d'antimoine, ce fait ne sera pas démontré.

(*a*) Voici un exemple ou deux de mercurification, tirés de Vallerius et Teichmeyer. Si l'on distille du cinabre d'antimoine fait par le sublimé corrosif, on retirera toujours des distillations, après la revivification du mercure, plus de mercure qu'il n'y en avait dans le sublimé corrosif. *Dictionnaire de chimie*, par M. Macquer, article *Mercure*.

(*b*) Si l'on prépare un sublimé corrosif avec l'esprit de sel et le mercure coulant et qu'on sublime plusieurs fois de la chaux ou de la limaille d'argent avec ce sublimé, une partie de l'argent se changera en mercure. *Idem*, *ibidem*.

(*c*) La limaille de fer bien fine, exposée pendant un an à l'air libre, ensuite bien triturée dans un mortier... remise après cela encore pendant un an à l'air et enfin soumise à une distillation dans une cornue, fournit une matière dure qui s'attache au col du vaisseau, et avec cette matière un peu de mercure.

Si l'on prend de la cendre ou chaux de cuivre, qu'on la mêle avec du sel ammoniac, qu'on expose ce mélange pendant un certain temps à l'air et qu'on le mette en distillation avec du savon, on obtiendra du mercure.

On prétend aussi tirer du mercure du plomb et de l'argent corné, en le mêlant avec parties égales d'esprit de sel bien concentré, en le laissant en digestion pendant trois ou quatre semaines et saturant ensuite ce mélange avec de l'alcali volatil, et le remettant en digestion pendant trois ou quatre semaines; au bout de ce temps, il faut y joindre égale quantité de flux noir et de savon de Venise, et mettre le tout en distillation dans une cornue de verre, il passera du mercure dans le récipient. *Idem*, *ibidem*.

vation. Le mercure, dans cet état de pommade ou d'union avec la graisse, a donc une très grande affinité avec les substances vivantes, et son action paraît cesser avec la vie; elle dépend, d'une part, de la chaleur et du mouvement des fluides du corps, et, d'autre part, de l'extrême division de ses parties, qui, quoique très pesantes en elles-mêmes, peuvent, dans cet état de petitesse extrême, nager avec le sang, et même y surnager, comme il surnage les acides dans sa dissolution en formant une pellicule au-dessus de la liqueur dissolvante. Je ne vois donc pas qu'il soit nécessaire de supposer au mercure un état salin pour rendre raison de ses effets dans les corps animés, puisque son extrême division suffit pour les produire, sans addition d'aucune autre matière étrangère que celle de la graisse qui en a divisé les parties et leur a communiqué son affinité avec les substances animales; car le mercure en masse coulante, et même en cinabre, appliqué sur le corps ou pris intérieurement, ne produit aucun effet sensible, et ne devient nuisible que quand il est réduit en vapeurs par le feu ou divisé en particules infiniment petites par les substances qui, comme les graisses, peuvent rompre les liens de l'attraction réciproque de ses parties.

DE L'ANTIMOINE

De même que le mercure est plutôt une eau métallique qu'un métal, l'antimoine et les autres substances auxquelles on a donné le nom de demi-métaux ne sont, dans la réalité, que des terres métalliques, et non pas des métaux. L'antimoine, dans sa mine, est uni aux principes du soufre et les contient en grande quantité, comme le mercure dans sa mine est de même abondamment mêlé avec le soufre et l'alcali : il a donc pu se former, comme le cinabre, par l'intermède du foie de soufre dans les terres calcaires et limoneuses qui contiennent de l'alcali, et en général, il me paraît que le foie de soufre a souvent aidé, plus qu'aucun autre agent, à la minéralisation de tous les métaux; de plus, l'antimoine et le cinabre, quoique si différents en apparence, ont néanmoins plusieurs rapports ensemble et une grande tendance à s'unir. L'esprit de sel a autant d'affinité avec le mercure qu'avec le régule d'antimoine. D'ailleurs, quoique le cinabre diffère beaucoup de l'antimoine cru par la densité (*a*), ils se ressemblent par la quantité de soufre qu'ils contiennent; et cette quantité de soufre est même plus grande dans l'antimoine, relativement à son régule, que dans le cinabre, relativement au mercure coulant. L'antimoine cru contient ordinairement plus d'un tiers de parties sulfureuses sur moins de deux tiers de parties qu'on appelle *métalliques*, quoiqu'elles ne se réduisent point en métal, mais en un simple régule auquel on ne peut donner ni la ductilité ni la fixité qui sont deux propriétés essentielles aux métaux; la plupart des mines d'antimoine, ainsi que celles de cinabre, se trouvent donc également dans les montagnes à couches, mais quelques-unes gisent aussi comme les galènes de plomb dans les fentes du quartz en état pyriteux, ce qui leur est commun avec plusieurs minerais formés secondairement par l'action des principes minéralisateurs : aussi les gangues qui accompagnent le minerai de l'antimoine sont-elles de diverse nature, selon la position de la mine dans des couches de matières différentes; ce sont ou des pierres vitreuses et schisteuses (*b*), ou des terres argileuses, calcaires, etc., et il est toujours aisé d'en séparer

(*a*) La pesanteur spécifique de l'antimoine cru est de 40,643, et celle du régule d'antimoine est de 67,021; et de même la pesanteur spécifique du cinabre est de 102,185, et celle du mercure coulant est de 135,681.

(*b*) Les mines d'antimoine d'Erbias, dans le Limousin, sont dans des masses de pierres schisteuses et vitrescibles. (Note communiquée par M. de Grignon, en octobre 1782.)

la mine d'antimoine par une première fusion, parce qu'il ne lui faut pas un grand feu pour la fondre, et qu'en la mettant dans des vaisseaux percés de petits trous, elle coule avec son soufre et tombe dans d'autres vases, en laissant tomber dans les premiers toute la pierre ou la terre dont elle était mêlée. Cet antimoine de première fusion, et qui contient encore son soufre, s'appelle *antimoine cru*, et il est déjà bien différent de ce qu'il était dans sa mine où il se présente sans aucune forme régulière ni structure distincte, et souvent en masses informes, qu'on reconnaît néanmoins pour des matières minérales à leur tissu serré, à leur grain fin comme celui de l'acier, et au poli qu'on peut leur donner ou qu'elles ont naturellement, mais qui s'éloignent en même temps de l'essence métallique, en ce qu'elles sont cassantes comme le verre, et même beaucoup plus friables. Le minerai d'antimoine se présente aussi en petites masses composées de lames minces comme celles de la galène de plomb, mais presque toujours disposées d'une manière assez confuse. Toutes ces mines d'antimoine se fondent sans se décomposer, c'est-à-dire sans se séparer des principes minéralisateurs avec lesquels ce minéral est uni, et, dans cet état qu'on obtient aisément par la liquation, l'antimoine a déjà pris une forme plus régulière et des caractères plus décidés : il est alors d'un gris bleuâtre et brillant, et son tissu est composé de longues aiguilles fines très distinctes, quoique posées les unes sur les autres, encore assez irrégulièrement.

Lorsqu'on a obtenu par la fonte cet antimoine cru, ce n'est encore, pour ainsi dire, qu'un minerai d'antimoine qu'il faut ensuite séparer de son soufre : pour cela, on le réduit en poudre qu'on met dans un vaisseau de terre évasé ; on le chauffe par degrés en le remuant continuellement ; le soufre s'évapore peu à peu, et l'on ne cesse le feu que quand il ne s'élève plus de vapeurs sulfureuses. Dans cette calcination, comme dans toutes les autres, l'air s'attache à la surface des parties du minéral qui, par cette addition de l'air, augmente de volume et prend la forme d'une chaux grise : pour obtenir l'antimoine en régule, il faut débarrasser cette chaux de l'air qu'elle a saisi en lui présentant quelque matière inflammable avec laquelle l'air, ayant plus d'affinité, laisse l'antimoine dans son premier état et même plus pur et plus parfait qu'il ne l'était avant la calcination ; mais, si l'on continue le feu sur la chaux d'antimoine, sans y mêler des substances inflammables, on n'obtient, au lieu de régule, qu'une matière compacte et cassante, d'un jaune rougeâtre plus ou moins foncé, quelquefois transparente et quelquefois opaque et noire si la calcination n'a été faite qu'à demi ; les chimistes ont donné le nom de *foie d'antimoine* à cette matière opaque, et celui de *verre d'antimoine* à la première qui est transparente : on fait ordinairement passer l'antimoine cru par l'un de ces trois états de chaux, de foie ou de verre pour avoir son régule ; mais on peut aussi tirer ce régule immédiatement de l'antimoine cru (*a*), en le réduisant en poudre, et le faisant fondre en vaisseaux clos avec addition de quelques matières, qui ont plus d'affinité avec le soufre qu'avec l'antimoine, en sorte qu'après cette réduction, ce n'est plus de l'antimoine cru mêlé de soufre, mais de l'antimoine épuré, perfectionné par les mêmes moyens que l'on perfectionne le fer pour le convertir en acier (*b*) ; ce régule d'an-

(*a*) « Ce régule se tire également de l'antimoine cru, par une sorte de précipitation par » la voie sèche ; on le mêle pour cela avec des matières qui ont peu d'affinité avec le » soufre ; le mélange étant dissous par le feu, la fluidité met en jeu ces affinités, et le régule, » plus pesant que les scories sulfureuses, forme au fond du creuset un beau culot cristallisé, » que les alchimistes ont pris pour l'étoile des Mages. » *Éléments de chimie*, par M. de Morveau, t. Ier, p. 254. — Ce nom même de *régule*, ou *petit roi*, a été donné par eux à ce culot métallique de l'antimoine, qui semblait, au gré de leur espérance, annoncer l'arrivée du grand roi, c'est-à-dire de l'or.

(*b*) Cette comparaison est d'autant plus juste, que, quand on convertit par la cémentation le fer en acier, il s'élève à la surface de fer un grand nombre de petites boursouflures qui ne sont remplies que de l'air fixe qu'il contenait, et dont le feu fixe prend la place ; car sa

timoine ressemble à un métal par son opacité, sa dureté, sa densité; mais il n'a ni ductilité, ni ténacité, ni fixité, et n'en peut même acquérir par aucun moyen; il est cassant, presque friable, et composé de facettes d'un blanc brillant, quoiqu'un peu brun. Ce régule est un produit de notre art, qui ne doit se trouver dans la nature que par accident (a), et dans le voisinage des feux souterrains: c'est un état forcé différent de celui de l'antimoine naturel, et on peut lui rendre ce premier état en lui rendant le soufre dont on l'a dépouillé; car il suffit de fondre ce régule avec du soufre pour en faire un antimoine artificiel, que les chimistes ont appelé *antimoine ressuscité*, parce qu'il ressemble à l'antimoine cru, et qu'il est composé, dans son intérieur, des mêmes matières également disposées en aiguilles.

Le régule d'antimoine diffère encore des métaux par la manière dont il résiste aux acides; ils le calcinent plutôt qu'ils ne le dissolvent, et ils n'agissent sur ce régule que par des affinités combinées; il diffère encore des métaux par sa grande volatilité; car, si on l'expose au feu libre, il se calcine à la vérité comme les métaux, en se chargeant d'air fixe, mais il perd en même temps une partie de sa substance qui s'exhale en fumée, que l'on peut condenser et recueillir en aiguilles brillantes, auxquelles on a donné le nom de *fleurs argentines d'antimoine*. Néanmoins, ce régule paraît participer de la nature des métaux par la propriété qu'il a de pouvoir s'allier avec eux; il augmente la densité du cuivre et du plomb, et diminue celle de l'étain et du fer, il rend l'étain plus cassant et plus dur; il augmente aussi la fermeté du plomb; et c'est de cet alliage de régule d'antimoine et de plomb qu'on se sert pour faire les caractères d'imprimerie (b); mêlé avec le cuivre et l'étain, il en rend le son plus agréable à l'oreille et plus argentin; mêlé avec le zinc, il le rend spécifiquement plus pesant; et de toutes les matières métalliques, le bismuth et peut-être le mercure sont les seuls avec lesquels le régule d'antimoine ne peut s'allier ou s'amalgamer.

Considérant maintenant ce minéral tel qu'il existe dans le sein de la terre, nous observerons qu'il se présente dans des états différents, relatifs aux différents temps de la formation de ses mines et aux différentes matières dont elles sont mélangées. La première et la plus ancienne formation de ce minéral date du même temps que celle du plomb ou de l'étain, c'est-à-dire du temps de la calcination de ces métaux par le feu primitif et de la production des pyrites après la chute des eaux : aussi les mines primordiales d'antimoine sont en filons et en minerais comme celles de plomb; mais on en trouve qui sont mélangées de matières ferrugineuses et qui paraissent être d'une formation postérieure. Le minerai d'antimoine, comme les galènes du plomb, est composé de lames minces plus longues ou plus courtes, plus étroites ou plus larges, convergentes ou divergentes, mais toutes lisses et brillantes d'un beau blanc d'argent; quelquefois ces premières mines d'antimoine contiennent, comme celles du plomb, une quantité considérable d'argent, et de la décomposition de cette mine d'antimoine, tenant argent, il s'est formé des mines par la stillation des eaux, qui ne sont dès lors que de troisième formation : ces mines qu'on appelle *mines en plumes*, à cause de leur légèreté, pourraient avoir été sublimées par l'action de quelque feu souterrain; elles sont composées de petits filets solides et élastiques, quoique très déliés et assez courts, dont la couleur est ordinairement d'un bleu noirâtre, et souvent variés de nuances vives ou plutôt de reflets de couleurs irisées, comme cela se voit sur

pesanteur, qui serait diminuée par cette perte si rien ne la compensait, est au contraire augmenté, ce qui ne peut provenir que de l'addition du feu fixe qui s'incorpore dans la substance de ce fer converti en acier.

(a) On a découvert depuis en Auvergne du *soufre doré natif* d'antimoine, qui est un composé de régule et de soufre, mais moins intimement uni, ce qui n'était auparavant connu que comme une préparation chimique. *Éléments de chimie*, par M. de Morveau, t. Ier, p. 122 et 123.

(b) Le régule d'antimoine entre dans la composition des caractères d'imprimerie, à la dose d'un huitième, pour corriger la mollesse du plomb. *Idem*, p. 269.

toutes les substances demi-transparentes et très minces; telle est cette belle mine d'antimoine de Felsobania, si recherchée par les amateurs pour les cabinets d'histoire naturelle. Il y a aussi de ces mines dont les filets sont tous d'une belle couleur rouge, et qui, selon M. Bergman, contiennent de l'arsenic (*a*) : toutes ces mines secondaires d'antimoine, grises, rouges ou variées, sont de dernière formation, et proviennent de la décomposition des premières.

Nous avons en France quelques bonnes mines d'antimoine; mais nous n'en tirons pas tout le parti qu'il serait aisé d'en tirer, puisque nous faisons venir de l'étranger la plupart des préparations utiles de ce minéral. M. Le Monnier, premier médecin ordinaire du roi, a particulièrement observé les mines d'antimoine de la haute Auvergne : « Celle de Mercœur, à deux lieues de Brioude, était, dit-il, en pleine exploitation en 1739, et l'on sentait de loin l'odeur du soufre qui s'exhale des fours dans lesquels on fait fondre la mine d'antimoine. La mine s'annonce par des veines plombées qu'on aperçoit sur des bancs de rochers qui courent à fleur de terre... Cette mine de Mercœur fournit une très grande quantité d'antimoine; mais il y a encore une autre mine beaucoup plus riche au Puy de la Fage, qui n'est qu'à une lieue de Mercœur; elle est extrêmement pure, et rend souvent soixante-quinze pour cent; les aiguilles sont toutes formées dans les filons de cette mine, et l'antimoine qu'on en tire est aussi beau que le plus bel antimoine de Hongrie... Un des plus petits filons, mais des plus riches de la mine de Mercœur, et qui n'a que deux pouces de large, est uni du côté du nord à un rocher franc, qui est une gangue très dure parsemée de veines de marcassite, et du côté du midi, il est contigu à une pierre assez tendre et graveleuse... Après cette pierre suivent différents lits d'une terre savonneuse, légère, capable de s'effeuilleter à l'air, et dont la couleur est d'un jaune citron; cette terre, mise sur une pelle à feu, exhale une forte odeur de soufre, mais elle ne s'embrase pas. » M. Le Monnier a bien voulu nous envoyer, pour le Cabinet du Roi, un morceau tiré de ce filon, et dans lequel on peut voir ces différentes matières. Il rapporte dans ce même mémoire les procédés fort simples qu'on met en pratique pour fondre la mine d'antimoine en grand (*b*), et finit par observer que, indépendamment de ces deux mines de la Fage et de Mercœur, il y en a plusieurs autres dans cette même province, qui pour la plupart sont négligées (*c*). MM. Hellot et Guettard font mention de celles de Langeac, de Chassignol, de Pradot, de Montel, de Brioude (*d*), et quelques autres endroits (*e*).

(*a*) *Opuscules chimiques*, t. II, dissertation 21.

(*b*) La manière de fondre la mine d'antimoine est fort simple : on met la mine dans des pots de terre, dont le premier n'est point percé et dont les autres sont troués dans le fond; on superpose ceux-ci sur le premier, et on les remplit de mine d'antimoine cassée par petits morceaux; ces pots sont arrangés dans un four que l'on chauffe avec des fagots; on fait un feu modéré pendant les premières heures, et on l'augmente jusqu'à le faire de la dernière violence; pendant cette opération, qui dure à peu près vingt-quatre heures, il sort du fourneau une fumée très épaisse qui répand fort loin aux environs une odeur de soufre qui cependant n'est pas nuisible, car aucun des habitants ne se plaint d'en avoir été incommodé; après l'opération, on trouve l'antimoine fondu dans le pot inférieur, et les scories restent au-dessus. Quand la mine est bien pure, comme celle de la Fage, le pot inférieur doit se trouver plein d'antimoine; mais celle de Mercœur n'en produit ordinairement que les deux tiers. *Observations d'histoire naturelle*, par M. Le Monnier; Paris, 1739, p. 202 jusqu'à 205.

(*c*) *Idem*, p. 204.

(*d*) *Mémoires de l'Académie des sciences*, année 1759.

(*e*) En Auvergne, dit M. Hellot, il y a une bonne mine d'antimoine à Pégu... une autre auprès de Langeac et de Brioude... une autre, dont le minéral est sulfureux, au village de Prados, paroisse d'Aly... une autre au village de Montel, même paroisse d'Aly... une autre dans la paroisse de Mercœur, qui donnait de l'antimoine pareil à celui de Hongrie, et dans la paroisse de Lubillac... ces deux filons sont épuisés; mais on tire encore de l'antimoine dans la paroisse d'Aly, à deux lieues de Mercœur. *Traité de la fonte des mines* de Schlutter, t. Ier, p. 62.

Il y a aussi des mines d'antimoine en Lorraine, en Alsace (a), en Poitou, en Bretagne, en Angoumois (b) et en Languedoc (c); enfin, M. de Gensane a observé, dans le Vivarais, un gros filon de mine d'antimoine mêlé dans une veine de charbon de terre (d); ce qui prouve, aussi bien que la plupart des exemples précédents, que ce minéral se trouve presque toujours dans les couches de la terre remuée et déposée par les eaux.

L'antimoine ne parait pas affecter des lieux particuliers comme l'étain et le mercure; il s'en trouve dans toutes les parties du monde : en Europe, celui de Hongrie est le plus fameux et le plus recherché.

On en trouve aussi dans plusieurs endroits de l'Allemagne; et l'on prétend avoir vu de l'antimoine natif en Italie, dans le canton de Sainte-Flore proche Mana, ce qui ne peut provenir que de l'effet de quelques feux souterrains qui auraient liquéfié la mine de ce demi-métal.

En Asie, les voyageurs font mention de l'antimoine de Perse (e) et de celui de Siam (f). En Afrique, il s'en trouve, au rapport de Léon l'Africain, au pied du mont Atlas (g). Enfin Alphonse Barbarba dit qu'au Pérou les mines d'antimoine sont en grand nombre (h), et quelques voyageurs en ont remarqué à Saint-Domingue et en Virginie (i).

(a) En Lorraine, au Val-de-Lièvre, il y a une mine d'antimoine. *Idem*, p. 9. — Auprès de Giromagny, en Alsace, il y en a une autre qui est mêlée de plomb. *Idem*, p. 11.

(b) On trouve en Angoumois une mine d'antimoine tenant argent à Manel, près Montbrun. *Idem*, p. 59.

(c) Dans le comté d'Alais en Languedoc, il se trouve à Malbois une mine d'antimoine. *Idem*, p. 29. — En descendant des Portes vers Cerssoux, au diocèse d'Uzès, on exploite une mine d'antimoine. Il y a trois filons de ce minéral, à la vérité peu riches, mais le minéral est très bon. On en a fondu en notre présence, et l'antimoine qui en est provenu nous a paru aussi beau que celui de Hongrie. *Histoire naturelle du Languedoc*, par M. de Gensane, t. Ier, p. 174.

(d) En montant du Poufin vers les Fonds, on trouve dans un ravin limitrophe de la paroisse Saint-Julien un gros filon d'antimoine mêlé de charbon de terre. Ces deux fossiles y sont intimement mêlés, phénomène bien singulier dans la minéralogie : cependant tous les indices extérieurs annoncent du charbon de terre, et il est à présumer que dans la profondeur l'antimoine disparaîtra et que le charbon de terre deviendra pur. Il peut même arriver que dans la profondeur il y aura deux veines contiguës, l'une d'antimoine et l'autre de charbon; on ne peut former sur tout cela que des conjectures... Il y a des morceaux où l'antimoine prédomine; dans d'autres, c'est le charbon qui est le plus abondant, et, en cassant ce dernier, on le trouve tout pénétré de petites aiguilles d'antimoine... Cette veine d'antimoine est un filon très bien réglé, et qui a son alignement bien suivi; il a une pente telle que celle que les charbons de terre affectent ordinairement vers leurs têtes; il se trouve entre des rochers semblables et de la même nature que ceux qui accompagnent pour l'ordinaire ce dernier fossile. *Histoire naturelle du Languedoc*, par M. de Gensane, t. III, p. 202 et 203.

(e) En Perse, il y a vers la Caramanie une mine d'antimoine, singulière en ce qu'après l'avoir fait fondre, elle donne du plomb fin. *Voyage de Chardin*, etc.; Amsterdam, 1711, t. II, p. 23.

(f) On a découvert à Siam une mine d'antimoine. *Histoire générale des Voyages*, t. IX, p. 23.

(g) L'antimoine se trouve dans des mines de plomb sur les parties inférieures du mont Atlas, aux confins du royaume de Fez. Joannis Leonis *Africani*, t. II, p. 771.

(h) L'antimoine ou *stibium* est un minéral fort ressemblant au *sancha* ou plomb minéral. Il est poreux, luisant et friable. Il y en a de jaune rougeâtre, et d'autre tirant sur le blanc, d'un grain aussi menu que l'acier... On trouve ordinairement dans tout le Pérou l'antimoine mêlé avec les minerais d'argent, particulièrement avec ceux appelés *négrilles*. On le trouve aussi seul en beaucoup d'endroits; il fait beaucoup de tort au minerai, ainsi que le bitume et le soufre. Barba, *Métallurgie*, t. Ier, p. 36 et suiv.

(i) *Histoire générale des Voyages*, t. XIX, p. 508.

On fait grand usage en médecine des préparations de l'antimoine, quoiqu'on l'ait d'abord regardé comme poison, plutôt que comme remède. Ce minéral, pris dans sa mine et tel que la nature le produit, n'a que peu ou point de propriétés actives; elles ne sont pas même développées après sa fonte en antimoine cru, parce qu'il est encore enveloppé de son soufre, mais, dès qu'il est dégagé par la calcination ou la vitrification, ses qualités se manifestent; la chaux, le foie et le verre d'antimoine sont tous de puissants émétiques; la chaux est même un violent purgatif, et le régule se laisse attaquer par tous les sels et par les huiles; l'alcali dissout l'antimoine cru, tant par la voie sèche que par la voie humide, et le kermès minéral se tire de cette dissolution; toutes les substances salines ou huileuses développent dans l'antimoine les vertus émétiques, ce qui semble indiquer que ce régule n'est pas un demi-métal pur, et qu'il est combiné avec une matière saline qui lui donne cette propriété active, d'où l'on peut aussi inférer que le foie de soufre a souvent eu part à sa minéralisation.

DU BISMUTH OU ÉTAIN DE GLACE

Dans le règne minéral, rien ne se ressemble plus que le régule d'antimoine et le bismuth par la structure de leur substance. Ils sont intérieurement composés de lames minces d'une texture et d'une figure semblables, et appliquées de même les unes contre les autres; néanmoins le régule d'antimoine n'est qu'un produit de l'art, et le bismuth est une production de la nature : tous deux, lorsqu'on les fond avec le soufre, perdent leur structure en lames minces et prennent la forme d'aiguilles appliquées les unes sur les autres; mais il est vrai que le cinabre du mercure, et la plupart des autres substances dans lesquelles le soufre se combine, prennent également cette forme aiguillée, parce que c'est la forme propre du soufre, qui se cristallise toujours en aiguilles.

Le bismuth se trouve presque toujours pur dans le sein de la terre : il n'est pas d'un blanc aussi éclatant que le blanc du régule d'antimoine; il est un peu jaunâtre, et il prend une teinte rougeâtre et des nuances irisées par l'impression de l'air.

Ce demi-métal est plus pesant que le cuivre, le fer et l'étain (*a*); et, malgré sa grande densité, le bismuth est sans ductilité; il a même moins de ténacité que le plomb, ou plutôt il n'en a point du tout, car il est très cassant et presque aussi friable qu'une matière qui ne serait pas métallique.

De tous les métaux et demi-métaux, le bismuth est le plus fusible; il lui faut moins de chaleur qu'à l'étain, et il communique de la fusibilité à tous les métaux avec lesquels on veut l'unir par la fusion : l'alliage le plus fusible que l'on connaisse est, suivant M. Darcet, de huit parties de bismuth, cinq de plomb et trois d'étain (*b*), et l'on a observé que ce mélange se fondait dans l'eau bouillante, et même à quelques degrés de chaleur au-dessous.

Exposé à l'action du feu, le bismuth se volatilise en partie et donne des fleurs comme le zinc, et la portion qui ne se volatilise pas se calcine à peu près comme le plomb; cette chaux de bismuth, prise intérieurement, produit les mêmes mauvais effets que celle du

(*a*) La pesanteur spécifique du bismuth natif est de 90,202 ; celle du régule du bismuth de 90,227, tandis que la pesanteur spécifique du cuivre passé à la filière, c'est-à-dire du cuivre le plus comprimé, n'est que de 88,785. Vayez la Table de M. Brisson.

(*b*) La fusibilité de cet alliage est telle, que le composé qui en résulte se fond et devient coulant comme du mercure, non seulement dans l'eau bouillante, mais même au bain-marie. *Dictionnaire de chimie*, par M. Macquer, article *Alliage*.

plomb, elle se réduit aussi de même en litharge et en verre, enfin on peut se servir de ce demi-métal comme du plomb pour purifier l'or et l'argent : l'un de nos plus habiles chimistes assure même « qu'il est préférable au plomb, parce qu'il atténue mieux les métaux » imparfaits et accélère la vitrification des terres et des chaux (*a*). » Cependant il rapporte, dans le même article, une opinion contraire. « Le bismuth, dit-il, peut servir, » comme le plomb, à la purification de l'or et de l'argent par l'opération de la coupelle, » *quoique moins bien* que le plomb, suivant M. Pœmer. » Je ne sais si cette dernière assertion est fondée : l'analogie semble nous indiquer que le bismuth doit purifier l'or et l'argent mieux, et non pas *moins bien* que le plomb; car le bismuth atténue plus que le plomb les autres métaux, non seulement dans la purification de l'or et de l'argent par la fonte, mais même dans les amalgames avec le mercure, puisqu'il divise et atténue l'étain, et surtout le plomb, au point de le rendre, comme lui-même, aussi fluide que le mercure, en sorte qu'ils passent ensemble en entier à travers la toile la plus serrée ou la peau de chamois, et que le mercure, ainsi amalgamé, a besoin d'être converti en cinabre, et ensuite revivifié, pour reprendre sa première pureté. Le bismuth avec le mercure forment donc ensemble un amalgame coulant, et c'est ainsi que les droguistes de mauvaise foi falsifient le mercure, qui ne paraît pas moins coulant, quoique mêlé d'une assez grande quantité de bismuth.

L'impression de l'air se marque assez promptement sur le bismuth par les couleurs irisées qu'elle produit à sa surface, et bientôt succèdent à ces couleurs de petites efflorescences qui annoncent la décomposition de sa substance. Ces efflorescences sont une sorte de rouille ou de céruse assez semblable à celle du plomb; cette céruse est seulement moins blanche et presque toujours jaunâtre : c'est par ces efflorescences en rouille ou céruse que s'annoncent les minières de bismuth; l'air a produit cette décomposition à la superficie du terrain qui les recèle, mais dans l'intérieur, le bismuth n'a communément subi que peu ou point d'altération; on le trouve pur ou seulement recouvert de cette céruse, et ce n'est que dans cet état de rouille qu'il est minéralisé, et néanmoins, dans sa mine comme dans sa rouille, il n'est presque jamais altéré en entier (*b*), car on voit toujours des points et des parties très sensibles de bismuth pur, et tel que la nature le produit.

Or, cette substance, la plus fusible de toutes les matières métalliques et en même temps si volatile, et qui se trouve dans son état de nature en substance pure, n'a pu être produite, comme le mercure, que très longtemps après les métaux et autres minéraux plus fixes et bien plus difficiles à fondre : la formation du bismuth est donc à peu près contemporaine à celle du zinc, de l'antimoine et du mercure : les matières métalliques, plus ou moins volatiles les unes que les autres, et toutes reléguées dans l'atmosphère par la violence de la chaleur, n'ont pu tomber que successivement et peu de temps avant la chute des eaux. Le bismuth, en particulier, n'est tombé que longtemps après les autres et peu de temps avant le mercure : aussi tous deux ne se trouvent pas dans les montagnes vitreuses, ni dans les matières produites par le feu primitif, mais seulement dans les couches de la terre formées par le dépôt des eaux.

Si l'on tient le bismuth en fusion à l'air libre et qu'on le laisse refroidir très lentement, il offre à sa surface de beaux cristaux cubiques et qui pénètrent à l'intérieur : si, au lieu de le laisser refroidir en repos, on le remue en soutenant le feu, il se convertit bientôt en une chaux grise qui devient ensuite jaune et même un peu rouge par la continuité d'un

(*a*) *Idem*, article *Bismuth*.

(*b*) Quoiqu'on n'ait pas trouvé en Allemagne de bismuth uni au soufre, il est cependant certain, dit M. Bergman, qu'il y en a dans quelques montagnes de Suède, et particulièrement à Riddarhywari en Wertsmanie.

feu modéré, et en augmentant le feu au point de faire fondre cette chaux, elle se convertit en un vert jaune rougeâtre qui devient brun lorsqu'on le fond avec du verre blanc; et ce verre de bismuth, sans être aussi actif, lorsqu'il est fondu, que le verre de plomb, ne laisse pas d'attaquer les creusets.

Ce demi-métal s'allie avec tous les métaux; mais il ne s'unit que très difficilement, par la fusion, avec les autres demi-métaux et terres métalliques : l'antimoine et le zinc, le cobalt et l'arsenic se refusent tous à cette union; il a, en particulier, si peu d'affinité avec le zinc que, quand on les fond ensemble, ils ne peuvent se mêler; le bismuth, comme plus pesant, descend au fond du creuset, et le zinc reste au-dessus et le recouvre. Si on mêle le bismuth en égale quantité avec l'or fondu, il le rend très aigre et lui donne sa couleur blanche. Il ne rend pas l'argent si cassant que l'or, quoiqu'il lui donne aussi de l'aigreur sans changer sa couleur; il diminue le rouge du cuivre; il perd lui-même sa couleur blanche avec le plomb et ils forment ensemble un alliage qui est d'un gris sombre; le bismuth, mêlé en petite quantité avec l'étain, lui donne plus de brillant et de dureté; enfin, il peut s'unir au fer par un feu violent.

Le soufre s'unit aussi avec le bismuth par la fusion, et leur composé se présente, comme le cinabre et l'antimoine cru, en aiguilles cristallisées.

L'acide vitriolique ne dissout le bismuth qu'à l'aide d'une forte chaleur; et c'est par cette résistance à l'action des acides qu'il se conserve dans le sein de la terre sans altération, car l'acide marin ne l'attaque pas plus que le vitriolique; il faut qu'il soit fumant, et encore il ne l'entame que faiblement et lentement; l'acide nitreux seul peut le dissoudre à froid. Cette dissolution, qui se fait avec chaleur et effervescence, est transparente et blanche quand le bismuth est pur; mais elle se colore de vert s'il est mêlé de nickel, et elle devient rouge de rose et cramoisie s'il est mélangé de cobalt : toutes ces dissolutions donnent un sel en petits cristaux, au moment qu'on les laisse refroidir.

C'est en précipitant le bismuth de ses dissolutions qu'on l'obtient en poudre blanche, douce et luisante; et c'est avec cette poudre qu'on fait le fard qui s'applique sur la peau. Il faut laver plusieurs fois cette poudre pour qu'il n'y reste point d'acide, et la mettre ensuite dans un flacon bien bouché; car l'air la noircit en assez peu de temps, et les vapeurs du charbon ou les mauvaises odeurs des égouts, des latrines, etc., changent presque subitement ce beau blanc de perle en gris obscur, en sorte qu'il est souvent arrivé aux femmes qui se servent de ce fard de devenir tout à coup aussi noires qu'elles voulaient paraître blanches.

Les acides végétaux du vinaigre ou du tartre, non plus que les acerbes, tels que la noix de galle, ne dissolvent pas le bismuth, même avec le secours de la chaleur, à moins qu'elle ne soit poussée jusqu'à produire l'ébullition : les alcalis ne l'attaquent aussi que quand on les fait bouillir, en sorte que, dans le sein de la terre, ce demi-métal paraît être à l'abri de toute injure et, par conséquent, de toute minéralisation, à moins qu'il ne rencontre de l'acide nitreux qui seul a la puissance de l'entamer; et, comme les sels nitreux ne se trouvent que très rarement dans les mines, il n'est pas étonnant que le bismuth, qui ne peut être attaqué que par cet acide du nitre ou par l'action de l'air, ne se trouve que si rarement minéralisé dans le sein de la terre.

Je ne suis point informé des lieux où ce demi-métal peut se trouver en France : tous les morceaux que j'ai eu occasion de voir venaient de Saxe, de Bohême et de Suède; il s'en trouve aussi à Saint-Domingue (a), et vraisemblablement dans plusieurs autres parties du monde; mais peu de voyageurs ont fait mention de ce demi-métal, parce qu'il n'est pas d'un usage nécessaire et commun; cependant nous l'employons non seulement pour faire du blanc de fard, mais aussi pour rendre l'étain plus dur et plus brillant; on s'en sert

(a) *Histoire générale des Voyages*, t. XII, p. 218.

encore pour polir le verre (*a*) et même pour l'étamer (*b*), et c'est de cet usage qu'il a reçu le nom d'*étain de glace*.

Les expériences que l'on a faites sur ses propriétés relatives à la médecine n'ont découvert que des qualités nuisibles, et sa chaux, prise intérieurement, produit des effets semblables à ceux des chaux de plomb, et aussi dangereux : on en abuse de même pour adoucir les vins trop acides et désagréables au goût.

Quelques minéralogistes ont écrit que la mine de bismuth pouvait servir, comme celle du cobalt, à faire le verre bleu d'azur : « Elle laisse, disent-ils (*c*), suinter aisément une substance semi-métallique, que l'on nomme « *bismuth* ou *étain de glace*, et ensuite elle laisse une terre grise et fixe qui, par sa vitrification, donne le bleu d'azur ». Mais cela ne » prouve pas que le bismuth fournisse ce bleu; car dans sa mine il est très souvent mêlé de cobalt, et ce bleu provient sans doute de cette dernière matière : la terre grise et fixe n'est pas une terre de bismuth, mais la terre du cobalt qui était mêlé dans cette mine, et auquel même le bismuth n'était pas intimement lié, parce qu'il s'en sépare à la première fonte et à un feu très modéré; et nous verrons qu'il n'y a aucune affinité entre le cobalt et le bismuth, car, quoiqu'ils se trouvent très souvent mêlés ensemble dans leurs mines, chacun y conserve sa nature, et, au lieu d'être intimement uni, le bismuth n'est qu'interposé dans les mines de cobalt, comme dans presque toutes les autres où il se trouve, parce qu'il conserve toujours son état de pureté native.

(*a*) *Transactions philosophiques*, n° 396, novembre 1726.

(*b*) Je me suis assuré, m'écrit M. de Morveau, que le bismuth sert encore à l'étamage des petits verres non polis qui viennent d'Allemagne, en forme de petits miroirs de poche, ou du moins qu'il entre pour beaucoup dans la composition de cet étamage dont on fait un secret, car l'ayant recueilli sur plusieurs de ces miroirs, et poussé à la fusion, j'ai obtenu un grain métallique qui a donné la chaux du bismuth : ce procédé serait fort utile pour étamer les verres courbes, peut-être même pour réparer les taches des glaces que l'on nomme *rouillées*. A la seule inspection des miroirs d'Allemagne, on juge aisément que cette composition s'applique d'une manière bien différente de l'étamage ordinaire, car il est bien plus épais et d'une épaisseur très inégale; on y remarque des gouttes, comme si on eût passé un fer à souder pour étendre et faire couler le bismuth à la surface du verre; ce qu'il y a de certain, c'est que l'adhérence est bien plus forte que celles de nos feuilles d'étain.

Il me semble que le bismuth entre aussi dans l'amalgame dont on se sert pour étamer la surface intérieure des globes. Note communiquée par M. de Morveau.

(*c*) La mine de bismuth sert aussi à faire le bleu d'azur : à feu ouvert et doux, elle laisse aisément suinter une substance semi-métallique que l'on nomme *bismuth* ou *étain de glace*, et elle laisse une pierre ou une terre grise et fixe.

Il faut séparer, autant qu'il est possible, cette mine, si elle est pure, du cobalt véritable, pour en rassembler le bismuth; mais le mélange de ces deux matières minérales est ordinairement si intime dans la mine, que cette séparation est presque impossible; c'est pourquoi l'on trouve souvent, dans les pots à vitrifier, une substance réguline qui s'est précipitée ordinairement d'une couleur blanchâtre tirant sur le rouge. Cette substance n'est presque jamais un véritable bismuth, et tel qu'on le retire de sa mine par la fonte : mais elle est toujours mêlée avec une matière étrangère qui est la terre fixe du cobalt. Ainsi on la pulvérise de nouveau pour la joindre à d'autres mélanges de mine, de sable et de sel alcali, qu'on met dans les pots pour les vitrifier. *Traité de la fonte des mines*, de Schlutter, t. Ier, p. 248.

DU ZINC (*a*)

Le zinc ne se trouve pas, comme le bismuth, dans un état natif de minéral pur, ni même comme l'antimoine dans une seule espèce de mine; car on le tire également de la calamine ou pierre calaminaire et de la blende, qui sont deux matières différentes par leur composition et leur formation, et qui n'ont de commun que de renfermer du zinc : la calamine se présente en veines continues comme les autres minéraux ; la blende se trouve, au contraire, dispersée et en masses séparées dans presque toutes les mines métalliques : la calamine est principalement composée de zinc et de fer (*b*); la blende contient ordinairement d'autres minéraux avec le zinc (*c*). La calamine est d'une couleur jaune ou rougeâtre, et assez aisée à distinguer des autres minéraux ; la blende, au contraire, tire son nom de son apparence trompeuse et de sa forme équivoque (*d*) : il y a des blendes qui ressemblent à la galène de plomb (*e*) ; d'autres qui ont l'apparence de la corne, et que les mineurs allemands appellent *horn-blende;* d'autres qui sont noires et luisantes comme la poix, auxquels ils donnent le nom de *pech-blende*, et d'autres encore qui sont de différentes couleurs, grises, jaunes, brunes, rougeâtres, quelquefois cristallisées, et même transparentes, mais plus souvent opaques et sans figure régulière. Les blendes noires,

(*a*) Paracelse est le premier qui ait employé le nom de zinc. Agricola le nomme *contrefeyn*, on l'a appelé *stannum indicum*, parce qu'il a été apporté des Indes en assez grande quantité dans le siècle dernier ; les auteurs arabes n'en font aucune mention, quoique l'art de tirer le zinc de sa mine existe depuis longtemps aux Indes orientales. Voyez la Dissertation de M. Bergman sur le zinc.

(*b*) M. Bergman a soumis à l'analyse la calamine de Hongrie, et il a trouvé qu'elle tenait au quintal quatre-vingt-quatre livres de chaux de zinc, trois livres de chaux de fer, douze de silex et une d'argile, sur quoi j'observerai que la matière de l'argile et celle du silex ne sont qu'une seule et même substance, puisque le silex se réduit en argile en se décomposant par les éléments humides.

(*c*) M. Bergman a trouvé que la blende noire de Danemora tenait au quintal quarante-cinq livres de zinc, neuf de fer, six de plomb, une de régule d'arsenic, vingt-neuf de soufre, quatre de silex et six d'eau.

(*d*) Ce mot *blende* signifie dans le langage des mineurs allemands une substance trompeuse, parce qu'il y en a qui ressemble à la galène de plomb. *Dictionnaire d'histoire naturelle*, par M. de Bomare, article *Blende* (*blind, éblouir, tromper les yeux*).

(*e*) On a donné à la mine de zinc blanchâtre le nom de *fausse galène;* mais, quoique le tissu de cette dernière soit à peu près feuilleté comme celui de la galène, les feuillets qui la composent sont cependant moins distincts et moins éclatants que ceux de la mine de plomb sulfureuse ; sa pesanteur spécifique est d'ailleurs beaucoup moins considérable ; au reste, il est aisé de distinguer la blende d'avec la galène, car, si l'on gratte avec un couteau le morceau dont l'apparence est équivoque, il s'en dégagera, si c'est une blende, une odeur de foie de soufre des mieux caractérisées... M. de Born nous a fait connaître une blende transparente, d'un vert jaunâtre qui se trouve à Ratieborzis en Bohême. J'en ai vu des échantillons qui avaient la transparence et la couleur de la topaze et de la chrysolithe. Enfin, quoique le tissu de la blende soit presque toujours lamelleux ou feuilleté, il s'y rencontre quelquefois des morceaux qui, par leur tissu fibreux ou strié, imitent assez bien la mine d'antimoine grise ; on les en distingue facilement à leur couleur d'un gris sombre et à l'odeur de foie de soufre qu'on en dégage par le frottement... Cette dernière sorte de blende est commune dans les mines de Pompéan ; elle a moins d'éclat que la manganèse et ne tache point les doigts comme cette substance. *Lettre du docteur Demeste*, t. II, p. 176, 180 et 181.

grises et jaunâtres sont mêlées d'arsenic; les rougeâtres doivent cette couleur au fer; celles qui sont transparentes et cristallisées sont chargées de soufre et d'arsenic; enfin toutes contiennent une plus ou moins grande quantité de zinc.

Non seulement ce demi-métal se trouve dans la pierre calaminaire et dans les blendes, mais il existe aussi en assez grande quantité dans plusieurs mines de fer concrètes ou en grains, et de dernière formation; ce qui prouve que le zinc est disséminé presque partout en molécules insensibles, qui se sont réunies avec le fer dans la pierre calaminaire et dans les mines secondaires de ce métal, et qui se sont aussi mêlées dans les blendes avec d'autres minéraux et avec des matières pyriteuses : ce demi-métal ne peut donc être que d'une formation postérieure à celle des métaux, et même postérieure à leur décomposition, puisque c'est presque toujours avec le fer décomposé qu'on le trouve réuni. D'ailleurs, comme il est très volatil, il n'a pu se former qu'après les métaux et minéraux plus fixes, dans le même temps à peu près que l'antimoine, le mercure et l'arsenic : ils étaient tous relégués dans l'atmosphère, avec les eaux et les autres substances volatiles pendant l'incandescence du globe, et ils n'en sont descendus qu'avec ces mêmes substances; aussi le zinc ne se trouve dans aucune mine primordiale des métaux, mais seulement dans les mines secondaires produites par la décomposition des premières.

Pour tirer le zinc de la calamine ou des blendes, il suffit de les exposer au feu de calcination, ce demi-métal se sublime en vapeurs qui, par leur condensation, forment de petits flocons blancs et légers, auxquels on a donné le nom de *fleurs de zinc.*

Dans la calamine ou pierre calaminaire, le zinc est sous la forme de chaux : en faisant griller cette pierre, elle perd près d'un tiers de son poids; elle s'effleurit à l'air, et se présente ordinairement en masses irrégulières, quelquefois cristallisées; elle est presque toujours accompagnée ou voisine des terres alumineuses; mais, quoique la substance du zinc soit disséminée partout, ce n'est qu'en quelques endroits qu'on trouve de la pierre calaminaire. Nous citerons tout à l'heure les mines les plus fameuses de ce minéral en Europe, et nous savons d'ailleurs que le toutenague, qu'on nous apporte des Indes orientales, est un zinc même plus pur que celui d'Allemagne : ainsi l'on ne peut douter qu'il n'y ait des mines de pierres calaminaires dans plusieurs endroits des régions orientales, puisque ce n'est que de cette pierre qu'on peut tirer du zinc d'une grande pureté.

La minière la plus fameuse de pierre calaminaire est celle de Calmsberg, près d'Aix-la-Chapelle; elle est mêlée avec une mine de fer en ocre : il y en a une autre qui est mêlée de mine de plomb au-dessous de Namur. On prétend que le mot de *calamine* est le nom d'un territoire d'assez grande étendue, près des confins du duché de Limbourg, qui est plein de ce minéral. « Tout le terrain, dit Lémery, à plus de vingt lieues à la ronde, » est si rempli de pierres calaminaires que les grosses pierres dont on se sert pour paver, » étant exposées au soleil, laissent voir une grande quantité de parcelles métalliques et » brillantes. » M. de Gensane en a reconnu une minière de plus de quatre toises de largeur, au-dessous du château de Montalet, diocèse d'Uzès : on y trouve des pierres calaminaires ferrugineuses, comme à Aix-la-Chapelle, et d'autres mêlées de mine de plomb, comme à Namur, et l'on y voit aussi des terres alumineuses; on en trouve encore dans le Berry près de Bourges, et dans l'Anjou et le territoire de Saumur, qui sont également mêlées de parties ferrugineuses.

En Angleterre, on exploite quelques mines de pierre calaminaire dans le comté de Sommerset; la pierre de cette mine est rougeâtre à sa surface, et d'un jaune verdâtre à l'intérieur; elle est très pesante, quoique trouée et comme cellulaire; elle est aussi très dure et donne des étincelles lorsqu'on la choque contre l'acier; elle est soluble dans les acides : celle du comté de Nottingham en diffère en ce qu'elle n'est pas soluble, et qu'elle ne fait point feu contre l'acier, quoiqu'elle soit compacte, opaque et cellulaire comme celle de Sommerset; elle en diffère encore par la couleur qui est ordinairement blanche, et quelquefois d'un vert clair cristallisé. Ces différences indiquent assez que la calamine, en général, est une pierre composée de différents minéraux, et que sa nature varie suivant la quantité ou la qualité des matières qui en constituent la substance : le zinc est la seule matière qui soit commune à toutes les espèces de calamine; celle qui en contient le plus est ordinairement jaune; mais on peut se servir de toutes pour jaunir le cuivre rouge; c'est pour cet usage qu'on les recherche et qu'on les travaille, plutôt que pour en faire du zinc qui ne s'emploie que rarement pur, et qui même n'est pas aussi propre à faire du cuivre jaune que la pierre calaminaire : d'ailleurs, on ne peut en tirer le zinc que dans des vaisseaux clos, parce que non seulement il est très volatil, mais encore parce qu'il s'enflamme à l'air libre; et c'est par la cémentation du cuivre rouge avec la calamine que la vapeur du zinc contenu dans cette pierre entre dans le cuivre, lui donne la couleur jaune et le convertit en laiton.

La calamine est souvent parsemée de petites veines ou filets de mine de plomb; elle se trouve même fréquemment mêlée dans les mines de ce métal, comme dans celles de fer de dernière formation; et, lorsqu'elle y est très abondante, comme dans la mine de Rammelsberg près de Goslar, on en tire le zinc en même temps que le plomb, en faisant placer dans le fourneau de fusion un vaisseau presque clos, à l'endroit où l'ardeur du feu n'est pas assez forte pour enflammer le zinc, et on le reçoit en substance coulante; mais quelque précaution que l'on prenne en le travaillant, même dans des vaisseaux bien clos, le zinc n'acquiert jamais une pureté entière, ni même telle qu'il doit l'avoir pour faire d'aussi bon laiton qu'on en fait avec la pierre calaminaire, dont la vapeur fournit les parties les plus pures du zinc; et le laiton fait avec cette pierre est ductile, au lieu que celui qu'on fait avec le zinc est toujours aigre et cassant.

Il en est de même de la blende; elle donne comme la calamine, par la cémentation, du plus beau et du meilleur laiton qu'on ne peut en obtenir par le mélange immédiat du zinc avec le cuivre : toutes deux même n'ont guère d'autre usage, et ne sont recherchées et travaillées que pour faire du cuivre jaune; mais, comme je l'ai déjà dit, ce ne sont pas les deux seules matières qui contiennent du zinc; car il est très généralement répandu, et en assez grande quantité, dans plusieurs mines de fer; on le trouve aussi quelquefois sous la forme d'un sel ou vitriol blanc, et dans la blende il est toujours combiné avec le fer et le soufre.

Il se forme assez souvent dans les grands fourneaux des concrétions qui ont paru à nos chimistes (*a*) toutes semblables aux blendes naturelles. Cependant il y a toute raison de croire que les moyens de leur formation sont bien différents : ces blendes artificielles, produites par l'action du feu de nos fourneaux, doivent différer de celles qui se trouvent

(*a*) « Il y a des blendes artificielles qui imitent parfaitement les blendes naturelles dans leur » tissu, leur couleur et leur phosphorescence... J'en ai vu un morceau d'un noir luisant et » feuilleté provenant des fonderies de Saint-Bel... Un autre morceau, venant du même lieu, » donnait, outre l'odeur du foie de soufre, des étincelles lorsqu'on le grattait avec un cou- » teau, et n'en donnait point avec la plume... et un troisième morceau venant des fonderies de » Saxe, et qui est de couleur jaunâtre, était si phosphorique qu'en le frottant de la plume on » en tirait des étincelles comme de la blende rouge de Schaffenberg. » *Lettre du docteur Demeste*, t. II, p. 179 et 180. — Je dois observer qu'on trouvait en effet de ces blendes artificielles dans les laitiers des fonderies, mais que jusqu'ici l'on ne savait pas les produire à volonté, et que même on ne pouvait expliquer comment elles s'étaient formées ; on pensait au contraire que l'art ne pouvait imiter la nature dans la combinaison du zinc avec le soufre. M. de Morveau est le premier qui ait donné, cette année 1780, un procédé pour faire à volonté l'union directe du zinc et du soufre : il suffit pour cela de priver ce demi-métal de sa volatilité en le calcinant, et de le fondre ensuite avec le soufre; il en résulte une vraie pyrite de zinc qui a, comme toutes les autres pyrites, une sorte de brillant métallique.

dans le sein de la terre, à moins qu'on ne suppose que celles-ci ont été formées par le feu des volcans, et cependant il y a toute raison de penser que la plupart au moins n'ont été produites que par l'intermède de l'eau (*a*), et que le foie de soufre, c'est-à-dire l'alcali mêlé aux principes du soufre, a grande part à leur formation.

Comme le zinc est non seulement très volatil, mais fort inflammable, il se brûle dans les fourneaux où l'on fond les mines de fer, de plomb, etc., qui en sont mêlées; cette fumée du zinc à demi brûlé se condense sous une forme concrète contre les parois des fourneaux et cheminées des fonderies et affineries; dans cet état, on lui donne le nom de *cadmie des fourneaux :* c'est une concrétion de fleurs de zinc, qui s'accumulent souvent au point de former un conduit épais contre les parois de ces cheminées; la substance de cet enduit est dure, elle jette des étincelles lorsqu'on la frotte rapidement ou qu'on la choque contre l'acier; les parties de cette cadmie qui se sont le plus élevées, et qui sont attachées au haut de la cheminée, sont les plus pures et les meilleures pour faire du laiton (*b*), parce que la cadmie, qui s'est sublimée et élevée si haut, y est moins mêlée de fer, de plomb, ou de tout autre minéral moins volatil que le zinc; au reste, on peut aisément la recueillir, elle se lève par écailles dures, et il ne faut que la pulvériser pour la mêler et la faire fondre avec le cuivre rouge, et c'est peut-être la manière la moins coûteuse de faire du laiton.

Le zinc, tel qu'on l'obtient par la fusion, est d'un blanc un peu bleuâtre et assez brillant; mais, quoiqu'il se ternisse à l'air moins vite que le plomb, il prend cependant en assez peu de temps une couleur terne et d'un jaune verdâtre, et les nuances différentes de sa couleur dépendent beaucoup de son degré de pureté; car, en le traitant par les procédés ordinaires, il conserve toujours quelques petites parties de matières avec lesquelles il était mêlé dans sa mine : ce n'est que très récemment qu'on a trouvé le moyen de le rendre plus pur. Pour obtenir le zinc dans sa plus grande pureté, il faut précipiter par le zinc même son vitriol blanc : ce vitriol, décomposé ensuite par l'alcali, donne une chaux qu'il suffit de réduire pour avoir un zinc pur et sans aucun mélange.

La substance du zinc est dure et n'est point cassante; on ne peut la réduire en poudre qu'en la faisant fondre et la mettant en grenailles; aussi acquiert-elle quelque ductilité par l'addition des matières inflammables en la fondant en vaisseaux clos : sa densité est un peu plus grande que celle du régule d'antimoine, et un peu moindre que celle de l'étain (*c*).

(*a*) M. Bergman croit, comme moi, que les blendes naturelles ont été formées par l'eau, et il se fonde sur ce qu'elles contiennent réellement de l'eau; il dit aussi qu'on peut les imiter en unissant par la fusion le zinc, le fer et le soufre.

(*b*) On connaissait très bien, dès le temps de Pline, la cadmie des fourneaux et on avait déjà remarqué qu'elle était de qualité et de bonté différentes, suivant qu'elle se trouvait sublimée plus haut ou plus bas dans les cheminées des fonderies : « Est ipse lapis ex quo » fit æs, cadmia vocatur... Hic rursus in fornacibus existit, aliamque nominis sui originem » recipit : fit autem egestâ flammis atque flatu tenuissimâ parte materiæ, et cameris lateri» busve fornacum pro quantitate levitatis applicatâ. Tenuissima est in ipso fornacum ore » quâ flammæ eluctantur, appellata capnitis, exusta et nimiâ levitate similis favillæ : interior » optima, cameris dependens, et ab eo argumento botrytis cognominata; tertia est in lateri» bus fornacum, quæ propter gravitatem ad cameras pervenire non potuit; hæc dicitur placitis... » fluunt et ex eâ duo alia genera; onychitis, extra penè cærulea, intus onychitis maculis » similis; ostracitis, tota nigra, et cæterarum sordidissima..... Omnis autem cadmia in cupri » fornacibus optima. » Pline, lib. XXXIV, cap. X.

(*c*) La pesanteur spécifique du régule de zinc est de 71,908; celle du régule d'antimoine de 67,021, et celle de l'étain pur de Cornouailles de 72,914; la pesanteur spécifique de la blende n'est que de 41,665 : il y a donc à peu près la même proportion dans les densités relatives de la blende avec le zinc, de l'antimoine cru avec le régule d'antimoine, et du cinabre avec le mercure coulant.

Indépendamment de ce rapport assez prochain de densité, le zinc en a plusieurs autres avec l'étain; il rend, lorsqu'on le plie, un petit cri comme l'étain (a); il résiste de même aux impressions des éléments humides, et ne se convertit point en rouille : quelques minéralogistes l'ont même regardé comme une espèce d'étain (b), et il est vrai qu'il a plusieurs propriétés communes avec ce métal; car on peut étamer le fer et le cuivre avec le zinc comme avec l'étain; et l'un de nos chimistes a prétendu que cet étamage avec le zinc (c), qui est moins fusible que l'étain, et par conséquent plus durable, est en même temps moins dangereux que l'étamage ordinaire, dans lequel les chaudronniers mêlent toujours du plomb : on connaît les qualités funestes du plomb, on sait aussi que l'étain contient toujours une petite quantité d'arsenic, et il faut convenir que le zinc en contient aussi; car, lorsqu'on le fait fuser sur les charbons ardents, il répand une odeur arsenicale qu'il faut éviter de respirer; et, tout considéré, l'étamage avec du bon étain doit être préféré à celui qu'on ferait avec le zinc (d), que le vinaigre dissout et attaque même à froid.

Si ces rapports semblent rapprocher le zinc de l'étain, il s'en éloigne par plusieurs propriétés : il est beaucoup moins fusible; il faut qu'il soit chauffé presque au rouge avant qu'il puisse entrer en fusion; dans cet état de fonte, sa surface se calcine sans augmenter le feu, et se convertit en chaux grise, qui diffère de celle de l'étain en ce qu'elle est bien plus aisément réductible et que, quand on les pousse à un feu violent, celle de l'étain ne fait que blanchir davantage, et enfin se convertit en verre, au lieu que celle du zinc s'enflamme d'elle-même et sans addition de matière combustible. On peut même dire qu'aucune autre matière, aucune substance végétale ou animale, qui cependant semblent être les vraies matières combustibles, ne donnent une flamme aussi vive que le zinc; cette flamme est sans fumée et dans une parfaite incandescence; elle est accompagnée d'une si grande quantité de lumière blanche, que les yeux peuvent à peine en supporter l'éclat éblouissant : c'est au mélange de la limaille de fer avec du zinc que sont dus les plus beaux effets de nos feux d'artifice.

Et non seulement le zinc est par lui-même très combustible, mais il est encore phosphorique : sa chaux paraît lumineuse en la triturant, et ses fleurs, recueillies au moment qu'elles s'élèvent et placées dans un lieu obscur, jettent de la lumière pendant un petit temps (e).

(a) Le zinc, lorsqu'on le rompt, a le même cri que l'étain; lorsqu'on le mêle avec du plomb, cet alliage a encore le même cri : les potiers d'étain emploient le zinc dans leurs ouvrages et pour leurs soudures. *Histoire de l'Académie des sciences*, année 1743, p. 45.

(b) Schlutter, dit M. Hellot, regarderait volontiers le zinc comme une espèce d'étain, s'il était plus malléable, et il soupçonne que, venant d'une mine aussi sulfureuse que celle de Rammelsberg..., il conserve encore une partie de ce soufre : cette idée, selon Schlutter, est d'autant plus vraisemblable que par le soufre on peut rendre aigre le meilleur étain... On sait aussi que le zinc et l'étain peuvent également rendre jaune le cuivre rouge; il cite pour exemple le métal singulier qu'Alonzo Barba a décrit dans son Traité des mines et des métaux. (*Traité de la fonte des mines*, etc., t. II, p. 257); mais le sentiment de Schlutter sur le zinc ne nous paraît pas assez fondé, car le zinc ne peut différer de l'étain par le soufre minéralisateur, puisqu'il n'en contient pas.

(c) M. Malouin, de l'Académie des sciences et médecin de la Faculté de Paris.

(d) Cet étamage avec le zinc a été approuvé par la Faculté de médecine de Paris, mais condamné par l'Académie des sciences et par la Société royale de médecine; et il a aussi été démontré nuisible par les expériences faites à l'Académie de Dijon, en 1779.

(e) M. de Lassone, procédant un jour à la déflagration d'une assez grande quantité de zinc, en recueillait les fleurs et les mettait à mesure dans un large vaisseau; il fut surpris de les voir encore lumineuses quelques minutes après, et remuant ensuite ces fleurs avec une spatule, ayant obscurci davantage le laboratoire, il vit qu'elles étaient entièrement péné-

Au reste, le zinc n'est pas le seul des minéraux qui s'enflamme lorsqu'on le fait rougir; l'arsenic, le cuivre et même l'antimoine, éprouvent le même effet; le fer jette aussi de la flamme lorsque l'incandescence est poussée jusqu'au blanc, et il ne faut pas attribuer, avec quelques-uns de nos chimistes (*a*), cette flamme au zinc qu'il contient, ni croire, comme ils le disent, que c'est le zinc qui rend la fonte de fer aigre et cassante; car il y a beaucoup de mines de fer qui ne contiennent point de zinc, et dont néanmoins le fer donne une flamme aussi vive que les autres fers qui en contiennent : je m'en suis assuré par plusieurs essais, et d'ailleurs, on peut toujours reconnaître, par la simple observation, si la mine que l'on traite contient du zinc, puisqu'alors ce demi-métal, en se sublimant, forme de la cadmie au-dessus du fourneau et dans les cheminées des affineries; toutes les fois donc que cette sublimation n'aura pas lieu, on peut être assuré que le fer ne contient point de zinc, du moins en quantité sensible, et néanmoins le fer en gueuse n'en est pas moins aigre et cassant, et cette aigreur, comme nous l'avons dit, vient des matières vitreuses avec lesquelles la substance du fer est mêlée, et ce verre se manifeste bien évidemment par les laitiers et les scories qui s'en séparent, tant au fourneau de fusion qu'à l'affinerie; enfin cette fonte en fer, qui ne contient point de zinc, ne laisse pas de jeter de la flamme lorsqu'elle est chauffée à blanc, et dès lors ce n'est point au zinc qu'on doit attribuer cette flamme, mais au fer même, qui est en effet combustible lorsqu'il éprouve la violente action du feu.

La chaux du zinc, chauffée presque jusqu'au rouge, s'enflamme tout à coup et avec un sorte d'explosion, et en même temps les parties les plus fixes sont, comme nous l'avons dit, emportées en fleurs ou flocons blancs; leur augmentation de volume n'est pas proportionnelle à leur légèreté apparente, car il n'y a, dit-on (*b*), qu'un dixième de différence entre la pesanteur spécifique du zinc et celle de ses fleurs; mais, lorsqu'on la calcine très lentement et qu'on l'empêche de se sublimer en l'agitant continuellement avec une spatule de fer, l'augmentation du volume de cette chaux est de près d'un sixième (*c*) : au reste, comme la chaux du zinc est très volatile, on ne peut la vitrifier seule; mais en y ajoutant du verre blanc, réduit en poudre et du salin, on la convertit en un verre couleur d'aigue-marine.

Plusieurs chimistes ont écrit que, comme le soufre ne peut contracter aucune union avec le zinc, il pouvait servir de moyen pour le purifier; mais ce moyen ne peut être employé généralement pour séparer du zinc tous les métaux, puisque le soufre s'unit au zinc par l'intermède du fer.

Le zinc en fusion, et sous sa forme propre, s'allie avec tous les métaux et minéraux métalliques, à l'exception du bismuth et du nickel (*d*). Quoiqu'il se trouve très souvent

trées de cette lumière phosphorique et diffuse, qui peu à peu s'affaiblit, s'éteignit, après avoir subsisté plus d'une heure. On peut voir, dans son Mémoire, tous les rapports qu'il indique entre le zinc et le phosphore. *Mémoires de l'Académie des sciences*, année 1772, p. 380 et suiv.

(*a*) « C'est à la présence du zinc contenu dans le fer qu'il faut attribuer la plupart des » phénomènes que présente ce fer impur et mélangé, lequel se détruit en partie par la » combustion, puisque le déchet du fer en gueuse est ordinairement d'un tiers... C'est » moins le fer que le zinc contenu dans la fonte qui se brûle, se détruit et se volatilise, en » sorte que la perte du métal, dans toutes ces circonstances, est d'autant plus considérable, » que le fer s'y trouve joint à une plus grande quantité de zinc. » *Lettres de M. Demeste*, t. II, p. 167.

(*b*) En réduisant le zinc en fleurs, le poids des fleurs surpasse d'un dixième celui de la masse de zinc avant d'être réduit en fleurs. *Mémoires de l'Académie des sciences*, année 1772, p. 380.

(*c*) *Éléments de chimie*, par M. de Morveau, t. Ier, p. 257.

(*d*) *Idem*, t. Ier, p. 269.

uni avec la mine de fer, il ne s'allie que très difficilement par la fusion avec ce métal; il rend tous les métaux aigres et cassants; il augmente la densité du cuivre et du plomb, mais il diminue celle de l'étain, du fer et du régule d'antimoine; l'arsenic et le zinc, traités ensemble au feu de sublimation, forment une masse noire qui présente dans sa cassure une apparence plutôt vitreuse que métallique (a); il s'amalgame très bien avec le mercure (b) : « Si l'on verse, dit M. de Morveau, le zinc fondu sur le mercure, il se fait un » bruit pareil à celui que fait l'immersion subite d'un corps froid dans de l'huile bouil» lante; l'amalgame paraît d'abord solide, mais il redevient fluide par la trituration; la » cristallisation de cet amalgame laisse apercevoir ses éléments, même à la partie supé» rieure qui n'est pas en contact avec le mercure, ce qui est différent des autres amal» games..... une once de zinc retient deux onces de mercure (c). » J'observerai que cette solidité que prend d'abord cet amalgame ne dépend pas de la nature du zinc, puisque le mercure seul, versé dans l'huile bouillante, prend une solidité même plus durable que celle de cet amalgame de zinc.

Les affinités du zinc avec les métaux sont, selon M. Geller, dans l'ordre suivant : le cuivre, le fer, l'argent, l'or, l'étain et le plomb.

Autant la chaux de plomb est facile à réduire, autant la chaux ou les fleurs de zinc sont de difficile réduction; de là vient que la céruse ou blanc de plomb devient noire par la seule vapeur des matières putrides, tandis que la chaux de zinc conserve sa blancheur : c'est d'après cette propriété éprouvée par la vapeur du foie de soufre que M. de Morveau a proposé le blanc de zinc comme préférable, dans la peinture, au blanc de plomb; les expériences comparées ont été faites cette année 1781, dans la séance publique de l'Académie de Dijon; elles démontrent qu'il suffit d'ajouter à la chaux du zinc un peu de terre d'alun et de craie pour lui donner du corps et en faire une bonne couleur blanche, bien plus fixe et bien moins altérable à l'air que la céruse ou blanc de plomb qu'on emploie ordinairement dans la peinture à l'huile.

Le zinc est attaqué par tous les acides, et même la plupart le dissolvent assez facilement : l'acide vitriolique n'a pas besoin d'être aidé pour cela par la chaleur, et le zinc paraît avoir plus d'affinité qu'aucune autre substance métallique avec cet acide; il faut seulement, pour que la dissolution s'opère promptement, lui présenter le zinc en petites grenailles ou en lames minces, et mêler l'acide avec un peu d'eau, afin que le sel qui se forme n'arrête pas la dissolution par le dépôt qui s'en fait à la surface. Cette dissolution laisse, après l'évaporation, des cristaux blancs : ce vitriol de zinc est connu sous le nom de *couperose blanche,* comme ceux de cuivre et de fer, sous les noms de *couperose bleue* et de *couperose verte.* Et l'on doit observer que les fleurs de zinc, quoiqu'en état de chaux, offrent les mêmes phénomènes avec cet acide que le zinc même, ce qui ne s'accorde point avec la théorie de nos chimistes, qui veulent qu'en général les chaux métalliques ne puissent être attaquées par les acides. Ce vitriol de zinc ou vitriol blanc se trouve dans le sein de la terre (d), rarement en cristaux réguliers, mais plutôt en stalactites, et quelquefois en filets blancs : il se couvre d'une efflorescence bleuâtre s'il contient du cuivre.

L'acide nitreux dissout le zinc avec autant de rapidité que de puissance, car il peut en dissoudre promptement une quantité égale à la moitié de son poids : la dissolution satu-

(a) *Idem*, t. II, p. 337.

(b) L'amalgame composé de quatre parties de mercure sur une de zinc est bien plus propre à produire l'électricité que l'amalgame de mercure et d'étain. *Journal de physique*, mois de novembre 1780, p. 372.

(c) *Éléments de chimie*, par M. de Morveau, t. III, p. 444 et 445.

(d) On n'a point encore trouvé, dit M. Bergman, d'autres sels de zinc, dans le sein de la terre, que celui qui vient de l'acide vitriolique; et le vitriol natif de zinc est rarement pur, mais mêlé au cuivre ou au fer, et souvent à tous deux. *Dissertation sur le zinc.*

rée n'est pas limpide comme l'eau, mais un peu obscure comme de l'huile; et, si le zinc est mêlé de quelques parties de fer, ce métal s'en sépare en se précipitant, ce qui fournit un autre moyen que celui du soufre pour purifier le zinc. L'on doit encore observer que la chaux et les fleurs de zinc se dissolvent dans cet acide et dans l'acide vitriolique et que, par conséquent, cela fait une grande exception à la prétendue règle que les acides ne doivent pas dissoudre les chaux ou terres métalliques.

L'acide marin dissout aussi le zinc très facilement, moins pleinement que l'acide nitreux, car il ne peut en prendre que la huitième partie de son poids; il ne se forme pas de cristaux après l'évaporation de cette dissolution, mais seulement un sel en gelée blanche et très déliquescent, dont la qualité est fort corrosive.

Le zinc, et même les fleurs de zinc, se dissolvent aussi dans l'acide du vinaigre, et il en résulte des cristaux; il en est de même de l'acide du tartre : ainsi tous les acides minéraux ou végétaux, et jusqu'aux acerbes, tels que la noix de galle, agissent sur le zinc; les alcalis, et surtout l'alcali volatil, le dissolvent aussi, et cette dernière dissolution donne, après l'évaporation, un sel blanc et brillant qui attire l'humidité de l'air et tombe en déliquescence.

Voilà le précis de ce que nous savons sur le zinc : on voit qu'étant très volatil, il doit être disséminé partout; qu'étant susceptible d'altération et de dissolution par tous les acides et par les alcalis, il peut se trouver en état de chaux ou de précipité dans le sein de la terre; d'ailleurs, les matières qui le contiennent en plus grande quantité, telles que la pierre calaminaire et les blendes, sont composées des détriments du fer et d'autres minéraux; l'on ne peut donc pas douter que ce demi-métal ne soit d'une formation bien postérieure à celle des métaux.

DU PLATINE

Il n'y a pas un demi-siècle qu'on connaît le platine en Europe, et jamais on n'en a trouvé dans aucune région de l'ancien continent : deux petits endroits dans le nouveau monde, l'un dans les mines d'or de Santa-Fé, à la Nouvelle-Grenade, l'autre dans celle de Choco, province du Pérou, sont jusqu'ici les seuls lieux d'où l'on ait tiré cette matière métallique, que nous ne connaissons qu'en grenailles mêlées de sablon magnétique, de paillettes d'or, et souvent de petits cristaux de quartz, de topaze, de rubis, et quelquefois de petites gouttes de mercure. J'ai vu et examiné de très près cinq ou six sortes de platine que je m'étais procurées par diverses personnes et en différents temps : toutes ces sortes étaient mêlées de sablon magnétique et de paillettes d'or; dans quelques-unes il y avait de petits cristaux de quartz, de topaze, etc., en plus ou moins grande quantité; mais je n'ai vu de petites gouttes de mercure que dans l'une de ces sortes de platine (*a*). Il se pourrait donc que cet état de grenaille, sous lequel nous connaissons le platine, ne fût point son etat naturel, et l'on pourrait croire qu'il a été concassé dans les moulins ou l'on broie les minerais d'or et d'argent, et que les gouttelettes de mercure qui s'y trouvent quelquefois ne viennent que de l'amalgame qu'on emploie au traitement de ces mines : nous ne sommes donc pas certain que cette forme de grenaille soit sa forme native, d'autant qu'il parait, par le témoignage de quelques voyageurs, qu'ils indiquent le platine comme une pierre métallique très dure, intraitable, dont néanmoins les naturels du pays

(*a*) M. Lewis et M. le comte de Milly ont tous deux reconnu des globules de mercure dans le platine qu'ils ont examiné. M. Bergman dit de même qu'il n'a point traité de platine dans lequel il n'en ait trouvé. *Opuscules*, t. II, p. 183.

avaient, avant les Espagnols, fait des haches et autres instruments tranchants (*a*), ce qui suppose nécessairement qu'ils la trouvaient en grandes masses ou qu'ils avaient l'art de la fondre, sans doute avec l'addition de quelque autre métal; car, par lui-même, le platine est encore moins fusible que la mine de fer, qu'ils n'avaient pas pu fondre. Les Espagnols ont aussi fait différents petits ouvrages avec le platine allié avec d'autres métaux : personne, en Europe, ne le connaît donc dans son état de nature, et j'ai attendu vainement, pendant nombre d'années, quelques morceaux de platine en masse que j'avais demandés à tous mes correspondants en Amérique. M. Bowles, auquel le gouvernement d'Espagne paraît avoir donné sa confiance au sujet de ce minéral, n'en a pas abusé, car tout ce qu'il en dit ne nous apprend que ce que nous savions déjà.

Nous ne savons donc rien, ou du moins rien au juste, de ce que l'histoire naturelle pourrait nous apprendre au sujet du platine, sinon qu'il se trouve en deux endroits de l'Amérique méridionale, dans des mines d'or, et jusqu'ici nulle part ailleurs. Ce seul fait, quoique dénué de toutes ses circonstances, suffit, à mon avis, pour démontrer que le platine est une matière accidentelle plutôt que naturelle; car toute substance produite par les voies ordinaires de la nature est généralement répandue, au moins dans les climats qui jouissent de la même température : les animaux, les végétaux, les minéraux sont également soumis à cette règle universelle. Cette seule considération aurait dû suspendre l'empressement des chimistes qui, sur le simple examen de cette grenaille, peut-être artificielle et certainement accidentelle, n'ont pas hésité d'en faire un nouveau métal (*), et de placer cette matière nouvelle non seulement au rang des anciens métaux, mais de la vanter comme un troisième métal aussi parfait que l'or et l'argent, sans faire réflexion que les métaux se trouvent répandus dans toutes les parties du globe; que le platine, si c'était un métal, serait répandu de même; que dès lors on ne devait la regarder que comme une production accidentelle, entièrement dépendante des circonstances locales des deux endroits où il se trouve.

Cette considération, quoique majeure, n'est pas la seule qui me fasse nier que le platine soit un vrai métal. J'ai démontré, par des observations exactes (*b*), qu'il est toujours attirable à l'aimant; la chimie a fait de vains efforts pour en séparer le fer, dont sa substance est intimement pénétrée; le platine n'est donc pas un métal simple et parfait, comme l'or et l'argent, puisqu'il est toujours allié de fer. De plus, tous les métaux, et surtout ceux qu'on appelle *parfaits*, sont très ductiles ; tous les alliages, au contraire, sont aigres : or le platine est plus aigre que la plupart des alliages, et, même après plusieurs fontes et dissolutions, il n'acquiert jamais autant de ductilité que le zinc ou le bismuth, qui cependant ne sont que des demi-métaux, tous plus aigres que les métaux.

(*a*) Dans le gouvernement du Marannon, les habitants assuraient que, dans le canton des mines d'or, ils tiraient souvent d'un lieu nommé *Picari* une autre sorte de métal plus dur que l'or, mais blanc, dont ils avaient fait anciennement des haches et des couteaux, et que ces outils s'émoussant facilement, ils avaient cessé d'en faire. *Histoire générale des voyages*, t. XIV, p. 20. — M. Ulloa, dans son *voyage* imprimé à Madrid en 1748, dit expressément qu'au Pérou, dans le bailliage de Choco, il se trouve des mines d'or que l'on a été obligé d'abandonner à cause du platine dont le minerai est entremêlé; que ce platine est une pierre (*piedra*) si dure, qu'on ne peut la briser sur l'enclume, ni la calciner, ni par conséquent en tirer le minerai qu'elle renferme, sans un travail infini.

(*b*) Voyez le Mémoire qui a pour titre : *Observations sur le platine.*

(*) Le platine est réellement un métal au même titre que l'or et l'argent. Il n'est pas le moins du monde, comme le dit plus loin Buffon, composé de fer et d'or, mais mérite autant que ces divers métaux de figurer parmi les types que l'on désigne sous le nom de « corps simples ».

Mais cet alliage où le fer nous est démontré par l'action de l'aimant étant d'une densité approchante de celle de l'or, j'ai cru être fondé à présumer que le platine n'est qu'un mélange accidentel de ces deux métaux très intimement unis : les essais qu'on a faits depuis ce temps pour tâcher de séparer le fer du platine et de détruire son magnétisme ne m'ont pas fait changer d'opinion ; le platine le plus pur, celui entre autres qui a été si bien travaillé par M. le baron de Sickengen (a) et qui ne donne aucun signe de magnétisme, devient néanmoins attirable à l'aimant, dès qu'il est comminué et réduit en très petites parties ; la présence du fer est donc constante dans ce minéral, et la présence d'une matière aussi dense que l'or y est également et évidemment aussi constante ; et quelle peut être cette matière dense, si ce n'est pas de l'or ? Il est vrai que, jusqu'ici, l'on n'a pu tirer du platine, par aucun moyen, l'or, ni même le fer qu'il contient, et que, pour qu'il y eût sur l'essence de ce minéral démonstration complète, il faudrait en avoir tiré et séparé le fer et l'or, comme on sépare ces métaux après les avoir alliés ; mais ne devons-nous pas considérer, et ne l'ai-je pas dit, que le fer n'étant point ici dans son état ordinaire, et ne s'étant uni à l'or qu'après avoir perdu presque toutes ses propriétés, à l'exception de sa densité et de son magnétisme, il se pourrait que l'or s'y trouvât de même dénué de sa ductilité, et qu'il n'eût conservé comme le fer que sa seule densité, et dès lors ces deux métaux qui composent le platine sont tous deux dans un état inaccessible à notre art, qui ne peut agir sur eux, ni même nous les faire reconnaître en nous les présentant dans leur état ordinaire ? Et n'est-ce pas par cette raison que nous ne pouvons tirer ni le fer ni l'or du platine, ni par conséquent séparer ces métaux, quoiqu'il soit composé de tous deux ? Le fer, en effet, n'y est pas dans son état ordinaire, mais tel qu'on le voit dans le sablon ferrugineux qui accompagne toujours le platine. Ce sablon, quoique très magnétique, est infusible, inattaquable à la rouille, insoluble dans les acides ; il a perdu toutes les propriétés par lesquelles nous pouvions l'attaquer, il ne lui est resté que sa densité et son magnétisme, propriétés par lesquelles nous ne pouvons néanmoins le méconnaître. Pourquoi l'or, que nous ne pouvons de même tirer du platine, mais que nous y reconnaissons aussi évidemment par sa densité, n'aurait-il pas éprouvé, comme le fer, un changement qui lui aurait ôté sa ductilité et sa fusibilité ? L'un est possible comme l'autre, et ces productions d'accidents, quoique rares, ne peuvent-elles pas se trouver dans la nature ? Le fer, en état de parfaite ductilité, est presque infusible, et ce pourrait être cette propriété du fer qui rend l'or dans le platine très réfractaire; nous pouvons aussi légitimement supposer que le feu violent d'un volcan, ayant converti une mine de fer en mâchefer et en sablon ferrugineux magnétique, et tel qu'il se trouve avec le platine, ce feu aura en même temps, et par le même excès de force, détruit dans l'or toute ductilité ? Car cette qualité n'est pas essentielle, ni même inhérente à ce métal, puisque la plus petite quantité d'étain ou d'arsenic la lui enlève ; et d'ailleurs sait-on ce que pourrait produire sur ce métal un feu plus violent qu'aucun de nos feux connus ? Pouvons-nous dire si dans ce feu de volcan, qui n'a laissé au fer que son magnétisme et à l'or sa densité, il n'y aura pas eu des fumées arsenicales qui auront blanchi l'or et lui auront ôté toute sa ductilité, et si cet alliage du fer et de l'or, imbus de la vapeur d'arsenic, ne s'est pas fait par un

(a) Le platine, même le plus épuré, contient toujours du fer. M. le comte de Milly, par une lettre datée du 18 novembre 1781, me marque « qu'ayant oublié pendant trois ou quatre » ans un morceau de platine purifié par M. le baron de Sickengen, et qu'il avait laissé » dans de l'eau-forte la plus pure pendant tout ce temps, il s'y était rouillé, et que, l'ayant » retiré, il avait étendu la liqueur qui restait dans le vase dans un pot d'eau distillée, et » qu'y ayant ajouté de l'alcali phlogistiqué, il avait obtenu sur-le-champ un précipité très » abondant, ce qui prouve indubitablement que le platine le plus pur, et que M. Sicfiengen » assure être dépouillé de tout fer, en contient encore, et que par conséquent le fer entre » dans sa composition. »

feu supérieur à celui de notre art? Devons-nous donc être surpris de ne pouvoir rompre leur union, et doit-on faire un métal nouveau, propre et particulier, une substance simple, d'une matière qui est évidemment mixte, d'un composé formé par accident en deux seuls lieux de la terre, d'un composé qui présente à la fois la densité de l'or et le magnétisme du fer, d'une substance, en un mot, qui a tous les caractères de l'alliage et aucun de ceux d'un métal pur?

Mais, comme les alliages faits par la nature sont encore du ressort de l'histoire naturelle, nous croyons devoir, comme nous l'avons fait pour les métaux, donner ici les principales propriétés du platine : quoique très dense, il est très peu ductile, presque infusible sans addition, si fixe au feu qu'il n'y perd rien ou presque rien de son poids, inaltérable et résistant à l'action des éléments humides, indissoluble comme l'or, dans tous les acides simples (*a*), et se laissant dissoudre, comme lui, par la double puissance des acides nitreux et marin réunis.

L'or mêlé avec le plomb le rend aigre, le platine produit le même effet; mais on a prétendu qu'il ne se séparait pas en entier du plomb comme l'or, dans la coupelle, au plus grand feu de nos fourneaux; dès lors, le plomb adhère plus fortement au platine que l'or dont il se sépare en entier, ou presque en entier (*b*) : on peut même reconnaître, par l'aug-

(*a*) M. Tillet, l'un de nos plus savants académiciens et très exact observateur, a reconnu que, quoique le platine soit indissoluble en lui-même par les acides simples, il se dissout néanmoins par l'acide nitreux pur, lorsqu'il est allié avec de l'argent et de l'or. Voici la note qu'il a bien voulu me communiquer à ce sujet : « J'ai annoncé dans les *Mémoires* » *de l'Académie des sciences*, année 1779, que le platine, soit brut, soit rendu ductile par » les procédés connus, est dissoluble dans l'acide nitreux pur, lorsqu'il est allié avec une » certaine quantité d'or et d'argent. Afin que cet alliage soit complet, il faut le faire par le » moyen de la coupelle, et en employant une quantité convenable de plomb. On traite » alors, par la voie du départ, le bouton composé de trois métaux, comme un mélange simple » d'or et d'argent; la dissolution de l'argent et du platine est complète, la liqueur est » transparente, et il ne reste que l'or au fond du matras, soit dans un état de division si on » a mis beaucoup d'argent, soit en forme de cornet bien conservé si on n'a mis que trois ou » quatre parties d'argent égales à celles de l'or. Il est vrai que, si on emploie trop de pla- » tine dans cette opération, l'or mêlé avec lui le défend un peu des attaques de l'acide » nitreux, et il en conserve quelques parties. Il faut un mélange parfait des trois métaux » pour que l'opération réussisse complètement : s'il se trouve quelques parties dans l'alliage » où il n'y a pas assez d'argent pour que la dissolution ait lieu, le platine résiste, comme » l'or, à l'acide et reste avec lui dans le précipité; mais, si on ne met dans l'alliage » qu'un douzième de platine, ou, encore mieux, un vingt-quatrième de l'or qu'on emploie, » alors on parvient à dissoudre le total du platine, et l'or mis en expérience ne conserve » exactement que son poids. Il n'en est pas ainsi d'un alliage dans lequel il n'entre que de » l'argent et du platine : la dissolution n'en est proprement une que pour l'argent; la » liqueur reste trouble et noirâtre, malgré une longue et forte ébullition; il se fait un pré- » cipité noir et abondant au fond du matras, qui n'est que du platine réduit en poudre » et subdivisé en une infinité de particules, comme il l'était dans l'argent avant qu'il fût » dissous. Cependant, si on laisse reposer la liqueur pendant quelques jours, elle s'éclaircit » et devient d'une couleur brune, qu'elle doit sans doute à quelques parties du platine » qu'elle a dissoutes, ou qu'elle tient en suspension. Il paraît donc que, dans cette opéra- » tion, c'est à la présence seule de l'or qu'est due la dissolution réelle et assez prompte du » platine par l'acide nitreux pur; que l'argent ne contribue qu'indirectement à cette » dissolution; qu'il la facilite à la vérité, mais que, sans l'or, il ne sert qu'à procurer une » division mécanique du platine, et encore cette division n'a-t-elle lieu que parce que » l'argent dissous lui-même ne peut plus conserver le platine subdivisé, avec lequel il » faisait corps. »

(*b*) « L'or le plus pur ne se sépare jamais parfaitement du plomb dans la coupelle : si vous » faites passer un gros d'or fin à la coupelle dans une quantité quelconque de plomb, le

mentation de son poids, la quantité de plomb qu'il a saisie et qu'il retient si puissamment que l'opération de la coupelle ne peut l'en séparer ; cette quantité, selon M. Schœffer, est de deux ou trois pour cent ; cet habile chimiste, qui le premier a travaillé le platine, dit, avec raison, qu'au miroir ardent, c'est-à-dire à un feu supérieur à celui de nos fourneaux, on vient à bout d'en séparer tout le plomb et de le rendre pur; il ne diffère donc ici de l'or qu'en ce qu'étant plus difficile à fondre, il se coupelle aussi plus difficilement.

En mêlant partie égale de platine et de cuivre, on les fond presque aussi facilement que le cuivre seul, et cet alliage est à peu près aussi fusible que celui de l'or et du cuivre ; il se fond un peu moins facilement avec l'argent, il en faut trois parties sur une de platine. et l'alliage qui résulte de cette fonte est aigre et dur ; on peut en retirer l'argent par l'acide nitreux, et avoir ainsi le platine sans mélange, mais néanmoins avec quelque perte : il peut de même se fondre avec les autres métaux ; et ce qui est très remarquable, c'est que le mélange d'une très petite quantité d'arsenic, comme d'une vingtième ou d'une vingt-quatrième partie, suffit pour le faire fondre presque aussi aisément que nous fondons le cuivre : il n'est pas même nécessaire d'ajouter des fondants à l'arsenic, comme lorsqu'on le fond avec le fer ou le cuivre, il suffit seul pour opérer très promptement la fusion du platine, qui cependant n'en devient que plus aigre et plus cassant ; enfin, lorsqu'on le mêle avec l'or, il n'y a pas moyen de les séparer sans intermède, parce que le platine et l'or sont également fixes au feu, et ceci prouve encore que la nature du platine tient de très près à celle de l'or; ils se fondent ensemble assez aisément; leur union est toujours intime et constante, et, de même qu'on remarque des surfaces dorées dans le platine qui nous vient en grenailles, on voit aussi des filets ou de petites veines d'or dans le platine fondu ; quelques chimistes prétendent même que l'or est un dissolvant du platine, parce qu'en effet, si l'on ajoute de l'or à l'eau régale, la dissolution du platine se fait beaucoup plus promptement et plus complètement, et ceci, joint à ce que nous avons dit de sa dissolution par l'acide nitreux, est encore une preuve et un effet de la grande affinité du platine avec l'or; on a trouvé néanmoins le moyen de séparer l'or du platine, en mêlant cet alliage avec l'argent (a), et ce moyen est assez sûr pour qu'on ne doive plus craindre de voir le titre de l'or altéré par le mélange du platine.

» bouton d'or, quelque brillant qu'il soit, pèsera toujours un peu plus d'un gros. » Remarque communiquée par M. Tillet.

(a) « Lorsqu'on a mêlé de l'or avec du platine, il y a un moyen sûr de les séparer, » celui du départ, en ajoutant au mélange trois fois autant d'argent ou environ qu'il y a » d'or ; l'acide nitreux dissout l'argent et le platine, et l'or tout entier en est séparé ; on » verse ensuite de l'acide marin sur la liqueur chargée de l'argent et du platine, sur-le-» champ on a un précipité de l'argent seul ; et, comme on a formé par là une eau régale, le » platine n'en est que mieux maintenu dans la liqueur qui surnage l'argent précipité. Pour » obtenir ensuite le platine, on fait évaporer sur un bain de sable la liqueur qui le contient, » et on traite le résidu par le flux noir, en y ajoutant de la chaux de cuivre propre à ras-» sembler ces particules de platine ; on lamine après cela le bouton de cuivre qu'on a retiré » de l'opération, et on le fait dissoudre à froid dans de l'esprit de nitre affaibli ; le platine » se précipite au fond du matras, et, après un recuit, il s'annonce avec ses caractères » métalliques, mais avec un déchet de moitié ou environ sur la quantité de platine qu'on a » employé. Voilà le procédé que j'ai suivi et par lequel on voit que je n'ai rien pu perdre » par un défaut de soins : après des opérations réitérées, on parvient à réduire le platine à » peu de grains, et enfin à le perdre totalement. Ces expériences annoncent que le platine » se décompose et n'est pas un métal simple ; la matière noire et ferrugineuse se montre à » chaque opération, et se trouve mêlée avec celle qui a conservé l'état métallique ; cette » matière noirâtre, qui n'a pu reprendre ses caractères métalliques, est fort légère et ne se » précipite qu'avec peine ; on ne croirait jamais qu'elle eût appartenu à un métal aussi

L'or est précipité de sa dissolution par le vitriol de fer, et le platine ne l'est pas : ceci fournit un moyen de séparer l'or du platine s'il s'y trouvait artificiellement allié, mais cet intermède ne peut rien sur leur alliage naturel. Le mercure, qui s'amalgame si puissamment avec l'or, ne s'unit point avec le platine ; ceci fournit un second moyen de reconnaître l'or falsifié par le mélange du platine ; il ne faut que réduire l'alliage en poudre et le présenter au mercure, qui s'emparera de toutes les particules d'or et ne s'attachera point à celles du platine.

Ces différences entre l'or et le platine sont peu considérables, en comparaison des rapports de nature que ces deux substances ont l'une avec l'autre : le platine ne s'est trouvé que dans des mines d'or, et seulement dans deux endroits particuliers, et, quoique tiré de la même mine, sa substance n'est pas toujours la même ; car, en essayant sous le marteau plusieurs grains de platine, tel qu'on nous l'envoie, j'ai reconnu que quelques-uns de ces grains s'étendaient assez facilement, tandis que d'autres se brisaient sous une percussion égale ; cela seul suffirait pour faire voir que ce n'est point un métal natif et d'une nature univoque, mais un mélange équivoque, qui se trouve plus ou moins aigre, selon la quantité et la qualité des matières alliées.

Quoique le platine soit blanc à peu près comme l'argent, sa dissolution est jaune, et même plus jaune que celle de l'or : cette couleur augmente encore à mesure que la dissolution se sature, et devient à la fois tout à fait rouge ; cette dernière couleur ne provient-elle pas du fer toujours uni au platine (a) ? En faisant évaporer lentement cette dissolution, on obtient un sel cristallisé, semblable au sel d'or ; la dissolution noircit de même la peau, et laisse aussi précipiter le platine, comme l'or, par l'éther et par les autres huiles éthérées ; enfin, son sel reprend, comme celui de l'or, son état métallique, sans addition ni secours.

Le produit de la dissolution du platine paraît différer de l'or dissous en ce que le précipité de platine, fait par l'alcali volatil, ne devient pas fulminant comme l'or, mais aussi, peut-être que si l'on joignait une petite quantité de fer à la dissolution d'or, le précipité ne serait pas fulminant : je présume de même que c'est par une cause semblable que le précipité du platine par l'étain ne se colore pas de pourpre comme celui de l'or ; et, dans le vrai, ces différences sont si légères, en comparaison des grands et vrais rapports que le platine a constamment avec l'or, qu'elles ne suffisent pas à beaucoup près pour faire un métal à part et indépendant d'une matière qui n'est très vraisemblablement qu'altérée par le mélange du fer et de quelques vapeurs arsenicales ; car, quoique notre art ne puisse rendre à ces deux métaux altérés leur première essence, il ne faut pas conclure de son impuissance à l'impossibilité ; ce serait prétendre que la nature n'a pu faire ce que nous ne pouvons défaire, et nous devrions plutôt nous attacher à l'imiter qu'à la contredire.

Aucun acide simple, ni même le sublimé corrosif ni le soufre n'agissent pas plus sur le platine que sur l'or, mais le foie de soufre les dissout également ; toutes les substances métalliques le précipitent comme l'or, et son précipité conserve de même sa couleur et son brillant métallique ; il s'allie comme l'or avec tous les métaux et les demi-métaux.

» pesant que le platine : quatre ou cinq grains de cette matière décomposée ont le volume » d'une noisette. » Note de M. Tillet.

(a) Le platine se dissout dans l'eau régale, qui doit être composée de parties égales d'acide nitreux et d'acide marin. Il en faut environ seize parties pour une partie de platine, et il faut qu'elle soit aidée de la chaleur... La dissolution prend une couleur jaune qui passe au rouge brun foncé ; il reste au fond du vaisseau des matières étrangères qui étaient mêlées au platine, et particulièrement du sable magnétique. La dissolution du platine fournit par le refroidissement de petits cristaux opaques de couleur jaune et d'une saveur âcre ; ces cristaux se fondent imparfaitement au feu, l'acide se dissipe, et il reste une chaux grise obscure. *Éléments de Chimie*, par M. de Morveau, t. II, p. 266 et 267.

La différence la plus sensible qu'il y ait entre les propriétés secondaires de l'or et du platine, c'est la facilité avec laquelle il s'amalgame avec le mercure, et la résistance que le platine oppose à cette union; il me semble que c'est par le fer et par l'arsenic, dont le platine est intimement pénétré, que l'or aura perdu son attraction avec le mercure qui, comme l'on sait, ne peut s'amalgamer avec le fer, et encore moins avec l'arsenic; je suis donc persuadé qu'on pourra toujours donner la raison de toutes ces différences en convenant, avec moi, que le platine est un or dénaturé par le mélange intime du fer et d'une vapeur d'arsenic.

Le platine, mêlé en parties égales avec l'or, exige un feu violent pour se fondre; l'alliage est blanchâtre, dur, aigre et cassant; néanmoins, en le faisant recuire, il s'étend un peu sous le marteau : si on met quatre parties d'or sur une de platine, il ne faut pas un si grand degré de feu pour les fondre, l'alliage conserve à peu près la couleur de l'or, et l'on a observé qu'en général l'argent blanchit l'or beaucoup plus que le platine; cet alliage de quatre parties d'or sur une de platine peut s'étendre en lames minces sous le marteau.

Pour fondre le platine et l'argent mêlés en parties égales, il faut un feu très violent, et cet alliage est moins brillant et plus dur que l'argent pur; il n'a que peu de ductilité, sa substance est grenue, les grains en sont assez gros et paraissent mal liés; et, lors même que l'on met sept ou huit parties d'argent sur une de platine, le grain de l'alliage est toujours grossier; on peut par ce mélange faire cristalliser très aisément l'argent en fusion (*a*), ce qui démontre le peu d'affinité de ce métal avec le platine, puisqu'il ne contracte avec lui qu'une union imparfaite.

Il n'en est pas de même du mélange du platine avec le cuivre; c'est de tous les métaux celui avec lequel il se fond le plus facilement : mêlés à parties égales, l'alliage en est dur et cassant; mais, si l'on ne met qu'une huitième ou une neuvième partie de platine, l'alliage est d'une plus belle couleur que celle du cuivre; il est aussi plus dur et peut recevoir un plus beau poli, il résiste beaucoup mieux à l'impression des éléments humides, il ne donne que peu ou point de vert-de-gris, et il est assez ductile pour être travaillé à peu près comme le cuivre ordinaire. On pourrait donc, en alliant le cuivre et le platine dans cette proportion, essayer d'en faire des vases de cuisine, qui pourraient se passer d'étamage et qui n'auraient aucune des mauvaises qualités du cuivre, de l'étain et du plomb.

Le platine, mêlé avec quatre ou cinq fois autant de fonte de fer, donne un alliage plus dur que cette fonte et encore moins sujet à la rouille; il prend un beau poli, mais il est trop aigre pour pouvoir être mis en œuvre comme l'alliage de cuivre. M. Lewis, auquel on doit ces observations, dit aussi que le platine se fond avec l'étain en toutes proportions, depuis parties égales jusqu'à vingt-quatre parties d'étain sur une de platine, et que ces alliages sont d'autant plus durs et plus aigres que le platine est en plus grande quantité, en sorte qu'il ne paraît pas qu'on puisse les travailler : il en est de même des alliages avec le plomb, qui même exigent un feu plus violent que ceux avec l'étain. Cet habile chimiste a encore observé que le plomb et l'argent ont tant de peine à s'unir avec le platine qu'il tombe toujours une bonne partie du platine au fond du creuset, dans sa fusion avec ces deux métaux, qui de tous ont par conséquent le moins d'affinité avec ce minéral.

Le bismuth, comme le plomb, ne s'allie qu'imparfaitement avec le platine, et l'alliage

(*a*) « Les cristallisations constantes de l'argent où il est entré du platine semblent » indiquer réellement le peu d'affinité qu'il y a entre ces deux métaux : il paraît que l'argent » tend à se séparer du platine. On a infailliblement des cristallisations d'argent bien pro» noncées, en fondant huit parties d'argent pur avec une partie de platine et en les passant » à la coupelle. J'ai remis pour le Cabinet du Roi des boutons de deux gros ainsi cristal» lisés à leur surface; la loupe la moins forte d'un microscope fait distinguer nettement les » petites pyramides de l'argent. » Remarque communiquée par M. Tillet.

qui en résulte est cassant au point d'être friable : mais de la même manière que, dans les métaux, le cuivre est celui avec lequel le platine s'unit le plus facilement, il se trouve que des demi-métaux, c'est le zinc avec lequel il s'unit aussi le plus parfaitement : cet alliage du platine et du zinc ne change point de couleur et ressemble au zinc pur; il est seulement plus ou moins bleuâtre, selon la proportion plus ou moins grande du platine dans le mélange; il ne se ternit point à l'air, mais il est plus aigre que le zinc qui, comme l'on sait, s'étend sous le marteau : ainsi cet alliage du platine et du zinc, quoique facile, n'offre encore aucun objet d'utilité; mais, si l'on mêle quatre parties de laiton ou cuivre jaune avec une partie de platine, l'union paraît s'en faire d'une manière intime, la substance de l'alliage est compacte et fort dure, le grain en est très fin et très serré, et il prend un poli vif qui ne se ternit point à l'air; sans être bien ductile, cet alliage peut néanmoins s'étendre assez sous le marteau pour pouvoir s'en servir à faire des miroirs de télescope et d'autres petits ouvrages dont le poli doit résister aux impressions de l'air.

J'ai cru pouvoir avancer, il y a quatre années (*a*), et je crois pouvoir soutenir encore aujourd'hui, que le platine n'est point un métal pur, mais seulement un alliage d'or et de fer produit accidentellement et par des circonstances locales : comme tous nos chimistes, d'après MM. Schœffer et Lewis, avaient sur cela pris leur parti, qu'ils en avaient parlé comme d'un nouveau métal parfait, ils ont cherché des raisons contre mon opinion, et ces raisons m'ont paru se réduire à une seule objection que je tâcherai de ne pas laisser sans réponse : « Si le platine, dit un de nos plus habiles chimistes (*b*), était un alliage d'or et » de fer, il devrait reprendre les propriétés de l'or à proportion qu'on détruirait et qu'on » lui enlèverait une grande quantité de son fer, et il arrive précisément le contraire; loin » d'acquérir la couleur jaune, il n'en devient que plus blanc, et les propriétés par les- » quelles il diffère de l'or n'en sont que plus marquées. » Il est très vrai que, si l'on mêle de l'or avec du fer dans leur état ordinaire, on pourra toujours les séparer en quelque dose qu'ils soient alliés, et qu'à mesure qu'on détruira et enlèvera le fer, l'alliage reprendra la couleur de l'or, et que ce dernier métal reprendra lui-même toutes ses propriétés dès que le fer en sera séparé; mais n'ai-je pas dit et répété que le fer, qui se trouve si intimement uni au platine, n'est pas du fer dans son état ordinaire de métal, qu'il est au contraire, comme le sablon ferrugineux qui se trouve mêlé avec le platine, presque entièrement dépouillé de ses propriétés métalliques, puisqu'il est presque infusible, qu'il résiste à la rouille, aux acides, et qu'il ne lui reste que la propriété d'être attirable à l'aimant : dès lors, l'objection tombe, puisque le feu ne peut rien sur cette sorte de fer; tous les ingrédients, toutes les combinaisons chimiques, ne peuvent ni l'altérer ni le changer, ni lui ôter sa qualité magnétique, ni même le séparer en entier du platine avec lequel il reste constamment et intimement uni; et, quoique le platine conserve sa blancheur et ne prenne point la couleur de l'or, après toutes les épreuves qu'on lui a fait subir, cela n'en prouve que mieux que l'art ne peut altérer sa nature; sa substance est blanche et doit l'être en effet, en la supposant, comme je le fais, composée d'or dénaturé par l'arsenic, qui lui donne cette couleur blanche et qui, quoique très volatil, peut néanmoins y être très fixement uni, et même plus intimement qu'il ne l'est dans le cuivre dont on sait qu'il est très difficile de le séparer.

Plus j'ai combiné les observations générales et les faits particuliers sur la nature du platine, plus je me suis persuadé que ce n'est qu'un mélange accidentel d'or imbu de vapeurs arsenicales, et d'un fer brûlé autant qu'il est possible, auquel le feu a par conséquent enlevé toutes ses propriétés métalliques, à l'exception de son magnétisme; je crois même que les physiciens qui réfléchiront sans préjugé sur tous les faits que je viens

(*a*) Tome IX, p. 166 et suiv.
(*b*) M. Macquer.

d'exposer seront de mon avis, et que les chimistes ne s'obstineront pas à regarder comme un métal pur et parfait une matière qui est évidemment alliée avec d'autres substances métalliques. Cependant voyons encore de plus près les raisons sur lesquelles ils voudraient fonder leur opinion.

En recherchant les différences de l'or et du platine jusque dans leur décomposition, on a observé : 1° Que la dissolution du platine dans l'eau régale ne teint pas la peau, les os, les marbres et pierres calcaires en couleur pourpre, comme le fait la dissolution de l'or, et que le platine ne se précipite pas en poudre couleur de pourpre, comme l'or précipité par l'étain ; mais ceci doit-il nous surprendre, puisque le platine est blanc et que l'or est jaune ? 2° L'esprit-de-vin et les autres huiles essentielles, ainsi que le vitriol de fer, précipitent l'or et ne précipitent pas le platine ; mais il me semble que cela doit arriver, puisque le platine est mêlé de fer avec lequel le vitriol martial et les huiles essentielles ont plus d'affinité qu'avec l'eau régale, et qu'en ayant moins avec l'or elles le laissent se dégager de sa dissolution. 3° Le précipité du platine par l'alcali volatil ne devient pas fulminant comme celui de l'or, cela ne doit pas encore nous étonner ; car cette précipitation produite par l'alcali est plus qu'imparfaite, attendu que la dissolution reste toujours colorée et chargée de platine, qui dans le vrai est plutôt calciné que dissous dans l'eau régale : elle ne peut donc pas, comme l'or dissous et précipité, saisir l'air que fournit l'alcali volatil, ni par conséquent devenir fulminante. 4° Le platine traité à la coupelle, soit par le plomb, le bismuth ou l'antimoine, ne fait point l'*éclair* comme l'or, et semble retenir une portion de ces matières, mais cela ne doit-il pas nécessairement arriver, puisque la fusion n'est pas parfaite et qu'un mélange avec une matière déjà mélangée ne peut produire une substance pure, telle que celle de l'or quand il fait l'éclair ? Ainsi toutes ces différences, loin de prouver que le platine est un métal simple et différent de l'or, semblent démontrer au contraire que c'est un or dénaturé par l'alliage intime d'une matière ferrugineuse également dénaturée ; et si notre art ne peut rendre à ces métaux leur première forme, il ne faut pas en conclure que la substance du platine ne soit pas composée d'or et de fer, puisque la présence du fer y est démontrée par l'aimant, et celle de l'or par la balance.

Avant que le platine fût connu en Europe, les Espagnols, et même les Américains, l'avaient fondu en le mêlant avec des métaux, et particulièrement avec le cuivre et l'arsenic ; ils en avaient fait différents petits ouvrages qu'ils donnaient à plus bas prix que de pareils ouvrages en argent ; mais, avec quelque métal qu'on puisse allier le platine, il en détruit ou du moins diminue toujours la ductilité ; il les rend tous aigres et cassants, ce qui semble prouver qu'il contient une petite quantité d'arsenic, dont on sait qu'il ne faut qu'un grain pour produire cet effet sur une masse considérable de métal : d'ailleurs, il paraît que, dans ces alliages du platine avec les métaux, la combinaison des substances ne se fait pas d'une manière intime ; c'est plutôt une agrégation qu'une union parfaite, et cela seul suffit pour produire l'aigreur de ces alliages.

M. de Morveau, aussi savant physicien qu'habile chimiste, dit avec raison que la densité du platine (*a*) n'est pas constante, qu'elle varie même suivant les différents procédés qu'on emploie pour le fondre, quoiqu'elle n'y prenne certainement aucun alliage (*b*) : ce fait ne démontre-t-il pas deux choses ? la première, que la densité est ici d'autant moindre

(*a*) Selon M. Brisson, le platine en grenaille ne pèse que 1,092 livres 2 onces le pied cube, tandis que le platine fondu et écroui pèse 1,423 livres 9 onces, ce qui surpasse la densité de l'or battu et écroui, qui ne pèse que 1,355 livres 5 onces. Si cette détermination est exacte, on doit en inférer que le platine fondu est susceptible d'une plus grande compression que l'or.

(*b*) *Éléments de chimie*, t. Ier, p. 110.

que la fusion est plus imparfaite, et qu'elle serait peut-être égale à celle de l'or si l'on pouvait réduire le platine en fonte parfaite; c'est ce que nous avons tâché de faire en en faisant passer quelques livres à travers les charbons dans un fourneau d'aspiration (a) : la

(a) « Il est impossible de fondre le platine en or blanc dans un creuset, sans addition. Il » résiste à un feu aussi vif, et même plus fort que celui qui fond les meilleurs creusets... » Il fondrait beaucoup plus aisément sur les charbons, sans creuset; mais on ne peut le » traiter ainsi quand on n'en a pas une livre, et j'étais dans ce cas. Le phlogistique des » charbons ne contribue en aucune manière à la fusion de ce métal, mais leur chaleur, ani- » mée par le soufflet de forge, est beaucoup plus forte que celle du creuset. » *Description de l'or blanc*, etc., par M. Schœffer; *Journal étranger*, mois de novembre 1757. — J'ai pensé sur cela comme M. Schœffer, et j'ai cru que je viendrais à bout de fondre parfaitement le platine en le faisant passer à travers les charbons ardents et en assez grande quantité pour pouvoir le recueillir en fonte. M. de Morveau a bien voulu conduire cette opération en ma présence : pour cela, nous avons fait construire, au mois d'août dernier 1781, une espèce de haut fourneau de treize pieds huit pouces de hauteur totale, divisé en quatre parties égales, savoir : la partie inférieure, de forme cylindrique, de vingt pouces de haut sur vingt pouces de diamètre, formée de trois dalles de pierre calcaire posées sur une pierre de même nature, creusée légèrement en fond de chaudière; ce cylindre était percé vers le bas de trois ouvertures disposées aux sommets d'un triangle équilatéral inscrit; chacune de ces ouvertures était de huit pouces de longueur sur dix de hauteur, et défendue à l'extérieur par des murs en brique, à la manière des garde-tirants des fours à porcelaine.

La seconde partie du fourneau, formée de dalles de même pierre, était en cône de douze pouces de hauteur, ayant au bas vingt pouces de diamètre et neuf pouces au-dessus; les dalles de ces deux parties étaient entretenues par des cercles de fer.

La troisième partie, formant un tuyau de neuf pouces de diamètre et de cinq pieds de long, fut construite en briques.

Un tuyau de tôle de neuf pouces de diamètre et six pieds de hauteur, placé sur le tuyau de briques, formait la quatrième et dernière partie du fourneau; on avait pratiqué une porte vers le bas, pour la commodité du chargement.

Ce fourneau ainsi construit, on mit le feu vers les quatre heures du soir : il tira d'abord assez bien; mais, ayant été chargé de charbon jusqu'aux deux tiers du tuyau de briques, le feu s'éteignit, et on eut assez de peine à le rallumer et à faire descendre les charbons qui s'engorgeaient. L'humidité eut sans doute aussi quelque part à cet effet : ce ne fut qu'à minuit que le tirage se rétablit; on l'entretint jusqu'à huit heures du matin, en chargeant de charbon à la hauteur de cinq pieds seulement, et bouchant alternativement un des tisards pour augmenter l'activité des deux autres.

Alors on jeta dans ce fourneau treize onces de platine mêlé avec quatre livres de verre de bouteille pulvérisé et tamisé, et on continua de charger de charbon à la même hauteur de cinq pieds au-dessus du fond.

Deux heures après, on ajouta même quantité de platine et de verre pilé.

On aperçut, vers le midi, quelques scories à l'ouverture des tisards; elles étaient d'un verre grossier, tenace, pâteux, et présentaient à leur surface des grains de platine non attaqués; on fit rejeter dans le fourneau toutes celles que l'on put tirer.

On essaya de boucher à la fois deux tisards, et l'élévation de la flamme fit voir que le tirage en était réellement augmenté; mais les cendres qui s'amoncelaient au fond arrêtant le tirage, on prit le parti de faire jouer un très gros soufflet en introduisant la buse dans un des tisards, les autres bouchés, et pour lors on enleva le tuyau de tôle, qui devenait inutile.

On reconnut, vers les cinq heures du soir, que les cendres étaient diminuées; les scories mieux fondues contenaient une infinité de petits globules de platine, mais il ne fut pas possible d'obtenir un laitier assez fluide pour permettre la réunion de petits culots métalliques. On arrêta le feu à minuit.

Le fourneau ayant été ouvert après deux jours de refroidissement, on trouva sur le fond une masse de scories grossières, formées de cendres vitrifiées et de quelques matières étran-

seconde, c'est que cet alliage de fer et d'or, produit par un accident de nature, n'est pas, comme les métaux, d'une densité constante, mais d'une densité variable, et réellement différente suivant les circonstances, en sorte que tel platine est plus ou moins pesant que tel autre, tandis que dans tout vrai métal la densité est égale dans toutes les parties de sa substance.

M. de Morveau a reconnu, comme moi et avec moi, que le platine est en lui-même magnétique, indépendamment du sablon ferrugineux dont il est extérieurement mêlé, et quelquefois environné : comme cette observation a été contredite, et que Schœffer a prétendu qu'en faisant seulement rougir le platine il cessait d'être attirable à l'aimant, que d'autres chimistes en grand nombre ont dit qu'après la fonte il était absolument insensible à l'action magnétique, nous ne pouvons nous dispenser de présenter ici le résultat des expériences et les faits relatifs à ces assertions.

MM. Macquer et Baumé assurent avoir reconnu : « Qu'en poussant à un très grand feu, » pendant cinquante heures, la coupellation du platine, il avait perdu de son poids, » ce qui prouve que tout le plomb avait passé à la coupelle avec quelque matière qu'il » avait enlevée, d'autant que ce platine, passé à cette forte épreuve de coupelle, était » devenu assez ductile pour s'étendre sous le marteau (*a*). » Mais, s'il était bien constant que le platine perdit de son poids à la coupellation, et qu'il en perdit d'autant plus que le feu est plus violent et plus longtemps continué, cette coupellation de cinquante heures n'était encore qu'imparfaite, et n'a pas réduit le platine à son état de pureté. « On n'était » pas encore parvenu, dit avec raison M. de Morveau, à achever la coupellation du pla- » tine lorsque nous avons fait voir qu'il était possible de la rendre complète au moyen » d'un feu de la dernière violence. M. de Buffon a inséré, dans ses suppléments (*b*), le » détail de ces expériences, qui ont fourni un bouton de platine pur, et absolument privé » de plomb et de tout ce qu'il aurait pu scorifier ; et il faut observer que ce platine

gères portées avec le charbon ; le platine y était disséminé en globules de différentes grosseurs, quelques-uns du poids de vingt-cinq à trente grains, tous très attirables à l'aimant ; on observa dans quelques parties des scories une espèce de cristallisation en rayons divergents, comme l'asbeste ou l'hématite striée. La chaleur avait été si violente que, dans tout le pourtour intérieur, la pierre du fourneau était complètement calcinée de trois pouces et demi d'épaisseur, et même entamée en quelques endroits par la vitrification.

Les scories pulvérisées furent débarrassées par un lavage en grande eau de toutes les parties de chaux et même d'une portion de la terre. On mit toute la matière restante dans un très grand creuset de plomb noir avec une addition de six livres d'alcali extemporané ; ce creuset fut placé devant les soufflets d'une chaufferie : en moins de six heures, le creuset fut percé du côté du vent, et il a fallu arrêter le feu parce que la matière qui en sortait coulait au-devant des soufflets.

On reconnut le lendemain, à l'ouverture du creuset, que la masse vitreuse qui avait coulé et qui était encore attachée au creuset, tenait une quantité de petits culots de platine du poids de soixante à quatre-vingts grains chacun, et qui étaient formés de globules refondus : ces culots étaient de même très magnétiques, et plusieurs présentaient à leur surface des éléments de cristallisation. Le reste du platine était à peine agglutiné.

On pulvérisa grossièrement toute la masse, et, en y promenant le barreau aimanté, on en retira près de onze onces de platine, tant en globules qu'en poussière métallique ; cette expérience fut faite aux forges de Buffon, et en même temps nous répétâmes dans mon laboratoire de Montbard l'expérience du platine malléable : on fit dissoudre un globule de platine dans l'eau régale, on précipita la dissolution par le sel ammoniac ; le précipité, mis dans un creuset au feu d'une petite forge, fut promptement revivifié, quoique sans fusion complète. Il s'étendit très bien sous le marteau, et les parcelles, atténuées et divisées dans le mortier d'agate, se trouvèrent encore sensibles à l'aimant.

(*a*) *Dictionnaire de chimie*, article *Platine*.

(*b*) Tome IX.

» manifesta encore un peu de sensibilité à l'action du barreau aimanté lorsqu'il fut ré» duit en poudre, ce qui annonce que cette propriété lui est essentielle, puisqu'il ne » peut dépendre ici de l'alliage d'un fer étranger (*a*). » On ne doit donc pas regarder le platine comme un métal pur, simple et parfait, puisqu'en le purifiant autant qu'il est possible il contient toujours des parties de fer qui le rendent sensible à l'aimant. M. de Morveau a fondu le platine, sans addition d'aucune matière métallique, par un fondant composé de huit parties de verre pulvérisé, d'une partie de borax calciné et d'une demi-partie de poussière de charbon. Ce fondant vitreux et salin fond également les mines de fer et celles de tous les autres métaux (*b*), et après cette fusion, où il n'entre ni fer ni aucun autre métal, le platine, broyé dans un mortier d'agate, était encore attirable à l'aimant. Ce même habile chimiste est le premier qui soit venu à bout d'allier le platine avec le fer forgé, au moyen du fondant que nous venons d'indiquer : cet alliage du fer forgé avec le platine est d'une extrême dureté ; il reçoit un très beau poli qui ne se ternit point à l'air, et ce serait la matière la plus propre de toutes à faire des miroirs de télescope (*c*).

Je pourrais rapporter ici les autres expériences par lesquelles M. de Morveau s'est assuré que le fer existe toujours dans le platine le plus purifié : on les lira avec satisfaction dans son excellent ouvrage (*d*) ; on y trouvera, entre autres choses utiles, l'indication d'un moyen sûr et facile de reconnaître si l'or a été falsifié par le mélange du platine ; il suffit pour cela de faire dissoudre dans l'eau régale une portion de cet or suspect, et d'y jeter quelques gouttes d'une dissolution de sel ammoniac, il n'y aura aucun précipité si l'or est pur, et au contraire il se fera un précipité d'un beau jaune s'il est mêlé de platine ; on doit seulement avoir attention de ne pas étendre la dissolution dans beaucoup d'eau (*e*) ;

(*a*) *Éléments de chimie*, t. Ier, p. 219. — « Il n'est pas possible, dit ailleurs M. de Mor» veau, de supposer que la portion de platine, d'abord traitée par le nitre et ensuite par » l'acide vitriolique, fût un fer étranger au platine lui-même, puisqu'il est évident qu'il » aurait été calciné à la première détonation, et que nous avions eu l'attention de ne sou» mettre à la seconde opération que le platine qui avait reçu le brillant métallique ; cette » réflexion nous a engagés à traiter une troisième fois les cinq cents grains restants, et le » résultat a été encore plus satisfaisant. Le creuset ayant été tenu plus longtemps au feu, le » platine était comme agglutiné au-dessous de la matière saline, la lessive était plus colorée » et comme verdâtre, et la poussière noire plus abondante ; l'acide vitriolique, bouilli sur ce » qui était resté sur le filtre, était sensiblement plus chargé, et le platine en état de métal, » réduit à trente-cinq grains, compris quelques écailles qui avaient l'apparence de fer brûlé, » et qui étaient beaucoup plus larges qu'aucun des grains de platine. Une autre circon» stance bien digne de remarque, c'est que dans ces trente-cinq grains on découvrait aisé» ment, à la seule vue, nombre de paillettes de couleur d'or, tandis qu'auparavant nous n'en » avions aperçu aucune, même avec le secours de la loupe.....

» Nous avons fait digérer dans l'eau régale la poussière noire qui avait été séparée par les » lavages ; elle a fourni une dissolution passablement chargée, qui avait tous les caractères » d'une dissolution de platine, qui a donné sur-le-champ un beau précipité jaune pâle par » l'addition de la dissolution du sel ammoniac, ce qui n'arrive pas à la dissolution de fer » dans le même acide mixte ; la liqueur prussienne saturée l'a colorée en vert, et la fécule » bleue a été plusieurs jours à se rassembler. » *Éléments de chimie*, par M. de Morveau, t. II, p. 145 et suiv.

(*b*) *Idem*, t. Ier, p. 227.

(*c*) Le platine est de tous les métaux le plus propre à faire les miroirs des télescopes, puisqu'il résiste, aussi bien que l'or, aux vapeurs de l'air, qu'il est compact, fort dense, sans couleur et plus dur que l'or, que le défaut de ces deux propriétés rend inutile pour cet usage. *Description de l'or blanc*, par M. Schœffer ; *Journal étranger*, mois de novembre 1757.

(*d*) Voyez les *Éléments de chimie*, t. II, p. 54 et suiv.

(*e*) *Éléments de chimie*, p. 269 et 314.

c'est en traitant le précipité du platine par une dissolution concentrée de sel ammoniac, et en lui faisant subir un feu de la dernière violence, qu'on peut le rendre assez ductile pour s'étendre sous le marteau, mais dans cet état de plus grande pureté, lorsqu'on le réduit en poudre, il est encore attirable à l'aimant; le platine est donc toujours mêlé de fer, et dès lors on ne doit pas le regarder comme un métal simple : cette vérité, déjà bien constatée, se confirmera encore par toutes les expériences qu'on voudra tenter pour s'en assurer M. Margraff a précipité le platine par plusieurs substances métalliques; aucune de ces précipitations ne lui a donné le platine en état de métal, mais toujours sous la forme d'une poudre brune : ce fait n'est pas le moins important de tous les faits qui mettent ce minéral hors de la classe des métaux simples.

M. Lewis assure que l'arsenic dissout aisément le platine; M. de Morveau, plus exact dans ses expériences, a reconnu que cette dissolution n'était qu'imparfaite, et que l'arsenic corrodait plutôt qu'il ne dissolvait le platine, et de tous les essais qu'il a faits sur ces deux minéraux joints ensemble, il conclut qu'il y a entre eux une très grande affinité, « ce qui ajoute, dit-il, aux faits qui établissent déjà tant de rapports entre le platine » et le fer; » mais ce dernier fait ajoute aussi un degré de probabilité à mon idée, sur l'existence d'une petite quantité d'arsenic dans cette substance composée de fer et d'or.

A tous ces faits qui me semblent démontrer que le platine n'est point un métal pur et simple, mais un mélange de fer et d'or tous deux altérés, et dans lequel ces deux métaux sont intimement unis, je dois ajouter une observation qui ne peut que les confirmer : il y a des mines de fer, tenant or et argent, qu'il est impossible même avec seize parties de plomb de réduire en scories fluides; elles sont toujours pâteuses et filantes, et par conséquent l'or et l'argent qu'elles contiennent ne peuvent s'en séparer pour se joindre au plomb. On trouve en une infinité d'endroits des sables ferrugineux tenant de l'or; mais jusqu'à présent on n'a pu, par la fonte en grand, en séparer assez d'or pour payer les frais; le fer qui se ressuscite retient l'or, ou bien l'or reste dans les scories (*a*) : cette union intime de l'or avec le fer dans ces sablons ferrugineux, qui tous sont très magnétiques et semblables au sablon du platine, indiquent que cette même union peut bien être encore plus forte dans le platine où l'or a souffert, par quelques vapeurs arsenicales, une altération qui l'a privé de sa ductilité; et cette union est d'autant plus difficile à rompre, que ni l'un ni l'autre de ces métaux n'existe dans le platine en leur état de nature, puisque tous deux y sont dénués de la plupart de leurs propriétés métalliques.

« Toutes les expériences que j'ai faites sur le platine, m'écrit M. Tillet, me conduisent » à croire qu'il n'est point un métal simple, que le fer y domine; mais qu'il ne *con-* » *tient point d'or.* » Quelque confiance que j'aie aux lumières de ce savant académicien, je ne puis me persuader que la partie dense du platine ne soit pas essentiellement de l'or, mais de l'or altéré et auquel notre art n'a pu jusqu'à présent rendre sa première forme : ne serait-il pas plus qu'étonnant qu'il existât en deux seuls endroits du monde une matière aussi pesante que l'or, qui ne serait pas de l'or, et que cette matière si dense, qu'on voudrait supposer différente de l'or, ne se trouvât néanmoins que dans des mines d'or? Je le répète : si le platine se trouvait, comme les autres métaux, dans toutes les parties du monde, s'il se trouvait en mines particulières et dans d'autres mines que celles d'or, je pourrais penser alors, avec M. Tillet, qu'il ne contient point d'or, et qu'il

(*a*) *Traité de la fonte des mines* de Schlutter, t. Ier, p. 183 et 184. — On doit néanmoins observer que le procédé indiqué par M. Hellot, d'après Schlutter, n'est peut-être pas le meilleur qu'on puisse employer pour tirer l'or et l'argent du fer. M. de Grignon dit qu'il faut scorifier par le soufre, rafraîchir par le plomb et coupeller ensuite; il assure que le sieur Vatrin a tiré l'or du fer avec quelque bénéfice, et qu'il en a traité dans un an quarante milliers qui venaient des forges de M. de la Blouze en Nivernais et Berry, d'une veine de mine de fer qui a cessé de fournir de ce minéral aurifère.

existe en effet une autre matière à peu près aussi dense que l'or dont il serait composé avec un mélange de fer, et, dans ce cas, on pourrait le regarder comme un septième métal, surtout si l'on pouvait parvenir à en séparer le fer; mais, jusqu'à ce jour, tout me semble démontrer ce que j'ai osé avancer le premier, que ce minéral n'est point un métal simple, mais seulement un alliage de fer et d'or. Il me paraît même qu'on peut prouver, par un seul fait, que cette substance dense du platine n'est pas une matière particulière essentiellement différente de l'or; puisque le soufre ou sa vapeur agit sur tous les métaux, à l'exception de l'or, et que n'agissant point du tout sur le platine, on doit en conclure que la substance dense de ce minéral est de même essence que celle de l'or, et l'on ne peut pas objecter que par la même raison le platine ne contienne pas du fer, sur lequel l'on sait que le soufre agit avec grande énergie, parce qu'il faut toujours se souvenir que le fer contenu dans le platine n'est point dans son état métallique, mais réduit en sablon magnétique, et que dans cet état le soufre ne l'attaque pas plus qu'il n'attaque l'or.

M. le baron de Sickengen, homme aussi recommandable par ses qualités personnelles et ses dignités que par ses grandes connaissances en chimie, a communiqué à l'Académie des sciences, en 1778, les observations et les expériences qu'il avait faites sur le platine; et je fais ici volontiers l'éloge de son travail, quoique je ne sois pas d'accord avec lui sur quelques points que nous avons probablement vus d'une manière différente. Par exemple, il annonce, par son expérience 21, que le nitre en fusion n'altère pas le platine; je ne puis m'empêcher de lui faire observer que les expériences des autres chimistes, et en particulier celles de M. de Morveau, prouvent le contraire, puisque le platine ainsi traité se laisse attaquer par l'acide vitriolique et par l'eau-forte (a).

L'expérience 22 de M. le baron de Sickengen paraît confirmer le soupçon que j'ai toujours eu que le platine ne nous arrive pas tel qu'il sort de la mine, mais seulement après avoir passé sous la meule, et très probablement après avoir été soumis à l'amalgame : les globules de mercure, que M. Schœffer et M. le comte de Milly ont remarqués dans celui qu'ils traitaient, viennent à l'appui de cette présomption que je crois fondée.

J'observerai, au sujet de l'expérience 55 de M. le baron de Sickengen, qu'elle avait été faite auparavant et publiée dans une lettre qui m'a été adressée par M. de Morveau, et qui est insérée dans le *Journal de Physique*, tome VI, page 193 : ce que M. de Sickengen a fait de plus que M. de Morveau, c'est qu'ayant opéré sur une plus grande quantité de platine, il a pu former un barreau d'un culot plus gros que celui que M. de Morveau n'a pu étendre qu'en une petite lame.

Je ne peux me dispenser de remarquer aussi que le principe posé pour servir de base aux conséquences de l'expérience 56 ne me paraît pas juste; car un alliage, même fait par notre art, peut avoir ou acquérir des propriétés différentes dans les substances alliées, et par conséquent le platine pourrait s'allier au mercure sans qu'on pût en conclure qu'il ne contient pas de fer, et même cette expérience 56 est peut-être tout ce qu'il y a de plus fort pour prouver au moins l'impossibilité de priver le platine de tout fer, puisque ce platine revivifié, que l'on nous donne pour le plus pur et qui éprouve une sorte de décomposition par le mercure, produit une poudre noire martiale, attirable à l'aimant, et avec laquelle on peut bien faire le bleu de Prusse : or pour conclure, comme le fait l'illustre auteur (expérience 59), que l'analyse n'a point de prise sur le platine, il aurait fallu répéter, sur le produit de l'expérience 59, les épreuves sur le produit de l'expérience 56, et démontrer qu'il ne donnait plus ni poudre noire, ni atomes magnétiques, ni bleu de Prusse; sans cela, le procédé qui fait l'amalgame à chaud n'est plus qu'un procédé approprié qui ne décide rien.

J'observe encore que l'expérience 64 donne un résultat qui est plus d'accord avec mon

(a) Voyez les *Éléments de chimie*, par M. de Morveau, t. II, p. 152 et suiv.

opinion qu'avec celle de l'auteur; car, par l'addition du mercure, le fer, comme le platine, se sépare en poudre noire, et cela seul suffit pour infirmer les conséquences qu'on voudrait tirer de cette expérience; enfin, si nous rapprochons les aveux de cet habile chimiste qui ne laisse pas de convenir : « Que le platine ne peut jamais être privé de tout » fer... qu'il n'est pas prouvé qu'il soit homogène... qu'il contient cinq treizièmes de fer » qu'on peut retirer progressivement par des procédés très compliqués, qu'enfin il faut, » avant de rien décider, répéter sur le platine réduit toutes les expériences qu'il a faites » sur le platine brut, » il nous paraît qu'il ne devait pas prononcer contre ses propres présomptions, en assurant, comme il le fait, que le platine n'est pas un alliage, mais un métal simple.

M. Bowles, dans son *Histoire naturelle de l'Espagne*, a inséré les expériences et les observations qu'il était plus à portée que personne de faire sur cette matière, puisque le gouvernement lui avait fait remettre une grande quantité de platine pour l'éprouver; néanmoins il nous apprend peu de chose, et il attaque mon opinion par de petites raisons : « En 1753, dit-il, le ministre me fit livrer une quantité suffisante de platine avec ordre de » soumettre cette matière à mes expériences et de donner mon avis sur le bon et le mau- » vais usage qu'on pourrait en faire; ce platine qu'on me remit était accompagné de la » note suivante : « *Dans l'évêché de Popayan suffragant de Lima, il y a beaucoup de mines* » *d'or, et une entre autres nommée Choco; dans une partie de la montagne se trouve en grande* » *quantité une espèce de sable que ceux du pays appellent* platine *ou* or blanc; en examinant » cette matière je trouvai qu'elle était fort pesante et mêlée de quelques grains d'or couleur » de suie..... Après avoir séparé les grains d'or, j'ai trouvé que le platine était plus pesant » que l'or à 20 carats : en ayant fait battre quelques grains sous le marteau, je vis qu'il » s'étendaient de cinq ou six fois leur diamètre, et qu'ils restaient blancs comme l'argent; » mais les ayant envoyés à un batteur d'or, ils se brisèrent sous les pilons..... Je voulus » fondre ce platine à un feu très violent, mais les grains ne firent que s'agglutiner..... » J'essayai de le dissoudre par les acides; le vitriolique et le nitreux ne l'attaquèrent point, » mais l'acide marin parut l'entamer, et ayant versé une bonne dose de sel ammoniac sur » cet acide, je vis tout le platine se précipiter en une matière couleur de brique; enfin, après » un grand nombre d'expériences raisonnées, je suis parvenu à faire avec le platine du » véritable bleu de Prusse. Ayant reconnu par ces mêmes expériences que le platine conte- » nait un peu de fer, et m'étant souvenu que dans mes premières opérations les grains de » platine, exposés à un feu violent, avaient contracté entre eux une adhérence très superfi- » cielle, puisqu'il ne fallait qu'un coup assez léger pour les séparer, je conclus que cette » adhérence était l'effet de la fusion d'une couche déliée de fer qui les recouvrait, et que la » substance métallique intérieure n'y avait aucune part et ne contenait point de fer. » Nous ne croyons pas qu'il soit nécessaire de nous arrêter ici pour faire sentir le faible de ce raisonnement, et le faux de la conséquence qu'en tire M. Bowles; cependant il insiste, et, se munissant de l'autorité des chimistes qui ont regardé le platine comme un nouveau métal simple et parfait, il argumente assez longuement contre moi : « Si le platine, dit-il, était » un composé d'or et de fer, comme le dit M. de Buffon, il devrait conserver toutes les » propriétés qui résultent de cette composition, et cependant une foule d'expériences prou- » vent le contraire. » Cet habile naturaliste n'a pas fait attention que j'ai dit expressément que le fer et le platine n'étaient pas dans leur état ordinaire, comme dans un alliage artificiel; et, s'il eût considéré sans préjugé ses propres expériences, il eût reconnu que toutes prouvent la présence et l'union intime du sablon ferrugineux et magnétique avec le platine, et qu'aucune ne peut démontrer le contraire. Au reste, comme les expériences de M. Bowles sont presque toutes les mêmes que celles des autres chimistes, et que je les ai exposées et discutées ci-devant, je ne le suivrai plus loin que pour observer que, malgré ses objections contre mon opinion, il avoue néanmoins : « Que, quoiqu'il soit persuadé

» que le platine est un métal *sui generis*, et non pas un simple mélange d'or et de fer, il » n'ose malgré cela prononcer affirmativement ni l'un ni l'autre, et que, quoique le platine » ait des propriétés différentes de celles de tous les autres métaux connus, il sait trop » combien nous sommes éloignés de connaître sa véritable nature. »

Au reste, M. Bowle termine ce chapitre sur le platine par quelques observations intéressantes : « Le platine, dit-il, que je dois au célèbre don Antonio de Ulloa, est une matière » qui se rencontre dans des mines qui contiennent de l'or ; elle est unie si étroitement avec » ce métal qu'elle lui sert comme de matrice, et que ce n'est qu'avec beaucoup d'efforts et » à grands coups qu'on parvient à les séparer ; en sorte que, si le platine abonde à un cer- » tain point dans une mine, on est forcé de l'abandonner, parce que les frais et les travaux » nécessaires pour faire la séparation des deux métaux absorberaient le profit.

» Les seules mines d'où l'on tire le platine sont celles de la Nouvelle-Grenade, et en » particulier celles de Choco et de Barbacoa sont les plus riches. *Il est remarquable que* » *cette matière ne se trouve dans aucune autre mine, soit du Pérou, soit du Chili, soit du* » *Mexique.* Au reste, le platine se trouve dans les susdites mines, non seulement en masse, » mais aussi en grains séparés comme grains de sable. Enfin il faut être réservé à tirer » des conséquences trop générales des expériences qu'on aurait faites sur celles d'un autre » endroit des mêmes mines... : remarquant, continue M. Bowles, que le platine contenait » du fer, et que le cobalt en contient aussi, qu'on trouve beaucoup de grains d'or couleur de » suie mêlés avec le platine, que cette espèce nouvelle de sable métallique est unique dans » le monde, qu'elle se trouve en abondance dans une montagne aux environs d'une mine » d'or, et qu'il y a beaucoup de volcans dans ce pays, je me suis persuadé que la montagne » renferme du cobalt, comme celle de la vallée de Gistan, dans les Pyrénées d'Aragon, que » le feu d'un volcan aura fait évaporer l'arsenic et aura formé quelque chose de semblable » au régule de cobalt ; que ce régule se fond et se mêle avec l'or, quoiqu'il contienne du fer, » que le feu, appliqué pendant un grand nombre de siècles, privant la matière de sa fusi- » bilité, aura formé ce sable métallique.... ; que les grains d'or de forme irrégulière et de » couleur de suie sont aussi l'effet du feu d'un volcan lorsqu'il s'éteint ; que les grains de » platine qui contractent adhérence, à cause de la couche légère de fer étendue à leur sur- » face, sont le résultat de la décomposition du fer dans le grand nombre de siècles qui se » sont écoulés depuis que le volcan s'est éteint ; et que ceux qui n'ont point cette couche » ferrugineuse n'ont point eu assez de temps depuis l'extinction du volcan pour l'acquérir. » Cela paraîtra un songe à plusieurs ; mais je suis le grand argument de M. de Buffon (*a*). » M. Bowles a raison de dire qu'il suit mon grand argument : cet argument consiste en effet en ce que le platine n'est point, comme les métaux, un produit primitif de la nature, mais une simple production accidentelle qui ne se trouve qu'en deux endroits dans le monde entier ; que cet accident, comme je l'ai dit, a été produit par le feu des volcans, et seulement sur des mines d'or mêlées de fer, tous deux dénaturés par l'action continue d'un feu très violent ; qu'à ce mélange de fer et d'or il se sera joint quelques vapeurs arsenicales qui auront fait perdre à l'or sa ductilité, et que de ces combinaisons très naturelles, et cependant accidentelles, aura résulté la formation du platine. Ces dernières observations de M. Bowle, loin d'infirmer mon opinion, semblent au contraire la confirmer pleinement ; car elles indiquent, dans le platine, non seulement le mélange du fer, mais la présence de l'arsenic ; elles annoncent que le platine d'un endroit n'est pas de même qualité que celui d'un autre endroit ; elles prouvent qu'il se trouve en masse dans deux seules mines d'or, ou en grains et grenailles dans des montagnes toutes composées du sablon ferrugineux, et toujours près des mines d'or et dans des contrées volcanisées : la vérité de mon opinion me paraît donc plus démontrée que jamais, et je suis convaincu que plus on fera de recher-

(*a*) *Histoire naturelle d'Espagne*, chapitre du *Platine*.

ches sur l'histoire naturelle du platine et d'expériences sur sa substance, plus on reconnaîtra qu'il n'est point un métal simple, ni d'une essence pure, mais un alliage de fer et d'or dénaturés, tant par la violence et la continuité d'un feu volcanique que par le mélange des vapeurs sulfureuses et arsenicales, qui auront ôté à ces métaux leur couleur et leur ductilité.

DU COBALT

De tous les minéraux métalliques, le cobalt est peut-être celui dont la nature est la plus masquée, les caractères les plus ambigus et l'essence la moins pure : les mines de cobalt, très différentes entre elles, n'offrent d'abord aucun caractère commun, et ce n'est qu'en les travaillant au feu qu'on peut les reconnaître par un effet très remarquable, unique et qui consiste à donner aux émaux une belle couleur bleue. Ce n'est aussi que pour obtenir ce beau bleu que l'on recherche le cobalt : il n'a aucune autre propriété dont on puisse faire un usage utile, si ce n'est peut-être en l'alliant avec d'autres minéraux métalliques (*a*). Ses mines sont assez rares et toujours chargées d'une grande quantité de matières étrangères ; la plupart contiennent plus d'arsenic que de cobalt, et dans toutes le fer est si intimement lié au cobalt qu'on ne peut l'en séparer ; le bismuth se trouve aussi assez souvent interposé dans la substance de ces mines ; on y a reconnu de l'or, de l'argent, du cuivre et quelquefois toutes ces matières et d'autres encore s'y trouvent mêlées ensemble, sans compter les pyrites qui sont aussi intimement unies à la substance du cobalt. Le nombre de ces variétés est donc si grand, non seulement dans les différentes mines de cobalt, mais aussi dans une seule même mine, que les nomenclateurs en minéralogie ont cru devoir en séparer absolument un autre minéral qui n'était pas connu avant le travail des mines de cobalt; ils ont donné le nom de *nickel* (*b*) à cette substance qui diffère en effet du cobalt, quoiqu'elle ne se trouve qu'avec lui. Tous deux peuvent se réduire en un régule dont les propriétés sont assez différentes pour qu'on puisse les regarder comme deux différentes sortes de minéraux métalliques.

Le régule de cobalt n'affecte guère de figure régulière (*c*) et n'a pas de forme déterminée : ce régule est très pesant, d'une couleur grise assez brillante, d'un tissu serré, d'une substance compacte et d'un grain fin ; sa surface prend en peu de temps, par l'impression de l'air, une teinte rosacée ou couleur de fleur de pêcher ; il est assez dur et n'est point du tout ductile ; sa densité est néanmoins plus grande que celle de l'étain, du fer et du cuivre ; elle est à très peu près égale à la densité de l'acier (*d*). Ce régule du cobalt et celui du nickel sont, après le bismuth, les plus pesantes des matières auxquelles on a donné le nom de *demi-métaux*, et l'on aurait certainement mis le bismuth, le cobalt et le nickel au rang des

(*a*) M. Beaumé dit, dans sa *Chimie expérimentale*, avoir fait entrer le cobalt dans un alliage pour des robinets de fontaine, que cet alliage pouvait se mouler parfaitement et n'était sujet à aucune espèce de rouille.

(*b*) Cronstedt a donné le nom de *nickel* à cette substance, parce qu'elle se trouve dans les mines de cobalt que les Allemands nomment *Kupfer-Nickel*. M. Bergman observe que, quoiqu'on trouve fréquemment du cobalt natif, il est toujours uni au fer, à l'arsenic et au nickel. *Opuscules chimiques*, t. II, dissertation 24.

(*c*) M. l'abbé Mongez assure néanmoins avoir obtenu un régule de cobalt en cristaux composés de faisceaux réguliers. *Journal de physique*, 1781.

(*d*) La pesanteur spécifique du régule de cobalt est de 78,119 ; celle du régule de nickel de 78,070 ; et la pesanteur spécifique de l'acier écroui et trempé est de 78,180 ; celle du fer forgé n'est que de 77,880.

métaux s'ils avaient eu de la ductilité : ce n'est qu'à cause de sa très grande densité que l'on a placé le mercure avec les métaux, et parce qu'on a en même temps supposé que sa fluidité pouvait être considérée comme l'extrême de la ductilité.

Les minières de cobalt s'annoncent par des efflorescences à la surface du terrain : ces efflorescences sont ordinairement rougeâtres et assez souvent sont disposées en étoiles ou en rayons divergents qui quelquefois se croisent. Nous donnerons ici l'indication du petit nombre de ces mines que nos observateurs ont reconnues en France et dans les Pyrénées, aux confins de l'Espagne; mais c'est dans la Saxe et dans quelques autres provinces de l'Allemagne qu'on a commencé à travailler, et que l'on travaille encore avec succès et profit les mines de cobalt; et ce sont les minéralogistes allemands qui nous ont donné le plus de lumières sur les propriétés de ce minéral et sur la manière dont on doit le traiter.

Le premier et le plus sûr des indices extérieurs (*a*) qui peuvent annoncer une mine prochaine de cobalt est donc une efflorescence minérale, couleur de rose, de structure radiée à laquelle on a donné le nom de *fleurs de cobalt :* quelquefois cette matière n'est point en forme de fleurs rouges, mais en poudre et d'une couleur plus pâle; mais le signe le plus certain et par lequel on pourra reconnaître le véritable cobalt est la terre bleue qui l'accompagne quelquefois, et, au défaut de cet indice, ce sera la couleur bleue qu'il donne lorsqu'il est réduit en verre; car, si la mine qui paraît être de cobalt se convertit en verre noir, ce ne sera que de la pyrite; si le verre est d'une couleur rousse, ce sera de la mine de cuivre; au lieu que la mine de cobalt donnera toujours un verre bleu de saphir : c'est probablement par cette ressemblance à la couleur du saphir qu'on a donné à ce verre bleu de cobalt le nom de *saphre* ou *safre*. Au reste, on a aussi appelé *safre* la chaux de cobalt qui est en poudre rougeâtre et qui ne provient que de la calcination de la mine de cobalt : le safre qui est dans le commerce est toujours mêlé de sable quartzeux qu'on ajoute en fraude pour en augmenter la quantité, et ce safre ou chaux rougeâtre de cobalt donne aussi par la fusion le même bleu que le verre de cobalt, et c'est à ce verre bleu de safre que l'on donne le nom de *smalt*.

Pour obtenir ce verre avec sa belle couleur, on fait griller la mine de cobalt dans un fourneau où la flamme est réverbérée sur la matière minérale réduite en poudre ou du moins concassée; ce fourneau doit être surmonté de cheminées tortueuses dans lesquelles les vapeurs qui s'élèvent puissent être retenues en s'attachant à leurs parois, ces vapeurs s'y condensent en effet et s'y accumulent en grande quantité, sous la forme d'une poudre blanchâtre que l'on détache en la raclant; cette poudre est de l'arsenic dont les mines de cobalt sont toujours mêlées : elles en fournissent en si grande quantité, par la simple torréfaction, que tout l'arsenic blanc qui est dans le commerce vient des fourneaux où l'on grille des mines de cobalt; et c'est le premier produit qu'on en tire.

La matière calcinée qui reste dans le fourneau, après l'entière sublimation des vapeurs arsenicales, est une chaux trop réfractaire pour être fondue seule; il faut y ajouter du sable vitrescible, ou du quartz qu'on aura fait auparavant torréfier pour les pulvériser : sur une partie de chaux de cobalt, on met ordinairement deux ou trois parties de cette poudre vitreuse à laquelle on ajoute une partie de salin pour accélérer la fusion; ce mélange se met dans de grands creusets placés dans le fourneau, et pendant les dix ou douze heures de feu qui sont nécessaires pour la vitrification, on remue souvent la matière pour en rendre le mélange plus égal et plus intime; et, lorsqu'elle est entièrement et parfaitement fondue, on la prend tout ardente et liquide avec des cuillers de fer, et on la jette dans un cuvier plein d'eau, où, se refroidissant subitement, elle n'acquiert pas autant de dureté qu'à l'air et devient plus aisée à pulvériser; elle forme néanmoins des masses solides qu'il faut broyer sous les pilons d'un bocard, et faire ensuite passer sous une

(*a*) *Transactions philosophiques*, n° 396, novembre 1726.

meule pour la réduire en poudre très fine et bien lavée, qui est alors d'un beau bleu d'azur et toute préparée pour entrer dans les émaux.

Comme les mines de cobalt sont fort mélangées et très différentes les unes des autres, et que même l'on donne vulgairement le nom de *cobalt* à toute mine mêlée de matières nuisibles (*a*), et surtout d'arsenic, on est forcé de les essayer pour les reconnaître, et s'assurer si elles contiennent en effet le vrai cobalt qui donne au verre le beau bleu. Il faut, dans ces essais, rendre les scories fort fluides et très nettes, pour juger de l'intensité de la couleur bleue que fournit la mine convertie d'abord en chaux et en verre; on doit donc commencer par la griller et calciner, pour la mettre dans l'état de chaux; il se trouve, à la vérité, quelques morceaux de minerai où le cobalt est assez pur pour n'avoir pas besoin d'être grillé, et qui donnent leur bleu sans cette préparation; mais ces morceaux sont très rares, et communément le minerai de cobalt se trouve mêlé d'une plus ou moins grande quantité d'arsenic qu'il faut enlever par la sublimation. Cette opération, quoique très simple, demande cependant quelques attentions; car il arrive assez souvent que, par un feu de grillage trop fort, le minerai de cobalt perd quelques nuances de sa belle couleur bleue; et de même il arrive que ce minerai ne peut acquérir cette couleur, s'il n'a pas été assez grillé pour l'exalter, et ce point précis est difficile à saisir. Les unes de ces mines exigent beaucoup plus de temps et de feu que les autres, ce ne peut donc être que par des essais réitérés et faits avec soin que l'on peut s'assurer à peu près de la manière dont on doit traiter en grand telle ou telle mine particulière (*b*).

Dans quelques-unes, on trouve une assez forte quantité d'argent, et même d'or, pour

(*a*) La langue allemande a même attaché au mot de *cobalt* ou *cobolt* l'idée d'un esprit souterrain, malfaisant et malin, qui se plaît à effrayer et à tourmenter les mineurs; et, comme le minerai de cobalt, à raison de l'arsenic qu'il contient, ronge les pieds et les mains des ouvriers qui le travaillent, on a appelé en général *cobalto* les mines dont l'arsenic fait la partie dominante. *Mémoire sur le cobalt*, par M. Saur, dans ceux des *Savants étrangers*, t. Ier.

(*b*) On pèse deux quintaux qu'on réduit en poudre grossière; on les met dans un *test à rôtir*, sous la moufle du fourneau; on leur donne le degré de chaleur modéré dans le commencement, et de demi-heure en demi-heure on retire le test pour refroidir la matière et la mettre en poudre plus fine, ce que l'on répète trois ou quatre fois, ou jusqu'à ce qu'elle ne rende plus d'arsenic.

Le caillou qu'il faut joindre à cette matière, pour en achever l'essai, doit être aussi calciné. On choisit le *silex* qui devient blanc par la calcination, et qui ne prend point de couleur tannée. On peut lui substituer un quartz bien cristallin ou un sable bien lavé, qu'il faut aussi calciner. On divise en deux parties égales le cobalt calciné; à une de ces parties on joint deux quintaux de cailloux ou de sable, et six quintaux de potasse. Après avoir mêlé le tout ensemble, on le met dans un creuset d'essai, que l'on place sur l'aire de la forge devant le soufflet : aussitôt que le charbon dont on a rempli le foyer, formé avec des briques, est affaissé, et que le creuset est rouge, on peut commencer à souffler, parce qu'on ne risque rien par rapport au soulèvement du flux. Dès qu'on a soufflé près d'une heure, on peut prendre, avec un fil de fer froid, un essai de la matière en fusion, et, si l'on trouve que les scories soient tenaces et qu'elles filent, l'essai est achevé...; on le laisse encore au feu pendant quelques minutes. Quand on a cassé le creuset, on prend ces scories, on les broie et on les lave avec soin pour voir la couleur qu'elles donnent.

Si elle est trop intense, on refait un autre essai avec le second quintal de cobalt qu'on a rôti, et l'on y ajoute trois quintaux de cailloux ou de sable. Si la couleur des scories de ce second essai est encore trop foncée, on répète ces essais jusqu'à ce qu'on ait trouvé la juste proportion du sable et la couleur qu'on veut avoir. C'est par ce moyen qu'on juge de la bonté du cobalt; car, s'il colore beaucoup de sable ou de cailloux calcinés, il rend par conséquent beaucoup de couleur, et son prix augmente. (Schlutter, *Traité de la fonte des mines*, t. Ier, p. 235 et 936.)

mériter un travail particulier, par lequel on en extrait ces métaux. Il faut pour cela ne calciner d'abord la mine de cobalt qu'à un feu modéré : s'il était violent, l'arsenic qui s'en dégagerait brusquement emporterait avec lui une partie de l'argent et de l'or, lequel ne s'y trouve qu'allié avec l'argent (*a*).

Mais ces mines de cobalt, qui contiennent une assez grande quantité de cet argent mêlé d'or pour mériter d'être ainsi travaillées, sont très rares en comparaison de celles qui ne sont mêlées que d'arsenic, de fer et de bismuth, et, avant de faire des essais qui ne laissent pas d'être coûteux, il faut tâcher de reconnaître les vraies mines de cobalt et de les distinguer de celles qui ne sont que des minerais d'arsenic, de fer, etc.; et, si l'on ne peut s'en fier à cette connaissance d'inspection, il ne faut faire que des essais en petit (*b*), sur lesquels néanmoins on ne peut pas absolument compter; car, dans la même mine de cobalt,

(*a*) On met quatre quintaux de cobalt dans un vaisseau plat sous la moufle ; on l'agite, sans discontinuer, pendant la calcination ; et, quand il ne rend plus d'odeur d'arsenic, on le pèse pour connaître ce qu'il a perdu de son poids : ce déchet va ordinairement à vingt-cinq ou vingt-six pour cent. On fait scorifier ce qui reste avec neuf quintaux de plomb grenaillé dont on connaît la richesse en argent ; et, lorsque les scories sont bien fluides, on verse le tout dans le creux demi-sphérique d'une planche de cuivre rouge qu'on a frottée de craie. Les scories étant refroidies, on les détache avec le marteau du culot de plomb, que l'on met à la coupelle ; on connaît par le bouton d'argent qui reste sur la coupelle, et dont on a soustrait l'argent des neuf quintaux de plomb, si ce cobalt mérite d'être traité pour fin. Il convient aussi de faire le départ de ce bouton de coupelle, parce qu'ordinairement l'argent qu'on trouve dans le cobalt recèle un peu d'or. *Idem*, p. 237.

(*b*) Pour éviter la dépense des essais en grand, il faut prendre une portion du cobalt que l'on veut essayer ; on le pulvérise en poudre très fine ; ensuite on le met dans un creuset large d'ouverture, que l'on met dans un fourneau... Il faut que le feu soit assez fort pour tenir toujours le creuset d'un rouge obscur ; mais, dès que la matière paraît rouge, on l'agite de deux minutes en deux minutes... Entre chaque agitation on souffle dans le milieu du creuset à petits coups serrés avec un soufflet à main, comme on souffle sur l'antimoine qu'on emploie à purifier l'or... C'est le moyen le plus prompt de chasser la fumée blanche arsenicale, surtout lorsqu'on n'a pas dessein d'essayer dans la suite ce cobalt pour le fin, car, sans le soufflet, l'arsenic serait fort longtemps à s'évaporer. Quand il reste un peu de matière volatile dans le creuset, le cobalt qu'on y a mis paraît s'éteindre, et devient obscur; mais il faut continuer à l'agiter jusqu'à ce qu'il ne répande plus de fumée blanche ni d'odeur d'ail : alors la calcination est finie... Une once de cobalt ainsi calciné se trouve réduite à environ cinq gros...

On met deux gros de ce cobalt calciné dans un petit matras ; on y verse une once d'eau-forte, et environ trois gros d'eau commune ; on place le matras sur des cendres très chaudes... l'eau forte se chargera de la partie colorante, si ce minéral en contient, et prendra, en une heure ou deux de digestion, une couleur cramoisi sale : c'est la couleur que lui donne toujours le cobalt propre à faire l'azur, surtout s'il tient du bismuth. S'il ne contient pas de parties colorantes, elle restera blanche ; s'il tient du cuivre, elle prendra une couleur verte...

Pour tirer la matière bleue du smalt, prenez cent grains de ce cobalt calciné, deux cents grains de sable bien lavé, deux cents grains de sel de soude purifié, et vingt à vingt-cinq grains de borax calciné. Après avoir bien mêlé ces matières dans un petit creuset d'essai bien bouché, mettez ce creuset sur l'aire d'une forge, ou encore mieux dans un petit fourneau de fonte carré... Faites agir le soufflet pendant une bonne demi-heure. Il n'y aura aucune effervescence si le cobalt a été bien calciné ; laissez ce creuset un demi-quart d'heure dans le feu après la parfaite fusion, sans souffler, pour donner le temps à la matière vitrifiée de se rasseoir ; retirez le creuset et mettez le refroidir à l'air ; cassez-le quand il sera froid, vous trouverez toute la matière vitrifiée en un verre bleu foncé, si ce cobalt a donné une couleur rouge à l'eau-forte, ou au moins une couleur de feuille morte. *Traité de la fonte des mines* de Schlutter, t. Ier, p. 238.

certaines parties du minéral sont souvent très différentes les unes des autres, et ne contiennent quelquefois qu'une si petite quantité de cobalt qu'on ne peut en faire usage (a).

La substance du cobalt est plus fixe au feu que celle des demi-métaux, même que celle du fer et des autres métaux imparfaits : aussi vient-on à bout de les séparer du cobalt en les sublimant et en les volatilisant par des feux de grillages réitérés. La fixité de cette substance approche de la fixité de l'or et de l'argent; car le régule de cobalt n'entre pas dans les pores de la coupelle, en sorte que, si l'on expose à l'action du feu, sur une coupelle, un mélange de plomb et de cobalt, le plomb seul pénètre les pores de la coupelle en se vitrifiant, tandis que le cobalt réduit en scories reste sur la coupelle, ou est rejeté sur ses bords : ces scories de cobalt, étant ensuite fondues avec des matières vitreuses, donnent le bleu qu'on nomme *safre*, et, lorsqu'on les mêle à parties égales avec l'alcali et le sable vitrescible, elles donnent l'émail bleu qu'on appelle *smalt*.

Le régule de cobalt peut s'allier avec la plupart des substances métalliques; il s'unit intimement avec l'or et le cuivre qu'il rend aigres et cassants; on ne l'allie que difficilement avec l'argent (b), le plomb et même avec l'arsenic, quoique ce sel métallique se trouve toujours mêlé par sa nature dans la mine de cobalt; il en est de même du bismuth, qui se refuse à toute union avec le régule de cobalt; et, quoiqu'on trouve souvent le bismuth mêlé dans les mines de cobalt, il ne lui est point uni d'une manière intime, mais simplement interposé dans la mine de cobalt sans la pénétrer; et au contraire, lorsque le cobalt est une fois joint au soufre par l'intermède des alcalis, son union avec le bismuth est si intime, qu'on ne peut les séparer que par les acides, tandis qu'en même temps le cobalt ne contracte avec le soufre qu'une très légère union, et qu'on peut toujours les séparer l'un de l'autre par un simple feu de torréfaction qui enlève le soufre et le réduit en vapeurs.

Le mercure, qui mouille si bien l'or et l'argent, ne peut s'attacher au cobalt, ni s'y mêler par la trituration, aidée même de la chaleur : ainsi la fixité du régule de cobalt, qui est presque égale à celle de ces métaux, n'influe point sur son attraction mutuelle avec le mercure.

Tous les acides minéraux attaquent ou dissolvent le cobalt à l'aide de la chaleur, et ils produisent ensemble différents sels dont quelques-uns sont en cristaux transparents : l'alcali volatil dissout aussi la chaux du cobalt, et cette dissolution est d'un rouge pourpre; mais, en général, les couleurs, dans toutes les dissolutions du cobalt, varient non seulement selon la différence des dissolvants, mais encore suivant le plus ou le moins de pureté du cobalt, qui n'est presque jamais exempt de minéraux étrangers, et surtout de fer et d'arsenic, dont on sait qu'il ne faut qu'une très petite portion pour altérer ou même changer absolument la couleur de la dissolution.

En France, on a reconnu plusieurs indices de mines de cobalt, et on n'aurait pas dû négliger ces minières; par exemple, les mines d'argent d'Almont en Dauphiné contiennent beaucoup de mines de cobalt qu'on pourrait séparer de l'argent. M. de Grignon assure qu'on a jeté, dans les décombres de ces mines, peut-être plus de cobalt qu'il n'en faudrait pour fournir toute l'Europe de safre. Le cobalt se trouve mêlé de même avec la mine d'argent

(a) Une manière courte d'éprouver si une mine de cobalt fournira du beau bleu, c'est de la fondre dans un creuset avec deux ou trois fois son poids de borax, qui deviendra d'un beau bleu si le cobalt est de bonne qualité. Voyez l'Encyclopédie, article *Cobalt*.

(b) Si l'on fait fondre ensemble deux parties de cobalt avec une partie d'argent, on trouve l'argent au bas et le cobalt au-dessus, simplement attachés l'un à l'autre; cependant l'argent devient plus cassant, il est d'une couleur plus grise, et le cobalt est d'une couleur plus blanche qu'auparavant. Le régule de cobalt ne peut donc point s'unir au plomb et à l'argent en toutes proportions, mais seulement en petite quantité. *Chimie métallurgique* de Geller, t. Ier, p. 184.

rouge à Saint-Marie-aux-Mines en Lorraine (*a*), et il y en a aussi dans une mine de cuivre azurée au village d'Ossenback dans les Vosges (*b*) : on n'a fait aucun usage de ces mines de cobalt. M. de Gensane dit, à ce sujet, que, comme ce minéral devient rare, même en Allemagne, il serait avantageux pour nous de mettre en valeur une mine considérable qui se trouve entre la Minera et Notre-Dame-de-Coral en Roussillon (*c*) : il y en a une autre très abondante et de bonne qualité que les Espagnols ont fait exploiter avec quelque succès, elle est située dans la vallée de Gistau (*d*). M. Bowle dit que cette mine n'a été découverte qu'au commencement de ce siècle (*e*), et qu'elle n'a encore été travaillée qu'à une petite profondeur, qu'on en a tiré annuellement cinq à six cents quintaux (*f*); il ajoute qu'en examinant cette mine de Gistau, il a reconnu différents morceaux d'un cobalt qui avait le grain plus fin et la couleur d'un gris bleu plus clair que celui de Saxe; que la plupart de ces morceaux étaient contigus à une sorte d'ardoise dure et luisante avec des taches de couleur de rose sèche, et qu'il n'y avait point de taches semblables sur les morceaux de cobalt (*g*).

C'est de la Saxe qu'on a jusqu'ici tiré la plus grande partie du safre qui se consomme en Europe pour les émaux, la porcelaine, les faïences, et aussi pour peindre à froid, et relever par l'empois la blancheur des toiles. La principale mine est celle de Schneeberg; elle est très abondante et peu profonde; on assure que le produit annuel de cette mine est fort considérable : il n'est pas permis d'exporter le cobalt en nature, et c'est après l'avoir réduit en safre qu'on le vend à un prix d'autant plus haut qu'il y a moins de concurrence dans le commerce de cette sorte de denrée, dont l'Allemagne a pour ainsi dire le privilège exclusif (*h*).

Cependant il se trouve des mines de cobalt en Angleterre, dans le comté de Sommerset; en Suède, la mine de Tannaberg est d'un cobalt blanc qui, selon M. Demeste, rend par

(*a*) Les mines de Sainte-Marie-aux-Mines ont donné, il y a quelques années, de la mine de cobalt en si grande quantité, qu'on avait fait des dépenses nécessaires pour en fabriquer le *smalt;* mais cette mine de cobalt s'est appauvrie à mesure que celle d'argent a paru, de manière qu'on n'en trouve pas aujourd'hui assez pour fabriquer cette couleur. *Mémoire sur le cobalt*, par M. Saur, dans ceux des *Savants étrangers*, t. Ier.

(*b*) Auprès du village d'Ossenback, dans les Vosges, il y a une mine de cuivre azur; le filon contient peu de mine en cuivre, mais il rend beaucoup de plomb : ce filon est un quartz noir extrêmement dur, parsemé de mine couleur de *lapis*, avec quantité de cobalt. *Sur l'exploitation des mines*, par M. de Gensane ; *Mémoires des Savants étrangers*, t. IV, p. 141 et suiv.

(*c*) Cette mine est située auprès du ruisseau qui descend de la côte qui fait face au village de la Minera. La veine a plus de deux toises d'épaisseur, et paraît au jour sur plus d'une lieue de longueur; cette mine est de la même nature que celle de San-Giomen en Catalogne. *Histoire naturelle du Languedoc*, par M. de Gensane, t. II, p. 161.

(*d*) L'Espagnol qui est propriétaire de cette mine a traité de son produit avec des négociants de Strasbourg, qui l'envoient aux fonderies de Wurtemberg... Il est étonnant qu'aucun particulier des frontières du royaume n'ait pensé jusqu'à présent à enlever aux Allemands la main-d'œuvre de la préparation de l'azur. *Traité de la fonte des mines* de Schlutter, t. Ier, p. 48 et 49.

(*e*) *Histoire naturelle d'Espagne*, p. 398 et suiv.

(*f*) Il y a une mine dans la vallée de Gistau, aux Pyrénées espagnoles, dont le cobalt s'est vendu sortant de la terre jusqu'à quarante livres le quintal pour la fabrique d'azur du Wurtemberg. *Traité de la fonte des mines* de Schlutter, t. Ier, p. 236.

(*g*) *Histoire naturelle d'Espagne*, par M. Bowle, p. 399.

(*h*) On trouve beaucoup de cobalt en Misnie, en Bohême, dans la vallée de Joachims-Thal; il y en a dans le duché de Wurtemberg, dans le Hartz et dans plusieurs endroits de l'Allemagne.

quintal trente-cinq livres de cobalt, deux livres de fer, cinquante-cinq livres d'arsenic et huit livres de soufre (*a*).

Nous sommes aussi presque assurés que le cobalt se trouve en Asie, et sans doute dans toutes les parties du monde, comme les autres matières produites par la nature; car le très beau bleu des porcelaines du Japon et de la Chine démontre que très anciennement on y a connu et travaillé ce minéral (*b*).

Dans les morceaux de mine de cobalt que l'on rassemble dans les cabinets, il s'en trouve de toute couleur et de tout mélange, et l'on ne connaît aucun cobalt pur dans sa mine; il est souvent mêlé de bismuth, et toujours la mine contient du fer quelquefois mélangé de zinc, de cuivre, et même d'argent tenant or, et presque toujours encore la mine est combinée avec des pyrites et beaucoup d'arsenic. De toutes ces matières, la plus difficile à séparer du cobalt est celle du fer : leur union est si intime qu'on est obligé de volatiliser le fer en le faisant sublimer plusieurs fois par le sel ammoniac qui l'enlève plus facilement que le cobalt; mais ce travail ne peut se faire en grand.

On voit des morceaux de minerai dans lesquels le cobalt est décomposé en une sorte de céruse ou de chaux : on trouve aussi quelquefois de l'argent pur en petits filets ou en poudre palpable dans la mine de cobalt; mais, le plus souvent, ce métal n'y est point apparent, et d'ailleurs n'y est qu'en trop petite quantité pour qu'on puisse l'extraire avec profit. On connaît aussi une mine noire vitreuse de cobalt dans laquelle ce minéral est en céruse ou en chaux, qui paraît être minéralisée par l'action du foie de soufre dans lequel le cobalt se dissout aisément.

DU NICKEL

Il se trouve assez souvent, dans les mines de cobalt, un minéral qui ne ressemble à aucun autre et qui n'a été reconnu que dans ce dernier temps : c'est le nickel. M. Demeste dit « que, quand le cuivre et l'arsenic se trouvent joints au fer dans la mine de cobalt, il » en résulte un minéral singulier qui, dans sa fracture, est d'un gris rougeâtre et qui a pour » ainsi dire son régule propre, parce que, dans ce régule, le cobalt adhère tellement aux » substances métalliques étrangères dont il est mêlé, qu'on n'a pas hésité d'en faire sous » le nom de *nickel* un demi-métal particulier (*c*). » Mais cette définition du nickel n'est point exacte, car le cuivre n'entre pas comme partie essentielle dans sa composition, et même il ne s'y trouve que très rarement. M. Bergman est de tous les chimistes celui qui a répandu le plus de lumière sur la nature de ce minéral qu'il a soumis à des épreuves aussi variées que multipliées. Voici les principaux résultats de ses recherches et de ses expériences.

Hierne, dit-il, est le premier qui ait parlé du kupfer-nickel, dans un ouvrage sur les minéraux, publié en suédois en 1694.

Henckel l'a regardé comme une espèce de cobalt ou d'arsenic mêlé de cuivre (*Pyritol.*, ch. VII et VIII).

Cramer a aussi placé le kupfer-nickel dans les mines de cuivre (*Docimast.*, § 371 et

(*a*) *Lettres de M. Demeste*, t. II, 144.

(*b*) Quelques personnes prétendent que c'est par un mélange du lapis-lazuli que les Chinois donnent à leurs porcelaines la belle couleur bleue. M. de Bomare est dans cette opinion. Voyez sa *Minéralogie*, t. II, p. 36 et suiv.; mais je ne la crois pas fondée, car le lapis, en se vitrifiant, ne conserve pas sa couleur.

(*c*) *Lettres du docteur Demeste*, t. II, p. 139.

418), et néanmoins, on n'en a jamais tiré un atome de cuivre. Je dois cependant observer que M. Bergman dit ensuite que le nickel est quelquefois uni au cuivre.

Cronstedt est le premier qui en ait tiré un régule nouveau en 1751 (*Actes de Stockholm*).

M. Sage le regarde comme du cobalt mêlé de fer, d'arsenic et de cuivre (*Mémoires de chimie*, 1772).

M. Monnet pense aussi que c'est du cobalt impur (*Traité de la dissolution des métaux*).

Le kupfer-nickel perd à la calcination près d'un tiers, et quelquefois moitié de son poids par la dissipation de l'arsenic et du soufre : ce minéral devient d'autant plus vert qu'il est plus riche. Si on le pulvérise et qu'on le pousse à la fusion dans un creuset avec trois parties de flux noir, on trouve sous les scories noirâtres et quelquefois bleues un culot métallique du poids du dixième, du cinquième ou même près de moitié de la mine crue : ce régule n'est pas pur, il tient encore un peu de soufre et une plus grande quantité d'arsenic, de cobalt et encore plus de fer magnétique.

L'arsenic adhère tellement à ce régule, que M. Bergman l'ayant successivement calciné et réduit cinq fois, il donnait encore l'odeur d'ail à une sixième calcination quand on y ajoutait de la poussière de charbon pour favoriser l'évaporation de l'arsenic.

A chaque réduction, il passe un peu de fer dans les scories : à la sixième, le régule avait une demi-ductilité, et était toujours sensible à l'aimant.

Dans les différentes opérations faites par M. Bergman pour parvenir à purifier le nickel, soit par les calcinations, soit en le traitant avec le soufre, il a obtenu des régules dont la densité variait depuis 70,828, jusqu'à 88,751 (*a*). Ces régules étaient quelquefois très cassants, quelquefois assez ductiles pour qu'un grain d'une ligne de diamètre formât une plaque de trois lignes sur l'enclume ; ils étaient plus ou moins fusibles, et souvent aussi réfractaires que le fer forgé, et tous étaient non seulement attirables à l'aimant, mais même il a observé qu'un de ces régules attirait toutes sortes de fer, et que ses parties s'attiraient réciproquement : ce même régule donne, par l'alcali volatil, une dissolution de couleur bleue.

M. Bergman a aussi essayé de purifier le nickel par le foie de soufre, qui a une plus grande affinité avec le cobalt qu'avec le nickel ; et il est parvenu à séparer ainsi la plus grande partie de ce dernier : le régule de nickel, obtenu après cette dissolution par le foie de soufre, ne conserve guère son magnétisme ; mais on le lui rend en séparant les matières hétérogènes qui, dans cet état, couvrent le fer.

Il a de même traité le nickel avec le nitre, le sel ammoniac, l'alcali volatil, et par la dissolution dans l'acide nitreux et la calcination par le nitre, il l'a privé de presque tout son cobalt ; le sel ammoniac en a séparé un peu de fer ; mais le nickel retient toujours une certaine quantité de ce métal ; et M. Bergman avoue avoir épuisé tous les moyens de l'art, sans pouvoir le séparer entièrement du fer.

Le régule de nickel contient quelquefois du bismuth ; mais on les sépare aisément en faisant dissoudre ce régule dans l'acide nitreux, et précipitant le bismuth par l'eau.

M. Bergman a encore observé que le nickel donne au verre la couleur d'hyacinthe, et il conclut de ses expériences :

1° Qu'il est possible de séparer tout l'arsenic du nickel ;

2° Que, quoiqu'il tienne quelquefois du cuivre, il est également facile de le purifier de ce mélange ; et que, quoiqu'il donne la couleur bleue avec l'alcali volatil, cette propriété ne prouve pas plus l'identité du cuivre et du nickel, que la couleur jaune des dissolutions d'or et de fer dans l'eau régale ne prouve l'identité de ces métaux ;

(*a*) La pesanteur spécifique du régule de nickel, suivant M. Brisson, est de 78,070, ce qui est un terme moyen entre les pesanteurs spécifiques 70,828 et 88,751, données par M. Bergman.

3° Que le cobalt n'est pas plus essentiel au nickel, puisqu'on parvient à l'en séparer, et même que le cobalt précipite le nickel de sa dissolution par le foie de soufre ;

4° Qu'il n'est pas possible de le priver de tout son fer, et que plus on multiplie les opérations pour l'en dépouiller, plus il devient magnétique et difficile à fondre ; ce qui le porte à penser qu'il n'est, comme le cobalt et le manganèse, qu'une modification particulière du fer. Voici ses termes :

« Solum itaque jam ferrum restat, et sanè variæ eædemque non exigui momenti » rationes suadent niccolum et cobaltum et magnesiam forsan non aliter ac diversissimas » ferri modificationes esse considerandas (*a*). » On voit, par ce dernier passage, que ce grand chimiste a trouvé par l'analyse ce que j'avais présumé par les analogies, et qu'en effet le cobalt, le nickel et le manganèse ne sont pas des demi-métaux purs, mais des alliages de différents minéraux mélangés, et si intimement unis au fer qu'on ne peut les séparer.

Le cobalt, le nickel et le manganèse, ne pouvant être dépouillés de leur fer, restent donc tous trois attirables à l'aimant : ainsi, de la même manière qu'après les six métaux, il se présente une matière nouvellement découverte à laquelle on donne le nom de *platine*, et qui ne paraît être qu'un alliage d'or, ou d'une matière aussi pesante que l'or avec le fer dans l'état magnétique, il se trouve de même, après les trois substances demi-métalliques, de l'antimoine, du bismuth et du zinc, il se trouve, dis-je, trois substances minérales, qui, comme le platine, sont toujours attirables a l'aimant et qui, dès lors, doivent être considérées comme des alliages naturels du fer avec d'autres minéraux ; et il me semble que, par cette raison, il serait à propos de séparer le cobalt (*b*), le nickel et le manganèse des demi-métaux simples, comme le platine doit l'être des métaux purs, puisque ces quatre minéraux ne sont pas des substances simples (*), mais des composés ou alliages qui ne peuvent être mis au nombre des métaux ou des demi-métaux dont l'essence, comme celle de toute autre matière pure, consiste dans l'unité de substance.

Le nickel peut s'unir avec tous les métaux et demi-métaux ; cependant le régule non purifié ne s'allie point avec l'argent, mais le régule pur s'unit à parties égales avec ce métal, et n'altère ni sa couluur ni sa ductilité. Le nickel s'unit aisément avec l'or, plus difficilement avec le cuivre, et le composé qui résulte de ces alliages est moins ductile que ces métaux, parce qu'ils sont devenus aigres par le fer, qui, dans le nickel, est toujours attirable à l'aimant. Il s'allie facilement avec l'étain et lui donne aussi de l'aigreur ; il s'unit plus difficilement avec le plomb, et rend le zinc presque fragile ; le fer forgé devient au contraire plus ductile lorsqu'on l'allie avec le nickel ; si on le fond avec le soufre, il se cristallise en aiguilles (*c*) ; enfin, le nickel ne s'amalgame pas plus que le cobalt et le fer avec le mercure (*d*), même par le secours de la chaleur et de la trituration.

Au reste, le minerai du nickel diffère de celui du cobalt en ce qu'étant exposé à l'air il se couvre d'une efflorescence verte, au lieu que celle du cobalt est d'un rouge rosacé. Le nickel se dissout dans tous les acides minéraux et végétaux ; toutes ses dissolutions sont vertes et il donne avec le vinaigre des cristaux d'un beau vert.

a) *Dissert de niccolo. Opuscul.*, t. II, p. 260.

(*b*) M. Brandt, chimiste suédois, est le premier qui ait placé le cobalt au rang des demi-métaux ; auparavant, on ne le regardait que comme une terre minérale plus ou moins friable.

(*c*) M. M. Bergman, *Dissertat. de niccolo.* — M. de Morveau, *Éléments de chimie*, t. Ier, p. 232.

(*d*) *Idem*, t. III, p. 447.

(*) Buffon se trompe ; ces quatre substances ont tous les caractères des corps dits simples.

Le régule du nickel est un peu jaunâtre à l'extérieur, mais, dans l'intérieur, sa substance est d'un beau blanc ; elle est composée de lames minces comme celles du bismuth. La dissolution de ce régule par l'acide nitreux ou par l'acide marin est verte comme les cristaux de son minerai, et ces deux acides sont les seuls qui puissent dissoudre ce régule; car l'acide vitriolique, non plus que les acides végétaux, n'ont aucune action sur lui.

Mais, comme nous l'avons dit, ce régule n'est pas un minéral pur ; il est toujours mêlé de fer, et, comme ses efflorescences sont vertes, et que les cristaux de sa dissolution conservent cette même couleur, on y a supposé du cuivre qu'on n'y a pas trouvé, tandis que le fer paraît être une substance toujours inhérente dans sa composition : au reste, ce régule, lorsqu'il est pur, c'est-à-dire purgé de toute autre matière étrangère, résiste au plus grand feu de calcination, et il prend seulement une couleur noire, sans se convertir en verre.

DU MANGANÈSE

Le manganèse(*) est encore une matière minérale composée et qui, comme le cobalt et le nickel, contient toujours du fer, mais qui, de plus, est mélangée avec une assez grande quantité de terre calcaire, et souvent avec un peu de cuivre (*a*) : c'est de la réunion de ces substances que s'est formé, dans le sein de la terre, le manganèse, qui mérite, encore moins que le nickel et le cobalt, d'être mis au rang des demi-métaux ; car on serait forcé dès lors de regarder comme tels tous les mélanges métalliques ou alliages naturels, quand même ils seraient composés de trois, de quatre, ou d'un nombre encore plus grand de matières différentes, et il n'y aurait plus de ligne de séparation entre les minéraux métalliques simples et les minéraux composés ; j'entends par minéraux simples ceux qui le sont par nature, ou qu'on peut rendre tels par l'art : les six métaux, les trois demi-métaux et le mercure sont des minéraux métalliques simples ; le platine, le cobalt, le nickel et le manganèse sont des minéraux composés, et, sans doute qu'en observant la nature de plus près, on en trouvera d'autres peut-être encore plus mélangés, puisqu'il ne faut que le hasard des rencontres pour produire des mélanges et des unions en tout genre.

Le manganèse, étant en partie composé de fer et de matière calcaire, se trouve dans les mines de fer spathiques mêlées de substances calcaires, soit que ces mines se présentent en stalactites, en écailles, en masses grenues ou en poudre ; mais, indépendamment de ces mines de fer spathiques qui contiennent du manganèse, on le trouve dans des

(*a*) Le manganèse... se trouve en diverses contrées de l'Allemagne, aussi bien qu'en Angleterre, dans le Piémont et dans plusieurs autres endroits, tantôt dans des montagnes calcaires, tantôt dans des mines de fer. On s'en sert pour rendre le verre transparent et net, ainsi que pour composer le vernis des potiers, tant noir que rougeâtre.

Par différentes expériences, M. Margraff a reconnu que le manganèse du comté de Hohenstein, près d'Ilepa, contenait une terre calcaire et un peu de cuivre... Il tira aussi d'un manganèse du Piémont, au moyen de l'acide de vitriol, un seul rougeâtre, qui, ayant été dissous dans l'eau, déposa sur une lame d'acier quelques particules de cuivre, quoique en moindre quantité que le manganèse de Hohenstein. « On retire, continue M. Margraff, également du cuivre, tant du manganèse d'Allemagne que de celui de Piémont, en le mêlant avec parties égales au soufre pulvérisé, en calcinant ce mélange pendant quelques heures à un feu doux, que l'on augmente ensuite en le lessivant et en le faisant cristalliser. » *Journal de physique*, mars 1780, p. 223 et suiv.

minières paticulières où il se présente ordinairement en chaux noire, et quelquefois en morceaux solides, et même cristallisés; souvent il est mêlé avec d'autres pierres : mais M. de La Peyrouse, qui a fait de très bonnes observations sur ce minéral, remarque avec raison que toutes les fois qu'on verra une pierre légèrement teinte de violet, on peut présumer avec fondement qu'elle contient du manganèse; il ajoute qu'il n'y a peut-être pas de mines de fer spathiques blanches, grises ou jaunâtres, qui n'en contiennent plus ou moins. « J'en ai, dit-il, constamment retiré de toutes celles que j'ai essayées une portion » plus ou moins grande, selon l'état de la mine; car, plus les mines de fer approchent de » la couleur brune, moins il y a de manganèse, et celles qui sont noires n'en contiennent » point du tout (*a*). »

Le manganèse paraît souvent cristallisé dans sa mine, à peu près comme la pierre calaminaire, et c'est ce qui a fait croire à quelques chimistes qu'il contenait du zinc (*b*); mais d'autres chimistes, et particulièrement M. Bergman, ont démontré par l'analyse qu'il n'entre point de zinc dans sa composition; d'ailleurs, cette forme des cristallisations du manganèse varie beaucoup : il y a des mines de manganèse cristallisées en aiguilles, qui ressemblent par leur texture à certaines mines d'antimoine, et qui n'en diffèrent à l'œil que par leur couleur grise plus foncée et moins brillante que celle de l'antimoine; et ce qu'il y a de remarquable et de singulier, dans la forme aiguillée du manganèse, c'est qu'il semble que cette forme provient de sa propre substance, et non pas de celle du soufre; car le manganèse n'est point du tout mêlé d'antimoine, et il n'exhale aucune odeur sulfureuse sur les charbons ardents. Au reste, le plus grand nombre des manganèses ne sont pas cristallisés; il s'en trouve beaucoup plus en masses dures et informes que l'on a pris longtemps, et avec quelque fondement, pour des mines de fer (*c*) : on

(*a*) La chaux de manganèse bien pure est légère, pulvérulente, douce au toucher et salit les doigts; tantôt elle est en petits pelotons logés dans les cavités des mines, tantôt elle est en couches, tantôt en feuillets; on la trouve aussi en masses; dans ce dernier cas, elle est plus solide et durcie, quoique pulvérulente. Elle varie pour la couleur : il y en a qui est parfaitement noire;... quelquefois elle est brune, rarement rougeâtre. M. de la Peyrouse a reconnu pour vraie chaux de manganèse une substance qui, à l'œil, a l'éclat de l'argent; elle se trouve assez fréquemment en petites masses dans les cavités des mines de fer... Il compte onze variétés de chaux de manganèse... Toutes ces chaux ont pour gangues le spath calcaire, les schistes talqueux, les mines de fer de différentes sortes, et le manganèse même. Le manganèse solide diffère de celui qui est en chaux par sa pesanteur, par sa dureté, par sa densité : il a une plus grande portion de phlogistique, et contient presque toujours du fer; son tissu, soit feuilleté, soit en masse, est compact, serré et amorphe, et c'est en quoi on le distingue du manganèse cristallisé : il salit les doigts, mais n'est point friable ni pulvérulent, comme celui qui est en chaux. M. de la Peyrouse en compte huit variétés... qui ont pour gangues le spath calcaire, la pyrite sulfureuse, les mines de fer, etc.

Le manganèse cristallise le plus communément en longues et fines aiguilles prismatiques, brillantes et fragiles; elles sont rassemblées en faisceaux coniques dont on peut aisément distinguer la figure dans plusieurs échantillons, quoique ces faisceaux soient groupés. On sent bien que les différentes combinaisons que peuvent avoir entre eux ces nombreux faisceaux font varier à l'infini les divers morceaux de manganèse cristallisé... Il y en a qui est comme satiné; une autre qui imite parfaitement l'hématite fibreuse;... d'autres qui sont striés, etc. M. de la Peyrouse compte treize variétés de ces manganèses cristallisés dans les mines des Pyrénées; elles ont pour gangues le spath calcaire, le spath gypseux, l'argile martiale, le jaspe rougeâtre, les mines de fer, les hématites et le manganèse même. *Journal de physique*, janvier 1780, p. 67 et suiv.

(*b*) *Lettres de M. Demeste*, t. II, p. 185.

(*c*) Le manganèse est une mine de fer pauvre, aigre, qui n'a point de figure déterminée : tantôt il est en petits grains, et ressemble à l'aimant de l'Auvergne; tantôt il est grisâtre, écailleux, marqueté, brillante et peu solide : il contient toujours un peu de fer;

doit aussi rapporter au manganèse ce que plusieurs autres ont écrit de cette substance sous les noms d'*hématites noires, mamelonnées, veloutées*, etc.

On trouve des mines spathiques de fer, et par conséquent du manganèse, dans plusieurs provinces de France, en Dauphiné, en Roussillon ; d'autres à Baigory et dans le comté de Foix ; il y en a aussi une mine très abondante en Bourgogne, près de la ville de Mâcon ; cette mine est même en pleine exploitation, et l'on en débite le manganèse pour les verreries et les faïenceries : on trouve dans cette mine plusieurs sortes de manganèses. savoir, le manganèse en chaux noire, le manganèse en masses solides et noires, et le manganèse cristallisé en rayons divergents.

La mine de manganèse ne se réduit que difficilement en régule, parce qu'elle est très difficile à fondre, et en même temps très disposée à passer à l'état de verre (*a*) : ce régule est au moins aussi dur que le fer ; sa surface est noirâtre, et, dans l'intérieur, il est d'un blanc brillant qui bientôt se ternit à l'air ; sa cassure présente des grains assez grossiers et irréguliers ; en le pulvérisant il devient sensiblement attirable à l'aimant ; un premier degré de calcination le convertit en une chaux blanche qui se noircit par une plus forte chaleur, et son volume augmente d'un cinquième environ ; si l'on met ce régule dans un vaisseau bien clos, il se convertit par l'action du feu en un verre jaune obscur, et le fer qu'il contient se sépare en partie et forme un petit bouton ou globule métallique.

Le régule de manganèse se dissout par les trois acides minéraux, et ses dissolutions sont blanches : la chaux noire de manganèse se dissout dans l'alcali fixe du tartre et lui communique sur-le-champ une belle couleur bleue.

Ce régule refuse de s'unir au soufre et ne s'allie que très difficilement avec le zinc, mais il se mêle avec tous les autres minéraux métalliques ; lorsqu'on l'allie dans une certaine proportion avec le cuivre, il lui ôte sa couleur rouge, sans lui faire perdre sa ductilité : au reste, ce régule contient toujours du fer, et il est, comme celui du nickel, celui du cobalt et comme le platine, si intimement uni avec ce métal, qu'on ne peut jamais l'en séparer totalement. Ce sont des alliages faits par la nature que l'art ne peut détruire, et dont la substance, quoique composée, est aussi fixe que celle des métaux simples.

Le manganèse est d'un grand usage dans les manufactures des glaces et des verres blancs : en le fondant avec le verre, il lui donne une couleur violette dont l'intensité est toujours proportionnelle à sa quantité ; en sorte que l'on peut diminuer cette couleur violette jusqu'à la rendre presque inapercevable ; et en même temps, le manganèse a la propriété de chasser les autres couleurs obscures du verre et de le rendre plus blanc lorsqu'il n'est employé qu'à la très petite dose convenable à cet effet. C'est dans la fritte du verre qu'il faut mêler cette petite quantité de manganèse : sa couleur violette, en s'évanouissant, fait disparaître les autres couleurs, et il y a toute apparence que cette couleur violette, qu'on ne peut apercevoir lorsque le manganèse est en très petite quantité, ne laisse pas d'exister dans la substance du verre qu'il a blanchi ; car M. Macquer dit avoir vu un mor-

tantôt, et plus communément, il est strié, brillant, solide et ressemble à de l'antimoine par son éclat, par sa couleur qui est d'un gris noirâtre, et par sa pesanteur : cependant il est plus tendre, plus friable, plus cassant, plus graveleux dans ses fractures ; il est presque toujours traversé de veines ou de filons blancs et quartzeux. *Minéralogie* de Bomare, t. II, p. 154.

(*a*) Pour obtenir ce régule, il faut pulvériser la mine, en former une boule en la délayant avec de l'huile et de l'eau, la mettre dans un creuset, environnée de toutes parts de poussière de charbon, et l'exposer à un feu de la dernière violence ; encore ne la trouve-t-on pas réunie en un seul culot, mais en globules disséminés qui sont quelquefois à trente centièmes du poids de la mine.

Le régule de manganèse est à l'eau distillée dans le rapport de 6,050 à 1,000. (Bergman, *Opuscules*, t. II, dessert. 19.)

ceau de verre très blanc qui n'avait besoin que d'être chauffé jusqu'à un certain point pour devenir d'un très beau bleu violet (a).

Il faut également calciner tous les manganèses pour leur enlever les minéraux volatils qu'ils peuvent contenir; il faut les fondre souvent à plusieurs reprises avec du nitre purifié; car ce sel a la propriété de développer et d'exalter la couleur violette du manganèse : après cette première préparation, il faut encore le faire refondre toujours avec un peu de nitre, en le mêlant avec la fritte du verre auquel on veut donner la belle couleur violette; il est néanmoins très difficile d'obtenir cette couleur dans toute sa beauté, si l'on n'a pas appris par l'expérience la manière de conduire le feu de vitrification; car cette couleur violette se change en brun et même en noir, ou s'évanouit lorsqu'on n'atteint pas ou que l'on passe le degré de feu convenable, et que l'usage seul peut apprendre à saisir.

DE L'ARSENIC

Dans l'ordre des minéraux, c'est ici que finissent les substances métalliques et que commencent les matières salines : la nature nous présente d'abord deux métaux, l'or et l'argent, qu'on a nommés *parfaits*, parce que leurs substances sont pures ou toutes deux alliées l'une avec l'autre, et que toutes deux sont également fixes, également inaltérables, indestructibles par l'action des éléments; ensuite elle nous offre quatre autres métaux, le cuivre, le fer, l'étain et le plomb, qu'on a eu raison de regarder comme métaux *imparfaits*, parce que leur substance ne résiste pas à l'action des éléments, qu'elle se brûle par le feu et qu'elle s'altère et même se décompose par l'impression des acides et de l'eau. Après ces six métaux, tous plus ou moins durs et solides, on trouve tout à coup une matière fluide, le mercure, qui, par sa densité et par quelques autres qualités, paraît s'approcher de la nature des métaux parfaits, tandis que, par sa volatilité et par sa liquidité, il se rapproche encore plus de la nature de l'eau. Ensuite se présentent trois matières métalliques auxquelles on a donné le nom de *demi-métaux*, parce qu'à l'exception de la ductilité ils ressemblent aux métaux imparfaits. Ces demi-métaux sont l'antimoine, le bismuth et le zinc, auxquels on a voulu joindre le cobalt, le nickel et le manganèse; et de même que, dans les métaux, il y a des différences très marquées entre les parfaits et les imparfaits, il se trouve aussi des différences très sensibles entre les demi-métaux. Ce nom, ou plutôt cette dénomination, convient assez à ceux qui, comme l'antimoine, le bismuth et le zinc, ne sont point mixtes, ou peuvent être rendus purs par notre art; mais il me semble que ceux qui, comme le cobalt, le nickel et le manganèse, ne sont jamais purs et sont toujours mêlés de fer ou d'autres substances différentes de la leur propre, ne doivent pas être mis au nombre des demi-métaux, si l'on veut que l'ordre des dénominations suive celui des qualités réelles; car, en appelant demi-métaux les matières qui ne sont que d'une seule substance, on doit imposer un autre nom à celles qui sont mêlées de plusieurs substances.

Dans cette suite de métaux, demi-métaux et autres matières métalliques, on ne voit que les degrés successifs que la nature met dans toutes les classes de ses productions; mais l'arsenic (*), qui paraît être la dernière nuance de cette classe des matières métalliques,

(a) *Dictionnaire de chimie*, article *Manganèse*. M. de La Peyrouse dit aussi qu'on peut faire disparaître et reparaître à la flamme d'une bougie la belle couleur violette que le manganèse donne au verre de borax. *Journal de physique*, août 1780, p. 156 et suiv.

(*) Il s'agit ici de l'acide arsénieux, et non de l'arsenic lui-même.

forme en même temps un degré, une ligne de séparation qui remplit le grand intervalle entre les substances métalliques et les matières salines. Et, de même qu'après les métaux on trouve le platine, qui n'est point un métal pur, et qui, par son magnétisme constant, paraît être un alliage de fer et d'une matière aussi pesante que l'or, on trouve aussi, après les demi-métaux, le cobalt, le nickel et le manganèse, qui, étant toujours attirables à l'aimant, sont par conséquent alliés de fer uni à leur propre substance : l'on doit donc, en rigueur, les séparer tous trois des demi-métaux, comme on doit de même séparer le platine des métaux, puisque ce ne sont pas des substances pures, mais mixtes et toutes alliées de fer, quoiqu'elles donnent leur régule sans aucun mélange que celui des parties métalliques qu'elles recèlent; et, quoique l'arsenic donne de même son régule, on doit encore le séparer de ces trois dernières matières, parce que son essence est autant saline que métallique.

En effet, l'arsenic, qui, dans le sein de la terre, se présente en masses pesantes et dures comme les autres substances métalliques, offre en même temps toutes les propriétés des matières salines. Comme les sels, il se dissout dans l'eau; mêlé comme les salins avec les matières terreuses, il en facilite la vitrification; il s'unit, par le moyen du feu, avec les autres sels, qui ne s'unissent pas plus que lui avec les métaux : comme les sels, il décrépite et se volatilise au feu, et jette de même des étincelles dans l'obscurité; il fuse aussi comme les sels et coule en liquide épais sans brillant métallique; il a donc toutes les propriétés des sels; mais, d'autre part, son régule a les propriétés des matières métalliques.

L'arsenic, dans son état naturel, peut donc être considéré comme un sel métallique; et comme ce sel, par ses qualités, diffère des acides et des alcalis, il me semble qu'on doit compter trois sels simples dans la nature, l'acide, l'alcali et l'arsenic, qui répondent aux trois idées que nous nous sommes formées de leurs effets, et qu'on peut désigner par les dénominations de *sel acide, sel caustique* et *sel corrosif;* et il me paraît encore que ce dernier sel, l'arsenic, a tout autant et peut-être plus d'influence que les deux autres sur les matières que la nature travaille. L'examen que nous allons faire des autres propriétés de ce minéral métallique et salin, loin de faire tomber cette idée, la justifiera pleinement, et même la confirmera dans toute son étendue.

On ne doit donc pas regarder l'arsenic naturel comme un métal ou demi-métal, quoiqu'on le trouve communément dans les mines métalliques, puisqu'il n'y existe qu'accidentellement et indépendamment des métaux ou demi-métaux avec lesquels il est mêlé : on ne doit pas regarder de même comme une chaux purement métallique l'arsenic blanc qui se sublime dans la fonte de différents minéraux, puisqu'il n'a pas les propriétés de ces chaux et qu'il en offre de contraires; car cet arsenic qui s'est volatilisé reste constamment volatil, au lieu que les chaux des métaux et des demi-métaux sont toutes constamment fixes; de plus, cette chaux, ou plutôt cette fleur d'arsenic, est soluble dans tous les acides et même dans l'eau pure comme les sels, tandis qu'aucune chaux métallique ne se dissout dans l'eau et n'est même guère attaquée par les acides. Cet arsenic, comme les sels, se dissout et se cristallise au moyen de l'ébullition en cristaux jaunes et transparents; il répand, lorsqu'on le chauffe, une très forte odeur d'ail; mis sur la langue, sa saveur est très âcre, il y fait une corrosion, et, pris intérieurement, il donne la mort en corrodant l'estomac et les intestins. Toutes les chaux métalliques, au contraire, sont presque sans odeur et sans saveur; cet arsenic blanc n'est donc pas une vraie chaux métallique, mais plutôt un sel particulier plus actif, plus âcre et plus corrosif que l'acide et l'alcali; enfin cet arsenic est toujours très fusible, au lieu que les chaux métalliques sont toutes plus difficiles à fondre que le métal même; elles ne contractent aucune union avec les matières terreuses, et l'arsenic, au contraire, s'y réunit au point de soutenir avec elles le feu de la vitrification; il entre, comme les autres sels, dans la composition des verres; il leur donne une blancheur qui se ternit bientôt à l'air, parce que l'humidité agit sur lui comme sur les autres sels. Toutes les chaux métalliques donnent au verre de la couleur; l'arsenic ne leur en donne aucune et ressemble encore, par cet effet, aux salins qu'on mêle avec le verre. Ces seuls faits sont, ce me semble, plus que suffisants pour démontrer que cet arsenic blanc n'est point une chaux métallique ni demi-métallique, mais un vrai sel (*) dont la substance active est d'une nature particulière et différente de celle de l'acide et de l'alcali.

Cet arsenic blanc, qui s'élève par sublimation dans la fonte des mines, n'était guère connu des anciens (*a*), et nous ne devons pas nous féliciter de cette découverte, car elle a fait plus de mal que de bien; on aurait même dû proscrire la recherche, l'usage et le commerce de cette matière funeste, dont les lâches scélérats n'ont que trop la facilité d'abuser : n'accusons pas la nature de nous avoir préparé des poisons et des moyens de destruction; c'est à nous-mêmes, c'est à notre art ingénieux pour le mal qu'on doit la poudre a canon, le sublimé corrosif, l'arsenic blanc, tout aussi corrosif. Dans le sein de la terre, on trouve du soufre et du salpêtre, mais la nature ne les avait pas combinés comme l'homme pour en faire le plus grand, le plus puissant instrument de la mort; elle n'a pas sublimé l'acide marin avec le mercure pour en faire un poison; elle ne nous présente l'arsenic que dans un état où ses qualités funestes ne sont pas développées; elle a rejeté, recélé ces combinaisons nuisibles, en même temps qu'elle ne cesse de faire des rapprochements utiles et des unions prolifiques; elle garantit, elle défend, elle conserve, elle renouvelle et tend toujours beaucoup plus à la vie qu'à la mort.

L'arsenic, dans son état de nature, n'est donc pas un poison comme notre arsenic factice (*b*); il s'en trouve de plusieurs sortes et de différentes formes, et de couleurs diverses dans les mines métalliques. Il s'en trouve aussi dans les terrains volcanisés, sous une forme différente de toutes les autres et qui provient de son union avec le soufre; on a donné à cet arsenic le nom d'*orpiment* lorsqu'il est jaune, et celui de *réalgar* quand il est rouge : au reste, la plupart des mines d'arsenic, noires et grises, sont des mines de cobalt mêlées d'arsenic; cependant, M. Bergman assure qu'il se trouve de l'arsenic vierge en Bohême, en Hongrie, en Saxe, etc., et que cet arsenic vierge contient toujours du fer (*c*). M. Monnet dit aussi qu'il s'en trouve en France, à Sainte-Marie-aux-Mines, et que cet arsenic vierge est une substance des plus pesantes et des plus dures que nous connaissions, qui ne se brise que difficilement et qui présente dans sa fracture fraîche un grain brillant semblable à celui de l'acier, qu'il prend le poli et le brillant métallique du fer, que son éclat se ternit bien vite à l'air, qu'il se dissout dans les acides, etc. (*d*). Si

(*a*) La seule indication précise que l'on ait sur l'arsenic se trouve dans un passage d'Avicenne, qui vivait dans le XIe siècle : M. Bergman cite ce passage, par lequel il paraît qu'on ne connaissait pas alors l'arsenic blanc sublimé.

(*b*) Hoffmann assure, d'après plusieurs expériences, que l'orpiment et le réalgar naturels ne sont pas des poisons comme l'arsenic jaune et l'arsenic rouge artificiels. *Dictionnaire de chimie*, par M. Macquer, article *Arsenic*.

(*c*) *Opuscules chimiques*, t. II, p. 278 et 284.

(*d*) M. Monnet ajoute que l'arsenic vierge, dans des vaisseaux fermés, se sublime sans qu'il soit besoin d'y rien ajouter; que, combiné avec tous les autres métaux, il donne toujours un régule... « Une propriété de l'arsenic vierge, dit-il, est de s'enflammer, soit qu'on le » fasse toucher à des charbons ou à la flamme; il brûle paisiblement, en répandant une épaisse » fumée qui se condense contre les corps froids en un sublimé blanc;... et, lorsque l'arsenic » qui brûle est entièrement consumé, il reste un peu de scorie terreuse et ferrugineuse... »

Le lieu où l'on trouve le plus d'arsenic vierge est Sainte-Marie-aux-Mines; il est assez rare partout ailleurs : dans les années 1755 et 1760, il se trouva à Sainte-Marie-aux-Mines une si grande quantité d'arsenic vierge que, pendant plusieurs jours, on en tirait des quintaux entiers... Dans les autres mines, comme dans celles de Freyberg, de Saint-Andreasberg-

(*) C'est un oxyde d'arsenic.

j'avais moins de confiance aux lumières de M. Monnet, je croirais, à cette description, que son arsenic vierge n'est qu'une espèce de marcassite ou pyrite arsenicale; mais, ne les ayant pas comparés, je ne dois tout au plus que douter, d'autant que le savant M. de Morveau dit aussi : « Qu'on trouve de l'arsenic vierge en masse informe, grenue, en » écailles et friable; de l'arsenic noir mêlé de bitume, de l'arsenic gris testacé, de l'arsenic » blanc cristallisé en gros cubes (a); » mais toutes ces formes pourraient être des décompositions d'arsenic ou des mélanges avec du cobalt et du fer : d'ailleurs, la mine d'arsenic en écailles ni même le régule d'arsenic, qui doit être encore plus pur et plus dense que l'arsenic vierge, ne sont pas aussi pesants que le suppose M. Monnet; car la pesanteur de la mine écailleuse d'arsenic n'est que de 57,249, et celle du régule d'arsenic de 57,633, tandis que la pesanteur spécifique du régule de cobalt est de 78,119, et celle du régule de nickel de 78,070; il est donc certain que l'arsenic vierge n'est pas à beaucoup près aussi pesant que ces régules de cobalt et de nickel.

Quoi qu'il en soit, l'arsenic se rencontre dans presque toutes les mines métalliques, et surtout dans les mines d'étain, c'est même ce qui a fait donner à l'arsenic, comme au soufre, le nom de *minéralisateur :* or, si l'on veut avoir une idée nette de ce que signifie le mot de *minéralisation*, on ne peut l'interpréter que par celui de l'altération que certaines substances actives produisent sur les minéraux métalliques; la pyrite, ou si l'on veut le soufre minéral, agit comme un sel par l'acide qu'il contient; le foie de soufre agit

au-Hartz et dans quelques-unes de Suède, on en a trouvé par intervalles quelques morceaux... M. Monnet conclut par dire que l'arsenic est une substance particulière, semi-métallique si on veut l'envisager par ses propriétés métalliques, ou semi-saline si on veut l'envisager par ses propriétés salines, qui entre comme partie contingente dans les mines et qui est indifférente à l'intérieur des métaux. *Journal de physique*, septembre 1773, p. 191 et suiv.

(a) *Éléments de chimie*, t. Ier, p. 125. — « L'arsenic, dit M. Demeste, est une substance » fort commune dans les mines; elle s'y montre tantôt à la surface d'autres minéraux, où » elle s'est déposée, soit à l'état de régule, soit à l'état de chaux : tantôt elle s'y trouve miné- » ralisée, et tantôt elle exerce elle-même les fonctions de minéralisateur... » Outre le fer que contient la pyrite arsenicale, elle renferme aussi quelquefois du cobalt, du bismuth, même de l'argent et de l'or... Le régule d'arsenic natif est ordinairement noirâtre et terni par l'action de l'air, quoique dans sa fracture récente il soit brillant comme de l'acier. Tantôt il forme des masses écailleuses, solides, assez compactes et sans figure déterminée; tantôt ce sont des masses granuleuses avec des protubérances, composées de lames très épaisses, posées en recouvrement les unes sur les autres, et dont les fragments ont par conséquent une partie concave et une partie convexe. Il porte alors le nom d'*arsenic testacé.* Quand cet arsenic vierge est pur et sans mélange, il n'est point assez dur pour faire feu avec le briquet, mais il est quelquefois mêlé d'une petite quantité de fer ou de cobalt, et alors sa dureté est plus considérable.

La grande facilité avec laquelle l'arsenic passe à l'état de chaux, et la grande volatilité de cette chaux nous indiquent assez pourquoi l'on rencontre la chaux de ce demi-métal sous la forme d'une efflorescence blanche à la surface et dans les cavités de certaines mines; on ne peut même pas douter qu'elle ne puisse résulter de la décomposition, soit de la mine d'argent rouge, soit des autres minéraux qui contiennent ce demi-métal... Cette efflorescence blanche est une chaux d'arsenic proprement dite...

Le verre natif d'arsenic est d'un blanc jaunâtre, de même que le verre factice de ce demi-métal; mais le premier est moins sujet à s'altérer à l'air que le dernier, par la raison sans doute que la combinaison des deux substances qui composent le verre natif y est plus parfaite et plus intime qu'elle ne l'est dans le verre d'arsenic que nous préparons.

Quoi qu'il en soit, le verre natif d'arsenic se rencontre à la superficie de quelques mines de cobalt et sur quelques produits de volcans; il est quelquefois cristallisé en prismes minces, triangulaires, ou en aiguilles blanches divergentes, etc. *Lettres de M. Demeste*, t. II, p. 121 et suiv.

encore plus généralement par son alcali, et l'arsenic, qui est un autre sel souvent uni avec la matière du feu dans la pyrite, agit avec une double puissance, et c'est de l'action de ces trois sels acides, alcalis et arsenicaux, que dépend l'altération ou minéralisation de toutes les substances métalliques, parce que tous les autres sels peuvent se réduire à ceux-ci.

L'arsenic a fait impression sur toutes les mines métalliques dans lesquelles il s'est établi dès le temps de la première formation des sels, après la chute des eaux et des autres matières volatiles; il semble avoir altéré les métaux à l'exception de l'or; il a produit, avec le soufre pyriteux et le foie de soufre, les mines d'argent rouges, blanches et vitreuses; il est entré dans la plupart des mines de cuivre (a), et il adhère très fortement à ce métal (b); il a produit la cristallisation des mines d'étain et de celles de plomb qui se présentent en cristaux blancs et verts; enfin il se trouve uni au fer dans plusieurs pyrites, et particulièrement dans la pyrite blanche que les Allemands appellent *mispikel*, qui n'est qu'un composé de mine de fer et d'une grande quantité d'arsenic (c). Les mines d'antimoine, de bismuth, de zinc, et surtout celles de cobalt contiennent aussi de l'arsenic; presque toutes les matières minérales en sont imprégnées; il y a même des terres qui sont sensiblement arsenicales; aucune matière n'est donc plus universellement répandue : la grande et constante volatilité de l'arsenic, jointe à la fluidité qu'il acquiert en se dissolvant dans l'eau, lui donnent la faculté de se transporter en vapeurs et de se déposer partout, soit en liqueur, soit en masses concrètes; il s'attache à toutes substances qu'il peut pénétrer, et les corrompt presque toutes par l'acide corrosif de son sel.

L'arsenic est donc l'une des substances les plus actives du règne minéral : les matières métalliques et terreuses ou pierreuses ne sont en elles-mêmes que des substances passives; les sels seuls ont des qualités actives, et le soufre doit être considéré comme un sel, puisqu'il contient de l'acide qui est l'un des premiers principes salins. Sous ce point de vue, les puissances actives sur les minéraux en général semblent être représentées par trois agents principaux, le soufre pyriteux, le foie de soufre et l'arsenic, c'est-à-dire par les sels acides, alcalins et arsenicaux; et le foie de soufre, qui contient l'alcali uni aux principes du soufre, agit par une double puissance et altère non seulement les substances métalliques, mais aussi les matières terreuses.

Mais quelle cause peut produire cette puissance des sels, quel élément peut les rendre actifs, si ce n'est celui du feu qui est fixé dans ces sels? Car toute action qui dans la nature ne tend qu'à rapprocher, à réunir les corps, dépend de la force générale de l'attrac-

(a) La preuve évidente que l'arsenic peut minéraliser le cuivre, c'est qu'il le dissout à froid et par la voie humide, lorsqu'on le lui présente très divisé, comme en feuilles de livret. *Éléments de chimie*, par M. de Morveau, t. II, p. 325.

(b) L'arsenic tient très fortement avec le cuivre, et souvent il se montre dans la matte ou cuivre noir après un grand nombre de fontes et de grillages pour tâcher de l'en séparer, ce qui dans les mines d'argent tenant cuivre en rend la séparation très difficile. M. Monnet, *Journal de physique*, septembre 1773.

(c) Le *mispickel* ou pyrite blanche peut être considéré comme une mine de fer arsenicale, ce métal y étant minéralisé par beaucoup d'arsenic et un peu de soufre; mais l'arsenic étant aussi une substance métallique particulière, et sa quantité dans cette pyrite excédant de beaucoup celle du fer, nous pouvons regarder le *mispickel* comme une mine d'arsenic proprement dite. On le rencontre en masses, tantôt informes et tantôt cristallisées, de diverses manières... On trouve de fort beaux groupes de cristaux de mispickel à Mumig en Saxe. *Lettres de M. le docteur Demeste*, t. II, p. 129. — Et on observe même assez généralement que le mispickel en masses confuses est composé de petites lames rhomboïdes. *Idem*, p. 130. — La mine d'arsenic grise (pyrite d'orpiment) diffère peu de la précédente : elle contient une plus grande quantité de soufre, ce qui fait qu'en la calcinant, on en retire du réalgar. *Idem, ibidem*

tion, tandis que toute action contraire qui ne s'exerce que pour séparer, diviser et pénétrer les parties constituantes des corps, provient de cet élément qui, par sa force expansive, agit toujours en sens contraire de la puissance attractive, et seul peut séparer ce qu'elle a réuni, résoudre ce qu'elle a combiné, liquéfier ce qu'elle a rendu solide, volatiliser ce qu'elle tenait fixe, rompre en un mot tous les liens par lesquels l'attraction universelle tiendrait la nature enchaînée et plus qu'engourdie, si l'élément de la chaleur et du feu qui pénètre jusque dans ses entrailles n'y entretenait le mouvement nécessaire à tout développement, toute production et toute génération.

Mais, pour ne parler ici que du règne minéral, le grand altérateur, le seul minéralisateur primitif est donc le feu; le soufre, le foie de soufre, l'arsenic et tous les sels ne sont que ses instruments : toute minéralisation n'est qu'une altération par division, dissolution, volatilisation, précipitation, etc. Ainsi les minéraux ont pu être altérés de toutes manières, tant par le mélange des matières passives dont ils sont composés que par la combinaison de ces puissances animées par le feu, qui les ont plus ou moins travaillés, et quelquefois au point de les avoir presque dénaturés.

Mais pourquoi, me dira-t-on, cette minéralisation qui, selon vous, n'est qu'une altération, se porte-t-elle plus généralement sur les matières métalliques que sur les matières terreuses? De quelle cause, en un mot, ferez-vous dépendre ce rapport si marqué entre le minéralisateur et le métal? Je répondrai que, comme le feu primitif a exercé toute sa puissance sur les matières qu'il a vitrifiées, il les a dès lors mises hors d'atteinte aux petites actions particulères que le feu peut exercer encore par le moyen des sels sur les matières qui ne se sont pas trouvées assez fixes pour subir la vitrification; que toutes les substances métalliques, sans même en excepter celle de l'or, étant susceptibles d'être sublimées par l'action du feu, elles se sont séparées de la masse des matières fixes qui se vitrifiaient; que ces vapeurs métalliques, reléguées dans l'atmosphère tant qu'a duré l'excessive chaleur du globe, en sont ensuite descendues et ont rempli les fentes du quartz et autres cavités de la roche vitreuse et que, par conséquent, ces matières métalliques ayant évité par leur fuite et leur sublimation la plus grande action du feu, il n'est pas étonnant qu'elles ne puissent éprouver aucune altération par l'action secondaire de la petite portion particulière du feu contenu dans les sels; tandis que les substances calcaires, n'ayant été produites que les dernières et n'ayant pas subi l'action du feu primitif, sont, par cette raison, très susceptibles d'altération par l'action de nos feux et par le foie de soufre dans lequel la substance du feu est réunie avec l'alcali.

Mais c'est assez nous arrêter sur cet objet général de la minéralisation qui s'est présenté avec l'arsenic, parce que ce sel âcre et corrosif est l'un des plus puissants minéralisateurs par l'action qu'il exerce sur les métaux; non seulement il les altère et les minéralise dans le sein de la terre, mais il en corrompt la substance; il s'insinue et se répand en poison destructeur dans les minéraux comme dans les corps organisés; allié avec l'or et l'argent en très petite quantité, il leur enlève l'attribut essentiel à tout métal en leur ôtant toute ductilité, toute malléabilité; il produit le même effet sur le cuivre; il blanchit le fer plus que le cuivre, sans cependant le rendre aussi cassant; il donne de même beaucoup d'aigreur à l'étain et au plomb, et il ne fait qu'augmenter celle de tous les demi-métaux; il en divise donc encore les parties lorsqu'il n'a plus la puissance de les corroder ou détruire; quelque épreuve qu'on lui fasse subir, en quelque état qu'on puisse le réduire, l'arsenic ne perd jamais ses qualités pernicieuses : en régule, en fleurs, en chaux, en verre, il est toujours poison; sa vapeur seule reçue dans les poumons suffit pour donner la mort, et l'on ne peut s'empêcher de gémir en voyant le nombre des victimes immolées, quoique volontairement, dans les travaux des mines qui contiennent de l'arsenic : ces malheureux mineurs périssent presque tous au bout de quelques années, et les plus vigoureux sont bientôt languissants; la vapeur, l'odeur seule de l'arsenic leur altère la poitrine (a), et cependant ils ne prennent pas pour éviter ce mal toutes les précautions nécessaires; d'abord il s'élève assez souvent des vapeurs arsenicales dans les souterrains des mines dès qu'on y fait du feu; et. de plus, c'est en faisant au marteau des tranchées dans la roche du minéral pour le séparer et l'enlever en morceaux qu'ils respirent cette poussière arsenicale qui les tue comme poison, et les incommode comme poussière; car nos tailleurs de pierre de grès sont très souvent malades du poumon, quoique cette poussière de grès n'ait pas d'autres mauvaises qualités que sa très grande ténuité; mais, dans tous les usages, dans toutes les circonstances où l'appât du gain commande, on voit avec plus de peine que de surprise la santé des hommes comptée pour rien, et leur vie pour peu de chose.

L'arsenic, qui malheureusement se trouve si souvent et si abondamment dans la plupart des mines métalliques, y est presque toujours en sel cristallin ou en poudre blanche; il ne se trouve guère que dans les volcans agissants ou éteints, sous la forme d'orpiment ou de réalgar; on assure néanmoins qu'il y en a dans les mines de Hongrie, à Kremnitz, à Newsol, etc. La substance de ces arsenics mêlés de soufre est disposée par lames minces ou feuillets, et par ce caractère on peut toujours distinguer l'orpiment naturel de l'artificiel dont le tissu est plus confus. Le réalgar est aussi disposé par feuillets, et ne diffère de l'orpiment jaune que par sa couleur rouge; il est encore plus rare que l'orpiment; et ces deux formes sous lesquelles se présente l'arsenic ne sont pas communes, parce qu'elles ne proviennent que de l'action du feu; et l'orpiment et le réalgar n'ont été formés que par celui des volcans ou par des incendies de forêts, au lieu que l'arsenic se trouve en grande quantité sous d'autres formes dans presque toutes les mines, et surtout dans celles du cobalt.

Pour recueillir l'arsenic et en éviter en même temps les vapeurs funestes, on construit des cheminées inclinées et longues de vingt à trente toises au-dessus des fourneaux où l'on travaille la mine de cobalt, et l'on a observé que l'arsenic qui s'élève le plus haut est aussi le plus pur et le plus corrosif : pour ramasser sans danger cette poudre pernicieuse, il faut se couvrir la bouche et le nez, et ne respirer l'air qu'à travers une toile; et, comme cette poudre arsenicale se dissout dans les graisses et les huiles aussi bien que dans l'eau, et qu'une très petite quantité suffit pour causer les plus funestes effets, la fabrication devrait en être défendue et le commerce proscrit.

Les chimistes, malgré le danger, n'ont pas laissé que de soumettre cette poudre arsenicale à un grand nombre d'épreuves pour la purifier et la convertir en cristaux; ils la mettent dans des vaisseaux de fer exactement fermés où elle se sublime de nouveau sur le feu.

Les vapeurs s'attachent au haut du vaisseau en cristaux blancs et transparents comme du verre, et, lorsqu'ils veulent faire de l'arsenic jaune ou rouge semblable au réalgar et à l'orpiment, ils mêlent cette poudre d'arsenic avec une certaine quantité de soufre pour les sublimer ensemble : la matière sublimée devient jaune comme l'orpiment ou rouge comme le réalgar, selon la plus ou moins grande quantité de soufre qu'on y aura mêlée. Enfin, si l'on fond de nouveau ce réalgar artificiel, il deviendra transparent et d'un rouge de rubis. Le réalgar naturel n'est qu'à demi transparent, souvent même il est opaque et ressemble beaucoup au cinabre. Ces arsenics jaunes et rouges sont, comme l'on voit,

(a) C'est à cette substance dangereuse qu'est due la phtisie, et ces exulcérations des poumons qui font périr à la fleur de l'âge les ouvriers qui travaillent aux mines. Parmi eux, un homme de trente-cinq à quarante ans est déjà dans la décrépitude, ce qu'on doit surtout attribuer aux mines qu'ils détachent avec le ciseau et le maillet, et qu'ils respirent perpétuellement par la bouche et par le nez ; il paraît que si, dans ces mines, on faisait usage de la poudre à canon pour détacher le minerai, les jours de ces malheureux ouvriers ne seraient point si indignement prodigués. (Encyclopédie, article *Orpiment*.)

d'une formation bien postérieure à celle des mines arsenicales, puisque le soufre est entré dans leur composition et qu'ils ont été sublimés ensemble par les feux souterrains. On assure qu'à la Chine l'orpiment et le réalgar se trouvent en si grandes masses qu'on en a fait des vases et des pagodes : ce fait démontre l'existence présente ou passée des volcans dans cette partie de l'Asie.

Pour réduire l'arsenic en régule, on en mêle la poudre blanche sublimée avec du savon noir et même avec de l'huile ; on fait sécher cette pâte humide à petit feu dans un matras, et on augmente le degré de feu jusqu'à rougir le fond de ce vaisseau. M. Bergman donne la pesanteur spécifique de ce régule dans le rapport de 8,310 à 1,000, ce qui, à 72 livres le pied cube d'eau, donne 598 livres $\frac{31}{100}$ pour le poids d'un pied cube de régule d'arsenic. Ainsi la densité de ce régule est un peu plus grande que celle du fer et à peu près égale à la densité de l'acier. Ce régule d'arsenic a, comme nous l'avons dit, plusieurs propriétés communes avec les demi-métaux : il ne s'unit point aux terres, il ne se dissout point dans l'eau, il s'allie aux métaux sans leur ôter l'éclat métallique, et, dans cet état de régule, l'arsenic est plutôt un demi-métal qu'un sel.

On a donné le nom de *verre d'arsenic* aux cristaux qui se forment par la poudre sublimée en vaisseaux clos : mais ces cristaux transparents ne sont pas du verre, puisqu'ils sont solubles dans l'eau ; et ce qui le démontre encore, c'est que cette même poudre blanche d'arsenic prend cet état de prétendu verre par la voie humide et à la simple chaleur de l'eau bouillante (*a*).

Lorsqu'on veut purger les métaux de l'arsenic qu'ils contiennent, on commence par le volatiliser autant qu'il est possible ; mais, comme il adhère quelquefois très fortement au métal et surtout au cuivre, et que par le feu de fusion on ne l'en dégage pas en entier, on ne vient à bout de le séparer de la matte que par l'intermède du fer, qui, ayant plus d'affinité que le cuivre avec l'arsenic, s'en saisit et en débarrasse le cuivre : on doit faire la même opération, et par le même moyen, en raffinant l'argent qui se tire des mines arsenicales.

DES CIMENTS DE NATURE

On a vu, par l'exposé des articles précédents, que toutes les matières solides du globe terrestre, produites d'abord par le feu primitif ou formées ensuite par l'intermède de l'eau, peuvent être comprises dans quatre classes générales.

La première contient les verres primitifs et les matières qui en sont composées, telles que les porphyres, les granits et tous leurs détriments, comme les grès, les argiles, schistes, ardoises, etc.

La seconde classe est celle des matières calcinables, et contient les craies, les marnes, les pierres calcaires, les albâtres, les marbres et les plâtres.

La troisième contient les métaux, les demi-métaux et les alliages métalliques formés par la nature, ainsi que les pyrites et tous les minerais pyriteux.

Et la quatrième est celle des résidus et détriments de toutes les substances végétales et animales, telles que le terreau, la terre végétale, le limon, les bols, les tourbes, les charbons de terre, les bitumes, etc.

(*a*) Il faut pour cela mettre la dissolution de cette chaux dans quinze parties d'eau bouillante, et laisser ensuite refroidir cette dissolution ; on obtient alors de petits cristaux en segments d'octaèdres, etc. : c'est un verre d'arsenic formé par un degré de chaleur bien peu considérable. *Lettres de M. Demeste*, t. II, p. 118.

A ces quatre grandes classes de matières dont le globe terrestre est presque entièrement composé, nous devons en ajouter une cinquième, qui contiendra les sels et toutes les matières salines.

Enfin nous pouvons encore faire une sixième classe des substances produites ou travaillées par le feu des volcans, telles que les basaltes, les laves, les pierres ponces, les pouzzolanes, les soufres, etc.

Toutes les matières dures et solides doivent leur première consistance à la force générale et réciproque d'une attraction mutuelle qui en a réuni les parties constituantes; mais ces matières, pour la plupart, n'ont acquis leur entière dureté et leur pleine solidité que par l'interposition successive d'un ou de plusieurs ciments que j'appelle *ciments de nature*, parce qu'ils sont différents de nos ciments artificiels, tant par leur essence que par leurs effets. Presque tous nos ciments ne sont pas de la même nature que les matières qu'ils réunissent; la substance de la colle est très différente de celle du bois, dont elle ne réunit que les surfaces; il en est de même du mastic qui joint le verre aux autres matières contiguës; ces ciments artificiels ne pénètrent que peu ou point du tout dans l'intérieur des matières qu'ils unissent, leur effet se borne à une simple adhésion aux surfaces. Les ciments de nature sont, au contraire, ou de la même essence ou d'une essence analogue aux matières qu'ils unissent; ils pénètrent ces matières dans leur intérieur et s'y trouvent toujours intimement unis; ils en augmentent la densité en même temps qu'ils établissent la continuité du volume. Or, il me semble que les six classes sous lesquelles nous venons de comprendre toutes les matières terrestres ont chacune leur ciment propre et particulier, que la nature emploie dans les opérations qui sont relatives aux différentes substances sur lesquelles elle opère.

Le premier de ces ciments de nature est le suc cristallin qui transsude et sort des grandes masses quartzeuses, pures ou mêlées de feldspath, de schorl, de jaspe et de mica; il forme la substance de toutes les stalactites vitreuses, opaques ou transparentes. Le suc quartzeux, lorsqu'il est pur, produit le cristal de roche, les nouveaux quartz, l'émail du grès, etc. Celui du feldspath produit les pierres chatoyantes, et nous verrons que le schorl, le mica et le jaspe ont aussi leurs stalactites propres et particulières : ces stalactites des cinq verres primitifs se trouvent en plus ou moins grande quantité dans toutes les substances vitreuses de seconde et de troisième formation.

Le second ciment, tout aussi naturel et peut-être plus abondant à proportion que le premier, est le suc spathique qui pénètre, consolide et réunit toutes les parties des substances calcaires. Ces deux ciments vitreux et calcaires sont de la même essence que les matières sur lesquelles ils opèrent; ils en tirent aussi chacun leur origine, soit par l'infiltration de l'eau, soit par l'émanation des vapeurs qui s'élèvent de l'intérieur des grandes masses vitreuses ou calcaires; ces ciments ne sont, en un mot, que les particules de ces mêmes matières atténuées et enlevées par les vapeurs qui s'élèvent du sein de la terre, ou bien détachées et entraînées par une lente stillation des eaux, et ces ciments s'insinuent dans tous les vides et jusque dans les pores des masses qu'ils remplissent.

Dans les ciments calcaires, je comprends le suc gypseux, plus faible et moins solide que le suc spathique qui l'est aussi beaucoup moins que le ciment vitreux; mais ce suc gypseux est souvent plus abondant dans la pierre à plâtre que le spath ne l'est dans les pierres calcaires.

Le troisième ciment de nature est celui qui provient des matières métalliques, et c'est peut-être le plus fort de tous. Celui que fournit le fer est le plus universellement répandu, parce que la quantité du fer est bien plus grande que celle de tous les autres minéraux métalliques, et que le fer étant plus susceptible d'altération qu'aucun autre métal par l'humidité de l'air et par tous les sels de la terre, il se décompose très aisément et se combine avec la plupart des autres matières dont il remplit les vides et réunit les parties constituantes. On connait la ténacité et la solidité du ciment fait artificiellement avec la limaille de fer : ce ciment néanmoins ne réunit que les surfaces, et ne pénètre que peu ou point du tout dans l'intérieur des substances dont il n'établit que la contiguïté; mais, lorsque le ciment ferrugineux est employé par la nature, il augmente de beaucoup la densité et la dureté des matières qu'il pénètre ou réunit. Or cette matière ferrugineuse est entrée, soit en masses, soit en vapeurs, dans les jaspes, les porphyres, les granits, les grenats, les cristaux colorés, et dans toutes les pierres vitreuses, simples ou composées, qui présentent des teintes de rouge, de jaune, de brun, etc. On reconnait aussi les indices de cette matière ferrugineuse dans plusieurs pierres calcaires, et surtout dans les marbres, les albâtres et les plâtres colorés; ce ciment ferrugineux, comme les deux autres premiers ciments, a pu être porté de deux façons différentes : la première par sublimation de vapeurs, et c'est ainsi qu'il est entré dans les jaspes, porphyres et autres matières primitives; la seconde par l'infiltration des eaux dans les matières de formation postérieure, telles que les schistes, les ardoises, les marbres et les albâtres; l'eau aura détaché ces particules ferrugineuses des grandes roches de fer produites par le feu primitif dès le commencement de la consolidation du globe; elle les aura réduites en rouille et aura transporté cette rouille ferrugineuse sur la surface entière du globe; dès lors, cette chaux de fer se sera mêlée avec les terres, les sables et toutes les autres matières qui ont été remuées et travaillées par les eaux. Nous avons ci-devant démontré que les premières mines de fer ont été formées par l'action du feu primitif, et que ce n'est que des débris de ces premières mines ou de leurs détriments décomposés par l'intermède de l'eau que les mines de fer de seconde et de troisième formation ont été produites.

On doit réunir au ciment ferrugineux le ciment pyriteux qui se trouve non seulement dans les minerais métalliques, mais aussi dans la plupart des schistes et dans quelques pierres calcaires : ce ciment pyriteux augmente la dureté des matières qui ne sont point exposées à l'humidité, et contribue au contraire à leur décomposition dès qu'elles sont humectées.

On peut aussi regarder le bitume comme un quatrième ciment de nature ; il se trouve dans toutes les terres végétales, ainsi que dans les argiles et les schistes mêlés de terre limoneuse ; ces schistes limoneux contiennent quelquefois une si grande quantité de bitume qu'ils en sont inflammables ; et, comme toutes les huiles et graisses végétales ou animales se convertissent en bitume par le mélange de l'acide, on ne doit pas être étonné que cette substance bitumineuse se trouve dans les matières transportées et déposées par les eaux, telles que les argiles, les ardoises, les schistes et même certaines pierres calcaires : il n'y a que les substances vitreuses, produites par le feu primitif, dans lesquelles le bitume ne peut être mêlé, parce que la formation des matières brutes et vitreuses a précédé la production des substances organisées et calcaires.

Une autre sorte de ciment qu'on peut ajouter aux précédents est produit par l'action des sels ou par leur mélange avec les principes du soufre : ce ciment salin et sulfureux existe dans la plupart des matières terreuses; on le reconnait à la mauvaise odeur que ces matières répandent lorsqu'on les entame ou les frotte ; il y en a même, comme la pierre de porc (*a*),

(*a*) Ce n'est qu'en Norvège et en Suède, dit Pontoppidan, que l'on trouve la *pierre du cochon*, ainsi appelée parce qu'elle guérit une certaine maladie du cochon. Cette pierre, autrement nommé *lapis fœtidus*, rend une puanteur affreuse quand on la frotte : elle est brune, luisante et paraît être une espèce de vitrification, dans la composition de laquelle il entre beaucoup de soufre. *Journal étranger*, mois de septembre 1755, p. 213. — Nous ne pouvons nous dispenser de relever ici la contradiction qui est entre ces mots, *vitrification qui contient du soufre*, puisque le soufre se serait dissipé par la combustion longtemps avant que le feu se fût porté au degré nécessaire à la vitrification. La pierre de porc n'est point du tout une vitrification, mais une matière calcaire saturée du suc pyriteux, qui lui fait

qui ont une très forte odeur de foie de soufre, et d'autres qui, dès qu'on les frotte, répandent l'odeur du bitume (a).

Enfin le sixième ciment de nature est encore moins simple que le cinquième, et souvent aussi il est de qualités très différentes, selon les matières diverses sur lesquelles le feu des volcans a travaillé avec plus ou moins de force ou de continuité, et suivant que ces matières se sont trouvées plus ou moins pures ou mélangées de substances différentes : ce ciment, dans les matières volcaniques, est souvent composé d'autres ciments, et particulièrement du ciment ferrugineux ; car tous les basaltes et presque toutes les laves des volcans contiennent une grande quantité de fer, puisqu'elles sont attirables à l'aimant ; et plusieurs matières volcanisées contiennent des soufres et des sels.

Dans les matières vitreuses les plus simples, telles que le quartz de seconde formation et les grès, on ne trouve que le ciment cristallin et vitreux ; mais, dans les matières vitreuses composées, telles que les porphyres, granits et cailloux, il est souvent réuni avec les ciments ferrugineux ou pyriteux : de même, dans les matières calcaires simples et blanches, il n'y a que le ciment spathique ; mais, dans celles qui sont composées et colorées, et surtout dans les marbres, on trouve ce ciment spathique souvent mêlé du ciment ferrugineux, et quelquefois du bitumineux. Les deux premiers ciments, c'est-à-dire le vitreux et le spathique, dès qu'ils sont abondants, se manifestent par la cristallisation ; le bitume même se cristallise lorsqu'il est pur, et les ciments ferrugineux ou pyriteux prennent aussi fort souvent une forme régulière : les ciments sulfureux et salins se cristallisent non seulement par l'intermède de l'eau, mais aussi par l'action du feu ; néanmoins ils paraissent assez rarement sous cette forme cristallisée dans les matières qu'ils pénètrent, et en général tous ces ciments sont ordinairement dispersés et intimement mêlés dans la substance même des matières dont ils lient les parties ; souvent on ne peut les reconnaître qu'à la couleur ou à l'odeur qu'ils donnent à ces mêmes matières.

Le suc cristallin paraît être ce qu'il y a de plus pur dans les matières vitreuses, comme le suc spathique est aussi ce qu'il y a de plus pur dans les substances calcaires ; le ciment ferrugineux pourrait bien être aussi l'extrait du fer le plus décomposé par l'eau ou du fer sublimé par le feu ; mais les ciments bitumineux, sulfureux et salin, ne peuvent guère être considérés que comme des colles ou *glutens*, qui réunissent par interposition les parties de toute matière, sans néanmoins en pénétrer la substance intime, au lieu que les ciments cristallin, spathique et ferrugineux, ont donné la densité, la dureté et les couleurs à toutes les matières dans lesquels ils se sont incorporés.

Le feu et l'eau peuvent également réduire toutes les matières à l'homogénéité : le feu en dévorant ce qu'elles ont d'impur, et l'eau en séparant ce qu'elles ont d'hétérogène et les divisant jusqu'au dernier degré de ténuité ; tous les métaux, et le fer en particulier,

rendre son odeur fétide de foie de soufre, combinaison formée, comme l'on sait, par l'union de l'acide avec l'alcali, représentée ici par une terre absorbante ou calcaire.

(a) La pierre de taille de Méjaune, dit M. l'abbé de Sauvages, est tendre, calcinable, d'un grain fin et d'un blanc terne : pour peu qu'on la frotte, elle sent le bitume. *Mémoires de l'Académie des sciences*, année 1746. p. 721. — La pierre puante du Canada, qui est noire et dont on fait des pierres à rasoir, se dissout avec vivacité et reste ensuite sans jeter les moindres bulles, d'où il semblerait qu'on pourrait conclure qu'il entre dans sa composition des bitumes, des matières animales mêlées à des parties terreuses... Peut-être l'odeur forte et puante de quelques autres pierres n'est-elle produite que par des parties de bitume très ténues et disposées dans leur masse, au point que ces parties se dissolvent entièrement dans les acides... Les pierres bitumineuses de l'Auvergne se trouvent dans des endroits qui forment une suite de monticules posés dans le même alignement ; peut-être y a-t-il ailleurs de semblables pierres. *Mémoires de M. Guettard*, dans ceux de *l'Académie des sciences*, année 1769.

se cristallisent par le moyen du feu plus aisément que par l'intermède de l'eau; mais, pour ne parler ici que des cristallisations opérées par ce dernier élément, parce qu'elles ont plus de rapport que les autres avec les ciments de nature, nous devons observer que les formes de cristallisation ne sont ni générales ni constantes, et qu'elles varient autant dans le genre calcaire que dans le genre vitreux. Chaque contrée, chaque colline, et pour ainsi dire, chaque banc de pierre, soit vitreuse ou calcaire, offre des cristallisations de formes différentes; or cette variété de forme dans les extraits démontre que ces extraits renferment quelques éléments différents entre eux, qui font varier leur forme de cristallisation : sans cela, tous les cristaux, soit vitreux, soit calcaires, auraient chacun une forme constante et déterminée, et ne différeraient que par le volume, et non par la figure. C'est peut-être au mélange de quelque matière, telle que nos ciments de nature, qu'on doit attribuer toutes les variétés de figures qui se trouvent dans les cristallisations, car une petite quantité de matière étrangère, qui se mêlera dans une stalactite au moment de sa formation, suffit pour en changer la couleur et en modifier la forme : dès lors, on ne doit pas être étonné de trouver presque autant de différentes formes de cristallisation qu'il y a de pierres différentes.

La terre limoneuse produit aussi des cristallisations de formes différentes, et en assez grand nombre : nous verrons que les pierres précieuses, les spaths pesants et la plupart des pyrites ne sont que des stalactites de la terre végétale réduite en limon, et cette terre est ordinairement mêlée de parties ferrugineuses qui donnent la couleur à ces matières.

Des différents mélanges et des combinaisons variées de la matière métallique avec les extraits des substances vitreuses, calcaires et limoneuses, il résulte non seulement des formes différentes dans la cristallisation, mais des diversités de pesanteur spécifique, de dureté, de couleur et de transparence dans la substance des stalactites de ces trois sortes de matières.

Il faut que la matière vitreuse, calcaire ou limoneuse, soit réduite à sa plus grande ténuité pour qu'elle puisse se cristalliser ; il faut aussi que le métal soit à ce même point de ténuité, et même réduit en vapeurs, et que le mélange en soit intime, pour donner la couleur aux substances cristallisées sans en altérer la transparence ; car, pour peu que la substance vitreuse, calcaire ou limoneuse, soit impure et mêlée de parties grossières, ou que le métal ne soit pas assez dissous, il en résulte des stalactites opaques et des concrétions mixtes, qui participent de la qualité de chacune de ces matières. Nous avons démontré la formation des stalactites opaques dans les pierres calcaires et celle de la mine de fer en grains dans la terre limoneuse (*a*) : on peut reconnaître le même procédé de la nature pour la formation des concrétions vitreuses, opaques ou demi-transparentes, qui ne diffèrent du cristal de roche que comme les stalactites calcaires opaques diffèrent du spath transparent, et nous trouverons tous les degrés intermédiaires entre la pleine opacité et la parfaite transparence dans tous les extraits et dans tous les produits de décomposition des matières terrestres, de quelque essence que puissent être les substances dont ces cristallisations ou concrétions tirent leur origine, de quelque manière qu'elles aient été formées, soit par exsudation, ou par stillation.

(*a*) Voyez, dans le Xe volume, l'article de l'*Albâtre* et celui de la *Terre végétale*.

DES CRISTALLISATIONS

Lorsque les matières vitreuses, calcaires et limoneuses, sont réduites à l'homogénéité par leur dissolution dans l'eau, les parties similaires se rapprochent par leur affinité et forment un corps solide ordinairement transparent, lequel, en se solidifiant par le dessèchement, ressemble plus ou moins au cristal ; et, comme ces cristallisations prennent des formes anguleuses et quelquefois assez régulières, tous les minéralogistes ont cru qu'il était nécessaire de désigner ces formes différentes par des dénominations géométriques et des mesures précises ; ils en ont même fait le caractère spécifique de chacune de ces substances : nous croyons que, pour juger de la justesse de ces dénominations, il est nécessaire de considérer d'abord les solides les plus simples, afin de se former ensuite une idée claire de ceux dont la figure est plus composée.

La manière la plus générale de concevoir la génération de toutes les formes différentes des solides est de commencer par la figure plane la plus simple, qui est le triangle. En établissant donc une base triangulaire équilatérale et trois triangles pareils sur les trois côtés de cette base, on formera un tétraèdre régulier dont les quatre faces triangulaires sont égales ; et en allongeant ou raccourcissant les trois triangles qui portent sur les trois côtés de cette base, on aura des tétraèdres aigus ou obtus, mais toujours à trois faces semblables sur une base ou quatrième face triangulaire équilatérale ; et, si l'on rend cette base triangulaire inégale par ses côtés, on aura tous les tétraèdres possibles, c'est-à-dire tous les solides à quatre faces, réguliers et irréguliers.

En joignant ce tétraèdre base à base avec un autre tétraèdre semblable, on aura un hexaèdre à six faces triangulaires et, par conséquent, tous les hexaèdres possibles à pointe triangulaire comme les tétraèdres.

Maintenant, si nous établissons un carré pour base et que nous élevions sur chaque face un triangle, nous aurons un pentaèdre ou solide à cinq faces, en forme de pyramide, dont la base est carrée et les quatre autres faces triangulaires : deux pentaèdres de cette espèce, joints base à base, forment un octaèdre régulier.

Si la base n'est pas un carré, mais un losange, et qu'on élève de même des triangles sur les quatre côtés de cette base en losange, on aura aussi un pentaèdre, mais dont les faces seront inclinées sur la base, et en joignant base à base ces deux pentaèdres, l'on aura un octaèdre à faces triangulaires et obliques relativement à la base.

Si la base est pentagone, et qu'on élève des triangles sur chacun des côtés de cette base, il en résultera une pyramide à cinq faces à base pentagone ; ce qui fait un hexaèdre qui, joint base à base avec un pareil hexaèdre, produit un décaèdre régulier dont les dix faces sont triangulaires ; et, selon que ces triangles seront plus ou moins allongés ou raccourcis, et selon aussi que la base pentagone sera composée de côtés plus ou moins inégaux, les pentaèdres et décaèdres qui en résulteront seront plus ou moins réguliers.

Si l'on prend une base hexagone, et qu'on élève sur les côtés de cette base six triangles, on formera un heptaèdre ou solide à sept faces, dont la base sera un hexagone, et les six autres faces formeront une pyramide plus ou moins allongée ou accourcie, selon que les triangles seront plus ou moins aigus, et en joignant base à base ces deux heptaèdres, ils formeront un dodécaèdre ou solide à douze faces triangulaires.

En suivant ainsi toutes les figures polygones de sept, de huit, de neuf, etc., côtés et en établissant sur ces côtés de la base des triangles et les joignant ensuite base contre base, on aura des solides dont le nombre des faces sera toujours double de celui des triangles élevés sur cette base, et par ce progrès on aura la suite entière de tous les solides possibles qui se terminent en pyramides simples ou doubles.

Maintenant, si nous élevons trois parallélogrammes sur les trois côtés de la base triangulaire, et que nous supposions une pareille face triangulaire au-dessus, nous aurons un solide pentaèdre composé de trois faces rectangulaires et de deux faces triangulaires.

Et de même si, sur les côtés d'une base carrée, nous établissons des carrés au lieu de triangles, et que nous supposions une base carrée au-dessus égale et semblable à celle du dessous, l'on aura un cube ou hexaèdre à six faces carrées et égales; et, si la base est en losange, on aura un hexaèdre rhomboïdal dont les quatre faces sont inclinées relativement à leurs bases.

Et, si l'on joint plusieurs cubes ensemble, et de même plusieurs hexaèdres rhomboïdaux par leurs bases, on formera des hexaèdres plus ou moins allongés, dont les quatre faces latérales seront plus ou moins longues, et les faces supérieures et inférieures toujours égales.

De même, si l'on élève des carrés sur une base pentagone, et qu'on les couvre d'un pareil pentagone, on aura un heptaèdre dont les cinq faces latérales seront carrées, et les faces supérieures et inférieures pentagones. Et, si l'on allonge ou raccourcit les carrés, l'heptaèdre qui en résultera sera toujours composé de cinq faces rectangulaires plus ou moins hautes.

Sur une base heaxgone, on fera de même un octaèdre, c'est-à-dire un solide à huit faces, dont les faces supérieures et inférieures seront hexagones et les six faces latérales seront des carrés ou des rectangles plus ou moins longs.

On peut continuer cette génération de solides par des carrés posés sur les côtés d'une base, d'un nombre quelconque de côtés, soit sur des polygones réguliers, soit sur des polygones irréguliers.

Et ces deux générations de solides, tant par des triangles que par des carrés posés sur des bases d'une figure quelconque, donneront les formes de tous les solides possibles, réguliers ou irréguliers, à l'exception de ceux dont la superficie n'est pas composée de faces planes et rectilignes, tels que les solides sphériques, elliptiques, et autres dont la surface est convexe ou concave, au lieu d'être anguleuse ou à faces planes.

Or, pour composer tous ces solides anguleux, de quelque figure qu'ils puissent être, il ne faut qu'une agrégation de lames triangulaires, puisqu'avec des triangles on peut faire le carré, le pentagone, l'hexagone et toutes les figures rectilignes possibles, et l'on doit supposer que ces lames triangulaires, premiers éléments du solide cristallisé, sont très petites et presque infiniment minces. Les expériences nous démontrent que, si l'on met sur l'eau des lames minces en forme d'aiguilles ou de triangles allongés, elles s'attirent et se joignent en faisant l'une contre l'autre des oscillations jusqu'à ce qu'elles se fixent et demeurent en repos au point du centre de gravité, qui est le même que le centre d'attraction, en sorte que le second triangle ne s'attachera pas à la base du premier, mais à un tiers de sa hauteur perpendiculaire, et ce point correspond à celui du centre de gravité; par conséquent, tous les solides possibles peuvent être produits par la simple agrégation des lames triangulaires, dirigées par la seule force de leur attraction mutuelle et respective dès qu'elles sont mises en liberté.

Comme ce mécanisme est le même et s'exécute par la même loi entre toutes les mêmes matières homogènes qui se trouvent en liberté dans un fluide, on ne doit pas être étonné de voir des matières très différentes se cristalliser sous la même forme. On jugera de cette similitude de cristallisation dans des substances très différentes par la table ci-jointe (*a*), qu'on pourrait sans doute étendre encore plus loin, mais qui suffit pour démontrer que la forme de cristallisation ne dépend pas de l'essence de chaque matière, puisqu'on voit le spath calcaire, par exemple, se cristalliser sous la même forme que la marcassite, la mine d'argent grise, le feldspath, le spath fusible, le grès, la pyrite arsenicale, la galène, et qu'on voit même le cristal de roche, dont la forme de cristallisation paraît être la moins commune et la plus constante, se cristalliser néanmoins sous la même forme que la mine de plomb verte.

La figure des cristaux, ou, si l'on veut, la forme de cristallisation, n'indique donc ni la densité, ni la dureté, ni la fusibilité, ni l'homogénéité, ni par conséquent aucune des propriétés essentielles de la substance des corps, dès que cette forme appartient également à des matières très différentes et qui n'ont rien autre chose de commun : ainsi c'est gratuitement et sans réflexion qu'on a voulu faire de la forme de cristallisation un caractère

(*a*) TABLE DE LA FORME DES CRISTALLISATIONS

1. *Tétraèdre régulier et qui forme un solide qui n'a que quatre faces, toutes quatre triangulaires et équilatérales :*
   Spath calcaire;
   Marcassite;
   Mine d'argent grise.
2. *Tétraèdre irrégulier :*
   Spath calcaire;
   Marcassite;
   Mine d'argent grise.
3. *Tétraèdre dont les bords sont tronqués :*
   Marcassite;
   Mine d'argent grise.
4. *Tétraèdre dont les bords sont de part et d'autre en biseau :*
   Marcassite;
   Mine d'argent grise.
5. *Tétraèdre dont les bords et les angles sont tronqués :*
   Marcassite;
   Mine d'argent grise.
6. *Prisme dont la base est en losange, ou plutôt hexaèdre-rhomboïdal :*
   Spath calcaire;
   Feldspath ou spath étincelant;
   Spath fusible;
   Grès cristallisé;
   Marcassite;
   Pyrite arsenicale;
   Galène.
7. *Solide pyramidal à deux pointes composées de deux faces triangulaires isocèles, ce qui forme deux pyramides à six faces jointes base à base :*
   Cristal.
8. *Prisme à six faces rectangles et barlongues, terminées par deux pyramides à six faces :*
   Cristal de roche;
   Mine de plomb verte.
9. *Prisme à neuf pans inégaux, terminés par deux pyramides à trois faces inégales :*
   Schorl;
   Tourmaline.
10. *Prisme octaèdre, à pans inégaux, terminés par deux pyramides hexaèdres tronquées :*
   Topaze de Saxe.
11. *Cube ou hexaèdre régulier :*
   Spath fusible;
   Sel marin;
   Marcassite cubique;
   Galène tessulaire;
   Mine de fer cubique;
   Mine d'argent vitreuse;
   Mine d'argent cornée.
12. *Cube dont les angles sont un peu tronqués, ce qui fait un solide à quatorze faces, dont six octogones et huit triangulaires :*
   Spath fusible;
   Sel marin;
   Marcassite;
   Mine de fer;
   Galène;
   Blende;
   Mine d'argent vitreuse.
13. *Cube tronqué, dont les angles sont tronqués jusqu'à la moitié de la face et qui a, comme le précédent, quatorze faces, dont six sont carrées, et huit hexagones irré-*

spécifique et distinctif de chaque substance, puisque ce caractère est commun à plusieurs matières, et que même dans chaque substance particulière cette forme n'est pas constante. Tout le travail des cristallographes ne servira qu'à démontrer qu'il n'y a que de la variété partout où ils supposent de l'uniformité : leurs observations multipliées auraient dû les en convaincre et les rappeler à cette métaphysique si simple qui nous démontre que dans la nature il n'y a rien d'absolu, rien de parfaitement régulier. C'est par abstraction que nous avons formé les figures géométriques et régulières et, par conséquent, nous ne devons pas les appliquer comme des propriétés réelles aux productions de la nature dont l'essence peut être la même sous mille formes différentes (*).

Nous verrons dans la suite qu'à l'exception des pierres précieuses, qui sont en très petit nombre, toutes les autres matières transparentes ne sont pas d'une seule et même essence, que leur substance n'est pas homogène, mais toujours composée de couches alternatives de différente densité, et que c'est par le plus ou le moins de force dans l'attraction de chacune de ces matières de différente densité que s'opère la cristallisation en angles plus ou moins obliques; en sorte qu'à commencer par le cristal de roche, les améthystes et les autres pierres vitreuses, jusqu'au spath appelé *cristal d'Islande*, et au gypse, toutes ces stalactites transparentes, vitreuses, calcaires et gypseuses, sont composées de couches alternatives de différente densité; ce qui, dans toutes ces pierres, produit le phénomène de la double réfraction, tandis que, dans le diamant et les pierres précieuses, dont toutes les couches sont d'une égale densité, il n'y a qu'une simple réfraction.

guliers dans lesquels il y a trois longues faces et trois courtes :

Spath fusible violet;
Marcassite;
Galène;
Mine de cobalt grise.

14. *Cube dont les angles sont totalement tronqués, ce qui fait un solide à quatorze faces, dont six carrées et huit triangulaires équilatérales :*

Spath fusible violet;
Marcassite;
Galène;
Mine de cobalt grise.

15. *Cube tronqué à vingt-six faces, dont six octogones, huit hexagones et douze rectangles :*

Galène.

16. *Octaèdre régulier ou double tétraèdre, dont les huit côtés sont égaux :*

Diamant;
Rubis spinelle;
Marcassite;
Fer octaèdre;
Cuivre octaèdre;
Galène octaèdre;
Étain blanc;
Argent;
Or.

17. *Octaèdre à pyramides égales tronquées au sommet, et qui fait deux pyramides à quatre faces, jointes base à base et tronquées par leur sommet :*

Topaze d'Orient;
Spath fusible;
Soufre natif;
Marcassite;
Galène tessulaire;
Étain blanc.

18. *Octaèdre dont les angles et les bords sont tronqués, huit hexagones, six petits octogones et douze rectangles :*

Galène tessulaire.

19. *Octaèdre dont les six angles solides sont tronqués :*

Spath fusible;
Alun;
Galène.

20. *Dodécaèdre dont les faces sont en losanges :*

Grenat.

21. *Pyramides doubles octaèdres réunies par les bases tronquées et terminées par quatre faces en losanges :*

Grenat.

22. *Solide à trente-six faces :*

Grenat.

(*) Cette pensée est d'une très grande justesse. Elle montre combien Buffon était préoccupé de l'idée de la mutation des formes de la matière.

DES STALACTITES VITREUSES

Chaque matière peut fournir son extrait, soit en vapeurs, soit par exsudation ou stillation ; chaque masse solide peut donc produire des incrustations sur sa propre substance ou des stalactites, qui d'abord sont attachées à sa surface et peuvent ensuite s'en séparer; il doit par conséquent se former autant de stalactites différentes qu'il y a de substances diverses. Et, comme nous avons divisé toutes les matières du globe en quatre grandes classes, nous suivrons la même division pour les extraits de ces matières, et nous présenterons d'abord les stalactites vitreuses, dont nous n'avons donné que de légères indications en traitant des verres primitifs et des substances produites par leur décomposition; nous exposerons ensuite les stalactites calcaires, qui sont moins dures et moins nombreuses que celles des matières vitreuses, et desquelles nous avons donné quelques notions en parlant de l'albâtre. Nous offrirons en troisième ordre les stalactites de la terre limoneuse, dont les extraits nous paraissent tenir le premier rang dans la nature par leur dureté, leur densité et leur homogénéité; après quoi, nous rappellerons en abrégé ce que nous avons dit au sujet des stalactites métalliques, lesquelles ne sont pas des extraits du métal même, mais de ses détriments ou de ses minerais, et qui sont toujours mélangées de parties vitreuses, calcaires ou limoneuses; enfin nous jetterons un coup d'œil sur les produits des volcans et des matières volcanisées, telles que les laves, les basaltes, etc.

Mais, pour mettre de l'ordre dans les détails de ces divisions et répandre plus de lumière sur chacun des objets qu'elles renferment, il faut considérer de nouveau et de plus près les propriétés des matières simples, dont toutes les autres ne sont que des mélanges ou des compositions différemment combinées : par exemple, dans la classe des matières vitreuses, les cinq verres primitifs sont les substances les plus simples, et, comme chacun de ces verres peut fournir son extrait, il faut d'abord les comparer par leurs propriétés essentielles, qui ne peuvent manquer de se trouver dans leurs agrégats et même dans leurs extraits; ces mêmes propriétés nous serviront dès lors à reconnaître la nature de ces extraits et à les indiquer les uns des autres.

La première des propriétés essentielles de toute matière est, sans contredit, la densité, et, si nous en comparons les rapports, on verra qu'elle ne laisse pas d'être sensiblement différente dans chacun des cinq verres primitifs; car :

La pesanteur spécifique du quartz est d'environ 26,500, relativement au poids supposé 10,000 de l'eau distillée;

La pesanteur spécifique des jaspes de couleur uniforme est d'environ 27,000;

Celle du mica blanc est aussi d'environ 27,000, et celle du mica noir est de 29,000;

Celle du feldspath blanc, qui est un peu plus pesant que le rouge, est de 26,466;

Et enfin la pesanteur spécifique du schorl est la plus grande de toutes, car le schorl cristallisé pèse 33 ou 34,000.

En comparant ces rapports, on voit que le quartz et le feldspath ont à peu près la même densité, qu'ensuite les jaspes et les micas sont un peu plus denses et à peu près dans la même proportion relativement aux deux premiers, et que le schorl, qui est le dernier des cinq verres primitifs, est le plus pesant de tous. La différence est même si considérable que le mélange d'une petite quantité de schorl avec les autres verres peut produire une assez forte augmentation de poids, qui doit se retrouver et se retrouve en effet dans les extraits ou stalactites des matières vitreuses, mêlees de ce cinquième verre de la nature.

La seconde propriété essentielle à la matière solide est la dureté : elle est à peu près la même dans le quartz, le feldspath et le schorl ; elle est un peu moindre dans la jaspe et assez petite dans le mica, dont les parties n'ont que peu de cohésion, et dont les concrétions ou les agrégats sont pour la plupart assez tendres et quelquefois friables.

La troisième propriété, qu'on peut regarder comme essentielle à la substance de chacun des verres primitifs, est la plus ou moins grande fusibilité : le schorl et le feldspath sont très fusibles, le mica et le jaspe ne le sont qu'aux feux les plus violents, et le quartz est le plus réfractaire de tous.

Enfin, une quatrième propriété, tout aussi essentielle que les trois premières, est l'homogénéité qui se marque par la simple réfraction dans les corps transparents : le quartz et le feldspath sont plus simples que le jaspe et le mica, et le moins simple de tous est le schorl.

Ces propriétés, et surtout la densité plus ou moins grande, la fusibilité plus ou moins facile, et la simple ou double réfraction, doivent se conserver en tout ou en partie dans les agrégats simples et les extraits transparents, et même se retrouver dans les décompositions de toute matière primitive : aussi ces mêmes propriétés, tirées de la nature même de chaque substance, nous fourniront des moyens qu'on n'a pas employés jusqu'ici pour reconnaître l'essence de leurs extraits, en comparant ces extraits avec les matières primitives qui les ont produits.

Les extraits qui transsudent des matières vitreuses sont plus ou moins purs, selon qu'elles sont elles-mêmes plus simples et plus homogènes ; et en général, ces extraits sont plus purs que la matière dont ils proviennent, parce qu'ils ne sont formés que de sa substance propre, dont ils nous présentent l'essence : le spath n'est que de la pierre calcaire épurée ; le cristal de roche n'est proprement et essentiellement que du quartz dissous par l'eau et cristallisé après son évaporation ; les substances pures produisent donc des extraits tout aussi purs ; mais souvent d'une matière qui paraît très impure, il sort un extrait en stalactites transparentes et pures ; dans ce cas, il se fait une sécrétion des parties similaires d'une seule sorte de matière, qui se rassemblent et présentent alors une substance qui paraît différente des matières impures dont elle sort ; et c'est ce qui arrive dans les cailloux, les marbres, la terre limoneuse et dans les matières volcaniques : comme elles sont elles-mêmes composées d'un grand nombre de substances diverses et mélangées, elles peuvent produire des stalactites très différentes, et qui proviennent de chaque substance diverse contenue dans ces matières.

On peut donc distinguer les extraits ou stalactites de toute matière par les rapports de densité, de fusibilité, d'homogénéité, et l'on doit aussi comparer les degrés de dureté, de transparence ou d'opacité : nous trouverons, entre les termes extrêmes de ces propriétés, les degrés et nuances intermédiaires que la nature nous offre en tout et partout ; car ses productions ne doivent jamais être regardées comme des ouvrages isolés, mais il faut les considérer comme des suites d'ouvrages dans lesquels on doit saisir les opérations successives de son travail, en partant et marchant avec elle du plus simple au plus composé.

STALACTITES CRISTALLISÉES DU QUARTZ

CRISTAL DE ROCHE

Le cristal de roche paraît être l'extrait le plus simple et la stalactite la plus transparente des matières vitreuses : en le comparent avec le quartz, on reconnait aisément qu'il est de la même essence; tous deux ont la même densité (*a*) et sont à très peu près de la même dureté; ils résistent également à l'action du feu et à celle des acides; ils ont donc les mêmes propriétés essentielles, quoique leur formation soit très différente; car le quartz a tous les caractères du verre fondu par le feu, et le cristal présente évidemment ceux d'une stalactite du même verre atténué par les vapeurs humides ou par l'action de l'eau : ses molécules très ténues, se trouvant en liberté dans le fluide qui les a dissoutes, se rassemblent par leur affinité à mesure que l'humidité s'évapore ; et, comme elles sont simples et similaires, leurs agrégats prennent de la transparence et une figure déterminée.

La forme de cristallisation dans cet extrait du quartz paraît être non seulement régulière, mais plus constante que dans la plupart des autres substances cristallisées : ces cristaux se présentent en prismes à six faces parallélogrammes, surmontées aux deux extrémités par des pyramides à six faces triangulaires. Le cristal de roche, lorsqu'il se forme en toute liberté, prend cette figure prismatique surmontée aux deux extrémités par des pyramides; mais il faut pour cela que le suc cristallin, qui découle du quartz, trouve un lit horizontal qui permette au prisme de s'étendre dans ce même sens, et aux deux pyramides de se former à l'une et à l'autre extrémité (*b*) : lorsqu'au contraire le suintement de l'extrait du quartz se fait verticalement ou obliquement contre les voûtes et les parois du quartz ou dans les fentes des rochers, le cristal, alors attaché par sa base, n'a de libre qu'une de ses extrémités, qui prend toujours la forme de pyramide; et, comme cette seconde position est infiniment plus fréquente que la première, on ne trouve que rarement des cristaux à deux pointes et très communément des cristaux en pyramide simple ou en prismes surmontés de cette seule pyramide, parce que la première pyramide ou le prisme, toujours attachés au rocher, n'ont pas permis à la seconde pyramide de se former à cette extrémité qui sert de base au cristal.

On peut même dire que la forme primitive du cristal de roche n'est réellement composée que des deux pyramides opposées par leur base, et que le prisme à six faces qui les sépare est plutôt accidentel qu'essentiel à cette forme de cristallisation; car il y a des cristaux qui ne sont composés que de deux pyramides opposées et sans prisme intermédiaire; en sorte que le cristal n'est alors qu'un solide dodécaèdre; d'ailleurs, la hauteur des pyramides est constante, tandis que la longueur du prisme est très variable : ce n'est pas qu'il n'y ait aussi beaucoup de variété dans les faces des pyramides comme dans celles du prisme, et qu'elles ne soient plus étroites ou plus larges, et plus ou moins incli-

(*a*) Le poids du quartz transparent est à celui de l'eau distillée comme 26,546, et celui du cristal de roche d'Europe comme 26,548 sont à 10,000 : on peut donc assurer que leur densité est la même. Voyez la *Table des pesanteurs spécifiques* que M. Brisson, savant physicien, de l'Académie des sciences, s'est donné la peine de faire, en pesant à la balance hydrostatique toutes les matières terreuses et métalliques.

(*b*) On trouve de petits cristaux à deux pointes dans quelques cailloux creux; ils ne sont point attachés par leur base, comme les autres, à la surface intérieure du caillou, ils en sont séparés et on les entend même ballotter dans cette cavité en secouant le caillou.

nées, suivant la dimension transversale de la base hexagone, qui paraît être la surface d'appui sur laquelle se forment les pointes pyramidales. Cette figuration irrégulière et déformée, cette inégalité entre l'étendue et l'inclinaison respective des faces du cristal, ne doit être attribuée qu'aux obstacles environnants, qui souvent l'empêchent de se former en toute liberté dans un espace assez étendu et assez libre pour qu'il y prenne sa forme naturelle.

Les cristaux grands et petits sont ordinairement tous figurés de même; et rien ne démontre mieux que leur forme essentielle est celle d'une ou deux pyramides à six faces que les aiguilles du cristal naissant dans les cailloux creux : elles sont d'abord si petites qu'on ne les aperçoit qu'à la loupe, et dans cet état de primeur, elles n'offrent que leur pointe pyramidale, qui se conserve en grandissant toujours dans les mêmes proportions; néanmoins, l'accroissement de cette matière brute ne se fait que par juxtaposition et non par intussusception, ou par nutrition comme dans les êtres organisés; car la première pyramide n'est point un germe qui puisse se développer et s'étendre proportionnellement dans toutes ses dimensions extérieures et intérieures par la nutrition, c'est seulement une base figurée sur laquelle s'appliquent de tous côtés les parties similaires, sans en pénétrer ni développer la masse; et ces parties constituantes du cristal étant des lames presque infiniment minces et de figure triangulaire, leur agrégat conserve cette même figure triangulaire dans la portion pyramidale; or, quatre de ces lames triangulaires, en s'unissant par la tranche, forment un carré, et six formeront un hexagone : ainsi la portion prismatique à six faces de la base de cristal est composée de lames triangulaires comme la partie pyramidale.

Quoique la substance du cristal paraisse continue et assez semblable à celle du beau verre blanc, et quoiqu'on ne puisse distinguer à l'œil la forme de ses parties constituantes, il est néanmoins certain que le cristal est composé de petites lames qui sont à la vérité bien moins apparentes que dans d'autres pierres, mais qui nous sont également démontrées par le fil, c'est-à-dire par le sens dans lequel on doit attaquer les pierres pour les tailler; or le fil et le contre-fil se reconnaissent dans le cristal de roche, non seulement par la plus ou moins grande facilité de l'entamer, mais encore par la double réfraction qui s'exerce constamment dans le sens du fil et qui n'a pas lieu dans le sens du contre-fil : ce dernier sens est celui dans lequel les lames forment continuité et ne peuvent se séparer, tandis que le premier sens est celui dans lequel ces mêmes lames se séparent le plus facilement; elles sont donc réunies de si près dans le sens du contre-fil qu'elles forment une substance homogène et continue, tandis que dans le sens du fil elles laissent entre elles un intervalle rempli d'une matière de densité différente qui produit la seconde réfraction.

Et ce qui prouve que cet intervalle entre les lames n'est pas vide et qu'il est rempli d'une substance un peu moins dense que celle des lames, c'est que les images produites par les deux réfractions ne diffèrent que peu par leur grandeur et leur intensité de couleurs; la longueur du spectre solaire est 19 dans la première réfraction, et 18 dans la seconde; il en est de même de la largeur de l'image, et il en est encore de même de l'intensité des couleurs, qui se trouvent affaiblies dans la même proportion : quelque pure que nous paraisse donc la substance du cristal, elle n'est pas absolument homogène ni d'égale densité dans toutes ses parties. La lumière différemment réfractée semble le démontrer, d'autant que nous verrons, en traitant des spaths calcaires, qu'ils sont plus ou moins mélangés de substances de densité différente.

Un autre fait par lequel on peut encore prouver que le cristal est composé de deux matières de différente densité, c'est que ses surfaces polies avec le plus grand soin ne laissent pas de présenter des sillons, c'est-à-dire des éminences et des profondeurs alternatives dans toute l'étendue de leur superficie; or, la partie creuse de ces sillons est certainement composée d'une matière moins dure que la partie haute, puisqu'elle a moins résisté au frottement (a); il y a donc dans le cristal de roche alternativement des couches contiguës de différente dureté, dont l'une a été moins usée que l'autre par le même frottement, puisque alternativement les unes de ces couches sont plus élevées et les autres plus basses sur la surface polie.

Mais de quelle nature est cette matière moins dense et moins dure des tranches alternatives du cristal? Comme il n'est guère possible de la recueillir séparément, l'un de nos savants académiciens, M. l'abbé de Rochon, m'a dit qu'ayant réduit du cristal de roche en poudre très fine par le seul frottement d'un morceau de cristal contre un autre morceau, cette poudre s'est trouvée contenir une portion assez considérable de fer attirable à l'aimant. Ce fait m'a paru singulier et demande au moins d'être confirmé et vérifié sur plusieurs cristaux; car il se pourrait que ceux qui se forment dans les cailloux et autres matières où le quartz est mêlé avec des substances ferrugineuses, ou même avec des matières vitreuses colorées par le fer, en continssent une petite quantité; mais je doute que les cristaux qui sortent du quartz pur en soient mêlés ni même imprégnés, ou bien le quartz même contiendrait aussi une certaine quantité de fer, ce que j'ai bien de la peine à croire, quoique la chose ne soit pas impossible, puisque le fer a été formé presque en même temps que les verres primitifs et qu'il s'est mêlé avec les jaspes, les feldspaths, les schorls et même avec les quartz dont quelques-uns sont colorés de jaune ou de rougeâtre.

Quoi qu'il en soit, la lumière, qui pénètre tous les corps transparents et en sort après avoir subi des réfractions et des dispersions, est l'instrument le plus délié, le scalpel le plus fin par lequel nous puissions recruter l'intérieur des substances qui la reçoivent et la transmettent; et, comme cet instrument ne s'applique point aux matières opaques, nous pouvons mieux juger de la composition intérieure des substances transparentes que de la texture confuse des matières opaques où tout est mélangé, confondu sans apparence d'ordre ni de régularité, soit dans la position, soit dans la figure des parties intégrantes qui sont souvent différentes ou différemment posées, sans qu'on puisse le reconnaître autrement que par leurs différents extraits lorsqu'ils prennent de la transparence, c'est-à-dire de l'ordre dans la position de leurs parties similaires, et de l'homogénéité par leur réunion sans mélange.

C'est dans les cavités et les fentes de tous les quartz purs ou mélangés que le cristal se forme, soit par l'exsudation de leur vapeur humide, soit par le suintement de l'eau qui les a pénétrés; les granits, les quartz mixtes, les cailloux et toutes les matières vitreuses de seconde formation produisent des cristaux de couleurs différentes : il y en a de rouges, de jaunes et de bleus auxquels on a donné les noms de *rubis*, de *topaze* et de *saphir*, aussi improprement que l'on applique le nom de diamant aux cristaux blancs qui se trouvent à Alençon, à Bristol et dans d'autres lieux où ces cristaux blancs ont été déposés après avoir été roulés et entraînés par les eaux. Les améthystes violettes et pourprées qu'on met au nombre des pierres précieuses ne sont néanmoins que des cristaux teints de ces belles couleurs : on trouve les premiers en Auvergne, en Bohême, etc., et les seconds en Catalogne. Les topazes, dites *occidentales*, et que l'on trouve en Bohême, en Suisse et dans d'autres contrées de l'Europe, ne sont de même que des cristaux jaunes : l'hyacinthe, dite de Compostelle, est un cristal d'un jaune plus rougeâtre. Les pierres auxquelles on donne le nom d'*aigues marines occidentales*, et qui se trouvent en plusieurs endroits de l'Europe,

(a) M. l'abbé de Rochon a démontré cette inégalité de dureté dans les tranches du cristal de roche, en mettant sur la surface polie de ce cristal un verre objectif d'un long foyer. Si la surface du cristal était parfaitement plane et sans sillons, les anneaux colorés produits par ce moyen seraient réguliers, comme ils le sont quand on met un objectif sur un autre verre plan et poli; mais les anneaux colorés sont toujours irréguliers sur le cristal le mieux poli, ce qui ne peut provenir que des inégalités de sa surface.

et même en France, ne sont de même que des cristaux teints d'un vert bleuâtre ou d'un bleu verdâtre : on rencontre aussi des cristaux verts en Dauphiné, et d'autres bruns et même noirs; ces derniers sont entièrement obscurs : et toutes ces couleurs proviennent des parties métalliques dont ces cristaux sont imprégnés, particulièrement de celles du fer contenu dans les granits et les quartz mixtes ou colorés dont ces stalactites quartzeuses tirent leur origine.

De tous les cristaux blancs, celui de Madagascar est le plus beau et le plus également transparent dans toutes ses parties; il est un peu plus dur que nos cristaux d'Europe, dans lesquels néanmoins on remarque aussi quelque différence pour la dureté; mais nous ne connaissons ce très beau cristal de Madagascar qu'en masses arrondies et de plusieurs pouces de diamètre; celui qui nous est venu du même pays, et qui est en prisme à double pointe, n'est pas aussi beau et ressemble plus à nos cristaux d'Europe, dans lesquels la transparence n'est pas aussi limpide, et qui souvent sont nuageux et présentent tous les degrés de la transparence plus ou moins nette dans les cristaux blancs, jusqu'à la pleine opacité dans les cristaux bruns ou noirs.

Lorsque l'on compare les petites aiguilles naissantes du cristal, qu'on aperçoit à peine dans les cailloux creux, avec les grosses quilles qui se forment dans les cavités des rochers quartzeux et graniteux (*a*), on ne peut s'empêcher d'admirer dans cette cristallisation la constance et la régularité du travail de la nature qui, néanmoins, n'agit ici qu'en opérant à la surface, c'est-à-dire dans deux dimensions : la plus grande quille ou aiguille de cristal est de la même forme que la plus petite; la réunion des lames presque infiniment minces dont il est composé se faisant par la même loi, la forme demeure toujours la même si rien ne trouble l'arrangement de leur agrégation. Cette méthode de travail est même la seule que la nature emploie pour augmenter le volume des corps bruts : c'est par juxtaposition, et en ajoutant pour ainsi dire surfaces à surfaces, qu'elle place les lames très minces dont est composée toute cristallisation, toute agrégation régulière ; elle ne travaille donc que dans deux dimensions, au lieu que, dans le développement des êtres organisés, elle agit dans les trois dimensions à la fois, puisque le volume et la masse augmentent tous deux et conservent la même forme et les mêmes proportions, tant à l'intérieur qu'à l'extérieur. L'aiguille naissante d'un cristal ne peut grandir et grossir que par des additions superficielles, et par la superposition de nouvelles lames minces semblables à celles dont la première aiguille est composée, et qui s'arrangent dans le même ordre, en sorte que cette petite aiguille réside dans la plus grosse sans avoir pris la moindre extension, tandis que le germe d'un corps organisé s'étend en tout sens par la nutrition et prend de l'augmentation dans toutes ses dimensions et dans sa masse comme dans son volume.

Il est certain que le cristal ne se forme que par l'intermède de l'eau, et l'on peut en donner des preuves évidentes ; il y a des cristaux qui contiennent de l'eau, d'autres renferment du mica, du schorl, des particules métalliques, etc. : d'ailleurs, le cristal se forme comme le spath calcaire et, comme toutes les autres stalactites, il n'en diffère que par sa nature vitreuse et par sa figuration ; il présente souvent les apparences de mousses et de végétations dont la plupart néanmoins ne sont pas des substances réelles, mais de simples fentes ou cavités vides de toutre matière (*b*); souvent on trouve des cristaux encroûtés, c'est-à-dire dont les surfaces sont chargées de matières étrangères et surtout de terre fer-

(*a*) M. Bertrand rapporte, dans son *Dictionnaire universel des fossiles*, qu'on a trouvé près de Visbach, dans le haut Valais, à neuf ou dix lieues de Sion, une quille de cristal du poids de douze quintaux; elle avait sept pieds de circonférence et deux pieds et demi de hauteur.

(*b*) Voyez le Mémoire lu par M. Daubanton, de l'Académie des sciences, en avril 1782.

rugineuse; mais l'intérieur de ces cristaux n'en est point altéré, et il n'y a vraiment de cristal ferrugineux que celui qui est coloré, et dans lequel il est entré des vapeurs ou des molécules de fer lorsqu'il s'est formé.

La grosseur du prisme ou canon de cristal est assez égale dans toute sa longueur ; les dimensions sont beaucoup mois constantes dans les parties pyramidales, et l'on ne trouve que très rarement des cristaux dont les faces triangulaires des pyramides soient égales ou proportionelles entre elles, et cette grosseur du prisme semble dépendre des dimensions de la base de la pyramide, car la pointe sort du rocher la première, et la pyramide y est attachée par sa base qui s'en éloigne ensuite à mesure que le prisme se forme et pousse la pointe au dehors.

La densité du cristal de roche n'est pas, à beaucoup près, aussi grande que celle du diamant et des autres pierres précieuses. On peut voir, dans la note ci-dessous (*a*), les rapports de pesanteur des différents cristaux que M. Brisson a soumis à l'épreuve de la balance hydrostatique : cette pesanteur spécifique n'est pas sensiblement augmentée dans les cristaux colorés. Cette table nous démontre aussi que les améthystes, la topaze occidentale, la chrysolithe et l'aigue-marine ne sont que des cristaux violets, jaunes et verdâtres. M. Brisson donne ensuite la pesanteur respective des différents quartz, et leurs poids spécifiques se trouvent encore être les mêmes que ceux des cristaux de roche, en sorte qu'on ne peut douter que leur substance ne soit de la même essence.

Toutes les matières cristallisées sont composées de petites lames presque infiniment minces et qui se réunissent par la seule force de leur attraction réciproque dès qu'elles se trouvent en liberté ; et ces lames si minces, dont on ne doit considérer que la surface plane, peuvent avoir différentes figures dont le triangle est la plus simple. M. Bourguet avait observé avant nous (*b*) que les prismes hexagones, ainsi que les pyramides triangulaires du cristal de roche, sont également composés de petites lames triangulaires qu'on peut apercevoir à la loupe à l'extrémité des pyramides, et qui, par leur reunion, forment les grands triangles pyramidaux, et même les hexagones prismatiques du cristal ; car ces lames triangulaires ne se joignent jamais que par la tranche (*c*), et six de ces triangles, ainsi réunis, forment un hexagone : si l'on observe ces triangles au microscope, ils pa-

(*a*)

Pieds cubes.					Pesanteur.	Pouces cubes.		
Livres.	Onces.	Gros.	Grains.			Onces.	Gros.	Grains.
185	11	2	64	Cristal de roche de Madagascar...	26530	1	5	54
185	10	7	21	— de roche du Brésil........	26526	1	5	54
185	13	3	1	— de roche d'Europe........	26548	1	5	55
185	7	5	22	— de roche irisé............	26497	1	5	53
185	12	4	53	— jaune ou topaze de Bohême.	26541	1	5	55
185	11	0	14	— roux brun ou topaze enfumée.	26534	1	5	54
185	12	0	18	— noir.....................	26536	1	5	55
185	11	0	24	— bleu ou saphir d'eau.......	26513	1	5	28
185	11	7	26	— violet ou améthyste........	26535	1	5	55
185	15	6	52	— violet pourpré ou améthyste de vigne ou de Carthagène.	26570	1	5	56
185	9	3	47	— blanc violet ou améthyste blanche................	26513	1	5	54
185	3	1	16	Quartz cristallisé................	26546	1	5	55
185	10	1	2	— laiteux....................	26519	1	5	54
185	3	2	26	— gras......................	26458	1	5	52
185	13	1	71	— fragile....................	26404	1	5	50

(*b*) *Lettres philosophiques sur la formation des sels*, etc. Amsterdam, 1729.

(*c*) Voyez, dans ce volume, l'article de la *Cristallisation*.

raissent évidemment composés d'autres triangles plus petits, et l'on ne peut douter que les parties élémentaires du cristal ne soient des lames triangulaires fort petites, et dont la surface plane est néanmoins beaucoup plus étendue que celle de la tranche, qui est infiniment mince.

Quelques naturalistes récents, et entre autres Linnæus et ses écoliers, ont avancé mal à propos que les cristaux pierreux doivent leur figure aux sels; nous ne nous arrêterons pas à réfuter des opinions aussi peu fondées : cependant, tous les physiciens instruits, et notamment le savant minéralogiste Cronstedt, avaient nié avec raison que les sels eussent aucune part à la formation non plus qu'à la figure de ces cristaux : il suffit, dit-il, qu'il y ait des corps métalliques qui se cristallisent par la fusion, pour démontrer que la forme des cristaux n'est point dépendante des sels. Cela est très certain ; les sels et les cristaux pierreux n'ont rien de commun que la faculté de se cristalliser, faculté plus que commune, puisqu'elle appartient à toute matière non seulement saline, mais pierreuse, ou même métallique, dès que ces matières sont amenées à l'état fluide, soit par l'eau, soit par le feu, parce que dans cet état de liquidité, les parties similaires peuvent s'approcher et se réunir par la seule force de l'attraction, et former par leur agrégation des cristaux dont la forme dépend de la figure primitive de leurs parties constituantes et de l'arrangement que prennent entre elles ces lames minces en vertu de leur affinité mutuelle et réciproque.

Le cristal de roche se trouve et croît en grosses quilles dans les cavités des rochers quartzeux et graniteux; ces cavités s'annoncent quelquefois à l'extérieur par des éminences ou boursouflures dont on reconnait le vide en frappant le rocher; l'on juge par le son que l'intérieur en est creux.

Il se trouve en Dauphiné (a) plusieurs de ces rochers creux dont les cavités sont gar-

(a) Depuis longtemps, dit M. Guettard, l'*Oisan* (en Dauphiné) est célèbre par ses mines de cristal; ses habitants ne cessent d'en faire la recherche ou de continuer l'ouverture des cristallières dont l'exploitation est commencée... L'on a découvert plusieurs mines de ce fossile; il y en a au lac de Brandes, à Maronne, à La Gorde, à Girause, à L'Armentière, précisément au-dessus de La Romanche, à Frenay, à La Crave, à Cyentor près le Chazelle, à Vaujani; le cristal y est nuageux et peu clair; au Sautet, paroisse de Mont-de-Lau, à Mizoin, qui est au-dessus de cet endroit... Les filons de cristallière se font voir assez communément à des hauteurs très élevées dans les montagnes, quelquefois même, comme à La Grave, ils touchent ou sont à peu de distance des glacières, ce qui en rend l'accès toujours assez difficile et quelquefois dangereux, ce qui sera toujours un obstacle réel à une exploitation régulière. *Mémoire sur la minéralogie du Dauphiné*, t. II, p. 456 et suiv. — De Brandes, dit le même naturaliste, nous avons monté à la petite Herpia, où il y a une cristallière abandonnée. Le cristal en est beau; le rocher est un schiste tendre et dur en quelques parties.

De la petite Herpia on monte à la grande Herpia en deux heures par un chemin très étroit... et pour arriver à la grande cristallière, il faut monter par des rochers presque droits... On y travaille l'hiver, et elle est, dit-on, la mère de toutes les cristallières; il y a un filon très considérable de quartz, et le cristal est divisé en poches qui paraissent très étroites et qui s'élargissent au fur et à mesure qu'on avance; les mères des cristaux sont attachées aux quartz de chaque côté, de sorte que les aiguilles sont tournées les unes contre les autres, et cet entre-deux est rempli d'une terre ocreuse où il y a quelquefois des aiguilles de cristal détachées; on fait jouer la mine dans le quartz pour détacher le rocher par quartiers, et ensuite on sépare avec des marteaux les cristaux de ce quartz. Le rocher est d'un schiste tendre qui se décompose facilement. *Mémoire sur la minéralogie d'Auvergne*, t. Ier, p. 17 et suiv. — Ce même savant académicien (M. Guettard) a parcouru, avec M. Faujas de Saint-Fond, les montagnes de l'Oisan, dans les Alpes, dont les mines sont couvertes de glaces permanentes, et ils ont examiné les mines de cristal des fosses de La Garde, des Mas-sur-lès-Clos, de Maronne, de Frenay. Ils ont aussi visité les travaux de la fameuse mine de cristal de la grande Herpia, qu'on a été forcé d'abandonner malgré sa richesse, parce qu'on

nies de cristaux ; on donne à ces cavités le nom de *cristallières* lorsqu'elles en contiennent une grande quantité. C'est toujours près du sommet des montagnes quartzeuses et graniteuses que gisent ces grandes cristallières ou mines de cristal ; plusieurs naturalistes, et entre autres MM. Altman et Cappeller, ont décrit celles des montagnes de la Suisse (*a*); elles sont fréquentes dans le mont Grimsel, entre le canton de Berne et le Valais, dans le mont Saint-Gothard et autres montagnes voisines ; et c'est toujours dans les cavités du quartz ou dans les fentes des rochers quartzeux que se forme le cristal, et jamais dans les cavités ou fentes des rochers calcaires. Le cristal se produit aussi dans les pierres mixtes, comme on le voit dans presque tous les cailloux creux dont la substance est souvent mêlée de différentes matières vitreuses, métalliques, calcaires et limoneuses ; mais il faut toujours que le quartz y soit contenu en plus ou moins grande quantité : sans cela,

ne peut y aborder que pendant un mois et demi de l'année, et qu'il faut courir les plus grands risques en y escaladant par des rochers taillés à pic, qui ne présentent que quelques saillies qui suffisent à peine pour placer la pointe du pied, et c'est au-dessus d'un précipice de plus de cinq cents pieds de profondeur qu'on est obligé de voyager de la sorte ; mais on est dédommagé des peines et des dangers en contemplant cette magnifique cristallière qui présente à l'œil un rocher qui n'est presque qu'une masse du plus beau cristal, et c'est pour cette raison que les gens des environs l'ont nommé la *grande cristallière. Journal de physique*, mois de décembre 1775, p. 517.

(*a*) Sur les cimes des plus hautes Alpes, on trouve des mines de cristaux ; on sait que cette matière se trouve dans les cavités de certaines veines métalliques, et que le quartz leur sert de matrice. Aux Alpes, les veines de quartz sortent au jour, et indiquent aux mineurs où il faut creuser ; cependant il faut souvent beaucoup de temps et de travail pour trouver une cavité qui contienne des cristaux. Dans le Grinselberg, on découvrit en 1719 une mine de cristaux plus riche que toutes celles qu'on avait déjà découvertes. L'un des cristaux de cette mine pesait huit cents livres ; il s'en trouve plusieurs de cinq cents livres. Les cristaux de la Suisse sont en général fort transparents. On en conserve un de couleur noire dans la bibliothèque de Berne ; on en trouve rarement de couleur jaune, ou brune, ou rouge. M. Altman en a chez lui dont la couleur approche de celle de l'améthyste. *Description des montagnes de glace de la Suisse,* par M. Altman. *Journal étranger*, janvier 1755. — Les indices qui guident les mineurs dans la recherche du cristal de roche sont des bandes ou zones blanches de plusieurs toises d'étendue et de huit à dix pouces de largeur, qui enveloppent en divers sens les blocs des rochers : ces zones, qu'ils nomment *fleurs de mine,* sont, dit M. Cappeller, formées par des concrétions brillantes et plus dures que la substance du roc. Les mineurs examinent aussi avec soin s'ils ne découvrent pas au bord de ces bandes des suintements d'eau qui transsudent par des espèces de loupes qui excèdent la surface du rocher ; alors ils frappent à grands coups de masse sur ces éminences, et par le son qui résulte de la commotion, ils jugent si le rocher est plein ou caverneux. Si ce son est creux, ils conçoivent de l'espérance et mettent la main à l'œuvre. Ils commencent par se frayer une route par la mine avec la poudre ; ils la dirigent en galerie comme les autres mineurs, et ils ont grande attention que leur mine ne coupe pas transversalement les bandes blanches, au moins dans leur plus grande largeur ; ce travail est pénible et souvent de plusieurs années, même incertains s'ils parviendront à la caverne qui recèle le cristal de roche. La longueur de l'exécution est encore prolongée par les neiges qui ne laissent à découvert les travaux que pendant environ trois mois de l'année...

La minière la plus riche que l'on ait trouvée fut celle que l'on découvrit en 1719 ; la quantité du cristal que l'on en tira fut estimée trente mille écus. Les quilles étaient d'un volume énorme ; il y en avait une qui pesait huit cents livres, plusieurs de cinq cents, et beaucoup de cent livres. L'on voit encore deux de ces belles quilles dans la bibliothèque de Berne. Tous les cristaux de cette riche minière étaient de la plus grande régularité et de la plus belle eau. Il s'en trouva très peu de tannées par ces taches que l'on appelle *neiges.* Dans le Valais, vers le canton de Berne, dans la vallée de Kletch, on a trouvé une belle mine de cristal. Voyez les *Mémoires de M. Capeller*, médecin à Lucerne.

le cristal ne pourrait se produire, puisque sa substance est un vrai quartz, sans mélange apparent d'aucune autre matière et que, quand on y trouve des corps étrangers, ils n'y sont que renfermés, enveloppés par accident, et non intimement et réellement mêlés.

M. Achard, très habile chimiste, de l'Académie de Berlin, ayant fait l'analyse chimique du rubis et d'autres pierres précieuses, et en ayant tiré de la terre alcaline, a pensé que le cristal de roche en contenait aussi, et dans cette idée il a imaginé un appareil très ingénieux pour former du cristal en faisant passer l'air fixe de la craie à travers du sable quartzeux et des diaphragmes d'argile cuite. M. le prince Galitzin, qui aime les sciences et les cultive avec grand succès, eut la bonté de m'envoyer au mois de septembre 1777 un extrait de la lettre que lui avait écrite M. Achard, avec le dessin de son appareil pour faire du cristal; M. Magellan, savant physicien, de la Société royale de Londres, me fit voir quelque temps après un petit morceau de cristal qu'il me dit avoir été produit par l'appareil de M. Achard, et ensuite il présenta ce même cristal à l'Académie des sciences : les commissaires de cette compagnie firent exécuter l'appareil, et essayèrent de vérifier l'expérience de M. Achard; j'engageai M. le duc de Chaulnes et d'autres habiles physiciens à prendre tout le temps et tous les soins nécessaires au succès de cette expérience, et néanmoins aucun n'a réussi, et j'avoue que je n'en fus pas surpris, car, d'après les procédés de M. Achard, il me paraît qu'on viendrait plutôt à bout de faire un rubis qu'un cristal de roche; j'en dirai les raisons lorsque je traiterai des pierres précieuses, dont la substance, la formation et l'origine sont, selon moi, très différentes de celles du cristal de roche. En attendant, je ne puis qu'applaudir aux efforts de M. Achard, dont la théorie me paraît saine et peut s'appliquer à la cristallisation des pierres précieuses; mais leur substance diffère de celle des cristaux, tant par la densité que par la dureté et l'homogénéité; et nous verrons que c'est de la terre limoneuse ou végétale, et non de la matière vitreuse que le diamant et les vraies pierres précieuses tirent leur origine.

Tout cristal, soit en petites aiguilles dans les cailloux creux, soit en grosses et grandes quilles dans les cavités des rochers quartzeux, est donc également un extrait, une stalactite du quartz. Les cristaux plus ou moins arrondis que l'on trouve dans le sable des rivières ou dans les mines de seconde formation, et auxquels on donne les noms impropres de *diamants de Cornouailles* ou *d'Alençon*, ne sont que des morceaux de cristal de roche, détachés des rochers et entraînés par le mouvement des eaux courantes; ils sont de la même essence, de la même pesanteur spécifique et de la même transparence; ils ont de même une double réfraction, et ne diffèrent du cristal des montagnes qu'en ce qu'ils ont été plus ou moins arrondis par les frottements qu'ils ont subis. Il se trouve une grande quantité de ces cristaux arrondis dans les vallées des hautes montagnes et dans tous les torrents et les fleuves qui en découlent; ils ne perdent ni n'acquièrent rien par leur long séjour dans l'eau, l'intérieur de leur masse n'est point altéré, leur surface est seulement recouverte d'une enveloppe ferrugineuse ou terreuse, qui n'est même pas fort adhérente, et lorsque cette croûte est enlevée, les cristaux qu'elle recouvrait présentent le même poli et la même transparence que le cristal tiré de la roche où il se forme.

Parmi les cristaux même les plus purs et les plus solides, il s'en trouve qui contiennent de l'eau et des bulles d'air, preuve évidente qu'ils ont été formés par le suintement ou la stillation de l'eau. Tavernier dit avoir vu, dans le cabinet du prince de Monaco, un morceau de cristal qui contenait près d'un verre d'eau (*a*) : ce fait me paraît exagéré ou mal vu, car les pierres qui renferment une grande quantité d'eau ne sont pas de vrais cristaux, mais des espèces de cailloux plus ou moins opaques. On connaît sous le nom d'*enhydres* (*b*) ceux qui sont à demi transparents et qui contiennent beaucoup d'eau : on

(*a*) *Voyage en Turquie*, etc.; Rouen, 1713, t. Ier, p. 352.

(*b*) Cette pierre fut connue des anciens et sous le même nom. Pline en parle et la décrit

en trouve souvent dans les matières rejetées par les volcans (*a*); mais j'ai vu plusieurs cristaux de roche bien transparents et régulièrement cristallisés, dans lesquels on apercevait aisément une goutte d'eau surmontée d'une bulle d'air qui la rendait sensible par son mouvement, en s'élevant toujours au-dessus de la goutte d'eau lorsqu'on changeait la position verticale du morceau de cristal; et non seulement il se trouve quelquefois des gouttes d'eau renfermées dans le cristal de roche, mais on en voit encore plus souvent dans les agates et autres pierres vitreuses qui n'ont qu'une demi-transparence. M. Fougeroux de Bondaroy, de l'Académie des sciences, a trouvé de l'eau en quantité très sensible dans plusieurs agates qu'il a fait casser (*b*) : il est donc certain que les cristaux, les agates et autres stalactites quartzeuses ont toutes été produites par l'intermède de l'eau.

Comme les montagnes primitives du globe ne sont composées que de quartz, de granit et d'autres matières vitreuses, on trouve partout dans l'intérieur et au pied de ces montagnes du cristal de roche, soit en petits morceaux roulés, soit en prismes et en aiguilles attachées aux rochers. Les hautes montagnes de l'Asie en sont aussi fournies que les Alpes d'Europe. Les voyageurs parlent du cristal de la Chine (*c*), dont on fait de beaux vases et des magots; des cristaux de Siam (*d*), de Camboye, des Moluques (*e*), et particulièrement de celui de Ceylan, où ils disent qu'il est fort commun (*f*).

En Afrique, le pays de Congo tire son nom du cristal qui s'y trouve en très grande abondance (*g*) : il y en a aussi en quantité dans le pays de Galam (*h*); mais l'île de Madagascar est peut-être de toute la terre la contrée la plus riche en cristaux (*i*), il y en a de plus et de moins transparents; le premier est limpide comme l'eau et se présente, pour ainsi dire, en masses dont nous avons vu des blocs arrondis, de près d'un pied de diamètre en tous sens; cependant, quoiqu'il soit plus net et plus diaphane que le cristal d'Europe, il est un peu moins dense (*j*), et souvent il est plus mêlé de schorl et d'autres parties hétérogènes. Le second cristal de Madagascar ressemble à celui d'Europe. M. l'abbé de

bien en ces termes : « Enhydros semper rotunditatis absolutæ, in candore est levis, sed ad » motum fluctuat intùs in eâ veluti in ovis liquor. » Lib. XXXVII, cap. XI.

(*a*) Les enhydres ou cailloux creux sont, dit M. Faujas de Saint-Fond, des espèces de pierres caverneuses ou *géodes*, pleines d'eau. Cette eau est ordinairement limpide, sans goût, sans odeur et de la plus grande pureté. On trouve près de Vicence, sur une colline volcanique, de petits cailloux creux, d'une espèce de calcédoine ou d'opale, dans lesquels il y a quelquefois de l'eau : ces enhydres peuvent se monter en bagues, et, comme ils sont d'une substance transparente, on y voit très distinctement l'eau qui s'y trouve renfermée. *Recherches sur les volcans éteints*, p. 250, in-fol.

(*b*) Voyez les *Mémoires de l'Académie des sciences*, année 1776, p. 681 et suiv.

(*c*) *Histoire générale des Voyages*, t. VI, p. 485.

(*d*) *Idem*, t. IX, p. 307.

(*e*) *Histoire de la conquête des Moluques*, par Argensola; Amsterdam, 1706, t. II, p. 34.

(*f*) *Histoire générale des Voyages*, t. VIII, p. 549. — Les Romains tiraient du cristal de l'Inde et en faisaient grande estime, quoiqu'ils sussent bien que les Alpes d'Italie en produisaient de très beau. « Oriens, dit Pline, cristallum mittit, Indicæ nulla prefertur... sed » laudata in Europæ Alpium jugis. » Lib. XXXVII, cap. II.

(*g*) *Idem*, t. IV, p. 611.

(*h*) *Idem*, t. II, p. 644.

(*i*) Il y a de fort beau cristal à Madagascar, surtout dans la province de Galemboul, où on le tire en pièces de six pieds de long et quatre de large sur autant d'épaisseur. Les Nègres n'y travaillent que le soir, apparemment parce qu'ils n'aiment pas à le voir embarquer sur nos navires. *Histoire générale des Voyages*, t. VIII. p. 620.

(*j*) Dans la table de M. Brisson, la pesanteur spécifique du cristal de Madagascar est de 26,530 et celle du cristal d'Europe de 26,548, relativement à l'eau supposée 10,000. Ainsi le cristal d'Europe est un peu plus dense que celui de Madagascar.

Rochon a rapporté de cette île une grosse et belle aiguille à deux pointes de ce cristal : on peut la voir au Cabinet du Roi.

Dans le nouveau continent, le cristal de roche est tout aussi commun que dans l'ancien; on en a trouvé à Saint-Domingue (*a*), en Virginie (*b*), au Mexique et au Pérou (*c*), où M. d'Ulloa dit en avoir vu des morceaux fort grands et très nets : ce savant naturaliste marque même sa surprise de ce qu'on ne le recherche pas, et que c'est le hasard seul qui en fait quelquefois trouver de grosses masses (*d*). Enfin, il y a du cristal dans les pays les plus froids comme dans les climats tempérés et chauds ; on a recueilli, en Laponie et au Canada des cristaux roulés tout semblables à ceux de Bristol, et l'on y a vu d'autres cristaux en aiguilles et en grosses quilles (*e*) : ainsi, dans tous les pays du monde, il se produit du cristal, soit dans les cavités des rochers quartzeux, soit dans les fentes perpendiculaires qui les divisent; et celui qui se présente dans les cailloux creux et dans les pierres graniteuses provient aussi du quartz qui fait partie de la substance de ces cailloux et pierres mixtes.

L'extrait le plus pur du quartz est donc le cristal blanc; et, quoique les cristaux colorés en tirent également leur origine, ils n'en ont pas tiré leurs couleurs; elles leur sont accidentelles, et ils les ont empruntées des terres métalliques qui étaient interposées dans la masse du quartz, ou qui se sont trouvées dans le lieu de la formation des cristaux ; mais cela n'empêche pas qu'on ne doive mettre au nombre des extraits ou stalactites du quartz tous ces cristaux colorés : la quantité des molécules métalliques dont ils sont imprégnés, et qui leur ont donné des couleurs, ne fait que peu ou point d'augmentation à leur masse; car tous les cristaux, de quelque couleur qu'ils soient, ont à très peu près la même densité que le cristal blanc. Et comme les améthystes, la topaze de Bohême, la chrysolithe et l'aigue-marine ont la même densité, la même dureté, la même double réfraction, et qu'elles sont également résistantes à l'action du feu, on peut sans hésiter les regarder comme de vrais cristaux, et l'on ne doit pas les élever au rang des pierres précieuses qui n'ont qu'une simple réfraction et dont la densité, la dureté et l'origine sont très différentes de celles des cristaux vitreux.

AMÉTHYSTE

Toutes les améthystes ne sont que des cristaux de roche teints de violet ou de pourpre : elles ont la même densité (*f*), la même dureté, la même double réfraction que le cristal; elles sont aussi également réfractaires au feu. Les améthystes violettes sont les plus communes, et dans la plupart cette couleur n'a pas la même intensité partout, souvent même une partie de la pierre est violette et le reste est blanc : il semble que, dans la formation de ce cristal, la teinture métallique qui a coloré la pyramide ait manqué pour teindre le prisme ; aussi cette teinture s'affaiblit par nuances du violet au blanc dans le plus grand nombre de ces pierres ; on le voit évidemment en tranchant horizontalement une table de

(*a*) *Histoire générale des Voyages*, t. XII, p. 218.

(*b*) *Idem*, t. XIV, p. 408.

(*c*) *Idem*, t. XII, p. 648.

(*d*) *Idem*, t. XIV, p. 408.

(*e*) Voyez la *Relation du Père Charlevoix*, et les *Mémoires de l'Académie des sciences*, année 1752, p. 197.

(*f*) La pesanteur spécifique de l'améthyste est de 26,535, celle du cristal de roche d'Europe de 26,548, et celle du cristal de roche de Madagascar de 26,530.

cristaux d'améthyste; toutes les pointes sont plus ou moins colorées, et les bases sont souvent toutes blanches comme le cristal.

On sait que le violet et le pourpre sont les couleurs intermédiaires entre le rouge et l'indigo ou bleu foncé; le cristal de roche n'a donc pu devenir améthyste que quand le quartz qui l'a produit s'est trouvé imprégné de particules de cette même couleur violette ou pourprée; mais, comme il n'y a aucun métal, ni même aucun minéral métallique qui produise cette couleur par la voie humide, et que le manganèse ne la donne au verre que par le moyen du feu, il faut avoir recours au mélange du rouge et du bleu pour la composition des améthystes; or, ces deux couleurs du rouge et du bleu peuvent être fournies par le fer seul ou par le fer mêlé de cuivre : ainsi les améthystes ne doivent se trouver que dans les quartz de seconde formation, et qui sont voisins de ces mines métalliques en décomposition.

On trouve en Auvergne, à quatre lieues au nord de Brioude, une minière d'améthystes violettes, dont M. Le Monnier, premier médecin ordinaire du Roi et l'un de nos savants naturalistes de l'Académie, a donné une bonne description (*a*).

On trouve de semblables améthystes dans les mines de Schemnitz en Hongrie (*b*); on en a rencontré en Sibérie (*c*) et jusqu'au Kamtschatka (*d*); il s'en trouve aussi en plusieurs autres régions, et particulièrement en Espagne (*e*); celles de Catalogne ont une couleur pourprée, et ce sont les plus estimées (*f*); mais aucune de ces pierres n'a la dureté, la densité ni l'éclat des pierres précieuses, et toutes les améthystes perdent leur couleur violette ou pourprée lorsqu'on les expose à l'action du feu : enfin elles présentent tous les caractères et toutes les propriétés du cristal de roche; l'on ne peut donc douter qu'elles ne soient de la même essence, et que leur substance, à la couleur près, ne soit absolument la même.

(*a*) Les bancs de cette carrière d'améthystes ne sont point horizontaux, ils sont au contraire en tables verticales posées sur leur champ, et la matière qui les sépare est le cristal d'améthyste, dont la dureté dépasse de beaucoup celle de la pierre, qui est cependant une gangue assez dure.

Chaque veine d'améthyste a quatre travers de doigt d'épaisseur, et s'étend aussi loin que le rocher qu'elle accompagne dans une direction de l'est à l'ouest. Cette veine cristallisée n'adhère pas également aux deux tables entre lesquelles elle se trouve ; elle est intimement unie à l'une des deux, à peine est-elle seulement contiguë à l'autre. La surface qui tient fortement au rocher est composée de fibres réunies de chaque faisceau qui compose l'améthyste, et ce faisceau se termine de l'autre côté à une pyramide à cinq ou six faces souvent inégales, hautes d'environ six lignes, en sorte que la surface de cette croûte cristalline qui regarde le rocher auquel elle est le moins adhérente est toujours hérissée de pointes de diamant. Chaque pyramide est revêtue d'une croûte d'un blanc sale, mais l'intérieur est très souvent une améthyste de la plus belle couleur; il s'en trouve de toutes les nuances, et j'en ai vu qui étaient aussi blanches que le plus beau cristal de roche. Ces pierres sont beaucoup plus parfaites et n'ont même de transparence que vers les pointes. Le milieu et l'autre extrémité sont presque toujours glaceux, les paysans des environs en cassent les plus beaux morceaux qu'ils vendent aux curieux. *Observations d'Histoire naturelle*, par M. Le Monnier; Paris, 1739, p. 200 et suiv.

(*b*) *Collection académique*, partie étrangère, t. II, p. 257.

(*c*) *Voyage de Gmelin en Sibérie*, etc.

(*d*) *Journal de physique*, juillet 1781, p. 41.

(*e*) *Histoire naturelle d'Espagne*, par M. Bowles, p. 410.

(*f*) Pline, parlant de l'améthyste, nous apprend en passant quelle était la véritable teinte de la pourpre : « On s'efforçait, dit-il, de lui donner la belle couleur de l'améthyste de » l'Inde, qui est, ajoute-t-il, la première et la plus belle des pierres violettes. Son éclat doux » et moelleux semble remplir et rassasier tranquillement la vue sans la frapper de rayons » pétillants comme fait l'escarboucle. » Liv. XXXVII, n° 40.

Les anciens ont compté cinq espèces d'améthystes qu'ils distinguaient par les différents tons ou degrés de couleurs; mais cette diversité ne consiste qu'en une suite de nuances qui rentrent les unes dans les autres, ce qui ne peut établir entre ces pierres une différence essentielle. La distinction qu'en font les joailliers en orientales et en occidentales ne me paraît pas bien fondée; car aucune améthyste n'offre les caractères des pierres précieuses orientales, savoir, la dureté, la densité et la simple réfraction. Ce n'est pas qu'entre les vraies pierres précieuses il ne puisse s'en trouver quelques-unes de couleur violette ou pourprée, et même quelques amateurs se flattent d'en posséder, et leur donnent le nom d'*améthystes orientales*. Ces pierres sont au moins très rares, et nous ne les regarderons pas comme des améthystes, mais comme des rubis, dont en effet quelques-uns semblent offrir des teintes d'un rouge mêlé de pourpre.

CRISTAUX-TOPAZES

On a mal à propos donné le nom de *topazes* à ces pierres qui se trouvent en Bohême, en Auvergne et dans plusieurs autres provinces de l'Europe, et qui ne sont que des cristaux de roche colorés d'un jaune plus ou moins foncé, et souvent enfumé : comme leur forme de cristallisation, leur dureté, leur densité sont les mêmes que celles du cristal, et qu'elles ont aussi une double réfraction, il n'est pas douteux que ces sortes de topazes ne soient, ainsi que les améthystes, des cristaux colorés. Ces cristaux topazes n'ont de rapport que par le nom et la couleur avec la vraie topaze, qui est une pierre précieuse et rare qu'on ne trouve que dans les climats chauds des régions méridionales, au lieu que ces cristaux-topazes ont peu de prix, et se trouvent aussi communément dans les contrées du nord que dans celles du midi (*a*); et, quoiqu'on donne l'épithète d'occidentale à la topaze de Saxe et à celle du Brésil, comme elles sont d'une pesanteur spécifique bien plus grande que celle des cristaux colorés, et presque égale à la densité du diamant, leur cristallisation étant d'ailleurs toute différente de celle des cristaux de roche, on doit les regarder comme des pierres qui, quoique inférieures à la topaze orientale, sont néanmoins supérieures à nos cristaux-topazes par toutes leurs propriétés essentielles.

Ces cristaux-topazes se trouvent en Bohême (*b*), en Misnie, en Auvergne, et se rencon-

(*a*) Wolckmann, dit M. Pott, donne l'énumération des lieux de Sibérie qui fournissent les topazes; tels sont les montagnes des géants, ou Riesengebirge, auprès du grand lac; le mont Kommers ou Gomberg, auprès de Schreibersan; le mont Kinart, derrière le château et au-dessous de Kinart près de Hernistorst, à la colline nommée Zeisigenhügel, dans le voisinage de Schmiedeberg, et dans les rivières d'Yser et de Zacken...

M. Henckel dit qu'elle se trouve assez abondamment dans le Voigtland, à la montagne nommée Schneckemberg, auprès de la colline de Tanneberg, à deux milles d'Auerbach, où elle se tire d'entre une marne jaune et le cristal de roche, et se rencontre dans les fentes d'un rocher si dur qu'on peut se servir des morceaux de ce rocher pour entamer et briser même la topaze. La couleur de cette topaze est plus ou moins jaune, à peu près tirant sur un petit vin pâle. Le côté d'en bas qui est attaché au rocher est pour l'ordinaire plus trouble et plus obscur; mais, vers la pointe, la couleur devient plus nette et plus transparente. *Mémoires de l'Académie de Berlin*, année 1747, p. 46 et suiv.

(*b*) « La topaze de Bohême, dit M. Dutens, est en cristaux ou canons assez gros, mais » d'un poli moins vif que la topaze d'Orient ou du Brésil; sa couleur tire sur celle de » l'hyacinthe, et quelquefois sur le brun... Ce qu'on appelle topaze enfumée n'est qu'un » cristal de roche teint de jaune ordinairement terne et sombre; et ce qu'on nomme

trent aussi dans presque tous les lieux du monde où le cristal de roche est voisin des mines de fer; l'on a souvent observé que la partie par laquelle ils sont attachés au rocher quartzeux qui les produit est environnée d'une croûte ferrugineuse plus ou moins jaune : ainsi cette teinture provient de la dissolution du fer et non de celle du plomb, comme le dit M. Dutens, puisque le plomb ne peut donner la couleur jaune aux matières vitreuses que lorsqu'elles sont fondues par le feu; et l'on objecterait vainement que le spath fluor, qui accompagne souvent les filons des galènes de plomb, est teint en jaune, comme les cristaux-topazes; car cela prouve seulement que ce spath fluor a été coloré par le plomb lorsqu'il était en état de chaux ou de calcination par le feu primitif.

La pesanteur spécifique des cristaux-topazes est précisément la même que celle du cristal de roche (a) : ainsi la petite quantité de fer qui leur a donné de la couleur n'a point augmenté sensiblement leur densité; ils ont aussi à peu près le même degré de dureté, et ne prennent guère plus d'éclat que le cristal de roche; leur couleur jaune n'est pas nette, elle est souvent mêlée de brun, et, lorsqu'on les fait chauffer, ils perdent leur couleur et deviennent blancs comme le cristal. On ne peut donc pas douter que ces prétendues topazes ne soient de vrais cristaux de roche, colorés de jaune par le fer en dissolution qui s'est mêlé à l'extrait du quartz lorsque ces cristaux se sont formés.

CHRYSOLITHE

Les pierres auxquelles on donne aujourd'hui le nom de *chrysolithes* ne sont que des *cristaux-topazes* dont le jaune est mêlé d'un peu de vert; leur pesanteur spécifique est à peu près la même (b); elles résistent également à l'action du feu, et leur forme de cristallisation n'est pas fort différente (c). M. le docteur Demeste a raison de dire qu'il y a très peu de différence entre cette pierre chrysolithe et la topaze de Bohême (d) : elle n'en diffère en effet que par la nuance de vert qui teint faiblement le jaune sans l'effacer (e): c'est par le plus ou le moins de vert répandu dans le jaune qu'on peut distinguer au premier coup d'œil la chrysolithe du péridot, dans lequel au contraire la couleur verte domine au point d'effacer le jaune presque entièrement; mais nous verrons que le péridot diffère encore de notre chrysolithe par des caractères bien plus essentiels que ceux de la couleur.

» topaze d'Allemagne est un spath vitreux ou fluor cubique, lequel accompagne souvent les » filons de plomb, et que l'on croit être, ainsi que la topaze même, coloré par ce métal. » P. 34 et suiv.

(a) La pesanteur spécifique de la topaze de Bohême est de 26,541, et celle du cristal de roche d'Europe de 26,548. *Tables de M. Brisson.*

(b) La pesanteur spécifique de la chrysolithe du Brésil est de 26,923, et celle du cristal de roche de 26,548. M. Brisson donne aussi 27,821 pour pesanteur spécifique d'une autre chrysolithe, sans indiquer le lieu où elle se trouve; mais cette différence de densité n'est pas assez considérable pour faire rejeter cette chrysolithe du nombre des cristaux colorés.

(c) La forme de cristallisation de la chrysolithe ordinaire n'est pas, comme on le croirait au premier coup d'œil, absolument semblable à celle du cristal de roche; la pyramide est plus obtuse, et les arêtes du prisme hexagone sont souvent tronquées et forment un dodécaèdre. Son tissu est sensiblement lamelleux parallèlement à l'axe du prisme, et elle a plus d'éclat que le cristal de roche le plus pur. *Essai de cristallographie*, par M. de Romé de Lisle, t. II, p. 272 et suiv.

(d) *Lettres de M. Demeste*, t. Ier, p. 429.

(e) Robert de Berquen définit très bien la chrysolithe en disant que sa couleur est un vert naissant tirant sur le jaune, ou un vert jaune brillant d'un lustre doré.

La chrysolithe des anciens était la pierre précieuse que nous nommons aujourd'hui *topaze orientale*, et à laquelle le nom de *chrysolithe* ou *pierre d'or* convenait en effet beaucoup (*a*) : « La chrysolithe dans sa beauté, dit Pline, fait pâlir l'or lui-même (*b*); aussi » a-t-on coutume de la monter en transparent et sans la doubler d'une feuille brillante qui » n'aurait rien à ajouter à son éclat. » L'Éthiopie et l'Inde, c'est-à-dire, en général l'Orient, fournissaient ces pierres précieuses aux Romains, et leur luxe, encore plus somptueux que le nôtre, leur faisait rechercher toutes les pierres qui avaient de l'éclat; ils distinguaient dans les chrysolithes plusieurs variétés, la chrysélectre, à laquelle, dit Pline, il fallait la lumière claire du matin pour briller dans tout son éclat (*c*); la leucochryse, d'un jaune blanc brillant (*d*); la méléchryse, qui, suivant la force du mot, avec un éclat doré, offre la teinte rougeâtre du miel (*e*) : toutes ces belles pierres sont, comme l'on voit, très différentes de notre chrysolithe moderne, qui n'est qu'un cristal de roche coloré de jaune verdâtre.

Les chrysolithes que l'on a trouvées dans les terrains volcanisés sont de la même nature que les chrysolites ordinaires; on en rencontre assez souvent dans les laves et dans certains basaltes : elles se présentent ordinairement en grains irréguliers ou en petits fragments qui ont la couleur, la dureté et les autres caractères de la véritable chrysolithe, nous en ferons la comparaison lorsque nous parlerons des matières rejetées par les volcans.

AIGUE-MARINE

Les aigues-marines ne sont encore que des cristaux quartzeux teints de bleuâtre ou de verdâtre : ces deux couleurs sont toujours mêlées, et à différentes doses dans ces pierres, en sorte que le vert domine sur le bleu dans les unes, et le bleu sur le vert dans les autres; leur densité (*f*) et leur dureté sont les mêmes que celles des améthystes, des cristaux-topazes et des chrysolithes, qui toutes ne sont guère plus dures que le cristal de roche; elles résistent également à l'action du feu. Ces trois caractères essentiels suffisent pour qu'on soit bien fondé à mettre l'aigue-marine au nombre des cristaux colorés.

La ressemblance de couleur a fait penser que le béryl des anciens était notre aigue-marine; mais ce béryl, auquel les lapidaires donnent la dénomination d'*aigue-marine orientale*, est une pierre dont la densité est égale à celle du diamant, et dès lors on ne peut la confondre avec notre aigue-marine ni la placer avec les cristaux quartzeux.

On trouve les aigues-marines dans plusieurs contrées de l'Europe, et particulièrement en Allemagne; elles n'ont ni la densité, ni la dureté, ni l'éclat du béryl et des autres pierres qui ne se trouvent que dans les climats méridionaux; et ce qui prouve encore que nos aigues-marines ne sont que des cristaux de roche teints, c'est qu'elles se présentent quelquefois en morceaux assez grands pour en faire des vases.

Au reste, il se trouve entre l'aigue-marine et le béryl la même différence en pesanteur

(*a*) *Chrisos lithos*.
(*b*) Liv. XXXVII, n° 42.
(*c*) *Ibidem*, n° 43.
(*d*) *Ibidem*, n° 44.
(*e*) *Ibidem*, n° 45.
(*f*) Cristal d'Europe, 26,548; aigue-marine, 27,229; chrysolithe, 27,821; chrysolithe du Brésil, 26,925. Voyez la *Table de M. Brisson*.

spécifique (*a*) qu'entre les cristaux-topazes et la topaze du Brésil, ce qui seul suffit pour démontrer que ce sont deux pierres d'essence différente, et nous verrons que le béryl provient du schorl, tandis que l'aigue-marine est un cristal quartzeux.

STALACTITES CRISTALLISÉES

DU FELDSPAT

Le feldspath, dont la densité et la dureté sont à peu près les mêmes que celles du quartz, en diffère néanmoins par des caractères essentiels, la fusibilité et la figuration en cristaux; et cette cristallisation primitive du feldspath, ayant été produite par le feu, a précédé celle de tous les cristaux quartzeux qui ne s'opère que par l'intermède de l'eau.

Je dis que la cristallisation du feldspath a été produite par le feu primitif; et pour le démontrer, nous pourrions rappeler ici toutes les preuves sur lesquelles nous avons établi que les granits, dont le feldspath fait toujours partie constituante, appartiennent au temps de l'incandescence du globe, puisque ces mêmes granits, ainsi que les verres primitifs dont ils sont composés, ne portent aucune empreinte ni vestige de l'impression de l'eau, et que même ils ne contiennent pas l'air fixe qui se dégage de toutes les substances postérieurement formées par l'intermède de l'eau, c'est-à-dire de toutes les matières calcaires; on doit donc rapporter la cristallisation du feldspath dans les granits à cette époque où le feu, et le feu seul, pénétrait et travaillait le globe avant que les éléments de l'air et de l'eau volatilisés, et encore relégués loin de sa surface, n'eussent pu s'y établir.

Il en est de même du schorl, dont la cristallisation primitive a été opérée par le même feu, puisqu'en prenant les schorls en général, il en existe autant et plus en forme cristallisée dans les granits que dans les masses secondaires qui en tirent leur origine.

On reconnait aisément le feldspath et les matières qui en proviennent au jeu de la lumière qu'elles réfléchissent en chatoyant, et nous verrons que les extraits de ce verre primitif sont en assez grand nombre, mais ils ne se présentent nulle part en aussi gros volume que les cristaux quartzeux; les extraits ou stalactites du feldspath sont toujours en assez petits morceaux isolés, parce qu'il ne se trouve lui-même que très rarement en masses un peu considérables.

Dans cette recherche sur l'origine et la formation des pierres transparentes, je fais donc entrer les caractères de la densité, dureté, homogénéité et fusibilité, que je regarde comme essentiels et très distinctifs, sans rejeter celui de la forme de cristallisation, quoique plus équivoque; mais on ne doit regarder la couleur que comme une apparence accidentelle qui n'influe point du tout sur l'essence de ces pierres, la quantité de la matière métallique qui les colore étant presque infiniment petite, puisque les cristaux teints de violet, de pourpre, de jaune, de vert, ou du mélange de ces couleurs, ne pèsent pas plus que le cristal blanc, et que les diamants couleur de rose, ou jaunes ou verts, sont aussi de la même densité que les diamants blancs.

Et, comme nous ne traitons ici que des stalactites transparentes, et que nous venons de présenter celles du quartz, nous continuerons cette exposition par les stalactites du feld-

(*a*) La pesanteur spécifique du béryl ou aigue-marine orientale est de 35,489, et celle de l'aigue-marine occidentale n'est que de 27,229.

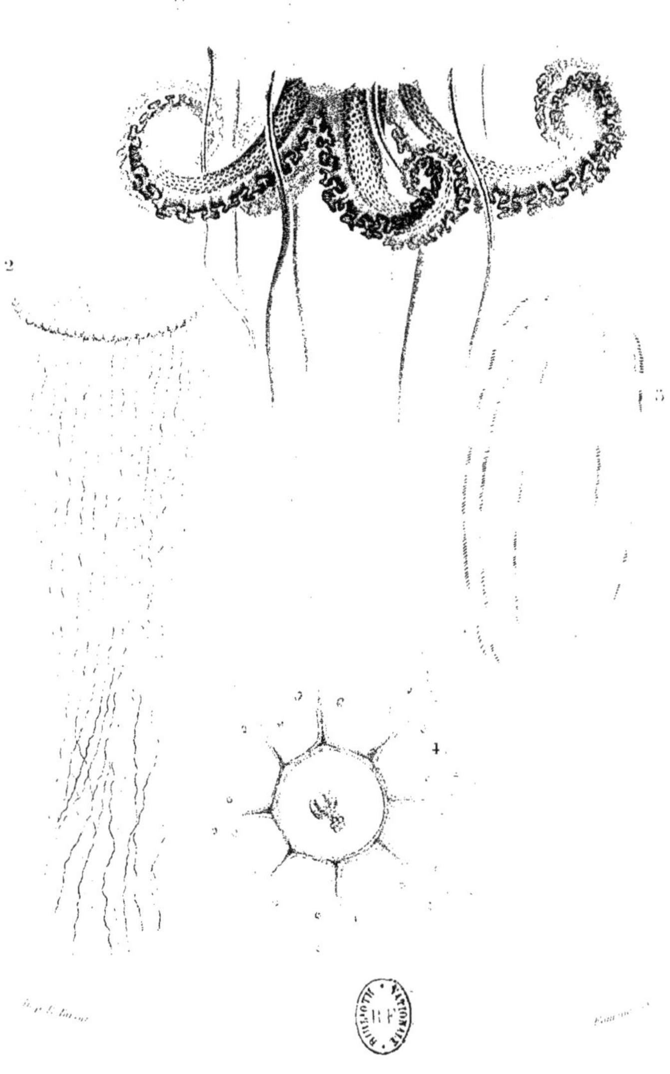

ACALÈPHES. 1 Pelagie noctiluque. 2 Berenice rose. 3 Béroé de Forskahl. 4 Cladonème rayonné.

spath, et ensuite par celles du schorl : ces trois verres primitifs produisent des stalactites transparentes; les deux autres, savoir : le jaspe et le mica, ne donnent guère que des concrétions opaques, ou tout au plus à demi transparentes, dont nous traiterons après celles du quartz, du feldspath et du schorl.

SAPHIR D'EAU

Le saphir d'eau est une pierre transparente, légèrement chatoyante et teinte d'un bleu pâle; sa densité approche de celles du feldspath et du cristal de roche (*a*); il a souvent des glaces et reflets blancs, et souvent aussi la couleur bleue manque tout à coup ou s'affaiblit par nuances, comme la couleur violette se perd et s'affaiblit dans l'améthyste; il parait seulement, par la différence de la pesanteur spécifique qui se trouve entre ces deux pierres (*b*), que le saphir d'eau n'est pas tout à fait aussi dense que l'améthyste et le cristal de roche, et qu'il l'est plus que le feldspath en cristaux rougeâtres; je suis donc porté à croire qu'il est de la même essence que le feldspath, ou du moins que les parties quartzeuses dont il est composé sont mélangées de feldspath : on pourra confirmer ou faire tomber cette conjecture en éprouvant au feu la fusibilité du saphir d'eau ; car, s'il résiste moins que le cristal de roche ou le quartz à l'action d'un feu violent, on prononcera sans hésiter qu'il est mêlé de feldspath.

Au reste, on ne doit pas confondre ce saphir d'eau, qui n'est qu'une pierre vitreuse faiblement colorée de bleu, avec le vrai saphir ou saphir d'Orient, qui ne diffère pas moins de celui-ci par l'intensité, la beauté et le brillant de sa couleur, que par sa densité, sa dureté, et par tous les autres caractères de nature qui le mettent au rang des vraies pierres précieuses.

FELDSPATH DE RUSSIE

Cette substance vitreuse, assez récemment connue et jusqu'ici dénommée *pierre de Labrador* (*c*), parce que les premiers échantillons en ont été ramassés sur cette terre sauvage du nord de l'Amérique, doit à plus juste titre prendre sa dénomination de la Russie, où l'on vient de trouver, non loin de Pétersbourg, ce feldspath en grande quantité. L'auguste impératrice des Russies a daigné elle-même me le faire savoir, et c'est avec empressement que je saisis cette légère occasion de présenter à cette grande souveraine l'hommage universel que les sciences doivent à son génie qui les éclaire autant que sa faveur les protège; et l'hommage particulier que je mets à ses pieds pour les hautes bontés dont elle m'honore.

(*a*) La pesanteur spécifique du saphir d'eau est de 25,813 ; celle du cristal de roche est de 26,548 ; la pesanteur spécifique du feldspath blanc est de 26,466, et celle du feldspath rougeâtre est de 24,378, en sorte que la pesanteur spécifique du saphir d'eau étant de 25,813, elle fait le terme moyen entre celle de ces deux feldspaths, et c'est ce qui me fait présumer que la substance du saphir d'eau est plutôt composée de feldspath que de quartz.

(*b*) La pesanteur spécifique du saphir d'eau est de 25,813, et celle de l'améthyste de 26,535.

(*c*) Feldspath à couleurs changeantes, connu sous le nom de *pierre de Labrador;* on le trouve en effet en morceaux roulés, quelquefois chargés de glands de mer, sur les côtes de cette contrée septentrionale de l'Amérique.

Ce beau feldspath s'est trouvé produit et répandu dans des blocs de rocher que l'on a attaqués pour paver la route de Pétersbourg à Péterhoff; la masse de cette roche est une concrétion vitreuse dans laquelle le schorl domine, et où l'on voit le feldspath formé en petites tables obliquement inclinées, ou en rhombes cristallisés d'une manière plus ou moins distincte. On le reconnaît au jeu de ses couleurs chatoyantes, dont les reflets bleus et verts deviennent plus vifs et sont très aimables à l'œil, lorsque cette pierre est taillée et polie : elle a plus de densité que le feldspath blanc ou rouge (*a*); ce feldspath vert a donc pris ce surplus de densité par le mélange du schorl, et probablement du schorl vert qui est le plus pesant de tous les schorls (*b*).

Au reste, cette belle pierre chatoyante, qui était très rare, le deviendra moins d'après la découverte que l'on vient d'en faire en Russie; et peut-être est-elle la même que ce feldspath verdâtre dont parle Wallerius et qu'il dit se trouver dans les mines d'or de Hongrie et dans quelques endroits de la Suède

---

ŒIL DE CHAT

Les pierres auxquelles on a donné ce nom sont toutes chatoyantes, et varient non seulement par le jeu de la lumière et par les couleurs, mais aussi par le dessin plus ou moins régulier des cercles ou anneaux qu'elles présentent. Les plus belles sont celles qui ont des teintes d'un jaune vif ou mordoré avec des cercles bien distincts; elles sont très rares et fort estimées des Orientaux (*c*) : celles qui n'ont point de cercles et qui sont grises ou brunes n'ont que peu d'éclat et de valeur; on trouve celles-ci en Égypte, en Arabie, etc., et les premières à Ceylan. Pline paraît désigner le plus bel œil de chat sous le nom de *leucophtalmos*, « lequel, dit-il, avec la figure du globe blanc et la prunelle noir d'un œil, » brille d'ailleurs d'une lumière enflammée (*d*). » Et dans une autre notice où cette même

(*a*) La pesanteur spécifique du feldspath de Russie ou pierre de Labrador est de 26,925; celle du feldspath blanc de 24,378; et celle du feldspath en cristaux rouges, de 26,466. *Table de M. Brisson.*

(*b*) La pesanteur spécifique du schorl olivâtre ou vert est de 34,519. *Même table.*

(*c*) Les pierres précieuses dont on fait le plus de cas dans l'île de Ceylan, et parmi les Maures et les Gentils, sont les yeux de chat : on ne les connaît presque point en Europe. J'en vis une de la grosseur d'un œuf de pigeon au bras du prince d'Ura lorsqu'il vint nous voir. Cette pierre était toute ronde et faite comme une grosse balle d'arquebuse : ces pierres pèsent plus que les autres; on ne les travaille jamais, et on se contente de les laver. Il semble que la nature ait pris plaisir de ramasser dans cette pierre toutes les plus belles et les plus vives couleurs que la lumière puisse produire, et que ces couleurs forment un combat entre elles à qui l'emportera pour l'éclat et pour le brillant, sans que pas une ait l'avantage sur l'autre; selon qu'on les regarde et pour peu qu'on change de situation et qu'on remue cette pierre, on voit briller une autre couleur, en sorte que l'œil ne peut distinguer de quelle manière se fait ce changement : de là vient qu'on appelle ces pierres *œil de chat;* outre qu'elles ont des raies couchées l'une contre l'autre, ce qui fait diversité de couleurs, comme véritablement on voit que tous les yeux de chat brillent et paraissent de différentes couleurs sans qu'ils se retournent ou qu'ils se remuent. Ces raies ou fils qui sont dans les yeux de chat ne sont jamais en nombre pair; il y en a trois, cinq ou sept. *Histoire de Ceylan,* par Jean Ribeyro, 1701, p. 9.

(*d*) « Leucophtalmos rutila aliàs, oculi speciem candidam nigramque continet. » *Histoire naturelle*, lib. XXXVII, n° 62.

pierre est également reconnaissable (*a*), il nous a conservé quelques traces de la grande estime qu'on en faisait en Orient dès la plus haute antiquité : « Les Assyriens lui don- » naient, dit-il, le beau nom d'*œil de Bélus*, et l'avaient consacrée à ce dieu. »

Toutes ces pierres sont chatoyantes et ont à très peu près la même densité que le feldspath (*b*), auquel on doit par conséquent les rapporter par deux caractères; mais il y a une autre pierre à laquelle on a donné le nom d'*œil de chat noir* ou *noirâtre*, dont la densité est bien plus grande, et que par cette raison nous rapporterons au schorl.

ŒIL DE POISSON

Il me paraît que l'on doit encore regarder comme un produit du feldspath la pierre chatoyante à laquelle on a donné le nom d'*œil de poisson*, parce qu'elle est à peu près de la même pesanteur spécifique que ce verre primitif (*c*).

Dans cette pierre *œil de poisson*, la lumière est blanche et roule d'une manière uniforme, le reflet en est d'un blanc éclatant et vif lorsqu'elle est taillée en forme arrondie et polie avec soin : « La plupart des pierres chatoyantes, dit très bien M. Demeste, ne sont que » des feldspaths d'un tissu extrêmement fin, que l'on taille en goutte de suif ou en cabochon » pour donner à la pierre tout le jeu dont elle est susceptible. Cette pierre *œil de poisson*, quoique assez rare, n'est pas d'un grand prix, parce qu'elle n'a que peu de dureté, et qu'elle est sans couleur; elle paraît laiteuse et bleuâtre lorsqu'on la regarde obliquement, mais, au reflet direct de la lumière, elle est d'un blanc éclatant et très intense : à ce caractère, et en se fondant sur le sens étymologique, il me paraît que l'on pourrait prendre l'*argyrodamas* de Pline pour notre œil de poisson; car il n'est aucune pierre qui joigne à un beau blanc d'argent plus d'éclat et de reflet, et qui par conséquent puisse à plus juste titre, quoique toujours improprement, recevoir le nom de *diamant d'argent* (*d*) : et cela étant, la pierre *gallaïque* du même naturaliste serait une variété de notre pierre œil de poisson, puisqu'il la rapporte lui-même à son argyrodamas (*e*). Au reste, cette pierre œil de poisson est ainsi nommée parce qu'elle ressemble, par sa couleur, au cristallin de l'œil d'un poisson.

ŒIL DE LOUP

La pierre appelée *œil de loup* est de même un produit du feldspath; elle est chatoyante, et probablement mêlée de parties micacées qui en augmentent le volume et diminuent la masse : cette pierre œil de loup, moins dense que le feldspath (*f*), paraît faire la

(*a*) « Beli oculus albicans pupillam cingit nigram, è medio aureo fulgore luscentem. Hæ, » propter speciem, sacratissimo Assyriorum Deo dicantur. » Lib XXXVII, n° 45.

(*b*) La pesanteur spécifique du feldspath blanc est de 26,466; celle de l'œil de chat mordoré est de 26,667 ; de l'œil de chat jaune 25,573, et de l'œil de chat gris de 25,675.

(*c*) La pesanteur spécifique de la pierre *œil de poisson* est de 25,782, ce qui est à peu près le terme moyen entre la pesanteur spécifique 26,466 du feldspath blanc, et 24,378, pesanteur spécifique du feldspath rougeâtre.

(*d*) « Argyrodamas. »

(*e*) « Gallaïca argyrodamanti similis est, paulò sordidior. » Lib. XXXVII, n° 59.

(*f*) La pesanteur spécifique de la pierre *œil de loup* n'est que de 23,507, tandis que celle de l'œil de poisson est de 25,782.

nuance entre les feldspaths et les opales qui sont encore plus mélangées de parties micacées; car l'œil de loup n'étincelle pas par paillettes variées comme l'aventurine ou l'opale, mais il luit d'une lumière pleine et sombre; ses reflets verdâtres semblent sortir d'un fond rougeâtre, et on pourrait prendre cette pierre pour une variété colorée de la pierre œil de poisson, ou pour une aventurine sans accident, sans aventure de couleurs, si sa densité n'était pas fort au-dessous de celle de ces pierres. Nous la regarderons donc comme un des produits ou stalactites, mais des moins pures et des plus mélangées, du feldspath. Sa teinte foncée et obscure ne laisse à ses reflets que fort peu d'éclat, et cette pierre, quoique assez rare, dont nous avons au Cabinet du Roi deux grands échantillons, n'a que peu de valeur.

AVENTURINE

Le feldspath et toutes les pierres transparentes qui en tirent leur origine ont des reflets chatoyants; mais il y a encore d'autres pierres qui réunissent à la lumière flottante et variée du chatoiement des couleurs fixes, vives et intenses, telles que nous les présentent les aventurines et les opales.

La pesanteur spécifique des aventurines est à très peu près la même que celle du feldspath (*a*) : la plupart de ces pierres, encore plus brillantes que chatoyantes, paraissent être semées de petites paillettes rouges, jaunes et bleues, sur un fond de couleur plus ou moins rouge; les plus belles aventurines ne sont néanmoins qu'à demi transparentes; les autres sont plus ou moins opaques, et je ne les rapporte au feldspath qu'à cause de leurs reflets légèrement chatoyants et de leur densité qui est à très peu près la même; car les unes et les autres pourraient bien participer de la nature du mica, dont les paillettes brillantes contenues dans ces pierres paraissent être des parcelles colorées.

OPALE

De toutes les pierres chatoyantes l'opale est la plus belle; cependant, elle n'a ni la dureté ni l'éclat des vraies pierres précieuses, mais la lumière qui la pénètre s'anime des plus agréables couleurs, et semble se promener en reflets ondoyants, et l'œil est encore moins ébloui que flatté de l'effet suave de ses beautés. Pline s'arrête avec complaisance à les peindre : « C'est, dit-il, le feu de l'escarboucle, le pourpre de l'améthyste, le vert écla-
» tant de l'émeraude, brillant ensemble, et tantôt séparés, tantôt unis par le plus admi-
» rable mélange (*b*). » Ce n'est pas tout encore : le bleu et l'orangé viennent sous certains aspects se joindre à ces couleurs, et toutes prennent plus de fraîcheur du blanc et luisant sur lequel elles jouent, et dont elles ne semblent sortir que pour y rentrer et jouer de nouveau.

Ces reflets colorés sont produits par le brisement des rayons de lumière mille fois réfléchis, rompus et renvoyés de tous les petits plans des lames dont l'opale est composée; ils

(*a*) Feldspath, 26,466; aventurine demi-transparente, 26,667; aventurine opaque, 26,426. *Table de M. Brisson.*

(*b*) « Est in iis carbunculi tenuior ignis, est amethysti fulgens purpura et smaragdi virens
» mare, et cuncta pariter incredibili mixturâ lucentia. » Lib. XXXVII, cap. VI.

sont en même temps réfractés au sortir de la pierre, sous des angles divers et relatifs à la position des lames qui les renvoient, et ce qui prouve que ces couleurs mobiles et fugitives, qui suivent l'œil et dépendent de l'angle qu'il fait avec la lumière, ne sont que des iris ou spectres colorés, c'est qu'en cassant la pierre, elle n'offre plus dans sa fracture ces mêmes couleurs dont le jeu varié tient à sa structure intérieure, et s'accroît par la forme arrondie qu'on lui donne à l'extérieur. L'opale est donc une pierre irisée dans toutes ses parties; elle est même la plus légère des pierres chatoyantes, et de près d'un cinquième moins dense que le feldspath, qui de tous les verres primitifs est le moins pesant (*a*); elle n'a aussi que peu de dureté (*b*); il faut donc que les petites lames dont l'opale est composée soient peu adhérentes et assez séparées les unes des autres, pour que sa densité et sa dureté en soient diminuées dans cette proportion de plus d'un cinquième relativement aux autres matières vitreuses.

Une opale d'un grand volume, dans toutes les parties de laquelle les couleurs brillent et jouent avec autant de feu que de variété (*c*), est une production si rare qu'elle n'a plus qu'un prix d'estime qu'on peut porter très haut. Pline nous dit qu'Antoine proscrivit un sénateur auquel appartenait une très belle opale qu'il avait refusé de lui céder; sur quoi, le naturaliste romain s'écrie avec une éloquente indignation : « De quoi s'étonner ici » davantage, de la cupidité farouche du tyran qui proscrit pour une bague, ou de l'incon- » cevable passion de l'homme qui tient plus à sa bague qu'à sa vie (*d*)? »

On peut encore juger de l'estime que faisaient les anciens de l'opale, par la scrupuleuse attention avec laquelle ils en ont remarqué les défauts, et par le soin qu'ils ont pris d'en caractériser les belles variétés (*e*). L'opale en offre beaucoup, non seulement par les différences du jeu de la lumière, mais encore par le nombre des nuances et la diversité des couleurs qu'elle réfléchit (*f*) : il y a des opales à reflets faiblement colorés, où sur un fond laiteux flottent à peine quelques légères nuances de bleu. Dans ces pierres nua-

(*a*) La pesanteur spécifique de l'opale est de 21,140, et celle du feldspath le plus léger de 23,378. *Table de M. Brisson.*

(*b*) L'opale est si tendre que, pour la polir, on ne peut, suivant Boëce, employer ni l'émeri ni la potée, et qu'on ne doit se servir que de tripoli étendu sur une roue de bois.

(*c*) Les plus grandes, dit Pline, ne dépassent pas la grosseur d'une aveline, *nucis avellanæ magnitudine.* Lib. XXXVII, cap. VI.

(*d*) « Sed mira Antonii feritas atque luxuria propter gemmam proscribentis, nec minor » Nonii contumacia proscriptionem suam amantis. » Lib. XXXVII, cap. VI.

(*e*) « Vita opali, si color in florem herbæ, quæ vocatur heliotropium exeat, aut cristallum » aut grandinem : si sal interveniat aut scabritia aut puncta oculis occursantia, nullosque » magis India similitudine indiscreta vitro adulterat. Experimentum in sole tantùm; falsis » enim contra radios libratis, digito ac pollice unus atque idem translucet color in se con- » sumptus. Veri fulgor subindè variat et plùs huc illucque spargit, et fulgor lucis in digitos » funditur. Hanc gemmam propter eximiam gratiam plerique appellavere pæderata. Sunt et » qui privatum genus ejus faciunt, sangenonque, ab Indis vocari dicunt. Traduntur nasci » et in Ægypto et in Arabiâ et vilissimi in Ponto. Item in Galatiâ ac Thaso et Cypro. » Quippe opali gratiam habet, sed molliùs nitet, rarò non scabet. » *Idem, ibid.*

(*f*) On connaît quatre sortes d'opales : la première, très parfaite et qui imite naïvement l'iris par le moyen de ces couleurs-ci : le rouge, le vert, le bleu, le pourpre et le jaune; la seconde, qui, au travers d'une certaine noirceur, envoie un feu et un éclat d'escarboucle, qu'on sait très rare et très précieuse ; la troisième, qui, aussi au travers d'un jaune, fait paraître diverses couleurs, mais peu gaies et comme amollies; et la quatrième sorte, celle qu'on nomme *fausse opale,* laquelle est diaphane et semblable aux yeux du poisson... La couleur des plus belles opales est un blanc de lait, parmi lequel il éclate du rouge, du vert, du bleu, du jaune, du colombin et plusieurs autres couleurs différentes qui dedans ce blanc surprennent agréablement la vue ; d'où je conclurais facilement que c'est de cette sorte que

geuses, laiteuses et presque opaques, la pâte opaline semble s'épaissir et se rapprocher de celle de la calcédoine : au contraire, cette même pâte s'éclaircit quelquefois de manière à n'offrir plus que l'apparence vitreuse et les teintes claires et lumineuses d'un feldspath chatoyant et coloré ; et ces nuances, comme l'a très bien observé Boëce, se trouvent souvent réunies et fondues dans un seul et même morceau d'opale brute. Le même auteur parle des opales noires comme des plus rares et des plus superbes par l'éclat du feu qui jaillit de leur fond sombre (*a*).

On trouve des opales en Hongrie (*b*), en Misnie (*c*) et dans quelques îles de la Méditerranée (*d*). Les anciens tiraient cette pierre de l'Orient, d'où il en vient encore aujourd'hui, et nos lapidaires distinguent les opales, ainsi que plusieurs autres pierres, en *orientales* et en *occidentales*, mais cette distinction n'est pas bien énoncée ; car ce n'est que sur le plus ou le moins de beauté de ces pierres que portent les dénominations d'orientales et d'occidentales, et non sur le climat où elles se trouvent, puisque, dans nos opales d'Europe, il s'en rencontre de belles parmi les communes, de même qu'à Ceylan et dans les autres contrées de l'Inde on trouve beaucoup d'opales communes parmi les plus belles : ainsi cette distinction de dénominations, adoptée par les lapidaires, doit être rejetée par les naturalistes, puisqu'on pourrait la croire fondée sur une différence essentielle de climats, tandis qu'elle ne l'est que sur la différence accidentelle de l'éclat ou de la beauté.

Au reste, l'opale est certainement une pierre vitreuse de seconde formation, et qui a été produite par l'intermède de l'eau : sa gangue est une terre jaunâtre qui ne fait point d'effervescence avec les acides ; les opales renferment souvent des gouttes d'eau. M. Fougeroux de Bondaroy, l'un de nos savants académiciens, a sacrifié à son instruction quelques opales, et les a fait casser pour recueillir l'eau qu'elles renfermaient : cette eau s'est trouvée pure et limpide comme dans les cailloux creux et les enhydres (*e*). Il se trouve

Boëce dit en avoir vu une, de la grosseur d'une petite noix, dont il fait monter la valeur à une grande somme de thalers.

Elle croit dans les Indes, dans l'Arabie, l'Égypte et en Chypre. Et à l'égard de celles de Bohême, quoiqu'elles soient grandes, elles sont néanmoins si peu vives en couleurs, qu'elles ne sont guère estimées. *Merveilles des Indes*, par Robert de Berquen, p. 44 et 45.

(*a*) Boëce de Boot dit avoir en sa possession une très petite opale noire, et en avoir vu une autre de la grosseur d'un gros poids et qui rendait un feu comparable à celui du plus beau grenat. (*Lapid. et gemm. hist.*, p. 192.). Nous avouons n'avoir pas vu et ne pas connaître cette espèce d'opale, quoique après un témoignage aussi positif on ne puisse pas, ce semble, douter de son existence.

(*b*) *Voyage de Tavernier*, t. IV, p. 41. Boëce de Boot dit que de son temps « la seule » mine que l'on en connût en Hongrie *effondra* et fut enfuie sous ses ruines. » *Lapid. et gemm. hist.*, p. 193.

(*c*) A Freyberg.

(*d*) L'île de Tassos, appelée aujourd'hui Tasso, produit de fort belles opales, qui sont une sorte de pierre précieuse. *Description de l'Archipel*, par Dapper ; Amsterdam, 1703, p. 154.

(*e*) Je me suis trouvé à portée d'observer ce fait dans des opales... Celles que j'ai observées ont été tirées du mont Berico, dans le Vicentin, dont le terrain offre des traces de volcan dans plusieurs endroits. Je n'assure cependant pas que ces opales doivent leur origine à des volcans : beaucoup de ces pierres n'offrent point de bulles mobiles, et ce n'est que dans la quantité, lorsqu'on les a polies, que la bulle se voit dans quelques-unes.

Ces espèces d'agates perdent avec le temps la bulle qui fixe maintenant notre attention ; on pourrait croire que celles-là avaient quelques fentes ou qu'il s'y est formé quelques crevasses qui, donnant issue à l'eau, empêchaient la bulle d'air de s'y mouvoir comme elle le faisait auparavant.

J'ai exposé ces opales, où l'on n'apercevait plus le mouvement de la bulle, à une douce chaleur ; je les ai laissées dans de l'eau que j'ai fait longtemps bouillir, j'ai fait chauffer une

quelquefois des opales dans les pouzzolanes et dans les terres jetées par les volcans; M. Ferber en a observé, comme M. de Bondaroy, dans les terrains volcanisés du Vincentin (a) : ces faits suffisent pour nous démontrer que les opales sont des pierres de seconde formation, et leurs reflets chatoyants nous indiquent que c'est aux stalactites du feldspath qu'on doit les rapporter.

Quoique plusieurs auteurs aient regardé le girasol comme une sorte d'opale, nous nous croyons fondés à le séparer non seulement de l'opale, mais même de toutes les autres pierres vitreuses : c'est en effet une pierre précieuse dont la dureté et la densité sont presque doubles de celles de l'opale et égales à celles des vraies pierres précieuses (b).

PIERRES IRISÉES

Après ces pierres chatoyantes dont les couleurs sont flottantes et dans lesquelles les reflets de lumière paraissent uniformes, il s'en trouve plusieurs autres dont les couleurs variées ne dépendent ni de la réflexion extérieure de la lumière, ni de sa réfraction dans l'intérieur de ces pierres, mais des couleurs irisées que produisent tous les corps lorsqu'ils sont réduits en lames extrêmement minces : les pierres qui présentent ces couleurs sont toutes défectueuses ; on peut en juger par le cristal de roche irisé qui n'est qu'un cristal fêlé ; il en est de même du feldspath irisé ; les couleurs qu'ils offrent à l'œil ne viennent que du reflet de la lumière sur les lames minces de leurs parties constituantes, lorsqu'elles ont été séparées les unes des autres par la percussion ou par quelque autre cause. Ces pierres irisées sont *étonnées*, c'est-à-dire fêlées dans leur intérieur; elles n'ont que peu ou point de valeur, et on les distingue aisément des vraies pierres chatoyantes par le faible éclat et le peu d'intensité des couleurs qu'elles renvoient à l'œil : le plus souvent même, la fêlure ou séparation des lames est sensible à la tranche et visible jusque dans l'intérieur du morceau. Au reste, il y a aussi du cristal irisé seulement à sa superficie, et cette iris superficielle s'y produit par l'exfoliation des petites lames de sa surface, de même qu'on le voit dans notre verre factice longtemps exposé aux impressions de l'air.

Au reste, la pierre *iris* de Pline, qui semblerait devoir être spécialement notre cristal irisé, n'est pourtant que le cristal dans lequel les anciens avaient observé la réfraction de la lumière, la division des couleurs, en un mot tous les effets du prisme (c), sans avoir su en déduire la théorie.

de ces opales et je l'ai jetée dans l'eau sans être parvenu à faire apparaître la bulle... J'ai cassé une de ces opales qui avait eu une bulle et qui l'avait perdue, et j'ai observé qu'elle était creuse et qu'il y avait dans l'intérieur une jolie cristallisation, mais point d'eau et aucun conduit ni fente par lesquels cette eau aurait pu s'échapper.

J'ai rompu une seconde opale où je voyais aisément le mouvement d'une bulle, et je me suis assuré qu'elle était presque remplie d'une eau claire, limpide, et qui m'a paru insipide. *Mémoires* de M. Fougeroux de Bondaroy, dans ceux de l'*Académie des sciences*, année 1776, p. 628 et suiv.

(a) *Lettres sur la minéralogie*, p. 24 et 25.

(b) Voyez, plus loin, l'article du *Girasol*.

(c) Seulement il est singulier que Pline, pour nous décrire cet effet, ait recours à un cristal de la mer Rouge, tandis que la première aiguille de cristal des Alpes pouvait également le lui offrir. « Iris effoditur in quâdam insulâ maris Rubri quæ distat a Berenice urbe » sexaginta millia, cæterâ suâ parte cristallus, itaque quidam radicem cristalli esse dixerunt. » Vocatur ex argumento iris. Nam sub tecto percussa sole species et colores arcûs cœlestis

STALACTITES CRISTALLISÉES

DU SCHORL

Le schorl diffère du quartz et ressemble au feldspath par sa fusibilité, et il surpasse de beaucoup en densité les quatre autres verres primitifs ; nous rapporterons donc au schorl les pierres transparentes qui ont ces mêmes propriétés : ainsi nous reconnaîtrons les produits du schorl par leur densité et par leur fusibilité, et nous verrons que toutes les matières vitreuses qui sont spécifiquement plus pesantes que le quartz, les jaspes, le mica et le feldspath, proviennent du schorl en tout ou en partie. C'est sur ce fondement que je rapporte au schorl plutôt qu'au feldspath les émeraudes, les péridots, le saphir du Brésil, etc.

J'ai déjà dit que les couleurs dont les pierres transparentes sont teintes n'influent pas sensiblement sur leur pesanteur spécifique : ainsi l'on aurait tort de prétendre que c'est au mélange des matières métalliques qui sont entrées dans la composition des péridots, des émeraudes et du saphir du Brésil, qu'on doit attribuer leur densité plus grande que celle du cristal, et dès lors, nous sommes bien fondés à rapporter ce surplus de densité au mélange du schorl, qui est le plus pesant de tous les verres primitifs.

Les extraits ou stalactites du schorl sont donc toujours reconnaissables par leur densité et leur fusibilité, ce qui les distingue des autres cristaux vitreux avec lesquels ils ont néanmoins le caractère commun de la double réfraction.

ÉMERAUDE

L'émeraude, qui, par son brillant éclat et sa couleur suave a toujours été regardée comme une pierre précieuse, doit néanmoins être mise au nombre des cristaux du quartz mêlé de schorl : 1° parce que sa densité est moindre d'un tiers que celle des vraies pierres précieuses, et qu'en même temps elle est un peu plus grande que celle du cristal de roche (*a*) ; 2° parce que sa dureté n'est pas comparable à celle du rubis, de la topaze et du saphir d'Orient, puique l'émeraude n'est guère plus dure que le cristal ; 3° parce que cette pierre, mise au foyer du miroir ardent, se fond et se convertit en une masse vitreuse, ce qui prouve que sa substance quartzeuse est mêlée de feldspath ou de schorl (*b*) qui l'ont rendue fusible ; mais la densité du feldspath étant moindre que celle du cristal, et celle de l'émeraude étant plus grande, on ne peut attribuer qu'au mélange du schorl cette fusibilité de l'émeraude ; 4° parce que les émeraudes croissent, comme tous les

» in proximos parietes ejeculatur, subinde mutans magnâque varietate admirationem sui » augens. Sexangulum esse, ut cristallum, constat... Colores vero non nisi ex opaco red- » dunt, nec ut ipsæ habeant, sed ut repercussu parietum elidant : optimaque quæ maximos » arcus facit, simillimosque cœlestibus. » Lib. XXXVII, n° 52.

(*a*) La pesanteur spécifique de l'émeraude du Pérou est de 27,755, et celle du cristal de roche de 26,548. *Table de M. Brisson.*

(*b*) L'émeraude exposée au foyer lenticulaire s'y est fondue et arrondie en trois minutes; elle est devenue d'un bleu terne avec quelques taches blanchâtres. Cette expérience a été faite avec la lentille à l'esprit-de-vin de M. de Bernières. Voyez la *Gazette des arts*, du 27 juin 1776.

cristaux (*a*), dans les fentes des rochers vitreux (*b*); enfin parce que l'émeraude a, comme tous les cristaux, une double réfraction : elle leur ressemble donc par les caractères essentiels de la densité, de la dureté, de la double réfraction; et, comme l'on doit ajouter à ces propriétés celle de la fusibilité, nous nous croyons bien fondés à séparer l'émeraude des vraies pierres précieuses, et à la mettre au nombre des produits du quartz mêlé de schorl.

Les émeraudes, comme les autres cristaux, sont fort sujettes à être glaceuses ou nuageuses; il est rare d'en trouver d'un certain volume qui soient totalement exemptes de ces défauts; mais, quand cette pierre est parfaite, rien n'est plus agréable que le jeu de sa lumière, comme rien n'est plus gai que sa couleur, plus amie de l'œil qu'aucune autre (c). La vue se repose, se délasse, se récrée dans ce beau vert qui semble offrir la miniature des prairies au printemps : la lumière qu'elle lance en rayons aussi vifs que doux semble, dit Pline, brillanter l'air qui l'environne, et teindre par son irradiation l'eau dans laquelle on la plonge (*d*) : toujours belle, toujours éclatante, soit qu'elle pétille sous le soleil, soit qu'elle luise dans l'ombre ou qu'elle brille dans la nuit aux lumières qui ne lui font rien perdre des agréments de sa couleur dont le vert est toujours pur (*e*).

Aussi les anciens, au rapport de Théophraste (*f*), se plaisaient-ils à porter l'émeraude en bague, afin de s'égayer la vue par son éclat et sa couleur suave; ils la taillaient soit en cabochon pour faire flotter la lumière, soit en table pour la réfléchir comme un miroir, soit en creux régulier dans lequel, sur un fond ami de l'œil, venaient se peindre les objets en raccourci (*g*). C'est ainsi que l'on peut entendre ce que dit Pline d'un empereur qui voyait dans une émeraude les combats des gladiateurs : réservant l'émeraude à ces usages, ajoute le naturaliste romain, et respectant ses beautés naturelles, on semblait être convenu de ne point l'entamer par le burin (*h*). Cependant, il reconnaît lui-même ailleurs que les Grecs avaient quelquefois gravé sur cette pierre (*i*), dont la dureté n'est en effet qu'à peu près égale à celle des belles agates ou du cristal de roche.

(*a*) La gangue de la mine d'or de Mezquitel, au Mexique, est un quartz dans lequel se trouvent des cristaux d'émeraude, lesquels même contiennent des grains d'or. Bowles, *Histoire naturelle d'Espagne*.

(*b*) On trouve les émeraudes au long des rochers où elles croissent, et viennent à peu près comme le cristal. *Voyages de Robert Lade*; Paris, 1744, t. Ier, p. 50 et 57.

(*c*) Une belle émeraude se monte sur noir comme les diamants blancs; elle est la seule pierre de couleur qui jouisse de cette prérogative, parce que le noir, bien loin d'altérer sa couleur, la rend plus riche et plus veloutée, au lieu que le contraire arrive avec toute autre pierre de couleur.

(*d*) C'est la remarque de Théophraste (*Lap et Gemm.*, nº 44), sur quoi les commentateurs sont tombés dans une foule de doutes et de méprises, cherchant mal à propos comment l'émeraude pouvait donner à l'eau une teinte verte, tandis que Théophraste n'entend parler que du reflet de la lumière qu'elle y répand,

(*e*) « Nullius coloris aspectus jucundior est; nam herbas quoque virentes frondesque » avidè spectamus : smaragdos verò tantò libentiùs quoniam nihil omninò viridius compa- » ratum illis viret. Præterea, soli gemmarum contuitu oculos implent nec satiant; quin et ab » intentione aliâ obscurata aspectu smaragdi recreatur acies... Ita viridi lenitate lassitudi- » nem mulcent. Præterea longinque amplificantur visu inficientes circa se repercussum » aera; non sole mutati, non umbrâ, non lucernis, semperque sensim radiantes et visum » admittentes. » *Plin*, lib. XXXVII, nº 16.

(*f*) *Lapid. et Gemm.*, nº 44.

(*g*) « Plerùmque concavi ut visum colligant... Quorum verò corpus extensum est, eàdem » quâ specula ratione superi imagines reddunt, Nero princeps gladiatorum pugnas spectabat » smaragdo. » *Idem*, *ibidem*.

(*h*) « Quapropter, decreto hominum iis parcitur scalpi vetitis. » *Loc. cit.*

(*i*) Livre XXXVII, nº 3. Il parle de deux émeraudes, sur chacune desquelles était gravée Amymone, l'une de Danaïdes : et dans le même livre de son *Histoire naturelle*, nº 4, il

Les anciens attribuaient aussi quelques propriétés imaginaires à l'émeraude ; ils croyaient que sa couleur gaie la rendait propre à chasser la tristesse, et faisait disparaître les fantômes mélancoliques, appelés *mauvais esprits* par le vulgaire. Ils donnaient de plus à l'émeraude toutes les prétendues vertus des autres pierres précieuses contre les poisons et différentes maladies. Séduits par l'éclat de ces pierres brillantes, ils s'étaient plu à leur imaginer autant de vertus que de beauté ; mais, au physique comme au moral, les qualités extérieures les plus brillantes ne sont pas toujours l'indice du mérite le plus réel ; les émeraudes, réduites en poudre et prises intérieurement, ne peuvent agir autrement que comme des poudres vitreuses, action sans doute peu curative et même peu salutaire ; et c'est avec raison que l'on a rejeté du nombre de nos remèdes d'usage cette poudre d'émeraude et les cinq fragments précieux, autrefois si fameux dans la médecine galénique.

Je ne me suis si fort étendu sur les propriétés réelles et imaginaires de l'émeraude, que pour mieux démontrer qu'elle était bien connue des anciens, et je ne conçois pas comment on a pu de nos jours révoquer en doute l'existence de cette pierre dans l'ancien continent, et nier que l'antiquité en eût jamais eu connaissance. C'est cependant l'assertion d'un auteur récent (*a*), qui prétend que les anciens n'avaient pas connu l'émeraude, sous prétexte que, dans le nombre des pierres auxquelles ils ont donné le nom de *smaragdus*, plusieurs ne sont pas des émeraudes ; mais il n'a pas pensé que ce mot *smaragdus* était une dénomination générique pour toutes les pierres vertes, puisque Pline comprend sous ce nom des pierres opaques qui semblent n'être que des prases ou même des jaspes verts ; mais cela n'empêche pas que la véritable émeraude ne soit du nombre de ces smaragdes des anciens : il est même assez étonnant que cet auteur, d'ailleurs très estimable et fort instruit, n'ait pas reconnu la véritable émeraude aux traits vifs et brillants et aux caractères très distinctifs sous lesquels Pline a su la dépeindre. Et pourquoi chercher à atténuer la force des témoignages en ne les rapportant pas exactement ? Par exemple, l'auteur cite Théophraste comme ayant parlé d'une émeraude de quatre coudées de longueur, et d'un obélisque d'émeraude de quarante coudées ; mais il n'ajoute pas que le naturaliste grec témoigne sur ces faits un doute très marqué, ce qui prouve qu'il connaissait assez la véritable émeraude pour être bien persuadé qu'on n'en avait jamais vu de cette grandeur : en effet, Théophraste dit en propres termes que l'*émeraude est rare et ne se trouve jamais en grand volume* (*b*), « à moins, ajoute-t-il, qu'on ne croie aux *Mémoires égyptiens*, qui » parlent de quatre et de quarante coudées ; » *mais ce sont choses*, continue-t-il, *qu'il faut laisser sur leur bonne foi* (*c*) ; et à l'égard de la colonne tronquée ou du cippe d'émeraude du temple d'Hercule, à Tyr, dont Hérodote fait aussi mention, il dit que c'est sans doute une fausse émeraude (*d*). Nous conviendrons, avec M. Dutens, que des dix ou douze sortes de smaragdes dont Pline fait l'énumération, la plupart ne sont en effet que de fausses émeraudes ; mais il a dû voir comme nous que Pline en distingue trois comme supérieures à toutes les autres (*e*). Il est donc évident que, dans ce grand nombre de pierres auxquelles

rapporte la gravure des émeraudes à une époque qui répond en Grèce au règne du dernier des Tarquins. — Selon Clément Alexandrin, le fameux cachet de Polycrate était une émeraude gravée par Théodore de Samos (B. Clem. Alex., *Pædag.*, lib. III). — Lorsque Lucullus, ce Romain si célèbre par ses richesses et par son luxe, aborde à Alexandrie, Ptolomée, occupé du soin de lui plaire, ne trouve rien de plus précieux à lui offrir qu'une émeraude sur laquelle était gravé le portrait du monarque égyptien. *Plut. in Lucull.*

(*a*) M. Dutens.

(*b*) Ἐςὶ δε σπανία, καὶ τὸ μεγεθος οὐ μεγαλη. *De Lapid.*, p. 87.

(*c*) « Atque hæc quidem ita ab ipsis referentur. » *Ibidem.*

(*d*) « Nisi fortè pseudosmaragdus sit. » *Ibidem.*

(*e*) La première est l'émeraude nommée par les anciens *pierre de Scythie*, et qu'ils ont dit être la plus belle de toutes. La seconde, qui nous paraît être aussi une émeraude véri-

les anciens donnaient le nom générique de *smaragdes*, ils avaient néanmoins très bien su distinguer et connaître l'émeraude véritable qu'ils caractérisent, à ne pas s'y méprendre, par sa couleur, sa transparence et son éclat (*a*). L'on doit en effet la séparer et la placer à une grande distance de toutes les autres pierres vertes, telles que les prases, les fluors verts, les malachites et les autres pierres vertes opaques de la classe du jaspe, auxquelles les anciens appliquaient improprement et génériquement le nom de smaragdes.

Ce n'était donc pas de l'émeraude, mais de quelques-uns de ces faux et grands smaragdes qu'étaient faites les colonnes et les statues prétendues d'émeraude dont parle l'antiquité (*b*); de même que les très grands vases ou morceaux d'émeraudes que l'on montre encore aujourd'hui dans quelques endroits, tels que la grande jatte du trésor de Gênes (*c*), la pierre verte pesant vingt-neuf livres, donnée par Charlemagne au couvent de Reichenau, près Constance (*d*), ne sont que des primes ou des prases, ou même des verres factices : or, comme ces émeraudes supposées ne prouvent rien aujourd'hui contre l'existence de la véritable émeraude, ces mêmes erreurs, dans l'antiquité, ne prouvent pas davantage.

D'après tous ces faits, comment peut-on douter de l'existence de l'émeraude en Italie, en Grèce et dans les autres parties de l'ancien continent avant la découverte du nouveau?

table, est la bactriane, à laquelle Pline attribue la même dureté et le même éclat qu'à l'émeraude scythique, mais qui, ajoute-t-il, est toujours fort petite. La troisième, qu'il nomme *émeraude de Coptos* et qu'il dit être en morceaux assez gros, mais qui est moins parfaite, moins transparente et n'ayant pas le vif éclat des deux premières. Les neuf autres sortes étaient celles de Chypre, d'Éthiopie, d'Herminie, de Perse, de Médie, de l'Attique, de Lacédémone, de Carthage, et celle d'Arabie, nommée *cholus*... La plupart de celles-ci, disent les anciens eux-mêmes, ne méritent plus le nom d'émeraudes, et n'étaient, suivant l'expression de Théophraste, que de fausses émeraudes, *pseudosmaragdi*, n°s 45 et 46. On les trouvait communément dans les environs des mines de cuivre, circonstance qui peut nous les faire regarder comme des *fluors* verts, ou peut-être même des malachites.

(*a*) Voyez *Théophraste*, n° 14; et *Pline*, liv. XXXVII, n° 16.

(*b*) Telle était encore la statue de Minerve, faite d'émeraude, ouvrage fameux de Dipœnus et Scyllis. *V. Jun. de Pict. vel.*

(*c*) M. de La Condamine, qui s'est trouvé à Gênes avec MM. les princes Corsini, petits-neveux du pape Clément XII, a eu par leur moyen occasion d'examiner attentivement ce vase à la lueur d'un flambeau. La couleur lui en a paru d'un vert très foncé; il n'y aperçut pas la moindre trace de ces glaces, pailles, nuages et autres défauts de transparence si communs dans les émeraudes et dans toutes les pierres précieuses un peu grosses, même dans le cristal de roche, mais il y distingua très bien plusieurs petits vides semblables à des bulles d'air, de forme ronde ou oblongue, telles qu'il s'en trouve communément dans les cristaux ou verres fondus, soit blancs, soit colorés...

Le doute de M. de La Condamine sur ce vase soi-disant d'émeraude n'est pas nouveau. Il est, dit-il, clairement indiqué par les expressions qu'employait Guillaume, archevêque de Tyr, il y a quatre siècles, en disant qu'*à la prise de Césarée, ce vase échut pour une grande somme d'argent aux Génois, qui le crurent d'émeraude, et qui le montrent encore comme tel et comme miraculeux aux voyageurs*. Au reste, continue l'auteur, il ne tient qu'à ceux à qui ces soupçons peuvent déplaire de les détruire s'ils ne sont pas fondés. *Mémoires de l'Académie des sciences*, année 1757, p. 340 et suiv.

(*d*) On me montra (à l'abbaye de Reichenau, près de Constance) une prétendue émeraude d'une prodigieuse grandeur; elle a quatre côtés inégaux, dont le plus petit n'a pas moins de neuf pouces et dont le plus long a près de deux pieds ; son épaisseur est d'un pouce, et son poids de vingt-neuf livres. Le supérieur du couvent l'estime cinquante mille florins; mais ce prix se réduirait à bien peu si, comme je le présume, cette émeraude n'était autre chose qu'un spath fluor transparent d'un assez beau vert. *Lettres de M. William Coxe sur l'état de la Suisse*, p. 21.

Comment d'ailleurs se prêter à la supposition forcée que la nature ait réservé exclusivement à l'Amérique cette production qui peut se trouver dans tous les lieux où elle a formé des cristaux ; et ne devons-nous pas être circonspects lorsqu'il s'agit d'admettre des faits extraordinaires et isolés comme le serait celui-ci ? Mais, indépendamment de la multitude des témoignages anciens, qui prouvent que les émeraudes étaient connues et communes dans l'ancien continent avant la découverte du nouveau, on sait, par des observations récentes, qu'il se trouve aujourd'hui des émeraudes en Allemagne (*a*), en Angleterre, en Italie ; et il serait bien étrange, quoi qu'en disent quelques voyageurs, qu'il n'y en eût point en Asie. Tavernier et Chardin ont écrit que les terres de l'Orient ne produisaient point d'émeraudes, et néanmoins Chardin, relateur véridique, convient qu'avant la découverte du nouveau monde les Persans tiraient des émeraudes de l'Égypte, et que leurs anciens poètes en font mention (*b*) ; que, de son temps, on connaissait en Perse trois sortes de ces pierres, savoir : l'émeraude d'Égypte, qui est la plus belle, ensuite les émeraudes *vieilles* et les émeraudes *nouvelles :* il dit même avoir vu plusieurs de ces pierres, mais il n'en indique pas les différences, et il se contente d'ajouter que, quoiqu'elles soient d'une très belle couleur et d'un poli vif, il croit en avoir vu d'aussi belles qui venaient des Indes occidentales ; ceci prouverait ce que l'on doit présumer avec raison, c'est que l'émeraude se trouve dans l'ancien continent aussi bien que dans le nouveau, et qu'elle est de même nature en tous lieux ; mais, comme l'on n'en connaît plus les mines en Égypte ni dans l'Inde, et que néanmoins il y avait beaucoup d'émeraudes en Orient avant la découverte du nouveau monde, ces voyageurs ont imaginé que ces anciennes émeraudes avaient été apportées du Pérou aux Philippines, et de là aux Indes orientales et en Égypte. Selon Tavernier, les anciens Péruviens en faisaient commerce (*c*) avec les habitants des îles

(*a*) Il est parlé dans quelques relations d'une tasse d'émeraude de la grandeur d'une tasse ordinaire, qui est conservée à Vienne dans le Cabinet de l'Empereur, et que des morceaux qu'on a ménagés, en creusant cette tasse, on a fait une garniture complète pour l'impératrice. Voyez la *Relation historique du voyage en Allemagne* ; Lyon, 1676, p. 9 et 10.

(*b*) Sefi-kouli-kan, gouverneur d'Irivan, m'apprit que, dans les poètes persans, les émeraudes de vieille roche sont appelées *émeraudes d'Égypte*, et qu'on tient qu'il y en avait une mine en Égypte, qui est à présent perdue. *Voyage de Chardin*, etc ; Londres, 1686, p. 264.

(*c*) Pour ce qui est enfin de l'émeraude, c'est une erreur ancienne de bien des gens de croire qu'elle se trouve originairement dans l'Orient, parce qu'avant la découverte de l'Amérique l'on n'en pouvait autrement juger ; et même encore aujourd'hui, la plupart des joailliers et orfèvres, d'abord qu'ils voient une émeraude de couleur haute et tirant sur le noir, ont accoutumé de dire que c'est une émeraude orientale : je crois bien qu'avant que l'on eût découvert cette partie du monde que l'on appelle vulgairement les Indes occidentales, les émeraudes s'apportaient d'Asie en Europe, mais elles venaient des sources du royaume du Pérou ; car les Américains, avant que nous les eussions connus, trafiquaient dans les îles Philippines où ils apportaient de l'or et de l'argent, mais plus d'argent que d'or, vu qu'il y a plus de profit à l'un qu'à l'autre, à cause de la quantité de mines d'or qui se trouvent dans l'Orient : aujourd'hui encore, ce même négoce continue, et ceux du Pérou passent tous les ans aux Philippines avec deux ou trois vaisseaux où ils ne portent que de l'argent et quelque peu d'émeraudes brutes, et même depuis quelques années ils cessent d'y porter des émeraudes, les envoyant toutes en Europe par la mer du Nord. L'an 1660, je les ai vu donner à vingt pour cent meilleur marché qu'elles ne vaudraient en France. Ces Américains étant arrivés aux Philippines, ceux du Bengale, d'Aracan, de Péhu, de Goa et d'autres lieux y portent toutes sortes de toiles et quantité de pierres en œuvre, comme diamants, rubis, avec plusieurs ouvrages d'or, étoffes de soie et tapis de Perse ; mais il faut remarquer qu'ils ne peuvent rien vendre directement à ceux du Pérou, mais à ceux qui résident aux Manilles, et ceux-ci les revendent aux Américains ; et même, si quelqu'un obtenait la permission de retourner de Goa en Espagne par la mer du Sud, il serait obligé de donner son

orientales de l'Asie; et Chardin, en adoptant cette opinion (*a*), dit que les émeraudes qui, de son temps, se trouvaient aux Indes orientales, en Perse et en Égypte, venaient probablement de ce commerce des Péruviens qui avaient traversé la mer du Sud longtemps avant que les Espagnols eussent fait la conquête de leur pays. Mais était-il nécessaire de recourir à une supposition aussi peu fondée pour expliquer pourquoi l'on a cru ne voir aux Indes orientales, en Égypte et en Perse, que des émeraudes des Indes occidentales? La raison en est bien simple : c'est que les émeraudes sont les mêmes partout et que, comme les anciens Péruviens en avaient ramassé une très grande quantité, les Espagnols en ont tant apporté aux Indes orientales qu'elles ont fait disparaître le nom et l'origine de celles qui s'y trouvaient auparavant, et que, par leur entière et parfaite ressemblance, ces émeraudes de l'Asie ont été et sont encore aujourd'hui confondues avec les émeraudes de l'Amérique.

Cette opinion, que nous réfutons, paraît n'être que le produit d'une erreur de nomenclature : les naturalistes récents ont donné, avec les joailliers, la dénomination de *pierres orientales* à celles qui ont une belle transparence et qui, en même temps, sont assez dures pour recevoir un poli vif; et ils appellent *pierres occidentales* (*b*) celles qu'ils croient être du même genre et qui ont moins d'éclat et de dureté. Et, comme l'émeraude n'est pas plus dure en Orient qu'en Occident, ils en ont conclu qu'il n'y avait point d'émeraudes orientales, tandis qu'ils auraient dû penser que cette pierre étant partout la même, comme le cristal, l'améthyste, etc., elle ne pouvait pas être reconnue ni dénommée par la différence de son éclat et de sa dureté.

Les émeraudes étaient seulement plus rares et plus chères avant la découverte de l'Amérique; mais leur valeur a diminué en même raison que leur quantité s'est augmentée. « Les lieux, dit Joseph Acosta, où l'on a trouvé beaucoup d'émeraudes (et où l'on » en trouvait encore de son temps en plus grande quantité) sont au nouveau royaume » de Grenade et au Pérou; proche de Manta et de Porto-Vieil, il y a un terrain qu'on ap- » pelle *terres des émeraudes*, mais on n'a point encore fait la conquête de cette terre. Les

argent à quatre-vingts ou cent pour cent jusqu'aux Philippines, sans pouvoir rien acheter, et d'en faire de même des Philippines jusqu'à la Nouvelle-Espagne. C'est donc là ce qui se pratiquait pour les émeraudes, avant que les Indes occidentales fussent découvertes ; car elles ne venaient en Europe que par cette longue voie et ce grand tour : tout ce qui n'était pas beau demeurait en ce pays-là, et tout ce qui était beau passait en Europe. *Les six Voyages de Tavernier*, etc.; Rouen, 1713, t. IV, p. 42 et suiv.

(*a*) Les Persans font une distinction entre les émeraudes comme nous faisons entre les rubis; ils appellent la plus belle : *émeraude d'Égyte*, la sorte suivante *émeraude vieille*, et la troisième sorte *émeraude nouvelle*. Avant la découverte du nouveau monde, les émeraudes leur venaient d'Égypte, plus hautes en couleur, à ce qu'ils prétendent, et plus dures que les émeraudes d'Occident. Ils m'ont fait voir plusieurs fois de ces émeraudes qu'ils appellent *zemroud Mesri* ou de *Misraïm*, l'ancien nom d'Égypte, et aussi *zemroud asvaric*, *d'Asvan* ville de la Thébaïde, nommée *Syène* par les anciens géographes; mais, quoiqu'elles me parussent très belles, d'un vert foncé et d'un poliment fort vif, il me semblait que j'en avais vu d'aussi belles des Indes occidentales. Pour ce qui est de la dureté, je n'ai jamais eu le moyen de l'éprouver; et, comme il certain qu'on n'entend point parler depuis longtemps des mines d'émeraudes en Égypte, il pourrait être que les émeraudes d'Égypte y étaient apportées par le canal de la mer Rouge, et venaient ou des Indes occidentales par les Philippines, ou du royaume du Pégu ou de celui de Golconde sur la côte de Coromandel, d'où l'on tire journellement des émeraudes. *Voyage de Chardin*; Amsterdam, 1711, t. II, p. 25.

(*b*) Boëce paraît être l'auteur de la distinction des émeraudes en orientales ou occidentales : il caractérise les premières par leur grand brillant, leur pureté et leur excès de dureté. Il se trompe quant à ce dernier point, et de Laët s'est de même trompé d'après lui, car on ne trouve pas entre les émeraudes cette différence de dureté, et toutes n'ont à peu près que la dureté du cristal de roche.

» émeraudes naissent des pierres en forme de cristaux..... J'en ai vu quelques-unes qui » étaient moitié blanches et moitié vertes, et d'autres toutes blanches..... En l'année 1587, » ajoute cet historien, l'on apporta des Indes occidentales en Espagne deux canons d'éme- » raude, dont chacun pesait pour le moins quatre arobes (*a*). » Mais je soupçonne avec raison que ce dernier fait est exagéré; car Garcilasso dit que la plus grosse pierre de cette espèce, que les Péruviens adoraient comme la déesse mère des émeraudes, n'était que de la grosseur d'un œuf d'autruche, c'est-à-dire d'environ six pouces sur son grand diamètre (*b*); et cette pierre mère des émeraudes n'était peut-être elle-même qu'une prime d'émeraude qui, comme la prime d'améthyste, n'est qu'une concrétion plus ou moins confuse de divers petits canons ou cristaux de ces primes. Au reste, les primes d'émeraude sont communément fort nuageuses, et leur couleur n'est pas d'un vert pur, mais mélangé de nuances jaunâtres : quelquefois, néanmoins, cette couleur verte est aussi franche dans quelques endroits de ces primes que dans l'émeraude même, et Boëce remarque fort bien que, dans un morceau de prime nébuleux et sans éclat (*c*), il se trouve souvent quelque partie brillante qui, étant enlevée et taillée, donne une vraie et belle émeraude.

Il serait assez naturel de penser que la belle couleur verte de l'émeraude lui a été donnée par le cuivre; cependant M. Demeste dit (*d*) « que cette pierre paraît devoir sa couleur » verte au cobalt, parce qu'en fondant des émeraudes du Pérou avec deux parties de verre » de borax, on obtient un émail bleu (*). » Si ce fait se trouve constant et général pour toutes les émeraudes, on lui sera redevable de l'avoir observé le premier, et, dans ce cas, on devrait chercher et on pourrait trouver des émeraudes dans le voisinage des mines de cobalt.

Cependant cet émail bleu, que donne l'émeraude fondue avec le borax, ne provient pas

(*a*) *Histoire naturelle des Indes*, par Acosta; Paris, 1600, p. 157 et suiv.

(*b*) *Histoire des Incas*, t. Ier. — Du temps des rois Incas, on ne trouvait dans le Pérou que des turquoises, des émeraudes et du cristal fort net, mais que les Indiens ne savaient pas mettre en œuvre. Les émeraudes viennent dans les montagnes qu'on appelle Manta, dépendantes de Puerto-Viejo. Il a été impossible aux Espagnols, quelque peine qu'ils se soient donnée, de découvrir la mine : ainsi, l'on ne trouve presque plus d'émeraudes dans cette province qui fournissait autrefois les plus belles de cet empire. On en a apporté cependant une si grande quantité en Espagne, qu'on ne les estime plus. L'émeraude a besoin de se mûrir comme le fruit; elle commence par être blanche, ensuite elle devient d'un vert obscur, et commence par se rendre parfaite par un de ses angles qui sans doute regarde le soleil levant, et cette belle couleur se répand ensuite sur toute son étendue. J'en ai vu autrefois dans Cusco d'aussi grosses que de petites noix, parfaitement rondes et percées dans le milieu : les Indiens les préfèrent aux turquoises. Ils connaissaient les perles, mais ils n'en faisaient aucun usage, car les Incas, ayant vu la peine et le danger avec lesquels on les tirait de la mer, en défendirent l'usage, aimant mieux conserver leurs sujets qu'augmenter leurs richesses. On en a pêché une si grande quantité qu'elles sont devenues communes. Le P. Acosta dit qu'elles étaient autrefois si recommandables qu'il n'était permis qu'aux rois et à leur famille d'en porter, mais qu'elles sont aujourd'hui si communes que les nègres en ont des chaînes et des colliers. *Histoire des Incas;* Paris, 1744, t. II, p. 289 et suiv.

(*c*) Il dit de prase, mais il est clair que sa prase est la prime : « Prasius... mater sma- » ragdi multis putatur et non immeritò, quòd aliquandò in eâ reperiatur etiamsi non semper; » nam quæ partes viridiores absque flavedine et perspicuæ in prasio reperiuntur, smaragdi » ritè appellari possunt, ut illi quorum flavedo aurea est, Chrysoprasii. » *Gemm. et lapid. Hist.*, p. 23.

(*d*) *Lettres de M. Demeste*, t. Ier, p. 426.

(*) C'est, en réalité, à l'oxyde de chrome que les émeraudes du Brésil doivent leur belle coloration verte.

de l'émeraude seule; car les émeraudes qu'on a exposées au miroir ardent, ou au feu violent de nos fourneaux (*a*), commencent par y perdre leur couleur verte; elles deviennent friables et finissent par se fondre sans addition d'aucun fondant et sans prendre une couleur bleue : ainsi l'émail bleu, produit par la fusion de l'émeraude au moyen du borax, provient peut-être moins de cette pierre que du borax même qui, comme je l'ai dit, contient une base métallique; et ce que cette fusibilité de l'émeraude nous indique de plus réel, c'est que sa substance quartzeuse est mêlée d'une certaine quantité de schorl, qui la rend plus fusible que celle du cristal de roche pur.

La pierre à laquelle on a donné le nom d'*émeraude* du Brésil présente beaucoup plus de rapport que l'émeraude ordinaire avec les schorls; elle leur ressemble par la forme, et se rapproche de la tourmaline par ses propriétés électriques (*b*); elle est plus pesante et d'un vert plus obscur que l'émeraude du Pérou (*c*); sa couleur est à peu près la même que celle de notre verre à bouteilles. Ses cristaux sont fortement striés ou cannelés dans leur longueur, et ils ont encore un autre rapport avec les cristaux du schorl par la pyramide à trois faces qui les termine; ils croissent, comme tous les autres cristaux, contre les parois et dans les fentes des rochers vitreux; on ne peut donc pas douter que cette émeraude du Brésil ne soit, comme les autres émeraudes, une stalactite vitreuse, teinte d'une substance métallique et mêlée d'une grande quantité de schorl qui aura considérablement augmenté sa pesanteur; car la densité du schorl vert est plus grande que celle de cette émeraude (*d*) : ainsi c'est au mélange de ce schorl vert qu'elle doit sa couleur, son poids et sa forme.

L'émeraude du Pérou, qui est l'émeraude de tout pays, n'est qu'un cristal teint et mêlé d'une petite quantité de schorl qui suffit pour la rendre moins réfractaire que le cristal de roche à nos feux : il faudrait essayer si l'émeraude du Brésil, qui contient une plus grande quantité de schorl, et qui en a pris son plus grand poids et emprunté sa figuration, ne se fondrait pas encore plus facilement que l'émeraude commune.

Les émeraudes, ainsi que les améthystes violettes ou pourprées, les cristaux-topazes, les chrysolithes dont le jaune est mêlé d'un peu de vert, les aigues-marines verdâtres ou bleuâtres, le saphir d'eau légèrement teint de bleu, le feldspath de Russie et toutes les autres pierres transparentes que nous avons ci-devant indiquées, ne sont donc que des cristaux vitreux, teints de ces diverses couleurs par les vapeurs métalliques qui se sont rencontrées dans le lieu de leur formation, et qui se sont mêlées avec le suc vitreux qui fait le fond de leur essence : ce ne sont que des cristaux colorés dont la substance, à l'exception de la couleur, est la même que celle du cristal de roche pur, ou de ce cristal mêlé de feldspath et de schorl. On ne doit donc pas mettre les émeraudes au rang des pierres précieuses qui, par la densité, la dureté et l'homogénéité, sont d'un ordre supérieur, et dont nous prouverons que l'origine est toute différente de celle des émeraudes et de toutes les autres pierres transparentes, vitreuses ou calcaires.

(*a*) Voyez l'article des *Pierres précieuses* dans l'*Encyclopédie*.

(*b*) Voyez la *Lettre de M. Demeste*, t. Ier, p. 427.

(*c*) La pesanteur spécifique de l'émeraude du Brésil est de 31,555, et celle de l'émeraude du Pérou n'est que de 27,755.

(*d*) La pesanteur spécifique du schorl vert est de 34,529, et celle de l'émeraude du Brésil de 31,555.

PÉRIDOT

Il en est du péridot comme de l'émeraude du Brésil : il tire également son origine du schorl, et la même différence de densité qui se trouve entre l'émeraude du Brésil et les autres émeraudes se trouve aussi entre la chrysolithe et le péridot; cependant, on n'avait jusqu'ici distingué ces deux dernières pierres que par les nuances des couleurs jaunes et vertes dont elles sont toujours teintes. Le jaune domine sur le vert dans les chrysolithes, et le vert domine sur le jaune dans les péridots; et ces deux pierres offrent toutes les nuances de couleurs entre les topazes, qui sont toujours purement jaunes, et les émeraudes, qui sont purement vertes. Mais les chrysolithes diffèrent des péridots par le caractère essentiel de la densité; le péridot pèse spécifiquement beaucoup plus (a), et il paraît par le rapport des pesanteurs respectives que la chrysolithe, comme nous l'avons dit, est un extrait du quartz, un cristal coloré, et que les péridots, dont la pesanteur spécifique est bien plus grande (b), ne peuvent provenir que des schorls également denses. On doit donc croire que les péridots sont des extraits du schorl, tandis que les chrysolithes sont des cristaux du quartz.

Nous connaissons deux sortes de péridots : l'un qu'on nomme *oriental*, et dont la densité est considérablement plus grande que celle du péridot occidental; mais nous connaissons aussi des schorls dont les densités sont dans le même rapport. Le schorl cristallisé correspond au péridot occidental, et le schorl spathique au péridot oriental, et même cette densité du péridot oriental n'est pas encore aussi grande que celle du schorl vert (c); et ce qui confirme ici mon opinion, c'est que les péridots se cristallisent en prismes striés comme la plupart des schorls; j'ignore à la vérité si ces pierres sont fusibles comme les schorls, mais je crois pouvoir le présumer, et j'invite les chimistes à nous l'apprendre.

M. l'abbé de Rochon, qui a fait un grand nombre d'expériences sur la réfraction des pierres transparentes, m'a assuré que le péridot donne une double réfraction beaucoup plus forte que celle du cristal de roche et moindre que celle du cristal d'Islande; de plus, le péridot a, comme le cristal de roche, un sens dans lequel il n'y a point de double réfraction; et, puisqu'il y a une différence encore plus grande dans les deux réfractions du péridot que dans celles du cristal, on doit en conclure que sa substance est composée de couches alternatives d'une densité plus différente qu'elle ne l'est dans celles qui composent le cristal de roche.

SAPHIR DU BRÉSIL

Une autre pierre transparente qui, comme le péridot et l'émeraude du Brésil, nous paraît provenir du schorl, est celle qu'on a nommée *saphir du Brésil*, et qui ne diffère que

(a) La pesanteur spécifique de la chrysolithe du Brésil est de 26,923, et celle de la chrysolithe de l'ancien continent est de 27,821; ce qui ne s'éloigne pas beaucoup de la pesanteur 26,548 du cristal et de celle de la topaze de Bohême, qui est de 26,541. Voyez la *Table* de M. Brisson.

(b) La pesanteur spécifique du péridot occidental est de 30,989, et celle du schorl cristallisé est de 30,926. *Ibidem.*

(c) La pesanteur spécifique du péridot oriental est de 33,548, celle du schorl spathique est de 33,852, et celle du schorl olivâtre ou vert est de 34,729. *Ibidem.*

par sa couleur bleue de l'émeraude du même climat; car leur dureté et leur densité sont à très peu près égales (*a*), et on les rencontre dans les mêmes lieux. Ce saphir du Brésil a plus de couleur et un peu plus d'éclat que notre saphir d'eau, et leur densité respective est en même raison que celle du schorl au quartz : ces deux saphirs sont des extraits ou stalactites de ces verres primitifs, et ne peuvent ni ne doivent être comparés au vrai saphir dont la densité est d'un quart plus grande et dont l'origine est aussi très différente.

ŒIL DE CHAT NOIR OU NOIRATRE

Nous avons rapporté au feldspath l'œil de chat gris, l'œil de chat jaune et l'œil de chat mordoré, parce que leur densité est à très peu près la même que celle de ce verre primitif; mais la pierre à laquelle on a donné le nom d'*œil de chat noirâtre* est beaucoup plus dense que les trois autres : sa pesanteur spécifique approche de celle du schorl violet du Dauphiné (*b*).

Toutes les pierres vitreuses et transparentes dont les pesanteurs spécifiques se trouvent entre 25 et 28 mille sont des stalactites du quartz et du feldspath desquels les densités sont aussi comprises dans les mêmes limites; et toutes les pierres vitreuses et transparentes dont les pesanteurs spécifiques sont entre 30 et 35 mille doivent se rapporter aux schorls desquels les densités sont aussi comprises entre 30 et 35 mille, relativement au poids de l'eau supposé 10 mille (*c*).

Cette manière de juger de la nature des stalactites cristallisées et de les classer par le rapport de leur densité avec celle des matières primitives dont elles tirent leur origine me paraît, sans comparaison, la plus distincte et la plus certaine de toutes les méthodes, et je m'étonne que jusqu'ici elle n'ait pas été saisie par les naturalistes, car la densité est le caractère le plus intime et, pour ainsi dire, le plus substantiel que puisse offrir la matière; c'est celui qui tient de plus près à son essence, et duquel dérivent le plus immédiatement la plupart de ses propriétés secondaires. Ce caractère distinctif de la densité ou pesanteur spécifique est si bien établi dans les métaux, qu'il sert à reconnaître les proportions de leur mélange jusque dans l'alliage le plus intime : or, ce principe si sûr à l'égard des métaux, parce que nous avons rendu par notre art leur substance homogène, peut s'appliquer de même aux pierres cristallisées qui sont les extraits les plus purs et les plus homogènes des matières produites par la nature.

BÉRYL

La couleur du péridot est un vert mêlé de jaune, celle du béryl est un vert mêlé de bleu, et la nature de ces deux pierres nous paraît être la même. Les lapidaires ont donné

(*a*) La pesanteur spécifique du saphir du Brésil est de 31,307, et celle de l'émeraude du Brésil est de 31,555. *Tables de M. Brisson.*

(*b*) La pesanteur spécifique du schorl violet de Dauphiné est de 32,955, celle de l'œil de chat noirâtre, de 32,595. *Ibidem.*

(*c*) Les pesanteurs spécifiques des schorls sont : schorl cristallisé, 30,926; schorl violet du Dauphiné, 32,956; schorl spathique, 33,852 : schorl vert ou olivâtre, 34,529. *Tables de M. Brisson.*

au béryl le nom d'*aigue-marine orientale*, et cette pierre nous a été assez bien indiquée par les anciens : « Le béryl, disent-ils, vient de l'Inde, et on le trouve rarement ailleurs : » on le taille en hexaèdre et à plusieurs faces, pour donner par la réflexion de la lumière » plus de vivacité à sa couleur et un plus grand jeu à son éclat, qui sans cela est faible.

» On distingue plusieurs sortes de béryls : les plus estimés sont ceux dont la couleur » est d'un vert de mer pur, ensuite ceux qu'on appelle *chrysobéryls*, qui sont d'un vert un » peu plus pâle avec une nuance de jaune doré..... Les défauts ordinaires à ces pierres » sont les filets et des taches : la plupart ont aussi peu d'éclat ; les Indiens, néanmoins, en » font un grand cas à cause de leur grandeur (*a*). » Il n'est pas rare en effet de trouver d'assez grandes pierres de cette espèce, et on les distinguera toujours de l'aigue-marine, qui ne leur ressemble que par la couleur, et qui en diffère beaucoup, tant par la dureté que par la densité (*b*). Le béryl, comme le péridot, tire son origine des schorls, et l'aigue-marine provient du quartz ; c'est ce qui met cette grande différence entre leurs densités, et, quoique le béryl ne soit pas d'une grande dureté, il est cependant plus dur que l'aigue-marine, et il a par conséquent plus d'éclat et de jeu, surtout à la lumière du jour ; car ces deux pierres font fort peu d'effet aux lumières.

TOPAZE ET RUBIS DU BRÉSIL

Il se trouve au Brésil des pierres transparentes d'un rouge clair, et d'autres d'un jaune très foncé, auxquelles on a donné les noms de *rubis* et *topazes*, quoiqu'elles ne ressemblent que par la couleur aux rubis et topazes d'Orient, car leur nature et leur origine sont toutes différentes : ces pierres du Brésil sont des cristaux vitreux provenant du schorl, auquel ils ressemblent par leur forme de cristallisation (*c*) ; elles se cassent transversalement comme les autres schorls, leur texture est semblable, et l'on ne peut douter qu'elles ne tirent leur origine de ce verre primitif, puisqu'elles se trouvent, comme les autres cristaux, implantées dans les rochers vitreux. Ces topazes et rubis du Brésil diffèrent essentiellement des vraies topazes et des vrais rubis, non seulement par ce caractère extérieur de la forme, mais encore par toutes les propriétés essentielles, la densité, la dureté, l'homogénéité et la fusibilité. La pesanteur spécifique de ces pierres du Brésil (*d*) est fort au-dessous de celle de ces pierres d'Orient : leur dureté, quoiqu'un peu plus grande que celle du cristal de roche, n'approche pas de celle de ces pierres précieuses ; celles-ci n'ont, comme je l'ai dit, qu'une simple et forte réfraction, au lieu que ces pierres du Brésil donnent une double et plus faible réfraction ; enfin elles sont fusibles à un feu violent, tandis que le diamant et les vraies pierres précieuses sont combustibles et ne se réduisent point en verre.

(*a*) Pline, liv. XXXVII, chap. V.

(*b*) La pesanteur spécifique du béryl ou aigue-marine orientale est de 34,489, tandis que celle de l'aigue-marine occidentale n'est que de 27,229. *Tables de M. Brisson.*

(*c*) La topaze du Brésil est en prismes striés ou cannelés à l'extérieur comme ceux de l'émeraude du même pays, et ces prismes sont ordinairement surmontés d'une pyramide à l'extrémité qui pointe en avant, au sortir du rocher auquel leur base est adhérente ; cette structure est constante, mais le nombre de leurs faces latérales varie presque autant que celles des autres schorls.

(*d*) La pesanteur spécifique du rubis d'Orient est de 42,838, et celle du rubis du Brésil n'est que de 35,311. La pesanteur spécifique de la topaze d'Orient est de 40,106, et celle de la topaze du Brésil n'est que de 35,365. *Tables de M. Brisson.*

La couleur des topazes du Brésil est d'un jaune foncé mêlé d'un peu de rouge : ces topazes n'ont ni l'éclat ni la belle couleur d'or de la vraie topaze orientale ; elles en diffèrent aussi beaucoup par toutes les propriétés essentielles et se rapprochent en tout du péridot, à l'exception de la couleur, car elles n'ont pas la moindre nuance de vert ; elles sont exactement de la même pesanteur spécifique que les pierres auxquelles on a donné le nom de *rubis du Brésil* (*a*) : aussi la plupart de ces prétendus rubis ne sont-ils que des topazes chauffées (*b*) ; il ne faut, pour leur donner la couleur du rubis-balais, que les exposer à un feu assez fort pour les faire rougir par degrés ; elles y deviennent couleur de rose, et même pourprées ; mais il est très aisé de distinguer les rubis naturels et factices du Brésil des vrais rubis, tant par leur moindre poids que par leur fausse couleur, leur double réfraction et la faiblesse de leur éclat.

Ce changement de jaune en rouge est une exaltation de couleur que le feu produit dans presque toutes les pierres teintes d'un jaune foncé : nous avons dit, à l'article des marbres, qu'en les chauffant fortement lorsqu'on les polit, on fait changer toutes leurs taches jaunes en un rouge plus ou moins clair. La topaze du Brésil offre ce même changement du jaune en rouge, et M. de Fontanieu, l'un de nos académiciens, observe qu'on connaît en Bohême un verre fusible d'un jaune à peu près semblable à celui de la topaze du Brésil, qui, lorsqu'on le fait chauffer, prend une couleur rouge plus ou moins foncée, selon le degré de feu qu'on lui fait subir (*c*). Au reste, la topaze du Brésil, soit qu'elle ait conservé sa couleur jaune naturelle, ou qu'elle soit devenue rouge par l'action du feu, se distingue toujours aisément de la vraie topaze et du rubis-balais par les caractères que nous venons d'indiquer : nous sommes donc bien fondés à les séparer des vraies pierres précieuses, et à les mettre au nombre des stalactites du schorl, d'autant que leur densité les en rapproche plus que d'aucun autre verre primitif (*d*).

Je présume, avec l'un de nos plus savants chimistes, M. Sage, que le rubis sur lequel on a fait à Florence des expériences au miroir ardent, n'était qu'un rubis du Brésil, puisqu'il est entré en fusion et s'est ramolli au point de recevoir sur sa surface l'impression d'un cachet, et qu'en même temps sa substance fondue adhérait aux parois du creuset : cette fusibilité provient du schorl qui constitue l'essence de toutes ces pierres du Brésil (*e*) ; je

(*a*) La pesanteur spécifique du rubis du Brésil est de 35,311, et celle de la topaze du Brésil est de 35,365. *Tables de M. Brisson*.

(*b*) On sait depuis longtemps que les pierres précieuses orientales peuvent souffrir une très forte action du feu sans que leur couleur soit altérée, et qu'au contraire les occidentales y perdent en très peu de temps la leur, et deviennent semblables à du cristal si elles sont transparentes, ou d'un blanc mat si elles sont opaques ; mais on ignorait que la topaze du Brésil ne pouvait être comprise dans aucun de ces deux genres dont nous venons de parler ; elle a la singulière propriété de quitter au feu sa couleur jaune et d'y devenir d'une couleur de rose semblable à celui du rubis-balais, et d'autant plus vif que le jaune de la pierre était plus sale et plus foncé. Le procédé est des plus simples ; il ne s'agit que de placer la topaze dans un petit creuset rempli de cendres, et pousser le feu par degrés jusqu'à faire rougir le creuset et, après l'avoir entretenu quelque temps dans cet état, de le laisser s'éteindre ; quand le tout sera refroidi, on la trouvera convertie en un véritable rubis-balais ; nous disons convertie, car il n'est pas possible d'apercevoir la moindre différence entre le rubis-balais naturel et ceux-ci. C'est ce qui avait porté plusieurs joailliers, qui savaient ce secret, à en faire un mystère, et c'est à M. Dumelle, orfèvre, qui l'a communiqué à M. Guettard, que l'Académie en doit la connaissance. *Histoire de l'Académie des sciences*, année 1747, p. 52.

(*c*) *Art d'imiter les pierres précieuses* ; Paris, 1778, p. 28.

(*d*) La pesanteur spécifique du schorl vert ou olivâtre est de 34,529, et celle du rubis du Brésil de 35,311.

(*e*) C'est aussi le sentiment d'un de nos meilleurs observateurs (M. Romé de Lisle, dont

dis de toutes ces pierres, parce qu'indépendamment des émeraudes, saphirs, rubis et topazes dont nous venons de parler, il se trouve encore au Brésil des pierres blanches transparentes qui sont de la même essence que les rouges, les jaunes, les bleues et les vertes.

TOPAZE DE SAXE

La topaze de Saxe est encore, comme celle du Brésil, une pierre vitreuse que l'on doit rapporter au schorl, parce qu'elle est d'une densité beaucoup plus grande que la topaze de Bohême (*a*) et autres cristaux quartzeux avec lesquels il ne faut pas la confondre. La topaze de Saxe et celle du Brésil sont à très peu près de la même pesanteur spécifique (*b*), et ne diffèrent que par la teinte de leur couleur jaune, qui est bien plus légère, plus nette et plus claire dans la topaze de Saxe; mais dans toutes les deux la densité excède de plus d'un quart celle du cristal de roche et du cristal jaune ou topaze de Bohême : ainsi, par cette première propriété, on doit les rapporter au schorl, qui des cinq verres primitifs est le plus dense; d'ailleurs, la topaze de Saxe se trouve, comme celle du Brésil, implantée dans les rochers vitreux (*c*), et toutes deux sont fusibles (*d*), comme les schorls, à un feu violent.

l'ouvrage vient de me tomber entre les mains). Les topazes brutes, dit-il, qui nous arrivent du Brésil, ne conservent ordinairement qu'une seule de leurs pyramides, l'autre extrémité est ordinairement terminée par une surface plus rhomboïdale qui est l'endroit de la cassure qui se fait aisément et transversalement. On y distingue facilement le tissu lamelleux de ces cristaux. La position de leurs lames est perpendiculaire à l'axe du prisme et, conséquemment, dans une direction contraire aux stries de la surface qui sont toujours parallèles à l'axe de ce même prisme. Souvent les deux pyramides manquent, mais c'est toujours par des ruptures accidentelles. L'extérieur de ces cailloux présente des cannelures parallèles à l'axe.

La topaze, le rubis et le saphir du Brésil ont beaucoup de rapport avec les schorls et les tourmalines pour leur contexture, leur cannelure, et par la variation dans les plans du prisme et des pyramides, qui rend souvent leur cristallisation indéterminée.

La topaze du Brésil a rarement la belle couleur jonquille de la topaze d'Orient, mais elle est souvent d'un jaune pâle et même entièrement blanche.

Celle dont la couleur très foncée tire sur l'hyacinthe est la plus propre à convertir par le feu en rubis du Brésil, mais il y a aussi les rubis du Brésil naturels, souvent avec une légère teinte de jaune, que les Portugais appellent *topazes rouges*.

Les plus beaux sont d'un rouge clair ou de la teinte que l'on désigne sous le nom de *balais*. Ceux qu'on fait en exposant au feu la topaze du Brésil enfumée sont d'un rouge violet plus ou moins foncé.

Quant aux saphirs du Brésil, il s'en trouve depuis le bleu foncé de l'indigo jusqu'au blanc bleuâtre.

Le tissu feuilleté de ces *gemmes* fait qu'on les taille aussi quelquefois de manière à produire cette réfraction de la lumière qui caractérise les pierres chatoyantes. De là le rubis chatoyant, le saphir, œil de chat et les chatoyantes jaunes, vertes, brunes, etc., du Brésil et autres lieux. *Cristallographie*, par M. Romé de Lisle, t. II, p. 234 et suiv.

(*a*) La pesanteur spécifique de la topaze de Saxe est de 35,640, tandis que celle de la topaze de Bohême n'est que de 26,541.

(*b*) La pesanteur spécifique de la topaze du Brésil est de 35,365.

(*c*) Le fameux rocher de Schneckenstein d'où l'on tire les topazes de Saxe est situé près de la vallée de Danneberg, à deux milles d'Auerbach dans le Voigtland. *Cristallographie* de M. Romé de Lisle, t. II, p. 269.

(*d*) La topaze de Saxe ne se trouve guère avec ses deux pyramides, parce qu'elle est souvent implantée dans la roche quartzeuse où elle a pris naissance... On ne les trouve jamais

Les topazes de Saxe (a), quoique d'une couleur moins foncée que celles du Brésil, ont néanmoins différentes teintes de jaune (b). Les plus belles sont celles d'un jaune d'or pur, et qui ressemblent par cette apparence à la topaze orientale, mais elles en diffèrent beaucoup par la densité et par la dureté (c) : d'ailleurs, la lumière, en traversant ces topazes de Saxe, se divise et souffre une double réfraction, au lieu que cette réfraction est simple dans la vraie topaze, qui, étant et plus dense et plus dure, a aussi beaucoup plus d'éclat que ces topazes de Saxe, dont le poli n'est jamais aussi vif, ni la réfraction aussi forte que dans la topaze d'Orient.

La texture de la topaze de Saxe est lamelleuse; cette pierre est composée de lames très minces et très serrées; sa forme de cristallisation est différente de celle du cristal de roche (d), et se rapproche de celle des schorls : ainsi tout nous démontre que cette pierre ne doit point être confondue avec la topaze de Bohême et les autres cristaux quartzeux plus ou moins colorés de jaune.

Et, comme la densité de cette topaze de Saxe est à très peu près la même que la densité de la topaze du Brésil, on pourrait croire qu'en faisant chauffer avec précaution cette topaze de Saxe, elle prendrait, comme la topaze du Brésil, une couleur rougeâtre de rubis-balais; mais l'expérience a démenti cette présomption : la topaze de Saxe perd sa couleur au feu et devient tout à fait blanche, ce qui vient sans doute de ce qu'elle n'est teinte que d'un jaune très léger, en comparaison du jaune foncé et rougeâtre de la topaze du Brésil.

GRENAT

Quoique la pesanteur spécifique du grenat excède celle du diamant, et soit à peu près la même que celle du rubis et de la topaze d'Orient (e), on ne doit cependant pas le

absolument libres et solitaires, elles sont entourées à leur base et quelquefois même entièrement couvertes d'une argile très fine, blanche ou couleur d'ocre, et plus pâle en quelques endroits. Elles ont un tissu feuilleté et se rompent aisément. Le prisme en est quelquefois comme articulé ou composé de plusieurs pièces entées l'une sur l'autre, ainsi qu'il arrive à la chrysolithe du Brésil. *Ibidem, ibid.*, p. 267.

(a) « La topaze de Saxe, dit M. Dutens, est jaunâtre, très transparente, dure et d'un éclat » fort vif; mise au feu, elle y perd sa couleur et reste blanche et claire... On trouve ces » topazes dans le quartz ou parmi les grès cristallisés et quelquefois entourés d'un limon » jaune. » P. 34.

(b) La topaze de Saxe varie beaucoup dans ses nuances. Celles dont la couleur jaune est mêlée de vert prennent le nom de *chrysolithe de Saxe;* il y en a même d'un bleu verdâtre ou dont la couleur tire sur celle de l'aigue-marine; mais leur couleur est communément jaunâtre et quelquefois d'un beau jaune d'or, mais celles-ci sont rares; il y en a aussi de blanches qui ont beaucoup d'éclat. *Cristallographie* de M. Romé de Lisle, t. II, p. 268.

(c) La pesanteur spécifique de la topaze orientale est de 40,106, tandis que celle de la topaze de Saxe n'est que de 35,640.

(d) Cette pierre se trouve, entre autres endroits, dans le Voigtland sur le Schneckenberg près de la colline de Tanneberg, à deux milles d'Auerbach où on la voit en assez grande abondance dans les crevasses d'un roc fort dur, et elle s'y trouve mêlée avec une espèce de marne jaune et avec du cristal de montagne. Quant à sa texture intérieure, elle est compacte, mais foliée... Sa figure est prismatique à quatre angles inégaux; elle est dure et a beaucoup d'éclat. Margraff, *Journal de physique*, supplément au mois d'août, 1782, p. 101 et suiv.

(e) Pesanteur spécifique du grenat 41,888, du grenat syrien 40,000, du rubis d'Orient 42,838, de la topaze d'Orient 40,106. Voyez les *Tables* de M. Brisson.

mettre au rang de ces pierres précieuses ; s'il leur ressemble par la densité, il en diffère par la dureté, par l'éclat et par d'autres propriétés encore plus essentielles ; d'ailleurs l'origine, la formation et la composition des grenats sont très différentes de celles des vraies pierres précieuses : la substance de celles-ci est homogène et pure, elles n'ont qu'une simple réfraction, au lieu que la substance du grenat est impure, composée de parties métalliques et vitreuses, dont le mélange se manifeste par la double réfraction et par une densité plus grande que celle des cristaux et même des diamants.

Le grenat n'est réellement qu'une pierre vitreuse mêlée de métal (a) : c'est du schorl et du fer, sa couleur rouge et sa fusibilité le démontrent ; il faut à la vérité un feu violent pour le fondre. M. Pott est le premier qui l'ait fondu sans intermède et sans addition : il se réduit en un émail brun et noirâtre.

Le grenat a d'ailleurs beaucoup de propriétés communes avec les schorls de seconde formation ; il ressemble par sa composition aux émeraudes et saphirs du Brésil (b) ; il est, comme le schorl, fusible sans addition ; le grenat et la plupart des schorls de seconde formation sont mêlés de fer, et tous les grenats en contiennent une plus grande quantité que les schorls ; plusieurs même agissent sur l'aiguille aimantée : ce fer contenu dans les grenats est donc dans son état métallique, comme le sable ferrugineux qui a conservé son magnétisme, et l'on ne peut douter que leur grande pesanteur ne provienne et ne dépende de la quantité considérable de fer qui est entrée dans la composition de leur substance. Les différentes nuances de leur couleur plus ou moins rouge et leur opacité plus ou moins grande en dépendent aussi ; car leur transparence est d'autant plus grande qu'ils contiennent moins de fer et que les particules de ce métal sont plus atténuées : le grenat syrien, qui est le plus transparent de tous, est en même temps le moins pesant, et néanmoins, la quantité de fer qu'il contient est encore assez grande pour qu'il agisse sur l'aiguille aimantée.

Les grenats ont tant de rapports avec les schorls, qu'ils paraissent avoir été produits ensemble et dans les mêmes lieux ; car on y trouve également des masses de schorl parsemées de grenats, et des masses de grenat parsemées de schorl (c) : leur origine et leur formation paraissent être contemporaines et analogues ; ils se trouvent dans les fentes des rochers graniteux, schisteux, micacés et ferrugineux, en sorte que le grenat pourrait être mis au nombre des vrais schorls, s'il ne contenait pas une plus grande quantité de fer qui augmente sa densité de plus d'un sixième ; car la pesanteur spécifique du schorl vert, le plus pesant de tous les schorls, n'est que de 34,529, tandis que celle du grenat syrien, le moins pesant et le plus pur des grenats, est de 40,000.

Les grenats les plus opaques contiennent jusqu'à vingt-cinq et trente livres de fer par quintal, et les plus transparents en contiennent huit ou dix, c'est-à-dire toujours plus que les schorls les plus opaques et les plus pesants : cependant il y a des grenats qui ne sont que très peu ou point sensibles à l'action de l'aimant, ce qui prouve que le fer dont ils

(a) Certains chimistes ont pensé que la couleur rouge du grenat venait de l'or et de l'étain, parce que l'on contrefait les rubis et les grenats au moyen d'un précipité d'or par l'étain ; mais on a démontré depuis que les grenats ne contiennent que du fer et point du tout d'or ni d'étain. Voyez le *Dictionnaire de chimie* de M. Macquer, article *Mines*, p. 639.

(b) La plupart des cristallisations du grenat semblent prouver que ses molécules sont rhomboïdales, de même que celles des schorls et des pierres précieuses du Brésil. *Lettres de M. Demeste*, t. Ier, p. 394.

(c) On voit, entre Faistritz et Cornowitz, des morceaux détachés de schorl vert spathique, qui renferment de grands grenats rouges ; quelques-uns de ces morceaux de schorl sont écailleux et d'un tissu micacé. *Lettres sur la Minéralogie*, par M. Ferber, etc., traduites par M. le baron de Dietrich, p. 9 et 10.

sont mélangés était réduit en rouille, et avait perdu son magnétisme lorsqu'il est entré dans leur composition.

Ainsi le fer donne non seulement la couleur, mais la pesanteur aux grenats : on pourrait donc les regarder comme des stalactites de ce métal, et nous ne les rapportons ici à celles du schorl qu'à cause des autres propriétés qui leur sont communes, et des circonstances de leur formation qui semblent être les mêmes. La forme des grenats varie presque autant que celle des schorls de seconde formation ; leur substance vitreuse est toujours mêlée d'une certaine quantité de particules ferrugineuses, et les uns et les autres sont attirables à l'aimant, lorsque ces particules de fer sont dans leur état de magnétisme.

Les grenats, comme les schorls de seconde formation, se présentent quelquefois en assez gros groupes, mais plus souvent en cristaux isolés et logés dans les fentes et cavités des rochers vitreux, dans les schistes micacés et dans les autres concrétions du quartz, du feldspath et du mica ; et, comme ils sont disséminés en grand nombre dans les premières couches de la terre, on les retrouve dans les laves et dans les déjections volcaniques. La chaleur de la lave en fusion change leur couleur de rouge en blanc, mais n'est pas assez forte pour les fondre, ils y conservent leur forme et perdent seulement avec leur couleur une grande partie de leur poids (*a*) ; ils sont aussi bien plus réfractaires au feu : la grande chaleur qu'ils éprouvent, lorsqu'ils sont saisis par la lave en fusion, suffit pour brûler le fer qu'ils contenaient, et réduire par conséquent leur densité à celle des autres matières vitreuses, car on ne peut douter que le fond de la substance du grenat ne soit vitreux ; il étincelle sous le briquet, il résiste aux acides, il a la cassure vitreuse, il est aussi dur que le cristal, et, s'il n'était pas chargé de fer, il aurait toutes les qualités de nos verres primitifs.

Si le fer n'entrait qu'en vapeur dans les grenats pour leur donner la couleur, leur pesanteur spécifique n'en serait que très peu ou point augmentée ; le fer y réside donc en parties massives, et c'est de ce mélange que provient leur grande densité : en les exposant à un feu violent et longtemps soutenu, le fer se brûle et se dissipe, la couleur rouge disparaît, et, lorsqu'on leur fait subir une longue et plus violente action du feu, ils se fondent et se convertissent en une sorte d'émail (*b*).

(*a*) La pesanteur spécifique du grenat volcanisé n'est que de 24,684, au lieu que celle du grenat ordinaire est de 41,888. Voyez la *Table de M. Brisson*. — Rien de plus commun que les grenats à vingt-quatre faces, dans les laves et autres produits volcaniques de l'Italie. Tantôt ils s'y trouvent plus décolorés par l'action de l'acide marin et quelquefois comme à demi vitrifiés : tantôt ils sont encore plus décomposés et à l'état d'argile blanche ou de terre non effervescente avec l'acide nitreux, mais, dans l'un ou l'autre cas, ils conservent leur forme granatique, et, quoique les grenats semblent avoir souffert un retrait ou une légère dépression qui rend l'arête des bords plus saillante, leur forme trapézoïdale, loin d'en être altérée, n'en devient que plus sensible. *Lettres du docteur Demeste au docteur Bernard*, t. Ier, p. 393 et suiv.

(*b*) Ce n'est en effet qu'à un feu libre et très violent ou très longtemps soutenu que le grenat perd sa couleur, car on peut émailler sur cette pierre sans qu'elle se décolore et sans qu'elle perde son poli ; et je me suis assuré qu'il fallait un feu violent pour diminuer la densité du grenat et brûler le fer qu'il contient. J'ai prié M. de Fourcroy, l'un de nos plus habiles chimistes, d'en faire l'expérience. Il a exposé, dans une coupelle pesant trois gros vingt-cinq grains, douze grains de grenat en poudre. Après trois heures d'un feu très fort, pendant lequel on n'a aperçu ni vapeur, ni flamme, ni décrépitation, ni fusion sensible dans la matière, le grenat a commencé à se ramollir et à se boursoufler légèrement. Le feu ayant été continué pendant huit heures en tout, le grenat n'a pas éprouvé une fusion plus forte, et il est resté constamment dans l'état de ramollissement déjà indiqué. L'appareil refroidi a présenté une matière rougeâtre, agglutinée, adhérente à la coupelle.

Quoique les lapidaires distinguent les grenats en orientaux et occidentaux, il n'en est pas moins vrai que dans tout pays ils sont de même nature, et que cette distinction ne porte que sur la différence d'éclat et de dureté. Les grenats les plus purs et les plus transparents, lorsqu'ils sont polis, sont plus brillants et plus durs, et ont par conséquent plus d'éclat et de jeu que les autres, et ce sont ceux que les lapidaires appellent *grenats orientaux;* mais il s'en trouve de pareils dans les régions de l'Occident, comme dans celles de l'Orient; les grenats de Bohême en particulier sont même souvent plus purs, plus transparents et moins défectueux que ceux qu'on apporte des Indes orientales : il faut néanmoins en excepter le grenat dont le rouge est teint de violet qui nous vient de l'Orient, et se trouve particulièrement à Surian, dans le royaume de Pégu, et auquel on a donné le nom de *grenat syrien* (*a*); mais ces grenats les plus transparents et les plus purs ne le sont cependant pas plus que le cristal, et ils ont, de même que toutes les autres pierres vitreuses, une double réfraction.

Quoique, dans tous les grenats, le fond de la couleur soit rouge, il s'en trouve, comme l'on voit, d'un rouge pourpré; d'autres sont mêlés de jaune et ressemblent aux hyacinthes; ils viennent aussi des Indes orientales (*b*) : ces grenats teints de violet ou de jaune sont les plus estimés, parce qu'ils sont bien plus rares que les autres, dont le rouge plus clair ou plus foncé est la seule couleur. Les grenats d'Espagne sont communément d'un rouge semblable à celui des pépins de la grenade bien mûrs, et c'est peut-être de cette ressemblance de couleur qu'on a tiré le nom de *grenat.* Ceux de Bohême sont d'un rouge plus intense (*c*), et il y en aussi de verdâtres, de bruns et de noirâtres (*d*) : ces derniers sont les plus opaques et les plus pesants, parce qu'ils contiennent plus de fer que les autres.

(*a*) Il paraît que le mot syrien vient de *Surian,* ville capitale du royaume de Pégu. Les Italiens ont donné à ces grenats le nom de *rubini di rocca,* et cette dénomination n'est pas mal appliquée, parce que les grenats se trouvent en effet dans les roches vitreuses, tandis que les rubis tirent leur origine de la terre limoneuse, et se trouvent isolés dans les terres et les sables.

(*b*) Le grenat syrien est d'un rouge plus ou moins pourpré, ou chargé de violet, et cette couleur n'est jamais claire. Il y en a de presque violets, mais ils sont rares et n'ont guère cette couleur que lorsque la pierre a un certain volume.

Quoique le grenat syrien soit assez commun, on en rencontre difficilement de fort gros, purs et parfaits; en général, la couleur en est rarement franche et décidée ; elle est très souvent sourde et enfumée.

C'est le grenat syrien, lorsqu'il est vif et bien pourpré, que les fripons et les ignorants font quelquefois passer pour améthyste orientale, ce qui fait croire à des gens peu instruits que cette dernière n'est pas si rare qu'on le dit. Note communiquée par M. Hoppé.

(*c*) Le grenat de Bohême (appelé *vermeil* en France) est d'un rouge ponceau foncé, mais pur et velouté. La grande intensité de sa couleur ne permet pas de le tailler à facettes dessus et dessous, comme les autres pierres, car il paraîtrait presque noir ; mais on le cabochonne en dessus et on le chève en-dessous ; cette opération l'amincit assez pour qu'on puisse jouir de sa riche et superbe couleur, et lui donne un jeu grand et large qui enchante l'œil d'un amateur.

Un grenat de Bohême parfait, d'une certaine grandeur, est une chose extraordinairement rare ; rien de plus commun en très petit volume.

Les défauts ordinaires des grenats de Bohême sont d'être remplis de points noirs et de petites bulles d'air, comme une composition ; ces petites bulles d'air se rencontrent encore dans d'autres grenats, surtout dans ceux où il entre du jaune.

Ce que l'on appelle *grenat de Bohême,* en France, est une pierre très différente de celle dont on vient de parler ; elle est plus claire et d'un rouge vinaigre ou lie de vin légèrement bleuâtre et très rarement agréable. Note communiquée par M. Hoppé.

(*d*) Le grenat varie par sa couleur; quelquefois il est du plus beau rouge tirant sur le pourpre, c'est le vrai grenat; d'autres fois il est d'un rouge jaunâtre et tire sur l'hyacinthe ;

La pierre à laquelle les anciens ont donné le nom de *carbunculus*, et que nous avons traduit par le mot *escarboucle*, est vraisemblablement un grenat d'un beau rouge et d'une belle transparence; car cette pierre brille d'un feu très vif quand on l'expose aux rayons du soleil (*a*); elle conserve même assez de temps la lumière dont elle s'imbibe pour briller ensuite dans l'obscurité et luire encore pendant la nuit (*b*). Cependant le diamant et les autres pierres précieuses jouissent plus ou moins de cette même propriété de conserver pendant quelque temps la lumière du soleil, et même celle du jour qui les pénètre et s'y fixe pour quelques heures; mais, comme le mot latin *carbunculus* indique une substance couleur de feu, on ne peut l'appliquer qu'au rubis ou au grenat, et les rubis étant plus rares et en plus petit volume que les grenats, nous nous croyons bien fondés à croire que l'escarboucle des anciens était un vrai grenat d'un grand volume, et tel qu'ils ont décrit leur *carbunculus*.

La grandeur des grenats varie presque autant que celle des cristaux de roche; il y en a de si petits qu'on ne peut les distinguer qu'à la loupe, et d'autres ont plusieurs pouces et jusqu'à un pied de diamètre; ils se trouvent également dans les fentes des rochers vitreux, les petits en cristallisation régulière, et les plus gros en forme indéterminée ou bien en cristallisation confuse; en général, ils n'affectent spécialement aucune forme particulière; les uns sont rhomboïdaux; d'autres sont octaèdres, dodécaèdres; d'autres ont quatorze, vingt-quatre et trente-six faces (*c*) : ainsi la forme de cristallisation ne peut servir à les reconnaître et distinguer des autres cristaux.

Il y a des grenats si transparents et d'une si belle couleur qu'on les prendrait pour des

ceux de Bohême sont d'un rouge très foncé. On en trouve en Saxe et dans le Tyrol qui sont verdâtres, peu ou point transparents, souvent même entièrement opaques. Leur gangue ordinaire est le quartz ou le feldspath, et surtout le mica : j'en ai vu d'une grosseur extraordinaire, d'un rouge foncé, qui étaient aussi recouverts de mica. *Idem*.

(*a*) L'escarboucle garamantine des anciens est le véritable grenat des modernes. L'expérience fait voir que cette pierre a plus l'apparence d'un charbon ardent au soleil que le rubis, ou toute autre pierre précieuse de couleur rouge. Voyez Hill, sur *Théophraste*, p. 61.

(*b*) Je ne sais cependant si l'on doit accorder une entière confiance à ce que je vais rapporter ici : « Dans une des salles du palais du roi de la Chine, il y a une infinité de pierre- » ries sans prix, et un siège ou trône précieux où le roi s'assied en majesté. Il est fait » d'un beau marbre dans lequel il y a tant d'escarboucles et d'autres pierreries des plus » rares, ouvragées et enchâssées, que, durant la plus obscure nuit, elles éclairent autant la » salle que s'il y avait un grand nombre de chandelles allumées. » *Recueil des voyages qui ont servi à l'établissement de la Compagnie des Indes;* Amsterdam, 1702, t. III, p. 440.

(*c*) Il y a des grenats tessulaires dodécaèdres dont les plans sont des rhombes.

Il y en a d'autres à 36 facettes, dont 24 hexagones, allongées plus petites que les 12 rhombes.

Il y a des grenats trapézoïdaux ou grenats tessulaires à 24 facettes, dont les plans sont des trapézoïdes.

M. Faujas de Saint-Fond fait mention de six variétés de grenats.

La première d'un rouge couleur de feu, décaèdre, formée par un prisme court hexaèdre, terminé par des pyramides trièdres obtuses.

La seconde à 12 facettes et à prisme allongé, qui est d'un très beau rouge, légèrement jaunâtre ; cette espèce semble tenir le milieu entre le grenat et l'hyacinthe, et se rapprocher de celle que les Italiens nomment *giacinto-guarnallino* hyacinthe-grenat.

Deux autres de même forme, mais dont l'un a perdu sa couleur et est blanc et cristallin.

Un autre à prisme court hexagone, terminé par deux pyramides pentagones, dont les faces sont la plupart rhomboïdales ou à 5 côtés, ce qui forme un grenat à 16 facettes.

Un autre avec un pareil nombre de facettes, mais dont le prisme très allongé a huit faces terminées à chaque bout par une pyramide aiguë et en pointe des quatre côtés. *Recherches sur les volcans éteints*, par M. Faujas de Saint-Fond.

rubis; mais, sans être connaisseur, on pourra toujours les distinguer aisément : le grenat n'est pas si dur à beaucoup près, on peut l'entamer avec la lime, et d'ailleurs il a, comme toutes les autres pierres vitreuses, une double réfraction, tandis que le rubis et les vraies pierres précieuses dont la substance est homogène n'ont qu'une seule réfraction beaucoup plus forte que celle du grenat.

Et ce qui prouve encore que le grenat est de la même nature que les autres pierres vitreuses, c'est qu'il se décompose de même par l'action des éléments humides (*a*).

On trouve des grenats dans presque toutes les parties du monde. Nous connaissons en Europe ceux de Bohême, de Silésie, de Misnie, de Hongrie, de Styrie ; il s'en trouve aussi dans le Tyrol, en Suisse, en Espagne (*b*), en Italie et en France, surtout dans les terrains volcanisés (*c*) : ceux de Bohême sont les plus purs, les plus transparents et les mieux colorés (*d*). Quelques voyageurs assurent en avoir trouvé de très beaux en Groenland et dans la Laponie (*e*).

(*a*) M. Greiselius dit (*Éphémérides d'Allemagne*, année 1670 à 1686) qu'à un mille de la vallée de Saint-Joachim, sur les confins de la Bohême et de la Misnie, sont des montagnes de grenats : tout y est plein de ces pierres, on en voit une grande quantité sur la surface de la terre, mais de nulle valeur, ayant été calcinées par la chaleur du soleil. Pour avoir des grenats de quelque prix, il faut fouiller la terre de ces montagnes, car il paraît qu'une certaine humidité est nécessaire pour les conserver. On dit qu'un cent pesant de ces pierres contient quelques onces d'argent fin. *Collection académique*, partie étrangère, t. IV, p. 101.

(*b*) Vers la moitié de ce chemin (de Motril à Almeria), il y a une grande plaine qui s'en éloigne à trois lieues ; elle est si remplie de grenats que l'on en pourrait charger un vaisseau ; le lieu où l'on en trouve le plus est un ravin formé par les eaux et les orages au pied d'une colline basse qui est aussi remplie de ces pierres. Dans le lit de ce ruisseau il y a beaucoup de pierres rondes avec du mica blanc ; elles sont pleines de grenats en dedans et en dehors, et l'on voit qu'ils viennent de la décomposition de la colline. *Histoire naturelle d'Espagne*, par M. Bowles, p. 125.

(*c*) Il y a plusieurs années qu'on a découvert près de Salins une veine de grenats. *Sur l'exploitation des mines*, par M. de Gensanc; *Savants étrangers*, t. IV, p. 141. — On trouve, sur les bords d'un ruisseau nommé le *Riouppezzouliou*, près d'Expailly, à un quart de lieue du Puy, des grenats qui sont dans les matières volcanisées...

Il est singulier que, dans presque tous les pays où l'on a des mines de grenats, tels qu'à Swapawari en Laponie, en Norvège, sur les monts Krapacks en Hongrie, etc., on soit dans la persuasion qu'ils ont presque toujours avec eux des paillettes d'or ou d'argent; j'approuve fort la raison que donne M. Lehmann de cette croyance. « J'ai imaginé, dit cet » habile chimiste, que ce qui a fait croire que les grenats contiennent une assez grande » quantité d'or, vient de la pierre talqueuse et luisante qui leur sert de matrice. » *Recherches sur les volcans éteints*, par M. Faujas de Saint-Fond, p. 184 et suiv.

(*d*) Boëtius de Boot donne aux grenats de Bohême la préférence sur tous les autres, même sur ceux de l'Orient, à cause de leur pureté et de la vivacité de leur couleur qui, selon lui, résiste au feu. Mais, suivant M. Pott, les grenats, en se fondant au feu, perdent leur transparence et leur couleur rouge. Le même Boëtius dit qu'en Bohême les gens de la campagne trouvent les grenats en morceaux gros comme des pois, répandus dans la terre, sans être attachés à aucune matrice ; ils sont noirs à la surface, et l'on ne peut en reconnaître la couleur qu'en les plaçant entre l'œil et la lumière... Les grenats de Silésie sont ordinairement d'une qualité très médiocre. *Encyclopédie*, article *Grenat*.

(*e*) M. Crantz met le grenat de Groenland dans la classe du quartz, parce qu'il se trouve dans les fentes des rochers quartzeux, en morceaux de grandeur et de formes inégales. Mais, comme il est très dur et d'un rouge transparent qui tire sur le violet, les lapidaires le rangent parmi les rubis. C'est dommage qu'il soit si fragile et qu'on n'en puisse conserver que de la grosseur d'une fève quand on le met en œuvre. *Histoire générale des voyages*, t. XIX, p. 29.

En Asie, les provinces de Pégu, de Camboye, de Calicut, de Cananor sont abondantes en grenats; il s'en trouve aussi à Golconde et au Thibet (*a*).

Les anciens ont parlé des grenats d'Éthiopie, et l'on connaît aujourd'hui ceux de Madagascar; il doit s'en trouver dans plusieurs autres contrées de l'Afrique : au reste, ces grenats apportés de Madagascar sont de la même nature que ceux de Bohême.

Enfin, quoique les voyageurs ne fassent pas mention des grenats d'Amérique, on ne peut guère douter qu'il n'y en ait dans plusieurs régions de ce vaste continent, comme il s'en trouve dans toutes les autres parties du monde.

HYACINTHE

Après le grenat se présente l'hyacinthe, qui approche de sa nature et qu'on doit aussi regarder comme un produit du schorl mêlé de substances métalliques. L'hyacinthe se trouve dans les mêmes lieux que le grenat; elle donne de même une double réfraction : ces deux pierres cristallisées se rencontrent souvent ensemble dans les mêmes masses de rochers (*b*) ; on doit donc la rapporter aux cristaux vitreux, et c'est, après le grenat, la pierre vitreuse la plus dense (*c*). Sa couleur n'est pas franche, elle est d'un rouge plus ou moins mêlé de jaune ; celles dont cette couleur orangée approche le plus du rouge sont les plus rares et les plus estimées : toutes perdent leur couleur au feu et y deviennent blanches, sans néanmoins perdre leur transparence, et elles exigent pour se fondre un plus grand degré de feu que le grenat (*d*). On voit des hyacinthes en très grande quantité

(*a*) Le royaume de Golconde produit beaucoup de grenats. *Histoire générale des voyages*, t. IX, p. 517. — Vers les montagnes du Thibet, qui sont l'ancien Caucase, dans les terres d'un raja, au delà du royaume de Cachemire, on connaît trois montagnes dont l'une produit des grenats. *Idem*, t. X, p. 327.

(*b*) Cette pierre hyacinthe, aussi commune que le grenat (que souvent elle accompagne), peut sans doute, ainsi que celui-ci, se rencontrer dans les deux Indes aussi fréquemment qu'en Europe... Il y a des grenats qui ont la couleur de l'hyacinthe, et il y a des hyacinthes qui ont celle du grenat, mais ces deux pierres diffèrent beaucoup l'une de l'autre par la forme et la gravité spécifique... La dureté de l'hyacinthe l'emporte sur celle du grenat, mais trop peu; la gravité spécifique de grenat est supérieure à celle de l'hyacinthe... L'hyacinthe est infusible au degré de feu qui met le grenat en fusion. *Essai de cristallographie*, par M. Romé de Lisle, t. II, p. 283 et suiv.

(*c*) La pesanteur spécifique de l'hyacinthe est de 36,873, et celle du grenat syrien de 40,000.

(*d*) Cette pierre est d'un rouge tirant sur le jaune, c'est-à-dire d'une couleur plus ou moins approchante de celle de l'orangé. Lorsqu'on expose l'hyacinthe à l'action d'un feu assez violent, elle perd sa couleur et conserve sa transparence, ce qui prouve que la substance qui la colore est volatile : si on laisse ces cristaux exposés trop longtemps à l'action du feu, ils s'y vitrifient sans intermède, au moins à leur surface : car ils adhèrent alors entre eux et aux parois du creuset. La pierre qui porte le nom de *jargon* n'est autre chose que l'hyacinthe blanchie au feu pour imiter le diamant. *Lettres du docteur Demeste*, etc., t. Ier, p. 412. — La couleur de cette pierre est d'un rouge tirant sur le jaune, ce qui la rend plus ou moins transparente; elle entre totalement en fusion au feu, elle est plus légère et plus tendre que le grenat, aussi la lime a-t-elle facilement de la prise sur elle. On a :

1° L'hyacinthe d'un jaune rougeâtre, ou l'hyacinthe orientale : on la trouve en Arabie, à Cananor, à Calicut et à Camboye; la couleur de cette belle hyacinthe est d'un rouge faible d'écarlate ou de cornaline, ou de vermillon, tirant sur le rubis ou plutôt sur le grenat, au travers de laquelle on remarque ordinairement une légère nuance de violet colombin ou d'améthyste, elle est très resplendissante, dure, et reçoit un poli vif;

dans les masses de roches vitreuses et autres matières rejetées par le Vésuve (*a*); et ces pierres se trouvent non seulement en Italie dans les terrains volcanisés, mais aussi en Allemagne, en Pologne, en Espagne, en France, et particulièrement dans le Vivarais et l'Auvergne (*b*) : il y en a de toutes les teintes, de rouge mêlé de jaune, ou de jaune mêlé de brun ; il y en a même des blanches qu'on connaît sous le nom de *jargon* (*c*). Il s'en trouve aussi d'un jaune assez rouge pour qu'on s'y trompe en les prenant pour des grenats,

2° L'hyacinthe d'un jaune de safran, ou l'hyacinthe occidentale : elle est moyennement dure, d'une couleur plus safranée, plus orangée, et bien moins éclatante que la précédente; elle ressemble quelquefois à la fleur du souci ou à la fleur d'hyacinthe, et nous vient du Portugal;

3° L'hyacinte d'un blanc jaunâtre : elle a beaucoup de ressemblance avec l'agate ou avec le succin qui est d'un blanc jaunâtre;

4° L'hyacinthe couleur de miel ou hyacinthe miellée : autant la précédente ressemble au succin, autant celle-ci ressemble au miel, tant par sa couleur que par son éclat qui est faible et terne. Ces deux dernières sortes d'hyacinthe sont peu dures, peu transparentes, mal nettes, pleines de grains et de petites taches qui les font tailler à facettes pour en cacher les défauts; elles se soutiennent bien moins de temps au feu que les orientales. Elles nous viennent de la Silésie et de la Bohême.

Ce qu'on appelle *jargon d'Auvergne* sont de petits cristaux à facettes et colorés; bien des gens les regardent comme des primes d'hyacinthes, ils sont brillants et très petits. On les rencontre communément dans le Vivarais, près du Puy.

On nous apporte de Compostelle en Espagne, sous le nom d'*hyacinthes*, des pierres rouges opaques qui ont une figure déterminée et qui ne sont que des cristaux. *Minéralogie de Bomare*, t. Ier, p. 246 et suiv.

(*a*) Il y a des hyacinthes blanches, soit en cristaux solitaires, soit en groupes; ces dernières viennent des bases de la Somma en Italie. La roche qui sert de gangue aux hyacinthes de la Somma a souffert plus ou moins de l'action du feu, mais en général, elle est fort peu dénaturée. La couleur de ces hyacinthes tire plus ou moins sur le brun; les unes sont dans des gangues argileuses micacées plus ou moins cuites; les autres dans des masses de grenats dodécaèdres à bords tronqués; d'autres sont entremêlées de schorls prismatiques, de schorls dodécaèdres et même de spath calcaire.

Il y a au Vésuve des hyacinthes, les unes en groupe, les autres en cristaux solitaires; il y en a de brunes, de verdâtres, etc.; leur couleur la plus ordinaire est un jaune foncé mêlé de rougeâtre, mais qui tire souvent sur le verdâtre ou le noirâtre.

On les trouve non seulement au Vésuve, mais encore parmi certaines éruptions des anciens volcans éteints de l'Italie, et même d'autres contrées...

Elles ne sont point un produit du feu des volcans, comme M. Ferber le dit en plusieurs endroits de ses *Lettres sur l'Italie*, en confondant ces hyacinthes tantôt avec les schorls, tantôt avec l'émail ou verre de volcan si connu sous le nom de *pierre obsidienne;* mais elles faisaient partie des roches primitives du second ordre, qui se sont trouvées dans la sphère d'activité du foyer volcanique.

Il se trouve des hyacinthes blanches en croix par la réunion de quatre de leurs cristaux simples parallèlement à leur longueur. (On peut observer que cette figuration est encore un caractère commun à l'hyacinthe et au schorl dont les cristaux se trouvent souvent croisés les uns sur les autres.) *Cristallographie*, par M. Romé de Lisle, t. II, p. 289 et suiv.

(*b*) Il se trouve des hyacinthes d'un beau rouge de vermeil ou de grenat. M. Faujas de Saint-Fond les a trouvées dans un ruisseau à un quart de lieue du Puy en Velay. *Idem*, p. 288.

(*c*) J'ai trouvé parmi les grenats d'Expailly (pays volcanique du Velay) de véritables hyacinthes, d'un jaune tirant sur le rouge, cristallisées à prismes quadrilatères oblongs, terminées à l'un et à l'autre bout par une pyramide à quatre côtés. J'en possède une qui a un pouce de longueur sur six lignes de diamètre, mais qui n'a point de pyramide. On appelle ces hyacinthes *jargons d'hyacinthes du Puy. Recherches sur les volcans éteints*, par M. Faujas de Saint-Fond, p. 187.

mais la plupart sont d'un jaune enfumé, et même brunes ou noirâtres : elles se trouvent quelquefois en groupes, et souvent en cristaux isolés (*a*) ; mais les unes et les autres ont été détachées du rocher où elles ont pris naissance comme les autres cristaux vitreux. M. Romé de Lisle dit avec raison que « l'on donne quelquefois le nom d'*hyacinthe orien-* » *tale* à des rubis d'Orient de couleur orangée, ou à des jargons de Ceylan, dont la teinte » jaune est mêlée de rouge, de même qu'on donne aussi quelquefois aux topazes orangées » du Brésil le nom d'*hyacinthe occidentale ou de Portugal ;* mais l'hyacinthe vraie ou pro- » prement dite est une pierre qui diffère de toutes les précédentes, moins par sa couleur, » qui est très variable, que par sa forme, sa dureté et sa gravité spécifique (*b*). »

Et en effet, quoiqu'il n'y ait à vrai dire qu'une seule et même essence dans les pierres précieuses, et que communément elles soient teintes de rouge, de jaune ou de bleu, ce qui nous les fait distinguer par les noms de *rubis, topazes et saphirs,* on ne peut guère douter qu'il ne se trouve aussi dans les climats chauds des pierres de même essence, teintes de jaune mêlé d'un peu de rouge, auxquelles on aura donné la dénomination d'*hyacintes orientales;* d'autres teintes de violet, et mêmes d'autres de vert, qu'on aura de même dénommées *améthystes et émeraudes orientales;* mais ces pierres précieuses, de quelque couleur qu'elles soient, seront toujours très aisées à distinguer de toutes les autres par leur dureté, leur densité, et surtout par l'homogénéite de leur substance qui n'admet qu'une seule réfraction, tandis que toutes les pierres vitreuses dont nous venons de faire l'énumération sont moins dures, moins denses et, en même temps, sujettes à la double réfraction.

TOURMALINE (*c*)

Cette pierre était peu connue avant la publication d'une lettre que M. le duc de Noya-Caraffa m'a fait l'honneur de m'écrire de Naples, et qu'il a fait ensuite imprimer à Paris, en 1759. Il expose, dans cette lettre, les observations et les expériences qu'il a faites sur deux de ces pierres qu'il avait reçues de Ceylan : leur principale propriété est de devenir électriques sans frottement et par la simple chaleur (*d*) ; cette électricité, que le feu leur communique, se manifeste par attraction sur l'une des faces de cette pierre, et par répulsion sur la face opposée, comme dans les corps électriques par le frottement dont l'électricité s'exerce en plus et en moins et agit positivement et négativement sur différentes faces ; mais cette faculté de devenir électrique sans frottement et par la simple chaleur, qu'on a

(*a*) Ces hyacinthes jaunâtres sont assez souvent groupées dans les cavités des roches quartzeuses ou feldspathiques qui ont été détachées des entrailles du volcan, sans avoir trop souffert de l'action du feu. Cette action a bien été assez violente pour les altérer plus ou moins, mais non pour les dénaturer entièrement. Les angles des cristaux ont conservé leur tranchant, les faces leur poli, et le quartz ou feldspath sa blancheur et sa solidité. *Lettres du docteur Demeste,* t. Ier, p. 416.

(*b*) *Cristallographie*, par M. Romé de Lisle, t. II, p. 282.

(*c*) Tourmaline ou *tire-cendre :* cette pierre est ainsi dénommée, parce qu'elle a la propriété d'attirer les cendres et autres corps légers, sans être frottée, mais seulement chauffée; sa forme est la même que celle de certains schorls, tels que les péridots et les émeraudes du Brésil ; elle ne diffère en effet des schorls que par son électricité qui est plus forte et plus constante que dans toutes les autres pierres de ce même genre.

(*d*) Pline parle (liv. XXXVII, n° 29) d'une pierre violette ou brune (*jonia*), qui, échauffée par le frottement entre les doigts, ou simplement chauffée aux rayons du soleil, acquiert la propriété d'attirer les corps légers. N'est-ce point là la tourmaline?

regardée comme une propriété singulière et même unique, parce qu'elle n'a encore été distinctement observée que sur la tourmaline, doit se trouver plus ou moins dans toutes les pierres qui ont la même origine ; et d'ailleurs, la chaleur ne produit-elle pas un frottement extérieur et même intérieur dans les corps qu'elle pénètre ; et réciproquement, toute friction produit de la chaleur. Il n'y a donc rien de merveilleux, ni de surprenant, dans cette communication de l'électricité par l'action du feu.

Toutes les pierres transparentes sont susceptibles de devenir électriques ; elles perdent leur électricité avec leur transparence, et la tourmaline elle-même subit le même changement, et perd aussi son électricité lorsqu'elle est trop chauffée.

Comme la tourmaline est de la même essence que les schorls, je suis persuadé qu'en faisant chauffer divers schorls, il s'en trouvera qui s'électriseront par ce moyen : il faut un assez grand degré de chaleur pour que la tourmaline reçoive toute la force électrique qu'elle peut comporter, et l'on ne risque rien en la tenant pour quelques instants sur les charbons ardents ; mais, lorsqu'on lui donne un feu trop violent, elle se fond comme le schorl (*a*) auquel elle ressemble aussi par sa forme de cristallisation, enfin elle est de même densité et d'une égale dureté (*b*) ; l'on ne peut guère douter, d'après tous ces caractères communs, qu'elle ne soit un produit de ce verre primitif. M. le docteur Demeste le présumait avec raison, et je crois qu'il est le premier qui ait rangé cette pierre parmi les schorls (*c*).

Toutes les tourmalines sont à demi transparentes ; les jaunes et les rougeâtres le sont plus que les brunes et les noires ; toutes reçoivent un assez beau poli ; leur substance, leur cassure vitreuse et leur texture lamelleuse comme celle du schorl achèvent de prouver qu'elles sont de la nature de ce verre primitif.

L'île de Ceylan, d'où sont venues les premières tourmalines, n'est pas la seule région qui les produise : on en a trouvé au Brésil, et même en Europe, et particulièrement dans le comté de Tyrol ; les tourmalines du Brésil sont communément vertes ou bleuâtres. M. Gerhard, leur ayant fait subir différentes épreuves, a reconnu qu'elles résistaient, comme les autres tourmalines, à l'action de tous les acides, et qu'elles conservaient la vertu électrique après la calcination par le feu, en quoi, dit-il, cette pierre diffère des autres tourmalines qui perdent leur électricité par l'action du feu (*d*) ; mais je ne puis être

(*a*) M. Rittman a observé que la tourmaline se fondait en un verre blanchâtre, et qu'en y ajoutant du borax et du spath fusible, elle se fondait entièrement, mais que les acides minéraux, même les plus forts, ne semblaient pas l'attaquer ; et, comme les mêmes phénomènes se manifestent dans la zéolithe et le basalte, il a conclu que la tourmaline en était une espèce, et la vertu électrique qu'il avait remarquée à une espèce de zéolithe, couleur de ponceau, le fortifia dans ce sentiment... Mais toutes ces recherches ne découvrent pas encore les vrais principes de la tourmaline. *Journal de physique*, supplément au mois de juillet 1782.

(*b*) La pesanteur spécifique de la tourmaline de Ceylan est de 30,541, celle de la tourmaline du Brésil de 30,863, et celle du schorl cristallisé de 30,926.

(*c*) La tourmaline est aussi rangée avec les schorls : en s'échauffant elle s'électrise d'un côté positivement, tandis que de l'autre côté elle s'électrise négativement, comme l'a observé M. Franklin. Sa couleur est rouge, jaunâtre ou d'un jaune noirâtre assez transparent ; elle est cristallisée comme le schorl de Madagascar, en prisme à neuf pans, souvent striés, terminés par deux pyramides trièdres obtuses placées en sens contraire. *Lettres de M. Demeste*, t. Ier, in-12, p. 291.

(*d*) Les pierres gemmes, ainsi que la tourmaline, se distinguent par la vertu électrique qui leur est propre, avec la différence pourtant que les premières ont besoin de friction pour exercer leur faculté attractive, au lieu que la seconde ne devient électrique qu'après avoir été mise sur de la braise, et possède, outre la faculté attractive, aussi la répulsive. Le basalte est une pierre fusible noirâtre, non électrique, qui écume beaucoup en fondant ; et, puisque

de l'avis de cet habile chimiste sur l'origine des tourmalines qu'il range avec les basaltes et qu'il regarde comme des produits volcaniques : cette idée n'est fondée que sur quelques ressemblances accidentelles entre ces pierres et ces basaltes ; mais leur essence et leur formation sont très différentes, et toutes les propriétés de ces pierres nous démontrent qu'elles proviennent du schorl, ou qu'elles sont elles-mêmes des schorls.

Il paraît que M. Wilkes est le premier qui ait découvert des tourmalines dans les montagnes du Tyrol. M. Muller nous en a donné peu de temps après une description particulière (*a*) : ces tourmalines du Tyrol paraissent être de vrais schorls, tant par leur pesanteur spécifique et leur fusibilité (*b*), que par leur forme de cristallisation (*c*) ; elles acquièrent la vertu électrique sans frottement et par la simple chaleur (*d*), elles ressemblent en tout

les laves ont les mêmes principes que la tourmaline et le basalte, on peut croire avec plusieurs naturalistes que ces cristaux doivent leur origine à des volcans, du moins pour la plupart. *Journal de physique*, supplément au mois de juillet 1782.

(*a*) La montagne nommée *Greiner*, située vers l'extrémité de la vallée de Zillerthal, a son sommet le plus élevé couvert de neige en tout temps ; c'est sur cette montagne que M. Muller dit avoir trouvé dans leur lieu natal le talc, le mica à grandes lames, l'asbeste, le schorl, le schorl blende, les grenats de fer et la tourmaline ; en descendant, il ramassa une petite pierre qui avait quelque éclat et qu'il prit d'abord pour un beau schorl noir cristallisé et transparent ; il voulut chercher l'endroit d'où elle provenait, et il rencontra bientôt, dans les rochers de granit, des veines de talc fin et de stéatite, qui renfermaient la pierre qu'il avait prise pour un schorl noir ; il se procura une bonne quantité de cette pierre, qui, ayant été soumise à l'action du feu et parvenue à l'état d'incandescence, commença à se fondre à sa surface, en prenant une couleur blanchâtre ; un petit fragment de cette pierre, mis ensuite sur la cendre chaude, apprit à M. Muller qu'elle avait une qualité électrique, et enfin par différents essais il découvrit que cette pierre était la vraie tourmaline.

Cette tourmaline est brune, couleur de fumée, ou plutôt sa transparence et sa couleur lui donnent, quant à ces deux qualités, quelque chose d'approchant de la colophane ; et, de même que les tourmalines étrangères connues jusqu'ici, elle présente partout de petites fêlures qui ne se remarquent cependant que lorsqu'elle est dégagée de sa matrice. *Lettre sur la tourmaline du Tyrol*, par M. Muller ; *Journal de physique*, mars 1870, p. 182 et suiv.

(*b*) La tourmaline du Tyrol, fondue à l'aide d'un chalumeau, bouillonne comme le borax, et alors elle jette une très belle lueur phosphorique ; elle se fond très promptement et, refroidie, elle a la forme d'une perle blanche et demi-transparente. *Idem, ibidem.*

(*c*) La forme de notre tourmaline, dit M. Muller, est en général prismatique ; au moins n'ai-je encore trouvé que deux échantillons qui fussent des pyramides parfaites : presque toujours les prismes sont à neuf pans, et ils ont douze faces, si on compte leur base... Les côtés des cristaux de la tourmaline sont tantôt plus larges, tantôt plus étroits, et rarement deux côtés de la même largeur se trouvent contigus : leurs pointes, qui sont émoussées et inégales, ont pour la plupart une très forte adhérence à la matière pierreuse dont ces cristaux sont environnés. Les côtés des prismes ont une surface brillante... Ces prismes sont longs de plus de trois pouces, et épais depuis deux jusqu'à cinq lignes ; la pierre ollaire qui leur sert de matrice est verdâtre ou tout à fait blanche : ils y sont incorporés les uns auprès des autres en tout sens... Mais les plus épais et les plus minces se rencontrent rarement ensemble ; ces prismes se dégagent sans peine de leur matrice dans laquelle ils laissent leurs empreintes, qui sont aussi brillantes que si on les avait polies... Mais tous ces prismes ont des fêlures qui empêchent que l'on puisse se les procurer en entier, parce qu'ils se cassent souvent dans l'endroit de ces fêlures... Les deux nouvelles surfaces de la pierre présentent d'une part une convexité, et de l'autre une concavité comme le verre lorsqu'on le brise. *Idem, ibidem.*

(*d*) Pour peu qu'elle soit chauffée, elle manifeste sa qualité électrique ; cette vertu augmente jusqu'à ce qu'elle ait acquis à peu près le degré de chaleur de l'eau bouillante ; et à ce degré de chaleur l'atmosphère électrique s'étendait des pôles de la pierre à la distance d'environ un pouce. Notre tourmaline, fortement grillée sous la moufle, ne perd rien de son

à la tourmaline de Ceylan, et diffèrent, selon M. Muller, de celle du Brésil; il dit « qu'on » doit rapporter à la classe des zéolithes les tourmalines du Tyrol comme celles de Ceylan. » et que la tourmaline du Brésil semble approcher du genre des schorls, parce qu'étant » mise en fusion à l'aide du chalumeau, cette tourmaline du Brésil ne produit pas les mêmes » effets que celle du Tyrol, qui d'ailleurs est de couleur enfumée comme la vraie tour- » maline, au lieu que celle du Brésil n'est pas de la même couleur. » Mais le traducteur de cette lettre de M. Muller observe, avec raison, qu'il y a des schorls électriques qui ne jettent pas, comme la tourmaline, un éclat phosphorique lorsqu'ils entrent en fusion; il me paraît donc que ces différences indiquées par M. Muller ne suffisent pas pour séparer la tourmaline du Brésil des deux autres, et que toutes trois doivent être regardées comme des produits de différents schorls qui peuvent varier et varient en effet beaucoup par les couleurs, la densité, la fusibilité, ainsi que par la forme de cristallisation.

Et ce qui démontre encore que ces tourmalines ont plus de rapport avec les schorls cristallisés en prismes qu'avec les zéolithes, c'est que M. Muller ne dit pas avoir trouvé des zéolithes dans le lieu d'où il a tiré ses tourmalines, et que M. Jaskevisch y a trouvé du schorl vert (*a*).

PIERRES DE CROIX

On observe, dans quelques-uns des faisceaux ou groupes cristallisés des schorls, une disposition dans leurs aiguilles à se barrer et se croiser les uns les autres en tout sens, en toute direction et sous toutes sortes d'angles. Cette disposition a son plein effet dans la pierre de croix, qui n'est qu'un groupe formé de deux ou quatre colonnes de schorl, opposées et croisées les unes sur les autres; mais ici, comme dans toute autre forme, la nature n'est point asservie à la régularité géométrique; les axes des branches croisées de cette pierre de croix ne se répandent presque jamais exactement; ses angles sont quelquefois droits, mais plus souvent obliques; il y a même plusieurs de ces pierres en losange, en croix de saint André: ainsi, cette forme ou disposition des colonnes, dont cette cristallisation du schorl est composée, n'est point un phénomène particulier, mais rentre dans le fait général de l'incidence oblique ou directe des rayons du schorl les uns sur les autres: les prismes dont les branches de la pierre de croix sont formées sont quadrangulaires, rhomboïdaux, et souvent deux de leurs bords sont tronqués. On trouve communément ces pierres dans le schiste micacé (*b*), et la plupart paraissent incrustées de mica : peut-être même ce mica est-il entré dans leur composition et en a-t-il déterminé la forme, car cette pierre de croix est certainement un schorl de formation secondaire.

poids : elle conserve sa transparence et sa qualité électrique, quoiqu'on l'ait fait rougir à plusieurs reprises, et que même on ait poussé le feu au point de la faire fondre à la superficie. *Idem, ibidem.*

(*a*) A quatre postes d'Inspruck, il y a une mine d'or dans un endroit nommé *Zillerthal;* la gangue est un schiste dur, verdâtre, traversé par le quartz; on en retire fort peu d'or; mais cette mine est très fameuse par la production de la tourmaline décrite par M. Muller. La gangue de la tourmaline est un schiste verdâtre, mêlé avec beaucoup de mica. On a découvert dans la même mine où se trouve la tourmaline du *schorl vert*, du mica couleur de cuivre et de couleur verte et noire, en grandes lames, le schiste talqueux avec des grenats, le vrai talc blanc en assez gros morceaux. Supplément au *Journal de Physique* d'octobre 1782, p. 311 et 311.

(*b*) *Lettres du docteur Demeste,* p. 279 et suiv.

Mais il ne faut pas confondre ce schorl pierre de croix avec la *macle*, à laquelle on a donné quelquefois ce même nom, et que plusieurs naturalistes regardent comme un schorl, car nous croyons qu'elle appartient plutôt aux pétrifications des corps organisés.

STALACTITES VITREUSES NON CRISTALLISÉES

Les cinq verres primitifs sont les matières premières desquelles seules toutes les substances vitreuses tirent leur origine, et de ces cinq verres de nature il y en a trois, le quartz, le feldspath et le schorl, dont les extraits sont transparents et se présentent en formes cristallisées; les deux autres, savoir : le mica et le jaspe, ne produisent que des concrétions plus ou moins opaques, et même, lorsque les extraits du quartz, du feldspath et du schorl se trouvent mêlés avec ceux du jaspe et du mica, ils perdent plus ou moins de leur transparence, et souvent ils prennent une entière opacité. Le même effet arrive lorsque les extraits transparents de ces premiers verres se trouvent mêlés de matières métalliques qui, par leur essence, sont opaques : les stalactites transparentes du quartz, du feldspath et du schorl peuvent donc devenir plus ou moins obscures et tout à fait opaques, suivant la grande ou petite quantité de matières étrangères qui s'y seront mêlées; et, comme les combinaisons de ces mélanges hétérogènes sont en nombre infini, nous ne pouvons saisir dans cette immense variété que les principales différences de leurs résultats, et en présenter ici les degrés les plus apparents entre lesquels on pourra supposer toutes les nuances intermédiaires et successives.

En examinant les matières pierreuses sous ce point de vue, nous remarquerons d'abord que leurs extraits peuvent se produire de deux manières différentes : la première, par une exsudation lente des parties atténuées au point de la dissolution; et la seconde, par une stillation abondante et plus prompte de leurs parties moins atténuées et non dissoutes; toutes se rapprochent, se réunissent et prennent de la solidité à mesure que leur humidité s'évapore; mais on doit encore observer que toutes ces particules pierreuses peuvent se déposer dans des espaces vides ou dans des cavités remplies d'eau : si l'espace est vide, le suc pierreux n'y formera que des incrustations ou concrétions en couches horizontales ou inclinées, suivant les plans sur lesquels il se dépose; mais, lorsque ce suc tombe dans des cavités remplies d'eau, où les molécules qu'il tient en dissolution peuvent se soutenir et nager en liberté, elles forment alors des cristallisations qui, quoique de la même essence, sont plus transparentes et plus pures que les matières dont elles sont extraites.

Toutes les pierres vitreuses que nous avons ci-devant indiquées doivent être regardées comme des stalactites cristallisées du quartz, du feldspath et du schorl purs, ou seulement mêlés les uns avec les autres, et souvent teints de couleurs métalliques : ces stalactites sont toujours transparentes lorsque les sucs vitreux ont toute leur pureté; mais, pour peu qu'il y ait mélange de matière étrangère, elles perdent en même temps partie de leur transparence et partie de leur tendance à se cristalliser, en sorte que la nature passe par degrés insensibles de la cristallisation distincte à la concrétion confuse, ainsi que de la parfaite diaphanéité à la demi-transparence et à la pleine opacité. Il y a donc une gradation marquée dans la succession de toutes ces nuances, et bien prononcée dans les termes extrêmes : les stalactites transparentes sont presque toutes cristallisées, et au contraire, la plupart des stalactites opaques n'ont aucune forme de cristallisation, et l'on en trouve la raison dans la loi générale de la cristallisation combinée avec les effets particuliers des différents mélanges qui la font varier; car la forme de toute cristallisation est le produit d'une attraction régulière et uniforme entre des molécules homogènes et similaires; et ce qui produit l'opacité dans les extraits des sucs pierreux n'est que le mélange de quelque substance hétérogène, et spécialement de la matière métallique non simplement étendue en teinture, comme dans les pierres transparentes et colorées, mais incorporée et mêlée en substance massive avec la matière pierreuse. Or, la puissance attractive de ces molécules métalliques suit une autre loi que celle sous laquelle les molécules pierreuses s'attirent et tendent à se joindre : il ne peut donc résulter de ce mélange qu'une attraction confuse dont les tendances diverses se font réciproquement obstacle, et ne permettent pas aux molécules de prendre entre elles aucune ordonnance régulière; et il en est de même du mélange des autres matières minérales ou terreuses, trop hétérogènes pour que les rapports d'attraction puissent être les mêmes ou se combiner ensemble dans la même direction sans se croiser, et nuire à l'effet général de la cristallisation et de la transparence.

Afin que la cristallisation s'opère, il faut donc qu'il y ait assez d'homogénéité entre les molécules pour qu'elles concourent à s'unir sous une loi d'affinité commune, et en même temps on doit leur supposer assez de liberté pour qu'obéissant à cette loi, elles puissent se chercher, se réunir et se disposer entre elles dans le rapport combiné de leur figure propre avec leur puissance attractive; or, pour que les molécules aient cette pleine liberté, il leur faut non seulement l'espace, le temps et le repos nécessaires, mais il leur faut encore le secours ou plutôt le soutien d'un véhicule fluide dans lequel elles puissent se mouvoir sans trop de résistance et exercer avec facilité leurs forces d'attraction réciproque. Tous les liquides, et même l'air et le feu comme fluides, peuvent servir de soutien aux molécules de la matière atténuée au point de la dissolution. Le feu primitif fut le fluide dans lequel s'opéra la cristallisation du feldspath et du schorl; la cristallisation des régules métalliques s'opère de même à nos feux, par le rapprochement libre des molécules du métal en fusion par le fluide igné. De semblables effets doivent se produire dans le sein des volcans; mais ces cristallisations, produites par le feu, sont en très petit nombre en comparaison de celles qui sont formées par l'intermède de l'eau : c'est en effet cet élément qui, dans l'état actuel de la nature, est le grand instrument et le véhicule propre de la plupart des cristallisations; ce n'est pas que l'air et les vapeurs aqueuses ne soient aussi pour les substances susceptibles de sublimation des véhicules également propres et des fluides très libres où leur cristallisation peut s'opérer avec toute facilité; et il paraît qu'il se fait réellement ainsi un grand nombre de cristallisations des minéraux renfermés et sublimés dans les cavités de la terre; mais l'eau en produit infiniment plus encore, et même l'on peut assurer que cet élément seul forme actuellement presque toutes les cristallisations des substances pierreuses, vitreuses ou calcaires.

Mais une seconde circonstance essentielle, à laquelle il paraît qu'on n'a pas fait attention, c'est qu'aucune cristallisation ne peut se faire que dans un bain fluide, toujours égal et constamment tranquille, dans lequel les molécules dissoutes nagent en liberté; et, pour que l'eau puisse former ce bain, il est nécessaire qu'elle soit contenue en assez grande quantité et en repos dans des cavités qui en soient entièrement ou presque entièrement remplies. Cette circonstance d'une quantité d'eau qui puisse faire un bain est si nécessaire à la cristallisation, qu'il ne serait pas possible sans cela d'avoir une idée nette des effets généraux et particuliers de cette opération de la nature; car la cristallisation, comme on vient de le voir, dépend en général de l'accession pleinement libre des molécules les unes vers les autres, et de leur transport dans un équilibre assez parfait pour qu'elles puissent s'ordonner sous la loi de leur puissance attractive, ce qui ne peut s'opérer que dans un fluide abondant et tranquille : et, de même, il ne serait pas possible de rendre raison de certains effets particuliers de la cristallisation, tels, par exemple, que le jet en tout sens des aiguilles dans un groupe de cristal de roche, sans supposer un bain ou masse d'eau dans laquelle puisse se former ce jet de cristallisation en tout sens; car, si l'eau tombe de la voûte, ou coule le long des parois d'une cavité vide, elle ne produira que des concrétions ou *guhrs*, nécessairement étendus et dirigés dans le seul sens de l'écoulement de l'eau qui se fait toujours de haut en bas : ainsi cet effet particulier du jet des cristaux en tout sens, aussi bien que l'effet général et combiné de la réunion des molécules qui forment la cristallisation, ne peuvent donc avoir lieu que dans un volume d'eau qui remplisse presque entièrement, et pendant un long temps, la capacité du lieu où se produisent les cristaux. Les anciens avaient remarqué, avant nous, que les grandes mines de cristal ne se trouvent que vers les hauts sommets des montagnes, près des neiges et des glaces, dont la fonte, qui se fait continuellement en dessous par la chaleur propre de la terre, entretient un perpétuel écoulement dans les fentes et les cavités des rochers; et on trouve même encore aujourd'hui, en ouvrant ces cavités auxquelles on donne le nom de *cristallières*, des restes de l'eau dans laquelle s'est opérée la cristallisation : ce travail n'a cessé que quand cette eau s'est écoulée et que les cavités sont demeurées vides.

Les spaths cristallisés dans les fentes et cavités des bancs calcaires se sont formés de la même manière que les cristaux dans les rochers vitreux : la figuration de ces spaths en rhombes, leur position en tout sens, ainsi que le mécanisme par lequel leurs lames se sont successivement appliquées les unes aux autres, n'exigent pas moins la fluctuation libre des molécules calcaires dans un fluide qui leur permette de s'appliquer dans tous les sens, suivant les lois de leur attraction respective : ainsi toute cristallisation, soit dans les matières vitreuses, soit dans les substances calcaires, suppose nécessairement un fluide ambiant et tranquille, dans lequel les molécules dissoutes soient soutenues et puissent se rapprocher en liberté.

Dans les lieux vides au contraire, où les eaux stillantes tombent goutte à goutte des parois et des voûtes, les sucs vitreux et calcaires ne forment ni cristaux ni spaths réguliers, mais seulement des concrétions ou congélations, lesquelles n'offrent qu'une ébauche et des rudiments de cristallisation : la forme de ces congélations est en général arrondie, tubulée, et ne présente ni faces planes, ni angles réguliers, parce que les particules dont elles sont composées ne nageant pas librement dans le fluide qui les charrie, elles n'ont pu dès lors se joindre uniformément, et n'ont produit que des agrégats confus sous mille formes indéterminées.

Après cet exposé que j'ai cru nécessaire pour donner une idée nette de la manière dont s'opère la cristallisation, et faire ressortir en même temps la différence essentielle qui se trouve entre la formation des concrétions et des cristallisations, nous concevrons aisément pourquoi la plupart des stalactites dont nous allons donner la description ne sont pas des cristallisations, mais des concrétions demi-transparentes ou opaques, qui tirent également leur origine du quartz, du feldspath et du schorl.

AGATES

Parmi les pierres demi-transparentes, les agates, les cornalines et les sardoines tiennent le premier rang; ce sont, comme les cristaux, des stalactites quartzeuses, mais dans lesquelles le suc vitreux n'a pas été assez pur, ou assez libre pour se cristalliser et prendre une entière transparence : la densité de ces pierres (*a*), leur dureté, leur résistance au feu et à l'action des acides, sont à très peu près les mêmes que celles du quartz et du cristal de roche; la très petite différence qui se trouve en moins dans leur pesanteur spécifique, relativement à celle du cristal, peut provenir de ce que leurs parties constituantes, n'étant pas aussi pures, n'ont pu se rapprocher d'aussi près; mais le fond de leur substance est de la même essence que celle du quartz; ces pierres en ont toutes les propriétés, et même la demi-transparence, en sorte qu'elles ne diffèrent des quartz de seconde formation que par les couleurs dont elles sont imprégnées, et qui proviennent de la dissolution de quelque matière métallique qui s'est mêlée avec le suc quartzeux; mais, loin d'en augmenter la masse par un mélange intime, cette matière étrangère ne fait qu'en étendre le volume en empêchant les parties quartzeuses de se rapprocher autant qu'elles se rapprochent dans les cristaux.

Les agates n'affectent pas autant que les cailloux la forme globuleuse; elles se trouvent ordinairement en petits lits horizontaux ou inclinés, toujours assez peu épais et diversement colorés; et l'on ne peut douter que ces lits ne soient formés par la stillation des eaux; car on a observé dans plusieurs agates des gouttes d'eau très sensibles (*b*); d'ailleurs,

(*a*) Pesanteur spécifique	du quartz	26446
—	du cristal de roche d'Europe	26548
—	de l'agate orientale	26901
—	de l'agate nuée	26253
—	de l'agate ponctuée	26070
—	de l'agate tachée	26324
—	de l'agate veinée	26667
—	de l'agate onyx	26375
—	de l'agate herborisée	25891
—	de l'agate mousseuse	25991
—	de l'agate jaspée	26356
—	de la cornaline	26137
—	de la cornaline pâle	26301
—	de la cornaline ponctuée	26120
—	de la cornaline veinée	26234
—	de la cornaline onyx	26227
—	de la cornaline herborisée	26133
—	de la cornaline en stalactite	25977
—	de la sardoine	26025
—	de la sardoine pâle	26060
—	de la sardoine ponctuée	26215
—	de la sardoine veinée	25951
—	de la sardoine onyx	25949
—	de la sardoine herborisée	25988
—	de la sardoine noirâtre	26284

Voyez les *Tables de M. Brisson*.

(*b*) A Constantinople, M. l'ambassadeur me fit voir des manches de couteaux d'agate, dont l'un avait dedans une eau qui jouait et qui ressemblait à un ver noir qui se serait

elles ont les mêmes caractères que tous les autres sédiments de la stillation des eaux : on donne le nom d'*onyx* à celles qui présentent différentes couleurs en couches ou zones bien distinctes; dans les autres, les couches sont moins apparentes, et les couleurs sont plus brouillées, même dans chaque couche, et il n'y a aucune agate, si ce n'est en petit volume, dont la couleur soit uniforme et la même dans toute son épaisseur, ce qui prouve que la matière dont les agates sont formées n'est pas simple, et que le quartz qui domine dans leur composition est mêlé de parties terreuses ou métalliques qui s'opposent à la cristallisation, et donnent à ces pierres les diverses couleurs et les teintes variées qu'elles nous présentent à la surface et dans l'intérieur de leur masse.

Lorsque le suc vitreux qui forme les agates se trouve en liberté dans un espace vide, il tombe sur le sol ou s'attache aux parois de cette cavité et y forme quelquefois des masses d'un assez grand volume (*a*) : il prend les mêmes formes que prennent toutes les autres concrétions ou stalactites; mais, lorsqu'il rencontre des corps figurés et poreux, comme des os, des coquilles ou des morceaux de bois dont il peut pénétrer la substance, ce suc vitreux produit, comme le suc calcaire, des pétrifications qui conservent et présentent, tant à l'extérieur qu'à l'intérieur, la forme de l'os (*b*), de la coquille et du bois (*c*).

remué. *Voyages de Monconys;* Lyon, 1645, p. 386, première partie. — Je conjecture, dit M. de Bondaroy, que dans les agates la surface extérieure s'étant durcie la première, l'eau pétrifiante s'est déposée intérieurement; cette eau a presque rempli la capacité de ces pierres; il est resté une bulle d'air qui a produit le même effet que dans les tubes qui servent de niveau; une preuve que cette bulle est de l'air qui nage dans l'eau, c'est qu'en tournant la pierre, la bulle, plus légère que l'eau, monte et gagne la partie la plus élevée de la pierre : si vous la retournez, la bulle, du bas où vous l'avez portée, remonte encore à la partie supérieure de l'agate; la bulle change un peu de forme dans les différents mouvements qu'on lui fait éprouver; enfin, ces pierres produisent le même effet que les niveaux d'eau à bulles d'air, et je crois que ceux qui ont parlé de ce fait dans les cristaux ne l'ont pas expliqué de cette manière, faute d'avoir été à portée d'examiner des pierres où il se rencontrait... J'ai vu le même fait dans des morceaux d'ambre; enfin, je l'ai observé dans une partie de glace où il s'était rencontré une bulle que l'on pouvait faire mouvoir.

Cette eau se dépose avec le temps, et forme des cristallisations dans l'intérieur des agates : dès lors, le phénomène disparaît, et je n'ai plus trouvé d'eau dans les pierres qui n'avaient plus de bulles... Je crois devoir ajouter ici qu'au lieu de bulles d'air ou d'eau, je connais des agates qui, dans leur intérieur, renferment des grains de sable qui se meuvent dans ces pierres. Voyez les *Mémoires de l'Académie des sciences*, année 1776, p. 687 et suiv.

(*a*) Du côté de Pinczovia et de Niesvetz en Lithuanie, on trouve quelques agates onyx, des sardoines, des calcédoines, et une pierre qu'on pourrait peut-être regarder comme une aventurine. Le fond de cette pierre, dit M. Guettard, est blanc, gris, brun, rouge ou de quelque autre couleur, et parsemé d'une quantité de petites paillettes argentées ou dorées. J'ai vu de toutes ces pierres travaillées en tabatières, pommes de cannes, poignées de sabre, tasses, soucoupes, etc.; en un mot, on fait, dans les manufactures du prince Radzivil, travailler ces pierres avec beaucoup de soin, et on leur donne un très beau poli ; il est depuis peu sorti de cette manufacture un cabaret à café dont le plateau est d'un seul morceau d'une de ces pierres, et assez grand pour qu'on puisse y placer six tasses avec leurs soucoupes, la cafetière, et même une théière, qui sont tous d'une pareille pierre : ce cabaret a été présenté au roi de Pologne par le prince Radzivill. M. Guettard, *Mémoires de l'Académie des sciences*, année 1762, p. 243.

(*b*) J'ai vu dans un Cabinet à Livourne, dit M. de La Condamine, un fragment de mâchoire d'éléphant, pétrifié en agate, pesant près de vingt livres. J'ai parlé ailleurs d'une dent molaire (on ne sait de quel animal) du poids de deux ou trois livres, pareillement convertie en agate, trouvée au Tucuman, dans l'Amérique méridionale, où il n'y a point d'éléphants. *Mémoires de l'Académie des sciences*, année 1757, p. 346.

(*c*) Ce qui m'a le plus frappé à Vienne, dans le Cabinet de l'Empereur, dit M. Guettard, est une quantité de morceaux de bois pétrifié, qui sont devenus plus ou moins agates, et

Quoique les lapidaires, et d'après eux nos naturalistes, aient avancé qu'on doit distinguer les agates en orientales et occidentales, il est néanmoins très certain qu'on trouve dans l'Occident, et notamment en Allemagne, d'aussi belles agates que celles qu'on dit venir de l'Orient: et de même, il est très sûr qu'en Orient la plupart des agates sont entièrement semblables à nos agates d'Europe : on peut même dire qu'on trouve de ces pierres dans toutes les parties du monde, et dans tous les terrains où le quartz et le granit dominent, au nouveau continent comme dans l'ancien, et dans les contrées du nord comme dans celles du midi; ainsi la distinction d'orientale et d'occidentale ne porte pas sur la différence du climat, mais seulement sur celle de la netteté et de l'éclat de certaines agates plus belles que les autres; néanmoins l'essence de ces belles agates est la même que celle des agates communes, car leur pesanteur spécifique et leur dureté sont aussi à peu près les mêmes (*a*).

L'agate, suivant Théophraste, prit son nom du fleuve *Achates* en Sicile, où furent trouvées les premières agates; mais l'on ne tarda pas à en découvrir en diverses autres contrées, et il paraît que les anciens connurent les plus belles variétés de ces pierres, puisqu'ils les avaient toutes dénommées (*b*), et que même, dans ce nombre, il en est quelques-unes qui semblent ne se plus trouver aujourd'hui (*c*) : quant aux prétendues agates odorantes, dont parlent ces mêmes anciens (*d*), ne doit-on pas les regarder comme des bitumes con-

qui varient par les couleurs : les uns sont bruns, d'autres blanchâtres, gris, ou autrement colorés ; un de ces morceaux, qui est agatifié dans le centre et par un bout, est encore bois par l'autre bout; on prétend même qu'il s'enflamme dans cette partie : nous n'en fîmes point l'expérience, elle fut proposée. Ces bois pétrifiés sont ordinairement des rondins de plus d'un demi-pied ou d'un pied de diamètre ; quantité d'autres ont plusieurs pieds de longueur et sont d'une grosseur considérable, ils prennent tous un poli brun et brillant. *Idem.*, année 1763, p. 215. — Dans les terres du duc de Saxe-Cobourg, dit M. Schœpflin, qui sont sur les frontières de la Franconie et de la Saxe, à quelques lieues de la ville de Cobourg même, on a déterré depuis peu, à une petite profondeur, des arbres entiers pétrifiés, mais pétrifiés à un tel point de perfection qu'en les travaillant on trouve que cela fait une pierre aussi belle et aussi dure que l'agate. Les princes de Saxe qui ont passé ici m'en ont donné quelques morceaux, dont j'ai l'honneur de vous en envoyer deux pour le Cabinet du Jardin royal : ils m'ont montré de belles tabatières, des couteaux de chasse et des boîtes de toutes sortes de couleurs, faites de ces pétrifications : si les morceaux ne sont pas de conséquence, vous verrez pourtant par là mon attention à satisfaire à vos désirs. Lettres de M. Schœpflin à M. de Buffon ; Strasbourg, 27 septembre 1746. — On a trouvé, dit M. Nerel fils, dans une montagne qui est auprès du village de Séry, en creusant à la source d'une fontaine, une très grande quantité de bois pétrifié qui était dans un sable argileux. Ces bois ne font point effervescence avec les acides ; on y distingue très bien l'endroit qui a été recouvert par l'écorce, il est toujours convexe, et considérablement piqué de vers qui, après avoir sillonné entre l'écorce et le bois, traversent toute l'épaisseur du morceau, et y sont agatisés. *Journal de physique*, avril 1781, p. 300.

(*a*) Voyez ci-dessus la Table des pesanteurs spécifiques des diverses agates.

(*b*) « *Phassacates*, *cerachates*, *sardachates*, *hæmachates*, *leucachates*, *dendrochates*, *corallochates*, etc. »

(*c*) Entre autres, celle qui, selon Pline, était « parsemée de points d'or » (à moins que ce ne soit l'aventurine), comme le *lapis* (Pline dit *saphir ;* mais nous verrons ci-après que son saphir est notre *lapis*), « et se trouvait abondamment dans l'île de Crète. Celles de Lesbos » et de Messène, ainsi que du mont Œta et du mont Parnasse qui, par l'éclatante variété de » leurs couleurs, semblaient le disputer à l'émail des fleurs champêtres ; celle d'Arabie qui, » excepté sa dureté, avait toute l'apparence de l'ivoire et en offrait toute la blancheur. » Pline, liv, XXXVII, nº 54.

(*d*) « Aromatites et ipsâ in Arabiâ traditur gigni, sed et in Ægypto circa Pysas ubique » lapidosa myrrhæ coloris et odoris, ob hoc Reginis frequentata. » Plin. *loc. cit.*, et auparavant il avait dit : « Autachates, cùm uritur, myrrham redolens. »

crets, de la nature du jayet, auquel on a quelquefois donné, quoique très improprement, le nom d'*agate noire?* Ce n'est pas néanmoins que ces sucs bitumineux ne puissent s'être insinués, comme substance étrangère, ou même être entrés, comme parties colorantes, dans la pâte vitreuse des agates lors de leur concrétion. M. Dutens assure, à ce sujet, que, si l'on racle dans les agates herborisées des linéaments qui en forment l'herborisation, et qu'on en jette la poudre sur des charbons ardents, elle donne de la fumée avec une odeur bitumineuse. Et à l'égard de ces accidents ou jeux d'herborisation, qui rendent quelquefois les agates singulières et précieuses, on peut voir ce que nous en dirons ci-après à l'article des cailloux.

CORNALINE

Comme les agates d'une seule couleur sont plus rares que les autres, on a cru devoir leur donner des noms particuliers : on appelle *cornalines* celles qui sont d'un rouge pur; *sardoines*, celles dont la couleur est jaune ou d'un rouge mêlé de jaune; *prases*, les agates vertes; et *calcédoines*, les agates blanches ou d'un blanc bleuâtre.

Quoique le nom de *cornaline*, que l'on écrivait autrefois *carnéole*, paraisse désigner une pierre couleur de chair, et qu'en effet il se trouve beaucoup de ces agates couleur de chair ou rougeâtres, on reconnaît néanmoins la vraie cornaline à sa teinte d'un rouge pur et à la transparence qui ajoute à son éclat; les plus belles cornalines sont celles dont la pâte est la plus diaphane, et dont le rouge a le plus d'intensité; et de ce rouge intense jusqu'au rouge clair couleur de chair, on trouve toutes les nuances intermédiaires dans ces pierres.

La cornaline n'est donc qu'une belle agate plus ou moins rouge, et la matière métallique qui lui donne cette couleur n'augmente pas sa densité et ne lui ôte pas sa transparence; c'est ce qui la distingue des cailloux rouges opaques, qui sont en général de même essence que les agates, mais dont la substance est moins pure, et a reçu sa teinture par des parties métalliques plus grossières et moins atténuées : ce sont les rouilles ou chaux de fer, de cuivre, etc., plus ou moins dissoutes, qui donnent la couleur à ces pierres, et l'on trouve toutes les nuances de couleur, et même toutes les couleurs différentes dans les cailloux aussi bien que dans les agates; il y a même plusieurs *agates onyx*, dont les différents lits présentent successivement de l'agate blanche ou noire, de la calcédoine, de la cornaline, etc. On recherche ces onyx pour en faire des camées : les plus beaux sont ceux dont les reliefs sont de cornaline sur un fond blanc.

Il en est des belles cornalines comme des belles agates; elles sont aussi rares que les autres sont communes : on trouve souvent des stalactites de cornalines en mamelons accumulés et en assez grand volume; mais ces cornalines sont ordinairement impures, peu transparentes et d'un rouge faux ou terne. On connaît aussi des agates qui sont ponctuées et comme semées de particules de cornaline, formant de petits mamelons rouges dans la substance de l'agate, et certaines cornalines sont elles-mêmes semées de points d'un rouge plus vif que celui de leur pâte; mais la nature de toutes ces pierres est absolument la même, et l'on trouve des cornalines dans la plupart des lieux d'où l'on tire les agates, soit en Asie (*a*), soit en Europe et dans les autres parties du monde.

(*a*) Dans l'Yémen, sur le chemin entre Taœs et le mont Sumara, on voit la pierre *akjk-jemani*, qui est d'un rouge foncé, ou plutôt d'un brun clair, qu'on nomme quelquefois simplement *jemani* ou *akjk;* on la tire principalement de la montagne Hirran, près de la ville Damar. Les Arabes la font enchâsser et la portent au doigt ou au bras, au-dessus du coude, ou à la ceinture au devant du corps, et on croit qu'elle arrête le sang quand on la

SARDOINE

La sardoine ne diffère de la cornaline que par sa couleur qui n'est pas d'un rouge pur, mais d'un rouge orangé et plus ou moins mêlé de jaune : néanmoins, cette couleur orangée de la sardoine, quoique moins vive, est plus suave, plus agréable à l'œil que le rouge dur et sec de la cornaline ; mais, comme ces pierres sont de la même essence, on passe par nuances de l'orangé le plus faible au rouge le plus intense, c'est-à-dire de la sardoine la moins jaune à la cornaline la plus rouge, et l'on ne distingue pas l'une de l'autre dans les teintes intermédiaires entre l'orangé et le rouge, car ces deux pierres ont la même transparence, et leur densité, leur dureté et toutes leurs autres propriétés sont les mêmes ; enfin, toutes deux ne sont que de belles agates teintes par le fer en dissolution.

La sardoine est très anciennement connue ; Mithridate avait, dit-on, ramassé quatre mille échantillons de cette pierre, dont le nom, suivant certains auteurs, vient de celui de l'île de Sardaigne, où il s'en trouvait en assez grande quantité : il paraît que cette pierre était en grande estime chez les anciens (a) ; elle est en effet plus rare que la cornaline, et se trouve rarement en aussi grand volume.

PRASE

Cette pierre a été aussi célébrée par les anciens ; c'est une agate verte ou verdâtre, souvent tachée de blanc, de jaunâtre, de brun, et qui est quelquefois aussi transparente que les belles agates dont elle ne diffère que par le nom : les prases ne sont pas fort communes, cependant on en trouve non seulement en Asie, mais en Europe, et particulièrement en Silésie. M. Lehman a donné l'histoire et la description de cette prase de Silésie, ainsi que de la chrysoprase du même pays, qui n'est qu'une prase dont la couleur verte est mêlée de jaune (b). Ce savant minéralogiste dit qu'on trouve les prases et les chrysoprases dans une terre argileuse verte, et souvent mêlées d'opale, de calcédoines et d'asbestes ; et, comme elles sont à très peu près de la même pesanteur spécifique (c), et qu'elles ont la même dureté et prennent le même poli que les agates, on doit les mettre au nombre des agates colorées : la cornaline l'est de rouge, la sardoine de jaune orangé, et la prase l'est de vert.

met sur la plaie... On trouve souvent des pierres fort ressemblantes à l'*akjk* ou à la cornaline, parmi celles de Camboye, qu'on nomme *pierres de mockha*, et dont on porte une grande quantité de Surate, tant à la Chine qu'en Europe. *Description de l'Arabie*, par M. Niebuhr, p. 125. Les plus belles cornalines sont celles que l'on apporte des environs de Babylone : ensuite viennent celles de Sardaigne ; les dernières sont celles du Rhin, de Bohême et de Silésie ; pour leur donner le plus grand brillant, on met dessous, en les montant, une feuille d'argent. *Dictionnaire encyclopédique de Chambers*.

(a) Polycrate, tyran de Samos, croyait expier suffisamment le bonheur dont la fortune s'était plu constamment à le combler, par le sacrifice volontaire d'une sardoine qu'il jeta dans la mer, et qui fut retrouvée dans les entrailles d'un poisson destiné pour la table de ce tyran. Pline, liv. XXXVII, chap. Ier.

(b) *Mémoires de l'Académie de Berlin*, année 1755.

(c) La pesanteur spécifique de l'agate orientale est de 25,091, et celle de la prase est de 25,805.

communes et se trouvent en immense quantité : j'en ai vu par milliers dans des mines de fer en grains ; elles y étaient elles-mêmes en petits grains arrondis, qui paraissaient avoir été usés par le frottement dans leur transport par le mouvement des eaux : la plupart n'étaient donc que les débris de masses plus grandes ; car on trouve communément les calcédoines en stalactites d'un assez grand volume, tantôt mamelonnées et tantôt en lames aplaties ; elles forment souvent la base des onyx dans lesquelles on voit le lit de calcédoine surmonté d'un lit de cornaline ou de sardoine ; les calcédoines sont aussi quelquefois ondées ou ponctuées de rouge ou d'orangé, et se rapprochent par là des cornalines et des sardoines ; mais les onyx les plus estimées, et dont on fait les plus beaux camées, sont celles qui, sur un lit d'agate purement blanche, portent un ou plusieurs lits de couleur rouge, orangée, bleue, brune ou noire, de couleurs, en un mot, dont les couches différentes tranchent vivement et nettement l'épaisseur de la pierre. Ordinairement, la calcédoine est laiteuse, blanche ou bleuâtre dans toute sa substance. On en trouve de cette sorte de très gros et grands morceaux, qui paraissent avoir fait partie de couches épaisses et assez étendues : les plus beaux échantillons que nous en connaissions ont été trouvés aux îles de Feroë, et l'on peut en voir un de six à sept pouces d'épaisseur au Cabinet du Roi. On distingue, dans ce morceau, des couches d'un blanc aussi mat et aussi opaque que de l'émail blanc, et d'autres qui prennent une demi-transparence bleuâtre. Dans d'autres morceaux, cette pâte bleuâtre offre des reflets et un chatoiement qui font ressembler ces calcédoines à des girasols (*a*) et les rapprochent de l'opale, laquelle semble participer en effet de la nature de la calcédoine, ainsi que nous l'avons dit à son article.

Au reste, les calcédoines mélangées de pâte d'agate commune, ou les agates mêlées de calcédoine, sont beaucoup plus communes que les calcédoines pures ; de même que les agates, sardoines et cornalines pures, sont infiniment plus rares que les agates mêlées et brouillées de ces diverses pâtes colorées ; car la substance vitreuse étant la même dans toutes les agates, et les parties métalliques ou terreuses colorantes ayant pu s'y mélanger de mille et mille manières, il n'est point étonnant que la nature ait produit avec tant de variété les agates mêlées de diverses couleurs, tandis que les agates d'une seule couleur pure sans mélange, et d'une belle transparence, sont assez rares et toujours en très petit volume.

PIERRE HYDROPHANE

Cette pierre, se trouvant ordinairement autour de la calcédoine, doit être placée immédiatement après elle ; toutes deux font corps ensemble dans le même bloc, et cependant diffèrent l'une de l'autre par des caractères essentiels : les naturalistes modernes ont nommé cette pierre *oculus mundi*, et ils me paraissent s'être mépris lorsqu'ils l'ont mise au nombre des agates ou calcédoines ; car cette pierre hydrophane n'a point de transparence ; elle est opaque et moins dure que l'agate, et elle en diffère par la propriété particulière de devenir transparente, et même diaphane lorsqu'on la laisse tremper pendant quelque temps dans l'eau ; nous lui donnons par cette raison le nom de pierre *hydrophane :* cette propriété, qui suppose l'imbibition intime et prompte de l'eau dans la substance de la pierre, prouve en

(*a*) Cette espèce de calcédoine bleuâtre et à reflets paraît désignée dans la notice suivante : « On tire de la montagne de Tougas des agates de différentes espèces, et quelques-» unes d'extraordinairement belles, d'une couleur bleuâtre, assez semblables au saphir ; on » en tire aussi des cornalines et des jaspes. Cette montagne est à l'extrémité septentrionale » de la grande province d'Osju au Japon, vis-à-vis du pays de Yeço. » *Histoire naturelle du Japon*, par Kæmpfer ; La Haye, 1729, t. Ier, p. 93.

même temps que cette substance est d'une autre texture que celle des agates dont aucune ne s'imbibe d'eau; enfin, ce qui démontre plus évidemment combien la structure ou la composition de cette pierre *hydrophane* diffère de celle des agates ou calcédoines, c'est la grande différence qui se trouve dans le rapport de leurs densités (*a*); celle de l'hydrophane n'est que d'environ 23,000, tandis que celle des agates et calcédoines est de 26 à 27,000; il est vrai que la substance de toutes deux est quartzeuse, mais la texture de l'hydrophane est poreuse comme une éponge, et celle des agates et calcédoines est solide et pleine; on ne doit donc regarder cette pierre hydrophane et poreuse que comme un agrégat de particules ou grains quartzeux qui ne se touchent que par des points, et laissent entre eux des interstices continus qui font la fonction de tuyaux capillaires, et attirent l'eau jusque dans l'intérieur et au centre de la pierre, car sa transparence s'étend et augmente à mesure qu'on la laisse plus longtemps plongée dans l'eau; elle ne devient même entièrement diaphane qu'après un assez long séjour, soit dans l'eau pure, soit dans toute autre liqueur; car le vin, le vinaigre, l'esprit-de-vin, et même les acides minéraux, produisent sur cette pierre le même effet que l'eau; ils la rendent transparente sans la dissoudre ni l'entamer, ils n'en dérangent pas la texture, et ne font qu'en remplir les pores dont ensuite ils s'exhalent par le seul desséchement; elle acquiert donc ou perd du poids à mesure que le liquide la pénètre ou l'abandonnne en s'exhalant, et l'on a observé que les liquides, aidés par la chaleur, la pénètrent plutôt que les liquides froids.

Cette pierre, qui n'était pas connue des anciens, n'avait pas encore de nom, dans le siècle dernier. Il est dit dans les *Éphémérides d'Allemagne*, année 1672, qu'un lapidaire, qui avait trois de ces pierres, fit présent d'une au consul de Marienbourg, et la lui donna comme une pierre précieuse qui n'avait pas de nom : l'une de ces pierres, ajoute le relateur, était encore dans sa gangue de quartz; celle qui fut donnée au consul de Marienbourg n'était que de la grosseur d'un pois et d'une couleur de cendre; elle était opaque, et, lorsqu'elle fut plongée dans l'eau, elle commença, au bout de six minutes, à paraître diaphane par les bords; elle devint d'un jaune d'ambre; elle passa ensuite du jaune à la couleur d'améthyste, au noir, au blanc, et enfin elle prit une couleur obscure, nébuleuse et comme enfumée; tirée de l'eau, elle revint à son premier état d'opacité, après s'être colorée successivement, et dans un ordre inverse, des mêmes teintes qu'elle avait prises auparavant dans l'eau (*b*). Je dois remarquer qu'on n'a pas vu cette succession de couleurs sur les pierres qui ont été observées depuis; elles ne prennent qu'une couleur et la conservent tant qu'elles sont imbibées d'eau.

M. Gerhard, savant académicien de Berlin, a fait beaucoup d'observations sur cette pierre hydrophane (*c*); il dit avec raison qu'elle forme l'écorce qui environne les opales et les calcédoines d'Islande et de Feroë, et qu'on la trouve également en Silésie où elle constitue l'écorce brunâtre et jaunâtre de la chrysoprase. D'après les expériences chimiques que M. Gerhard a faites sur cette pierre, il croit qu'elle est composée de deux tiers d'alun sur un tiers de terre vitrifiable et de matière grasse (*d*). Mais ce savant auteur ne nous dit

(*a*) La pesanteur spécifique de l'agate est de 25,901, et celle de la pierre *oculus mundi* ou hydrophane n'est que de 22,950. Voyez la *Table de M. Brisson*.

(*b*) *Collection académique*, partie étrangère, t. III, p. 167.

(*c*) Voyez les *Mémoires de l'Académie de Berlin*, année 1777, et le *Journal de physique* de M. l'abbé Rosier, mars 1778.

(*d*) Cette pierre est composée de deux tiers d'alun, d'un tiers de terre vitrifiable et de matière grasse. L'espèce brune de Silésie contient aussi du fer : ce n'est donc ni quartz, ni caillou, mais une pierre grasse de l'ordre de celles qui contiennent de la terre d'alun ; d'où l'auteur avait conclu qu'il fallait en faire plutôt une espèce qu'un genre, attendu qu'il pouvait arriver qu'on découvrît des pierres chatoyantes parmi les pierres grasses qui contiennent la magnésie du sel marin. *Journal de physique* de M. l'abbé Rozier, mars 1778.

Imp. R. Taneur

1 MYGALE AVICULAIRE 2 Nid de la Mygale maçonne

M. Demeste pense que cette couleur verte de la prase provient du mélange du cobalt, parce que cette pierre étant fondue avec deux parties de borax elle produit un beau verre bleu (*a*); mais peut-être cette couleur bleue provient du borax qui, comme je l'ai dit (*b*), contient des parties métalliques : on pourrait s'assurer du fait en fondant la prase sans borax, car, si elle donnait également un verre bleu, l'opinion de M. Demeste serait pleinement confirmée; mais il est à croire que la prase serait, comme l'agate, très réfractaire au feu et qu'on ne pourrait la faire fondre sans addition soit du borax ou d'un autre fondant, et, dans ce cas, il faudrait employer un fondant purement salin qui ne contînt pas, comme le borax, des parties métalliques.

Au reste, quelques naturalistes ont donné le nom de *prase* à la prime d'émeraude qui n'est point une agate, mais un cristal vert, défectueux, inégalement coloré, et dont certaines parties, plus parfaites que les autres, sont de véritables et belles émeraudes : le nom de *prase* a donc été mal appliqué à cette substance, qui n'est qu'une émeraude imparfaite assez bien désignée par la dénomination de prime ou matrice d'émeraude.

ONYX

Le nom d'*onyx* (*c*), qu'on a donné de préférence aux agates dont les lits sont de couleurs différentes, pourrait s'appliquer assez généralement à toutes les pierres dont les couches superposées sont de diverses substances ou de couleurs différentes. Théophraste a caractérisé l'onyx en disant qu'elle est variée alternativement de blanc et de brun (*d*); mais il faut observer que quelquefois les anciens ont donné improprement le nom d'*onyx* à l'albâtre, et c'est faute de l'avoir remarqué que plusieurs modernes se sont perdus dans leurs conjectures au sujet de l'onyx des anciens, ne pouvant concilier des caractères qui, en effet, appartiennent à des substances très différentes.

De quelque couleur que soient les couches ou zones dont sont composées les onyx, pourvu que ces mêmes couches aient une certaine régularité, la pierre n'en est pas moins de la classe des onyx, à moins cependant qu'elles ne soient rouges; car alors la pierre prend le nom de *sardonyx* ou *sardoine-onyx* (*e*) : ainsi la disposition des couleurs en couches ou zones fait le principal caractère des onyx, et les distingue des agates simples qui sont bien de la même nature, et peuvent offrir les mêmes couleurs, mais confuses, nuées ou disposées par taches et par veines irrégulières.

Il y a des jaspes, des cailloux opaques, et même des pierres à fusil, dans lesquels on voit des lits ou des veines de couleurs différentes, et qu'on peut mettre au nombre des onyx : ordinairement les agates-onyx, qui de toutes les pierres onyx sont les plus belles, n'ont néanmoins que peu de transparence, parce que les couches brunes, noires ou blan-

(*a*) *Lettres de M. Demeste*, etc., t. Ier, p. 484 et 485.

(*b*) Voyez l'article *Borax*, t. X, p. 433.

(*c*) *Onyx*, en grec, *ongle;* et l'imagination des Grecs n'était pas restée en défaut sur cette dénomination pour lui former une origine élégante et mythologique. Un jour, disaient-ils, l'Amour, trouvant Vénus endormie, lui coupa les ongles avec le fer d'une de ses flèches et s'envola; les rognures tombèrent sur le sable du rivage de l'Inde; et, comme tout ce qui provient d'un corps céleste ne peut pas périr, les Parques les ramassèrent soigneusement et les changèrent en cette sorte de pierre qu'on appelle *onyx*. Voyez Robert de Berquen. *Merveilles des Indes*, p. 61.

(*d*) *Lapid. et gemm.*, n° 57.

(*e*) *Hill.*, p. 122.

ches et bleuâtres de ces agates sont presque opaques, et ne laissent pas apercevoir la transparence du fond de la pierre sur laquelle ces couches sont superposées parallèlement ou concentriquement, et presque toujours avec une épaisseur égale dans toute l'étendue de ces couches. Il y a aussi des onyx que l'on appelle *agates œillées*, et que les anciens avaient distinguées par des dénominations propres : ils nommaient *triophthalmos* et *lycophthalmos* (*a*) celles qui présentaient la forme de trois ou quatre petits yeux rouges, et donnaient le nom d'*horminodes* (*b*) à une agate qui présentait un cercle de couleur d'or au centre duquel était une tache verte.

Les Grecs (*c*), qui ont excellé dans tous les beaux-arts, avaient porté à un haut point de perfection la gravure en creux et en relief sur les pierres : ils recherchaient les belles agates onyx pour en faire des camées ; il nous reste plusieurs de ces pierres gravées dont nos connaisseurs ne peuvent se lasser d'admirer la beauté du travail, la correction du dessin, la netteté et la finesse du trait dans le relief, qui se détache si parfaitement du fond de la pierre qu'on le croirait fait à part, et ensuite collé sur cette même pierre ; ils choisissaient pour ces beaux camées les onyx blanches et rouges, ou de deux autres couleurs qui tranchaient fortement l'une sur l'autre. Il y a plusieurs agates qui n'ont que deux couches ou lits de couleurs différentes ; mais on en connaît d'autres qui ont trois et même quatre lits bien distincts (*d*) : du brun profond et noir, du blanc mat, du bleu clair et du jaune rougeâtre ; ces onyx de trois et quatre couleurs sont plus rares, et sont en plus petit volume que celles de deux couleurs qui se trouvent communément avec les autres agates ; les anciens tiraient de l'Égypte les plus belles onyx, et aujourd'hui l'on en trouve dans plusieurs provinces de l'Orient, et particulièrement en Arabie (*e*).

CALCÉDOINE

La calcédoine est encore une agate, mais moins belle que la cornaline, la sardoine et la prase ; elle est aussi moins transparente, et sa couleur est indécise, laiteuse et bleuâtre : cette pierre est donc fort au-dessous non seulement des cornalines et des sardoines, mais même des agates qui ne sont point laiteuses, et dont la demi-transparence est nette ; aussi donne-t-on le nom de *calcédoine* à toute agate dont la pâte est nuageuse et blanchâtre.

Les calcédoines en petites masses, grosses comme des lentilles ou des pois, sont très

(*a*) Plin., lib. XXXVII, nos 71 et 72.

(*b*) Plin. lib. XXXVII, no 60.

(*c*) Plusieurs artistes grecs s'immortalisèrent par la gravure sur pierres fines. Pline nomme Apollonide, Cronias, Dioscoride qui grava la tête d'Auguste, laquelle servit de sceau aux Césars ; mais le premier de ces artistes, ajoute-t-il, fut Pyrgotèle ; et Alexandre, par le même édit où il défendait à tout autre qu'à Apelle de le peindre, et à tout autre qu'à Lysippe de modeler sa statue, n'accordait qu'au seul Pyrgotèle l'honneur de graver son effigie. Voyez Pline, lib. XXXVII, no 4.

(*d*) « Lycophthalmos quatuor est colorum ex rutilo et sanguineo, in medio nigrum candido cingitur ut luporum oculi, illis per omnia similis. — Triophthalmos tres hominis simul oculos exprimens. » Plin., lib. XXXVII, nos 71 et 72. — « Horminodes ex argumento viriditatis in candida gemma vel nigra et aliquando pallida, ambiente circulo aurei coloris appellatur. » *Idem*, no 60.

(*e*) On trouve des onyx dans l'Yémen ; on voit beaucoup de ces pierres dans les chemins, entre Taœs et le mont Sumâra. Ayescha, la femme bien-aimée de Mahomet, avait un collier de ces pierres peu estimées aujourd'hui. *Description de l'Arabie*, par M. Niebuhr, p. 125.

pas quelle est cette matière grasse : on peut lui demander si c'est de la graisse, de l'huile ou de l'eau mère de sel; et ces deux tiers d'alun sont-ils de l'alun pur, ou seulement de la terre alumineuse? Quoi qu'il en soit, il nous apprend qu'il a fait la découverte d'une pierre, en Silésie, qui présente les mêmes phénomènes que celle-ci : « Cette pierre, dit-il, » est faiblement transparente: mais, plongée dans l'eau, elle le devient complètement; il » lui faut seulement plus de temps pour acquérir toute sa transparence (*a*). » De plus, par les recherches particulières que M. Gerhard a faites de ces pierres hydrophanes, il assure en avoir vu qui avaient jusqu'à deux pouces un quart de longueur sur un pouce un huitième de largeur, et plus d'un pouce d'épaisseur par un bout; et il dit qu'on les trouve dans la matière intercalée entre les couches des calcédoines de l'île de Feroë.

Il est vrai que ces pierres hydrophanes ne sont pas également susceptibles de prendre à volume égal le même degré de transparence: les unes deviennent bien plus diaphanes ou le deviennent en bien moins de temps que les autres; il y en a qui changent de couleur et qui, de grises, deviennent jaunes par l'imbibition de l'eau; mais nous avons vu plusieurs de ces pierres dont les unes étaient grises, les autres rougeâtres, d'autres verdâtres, et qui ne changeaient pas sensiblement de couleur dans l'eau où elles prenaient une assez belle transparence. M. le docteur Titius, savant naturaliste et directeur du Cabinet d'histoire naturelle de Dresde, m'a fait voir quelques-unes de ces pierres et m'a confirmé le fait avancé par M. Gerhard, que l'hydrophane grise est une matière qui se trouve intercalée entre les couches de la calcédoine. M. Daubenton, de l'Académie des sciences, a vérifié ce fait en réduisant à une petite épaisseur quelques-unes des couches opaques grises ou blanches qui se trouvent souvent entre les couches des calcédoines: il y a aussi toute apparence que cette même matière sert quelquefois d'enveloppe et recouvre la couche extérieure des calcédoines; car on a vu des hydrophanes grises qui avaient trop d'épaisseur pour qu'on puisse les regarder comme des couches de lames intercalées dans la petite masse des calcédoines; on peut aussi présumer qu'en recherchant sur les cornalines, sardoines et agates colorées, les couches opaques qui les enveloppent ou les traversent, on trouvera des hydrophanes de divers couleurs, rougeâtres, jaunâtres, verdâtres, semblables à celles que m'a montrées M. Titius; et je pense que cette matière qui fait la substance des hydrophanes n'est que la portion la plus grossière du suc vitreux qui forme les agates: comme les parties de cette matière ne sont pas assez atténuées, elles ne peuvent se réunir d'assez près pour prendre la demi-transpareuce et la dureté de l'agate; elles forment une substance opaque, poreuse et friable, à peu près comme le grès. Ce sont en effet de petits grains quartzeux, réunis plutôt que dissous, qui laissent entre eux des vides continus et tortueux en tout sens, et dans lesquels la lumière s'éteint et ne peut passer que quand ils sont remplis d'eau: la transparence n'appartient donc pas à la pierre hydrophane, et ne provient uniquement que de l'eau qui fait alors une partie majeure de sa masse, et je suis persuadé qu'en faisant la même épreuve sur des grès amincis, on les rendrait hydrophanes

(*a*) Il y a cependant une grande différence entre ce morceau et les autres qu'on avait auparavant examinés; il faut à celui-ci plusieurs jours avant qu'il devienne transparent dans l'eau. M. Gerhard, examinant cette différence, a trouvé qu'elle consiste uniquement dans une plus grande quantité de matière grasse; car, si l'on fait bouillir cette nouvelle espèce d'*oculus mundi* dans le vinaigre, et encore mieux dans la lessive caustique, on s'apercevra qu'après cette opération il faut beaucoup moins de temps pour qu'elle devienne transparente. Cette expérience donne lieu de présumer que toutes les pierres grasses dans lesquelles la matière grasse n'est pas trop abondante, et qui ne sont pas trop chargées de parties martiales, pourraient produire le même effet, d'autant plus qu'il est vraisemblable que toutes les espèces qui appartiennent à cette classe doivent leur origine surtout à une terre glaise ou marneuse dont le caractère principal est de s'imbiber fortement des principes fluides. *Journal de physique* de M. l'abbé Rozier, mars 1778.

par leur imbibition dans l'eau. Il n'est donc pas nécessaire de recourir, avec M. Gerhard, à la supposition d'une terre mêlée de matière grasse pour rendre raison de la transparence que ces pierres acquièrent par leur immersion et leur séjour dans l'eau ou dans tout autre liquide transparent.

PÉTRO-SILEX

Le premier caractère apparent du pétro-silex est une demi-transparence grasse qu'on peut comparer à celle du miel ou de l'huile figée. Il me semble que ce caractère n'éloigne pas le pétro-silex du quartz gras; mais, considérant toutes ses autres propriétés, je crois qu'on peut le regarder comme un quartz de seconde formation mêlé d'une certaine quantité de feldspath; car la densité du pétro-silex est presque exactement la même que celle du quartz gras et du feldspath blanc (*a*); sa dureté est aussi la même que celle de ces deux verres primitifs; et comme, selon M. d'Arcet, le pétro-silex est fusible à un feu violent, cette propriété semble indiquer que sa substance n'est pas de quartz pur et qu'elle est mêlée d'une certaine quantité de feldspath qui, sans rien changer à sa densité, lui donne cette fusibilité.

Le pétro-silex se trouve en petits et gros blocs, et même en assez grandes masses dans les montagnes quartzeuses et graniteuses: sa demi-transparence le distingue des jaspes avec lesquels il se rencontre quelquefois, et auxquels il ressemble souvent par les couleurs; car il y a des pétro-silex, comme des jaspes, de toutes teintes (*b*); elles sont seulement moins intenses et moins nettes dans le pétro-silex et son poli, sans être gras, comme sa transparence, n'est néanmoins pas aussi vif que celui des beaux jaspes.

Cette pierre est de seconde formation; elle se trouve dans les fentes et cavités des rochers vitreux: c'est une concrétion du quartz mêlée de feldspath, et, comme ces deux verres primitifs sont unis dans la substance des granits, le pétro-silex doit se trouver communément dans les montagnes graniteuses, telles que les Vosges en Lorraine, et les montagnes de Suède où Wallerius dit qu'il y en a de blancs, de gris, de bruns, de rougeâtres, de verdâtres et de noirâtres; d'autres qui sont ondés alternativement de veines brunes et jaunes, ou grises et noirâtres; d'autres irrégulièrement tachés de ces différentes couleurs, etc.

(*a*) La pesanteur spécifique du quartz gras est de 26,458, celle du feldspath blanc est de 26,466, et celle du pétro-silex blanc est de 26,527.

(*b*) Caillou de roche, *pétro-silex; lapis corneus Germanorum*. Il est composé de parties assez grossières et ne reçoit pas un beau poli; il est demi-transparent à ses extrémités et aux parties minces.

Il y a du pétro-silex.

1° Couleur de chair dans la mine de Carls, à Sahlberg;

2° Jaune blanchâtre, à Sahla;

3° Blanc, à la mine de Christiensberg, dans la nouvelle mine de cuivre;

4° Verdâtre, à la Fosse-des-Prêtres, dans Hellefors.

On ne connaît point encore de caractère distinctif entre le pétro-silex et le jaspe; mais un œil expert s'aperçoit bien que le pétro-silex, quand il est cassé, est un peu plus brillant et demi-transparent, au lieu que le jaspe ressemble à de la corne, qu'il est mat et opaque, comme une argile desséchée. Le pétro-silex ne se trouve aussi qu'en morceaux et débris, tandis que le jaspe fait quelquefois les plus grosses et les plus spacieuses montagnes. Il se trouve aussi dans le voisinage de la pierre à chaux, comme les silex dans les lits de craie; avec le temps on pourrait peut-être acquérir de plus amples et de plus exactes connaissances. *Essai de minéralogie*, traduit du suédois et de l'allemand, de M. Wiedman, par M. Dreux; Paris, 1771, p. 92 et suiv.

ARRANGEMENT

DES

MINÉRAUX EN TABLE MÉTHODIQUE

RÉDIGÉE

D'APRÈS LA CONNAISSANCE DE LEURS PROPRIÉTÉS NATURELLES.

Cette table présente les minéraux, non seulement avec leurs vrais caractères, qui sont leurs propriétés naturelles, mais encore avec l'ordre successif de leur *génésie* ou filiation, selon qu'ils ont été produits par l'action du feu, de l'air et de l'eau sur l'élément de la terre.

Ces propriétés naturelles sont :

1° La densité ou pesanteur spécifique de chaque substance qu'on peut toujours reconnaître avec précision par la balance hydrostatique;

2° La dureté dont la connaissance n'est pas aussi précise, parce que l'effet du choc ou du frottement ne peut se mesurer aussi exactement que celui de la pesanteur par la balance, mais qu'on peut néanmoins estimer et comparer par des essais assez faciles;

3° L'homogénéité ou simplicité de substance dans chaque matière, qui se reconnait avec toute précision dans les corps transparents, par la simple ou double réfraction que la lumière souffre en les traversant, et que l'on peut connaître, quoique moins exactement, dans les corps opaques, en les soumettant à l'action des acides ou du feu;

4° La fusibilité et la résistance plus ou moins grande des différentes matières à l'action du feu avant de se calciner, se fondre ou se vitrifier;

5° La combustibilité ou destruction des différentes substances par l'action du feu libre, c'est-à-dire par la combinaison de l'air et du feu.

Ces cinq propriétés sont les plus essentielles de toute matière, et leur connaissance doit être la base de tout système minéralogique et de tout arrangement méthodique : aussi cette connaissance, autant que j'ai pu l'acquérir, m'a servi de guide dans la composition de cet ouvrage sur les minéraux, dont le quatrième et dernier volume est actuellement sous presse, et c'est d'après ces mêmes propriétés, qui constituent la nature de chaque substance, que j'ai rédigé la Table suivante.

TABLE MÉTHODIQUE DES MINÉRAUX

PREMIER ORDRE

MATIÈRES VITREUSES

PREMIÈRE CLASSE

Matières vitreuses produites par le feu primitif.

MATIÈRES.	SORTES.	VARIÉTÉS.
Substances vitreuses simples.		
Verres primitifs...........	Quartz. Feldspath. Schorl. Jaspe. Mica.	
Substances composées.....	Roches de deux, trois et quatre substances vitreuses..	Pierre de Laponie.
	Porphyre................	Rouge. Brun. Tous deux ponctués de blanc.
	Granit	Rouge. Gris. A gros grains. A petits grains.

DEUXIÈME CLASSE

Matières vitreuses extraites des premières et produites par l'intermède de l'eau.

PREMIÈRE DIVISION

Produits du quartz.

MATIÈRES.	SORTES.	VARIÉTÉS.
Vitreuses produites par l'intermède de l'eau, demi-transparentes	Quartz de seconde formation.	Blanchâtre. Rougeâtre. Gras. Feuilleté. Grenu.
Transparentes............	Cristal de roche..	Blanc. Nuageux. Rougeâtre. Bleuâtre. Jaune. Vert. Brun. Noir opaque. Irisé.
	Améthyste................	Violette. Pourprée.
	Cristal-topaze............	D'un jaune plus ou moins foncé et enfumé.
	Chrysolithe..............	D'un jaune mêlé de plus ou moins de vert.
	Aigue-marine............	D'un vert bleuâtre ou d'un bleu verdâtre.

SECONDE DIVISION

Produits du feldspath seul et du quartz mêlé de feldspath.

MATIÈRES.	SORTES.	VARIÉTÉS.
Transparentes.	Saphir d'eau.	Plus ou moins bleuâtre et à demi chatoyant.
	Pierre de Russie ou de Labrador.	Chatoyante, avec reflets verdâtres et bleuâtres.
Demi-transparentes.	Œil de chat.	Gris. Jaune. Mordoré.
Toutes chatoyantes.	Œil de poisson.	Blanc intense. Blanc bleuâtre.
	Œil de loup.	Brun rougeâtre. Brun verdâtre.
	Opale.	A fond blanc. A fond bleuâtre. A fond noir. Sans paillettes. Semée de paillettes brillantes, rouges, bleues et d'autres couleurs.
Opaques.	Aventurine.	Rouge, plus ou moins semée de paillettes brillantes de différentes couleurs.

TROISIÈME DIVISION

Produits du schorl seul et du quartz et feldspath mêlés de schorl.

MATIÈRES.	SORTES.	VARIÉTÉS.
Transparentes.	Émeraude.	Du Pérou. Vert pur plus ou moins clair. Du Brésil. Vert plus ou moins foncé.
	Saphir du Brésil.	Bleu. Blanc.
	Béryl.	Vert bleuâtre. Bleu verdâtre.
	Péridot.	Plus ou moins dense. Vert plus ou moins mêlé de jaune.
	Œil de chat noir ou noirâtre.	
	Rubis et topazes du Brésil.	Plus ou moins rougeâtre. Plus ou moins jaune foncé.
	Topaze de Saxe.	Jaune doré. Jaune clair. Blanche.
	Grenat.	Rouge violet, *syrien*. Rouge couleur de feu, *escarboucle*. Rouge brun demi-transparent ou opaque.
	Hyacinthe.	Jaune mêlée de plus ou moins de rouge.
Demi-transparentes.	Tourmaline.	Orangée. Noirâtre.
Opaques.	Pierre de croix.	Brune. Noirâtre.

QUATRIÈME DIVISION

Stalactites vitreuses non cristallisées produites par le mélange du quartz et des autres verres primitifs.

MATIÈRES.	SORTES.	VARIÉTÉS.
Demi-transparentes........	Agate	Blanche. Laiteuse. Veinée. Ponctuée. Herborisée.
	Cornaline................	Rouge pur plus ou moins intense. Veinée. Ponctuée.
	Sardoine................	Orangée. Veinée. Herborisée.
	Prase..................	Vert plus ou moins foncé.
	Calcédoine..............	Blanchâtre. Bleuâtre. Rougeâtre. Toujours laiteuse.
Transparentes imbibées d'eau	Pierre hydrophane..	Grise. Bleuâtre. Rougeâtre.
Demi-transparentes aux parties minces............	Pétro-silex.	Blanc. Rougeâtre. De toutes couleurs. Veiné. Taché.
Opaques.................	Onyx....................	Composée de lits ou couches de différentes couleurs.
	Cailloux.................	Veinés. Œilles. Herborisés.
	Poudingues...............	En plus gros ou plus petits cailloux.
	Jaspes de seconde formation.	Sanguin. Héliotrope. Fleuri. Universel.

CINQUIÈME DIVISION

Produits et agrégats du mica et du talc.

MATIÈRES.	SORTES.	VARIÉTÉS.
Opaques et demi-transparentes.................	Jade	Blanchâtre. Vert. Olivâtre.
	Serpentine................	Tachée de toutes couleurs. Verte sans tache. Veinée. Fibreuse. Grenue.
	Pierre ollaire.............	Blanchâtre. Verdâtre. Semée de points talqueux. Veinée. Feuilletée.

CINQUIÈME DIVISION (*suite*)

Produits et agrégats du mica et du talc.

MATIÈRES.	SORTES.	VARIÉTÉS.
Opaques et demi-transparentes..................	Molybdène...............	Pure. Noirâtre plombée. Mêlée de soufre. Plombagine.
	Pierre de lard...........	Blanche. Rougeâtre.
	Craie d'Espagne...........	Blanche. Grise.
	Craie de Briançon.........	Blanche. Plus ou moins fine.
	Talc.....................	Blanc. Verdâtre. Jaunâtre. Rougeâtre.
Demi-transparentes.......	Amiante..................	En filets plus ou moins longs et plus ou moins fins. Blanchâtre. Jaunâtre. Verdâtre.
	Asbeste..................	En épis. En filets plus ou moins courts. Gris. Jaunâtre. Blanchâtre.
Opaques.................	Cuir de montagne.........	Plus ou moins poreux et léger Blanc. Jaunâtre. En lames plates ou feuillets superposés.
	Liège de montagne........	Jaunâtre. Blanchâtre. En cornets ou feuillets contournés. Plus ou moins caverneux et léger.

TROISIÈME CLASSE

Détriments des matières vitreuses.

MATIÈRES.	SORTES.	VARIÉTÉS.
Composées des détriments des verres primitifs.	Porphyres de seconde formation.................	Vert taché de blanc. De couleurs variées.
Opaques.................	Granits de seconde formation.	Rougeâtre à gros grains et grandes lames talqueuses. Rougeâtre à petits grains, *Granitelle.*
	Grès.....................	Pur. Mêlé de mica. A grains plus ou moins fins. De substance plus ou moins compacte. Blanc. Jaunâtre.

TROISIÈME CLASSE (*suite*)

Détriments des matières vitreuses.

MATIÈRES.	SORTES.	VARIÉTÉS.
Composées des détriments des verres primitifs. Opaques..............	Grès....................	Rougeâtre. Brun. Grès poreux. Grès à filtrer.
	Argiles..................	Blanche et pure. Bleuâtre. Verdâtre. Rougeâtre. Jaunâtre. Noirâtre.
	Schiste et ardoise.........	Grisâtre. Bleuâtre. Noirâtre. Plus ou moins dur, et en grains plus ou moins fins.

QUATRIÈME CLASSE

Concrétions vitreuses et argileuses formées par l'intermède de l'eau.

MATIÈRES.	SORTES.	VARIÉTÉS.
Concrétions argileuses.....	Ampelite....	Plus ou moins noire. A grain plus ou moins fin.
	Smectis ou argile à foulon..	Blanc. Cendré. Verdâtre. Noirâtre.
Grès mêlés d'argile.	Pierre à rasoir............	Composée de couches alternatives de gris blanc ou jaunâtre, et d'un gris brun.
	Cos ou pierres à aiguiser..	Plus ou moins dures. Blanches. Brunes. Bleuâtres. Jaunes. Rougeâtres. Grès de Turquie.

DEUXIÈME ORDRE

MATIÈRES CALCAIRES TOUTES PRODUITES PAR L'INTERMÈDE DE L'EAU

PREMIÈRE CLASSE

Matières calcaires primitives avec leurs détriments et agrégats.

MATIÈRES.	SORTES.	VARIÉTÉS.
Substances calcaires primitives	Coquilles .... Madrépores............... Polypiers de toutes sortes..	Les variétés de ces corps marins à substance coquilleuse sont innombrables.
	Craie.....................	Plus ou moins blanche et plus ou moins dure.
	Pierres calcaires..........	De première formation. *Pierres coquilleuses.* De seconde formation. Plus ou moins dures. A grain plus ou moins fin. Blanches ou teintes de différentes couleurs.
Détriments des matières calcaires primitives en grandes masses....	Marbres.	De première formation. Marbres coquilleux. Brèches. Poudingues calcaires. De seconde formation. Blancs. De toutes couleurs uniformes ou variées. Veiné. Ondé.
	Albâtre..................	Blanchâtre. Jaune. Rougeâtre. Mêlé de gris, de brun et de noir Herborisé.
	Plâtre....................	Blanc. Grisâtre. Rougeâtre. Veiné.

DEUXIÈME CLASSE

Stalactites et concrétions calcaires.

MATIÈRES.	SORTES.	VARIÉTÉS.
Produits des matières calcaires transparents.......	Spath calcaire.............	Cristal d'Islande. Spath blanc. Jaune. Rougeâtre.
Demi-transparents.........	Perles....................	Blanches. *Perles d'huître.* Jaunâtres. Brunâtres. *Perles de patelles et de moules.*

DEUXIÈME CLASSE (*suite*)

Stalactites et concrétions calcaires.

MATIÈRES.	SORTES.	VARIÉTÉS.
Opaques mêlées de substance osseuse	Turquoises	De vieille roche. De nouvelle roche. D'un bleu plus ou moins pur et plus ou moins foncé. Verdâtres.
Incrustations et pétrifications calcaires	Tous les corps organisés incrustés ou pétrifiés par la substance calcaire. Coquilles pétrifiées. Madrépores et autres corps marins incrustés et pétrifiés. Bois et végétaux incrustés et pétrifiés.	

TROISIÈME CLASSE

Matières vitreuses mêlées d'une petite quantité de substances calcaires.

MATIÈRES.	SORTES.	VARIÉTÉS.
Plus vitreuses que calcaires. Opaques	Zéolithe	Blanche. Rougeâtre. Bleuâtre.
	Lapis-lazuli	Bleu. Taché de blanc. Mêlé de veines pyriteuses.
Demi-transparentes	Pierre à fusil	Grise. Jaunâtre. Rougeâtre. Noirâtre.
Opaques	Pierre meulière	Plus ou moins dure et plus ou moins trouée.
Transparentes	Spath fluor	Rouge; faux rubis. Jaune; fausse topaze. Vert; fausse émeraude. Bleu; faux saphir.

TROISIÈME ORDRE

MATIÈRES PROVENANT DES DÉBRIS ET DU DÉTRIMENT DES ANIMAUX ET DES VÉGÉTAUX

PREMIÈRE CLASSE

Produits en grandes masses de la terre végétale.

MATIÈRES.	SORTES.	VARIÉTÉS.
Provenant des végétaux et des animaux, plus ou moins mélangées de parties hétérogènes opaques......	Terreau....................	Terre de jardin plus ou moins décomposée et plus ou moins mélangée.
	Terre franche.............	Terreau décomposé, dont les parties sont plus ou moins atténuées.
	Terre limoneuse...........	Terreau dont les parties sont encore plus décomposées. Terre végétale entièrement décomposée.
	Bols......................	Blanc. Rouge. Gris. Vert.
Mélangées de bitume. Opaques..................	Tourbe...................	Terreau plus ou moins bitumineux. Matière végétale plus ou moins bitumineuse.
	Charbon de terre..........	Plus ou moins pyriteuse. Plus ou moins mélangée de matière calcaire, schisteuse, etc.

DEUXIÈME CLASSE

Concrétions et produits de la terre limoneuse.

MATIÈRES.	SORTES.	VARIÉTÉS.
Produites par la terre limoneuse, phosphorescentes et combustibles............	Spath pesant.............	Pierre de Bologne. Spath pesant octaèdre. Blanc. Cristallisé. Mat. De couleurs différentes.
Opaques et combustibles...	Pyrite....................	Cubique lisse. Cubique striée à la surface. Globuleuse ou elliptique. Marcassite. Plus ou moins dure. Recevant le poli, et non efflorescente.
	Soufre minéral...........	Plus ou moins décomposé.
Liquides et concrètes, transparentes, demi-transparentes, opaques et combustibles.................	Bitumes..................	Naphte. Pétrole. Asphalte. Succin. Ambre gris. Poix de montagne. Jayet.

DEUXIÈME CLASSE (*suite*)

Concrétions et produits de la terre limoneuse.

MATIÈRES.	SORTES.	VARIÉTÉS.
Produites par la terre limoneuse, transparente et homogène..............	Diamant..................	Blanc. Octaèdre. Dodécaèdre. Jaune. Couleur de rose. Vert. Bleuâtre. Noirâtre.
Combustibles	Vrai rubis...............	Rouge de feu. Rouge pourpre, *spinelle.* Rouge clair, *balais.* Rouge orangé, *vermeil.*
	Vraie topaze..............	Jaune vif. Jaune d'or velouté.
	Vrai saphir..............	Bleu. Bleu céleste. Bleu faible. Blanc. Bleu foncé. Bleu mêlé de rouge, *girasol.*

QUATRIÈME ORDRE

MATIÈRES SALINES

PREMIÈRE CLASSE

Sels simples, acide, alcali et arsenic.

MATIÈRES.	SORTES.	VARIÉTÉS.
	Acide aérien.	
Produits de l'acide aérien sur les matières vitreuses.	Acide et sels vitrioliques...	Alun de roche. Alun de plume. Vitriol. Vitriol en masses. Vitriol en stalactites. Vitriol vert. *Vit. ferrugineux.* Vitriol bleu. *Vitriol cuivreux.* Vitriol blanc. *Vitriol de zinc.* Beurre fossile.
Produits de l'acide aérien sur les substances animales et végétales..........	Alcali.	Natron. Soude. Alcali minéral. Alcali fixe végétal. Alcali volatil. Alcali caustique. Alcali fluor.
Autres produits de l'acide aérien sur les substances animales et végétales....	Acide des végétaux et des animaux................	Vinaigre. Acide du tartre. Acerbes. Acide des fourmis, etc.
Produits de l'acide aérien sur les matières calcaires et alcalines............	Acide phosphorique... ...	
	Acide marin............	Mêlé d'alcali. Sel gemme. Sel marin.

PREMIÈRE CLASSE (*suite*)

Sels simples, acide, alcali et arsenic.

MATIÈRES.	SORTES.	VARIÉTÉS.
Produits de l'acide aérien sur les matières alcalines, animales, végétales et minérales..................	Nitre......................	Salpêtre de houssage.
	Arsenic....................	Mêlé de parties métalliques en fleurs blanches. Cristallisé. Mêlé de soufre. Orpiment. Réalgar.
Sel mêlé de parties métalliques.	Borax......................	Tinckal ou borax brut. D'une consistance molle et rougeâtre. D'une consistance ferme, grise ou verdâtre. Sel sédatif.

DEUXIÈME CLASSE

Sels sublimés par le feu.

MATIÈRES.	SORTES.	VARIÉTÉS.
Sublimées. Substance du feu saisie par l'acide vitriolique........	Soufre......................	Soufre vif. Cristallisé. En grains.
Produits sublimés de l'acide marin et de l'alcali volatil.	Sel ammoniac............	Composé de l'alcali volatil et de l'acide marin. De l'alcali volatil et de l'acide vitriolique. De l'alcali volatil et de l'acide nitreux.
Composées de l'acide vitriolique et de la matière du feu libre.	Acide sulfureux volatil.....	

TROISIÈME CLASSE

Sels composés par l'intermède de l'eau.

MATIÈRES.	SORTES.	VARIÉTÉS.
Composées de soufre et d'alcali.....................	Foie de soufre.	
Composées de l'acide vitriolique et d'alcali minéral..	Sel de Glauber.	
Composées de l'acide vitriolique et de la magnésie..	Sel d'Epsom.	

CINQUIÈME ORDRE

MATIÈRES MÉTALLIQUES

PREMIÈRE CLASSE

Matières métalliques produites par le feu primitif.

MATIÈRES.	SORTES.	VARIÉTÉS.
Métalliques simples et dans leur état de nature.......		
Métaux..................	Or primitif en état de métal.	En filets. En lames. En grains. En masses. En pépites. En végétations. Jaune. Rougeâtre. Blanchâtre. Cristallisé en octaèdres par le feu. Toujours allié d'argent par la nature.
	Argent primitif en état de métal..................	En ramifications. En feuilles. En grains. Toujours allié d'or et quelquefois d'autres substances métalliques. Cristallisé en octaèdre par le feu.
	Cuivre primitif en état de métal.	En blocs plus ou moins gros.
	Plomb en état de chaux....	Mélangé dans les roches vitreuses.
	Étain en état de chaux.....	Mélangé dans les roches vitreuses.
	Fer en état de fonte.......	Mélangé dans les roches vitreuses. Aimant. Émeril. Mâchefer. Sablon magnétique.

DEUXIÈME CLASSE

Matières métalliques formées par l'intermède de l'eau.

MATIÈRES.	SORTES.	VARIÉTÉS.
Concrétions et mines des métaux dans leur état d'agrégation et de minéralisation.		
Métaux.	Or......................	En paillettes. Pyrite aurifère.
	Argent..................	En paillettes. Pyrites argentifères. Mine d'argent vitrée, brune, noirâtre ou grise. Mine d'argent cornée, jaunâtre, à demi transparente et opaque. Mine d'argent rouge.

DEUXIÈME CLASSE (*suite*)

Matières métalliques formées par l'intermède de l'eau.

MATIÈRES.	SORTES.	VARIÉTÉS.
Concrétions et mines des métaux dans leur état d'agrégation et de minéralisation.		
Métaux	Cuivre	Minerais pyriteux du cuivre ou pyrites cuivreuses.
		Mine de cuivre vitreuse.
		Mine de cuivre cornée.
		Mine de cuivre soyeuse.
		Malachite.
		Mine cristallisée.
		Mine veloutée.
		Mine fibreuse.
		Mine mamelonnée.
		Pierre arménienne.
		Azur, bleu de montagne.
		Vert de montagne.
		Mine de cuivre antimoniale.
	Plomb	Galène.
		Mine de plomb vitreuse et cristallisée.
		— blanche.
		— noire.
		— rouge.
		— verte.
		— jaune.
	Étain	Mine d'étain en filons.
		— en couches.
		— en rognons.
		— en grenailles.
		— en cristaux.
		— noirs.
		— blancs.
		— jaunâtres.
		— rouges.
	Fer	Mine spathique.
		— spéculaire.
		— en grains.
		— en géode.
		— en ocre.
		— en rouille plus ou moins décomposée.
		Hématite.

TROISIÈME CLASSE

Matières semi-métalliques ou demi-métaux dans leur état de nature.

MATIÈRES.	SORTES.	VARIÉTÉS.
Eau métallique............	Mercure..................	En cinabre. En état coulant.
Demi-métaux.............	Antimoine...............	En minerais blancs et gris. Mine d'antimoine en aiguilles. Mine d'antimoine en plume, souvent mêlée d'argent.
	Bismuth..................	En état métallique. Mêlé de cobalt. Jaunâtre. Rougeâtre.
	Zinc......................	En pierre calaminaire. En blende. — noire. — grise. — jaunâtre. — rougeâtre, etc. — cristallisée. — transparente. — opaque. En vitriol blanc.

QUATRIÈME CLASSE

Alliages métalliques faits par la nature.

MATIÈRES.	SORTES.	VARIÉTÉS.
Alliages métalliques tous mêlés de fer..............	Platine..................	En grenaille toujours mêlée de sablon magnétique et alliée de fer dans sa substance.
	Cobalt....................	Toujours plus ou moins mêlé de fer par un alliage intime.
	Nickel....................	Mêlé de fer et de cobalt par un alliage intime. Grenu. Lamelleux.
	Manganèse...............	Grise. Noire. Cristallisée. Non cristallisée. Toujours mêlée de fer par un alliage intime.

SIXIÈME ET DERNIER ORDRE

PRODUITS VOLCANIQUES

MATIÈRES.	SORTES.	VARIÉTÉS.
Matières fondues par le feu des volcans	Laves	Plus ou moins compactes. Plus ou moins trouées. Noires, brunes et rougeâtres.
	Basalte	Plus ou moins mêlé de fer, ainsi que les laves, et de différentes figures, depuis trois jusqu'à neuf faces dans sa longueur, articulé ou non dans son épaisseur. Noirâtre. Grisâtre. Verdâtre.
	Pierre de touche	A grains plus ou moins fins. Noire. Brune. Grise.
	Pierre variolite	A grains plus ou moins proéminents et plus ou moins rougeâtres.
Terre cuite par le feu des volcans	Tripoli	Blanc. Jaunâtre. Noirâtre.
Détriments des matières volcaniques	Pouzzolane	Plus ou moins sèche et rude au toucher. Grise. Rouge. Blanchâtre.

JASPES

Le jaspe, étant un quartz pénétré d'une teinture métallique assez forte pour lui avoir ôté toute transparence, n'a pu produire que des stalactites opaques : aussi tous les jaspes, soit de première, soit de seconde formation, de quelque couleur qu'ils soient, n'ont aucune transparence s'ils sont purs, et ce n'est que quand les autres substances vitreuses s'y trouvent interposées qu'ils laissent passer de la lumière; ceux qu'on appelle *jaspes agatés* ne sont, comme les agates jaspées, que des agrégations de petites parties d'agate et de jaspe, dont les premières sont à demi transparentes et les dernières sont opaques.

Les jaspes primitifs n'ont ordinairement qu'une seule couleur verte ou rougeâtre, et l'on peut regarder tous ceux qui sont décolorés ou teints de couleurs diverses ou variées comme des stalactites des premiers ; et, quoique ces jaspes de seconde formation soient en très grand nombre et qu'ils paraissent fort différents les uns des autres, tous ont à peu près la même densité (*a*), et tous sont entièrement opaques.

(*a*) Pesanteur spécifique du jaspe vert foncé........ 26258
— jaspe vert brun........ 26814
— jaspe rouge........ 26612
— jaspe rouge de sanguine........ 26189

Si l'on compare la Table de la pesanteur spécifique des jaspes avec celle des pesanteurs spécifiques des quartz blancs ou colorés, on verra que les jaspes, de quelque couleur qu'ils soient, et même les jaspes decolorés ou blanchâtres, sont généralement un peu plus denses que les quartz, ce qu'on ne peut guère attribuer qu'au mélange des parties métalliques qui sont entrées dans la composition des jaspes. De tous les métaux, le fer est le seul qui ait teint et pénétré les jaspes de première formation, parce qu'il s'est établi le premier avant tous les autres métaux sur le globe encore ardent, et qu'il était le seul métal capable d'en supporter la très grande chaleur lorsque la roche quartzeuse commençait à se consolider; car, quoique certains minéralogistes aient attribué au cuivre la couleur des jaspes verts, on ne peut guère douter que cette couleur verte ne soit due au fer, puisque le jaspe primitif, et qui se trouve en très grandes masses, est d'un assez beau vert : il paraît même que tous les jaspes secondaires variés ou non variés de couleur ont été teints par le fer; seulement il est à remarquer que ce métal, qui s'est mêlé en très grande quantité dans les schorls pour former les grenats, n'est entré qu'en très petite proportion dans les jaspes, puisque la pesanteur spécifique du plus pesant des jaspes est d'un tiers moindre que celle du grenat.

La matière du jaspe est, comme nous l'avons dit (*a*), la base de la substance des porphires et des ophites, ou serpentins qu'il ne faut pas confondre avec la serpentine, dans laquelle il n'entre point de jaspe, et qui n'est qu'une concrétion micacée (*b*).

Lorsque le suc cristallin du quartz est mêlé de parties ferrugineuses, ou qu'il tombe sur des matières qui contiennent du fer, la stalactite ou le produit qui en résulte est de la nature du jaspe. On le reconnaît dans plusieurs cailloux, dans les bois pétrifiés, dans le sinople et autres jaspes grossiers qui sont de seconde formation : toute matière quartzeuse, mêlée de fer en vapeurs ou dissous, perd plus ou moins de sa transparence; et l'on reconnaît les jaspes à leur opacité, à leur cassure terreuse et à leur poli qui n'est pas aussi vif que celui des agates et autres pierres vitreuses dans lesquelles le fer n'est entré qu'en si petite quantité qu'il ne leur a donné que de la couleur, et ne leur a point ôté la transparence; au lieu que, par son mélange en plus grande quantité, ou en parties plus grossières, il a rendu les quartz entièrement opaques, et a formé des jaspes plus ou moins fins, et de couleurs diverses, selon que le fer saisi par le suc quartzeux s'est trouvé dans différents états de décomposition ou de dissolution. Les jaspes fins se distinguent aisément des autres

Pesanteur spécifique du	jaspe brun	26911
—	jaspe violet	27111
—	jaspe jaune	27101
—	jaspe gris blanc	27640
—	jaspe noirâtre	26719
—	jaspe nué	27354
—	jaspe sanguin	26277
—	jaspe héliotrope	26330
—	jaspe veiné	26955
—	jaspe fleuri rouge et blanc	26228
—	jaspe fleuri rouge et jaune	27500
—	jaspe fleuri vert et jaune	26839
—	jaspe fleuri rouge, vert et gris	27323
—	jaspe fleuri rouge, vert, jaune	27492
—	jaspe universel	25630
—	jaspe agaté	26608
—	jaspe grossier ou sinople	26913

Voyez les *Tables de M. Brisson.*

(*a*) Voyez les articles du *Jaspe* et du *Porphyre.*

(*b*) Voyez ci-après l'article de la *Serpentine.*

par leur beau poli, qui cependant n'est jamais aussi vif que celui des agates, cornalines, sardoines et autres pierres quartzeuses transparentes ou demi-transparentes, lesquelles sont aussi plus dures que les jaspes.

Les jaspes d'une seule couleur sont les plus purs et les plus fins; ceux qui sont tachés, nués, ondés ou veinés, peuvent être regardés comme des jaspes impurs, et sont quelquefois mêlés de substances différentes; si ces taches ou veines sont transparentes, elles présentent le quartz dans son état de nature ou dans son état d'agate; et, s'il arrive que le feldspath ou le schorl aient part à la composition de ces jaspes mixtes, ils deviennent fusibles (*a*), comme toutes les matières vitreuses qui sont mélangées de ces deux verres primitifs.

Le plus beau de tous les jaspes est le sanguin, qui, sur un vert plus ou moins bleuâtre, présente des points ou quelques petites taches d'un rouge vif de sang, et qui reçoit dans toutes ses dimensions un poli luisant et plus sec que celui des autres jaspes. Quelques-uns de nos nomenclateurs, qui cependant ne craignent pas de multiplier les espèces et les sortes, n'en ont fait qu'une du jaspe sanguin et du jaspe héliotrope, quoique Boëce de Boot les eût avertis d'avance que le jaspe sanguin ne prend le nom d'*héliotrope* que quand il est à demi transparent (*b*), ce qui suppose un jaspe mixte dans lequel le suc cristallin du feldspath est entré, et produit des reflets chatoyants, au lieu que le jaspe sanguin n'offre ni transparence ni chatoiement dans aucune de ses parties.

Les jaspes, et surtout ceux de seconde formation, ressemblent aux cailloux par leur opacité et par leur poli, mais ils en diffèrent par la forme, qui est rarement globuleuse comme celle des cailloux, et on les distinguera toujours en examinant leur cassure; la fracture des jaspes paraît être terreuse et semblable à celle d'une argile desséchée, tandis que la fracture des cailloux est luisante comme celle du verre.

Les beaux jaspes héliotrope et sanguin nous viennent du Levant: les Romains les tiraient de l'Égypte; mais les anciens comprenaient, sous ce nom de *jaspe*, plusieurs autres pierres qui ne leur ressemblaient que par la couleur verte, telles que les primes d'émeraude, les prases ou agates verdâtres, etc. (*c*).

(*a*) C'est cette fusibilité de certains jaspes qui a fait croire mal à propos à quelques-uns de nos minéralogistes que les jaspes, en général, étaient fusibles et mêlés de chaux. « Le » jaspe, dit M. Monnet, est une pierre d'un fond gris blanchâtre ou verdâtre, mêlée de dif- » férentes teintes de rouge et de blanc, dont toute la substance est quartzeuse et tient le » milieu entre ce caractère et l'agate; elle est dure et solide, fait fortement feu contre le » briquet, et a pour caractère distinctif *d'entrer en vitrification d'elle-même, à cause de la* » *grande quantité de chaux qu'elle contient.* » *Nouveau système de minéralogie;* Bouillon, 1779, p. 216.

(*b*) Les jaspes, par la variété et l'élégance de leurs couleurs et par la diversité des images qu'ils représentent, n'étaient pas moins estimés autrefois que les agates, et ils le seraient encore s'ils étaient moins communs. On préfère à tous les autres le jaspe oriental, qui est d'un vert bleuâtre obscur, parsemé de taches sanguines; lorsqu'il est demi-transparent, on lui donne le nom d'*héliotrope* ou *tournesol*. On emploie le jaspe à faire des cachets, des figures, des cuillers, des tasses, des manches de couteaux, des chapelets, etc. Le jaspe n'est pas plus cher que l'agate, à moins qu'il ne soit riche en couleurs et en images, car alors il n'a point de prix déterminé. *Boëce de Bott*, liv. II, p. 255 et 256.

(*c*) Les jaspes de l'Inde et de la Thrace ont la couleur de l'émeraude; ceux de Chypre sont durs et d'un vert grossier; ceux de Perse et des environs de la mer Caspienne sont d'une couleur semblable à celle du ciel dans les matinées d'automne, et c'est par cette raison que les anciens leur ont donné le nom d'*Aerisuza*. Les jaspes des environs du fleuve Thermodon sont bleus; ceux de Phrygie, de couleur pourprée; ceux de la Cappadoce, d'un pourpre tirant sur le bleu; ceux de la Chalcide ont une couleur trouble et obscure. Les jaspes d'une couleur pourprée sont les plus recherchés, ensuite ceux de couleur de rose et d'un vert d'émeraude. Les Grecs ont donné à ces différents jaspes des dénominations analogues à leurs couleurs. Pline, liv. XXXVII, chap. VIII et IX.

Les voyageurs nous apprennent qu'on trouve de très beaux jaspes à la Chine, au Japon, dans les terres de Catai (*a*), et de plusieurs autres provinces de l'Asie (*b*). Ils en ont aussi vu au Mexique (*c*).

En Europe, l'Allemagne est le pays où les jaspes se trouvent en plus grande quantité : « La Bohême, dit Boëce de Boot, produit de très beaux jaspes rouges, sanguins, pourprés, » blancs et mélangés de toutes sortes de couleurs. » On trouve cette pierre en masses assez considérables pour en faire des statues (*d*). On connaît aussi les jaspes d'Italie, de Sicile, d'Espagne; et il s'en trouve dans quelques provinces de France, comme en Dauphiné, en Provence, en Bretagne et dans le pays d'Aunis (*e*) : c'est peut-être au *zinopel* ou *sinople* (*f*) que l'on doit rapporter ces jaspes grossiers et rougeâtres du pays d'Aunis.

CAILLOUX

Toutes les stalactites ou concrétions vitreuses demi-transparentes sont comprises dans l'énumération que nous avons faite des agates (*g*), cornalines, sardoines, prases, calcédoines, pierres hydrophanes et pétro-silex, entre lesquelles on trouve sans doute plusieurs nuances intermédiaires, c'est-à-dire des pierres qui participent de la nature des unes et des autres, mais dont nous ne pouvons embrasser le nombre que par la vue de l'esprit, fondée sur ce que, dans toutes ses productions, la nature passe par des degrés insensibles, et des nuances dont il ne nous est possible de saisir que les points saillants et les extrêmes : nous l'avons suivie de la transparence à la demi-transparence dans les matières qui proviennent du quartz, du feldspath et du schorl; nous venons de présenter les jaspes qui sont entièrement opaques, et il ne nous reste à parler que des cailloux qui sont souvent composés de toutes ces matières mêlées et réunies.

Nous devons observer d'abord que l'on a donné le nom de *cailloux* à toutes les pierres, soit du genre vitreux, soit du genre calcaire, qui se présentent sous une forme globuleuse, et qui souvent ne sont que des morceaux ou fragments rompus, roulés et arrondis par le frottement dans les eaux qui les ont entraînés : mais cette dénomination, prise uniquement de la forme extérieure, n'indique rien sur la nature de ces pierres, car ce sont tantôt des fragments de marbres ou d'autres pierres calcaires, tantôt des morceaux de schiste, de granit, de jaspe et autres roches vitreuses plus ou moins usés et polis par les frottements qu'ils ont essuyés dans les sables des eaux qui les ont entraînés. Ces pierres s'amoncellent

(*a*) Voyez l'*Histoire générale des voyages*, t. XXVII, p. 37 et 307; et t. LX, p. 322.

(*b*) On trouve des jaspes en Phrygie, dans la Thrace, l'Assyrie, la Perse, la Cappadoce, l'Inde et l'île de Chypre, l'Amérique, et en plusieurs endroits de l'Allemagne. *Boëce de Bott*, liv. II, p. 250 et 251.

(*c*) Entre les minéraux, on vante une espèce de jaspe que les Mexicains nomment *eztelt*, de couleur d'herbe, avec quelques petites taches de sang. *Histoire générale des voyages*, t. XXVIII, p. 176.

(*d*) *Boëce de Boot*, liv. II, p. 251.

(*e*) On trouve dans le pays d'Aunis un jaspe grossier qui est une espèce de quartz opaque; il y en a du rouge avec des veines blanches; c'est, si l'on veut, du pétro-silex, qui n'est qu'une variété du quartz comme le jaspe. *Journal de physique*, juillet 1782, p. 47.

(*f*) Le sinople ou zinopel est une sorte de jaspe rouge d'un grain moins fin, non susceptible de poli et beaucoup plus chargé de fer; ce métal y est à l'état d'ocre et en assez grande quantité. *Lettres de M. le docteur Demeste*, t. Ier, p. 401.

(*g*) Voyez, ci-devant, p. 498 et suiv.

au bord des rivières ou sont rejetées par la mer sur les grèves et les basses côtes, et on leur donne le nom de *galets* lorsqu'elles sont aplaties.

Mais les cailloux proprement dits, les vrais cailloux, sont des concrétions formées comme les agates par exsudation ou stillation du suc vitreux, avec cette différence que, dans les agates et autres pierres fines, le suc vitreux plus pur forme des concrétions demi-transparentes, au lieu qu'étant plus mélangé de matières terreuses ou métalliques, il produit des concrétions opaques.

Le caillou prend la forme de la cavité dans laquelle il est produit, ou plutôt dans laquelle il se moule, et souvent il offre encore la figure des corps organisés, tels que les bois, les coquilles, les oursins, les poissons, etc., dans lesquels le suc vitreux s'est infiltré en remplissant les vides que laissait la destruction de ces substances : lorsque le fond de la cavité est un plan horizontal, le caillou ne peut prendre que la forme d'une plaque ou d'une table sur le sol ou contre les parois de cette cavité (*a*); mais la forme globuleuse et la disposition par couches concentriques est celle que les cailloux affectent le plus souvent; et tous, en général, sont composés de couches additionnelles, dont les intérieures sont toujours plus denses et plus dures que les extérieures. La cause du mécanisme de cette formation se présente assez naturellement; car la matière qui suinte des parois de la cavité dans laquelle se forme le caillou ne peut qu'en suivre les contours et produire dans cette concavité une première couche qu'on doit regarder comme le moule extérieur et l'enveloppe des autres couches qui se forment ensuite et successivement au dedans de cette première incrustation, à mesure que le suc vitreux peut les pénétrer et suinter à travers ses pores : ainsi, les couches se multiplient en dedans, et les unes au-dessous des autres, tant que le suc vitreux peut les pénétrer et suinter à travers leurs pores; mais, lorsqu'après avoir pris une forte épaisseur et plus de densité, ces mêmes couches ne permettent plus à ce suc de passer jusqu'au dedans de la cavité, alors l'accroissement intérieur du caillou cesse et ne se manifeste plus que par la transmission de parties plus atténuées et de sucs plus épurés, qui produisent de petits cristaux. L'eau passant dans l'intérieur du caillou, chargée de ces sucs, en remplit d'abord la cavité, et c'est alors que s'opère la formation des cristaux qui tapissent l'intérieur des cailloux creux. On trouve quelquefois les cailloux encore remplis de cette eau, et tout observateur sans préjugé conviendra que c'est de cette manière qu'opère la nature; car, si l'on examine avec quelque attention l'intérieur d'un caillou creux ou d'une géode, telle que la belle géode d'améthyste qui est au Cabinet du Roi, on verra que les pointes de cristal dont son intérieur est tapissé partent de la circonférence et se dirigent vers le centre qui est vide : la couche extérieure de la géode est le point d'appui où sont attachées toutes ces pointes de cristal par leur base; ce qui ne pourrait être si la cristallisation des géodes commençait à se faire par les couches les plus voisines du centre, puisque, dans ce dernier cas, ces pointes de cristal, au lieu de se diriger de la circonférence vers le centre, tendraient au contraire du centre à la circonférence, en sorte que l'intérieur, qui est vide, devrait être plein et hérissé de pointes de cristal à sa surface.

(*a*) Les cailloux qui sont en plaques se forment dans les fentes des pierres... Il y a de ces plaques qui peuvent avoir un ou deux pieds et plus de diamètre; d'autres n'ont guère qu'un demi-pied et quelquefois moins; les premières n'ont souvent qu'une ligne ou deux d'épaisseur, les autres trois ou quatre; celles-ci se forment ordinairement dans les fentes horizontales, les autres dans celles qui sont perpendiculaires.

Les parois de ces dernières fentes en sont souvent tapissées dans toute leur étendue, et alors les plaques sont uniformes, c'est-à-dire qu'il ne pend point de leur côté inférieur des mamelons ni des espèces de branches ou ramifications que l'on trouve à celles qui ont pris naissance dans les fentes dont les parois n'étaient qu'à demi ou en partie recouvertes. M. Guettard, *Mémoires de l'Académie des sciences*, année 1762, p. 174 et suiv.

Aussi m'a-t-il toujours paru que l'on devait rejeter l'opinion vulgaire de nos naturalistes, qui n'est fondée que sur une analogie mal entendue : « Les cailloux creux, disent-ils, » se forment autour d'un noyau; la couche intérieure est la première produite, et la couche » extérieure se forme la dernière. » Cela pourrait être s'il y avait en effet un noyau au centre, et que le caillou fût absolument plein; et c'est tout le contraire, car on n'y voit qu'une cavité vide et point de noyau : « mais ce noyau, disent-ils, était d'une substance » qui s'est détruite à mesure que le caillou s'est formé; » or, je demande si ce n'est pas ajouter une seconde supposition à la première, et cela sans fondement et sans succès, puisqu'on ne voit aucun débris, aucun vestige de cette prétendue matière du noyau; d'ailleurs ce noyau, qui n'existe que par supposition, aurait dû être aussi grand que l'est la cavité; et comme, dans la plupart des cailloux creux, cette cavité est très considérable, doit-on raisonnablement supposer qu'un aussi gros noyau se fût non seulement détruit, mais anéanti, sans laisser aucune trace de son existence? Elle n'est en effet fondée que sur la fausse idée de la formation de ces pierres, par couches additionnelles, autour d'un point qui leur sert de centre, tandis qu'elles se forment sur la surface concave de la cavité, qui seule existe réellement.

Je puis encore appuyer la vérité de mon opinion sur un fait certain : c'est que la substance des cailloux est toujours plus pure, plus dure, et même moins opaque à mesure que l'on approche de leur cavité; preuve évidente que le suc vitreux s'atténue et s'épure de plus en plus en passant à travers les couches qui se forment successivement de la circonférence au centre, puisque les couches extérieures sont toujours moins compactes que les intérieures.

Quoique le caillou prenne toutes les formes des moules dans lesquels il se forme, la figure globuleuse est celle qu'il parait affecter le plus souvent; et c'est en effet cette forme de cavité qui s'offre le plus fréquemment au dépôt de la stillation des eaux, soit dans les boursouflures des verres primitifs, soit dans les vides laissés dans les couches des schistes et des glaises, par la destruction des oursins, des pyrites globuleuses, etc., mais ce qui prouve que le caillou proprement dit, et surtout le caillou creux, n'a pas reçu cette figure globuleuse par les frottements extérieurs comme les pierres auxquelles on donne le nom de *cailloux roulés*, c'est que celles-ci sont ordinairement pleines, et que leur surface est lisse et polie, au lieu que celle des cailloux creux est le plus souvent brute et raboteuse : ce n'est pas qu'il ne se trouve aussi de ces cailloux creux qui, comme les autres pierres, ont été roulés par les eaux, et dont la surface s'est plus ou moins usée par le frottement; mais ce second effet est purement accidentel, et leur formation primitive en est totalement indépendante.

En rappelant donc ici la suite progressive des procédés de la nature dans la production des stalactites du genre vitreux, nous voyons que le suc qui forme la substance des agates et autres pierres demi-transparentes est moins pur dans ces pierres que dans les cristaux, et plus impur dans les cailloux que dans ces pierres demi-transparentes. Ce sont là les degrés de transparence et de pureté par lesquels passent les extraits des verres primitifs; ils se réunissent ou se mêlent avec des substances terreuses pour former les cailloux, qui le plus souvent sont mélangés et toujours teints d'une matière ferrugineuse : ce mélange et cette teinture sont les causes de leur opacité; mais ce qui démontre qu'ils tirent leur origine des matières vitreuses primitives, et qu'ils sont de la même essence que les agates et les cristaux, c'est l'égale densité des cailloux et des agates (a) : ils sont aussi à très peu près de la même dureté, et reçoivent également un poli vif et brillant; quelques-uns

(a) Pesanteur spécifique du caillou olivâtre, 26,067; de l'agate orientale, 26,001; du caillou veiné, 26,122; de l'agate onyx, 26,375; et du caillou onyx, 26,644. *Tables de M. Brisson.*

deviennent même à demi transparents lorsqu'ils sont amincis, ils ont tous la cassure vitreuse, ils font également feu contre l'acier; ils résistent de même à l'action des acides, en un mot ils présentent toutes les propriétés essentielles aux substances vitreuses.

Mais, comme chacun des verres primitifs a pu fournir son extrait, et que ces différents extraits se sont souvent mêlés pour former les cailloux, soit dans les rochers quartzeux et graniteux, soit dans les terres schisteuses ou argileuses, et que ces mélanges se sont faits à différentes doses, il s'est formé des cailloux de qualités diverses; la substance des uns contient beaucoup de quartz, et ils sont par cette raison très réfractaires au feu; d'autres, mêlés de feldspath ou de schorl, sont fusibles; enfin d'autres, également fusibles, sont mêlés de matières calcaires : on pourra toujours les distinguer les uns des autres, en comparant avec attention leurs propriétés relatives; mais tous ont la même origine, et tous sont de seconde formation.

Il y a des blocs de pierre qui ne sont formés que par l'agrégation de plusieurs petits cailloux réunis sous une enveloppe commune. Ces blocs sont presque toujours en plus grandes masses que les simples cailloux; et comme le ciment, qui réunit les petits cailloux dont ils sont composés, est souvent moins dur et moins dense que leur propre substance, ces blocs de pierre ne sont pas de vrais cailloux dans toute l'étendue de leur volume, mais des agrégats, souvent imparfaits, de plusieurs petits cailloux réunis sous une enveloppe commune : aussi leur a-t-on donné le nom particulier de *poudingues*, pour les distinguer des vrais cailloux; mais la plupart de ces poudingues ne sont formés que de galets ou cailloux roulés, c'est-à-dire de fragments de toutes sortes de pierres, arrondis et polis par les eaux; et nous ne traitons ici que les cailloux simples, qui, comme les autres stalactites, ont été produits par la concrétion du suc vitreux, soit dans les cavités ou les fentes des rochers ou des terres, soit dans les coquilles (*a*), les os ou les bois sur lesquels ce suc vitreux tombait et qu'il pouvait pénétrer.

(*a*) M. de Mairan étant à Breuilpont, petit village sur la rivière d'Eure, entre Passy et Ivry, observa que tout le terrain, d'une demi-lieue à la ronde, était couvert à sa surface, et même rempli dans son intérieur de pierres qui lui parurent mériter de l'attention... Toutes sont du genre des cailloux, propres à faire feu, couvertes entièrement d'une croûte ou écorce de craie ou de marne. M. de Mairan les a partagées en quatre classes, dont deux sont des pétrifications animales ou faites dans des parties animales, du moins ne peut-il y avoir quelque doute que sur une; c'est celle qui est composée de pierres de toute grandeur, depuis la grosseur du doigt jusqu'à celle d'une tête de taureau; les figures en sont fort irrégulières et différentes, mais elles représentent toutes des ossements d'animaux avec leurs cavités, apophyses, épiphyses, etc., et les représentent d'autant mieux qu'elles sont plus entières, car on les trouve cassées pour la plupart; cette pierre est de beaucoup la plus abondante, et il n'est guère possible que le hasard ait produit entre des pierres et des ossements d'animaux une ressemblance si exacte et tant répétée.

La seconde classe, la moins nombreuse de toutes, est certainement faite dans des parties animales; ce sont des échinites, c'est-à-dire des pierres qui se sont moulées dans l'écaille ou coque ou enveloppe de quelque *echinus* marin ou hérisson de mer; la figure de cette espèce de poisson, qui est à peu près celle d'un conoïde parabolique, les arêtes, les cannelures de l'écaille, l'arrangement de ses éminences, tout est exactement marqué sur ces pierres; elles n'ont point de croûte de craie ou de marne, comme toutes les autres de Breuilpont, mais elles sont entièrement cailloux. M. de Meiran en a trouvé quelques-unes fort grandes et qui ont trois pouces de diamètre à la base de leur conoïde, ce qui n'est pas ordinaire; quoiqu'on soit sûr qu'elles appartiennent toutes à des *echinus*, il n'est pas toujours aisé de déterminer à quelle espèce particulière d'*echinus* chacune appartient; il peut y avoir tel *echinus* marin, et il y a certainement un très grand nombre d'animaux, et surtout de poissons qui ne se trouvent point dans les naturalistes les plus exacts.

Il reste les deux autres classes de pierres de Breuilpont qui sont purement minérales : les unes et les autres ont une croûte terreuse; après quoi vient le caillou, et ensuite un

On doit, comme nous l'avons dit, séparer des vrais cailloux les morceaux de quartz, de jaspe, de porphyre, de granit, etc., qui, ayant été roulés, ont pris une figure globuleuse : ces débris des matieres vitreuses sont en immense quantité (*a*); mais ce ne sont que des débris et non pas des extraits de ces mêmes matières, comme on le reconnait aisément à leur texture qui est uniforme, et qui ne présente point de couches concentriques posées les unes sur les autres, ce qui est le véritable caractère par lequel ont doit distinguer les cailloux de toutes les autres pierres vitreuses, et souvent ces couches qui composent le caillou sont de couleur différente (*b*).

Il se trouve des cailloux dans toutes les parties du monde : on en distingue quelques-uns, comme ceux d'Égypte (*c*), par leurs zones alternatives de jaune et de brun, et par la

creux rempli d'une terre qui se met aisément en poudre. Le creux occupe le milieu de toute la pierre; ces deux classes ne diffèrent qu'en grandeur, en couleur, et un peu en figure; les pierres de la première classe approchent de la figure sphérique; leur plus petit diamètre est de deux pouces, et le plus grand de quatre. La terre qui les couvre est blanche, et celle qui en remplit le creux encore plus. La partie qui est caillou est placée entre deux terres, à un doigt et demi d'épaisseur. La seconde classe est de petites pierres, grosses au plus comme des noix, ordinairement sphériques, quelquefois sphéroïdes ou plates dont le caillou est fort mince, et la terre, tant celle qui les couvre que celle qui en remplit le creux, est d'une couleur roussâtre, comme du café brûlé ou du tabac d'Espagne; cette classe est beaucoup moins nombreuse que l'autre.

M. de Mairan a trouvé quelques-unes de ces pierres qui n'étaient qu'un amas de plusieurs pierres collées ensemble et renfermées sous une croûte commune. *Histoire de l'Académie des sciences*, année 1721, p. 21 et suiv.

(*a*) Dans les environs de Vauvilliers et de Pont-du-Bois, l'on remarque une très grande quantité de cailloux roulés, de toutes sortes de couleurs, comme dans la plaine de Saint-Nicolas en Lorraine : ce sont des fragments de quartz usés par le roulis des eaux, et qui ont formé autrefois les grèves de la mer. *Mémoires de physique*, par M. de Grignon, p. 366. — M. Bowles dit que le pavé de Tolède est composé de pierres rondes de sable qu'on trouve aux environs. Le terrain, ajoute-t-il, abonde en bancs profonds de petits cailloux *non calcaires*, de sorte que le Tage fait découvrir quelques-uns de ces bancs, perpendiculairement coupés, de plus de cinquante pieds de hauteur. *Voyage de Madrid à Almaden*, p. 3 et 4.

(*b*) J'ai amassé, dans les environs de Bourbonne-les-Bains, des cailloux d'une forme ronde plus ou moins parfaite; ils sont presque tous encroûtés d'une couche en décomposition... La surface des uns est lisse, on voit des mamelons qui hérissent celle des autres; enfin, il y en a qui présentent des enfoncements d'une forme régulière. Tous les cailloux de cette espèce que j'ai cassés sont veinés de lignes rouges concentriques, tracées circulairement plus ou moins régulièrement, ou comme des guillochés. Dans la coupe d'un que j'ai fait polir, on voit que ces linéaments sont d'une couleur de rouge vif, que la substance intermédiaire est un silex qui est à demi transparent, laiteux dans des endroits, rembruni dans d'autres; il y a lieu de présumer que la couleur de ces zones, d'un rouge vif, est due à des parties de fer décomposées, qui ont été dissoutes par le fluide qui a formé le caillou qui ressemble en partie à l'agate onyx, et qui a beaucoup de rapport avec le caillou d'Égypte dont il n'a pas l'opacité. *Mémoires de physique*, par M. de Grignon, p. 354.

(*c*) J'aperçus, dit Paul Lucas, sur le bord du Nil, un grand amas de pierres qui attirèrent ma curiosité; je mis pied à terre, je trouvai des cailloux d'une espèce qui me parut avoir quelque chose de particulier; j'en cassai quelques-uns, et y ayant remarqué des veines fort singulières, j'en pris un assez grand nombre et je les emportai dans la barque. Depuis mon retour, j'en ai fait tailler quelques-uns; ils sont plus durs que l'agate, ils prennent un fort beau poliment et sont propres à faire de fort beaux ouvrages. *Troisième voyage de Paul Lucas en Turquie*, etc.; Rouen, 1719, t. II, p. 381. — « Nous fûmes, dit Monconys, souper » au soleil couché dans un champ tout rempli de ces cailloux peints en dedans, ce qui con- » tinue jusqu'au Caire; j'en trouvai d'assez achevés et curieux : l'un avait un cœur parfaite-

singularité de leurs herborisations. Les cailloux d'Oldenbourg sont aussi très remarquables : on leur a donné le nom de *cailloux œillés*, parce qu'ils présentent des taches en forme d'œil.

On a prétendu que les agates, ainsi que les cailloux, renfermaient souvent des plantes, des mousses, etc., et l'on a même donné le nom d'*herborisations* à ces accidents, et le nom de *dentrites* aux pierres qui présentent des tiges et des ramifications d'arbrisseaux : cependant cette idée n'est fondée que sur une apparence trompeuse, et ces noms ne portent que sur la ressemblance grossière et très disproportionnée de ces prétendues herborisations avec les herbes réelles auxquelles on voudrait les comparer ; et, dans le vrai, ce ne sont ni des végétations, ni des végétaux renfermés dans la pierre, mais de simples infiltrations d'une matière terreuse ou métallique dans les délits ou petites fentes de sa masse (*a*) ; l'observation et l'expérience en fournissent également des preuves que M. Mongez a nouvellement rassemblées et mises dans un grand jour (*b*) : ainsi les agates et les cailloux herborisés ne sont que des agates et des cailloux moins solides, plus fêlés que les autres ; ce seraient des pierres irisées si la substance du caillou était transparente, et si d'ailleurs ces petites fentes n'étaient pas remplies d'une matière opaque qui intercepte la lumière.

» ment bien fait et grand, qui avait une cicatrice à un côté, et, l'ayant ouvert, le cœur navré » était peint aux deux côtés ; un autre avait de grands ceps de vigne avec les pampres ; un » autre représentait une tête de mort dedans un lieu enfoncé comme une caverne, avec » des flammes ou fumées tout autour, et d'autres avaient diverses figures moins parfaites, « mais fort curieuses. » *Journal des voyages de Monconys* ; Lyon, 1645, première partie, p. 250.

(*a*) L'on a confondu souvent, et mal à propos, des fils talqueux et d'amiante, et des dissolutions métalliques, avec des poils, des mousses, des *lichens* qu'on a cru voir dans les agates et les cailloux. *Mémoires de l'Académie des sciences*, année 1776, p. 684. — On trouve aux environs de Châteauroux plusieurs dendrites ou pierres herborisées ; on les tire d'une carrière de moellons située à vingt-cinq ou trente pas de la rivière d'Indre, elles sont à quinze ou vingt pieds de profondeur, et on les y rencontre en très grande abondance. La pierre se fend aisément par lits ; c'est par l'intervalle qui est entre ces lits que la matière colorante s'est insinuée, car ce n'est qu'en défendant la pierre qu'on aperçoit l'espèce de peinture qu'elle a formée. Il y en a quelques-unes qu'on aurait bien de la peine à imiter. *Histoire de l'Académie des sciences*, année 1775, p. 16.

(*b*) On doit attribuer l'origine des herborisations à des infiltrations. M. Mongez appuie ce sentiment sur ce qu'on a trouvé des masses d'argile et d'autres matières dont l'intérieur était herborisé, et qui se partageaient constamment dans l'endroit de ces herborisations : ainsi le silex, les agates et les pierres herborisées ne devront les diverses figures de mousses et de plantes dont elles sont ornées qu'à une matière déposée par l'infiltration dans leurs fentes, qui, quoique très difficiles à apercevoir à l'aide du microscope dans les agates, sont néanmoins sensibles dans les enhydres du Vicentin. En effet, ces petites géodes de calcédoines perdent facilement par l'évaporation l'eau qu'elles contiennent. Les place-t-on ensuite dans une éponge imbibée d'eau, elles reprennent à la longue le liquide qu'elles avaient perdu. Cette perte et cette absorption alternatives démontrent l'existence des fentes ou suçoirs qui fuient l'œil de l'observateur. Toutes les géodes elles-mêmes qui forment un vide produit par l'évaporation de l'eau de cristallisation contiennent aussi des fentes, et on en voit qui, dans leur rupture, montrent l'entrée et l'issue du fluide. On peut donc assurer constamment que les pierres herborisées, de quelque nature qu'elles soient, ont offert aux sucs colorants des fentes capables de les recevoir et de produire l'effet des tubes capillaires.

M. Mongez a fait quelques recherches sur la nature de ces sucs. Les uns charient une argile brunâtre très accentuée, et leurs traces se décolorent au feu ; telles sont les argiles et les marnes herborisées de Cavireau près d'Orléans, et de Châteauroux en Berri. On en voit de bitumineuses que le feu fait entièrement disparaître. La troisième espèce, enfin, est due à des chaux martiales, et le phlogistique des charbons suffit pour les revivifier. *Journal de physique*, mai 1781, p. 387 et suiv.

Cette matière est moins compacte que la substance de la pierre; car la pesanteur spécifique des agates et des cailloux herborisés n'est pas tout à fait aussi grande que celle de ces mêmes pierres qui ne présentent point d'herborisations (a).

On trouve ces prétendues représentations de plantes et d'arbres encore plus fréquemment dans les pierres calcaires que dans les matières vitreuses; on voit de semblables figures aussi finement dessinées, mais plus en grand, sur plusieurs pierres communes et calcinables de l'espèce de celles qui se délitent facilement et que la gelée fait éclater : ce sont les fentes et les gerçures de ces pierres qui donnent lieu à ces sortes de paysages, chaque fente ou délit produit un tableau différent et dont les objets sont ordinairement répétés sur les deux faces contiguës de la pierre. « La matière colorante des dendrites, dit » M. Salerne (b), n'est que superficielle, ou du moins ne pénètre pas profondément dans » la pierre : aussi, lorsqu'elles ont été exposées pendant un certain temps aux injures de » l'air, le coloris des images s'affaiblit insensiblement, et leurs traits s'effacent à la fin; » un degré de chaleur assez modéré fait aussi disparaître promptement les herborisations » de ces dendrites, mais elles résistent sans altération à l'eau de savon, à l'huile de tartre » par défaillance, à l'esprit volatil du sel ammoniac, à l'esprit-de-vin : si, au contraire, on » fait tremper pendant quelque temps une dendrite dans du vinaigre distillé, les figures » s'effacent en partie, quoique leurs traces y restent encore d'une manière assez apparente; » mais l'esprit de vitriol décolore sur-le-champ ces dendrites, et, lorsqu'elles ont séjourné » pendant vingt-quatre heures dans cette liqueur, le paysage disparaît entièrement. » Néanmoins ces acides n'agissent pas immédiatement sur les herborisations, et ne les effacent qu'en dissolvant la substance même de la pierre sur laquelle elles sont tracées, car cette pierre dont parle M. Salerne était calcaire et de nature à être dissoute par les acides.

On peut imiter les herborisations, et il est assez difficile de distinguer les fausses dendrites des véritables; « il est bien vrai, dit l'historien de l'Académie, que, pour faire » perdre à des agates ces ramifications d'arbrisseaux ou de buissons qui leur ont été » données par art, ou, ce qui est la même chose, effacer les couleurs de ces figures, il ne » faut que tremper les pierres dans de l'eau-forte, et les laisser ainsi à l'ombre dans un » lieu humide pendant dix ou douze heures; mais il n'est pas vrai que ce soit là, comme » on le croit, un moyen sûr de reconnaître les dendrites artificielles d'avec les naturelles. » M. de la Condamine fit cette épreuve sur deux dendrites, moins pour la faire que pour » s'assurer encore qu'il n'en arriverait rien, car les deux agates étaient hors de tout » soupçon, surtout par l'extrême finesse de leurs rameaux, qui est ce que l'art ne peut » attraper; effectivement, pendant trois ou quatre jours il n'y eut aucun changement; mais » par bonheur les dendrites, mises en expérience, ayant été oubliées sur une fenêtre pendant quinze jours d'un temps humide et pluvieux, M. de la Condamine les retrouva fort » changées; il s'était mêlé un peu d'eau de pluie avec ce qui restait d'eau forte dans le » vase : l'agate où la couleur des arbrisseaux était la plus faible l'avait entièrement perdue, » hors dans un seul petit endroit; l'autre était partagée en deux parties, celle qui trempait dans la liqueur était effacée, celle qui demeurait à sec avait conservé toute sa netteté » et la force des traits de ses arbrisseaux. Il a fallu, pour cette expérience, de l'oubli, au » lieu de soin et d'attention (c). »

(a) La pesanteur spécifique de l'agate orientale est de 25,901; de l'agate irisée, 25,535; de l'*agate herborisée*, 25,981; la pesanteur spécifique du caillou olivâtre, 26,067; du caillou taché, 25,867; du caillou veiné, 26,122; du caillou onyx, 26,644; et du *caillou herborisé d'Égypte*, 25,648. *Tables de M. Brisson.*

(b) *Mémoires des Savants étrangers*, t. III. Voyez aussi les Observations de M. l'abbé de Sauvages, dans les *Mémoires de l'Académie des sciences*, année 1745.

(c) *Histoire de l'Académie des sciences*, année 1733, p. 231.

Il paraît donc que l'acide aérien, ainsi que les autres acides, pénètrent à la longue dans les mêmes petites fêlures qui ont donné passage à la matière des herborisations, et qu'ils doivent les faire disparaître lorsque cette matière est de nature à pouvoir être dissoute par l'action de ces mêmes acides : aussi avons-nous démontré que c'est cet acide aérien qui peu à peu décompose la surface des cailloux exposés aux impressions de l'air, et qui convertit, avec le temps, toutes les pierres vitreuses en terre argileuse.

POUDINGUES

Les cailloux composés d'autres petits cailloux, réunis sous une même enveloppe par un ciment de même essence, sont encore des cailloux qui ne diffèrent des autres qu'en ce qu'ils sont des agrégats de cailloux précédemment formés et qui, se trouvant environnés par des matières vitreuses, forment une masse dont la texture est différente de celles des cailloux produits immédiatement par le suc vitreux et composés de couches additionnelles et concentriques. Quelque grossier que soit le ciment vitreux qui réunit ces petits cailloux, leurs agrégats ne laissent pas d'être mis au nombre des poudingues, et même ce nom se prend dans une acception plus étendue, car on nomme *poudingues* toutes les pierres composées de morceaux d'autres pierres plus anciennes, unis ensemble par un ciment pierreux quelconque, quoique souvent ces petits cailloux des poudingues ne soient pas de vrais cailloux formés par le suintement des eaux, mais simplement des fragments de quartz, de jaspe et d'autres matières vitreuses, dont les morceaux longtemps roulés dans les sables, et arrondis par le frottement, se sont ensuite agglutinés et réunis les uns aux autres dans ces mêmes sables, par l'accession d'un suc ou ciment vitreux plus ou moins pur, ou même d'un suc calcaire.

Il y a donc des poudingues dont les pierres constituantes, et le ciment vitreux qui les lie, sont de même essence, presque également compactes, et ces poudingues ont la dureté, la densité et toutes les autres propriétés du caillou; dans d'autres poudingues, également vitreux et en beaucoup plus grand nombre, les fragments soit des cailloux proprement dits, soit simplement de pierres roulées, n'étant réunis que par un ciment plus faible ou plus impur, la masse qui en résulte n'est pas également dure et dense dans toutes ses parties, et par conséquent ces poudingues ne reçoivent un poli vif que sur les petits cailloux dont ils sont composés, et leur ciment, quoique vitreux, n'a pas assez de dureté pour prendre le même éclat que le caillou qu'il enveloppe; enfin, il y a d'autres poudingues composés de cailloux réunis par un ciment calcaire, et d'autres qui sont purement calcaires, n'étant composés que de morceaux de pierre dure ou de marbre, réunis par un ciment spathique ou terreux, comme sont les marbres-brèches (*a*).

Nous avons parlé des brèches à l'article des marbres : ainsi nous ne ferons ici mention que des poudingues vitreux, tels que ceux qu'on a nommés *cailloux d'Écosse* ou *d'Angleterre*, et nous observerons qu'il s'en trouve d'aussi beaux en France. Nous avons déjà cité les *cailloux de Rennes* (*b*), et l'on peut y joindre les poudingues de Lorraine, et ceux

(*a*) M. Guettard donne le nom de *poudingues* à toutes les pierres qui sont formées de cailloux vitreux ou pierres calcaires réunies ensemble par un ciment quelconque; il croit, par conséquent, que l'on peut ranger les marbres-crèches avec les poudingues. *Mémoires de l'Académie des sciences*, année 1753, p. 139.

(*b*) Les cailloux de Rennes sont des poudingues qui, par la variété de leurs couleurs, par leur dureté et l'éclat du poli, peuvent être comparés aux cailloux d'Angleterre. « Je ne sais » même, dit M. Guettard, si le fond rouge des cailloux de Rennes ne pourrait pas les faire

de quelques autres de nos provinces. « Avant d'arriver à Remiremont, dit M. de Grignon (*a*), l'on rencontre des poudingues rouges, gris et jaunes; ils sont d'une très grande » dureté et susceptibles d'un poli éclatant. » Mais, en général, il y a peu de poudingues dont toutes les parties se polissent également, le ciment vitreux étant presque toujours plus tendre que les cailloux qu'il réunit; car ce ciment n'est ordinairement composé que de petits grains de quartz ou de grès, qui ne sont, pour ainsi dire, qu'agglutinés ensemble : plus ces grains sont gros, plus le ciment est imparfait et friable, en sorte qu'il y a des poudingues qu'on peut diviser ou casser sans effort; ceux dont les grains du ciment sont plus fins ou plus rapprochés ont aussi plus de cohérence; mais il n'y a que ceux dans lesquels les grains du ciment sont très atténués ou dissous qui aient assez de dureté pour recevoir un beau poli. On peut donc dire que la plupart des poudingues vitreux ne sont que des grès plus ou moins compacts, dans lesquels sont renfermés de petits cailloux de toutes couleurs et toujours plus durs que leur ciment.

La plus grande partie des cailloux qui composent les poudingues sont, comme nous l'avons dit, des fragments roulés : on peut en effet observer que ces fragments vitreux sont rarement anguleux, mais ordinairement arrondis, et plus ou moins usés et polis sur toute leur surface. Les poudingues nous offrent en petit ce que nous présentent en grand les bancs vitreux ou calcaires, qui sont composés des débris roulés de pierres plus anciennes. Ce sont également des agrégats de débris plus ou moins gros de diverses pierres, et surtout des roches primitives, qui ont été transportés, roulés et déposés par les eaux, et qui ont formé des masses plus ou moins dures, selon qu'ils se sont trouvés dans des sables plus ou moins fins et plus ou moins analogues à leur propre substance (*b*).

La beauté des poudingues dépend non seulement de la dureté de leur ciment, mais aussi de la vivacité et de la variété de leurs couleurs. Après les cailloux de Rennes, les

» préférer aux poudingues d'Angleterre, dont le fond de couleur est communément d'un » brun plus ou moins foncé, ce qui les rapproche beaucoup plus des poudingues communs. » La couleur rouge des cailloux de Rennes est variée de jaune... quelquefois il y a de petites » marques entièrement jaunes et d'autres qui n'ont qu'un très petit point rouge dans leur » milieu... Entre ces cailloux, on en remarque quelquefois de petits qui sont blancs, qui ont » quelque chose de transparent, et l'air de tenir de la nature du quartz... Outre les cailloux, » dont le fond de couleur est rouge, il s'en trouve qui sont verdâtres... On trouve dans » d'autres provinces de la France des poudingues qui ont encore plus de rapport que les » cailloux de Rennes avec ceux d'Angleterre, mais qui ne prennent pas aussi bien le poli. » *Mémoires de l'Académie des sciences*, année 1753, p. 153.

(*a*) *Mémoires de physique*, p. 385.

(*b*) « Aucun des poudingues, dit M. Guettard, dont il a été question jusqu'à présent, ne » prendrait peut-être un aussi beau poli qu'une espèce de ce genre de pierre qui se trouve » dans quelques carrières de cailloux de pierre à fusil des environs de l'Aigle en Normandie... Ils y ont été liés, après leur formation, par une matière semblable à celle dont ils » sont faits eux-mêmes et qui, les égalant au moins en dureté, doit prendre un poli qui ne » doit point le céder en vivacité à celui que l'on donne à la pierre à fusil... Leur couleur » est brune ou d'un brun noirâtre.

» Si beau que fût le poli de ce poudingue, il ne le serait peut-être pas encore autant que » celui que prend une pierre de la Rochepont-Saint-Thibault, près Maltavenue en Orléanais. » Un défaut de tous les poudingues, excepté ceux de l'Aigle, les cailloux de Rennes et les » brèches, vient de ce que, si dur que soit le ciment qui lie leurs cailloux, il ne l'est pas encore » autant qu'eux. Le ciment de la Rochepont-Saint-Thibault est si considérable, qu'il semble » même qu'il n'y en ait pas, et que ces cailloux ne soient seulement que différentes grandes » taches d'une pierre composée d'une matière aussi marbrée et qui s'est durcie... Leur » couleur est des plus simples et des moins variées : un peu de jaune terne sur un fond » brun fait tout le marbré de cette pierre qui se trouve en assez grande masse. » *Mémoires de l'Académie des sciences*, année 1753, p. 165 et 166.

poudingues de France les plus remarquables et les plus variés par leurs nuances sont ceux qu'on rencontre sur le chemin de Pontoise à Gisors, et ceux du gué de Lorrey : les cailloux que renferment ces poudingues sont assez gros, et leur ciment est blanc ou brun.

Au reste, tous les poudingues sont opaques ainsi que les cailloux et ce sont, avec les grès, les dernières concrétions quartzeuses : nous avons présenté successivement, et à peu près dans l'ordre de leur formation, les extraits cristallisés du quartz, du feldspath et du schorl, ensuite leurs stalactites demi-transparentes, et enfin les jaspes et les concrétions opaques de toutes ces matières vitreuses. Nous ne pouvons pas suivre la même marche pour les concrétions du mica, parce qu'à l'exception du talc qui est transparent, et dont nous avons déjà parlé (*a*), les concrétions de ce cinquième verre primitif sont presque toutes sans transparence.

STALACTITES ET CONCRÉTIONS DU MICA

La première et la plus pure de ces concrétions est le talc qui n'est formé que par de petites parcelles de mica demi-dissoutes, ou du moins assez atténuées pour faire corps ensemble et se réunir en lames minces par leur affinité. Les micas blancs et colorés produisent, par leur agrégation, des talcs qui présentent les mêmes couleurs et qui ne diffèrent des micas qu'en ce qu'ils sont en lames plus étendues et plus douces au toucher. Le talc est donc la plus simple de toutes les concrétions de ce verre primitif ; mais il y a un grand nombre d'autres substances micacées dont l'origine est la même et dont les différences ne proviennent que du mélange de quelques autres matières qui leur ont donné plus de solidité que n'en ont les micas et les talcs purs : telles sont les pierres auxquelles on a donné le nom de *stéatites* parce qu'elles ont quelque ressemblance avec le suif par leur poli gras et comme onctueux au toucher. La poudre de ces pierres stéatites, comme celle du talc, s'attache à la peau et paraît l'enduire d'une sorte de graisse : cet indice, ou plutôt ce caractère particulier, démontre évidemment que le talc domine dans la composition de toutes les stéatites dont les principales variétés sont les jades, les serpentines, les pierres ollaires, la craie d'Espagne, la pierre de lard de la Chine et le crayon noir ou la molybdène, auxquelles on doit encore ajouter l'asbeste, l'amiante, ainsi que le cuir et le liège de montagne : toutes ces substaces, quoiqu'en apparence très différentes entre elles, tirent également leur origine de la décomposition et de l'agrégation du mica ; ce ne sont que des modifications de ce verre primitif plus ou moins dissous, et souvent mélangé d'autres matières vitreuses, qui, dans plusieurs de ces pierres, ont réuni les particules micacées de plus près qu'elles ne le sont dans les talcs, et leur ont donné plus de consistance et de dureté ; car toutes ces stéatites, sans même en excepter le jade dans son état de nature, sont plus tendres que les pierres qui tirent leur origine du quartz, du jaspe, du feldspath et du schorl ; parce que des cinq verres primitifs, le mica est celui qui, par son essence, a le moins de solidité, et que même il diminue celle des substances dans lesquelles il se trouve incorporé, ou plutôt disséminé.

Toutes les stéatites sont plus ou moins douces au toucher, ce qui prouve qu'elles contiennent beaucoup de parties talqueuses ; mais le talc n'est, comme nous l'avons dit, que du mica atténué par l'impression des éléments humides : aussi, lorsqu'on fait calciner du talc (*b*) ou de la poudre de ces pierres stéatites, le feu leur enlève également cette pro-

(*a*) Voyez les articles du *Mica* et du *Talc*.

(*b*) Les stéatites ont beaucoup de rapport avec les pierres ollaires : leur onctuosité est telle que, lorsqu'on les touche, elles produisent la même sensation qu'occasionne une pierre

priété onctueuse; ils deviennent moins doux au toucher, comme l'était le mica avant d'avoir été atténué par l'eau.

Comme les micas ont été disséminés partout dès les premiers temps de la consolidation du globe, les produits secondaires de ces concrétions et agrégations sont presque aussi nombreux que ceux de tous les autres verres primitifs : les micas en dissolution paraissent s'être mêlés dans les quartz gras, les pétro-silex et les jades dont le poli ou la transparence graisseuse provient des molécules talqueuses qui y sont intimement unies. On les reconnaît dans les serpentines et dans les pierres ollaires, qui, comme les jades, acquièrent plus de dureté par l'action du feu; on les reconnait de même dans la pierre de lard de la Chine et dans la molybdène. Toutes ces stéatites ou pierres micacées sont opaques et en masses uniformément compactes; mais les parties talqueuses sont encore plus évidentes dans les stéatites dont la masse n'est pas aussi compacte et qui sont composées de couches ou de lames distinctes, telles que la craie de Briançon; enfin, on peut suivre la décomposition des micas et des talcs jusqu'aux amiantes, asbestes, cuir et liège de montagne, qui ne sont que des filets très déliés, ou des feuillets minces et conglomérés d'une substance talqueuse ou micacée, lesquels ne se sont pas réunis en larges lames, comme ils le sont dans les talcs.

JADE

Le jade est une pierre talqueuse qui, néanmoins, dans l'état où nous la connaissons, est plus dense (*a*) et plus dure (*b*) que le quartz et le jaspe, mais qui me paraît n'avoir acquis cette densité et cette grande dureté que par le moyen du feu : comme le jade est demi-transparent lorsqu'il est aminci, ce caractère l'éloigne moins des quartz que des jaspes, qui tous sont pleinement opaques, et l'on ne doit pas attribuer l'excès de sa densité sur celle du quartz aux parties métalliques dont on pourrait supposer qu'il serait imprégné, car le jade blanc, auquel le mélange du métal n'a pas donné de couleur, pèse autant que les jades colorés de vert et d'olivâtre, et tous pèsent spécifiquement plus que le quartz : il n'y a donc que le mélange du schorl qui aurait pu produire cette augmentation de densité; mais, dans cette supposition, le jade aurait acquis par ce mélange du schorl un certain degré de fusibilité, et cependant M. d'Arcet, qui a fait l'analyse chimique du jade, n'a pas observé cette fusibilité; il dit seulement que le jade contient du quartz, qu'il prend au feu encore plus de dureté qu'il n'en avait auparavant, qu'il y change de couleur et que, de vert ou verdâtre, il devient jaune ou jaunâtre. Mais M. Demeste assure que le jade se

enduite d'une légère couche d'huile. Lorsque ces pierres sont calcinées, elles deviennent rudes au toucher, solides et composées de petits feuillets opaques et brillants; elles prennent alors le nom de *talcite*... On trouve de ces *talcites micacées* dans les environs du Vésuve et de l'ancien cratère du volcan d'Albano près de Rome, qui est aujourd'hui un lac nommé *Lago di castello*, parce qu'il est situé près de Castel-Gondolfe. *Lettres de M. Demeste*, t. Ier, p. 544.

(*a*) La pesanteur spécifique du jade blanc est de 29,502; celle du jade vert de 29,660, et du jade olivâtre de 29,829, tandis que celle du quartz le plus pesant n'est que de 26,546, et celle de tous les jaspes n'est que de 26 ou 27,000. Voyez *Tables de M. Brisson*.

(*b*) M. Pott, dans sa *Lithogéognosie*, t. II, dit expressément que *le jade ne fait point feu contre l'acier;* mais je puis assurer qu'ayant fait cette épreuve sur du jade vert et du jade blanc, il m'a paru que ces pierres étincelaient autant qu'une autre pierre vitreuse : il est vrai que, connaissant leur grande dureté, je me suis servi de limes au lieu d'acier pour les choquer et en tirer des étincelles.

boursoufle à un feu violent, et qu'il se vitrifie sans aucun intermède : ces faits paraissent opposés, et néanmoins peuvent se concilier. Il est certain que le jade, quoique très dur, se durcit encore au feu; et cette propriété le rapproche déjà des serpentines et autres pierres talqueuses, qui deviennent d'autant plus dures qu'elles sont plus violemment chauffées; et, comme il y a des ardoises et des schistes dont la densité approche assez de celle du jade (*a*), on pourrait imaginer que le fond de la substance de cette pierre est un schiste qui, ayant été pénétré d'une forte quantité de suc quartzeux, a acquis cete demi-transparence et pris autant et plus de dureté que le quartz même; et, si le jade se fond et se vitrifie sans intermède, comme le dit M. Demeste, on pourrait croire aussi qu'il est entré du schorl dans sa composition, et que c'est par ce mélange qu'il a acquis sa densité et sa fusibilité.

Néanmoins le poli terne, gras et savonneux de tous les jades, ainsi que leur endurcissement au feu, indiquent évidemment que leur substance n'est composée que d'une matière talqueuse dont ces deux qualités sont les principaux caractères; et les deux autres propriétés par lesquelles on serait en droit de juger de la nature du jade, c'est-à-dire sa dureté et sa densité, pourraient bien ne lui avoir pas été données par la nature, mais imprimées par le secours de l'art et principalement par l'action du feu, d'autant que jusqu'ici l'on n'a pas vu des jades dans leurs carrières ni même en masses brutes, et qu'on ne les connaît qu'en morceaux travaillés : d'ailleurs le jade n'est pas, comme les autres produits de la nature, universellement répandu; je ne sache pas qu'il y en ait en Europe. Le jade blanc vient de la Chine, le vert de l'Indoustan, et l'olivâtre de l'Amérique méridionale (*b*); nous ne connaissons que ces trois sortes de jades qui, quoique produits ou travaillés dans des régions si éloignées les unes des autres, ne diffèrent néanmoins que par les couleurs; il s'en trouve de même dans quelques autres contrées des deux Indes (*c*), mais toujours en morceaux isolés et travaillés; cela seul suffirait pour nous faire soupçonner que cette matière, telle que nous la connaissons, n'est pas un produit immédiat de la nature; et je me persuade que ce n'est qu'après l'avoir travaillée qu'on lui a donné, par le moyen du feu, sa très grande dureté; car de toutes les pierres vitreuses le jade est la plus dure, les meilleures limes ne l'entament pas, et l'on prétend qu'on ne peut le travailler qu'avec la poudre de diamant; néanmoins les anciens Américains en avaient fait des haches, et sans doute ils ne s'étaient pas servis de poudre de diamant pour donner au jade cette forme tranchante et régulière. J'ai vu plusieurs de ces haches de jade olivâtre de différente grandeur; j'en ai vu d'autres morceaux travaillés en forme de cylindre et percés d'un bout à l'autre, ce qui suppose l'action d'un instrument plus dur que la pierre; or, les Américains n'avaient aucun outil de fer, et ceux de notre acier ne peuvent percer le jade dans l'état où nous

(*a*) La pesanteur spécifique du schiste qui couvre les bancs d'ardoise est de 28,276.

(*b*) La rivière de Topayos, qui descend des mines du Brésil, est habitée par des Indiens; les Portugais y ont des forts, et c'est chez les Topayos qu'on trouve aujourd'hui plus facilement qu'ailleurs de ces pierres vertes, connues sous le nom de *pierres des Amazones*, dont on ignore l'origine, et qui ont été longtemps recherchées pour la vertu qu'on leur attribuait de guérir de la pierre, de la colique néphrétique et de l'épilepsie. Elles ne diffèrent ni en dureté ni en couleur du jade oriental; elles résistent à la lime, et l'on a peine à s'imaginer comment les anciens habitants du pays ont pu les tailler et leur donner différentes figures d'animaux. M. de La Condamine observe que ces pierres vertes deviennent plus rares de jour en jour, autant parce que les Indiens, qui en font grand cas, ne s'en défont pas volontiers, que parce qu'on en fait passer un fort grand nombre en Europe. *Histoire générale des Voyages*, t. XIV, p. 42 et 43.

(*c*) On nous assure qu'il y a du jade vert à Sumatra, et M. de La Condamine dit qu'on trouve du jade olivâtre sur les côtes de la mer du Sud au Pérou, aussi bien que sur les terres voisines de la rivière des Amazones.

le connaissons ; on doit donc penser qu'au sortir de la terre le jade est moins dur que quand il a perdu toute son humidité par le dessèchement à l'air, et que c'est dans cet état humide que les sauvages de l'Amérique l'ont travaillé (a). On fait dans l'Indoustan des tasses et d'autres vases de jade vert; à la Chine, on sculpte en magots le jade blanc; l'on en fait aussi des manches de sabre, et partout ces pierres ouvragées sont à bas prix. Il est donc certain qu'on a trouvé les moyens de creuser, figurer et graver le jade avec peu de travail et sans se servir de poudre de diamant.

Le jade vert n'a pas plus de valeur réelle que le jade blanc, et il n'est estimé que par des propriétés imaginaires, comme de préserver ou guérir de la pierre, de la gravelle, etc., ce qui lui a fait donner le nom de *pierre néphrétique*. Il serait difficile de deviner sur quel fondement les Orientaux et les Américains se sont également, et sans communication, infatués de l'idée des vertus médicinales de cette pierre : ce préjugé s'est étendu en Europe et subsiste encore dans la tête de plusieurs personnes, car on m'a demandé souvent à emprunter quelques-unes de ces pierres vertes pour les appliquer, comme amulettes, sur l'estomac et sur les reins ; on les taille même en petites plaques, un peu courbées pour les rendre plus propres à cet usage.

Les plus grands morceaux de jade que j'aie vus n'avaient que neuf ou dix pouces de longueur, et tous, grands et petits, ont été taillés et figurés. Au reste, nous n'avons aucune connaissance précise sur les matières dont le jade est environné dans le sein de la terre, et nous ignorons quelle peut être la forme qu'il affecte de préférence. Nous ne pouvons donc qu'exhorter les voyageurs éclairés à observer cette pierre dans le lieu de sa formation : ces observations nous fourniraient plus de lumières que l'analyse chimique sur son origine et sa composition.

En attendant ce supplément à nos connaissances, je crois qu'on peut présumer avec fondement que le jade, tel que nous le connaissons, est autant un produit de l'art que de la nature; que, quand les sauvages l'ont travaillé, percé et figuré, c'était une matière tendre qui n'a acquis sa grande dureté et sa pleine densité que par l'action du feu auquel ils ont exposé leurs haches et les autres morceaux qu'ils avaient percés ou gravés dans leur état de mollesse ou de moindre dureté; j'appuie cette présomption sur plusieurs raisons et sur quelques faits : 1° j'ai vu une petite hache de jade olivâtre d'environ quatre pouces de longueur sur deux pouces et demi de largeur, et un pouce d'épaisseur à la base, venant des terres voisines de la rivière des Amazones, et cette hache n'avait pas à beaucoup près la dureté des autres haches de jade; on pouvait l'entamer au couteau, et dans cet état elle n'aurait pu servir à l'usage auquel sa forme de hache démontrait qu'elle était destinée; je suis persuadé qu'il ne lui manquait que d'avoir été chauffée, et que par la seule action du feu elle serait devenue aussi dure que les autres morceaux de jade qui ont la même forme. Les expériences de M. d'Arcet confirment cette présomption, puisqu'il a reconnu qu'on augmente encore la dureté du jade en le chauffant ;

2° Le poli gras et savonneux du jade indique que sa substance est imprégnée de molécules talqueuses qui lui donnent cette douceur au toucher, et ceci se confirme par un second rapport entre le jade et les pierres talqueuses, telles que les serpentines et pierres ollaires, qui toutes sont molles dans leurs carrières et qui prennent à l'air, et surtout au feu, un grand degré de dureté ;

3° Comme le jade se fond, suivant M. Demeste, à un feu violent, et que les micas et le talc peuvent s'y fondre de même et sans intermède, je serais porté à croire que cette pierre pourrait n'être composée que de quartz mêlé d'une assez grande quantité de mica ou de

(a) Seyfried raconte qu'on trouve auprès du fleuve des Amazones une terre verdâtre qui est tout à fait molle sous l'eau, mais qui, étant à l'air, acquiert la dureté du diamant. *Mémoires de l'Académie de Berlin*, année 1747.

talc pour devenir fusible, ou que, si le seul mélange du talc ne peut produire cette fusibilité du jade, on doit encore y supposer une certaine quantité de schorl qui aurait augmenté sa densité et sa fusibilité.

Enfin nous nous rapprocherons de l'ordre de la nature autant qu'il est possible en regardant le jade comme une matière mixte et formant la nuance entre les pierres quartzeuses et les pierres micacées ou talqueuses dont nous allons traiter.

SERPENTINES

Ce nom de *serpentine* vient de la variété des petites taches que ces pierres présentent lorsqu'elles sont polies, et qui sont assez semblables aux taches de la peau du serpent. La plupart de ces pierres sont pleinement opaques; mais il s'en trouve aussi qui ont naturellement une demi-transparence, ou qui la prennent lorsqu'elles sont amincies : ces serpentines demi-transparentes ont plus de dureté que les autres, et ce sont celles qui approchent le plus du jade par ces deux caractères de demi-transparence et de dureté (*a*); d'ailleurs elles diffèrent des autres serpentines et ressemblent encore au jade olivâtre par leur couleur verdâtre, uniforme, sans tache et sans mélange d'autres couleurs, tandis qu'il y a des taches en grand nombre et de couleurs diverses dans toutes les serpentines opaques. Celles qui sont demi-transparentes, étant plus dures que les autres, reçoivent un beau poli, mais toujours un peu gras comme celui du jade; elles sont assez rares, et les naturalistes qui ont eu occasion de les observer en distinguent deux sortes, toutes deux à demi transparentes lorsqu'elles sont réduites à une petite épaisseur : l'une paraît composée de filaments réunis les uns contre les autres, et présente une cassure fibreuse; on l'a trouvée en Saxe, près de Zœblitz, où elle a été nommée *pierre néphrétique* à cause de sa grande ressemblance avec le jade verdâtre qui porte aussi ce nom (*b*); l'autre se trouve en Suède, et ne présente pas de fibres, mais des grains dans sa cassure.

(*a*) La pierre serpentine, dit M. Pott, dont on a fait au tour tant de mortiers et de vases à broyer, acquiert une extrême dureté au feu; elle est même remarquable par sa noirceur ou son vert foncé, et l'on peut la regarder comme une sorte singulière de pierre ollaire; en la calcinant dans un vaisseau fermé, elle jaunit considérablement... La pierre néphrétique (ou le jade), que les anciens ont pris communément pour une espèce de jaspe vert, doit aussi être rapportée à la nôtre, puisque ce n'est au fond qu'une espèce singulière de stéatite, plus ou moins transparente et verte, mais qui surpasse de beaucoup toutes les autres en dureté. Que la principale partie de sa terre soit stéatique, c'est ce qu'on ne saurait contester en voyant la manière dont elle se durcit au feu, qui va jusqu'à la rendre propre à jeter des étincelles. *Mémoires de l'Académie de Berlin*, année 1747, p. 69.

(*b*) On la trouve à Zœblitz en Saxe, à Sahlberg en Suède, dans quelques endroits en Espagne et en Corse. — « La serpentine, dit M. Demeste, est plus dure et d'un tissu beau» coup plus fin que la pierre de Côme, ce qui la rend susceptible d'un assez beau poli : » aussi en fait-on différents vases et même des ornements. On en trouve encore de la verte » qui est demi-transparente, et qu'on prendrait, à la beauté du poli, pour du jade ou du » jaspe vert. Le fond de cette pierre est ordinairement verdâtre ou jaunâtre, quelquefois » cendré avec des taches vertes différemment nuancées, et rarement rougeâtres. Le fer » qui la colore y est dans un état de chaux imparfaite, puisqu'il conserve la propriété de » faire changer la direction de l'aiguille aimantée. Il est même assez ordinaire d'y rencon» trer des cristaux octaèdres de mine de fer noirâtre, attirables à l'aimant... La serpentine » contient aussi quelquefois du mica, et même des veines d'asbestes ou d'amiante. Les » Florentins nomment *gabro* celle qui est mêlée de schorl et de mica. » *Lettres de M. De-*

Les serpentines opaques et tachées sont bien plus communes que ces serpentines demi-transparentes de couleur uniforme; presque toutes sont au contraire marquetées ou veinées et variées de couleurs différentes; elles ont des taches de blanc, de gris, de noir, de brun, de vert et de rougeâtre : quoique plus tendres que les premières et même moins dures que le marbre, elles se polissent assez bien, et, comme elles ne font aucune effervescence avec les acides, on les distingue aisément des beaux marbres avec lesquels on pourrait les confondre par la ressemblance des couleurs et par leur poli. D'ailleurs, loin de se calciner au feu comme le marbre, toutes les serpentines s'y durcissent et y résistent même plus qu'aucune autre pierre vitreuse ou calcaire : on peut en faire des creusets comme on en fait avec la molybdène qui, quoique moins dure que les serpentines, est, au fond, de la même essence, ainsi que toutes les autres stéatites.

« A deux lieues de la ville de Grenade, dit M. Bowles, se trouve la fameuse carrière » de serpentine, de laquelle on a tiré de belles colonnes pour les salons de Madrid, et plu- » sieurs autres morceaux qui ornent le palais du roi. Cette serpentine prend un très beau » poli (*a*). »

Nous ne connaissons point de semblables carrières en France; cependant M. Guettard a observé que les rivières de Cervières et de Guil, en Dauphiné, entraînent d'assez gros morceaux de serpentines, et qu'il s'en trouve même dans la vallée de Souliers, ainsi que dans plusieurs autres endroits de cette province : on en voit des petites colonnes dans l'église des Carmélites à Lyon (*b*).

En Italie, les plus grands morceaux de serpentine que l'on connaisse sont deux colonnes dans l'église de Saint-Laurent à Rome. La pierre appelée *gabro* par les Florentins est une sorte de serpentine. « Il y a, dit M. Faujas de Saint-Fond, des gabros verdâtres ou jau » nâtres avec des taches d'un vert plus ou moins foncé; d'autres sont chargés de taches » rougeâtres demi-transparentes sur un fond verdâtre. On remarque dans plusieurs gabros » des micas de différentes couleurs... J'ai dans ma collection un très beau gabro d'Italie, » d'une consistance dure, d'un poli gras mais très éclatant, mêlé d'un rouge très vif sur » un fond noir verdâtre, dans lequel on voit de petites lames de mica traverser le vert (*c*). » Cette pierre est si commune aux environs de Florence, que l'on s'en sert pour paver les rues comme pour orner les maisons et les églises : il y en a de très beaux morceaux dans celle des Chartreux, à trois milles de Florence (*d*).

mestc, etc., t. Ier, p. 543. — « La pierre, dit M. Guettard, à laquelle on attribue la vertu » de guérir la colique néphrétique, se trouve dans le pays des Grisons, au-dessus de la » montagne d'Isette proche Taffe-Kasten, et sur la montagne Septine. » *Mémoires de l'Académie des sciences*, année 1752, p. 324.

(*a*) *Histoire naturelle d'Espagne*, par M. Bowles, p. 424.

(*b*) *Mémoires sur la minéralogie du Dauphiné*, t. Ier, p. 26 et 30.

(*c*) *Recherches sur les volcans éteints*, p. 250 et 251.

(*d*) Les espèces de serpentines ou de gabros des environs d'Impruneta sont blanches, rouges, jaunes, noires, vertes, d'une seule couleur ou de plusieurs ensemble ; il y en a de jaunes, mêlées de rouge, de noires et rouges, vertes et jaunes. Toutes ces serpentines sont fermes, compactes et traversées par de petites veines d'asbeste. Elles contiennent un mica verdâtre, argenté, gras ou talqueux, cubique comme la blinde cornée, qui se réduit, en la raclant avec un couteau, en une farine grasse. J'observai dans les fentes perpendiculaires de ce gabro, qui peuvent avoir depuis un travers de main jusqu'à une demi-aune de large, les variétés de terre suivantes :

1° De la terre ollaire molle et sèche; 2° la même terre de couleur verte; 3° de la pierre ollaire ou serpentine compacte, blanche, qui paraît être formée par l'endurcissement de la terre blanche n° 1 : cette pierre est ou entièrement endurcie, ou encore grasse au toucher, et facile à racler comme la craie de Briançon ; 4° de la pierre ollaire verte et blanche compacte, formée par la terre ollaire molle et verte du n° 2, variée comme celle du numéro

En comparant les densités du talc avec celles des micas et des serpentines, nous verrons : 1° qu'il n'y a que les micas noirs et la serpentine fibreuse dont la pesanteur spécifique soit plus grande que celle du talc (*a*) ; 2° que tous les autres micas sont un peu moins denses que le talc (*b*) ; 3° que toutes les serpentines, à l'exception de la fibreuse, sont moins denses que le talc et les micas (*c*). On pourrait donc en inférer que, dans la serpentine fibreuse et dans le mica noir, les parties micacées sont plus rapprochées et plus intimement unies que dans les autres serpentines et micas, ou plutôt on doit penser qu'il est entré dans leur composition une certaine quantité de parties de schorl ou de fer qui leur aurait donné ce surplus de densité : je dis de fer, parce que la partie verte de ces serpentines, étant réduite en poudre, est attirable à l'aimant ; ce fer y est donc dans le même état que le sablon magnétique du platine, et non pas en état de chaux.

PIERRES OLLAIRES

Cette dénomination est ancienne, et paraît bien appliquée à ces pierres dont on peut faire des marmites et d'autres vases de cuisine ; elles ne donnent aucun goût aux comestibles que l'on y fait cuire ; elles ne sont mêlées d'aucun autre métal que de fer, qui, comme l'on sait, n'est pas nuisible à la santé ; elles étaient bien connues et employées aux mêmes usages dès le temps de Pline : on peut les reconnaître par sa description pour les mêmes, ou du moins pour semblables à celles que l'on tire aujourd'hui du pays des Grisons, et qui portent le nom de *pierres de Côme* (*d*), parce qu'on les travaille et qu'on en

précédent ; 5° du gabro ou de la pierre ollaire filamenteuse comme l'amiante, dont les stries sont plus ou moins fines ; sa couleur est blanche ou verte : on ne saurait prendre à la vue les serpentines striées que pour de l'amiante non mûr, si j'ose parler ainsi. Entre les filaments de la pierre ollaire ou de la serpentine à grosses stries, il y a des veines de spath calcaire blanc, dont la superficie est pareillement rayée, ce qui provient des impressions de la serpentine filamenteuse qui l'environne. Ce spath calcaire fait effervescence avec les acides ; mais quelquefois, et dans le même morceau, il a acquis un tel degré de dureté qu'il est presque de la nature du spath dur ou feldspath, de manière qu'il ne se laisse point racler avec le couteau : 6° de l'amiante blanc plus ou moins fin qui se rapproche de l'asbeste ; 7° de l'amiante vert, mais plus rare que le blanc ; 8° de la terre d'amiante blanche, sèche, provenant de l'amiante blanc détruit. *Lettres sur la minéralogie*, par M. Ferber, p. 408 jusqu'à 414.

(*a*) Pesanteur spécifique du talc de Moscovie 27,917, du mica noir 29,001, de la serpentine demi-transparente fibreuse 29,960. *Tables de M. Brisson.*

(*b*) Pesanteur spécifique du talc de Moscovie 27,917, du mica blanc 27,044, du mica jaune 26,546. *Idem, ibidem.*

(*c*) Pesanteur spécifique de la serpentine d'Italie ou gabro des Florentins 24,395, de la serpentine opaque tachée de noir et de blanc 23,767, de la serpentine opaque tachée de noir et de gris 22,645, de la serpentine opaque veinée de noir et d'olivâtre 25,939, de la serpentine demi-transparente 25,803. *Idem, ibidem.*

(*d*) Celle qu'on trouve chez les Grisons, dit M. Pott, est extrêmement connue : c'est celle que Pline, et après lui Scaliger et Gessner ont nommée *pierre de Côme*. Ce n'est pourtant pas de Côme, mais de *Plurium* (Pleurs), ville située auprès du lac de Côme, qu'elle vient, mais les vases qu'on en fait se portent ensuite à Côme, comme à la foire la plus célèbre qui soit dans le voisinage... « On fait avec la pierre de Côme, suivant Scaliger, des chaudières » si minces qu'elles semblent presque du métal battu ; c'est en creusant la pierre au dehors » qu'on lui donne la forme de chaudière, et ils le font avec tant de dextérité qu'ils détachent » une enveloppe, puis une autre, puis une troisième, et ainsi de suite jusqu'à ce qu'il ne

lait commerce dans cette petite ville de l'Italie. La cassure de cette pierre de Côme n'est pas vitreuse, mais écailleuse; sa substance est semée de particules brillantes de mica; elle n'a que peu de dureté et se coupe aisément; on la travaille au ciseau et au tour, elle est douce au toucher, et sa surface polie est d'un gris mêlé de noir. Cette pierre se trouve en petits bancs sous des rochers vitreux beaucoup plus durs, en sorte qu'on en exploite les carrières sous terre en suivant ce lit de pierre tendre (*a*), comme l'on suivrait une veine

» reste que les pots les plus petits qu'il soit possible, en suite de quoi ils portent tous ces vases » aux foires l'un dans l'autre, et tellement contigus qu'ils ne semblent faire encore qu'une » seule masse. » Burnet confirme la même chose dans son *Voyage de Suisse*, ajoutant : « qu'ils détachent ces vases les uns des autres par le moyen d'une meule à eau, à laquelle » des couteaux sont attachés. » Il dit aussi « qu'on cuit les aliments beaucoup plus vite dans » ces pots que dans des pots de métal, que le fond et le bas y demeurent beaucoup plus » chauds, que les viandes y ont un goût plus savoureux, que le feu n'y fait point de fentes, » et que s'ils viennent à se casser, on peut les recoudre avec un fil de fer. » Il y a auprès de *Plurium* (Pleurs), ville des Grisons, une montagne toute remplie de cette pierre, qu'on en tirait en si grande quantité que cela faisait, au rapport de Scheuchzer, un profit de soixante mille ducats par an : mais il y a toute apparence que c'est en continuant imprudemment à creuser cette montagne pendant tant de siècles, qu'on a attiré à la ville la catastrophe par laquelle elle fut ensevelie sous la montagne en 1618; car, suivant Gulerus, cette montagne, qui s'appelle Conto, avait été travaillée et creusée sans interruption depuis la naissance de Notre-Seigneur. Néanmoins Scheuchzer dit qu'on trouve encore aujourd'hui de semblables pierres, surtout aux environs de Chiavenne, et dans la vallée de Verzache, et qu'on en fait au tour divers vases, des pots, des écritoires, etc., qui sont d'une couleur cendrée ou verte, ayant d'abord beaucoup moins de consistance que quand ils ont durci pendant quelque temps à l'air. *Mémoires de l'Académie de Berlin*, année 1747, p. 59 et suiv.

(*a*) C'est à cette pierre qu'on doit rapporter le passage suivant : « Il ne faut pas oublier » de vous parler ici de je ne sais quels pots de pierre, dont non seulement ils se servent en » ce pays-là, mais qui sont communs dans toute la Lombardie, et qu'on appelle *lavège*. La » pierre dont ils les font est une pierre huileuse, mais surtout si écailleuse, que si vous la » touchez il s'attache de l'écaille à vos doigts, et c'est au fond une espèce d'ardoise dont ils » ont trois mines; l'une auprès de Chiavenne, l'autre est en la Valteline, et la troisième est » chez les Grisons... Pour mettre cette pierre en œuvre et pour en faire des pots, ils com- » mencent par la tirer de la mine en la levant en petits blocs d'environ un pied et demi de » diamètre, et d'épaisseur un pied et quelque chose; après quoi ils les portent à un moulin » d'eau, où par le moyen d'une roue qui fait jouer quelques ciseaux, et cela avec une si » grande facilité que celui qui mène l'ouvrage peut détourner sa roue de l'eau quand il lui » plaît, d'abord la grosse croûte en est ôtée, puis elles sont polies, tant qu'enfin en appli- » quant sur diverses lignes de chacune d'elles le ciseau, on en enlève un certain nombre de » pots, dont les uns sont grands et les autres petits, selon que la circonférence, en appro- » chant du centre, va toujours en diminuant : c'est ainsi que se fait le corps du pot, qui » en suite de cela est garni d'anses et des autres accompagnements qui lui sont nécessaires » pour être en état de servir, après quoi il est porté dans la cuisine. Au reste, on remarque » que ces pots de pierre bouillent plutôt que les pots de métal, comme aussi que les pots de » métal transmettent leur chaleur à la liqueur qu'ils contiennent, qu'ils en conservent très » peu pour eux-mêmes, jusque-là qu'on y peut arrêter la main sans se brûler, tandis que ces » pots de pierre, qui sont deux fois aussi épais que les autres demeurent toujours extraordi- » nairement chauds : on remarque aussi, de ces pots, qu'ils ne donnent aucun mauvais goût » à la liqueur qui y bout, et, ce qui plaît fort aux ménagers, qu'ils ne se cassent jamais au » feu; il n'y a que la chute qui les brise, et encore y a-t-il du remède quand cela arrive; » car, si vous voulez prendre la peine de les raccommoder, leurs parties se rassemblent faci- » lement, et par le moyen du fer d'archal se lient si bien les unes aux autres, qu'il n'y reste » de trous que ceux que le fer d'archal a faits, mais qu'il a remplis en même temps. Il serait » à souhaiter que ces pots se fissent aussi facilement qu'ils se refont, mais ce n'est pas » cela... On a beaucoup de peine à tirer la pierre de la mine dont l'ouverture n'a pour l'or-

de charbon de terre. On tranche à la scie les blocs que l'on en tire, et l'on en fait ensuite de la vaisselle de toutes formes; elle ne casse point au feu, et les bons économes la préfèrent à la faïence et à la poterie : comme toutes les autres poteries ou terres, elle s'échauffe et se refroidit plus vite que le cuivre ou le fer, et, lorsqu'on lui fait subir l'action d'un feu violent, elle blanchit et se durcit au point de faire feu contre l'acier.

Toutes les autres pierres ollaires ont à peu près les mêmes propriétés, et ne diffèrent de la pierre de Côme que par la variété de leurs couleurs; il y en a dans lesquelles on distingue à la fois du blanc, du noir, du gris, du vert et du jaune; d'autres dans lesquelles les paillettes de mica et les petites lames talqueuses sont plus nombreuses et plus brillantes; mais toutes sont opaques, tendres et douces au toucher, toutes se durcissent à l'air, et encore plus au feu, toutes participent de la nature du talc et de l'argile, elles en réunissent les propriétés, et peuvent être regardées comme l'une des nuances par lesquelles la nature passe du dernier degré de la composition des micas au premier degré de la composition des argiles et des schistes.

La densité de la pierre de Côme et des autres pierres ollaires est considérablement plus grande que celle de la plupart des serpentines, et encore plus grande que celle du talc (a); ce qui me fait présumer qu'il est entré des parties métalliques, et particulièrement du fer dans leur composition, ainsi que dans la serpentine fibreuse, et dans le mica noir qui sont beaucoup plus pesants que les autres : on en a même acquis la preuve, car, après avoir pulvérisé des pierres ollaires, M. Pott et d'autres observateurs en ont tiré du fer par le moyen de l'aimant; ce fer était donc dans son état magnétique lorsqu'il s'est mêlé avec la matière de ces pierres, et ce fait nous démontre encore que toutes ces pierres serpentines et ollaires ne sont que de seconde et même de troisième formation, et qu'elles n'ont été produites que par les détriments et les exfoliations des talcs et des micas, mêlés de particules de fer.

Ces pierres talqueuses se trouvent non seulement dans le pays des Grisons, mais dans plusieurs autres endroits de la Suisse (b), et il est à présumer qu'on en trouverait

» dinaire que trois pieds de hauteur : ceux qui y travaillent sont obligés de se couler sur le » ventre près d'un demi-mille, et, après avoir coupé la pierre, de la rapporter en cette posture sur leurs hanches, une chandelle attachée au front; il est vrai qu'ils ont des coussins » sur les hanches, qui empêchent qu'ils ne soient offensés de la dureté de la pierre; mais, » quand il n'y aurait que la pesanteur de la pierre, ils doivent être extrêmement incommodés » de leur travail; car ces sortes de pierres pèsent ordinairement deux cents. » *Voyages en France*, etc., par Burnet; Rotterdam, 1687, p. 183 et suiv.

(a) La pesanteur spécifique de la pierre de Côme est de 28,729; celle de la pierre ollaire feuilletée de Suède est de 28,531; celle du talc de Moscovie n'est que de 27,917; celle de la plupart des serpentines est entre 22 et 26,000.

(b) « Dans le pays des Grisons, les pierres talqueuses, dit M. Guettard, se rencontrent » fréquemment vers les sources du bas Rhin; il y en a dont le fond est blanc, et les paillettes dorées ou argentées; à Jannico, le talc est blanc, à Philimer, il est de la même couleur, et la pierre a des veines d'un brun foncé; à Soglio et sur le mont Bergetta, il est » blanc, et d'un blanc tirant sur le vert; enfin on en voit dans quelques autres endroits où » il est vert et à demi transparent; cette pierre, suivant M. Scheuchzer, est celle que Pline » nomme *pierre de Côme*, ville où l'on apportait les vaisseaux fabriqués de cette pierre pour » les envoyer dans toute l'Italie; elle venait d'Uscion près de Chiavenne, et on y en tire » encore aujourd'hui... Il y en a encore proche Pleurs, dans les endroits appelés Dafile et » Casetto, dans le comté de cette ville, au pied de la montagne de Loro, au-dessus des bains » de Masseno et dans la vallée de Malanga, tous endroits de la Valteline... Il y en a encore » dans la vallée de Verzasca, dans la préfecture de Locarno dans le Valais, entre Visp et » Stalden. Cette pierre n'est pas la même dans tous ces endroits; celle qui se tire près de » Chiavenne est grise; dans le comté de Pleurs et à Visp, elle est d'un vert noirâtre avec

dans le voisinage de la plupart des grandes montagnes vitreuses de l'un et de l'autre continent (*a*) : on en a trouvé non seulement en Italie et en Suisse, mais en France, dans les montagnes de l'Auvergne (*b*) ; il y en a aussi dans quelques provinces de

» des taches blanches, et on en fait usage pour les fourneaux, même pour ceux où l'on » entretient un feu continuel; elle est plus blanche et plus tendre dans la vallée de Ver» zasca. Les différences de couleur et de dureté dans cette pierre la rapprochent beaucoup » de celle du Canada que j'ai dit être une pierre ollaire, et, si elle en diffère, ce n'est cer» tainement qu'en très peu de chose... La montagne Royale et plusieurs autres endroits de » la Suisse ont une pierre talqueuse cendrée qui se lève par tables; celle que j'ai examinée, » et qui était de la montagne Royale, était composée de paillettes de moyenne grandeur, » d'un beau blanc argenté, et liées par une matière spatheuse ou quartzeuse; l'autre pour» rait bien être un schiste, puisqu'elle se lève par tables... Le canton de Zurich ne manque » pas de pierres talqueuses dont le fond est rougeâtre, mêlé de parties de talc dorées ou » argentées; une de cette nature que j'ai vue, et qui se trouve, suivant M. Cappeller, dans » plusieurs endroits de la Suisse, était par lits d'une ou deux lignes entrecoupés par des » lits de talc plus minces et d'un rouge cuivreux. Les environs de Zurich en ont une qui est » employée dans les bâtiments, et qui a du talc cendré; proche Sukenen en Tennaker, ce » talc est blanc..... On trouve des blocs de talc d'un jaune d'or à Bulach. » *Mémoires de l'Académie des sciences*, année 1752, p. 325 et suiv.

(*a*) M. Guettard croit qu'on trouverait dans le Canada un grand nombre de pierres qui pourraient être travaillées comme les pierres ollaires : il cite celle qui se trouve au cap Tourmente, à dix lieues de Québec, au nord du fleuve Saint-Laurent; une autre au cap aux Oies proche la baie Saint-Paul, au nord du même fleuve; d'autres dans les montagnes de la baie des Châteaux, côtes de Labrador, au nord de l'île de Terre-Neuve, et au sud-ouest des terres du Groenland, sur les bords de la mer. *Idem*, p. 202 et suiv. — « J'ai vu, dit » M. Pott, une pierre ollaire assez dure qui vient de Pensylvanie..... l'Allemagne en possède » aussi. La contrée de Bareuth en Franconie en fournit assez abondamment pour qu'elle se » répande de là presque par toute l'Allemagne : on l'appelle sur les lieux *schmeerstein* ou » *mealbatz*; mais coupée en petits bâtons oblongs, les marchands la nomment *craie d'Es-* » *pagne*. Gaspard Bruschius est le premier qui en ait fait mention, il y a déjà près de deux » cents ans. Thierscheim, dit cet auteur, est un bourg situé sur la rivière de Tittersbach, à » un demi-mille d'Artzbourg, moitié chemin entre Égra et Wundsidel. Il se fait tous les » ans dans cet endroit une quantité prodigieuse de petites boules à jouer pour les enfants, » et même de boulets pour les canons de fonte. La matière en est une terre tenace et fraîche » que les habitants nomment *schmeerstein*, et qu'ils creusent partout à l'entour de leur » bourg... Ils la font durcir au feu, et en envoient de pleins chariots à Nuremberg, d'où le » débit s'en fait par toute l'Allemagne... »

Bruckmann, parlant de la même matière, dit qu'on en fait des boîtes à poudre, des cruches, des beurrières, des tasses pour le thé et le café, en la préparant au feu; qu'il se trouve dans cette pierre des dendrites où la figure de l'arbre se conserve au feu. *Mémoires de l'Académie de Berlin*, année 1744, p. 57 et suiv.

(*b*) De toutes les pierres glaiseuses, la plus singulière est celle de Salvert, qui est une vraie stéatite ou pierre ollaire, qui peut s'employer comme celle de Côme, pour faire des vaisseaux propres à aller au feu : suivant M. Dutour, cette pierre est douce et comme grasse au toucher, assez pesante, de couleur de cendre et susceptible d'être sciée; exposée au feu, elle blanchit et exhale une odeur semblable à celle qu'exhale de la pâte mise sur des charbons; elle y durcit, s'imbibe dans l'eau; détrempée avec l'eau, on la pétrit aisément; elle est composée d'un peu de sable vitrifiable mêlé avec beaucoup de terre pétrissable ou d'argile. M. Dutour en a fait quelques vases au tour, et il s'aperçut que l'eau suintait à travers un de ces vases, parce qu'il y avait de petites fentes qui disparurent peu de temps après que l'eau fut versée, et que celle qui était engagée dans les fentes eut achevé de s'évaporer : mais ce vase plongé dans l'huile d'olive, et porté ensuite dans un four de boulanger pendant la cuisson du pain, les fentes disparurent pour toujours. Pline attribue à l'huile d'olive la propriété d'endurcir les vases de la pierre de Siphne. Les chaudières de pierre, que l'on fait à

l'Allemagne (*a*), et les relateurs nous assurent qu'on en a rencontré en Norvège et en Groenland (*b*). Ces pierres sont aussi très communes dans quelques îles de l'Archipel, où il paraît qu'on les emploie depuis longtemps à faire des vases et de la vaisselle (*c*).

On pourrait se persuader, en lisant les citations que je viens de rapporter en notes, qu'il est nécessaire d'employer de l'huile pour donner aux pierres ollaires de la dureté et plus de solidité, d'autant que Théophraste et Pline ont assuré ce fait comme une vérité; mais M. Pott a démontré le premier que cet endurcissement des pierres ollaires se faisait également sans huile et par la seule action du feu. Cet habile chimiste a fait une longue et savante dissertation sur ces pierres ollaires et sur les stéatites en général (*d*); il dit avec raison qu'elles offrent un grand nombre de variétés (*e*); il indique les principaux

Côme en Italie, sont enduites, avant que d'en faire usage, d'une pâte faite avec de la farine, du vin et des œufs.

La stéatite de Salvert est bonne pour détacher : cette pierre convient avec celle de Bareuth dont parle M. Pott. On ne connaissait point cette pierre en France, à ce que je crois, avant que M. Dutour l'eût découverte; il dit que la pierre des calumets du Canada est du même genre; il en a vu une qui est d'un beau rouge. La chaîne des pierres glaiseuses de l'Auvergne est intermédiaire au pays des pierres calcaires et à ceux des pierres vitrifiables. M. Guettard, *Mémoires de l'Académie des sciences*, année 1759.

(*a*) Mylius fait mention d'une semblable pierre ollaire que l'on trouve en Saxe, dans la forêt de Schmied-Feld auprès de Suld, qui d'abord est molle, mais qui, étant mise au feu, prend la dureté du verre.

(*b*) Il ne manque pas non plus, dit M. Pott, de stéatites en Norvège, comme on en peut juger par ce vase de pierre de talc de Norvège, épais, pesant, d'une couleur cendrée, avec une anse de fer, dont parle le *Musæum Wormianum*, ajoutant que c'est dans de semblables pots que les Norvégiens cuisent leurs viandes, parce qu'ils soutiennent fort bien la violence du feu, et que la pierre dont ils sont faits, étant originairement molle, se laisse creuser et reçoit toutes sortes de figures, jusque-là qu'ils bâtissent des fourneaux avec des lames compactes de cette pierre. J'avais aussi appris, par la mission de Groenland de M. Egède, qu'il s'y trouve une pierre de cette espèce d'une couleur mélangée : je l'appelle *pierre molle, weichstein*. Elle est abondante en Groenland, et les habitants en font des chaudrons et des lampes, quoique l'auteur même veuille faire passer ces vases pour être de marbre. *Mémoires de l'Académie de Berlin*, cités ci-dessus. — Dans le Groenland, on trouve en plusieurs endroits, et surtout à Balsriver, une pierre tendre dont on fait de la vaisselle; elle est rayée de plusieurs veines, et on l'appelle communément *weichstein;* elle se trouve en veines étroites et profondes entre les rochers, et la meilleure est celle qui est d'un beau vert de mer, rayée de rouge, de jaune et d'autres couleurs; mais ces raies ont rarement quelque transparence; cette pierre, quoique fort tendre, est compacte et très pesante. Comme on ne la trouve point en couches, et qu'elle ne peut s'enlever ni par écailles ni par feuilles, il est difficile de la tailler en quartiers sans qu'elle se réduise en grumeaux; elle est douce et grasse au toucher, comme le suif ou le savon; étant frottée d'huile, elle a le luisant et le poli du marbre, elle ne devient point poreuse à l'air, et prend de la consistance au feu : les Groenlandais en ont même des ustensiles et des lampes; on en envoie de la vaisselle en Danemark, et la cuisine que l'on y fait est saine et de bon goût. M. Crantz lui donne la préférence sur celle du lac de Côme. *Histoire générale des voyages*, t. XIX, p. 28.

(*c*) On trouve dans l'île de Sifanto, appelée anciennement Siphnos, une espèce de pierre qu'on peut tourner et creuser facilement, de sorte qu'on en fait des pots et de la vaisselle pour cuire les aliments et les servir sur table. Ce qu'elle a de plus singulier, c'est qu'elle devient dure et noire en la frottant avec l'huile chaude, bien qu'elle soit naturellement fort tendre et fort molle. *Description de l'Archipel*, par Dapper; Amsterdam, 1703, p. 357.

(*d*) Voyez les *Mémoires de l'Académie de Berlin*, année 1747, depuis la page 57 jusqu'à la page 78.

(*e*) « Les espèces diffèrent en couleurs, dit M. Pott : il y en a de jaunes, de cendrées, » de blanchâtres, avec quelques veines mélangées par-ci par-là; l'espèce blanchâtre est la

endroits où on les trouve, et il observe que c'est pour l'ordinaire vers la surface de la terre qu'on rencontre cette matière, et qu'elle ne se trouve guère à une grande profondeur : en effet, elle n'est pas de première, mais de seconde, et peut-être de troisième formation ; car la composition des serpentines et des pierres ollaires exige d'abord l'atténuation du mica en lames ou en filets talqueux, et ensuite leur formation suppose le mélange et la réunion de ces parties talqueuses avec un ciment ferrugineux, qui a donné la consistance et les couleurs à ces pierres.

M. Pott, après avoir examiné les propriétés de ces pierres, en conclut qu'on doit les rapporter aux argiles, parce qu'elles se durcissent au feu, ce qui, selon lui, n'arrive qu'aux seules argiles ; il avoue que ces pierres ne se délaient pas dans l'eau comme l'argile, mais que néanmoins, en les pulvérisant et les lavant, « elles se laissent en quelque sorte travailler à la roue à potier et que, réduites en pâte avec de l'eau, cette pâte se durcit au feu. » Nous observerons néanmoins que ce n'est pas de l'argile (a), mais du mica, que ces pierres tirent leur origine et leurs principales propriétés, et que si elles contiennent de l'argile, ce n'est qu'en petite quantité, et toujours beaucoup moins qu'elles ne contiennent de mica ou de talc : seulement on peut passer par degrés des stéatites à l'ardoise, qui contient au contraire beaucoup plus d'argile que de mica, et qui a plusieurs propriétés communes avec elle. Il est vrai que les ardoises, et même les argiles molles qui sont mêlées de talc ou de mica sont, comme les stéatites, douces et savonneuses au toucher, qu'elles se durcissent au feu, et que leurs poudres ne reprennent jamais autant de consistance que ces matières en avaient auparavant ; mais cela prouve seulement le passage de la matière talqueuse à l'argile, comme nous l'avons démontré pour le quartz et le grès ; et il en est de même des autres verres primitifs et des matières qui en sont composées, car toutes les substances vitreuses peuvent se réduire avec le temps en terre argileuse.

» seule qu'on appelle *craie d'Espagne...* » Le célèbre Cramer, en recommandant un fourneau d'une espèce singulière, dit : « Sa matière est une pierre légère et molle qu'on nomme » *pierre ollaire*, mais qui est pourtant plus légère et d'une autre nature que la pierre ollaire » de Pline ou celles d'Appenzel et de Chiavenne de Suisse, que Scheuchzer a fait connaître » dans sa description. On en creuse en abondance en Hesse, ou plutôt dans le comté de » Nassau, aussi bien qu'en Thuringe, pas loin d'Ilmenau, où l'on s'en sert principalement » pour bâtir les maisons, parce qu'elle peut être fendue et sciée. »

Il s'en trouve aussi, quoique plus rarement, dans les mines de Saxe : on l'y appelle *speckstein ;* elle est un peu plus dure que la craie d'Espagne ordinaire, néanmoins du même genre, de couleur blanche, rouge ou verdâtre, et quelquefois parsemée de taches pourprées et blanches. J'en ai reçu, du duché de Magdebourg, une espèce de couleur brune, mais elle s'est fondue à la seule ardeur du feu, à cause de la grande quantité de fer qui s'y trouve mêlée.

Il y en a une espèce jaune et rayée comme le marbre, qu'on creuse auprès de la ville de Neiss en Silésie, quoique assez rarement... J'ai compris par les lettres d'un ami qu'on en rencontrait encore en Silésie, comme autour de Hisscheberg, de Liegnitz, de Goldberg et de Strige, aussi bien que dans les montagnes de Styrie et du Tyrol. *Mémoires de l'Académie de Berlin*, année 1747.

(a) *Mémoires de l'Académie de Berlin*, année 1747

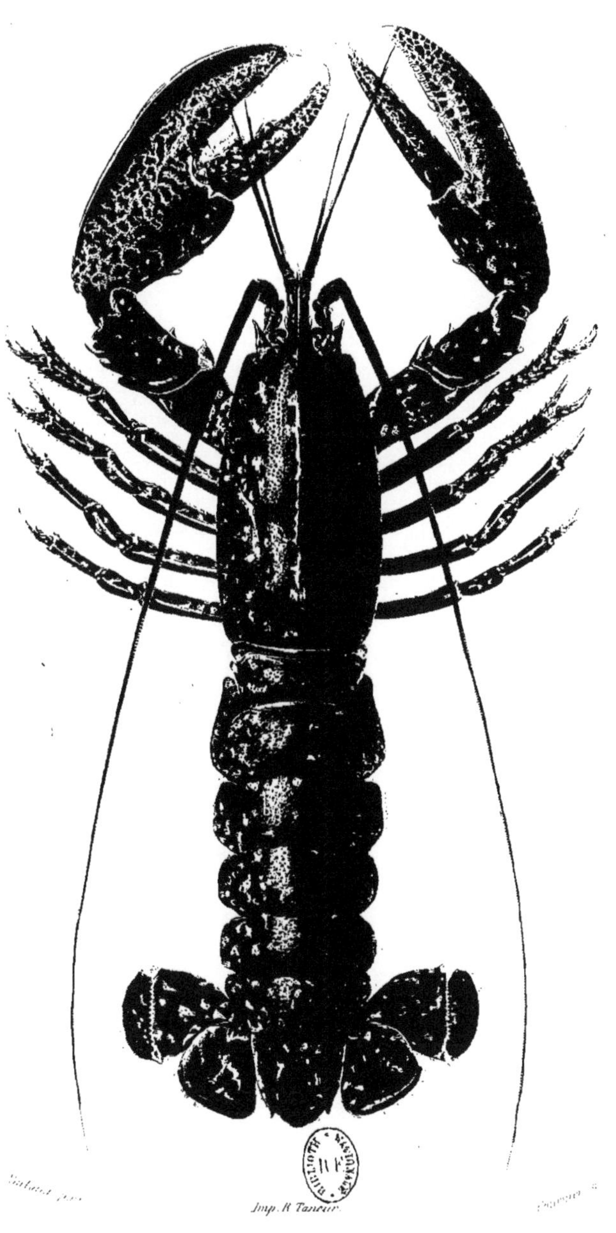

Jmp. R Taneur.

HOMARD COMMUN.

A. Le Vasseur Editeur

MOLYBDÈNE

La molybdène (*) est une concrétion talqueuse, plus légère que les serpentines et pierres ollaires, mais qui, comme elles, prend au feu plus de dureté, et même de densité (*a*). Sa couleur est noirâtre et semblable à celle du plomb exposé à l'air, ce qui lui a fait donner les noms de *plombagine* et de *mine de plomb;* cependant elle n'a rien de commun que la couleur avec ce métal dont elle ne contient pas un atome : le fond de sa substance n'est que du mica atténué ou du talc très fin, dont les parties, rapprochées par l'intermède de l'eau, ne se sont pas réunies d'assez près pour former une matière aussi compacte et aussi dure que celle des serpentines, mais qui du reste est de la même essence, et nous présente tous les caractères d'une concrétion talqueuse.

Les chimistes récents ont voulu séparer la plombagine de la molybdène, et les distinguer en ce que la molybdène ne contient point de soufre, et que la plombagine au contraire en fournit une quantité sensible; il est bien vrai que la molybdène ne contient point de soufre; mais, quand même on trouverait dans le sein de la terre de la molybdène mêlée de soufre, ce ne serait pas une raison de lui ôter son nom pour lui donner celui de *plombagine;* car cette dernière dénomination n'est fondée que sur un rapport superficiel et qui peut induire en erreur, puisque cette plombagine n'a rien de commun que la couleur avec le plomb. J'ai fait venir de gros et beaux morceaux de molybdène du duché de Cumberland, et l'ayant comparée avec la molybdène d'Allemagne, j'ai reconnu que celle d'Angleterre était plus pure, plus légère et plus douce au toucher (*b*); le prix en est aussi très différent, celle de Cumberland est dix fois plus chère, à volume égal; cependant ni l'une ni l'autre de ces molybdènes, réduites en poudre et mises sur les charbons ardents, ne répandaient l'odeur de soufre; mais ayant mis à la même épreuve les crayons qui sont dans le commerce, et qui me paraissaient être de la même substance, ils ont tous exhalé une assez forte odeur sulfureuse; et j'ai été informé que, pour épargner la matière de la molybdène, les Anglais en mêlaient la poudre avec du soufre avant de lui donner la forme de crayon : on a donc pu prendre cette molybdène artificielle et mêlée de soufre pour une matière différente de la vraie molybdène, et lui donner en conséquence le nom de *plombagine*. M. Schéele, qui a fait un grand nombre d'expériences sur cette matière, convient que la plombagine pure ne contient point de soufre, et dès lors cette plombagine pure est la même que notre molybdène; il dit avec raison qu'elle résiste aux acides, mais que, par la sublimation avec le sel ammoniac, elle donne des fleurs martiales (*c*). Cela me semble indiquer que le fer entre dans sa composition, et que c'est à ce métal qu'elle doit sa couleur noirâtre.

(*a*) La pesanteur spécifique de la molybdène du duché de Cumberland est de 20,891 ; et lorsqu'elle a subi l'action du feu, sa pesanteur est de 23,006.

(*b*) La pesanteur spécifique de la molybdène d'Allemagne est de 22,456, tandis que celle de Cumberland n'est que de 20,891.

(*c*) Expériences sur la mine de plomb ou plombagine, par M. Schéele. *Journal de physique;* février 1782. — Je remarquerai que ceci avait déjà été observé par M. Pott, qui a prouvé que le crayon noir ou molybdène est toujours ferrugineux, « en ce que, dit-il, si on » le mêle avec du sel ammoniac, il donne des fleurs martiales, et que quand le feu l'a dégagé » des parties grasses qui l'environnent, il est attiré par l'aimant, sans parler de beaucoup » d'autres expériences qu'on peut voir dans les *Miscellanea Berolinensia*, t. VI, p. 29. »

(*) Buffon parle ici du sulfure de molybdène.

Au reste, je ne nie pas qu'il ne se trouve des molybdènes mêlées de pyrites, et qui dès lors exhalent au feu une odeur sulfureuse; mais, malgré la confiance que j'ai aux lumières de mon savant ami M. de Morveau, je ne vois pas ici de raison suffisante pour être de son avis, et regarder la plombagine comme une matière toute différente de la molybdène; je donne ici copie de la lettre qu'il m'a écrite à ce sujet (*a*), dans laquelle j'avoue que je ne comprends pas pourquoi cet habile chimiste dit que la molybdène est mêlée de soufre, tandis que M. Schéele assure le contraire, et qu'en effet elle n'en répand pas l'odeur sur les charbons ardents.

Je persiste donc à penser que la molybdène pure n'est composée que de particules talqueuses mêlées avec une argile savonneuse, et teintes par une dissolution ferrugineuse : cette matière est tendre, et donne sa couleur plombée et luisante à toutes les matières sur lesquelles on la frotte; elle résiste plus qu'aucune autre à la violente action du feu; elle s'y durcit, et l'on en fait de grands creusets pour l'usage des monnaies. J'ai moi-même fait usage de plusieurs de ces creusets qui résistent très longtemps à l'action du plus grand feu.

On trouve de la molybdène plus ou moins pure en Angleterre, en Allemagne, en Espagne (*b*); et je suis persuadé qu'en faisant des recherches en France, dans les contrées

(*a*) « Je ne doute pas qu'on ne fasse des mélanges avec du soufre pour des crayons, et » que ce que l'on m'avait autrefois vendu en masse pour de la molybdène ne fût un de ces » mélanges; mais je ne puis plus douter maintenant de ce que j'ai vu dans mes propres » expériences sur des morceaux qui tenaient à la roche quartzeuse, comme celui que vous » avez tenu venant de Suède, et qui par conséquent ne peuvent être des compositions artifi- » cielles : or, des sept échantillons, tous tenant au rocher, que j'ai éprouvés et qui se » trouvent ici dans les Cabinets de M. de Chamblanc et de M. de Saint-Mémin, quatre se » sont trouvés être de la molybdène, et trois de la plombagine. Il est facile de les confondre » à la vue, mais il est tout aussi facile de les distinguer par leurs principes constituants, » car il n'y a rien de si différent. La molybdène est composée de soufre et d'un acide parti- » culier : la plombagine est un composé de gaz méphitique et de feu fixe, ou phlogistique, » avec cinq cent soixante-seizième de fer. J'ai fait en dernier lieu le foie de soufre avec les » quatre molybdènes dont je vous ai parlé ; et, pour la plombagine, j'avais déjà répété, au » cours de l'année dernière, toutes les expériences de M. Schéele, que je m'étais fait tra- » duire, et dont la traduction a été imprimée dans le *Journal de physique* de février dernier. » Ce qui me persuade que cette distinction entre la plombagine et la molybdène est pré- » sentement aussi connue des Anglais que des Suédois et des Allemands, c'est que » M. Kirwan, de la Société royale de Londres, m'écrivit, peu de temps après, que j'avais » rendu un vrai service aux chimistes français en publiant ce morceau dans leur langue, » parce qu'ils ne paraissaient pas au courant des travaux des étrangers. » Lettre de M. de » Morveau à M. de Buffon, datée de Dijon, 5 décembre 1782.

(*b*) « Nous partîmes de Cazalla (en Espagne), et arrivâmes à un petit village nommé le » Real de Monasterio : à une demi-lieue de là je découvris une mine de plomb à crayonner, » qui est une espèce de molybdène, non de la véritable, celle-ci ne se trouve que dans les » bancs de pierre de grès, mêlée quelquefois avec le granit. Le terrain est pierreux et » produit de bons chênes, etc..... Je ne sais quel nom donner à cette matière en notre » langue, parce que je crois qu'on ne la connaît point : en terme d'histoire naturelle on » l'appelle *molybdœna nigrica fabrilis*. C'est une substance noirâtre, de la couleur du plomb, » cassante, micacée et douce au tact comme le savon. Dans le commerce, les Français la » nomment crayon d'Angleterre, parce que dans la province de Cumberland il y a une » mine de molybdène avec laquelle on fait ces fuseaux appelés communément *crayons*, dont » on se sert pour écrire et dessiner; elle laisse sur le papier une trace noirâtre, d'un relui- » sant de perle ou de talc. Les Anglais sont si jaloux de cette mine, ou pour mieux dire ils » entendent si bien leurs intérêts et le prix de leur industrie, qu'il est défendu, sous des » peines graves, d'emporter hors du pays la molybdène qui n'est pas convertie en forme

de granit et de grès, on en pourrait rencontrer, comme l'on y trouve en effet d'autres concrétions du talc et du mica : cette matière, au prix que la vendent les Anglais, est assez chère pour en faire la recherche, d'autant que l'exportation en est prohibée avant qu'elle ne soit réduite en crayons fins et grossiers, qu'ils ont soin de toujours mélanger d'une plus ou moins grande quantité de soufre.

PIERRE DE LARD ET CRAIE D'ESPAGNE

On a donné ces noms impropres aux pierres dont il est ici question, parce qu'ordinairement elles sont blanches comme la craie, et qu'elles ont un poli graisseux qui leur donne la ressemblance avec le lard. Nous en connaissons de deux sortes, qui ne nous offrent que de très légères différences : la première est celle qui porte le nom de *pierre de lard*, et dont on fait des magots à la Chine ; et la seconde est celle à laquelle on a donné la dénomination de *craie d'Espagne*, mais très improprement (*a*), puisqu'elle n'a aucun autre rapport avec la craie, que la couleur et l'usage qu'on en fait en la taillant de même en crayons pour tracer des lignes blanches ; car cette craie d'Espagne et la pierre de lard de la Chine sont toutes deux des stéatites ou pierres talqueuses dont la substance est compacte et pleine, sans apparence de couches, de lames ou de feuillets ; elles sont blanches, sans taches et sans couleurs variées ; elles n'ont pas autant de dureté qu'en ont les serpentines et les pierres ollaires, quoique leur densité soit plus grande que celle de ces pierres (*b*).

Cette pierre, craie d'Espagne, est d'autant plus mal nommée qu'on la trouve en plu-

» de crayon. Il ne faut pas confondre cette matière avec ce que nous appelons communé- » ment en Espagne *lapis*, parce que ce sont deux choses différentes : celle-ci est l'*ampé-* » *lite*, pierre noire, tendre et cassante, qui sert aussi à crayonner ; elle a un goût assez » astringent et une odeur bitumeuse ; elle se décompose au grand air comme les pyrites » sulfurées.....

» A quelque distance de Ronda, nous vîmes la fameuse mine de molybdène ou de plomb » à crayonner, qui est à environ quatre lieues de la Méditerranée. C'est une mine régu- » lière qui n'est pas en pelotons dans la pierre de grès comme la précédente, et cependant » les Espagnols l'ont entièrement négligée. » *Histoire naturelle d'Espagne*, par M. Bowles, p. 67 et 75.

(*a*) On a donné le nom de *stéatite*, en allemand *speckstein*, à cette matière qui nous vient de la Chine, où on lui donne toutes sortes de figures, et d'où elle nous est ainsi envoyée toute façonnée. Quant à la nature et aux propriétés de cette pierre, il n'y a presque aucune différence entre nos espèces européennes et celle de la Chine : on donne ordinairement à celles qui se trouvent dans nos contrées des noms tirés des usages auxquels on les emploie. On en tire du territoire de Bareuth, qui s'appelle *schmeerstein*. L'espèce la plus commune, qui se rencontre ici chez les droguistes, y porte le nom de *craie d'Espagne*, terme qu'il serait inutile de chercher dans les auteurs, ni même dans le Dictionnaire universel. Ce titre de *craie* lui vient de ce qu'elle sert, comme la craie, à tirer des lignes blanches, et pour cet effet on la fend avec une scie en petits bâtons longs et carrés : d'ailleurs, quant aux vrais principes de sa composition, elle n'appartient point aux véritables espèces de craie (quoique Pline y range la terre de Cimola), car elle ne contient point de terre alcaline ni de chaux, comme la craie ordinaire ; mais il est cependant certain que notre craie d'Espagne ne vient point d'Espagne. M. Pott, *Mémoires de l'Académie de Berlin*, année 1747, p. 59 et suiv.

(*b*) La pesanteur spécifique de la craie d'Espagne est de 27,902, c'est-à-dire presque égale à celle du talc. La pesanteur spécifique de la pierre de lard de la Chine est de

sieurs autres contrées (*a*); on l'appelle en Italie *pietra di sartori*, pierre des tailleurs d'habits, parce que ces ouvriers s'en servent pour rayer leurs étoffes : ordinairement elle est blanche, cependant il y en a de la grise, de la rouge, de la marbrée, de couleur jaunâtre et verdâtre dans quelques contrées (*b*). Cette pierre n'a de rapport avec la craie que par sa mollesse: on peut l'entamer avec l'ongle dans son état naturel; mais elle se durcit au feu comme toutes les autres pierres talqueuses, elle est de même douce au toucher, et ne prend qu'un poli gras.

La pierre de lard, dont les Chinois font un si grand nombre de magots, est de la même essence que cette pierre craie d'Espagne : communément elle est blanche; cependant il s'en trouve aussi d'autres couleurs et particulièrement de couleur de rose, ce qui donne à ces figures l'apparence de la chair. Ces pierres de lard, soit de la Chine, soit d'Espagne ou des autres contrées de l'Europe, sont moins dures que les serpentines et les pierres ollaires, et néanmoins on peut les employer aux mêmes usages, et en faire des vases et de la vaisselle de cuisine qui résiste au feu, s'y durcit et ne s'imbibe pas d'eau; elles ne diffèrent en un mot des pierres ollaires que parce qu'elles sont plus tendres et moins colorées. M. Pott, qui a comparé cette pierre de lard de la Chine avec la craie d'Espagne, les pierres ollaires et les serpentines, dit avec raison « que toutes ces pierres sont de la même » essence; on y aperçoit souvent, quand on les rompt, des particules brillantes de talc, » l'air n'y cause d'autre changement que de les durcir un peu davantage : si on les jette » dans l'eau, il s'y en imbibe un peu avec sifflement, mais elles ne s'y dissolvent pas » comme l'argile... La poudre de ces pierres forme, avec l'eau, une pâte qu'on peut pétrir » aisément : suivant les différents degrés de feu auquel on les expose, elles se durcissent » jusqu'au point d'étinceler abondamment lorsqu'on les frappe contre l'acier, et elles » prennent alors un beau poli; elles blanchissent pour l'ordinaire à un feu découvert, et » c'est par cette blancheur que la terre de la Chine l'emporte si fort sur les autres espèces, » mais un feu renfermé la jaunit. L'espèce jaune de cette terre rougit au contraire, son » rouge devient même vif, il en sort des étincelles, et son poli égale presque celui du » jaspe : cela me fait soupçonner que ces têtes excellemment gravées, ces statues et ces » autres monuments des anciens ouvriers, dont l'art, la durée et la dureté font aujourd'hui » l'admiration des nôtres, ne sont autre chose que des ouvrages faits avec des terres » stéatiques sur lesquelles on a pu travailler à souhait, et qui, ayant acquis au feu la » dureté des pierres, ont finalement été embellies de la polissure qui y subsiste encore.

» En sculptant exactement cette terre crue, on en peut faire les plus excellents ouvrages » des statuaires, qui reçoivent ensuite au feu une parfaite dureté, qui sont susceptibles du » plus beau poli, et qui résistent à toutes les causes de destruction.

» Mais surtout les chimistes peuvent s'en servir pour faire les fourneaux et les creusets » les plus solides, et qui résistent admirablement au feu et à la vitrification (*c*). »

25,834, c'est-à-dire à peu près égale à celle de la serpentine opaque veinée de noir et d'olivâtre, mais considérablement moindre que celle de la plupart des autres serpentines et pierres ollaires.

(*a*) En Allemagne, dans le margraviat de Bareith, en Suisse, etc.

(*b*) C'est peut-être aussi à ce genre qu'appartient l'espèce de craie verte et savonneuse, dans la montagne de Galand, aussi bien qu'auprès de Kublitz et de Prettigow, dont parle Scheuchzer : qu'on en tire abondamment de la Chine, c'est ce que prouvent tant de petites images et figures travaillées de toutes les manières et teintes extérieurement, qu'on apporte en Europe, sous le nom de *figures* et de *tasses de la Chine*, qui sont réellement faites du *speckstein* de la Chine; seulement cette espèce est pour l'ordinaire plus transparente que les autres. M. Pott, *Mémoires de l'Académie de Berlin*, année 1747, p. 57 et suiv.

(c) *Mémoires de l'Académie de Berlin*, année 1747.

Tout ce que dit ici M. Pott s'accorde parfaitement avec ce que j'ai pensé sur la nature et la dureté du jade, qui, par son poli gras et par l'endurcissement qu'il prend au feu, doit être mis au nombre des pierres talqueuses : les sauvages de l'Amérique n'auraient pu percer ni graver le jade s'il eût eu la dureté que nous lui connaissons, et sans doute ils la lui ont donnée par le moyen du feu.

CRAIE DE BRIANÇON

Cette pierre n'est pas plus craie que la craie d'Espagne, c'est également une pierre talqueuse, et presque même un véritable talc; elle n'en diffère qu'en ce que les lames dont elle est composée sont moins solides que celles du talc, et se divisent plus aisément en parcelles micacées, qui sont un peu plus aigres au toucher que les particules du talc : cette pierre n'est donc qu'un talc imparfait (*a*), c'est-à-dire un agrégat de particules d'un mica qui n'a pas encore subi tous les degrés de l'atténuation nécessaire pour devenir talc; mais le fond de sa substance est la même; sa dureté, sa densité sont aussi à très peu près les mêmes (*b*), et ses autres propriétés n'en diffèrent que du moins au plus; car, après le talc, c'est de toutes les stéatites la plus tendre et la plus douce au toucher; on la trouve plus fréquemment et en plus grandes masses que les talcs; elle s'offre aussi en différents états dans ses carrières, et on la distingue par la qualité de ses parties constituantes qui sont plus ou moins fines ou grossières. La plus fine est presque aussi transparente que le talc lorsqu'elle est réduite à une petite épaisseur, et ne paraît différer du vrai talc qu'en ce que les lames qui la composent ne sont pas lisses, et qu'elles ont à leur surface des stries et des tubercules; en sorte que, quand on veut séparer ces lames, elles ne se détachent pas les unes des autres comme dans les talcs, mais qu'elles se brisent en petites écailles, cette craie est donc un talc qui n'a pas acquis toute sa perfection; celui qu'on appelle *talc de Venise* ou *de Naples* est absolument de la même nature, et on se sert également de leur poudre pour faire le fard blanc et la base du rouge dont nos femmes font un usage agréable aux yeux, mais déplaisant au toucher.

(*a*) « La craie de Briançon, dit très bien M. Pott, est plutôt une espèce de talc qu'une » stéatite. » *Mémoires de l'Académie de Berlin*, année 1747, p. 68. — Divers auteurs témoignent que la Suède fournit la même production, continue M. Pott, et en particulier Broëmel, dont voici les paroles : « Le talc talgstein ou grysteen est une matière semblable à la pierre » ollaire qu'on peut fendre, tourner et travailler comme le bois, pour en faire diverses » pièces de vaisselle de cuisine qui s'échauffent au moindre feu. On en trouve auprès de » Hundohl dans le Jemptland; elle sert aussi à faire des foyers, des fourneaux et des » briques. Il s'en rencontre une autre espèce à Kieremecki, paroisse de Savola, et à Nerkie. » J'en ai reçu une espèce beaucoup plus belle, verdâtre et à demi transparente, de Wer- » meland et des mines de Sahlberg... » *Mémoires de l'Académie de Berlin*, année 1747, p. 68.

(*b*) La pesanteur spécifique du talc de Moscovie est de 27,917 ; celle de la craie de Briançon grossière, c'est-à-dire qui se délite en feuilles comme le talc, est de 27,274, et celle de la craie de Briançon fine est de 26,689, à peu près égale à celle du mica jaune.

AMIANTE ET ASBESTE

L'amiante et l'asbeste sont encore des substances talqueuses qui ne diffèrent l'une de l'autre que par le degré d'atténuation de leurs parties constituantes : toutes deux sont composées de filaments séparés longitudinalement, ou réunis assez régulièrement en directions obliques et convergentes; mais, dans l'amiante, ces filaments sont plus longs, plus flexibles et plus doux au toucher que dans l'asbeste; et, comme cette même différence se trouve entre les talcs et les micas, on peut en conclure que l'amiante est composé de parties talqueuses, et l'asbeste de parties micacées qui n'ont pas encore été assez atténuées pour prendre la douceur et la flexibilité du talc : il y a des amiantes en filaments longs de plus d'un pied, et des amiantes en filaments qui n'ont que quelques lignes de longueur, mais ils sont également flexibles et doux au toucher. Ces filaments ont le lustre et la finesse de la soie; ils sont unis parallèlement dans leur longueur, on peut même les séparer les uns des autres sans les rompre; les amiantes longs, qui se trouvent dans les Alpes piémontaises, sont d'un assez beau blanc; et les amiantes courts qu'on trouve aux Pyrénées sont d'un blanc verdâtre. Nous verrons tout à l'heure que les Alpes et les Pyrénées ne sont pas les seuls lieux qui produisent cette substance, et qu'on la rencontre dans toutes les parties du monde, au pied ou sur les flancs des montagnes vitreuses.

L'asbeste, qui n'est que de l'amiante imparfait et moins doux au toucher, se présente en filets semblables à ceux de l'alun de plume, ou bien en groupes et en épis dont les filaments sont adhérents les uns aux autres : nos nomenclateurs, auxquels les dénominations même impropres ne coûtent rien, ont appelé asbeste *mûr* le premier et asbeste *non mûr* le dernier, comme s'ils différaient par la maturité de leur substance, tandis qu'elle est la même dans l'un et l'autre, et qu'il n'y a de différence que dans la position parallèle ou divergente des filaments dont ils sont composés.

L'asbeste et l'amiante ne se brûlent ni ne se calcinent au feu : les anciens ont donné le nom de *lin incombustible* à l'amiante en longs filaments, et ils en faisaient des toiles qu'on jetait au feu, au lieu de les laver pour les nettoyer; cependant les amiantes longs ou courts, et les asbestes *mûrs* ou *non mûrs* se vitrifient comme le talc à un feu violent, et donnent de même une scorie cellulaire et poreuse : quelques-uns de nos habiles chimistes, ayant observé qu'il se trouve quelquefois du schorl dans l'amiante, ont pensé qu'il pouvait être formé par la décomposition du schorl, et qu'on devait les regarder l'un et l'autre comme des produits basaltiques (*a*); mais ni le schorl ni l'amiante ne sont des matières volcaniques; le schorl est un verre de nature produit par le feu primitif, et l'amiante ainsi que l'asbeste ont été formés par la décomposition du mica, qui, ayant été atténué par l'intermède des éléments humides, leur a donné naissance ainsi qu'au talc et à toutes les autres substances talqueuses.

L'amiante se trouve souvent mêlé, et comme incorporé dans les serpentines et pierres ollaires en si grande quantité, que quelques observateurs ont pensé que ces pierres tiraient leur origine de l'amiante (*b*); mais nous dirons avec plus de vérité que leur origine est commune, c'est-à-dire que ces pierres et l'amiante proviennent également de l'agrégation des

(*a*) Voyez les *Lettres de M. Demeste*, t. Ier, p. 398.

(*b*) Quelquefois la pierre ollaire verte, dans le premier degré de son endurcissement, est de l'amiante ou de l'asbeste. Les carrières de serpentines de Zœplitz, et les échantillons que M. Targioni a ramassés dans les montagnes de Gabbro d'Impruneta, à sept milles de Florence et de Prato, me le persuadent. *Lettres sur la Minéralogie*, par M. Ferber, p. 120.

parties du talc et du mica plus ou moins purs ou moins décomposés. Quelques autres observateurs, ayant trouvé de l'amiante dans des terres argileuses, ont cru que c'était un produit de l'argile (*a*); ils ont attribué la même origine au mica (*b*), parce qu'on en rencontre souvent dans les terres argileuses, et qu'ils ont reconnu que le mica ainsi que l'asbeste se convertissaient en argile; ils auraient dû en conclure, au contraire, que l'argile pouvait être produite par le mica, comme elle peut l'être et l'a en effet été par la décomposition du quartz, du feldspath et de toutes les autres matières vitreuses primitives; enfin je ne crois pas qu'il soit nécessaire de discuter l'opinion de ceux qui ont cru que l'amiante et l'asbeste étaient formés par les sels de la terre : cette idée ne leur est venue qu'à cause de leur ressemblance avec l'alun de plume, dont néanmoins l'amiante et l'asbeste diffèrent par leur essence et par toutes leurs propriétés; car l'alun de plume est soluble dans l'eau, fusible dans le feu, et il a une saveur très astringente; l'amiante et l'asbeste, au contraire, n'ont aucune propriété des sels; ils sont insipides, ne se dissolvent pas dans l'eau, résistent très longtemps à l'ardeur du feu, et ne se vitrifient que par un feu du dernier degré; leur substance n'est composée que d'un mica plus ou moins atténué, que les stillations de l'eau ont charrié et disposé par filaments entre les couches de certaines matières. « Les particules qui sont appliquées à un corps solide par l'intermède d'un fluide peuvent prendre » la forme de fibriles, dit Stenon, soit en passant dans des pores ouverts, comme dans des » espèces de filières, soit en s'engageant, poussées par le fluide, dans les interstices des » fibres déjà formées (*c*). » Mais il n'est pas nécessaire de supposer, avec Stenon, des filières pour expliquer la formation des filaments de l'amiante, puisqu'on trouve cette même forme dans les talcs, dans les gypses et jusque dans les sels; c'est même l'une des formes que la nature donne le plus souvent à toutes les matières visqueuses ou atténuées, au point d'être grasses et douces au toucher.

Il ne paraît pas douteux que l'amiante ou l'asbeste des Grecs, le *lin vif* dont parle Pline (*d*), et la *salamandre* de quelques auteurs, ne soient une même chose, de sorte que ces diverses dénominations nous indiquent déjà une des principales propriétés de

(*a*) « J'ai trouvé, dit M. Nebel, de l'asbeste dans une couche argileuse, que j'ai reconnu » avoir été formée par une argile extrêmement tendre; mais je ne crois pas qu'aucun de » nos naturalistes ait jamais fait mention de ce minéral de la principauté de Hesse. On » connaît l'asbeste, on sait en quoi il diffère de l'amiante, et les différents usages auxquels » il sert : je me borne donc à dire qu'il se forme de l'argile, ce que personne n'a déterminé » jusqu'à présent... Et je conclus de son origine et de la facilité qu'on a de le réduire en » une terre argileuse, que l'asbeste n'est autre chose qu'un composé fibreux d'une argile » extrêmement tendre. J'ignore si l'on connaît un menstrue propre à le dissoudre; mais le » hasard m'en a fait connaître un qui n'est autre chose que la lessive : elle le dissout dans » l'instant lorsqu'il n'est pas trop sec; et s'il est vrai, comme on le dit, que les corps se » résolvent dans les principes dont ils sont composés, je crois pouvoir avancer hardiment » que l'asbeste, se réduisant en argile, doit nécessairement être formé de la même substance. » *Journal de physique,* juillet 1773, p. 62.

(*b*) Il est dit, dans une nouvelle *Minéralogie* qu'on croit être de M. Cronstedt, que le *mica* et l'asbeste se forment de l'argile, et que, si cela n'était pas, l'un et l'autre deviendraient friables en les mettant au feu, et se fondraient par le moyen d'une terre martiale; cependant l'auteur n'ose l'assurer positivement. *Idem, ibidem*... M. l'abbé Rozier dit dans une note : « Je ne sais si l'on doit attribuer cette découverte à M. Nebel; mais il est certain » qu'en 1766, l'Académie des sciences de Sienne couronna un Mémoire dans lequel il est dit » que l'amiante est une argile transformée, et que le talc est également une autre production de l'argile. » Quelques auteurs ont fait deux genres séparés des asbestes et des amiantes; nous croyons au contraire qu'elles forment des espèces qui ne diffèrent les unes des autres que par la disposition des fibres. *Idem, ibidem.*

(*c*) *De solido intrà solidum.*

(*d*) *Histoire naturelle,* liv. XIX, chap. I.

cette matière, qui résiste en effet à l'action du feu jusqu'à un certain point, mais qui néanmoins n'y est pas inaltérable comme on l'a prétendu (*a*).

Quoique l'amiante fût autrefois beaucoup plus rare qu'il ne l'est aujourd'hui, et que, selon le témoignage de Pline, son prix égalât celui des perles, il paraît cependant que les anciens connaissaient mieux que nous l'art de le préparer et d'en faire usage. Dans ce temps on tirait l'amiante de l'Inde, de l'Égyte, et particulièrement de Caryste, ville de l'Eubée, aujourd'hui Négrepont, d'où Pausanias l'a dénommé *linum caristium* (*b*).

Pour tirer la matière fibreuse et incombustible dont l'amiante est formé, on en brise la masse, on secoue ensuite l'espèce de filasse qui en provient afin d'en séparer la terre, on la peigne, on la file, et on en fait une sorte de toile qui ne se consume que peu dans nos feux ordinaires; l'amiante, ainsi préparé, peut aussi servir à faire des mèches très durables pour les lampes, et on en ferait également avec du talc, qui a de même la propriété de résister au feu. « Il y a une sorte de lin qu'on nomme *lin vif*, *linum vivum*, parce qu'il » est incombustible, dont j'ai vu, dit Pline, des nappes qu'on jetait après le repas dans le » feu lorsqu'elles étaient sales, et qu'on en retirait beaucoup plus blanches que si elles » eussent été lavées; on enveloppe les corps des rois, après leur mort, avec une toile » faite de ce lin, lorsqu'on veut les brûler, afin que les cendres ne se mêlent point avec » celles du bûcher..... Ce lin est très difficile à travailler, parce qu'il est très court; il » perd dans le feu la couleur rousse qu'il avait d'abord, et il devient d'un blanc écla- » tant (*c*). » Le père Kircher dit qu'il avait, entre autres ouvrages (*d*) faits des filaments de cette pierre, une feuille de papier sur laquelle on pouvait écrire, et qu'on jetait ensuite au feu pour effacer l'écriture, d'où on la retirait aussi blanche qu'avant qu'on s'en fût servi, de sorte qu'une seule feuille de ce papier aurait pu suffire au commerce de lettres de deux amis; il dit aussi qu'il avait un voile de femme pareillement fait de fil d'amiante, qui lui avait été donné par le cardinal de Lugo, qu'il ne blanchissait jamais autrement qu'en le jetant au feu; et qu'il avait eu une mèche de cette même matière, qui lui avait servi pendant deux ans dans sa lampe, sans qu'elle se fût consumée. Mais quelque avantageusement que les anciens aient parlé des ouvrages faits de fils d'amiante, il est constant qu'à considérer la nature de cette matière, il y a lieu de juger que ces ouvrages n'ont jamais pu être d'un bon service et que, lorsqu'on a fait quelque usage de cette espèce de filasse minérale, la curiosité y a eu plus de part que l'utilité; d'ailleurs, cette matière a toujours été assez rare et fort difficile à employer, et si l'art de la préparer est du nombre des secrets qu'on a perdus, il n'est pas fort regrettable.

Quelques auteurs modernes (*e*) ont écrit sur la manière de faire de la toile avec l'amiante. M. Mahudel, de l'Académie des inscriptions et belles-lettres, a donné le détail de cette manipulation (*f*), par laquelle on obtient en effet une toile, ou plutôt un tissu d'amiante mêlé

(*a*) Nonobstant l'opinion commune que le feu n'a point d'effet sur l'*asbeste*, néanmoins, dans deux expériences faites devant la Société royale de Londres, une pièce de drap incombustible fait de cette pierre, longue d'un pied et large d'un demi-pied, pesant environ une once et demie, fut trouvée avoir perdu plus d'un drachme de son poids chaque fois que l'on en fit l'épreuve. *Dictionnaire encyclopédique de Chambers*, article *Lin incombustible*.

(*b*) Agricola : *De natura fossil.*

(*c*) *Histoire naturelle*, liv. XIX, chap. I.

(*d*) *De mundo subterraneo*, lib. VIII.

(*e*) Campani : *De lino incombustibili sive amianto*; Romæ, 1691.

(*f*) « Choisissez, dit M. Mahudel, l'amiante dont les fils sont les plus longs et les plus » soyeux; divisez-les sans les broyer; faites-les infuser dans de l'eau chaude; remuez-les, et » changez l'eau jusqu'à ce qu'il ne reste plus de terre adhérente à ces fils; faites-les sécher » au soleil; arrangez-les sur deux cardes à dents fines, semblables à celles des cardeuses de » laine : après les avoir tous séparés en les cardant doucement, rassemblez la filasse ainsi

de chanvre ou de lin ; mais ces substances végétales se brûlent dès la première fois qu'on jette au feu cette toile, et il ne reste alors qu'un mauvais canevas percé de mille trous, et dans lequel les cendres des matières enveloppées de cette toile ne pourraient se conserver comme on l'a prétendu des corps qu'on faisait brûler dans cette toile pour en obtenir la cendre pure et sans mélange. La chose est peut-être possible en multipliant les enveloppes de cette toile autour d'un corps dont on voudrait conserver la cendre; ces toiles pourraient alors la retenir sans la laisser échapper; mais ce qui prouve que cette pratique n'a jamais été d'un usage commun, c'est qu'à peine y a-t-il un exemple de toile d'amiante trouvée dans les anciens tombeaux (*a*); cependant on lit, dans Plutarque, que les Grecs faisaient des toiles avec l'amiante, et qu'on voyait encore de son temps des essuie-mains, des filets, des bonnets et des habits de ce fil, qu'on jetait dans le feu quand ils étaient sales et qui ne s'y consumaient pas, mais y reprenaient leur premier lustre. On cite aussi les serviettes de l'empereur Charles-Quint, et l'on assure que l'on a fait de ces toiles à Venise, à Louvain et dans quelques autres provinces de l'Europe; les voyageurs attestent encore que les Chinois savent fabriquer ces toiles (*b*) : une telle manufacture me paraît néanmoins d'une exécution assez difficile, et Pline avait raison de dire *asbestos inventu rarum, textu difficillimum.* Cependant il paraît, par le témoignage de quelques auteurs italiens, qu'on a porté, dans le dernier siècle, l'art de filer l'amiante et d'en faire des étoffes, à un tel degré qu'elles étaient souples, maniables et fort approchantes, pour le lustre, de la peau d'agneau préparée qui est alors fort blanche : ils disent même qu'on pouvait rendre ces étoffes épaisses et minces à volonté, et que par conséquent on en faisait une sorte de drap assez épais et un papier blanc assez mince (*c*). Mais je ne sache pas qu'il y ait aujourd'hui en Europe aucune manufacture d'étoffe, de drap, de toile ou de papier d'amiante; on fait seulement dans quelques villages, autour des Pyrénées, des cordons, des bourses et des jarretières d'un tissu grossier, de l'amiante jaunâtre qui se trouve dans ces montagnes.

» préparée; ajustez-la entre les deux cardes que vous placerez sur une table où elles tiendront » lieu de quenouilles.

» Posez sur la même table une bobine de lin ordinaire filé très fin, dont vous tirerez un » fil en même temps que vous en tirerez deux ou trois de l'amiante qui est entre les cardes, » et par le moyen d'un fuseau réunissez le lin et l'amiante en un seul fil; pour rendre ce » filage plus facile, et pour garantir les doigts de la corrosion de l'amiante, trempez-les dans » de l'huile d'olive. » *Mémoires de l'Académie des belles-lettres*, t. IV, p. 639.

(*a*) M. Mahudel cite le suaire d'amiante qui est à la Bibliothèque du Vatican, et qui renferme des cendres et des ossements à demi brûlés, avec lesquels il a été trouvé dans un ancien tombeau; ce suaire a neuf palmes romaines de longueur sur sept de largeur. Cet auteur pense qu'en supposant que ce suaire soit antique, il peut avoir servi pour quelque prince, mais que l'on n'en doit tirer aucune conséquence pour un usage général, puisqu'il est le seul que l'on ait vu de cette espèce dans le nombre infini de tombeaux que l'on a ouverts, ni même dans ceux des empereurs. *Mémoires de l'Académie des belles-lettres*, t. IV, p. 639.

(*b*) L'on voit encore, dans le royaume de la Chine, des linges ou toiles incombustibles, comme celles dont il est fait mention dans les anciens auteurs, qui sont par conséquent faites d'une sorte d'amiante ou pierre de Caryste, qui ne diffère point du lin incombustible de Pline : il n'y a que quelques années que le P. Couplet, jésuite, qui avait demeuré pendant trente ans dans divers quartiers de ce royaume, apporta plusieurs pièces de ce linge qu'il fit voir à l'auteur du présent livre en 1684 : les Chinois s'en servent à différents usages, et surtout au lieu de serviettes, d'essuie-mains et d'autres linges de cette nature. Lorsqu'ils sont gras ou sales, on les jette dans le feu, où ils se purifient et se nettoient sans être endommagés. *Description de l'Archipel*, etc., par Dapper; in-fol., p. 331.

(*c*) Voyez le *Dictionnaire encyclopédique de Chambers*, article *Lin incombustible.*

Le talc et l'amiante sont également des produits du mica atténué par l'eau, et l'amiante, quoique assez rare, l'est moins que le talc dont la composition suppose une infinité de filaments réunis de très près, au lieu que dans l'amiante ces filets ou filaments sont séparés, et ne pourraient former du talc que par une seconde opération qui les réunirait : aussi le talc ne se trouve qu'en quelques endroits particuliers, et l'amiante se présente dans plusieurs contrées, et surtout dans les montagnes graniteuses où le mica est abondamment répandu ; il y a même d'assez grandes masses d'amiante dans quelques-unes de ces montagnes (*a*).

On trouve de l'amiante en Suisse, en Savoie (*b*) et dans plusieurs autres contrées de l'Europe (*c*) ; il s'en trouve dans les îles de l'Archipel (*d*) et dans plusieurs régions du continent de l'Asie, en Perse (*e*), en Tartarie (*f*), en Sibérie et même en

(*a*) M. Gmelin vit, en 1741, la montagne d'asbeste ou d'amiante qui se trouve en Sibérie; elle est située sur le rivage oriental du Tagil : il y avait environ trente ans que la découverte de ce fossile était faite. La pierre de la montagne est molle, friable et de différentes couleurs, bleue, verte, noire, mais le plus souvent toute grise : sa direction est d'ordinaire à l'orient, et presque perpendiculaire. Les veines d'asbeste ont toutes sortes de directions; elles ont quelquefois l'épaisseur de deux ou trois lignes, et vont rarement jusqu'à celle d'un pouce : tant qu'on n'en éparpille pas les filaments, la pierre a la couleur d'un verre luisant et verdâtre; mais pour peu qu'on la touche, il s'en détache un duvet si délié qu'il égale presque la soie la plus fine. Il s'en trouve aussi des veines qui semblent ne pas être mûres, d'autres qui paraissent trop vieilles, ou qui ne sont pas filamenteuses et tombent en poussière au simple attouchement. Entre la véritable pierre d'amiante, il se trouve une autre pierre verte, qui se divise comme l'asbeste en filaments, mais raides et pierreux : cette pierre verte n'est peut-être autre chose qu'un asbeste. *Histoire générale des voyages*, t. XVIII, p. 453 et 454.

(*b*) M. de La Condamine a fait voir un paquet d'amiante très blanc, trouvé dans les montagnes de la Tarentaise, nouvelle source jusqu'à présent inconnue de cette espèce de matière minérale. *Mémoires de l'Académie des sciences*, année 1761, p. 31. *Observations de physique générale.*

(*c*) « Il y a en Norvège, dit Pontoppidan, un rocher d'amiante ou d'asbeste, sorte de » matière incombustible : la préparation en est simple; on le macère d'abord dans l'eau, on » le bat ensuite pour l'avoir en filaments; on en dégage les parties terreuses par une rin» çure dans l'eau claire, répétée sept à huit fois; on le fait sécher sur un tamis, et on le » file enfin comme du lin, ayant soin de s'humecter les doigts d'huile afin qu'il soit plus » souple à l'eau. » *Journal étranger*, mois de septembre 1755, p. 213 et 214.

(*d*) On trouve de plus une certaine pierre en grande quantité dans l'île de Chypre (les anciens l'ont appelée *amianthus*), surtout en un certain village de même nom, qui était autrefois fort connu et fort renommé à cause de la filasse, du fil et des toiles que les habitants en faisaient. *Description de l'Archipel*, par Dapper, p. 52.

(*e*) Ce qu'on trouve de plus particulier dans les montagnes du Caboulistan, en deçà de l'Indus, ce sont des mines assez fréquentes d'amiante, dont les habitants savent bien tirer parti. L'amiante, que l'on nomme vulgairement le *lin incombustible*, est une matière pierreuse, composée de filets déliés comme de la soie, argentés et luisants, qui s'amollissent dans l'huile, et y acquièrent assez de souplesse pour pouvoir être filés. On en fait des cordes et des toiles assez fines pour servir de mouchoirs, lesquels se blanchissent en les jetant dans le feu d'où ils sortent sans que le tissu en soit le moins du monde endommagé. Nous avons aussi quelques mines d'amiante dans les Pyrénées, dans les montagnes de Gênes, etc. *Histoire de Thamas Kouli-Kan*; Paris, 1742, in-12.

(*f*) « Dans la province de Chinchintalas, il y a une montagne dans laquelle il se trouve » des salamandres, desquelles, par artifice, ils font du drap de telle propriété, que s'il est » jeté au feu il ne brûlera point, et se fait tel drap avec de la terre en cette manière. Ils » prennent cette terre qui est entremêlée de petits filets en forme de laine, laquelle ils font » dessécher au soleil puis la broyant en un mortier et la lavant, afin que toute la terre s'en

Groenland (a); enfin, quoique les voyageurs ne nous parlent pas des amiantes de l'Afrique et de l'Amérique, on ne peut pas douter qu'il ne s'en trouve dans la plupart des montagnes graniteuses de ces deux parties du monde, et l'on doit croire que les voyageurs n'ont fait mention que des lieux où l'on a fait quelque usage de cette matière, qui par elle-même n'a que peu de valeur réelle et ne mérite guère d'être recherchée.

CUIR ET LIÈGE DE MONTAGNE

Dans l'amiante et l'asbeste, les parties constituantes sont disposées en filaments souvent parallèles, quelquefois divergents ou mêlés confusément ; dans le cuir de montagne, ces mêmes parties talqueuses ou micacées qui en composent la substance sont disposées par couches et en feuillets minces et légers, plus ou moins souples, et dans lesquels on n'aperçoit aucun filament, aucune fibre : ce sont des paillettes ou petites lames de talc ou de mica, réunies et superposées horizontalement, plus ou moins adhérentes entre elles, et qui forment une masse mince comme du papier, ou épaisse comme un cuir et toujours légère, parce que ces petites couches ne sont pas réunies dans tous les points de leur surface, et qu'elles laissent entre elles tant de vide que cette substance acquiert presque le double de son poids par son imbibition dans l'eau (b).

Le liège de montagne, quoiqu'en apparence encore plus poreux, et même troué et caverneux, est cependant plus dur et d'une substance plus dense que le cuir de montagne, et il tire beaucoup moins d'eau par l'imbibition (c). Les parties constituantes de ce liège de montagne ne sont pas disposées par couches ou par feuillets appliqués horizontalement les uns sur les autres, comme dans le cuir de montagne, mais elles sont contournées en forme de petits cornets qui laissent d'assez grands intervalles entre eux, et la substance de ce liège est plus compacte et plus dure que celle du cuir auquel nous le comparons ; mais l'essence de l'un et de l'autre est la même, et ils tirent également leur origine et leur formation de l'assemblage et de la réunion des particules du mica moins atténuées que dans les talcs ou les amiantes.

Ce cuir et ce liège sont ordinairement blancs, et quelquefois jaunâtres ; on en a trouvé de ces deux couleurs en Suède, à Sahlberg et à Danemora. M. Montet a donné une bonne description du liège qu'il a découvert le long du chemin de Mandagout à Vigan, diocèse

» sépare..... et après les filent ainsi qu'on fait la laine, et en font des draps ; et quand ils les » veulent blanchir les jettent dedans un grand feu, puis les en retirent plus blancs que la » neige, sans être aucunement endommagés, et en cette manière les nettoient et les » blanchissent quand ils sont sales et tachés, et ne leur font autre lessive que le feu...... » Ils disent à Rome avoir une nappe faite de salamandre, en laquelle ils gardent le Saint-» Suaire de Notre-Seigneur, et qu'autrefois elle a été envoyée par un roi des Tartares au » pape Romain. » *Description géographique de l'Inde*, par Marc Paul, chap. XLVI, liv. I, p. 26.

(a) L'amiante que le missionnaire Égède a découvert en Groenland se trouve en Sibérie, et on y fait quelques petits morceaux de toile incombustible. *Description de l'Islande*, par Anderson ; Hambourg, 1746.

(b) La pesanteur spécifique du cuir fossile ou de montagne est de 6,806 ; et celle de ce même cuir pénétré d'eau est de 13,492. Voyez les *Tables de M. Brisson.*

(c) La pesanteur spécifique du liège de montagne est de 9,933, c'est-à-dire de près d'un tiers plus grande que celle du cuir de montagne, et lorsqu'il est pénétré d'eau, sa pesanteur spécifique n'est que de 12,492, c'est-à-dire moindre que celle du cuir imbibé d'eau. *Idem, ibidem.*

d'Alais : cet habile minéralogiste dit avec raison « que cette substance est fort analogue à » l'amiante (*a*), et que les mines en sont très rares en France ». Celle qu'il décrit se présentait à la surface du terrain et était en couches continues à quatre pieds de profondeur (*b*) ; elle gisait dans une terre ocreuse qui donnait une couleur jaune à ce liège, mais il devenait d'un blanc mat en le lavant. « Ce liège, dit M. Montet, se présente sous diffé- » rentes formes, et toutes peu régulières ; il y a de ces lièges qui sont tout à fait plats, et » qui n'ont en certains endroits pas plus de deux ou trois lignes d'épaisseur ; ils ressem- » blent à certains *fungus* qui viennent sur les châtaigniers, ou à de la bourre desséchée ; » d'autres sont fort épais et de figure oblongue ; il y en a aussi en petits morceaux déta- » chés, irréguliers comme sont les cailloux, etc., la plupart sont raboteux ayant beaucoup » de petites éminences ; on n'en voit point d'unis sur aucune de leurs surfaces..... Lorsque » ce liège de montagne est bien nettoyé de la terre qui l'enduit et que, dans cet état de » netteté, on le ramollit en le pressant et frottant entre les doigts, il ressemble parfaite- » ment à du papier mâché.

» Les gros morceaux de ce liège et ceux qui sont fort épais sont ordinairement fort » pesants, eu égard aux autres qui sont peu pénétrés par la terre et par les sucs pétrifiants ; » ceux-ci ont la légèreté et la mollesse du liège ordinaire ; voilà sans doute ce qui a fait » donner à cette substance le nom de *liège de montagne :* on pourrait donner encore à » ceux qui sont bien blancs et minces le nom de *papier de montagne ;* les fibres qui les » composent sont d'un tissu très lâche, tandis que la plupart des autres ont presque la » pesanteur des pierres ; on peut rendre à ces derniers la légèreté qui leur est propre en » les coupant en petits morceaux minces, et leur ôtant toute la partie terreuse ou pétri- » fiante.....

» J'ai trouvé quelques morceaux de cette substance qui, partagée en deux, ne pouvait » se séparer qu'en laissant apercevoir des filets soyeux parallèles, couchés en grande par- » tie perpendiculairement les uns contre les autres, ne se séparant que par filaments, et » se tenant d'un bout jusqu'à l'autre, comme les fibres d'un muscle : il me semble que » ceux-ci doivent être une espèce d'amiante ; ils sont aussi fort légers. J'en ai mis quel- » ques morceaux dans des creusets que j'ai exposés à un feu fort ardent pendant deux » heures ; je les ai tirés sans aucune apparence de vitrification, seulement ils avaient perdu » de leur poids, mais ils étaient toujours inattaquables aux acides.....

» On voit sur le sol du terrain où se trouve ce liège de montagne : 1° une espèce d'ar- » doise grossière ; 2° beaucoup de quartz en assez petits morceaux détachés, isolés à la » surface de la terre, et dont plusieurs sont pénétrés, par leurs côtés, de cette pierre tal- » queuse qui est la pierre dominante de ce terrain (*c*). »

Il me paraît qu'on doit conclure de ces faits réunis et comparés que le cuir et le liège de montagne sont formés des parcelles micacées qui se trouvent en grande quantité dans ce terrain ; que ces particules s'y réunissent sous la forme d'amiante, de cuir et de liège, suivant le degré de leur atténuation, et qu'enfin elles forment des talcs lorsqu'elles sont encore plus atténuées, en sorte que les talcs, les amiantes et toutes les autres concrétions talqueuses dont nous venons de présenter les principales variétés tirent également leur origine du mica primitif, qui lui-même a été produit, comme nous l'avons dit, par les exfoliations du quartz et des trois autres verres de nature.

(*a*) *Mémoires de l'Académie des sciences*, année 1762, p. 632 et suiv.

(*b*) M. Montet ajoute à ce qu'il a dit sur le liège de montagne en 1762 que quelques gens, ayant fait planter des châtaigniers dans cette partie des Cévennes, avaient rencontré, en faisant le creux à trois ou quatre pieds de profondeur, la mine de liège de montagne ; et que, comme il n'avait fait fouiller qu'à deux pieds, il n'en avait pas trouvé à cette profondeur. *Mémoires de l'Académie des sciences*, année 1777, p. 640.

(*c*) *Mémoires de l'Académie des sciences*, année 1762, p. 632 et suiv.

PIERRES ET CONCRÉTIONS VITREUSES

MÉLANGÉES D'ARGILE

Indépendamment des ardoises et des schistes qui ne sont que des argiles desséchées, durcies et plus ou moins mélangées de mica et de bitume, il se forme dans les glaises plusieurs concrétions argileuses dont les unes sont mêlées de parties ferrugineuses ou pyriteuses, et les autres de poudre de grès et du détriment des autres matières vitreuses. J'ai avancé, dès l'année 1749 (*a*), que les grès et les autres pierres vitreuses se convertissaient en terre argileuse par la longue impression des éléments humides. Cette vérité, qu'on m'a longtemps contestée, vient enfin d'être adoptée par quelques-uns de nos plus habiles minéralogistes. M. le docteur Demeste dit expressément « que la plus grande partie des » couches argileuses résulte de la décomposition des granits ou du quartz, puisqu'on voit » tous les jours ces substances passer à l'état d'argile, et qu'elles sont composées des mêmes » parties constituantes que cette dernière substance (*b*) ». Rien n'est plus vrai, et M. Demeste remarque encore avec raison que l'argile qui résulte de la décomposition du quartz est différente de celle qui provient du feldspath. Mais ce savant chimiste est-il aussi fondé à dire « que l'argile qui résulte de la décomposition des molécules quartzeuses a de l'onc- » tuosité et de la ténacité, tandis que celle qui est produite par la décomposition du feld- » spath, et que l'on nomme *kaolin* à la Chine, tout onctueuse et douce au toucher qu'elle » puisse être, n'a presque aucune ténacité, et qu'elle contient une très grande quantité de » terre absorbante invitrifiable qui la rend très propre à entrer dans la composition de la » porcelaine (*c*) ? » Il me semble que de tous les verres primitifs, et même de toutes les matières vitreuses qui en proviennent, le mica et le talc sont celles qui ont le plus d'onctuosité; que d'ailleurs le feldspath se fondant aisément, l'argile qui résulte de sa décomposition doit être moins invitrifiable que celle qui provient de la décomposition du quartz, et même de celle du mica.

Quoi qu'il en soit, comme nous avons traité ci-devant des argiles et des glaises, ainsi que des schistes et des ardoises qui sont les grandes masses primitives produites par la décomposition des matières vitreuses, il nous reste à parler des concrétions secondaires qui se forment par sécrétion dans ces grandes masses de schiste ou d'argile.

AMPÉLITE

La première de ces concrétions est l'ampélite, crayon noir ou pierre noire dont se servent les ouvriers pour tracer des lignes sur les bois et les pierres qu'ils travaillent : son nom n'a nul rapport à cet usage, mais il vient de celui qu'en faisaient les anciens contre les insectes et les vers qui rongeaient les feuilles et fruits naissants des vignes (*d*) ; ils la

(*a*) Voyez les preuves de la théorie de la terre, et l'article de l'*Argile*.

(*b*) *Lettres du docteur Demeste.*

(*c*) *Lettres du docteur Demeste.*

(*d*) On trouvait, dans l'île de Rhodes, une terre bitumineuse appelée par les anciens *ampélites*, qui était fort propre à faire mourir les vers qui rongeaient les vignes, en la pulvérisaient, la mêlaient avec de l'huile, et en frottaient la tige et les bourgeons des vignes qu'ils voulaient préserver; ils en faisaient aussi une pommade dont ils se servaient pour noircir les sourcils et les cheveux (*a*).

Le fond de cette pierre est une argile noire ou un schiste plus ou moins dur, mais elle est toujours mélangée d'une assez grande quantité de parties pyriteuses, car elle s'effleurit à l'air; elle contient aussi une certaine quantité de bitume, puisqu'on en sent l'odeur lorsqu'on jette la poudre de cette pierre sur des charbons ardents.

Quelques-uns de nos minéralogistes récents ont prétendu que l'ampélite était mêlée de sable quartzeux (*b*); mais ce qui prouve que ce sable, toujours aigre et rude au toucher, n'entre pas en quantité sensible dans cette pierre, c'est qu'elle est douce au toucher, qu'elle ne présente pas des grains dans sa cassure, et qu'elle tache de noir les doigts sans les offenser; on peut même s'en servir sur le papier comme l'on se sert de la sanguine ou crayon rouge. L'ampélite fait un peu d'effervescence avec les acides, et elle contient certainement plus de fer que de quartz; c'est de la décomposition des parties ferrugineuses que provient sa couleur noire; on peut faire de l'encre avec cette pierre, car elle noircit profondément la décoction de noix de galle.

Au reste, l'ampélite ne se trouve pas dans tous les schistes ou argiles desséchées; elle paraît, comme l'ardoise, affecter des lieux particuliers : il y en a des minières en France, près d'Alençon, d'autres en Champagne, dans le Maine, etc., mais les ampélites de ces provinces, dont on ne laisse pas de faire usage, ne sont pas aussi bonnes que celles qui nous viennent de l'Italie et du Portugal. Cependant on a découvert depuis peu une très belle minière près du bourg d'Oisan en Dauphiné, dans laquelle il se trouve des veines d'ampelite de la même qualité que celle d'Italie, sous le nom de laquelle on la fait souvent passer dans le commerce.

SMECTIS OU ARGILE A FOULON

Il ne faut pas confondre cette argile à foulon avec une sorte de marne qui est encore plus propre à cet usage, et qui porte aussi le nom de *marne à foulon*. Le smectis est une argile fine, douce au toucher et comme savonneuse; elle ne fait que très peu ou point d'effervescence avec les acides; elle est moins pétrissable que les autres argiles, et même, lorsqu'elle est sèche, ses parties constituantes n'ont presque plus de cohérence, et c'est par cette grande sécheresse qu'elle attire les huiles et graisses des étoffes auxquelles on l'applique; il y en a de plusieurs couleurs et de différentes sortes. M. de Bomare me paraît les avoir indiquées dans sa Minéralogie (*c*). Cependant il ne fait pas une mention particu-

détrempant avec de l'huile dont on frottait ensuite les ceps; ce qui tuait ces vers avant qu'ils fussent montés de la racine jusqu'aux bourgeons ou pampres. *Description des îles de l'Archipel*, traduite du flamand. D. O. Dapper; Amsterdam, 1703, p. 128.

(*a*) *Dictionnaire encyclopédique de Chambers*, article *Ampélite*.

(*b*) La pierre noire de Charpentier ou le crayon n'est qu'une argile colorée ou un *smectis noir*. La texture dépend du plus ou moins de sable quartzeux qui s'y trouve : il faut cependant qu'il y en entre une certaine quantité pour que cette substance ait une consistance pierreuse, sans cela elle ne serait qu'une argile tendre ordinaire; il faut encore que ce quartz y soit d'une grande finesse, sans cela cette substance serait rude au toucher : quand on la calcine, elle devient rougeâtre, selon la proportion de la chaux de fer qu'elle contient. *Mémoires sur la carrière de schiste de la Ferrière-Bechet en Normandie*, par M. Monnet. *Journal de physique*, mois de septembre 1777, p. 215 et 216.

(*c*) L'argile à foulon ou smectis, ou *terra simolia*, est une terre savonneuse : il y en a de différentes couleurs; leur principale qualité consiste à dégraisser les étoffes. Celle qu'on

lière de la sorte de terre à foulon dont on se sert en Angleterre pour détacher et même lustrer les draps; il est défendu d'en exporter, et cette terre est en effet d'une qualité supérieure à toutes celles que l'on emploie en France, où je suis persuadé néanmoins qu'on pourrait en trouver de semblable. Quelques personnes qui en ont vu des échantillons à Londres m'ont dit qu'elle était d'une couleur rougeâtre et très douce au toucher.

PIERRE A RASOIR

On a donné la dénomination vague et trop générale de *pierre à aiguiser* à plusieurs pierres vitreuses, dont les unes ne sont que des concrétions de particules de quartz ou de grès, de feldspath, de schorl, et dont les autres sont mélangées de mica, d'argile et de schiste. Celle que l'on connaît sous le nom particulier de *pierre à rasoir* doit être regardée comme une sorte de schiste ou d'ardoise; elle est à très peu près de la même densité (*a*), et n'en diffère que par la couleur et la finesse du grain : c'est une sorte d'ardoise dont la substance est plus dure que celle de l'ardoise commune.

Ces pierres à rasoir sont communément blanchâtres, et quelquefois tachées de noir : leur structure est lamelleuse et formée de couches alternatives, d'un gris blanc ou jaunâtre et d'un gris plus brun; elles se séparent et se délitent comme l'ardoise, toujours transversalement et par feuilles; elles sont de même assez molles en sortant de la carrière, et elles durcissent en se desséchant à l'air. Les couches alternatives, quoique de couleur différente, sont de la même nature, car elles résistent également à l'action des acides; seulement on a observé que la couche noirâtre ou grise (*b*) exige un plus grand degré de chaleur pour se fondre que la couche jaunâtre ou blanchâtre.

On trouve de ces pierres à rasoir dans presque toutes les carrières dont on tire l'ardoise; cependant elles ne sont pas toutes de la même qualité : il est aisé d'en distinguer à l'œil la finesse du grain, mais ce n'est guère que par l'usage qu'on peut en reconnaître la bonne ou mauvaise qualité.

appelle proprement *terre à foulon* est d'un vert jaunâtre : il s'en trouve en Angleterre, en Cornouailles, qui porte le nom de *terre cimolée*, elle est d'un blanc cendré; il en vient du même endroit sous le nom de *terre noire de Tripoli*, elle est un peu noirâtre.

Le smectis des îles de Fer est assez dur, vert, approchant beaucoup de la pierre tendre (*morochtus*).

La terre cendrée de Tournai est un smectis qui devient au feu d'un blanc merveilleux.

La terre à foulon est fine, savonneuse et feuilletée dans la carrière; elle y est déposée par lits horizontaux; mais étant séchée elle a perdu l'abondance de son *gluten*, elle se divise par feuillets, se décompose, perd toute sa liaison à l'air, et produit alors un léger mouvement d'effervescence avec les acides; elle est composée de particules si peu tenaces, qu'on ne peut presque pas la travailler : réduite en petits morceaux et battue dans de l'eau, elle se divise promptement et en parties très fines; alors elle donne de l'écume et forme des bulles comme le savon dont elle a quelquefois les propriétés.

La vraie terre savonneuse a, de plus que la terre à foulon, les propriétés, le goût et tous les caractères du savon : elle ne produit aucun mouvement d'effervescence avec les acides; elle est toujours en masses grasses au toucher, marbrées et non feuilletées : telle est celle qu'on trouve en Suède, en Angleterre, à Plombières en France. Il nous en vient aussi de la même espèce de Sicile, de Rome, de Naples, et même de la Chine. *Minéralogie de Bomare*, t. Ier, p. 58 et 59.

(*a*) La pesanteur spécifique de la pierre à rasoir blanche est de 28,763; celle de l'ardoise, de 28,535, et celle du schiste supérieur aux bancs d'ardoise, de 28,276.

(*b*) *Minéralogie de M. de Bomare*, t. Ier, p. 145.

PIERRES A AIGUISER

Les anciens donnaient le nom de *cos* à toutes les pierres propres à aiguiser le fer. La substance de ces pierres est composée des détriments du quartz souvent mêlés de quelque autre matière vitreuse ou calcaire. On peut aiguiser les instruments de fer et des autres métaux avec tous ces grès, mais il y en a quelques-uns de bien plus propres que les autres à cet usage : par exemple, on trouve dans les mines de charbon, à Newcastle en Angleterre, une sorte de grès dont on fait de petites meules et d'excellentes pierres à aiguiser. L'un de nos plus savants naturalistes, M. Guettard, a observé et décrit plusieurs sortes de ces mêmes pierres qui se trouvent aux environs de Paris, le long des bords de la Seine, et il les croit aussi propres à cet usage que celles qu'on tire d'Angleterre (*a*), et dont les carrières sont situées à deux ou trois milles au sud de Newcastle, sur la rivière de Durham. M. Jars dit que, quoiqu'on emploie beaucoup de ces pierres dans le pays, on en exporte une très grande quantité (*b*). Il se trouve aussi en Allemagne, en Suède, et particulièrement dans la province de Dalécarlie, des cos de plusieurs sortes et de différentes couleurs : on assure que quelques-unes de ces pierres sont d'un assez beau blanc et d'un grain assez fin pour en faire des vases luisants et polis.

La pierre à aiguiser, que l'on connaît sous le nom de *grès de Turquie*, est d'un grain

(*a*) « Il se trouve, dit M. Guettard, des *cos* sur les bords de la Seine, depuis Saint-Ouen » jusque assez près de Saint-Denis, ou plutôt vis-à-vis l'île qui porte le même nom ; le bas » des berges, dans cet endroit, est de pierre de taille semblable à celle qu'on emploie à » Paris ; cette pierre est précédée par des lits de terres marneuses, blanchâtres ou grises ; » des bandes de *cos* coupent les lits de ces terres ; la couleur de ce *cos* varie de même que » sa dureté ; il y en a de plus ou moins durs, de plus ou moins blancs ou bruns ; leur » dureté est quelquefois telle qu'elle approche de celle de la pierre à fusil lorsqu'elle n'est » pas taillée.

« On en trouve des morceaux qui sont *cos* ordinaire dans une partie, *cos* dur, brillant et » luisant dans une autre, et dans d'autres pierres à fusil semblables à la commune. Il s'en » rencontre encore qui sont très légers, quoiqu'à la vérité ils aient une couche mince de » *cos* luisant ; ces morceaux commencent apparemment à se durcir ; la légèreté de ceux-ci a » de quoi surprendre, si on les compare aux autres morceaux qui sont très lourds propor- » tionnellement à leur masse : pour tout dire en un mot, on trouve de ces pierres depuis » l'état de mollesse jusqu'à celui d'une très grande dureté.

» De quelque endroit au reste que ce *cos* soit tiré, il ne varie guère que par la couleur, » qui elle-même ne souffre pas beaucoup de variétés : communément il est d'un jaunâtre » clair ; on en voit de laiteux, de bleuâtres, et souvent d'un brun plus ou moins foncé ; quel- » quefois il a extérieurement une teinte très légère d'un gris de lin très pâle, et il est assez » blanc intérieurement.

» L'action de l'eau-forte sur celles de ces pierres qui sont près de Saint-Ouen n'est pas » considérable, elle est même nulle sur celles qui sont devenues pierres à fusil ; plus elles » sont tendres et légères, et plus elles jettent de bulles dans cet acide ; mais ces bulles » cessent au bout d'une minute ou deux, lors même qu'elles sont le plus abondantes, et le » morceau de pierre qu'on a jeté dans l'acide reste sans se déformer, quelque temps qu'on » l'y laisse après la cessation de ces bulles.

» Au reste, quels que soient ces *cos*, ils me paraissent très propres à faire des pierres à » aiguiser aussi bonnes que celles qu'on nous apporte d'Allemagne ; elles ont un grain aussi » fin, elles sont aussi douces, et elles ont une consistance égale. » *Mémoires de l'Académie des sciences*, année 1762, p. 172 jusqu'à 195.

(*b*) *Voyages métallurgiques* de M. Jars.

fin et presque aussi serré que celui de la pierre à fusil; cependant elle n'est pas dure, surtout au sortir de la carrière : l'huile dont on l'humecte semble lui donner plus de dureté. Il y a toute apparence que ce grès, qui se trouve en Turquie, se rencontre aussi dans quelques-unes des îles de l'Archipel; car l'île de Candie fournissait autrefois, et probablement fournit encore de très bonnes pierres à aiguiser (*a*) : en général, on trouve des cos ou pierres à aiguiser dans presque toutes les parties du monde, et jusqu'en Groenland (*b*).

STALACTITES CALCAIRES

Les stalactites des substances calcaires, comme celles des matières vitreuses, se présentent en concrétions opaques ou transparentes : les albâtres et les marbres de seconde formation sont les plus grandes masses de ces concrétions opaques; les spaths qui, comme les pierres calcaires, peuvent se réduire en chaux par l'action du feu, en sont les stalactites transparentes; la substance de ces spaths est composée, comme celle des cristaux vitreux, de lames triangulaires presque infiniment minces; mais la figure de ces lames triangulaires du spath diffère néanmoins de celle des lames triangulaires du cristal; ce sont des triangles dont les côtés sont obliques, en sorte que ces lames triangulaires qui ne s'unissent que par la tranche forment des losanges et des rhombes, au lieu que, quand ce sont des triangles rectangles, elles forment des carrés et des solides à angles droits. Cette obliquité, dans la situation des lames, se trouve constamment et généralement dans tous les spaths, et dépend, ce me semble, de la nature même des matières calcaires, qui ne sont jamais simples ni parfaitement homogènes, mais toujours composées de couches ou lames de différente densité; en sorte que entre chaque lame il se trouve une couche moins dense, dont la puissance d'attraction, se combinant avec celle de la lame plus dense, produit un mouvement composé qui suit la diagonale et rend oblique la position de toutes les lames et couches alternatives et successives, en sorte que tous les spaths calcaires, au lieu d'être cubiques ou parallélipipèdes rectangles, sont rhomboïdaux ou parallélipipèdes obliquangles, dans lesquels les faces parallèles et les angles opposés sont égaux; il est même nécessaire, pour produire cette obliquité de position, que les lames et les couches intermédiaires soient d'une densité fort différente, et l'on peut juger de cette différence par le rapport des deux réfractions. Toutes les matières transparentes qui, comme le diamant ou le verre, sont parfaitement homogènes, n'opèrent sur la lumière qu'une simple réfraction, tandis que toutes les matières transparentes, qui sont composées de couches alternatives de différente densité, produisent une double réfraction; et lorsqu'il n'y a que peu de différence dans la densité de ces couches, les deux réfractions ne diffèrent que peu, comme dans le cristal de roche dont les réfractions ne s'éloignent que

(*a*) La ville de Naxos, dans l'île de Crète, appelée aujourd'hui *Candie*, était renommée parmi les anciens, à cause des *queues* (*cos*) ou pierres à aiguiser qu'on en tirait; car on tient que celles qu'on trouvait aux environs de cette ville étaient estimées les meilleures de toutes. *Description de l'Archipel*, traduit du flamand. D. O. Dapper; Amsterdam, 1703, p. 402.

(*b*) Dans le Groenland, on trouve ces pierres à aiguiser très fines, de couleur rouge ou jaune. Il y a une pierre de cette espèce qui contient des grains brillants, et qui se coupe en tranches comme l'ardoise. Les Groenlandais tirent du midi de leur pays une sorte de pierre à aiguiser, d'un sable ou gravier rouge et fin avec des taches blanches : elle se polit comme le marbre, et peut s'employer dans les édifices. *Histoire générale des Voyages*, t. XIX, p. 28.

d'un dix-neuvième, et dont par conséquent la densité des couches alternatives ne diffère que très peu, tandis que, dans le spath appelé *cristal d'Islande*, les deux réfractions, qui diffèrent entre elles de plus d'un tiers, nous démontrent que la différence de la densité respective des couches alternatives de ce spath est six fois plus grande que dans les couches alternatives du cristal de roche : il en est de même du gypse transparent, qui n'est qu'un spath calcaire imprégné d'acide vitriolique ; sa double réfraction est à la vérité moindre que celle du cristal d'Islande, mais cependant plus forte que celle du cristal de roche, et l'on ne peut douter qu'il ne soit également composé de couches alternatives de différente densité : or, ces couches dont les densités ne sont pas fort différentes et dont les réfractions, comme dans le cristal de roche, ne diffèrent que d'un dix-neuvième, ont aussi à très peu près la même puissance d'attraction, et dès lors le mouvement qui les unit est presque simple, ou si peu composé que les couches se superposent sans obliquité sensible les unes sur les autres ; au lieu que, quand les couche salternatives sont de densité très différente, et que leurs réfractions, comme dans le cristal d'Islande, diffèrent de plus d'un tiers, leur puissance d'attraction diffère en même raison, et ces deux attractions agissant à la fois, il en résulte un mouvement composé qui, s'exerçant dans la diagonale, produit l'obliquité des couches, et par conséquent celle des faces et des angles dans ce cristal d'Islande, ainsi que dans tous les autres spaths calcaires.

Et, comme cette différence de densité se trouve plus ou moins grande dans les différents spaths calcaires, leur forme de cristallisation, quoique toujours oblique, ne laisse pas d'être sujette à des variétés qui ont été bien observées par M. le docteur Demeste : je me dispenserai de les rapporter ici (*a*), parce que ces variétés ne me paraissent être que des formes accidentelles dont on ne peut tirer aucun caractère réel et général ; il nous suffira, pour juger de tous les spaths calcaires, d'examiner le spath d'Islande, dont la forme et les propriétés se retrouvent plus ou moins dans tous les autres spaths calcaires.

DU SPATH APPELÉ CRISTAL D'ISLANDE

Ce cristal n'est qu'un spath calcaire qui fait effervescence avec les acides, et que le feu réduit en une chaux qui s'échauffe et bouillonne avec l'eau comme toutes les chaux des matières calcaires : on lui a donné le nom de *cristal d'Islande*, parce qu'il y en a des morceaux qui, quand ils sont polis, ont autant de transparence que le cristal de roche, et que c'est en Islande qu'il s'en est trouvé en plus grande quantité (*b*) ; mais on en trouve aussi en France (*c*), en Suisse, en Allemagne, à la Chine, et dans plusieurs autres con-

(*a*) *Lettres de M. Demeste*, t. Ier, p. 264 et suiv.

(*b*) « Huygens dit qu'on trouve en Islande des morceaux de ce cristal qui pèsent quatre » à cinq livres, et qui sont d'une belle transparence. » *Traité de la lumière*, p. 59 et suiv. — Il paraît que ce spath, si commun en Islande, se trouve de même dans le Groenland : « Les » Groenlandais, disent les relateurs, vont chercher sur leurs côtes méridionales, comme une » rareté, des blocs d'une pierre blanche à demi transparente ; elle est aussi fragile que du » spath, et si tendre qu'on peut la tailler avec un canif. » *Histoire générale des Voyages*, t. XIX, p. 28.

(*c*) Il y a auprès d'un ruisseau près de Maza, dans la paroisse de Saint-Alban, une espèce de carrière de ce spath appelé *cristal d'Islande*. « Ce sont, dit M. l'abbé de Sau- » vages, plusieurs groupes de cristaux en aiguilles, dont la pointe inférieure se dirige vers » une base commune, qui est le rocher ou le marbre dont nous avons déjà parlé : c'est la » disposition que j'ai vu garder à différentes espèces de cristallisations pierreuses, lorsqu'elles

trées; ce spath plus ou moins pur, plus ou moins transparent, affecte toujours une forme rhomboïdale dont les angles opposés sont égaux et les faces parallèles; il est composé de lames minces, toutes appliquées les unes contre les autres, sous une même inclinaison, en sorte qu'il se fend facilement, suivant chacune de ses trois dimensions, et il se casse toujours obliquement et parallèlement à quelqu'une de ses faces; ses fragments sont semblables pour la forme, et ne diffèrent que par la grandeur : ce spath est ordinairement blanc, et quelquefois coloré de jaune, d'orangé, de rouge et d'autres couleurs.

C'est sur ce spath transparent qu'Érasme Bartholin a observé le premier (*a*) la double réfraction de la lumière; et peu de temps après, Huygens a reconnu le même effet dans le cristal de roche, dont la double réfraction est beaucoup moins apparente que celle du cristal d'Islande. Nous avertirons en passant qu'aucun de ces cristaux à double réfraction ne peut servir pour les lunettes d'approche ni pour les microscopes, parce qu'ils doublent tous les objets et diminuent plus ou moins l'intensité de leur couleur. La lumière se partage en traversant ces cristaux, de manière qu'un peu plus de la moitié passe selon la loi ordinaire, et produit la première réfraction, et le reste de cette même lumière passe dans une autre direction et produit la seconde réfraction dans laquelle l'image de l'objet est moins colorée que dans l'image de la première (*b*). Cela m'a fait penser que le rapport des sinus d'incidence et de réfraction ne devait pas être le même dans les deux réfractions, et j'ai reconnu, par quelques expériences faites en 1742 avec un prisme de cristal d'Islande, que le rapport est à la vérité, comme l'ont dit Bartholin et Huygens, de 5 à 3 pour la première réfraction, mais que ce rapport qu'ils n'ont pas déterminé par la seconde réfraction, et qu'ils croyaient égal au premier, en diffère d'un septième, et n'est que de 5 à $3\frac{1}{2}$, ou de 10 à 7, au lieu de 5 à 3 ou de 10 à 6, en sorte que cette seconde réfraction est d'un septième plus faible que la première.

Dans quelque sens que l'on regarde les objets à travers le cristal d'Islande, ils paraîtront toujours doubles, et les images de ces objets sont d'autant plus éloignées l'une de l'autre que l'épaisseur du cristal est plus grande. Ce dernier effet est le même dans le cristal de roche; mais le premier effet est différent, car il y a un sens dans le cristal de roche, où la lumière passe sans se partager et ne subit pas une double réfraction (*c*), au

» n'ont point été gênées pour s'étendre et pour former leur tête; nos cristaux sont collés » l'un contre l'autre, et ils semblent partir de leur matrice ou du rocher, comme plusieurs » rayons d'un centre commun; ceux qui sont exposés à l'air sont fort petits, et ils ont perdu » presque toute leur transparence, ce qui est une suite de l'évaporation de leur eau, et du » desséchement que l'air ou le soleil y ont produit. Les plus grands et les plus transparents » sont couverts de terre; ils ont pour l'ordinaire un pied et demi de longueur, et quatre à » cinq pouces dans leur plus grande épaisseur, ce qui est, en fait de cristaux, une taille » gigantesque. » *Mémoires de l'Académie des sciences*, année 1746, p. 729.

(*a*) *Erasmi Bartholini experimenta cristalli Islandici;* Hafniæ, 1669.

(*b*) Lorsqu'on reçoit les rayons du soleil sur un prisme de cristal de roche placé horizontalement, il se forme deux spectres situés perpendiculairement, dont le second anticipe sur le premier, en sorte que, si le carton sur lequel on reçoit les spectres est, par exemple, à sept pieds et demi de distance, les couleurs paraissent dans l'ordre suivant : d'abord le rouge, l'orangé, le jaune, le vert, ensuite un bleu faible, puis un beau cramoisi surmonté d'une petite bande blanchâtre, ensuite du vert, et enfin du bleu qui occupait le haut de l'image, de sorte que la partie inférieure du spectre supérieur se trouve mêlée avec la partie supérieure du spectre inférieur; on peut même, malgré ce mélange, reconnaître l'étendue de chacun de ces spectres, et la quantité dont l'un anticipe sur l'autre. J'ai fait cette observation en 1742.

(*c*) La double réfraction du cristal de roche se fait dans le plan de sa base naturelle dont les angles sont de soixante degrés; cette réfraction est plus ou moins forte, suivant la différente ouverture des angles, pourvu qu'il soit toujours dans le même sens de ses côtés natu-

lieu que, dans le cristal d'Islande, la double réfraction a lieu dans tous les sens : la cause de cette différence consiste en ce que les lames qui composent le cristal d'Islande se croisent verticalement, au lieu que les lames du cristal de roche sont toutes posées dans le même sens; et ce qu'on voit encore avec quelque surprise, c'est que cette séparation de la lumière qui ne se fait que dans un sens en traversant le cristal de roche, et qui s'opère dans tous les sens en traversant le cristal d'Islande, ne se borne pas dans ce spath, non plus que dans les autres spaths calcaires, et même dans les gypses, à une double réfraction, et que souvent, au lieu de deux réfractions, il y en a trois, quatre, et même un nombre encore plus grand, selon que ces pierres transparentes sont plus ou moins composées de couches de densité différente; car tous les liquides transparents et tous les solides qui, comme le verre ou le diamant, sont d'une substance simple, homogène et également dense, ne donnent qu'une seule réfraction ordinairement proportionnelle à leur densité, et qui n'est plus grande que dans les substances inflammables ou combustibles, telles que le diamant, l'esprit-de-vin, les huiles transparentes, etc.

Quoique j'aie fait plusieurs expériences sur les propriétés de ce spath d'Islande, je n'ai pu m'assurer du nombre de ces réfractions; elles m'ont quelquefois paru triples, quadruples et même sextuples; et M. l'abbé de Rochon, savant physicien de l'Académie, qui s'est occupé de cet objet, m'a assuré que certains cristaux d'Islande formaient non seulement deux, trois ou quatre spectres à la lumière solaire, mais quelquefois huit, dix et même jusqu'à vingt et au delà : ces cristaux ou spaths calcaires sont donc composés d'autant de couches de densité différente qu'il y a d'images produites par les diverses réfractions.

Et ce qui prouve encore que le spath d'Islande est composé de couches ou lames d'une densité très différente, c'est la grande force de séparation ou d'écartement de la lumière dont on peut juger par l'étendue des images; l'un des spectres solaires de ce spath a trois pieds de longueur, tandis que l'autre n'en a que deux; cette différence d'un tiers est bien considérable en comparaison de celle qui se trouve entre les images produites par les deux réfractions du cristal de roche, dont la longueur des spectres ne diffère que d'un dix-neuvième : on doit donc croire, comme nous l'avons déjà dit, que le cristal de roche est composé de couches ou lames alternatives dont la densité n'est pas fort différente, puisque leur puissance réfractive ne diffère que d'un dix-neuvième, et l'on voit au contraire que le spath d'Islande est composé de couches d'une densité très différente, puisque leur puissance réfractive diffère de près d'un tiers.

Les affections et modifications que la lumière prend et subit en pénétrant les corps transparents sont les plus sûrs indices que nous puissions avoir de la structure intérieure de ces corps, de l'homogénéité plus ou moins grande de leur substance, ainsi que des mélanges dont souvent ils sont composés, et qui, quoique très réels, ne sont nullement apparents, et ne pourraient même se découvrir par aucun autre moyen. Y a-t-il en apparence rien de plus net, de plus uniformément composé, de plus régulièrement continu que le cristal de roche? Cependant sa double réfraction nous démontre qu'il est composé de deux matières de différente densité, et nous avons déjà dit qu'en examinant son poli, l'on pouvait remarquer que cette matière moins dense est en même temps moins dure que l'autre; cependant on ne doit pas regarder ces matières différentes comme entièrement hétérogènes ou d'une autre essence, car il ne faut qu'une légère différence dans la densité de ces matières pour produire une double réfraction dans la lumière qui les traverse : par exemple, je conçois que, dans la formation du spath d'Islande, dont les réfractions diffèrent d'un tiers, l'eau qui suinte par stillation, détache d'abord de la pierre calcaire les molé-

rels, et ce sens est celui suivant lequel ses faces sont inclinées l'une à l'autre; mais dans le sens opposé il n'y a qu'une seule réfraction.

cules les plus ténues, et en forme une lame transparente qui produit la première réfraction ; après quoi, l'eau, chargée de particules plus grossières ou moins dissoutes de cette même pierre calcaire, forme une seconde lame qui s'applique sur la première ; et, comme la substance de cette seconde lame est moins compacte que celle de la première, elle produit une seconde réfraction dont les images sont d'autant plus faibles et plus éloignées de celles de la première, que la différence de densité est plus grande dans la matière des deux lames qui, quoique toutes deux formées par une substance calcaire, diffèrent néanmoins par la densité, c'est-à-dire par la ténuité ou la grossièreté de leurs parties constituantes. Il se forme donc, par les résidus successifs de la stillation de l'eau, des lames ou couches alternatives de matière plus ou moins dense ; l'une des couches est pour ainsi dire le dépôt de ce que l'autre contient de plus grossier, et la masse totale du corps transparent est entièrement composée de ces diverses couches posées alternativement les unes auprès des autres.

Et comme ces couches de lames alternatives se reconnaissent au moyen de la double réfraction, non seulement dans les spaths calcaires et gypseux, mais aussi dans tous les cristaux vitreux, il paraît que le procédé le plus général de la nature pour la composition de ces pierres par la stillation des eaux est de former des couches alternatives dont l'une paraît être le dépôt de ce que l'autre a de plus grossier, en sorte que la densité et la dureté de la première couche sont plus grandes que celles de la seconde : toutes les pierres transparentes calcaires ou vitreuses sont aussi composées de couches alternatives de différente densité, et il n'y a que le diamant et les pierres précieuses qui, quoique formés comme les autres par l'intermède de l'eau, ne sont pas composés de lames ou couches alternatives de différente densité, et sont par conséquent homogènes dans toutes leurs parties.

Lorsqu'on fait calciner au feu les spaths et les autres matières calcaires, elles laissent exhaler l'air et l'eau qu'elles contiennent et perdent plus d'un tiers de leur poids en se convertissant en chaux. Lorsqu'on les fait distiller en vaisseaux clos, elles donnent une grande quantité d'eau. Cet élément entre donc et réside comme partie constituante dans toutes les substances calcaires et dans la formation secondaire des spaths. Les eaux de stillation, selon qu'elles sont plus ou moins chargées de molécules calcaires, forment des couches plus ou moins denses, dont la force de réfraction est plus ou moins grande ; mais, comme il n'y a dans les cristaux vitreux qu'une très petite quantité d'eau en comparaison de celle qui réside dans les spaths calcaires, la différence entre leurs réfractions est très petite, et celle des spaths est très grande.

Pour terminer ce que nous avons à dire sur le spath ou cristal d'Islande, nous devons observer que, dans les lieux où il se trouve, la surface exposée à l'action de l'air est toujours plus ou moins altérée, et qu'elle est communément brune ou noirâtre ; mais cette décomposition ne pénètre pas dans l'intérieur de la pierre ; on enlève aisément, et même avec l'ongle, la première couche noire au-dessous de laquelle ce spath est d'un blanc transparent. Nous remarquerons aussi que ce cristal devient électrique par le frottement comme le cristal de roche et comme toutes les autres pierres transparentes : ce qui démontre que la vertu électrique peut se donner également à toutes les matières transparentes, vitreuses ou calcaires.

PERLES

On peut regarder les perles comme le produit le plus immédiat de la substance coquilleuse, c'est-à-dire de la matière calcaire dans son état primitif; car cette matière calcaire ayant été formée originairement par le filtre organisé des animaux à coquille, on peut mettre les perles au rang des concrétions calcaires, puisqu'elles sont également produites par une sécrétion particulière d'une substance dont l'essence est la même que celle de la coquille, et qui n'en diffère en effet que par la texture et l'arrangement des parties constituantes. Les perles, comme les coquilles, se dissolvent dans les acides; elles peuvent également se réduire en chaux qui bouillonne avec l'eau; elles ont à très peu près la même densité, la même dureté, le même *orient* que la nacre intérieure et polie des coquilles à laquelle elles adhèrent souvent. Leur production paraît être accidentelle; la plupart sont composées de couches concentriques autour d'un très petit noyau qui leur sert de centre et qui souvent est d'une substance différente de celle des couches (*a*); cependant, il s'en faut bien qu'elles prennent toutes une forme régulière : les plus parfaites sont sphériques, mais le plus grand nombre, surtout quand elles sont un peu grosses, se présente en forme un peu aplatie d'un côté et plus convexe de l'autre, ou en ovale assez irrégulier; il y a même des perles longues, et leur formation, qui dépend en général de l'extravasation du suc coquilleux, dépend souvent d'une cause extérieure que M. Faujas de Saint Fond a très bien observée, et que l'on peut démontrer aux yeux dans plusieurs coquilles du genre des huîtres. Voici la note que ce savant naturaliste a bien voulu me communiquer sur ce sujet :

« Deux sortes d'ennemis attaquent les coquilles à perles : l'un est un ver à tarière » d'une très petite espèce, qui pénètre dans la coquille par les bords en ouvrant une petite » tranchée longitudinale entre les diverses couches ou lames qui composent la coquille; et

(*a*) Les perles sont une concrétion contre nature, produite par la surabondance de l'humeur destinée à la formation de la coquille et à la nutrition de l'animal qu'elle contient, qui, après avoir été stagnante dans quelque partie, acquiert de la dureté avec le temps, et augmente en volume par des couches successives, comme les bézoards des animaux : souvent dans le centre des perles, comme dans le centre des bézoards, on trouve une matière d'un autre genre qui sert de point d'appui et de noyau aux couches concentriques dont elles sont formées. *Collection académique*, partie étrangère, t. III, pag. 593 et suiv. — La seule différence qui se trouve entre les lames dont sont composées les perles, et celles dont sont composées les petites couches de la nacre, c'est que les premières sont presque planes, et les autres courbes et concentriques; car une perle que j'ouvris chez le grand-duc de Toscane (dit Stenon), et qui était blanche à l'extérieur, contenait intérieurement un petit corps noir de même couleur et de même volume qu'un grain de poivre; on y reconnaissait évidemment la situation des petits filets composants, leurs circonvolutions sphériques, leurs différentes couches concentriques formées par ces circonvolutions, et la direction de l'une de leurs extrémités vers le centre... Certaines perles inégales ne le sont que parce que c'est un groupe de petites perles renfermées sous une enveloppe commune... Un grand nombre de perles jaunes à la surface le sont encore dans tous les points de leur substance; par conséquent, ce vice de couleur doit être attribué à l'altération des humeurs de l'animal, et ne peut être enlevé que lorsque les perles ne sont jaunes que pour avoir été longtemps portées, ou lorsque les couches intérieures ont été formées avant que les humeurs de l'animal s'altérassent, et pussent altérer la couleur des perles. De tout cela l'auteur conclut à l'impossibilité de faire des perles artificielles qui égalent l'éclat des naturelles, parce que cet éclat dépend de leur structure qui est trop compliquée pour être limitée par l'art. *Idem*, t. IV, p. 406.

» cette tranchée, après s'être prolongée à un pouce et quelquefois jusqu'à dix-huit lignes » de longueur, se replie sur elle-même et forme une seconde ligne parallèle qui n'est sé» parée de la première que par une cloison très mince de matière coquilleuse : cette cloi» son sépare les deux tranchées dans lesquelles le ver a fait sa route en allant et revenant, » et on en voit l'entrée et la sortie au bord de la coquille. On peut insinuer de longues » épingles dans chacun de ces orifices, et la position parallèle de ces épingles démontre » que les deux tranchées faites par le ver sont également parallèles; il y a seulement au » bout de ces tranchées une petite portion circulaire qui forme le pli dans lequel le ver » a commencé à changer de route pour retourner vers les bords de la coquille. Comme » ces petits chemins couverts sont pratiqués dans la partie la plus voisine du têt intérieur, » il se forme bientôt un épanchement du suc nacré qui produit une protubérance dans cette » partie : cette espèce de saillie peut être regardée comme une perle longitudinale adhé» rente à la nacre; et lorsque plusieurs de ces vers travaillent à côté les uns des autres, et » qu'ils se réunissent à peu près au même endroit, il en résulte une espèce de loupe » nacrée avec des protubérances irrégulières. Il existe au Cabinet du Roi une de ces loupes » de perle : on y distingue plusieurs issues qui ont servi de passage à ces vers.

» Un autre animal beaucoup plus gros, et qui est de la classe des coquillages multi» valves, attaque avec beaucoup plus de dommage les coquilles à perles : celui-ci est une » pholade de l'espèce des datles de mer. Je possède dans mon Cabinet une huître de la côte » de Guinée, percée par ces pholades qui existent encore en nature dans le talon de la » coquille : ces pholades ont leur charnière formée en bec croisé.

» La pholade perçant quelquefois la coquille en entier, la matière de la nacre s'épanche » dans l'ouverture et y forme un noyau plus ou moins arrondi, qui sert à boucher le trou; » quelquefois le noyau est adhérent, d'autres fois il est détaché.

» J'ai fait pêcher moi-même, au mois d'octobre 1784, dans le lac Tay, situé à l'extré» mité de l'Écosse, un grand nombre de moules d'eau douce dans lesquelles on trouve sou» vent de belles perles; et en ouvrant toutes celles qui avaient la coquille percée, je ne les » ai jamais trouvées sans perles, tandis que celles qui étaient saines n'en avaient aucune; » mais je n'ai jamais pu trouver des restes de l'animal qui attaque les moules du lac Tay » pour pouvoir déterminer à quelle classe il appartient.

» Cette observation, qui a été faite probablement par d'autres que par moi, a donné » peut-être l'idée à quelques personnes qui s'occupent de la pêche des perles de percer les » coquilles pour y produire des perles; car j'ai vu, au Muséum de Londres, des coquilles » avec des perles, percées par un petit fil de laiton rivé à l'extérieur, qui pénétrait jusqu'à » la nacre dans des parties sur lesquelles il s'est formé des perles. » On voit, par cette observation de M. Faujas de Saint-Fond et par une note que M. Broussonnet, professeur à l'École vétérinaire, a bien voulu me donner sur ce sujet (a), qu'il doit se former des perles dans les coquilles nacrées lorsqu'elles sont percées par des vers ou coquillages à tarière, et il se peut qu'en général la production des perles tienne autant à cette cause extérieure qu'à la surabondance et l'extravasation du suc coquilleux qui sans doute est fort rare dans

(a) On voit à Londres des coquilles fluviatiles apportées de la Chine, sur lesquelles on voit des perles de différentes grosseurs; elles sont formées sur un morceau de fil de cuivre avec lequel on a percé la coquille, et qui est rivé en dehors. On ne trouve ordinairement qu'un seul morceau de fil de cuivre dans une coquille; on en voit rarement deux dans la même. On racle une petite plaque de la face interne des coquilles fluviatiles vivantes, en ayant soin de les ouvrir avec la plus grande attention, pour ne point endommager l'animal : on place, sur l'endroit de la nacre qu'on a raclée, un très petit morceau sphérique de nacre; cette petite boule, grosse comme du plomb à tirer, sert de noyau à la perle. On croit qu'on a fait des expériences à ce sujet en Finlande : et il paraît qu'elles ont été répétées avec succès en Angleterre. Note communiquée par M. Broussonnet à M. de Buffon, 20 avril 1785.

le corps du coquillage; en sorte que la comparaison des perles aux bézoards des animaux n'a peut-être de rapport qu'à la texture de ces deux substances, et point du tout à la cause de leur formation.

La couleur des perles varie autant que leur figure; et dans les perles blanches, qui sont les plus belles de toutes, le reflet apparent qu'on appelle l'*eau* ou l'*orient* de la perle est plus ou moins brillant et ne luit pas également sur leur surface entière.

Et cette belle production, qu'on pourrait prendre pour un écart de la nature, est non seulement accidentelle, mais très particulière; car, dans la multitude d'espèces d'animaux à coquilles, on n'en connaît que quatre, les huîtres, les moules, les patelles et les oreilles de mer qui produisent des perles (*a*), et encore n'y a-t-il ordinairement que les grands individus qui, dans ces espèces, nous offrent cette production. On doit même distinguer deux sortes de perles en histoire naturelle, comme on les a séparées dans le commerce où les perles de moules n'ont aucune valeur en comparaison des perles d'huîtres : celles des moules sont communément plus grosses, mais presque toujours défectueuses, sans orient, brunes ou rougeâtres, et de couleurs ternes ou brouillées. Ces moules habitent les eaux douces et produisent des perles dans les étangs et les rivières (*b*), sous tous les climats chauds, tempérés ou froids (*c*). Les huîtres, les patelles et les oreilles de mer, au con-

(*a*) Marc-Paul et d'autres voyageurs assurent qu'on trouve au Japon des perles rouges de figure ronde. Kæmpfer décrit cette coquille que les Japonais nomment *awabi;* elle est d'une seule pièce presque ovale, assez profonde, ouverte d'un côté, par lequel elle s'attache aux rochers et au fond de la mer, ornée d'un rang de trous qui deviennent plus grands à mesure qu'ils s'approchent de sa plus grande largeur. La surface extérieure est rude et gluante; il s'y attache souvent des coraux, des plantes de mer et d'autres coquilles : elle renferme une excellente nacre, brillante, d'où il s'élève quelquefois des excroissances de perles blanchâtres, comme dans les coquilles ordinaires de Perse. Cependant une grosse masse de chair, qui remplit sa cavité, est le principal attrait qui la fasse rechercher des pêcheurs : ils ont des instruments faits exprès pour la déraciner des rochers. *Histoire générale des Voyages;* Paris, 1749, t. IV, p. 322 et suiv.

(*b*) Dans l'intérieur de la coquille de quelques grandes moules d'eau douce, qu'on nomme communément *moules d'étang,* il s'est trouvé plusieurs petites perles de différentes grosseurs; il y en avait même une assez grosse; mais celle-ci avait pour noyau une petite pierre recouverte par une couche de nacre. On sait que les perles ne sont qu'une espèce d'extravasation du suc destiné à former la nacre, et qui est vraisemblablement causée par une maladie de l'animal; quelques Asiatiques, voisins des pêcheries de perles, ont l'adresse d'insérer dans les coquilles des huîtres à perles de petits ouvrages qui se revêtissent, avec le temps, de la matière qui forme les perles. Les moules en question, qui ont une espèce de nacre, peuvent être sujettes à quelques maladies semblables; et, puisqu'une petite pierre s'était incrustée dans une moule, pourquoi ne tenterait-on pas de se procurer de petits ouvrages incrustés de même? Ces moules avaient été pêchées dans les fossés du château de Maulette près de Houdan. *Académie des sciences,* année 1769. *Observation de physique générale,* p. 23.

(*c*) La rivière de Vologne sort du lac de Longemer, situé dans les montagnes des Vosges; cette rivière nourrit des moules depuis le village de Jussarupt jusqu'à son embouchure dans la Moselle; cet espace peut être de quatre à cinq lieues de longueur; quelques endroits de cet espace sont si abondants en moules que le fond de la rivière semble en être pavé; leur longueur est de quatre pouces sur deux pouces de large environ. Les coquilles de ces moules sont fortes, épaisses d'une ligne environ, lisses et noires à l'extérieur, ternes à leur intérieur. Pour distinguer celles qui donnent des perles d'avec celles qui n'en ont point, il faut faire attention à certaines convexités qui se manifestent à l'extérieur; cette marque désigne qu'il y a ou qu'il y a eu une ou plusieurs perles; car il arrive quelquefois que la perle se perd lorsque l'animal ouvre sa coquille. Je me suis assuré que les coquilles lisses n'en contiennent aucune : ne pourrait-on pas dire, pour expliquer la formation de ces pierres, que, lorsque l'animal travaille à sa coquille, il fait sortir du réservoir la matière qui doit la former, que lorsqu'il applique sur les parois intérieures cette espèce de couche de vernis, s'il

traire, ne produisent des perles que dans les climats les plus chauds; car dans la Méditerranée, qui nourrit de très grandes huîtres, non plus que dans les autres mers tempérées et froides, ces coquillages ne forment point de perles. La production des perles a donc besoin d'une dose de chaleur de plus; elles se trouvent très abondamment dans les mers chaudes du Japon (*a*), où certaines patelles produisent de très belles perles. Les oreilles

vient à être heurté par des corps durs ou par des secousses un peu fortes, cette liqueur, alors environnée par l'eau qui est entrée par l'ouverture, forme, pour ainsi dire, un corps étranger; ce corps étranger suit tous les mouvements du fluide qui l'environne, et même ceux que l'animal lui imprime, ce qui, par un frottement continuel, lui donne de la rondeur, et un beau poli...

Mais les perles sont rares, et sur vingt mille moules à peine en trouve-t-on quelques-unes qui aient les signes caractéristiques dont j'ai parlé; les grosses et de belle eau sont très rares, celles de couleur brune le sont moins.

Presque toutes les autres rivières de la Lorraine fournissent des moules à perles, entre autres l'étang de Saint-Jean près Nancy; mais elles sont beaucoup plus petites et plus colorées que celles de la Vologne. M. Villemet, doyen des apothicaires de Nancy, qui est l'auteur de cet écrit, a envoyé quatre perles de cette rivière, dont trois de la grosseur d'un pois, deux parfaitement rondes, lisses, polies, de belle eau; une plus grosse, ovale; la quatrième, du quart de grosseur des premières, a une couleur noire très foncée et très luisante, et elle a le même poli que celles de l'étang Saint-Jean de Nancy, et les autres n'excèdent pas en grosseur une tête d'épingle, quelques-unes celle d'un petit grain de plomb, et il y en a deux réunies l'une à l'autre; leur couleur ne peut être comparée à celles de la Vologne.

« Nous sommes convaincus, dit M. l'abbé Rozier, que, si l'on observait plus attentivement » les moules d'eau douce qu'on rencontre dans différents endroits, on y trouverait des perles: » quelques moules des rivières d'Écosse et de Suède en fournissent. » Rolfincius parle de celles du Nil; Kriger, de celles de Bavière; Welsch, de celles des marais près d'Augsbourg. *Journal de physique* de M. l'abbé Rozier, mois d'août 1775, p. 145 et suiv. — « Les perles » des fleuves de Laponie, dit Schœffer, n'acquièrent une exacte rondeur qu'à mesure qu'elles » se perfectionnent : lorsqu'elles ne sont pas mûres, une partie est ronde et l'autre partie » est plate. Ce dernier côté est pâle ou d'une couleur rousse, morte et obscure, tandis que » l'autre qui est rond a toute la beauté et la netteté d'une perle parfaite. Elles ne viennent » pas, comme en Orient, dans des coquillages larges, plats et presque ronds, telles que sont » ordinairement les écailles d'huîtres; mais les coquilles qui les contiennent sont comme » celles des moules, et c'est dans les rivières qu'on les pêche. Les perles imparfaites, c'est-à-« dire qui ne sont pas absolument formées, sont inhérentes aux coquilles, et on ne les détache » qu'avec peine, au lieu que celles qui ont acquis leur perfection ne tiennent à rien, et » tombent d'elles-mêmes dès qu'on ouvre l'écaille qui les contient. — La rivière de Saghalian, dans le pays des Tartares Mantchoux, reçoit celle de San-pira, celle de Kafin-pira, » et plusieurs autres qui sont renommées pour la pêche des perles. Les pêcheurs se jettent » dans ces petites rivières et prennent la première moule qui se trouve sous leur main. — » On pêche aussi des perles dans les rivières qui se jettent dans la Nonniula et dans le San-» gari, telles que l'Arom et le Nemer, sur la route de Tsitsckar à Merghen. On assure qu'il » ne s'en trouve jamais dans les rivières qui coulent à l'ouest du Sanghalian-ula, vers les » terres des Russes. Quoique ces perles soient beaucoup vantées par les Tartares, il y a » apparence qu'elles seraient peu estimées en Europe, parce qu'elles ont des défauts consi-» dérables dans la forme et dans la couleur. L'empereur en a plusieurs cordons de cent » perles ou plus, toutes semblables et d'une grosseur considérable; mais elles sont choisies » entre des milliers, parce qu'elles lui appartiennent toutes. » *Histoire générale des Voyages*, t. VI, p. 562. — A l'est de la province de Tebeth est la province de Kaindu, qui porte le nom de sa capitale, où il y a un lac salé qui produit tant de perles qu'elles n'auraient aucune valeur s'il était libre de les prendre, mais la loi défend, sous peine de mort, d'y toucher sans la permission du grand-khan. *Voyage de Marc-Paul en* 1272, dans l'*Histoire générale des Voyages*, t. VII, p. 331.

(*a*) Les côtes de Saikokf (au Japon) sont couvertes d'huîtres et d'autres coquillages qui

de mer, qui ne se trouvent que dans les mers des climats méridionaux, en fournissent aussi; mais les huîtres sont l'espèce qui en fournit le plus.

On en trouve aux îles Philippines (*a*), à celle de Ceylan (*b*), et surtout dans les îles du golfe Persique (*c*). La mer qui baigne les côtes de l'Arabie du côté de Moka en fournit aussi (*d*); et la baie du cap Comorin, dans la presqu'île occidentale de l'Inde, est l'endroit de la terre le plus fameux pour la recherche et l'abondance des belles perles (*e*). Les Orien-

renferment des perles. Les plus grosses et les plus belles se trouvent dans une huître qui est à peu près de la largeur de la main, mince, frêle, unie et luisante au dehors, un peu raboteuse et inégale en dedans, d'une couleur blanchâtre, aussi éclatante que la nacre ordinaire, et difficile à ouvrir. On ne voit de ces coquilles qu'aux environs de Satsuma et dans le golfe d'Omura. *Histoire générale des Voyages*, t. IV, p. 322 et suiv.

(*a*) Les mers voisines de Mindanao produisent de grosses perles. *Histoire générale des Voyages*, t. X, p. 393.

(*b*) *Idem*, t. VII, p. 534.

(*c*) L'île de Garack, une des plus considérables du golfe Persique, regarde vers le midi l'île de Baharem, où se pêchent les plus belles perles de l'Orient. *Idem*, t. IX, p. 9. — Cette île de Garack fournit elle-même de très belles perles qui se pêchent sur ses côtes, et qui se transportent dans toute l'Asie et en Europe; les connaisseurs conviennent qu'il y en a peu d'aussi belles. La pêche des perles, dans l'île de Garack, commence au mois d'avril et dure six mois entiers.

Aussitôt que la saison est arrivée, les principaux Arabes achètent des gouverneurs, pour une somme d'argent, la permission de pêcher. Il se trouve des marchands qui emploient jusqu'à vingt ou trente barques. Ces barques sont fort petites et n'ont que trois hommes, deux rameurs et un plongeur; lorsqu'ils sont arrivés sur un fond de dix à douze brasses, ils jettent leurs ancres. Le plongeur se pend au cou un petit panier qui lui sert à mettre les nacres : on lui passe sous les bras et on lui attache au milieu du corps une corde de longueur égale à la profondeur de l'eau; il s'assied sur une pierre qui pèse environ cinquante livres, attachée par une autre corde de même longueur, qu'il serre avec les deux mains pour se soutenir et ne la pas quitter lorsqu'elle tombe avec toute la violence que lui donne son poids. Il prend soin d'arrêter le cours de sa respiration par le nez avec une sorte de lunette qui le lui serre. Dans cet état, les deux hommes le laissent tomber dans la mer avec la pierre sur laquelle il est assis et qui le porte rapidement au fond. Ils retirent aussitôt la pierre, et le plongeur demeure au fond de l'eau pour y ramasser toutes les nacres qui se trouvent sous sa main; il les met dans le panier à mesure qu'elles se présentent, sans avoir le temps de faire un grand choix, qui serait d'ailleurs difficile, parce qu'elles n'ont aucune marque à laquelle on puisse distinguer celles qui contiennent des perles; la respiration lui manque bientôt, il tire une corde qui sert de signal à ses compagnons, et revenant en haut, dans l'état qu'on peut s'imaginer, il y respire quelques moments. On lui fait recommencer le même exercice, et toute la journée se passe à monter et à descendre. Cette fatigue épuise tôt ou tard les plongeurs les plus robustes. Il s'en trouve néanmoins qui résistent longtemps, mais le nombre en est petit, au lieu qu'il est fort ordinaire de les voir périr dès les premières épreuves.

C'est le hasard qui fait trouver les perles dans les nacres; cependant on est toujours sûr de tirer, pour fruit du travail, une huître d'excellent goût et quantité de beaux coquillages. Le pêcheur, comme ayant plus de peine que les autres, a la plus grande part au profit de la pêche. *Idem*, t. IX, p. 9 et 10. — Il vient d'Ormus à Goa des perles fines qui se pêchent dans ce détroit, et qui sont les plus grosses, les plus nettes et les plus précieuses de l'univers. *Idem*, t. VII, p. 230.

(*d*) Sur les côtes des îles Alfas, les Maures viennent faire la pêche des perles. *Idem*, t. Ier, p. 146. — La côte de Zabid, à trois journées de Moka, fournit un grand nombre de perles orientales. *Idem*, *ibid.*, p. 152.

(*e*) C'est précisément au cap Comorin, dans la presqu'île occidentale de l'Inde, que commence la côte de la pêche des perles. Elle forme une espèce de baie qui a plus de quarante lieues, depuis le cap Comorin jusqu'à la pointe de Romanaçar, où l'île de Ceylan est unie à

taux et les commerçants d'Europe ont établi en plusieurs endroits de l'Inde des troupes de pêcheurs, ou, pour mieux dire, de petites compagnies de plongeurs qui, chargés d'une grosse pierre, se laissent aller au fond de la mer pour en détacher les coquillages au hasard et les rapporter à ceux qui les payent assez pour leur faire courir le risque de leur vie (*a*). Les perles que l'on tire des mers chaudes de l'Asie méridionale sont les plus

la terre ferme par une chaîne de rochers que quelques Européens appellent le *Pont-d'Adam*. Toute la côte de la Pêcherie, qui appartient au roi de Maduré et au prince de Marava, est inabordable aux vaisseaux d'Europe.

La Compagnie de Hollande ne fait pas pêcher les perles pour son compte, mais elle permet à chaque habitant du pays d'avoir autant de bateaux que bon lui semble : chaque bateau lui paye soixante écus, et il s'en présente quelquefois jusqu'à six ou sept cents.

Vers le commencement de l'année, la Compagnie envoie dix ou douze bateaux au lieu où l'on a dessein de pêcher. Les plongeurs apportent sur le rivage quelques milliers d'huîtres; on ouvre chaque millier à part, et on met aussi à part les perles qu'on en tire ; si le prix de ce qui se trouve dans un millier monte à un écu ou au delà, c'est une marque que la pêche sera riche et abondante en ce lieu, mais si ce qu'on peut tirer d'un millier ne va qu'à trente sous, il n'y a pas de pêche cette année, parce que le profit ne payerait pas la peine. Lorsque la pêche est publiée, le peuple se rend sur la côte en grand nombre avec des bateaux. Les commissaires hollandais viennent de Colombo, capitale de l'île de Ceylan, pour présider à la pêche.

L'ouverture s'en fait de grand matin par un coup de canon. Dans ce moment, tous les bateaux partent et s'avancent dans la mer, précédés de deux grosses chaloupes hollandaises, pour marquer à droite et à gauche les limites de la pêche. Un bateau a plusieurs plongeurs qui vont à l'eau tour à tour; aussitôt que l'un vient, l'autre s'enfonce. Ils sont attachés à une corde dont le bout tient à la vergue du petit bâtiment, et qui est tellement disposée, que les matelots du bateau, par le moyen d'une poulie, la peuvent aisément lâcher ou tirer, selon le besoin qu'on en a. Celui qui plonge a une grosse pierre attachée au pied afin d'enfoncer plus vite, et une espèce de sac à la ceinture pour mettre les huîtres qu'il pêche. Dès qu'il est au fond de la mer, il ramasse promptement ce qui trouve sous ses mains et le met dans son sac. Quand il trouve plus d'huîtres qu'il n'en peut emporter, il en fait un monceau, et, revenant sur l'eau pour prendre haleine, il retourne ou envoie un de ses compagnons les ramasser Il est faux que ces plongeurs se mettent dans des cloches de verre pour plonger : comme ils s'accoutument à plonger et à retenir leur haleine de bonne heure, ils se rendent habiles à ce métier qui est si fatigant qu'ils ne peuvent plonger que sept ou huit fois par jour, encore les requins sont-ils fort à craindre. *Bibliothèque raisonnée*, mois d'avril, mai et juin 1749. *Recueil d'observations curieuses sur les mœurs, coutumes, etc., des différents peuples de l'Asie*, etc.; Paris, en 4 volumes, 1749.

(*a*). Les principales pêcheries des perles sont : 1° celle de Bahren dans le golfe Persique ; elle appartient au roi de Perse, qui entretient dans l'île de ce nom une garnison de trois cents hommes pour le soutien de ses droits; 2° celle de Catifa, vis-à-vis de Bahren, sur la côte de l'Arabie Heureuse. La plupart des perles de ces deux endroits se vendent aux Indes, et les Indiens étant moins difficiles qu'on ne l'est en Europe, tout y passe aisément. — On en porte aussi à Bassora. Celles qui vont en Perse et en Moscovie se vendent à Bender-Abassi. Dans toute l'Asie, on aime autant les perles jaunes que les blanches, parce que l'on croit que celles dont l'eau est un peu dorée conservent toujours leur vivacité, au lieu que les blanches ne durent pas trente ans sans la perdre, et que la chaleur du pays ou la sueur de ceux qui les portent leur fait prendre un vilain jaune ; 3° la pêcherie de Manor, dans l'île de Ceylan; ses perles sont les plus belles qu'on connaisse pour l'eau et la rondeur, mais il est rare qu'elles passent trois ou quatre carats; 4° celle du cap de Camorin, qui se nomme simplement *pêcherie*, comme par excellence, quoique moins célèbre aujourd'hui que celles du golfe Persique et de Ceylan; 5° enfin celles du Japon, qui donnent des perles assez grosses et de fort belle eau, mais ordinairement baroques.

Ceux qui pourraient s'étonner de ce qu'on porte des perles en Orient, d'où il en vient un si grand nombre, doivent apprendre que, dans les pêcheries d'Orient, il ne s'en trouve

belles et les plus précieuses, et probablement les espèces de coquillages qui les produisent ne se trouvent que dans ces mers, ou, s'ils se trouvent ailleurs dans des climats moins chauds, ils n'ont pas la même faculté et n'y produisent rien de semblable; et c'est peut-être parce que les vers à tarière qui percent ces coquilles n'existent pas dans les mers froides ou tempérées.

On trouve aussi d'assez belles perles dans les mers qui baignent les terres les plus chaudes de l'Amérique méridionale, et surtout près des côtes de Californie, du Pérou et de Panama (a); mais elles sont moins parfaites et moins estimées que les perles orientales.

point de si grand prix que dans celles d'Occident, sans compter que les monarques et les seigneurs de l'Asie payent bien mieux que les Européens, non seulement les perles, mais encore tous les joyaux qui ont quelque chose d'extraordinaire, à l'exception du diamant. Quoique les perles de Bahren et de Catifa tirent un peu sur le jaune, on n'en fait pas moins de cas que de celles de Manor, parce que tous les Orientaux prétendent qu'elles sont mûres ou cuites, et que leur couleur ne change jamais. On a fait une remarque importante sur la différence de l'eau des perles, qui est fort blanche dans les unes et jaunâtre ou tirant sur le noir ou plombeuses dans les autres. La couleur jaune vient, dit-on, de ce que les pêcheurs vendant les huîtres par monceaux, et les marchands attendant quelquefois pendant quinze jours qu'elles s'ouvrent d'elles-mêmes pour en tirer les perles, une partie de ces huîtres, qui perdent leur eau dans cet intervalle, s'altèrent jusqu'à devenir puantes, et la perle est jaunie par l'infection; ce qu'il y a de vrai, c'est que, dans les huîtres qui ont conservé leur eau, les perles sont toujours blanches. On attend qu'elles s'ouvrent d'elles-mêmes, parce qu'en y employant la force on pourrait endommager et fendre la perle. Les huîtres du détroit de Manor s'ouvrent naturellement cinq ou six jours plus tôt que celles du golfe Persique, ce qu'il faut attribuer à la chaleur qui est beaucoup plus grande à Manor, c'est-à-dire au 10e degré de latitude nord, qu'à l'île de Bahren qui est presque au 27e. Aussi se trouve-t-il fort peu de perles jaunes entre celles qui viennent de Manor.

Dans les mers orientales, la pêche des perles se fait deux fois l'an; la première aux mois de mars et d'avril, la seconde en août et septembre. La vente des perles se fait depuis juin jusqu'en novembre. *Histoire générale des Voyages*, t. 11, p. 682 et suiv.

(a) La côte de Californie, celle du Pérou et celle de Panama produisent aussi de grosses perles; mais elles n'ont pas l'eau des perles orientales, et sont outre cela noirâtres et plombeuses. On trouve quelquefois dans une seule huître jusqu'à sept ou huit perles de différentes grosseurs. *Bibliothèque raisonnée*, mois d'avril, etc., 1749. — Quoique les huîtres perlières soient communes dans toute la baie de Panama en Amérique, elles ne sont nulle part en aussi grande abondance qu'à Quibo : il ne faut que se baisser dans la mer et les détacher du fond. Celles qui donnent le plus de perles sont à plus de profondeur. On assure que la qualité de la perle dépend de la qualité du fond où l'huître s'est nourrie; si le fond est vaseux, la perle est d'une couleur obscure et de mauvaise eau. Les plongeurs qu'on emploie pour cette pêche sont des esclaves nègres dont les habitants de Panama et de la côte voisine entretiennent un grande nombre, et qui doivent être dressés avec un soin extrême à cet exercice. *Idem*, p. 156. — Un des plus grands avantages de Panama est la pêche des perles qui se fait aux îles de son golfe. Il y a peu d'habitants qui n'emploient un certain nombre de nègres à cette pêche.

La méthode n'en est pas différente de celle du golfe Persique et du cap Camorin, mais elle est plus dangereuse ici, par la multitude des monstres marins qui font la guerre aux pêcheurs : les requins et les teinturières dévorent en un instant les plongeurs qu'ils peuvent saisir. Cependant ils ont l'art de les envelopper de leur corps et de les étouffer, ou de les écraser contre le fond en se laissant tomber sur eux de toute leur pesanteur, et pour se défendre d'une manière plus sûre, chaque plongeur est armé d'un couteau pointu fort tranchant; dès qu'il aperçoit un de ces montres, il l'attaque par quelque endroit qui ne puisse pas résister à la blessure, et lui enfonce son couteau dans le corps. Le monstre ne se sent pas plus tôt blessé qu'il prend la fuite. Les caporaux nègres, qui ont l'inspection sur les autres esclaves, veillent de leurs barques à l'approche de ces cruels animaux, et ne manquent

Enfin, on en a rencontré autour des îles de la mer du Sud (*a*), et ce qui a paru digne de remarque, c'est qu'en général les vraies et belles perles ne sont produites que dans les climats chauds, autour des îles et près des continents, et toujours à une médiocre profondeur; ce qui semblerait indiquer qu'indépendamment de la chaleur du globe, celle du soleil serait nécessaire à cette production, comme à celle de toutes les autres pierres précieuses. Mais peut-être ne doit-on l'attribuer qu'à l'existence des vers qui percent les coquilles, dont les espèces ne se trouvent probablement que dans les mers chaudes, et point du tout dans les régions froides et tempérées : il faudrait donc un plus grand nombre d'observations pour prononcer sur les causes de cette belle production, qui peuvent dépendre de plusieurs accidents dont les effets n'ont pas été assez soigneusement observés.

TURQUOISES

Le nom de ces pierres vient probablement de ce que les premières qu'on a vues en France ont été apportées de Turquie; cependant ce n'est point en Turquie, mais en Perse qu'elles se trouvent abondamment (*b*), et en deux endroits distants de quelques lieues l'un

point d'avertir les plongeurs en secouant une corde qu'ils ont autour du corps; souvent un caporal se jette lui-même dans les flots, armé d'un couteau, pour secourir le plongeur qu'il voit en danger; mais ces précautions n'empêchent pas qu'il n'en périsse toujours quelques-uns, et que d'autres ne reviennent estropiés d'un bras ou d'une jambe. Jusqu'à présent tout ce qu'on a pu inventer pour mettre les pêcheurs à couvert a mal réussi. Les perles de Panama sont ordinairement de très belle eau ; il s'en trouve de remarquables par leur grosseur et leur figure. Une partie est transportée en Europe, mais la plus considérable passe à Lima, où elles sont extrêmement recherchées, ainsi que dans les provinces intérieures du Pérou. *Histoire générale des Voyages*, t. XIII, p. 277. — Autrefois il y avait dans le golfe de Manta, dans le corrégiment de Guayaquil au Pérou, une pêche de perles, mais la quantité de monstres marins qui s'y trouvent a fait abandonner la pêche de ces perles. *Idem, ibidem*, p. 366.

(*a*) On trouve des perles et des huîtres sur les côtes de l'île d'Otaïti. *Voyage autour du monde*, par le commodore Byron, etc., t. Ier, p. 137. — Les femmes d'Uliétéa paraissent faire cas des perles, car on vit une fille qui avait un pendant d'oreille de trois perles, dont l'une était très grosse, mais si terne qu'elle était de peu de valeur; les deux autres, qui étaient de la grosseur d'un pois moyen, étaient d'une belle forme; ce qui fait présumer qu'il se trouve des huîtres à perles près de leurs côtes. *Voyages du capitaine Cook*, etc., t. III, p. 10.

(*b*) Autrefois les marchands joailliers pouvaient tirer de la Perse quelques turquoises de la vieille roche, mais depuis quinze ou vingt ans il ne s'y en trouve plus, et, à mon dernier voyage, je ne pus en recouvrer que trois qui étaient raisonnablement belles. Pour des turquoises de la nouvelle roche, on en trouve assez, mais on en fait peu d'état, parce qu'elles ne tiennent pas leur couleur, et qu'en peu de temps on les voit devenir vertes. *Les six Voyages de Tavernier en Turquie*, etc.; Rouen, 1713, t. II, p. 336. — La turquoise ne se trouve que dans la Perse, et se tire de deux mines, l'une qui se nomme la *vieille roche*, à trois journées de Meched, au nord-ouest, près du gros bourg de Nichapour; l'autre qui n'en est qu'à cinq journées et qui porte le nom de la *nouvelle roche*. Les turquoises de la seconde mine sont d'un mauvais bleu tirant sur le blanc, aussi se donnent-elles à fort bas prix. Mais, dès la fin du dernier siècle, le roi de Perse avait défendu de fouiller dans la vieille roche pour tout autre que pour lui, parce que les orfèvres du pays ne travaillant qu'en fil et n'entendant pas l'art d'émailler sur l'or, ils se servaient pour les garnitures de sabres, de poignards et d'autres ouvrages, des turquoises de cette mine, au lieu d'émail, en les faisant tailler et

de l'autre, mais dans lesquels les turquoises ne sont pas de la même qualité. On a nommé *turquoise de vieille roche* les premières qui sont d'une belle couleur bleue et plus dures que celles de la nouvelle roche, dont le bleu est pâle ou verdâtre. Il s'en trouve de même dans quelques autres contrées de l'Asie, où elles sont connues depuis plusieurs siècles (*a*), et l'on doit croire que l'Asie n'est pas la seule partie du monde où peuvent se rencontrer ces pierres dans un état plus ou moins parfait : quelques voyageurs ont parlé des turquoises de la Nouvelle-Espagne (*b*), et nos observateurs en ont reconnu dans les mines de Hongrie (*c*) ; Boëce de Bott dit aussi qu'il y en a en Bohême et en Silésie. J'ai cru devoir citer tous ces lieux où les turquoises se trouvent colorées par la nature, afin de les distinguer de celles qui ne prennent de la couleur que par l'action du feu ; celles-ci sont beaucoup plus communes et se trouvent même en France, mais elles n'ont ni n'acquièrent jamais la belle couleur des premières ; le bleu qu'elles prennent au feu devient vert ou verdâtre avec le temps : ce sont, pour ainsi dire, des pierres artificielles, au lieu que les turquoises naturelles et qui ont reçu leurs couleurs dans le sein de la terre les conservent à jamais, ou du moins très longtemps, et méritent d'être mises au rang des belles pierres opaques.

Leur origine est bien connue : ce sont les os, les défenses, les dents des animaux terrestres et marins qui se convertissent en turquoises lorsqu'ils se trouvent à portée de recevoir, avec le suc pétrifiant, la teinture métallique qui leur donne la couleur ; et comme le fond de la substance des os est une matière calcaire, on doit les mettre, comme les perles, au nombre des produits de cette même matière.

Le premier auteur qui ait donné quelques indices sur l'origine des turquoises est Guy

appliquer dans des chatons de différentes figures. *Histoire générale des Voyages*, t. II, p. 682. — On tire des turquoises d'un grand prix de la montagne de Pyruskou, à quatre journées du chemin de Meched ; on les distingue en celles de la vieille et de la nouvelle roche. Les premières sont pour la maison royale, comme étant d'une couleur plus vive et qui se passe moins. *Voyage autour du monde*, par Gemelli Careri ; Paris, 1719, t. II, p. 212. — La plus riche mine, en Perse, est celle des turquoises ; on en a en deux endroits : à Nichapour en Corasan, et dans une montagne qui est entre l'Hyrcanie et la mer Caspienne... Nous appelons ces pierres *turquoises*, à cause que le pays d'où elles viennent est la Turquie ancienne et véritable. On a depuis découvert une autre mine de ces sortes de pierres, mais qui ne sont pas si belles ni si vives ; on les appelle *turquoises nouvelles*, qui est ce que nous disons de la nouvelle roche, pour les distinguer des autres qu'on appelle *turquoises vieilles* ; la couleur de celles-là se passe avec le temps. On garde tout ce qui vient de la vieille roche pour le roi, qui les revend après en avoir tiré le plus beau. *Voyage de Chardin en Perse* ; 1711, Amsterdam, t. II, p. 24. — J'ai acheté, dit un autre voyageur, à Casbin, ville de la province d'Erak en Perse, des turquoises qu'ils appellent *firuses*, et se trouvent en grande quantité auprès de Nisabur et Firusku, de la grosseur d'un pois, et quelques-unes de la grosseur d'une féverole pour vingt ou trente sous au plus. *Voyage d'Adam Oléarius*, etc. ; Paris, 1656, t. Ier, p. 461.

(*a*) A l'est de la province de Tebeth est la province de Kaindu, qui porte le nom de sa capitale, où il y a une montagne abondante en turquoises, mais la loi défend d'y toucher sous peine de mort, sans la permission du grand kan. *Histoire générale des Voyages*, t. VIII, p. 331. — Dans la province de Canilu encore, on trouve, ès-montagnes de cette contrée, des pierres précieuses appelées *turquoises* qui sont fort belles, mais on n'en ose transporter hors du pays sans le congé et la permission du grand kan. *Descript. géograph. de l'Inde orientale*, par Marc Paul ; Paris, 1556, p. 70, liv. II, chap. XXXII.

(*b*) Les habitants de la province de Cibola, dans la Nouvelle-Espagne, ont beaucoup de turquoises. *Histoire générale des Voyages*, t. XII, p. 650.

(*c*) Dans les mines de cuivre de Herrn-Ground en Hongrie, on trouve de très belles pierres bleues, vertes, et une entre autres sur laquelle on a vu des turquoises, ce qui l'a fait appeler *mine de turquoises*. *Collect. académ.*, part. étrang., t. II, p. 260.

de La Brosse, mon premier et plus ancien prédécesseur au Jardin du Roi; il écrivait en 1628, et, en parlant de la *Licorne minérale*, il la nomme *la mère des turquoises*. Cette licorne est sans doute la longue défense osseuse et dure du narval : ces défenses, ainsi que les dents et les os de plusieurs autres animaux marins remarquables par leur forme, se trouvent en Languedoc (*a*), et ont été soumises dès ce temps à l'action du feu pour leur donner la couleur bleue; car dans le sein de la terre elles sont blanches ou jaunâtres comme la pierre calcaire qui les environne, et qui paraît les avoir pétrifiées.

On peut voir dans les *Mémoires de l'Académie des sciences*, année 1715, les observations que M. de Réaumur a faites sur ces turquoises du Languedoc (*b*). MM. de l'Académie de Bordeaux ont vérifié, en 1719, les observations de Guy de La Brosse et de Réaumur (*c*); et plusieurs années après, M. Hill en a parlé dans son *Commentaire sur Théophraste* (*d*), prétendant que les observations de cet auteur grec ont précédé celles des naturalistes français. Il est vrai que Théophraste, après avoir parlé des pierres les plus précieuses, ajoute qu'il y en a encore quelques autres, telles que l'ivoire fossile, qui paraît

(*a*) Il s'en trouve en France, dans le bas Languedoc, près de Simore, à Baillabatz, à Laymont; il y en a aussi du côté d'Auch et à Gimont, à Castres. Celles de Simore sont connues depuis environ quatre-vingts ans. *Mémoires de l'Académie des sciences*, année 1715.

(*b*) La matière des turquoises sont des os pétrifiés. La tradition de Simore est que les uns de ces os ressemblaient aux os des jambes, d'autres à ceux des bras, et d'autres à des dents; et la figure des dents est la plus certainement connue dans ces turquoises. Parmi les échantillons envoyés à l'auteur, il s'en est trouvé qui ne sont pas moins visiblement dents que les glossopètres : ils ont de même tout leur émail qui s'est parfaitement conservé; mais la partie osseuse, celle que l'émail recouvrait, comme celle qui faisait la racine de la dent, et qui n'avait jamais été revêtue d'émail, est une pierre blanche qui, mise au feu, devient turquoise, en prenant la couleur bleue. La figure de ces dents n'est point semblable à celle des glossopètres qui sont aiguës, au lieu que ces turquoises sont aplaties et ont apparemment été les dents molaires de quelque animal. On en rencontre d'une grosseur prodigieuse : » J'en ai vu, dit M. de Réaumur, d'aussi grosses que le poing; mais on en trouve de petites » beaucoup plus fréquemment. On a trouvé à Castres des dents de figures différentes, et qui » ont pris de même une couleur bleue au feu : il s'en est trouvé, dans celles de Simore, » qui avaient la figure de celles dont les doreurs et autres ouvriers se servent pour polir, et » qui n'ont qu'une seule ouverture pour l'insertion du nerf, tandis que plusieurs autres sont » carrées et présentent deux ou quatre cavités.

« Il y a apparence que ces dents sont toutes d'animaux de mer, car on n'en connaît point » de terrestres qui en aient de pareilles; et, en général, il n'y a que la partie osseuse de ces » dents qui devienne turquoise, l'émail ne se convertit pas. » *Mémoires de l'Académie des sciences*, année 1715, p. 1 et suiv.

(*c*) En parlant de plusieurs ossements qu'on a trouvés renfermés dans une roche, dans la paroisse de Haux, pays d'entre deux mers, l'historien de l'Académie dit que messieurs de l'Académie de Bordeaux, ayant examiné cette matière, ont voulu éprouver sur ces ossements ce que Réaumur avait dit de l'origine des turquoises; ils ont trouvé qu'en effet un grand nombre de fragments de ces os pétrifiés, mis à un feu très vif, sont devenus d'un beau bleu de turquoise, que quelques petites parties en ont pris la consistance et que, taillées par un lapidaire, elles en ont eu le poli. Ils ont poussé la curiosité plus loin : ils ont fait l'expérience sur des os récents qui n'ont fait que noircir, hormis peut-être quelques petits morceaux qui tiraient sur le bleu : de là ils concluent avec beaucoup d'apparence que les os, pour devenir turquoises, ont besoin d'un très long séjour dans la terre, et que la même matière qui fait le noir dans les os récents fait le bleu dans ceux qui ont été longtemps enterrés, parce qu'elle y a acquis lentement et par degrés une certaine maturité. Il ne faut pas oublier que ces os, qui appartenaient visiblement à différents animaux, ont également bien réussi à devenir turquoises. *Histoire de l'Académie des sciences*, année 1719, p. 24 et suiv.

(*d*) Théophraste. *Sur les pierres*, avec des Notes, par M. Hill; Londres, 1746.

marbré de noir et de blanc, et de saphir foncé ; ce sont là évidemment, dit M. Hill, les points noirs et bleuâtres qui forment la couleur des turquoises ; mais Théophraste ne dit pas qu'il faut chauffer cet ivoire fossile pour que cette couleur noire et bleue se répande, et d'ailleurs il ne fait aucune mention des vraies turquoises, qui ne doivent leurs belles couleurs qu'à la nature.

On peut croire que le cuivre en dissolution, se mêlant au suc pétrifiant, donne aux os une couleur verte, et si l'alcali s'y trouve combiné comme il l'est en effet dans la terre calcaire, le vert deviendra bleu ; mais le fer dissous par l'acide vitriolique peut aussi donner ces mêmes couleurs. M. Mortimer, à l'occasion du *Commentaire* de M. Hill sur Théophraste, dit « qu'il ne nie pas que quelques morceaux d'os ou d'ivoire fossile, » comme les appelait il y a deux mille ans Théophraste, ne puissent répondre aux carac- » tères qu'on assigne aux turquoises de la nouvelle roche ; mais il croit que celles de la » vieille sont de véritables pierres, ou des mines de cuivre dont la pureté surpasse celle » des autres, et qui, plus constantes dans leur couleur, résistent à un feu qui réduirait les » os en chaux. C'est ce que prouve encore, selon lui, une grande turquoise de douze » pouces de long, de cinq de large et de deux d'épaisseur, qui a été montrée à la Société » royale de Londres : l'un des côtés paraît raboteux et inégal, comme s'il avait été déta- » ché d'un rocher ; l'autre est parsemé d'élevures et de tubercules, qui, de même que » celles de l'hématite *botrioïde*, donnent à cette pierre la forme d'une grappe, et prouvent » que le feu en a fondu la substance (*a*). » Je crois, avec M. Mortimer, que le fer a pu colorer les turquoises, mais le métal ne fait pas le fond de leur substance, comme celles des hématites ; et les turquoises de la vieille et de la nouvelle roche, les turquoises colorées par la nature ou par notre art ou par le feu des volcans, sont également plus ou moins imprégnées et pénétrées d'une teinture métallique. Et comme, dans les substances osseuses il s'en trouve de différentes textures et d'une plus ou moins grande dureté, que, par exemple, l'ivoire des défenses de l'éléphant, du morse, de l'hippopotame, et même du narval, sont beaucoup plus dures que les autres os, il doit se trouver, et il se trouve en effet, des turquoises beaucoup plus dures les unes que les autres. Le degré de pétrification qu'auront reçu ces os doit aussi contribuer à leur plus ou moins grande dureté ; la teinture colorante sera même d'autant plus fixe dans ces os, qu'ils seront plus massifs et moins poreux : aussi les plus belles turquoises sont celles qui par dureté reçoivent un poli vif, et dont la couleur ne s'altère ni ne change avec le temps.

Les turquoises artificielles, c'est-à-dire celles auxquelles on donne la couleur par le moyen du feu, sont sujettes à perdre leur beau bleu ; elles deviennent vertes à mesure que l'alcali s'exhale, et quelquefois même elles perdent encore cette couleur verte, et deviennent blanches ou jaunâtres, comme elles l'étaient avant d'avoir été chauffées.

Au reste, on doit présumer qu'il peut se former des turquoises dans tous les lieux où des os plus ou moins pétrifiés auront reçu la teinture métallique du fer ou du cuivre. Nous avons au Cabinet du Roi une main bien conservée, et qui paraît être celle d'une femme, dont les os sont convertis en turquoise : cette main a été trouvée à Clamecy en Nivernais, et n'a point subi l'action du feu ; elle est même recouverte de la peau, à l'exception de la dernière phalange des doigts, des deux phalanges du pouce, des cinq os du métacarpe et de l'os unciforme qui sont découverts ; toutes ces parties osseuses sont d'une couleur bleue mêlée d'un vert plus ou moins foncé.

(*a*) *Transactions philosophiques*, t. XLIV, année 1747, n° 482.

CORAIL

Le corail est, comme l'on sait, de la même nature que les coquilles; il est produit, ainsi que tous les autres madrépores, astroïtes, cerveaux de mer, etc., par le suintement du corps d'une multitude de petits animaux (*) auxquels il sert de loge, et c'est dans ce genre la seule matière qui ait une certaine valeur. On le trouve en assez grande abondance autour des îles et le long des côtes, dans presque toutes les parties du monde. L'île de Corse, qui appartient actuellement à la France, est environnée de rochers et de bas-fonds, qui pourraient en fournir une très grande quantité, et le gouvernement ferait bien de ne pas négliger cette petite partie de commerce qui deviendrait très utile pour cette île. Je crois donc devoir publier ici l'extrait d'un mémoire qui me fut adressé par le ministre en 1775 : ce mémoire, qui contient de bonnes observations, est de M. Fraticelli, vice-consul de Naples en Sardaigne.

« Il y a environ douze ans, dit M. Fraticelli, que les pêcheurs ne fréquentent point ou » fort peu les mers de Corse pour y faire cette pêche; ils ne pouvaient point aller à la » côte avec sûreté pendant la guerre des Corses, de sorte qu'ils l'avaient presque entière- » ment abandonnée : c'est seulement en 1771 qu'environ quarante Napolitains ou Génois » la firent, et, attendu les mauvais temps qui régnèrent cette année, leur pêche ne fut pas » abondante, et, quoique par cette raison elle ait été médiocre, ils trouvèrent cependant » les rochers fort riches en corail : ils auraient repris leur pêche en 1772, sans la crainte » des bandits qui infestaient l'île. Ils passèrent donc en Sardaigne, où depuis quelques » siècles il font la pêche ainsi que plusieurs autres nations; mais ils y ont fait jusqu'à » présent une pêche médiocre, quoiqu'ils y trouvent toujours autant de corail qu'ils en » trouvaient il y a vingt ans, parce que si on le pêche d'un côté il naît d'un autre : au » surplus, il est à présumer qu'il faut bien du temps avant que les filets qu'on jette une » fois rencontrent de nouveau le même endroit, quoiqu'on pêche sur le même rocher. » D'après les informations que j'ai prises, et les observations que j'ai toujours faites, je » suis d'avis que le corail croît en peu d'années, et qu'en vieillissant il se gâte et devient » piqué, et que sa tige même tombe, attendu que dans la pêche on prend plus de celui » appelé *ricaduto* (c'est-à-dire tombé de la tige), et *terraglio* (c'est-à-dire ramassé par » terre et presque pourri), que de toute autre espèce. Comme il y a plusieurs qualités de » corail, le plus estimé est celui qui est le plus gros et de plus belle couleur : il faut rece- » voir pour passable celui qui, quoique gros, commence à être rongé par la vieillesse, et » qui par conséquent a déjà perdu de sa couleur; si un pêcheur, pendant toute la saison » de la pêche, prend une cinquantaine de livres de corail de cette première qualité, on » peut dire qu'il a fait une bonne pêche, attendu qu'on le vend depuis sept jusqu'à neuf » piastres la livre, c'est-à-dire depuis trente jusqu'à quarante francs : de la seconde qualité » est celui qui, quoiqu'il ne soit pas bien gros, est cependant entier et de belle couleur, » sans être rongé; on en pêche peu de cette qualité, et on le vend huit à dix francs » la livre : de la troisième qualité est tout celui qui est tombé de sa tige, et qui ayant » perdu sa couleur est appelé *sbianchito* (blanchi), cette espèce est toujours très rongée; et » c'est de cette qualité que les pêcheurs prennent communément un quintal, payé par » les marchands de Livourne de six francs à deux livres : la quatrième qualité est de » celui appelé *terraglio* (tombé de sa tige depuis très longtemps et presque pourri), que » l'on donne à très bas prix. D'après ce détail, on voit que le corail se perd en vieillis- » sant, et dépérit dans la mer sans aucun profit.

(*) Du groupe des Cœlentérés.

» Depuis la mer de Bonifacio jusqu'au golfe de Valimo, il y a plusieurs rochers riches » en corail et assez peu éloignés de terre, mais aussi de peu d'étendue; le plus considé- » rable est celui appelé la *Secca di Tizzano* (écueil de Tizzano, éloigné de terre d'environ » trois lieues) : d'après ce que les pêcheurs en disent, il en a environ huit de circonfé- » rence. Ce rocher est fort riche en corail dont la plus grande partie se trouve de la der- » nière qualité : on est d'avis que cela provient de la trop grande étendue du rocher qui » fait qu'il s'écoule plusieurs années avant que l'on rencontre le même endroit où l'on a » pêché les années précédentes, en sorte que le corail qui est fort vieux se gâte et devient. » pour la plus grande partie, *terraglio*, et qu'il en reste peu de la première qualité. Il y a » aussi un autre rocher qui est appelé la *Secca grande*, qui se trouve entre la Senara, petite » île entre la Sardaigne et la Corse : on prétend qu'il a onze lieues de circonférence, et » qu'il est beaucoup plus riche en corail que celui de Tizzano, mais il est moins fréquenté, » attendu son grand éloignement de l'île. Son corail est aussi beaucoup inférieur à celui du » premier rocher : des milliers de pêcheurs pourraient faire leur pêche sur ces deux grands » rochers sous-marins, et il s'écoulerait bien des siècles avant de n'y plus trouver de » corail.

» Les avantages que lesdits pêcheurs procuraient, avant l'interdiction de la pêche, à la » ville de Bonifacio et à toute l'île étaient d'une très grande considération; car, quoiqu'ils » vivent misérablement, ils s'y pourvoient de toutes les denrées nécessaires; chacun en » profite, et le plus grand avantage est pour le domaine royal, attendu les droits qu'on en » retire pour l'importation des denrées de l'étranger.

» Comme on fait toujours une pêche médiocre en Sardaigne, quoique les pêcheurs y » trouvent les denrées à très bon marché, si on venait à ouvrir la pêche en Corse, et que » le droit domanial, au moins pour les premières années, ne fût point augmenté, ils y » viendraient tous, ce qui formerait un objet de trois cents pêcheurs environ; et par ce » commerce on verrait s'enrichir une grande partie de l'île, d'autant qu'à présent les den- » rées y sont en si grande abondance, que le gouvernement a été obligé de permettre l'ex- » portation des grains : alors tout resterait dans l'île, et lui procurerait les plus grands » avantages. »

Le corail est aussi fort abondant dans certains endroits autour de la Sicile. M. Bridone décrit la manière dont on le pêche dans les termes suivants : « La pêche du corail, dit-il, » se fait surtout à Trapani : on y a inventé une machine qui est très propre à cet objet; » ce n'est qu'une grande croix de bois au centre de laquelle on attache une pierre dure et » très pesante, capable de la faire descendre et maintenir au fond ; on place des morceaux » de petit filet à chaque membre de la croix qu'on tient horizontalement en équilibre au » moyen d'une corde, et qu'on laisse tomber dans l'eau ; dès que les pêcheurs sentent qu'elle » touche le fond, ils lient la corde aux bateaux, ils rament ensuite sur les couches de » corail; la grosse pierre détache le corail des rochers, et il tombe sur-le-champ dans les » filets. Depuis cette invention, la pêche du corail est devenue une branche importante de » commerce pour l'île de Sicile (*a*). »

(*a*) *Voyage en Sicile*, par M. Bridone, t. II, p. 264 et 265.

PÉTRIFICATIONS ET FOSSILES

Tous les corps organisés, surtout ceux qui sont solides, tels que les bois et les os, peuvent se pétrifier en recevant dans leurs pores les sucs calcaires ou vitreux : souvent même, à mesure que la substance animale ou végétale se détruit, la matière pierreuse en prend la place; en sorte que, sans changer de forme, ces bois et ces os se trouvent convertis en pierre calcaire, en marbres, en cailloux, en agates, etc. L'on reconnait évidemment dans la plupart de ces pétrifications tous les traits de leur ancienne organisation, quoiqu'elles ne conservent aucune partie de leur première substance; la matière en a été détruite et remplacée successivement par le suc pétrifiant auquel leur texture, tant intérieure qu'extérieure, a servi de moule, en sorte que la forme domine ici sur la matière au point d'exister après elle. Cette opération de la nature est le grand moyen dont elle s'est servie, et dont elle se sert encore pour conserver à jamais les empreintes des êtres périssables. C'est en effet par ces pétrifications que nous reconnaissons ses plus anciennes productions et que nous avons une idée de ces espèces maintenant anéanties, dont l'existence a précédé celle de tous les êtres actuellement vivants ou végétants; ce sont les seuls monuments des premiers âges du monde : leur forme est une inscription authentique qu'il est aisé de lire en la comparant avec les formes des corps organisés du même genre; et, comme on ne leur trouve point d'individus analogues dans la nature vivante, on est forcé de rapporter l'existence de ces espèces actuellement perdues aux temps où la chaleur du globe était plus grande, et sans doute nécessaire à la vie et à la propagation de ces animaux et végétaux qui ne subsistent plus (*).

C'est surtout dans les coquillages et les poissons, premiers habitants du globe, que l'on peut compter un plus grand nombre d'espèces qui ne subsistent plus. Nous n'entreprendrons pas d'en donner ici l'énumération qui, quoique longue, serait encore incomplète : ce travail sur la vieille nature exigerait seul plus de temps qu'il ne m'en reste à vivre, et je ne puis que la recommander à la postérité; elle doit rechercher ces anciens titres de noblesse de la nature avec d'autant plus de soin qu'on sera plus éloigné du temps de son origine.

En les rassemblant et les comparant attentivement, on la verra plus grande et plus forte dans son printemps qu'elle ne l'a été dans les âges subséquents : en suivant ses dégradations, on reconnaitra les pertes qu'elle a faites, et l'on pourra déterminer encore quelques époques dans la succession des existences qui nous ont précédés.

Les pétrifications sont les monuments les mieux conservés, quoique les plus anciens de ces premiers âges; ceux que l'on connait sous le nom de *fossiles* appartiennent à des temps

(*) Buffon montre ici l'importance considérable qu'il attachait à l'influence du milieu sur les caractères des organismes vivants. Ce chapitre est l'un des plus remarquable de ses œuvres. Il est comme la préface des travaux paléontologiques de notre siècle. (Voyez notre Introduction.)

subséquents : ce sont les parties les plus solides, les plus dures, et particulièrement les dents des animaux qui se sont conservées intactes ou peu altérées dans le sein de la terre.

Les dents de requin que l'on connaît sous le nom de *glossopètres*, celles d'hippopotame, les défenses d'éléphant et autres ossements fossiles sont rarement pétrifiés; leur état est plutôt celui d'une décomposition plus ou moins avancée : l'ivoire de l'éléphant, du morse, de l'hippopotame, du narval, et tous les os dont en général le fond de la substance est une terre calcaire, reprennent d'abord leur première nature et se convertissent en une sorte de craie; ce n'est qu'avec le temps et souvent par des circonstances locales et particulières qu'ils se pétrissent et reçoivent plus de dureté qu'ils n'en avaient naturellement. Les turquoises sont le plus bel exemple que nous puissions donner de ces pétrifications osseuses, qui néanmoins sont incomplètes; car la substance de l'os n'y est pas entièrement détruite et pleinement remplacée par le suc vitreux ou calcaire.

Aussi trouve-t-on les turquoises, ainsi que les autres os et les dents fossiles des animaux, dans les premières couches de la terre à une petite profondeur, tandis que les coquilles pétrifiées font souvent partie des derniers bancs au-dessous de nos collines, et que ce n'est de même qu'à de grandes profondeurs que l'on voit, dans les chistes et les ardoises, des empreintes de poissons, de crustacés et de végétaux qui semblent nous indiquer que leur existence a précédé, même de fort loin, celle des animaux terrestres : néanmoins leurs ossements conservés dans le sein de la terre, quoique beaucoup moins anciens que les pétrifications des coquilles et des poissons, ne laissent pas de nous présenter des espèces d'animaux quadrupèdes qui ne subsistent plus; il ne faut pour s'en convaincre que comparer les énormes dents à pointes mousses avec celles de nos plus grands animaux actuellement existants; on sera bientôt forcé d'avouer que l'animal d'une grandeur prodigieuse, auquel ces dents appartenaient, était d'une espèce colossale, bien au-dessus de celle de l'éléphant; que de même les très grosses dents carrées que j'ai cru pouvoir comparer à celles de l'hippopotame sont encore des débris de corps démesurément gigantesques dont nous n'avons ni le modèle exact, ni n'aurions pas même l'idée, sans ces témoins aussi authentiques qu'irréprochables : ils nous démontrent non seulement l'existence passée d'espèces colossales, différentes de toutes les espèces actuellement subsistantes, mais encore la grandeur gigantesque des premiers pères de nos espèces actuelles; les défenses d'éléphant de huit à dix pieds de longueur, et les grosses dents d'hippopotame prouvent assez que ces espèces majeures étaient anciennement trois ou quatre fois plus grandes, et que probablement leur force et leurs autres facultés étaient en proportion de leur volume.

Il en est des poissons et coquillages comme des animaux terrestres; leurs débris nous démontrent l'excès de leur grandeur; existe-t-il en effet aucune espèce comparable à ces grandes volutes pétrifiées dont le diamètre est de plusieurs pieds et le poids de plusieurs centaines de livres?

Ces coquillages d'une grandeur démesurée n'existent plus que dans le sein de la terre, et encore n'y existent-ils qu'en représentation; la substance de l'animal a été détruite, et la forme de la coquille s'est conservée au moyen de la pétrification. Ces exemples suffisent pour nous donner une idée des forces de la jeune nature : animée d'un feu plus vif que celui de notre température actuelle, ses productions avaient plus de vie, leur développement était plus rapide et leur extension plus grande; mais, à mesure que la terre s'est refroidie, la nature vivante s'est raccourcie dans ses dimensions; et non seulement les individus des espèces subsistantes se sont rapetissés, mais les premières espèces que la chaleur avait produites, ne pouvant plus se maintenir, ont péri pour jamais. Et combien n'en périra-t-il pas d'autres dans la succession des temps, à mesure que ces trésors de feu diminueront par la déperdition de cette chaleur du globe qui sert de base à notre chaleur vitale, et sans laquelle tout être vivant devient cadavre et toute substance organisée se réduit en matière brute !

Si nous considérons en particulier cette matière brute qui provient du détriment des corps organisés, l'imagination se trouve écrasée par le poids de son volume immense, et l'esprit plus qu'épouvanté par le temps prodigieux qu'on est forcé de supposer pour la succession des innombrables générations qui nous sont attestées par leurs débris et leur destruction. Les pétrifications qui ont conservé la forme des productions du vieil océan ne font pas des unités sur des millions de ces mêmes corps marins qui ont été réduits en poudre, et dont les détriments accumulés par le mouvement des eaux ont formé la masse entière de nos collines calcaires, sans compter encore toutes les petites masses pétrifiées ou minéralisées qui se trouvent dans les glaises et dans la terre limoneuse. Sera-t-il jamais possible de reconnaître la durée du temps employé à ces grandes constructions et de celui qui s'est écoulé depuis la pétrification de ces échantillons de l'ancienne nature? On ne peut qu'en assigner des limites assez indéterminées entre l'époque de l'occupation des eaux et celle de leur retraite, époques dont j'ai sans doute trop resserré la durée pour pouvoir y placer la suite de tous les événements qui paraissent exiger un plus grand emprunt de temps et qui me sollicitaient d'admettre plusieurs milliers d'années de plus entre les limites de ces deux époques.

L'un de ces plus grands événements est l'abaissement des mers qui, du sommet de nos montagnes, se sont peu à peu déprimées au niveau de nos plus basses terres. L'une des principales causes de cette dépression des eaux est, comme nous l'avons dit, l'affaissement successif des boursouflures caverneuses formées par le feu primitif dans les premières couches du globe, dont l'eau aura percé les voûtes et occupé le vide; mais une seconde cause, peut-être plus efficace quoique moins apparente, et que je dois rappeler ici comme dépendante de la formation des corps marins, c'est la consommation réelle de l'immense quantité d'eau qui est entrée et qui chaque jour entre encore dans la composition de ces corps pierreux. On peut démontrer cette présence de l'eau dans toutes les matières calcaires; elle y réside en si grande quantité qu'elle en constitue souvent plus d'un quart de la masse, et cette eau, incessamment absorbée par les générations successives des coquillages et autres animaux du même genre, s'est conservée dans leurs dépouilles, en sorte que toutes nos montagnes et collines calcaires sont réellement composées de plus d'un quart d'eau : ainsi le volume apparent de cet élément, c'est-à-dire la hauteur des eaux, a diminué en proportion du quart de la masse de toutes les montagnes calcaires, puisque la quantité réelle de l'eau a souffert ce déchet par son incorporation dans toute matière coquilleuse au moment de sa formation; et plus les coquillages et autres corps marins du même genre se multiplieront, plus la quantité de l'eau diminuera, et plus les mers s'abaisseront. Ces corps de substance coquilleuse et calcaire sont en effet l'intermède et le grand moyen que la nature emploie pour convertir le liquide en solide : l'air et l'eau que ces corps ont absorbés dans leur formation et leur accroissement y sont incarcérés et résidants à jamais; le feu seul peut les dégager en réduisant la pierre en chaux, de sorte que, pour rendre à la mer toute l'eau qu'elle a perdue par la production des substances coquilleuses, il faudrait supposer un incendie général, un second état d'incandescence du globe dans lequel toute la matière calcaire laisserait exhaler cet air fixe et cette eau qui font une si grande partie de sa substance.

La quantité réelle de l'eau des mers a donc diminué à mesure que les animaux à coquilles se sont multipliés, et son volume apparent, déjà réduit par cette première cause, a dû nécessairement se déprimer aussi par l'affaissement des cavernes, qui, recevant les eaux dans leur profondeur, en ont successivement diminué la hauteur, et cette dépression des mers augmentera de siècle en siècle, tant que la terre éprouvera des secousses et des affaissements intérieurs, et à mesure aussi qu'il se formera de nouvelle matière calcaire par la multiplication de ces animaux marins revêtus de matière coquilleuse : leur nombre est si grand, leur pullulation si prompte, si abondante, et leurs dépouilles si volumineuses, qu'elles nous préparent au fond de la mer de nouveaux continents, surmontés de collines calcaires, que les eaux laisseront à découvert pour la postérité, comme elles nous ont laissé ceux que nous habitons.

Toute la matière calcaire ayant été primitivement formée dans l'eau, il n'est pas surprenant qu'elle en contienne une grande quantité; toutes les matières vitreuses au contraire, qui ont été produites par le feu, n'en contiennent point du tout, et néanmoins c'est par l'intermède de l'eau que s'opèrent également les concrétions secondaires et les pétrifications vitreuses et calcaires; les coquilles, les oursins, les bois convertis en cailloux, en agates, ne doivent ce changement qu'à l'infiltration d'une eau chargée du suc vitreux, lequel prend la place de leur première substance à mesure qu'elle se détruit; ces pétrifications vitreuses, quoique assez communes, le sont cependant beaucoup moins que les pétrifications calcaires, mais souvent elles sont plus parfaites, et présentent encore plus exactement la forme, tant extérieure qu'intérieure des corps, telle qu'elle était avant la pétrification : cette matière vitreuse, plus dure que la calcaire, résiste mieux aux chocs, aux frottements des autres corps, ainsi qu'à l'action des sels de la terre et à toutes les causes qui peuvent altérer, briser et réduire en poudre les pétrifications calcaires.

Une troisième sorte de pétrification qui se fait de même par le moyen de l'eau, et qu'on peut regarder comme une minéralisation, se présente assez souvent dans les bois devenus pyriteux, et sur les coquilles recouvertes, et quelquefois pénétrées de l'eau chargée des parties ferrugineuses que contenaient les pyrites : ces particules métalliques prennent peu à peu la place de la substance du bois qui se détruit, et, sans en altérer la forme, elles le changent en mines de fer ou de cuivre. Les poissons dans les ardoises, les coquilles, et particulièrement les cornes d'Ammon dans les glaises, sont souvent recouverts d'un enduit pyriteux qui présente les plus belles couleurs : c'est à la décomposition des pyrites, contenues dans les argiles et les schistes, qu'on doit rapporter cette sorte de minéralisation qui s'opère de la même manière et par les mêmes moyens que la pétrification calcaire ou vitreuse.

Lorsque l'eau chargée de ces particules calcaires, vitreuses ou métalliques, ne les a pas réduites en molécules assez ténues pour pénétrer dans l'intérieur des corps organisés, elles ne peuvent que s'attacher à leur surface, et les envelopper d'une incrustation plus ou moins épaisse : les eaux qui découlent des montagnes et collines calcaires forment pour la plupart des incrustations dans leurs tuyaux de conduite et autour des racines d'arbres et autres corps qui résident sans mouvement dans l'étendue de leurs cours, et souvent ces corps incrustés ne sont pas pétrifiés; il faut, pour opérer la pétrification, non seulement plus de temps, mais plus d'atténuation dans la matière dont les molécules ne peuvent entrer dans l'intérieur des corps, et se substituer à leur première substance que quand elles sont dissoutes et réduites à la plus grande ténuité : par exemple, ces belles pierres nouvellement découvertes, et auxquelles on a donné le nom impropre de *marbres opalins*, sont plutôt des incrustations ou des concrétions que des pétrifications, puisqu'on y voit des fragments de burgos et de moules de magellan avec leurs couleurs : ces coquilles n'étaient donc pas dissoutes lorsqu'elles sont entrées dans ces marbres; elles n'étaient que brisées en petites parcelles qui se sont mêlées avec la poudre calcaire dont il sont composés.

Le suc vitreux, c'est-à-dire l'eau chargée de particules vitreuses, forme rarement des incrustations, même sur les matières qui lui sont analogues : l'émail quartzeux, qui revêt certains blocs de grès, est un exemple de ces incrustations; mais d'ordinaire les molécules du suc vitreux sont assez atténuées, assez dissoutes pour pénétrer l'intérieur des corps, et prendre la place de leur substance à mesure qu'elle se détruit; c'est là le vrai caractère qui distingue la pétrification, tant de l'incrustation qui n'est qu'un revêtement, que de la concrétion qui n'est qu'une agrégation de parties plus ou moins fines ou grossières. Les matières calcaires et métalliques forment, au contraire, beaucoup plus de concrétions et d'incrustations que de pétrifications ou minéralisations, parce que l'eau les détache en moins de temps, et les transporte en plus grosses parties que celles de la matière vitreuse qu'elle ne peut attaquer et dissoudre que par une action lente et constante, attendu que cette matière, par sa dureté, lui résiste plus que les substances calcaires ou métalliques.

Il y a peu d'eaux qui soient absolument pures; la plupart sont chargées d'une certaine quantité de parties calcaires, gypseuses, vitreuses ou métalliques; et, quand ces particules ne sont encore que réduites en poudre palpable, elles tombent en sédiment au fond de l'eau, et ne peuvent former que des concrétions ou des incrustations grossières; elles ne pénètrent les autres corps qu'autant qu'elles sont assez atténuées pour être reçues dans leurs pores, et, en cet état d'atténuation, elles n'altèrent ni la limpidité, ni même la légèreté de l'eau qui les contient et qui ne leur sert que de véhicule : néanmoins, ce sont souvent ces eaux si pures en apparence dans lesquelles se forment en moins de temps les pétrifications les plus solides; on a exemple de crabes et d'autres corps pétrifiés en moins de quelques mois dans certaines eaux, et particulièrement en Sicile, près des côtes de Messine; on cite aussi les bois convertis en cailloux dans certaines rivières, et je suis persuadé qu'on pourrait par notre art imiter la nature et pétrifier les corps avec de l'eau convenablement chargée de matière pierreuse; et cet art, s'il était porté à sa perfection, serait plus précieux pour la postérité que l'art des embaumements.

Mais c'est plutôt dans le sein de la terre que dans la mer, et surtout dans les couches de matière calcaire, que s'opère la pétrification de ces crabes et autres crustacés (*a*), dont quelques-uns, et notamment les oursins, se trouvent souvent pétrifiés en cailloux, ou plutôt en pierres à fusil placées entre les bancs de pierre tendre et de craie (*b*). On trouve aussi des poissons pétrifiés dans les matières calcaires (*c*) : nous en avons deux au Cabinet

(*a*) Les crabes pétrifiés de la côte de Coromandel sont les mêmes que ceux de France, d'Italie et d'Amérique. Il y a des crabes dans le territoire de Vérone, et quelques-uns sont remplis de mine de fer; ceux de Coromandel contiennent aussi une terre ferrugineuse. Tous ces crabes pétrifiés sont ordinairement mutilés, il leur manque souvent des pattes ou des antennes, ce qui prouve qu'ils ont été violentés par le frottement ou l'éboulement des terres avant d'être pétrifiés. *Traité des Pétrifications*, in-4°; Paris, 1742, p. 116 et suiv.

(*b*) On trouve sur les rivages de la mer de Lubeck plusieurs hérissons de mer changés en cailloux ou pierre à fusil, que les vagues y amènent en les enlevant des couches de pierre à chaux qui bordent ces mers-là, ainsi que celles d'Angleterre et de France, vers le Pas-de-Calais. *Traité des Pétrifications*, in-4°; Paris, 1742, p. 116 et suiv.

(*c*) L'on trouve des poissons pétrifiés en Italie, dans des pierres blanchâtres de bolca, dans le Véronais; on en trouve en Suisse, entre des pierres semblables; à Veningen, près du lac de Constance et dans les ardoises noires d'une montagne du canton de Glaris.

L'Allemagne fournit aussi quantité de poissons dans une espèce de marbre ou de pierre à chaux grisâtre, à Rupin, à Anspach, à Pappenheim, à Eichstœd, à Eystetten, et dans les ardoises métalliques d'Eisleben, d'Isenach, d'Osterode, de Franckenberg, d'Ilmenau et d'ailleurs.

On trouve encore des poissons dans des plaques d'ardoise blanchâtres de Wasch en Bohême.

Le squelette presque entier d'un crocodile (voyez *Bibliothèque anglaise,* t. VI, p. 406 et suiv.) et le squelette d'un poisson du Cabinet de M. le chevalier Sloane,... trouvés dans la province de Northingham, et qu'on croit venir des carrières de Fulbeck, prouvent suffisamment que l'Angleterre n'est pas destituée de semblables curiosités.

Tous ceux qui aiment à lire les livres de voyages n'ignorent pas que l'on trouve des poissons dans des pierres grisâtres sur une montagne de Syris, à quelques lieues de Tripoli, de

du Roi, dont le premier paraît être un saumon d'environ deux pieds et demi de longueur, et le second, une truite de quinze à seize pouces, très bien conservés; les écailles, les arêtes et toutes les parties solides de leur corps sont pleinement pétrifiées en matière calcaire; mais c'est surtout dans les schistes, et particulièrement dans les ardoises que l'on trouve des poissons bien conservés, ils y sont plutôt minéralisés que pétrifiés, et en général ces poissons, dont la nature a conservé les corps, sont plus souvent dans un état de dessèchement que de pétrification.

Ces espèces de reliques d'animaux de la terre sont bien plus rares que celles des habitants de la mer, et il n'y a d'ailleurs que les parties solides de leur corps, telles que les os et les cornes, ou plutôt les bois de cerf, de renne, etc., qui se trouvent quelquefois dans

même que sur une montagne de la Chine, près d'une petite ville nommée *Yenhiang-hien*, du territoire de Foug-siang-fou.

De tous les poissons dont j'ai parlé, il n'y en a point qu'on ne puisse regarder comme absolument pétrifiés, excepté ceux qu'on trouve dans les ardoises noires de Glaris et dans les ardoises métalliques des mines d'Allemagne. La raison de cela est que les molécules qui ont formé cette sorte d'ardoise se sont si bien insinuées dans la substance des poissons qu'elle en a été absorbée; de sorte, néanmoins, qu'ayant parfaitement bien retenu la forme des poissons, on peut les appeler, si l'on veut, *poissons pétrifiés* ou *métallifiés*.

Il n'en est pas de même des poissons qui sont renfermés entre des plaques de pierre grisâtre : ceux-ci ont été simplement séchés, embaumés et durcis, à peu près comme s'ils avaient été métamorphosés en une espèce de corne fort dure, telle que l'est la substance des plantes marines qu'on nomme *cornées* ou *cornueuses*.

La substance des poissons qui ont subi ce changement, jointe à leur couleur, les fait très bien distinguer de la substance de la pierre qui les renferme : la plupart sont d'une couleur rougeâtre, d'autres sont d'un jaune luisant, d'autres sont d'un brun plus ou moins foncé, d'autres enfin sont noirs, mais cette noirceur vient d'un suc bitumineux qui forme, dans plusieurs pierres, des figures de petits arbrisseaux qu'on appelle *dendrites*. Et quant aux poissons qui sont renfermés entre des plaques d'ardoises métalliques, il y en a qui sont simplement de la couleur de l'ardoise, au lieu que d'autres ont des écailles qui reluisent comme si elles étaient d'or, d'argent ou de quelque autre métal, ainsi qu'il est arrivé aux cornes d'Ammon, dont on a parlé dans la troisième partie de ce recueil.

Tous ces poissons ont subi, autant que les circonstances l'ont pu permettre, plusieurs dérangements accidentels, pareils à ceux des crustacés et des testacés qui ont été renfermés dans des bancs de rochers et dans des couches de terre.

En général, tous ces poissons ont eu la tête écrasée, plusieurs l'ont perdue; d'autres ont perdu la queue : les nageoires et les ailerons ont été transposés dans quelques-uns; d'autres ont été courbés en arc : on en trouve plusieurs dont une partie du corps a été séparée de l'autre, il y en a dont il ne reste que le squelette; d'autres n'ont laissé que des fragments : l'on rencontre souvent des plaques qui renferment plus d'un poisson diversement situé, et quelquefois c'est un amas bizarre d'arêtes et d'autres fragments de différents poissons que l'on y trouve.

Ces irrégularités ne peuvent être attribuées qu'aux mouvements de l'eau qui enveloppe ces poissons, à la rencontre des divers corps qui nageaient ensemble, et aux divers efforts réciproques des couches à mesure qu'elles se condensaient, etc.

Ajoutez à cela que les poissons dont nous parlons sont d'autant mieux marqués qu'ils sont plus gros; qu'il y en a dont les vertèbres sont comme cristallisées, et d'autres dans la place de la moelle desquels on trouve de petites cristallisations, et que, nonobstant toutes ces variations, l'on ne peut douter que ce n'aient été de vrais poissons de mer et de rivière, parce que plusieurs savants en ont reconnu diverses espèces, comme des brochets, des perches, des truites, des harengs, des sardines, des anchois, des ferrats, des turbots, des têtus, des dorades qu'on appelle *rougets* en Languedoc, des anguilles, des saluz ou silurus, des guaperva du Brésil, des crocodiles. J'ai vu un poisson volant dans une pierre de bolca, dans le cabinet de M. Zannichelli à Venise. *Traité des Pétrifications*, in-4°; Paris, 1742, p. 116 et suiv.

un état imparfait de pétrification commencée : souvent même la forme de ces ossements ne conserve pas ses vraies dimensions, ils sont gonflés par l'interposition de la substance étrangère qui s'est insinuée dans leur texture, sans que l'ancienne substance fût détruite, c'est plutôt une incrustation intérieure qu'une véritable pétrification ; l'on peut voir et reconnaître aisément ce gonflement de volume dans les fémurs et autres os fossiles d'éléphant, qui sont au Cabinet du Roi ; leur dimension en longueur n'est pas proportionnelle à celles de la largeur et de l'épaisseur.

Je le répète, c'est à regret que je quitte ces objets intéressants, ces précieux monuments de la vieille nature, que ma propre vieillesse ne me laisse pas le temps d'examiner assez pour en tirer les conséquences que j'entrevois, mais qui, n'étant fondées que sur des aperçus, ne doivent pas trouver place dans cet ouvrage, où je me suis fait une loi de ne présenter que des vérités appuyées sur des faits. D'autres viendront après moi, qui pourront supputer le temps nécessaire au plus grand abaissement des mers et à la diminution des eaux par la multiplication des coquillages, des madrépores et de tous les corps pierreux qu'elles ne cessent de produire : ils balanceront les pertes et les gains de ce globe dont la chaleur propre s'exhale incessamment, mais qui reçoit en compensation tout le feu qui réside dans les détriments des corps organisés ; ils en concluront que, si la chaleur du globe était toujours la même et les générations d'animaux et de végétaux toujours aussi nombreuses, aussi promptes, la quantité de l'élément du feu augmenterait sans cesse, et qu'enfin, au lieu de finir par le froid et la glace, le globe pourrait périr par le feu. Ils compareront le temps qu'il a fallu pour que les détriments combustibles des animaux et végétaux aient été accumulés dans les premiers âges, au point d'entretenir pendant des siècles le feu des volcans ; ils compareront, dis-je, ce temps avec celui qui serait nécessaire pour qu'à force de multiplications des corps organisés, les premières couches de terre fussent entièrement composées de substances combustibles, ce qui, dès lors, pourrait produire un nouvel incendie général, ou du moins un très grand nombre de nouveaux volcans ; mais ils verront en même temps que la chaleur du globe diminuant sans cesse, cette fin n'est point à craindre, et que la diminution des eaux, jointe à la multiplication des corps organisés, ne pourra que retarder, de quelques milliers d'années, l'envahissement du globe entier par les glaces, et la mort de la nature par le froid.

PIERRES VITREUSES

MÉLANGÉES DE MATIÈRES CALCAIRES

Après les stalactites et concrétions purement calcaires, nous devons présenter celles qui sont mélangées de matières vitreuses et de substances calcaires, et nous observons d'abord que la plupart des matières vitreuses de seconde formation ne sont pas absolument pures : les unes, et c'est le plus grand nombre, doivent leur couleur à des vapeurs métalliques ; dans plusieurs autres le métal, et le fer en particulier, est entré comme partie massive et constituante, et leur a donné non seulement la couleur, mais une densité plus grande que celle d'aucun verre primitif, et qu'on ne peut attribuer qu'au métal ; enfin d'autres sont mélangées de parties calcaires en plus ou moins grande quantité. La zéolite, le lapis-lazuli, les pierres à fusil, la pierre meulière, et même les spaths fluors, sont tous mélangés en plus ou moins grande quantité de substances calcaires, et de matière vitreuse souvent chargée de parties métalliques, et chacune de ces pierres a des propriétés particulières, par lesquelles on doit les distinguer les unes des autres.

ZÉOLITHE

Les anciens n'ont fait aucune mention de cette pierre, et les naturalistes modernes l'ont confondue avec les spaths auxquels la zéolithe ressemble en effet par quelques caractères apparents. M. Cronstedt est le premier qui l'en est distinguée, et qui nous ait fait connaître quelques-unes de ses propriétés particulières (*a*). MM. Swab, Bucquet, Bergman et quelques autres, ont ensuite essayé d'en faire l'analyse par la chimie; mais, de tous les naturalistes et chimistes récents, M. Pelletier est celui qui a travaillé sur cet objet avec le plus de succès.

Cette pierre se trouve en grande quantité dans l'île de Feroë, et c'est de là qu'elle s'est d'abord répandue en Allemagne et en France; et c'est cette même zéolithe de Feroë que M. Pelletier a choisie de préférence pour faire ses expériences, après l'avoir distinguée d'une autre pierre à laquelle on a donné le nom de *zéolithe veloutée* et qui n'est pas une zéolithe, mais une pierre calaminaire.

M. Pelletier a reconnu que la substance de la vraie zéolithe est un composé de matière vitreuse ou argileuse et de substance calcaire (*b*); et, comme la quantité de la matière vitreuse y est plus grande que celle de la substance calcaire, cette pierre ne fait pas d'abord effervescence avec les acides, mais elle ne leur oppose qu'une faible résistance; car les acides vitrioliques et nitreux l'entament et la dissolvent en assez peu de temps. La dissolution se présente en consistance de gelée, et ce caractère, qu'on avait donné comme spécial et particulier à la zéolithe, est néanmoins commun à toutes les pierres qui sont mélangées de parties vitreuses et calcaires; car leur dissolution est toujours plus ou moins gélatineuse, et celle de la zéolithe est presque solide et tremblotante, comme la gelée de corne de cerf.

La zéolithe de Feroë entre d'elle-même en fusion, comme toutes les autres matières mélangées de parties vitreuses et calcaires, et le verre qui en résulte est transparent et d'un beau blanc, ce qui prouve qu'elle ne contient point de parties métalliques qui ne manqueraient pas de donner de la couleur à ce verre, dont la transparence démontre aussi que la matière vitreuse est dans cette zéolithe en bien plus grande quantité que la substance calcaire; car le verre serait nuageux ou même opaque, si cette substance calcaire y était en quantité égale ou plus grande que la matière vitreuse. La zéolithe d'Islande contient, selon M. Bergman (*c*), quarant-huit centièmes de silex, vingt-deux d'argile et douze à quatorze de matière calcaire. L'argile et le silex de M. Bergman étant des matières vitreuses, il y aurait dans cette zéolithe d'Islande beaucoup moins de parties calcaires et plus de parties vitreuses que dans la zéolithe de Feroë; ce chimiste ajoute que ces nombres quarante-huit, vingt-deux et quatorze, additionnés ensemble et ajoutés à ce qu'il y a d'eau, donnent un total qui excède le nombre de cent; cet excédent, dit-il, provient de ce que la chaux entre dans les zéolithes sans air fixe, dont elle s'imprègne ensuite par la précipita-

(*a*) Voyez, dans les *Mémoires de l'Académie de Suède*, année 1756, l'écrit de M. Cronstedt sur la zéolithe.

(*b*) « La substance de la zéolithe, dit M. Pelletier, est un composé naturel de vingt par- » ties de terre argileuse bien calcinée, de huit parties de terre calcaire dans le même état, » de cinq autres parties de terre quartzeuse ou de silex, et de vingt-deux parties de flegme » ou d'humidité; » sur quoi je dois observer que l'argile n'étant qu'un quartz décomposé, M. Pelletier aurait pu réunir les vingt parties argileuses aux cinq parties quartzeuses, ce qui fait vingt-cinq parties vitreuses et huit parties calcaires dans la zéolithe.

(*c*) *Lettre de M. Bergman à M. de Troil*, dans les *Lettres* de ce dernier, *sur l'Islande*, p. 427 et suiv.

1. Cheiromys Aye-aye. _ 2. Bradype à dos brulé.

A. Le Vasseur Editeur

tion. D'autres zéolithes contiennent les mêmes matières, mais dans des proportions différentes. Nous devons observer, au reste, que ce n'est qu'avec la zéolithe la plus blanche et la plus pure, telle que celle de Féroë, que l'on peut obtenir un verre blanc et transparent; toutes les autres zéolithes donnent un émail coloré spongieux et friable, qui ne devient consistant et dur qu'en continuant le feu et même l'augmentant après la fusion. M. Pott a observé que la zéolithe fournissait une assez grande quantité d'eau; ce qui prouve encore le mélange de la matière calcaire qui, comme l'on sait, donne toujours de l'eau quand on la traite au feu. M. Bergman a fait la même observation, et ce savant chimiste en conclut avec raison que cette pierre n'a pas été produite par le feu, comme certains minéralogistes l'ont prétendu, parce qu'on ne l'a jusqu'ici trouvée que dans des terrains volcanisés M. Faujas de Saint-Fond, qui connait mieux que personne les matières produites par le feu des volcans, loin d'y comprendre la zéolithe, dit au contraire expressément que toutes les zéolithes contenues dans les laves ont été saisies par ces verres en fusion; qu'elles existaient auparavant telles que nous les y voyons, et qu'elles n'y sont que plus ou moins altérées par le feu qui, néanmoins, n'était pas assez violent pour les fondre (a).

La zéolithe de Féroë est communément blanche, et quelquefois rougeâtre lorsqu elle est couverte et mélangée de parties ferrugineuses réduites en rouille. Cette zéolithe blanche est plus dure que le spath, et cependant elle ne l'est pas assez pour étinceler sous le choc de l'acier; elle est ordinairement cristallisée en rayons divergents et paraît être la plus pure de toutes les pierres de cette sorte; car il s'en trouve d'autres en plus gros volume et plus grande quantité qui ne sont pas cristallisées régulièrement et dont les formes sont très différentes, globuleuses, cylindriques, coniques, lisses ou mamelonnées, mais presque toutes ont le caractère commun de présenter dans leur texture des rayons qui tendent du centre à la circonférence : je dis presque toutes, parce que j'ai vu entre les mains de M. Faujas de Saint-Fond une zéolithe cristallisée en cube, qui paraît être composée de filets ou de petites lames parallèles. Ce savant et infatigable observateur a trouvé cette zéolithe cubique à l'île de Staffa, dans la grotte de Fingal : on sait que cette île, ainsi que toutes les autres îles Hébrides au nord de l'Écosse, sont, comme l'Islande, presque entièrement couvertes de produits volcaniques, et c'est surtout dans l'île de Mult que les zéolithes sont en plus grande abondance; et comme jusqu'ici on n'a rencontré ces pierres que dans les terrains volcanisés (b), on paraissait fondé à les regarder comme les produits du feu. Il en a ramassé plusieurs autres dans les terrains volcanisés qu'il a parcourus, et, dans tous les échantillons qu'il m'en a montrés, on peut reconnaître clairement que cette pierre n'a pas été produite par le feu et qu'elle a seulement été saisie par les laves en fusion dans lesquelles elle est incorporée, comme les agates, cornalines, calcédoines, et même les spaths calcaires qui s'y trouvent tels que la nature les a produits avant d'avoir été saisis par le basalte ou la lave qui les recèle.

(a) *Minéralogie des Volcans*, par M. Faujas de Saint-Fond, in-8°; Paris, 1784, p. 178 et suiv.

(b) On a trouvé des zéolithes à l'île de Féroë, à celle de Staffa, en Islande, en Sicile autour de l'Etna, à Rochemore, dans les volcans éteints du Vivarais, et on en a aussi rencontré dans l'île de Bourbon.

LAPIS-LAZULI

Les naturalistes récents ont mis le lapis-lazuli au nombre des zéolites, quoiqu'il en diffère beaucoup plus qu'il ne leur ressemble; mais lorsqu'on se persuade, d'après le triste et stérile travail des nomenclateurs, que l'histoire naturelle consiste à faire des classes et des genres, on ne se contente pas de mettre ensemble les choses de même genre, et l'on y réunit souvent très mal à propos d'autres choses qui n'ont que quelques petits rapports, et souvent des caractères essentiels très différents et même opposés à ceux du genre sous lequel on veut les comprendre. Quelques chimistes ont défini le lapis : zéolithe bleue mêlée d'argent (a), tandis que cette pierre n'est point une zéolithe, et qu'il est très douteux qu'on puisse en tirer de l'argent; d'autres ont assuré qu'on en tirait de l'or, ce qui est tout aussi douteux, etc.

Le lapis ne se boursoufle pas comme la zéolithe lorsqu'il entre en fusion, sa substance et sa texture sont toutes différentes: le lapis n'est point disposé, comme la zéolithe, par rayons du centre à la circonférence; il présente un grain serré aussi fin que celui du jaspe, et on le regarderait avec raison comme un jaspe s'il en avait la dureté et s'il prenait un aussi beau poli: néanmoins il est plus dur que la zéolithe; il n'est mêlé ni d'or ni d'argent, mais de parties pyriteuses qui se présentent comme des points, des taches ou des veines de couleur d'or; le fond de la pierre est d'un beau bleu, souvent taché de blanc; quelquefois cette couleur bleue tire sur le violet. Les taches blanches sont des parties calcaires et offrent quelquefois la texture et le luisant du gypse; ces parties blanches, choquées contre l'acier, ne donnent point d'étincelles, tandis que le reste de la pierre fait feu comme le jaspe : le seul rapport que cette pierre lapis ait avec la zéolithe est qu'elles sont toutes deux composées de parties vitreuses et de parties calcaires; car en plongeant le lapis dans les acides, on voit que quelques-unes de ses parties y font effervescence comme les zéolithes.

L'opinion des naturalistes modernes était que le bleu du lapis provenait du cuivre; mais le célèbre chimiste Margraff (b) ayant choisi les parties bleues, et en ayant séparé les blanches et les pyriteuses couleur d'or, a reconnu que les parties bleues ne contenaient pas un atome de cuivre, et que c'était au fer qu'on devait attribuer leur couleur; il a en même temps observé que les taches blanches sont de la même nature que les pierres gypseuses.

Le lapis étant composé de parties bleues qui sont vitreuses, et de parties blanches qui sont gypseuses, c'est-à-dire calcaires imprégnées d'acide vitriolique, il se fond sans addition à un feu violent : le verre qui en résulte est blanchâtre ou jaunâtre, et l'on y voit encore, après la vitrification de la masse entière, quelques parties de la matière bleue qui ne sont pas vitrifiées; et ces parties bleues, séparées des blanches, n'entrent point en fusion sans fondant; elles ne perdent pas même leur couleur au feu ordinaire de calcination, et c'est ce qui distingue le vrai lapis de la pierre arménienne et de la pierre d'azur dont le bleu s'évanouit au feu, tandis qu'il demeure inhérent et fixe dans le lapis-lazuli.

Le lapis résiste aussi à l'impression des éléments humides et ne se décolore point à l'air; on en fait des cachets dont la gravure est très durable : lorsqu'on lui fait subir l'action d'un feu même assez violent, sa couleur bleue, au lieu de diminuer ou de s'évanouir, paraît au contraire acquérir plus d'éclat.

(a) *Essai de minéralogie*, par Wiedman. Paris, 1771, p. 157 et suiv.
(b) Margraff, t. II, p. 305.

C'est avec les parties bleues du lapis que se fait l'outremer; le meilleur est celui dont la couleur bleue est la plus intense. La manière de le préparer a été indiquée par Boëce de Boot (a) et par plusieurs autres auteurs. Je ne sache pas qu'on ait encore rencontré du vrai lapis en Europe; il nous arrive de l'Asie en morceaux informes. On le trouve en

(a) Le moyen de préparer l'outremer est de réduire le lapis en morceaux de la grosseur d'une aveline, qu'on lave à l'eau tiède et qu'on met dans le creuset: on chauffe ces morceaux jusqu'à l'incandescence, et on tire séparément chaque morceau du creuset pour l'éteindre dans d'excellent vinaigre blanc, et plus on répète cette opération, plus elle produit de bons effets : quelques-uns la répètent sept fois; car par ce moyen ces morceaux se calcinent à merveille et se réduisent plus aisément en poudre, et sans cela ils se broieraient difficilement, et même s'attacheraient au mortier. C'est dans un mortier de bronze bien bouché qu'il faut les broyer, afin que la poudre la plus subtile ne s'exhale pas dans l'air : ramassez cette poudre avec soin, et, pour la laver, mêlez avec de l'eau une certaine quantité de miel, faites-la bouillir dans une marmite neuve jusqu'à ce que toute l'écume soit enlevée, alors retirez-la du feu pour la conserver. (On peut voir la suite des petites opérations nécessaires à la préparation de l'outremer dans l'auteur, p. 280 jusqu'à 282, et comment on en sépare les parties qui ont la plus belle couleur, de celles qui en ont moins, p. 283 jusqu'à 289.) Une livre de lapis se vend ordinairement huit ou dix thalers; et si cette pierre est de la meilleure qualité, la livre produit au moins dix onces de couleur, et de ces dix onces il n'y en a que cinq onces et demie de couleur du premier degré, dont chaque once se vend vingt thalers : celle du second degré de couleur se vend cinq ou six thalers l'once, et celle du troisième et dernier degré de couleur ne vaut plus qu'un thaler, ou même un demi-thaler. *Boëce de Boot.* — L'outremer est, à proprement parler, un précipité que l'on tire du lapis-lazuli par le moyen d'un pastel composé de poix grasse, de cire jaune, d'huile de lin, et autres semblables. Quelques-uns disent que l'on a donné le nom d'*outremer* à ce précipité parce que le premier outremer a été fait en Chypre, et d'autres veulent que ce nom lui ait été donné parce que son bleu est plus beau que celui de la mer. On doit choisir l'outremer haut en couleur, bien broyé, ce qui se connaîtra en le mettant entre les dents; s'il est sableux, c'est une preuve qu'il n'est pas assez broyé; et pour voir s'il est véritable, sans aucune falsification, on en mettra tant soit peu dans un creuset pour le faire rougir : si sa couleur ne change point au feu, c'est une preuve qu'il est pur, car s'il est mélangé on y trouvera dedans des taches noires; son usage est pour peindre en huile et en miniature. Ceux qui préparent l'outremer en font jusqu'à quatre sortes, ce qui ne provient que des différentes lotions. Pomet, *Histoire générale des drogues.* Paris, 1694, liv. IV, p. 102.—Le lapis-lazuli, pour être parfait et propre à faire l'outremer qui est son principal usage, doit être pesant, d'un bleu foncé semblable à de belle *inde*, le moins rempli de veine cuivreuse ou soufreuse que faire se pourra; on prendra garde qu'il n'ait été frotté avec de l'huile d'olive, afin qu'il paraisse d'un bleu plus foncé et turquin; mais la fourberie ne sera pas difficile à connaître en ce que le beau lapis doit être d'un plus beau turquin dedans que dessus : on rejettera aussi celui qui est plein de roches et de ces prétendues veines d'or, en ce que lorsqu'on le brûle pour en faire l'outremer, il pue extrêmement, ayant l'odeur du soufre, qui marque que ce n'est que du cuivre et non de l'or, et parce qu'on le passe par un pastel pour le séparer de sa roche, on y trouve un gros déchet, ce qui n'est pas d'une petite conséquence, parce que la marchandise est chère : c'est encore une erreur de croire, comme quelques-uns le marquent, que le beau lapis doit augmenter de poids au feu; il est bien vrai que plus le lapis est beau, moins il diminue, et qu'il s'en trouve quelquefois qui est déchu de si peu, que cela ne vaut pas la peine d'en parler, mais quelque bon qu'il soit, il diminue toujours, ce qui est bien loin d'augmenter. On doit le mettre aussi au feu comme l'outremer pour voir s'il est bon; car le bon lapis ne doit pas changer de couleur après avoir été rougi. Ce choix du lapis est bien différent de tous ceux qui en ont écrit, en ce qu'ils disent que celui qui est le plus rempli de ces veines jaunâtres ou veines d'or doit être le plus estimé, ce que je soutiens faux, puisque plus il s'y en trouve et moins on en fait d'estime, principalement pour ceux qui savent ce que c'est, et pour ceux qui en veulent faire l'outremer. *Idem*, p. 100 et suiv.

Tartarie, dans le pays des Kalmouks et au Thibet (*a*); on en a aussi rencontré dans quelques endroits au Pérou et au Chili (*b*).

Et par rapport à la qualité du lapis, on peut en distinguer de deux sortes, l'un dont le fond est d'un bleu pur, et l'autre d'un bleu violet et pourpré. Ce lapis est plus rare que l'autre; et M. Dufay, de l'Académie des sciences, ayant fait des expériences sur tous deux a reconnu, après les avoir exposés aux rayons du soleil, qu'ils en conservaient la lumière et que les plus bleus la recevaient en plus grande quantité et la conservaient plus longtemps que les autres; mais que les parties blanches et les taches et veines pyriteuses ne recevaient ni ne rendaient aucune lumière : au reste, cette propriété du lapis lui est commune avec plusieurs autres pierres qui sont également phosphoriques.

PIERRES A FUSIL

Les pierres à fusil sont des agates imparfaites dont la substance n'est pas purement vitreuse, mais toujours mélangée d'une petite quantité de matière calcaire : aussi se forment-elles dans les délits horizontaux des craies et des tufs calcaires, par le suintement des eaux chargées des molécules de grès qui se trouvent souvent mêlées avec la matière crétacée. Ce sont des stalactites ou concrétions produites par la sécrétion des parties vitreuses mêlées dans la craie : l'eau les dissout et les dépose entre les joints et dans les cavités de cette terre calcaire; elles s'y réunissent par leur affinité, et prennent une figure arrondie, tuberculeuse ou plate, selon la forme des cavités qu'elles remplissent. La plupart de ces pierres sont solides et pleines jusqu'au centre; mais il s'en trouve aussi qui sont creuses et qui contiennent dans leur cavité de la craie semblable à celle qui les environne et les recouvre à l'extérieur.

Quoique la densité des pierres à fusil approche de celle des agates (*c*), elles n'ont pas la même dureté; elles sont, comme les grès, toujours imbibées d'eau dans leur carrière, et elles acquièrent de même plus de dureté par le dessèchement à l'air : aussi les ouvriers qui les taillent n'attendent pas qu'elles se soient desséchées; ils les prennent au sortir de la carrière et les trouvent d'autant moins dures qu'elles sont plus humides. Leur couleur est alors d'un brun plus ou moins foncé, qui s'éclaircit et devient gris ou jaunâtre à mesure qu'elles se dessèchent : ces pierres, quoique moins pures que les agates, étincellent mieux contre l'acier, parce qu'étant moins dures il s'en détache par le choc une plus grande quantité de particules. Elles sont communément d'une couleur de corne jaunâtre après leur entier dessèchement; mais il y en a aussi de grises, de brunes et même de rougeâtres;

(*a*) Il y a apparence que l'on trouve du lapis-lazuli dans le royaume de Lawa au Thibet, puisque les habitants de cette contrée en transportent à Kandahar et même à Ispahan. *Histoire générale des Voyages*, t. VII, p. 118. — Les montagnes voisines d'Anderah, dans la grande Bukharie, ont de riches carrières de lapis-lazuli : c'est le grand commerce des Bukhariens avec les marchands de la Perse et de l'Inde. *Idem*, *ibidem*, p. 211. — Vers les montagnes du Caucase dans le Thibet, dans les terres d'un raja, au delà du royaume de Cachemire, on connaît trois montagnes dont l'une produit du lapis. *Idem*, t. X, p. 327.

(*b*) Le gouvernement de Macas, dans l'audience de Quito au Pérou, produit en divers endroits de la poudre d'azur en petite quantité, mais d'une qualité admirable. *Idem*, t. XIII, p. 378. — Le corrégiment de Copiago, au Chili, fournit du lapis-lazuli. *Idem*, *ibidem*, p. 414.

(*c*) La pesanteur spécifique de la plupart des agates excède 26,000, celle de la pierre à fusil blonde est de 25,941, et celle de la pierre à fusil noirâtre de 25,817.

elles ont presque toutes une demi-transparence lorsqu'elles sont minces; mais au-dessus d'une ligne ou d'une ligne et demie d'épaisseur, la transparence ne subsiste plus, et elles paraissent entièrement opaques.

Ces pierres se forment, comme les cailloux, par couches additionnelles de la circonférence au centre, mais leur substance est à peu près la même dans toutes les couches dont elles sont composées; on en trouve seulement quelques-unes où l'on distingue des zones de couleur un peu différente du reste, et d'autres qui contiennent quelques couches évidemment mélangées de matière calcaire : celles qui sont creuses ne produisent pas, comme les cailloux creux, des cristaux dans leur cavité intérieure; le suc vitreux n'est pas assez dissous dans ces pierres ni assez pur pour pouvoir se cristalliser; elles ne sont dans la réalité composées que de petits grains très fins de grès, dont les poudres se sont mêlées avec celles de la craie, et qui s'en sont ensuite séparées par une simple sécrétion et sans dissolution, en sorte que ces grains ne peuvent ni former des cristaux ni même des agates dures et compactes, mais de simples concrétions qui ne diffèrent des grès que par la finesse du grain encore plus atténué dans les pierres à fusil que dans les grès les plus fins et les plus durs.

Néanmoins ces grès durs font feu comme la pierre à fusil, et sont à très peu près de la même densité (*a*); et comme elle est, ainsi que le grès, plus pesante et moins dure dans sa carrière qu'après son dessèchement, elle me paraît à tous égards faire la nuance dans les concrétions quartzeuses entre les agates et les grès. Les pierres à fusil sont les dernières stalactites du quartz, et les grès sont les premières concrétions de ses détriments : ce sont deux substances de même essence et qui ne diffèrent que par le plus ou moins d'atténuation de leurs parties constituantes; les grains du quartz sont encore entiers dans le grès; ils sont en partie dissous dans les pierres à fusil, ils le sont encore plus dans les agates, et enfin ils le sont complètement dans les cristaux.

Nous avons dit que les grès sont souvent mélangés de matière calcaire (*b*); il en est de même des pierres à fusil, et elles sont rarement assez pures pour être susceptibles d'un beau poli; leur demi-transparence est toujours nuageuse, leurs couleurs ne sont ni vives, ni variées, ni nettement tranchées comme dans les agates, les jaspes et les cailloux, que nous devons distinguer des pierres à fusil, parce que leur structure n'est pas la même, et que leur origine est différente : les cailloux sont, comme le cristal et les agates, des produits immédiats du quartz ou des autres matières vitreuses; ce sont des stalactites qui ne diffèrent les unes des autres que par le plus ou moins de pureté, mais dans lesquelles le suc vitreux est dissous, au lieu que les pierres à fusil ne sont que des agrégats de particules quartzeuses, produits par une sécrétion qui s'opère dans les matières calcaires; et les grains quartzeux, qui composent ces pierres, ne sont pas assez dissous pour former une substance qui puisse prendre la même dureté et recevoir le même poli que les vrais cailloux, qui, quoique opaques, ont plus d'éclat et de sécheresse; car ils ne sont point humides dans leur carrière, et ils n'acquièrent ni pesanteur, ni dureté, ni sécheresse à l'air, parce qu'ils ne sont pas imbibés d'eau comme les pierres à fusil et les grès.

On peut donc, tant par l'observation que par l'analogie, suivre tous les passages et saisir les nuances entre le grès, la pierre à fusil et l'agate : par exemple, les pierres à fusil qu'on trouve à Vaugirard près Paris sont presque des agates; elles ne se présentent pas en petits blocs irréguliers et tuberculeux, mais elles sont en lits continus, leur forme est aplatie, leur couleur est d'un gris brun, et elles prennent un assez beau poli. M. Guet-

(*a*) Le grès dur nommé *grisard* pèse spécifiquement 24,928, et le grès luisant de Fontainebleau pèse 25,616, ce qui approche assez de la pesanteur spécifique, 25,817, de la pierre à fusil.

(*b*) Voyez l'article du *Grès*.

tard, savant naturaliste de l'Académie, a comparé ces pierres à fusil de Vaugirard avec celles de Bougival, qui sont dispersées dans la craie; et il a bien saisi leurs différences, quoiqu'elles aient été produites de même dans des matières calcaires et qu'elles présentent également des impressions de coquilles (*a*).

En général, les pierres à fusil se trouvent toujours dans les craies, les tufs, et quelquefois entre les bancs solides des pierres calcaires, au lieu que les vrais cailloux ne se trouvent que dans les sables, les argiles, les schistes et autres détriments des matières vitreuses : aussi les cailloux sont-ils purement vitreux, et les pierres à fusil sont toutes mélangées d'une plus ou moins grande quantité de matière calcaire; il y en a même dont on peut faire de la chaux (*b*), quoiqu'elles étincellent contre l'acier.

Au reste, les pierres à fusil ne se trouvent que rarement dans les bancs de pierres calcaires dures, mais presque toujours dans les craies et les tufs qui ne sont que les détriments ou les poudres des premières matières coquilleuses déposées par les eaux, et souvent mêlées d'une certaine quantité de poudre de quartz ou de grès.

On trouve de ces pierres à fusil dans plusieurs provinces de France (*c*); mais les

(*a*) On trouve dans les cailloux (pierres à fusil), dont les craies de Bougival sont lardées, non seulement des coquilles univalves et bivalves, mais quelques espèces de petits madrépores : les uns et les autres sont devenus de la nature de la pierre même où ils ont été enclavés... On y rencontre aussi quelques pointes d'oursins ou échinites enclavés dans la couche extérieure des cailloux (pierres à fusil)... On y voit encore une espèce de fossile qui est l'espèce la plus commune des bélemnites... Les cailloux (pierres à fusil) de Vaugirard ne sont point, comme à Bougival, répandus et dispersés dans des lits de craie, mais ils forment un lit horizontal entre des bancs de pierres : aussi ne sont-ils pas irréguliers comme ceux de Bougival, mais plats; leur couleur n'est pas noirâtre, comme ces derniers, mais d'un brun grisâtre; ils prennent un beau poli; on en a fait des plaques de tabatières qui ont la transparence des agates; leur couleur leur a été défavorable, et le public ne leur a pas fait l'accueil qu'il fait aux agates d'Allemagne, même les moins belles; les joailliers qui en ont travaillé n'ont pu parvenir à les rendre un objet de commerce... On y observe plusieurs espèces de vis plus ou moins allongées, quelques petits limaçons, une ou deux espèces de cames, et quelquefois une espèce de moule, connue sous le nom de *petit jamboneau*, etc. Tous ces corps marins sont ordinairement devenus silex, ou plutôt ce ne sont que des noyaux formés dans les coquilles; il ne reste de ces coquilles que des portions très mutilées qui forment des taches blanches, qui, étant emportées par le poliment, occasionnent des crevasses dans ces cailloux, lesquelles sont augmentées souvent par le déplacement des noyaux : ces défauts ont encore contribué, avec la couleur peu brillante de ces pierres, à les faire tomber en discrédit : quelquefois les coquilles sont en substance et à peu près dans leur entier. *Mémoires de l'Académie des sciences*, année 1764, p. 520 et suiv.

(*b*) On s'est trompé lorsqu'on a dit que les pierres à fusil ne se trouvaient pas en couches suivies, mais toujours en morceaux détachés, dispersés et formés dans les terres. Si M. Henckel venait à Madrid, il reviendrait de son erreur, car il verrait tous les environs remplis de pierres à fusil en couches suivies et continues, et qu'il n'y a ni maison ni bâtiment qui ne soient faits de la chaux de ces mêmes pierres dont on fait aussi de véritables pierres pour armer les fusils. Madrid est pavé de cette même pierre : j'ai remarqué, dans ses carrières, des morceaux qui contenaient une espèce d'agate rayée en façon de rubans rouges, bleus, verts et noirs, qui prennent bien le poli, et dont j'ai fait faire des tabatières; mais ces couleurs disparaissent en faisant calciner la pierre qui, après, reste toute blanche, en conservant sa figure convexe d'un côté et concave de l'autre, telle qu'elle paraît quand on la casse; aucun acide ne la dissout avant la calcination, mais après elle s'échauffe dans l'eau même plus promptement que la véritable pierre de chaux, et, en la mêlant avec du gravier ou gros sable du même terrain de Madrid, elle fait un mortier excellent pour bâtir, mais elle ne se lie pas si bien avec le sable de rivière. *Histoire naturelle d'Espagne*, par M. Bowles, p. 493 et suiv.

(*c*) Les territoires de Mennes et de Coussy dans le Berri, à deux lieues de Saint-Aignan,

meilleures se tirent près de Saint-Aignan en Berri; on en fait un assez grand commerce, et l'on prétend qu'après avoir épuisé la carrière de ces pierres, il s'en reproduit de nouvelles (*a*) : il serait facile de vérifier ce fait, qui me paraît probable, s'il ne supposait pas un très grand nombre d'années pour la seconde production de ces pierres qu'il serait bon de comparer avec celles de la première formation. On en trouve de même dans plusieurs autres contrées de l'Europe (*b*), et notamment dans les pays du Nord : on en connaît aussi en Asie (*c*) et dans le nouveau continent comme dans l'ancien (*d*); la plupart des galets que la mer jette sur les rivages (*e*) sont de la même nature que les pierres à fusil, et l'on en voit, dans quelques anses, des amas énormes : ces galets sont polis, arrondis et aplatis

et à une demi-lieue du Cher, vers le midi, sont les endroits de la France qui produisent les meilleures pierres à fusil, et presque les seules bonnes : aussi en fournissent-ils non seulement la France, mais assez souvent les pays étrangers. On en tire de là sans relâche depuis longtemps, et cependant les pierres à fusil n'y manquent jamais; dès qu'une carrière est vide, on la ferme et, quelques années après, on y trouve des pierres à fusil comme auparavant. *Histoire de l'Académie des sciences*, année 1738, p. 36. — Les particularités que l'on remarque dans la montagne Sainte-Julie, près Saint-Paul-Trois-Châteaux, sont d'avoir un lit de pierres à fusil brun olivâtre ou blanc, mamelonné ou sans mamelons, posé au-dessous des rochers graveleux; ce lit, s'il ne règne pas dans toute l'étendue de la montagne, s'y fait voir dans une très grande longueur. On observe, dans la pierre à fusil blanche, de petits buccins devenus agates; lorsqu'on monte cette montagne, on rencontre des morceaux de cette pierre plus ou moins gros, dispersés çà et là, mais ces morceaux se sont détachés du banc; il y en a dont les mamelons sont assez gros et variés par les couleurs, ce qui leur donne un certain mérite et pourrait engager à les travailler, comme les agates et les jaspes, d'autant qu'ils prendraient un beau poli. *Mémoires sur la minéralogie du Dauphiné*, par M. Guettard, t. Ier, p. 166.

(*a*) Voyez la note précédente, et l'*Encyclopédie*, article *Pierres à fusil*.

(*b*) Olaüs Borrichius (*Actes de Copenhague*, année 1676) dit qu'il y a dans l'île d'Anholt, située sur le golfe de Codan, des cailloux blancs, noirs ou d'autres couleurs, qui sont enfouis dans le sable de côté et d'autre; ils ont un doigt d'épaisseur, et ils sont longs de six travers de doigt; leur forme est triangulaire, et quand on les aurait travaillés exprès, elle ne pourrait être plus régulière; la plupart sont si aigus et si tranchants sur les bords, qu'ils coupent comme des lames de couteaux : on en fait de très bonnes pierres à fusil. *Collection académique*, partie étrangère, t. IV, p. 333.

(*c*) Entre le Caire et Suez, on rencontre une grande quantité de pierres à fusil et de cailloux, qui sont tous plus blancs que le marbre florentin, et qui approchent souvent des pierres de Moka, pour la beauté et la variété des figures. *Voyages de Shaw*; La Haye, 1743, t. II, p. 83.

(*d*) A deux lieues de Cuença, au Pérou, on voit une petite colline entièrement couverte de pierres à fusil rougeâtres et noires, dont les habitants ne tirent aucun avantage parce qu'ils ignorent la manière de les couper, tandis que toute la province tirant ses pierres à fusil d'Europe, elles y coûtent ordinairement une réale, et quelquefois deux. *Histoire générale des Voyages*, t. XIII, p. 599.

(*e*) Les cailloux, par exemple, qu'il y a dans les couches qui bordent la mer Baltique, semblent être de même âge que les hérissons de mer, pleins de la matière même de ces cailloux que les ondes jettent sur le rivage de Lubeck. Tels sont aussi des cailloux de matière rougeâtre de pierre à fusil, de quelques endroits du royaume de Naples, qui sont accompagnés de hérissons de mer; tels sont encore ceux de divers endroits de France, d'Allemagne et d'ailleurs, où on les trouve ensemble; car, à mesure que des portions de cette matière se liaient en masses un peu arrondies, de figure ovale ou approchante, que le mouvement de l'eau leur communiquait, d'autres portions s'unissaient dans les interstices d'ossements d'animaux, et dans la coque des hérissons de mer qui étaient à portée, et que les divers mouvements de l'eau avaient rassemblés et couverts de la matière fluide de la pierre à fusil. *Traité des Pétrifications*, in-4°; Paris, 1742, p. 30 et suiv.

par le frottement, au lieu que les pierres à fusil, qui n'ont point été roulées, conservent leur forme primitive sans altération, tant qu'elles demeurent enfouies dans le lieu de leur formation.

Mais, lorsque les pierres à fusil sont longtemps exposées à l'air, leur surface commence à blanchir, et ensuite elle se ramollit, se décompose par l'action de l'acide aérien, et se réduit enfin en terre argileuse; et l'on ne doit pas confondre cette écorce blanchâtre des pierres à fusil, produite par l'impression de l'air, avec la couche de craie dont elles sont enveloppées au sortir de la terre : ce sont, comme l'on voit, deux matières très différentes; car la pierre à fusil ne commence à se décomposer par l'action des éléments humides que quand l'eau des pluies a lavé sa surface et emporté cette couche de craie dont elle était enduite.

Les cailloux les plus durs se décomposent à l'air comme les pierres à fusil; leur surface, après avoir blanchi, tombe en poussière avec le temps, et découvre une seconde couche sur laquelle l'acide aérien agit comme sur la première, en sorte que peu à peu toute la substance du caillou se ramollit et se convertit en terre argileuse : le même changement s'opère dans toutes les matières vitreuses; car le quartz, le grès, les jaspes, les granits, les laves des volcans et nos verres factices se convertissent, comme les cailloux, en terre argileuse par la longue impression des éléments humides dont l'acide aérien est le principal agent. On peut observer les degrés de cette décomposition en comparant des cailloux de même sorte et pris dans le même lieu; on verra que, dans les uns, la couche de la surface décomposée n'a qu'un quart ou un tiers de ligne d'épaisseur; et que, dans d'autres, la décomposition pénètre à deux ou trois lignes : cela dépend du temps plus ou moins long pendant lequel le caillou a été exposé à l'action de l'air, et ce temps n'est pas fort reculé, car en moins de deux ou trois siècles cette décomposition peut s'opérer; nous en avons l'exemple dans les laves des volcans qui se convertissent en terre encore plus promptement que les cailloux et les pierres à fusil. Et ce qui prouve que l'air agit autant et plus que l'eau dans cette décomposition des matières vitreuses, c'est que, dans tous les cailloux isolés et jonchés sur la terre, la partie exposée à l'air est la seule qui se décompose, tandis que celle qui touche à la terre, sans même y adhérer, conserve sa dureté, sa couleur et même son poli; ce n'est donc que par l'action presque immédiate de l'acide aérien que les matières vitreuses se décomposent et prennent la forme des terres; autre preuve que cet acide est le seul et le premier qui, dès le commencement, ait agi sur la matière du globe vitrifié : l'eau dissout les matières vitreuses sans les décomposer, puisque les cristaux de roche, les agates et autres stalactites quartzeuses conservent la dureté et toutes les propriétés des matières qui les produisent, au lieu que l'humidité, animée par l'acide aérien, leur enlève la plupart de ces propriétés et change ces verres de nature solide et secs en une terre molle et ductile.

PIERRE MEULIÈRE

Les pierres que les anciens employaient pour moudre les grains étaient d'une nature toute différente de celle de la pierre meulière dont il est ici question. Aristote, qui embrassait par son génie les grands et les petits objets, avait reconnu que les pierres molaires dont on se servait en Grèce étaient d'une matière fondue par le feu, et qu'elles différaient de toutes les autres pierres produites par l'intermède de l'eau. Ces pierres molaires étaient en effet des basaltes et autres laves solides de volcans, dont on choisissait les masses qui offraient le plus grand nombre de trous ou petites cavités, et qui avaient en même temps assez de dureté pour ne pas s'écraser ou s'égrener par le frottement continu de la meule supérieure contre l'inférieure : on tirait ces basaltes de quelques îles de l'Archipel, et particulièrement de celle de Nycaro; il s'en trouvait aussi en Ionie : les Toscans ont, dans la suite, employé au même usage le basalte de Volsinium, aujourd'hui Bolsena.

Mais la pierre meulière dont nous nous servons aujourd'hui est d'une origine et d'une nature toute différentes de celle des basaltes ou des laves; elle n'a point été formée par le feu, mais produite par l'eau; et il me paraît qu'on doit la mettre au nombre des concrétions ou agrégations vitreuses produites par l'infiltration des eaux, et qu'elle n'est composée que de lames de pierres à fusil, incorporées dans un ciment mélangé de parties calcaires et vitreuses : lorsque ces deux matières, délayées par l'eau, se sont mêlées dans le même lieu, les parties vitreuses, les moins impures, se seront séparées des autres pour former les lames de ces pierres à fusil, et elles auront en même temps laissé de petits intervalles entre elles, parce que la matière calcaire, faute d'affinité, ne pourrait s'unir intimement avec ces corps vitreux; et en effet, les pierres meulières, dans lesquelles la matière calcaire est la plus abondante, sont les plus trouées, et celles, au contraire, où cette même matière ne s'est trouvée qu'en petite quantité, et dans lesquelles la substance vitreuse était pure ou très peu mélangée, n'ont aussi que peu ou point de trous, et ne forment pour ainsi dire qu'une grande pierre à fusil continue, et semblable aux agates imparfaites qui se trouvent quelquefois disposées par lits horizontaux d'une assez grande étendue, et ces pierres, dont la masse est pleine et sans trous, ne peuvent être employées pour moudre les grains, parce qu'il faut des vides dans le plein de la masse pour que le frottement s'exerce avec force et que le grain puisse être divisé et moulu, et non pas simplement écrasé ou écaché : aussi rejette-t-on, dans le choix de ces pierres, celles qui sont sans cavités, et l'on ne taille en meules que celles qui présentent des trous; plus ils sont multipliés, mieux la pierre convient à l'usage auquel on la destine.

Ces pierres meulières ne se trouvent pas en grandes couches, comme les bancs de pierres calcaires, ni même en lits aussi étendus que ceux des pierres à plâtre; elles ne se présentent qu'en petits amas et forment des masses de quelques toises de diamètre sur dix ou tout au plus vingt pieds d'épaisseur (*a*); et l'on a observé, dans tous les lieux où se trouvent ces pierres meulières, que leur amas ou monceau porte immédiatement sur la glaise, et qu'il est surmonté de plusieurs couches d'un sable qui permet à l'eau de s'infiltrer et de déposer sur la glaise les sucs vitreux et calcaires dont elle s'est chargée en les traversant. Ces pierres ne sont donc que de seconde et même de troisième formation; car elles ne sont composées que des particules vitreuses et calcaires que l'eau détache des couches supérieures de sables et graviers en les traversant par une longue et lente stillation dans toute leur épaisseur : ces sucs pierreux déposés sur la glaise, qu'ils ne peuvent pénétrer, se solidifient à mesure que l'eau s'écoule ou s'exhale, et ils forment une masse concrète en lits horizontaux sur la glaise; ces fils sont séparés, comme dans les pierres

(*a*) « Les deux principaux endroits, dit M. Guettard, qui fournissent de la pierre meulière » propre à être employée pour les meules de moulins, sont les environs de Houlbec, près » Paci en Normandie, et ceux de la Ferté-sous-Jouarre en Brie... Dans la carrière de Houlbec, la pierre meulière a communément un pied et demi, et même trois pieds d'épaisseur; » il arrive rarement que les blocs aient sept à huit pieds de longueur; les moyens sont de » quatre à cinq pieds de longueur et de largeur. Ces pierres ont toutes une espèce de bousin » qui recouvre la surface inférieure des blocs, c'est-à-dire celle qui touche à la glaise sur » laquelle la pierre à meule porte toujours.

« On ne perce pas plus loin que la glaise, on ne l'entame pas; les ouvriers paraissent » persuadés qu'il n'y a pas de pierre dans cette glaise, et c'est pour eux une vérité que la » pierre à meule est toujours au-dessus de la glaise, et que la pierre manque où il n'y a » pas de glaise. » *Mémoires de l'Académie des sciences*, année 1758, p. 203 et suiv

calcaires de dernière formation, par une espèce de bousin ou pierre imparfaite, tendre et pulvérulente; et les lits de bonne pierre meulière ont depuis un jusqu'à trois pieds d'épaisseur; souvent il n'y en a que quatre ou cinq bancs les uns sur les autres, toujours séparés par un lit de bousin, et l'on ne connaît en France que la carrière de La Ferté-sous-Jouarre dans laquelle les lits de pierre meulière soient en plus grand nombre (a); mais partout ces petites carrières sont circonscrites, isolées, sans appendice ni continuité avec les pierres ou terres adjacentes; ce sont des amas particuliers qui ne se sont faits que dans certains endroits où des sables vitreux, mêlés de terres calcaires ou limoneuses, ont été accumulés et déposés immédiatement sur la glaise qui a retenu les stillations de l'eau chargée de ces molécules pierreuses : aussi ces carrières de pierre meulière sont-elles assez rares et ne sont jamais fort étendues, quoiqu'on trouve en une infinité d'endroits des morceaux et de petits blocs de ces mêmes pierres dispersés dans les sables qui portent sur la glaise (b).

Au reste, il n'y a dans la pierre meulière qu'une assez petite quantité de matière calcaire, car cette pierre ne fait point effervescence avec les acides : ainsi la substance vitreuse recouvre et défend la matière calcaire qui, néanmoins, existe dans cette pierre, et qu'on en peut tirer par le lavage, comme l'a fait M. Geoffroy. Cette pierre n'est qu'un agrégat de pierres à fusil réunies par un ciment plus vitreux que calcaire; les petites cavités qui s'y

(a) Les blocs de pierre meulière sont si grands à la Ferté-sous-Jouarre qu'on peut tirer de la même roche trois, quatre, cinq, et quelquefois même, mais rarement, six meules au-dessus l'une de l'autre : chacune de ces meules a deux pieds d'épaisseur sur six pieds et demi de largeur; d'où il suit qu'il doit y avoir des roches de douze, et même de quinze pieds d'épaisseur... Cependant l'épaisseur du plus grand nombre des roches ne va guère qu'à six ou huit pieds... Les carriers de La Ferté dédaigneraient la plupart des pierres meulières qu'on tire à Houlbec, mais les carriers de La Ferté-sous-Jouarre veulent aussi, comme ceux de Houlbec, que la pierre meulière bleuâtre soit la meilleure; ils demandent encore qu'elle ait beaucoup de cavités; la blanche, la rousse ou la jaunâtre, sont aussi fort bonnes lorsqu'elles ne sont pas trop pleines ou trop dures... La couleur est indifférente pour la bonté des meules, pourvu qu'elles aient beaucoup de cavités, et qu'elles ne soient pas trop dures, afin que les meuniers puissent les repiquer plus aisément.

Dans tout ce canton de La Ferté-sous-Jouarre, il faut percer avant de trouver la pierre meulière : 1° une couche de terre à blé; 2° un banc fort épais de sable jaunâtre; 3° un banc de glaise très sableuse, veinée de couleurs tirant sur le jaune et le rouge; 4° le massif des pierres à meules qui a quelquefois vingt pieds d'épaisseur. Ces pierres ne forment pas des bancs continus : ce sont des rochers plus ou moins gros, isolés, qui peuvent avoir depuis six jusqu'à vingt-quatre pieds de diamètre et plus; ce massif est posé sur un lit de glaise que l'on ne perce pas... Les carrières de pierres à meules ne sont pas à La Ferté même, mais à Tarterai, aux Bondons, à Montmenard, Morcy, Fontaine-Breban, Fontaine-Cerise et Montmirail, où l'on prétend qu'elles sont moins bonnes. *Mémoires de l'Académie des sciences*, année 1758, p. 206 et suiv.

(b) La pierre meulière n'est pas rare en France : le haut de presque toutes les montagnes de la banlieue de Paris en produit, mais en petites masses. On en trouve de même dans une infinité d'autres endroits des provinces voisines, et dans d'autres lieux plus éloignés. *Mémoires de l'Académie des sciences*, année 1758, p. 225. — Il y a une circonstance qui est peut-être nécessaire pour que ces pierres aient une certaine grosseur; c'est que, sous les sables, il se trouve un lit de glaise qui puisse apparemment arrêter le fluide chargé de la matière pierreuse, et l'obliger ainsi à déposer, en séjournant, cette matière qui doit s'y accumuler et former peu à peu des masses considérables; cette glaise manquant, la matière pierreuse doit s'extravaser en quelque sorte, et former des pierres dispersées çà et là dans la masse du sable. Ce dernier effet peut encore, à ce qu'il me paraît, avoir pour cause la hauteur de cette masse sableuse : si le fluide qui porte cette matière a beaucoup d'étendue à traverser, il pourra déposer dans différents endroits la matière pierreuse dont il sera chargé, au lieu que, s'il trouve promptement un lit glaiseux qui le retienne, le dépôt de la matière se fera plus abondamment. *Idem*, *ibidem*, p. 225 et suiv.

trouvent proviennent non seulement des intervalles que ce ciment laisse entre les pierres à fusil, mais aussi des trous dont ces pierres sont elles-mêmes percées : en général, la plupart des pierres à fusil présentent des cavités, tant à leur surface que dans l'intérieur de leur masse, et ces cavités sont ordinairement remplies de craie, et c'est de cette même craie mêlée avec le suc vitreux dont est composé le ciment qui réunit les pierres à fusil dans la pierre meulière.

Ces pierres meulières ne se trouvent pas dans les montagnes et collines calcaires ; elles ne portent point d'impressions de coquilles ; leur structure ne présente qu'un amas de stalactites lamelleuses de pierres à fusil, ou de congélations fistuleuses des molécules de grès et d'autres sables vitreux, et l'on pourrait comparer leur formation à celle des tufs calcaires auxquels cette pierre meulière ressemble assez par sa texture, mais elle en diffère essentiellement par sa substance : ce n'est pas qu'il n'y ait aussi d'autres pierres dont on se sert, faute de celle-ci, pour moudre les grains. « La pierre de la carrière de Saint-» Julien, diocèse de Saint-Pons en Languedoc, qui fournit les meules de moulin à la plus » grande partie de cette province, consiste, dit M. de Gensane, en un banc de pierre cal-» caire parsemé d'un silex très dur de l'épaisseur de quinze ou vingt pouces, et tout au » plus de deux pieds ; il se trouve à la profondeur de quinze pieds dans la terre, et est » recouvert par un autre banc de roche calcaire simple qui a toute cette épaisseur, en » sorte que, pour extraire les meules, on est obligé de couper et déblayer ce banc supé-» rieur qui est très dur, ce qui coûte un travail fort dispendieux (*a*). » On voit, par cette indication, que ces pierres calcaires parsemées de pierres à fusil, dont on se sert en Languedoc pour moudre les grains, ne sont pas aussi bonnes et doivent s'égrener plus aisément que les vraies pierres meulières dans lesquelles il n'y a qu'une petite quantité de matière calcaire intimement mêlée avec le suc vitreux, et qui réunit les pierres à fusil dont la substance de cette pierre est presque entièrement composée.

SPATHS FLUORS

C'est le nom que M. Margraff a donné à ces spaths ; et comme ils sont composés de matière calcaire et de parties sulfureuses ou pyriteuses, nous les mettons à la suite des matières qui sont composées de substances calcaires mélangées avec d'autres substances : on aurait dû conserver à ces spaths le nom de *fluors* pour éviter la confusion qui résulte de la multiplicité des dénominations ; car on les a appelés *spaths pesants*, *spaths vitreux*, *spaths phosphoriques*, et l'on a souvent appliqué les propriétés des spaths pesants à ces spaths fluors, quoique leur origine et leur essence soient très différentes. Margraff lui-même comprend, sous la dénomination de *spaths fusibles*, ces *spaths fluors* qui ne sont point fusibles : « Il y a, dit-il, des spaths fusibles composés de lames groupées ensemble » d'une manière singulière ; ces lames n'ont aucune transparence, et leur couleur tire sur » le blanc de lait ; d'autres affectent une figure cubique, ils sont plus ou moins transpa-» rents et diversement colorés ; on les connaît sous les noms de *fluors*, de *fausses amé-» thystes*, de *fausses émeraudes*, de *fausses topazes*, de *fausses hyacinthes*, etc... Ils se » trouvent ordinairement dans les filons des mines, et servent de matrice aux minéraux » qu'ils renferment ; ils sont, outre cela, un peu plus durs que les spaths phosphoriques, » c'est-à-dire que les spaths d'un blanc de lait. — Les spaths fusibles vitreux, c'est-à-dire » ceux qui affectent une figure cubique, soumis au feu jusqu'à l'incandescence, jettent des » étincelles dans l'obscurité, mais leur lueur est fort faible ; après quoi, ils se divisent

(*a*) *Histoire naturelle du Languedoc*, par M. de Gensane, t. II, p. 202.

» par petits éclats. Les spaths fusibles phosphoriques, soumis à la même chaleur, jettent » une lumière très vive et très foncée ; ensuite ils se brisent en plusieurs morceaux qu'on » a beaucoup plus de peine à réduire en poudre que les éclats des spaths fusibles » vitreux (*a*). » Les vrais spaths fluors sont donc désignés ici comme *spaths fusibles* et *spaths vitreux*, quoiqu'ils ne soient ni fusibles ni vitreux ; et quoique cet habile chimiste semble les distinguer des spaths qu'il appelle *phosphoriques*, les différences ne sont pas assez marquées pour qu'on ne puisse les confondre, et il est à croire que ce qu'il appelle *spath fusible vitreux* et *spath fusible phosphorique*, se rapporte également aux spaths fluors qui ne diffèrent les uns des autres que par le plus ou moins de pureté. Et en effet, deux de nos plus savants chimistes, MM. Sage et Demeste, ont dit expressément que les *spaths vitreux, fusibles* ou *phosphoriques*, ne sont qu'une seule et même chose (*b*) : or, ces spaths fluors, loin d'être fusibles, sont très réfractaires au feu ; mais il est vrai qu'ils ont la propriété d'être, comme le borax, des fondants très actifs ; et c'est probablement à cause de cette propriété fondante qu'on leur a donné le nom de *spaths fusibles* (*c*) ; mais on ne voit pas pourquoi ils sont dénommés *spaths vitreux fusibles*, puisque de tous les spaths il n'y a que le seul feldspath qui soit en effet vitreux et fusible.

Quelques habiles chimistes ont confondu ces spaths fluors avec les spaths pesants, quoique ces deux substances soient très différentes par leur essence, et qu'elles ne se ressemblent que par de légères propriétés : les spaths fluors réduits en poudre prennent, par le feu, de la phosphorescence, comme les spaths pesants (*d*) ; mais ce caractère est équivoque, puisque les coquilles et autres matières calcaires réduites en poudre prennent, comme les sapths pesants et les spaths fluors, de la phosphorescence par l'action du feu ; et si nous comparons toutes les autres propriétés des spaths pesants avec celles des spaths fluors, nous verrons que leur essence n'est pas la même, et que leur origine est bien différente.

Les spaths pesants sont d'un tiers plus denses que les spaths fluors (*e*), et cette seule propriété essentielle démontre déjà que leurs substances sont très différentes : M. Romé de Lisle fait mention de quatre principales sortes de spaths fluors (*f*), dont les couleurs,

(*a*) Expériences de M. Margraff, dans les *Observations sur la physique*, t. Ier, première partie, juillet 1772.

(*b*) *Lettres de M. le docteur Demeste*, t. Ier, p. 320.

(*c*) Quoique les spaths fusibles soient très réfractaires au feu, lorsqu'on les expose seuls à l'action du feu, ils ont cependant la propriété d'accélérer la fusion des métaux, et même ils se vitrifient très promptement si on les mêle avec des terres métalliques ou du quartz, ou de la terre calcaire, ou enfin de l'alcali fixe, ce qui les a fait regarder avec raison comme d'excellents fondants. *Lettres de M. le docteur Demeste*, t. Ier, p. 324.

(*d*) Lorsqu'on les réduit en poudre et qu'on projette cette poudre sur une pelle rougie au feu ou des charbons ardents, elle devient phosphorescente, et cette propriété peut faire distinguer ces spaths de toute autre substance pierreuse : cependant cette phosphorescence n'arrive que dans les spaths colorés, et cesse dans ceux-ci à l'instant où leur couleur est détruite par le feu. *Cristallographie de M. Romé de Lisle*, t. II, p. 5 et suiv.

(*e*) « La pesanteur spécifique du spath pesant, dit *pierre de Bologne*, est de 44,409 ; celle » du spath pesant octaèdre, de 44,712 ; tandis que celle du spath fluor d'Auvergne n'est que » de 36,943 ; celle du spath fluor cubique violet, 31,757 ; celle du spath fluor cubique blanc, » 31,555. » *Tables de M. Brisson.*

(*f*) 1° Le spath fusible (fluor) cubique, et c'est la forme qu'il affecte le plus communément. Rien n'est plus rare que de trouver ces cubes solitaires ; ils forment ordinairement des groupes plus ou moins considérables dans les mines de Bohême, de Saxe, d'Angleterre et des autres pays.

On les distingue en raison de leur couleur :

1° En *spaths vitreux blancs*, le plus souvent diaphanes, mais quelquefois opaques et d'un blanc mat ;

la texture et la forme de cristallisation diffèrent beaucoup, mais tous sont à peu près d'un tiers plus légers que les spaths pesants, qui d'ailleurs n'ont, comme les pierres précieuses, qu'une simple réfraction, et sont par conséquent homogènes, c'est-à-dire également denses, dans toutes les parties, tandis que les spaths fluors au contraire offrent, comme tous les autres cristaux vitreux ou calcaires, une double réfraction (*a*), et sont composés de différentes substances ou du moins de couches alternatives de différente densité.

Les spaths fluors sont dissolubles par les acides, même à froid, quoique d'abord il n'y ait que peu ou point d'effervescence, au lieu que les spaths pesants résistent constamment à leur action, soit à froid, soit à chaud : ils ne contiennent donc point de matière calcaire, et les spaths fluors en contiennent en assez grande quantité, puisqu'ils se dissolvent en entier par l'action des acides.

Ces spaths fluors sont plus durs que les spaths calcaires, mais pas assez pour étinceler sous le briquet, si ce n'est dans certains points où ils sont mêlés de quartz, et c'est par là qu'on les distingue aisément du feldspath, qui de tous les spaths est le seul étincelant sous le choc de l'acier : mais ces spaths fluors diffèrent encore essentiellement du feldspath par leur densité qui est considérablement plus grande (*b*), et par leur résistance au feu auquel ils sont très réfractaires, au lieu que le feldspath y est très fusible; et d'ailleurs, quoiqu'on les ait dénommés *spaths vitreux*, parce que leur cassure ressemble à celle du verre, il est certain que leur substance est différente de celle du feldspath et de tous les autres verres primitifs; car l'un de nos plus habiles minéralogistes, M. Monnet, a

2° En *fausses aigues-marines*, d'un vert ou d'un bleu pâle;
3° En *fausses émeraudes*, d'un vert plus ou moins foncé;
4° En *fausses topazes*, d'un jaune plus ou moins clair;
5° En *fausses améthystes*, de couleur poupre ou violette;
6° En *faux rubis balais*, ou d'un rouge pâle;
7° En *faux saphirs*, ou de couleur bleue.

Toutes ces variétés se trouvent en cubes plus ou moins grands... Ces cristaux sont presque toujours incrustés ou mélangés de petits cristaux de quartz, de blendes, de pyrites, de galène, de spath calcaire et de mines de fer spathique.

La seconde espèce est le spath fusible aluminiforme, c'est-à-dire de figure octaèdre rectangulaire : tels sont ces spaths vitreux octaèdres de Suède, l'un de couleur verte, cité par M. de Born, et un autre clair et sans couleur dont parle Cronstedt; tels sont encore les spaths fusibles d'un vert clair ou bleuâtre qui se rencontrent dans le commerce sous le nom d'*émeraudes morillon* ou *de Carthagène*, les *faux rubis balais de Suisse*. L'*hyacinthe de Compostelle* est une variété de cette seconde espèce.

La troisième espèce est le spath fusible en stalactites ou par masses informes... Le tissu de ce spath est toujours lamelleux, mais quelquefois si serré qu'à peine les lames y sont-elles apparentes... Ils sont en général mêlés de plusieurs substances hétérogènes qui souvent y forment des veines ou des zigzags. On en trouve de blancs, de verts ou verdâtres qu'on vend sous le faux nom de *prime d'émeraude*, des bleus auxquels on donne le nom de *prime de saphir*; de rougeâtres, de violets, de jaunes et de bruns; et souvent ces couleurs se trouvent mélangées, et même par veines assez distinctes, dans le même morceau.

La quatrième espèce sont les spaths fusibles grenus, dont les grains ressemblent à des grains de sel, ce qui se trouve aussi dans certains marbres grenus : selon Wallerius, il y en a de blancs, de jaunâtres, de bleus et de violets. *Cristallographie*, par M. Romé de Lisle, t. II, p. 7 et suiv.

(*a*) L'on trouve aux environs de Vignori, dans une recoupe que l'on a faite pour adoucir la pente du chemin des roches qui renferment des cristaux de spath fusible, lequel a la propriété du cristal d'Islande, de faire apercevoir les objets doubles. *Mémoires de physique*, par M. de Grignon, p. 338.

(*b*) La pesanteur spécifique des spaths fluors est, comme on vient de le voir, de 30 à 31 mille; et celle du feldspath n'est que de 25 à 26 mille.

reconnu, par l'expérience, que ces spaths fluors sont principalement composés de soufre et de terre calcaire. M. de Morveau a vérifié les expériences de M. Monnet (a), qui consistent à dépouiller ces spaths de leur soufre. Leur terre désoufrée présente les propriétés essentielles de la matière calcaire ; car elle se réduit en chaux et fait effervescence avec les acides : il n'est donc pas nécessaire de supposer dans ces spaths fluors, comme l'ont fait M. Bergman et plusieurs chimistes après lui, une terre de nature particulière, différente de toutes les terres connues, puisqu'ils ne sont réellement composés que de terre calcaire mêlée de soufre.

M. Schéele avait fait, avant M. Monnet, des expériences sur les spaths fluors blancs et colorés ; et il remarque avec raison que ces spaths diffèrent essentiellement de la pierre de Bologne ou spath pesant, ainsi que de l'albâtre et des pierres séléniteuses, qui sont phosphoriques lorsqu'elles ont été calcinées sur les charbons (b) : cet habile chimiste avait en même temps cru reconnaître que ces spaths fluors sont composés d'une terre calcaire combinée, dit-il, avec un acide qui leur est propre et qu'il ne désigne pas (c) ; il ajoute seulement que l'alun et le fer semblent n'être qu'accidentels à leur composition. Ainsi M. Monnet est le premier qui ait reconnu le soufre, c'est-à-dire l'acide vitriolique uni à la substance du feu dans ces spaths fluors.

M. le docteur Demeste, que nous avons souvent eu occasion de citer avec éloge, a recueilli avec discernement et avec son attention ordinaire les principaux faits qui ont rapport à ces spaths, et je ne peux mieux terminer cet article qu'en les rapportant ici, d'après lui. « La nature, dit-il, nous offre les spaths phosphoriques en masses plus ou » moins considérables, tantôt informes et tantôt cristallisées ; ils sont plus ou moins trans- » parents, pleins de fentes ou fêlures, et leurs couleurs sont si variées, qu'on les désigne » ordinairement par le nom de la *pierre précieuse colorée* dont ils imitent la nuance... » J'ai vu beaucoup de ces spaths informes près des alunières, entre Civita-Vecchia et la » Tolfa ; ils y servent de gangue à quelques filons de la mine de plomb sulfureuse connue » sous le nom de *galène;* on les trouve fréquemment mêlés avec le quartz en Auvergne » et dans les Vosges, et avec le spath calcaire dans les mines du comté de Derby en » Angleterre.

» Quoique ces spaths phosphoriques, et surtout ceux en masses informes, soient » ordinairement fendillés, cela n'empêche pas qu'ils ne soient susceptibles d'un fort beau » poli ; on en rencontre même des pièces assez considérables pour en pouvoir faire de » petites tables, des urnes et autres vases désignés sous les noms de *prime d'émeraude,* » de *prime d'améthyste*, etc. M. Romé de Lisle a nommé *albâtres vitreux* ceux de ces spaths » qui, formés par dépôts comme les albâtres calcaires, sont aussi nuancés par zones ou » rubans de différentes couleurs, ainsi qu'on en voit dans l'albâtre oriental. Ces albâtres » vitreux se trouvent en abondance dans certaines provinces d'Angleterre, et surtout » dans le comté de Derby ; ils sont panachés ou rubanés des plus vives couleurs, et » surtout de différentes teintes d'améthystes sur un fond blanc, mais ils sont toujours » étonnés et comme formés de pièces de rapport dont on voit les joints, ce qui est un » effet de leur cristallisation rapide et confuse ; j'en ai vu à Paris de très belles pièces qui » y avaient été apportées par M. Jacob Forster..... On rencontre aussi quelquefois de ce » même spath en stalactites coniques, et même en stalagmites ondulées ; mais il est beau-

(a) Je viens de vérifier une chose que M. Monnet avait avancée, et qui m'avait fort étonné, c'est que le spath fluor feuilleté, si commun dans les mines métalliques, est un composé de soufre et de terre calcaire. (Lettre de M. de Morveau à M. de Buffon, datée de Dijon, 3 avril 1779.)

(b) Voyez les *Observations sur la Physique*, t. II, partie II, seconde année, octobre 1772, p. 80.

(c) *Idem*, p. 83.

» coup plus ordinaire de le trouver cristallisé en groupes plus ou moins considérables, et » dont les cubes ont quelquefois plus d'un pied de largeur sur huit à dix pouces de hau- » teur; ces cubes, tantôt entiers, tantôt tronqués aux angles ou dans leurs bords, varient » beaucoup moins dans leur forme que les rhombes du spath calcaire : en récompense, » leur couleur est plus variée que celle des autres spaths ; ils sont rarement d'un blanc » mat, mais, lorsqu'ils ne sont pas diaphanes ou couleur d'aigue-marine, ils sont jaunes, » ou rougeâtres, ou violets, ou pourpre, ou roses, ou verts, et quelquefois du plus beau » bleu (*a*). »

Il me reste seulement à observer que la terre calcaire étant la base de ces spaths fluors, j'ai cru devoir les rapporter aux pierres mélangées de matière calcaire, tandis que la pierre de Bologne et les autres spaths pesants, tirant leur origine de la terre végétale et ne contenant point de matière calcaire, doivent être mis au nombre des produits de la terre limoneuse, comme nous tâcherons de le prouver dans la suite de cet ouvrage.

STALACTITES DE LA TERRE VÉGÉTALE

La terre végétale, presque entièrement composée des détriments et du résidu des corps organisés, retient et conserve une grande partie des éléments actifs dont ils étaient animés : les molécules organiques, qui constituaient la vie des animaux et des végétaux, s'y trouvent en liberté, et prêtes à être saisies ou pompées pour former de nouveaux êtres; le feu, cet élément sacré, qui n'a été départi qu'à la nature vivante dont il anime les ressorts; ce feu, qui maintenait l'équilibre et la force de toute organisation, se retrouve encore dans les débris des êtres désorganisés, dont la mort ne détruit que la forme et laisse subsister la matière contre laquelle se brisent ses efforts; car cette même matière organique, réduite en poudre, n'en est que plus propre à prendre d'autres formes, à se prêter à des combinaisons nouvelles, et à rentrer dans l'ordre vivant des êtres organisés.

Et toute matière combustible provenant originairement de ces mêmes corps organisés, la terre végétale et limoneuse est le magasin général de tout ce qui peut s'enflammer ou brûler; mais dans le nombre de ces matières combustibles, il y en a quelques-unes, telles que les pyrites, où le feu s'accumule et se fixe en si grande quantité qu'on peut les regarder comme des corps ignés, dont la chaleur et le feu se manifestent dès qu'ils se décomposent. Ces pyrites ou pierres de feu sont de vraies stalactites de la terre limoneuse, et, quoique mêlées de fer, le fond de leur substance est le feu fixé par l'intermède de l'acide; elles sont en immense quantité, et toutes produites par la terre végétale dès qu'elle est imprégnée de sels vitrioliques : on les voit, pour ainsi dire, se former dans les délits et les fentes de l'argile, où la terre limoneuse amenée et déposée par la stillation des eaux, et en même temps arrosée par l'acide de l'argile, produit ces stalactites pyriteuses dans lesquelles le feu, l'acide et le fer, contenus dans cette terre limoneuse, se réunissent par une si forte attraction, que ces pyrites prennent plus de dureté que toutes les autres matières terrestres, à l'exception du diamant et de quelques pierres précieuses qui sont encore plus dures que ces pyrites. Nous verrons bientôt que le diamant et les pierres précieuses sont, comme les pyrites, des produits de cette même terre végétale, dont la substance en général est plus ignée que terreuse.

En comparant les diamants aux pyrites, nous leur trouverons des rapports auxquels on n'a pas fait attention : le diamant, comme la pyrite, renferme une grande quantité de

(*a*) *Lettres du docteur Demeste*, etc., t. Ier, p. 325 et suiv.

feu; il est combustible, et dès lors il ne peut provenir que d'une matière d'essence combustibe; et, comme la terre végétale est le magasin général qui seul contient toutes les matières inflammables ou combustibles, on doit penser qu'il en tire son origine et même sa substance.

Le diamant ne laisse aucun résidu sensible après sa combustion: c'est donc, comme le soufre, un corps plus igné que la pyrite, mais dans lequel nous verrons que la matière du feu est fixée par un intermède plus puissant que tous les acides.

La force d'affinité qui réunit les parties constituantes de tous les corps solides est bien plus grande dans le diamant que dans la pyrite, puisqu'il est beaucoup plus dur; mais, dans l'un et dans l'autre, cette force d'attraction a, pour ainsi dire, sa sphère particulière et s'exerce avec tant de puissance qu'elle ne produit que des masses isolées qui ne tiennent point aux matières environnantes, et qui toutes sont régulièrement figurées : les diamants, comme les pyrites, se trouvent dans la terre limoneuse; ils y sont toujours en très petit volume, et ordinairement sans adhérence des uns aux autres, tandis que les matières uniquement formées par l'intermède de l'eau ne se présentent guère en masses isolées; et en effet, il n'appartient qu'au feu de se former une sphère particulière d'attraction dans laquelle il n'admet les autres éléments qu'autant qu'ils conviennent; le diamant et la pyrite sont des corps de feu dans lesquels l'air, la terre et l'eau ne sont entrés qu'en quantité suffisante pour retenir et fixer ce premier élément.

Il se trouve des diamants noirs presque opaques, qui n'ont aucune valeur et qu'on prendrait au premier coup d'œil pour des pyrites martiales octaèdres ou cubiques; et ces diamants noirs forment peut-être la nuance entre les pyrites et les pierres précieuses qui sont également des produits de la terre limoneuse : aucune de ces pierres précieuses n'est attachée aux rochers, tandis que les cristaux vitreux ou calcaires, formés par l'intermède de l'eau, sont implantés dans les masses qui les produisent, parce que cet élément, qui n'est que passif, ne peut se former comme le feu des sphères particulières d'attraction. L'eau ne sert en effet que de véhicule aux parties vitreuses ou calcaires qui se rassemblent par leur affinité, et ne forment un corps solide que quand cette même eau en est séparée et enlevée par le dessèchement; et la preuve que les pyrites n'ont admis que très peu ou point du tout d'eau dans leur composition, c'est qu'elles en sont avides au point que l'humidité les décompose et rompt les liens du fixé qu'elles renferment. Au reste, il est à croire que, dans ces pyrites qui s'effleurissent à l'air, la quantité de l'acide étant proportionnellement trop grande, l'humidité de l'air est assez puissamment attirée par cet acide pour attaquer et pénétrer la substance de la pyrite, tandis que, dans les marcassites ou pyrites arsenicales qui contiennent moins d'acide, et sans doute plus de feu que les autres pyrites, l'humidité de l'air ne fait aucun effet sensible : elle en fait encore moins sur le diamant que rien ne peut dissoudre, décomposer ou ternir, et que le feu seul peut détruire en mettant en liberté celui que sa substance contient en si grande quantité, qu'elle brûle en entier sans laisser de résidu.

L'origine des vraies pierres précieuses, c'est-à-dire des rubis, topazes et saphirs d'Orient, est la même que celle des diamants. Ces pierres se forment et se trouvent de même dans la terre limoneuse; elles y sont également en petites masses isolées; le feu qu'elles renferment est seulement en moindre quantité, car elles sont moins dures et en même temps moins combustibles que le diamant, et leur puissance réfractive est aussi de moitié moins grande. Ces trois caractères, ainsi que leur grande densité, démontrent assez qu'elles sont d'une essence différente des cristaux vitreux ou calcaires, et qu'elles proviennent, comme le diamant, des extraits les plus purs de la terre végétale.

Dans le soufre et les pyrites, la substance du feu est fixée par l'acide vitriolique; on pourrait donc penser que, dans le diamant et les pierres précieuses, le feu se trouve fixé de même par cet acide le plus puissant de tous; mais M. Achard a, comme nous l'avons dit (*a*), tiré de la terre alcaline un produit semblable à celui des rubis qu'il avait soumis à l'analyse chimique, et cette expérience prouve que la terre alcaline peut produire des corps assez semblables à cette pierre précieuse. Or, l'on sait que la terre végétale et limoneuse est plus alcaline qu'aucune autre, puisqu'elle n'est principalement composée que des débris des animaux et des végétaux : je pense donc que c'est par l'alcali que le feu se fixe dans le diamant et le rubis, comme c'est par l'acide qu'il se fixe dans la pyrite; et même l'alcali, étant plus analogue que l'acide à la substance du feu, doit le saisir avec plus de force, le retenir en plus grande quantité et s'accumuler en petites masses sous un moindre volume; ce qui, dans la formation de ces pierres, produit la densité, la dureté, la transparence, l'homogénéité et la combustibilité.

Mais avant de nous occuper de ces brillants produits de la terre végétale, et qui n'en sont que les extraits ultérieurs, nous devons considérer les concrétions plus grossières et moins épurées de cette même terre réduite en limon, duquel les bols et plusieurs autres substances terreuses ou pierreuses tirent leur origine et leur essence.

BOLS

On pourra toujours distinguer aisément les bols et terres bolaires des argiles pures, et même des terres glaiseuses, par des propriétés évidentes : les bols et terres bolaires se gonflent très sensiblement dans l'eau, tandis que les argiles s'imbibent sans gonflement apparent; ils se boursouflent et augmentent de volume au feu; l'argile, au contraire, fait retraite et diminue dans toutes ses dimensions; les bols enfin se fondent et se convertissent en verre au même degré de feu qui ne fait que cuire et durcir les argiles. Ce sont là les différences essentielles qui distinguent les terres limoneuses des terres argileuses; leurs autres caractères pourraient être équivoques, car les bols se pétrissent dans l'eau comme les argiles; ils sont de même composés de molécules spongieuses; leur cassure et leur grain, lorsqu'ils sont desséchés, sont aussi les mêmes, leur ductilité est à peu près égale, et tout ceci doit s'entendre des bols comparés aux argiles pures et fines. Les glaises ou argiles grossières ne peuvent être confondues avec les bols dont le grain est toujours très fin; mais ces ressemblances des argiles avec les bols n'empêchent pas que leur origine et leur nature ne soient réellement et essentiellement différentes; les argiles, les glaises, les schistes, les ardoises ne sont que les détriments des matières vitreuses décomposées et plus ou moins humides ou desséchées, au lieu que les bols sont les produits ultérieurs de la destruction des animaux et des végétaux dont la substance désorganisée fait le fond de la terre végétale, qui peu à peu se convertit en limon dont les parties les plus atténuées et les plus ductiles forment les bols.

Comme cette terre végétale et limoneuse couvre la surface entière du globe, les bols sont assez communs dans toutes les parties du monde; ils sont tous de la même essence et ne diffèrent que par les couleurs ou la finesse du grain. Le bol blanc paraît être le plus pur de tous (*b*); on peut mettre au nombre de ces bols blancs la terre de Patna, dont on fait au Mogol des vases très minces et très légers (*c*) : il y a même en Europe de ces bols

(*a*) Voyez l'article du *Cristal de roche*, p. 216.

(*b*) Il y a des bols blancs qui se trouvent en Moscovie, à Striegaw; d'autres en Allemagne, à Goldberg; en Italie, à Florence, etc. Ce bol est le plus pur et d'autant meilleur qu'il est plus blanc : on l'appelle *bol occidental;* on en fait quelquefois des vases et des figures. *Minéralogie de Bomare*, t. Ier, p. 63.

(*c*) La terre de Patna est une terre admirable dont on fait, dans le Mogol, des espèces

blancs assez chargés de particules organiques et nutritives pour en faire du pain en les mêlant avec de la farine (a); enfin, l'on peut mettre au nombre de ces bols blancs plusieurs sortes de terres qui nous sont indiquées sous différents noms, la plupart anciens, et que souvent on confond les unes avec les autres (b).

Le bol rouge tire sa couleur du fer en rouille dont il est plus ou moins mélangé; c'est avec ce bol qu'on prépare la terre sigillée, si fameuse chez les anciens et de laquelle on faisait grand usage dans la médecine. Cette terre sigillée nous vient aujourd'hui des pays orientaux en pastilles ou en pains convexes d'un côté et aplatis de l'autre, avec l'empreinte d'un cachet que chaque souverain du lieu où il se trouve aujourd'hui de ces sortes de terres y fait apposer moyennant un tribut, ce qui leur a fait donner le nom de *terres scellées* ou *sigillées* : on leur a aussi donné les noms de *terres de Lemnos, terre bénite de Saint-Paul, terre de Malte, terre de Constantinople.* On peut voir, dans les anciens histo-

de pots, de vases, de bouteilles et de carafes, si minces et d'une légèreté si grande, que le vent les emporte facilement : ces vases n'ont pas plus d'épaisseur qu'une carte à jouer; on ne saurait rien voir en ce genre où la dextérité et l'adresse de l'ouvrier paraissent davantage. J'en ai apporté plusieurs des Indes, et surtout de ces bouteilles qu'on appelle *gargoulettes;* et nos curieux sont ravis d'étonnement de voir des bouteilles de terre, qui tiennent une pinte de Paris, qu'on pourrait presque souffler comme les bouteilles de savon que font les petits enfants. On se sert de la gargoulette pour mettre rafraîchir l'eau : quand l'eau y a été un peu de temps, elle prend le goût et l'odeur de la terre de Patna, et devient délicieuse à boire; et ce qui est le plus ravissant, c'est que le vase s'humecte, et qu'après avoir bu l'eau, on mange avec plaisir la bouteille. Les femmes des Indes, quand elles sont grosses, n'y apportent pas tant de façon; elles aiment à la fureur cette terre de Patna, et si on ne les observait pas là-dessus, il n'y a point de femme grosse qui, en peu de jours, ne grugeât tous les pots, plats, coupes, etc., tant elles sont friandes de cette terre. *Curiosités de la Nature et de l'Art;* Paris, 1703, p. 69 et 70.

(a) On trouve dans la seigneurie de Moscau, en la haute Lusace, une sorte de terre blanche dont les pauvres font du pain : on la prend dans un grand coteau où l'on travaillait autrefois du salpêtre. Quand le soleil a un peu échauffé cette terre, elle se fend, et il en sort de petites boules blanches comme de la farine. Cette terre ne fermente point seule, mais elle fermente lorsqu'elle est mêlée avec de la farine. M. de Sarlitz, gentilhomme saxon, a vu des personnes qui s'en sont nourries pendant quelque temps : il a fait faire du pain de cette terre seule, et de différents mélanges de terre et de farine; il a même conservé ce pain pendant six ans. Un Espagnol lui a dit qu'on trouvait aussi de cette terre près de Gironne en Catalogne. *Collection académique*, t. Ier, partie étrangère, p. 278.

(b) Il y a deux sortes de terres appelées *eritria*, l'une très blanche et l'autre cendrée; la dernière est la meilleure, on l'éprouve en la frottant sur du cuivre poli, où elle laisse une tache violette. Cette terre est astringente et rafraîchissante, et a la vertu de réunir les plaies récentes.

La terre de Samos est blanche, légère, friable et onctueuse, ce qui fait qu'elle s'attache aisément à la langue : il y en a une espèce appelée *aster*, qui est couverte d'une croûte et dure comme une pierre.

La terre de Chio est blanche, tirant un peu sur le cendré : elle ressemble à celle de Samos; mais entre autres vertus, elle a celle d'ôter les rides du visage et de lui donner en même temps beaucoup de fraîcheur et d'éclat.

La terre *selinusa* fait le même effet : la meilleure est celle qui est fort brillante, blanche et friable, et qui se dissout promptement dans l'eau.

La terre *pingite* est presque de la couleur de la terre *eritria;* mais on la tire de la mine en plus grands morceaux; elle est froide au toucher et s'attache à la langue.

La terre *melia* ressemble beaucoup par sa couleur cendrée à l'*eritria;* elle est rude au toucher, et fait du bruit entre les doigts comme la pierre ponce; elle tient quelque chose de la vertu de l'alun, comme on le reconnaît au goût. *Métallurgie* d'Alphonse Barba, traduite de l'espagnol, t. Ier, p. 13 et 14.

riens, avec quelles cérémonies supersitieuses on tirait ces bols de leurs minières du temps d'Homère, d'Hérodote, de Dioscoride et de Galien (*a*); on peut voir, dans les observations de Belon, les différences de ces terres sigillées, et ce qui se pratiquait de son temps pour les extraire et les travailler (*b*).

(*a*) *Minéralogie* de Bomare, t. Ier, p. 64.

(*b*) Après avoir retiré plusieurs sceaux et différentes espèces de terres scellées que nous pûmes recouvrer, nous nous proposâmes de passer en Lemnos pour en savoir la vérité et pour apprendre à discerner les vraies des fausses, et les décrivîmes comme s'ensuit : Le plus antique sceau, au récit des Grecs et des Turcs, est d'une sorte qui n'est guère plus large que le pouce, et n'a que quatre lettres en tout, dont celles qui sont à côté sont comme deux crochets, et les autres lettres du milieu fort entortillées, comme serait le caractère qui vaut autant à dire comme une once médicinale; et par le milieu du sceau, entre toutes les lettres, il n'y a que quatre points, duquel sceau la terre est si grasse qu'elle semble être du suif, et obéit aux dents quand on la mâche, et n'est guère sablonneuse, sa couleur est de pâle en rougissant sur l'obscur; il y en a encore d'une autre sorte qui est en petits pains de la grandeur de la susdite; mais les caractères du sceau sont un peu plus grands, et il n'y a que trois lettres en tout avec sept petits points, dont la terre est un peu plus rougissante que la première, et a quelque aigreur au goût, et quand on la mâche, on y trouve quelques petites pierres sablonneuses; elle est plus maigre que la susdite, mais est autant estimée en bonté. Il y a encore une autre sorte de petits grains ou pastilles de terre scellée de la même grandeur des susdites, mais les lettres sont différentes, car elle a comme un crochet ressemblant à un haim à prendre le poisson, qui est entre les deux autres lettres ressemblant au chiffre d'une once qui est le ℥ ; et sa couleur est différente aux deux autres des susdites, car elle est mouchetée de petites taches de terre blanche mêlée avec la rouge; la quatrième espèce est plus claire en rougeur, et plus pâle que nulle des autres, de laquelle nous avons observé trois différences de sceaux en même terre. La terre scellée, plus commune à Constantinople, est pour la plupart falsifiée et est formée de plus grands tourteaux que ne le sont les autres, aussi est d'autre couleur, car les autres tirent sur le rouge, mais celle-là est de jaune paillé, et ainsi comme elle est fausse, aussi l'on en trouve en plus grande quantité; encore en trouve-t-on de deux autres espèces différentes, tant en forme qu'en lettres, lesquelles on estime être du nombre des plus vraies, et n'ont différence, sinon que l'une est plus chargée de sablon que n'est l'autre, et ont quasi une même saveur; aussi sont-elles rares. L'on en trouve encore une autre espèce qui est falsifiée avec du *bolus armenius* détrempé, et puis scellée, et d'un sceau de caractères différents aux deux derniers, mais de même grandeur, et n'a que deux lettres en tout qui sont fort retorses. Il y en a encore d'une autre sorte, formée en pains mal bâtis, qui sont plus ronds que nuls des autres, et sont de la grosseur d'une noix, qui serait quasi comme le jarret, n'était qu'ils sont quelque peu aplatis en les scellant; nous les avons trouvés être des plus nets que nuls autres. Encore est une autre espèce de sceau peu commun par les boutiques, lequel avons seulement trouvé en deux boutiques à Constantinople; aussi son prix est plus haut que nul des autres, et est de saveur plus aromatique, tellement qu'on dirait, à l'éprouver au goût, que l'on y ait ajouté quelque chose qui lui donne telle saveur, mais c'est le naturel de la terre qui est telle, c'est l'un des sceaux où il y a le plus de caractères en l'impression; la terre en est quelque peu sablonneuse, de couleur rougissante en obscur.

Voilà donc que toutes les terres scellées ne sont pas d'une même couleur; car souvent advient qu'on les trouve dès sa veine de plus blanche couleur, l'autre fois plus rouge, et quelquefois mêlée des deux. Ceux qui éprouvent la terre scellée au goût en ont plus certain jugement, la trouvant aromatique en la bouche et quelque peu sablonneuse, que les autres qui essaient de la faire prendre à la langue; toutes lesquelles différences écrivîmes et mîmes en peinture étant à Constantinople, et les portâmes en l'île de Lemnos, où est le lieu et veine d'où l'on tire icelle terre. Mais l'on n'a point accoutumé d'en tirer, sinon à un seul jour de l'année, qui est le sixième jour du mois d'août : or, avant que de partir de Constantinople, nous enquîmes de tous les mariniers d'une barque qui était arrivée de Lemnos, s'ils avaient apporté de la terre; tous répondirent qu'il était impossible d'en recouvrer, sinon par

La terre de Guatimala, dont on fait des vases en Amérique (*a*), est aussi un bol rougeâtre; il est assez commun dans plusieurs contrées de ce continent, dont les anciens habitants en avaient fait des poteries de toutes sortes. Les Espagnols ont donné à cette terre le nom de *boucaro;* il en est de même du bol d'Arménie et de la terre étrusque, dont on a fait anciennement de beaux ouvrages en Italie. On trouve aussi de ces bols plus ou moins colorés de rouge en Allemagne (*b*); il y en a même en France (*c*) qu'on pourrait peut-être également travailler.

Ces bols blancs, rouges et jaunes, sont les plus communs; mais il y a aussi des bols verdâtres, tels que la terre de Vérone, qui paraissent avoir reçu du cuivre cette teinture verte : il s'en trouve de cette même couleur en Allemagne, dans le margraviat de Bareith, et les voyageurs en ont rencontré de toutes couleurs en Perse et en Turquie (*d*).

les mains de celui qui est soubachi de Lemnos, et que si nous voulions l'avoir naturelle, il convenait d'y aller en personne, car il est défendu aux habitants, sous peine de perdre la tête, d'en transporter; ils disaient davantage, que si quelqu'un des habitants en avait seulement vendu un petit tourtelet, ou qu'il fût trouvé en avoir en sa maison sans le sceau de son gouverneur, il serait jugé à payer une grande somme d'argent; car il n'est permis d'en départir, sinon audit soubachi qui tient l'arrangement de l'île et en paie le tribut au Turc. *Observations de Pierre Belon.* Paris, 1555, liv. Ier, chap. XXIII, p. 23 et 24.

(*a*) Thomas Gage parle d'une terre qui se trouve au village de Mixco, près de Guatimala, de laquelle on fait de fort beaux vases et toutes sortes de vaisselles, comme des cruches, des pots à l'eau, des plats, des assiettes et autres ustensiles de ménage, en quoi les Indiens montrent, dit-il, « qu'ils ont beaucoup d'esprit, et les savent fort bien peindre ou vernir de » rouge, de blanc et d'autres couleurs mêlées, et les envoient vendre à Guatimala et ailleurs, » dans les villages voisins.

» Les femmes créoles mangent de cette terre à pleines mains, sans se soucier d'altérer » leur santé et de mettre leur vie en danger, pourvu que par ce moyen-là elles puissent » paraître blanches et pâles de visage. » *Voyages de Thomas Gage*, traduit de l'anglais. Paris, 1676, t. III, p. 58.

(*b*) Le bol rouge s'appelle aussi *bol d'Arménie* et se trouve en Bohême, près d'Annaberg et d'Eisleben, et dans le Wurtemberg. On n'appelle *bol de Cappadoce* ou d'*Arménie* que celui dont la couleur est d'un rouge safrané, quelquefois gras, luisant, très poreux, toujours compact, pesant et happant fortement à la langue; on s'en sert pour nettoyer des étoffes rouges gâtées de suif. On peut travailler cette espèce de terre avec de l'eau, et en former sur le tour des ustensiles qui, mis à cuire dans un four de potier de terre, n'imitent pas mal les terres de Boucaro. C'est aussi avec cette terre qu'on fait ces vases si communs dans l'Amérique espagnole. *Minéralogie de Bomare*, t. Ier, p. 64.

(*c*) Bol jaune. Celui qui se rencontre en France, près de Blois et de Saumur, et qui sert aux doreurs à faire leur assiette, est de cette espèce; il est quelquefois un peu plus coloré. *Idem, ibidem.*

(*d*) Je vous envoie de trois sortes de terres qui se trouvent dans Bagdad, et dont on fait une lessive qui sert à polir et embellir le teint et les cheveux, ayant à peu près la même vertu que celles que les Latins appellent *terra chia* et *terre de cheveux*, de laquelle Belon fait mention, quoiqu'il avoue néanmoins n'en avoir vu que d'une seule espèce. La première de ces trois dont je vous fais part et que l'on estime davantage ici est celle de *Basra*, d'une couleur qui tire sur le vert; la seconde espèce, de moindre valeur que cette première, est celle de couleur rougeâtre, à peu près comme le bol d'Arménie ou la terre sigillée. Elle vient du pays des Curdes, que les Turcs nomment *Curdistan;* et comme c'est leur coutume de donner à plusieurs choses les noms des lieux d'où elles viennent, ils appellent cette espèce de terre *Curdistan Ghili*, c'est-à-dire terre de Curdistan, qui a, aussi bien que la première, la vertu d'embellir et d'adoucir le teint et les cheveux; outre cela elle a encore, comme je l'ai éprouvé, un effet particulier qui me plaît davantage, c'est qu'étant appliquée aux endroits du corps où l'on a fait passer le dépilatoire pour en ôter le poil, elle adoucit extrêmement la peau, et si l'instrument y avait fait quelque excoriation, elle y sert d'un souverain remède.

La terre de Lemnos (*a*), si célèbre chez les anciens peuples du Levant par ses propriétés et vertus médicinales, n'était, comme nous venons de l'indiquer, qu'un bol d'un rouge assez foncé et d'un grain très fin; et l'on peut croire qu'ils l'épuraient encore et le travaillaient avant d'en faire usage. Le bol qu'on nous envoie sous la dénomination de *bol*

Les personnes de condition ne vont jamais au bain sans porter de ces deux espèces de terre, et certainement on les y emploie avec satisfaction. Pour se servir de l'une et de l'autre, il suffit de les faire dissoudre dans l'eau chaude; mais ceux qui veulent quelque chose de mieux et de plus galant, en font faire une pâte avec des roses pulvérisées, un mélange d'autres parfums et d'eaux de senteur dont on façonne de petites boules comme des savonnettes, et quand elles sont assez desséchées, on les fait dissoudre pour l'usage du bain, qui en devient très agréable : la troisième, qui est la moindre, se tire du territoire de Bagdad même, vers les bords du Tigre, à cause de quoi elle s'appelle, en arabe, tout simplement *tin essciat*, c'est-à-dire terre de rivière; son usage est semblable à celui des deux autres. *Voyages de Pietro della Valle en Turquie*, etc. Rouen, 1745, t. II, p. 308 et suiv.

(*a*) L'île de Lemnos, appelée aujourd'hui *Stalimène* ou *Limio*, est encore estimée, comme elle l'a été de tout temps parmi les médecins, à cause d'une certaine terre sigillée qu'on en retire.

On pratiquait anciennement diverses cérémonies pour aller tirer des entrailles de la terre, et pour former cette terre sigillée de Lemnos, sur laquelle on a imprimé diverses marques et figures, suivant les différentes circonstances des siècles où on en a vu paraître dans le monde. Du temps de Dioscoride, qui a vécu longtemps avant Galien, on avait accoutumé de mêler du sang de bouc dans les petits pains qu'on en formait, et d'imprimer dessus la figure d'une chèvre; mais cette coutume n'était plus en usage du temps de Galien, comme il l'éprouva lui-même lorsqu'il alla à Lemnos pour s'en éclaircir : on avait alors une autre manière de préparer cette terre, et d'en former de petits pains; car, avant toutes choses, le prêtre montait sur une colline où, après avoir épandu une certaine mesure de blé et d'orge, et pratiqué quelques autres cérémonies suivant la coutume du pays, il chargeait un plein chariot de cette terre qu'il faisait conduire à la ville d'Hephæstia, où on la préparait ensuite d'une manière bien différente de la précédente. Cependant il y a plusieurs siècles que ces cérémonies ne sont plus en usage, et qu'elles ont été entièrement abolies, mais en leur place on en a introduit d'autres qui sont les suivantes.

Tous les principaux de l'île, tant Turcs qu'ecclésiastiques ou prêtres grecs, qu'on nomme communément des *caloyers*, s'assemblent précisément le sixième jour du mois d'août, dans la chapelle de Sotira, où étant arrivés, les Grecs, après avoir lu leur liturgie et fait des prières, montent tous ensemble, accompagnés des Turcs, vers la colline susmentionnée (où l'on va par des degrés qu'on a faits pour y monter plus commodément, et qui est située à la portée de deux traits de la chapelle); étant parvenus au plus haut, cinquante ou soixante hommes se mettent à creuser jusqu'à ce qu'ils aient découvert la veine de terre qu'ils cherchent, dont les caloyers remplissent quelques sacs faits de poil de bête, et les baillent aux principaux des Turcs établis pour le gouvernement de l'île, comme sont les soubachi ou le waivode qui sont là présents.

Quand ils ont tiré de cette terre autant qu'ils jugent suffisant pour toute l'année, ils en font recouvrir la veine par les mêmes ouvriers qui la referment avec d'autre terre : cependant le soubachi fait porter à Constantinople, et présenter au Grand-Seigneur, une grande partie de ce qu'on a tiré, et vend le reste à des marchands.

Suivant le rapport des plus anciens habitants de l'île, cette coutume de choisir un certain jour de l'année pour tirer cette terre de sa veine a été introduite par les Vénitiens, qui commencèrent à la mettre en pratique lorsqu'ils étaient en possession de cette île.

Quand cette terre est hors de sa veine, on en fait de petits pains ronds du poids d'environ deux drachmes, les uns plus, les autres moins, sur lesquels on voit seulement ces deux mots turcs et arabes, *tin imachton*, c'est-à-dire terre sigillée : cependant ces lettres et ces caractères ne sont pas semblables dans tous les petits pains de cette terre...

Autrement la terre sigillée n'est pas toujours d'une même couleur, car il arrive souvent que dans une même veine elle est plus blanche, quelquefois un peu plus rouge, et d'autres

d'Arménie ressemble assez à cette terre de Lemnos (*a*). Il se trouve aussi en Perse des bols blancs et gris, et l'on en fait des vases pour rafraîchir les liqueurs qu'ils contiennent (*b*); enfin les voyageurs ont aussi reconnu des bols de différentes couleurs à Madagascar (*c*), et je suis persuadé que partout où la terre limoneuse se trouve accumulée et en repos pendant plusieurs siècles, ses parties les plus fines forment en se rassemblant des bols dont les couleurs ne sont dues qu'au fer dissous dans cette terre, et c'est à mon avis de la concrétion endurcie de ces bols que se forment les matières pierreuses dont nous allons parler.

SPATHS PESANTS

Les pyrites, les spaths pesants, les diamants et les pierres précieuses sont tous des corps ignés qui tirent leur origine de la terre végétale et limoneuse, c'est-à-dire du détriment des corps organisés, lesquels seuls contiennent la substance du feu en assez grande quantité pour être combustibles ou phosphoriques. L'ordre de densité ou de pesanteur spécifique dans les matières terrestres commence par les métaux et descend immédiatement aux pyrites qui sont encore métalliques, et des pyrites passe aux spaths pesants et aux pierres précieuses (*d*). Dans les marcassites et pyrites, la substance du feu est unie aux acides et a pour base une terre bolaire ou limoneuse. La présence de l'alcali combiné avec les principes du soufre se manifeste par l'odeur qu'exhalent ces spaths pesants lorsqu'on les soumet à l'action du feu; enfin le diamant et les pierres précieuses sont les extraits les plus purs de la terre limoneuse qui leur sert de base, et de laquelle ces pierres tirent leur phosphorescence et leur combustibilité.

fois d'une couleur qui participe également du rouge et du blanc. *Description de l'Archipel*, etc., par Dapper. Amsterdam, 1703, p. 246 et suiv.

(*a*) Le bol d'Arménie, ainsi nommé parce qu'on croit qu'il vient d'Arménie, ressemble à la terre de Lemnos, et sa couleur est rougeâtre; il y en a de fort bon et en grande quantité dans les mines du Pérou, particulièrement dans les riches collines du Potosi et dans la mine d'Éruto. Plusieurs naturalistes croient que ce bol est la *rubrica synopica* de Dioscoride, et que le bol arménien d'Orient est la vraie terre de Lemnos. *Métallurgie d'Alphonse Barba.*

(*b*) On trouve à Com, ville de Perse, une terre blanche dont on fait des vases où l'eau se rafraîchit merveilleusement en passant à travers; un quartcau d'eau, mis dans un de ces vases, passe en six heures. *Il genio vagante del conte Aurelio degli Anzi in Parma*, 1661, t. Ier, p. 177.

(*c*) Il y a à Madagascar diverses sortes d'excellent bol ou de la vraie terre sigillée, aussi bonne que celle de l'île de Lemnos, et le bol est aussi fin que celui d'Arménie.

Il y a une terre blanche comme de la craie, qui est très excellente à dégraisser et savonner le linge, elle est aussi bonne que le savon; elle est grasse et argileuse, et semblable à la terre de Malte que l'on vend en France. *Voyages de Flacourt.* Paris, 1666, p. 149.

(*d*) L'étain, qui est le plus léger des métaux, pèse spécifiquement 72,914; le mispickel ou pyrite arsenicale, qui est la plus pesante des pyrites, pèse 65,225; la pyrite ou marcassite de Dauphiné dont on fait des bijoux, des colliers, etc., pèse 49,539; la marcassite cubique, 47,016; la pyrite globuleuse martiale de Picardie pèse 41,006, et la pyrite martiale de Bourgogne ne pèse que 39,000.

La pierre de Bologne, qui est le plus dense des spaths pesants, pèse 44,409; le spath pesant blanc, 44,300, et le spath pesant trouvé en Bourgogne, à Thôtes, près de Semur, ne pèse que 42,687.

Le rubis d'Orient, la plus dense des pierres précieuses, pèse 42,838; et le diamant, quoique la plus dure, est en même temps la plus légère de toutes les pierres précieuses, et ne pèse que 33,212. Voyez les *Tables de M. Brisson*

Il ne me paraît pas nécessaire de supposer, comme l'ont fait nos chimistes récents, une terre particulière plus pesante que les autres terres pour définir la nature des spaths pesants : ce n'est point expliquer leur essence ni leur formation, c'est les supposer données et toutes faites; c'est dire simplement et fort inutilement que ces spaths sont plus pesants que les autres spaths, parce que leur terre est plus pesante que les autres terres; c'est éluder et reculer la question au lieu de la résoudre; car ne doit-on pas demander pourquoi cette terre est plus pesante, puisque de l'aveu de ces chimistes elle ne contient point de parties métalliques? Ils seront donc toujours obligés de rechercher avec nous quelles peuvent être les combinaisons des éléments qui rendent ces spaths plus pesants que toutes les autres pierres.

Or, pour se bien conduire dans une recherche de cette espèce, et arriver à un résultat conséquent et plausible, il faut d'abord examiner les propriétés absolues et relatives de cette matière pierreuse plus pesante qu'aucune autre pierre; il faut tâcher de reconnaître si cette matière est simple ou composée, car, en la supposant mêlée de parties métalliques, sa pesanteur ne serait qu'un effet nécessaire de ce mélange; mais, de quelque manière qu'on ait traité ces spaths pesants, on n'en a pas tiré un seul atome de métal; dès lors, leur grande densité ne provient pas de la mixtion d'aucune matière métallique : on a seulement reconnu que les spaths pesants ne sont ni vitreux, ni calcaires, ni gypseux; et comme, après les matières vitreuses, calcaires et métalliques, il n'existe dans la nature qu'une quatrième matière qui est la terre limoneuse, on peut déjà présumer que la substance de ces spaths pesants est formée de cette dernière terre, puisqu'ils diffèrent trop des autres terres et pierres pour en provenir ni leur appartenir.

Les spaths pesants, quoique fusibles à un feu violent, ne doivent pas être confondus avec le feldspath, non plus qu'avec les spaths auxquels on a donné les dénominations impropres de *spaths vitreux* ou *fusibles*, c'est-à-dire avec les spaths fluors qui se trouvent assez souvent dans les mines métalliques : les spaths pesants et les fluors n'étincellent pas sous le briquet comme le feldspath; mais ils diffèrent entre eux tant par la dureté que la densité. La pesanteur spécifique de ces spaths fluors n'est que de 30 à 31 mille, tandis que celle des spaths pesants est de 44 à 45 mille.

La substance des spaths pesants est une terre alcaline, et comme elle n'est pas calcaire, elle ne peut être que limoneuse et bolaire; de plus, cette substance pesante a autant et peut-être plus d'affinité que l'alcali même avec l'acide vitriolique, car les seules matières inflammables ont plus d'affinité que cette terre avec cet acide.

On trouve assez souvent ces spaths pesants sous une forme cristallisée : on reconnaît alors aisément que leur texture est lamelleuse; mais ils se présentent aussi en cristallisation confuse et même en masses informes (*a*); ils ne font point partie des roches vitreuses et calcaires, ils n'en tirent pas leur origine; on les trouve toujours à la superficie de la terre végétale, ou à une assez petite profondeur, souvent en petits morceaux isolés, et quelquefois en petites veines comme les pyrites.

En faisant calciner ces spaths pesants, on n'obtient ni de la chaux ni du plâtre, ils

(*a*) Il y a beaucoup de spaths pesants cristallisés et d'autres qui ne le sont pas, et la variété qui se trouve dans la forme de leur cristallisation est très grande.

Le spath pesant se trouve aussi sous toutes sortes de formes :

1° En arbrisseaux ou végétations formées de lames cristallines opaques et blanchâtres, implantées confusément les unes sur les autres;

2° En masses protubérancées ou mamelonnées, blanchâtres ou jaunâtres;

3° On en voit aussi sous la forme de stalagmites ou dépôts ondulés, susceptibles d'un poli plus ou moins vif;

4° En stalactites cylindriques rayonnées du centre à la circonférence. *Cristallographie de M. Romé de Lisle*, t. Ier, p. 612 et suiv.

acquièrent seulement la propriété de luire dans les ténèbres, et pendant la calcination ils exhalent une forte odeur de foie de soufre, preuve évidente que leur substance contient de l'alcali uni au feu fixe du soufre; ils diffèrent en cela des pyrites dans lesquelles le feu fixe n'est point uni à l'alcali, mais à l'acide. L'essence des spaths pesants est donc une terre alcaline très fortement chargée de la substance du feu; et comme la terre formée du détriment des animaux et végétaux est celle qui contient l'alcali et la substance du feu en plus grande quantité, on doit encore en inférer que ces spaths tirent leur origine de la terre limoneuse ou bolaire dont les parties les plus fines, entraînées par la stillation des eaux, auront formé cette sorte de stalactite qui aura pris de la consistance et de la densité par la réunion de ces mêmes parties rapprochées de plus près que dans les stalactites vitreuses ou calcaires.

La texture des spaths pesants est lamelleuse comme celle des pierres précieuses; ils ne font de même aucune effervescence avec les acides; ils se présentent rarement en cristallisations isolées : ce sont ordinairement des groupes de cristaux très étroitement unis, et assez irrégulièrement les uns avec les autres.

Le spath auquel on a donné la dénomination de *spath perlé*, parce qu'il est luisant et d'un blanc de perle, a été mis mal à propos au nombre des spaths pesants par quelques naturalistes récents, car ce n'est qu'un spath calcaire qui diffère des spaths pesants par toutes ses propriétés. Il fait effervescence avec les acides. La densité de ce spath perlé est à peu près égal à celle des autres spaths calcaires (*a*), et d'un tiers au-dessous de celle des spaths pesants; de plus, sa forme de cristallisation est semblable à celle du spath calcaire, il se convertit de même en chaux : il n'est donc pas douteux que ce spath perlé ne doive être séparé des spaths pesants et réuni aux autres spaths calcaires.

Les spaths pesants sont plus souvent opaques que transparents; et comme je soupçonnais, par leurs autres rapports avec les pierres précieuses, qu'ils ne devaient offrir qu'une simple réfraction, j'ai prié M. l'abbé Rochon d'en faire l'expérience, et il a en effet reconnu que ces spaths n'ont point de double réfraction; leur essence est donc homogène et simple comme celle du diamant et des pierres précieuses qui n'offrent aussi qu'une simple réfraction : les spaths pesants leur ressemblent par cette propriété qui leur est commune et qui n'appartient à aucune autre pierre transparente; ils en approchent aussi par leur densité, qui néanmoins est encore un peu plus grande que celle du rubis; mais avec cette homogénéité et cette grande densité, les spaths pesants n'ont pas à beaucoup près autant de dureté que les pierres précieuses.

Les spaths pesants opaques ou transparents sont ordinairement d'un blanc mat; cependant il s'en trouve quelques-uns qui ont des teintes d'un rouge ou d'un jaune léger, et d'autres qui sont verdâtres ou bleuâtres. Ces différentes couleurs proviennent, comme dans les autres pierres colorées, des vapeurs ou dissolutions métalliques qui, dans de certains lieux, ont pénétré la terre limoneuse et teint les stalactites qu'elle produit.

Le spath pesant le plus anciennement connu est la pierre de Bologne (*b*); elle se pré-

(*a*) La pesanteur spécifique du spath calcaire rhomboïdal, dit *cristal d'Islande*, est de 27,151; celle du spath perlé, de 28,378, tandis que la pesanteur spécifique du spath pesant octaèdre est de 44,712, et celle du spath pesant, dit *pierre de Bologne*, est de 44,709. Voyez les *Tables de M. Brisson*.

(*b*) « La pierre de Bologne, dit M. le comte Marsigli, se trouve sur les monts Paterno » et Piedalbino, qui élèvent leurs sommets stériles aux environs de Bologne... C'est sur le » Paterno que ces pierres abondent le plus; les terres qui couvrent l'une et l'autre mon- » tagnes sont de diverses couleurs : il y en a de cendrées, de blanches et de rouges; on » trouve dans ces dernières du bol de la même couleur qui est astringent et qui s'attache à » la langue..... La terre dans laquelle sont dispersées les pierres dont on fait le phosphore... » est aride, dense, obscure, parsemée de particules brillantes assez semblables au gypse, et

sente souvent en forme globuleuse, et quelquefois aplatie ou allongée comme un cylindre : son tissu lamelleux la rend chatoyante à sa surface ; dans cet état, on ne peut guère la distinguer des autres pierres feuilletées que par sa forte pesanteur (a). Le comte Marsigli

» peu différentes par leur forme des parties constituantes des phosphores. A la profondeur » de deux palmes, cette terre est de couleur ferrugineuse et verdâtre, parsemée aussi de ces » mêmes particules brillantes, mais plus petites ; à la profondeur de trois palmes, elle est » peu différente de la première couche, si ce n'est que les particules brillantes sont si » petites qu'on ne les voit pas aisément à l'œil simple.

» La figure des pierres phosphoriques n'est point régulière : il y en a de planes, de » cylindriques, d'ovales, de sphériques, et d'autres qui se lèvent par lames ; les sphériques » sont les plus grosses de toutes et n'excèdent pas la grosseur d'une pêche : celles qui se » lèvent par lames ont de chaque côté une cavité ou un enfoncement semblable à l'impres- » sion de deux doigts, ce sont les meilleures pour faire du phosphore. Le poids de ces » pierres est ordinairement d'une à deux livres, mais il s'en trouve qui pèsent jusqu'à huit » livres ; au reste, les plus grosses et les plus pesantes ne sont pas les meilleures..... Celles » qui ont la couleur du plomb sont les moins bonnes ; celles de couleur argentée valent » mieux... Les meilleures sont celles qui ressemblent à la calcédoine cendrée et qui appro- » chent de l'éclat du succin... Ces pierres sont revêtues extérieurement d'une espèce de » croûte, et c'est dans cette croûte que l'action du feu chasse les parties propres à recevoir » la lumière ; car la croûte séparée de la pierre s'imbibe de lumière, au lieu que la pierre » dépouillée de cette croûte demeure tout à fait obscure.

» Pour préparer le phosphore, on prend des pierres de grosseur médiocre, et après les » avoir bien lavées dans l'eau, on les brosse, et même on les lime pour en ôter les inéga- » lités ; on les plonge ensuite dans l'esprit-de-vin bien rectifié, puis on les roule dans de la » poudre faite aussi avec des pierres de phosphore et bien criblée, ce qui leur fait une » espèce de croûte qui les couvre en entier ; ensuite on met dans un fourneau à vent un » gril de fer, et sur ce gril des charbons gros comme des noix, dont on fait un lit haut de » quatre doigts, sur lequel on étend les pierres à la distance d'un travers de doigt les unes » des autres ; sur ces pierres on fait un autre lit de charbon et l'on remplit ainsi le four- « neau, puis on le bouche, soit avec un couvercle de fer où il y a une ouverture faite en » croix, soit avec des briques entre lesquelles on laisse les ouvertures nécessaires. On allume » le feu et l'on attend que le charbon soit consumé, ce qui est l'affaire d'une heure, et que » les pierres soient refroidies ; après cela, on enlève la croûte que la poussière de pierre » imbibée d'eau-de-vie a faite à ces pierres, et qui s'en sépare aisément : l'on fait tomber » toute cette poussière, qui est un très bon phosphore, et l'on réduit les pierres en une » poudre dont on peut former diverses figures ; pour cela, on dessine d'abord ces figures avec » du blanc d'œuf mêlé de sucre, ou de la gomme *adragant*, et on les couvre de cette pous- » sière ; on peut même donner à ces figures diverses couleurs sans détruire la vertu du » phosphore. Il est évident que la propriété de s'imbiber de lumière n'est point dans ces » pierres un effet de leur structure ou de la configuration de leurs parties, puisque cette pro- » priété subsiste lorsque la pierre est réduite en poudre. » *Collection académique*, partie étrangère, t. VI, p. 473 et suiv.

La pierre de Bologne, après avoir été calcinée un certain temps, devient lumineuse. Le célèbre Margraff de Berlin nous a donné un fort bon traité sur cette pierre et autres de la même nature. Un des concierges de l'Institut de Bologne prépare avec la poudre de cette pierre, au moyen de la gomme *tragacantha*, des étoiles qui luisent dans l'obscurité. Cette pierre se trouve en gros et petits morceaux de couleur d'eau, opaque et souvent transparente, entièrement solide ou en boules du centre desquelles il part des rayons en forme de coin ; on la retire du monte Paterno, à trois milles d'Italie de Bologne, où elle est dispersée en morceaux détachés dans l'argile et la marne ; on la découvre très facilement lorsque le terrain a été lavé par l'eau de la pluie. *Lettres sur la minéralogie*, par M. Ferber, traduites par M. le baron de Diétrich.

(a) *Lettres de M. Demeste*, t. Ier, p. 508. Ce savant naturaliste ajoute que, quoique Linné dise que ce spath est *subeffervescent*, il n'a point aperçu d'effervescence sensible dans les

et Mentzelius ont fait sur cette pierre de bonnes observations, et ils ont indiqué les premiers la manière de la préparer pour en faire des phosphores qui conservent la lumière et la rendent au dehors pendant plusieurs heures (a).

Tous les spaths pesants ont la même propriété, et cette phosphorescence les approche encore des diamants et des pierres précieuses qui reçoivent, conservent et rendent dans les ténèbres la lumière du soleil et même celle du jour, dont une partie paraît se fixer pour un petit temps dans leur substance, et les rend phosphoriques pendant plusieurs heures.

Les pierres précieuses et les spaths pesants ont donc tant de rapport et de propriétés communes, qu'on ne peut guère douter que le fond de leur essence ne soit de la même nature : la densité, la simple réfraction ou l'homogénéité, la phosphorescence (b), leur formation et leur gisement dans la terre limoneuse, sont des caractères et des circonstances qui semblent démontrer leur origine commune, et les séparer en même temps de toutes les matières vitreuses, calcaires et métalliques.

divers échantillons de pierre de Bologne qu'il a soumis à l'action des acides... On se sert de cette pierre, continue-t-il, pour préparer une espèce de phosphore qui porte le nom de *phosphore de Bologne. Ibid.*, p. 509.

(a) « Toutes les pierres de Bologne, dit Mentzelius, ne sont pas propres également à » faire des phosphores; les unes, après avoir été calcinées, sont beaucoup plus lumineuses » que les autres. Il y en a de différentes espèces : les premières et les meilleures sont de » forme oblongue, et en même temps elles sont dures, pesantes, transparentes, un peu aplaties comme une lentille, se levant facilement par écailles, extérieurement pâles, brillantes, » sans aucune impureté, sans aucun sillon, intérieurement d'un bleu foncé. » *Lettres de M. Demeste*, t. IV, p. 108 et suiv.

(b) La phosphorescence du diamant et celle de la pierre de Bologne paraissent avoir une même cause, et cette cause est la lumière du jour aidée de la chaleur; l'auteur a démontré cette assertion par l'expérience.

FIN DU TOME TROISIÈME.

TABLE DES MATIÈRES

DU TOME TROISIÈME.

FIN DE LA TABLE DU TROISIÈME VOLUME.

Paris. — Imp. Ve P. Larousse et Cie., rue Montparnasse, 19.

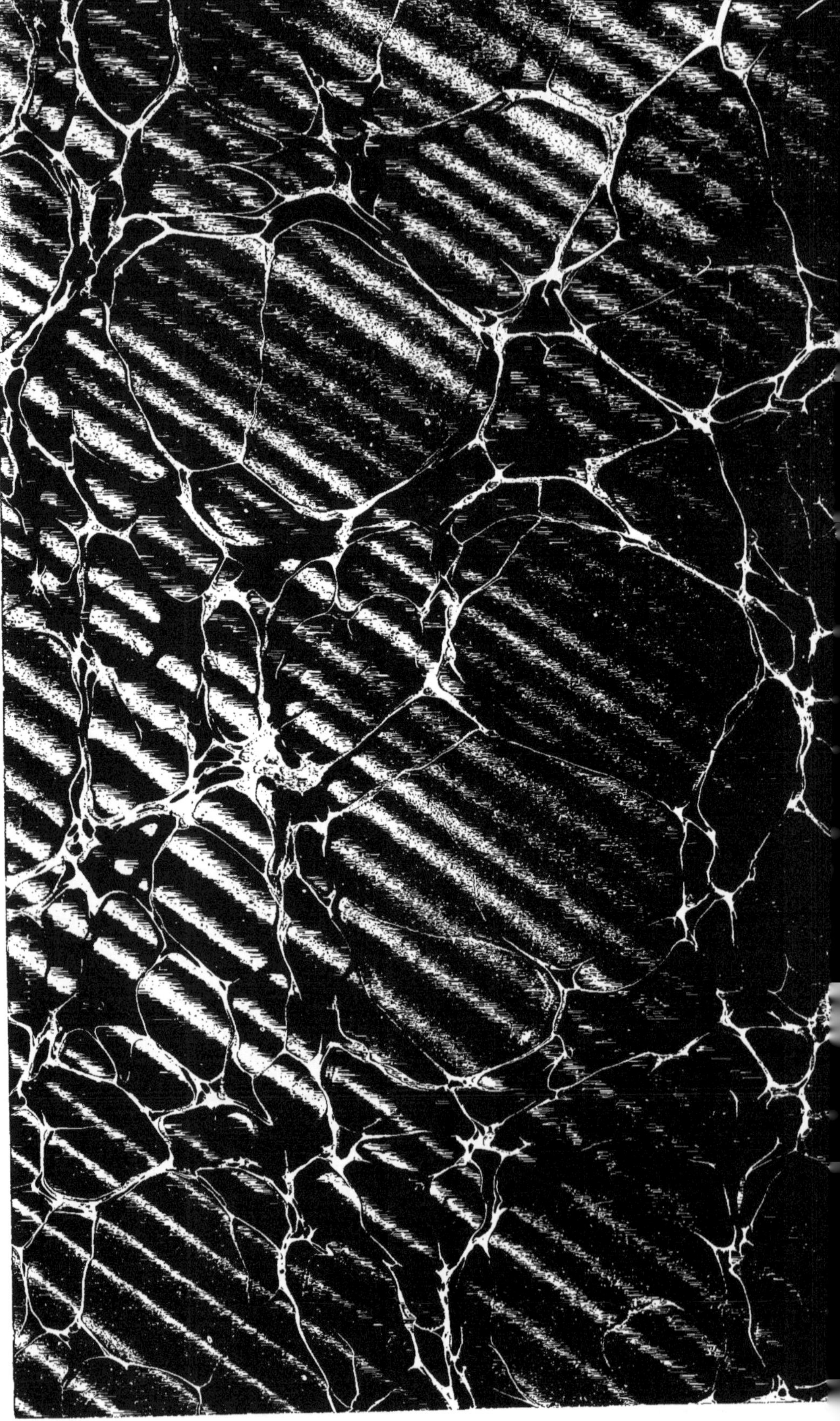

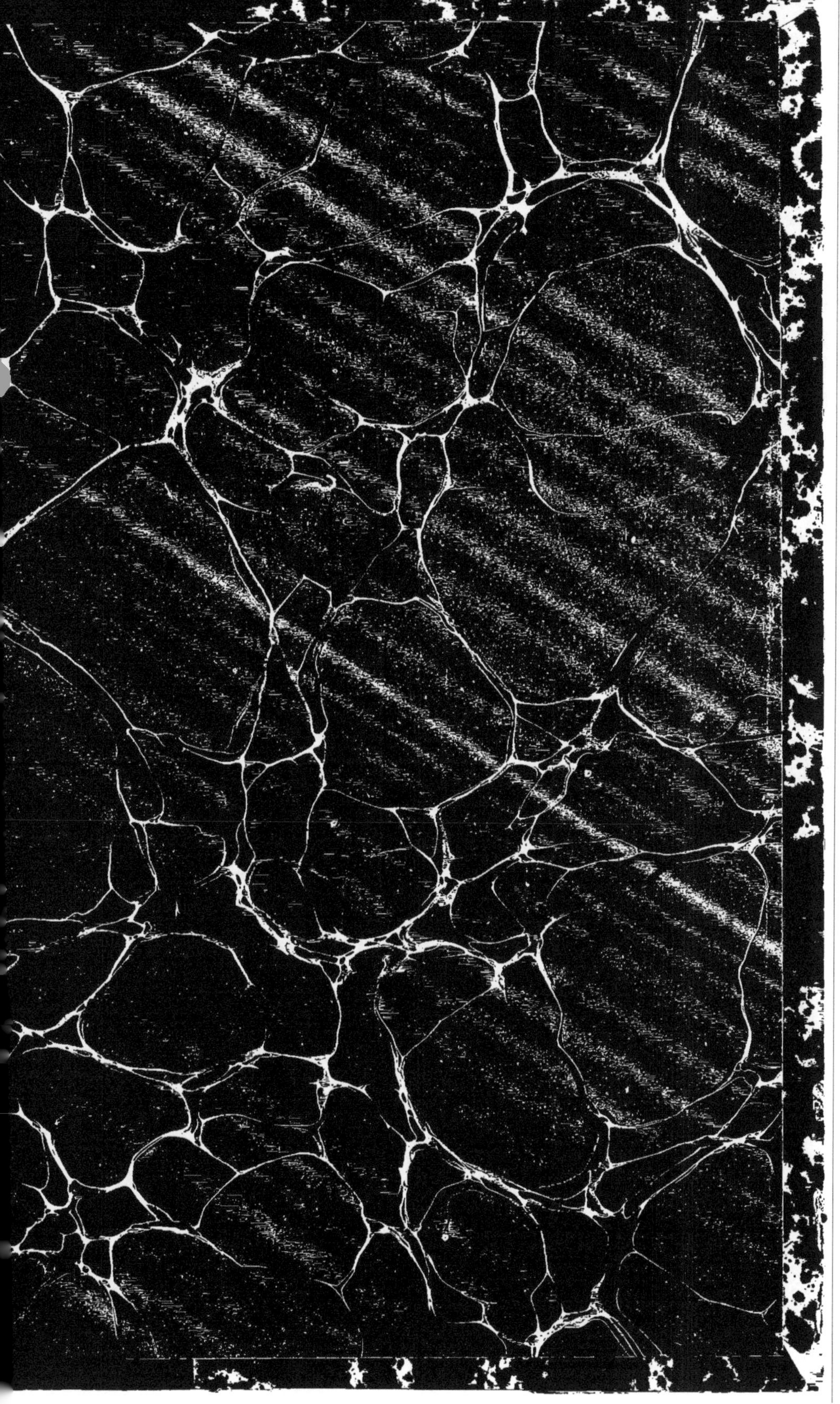

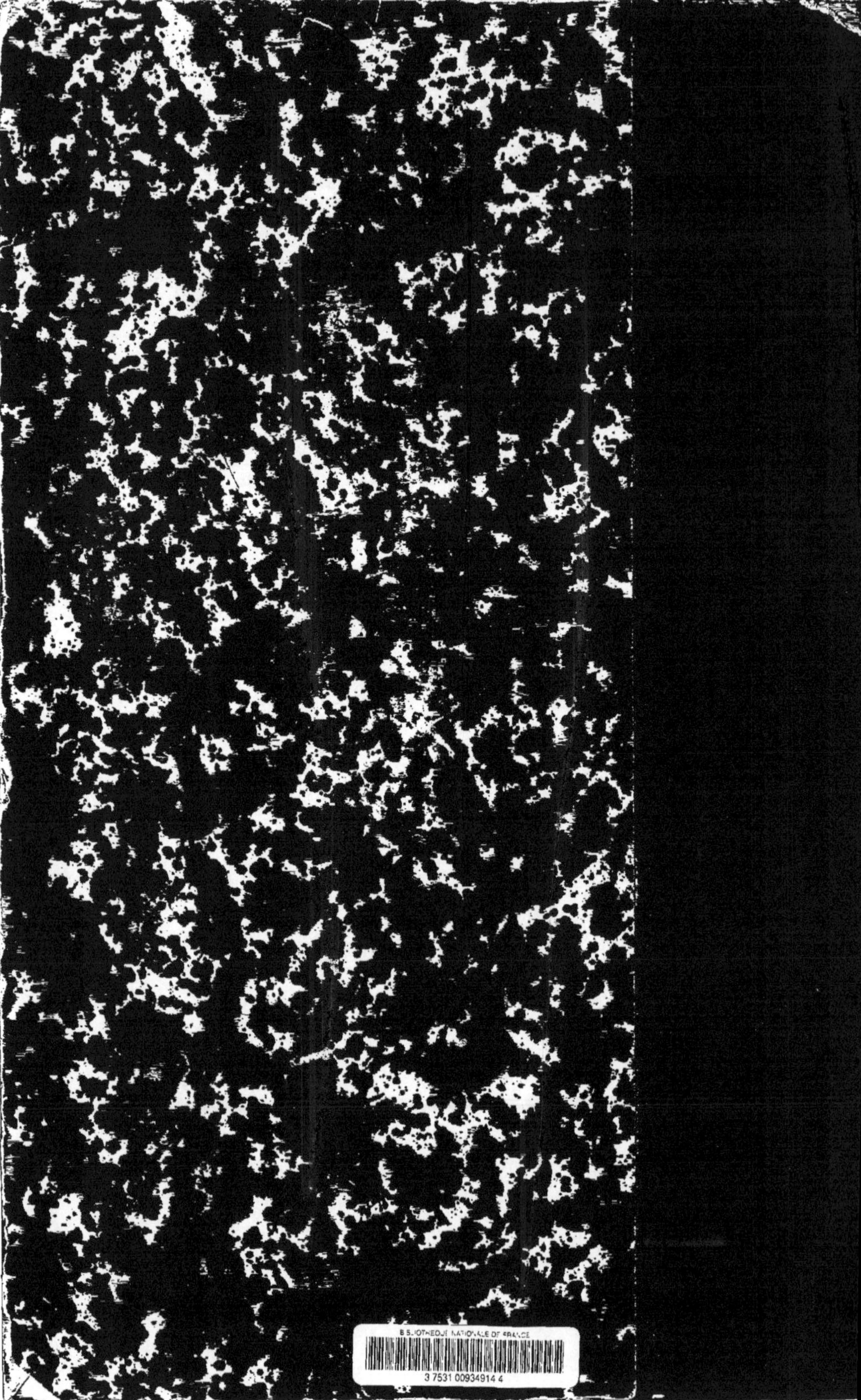

www.ingramcontent.com/pod-product-compliance
Ingram Content Group UK Ltd.
Pitfield, Milton Keynes, MK11 3LW, UK
UKHW020303200726
13857UKWH00001B/74